混凝土结构构造手册

（第五版）

中国有色工程有限公司
（原中国有色工程设计研究总院） 主编

中国建筑工业出版社

图书在版编目(CIP)数据

混凝土结构构造手册/中国有色工程有限公司主编.
5 版. —北京:中国建筑工业出版社,2014.8(2021.2 重印)
ISBN 978-7-112-16768-5

Ⅰ.①混… Ⅱ.①中… Ⅲ.①混凝土结构-建筑构
造-手册 Ⅳ.①TU37-62

中国版本图书馆 CIP 数据核字(2014)第 079320 号

本手册根据最新颁布的《混凝土结构设计规范》GB 50010—2010(2015 年版)、《建筑抗震设计规范》GB 50011—2010 (2016 年版)、《高层建筑混凝土结构技术规程》JGJ 3—2010 和《建筑地基基础设计规范》GB 50007—2011 等国家标准及行业标准全面修订。专门总结混凝土结构构造的规范规定、新的构造做法及经验等。分四个部分:第一部分是基本规定,包括总则、材料、一般构造规定。第二部分为基本构件,有梁、板、柱、基础、楼梯、挡墙的基本构造。第三部分是整体结构的构造处理,包括单层厂房、高层建筑、加固改造等。第四部分是预应力、预埋件、构件后锚固连接等做法。其中钢筋的锚固、楼梯抗震构造及房屋抗倒塌措施,系遵循规范精神,按实践经验对规范进行延伸和补充,附有计算方法和应用实例;新版着重增加构造做法和图例,本书可供土建结构设计、施工、监理、技术管理人员及大专院校土建专业师生使用参考。

* * *

责任编辑:赵梦梅
责任校对:姜小莲

混凝土结构构造手册

(第五版)

中国有色工程有限公司
(原中国有色工程设计研究总院) 主编

*

中国建筑工业出版社出版、发行(北京海淀三里河路 9 号)

各地新华书店、建筑书店经销
北 京 天 成 排 版 公 司 制 版
北京圣夫亚美印刷有限公司印刷

*

开本:787×1092 毫米 1/16 印张:56¼ 字数:1400 千字
2016 年 1 月第五版 2021 年 2 月第三十五次印刷
定价:**149.00 元**
ISBN 978-7-112-16768-5
(33417)

《混凝土结构构造手册》编写组成

主编单位　中国有色工程有限公司

中国恩菲工程技术有限公司

（原中国有色工程设计研究总院）

主　　编　王文栋

编写人员　沙志国　孙金墀　魏植椿

姜维山　王文栋　张　明

李　扬　张英华　赵　福

第五版前言

一、《混凝土结构设计规范》GB 50010—2010(2015 年版)及《建筑抗震设计规范》GB 50011—2010(2016 年版)，已经住房和城乡建设部批准执行。本手册配合规范局部修订有如下重要修改：

1. HPB300 钢筋其规格限于直径 6mm～14mm，主要用于小规格梁柱的箍筋及其他混凝土构件的构造钢筋；

2. HRB335 钢筋其规格限于直径 6mm～14mm，主要用于中、小跨度楼板配筋、剪力墙的分布配筋及构件的箍筋和构造配筋。取消牌号 HRBF335 钢筋；

3. 吊环应采用 HPB300 钢筋或 Q235 钢棒（直径 16mm～25mm）。

当确有工程经验时，也可用 HRB400E 钢筋（直径≥16mm）替代 Q235 钢棒但其强度设计值仍按 $f_y＝270N/mm^2$ 取用。吊钩的弯芯直径应≥4d（钢筋直径 d≤25mm 时）

二、超限高层建筑有关设计要求将执行住房和城乡建设部建质［2015］67 号《超限高层建筑工程抗震设防专项审查技术要点》原建质〔2010〕109 号《超限高层建筑工程抗震设访专项审查技术要点》停止使用。

新审查技术要点与原稿相比已有多项次放释，但在不规则类型的简要涵义中又新增加了偏心布置等内容。部分项次内容经细化，更便于操作执行。

三、由于《混凝土结构后锚固技术规程》JGJ 145—2004 废止，自 2013 年 12 月起执行《混凝土结构后锚固技术规程》JGJ 145—2013 行业标准。本手册第十五章"后锚固建筑锚铨、植筋连接"应进行修订更新。

修订的主要技术内容是：

1. 对锚栓与植筋的适用范围给出详细规定；

2. 补充、完善了机械锚栓承载力计算方法；

3. 增加了化学锚栓承载力计算方法；

4. 增加了锚栓抗震设计后锚固连接控制延性破坏钢材或连接件承载力验算内容；

5. 增加控制连接件延性破坏、锚栓钢材延性破坏及植筋计算示例。

第四版前言

新版《混凝土结构设计规范》GB 50010—2010、《建筑抗震设计规范》GB 50011—2010、《建筑地基基础设计规范》GB 50007—2011 及《高层建筑混凝土结构技术规程》JGJ 3—2010 已出版施行。为配合上述规范、规程的实施，混凝土结构构造手册(第三版)进行全面的补充与修订，以满足新规范在混凝土结构构造上的各项要求，混凝土结构构造手册(第四版)是新规范的延伸、细化与补充。

本次修编，手册的章、节没有进行调整与增减，仍为 15 章，但各章的内容均按所属的新规范、规程进行全面的修订与补充，因内容繁多，不一一列举。

目前大量的建筑结构国家标准、规程正在编制与修订中，为了满足读者了解和掌握规范、规程修改情况与动态，手册已将有关内容列入相关章节，以供读者参考使用。

本手册第一版出版后已重印十七次，深受广大建筑结构设计人员、施工人员及监理人员的欢迎。本版(第四版)将继续保持原有版本的特点：选材的实用性、内容的可操作性以及技术的先进性，以便于设计、施工人员的直接使用。

手册修订的特别说明：

1. 第八章增加楼梯梯段滑动支座和梯段整体连接的抗震构造，经北京工业大学结构试验室拟静力及振动台测试，该抗震构造是有效可行的。

2. 为了更好地理解、执行新的国家标准《混凝土结构设计规范》关于钢筋锚固长度的规定，手册不采用规范用基本锚固长度 l_{ab} 来标注构件锚固长度的方法，而直接采用锚固长度 l_a 来标注(并进行必要的修正，确保不降低结构的安全度)。此举可弥补规范的不足。

编写分工如下：

第一、四、八、十二章	王文栋
第二、十、十一章	沙志国
第三章	赵　福
第五、九章	张　明
第六、七章	孙金墀
第十三章	魏植椿
第十四章	张英华
第十五章	李　扬
第五章第七节、附录 B	姜维山
第十一章第四节	杨宗放

参加手册审查的人员有：程懋堃、白生翔、戴国莹、胡孔国、汪训流、张京翎、叶裳、王文栋。

参加手册编制工作的人员：杨力、胡少兵、吕东、李晔东、郭永生、史小强、杨占兴、陶湛湛、孙亚民、王雷。

热心的读者和网友对《手册》的内容、编制提出了方方面面的中肯意见，这都是对手册修编工作的鼎力支持，激励我们去更好地服务读者。

手册在编制过程中得到徐有邻、白生翔研究员及白绍良教授的关心、支持和指点，在此一并表示衷心谢意。

教授级高级工程师殷芝霖用他渊博深厚的学识及严谨的作风在手册一～三版的编制中发挥了重要的不可替代的作用。

手册中不当之处，恳请广大读者指正。

第三版前言

新版《混凝土结构设计规范》（GB 50010—2002）、《建筑抗震设计规范》（GB 50011—2001）、《建筑地基基础设计规范》（GB 50007—2002）及《高层建筑混凝土结构技术规程》（JGJ 3—2002）已批准施行。为配合上述规范、规程的全面实施并适应当前建筑结构发展需要，我们对混凝土结构构造手册第二版进行了全面的修订与扩充。

本版（第三版）的修订是在中国建筑科学研究院国家标准《混凝土结构设计规范》编制组的支持下，经国内专家审查后定稿的。内容严格遵照新版规范在构造上的各项要求与规定。对于工程中经常会遇到而新规范又无明确规定的构造问题，除遵循工程惯例外均由手册编者与规范编制组主要成员研究确定。

本手册第一版出版后已重印七次，深受广大建筑结构设计人员、施工人员及监理人员的欢迎。本版（第三版）将继续保持第一、二版原有的特点：选材的实用性、内容的可操作性以及技术的先进性，以便于设计、施工人员的直接使用。

为满足建筑结构在新形势下飞速发展的需要，这次修订在广泛征求广大读者意见的基础上，将原有的十二章扩充至十五章，增加了挡土墙及深基坑支护（第十二章）、混凝土结构加固与补强（第十三章），以及后锚固建筑锚栓连接（第十五章）三章。

第六章中关于高层建筑地下室抗震设计，以及附录 B 中根据最新试验研究成果提出的高强混凝土结构轴压比设计与构造等内容，均系根据规范规定作出的补充与延续。

第十三章是根据多年的加固设计工程经验并参照《混凝土结构加固技术规范》编写的，供读者参考。

手册中用黑体字排的内容表示直接引自规范中强制性的条文，是必须严格执行的；用楷体字排的内容表示是按规范强制性条文编写的，含有强制性的意义，也应在使用时对照规范相关的强制性条文严格执行。

本书编制依据的国家标准规范已颁布执行，但大量的行业标准规范、规程正在编制与修订中，为了让读者掌握了解相关规范、规程的修订要点与动态，本书已将有关内容列入相关章节，以供读者参考，但其中有关的规定与数据，尚应待该规范，规程正式颁布后，方可使用。

手册主编单位为中国有色工程设计研究总院，并由院副总工程师王创时负责组织领导工作。

修订编写分工如下：

第三、五、十四、十五章	殷芝霖　李贵芬　殷　健
第二、十、十一章	沙志国
第六、七章	孙金墀
第十三章	魏植椿
第一、四、八、十二章	王文栋

第五章第八节"短柱"及附录B　　　　　姜维山

第十一章第三节　　　　　　　　　　　杨宗放

参加手册审稿的有：胡庆昌、徐云扉、张祖涛、沙志国、魏植椿、杜戥、叶裳、盛吉鼎、胡少兵、刘茂盛、张应之。

参加本书工作的还有张贺、任卫东。

手册在编制过程中得到李明顺、徐有邻、白生翔研究员及白绍良教授的关心和支持，在此一并表示衷心谢意。

本书一些章节编写中尚得到北京市建筑设计研究院顾问总工程师、国家设计大师胡庆昌的悉心指教，提出宝贵意见，深表感谢。

书中不当之处，恳请广大读者批评指正。

目　　录

第一章 总则、材料及一般构造要求

第一节 总 则

一、编制依据及内容

为确保建筑结构在规定的时间内，能完成所赋予的各项功能，结构构件的承载力和刚度虽属第一位，但为保证构件承载力能得到充分发挥，对结构的选型、选材、布置、连接更为重要；也就是说，要采取措施，以保证各构件之间和内部传力直接、明确、合理，并具有足够的耐久性。这些问题统属构造问题，也称构造措施。它是从科学试验和工程实践中总结出来的宝贵经验，对保证工程质量具有十分重要的意义。

本版手册的主要依据是新颁布的国家及行业标准：

(1)《混凝土结构设计规范》GB 50010—2010(2015 年版)；

(2)《建筑地基基础设计规范》GB 5007—2011；

(3)《建筑抗震设计规范》GB 50011—2010(2016 年版)；

(4)《高层建筑混凝土结构技术规程》JGJ 3—2010。

为了满足使用者的要求，本版手册补充了一些新的科研成果，这些科研成果均通过有关专家的鉴定或审定，具有一定的先进性、实用性、安全性。

本版手册的内容重点放在工业与民用建筑结构方面，并尽量用图或表阐述，对做过试验的结构，补充其传力机理，以便于掌握。

全球正进入新一轮地震活跃期，地震对人类的影响作用很大。我国是一个多地震的国家，按最新颁布的中国地震动参数区划图显示抗震设防的地区已覆盖国土全部面积，即今后建筑结构设计均应进行抗震设计，并采取抗震措施。

二、抗震构造措施及抗震等级

1. 人们总结历次大地震灾害经验，发现一个合理的抗震设计，不能仅仅依赖于"结构计算"，很大程度上取决于合理的抗震构造措施。这些措施包括以下几点：

(1) 建筑的体型力求简单、规则、对称，质量刚度变化均匀。

(2) 抗震结构体系应具有以下要求：

具有明确的计算图形和合理的地震作用传递途径；

宜有多道抗震防线，避免因部分结构或构件破坏而导致整个体系丧失抗震能力或承重能力；

具有合理的刚度和承载力分布，避免因局部削弱或突变形成薄弱部位，产生过大的应力集中或塑性变形集中。

(3) 抗震结构的各类构件应具有必要的承载力和变形能力。

(4) 抗震结构各类构件之间应具有可靠的连接。

（5）抗震结构的支撑系统应能保证地震时结构稳定。

（6）非结构构件（围护墙、隔墙、填充墙等）应考虑对结构抗震的不利影响，避免不合理设置而导致主体结构的破坏，主体结构与填充墙之间宜采用柔性连接或彼此分开。

2. 钢筋混凝土房屋的最大适用高度应符合表1.1.1的要求。对平面和竖向均不规则的结构或Ⅳ类场地上的结构，房屋的最大适用高度应适当降低。

钢筋混凝土房屋的最大适用高度（m）　　　　　　　　表1.1.1

结构体系		非抗震设计	抗震设防烈度				
			6度	7度	8度		9度
					0.20g	0.30g	
框架		70	60	50	40	35	24
框架-剪力墙		150	130	120	100	80	50
剪力墙	全部落地剪力墙	150	140	120	100	80	60
	部分框支剪力墙	130	120	100	80	50	不应采用
筒体	框架-核心筒	160	150	130	100	90	70
	筒中筒	200	180	150	120	100	80
板柱-剪力墙		110	80	70	55	40	不应采用

注：1. 表中框架不含异形柱框架；

　　2. 部分框支剪力墙结构指地面以上有部分框支剪力墙的剪力墙结构；

　　3. 甲类建筑，6、7、8度时宜按本地区抗震设防烈度提高一度后符合本表的要求，9度时应专门研究；

　　4. 框架结构、板柱-剪力墙结构以及9度抗震设防的表列其他结构，当房屋高度超过本表数值时，结构设计应有可靠依据，并采取有效地加强措施。

3. 钢筋混凝土高层建筑结构的最大适用高度分为A级和B级，A级高度钢筋混凝土高层建筑、乙类和丙类高层建筑的最大适用高度见表1.1.1。当框架-剪力墙、剪力墙及筒体结构超出表1.1.1和高度时，则列入B级高度高层建筑。B级高度钢筋混凝土乙类和丙类高层建筑的最大适用高度应符合表1.1.2的规定。

B级高度钢筋混凝土高层建筑的最大适用高度（m）　　　　　　　　表1.1.2

结构体系		非抗震设计	抗震设防烈度			
			6度	7度	8度	
					0.20g	0.30g
框架-剪力墙		170	160	140	120	100
剪力墙	全部落地剪力墙	180	170	150	130	110
	部分框支剪力墙	150	140	120	100	80
筒体	框架-核心筒	220	210	180	140	120
	筒中筒	300	280	230	170	150

注：1. 部分框支剪力墙结构指地面以上有部分框支剪力墙的剪力墙结构；

　　2. 甲类建筑，6、7度时宜按本地区设防烈度提高一度后符合本表的要求，8度时应专门研究；

　　3. 当房屋高度超过表中数值时，结构设计应有可靠依据，并采取有效加强措施。

4. 钢筋混凝土高层建筑结构的高宽比不宜超过表1.1.3的规定。

钢筋混凝土高层建筑结构适用的最大高宽比　　　　　　　表 1.1.3

结构体系	非抗震设计	抗震设防烈度		
		6度、7度	8度	9度
框架	5	4	3	—
板柱-剪力墙	6	5	4	—
框架-剪力墙、剪力墙	7	6	5	4
框架-核心筒	8	7	6	4
筒中筒	8	8	7	5

5. 房屋建筑混凝土结构构件的抗震设计，应根据设防类别、烈度、结构类型和房屋高度采用不同的抗震等级，并应符合相应的计算和构造措施要求。丙类建筑的抗震等级应按表 1.1.4 确定。

混凝土结构的抗震等级　　　　　　　表 1.1.4

结构类型			设防烈度						
			6		7			8		9
框架结构		高度(m)	≤24	>24	≤24	>24	≤24	>24	≤24
		普通框架	四	三	三	二	二	一	一
		大跨度框架	三		二		一		一
框架-剪力墙结构		高度(m)	≤60	>60	≤24	>24且≤60	>60	≤24	>24且≤60	>60	≤24	>24且≤50
		框架	四	三	四	三	二	三	二	一	二	一
		剪力墙	三	三	三	二	二	二	一	一	一	一
剪力墙结构		高度(m)	≤80	>80	≤24	>24且≤80	>80	≤24	>24且≤80	>80	≤24	24～60
		剪力墙	四	三	四	三	二	三	二	一	一	一
部分框支剪力墙结构	剪力墙	一般部位	四	三	四	三	二	三	二		
		加强部位	三	二	三	二	一	二	一		
	框支层框架		二		二		一	一			
筒体结构	框架-核心筒	框架	三		二			一		
		核心筒	二		二			一		
	筒中筒	内筒	三		二			一		
		外筒	三		二			一		
板柱-剪力墙结构		高度(m)	≤35	>35	≤35	>35	≤35	>35	
		板柱及周边框架	三	二	二	二	一	一	
		剪力墙	二	二	二	一	二	一	
单层厂房结构	铰接排架		四		三			二		

注：1. 建筑场地为Ⅰ类时，除 6 度设防烈度外应允许按表内降低一度所对应的抗震等级采取抗震构造措施，但相应的计算要求不应降低；

2. 接近或等于高度分界时，应允许结合房屋不规则程度及场地、地基条件确定抗震等级；

3. A 级高度丙类建筑钢筋混凝土结构的抗震等级应按《高层建筑混凝土结构技术规程》JGJ 3—2010 表 3.9.3 取用；

4. 大跨度框架指跨度大于 18m 的相关框架梁柱；

5. 表中框架结构不包括异形柱框架；

6. 房屋高度不大于 60m 的框架-核心筒结构按框架-剪力墙结构的要求设计时，应按表中框架-剪力墙结构确定抗震等级。

6. 抗震设计时，B 级高度丙类建筑钢筋混凝土结构的抗震等级应按表 1.1.5 确定。

B 级高度的高层建筑结构抗震等级   表 1.1.5

结 构 类 型		烈 度		
		6 度	7 度	8 度
框架-剪力墙	框架	二	一	一
	剪力墙	二	一	特一
剪力墙	剪力墙	二	一	特一
框支剪力墙	非底部加强部位剪力墙	二	一	一
	底部加强部位剪力墙	二	一	特一
	框支框架	一	特一	特一
框架-核心筒	框架	二	一	一
	筒体	二	一	特一
筒中筒	外筒	二	一	特一
	内筒	二	一	特一

注：底部带转换层的筒体结构，其转换框架和底部加强部位筒体的抗震等级应按表中框支剪力墙结构的规定采用。

7. 钢筋混凝土房屋抗震等级的确定，尚应符合下列要求：

（1）设置少量抗震墙的框架结构，在规定的水平力作用下，底层框架部分所承担的地震倾覆力矩大于结构总地震倾覆力矩的 50％时，其框架的抗震等级应按框架结构确定，抗震墙的抗震等级可与其框架的抗震等级相同。

注：底层指计算嵌固端所在的层。

（2）裙房与主楼相连，除应按裙房本身确定抗震等级外，相关范围不应低于主楼的抗震等级；主楼结构在裙房顶板对应的相邻上下各一层应适当加强抗震构造措施。裙房与主楼分离时，应按裙房本身确定抗震等级。

注：相关范围一般指从主楼周边外扩不少于 3 跨，且不小于 20m。

（3）当地下室顶板作为上部结构的嵌固部位时，地下一层的抗震等级应与上部结构相同，地下一层以下抗震构造措施的抗震等级可逐层降低一级，但不应低于四级。地下室中无上部结构的部分，抗震构造措施的抗震等级可根据具体情况采用三级或四级。

（4）当甲乙类建筑按规定提高一度确定其抗震等级而房屋的高度超过表 1.1.4 相应规定的上界时，应采取比一级更有效的抗震构造措施。

8. 考虑地震组合验算混凝土结构构件的承载力时，均应按承载力抗震调整系数 γ_{RE} 进行调整，承载力抗震调整系数 γ_{RE} 应按表 1.1.6 采用。

当仅计算竖向地震作用时，各类结构构件的承载力抗震调整系数 γ_{RE} 均应取为 1.0。

承载力抗震调整系数   表 1.1.6

结构构件类别	正截面承载力计算					斜截面承载力计算	受冲切承载力计算	局部受压承载力计算
	受弯构件	偏心受压柱		偏心受拉构件	剪力墙	各类构件及框架节点		
		轴压比小于0.15	轴压比不小于0.15					
γ_{RE}	0.75	0.75	0.8	0.85	0.85	0.85	0.85	1.0

注：预埋件锚筋截面计算的承载力抗震调整系数 γ_{RE} 应取为 1.0。

9. 建筑抗震性能化设计

（1）当建筑结构采用抗震性能化设计时，应根据其抗震设防类别、设防烈度、场地条件、结构类型和不规则性、建筑使用功能和附属设施功能的要求、投资大小、震后损失和修复难易程度等，对选定的抗震性能目标提出技术和经济可行性综合分析和论证。

（2）建筑结构的抗震性能化设计，应根据实际需要和可能，具有针对性：可分别选定针对整个结构、结构的局部部位或关键部位、结构的关键部件、重要构件、次要构件以及建筑构件和机电设备支座的性能目标。

（3）建筑结构的抗震性能化设计应符合下列要求：

① 选定地震动水准。对设计使用年限 50 年的结构，可选用建筑抗震设计规范的多遇地震、设防地震和罕遇地震的地震作用，其中，设防地震的加速度应按《建筑抗震设计规范》表 3.2.2 的设计基本地震加速度采用，设防地震的地震影响系数最大值，6 度、7 度（0.10g）、7 度（0.15g）、8 度（0.20g）、8 度（0.30g）、9 度可分别采用 0.12、0.23、0.34、0.45、0.68 和 0.90。对设计使用年限超过 50 年的结构，宜考虑实际需要和可能，经专门研究后对地震作用作适当调整。对处于发震断裂两侧 10km 以内的结构，地震动参数应计入近场影响，5km 以内宜乘以增大系数 1.5，5km 以外宜乘以不小于 1.25 的增大系数。

② 选定性能目标，即对应于不同地震动水准的预期损坏状态或使用功能，应不低于建筑抗震设计规范第 1.0.1 条对基本设防目标的规定。

③ 选定性能设计指标。设计应选定分别提高结构或其关键部位的抗震承载力、变形能力或同时提高抗震承载力和变形能力的具体指标，尚应计及不同水准地震作用取值的不确定性而留有余地。设计宜确定在不同地震动水准下结构不同部位的水平和竖向构件承载力的要求（含不发生脆性剪切破坏、形成塑性铰、达到屈服值或保持弹性等）；宜选择在不同地震动水准下结构不同部位的预期弹性或弹塑性变形状态，以及相应的构件延性构造的高、中或低要求。当构件的承载力明显提高时，相应的延性构造可适当降低。

（4）建筑结构的抗震性能化设计的计算应符合下列要求：

① 分析模型应正确、合理地反映地震作用的传递途径和楼盖在不同地震动水准下是否整体或分块处于弹性工作状态。

② 弹性分析可采用线性方法，弹塑性分析可根据性能目标所预期的结构弹塑性状态，分别采用增加阻尼的等效线性化方法以及静力或动力非线性分析方法。

③ 结构非线性分析模型相对于弹性分析模型可有所简化，但二者在多遇地震下的线性分析结果应基本一致；应计入重力二阶效应、合理确定弹塑性参数，应依据构件的实际截面、配筋等计算承载力，可通过与理想弹性假定计算结果的对比分析，着重发现构件可能破坏的部位及其弹塑性变形程度。

（5）结构及其构件抗震性能化设计的参考目标和计算方法，可按《建筑抗震设计规范》附录 M 的规定采用。

第二节 水 泥 ❶

一、水泥的分类、代号、组分与材料应符合表 1.2.1 的规定。水泥的化学指标应符合

---

❶ 本节内容引自国家标准《通用硅酸盐水泥》GB 175—2007。

表 1.2.2 的规定。水泥的强度应符合表 1.2.3 的规定。

水泥的分类、代号与组分　　　　　表 1.2.1

品种	代号	组分(%)				
		熟料＋石膏	粒化高炉矿渣	火山灰质混合材料	粉煤灰	石灰石
硅酸盐水泥	P·Ⅰ	100	—	—	—	—
	P·Ⅱ	≥95	≤5	—	—	—
		≥95	—	—	—	≤5
普通硅酸盐水泥	P·O	≥80 且＜95	>5 且≤20			—
矿渣硅酸盐水泥	P·S·A	≥50 且＜80	>20 且≤50	—		
	P·S·B	≥30 且＜50	>50 且≤70	—		
火山灰质硅酸盐水泥	P·P	≥60 且＜80	—	>20 且≤40		
粉煤灰硅酸盐水泥	P·F	≥60 且＜80	—		>20 且≤40	
复合硅酸盐水泥	P·C	≥50 且＜80	>20 且≤50			

水泥的化学指标　　　　　表 1.2.2

品种	代号	不溶物 (质量分数)	烧失量 (质量分数)	三氧化硫 (质量分数)	氧化镁 (质量分数)	氯离子 (质量分数)
硅酸盐水泥	P·Ⅰ	≤0.75	≤3.0	≤3.5	≤5.0[a]	≤0.06[c]
	P·Ⅱ	≤1.50	≤3.5			
普通硅酸盐水泥	P·O		≤5.0			
矿渣硅酸盐水泥	P·S·A			≤4.0	≤6.0[b]	
	P·S·B					
火山灰质硅酸盐水泥	P·P			≤3.5	≤6.0[b]	
粉煤灰硅酸盐水泥	P·F					
复合硅酸盐水泥	P·C					

　　[a] 如果水泥压蒸试验合格，则水泥中氧化镁的含量(质量分数)允许放宽至 6.0%。

　　[b] 如果水泥中氧化镁的含量(质量分数)大于 6.0%时，需进行水泥压蒸安定性试验并合格。

　　[c] 当有更低要求时，该指标由买卖双方协商确定。

水 泥 的 强 度　　　　　表 1.2.3

品种	强度等级	抗压强度		抗折强度	
		3d	28d	3d	28d
硅酸盐水泥	42.5	≥17.0	≥42.5	≥3.5	≥6.5
	42.5R	≥22.0		≥4.0	
	52.5	≥23.0	≥52.5	≥4.0	≥7.0
	52.5R	≥27.0		≥5.0	
	62.5	≥28.0	≥62.5	≥5.0	≥8.0
	62.5R	≥32.0		≥5.5	

续表

品种	强度等级	抗压强度		抗折强度	
		3d	28d	3d	28d
普通硅酸盐水泥	42.5	≥17.0	≥42.5	≥3.5	≥6.5
	42.5R	≥22.0		≥4.0	
	52.5	≥23.0	≥52.5	≥4.0	≥7.0
	52.5R	≥27.0		≥5.0	
矿渣硅酸盐水泥 火山灰硅酸盐水泥 粉煤灰硅酸盐水泥 复合硅酸盐水泥	32.5	≥10.0	≥32.5	≥2.5	≥5.5
	32.5R	≥15.0		≥3.5	
	42.5	≥15.0	≥42.5	≥3.5	≥6.5
	42.5R	≥19.0		≥4.0	
	52.5	≥21.0	≥52.5	≥4.0	≥7.0
	52.5R	≥23.0		≥4.5	

二、常用水泥的适用范围

1. 硅酸盐水泥

(1) 主要成分 由硅酸盐水泥熟料加入少量石灰石或粒化高炉矿渣及适量石膏磨细而成，为水硬性胶凝材料。

(2) 强度等级 分 42.5、52.5、62.5 三种普通型及 42.5R、52.5R、62.5R 三种早强型。

(3) 特性 优点是：强度高，快硬、早强，抗冻性和耐磨性好。缺点是：水化热高，耐蚀性差。

(4) 适用范围 适用于配制高强度等级混凝土、先张法预应力制品、道路及低温下施工的工程。不适用于大体积混凝土、受化学及海水侵蚀的工程。

2. 普通硅酸盐水泥(简称普通水泥)

(1) 主要成分 由硅酸盐水泥熟料加 6%～15%混合材料与适量石膏磨细而成，是最常用水硬性胶凝材料。

(2) 强度等级 分 42.5、52.5 二种普通型及 42.5R、52.5R 二种早强型。

(3) 特性 与硅酸盐水泥相比无根本区别，但以下性能有所改变：早期强度增长率有减少、抗冻性、耐磨性稍有下降，低温凝结时间有所延长，抗硫酸盐侵蚀能力有所增强。

(4) 适用范围 适应性较强，无特殊要求的工程都可使用。

3. 矿渣硅酸盐水泥(简称矿渣水泥)

(1) 主要成分 由硅酸盐水泥熟料加粒化高炉矿渣及适量石膏磨细而成，为水硬性胶凝材料，是我国产量最大的水泥品种。

(2) 强度等级 分 32.5、42.5、52.5 三种普通型及 32.5R、42.5R、52.5R 三种早强型。

(3) 特性 优点有：水化热低，抗硫酸盐侵蚀性好，蒸汽养护有较好的效果，耐热性能较普通硅酸水泥高。缺点是：早期强度低，后期强度增进率大，保水性差，抗冻性差。

（4）适用范围　适用于地面、地下水中各种混凝土工程，高温车间建筑。不适用于需要早强和受冻融循环或干湿交替的工程。

4. 火山灰质硅酸盐水泥（简称火山灰水泥）

（1）主要成分　由硅酸盐水泥熟料加入火山灰质混合材料及适量的石膏磨细而成，属水硬性胶凝材料。

（2）强度等级　分 32.5、42.5、52.5 三种普通型及 32.5R、42.5R、52.5R 三种早强型。

（3）特性　优点有：保水性好、水化热低、抗硫酸盐侵蚀能力强。缺点是：早期强度低，但后期强度增进率大；需水性大，干缩性大，抗冻性差。

（4）适用范围　适用于地下、水下工程，大体积混凝土工程，一般工业和民用建筑。不适用于需要早强、冻融循环或干湿交替的工程。

5. 粉煤灰硅酸盐水泥（简称粉煤灰水泥）

（1）主要成分　由硅酸盐熟料与粉煤灰和适量石膏细磨而成，为水硬性胶凝材料。

（2）强度等级　分 32.5、42.5、52.5 三种普通型及 32.5R、42.5R、52.5R 三种早强型。

（3）特性　优点有：保水性好，水化热低，抗硫酸盐侵蚀能力强，后期强度发展高，需水性及干缩率较小，抗裂性较好。早期强度增进率比矿渣水泥还低，其余缺点同火山灰水泥。

（4）适用范围　适用于大体积混凝土工程、地下工程、一般工业和民用建筑。不适用范围与矿渣水泥相同。

6. 复合硅酸盐水泥（简称复合水泥）

（1）主要成分　由硅酸盐水泥熟料和两种或两种以上规定的混合材料加入适量石膏磨细制成，为水硬性胶凝材料。

（2）强度等级　分 32.5、42.5、52.5 三种普通型及 32.5R、42.5R、52.5R 三种早强型。

（3）特性　复合水泥比矿渣水泥、火山灰水泥和粉煤灰水泥有较高的早期强度，比普通水泥有较好的和易性，易于成型、捣实，需水性较大，配制的混凝土耐久性不及普通水泥配制的混凝土。

（4）适用范围　适用于一般混凝土工程以及工业与民用建筑工程。不适用于耐腐蚀工程，自密实混凝土应慎用。

第三节　外　加　剂

混凝土外加剂可改善新拌混凝土的和易性、调节凝结时间、改善可泵性、改变硬化混凝土强度的发展速率、提高耐久性。

外加剂的品种应根据工程设计和施工要求选择，通过试验及技术经济比较确定。选择确定外加剂及水泥品种后，应检验外加剂与水泥的适应性，符合要求方可使用。不同品种外加剂复合使用时，应注意其相容性及对混凝土性能的影响，使用前应进行试验，满足要求方可使用。

严禁使用对人体产生危害、对环境产生污染的外加剂。

外加剂掺量应以胶凝材料总量的百分比表示，并应按供货单位推荐掺量、使用要求、施工条件、混凝土原材料等因素通过试验确定。

处于与水相接触或潮湿环境中的混凝土，当使用碱活性骨料时，由外加剂带入的碱含量（以当量氧化钠计）不宜超过 1kg/m³ 混凝土，混凝土总碱含量不宜大于 3kg/m³

一、普通减水剂及高效减水剂

（一）品种

普通减水剂可用木质素磺酸盐类：木质素磺酸钙、木质素磺酸钠、木质素磺酸镁及丹宁等。

高效减水剂可采用以下品种：

1. 多环芳香族磺酸盐类：萘和萘的同系磺化物与甲醛缩合的盐类、胺基磺酸盐等；
2. 水溶性树脂磺酸盐类：磺化三聚氰胺树脂、磺化古码隆树脂等；
3. 脂肪族类：聚羧酸盐类、聚丙烯酸盐类、脂肪族羟甲基磺酸盐高缩聚物等；
4. 其他：改性木质素磺酸钙、改性丹宁等。

（二）适用范围

1. 普通及高效减水剂可用于素混凝土、钢筋混凝土、预应力混凝土，并可制备高强高性能混凝土。
2. 普通减水剂宜用于日最低气温 5℃ 以上施工的混凝土，不宜单独用于蒸养混凝土；高效减水剂宜用于日最低气温 0℃ 以上施工的混凝土。
3. 当掺用含有木质素磺酸盐类物质的外加剂时应先做水泥适应性试验。

（三）施工

1. 减水剂进入工地的检验项目应包括 pH 值、密度、混凝土减水率，合格方可入库、使用。
2. 减水剂掺量应试验确定。减水剂以溶液掺加时，溶液中的水量应从拌合水中扣除。
3. 液体减水剂宜与拌合水同时加入搅拌机内，粉剂减水剂宜与胶凝材料同时加入搅拌机内，混凝土搅拌均匀方可出料。
4. 减水剂可与其他外加剂复合使用。其掺量应根据试验确定。
5. 掺减水剂的混凝土采用自然养护时，应加强初期养护；蒸养时，蒸养制度应经试验确定。

二、引气剂及引气减水剂

（一）品种

混凝土工程中可采用下列引气剂：

1. 松香树脂类：松香热聚物、松香皂类等；
2. 烷基和烷基芳烃磺酸盐类：十二烷基磺酸盐、烷基苯磺酸盐、烷基苯酚聚氧乙烯醚等；
3. 脂肪醇磺酸盐类：脂肪醇聚氧乙烯醚、脂肪醇聚氧乙烯磺酸钠、脂肪醇硫酸钠等；
4. 皂甙类：三萜皂甙等；
5. 其他：蛋白质盐、石油磺酸盐等。

混凝土工程中可采用由引气剂与减水剂复合而成的引气减水剂。

（二）适用范围

由于掺入混凝土中的引气剂经搅拌能在混凝土拌合物中引入大量分布均匀的微小气泡，并在其硬化后仍保留微小气泡，引气剂及引气减水剂可用于抗冻混凝土、抗渗混凝土、抗硫酸盐混凝土、泌水严重的混凝土、贫混凝土、轻骨料混凝土、人工骨料配制的普通混凝土、高性能混凝土及有饰面要求的混凝土，但不宜用于蒸养混凝土及预应力混凝土。

（三）施工

1. 抗冻性要求高的混凝土，必须掺引气剂或引气减水剂，其掺量应根据混凝土的含气量要求，通过试验确定。

2. 掺引气剂及引气减水剂的混凝土的含气量，不宜超过表 1.3.1 规定的含气量；对抗冻性要求高的混凝土，宜采用表 1.3.1 规定的含气量数值。

掺引气剂及引气减水剂混凝土的含气量　　　　　　表 1.3.1

粗骨料最大粒径(mm)	20(19)	25(22.4)	40(37.5)	50(45)	80(75)
混凝土含气量(%)	5.5	5.0	4.5	4.0	3.5

注：括号内数值为《建筑用卵石、碎石》GB/T 14685 中标准筛的尺寸。

3. 引气剂及引气减水剂宜以溶液掺加，使用时加入拌合水中，溶液中的水量应从拌合水中扣除。

4. 引气剂可与减水剂、早强剂、缓凝剂、防冻剂复合使用。配制溶液时如产生絮凝或沉淀等现象，应分别配制溶液并分别加入搅拌机内。

5. 施工时，应严格控制混凝土的含气量。当材料、配合比，或施工条件变化时，应相应增减引气剂或引气减水剂的掺量。检验掺引气剂及引气减水剂混凝土的含气量，应在搅拌机出料口进行取样，并应考虑混凝土在运输和振捣过程中含气量的损失。

6. 掺引气剂及引气减水剂的混凝土，应用机械搅拌，搅拌时间及搅拌量应经试验确定。出料后停放的时间也不宜过长，用插入式振捣时，振捣时间不宜超过 20s。

三、缓凝剂、缓凝减水剂及缓凝高效减水剂

（一）品种

混凝土工程中可采用下列缓凝剂及缓凝减水剂：

1. 糖类：糖钙、葡萄糖酸盐等；

2. 木质素磺酸盐类：木质素磺酸钙、木质素磺酸钠等；

3. 羟基羧酸及其盐类：柠檬酸、酒石酸钾钠等；

4. 无机盐类：锌盐、磷酸盐等；

5. 其他：胺盐及其衍生物、纤维素醚等。

混凝土工程中可采用由缓凝剂与高效减水剂复合而成的缓凝高效减水剂。

（二）适用范围

1. 可用于大体积混凝土、碾压混凝土、炎热条件下施工的混凝土、大面积浇筑的混凝土、避免冷缝产生的混凝土、需较长时间停放或长距离运输的混凝土、自流平免振混凝土、滑模或拉模施工的混凝土及其他需要延缓凝结时间的混凝土。缓凝高效减水剂可制备高强高性能混凝土。

2. 宜用于日最低气温5℃以上施工的混凝土，也不宜单独用于有早强要求的混凝土及蒸养混凝土。

3. 柠檬酸及酒石酸钾钠等缓凝剂不宜单独用于水泥用量较低、水灰比较大的贫混凝土。

4. 当掺用含有糖类及木质素磺酸盐类物质的外加剂时，应先做水泥适应性试验，合格后方可使用。

（三）施工

1. 缓凝剂、缓凝减水剂及缓凝高效减水剂的品种及掺量应根据环境温度、施工要求的混凝土凝结时间、运输距离、停放时间、强度等来确定。

2. 缓凝剂、缓凝减水剂及缓凝高效减水剂以溶液掺加时应加入拌合水中，溶液中的水量应从拌合水中扣除。难溶和不溶物较多的应采用干渗法，并延长混凝土搅拌时间30s。

3. 混凝土振捣后，应及时抹压并始终保持混凝土表面潮湿终凝以后应浇水养护，当气温较低时，应加强保温保湿养护。

四、早强剂及早强减水剂

（一）品种

混凝土工程中可采用下列早强剂：

1. 强电解质无机盐类早强剂：硫酸盐、硫酸复盐、硝酸盐、亚硝酸盐、氯盐等；

2. 水溶性有机化合物：三乙醇胺、甲酸盐、乙酸盐、丙酸盐等；

3. 其他：有机化合物、无机盐复合物。

混凝土工程中可采用由早强剂与减水剂复合而成的早强减水剂。

（二）适用范围

1. 早强剂及早强减水剂适用于蒸养混凝土及常温、低温和最低温度不低于−5℃环境中施工的有早强要求的混凝土工程。炎热环境条件下不宜使用早强剂、早强减水剂。

2. 掺入混凝土后对人体产生危害或对环境产生污染的化学物质严禁用作早强剂。含有六价铬盐、亚硝酸盐等有害成分的早强剂严禁用于饮水工程及与食品相接触的工程。硝铵类严禁用于办公、居住等建筑工程。

3. 下列结构中严禁采用含有氯盐配制的早强剂及早强减水剂：

（1）预应力混凝土结构；

（2）相对湿度大于80%环境中使用的结构、处于水位变化部位的结构、露天结构及经常受水淋、受水流冲刷的结构；

（3）大体积混凝土；

（4）直接接触酸、碱或其他侵蚀性介质的结构；

（5）经常处于温度为60℃以上的结构，需经蒸养的钢筋混凝土预制构件；

（6）有装饰要求的混凝土，特别是要求色彩一致或表面有金属装饰的混凝土；

（7）薄壁混凝土结构，中级和重级工作制吊车的梁、屋架、落锤及锻锤混凝土基础等结构；

（8）使用冷拉钢筋或冷拔低碳钢丝的结构；

（9）骨料具有碱活性的混凝土结构。

4. 在下列混凝土结构中严禁采用含有强电解质无机盐类的早强剂及早强减水剂：

(1) 与镀锌钢材或铝铁相接触部位的结构，以及有外露钢筋预埋铁体而无防护措施的结构；

(2) 使用直流电源的结构以及距高压直流电源 100m 以内的结构。

5. 含钾、钠离子的早强剂用于骨料具有碱活性的混凝土结构时，由外加剂带入的碱含量不宜超过 $1kg/m^3$ 混凝土，混凝土总碱含量不宜大于 $3kg/m^3$。

(三) 施工

1. 常用早强剂掺量应符合表 1.3.2 中的规定。

常用早强剂掺量限值　　　　　　　　　　　表 1.3.2

混凝土种类	使用环境	早强剂名称	掺量限值(水泥重量%)不大于
预应力混凝土	干燥环境	三乙醇胺 硫酸钠	0.05 1.0
钢筋混凝土	干燥环境	氯离子〔Cl^-〕 硫酸钠	0.6 2.0
钢筋混凝土	干燥环境	与缓凝减水剂复合的硫酸钠 三乙醇胺	3.0 0.05
	潮湿环境	硫酸钠 三乙醇胺	1.5 0.05
有饰面要求的混凝土		硫酸钠	0.8
素混凝土		氯离子〔Cl^-〕	1.8

注：预应力混凝土及潮湿环境中使用的钢筋混凝土中不得掺氯盐早强剂。

2. 常温及低温下使用早强剂或早强减水剂的混凝土，采用自然养护时宜使用塑料薄膜覆盖或喷洒养护液。终凝后应立即浇水潮湿养护。最低气温低于 0℃时还应加盖保温材料。最低气温低于 -5℃时应使用防冻剂。采用蒸汽养护时其蒸养制度应经试验确定。

五、防冻剂

(一) 品种

1. 强电解质无机盐类：

(1) 氯盐类：以氯盐为防冻组分的外加剂；

(2) 氯盐阻锈类：以氯盐与阻锈组分为防冻组分的外加剂；

(3) 无氯盐类：以亚硝酸盐、硝酸盐等无机盐为防冻组分的外加剂。

2. 水溶性有机化合物类：以某些醇类等有机化合物为防冻组分的外加剂。

3. 有机化合物与无机盐复合类。

4. 复合型防冻剂：以防冻组分复合早强、引气、减水等组分的外加剂。

(二) 适用范围

1. 使用含强电解质无机盐的防冻剂，应符合本节四、(二)、3、4 款的限制条件。强电解质无机盐防冻剂应符合本节四、(二) 5 款的规定，其掺量应符合表 1.3.2 的规定。

2. 含有六价铬盐、亚硝酸盐等有害成分的防冻剂，严禁用于饮水工程及与食品相接触的工程。

3. 含亚硝酸盐、碳酸盐的防冻剂严禁用于预应力混凝土结构。

4. 含有硝胺、尿素等产生刺激性气味的防冻剂，严禁用于办公、居住等建筑工程。

5. 有机化合物与无机盐复合防冻剂及复合型防冻剂使用时应符合本条 1、2、3、4 款的限制条件。有机化合物类防冻剂可用于素混凝土、钢筋混凝土及预应力混凝土工程。

6. 对水工、桥梁及有特殊抗冻融性要求的混凝土工程，应通过试验确定防冻剂品种及掺量。

（三）施工

1. 防冻剂的选用应符合下列规定：

（1）在日最低气温为 0～-5℃，混凝土采用塑料薄膜和保温材料覆盖养护时，可采用早强剂或早强减水剂；

（2）在日最低气温为-5～-10℃、-10～-15℃、-15～-20℃，采用上款保温措施时，宜分别采用规定温度为-5℃、-10℃、-15℃的防冻剂。

2. 防冻剂运到工地（或搅拌站）时首先应检查是否有沉淀结晶或结块。检验项目应包括密度、R_{-7}、R_{+28} 抗压强度比，钢筋锈蚀试验。合格后方可使用。

3. 掺防冻剂混凝土所用原材料，应符合下列要求：

（1）宜选用硅酸盐水泥、普通硅酸盐水泥。水泥存放期超过 3 个月时，在使用前应进行强度检验；

（2）储存液体防冻剂应有保温措施；

（3）粗、细骨料必须清洁，不得含有冰、雪等冻结物及易冻裂的物质；

（4）当骨料具有碱活性时，由防冻剂带入的碱含量、混凝土的总碱含量应符合本章第三节的要求。

4. 掺防冻剂的混凝土配合比，宜符合下列规定：

（1）含引气组分的防冻剂混凝土的砂率，比不掺外加剂混凝土的砂率可降低 2%～3%；

（2）混凝土水灰比不宜超过 0.6，水泥用量不宜低于 300kg/m³，重要承重结构、薄壁结构的混凝土水泥用量可增加 10%，大体积混凝土及强度等级不大于 C15 的混凝土可不受上述限制。

5. 掺防冻剂混凝土采用的原材料，应根据不同的气温，按下列方法进行加热：

（1）气温低于-5℃时，可用热水拌合混凝土；水温高于 65℃时，热水应先与骨料拌合，再加入水泥；

（2）气温低于-10℃时，骨料可移入暖棚或采取加热措施。骨料冻结成块时须加热，加热温度不得高于 65℃，并应避免灼烧，用蒸汽直接加热骨料带入的水分，应从拌合水中扣除。

6. 掺防冻剂混凝土搅拌时应严格控制防冻剂的掺量；严格控制水灰比，应从拌合水中扣除由骨料带入及防冻剂溶液中的水；搅拌前，应用热水或蒸汽冲洗搅拌机，搅拌时间应比常温延长 50%。

7. 掺防冻剂混凝土拌合物的出机温度，严寒地区不得低于 15℃；寒冷地区不得低于 10℃。入模温度，严寒地区不得低于 10℃，寒冷地区不得低于 5℃。

8. 掺防冻剂混凝土浇筑前，应清除模板及钢筋上的冰雪和污垢，不得用蒸汽直接融化冰雪；浇筑完毕后表面应及时用薄膜及保温材料覆盖；对掺防冻剂的混凝土搅拌运输车罐体应包裹保温套。

9. 掺防冻剂混凝土初期养护温度不得低于规定温度；当混凝土温度降到规定温度时，混凝土强度必须达到受冻临界强度（当最低气温不低于-10℃、-15℃及-20℃时，混凝土抗压强度不得小于 3.5N/mm²、4.0N/min² 及 5.0N/mm²）；拆模后混凝土表面温度与环境温度之差大于 20℃时，应采用保温材料覆盖养护。

10. 混凝土浇筑后应在有代表性的部位及易冷却的部位布置测温点，测头埋入深度应为 100～150mm，也可为板厚或墙厚的 1/2。在达到受冻临界强度前每隔 2h 测温一次，以后 6h 一次，并同时测定环境温度。掺防冻剂混凝土试件的浇筑养护及强度、抗冻、抗渗的检验应按有关规定进行。

六、膨胀剂

（一）品种

混凝土工程可采用硫铝酸钙类、硫铝酸钙-氧化钙类及氧化钙类膨胀剂。

（二）适用范围

1. 膨胀剂的适用范围应符合表 1.3.3 的规定。

膨胀剂的适用范围   表 1.3.3

用途	适 用 范 围
补偿收缩混凝土	地下、水中、海水中、隧道等构筑物、大体积混凝土(除大坝外)、配筋路面和板、屋面和厕浴间防水、构件补强、渗漏修补、预应力混凝土、回填槽等
填充用膨胀混凝土	结构后浇带、膨胀加强带、隧洞堵头、钢管与隧道之间的填充等
自应力混凝土	仅用于常温下使用的自应力钢筋混凝土压力管
灌浆用膨胀砂浆	机械设备的底座灌浆、地脚螺栓的固定、梁柱接头、构件补强、加固等

2. 含硫铝酸钙、硫铝酸钙-氧化钙类膨胀剂的混凝土不得用于长期环境温度为 80℃ 以上的工程。含氧化钙类膨胀剂的混凝土不得用于海水或有侵蚀性水的工程。

3. 掺膨胀剂的大体积混凝土，其内外温度差宜小于 25℃。

（三）膨胀混凝土的性能要求

1. 施工用补偿收缩混凝土，其性能应满足表 1.3.4 的要求，限制膨胀率与干缩率的检验应按《混凝土外加剂应用技术规范》GB 50119—2009 附录 B 方法进行。

补偿收缩混凝土性能   表 1.3.4

项目	限制膨胀率(×10⁻⁴)	限制干缩率(×10⁻⁴)	抗压强度(N/mm²)
龄期	水中 14d	水中 14d，空气中 28d	28d
性能指标	≥1.5	≤3.0	≥25

2. 填充用膨胀混凝土，其性能应满足表 1.3.5 的要求，限制膨胀率与干缩率检验方法同上款。强度试验的试件应在成型后三天拆模。

填充用膨胀混凝土性能   表 1.3.5

项目	限制膨胀率(×10⁻⁴)	限制干缩率(×10⁻⁴)	抗压强度(N/mm²)
龄期	水中 14d	水中 14d，空气中 28d	28d
性能指标	≥2.5	≤3.0	≥30

3. 灌浆用膨胀砂浆的性能应满足表 1.3.6 的要求。灌浆用膨胀砂浆用水量按砂浆流动

度 250±10mm 的用水量确定。抗压强度采用 40mm×40mm×160mm 试模，无振动成型。拆模、养护、强度检验应按《水泥胶砂浆强度检验方法(ISO 法)》GB/T 17671 进行。

灌浆用膨胀砂浆性能

表 1.3.6

流动度 (mm)	竖向膨胀率(×10⁻⁴)		抗压强度(N/mm²)		
	3d	7d	1d	3d	28d
250	≥10	≥20	≥20	≥30	≥60

（四）设计要求

1. 掺膨胀剂的补偿收缩混凝土常应用于控制有害裂缝的钢筋混凝土结构工程。混凝土的膨胀只有在限制条件下才能产生预压应力。所以，构造（温度）钢筋的设计对有混凝土有效膨胀性能的利用和分散收缩应力起到重要作用。结构设计者应根据不同的结构部位，采取相应的配筋和分缝。并应对混凝土的限制膨胀率提出具体要求，以避免膨胀剂少掺或误掺，达不到补偿收缩而出现的有害裂缝。当掺膨胀剂的补偿收缩混凝土在水中养护 14d 的限制膨胀率≥0.015% 时，在结构中建立的预压应力将大于 0.2N/mm²，表 1.3.4 及表 1.3.5 中限制膨胀率的性能指标均为最小值，实际使用时应酌情放大，补偿收缩混凝土的膨胀率应控制在 0.02%～0.03%，填充用膨胀混凝土的膨胀率应控制在 0.035%～0.045%。只有这样才能达到控制结构有害裂缝的效果。

结构构件的温度构造钢筋及特殊部位的温度附加钢筋，应符合《混凝土结构设计规范》GB 50010—2010 的规定。

2. 由于墙体受施工和环境温度湿度等因素影响较大，容易出现竖向收缩裂缝，混凝土强度等级越高，开裂机率越大。为防止墙体出现竖向收缩裂缝，其水平分布筋的配筋率宜在 0.4%～0.6%，水平筋的间距宜小于 150mm，采取细而密的配筋原则。由于墙体受底板或楼板的约束较大，混凝土胀缩不一致，宜在墙体中部或两端设一道水平暗梁。

3. 当墙体与柱相连时，由于墙与柱的配筋率相差较大，在离柱边 1～2m 的墙体上易出现竖向收缩裂缝。因此，在柱与墙体的连接部位宜设置 φ8～φ10mm 的水平加强钢筋，钢筋锚入柱内 30d，插入边墙 1200～1600mm，其配筋率应提高 10%～15%。

4. 结构开口部位和突出部位因收缩应力集中易于开裂，与室外相连的出入口受温差影响大也易开裂，这些部位应适当增加附加钢筋，以增强其抗裂能力。

5. 楼板宜配置细而密的钢筋网，现浇补偿收缩钢筋混凝土防水屋面应配双层钢筋网。楼屋面钢筋的间距宜小于 150mm，配筋率楼面宜大于 0.5%，屋面宜大于 0.6%。

6. 后浇缝的间距及要求见本章第十二节。

（五）施工

1. 掺膨胀剂混凝土所采用的原材料应符合下列规定：

（1）膨胀剂应符合《混凝土膨胀剂》JC 476 标准的规定；膨胀剂运到工地（或混凝土搅拌站）应进行限制膨胀率检测，合格后方可入库、使用；

（2）水泥应符合现行通用水泥国家标准，不得使用硫铝酸盐水泥、铁铝酸盐水泥和高铝水泥。

2. 掺膨胀剂的混凝土的配合比设计应符合下列规定：

（1）胶凝材料最少用量（水泥、膨胀剂和掺合料的总量）应符合表 1.3.7 的规定；

胶凝材料最少用量　　　　　　　　　　　　　　　　　　　表 1.3.7

膨胀混凝土种类	胶凝材料最少用量（kg/m³）	膨胀混凝土种类	胶凝材料最少用量（kg/m³）
补偿收缩混凝土	300	自应力混凝土	500
填充用膨胀混凝土	350		

（2）水胶比不宜大于 0.5；

（3）用于有抗渗要求的补偿收缩混凝土的水泥用量应不小于 320kg/m²，当掺入掺合料时，其水泥用量不应小于 280kg/m²；

（4）补偿收缩混凝土的膨胀剂掺量不宜大于 12%，也不宜小于 6%；填充用膨胀混凝土的膨胀剂掺量不宜大于 15%，也不宜小于 10%；

（5）以水泥和膨胀剂为胶凝材料的混凝土。设基准混凝土配合比中水泥用量为 m_{C0}、膨胀剂取代水泥率为 K，膨胀剂用量 $m_E = m_{C0} \cdot K$、水泥用量 $m_C = m_{C0} - m_E$；

（6）以水泥、掺合料和膨胀剂为胶凝材料的混凝土，设膨胀剂取代胶凝材料率为 K，并设基准混凝土配合比中水泥用量为 $m_{C'}$ 和掺合料用量为 $m_{F'}$，则膨胀剂用量 $m_E = (m_{C'} + m_{F'}) \cdot K$，掺合料用量 $m_F = m_{F'}(1-K)$，水泥用量 $m_C = m_{C'}(1-K)$。

3. 其他外加剂用量的确定方法：膨胀剂可与其他混凝土外加剂复合使用，但应有较好的适应性；膨胀剂不宜与氯盐类外加剂复合使用，与防冻剂复合使用时应慎重，外加剂品种和掺量应通过试验确定。

4. 粉状膨胀剂应与混凝土其他原材料一起投入搅拌机，拌和时间应延长 30s。

5. 混凝土浇筑应符合下列规定：

（1）在计划浇筑区段内应连续浇筑混凝土，不得中断；

（2）混凝土浇筑以阶梯式推进，浇筑间隔时间不得超过混凝土的初凝时间；

（3）混凝土不得漏振、欠振和过振；

（4）混凝土终凝前，应采用抹面机械或人工多次抹压。

6. 混凝土养护应符合下列规定：

（1）对于大体积混凝土和大面积板面混凝土，表面抹压后用塑料薄膜覆盖，混凝土硬化后，宜用蓄水养护或用湿麻袋覆盖，保持混凝土表面潮湿，养护时间不宜少于 14d；

（2）对于墙体等不易保水的结构，宜从顶部设水管喷淋，拆模时间不宜少于 3d，拆模后宜用湿麻袋紧贴墙体覆盖，并浇水养护，保持混凝土表面潮湿，养护时间不宜少于 14d；

（3）冬期施工时，混凝土浇筑后，应立即用塑料薄膜和保温材料覆盖，养护期不应少于 14d。对于墙体，带模养护不应少于 7d。

7. 灌浆用膨胀砂浆施工应符合下列规定：

（1）灌浆用膨胀砂浆的水料（胶凝材料＋砂）比应为 0.14～0.16，搅拌时间不宜少于 3min；

（2）膨胀砂浆不得使用机械振捣，宜用人工插捣排除气泡，每个部位应从一个方向浇筑；

（3）浇筑完成后，应立即用湿麻袋等覆盖暴露部分，砂浆硬化后立即浇水养护，养护

期不宜少于 7d;

（4）灌浆用膨胀砂浆浇筑和养护期间，最低气温低于 5℃时，应采取保温保湿养护措施。

8. 掺膨胀剂的混凝土品质，应以抗压强度、限制膨胀率和限制干缩率的试验值为依据。有抗渗要求时，应做抗渗试验。

七、泵送剂

1. 混凝土工程中，可采用由减水剂、缓凝剂、引气剂等复合而成的泵送剂。

2. 泵送剂适用于工业与民用建筑及其他构筑物的泵送施工的混凝土；特别适用于大体积混凝土、高层建筑和超高层建筑；适用于滑模施工，也适用于水下灌注桩混凝土等。

3. 泵送混凝土的施工：

（1）泵送剂运到工地（或混凝土搅拌站）的检验项目应包括 pH 值、密度（或细度）、坍落度增加值及坍落度损失。符合要求方可入库、使用；

（2）含有水不溶物的粉状泵送剂应与胶凝材料一起加入搅拌机中；水溶性粉状泵送剂宜用水溶解后直接加入搅拌机中，并应延长混凝土搅拌时间 30s；

（3）液体泵送剂应与拌合水一起加入搅拌机中，溶液中的水应从拌合水中扣除；

（4）泵送剂的品种、掺量应按供货单位提供的推荐掺量和环境温度、泵送高度、泵送距离、运输距离等要求经混凝土试配后确定；

（5）配制泵送混凝土的砂、石应符合下列要求：

A. 粗骨料最大粒径不宜超过 40mm；泵送高度超过 50m 时，碎石最大粒径不宜超过 25mm；卵石最大粒径不宜超过 30mm；

B. 骨料最大粒径与输送管内径之比，碎石不宜大于混凝土输送管内径的 1/3；卵石不宜大于混凝土输送管内径的 2/5；

C. 粗骨料应采用连续级配，针片状颗粒含量不宜大于 10%；

D. 细骨料宜采用中砂，通过 0.315mm 筛孔的颗粒含量不宜小于 15%，且不大于 30%，通过 0.160mm 筛孔的颗粒含量不宜小于 5%。

（6）掺泵送剂的泵送混凝土配合比设计应符合下列规定：

A. 应符合《普通混凝土配合比设计规程》JGJ 55《混凝土结构工程施工质量验收规范》GB 50204 及《粉煤灰混凝土应用技术规范》GBJ 146 等；

B. 泵送混凝土的胶凝材料总量不宜小于 300kg/m³；

C. 泵送混凝土的砂率宜为 35%～45%；

D. 泵送混凝土的水胶比不宜大于 0.6；

E. 泵送混凝土的含气量不宜超过 5%；

F. 泵送混凝土的坍落度不宜小于 100mm。

（7）在不可预测情况下造成商品混凝土坍落度损失过大时，可采用后添加泵送剂的方法掺入混凝土搅拌运输车中，必须快速运转搅拌均匀，测定坍落度符合要求后方可使用。后添加的量应预先试验确定。

八、防水剂

（一）品种

1. 无机化合物类：氯化铁、硅灰粉末、锆化合物等。

2. 有机化合物类：脂肪酸及其盐类、有机硅表面活性剂（甲基硅醇钠、乙基硅醇钠、聚乙基羟基硅氧烷）、石蜡、地沥青、橡胶及水溶性树脂乳液等。

3. 混合物类：无机类混合物、有机类混合物、无机类与有机类混合物。

4. 复合类：上述各类与引气剂、减水剂、调凝剂等外加剂复合的复合型防水剂。

（二）适用范围

1. 防水剂可用于工业与民用建筑的屋面、地下室、隧道、巷道、给排水池、水泵站等有防水抗渗要求的混凝土工程。

2. 含氯盐的防水剂可用于素混凝土、钢筋混凝土工程，严禁用于预应力混凝土工程。

（三）施工

1. 防水剂进入工地（或混凝土搅拌站）的检验项目应包括 pH 值、密度（或细度）、钢筋锈蚀，符合要求方可入库、使用。

2. 防水混凝土施工应选择与防水剂适应性好的水泥。一般应优先选用普通硅酸盐水泥，有抗硫酸盐要求时，可选用火山灰质硅酸盐水泥，并经过试验确定。

3. 防水剂应按供货单位推荐掺量掺入，超量掺加时应经试验确定，符合要求方可使用。

4. 防水剂混凝土宜采用 5～25mm 连续级配石子。

5. 防水剂混凝土搅拌时间应较普通混凝土延长 30s。

6. 防水剂混凝土应加强早期养护，潮湿养护不得少于 7d。

7. 处于侵蚀介质中的防水混凝土，当耐腐蚀系数小于 0.8 时，应采取防腐蚀措施。

8. 防水剂混凝土结构表面温度不应超过 100℃，否则必须采取隔断热源的保护措施。

九、速凝剂

（一）品种

1. 在喷射混凝土工程中可采用的粉状速凝剂：以铝酸盐、碳酸盐等为主要成分的无机盐混合物等。

2. 在喷射混凝土工程中可采用的液体速凝剂：以铝酸盐、水玻璃等为主要成分，与其他无机盐复合而成的复合物。

（二）适用范围

速凝剂可用于采用喷射法加固施工的喷射混凝土，如地下工程支护、水池、预应力油罐、边坡加固、结构修复加固、深基坑护壁、堵漏用混凝土及需要速凝的其他混凝土。

（三）施工

1. 速凝剂进入工地（或混凝土搅拌站）的检验项目应包括密度（或细度）、凝结时间、1d 抗压强度，符合要求方可入库、使用。

2. 喷射混凝土施工应选用与水泥适应性好、凝结硬化快、回弹小、28d 强度损失少、低掺量的速凝剂品种。

3. 速凝剂掺量一般为 2%～8%，掺量随速凝剂品种、施工温度和工程要求适当增减。

4. 喷射混凝土应采用硅酸盐水泥、普通硅酸盐水泥、矿渣硅酸盐水泥，不许使用过期、受潮结块的水泥。

5. 为减少喷射的物料回弹及物料在管路中的堵塞，喷射混凝土粗骨料最大粒径不大于 20mm，中砂或粗砂的细度模数为 2.8～3.5。

6. 喷射混凝土的经验配合比为：水泥用量约 400kg/m³，砂率 45%～60%，水灰比约为 0.4。

7. 喷射混凝土应加强养护、施工人员应注意劳动防护和人身安全。

第四节 混 凝 土

混凝土是指由水泥、石灰、石膏类无机胶结料和水或沥青、树脂等有机胶结料的胶状物质与集料按一定比例拌合，并在一定的条件下硬化而成的人造石材。

近年来，在混凝土及其拌合物中常加入外加剂，使其性能得到很大改善，适应性更强，这些内容详见本章第三节外加剂的有关部分。

一、混凝土配合比设计

混凝土配合比设计时应根据原材料性能和对混凝土的设计及施工技术要求进行配合比计算，并经试验室试配、试验，进行调整后确定。

（一）普通混凝土的配合比设计

1. 基本规定

（1）混凝土配合比设计应满足混凝土配制强度及其他力学性能、拌合物性能、长期性能和耐久性能的设计要求。

除配制 C15 及其以下强度等级的混凝土外，混凝土的最小胶凝材料用量应符合表 1.4.1 的规定。

混凝土的最小胶凝材料用量 表 1.4.1

最大水胶比	最小胶凝材料用量（kg/m³）		
	素混凝土	钢筋混凝土	预应力混凝土
0.60	250	280	300
0.55	280	300	300
0.50	320		
≤0.45	330		

（2）矿物掺合料在混凝土中的渗量应通过试验确定。采用硅酸盐水泥或普通硅酸盐水泥时，钢筋混凝土中矿物掺合料最大掺量宜符合表 1.4.2 的规定。

对基础大体积混凝土，粉煤灰、粒化高炉矿渣粉和复合掺合料的最大掺量可增加5%。采用掺量大于 30% 的 C 类粉煤灰的混凝土应以实际使用的水泥和粉煤灰掺量进行安定性检验。

钢筋混凝土中矿物掺合料最大掺量 表 1.4.2

矿物掺合料种类	水胶比	最大掺量（%）	
		采用硅酸盐水泥时	采用普通硅酸盐水泥时
粉煤灰	≤0.40	45	35
	>0.40	40	30
粒化高炉矿渣粉	≤0.40	65	55
	>0.40	55	45

续表

矿物掺合料种类	水胶比	最大掺量(%)	
		采用硅酸盐水泥时	采用普通硅酸盐水泥时
钢渣粉	—	30	20
磷渣粉	—	30	20
硅灰	—	10	10
复合掺合料	≤0.40	65	55
	>0.40	55	45

注：1. 采用其他通用硅酸盐水泥时，宜将水泥混合材掺量 20% 以上的混合材量计入矿物掺合料；

2. 复合掺合料各组分的掺量不宜超过单掺时的最大掺量；

3. 在混合使用两种或两种以上矿物掺合料时，矿物掺合料总掺量应符合表中复合掺合料的规定。

（3）混凝土拌合物中水溶性氯离子最大含量应符合表 1.4.3 的规定，其测试方法应符合现行行业标准《水运工程混凝土试验规程》JTJ 270 中混凝土拌合物中氯离子含量的快速测定方法的规定。

混凝土拌合物中水溶性氯离子最大含量　　　　　　　表 1.4.3

环境条件	水溶性氯离子最大含量(%，水泥用量的质量百分比)		
	钢筋混凝土	预应力混凝土	素混凝土
干燥环境	0.30	0.06	1.00
潮湿但不含氯离子的环境	0.20		
潮湿且含有氯离子的环境、盐渍土环境	0.10		
除冰盐等侵蚀性物质的腐蚀环境	0.06		

（4）长期处于潮湿或水位变动的寒冷和严寒环境以及盐冻环境的混凝土应掺用引气剂。引气剂掺量应根据混凝土含气量要求经试验确定，混凝土最小含气量应符合表 1.4.4 的规定，最大不宜超过 7.0%。

混凝土最小含气量　　　　　　　表 1.4.4

粗骨料最大公称粒径 (mm)	混凝土最小含气量(%)	
	潮湿或水位变动的寒冷和严寒环境	盐冻环境
40.0	4.5	5.0
25.0	5.0	5.5
20.0	5.5	6.0

注：含气量为气体占混凝土体积的百分比。

（5）对于有预防混凝土碱骨料反应设计要求的工程，宜掺用适量粉煤灰或其他矿物掺合料，混凝土中最大碱含量不应大于 3.0kg/m³；对于矿物掺合料碱含量，粉煤灰碱含量可取实测值的 1/6，粒化高炉矿渣粉碱含量可取实测值的 1/2。

2. 混凝土配制强度的确定

当混凝土的设计强度等级小于 C60 时，配制强度应按下式确定：

$$f_{cu,0} \geq f_{cu,k} + 1.645\sigma \tag{1.4.1}$$

式中：$f_{cu,0}$——混凝土配制强度（N/mm²）；

$f_{cu,k}$——混凝土立方体抗压强度标准值（N/mm²）；

σ——混凝土强度标准差（N/mm²）。可按表 1.4.5 取用。

σ 值（N/mm²） 表 1.4.5

混凝土强度等级	低于 C20	C20～C35	高于 C35
σ	4.0	5.0	6.0

注：在采用本表时，施工单位可根据实际情况对 σ 值作适当调整。

当设计强度等级不小于 C60 时，配制强度应按下式确定：

$$f_{cu,0} \geq 1.15 f_{cu,k} \tag{1.4.2}$$

3. 混凝土用水量的确定

每立方米干硬性和塑性混凝土的用水量可按下列规定选取：

（1）水胶比在 0.40～0.80 范围时，根据骨料的品种、粒径及施工要求的混凝土拌合物稠度，其用水量可按表 1.4.6 及表 1.4.7 选用。

干硬性混凝土的用水量（kg/m³） 表 1.4.6

拌合物稠度		卵石最大粒径（mm）			碎石最大粒径（mm）		
项目	指标	10	20	40	16	20	40
维勃稠度（s）	16～20	175	160	145	180	170	155
	11～15	180	165	150	185	175	160
	5～10	185	170	155	190	180	165

塑性混凝土的用水量（kg/m³） 表 1.4.7

拌合物稠度		卵石最大粒径（mm）				碎石最大粒径（mm）			
项目	指标	10	20	31.5	40	16	20	31.5	40
坍落度（mm）	10～30	190	170	160	150	200	185	175	165
	35～50	200	180	170	160	210	195	185	175
	55～70	210	190	180	170	220	205	195	185
	75～90	215	195	185	175	230	215	205	195

注：1. 本表用水量系采用中砂时的平均取值。采用细砂时，每立方米混凝土用水量可增加 5～10kg；采用粗砂时，则可减少 5～10kg；

2. 掺用各种外加剂或掺合料时，用水量应相应调整。

（2）水胶比小于 0.40 的混凝土，可通过试验确定。

（3）掺外加剂时，每立方米流动性或大流动性混凝土的用水量（m_{w0}）可按下式计算：

$$m_{w0} = m'_{w0}(1-\beta) \tag{1.4.3}$$

式中：m_{w0}——计算配合比每立方米混凝土的用水量（kg/m³）；

m'_{w0}——未掺外加剂时推定的满足实际坍落度要求的每立方米混凝土用水量（kg/m³），以表 1.4.7 中 90mm 坍落度的用水量为基础，按每增大

20mm 坍落度相应增加 5kg/m³ 用水量来计算，当坍落度增大到 180mm 以上时，随坍落度相应增加的用水量可减少；

β——外加剂的减少率(%)，应经混凝土试验确定。

4. 每立方米混凝土中外加剂用量(m_{a0})应按下式计算：

$$m_{a0}=m_{b0}\beta_a \tag{1.4.4}$$

式中：m_{a0}——计算配合比每立方米混凝土中外加剂用量(kg/m³)；

m_{b0}——计算配合比每立方米混凝土中胶凝材料用量(kg/m³)，计算应符合本节第一、（一）、5 条的规定；

β_a——外加剂掺量(%)，应经混凝土试验确定。

5. 胶凝材料、矿物掺合料和水泥用量

（1）每立方米混凝土的胶凝材料用量(m_{b0})应按式(1.4.5)计算，并应进行试拌调整，在拌合物性能满足的情况下，取经济合理的胶凝材料用量。

$$m_{b0}=\frac{m_{w0}}{W/B} \tag{1.4.5}$$

式中：m_{b0}——计算配合比每立方米混凝土中胶凝材料用量(kg/m³)；

m_{w0}——计算配合比每立方米混凝土的用水量(kg/m³)；

W/B——混凝土水胶比。

（2）每立方米混凝土的矿物掺合料用量(m_{f0})应按下式计算：

$$m_{f0}=m_{b0}\beta_f \tag{1.4.6}$$

式中：m_{f0}——计算配合比每立方米混凝土中矿物掺合料用量(kg/m³)；

β_f——矿物掺合料掺量(%)，可结合本节第一、（一）、1、（2）条的规定确定。

（3）每立方米混凝土的水泥用量(m_{c0})应按下式计算：

$$m_{c0}=m_{b0}-m_{f0} \tag{1.4.7}$$

式中：m_{c0}——计算配合比每立方米混凝土中水泥用量(kg/m³)。

6. 粗、细骨料用量

（1）当采用质量法计算混凝土配合比时，粗、细骨料用量应按式(1.4.8)计算；砂率应按式(1.4.9)计算。

$$m_{f0}+m_{c0}+m_{g0}+m_{s0}+m_{w0}=m_{cp} \tag{1.4.8}$$

$$\beta_s=\frac{m_{s0}}{m_{g0}+m_{s0}}\times100\% \tag{1.4.9}$$

式中：m_{g0}——计算配合比每立方米混凝土的粗骨料用量(kg/m³)；

m_{s0}——计算配合比每立方米混凝土的细骨料用量(kg/m³)；

β_s——砂率(%)；

m_{cp}——每立方米混凝土拌合物的假定质量(kg)，可取 2350～2450kg/m³。

（2）当采用体积法计算混凝土配合比时，砂率应按公式(1.4.9)计算，粗、细骨料用量应按公式(1.4.10)计算。

$$\frac{m_{c0}}{\rho_c}+\frac{m_{f0}}{\rho_f}+\frac{m_{g0}}{\rho_g}+\frac{m_{s0}}{\rho_s}+\frac{m_{w0}}{\rho_w}+0.01\alpha=1 \tag{1.4.10}$$

式中：ρ_c——水泥密度(kg/m³)，可按现行国家标准《水泥密度测定方法》GB/T 208 测定，也可取 2900～3100kg/m³；

ρ_f——矿物掺合料密度（kg/m³），可按现行国家标准《水泥密度测定方法》GB/T 208 测定；

ρ_g——粗骨料的表观密度（kg/m³），应按现行行业标准《普通混凝土用砂、石质量及检验方法标准》JGJ 52 测定；

ρ_s——细骨料的表观密度（kg/m³），应按现行行业标准《普通混凝土用砂、石质量及检验方法标准》JGJ 52 测定；

ρ_w——水的密度（kg/m³），可取 1000kg/m³；

α——混凝土的含气量百分数，在不使用引气剂或引气型外加剂时，α 可取 1。

7. 砂率

砂率（β_s）应根据骨料的技术指标、混凝土拌合物性能和施工要求，参考既有历史资料确定。当缺乏砂率的历史资料时，混凝土砂率的确定应符合下列规定：

（1）坍落度小于 10mm 的混凝土，其砂率应经试验确定；

（2）坍落度为 10~60mm 的混凝土，其砂率可根据粗骨料品种、最大粒径及水胶比按表 1.4.8 选取；

（3）坍落度大于 60mm 的混凝土，其砂率可经试验确定，也可在表 1.4.8 的基础上，按坍落度每增大 20mm、砂率增大 1% 的幅度予以调整。

表 1.4.8

混 凝 土 的 砂 率（%）

水胶比（W/B）	卵石最大粒径（mm）			碎石最大粒径（mm）		
	10	20	40	10	20	40
0.40	26~32	25~31	24~30	30~35	29~34	27~32
0.50	30~35	29~34	28~33	33~38	32~37	30~35
0.60	33~38	32~37	31~36	36~41	35~40	33~38
0.70	36~41	35~40	34~39	39~44	38~43	36~41

注：1. 本表数值系中砂的选用砂率，对细砂或粗砂，可相应减小或增大砂率；
　　2. 只用一个单粒级粗骨料配制混凝土时，砂率应适当增大；
　　3. 采用人工砂配制混凝土时，砂率可适当增大。

以计算所得的各种材料用量进行混凝土配合比的试配、调整，直到满足要求为止。详细操作实施见《普通混凝土配合比设计规程》JGJ/T 55—2011。

（二）特殊要求的混凝土配合比设计

1. 抗渗混凝土

抗渗混凝土所用原材料、配合比计算及试配应符合下列要求：

（1）粗骨料宜采用连续级配，其最大粒径不宜大于 40mm，其含泥量不得大于 1.0%，泥块含量（重量比）不得大于 0.5%。

（2）细骨料宜采用中砂，含泥量不得大于 3.0%，泥块含量不得大于 1.0%。

（3）每立方米混凝土中的胶凝材料用量不宜小于 320kg。砂率宜为 35%~45%。

（4）掺用引气剂或引气型外加剂的抗渗混凝土，应进行含气量试验，含气量宜控制在 3.0%~5.0%。

（5）供试配用的抗渗混凝土其最大水胶比应符合表 1.4.9 的规定：

抗渗混凝土最大水胶比   表 1.4.9

抗 渗 等 级	最 大 水 胶 比	
	C20～C30 混凝土	C30 以上混凝土
P6	0.60	0.55
P8～P12	0.55	0.50
＞P12	0.50	0.45

（6）抗渗混凝土宜掺用矿物掺合料。

（7）试配要求的抗渗水压值应比设计值提高 0.2N/mm^2。

2. 抗冻混凝土

抗冻混凝土所用原材料、配合比计算及试配应符合下列要求：

（1）水泥应优先选用硅酸盐水泥或普通硅酸盐水泥，不得使用火山灰质硅酸盐水泥；

（2）粗骨料宜连续级配，含泥量不得大于 1.0%，泥块含量不得大于 0.5%；

（3）细骨料含泥量不得大于 3.0%，泥块含量不得大于 1.0%；

（4）粗、细骨料均应进行坚固性试验，并应符合现行行业标准《普通混凝土用砂、石质量及检验方法标准》JGJ 52 的规定；

（5）抗冻等级不小于 F100 的抗冻混凝土宜掺用引气剂；

（6）在钢筋混凝土和预应力混凝土中不得掺用含有氯盐的防冻剂；在预应力混凝土中不得掺用含有亚硝酸盐或碳酸盐的防冻剂；

（7）抗冻混凝土配合比应符合下列规定：

1）最大水胶比和最小胶凝材料用量应符合表 1.4.10 的规定；

2）复合矿物掺合料掺量宜符合表 1.4.11 的规定；其他矿物掺合料掺量宜符合本规程表 1.4.2 的规定；

3）掺用引气剂的混凝土最小含气量应符合一、（一）、1、（4）条的规定。

最大水胶比和最小胶凝材料用量   表 1.4.10

设计抗冻等级	最大水胶比		最小胶凝材料用量（kg/m^3）
	无引气剂时	掺引气剂时	
F50	0.55	0.60	300
F100	0.50	0.55	320
不低于 F150	—	0.50	350

复合矿物掺合料最大掺量   表 1.4.11

水胶比	最大掺量（%）	
	采用硅酸盐水泥时	采用普通硅酸盐水泥时
≤0.40	60	50
＞0.40	50	40

注：1. 采用其他通用硅酸盐水泥时，可将水泥混合材掺量 20% 以上的混合材量计入矿物掺合料；
2. 复合矿物掺合料中各矿物掺合料组分的掺量不宜超过表 1.4.2 中单掺时的限量。

3. 高强混凝土

（1）高强混凝土的原材料应符合下列规定：

1）水泥应选用硅酸盐水泥或普通硅酸盐水泥；

2) 粗骨料宜采用连续级配，其最大公称粒径不宜大于 25.0mm，针片状颗粒含量不宜大于 5.0%，含泥量不应大于 0.5%，泥块含量不应大于 0.2%；

3) 细骨料的细度模数宜为 2.6～3.0，含泥量不应大于 2.0%，泥块含量不应大于 0.5%；

4) 宜采用减水率不小于 25% 的高性能减水剂；

5) 宜复合掺用粒化高炉矿渣粉、粉煤灰和硅灰等矿物掺合料；粉煤灰等级不应低于 Ⅱ 级；对强度等级不低于 C80 的高强混凝土宜掺用硅灰。

(2) 高强混凝土配合比应经试验确定，在缺乏试验依据的情况下，配合比设计宜符合下列规定：

1) 水胶比、胶凝材料用量和砂率可按表 1.4.12 选取，并应经试配确定；

水胶比、胶凝材料用量和砂率　　　　　表 1.4.12

强度等级	水胶比	胶凝材料用量(kg/m^3)	砂率(%)
≥C60，＜C80	0.28～0.34	480～560	
≥C80，＜C100	0.26～0.28	520～580	35～42
C100	0.24～0.26	550～600	

2) 外加剂和矿物掺合料的品种、掺量，应通过试配确定；矿物掺合料掺量宜为 25%～40%；硅灰掺量不宜大于 10%；

3) 水泥用量不宜大于 500kg/m^3。

(3) 在试配过程中，应采用三个不同的配合比进行混凝土强度试验，其中一个可为依据表 1.4.12 计算后调整拌合物的试拌配合比，另外两个配合比的水胶比，宜较试拌配合比分别增加和减少 0.02。

(4) 高强混凝土设计配合比确定后，尚应采用该配合比进行不少于三盘混凝土的重复试验，每盘混凝土应至少成型一组试件，每组混凝土的抗压强度不应低于配制强度。

4. 泵送混凝土

(1) 泵送混凝土所采用的原材料应符合下列规定：

1) 水泥宜选用硅酸盐水泥、普通硅酸盐水泥、矿渣硅酸盐水泥和粉煤灰硅酸盐水泥。不宜采用火山灰质硅酸盐水泥；

2) 粗骨料宜采用连续级配，其针片状颗粒含量不宜大于 10%；粗骨料的最大公称粒径与输送管径之比宜符合表 1.4.13 的规定；

粗骨料的最大公称粒径与输送管径之比　　　　　表 1.4.13

粗骨料品种	泵送高度(m)	粗骨料最大公称粒径与输送管径之比
碎　石	＜50	≤1：3.0
	50～100	≤1：4.0
	＞100	≤1：5.0
卵　石	＜50	≤1：2.5
	50～100	≤1：3.0
	＞100	≤1：4.0

3) 细骨料宜采用中砂，其通过公称直径为 $315\mu m$ 筛孔的颗粒含量不宜少于 15%；

4) 泵送混凝土应掺用泵送剂或减水剂，并宜掺用矿物掺合料。泵送混凝土试配时应考虑坍落度经时损失。

（2）泵送混凝土配合比应符合下列规定：

1) 胶凝材料用量不宜少于 $300kg/m^3$，水胶比不宜大于 0.6；

2) 砂率宜为 35%～45%；

3) 掺用引气剂型外加剂的泵送混凝土的含气量不宜大于 4%。

5. 大体积混凝土

混凝土结构物实体最小几何尺寸不小于 1m 的大体量混凝土，或预计会因混凝土中胶凝材料水化引起温度变化和收缩而导致有害裂缝产生的混凝土为大体积混凝土。

（1）大体积混凝土的施工应符合以下要求：

1) 大体积混凝土的设计强度等级宜为 C25～C40，并可采用混凝土 60d 或 90d 的强度作为配合比设计、混凝土强度评定及工程验收的依据；

2) 大体积混凝土还应结合施工方法配置控制温度和收缩的构造钢筋；

3) 大体积混凝土置于岩石类地基上时，宜在混凝土垫层上设置滑动层，可用一毡二油；

4) 设计中宜采取减少大体积混凝土外部约束的技术措施；宜根据工程情况提出温度场和应变的相关测试要求；

5) 混凝土浇筑体在入模温度基础上的升温值不宜大于 50℃；浇筑体的里表温度差（不含混凝土收缩当量温度）不宜大于 25℃，其降温速率不宜大于 2.0℃/d，浇筑体的表面与大气温差不宜大于 20℃。

（2）大体积混凝土所用的原材料应符合下列规定：

1) 水泥宜采用中、低热硅酸盐水泥或低热矿渣硅酸盐水泥，水泥的 3d 和 7d 水化热应符合现行国家标准《中热硅酸盐水泥低热硅酸盐水泥　低热矿渣硅酸盐水泥》GB 200 规定。当采用硅酸盐水泥或普通硅酸盐水泥时，应掺加矿物掺合料，胶凝材料的 3d 和 7d 水化热分别不宜大于 240kJ/kg 和 270kJ/kg；

2) 细骨料宜采用中砂，其细度模数宜大于 2.3，含泥量不大于 3%；

3) 粗骨料宜选用粒径 5～31.5mm，并连续级配，含泥量不大于 1%的非碱活性的粗骨料；

4) 当采用非泵送施工时，粗骨料的粒径可适当增大。

（3）大体积混凝土配合比设计应符合下列规定：

1) 在混凝土制备前应进行常规配合比试验，并尚应进行水化热、沁水率、可泵性等试验；

2) 所配制的混凝土拌合物，到浇筑工作面的坍落度不宜低于 160mm；

3) 水胶比不宜大于 0.55，拌和水用量不宜大于 $175kg/m^3$；

4) 粉煤灰掺量不宜超过胶凝材料用量的 40%，矿渣粉的掺量不宜超过胶凝材料用量的 50%；粉煤灰和矿渣粉掺合料的总量不宜大于混凝土中胶凝材料用量的 50%；

5) 在确定混凝土配合比时，应根据混凝土的绝对温升、温控施工方案的要求等，提出混凝土制备时粗骨料和拌和用水及入模温度控制的技术措施。

（4）超长大体积混凝土为控制结构不出现有害裂缝应采取留置变形缝、后浇带施工及跳仓法施工等措施。跳仓的最大分块尺寸不宜大于 40m，跳仓间隔施工的时间不宜小于 7d，跳仓接缝处按施工缝的要求设置和处理。施工缝宜用钢板网、钢丝网或小木板拼接支模；

(5) 混凝土连续整体浇筑时，浇筑厚度宜为 300～500mm，并宜采用二次振捣工艺。

6. 自密实混凝土

自密实混凝土为其有高流动度、不离析、均匀性和稳定性，浇筑时依靠其自重流动，无需振捣就能均匀地填充到模板各处并达到密实的混凝土。

自密实混凝土的配合比设计应根据结构的结构条件、施工条件和环境条件所要求的自密实性能进行设计，在综合强度、耐火性和其他必要性能要求的基础上提出实验配合比。

(1) 自密实混凝土的自密实性能可通过检验流动性、抗离析性和填充性来验证。流动性可通过坍落扩展度试验得到验证。抗离析性可选择 V 形漏斗试验、T_{50} 试验中的任何一种进行验证。填充性可通过 U 形箱试验检测。自密实性能等级分为三级，其指标应符合表 1.4.14 的要求。

混凝土自密实性能等级指标

表 1.4.14

性能等级	一级	二级	三级
U 形箱试验填充高度(mm)	320 以上(隔栅型障碍 1 型)	320 以上(隔栅型障碍 2 型)	320 以上(无障碍)
坍落扩展度(mm)	700±50	650±50	600±50
T_{50}(s)	5～20	3～20	3～20
V 形漏斗通过时间(s)	10～25	7～25	4～25

应根据结构物的结构形状、尺寸、配筋状态等选用自密实性能等级。对于一般的钢筋混凝土结构物及构件可采用自密实性能等级二级。

一级：适用于钢筋的最小净间距为 35～60mm、结构形状复杂、构件断面尺寸小的钢筋混凝土结构物及构件的浇筑；

二级：适用于钢筋的最小净间距为 60～200mm 的钢筋混凝土结构物及构件的浇筑；

三级：适用于钢筋的最小净间距 200mm 以上、断面尺寸大、配筋量少的钢筋混凝土结构物及构件的浇筑，以及无筋结构物的浇筑。

(2) 自密实混凝土可选用硅酸盐水泥、普通硅酸盐水泥、矿渣硅酸盐水泥、火山灰硅酸盐水泥、粉煤灰硅酸盐水泥；使用矿物掺合料的自密实混凝土，宜选用硅酸盐水泥或普通硅酸盐水泥。自密实混凝土不宜采用凝结速度较快的水泥，如铝酸盐水泥、硫铝酸盐水泥等。

(3) 自密实混凝土中可掺入粉煤灰、粒化高炉矿渣粉、硅灰、沸石粉、复合矿物掺合料等活性矿物掺合料，其性能指标应符合现行国家标准的规定。

(4) 初期配合比设计应符合下列要求：

1) 粗骨料最大粒径不宜大于 20mm；单位体积粗骨料绝对体积：性能等级一级时为 0.28～0.30m³；二级为 0.30～0.33m³；三级为 0.32～0.35m³。针片状颗粒含量≤8%；石子空隙率宜小于 40%；

2) 单位体积用水量宜为 155～180kg；

3) 水粉比(按体积比)宜为 0.80～1.15；

4) 单位体积粉体量宜为 0.16～0.23；单位体积浆体量宜为 0.32～0.40；

5) 无抗冻要求时，含气量宜为 1.5%～4.0%；

6) 宜优先选用聚羧酸系高性能减水剂。

对初期配合比应进行试拌，验证是否满足新拌混凝土的性能要求，当试拌混凝土不能达到所需新拌混凝土性能时，应对外加剂、单位体积用水量、单位体积粉体量和单位体积粗骨料量进行调整及所用材料的变更使满足性能要求后，再进行硬化混凝土质量验证，以符合设计要求。

7. 纤维混凝土❶

掺加短钢纤维或短合成纤维作为增强材料的混凝土为纤维混凝土。钢纤维是由细钢丝切断、薄钢片切削、钢锭铣削或由熔钢抽取等方法制成的纤维。合成纤维是用有机合成材料经过挤出、拉伸、改性等工艺制成的纤维。

纤维混凝土用于浇筑一般混凝土构件、喷射混凝土、抗震框架节点、铁路轨枕、薄壁构件、能起到提高整体性、增强、防裂、抗冲击及修复补强的作用。

（1）钢纤维混凝土可采用碳钢纤维、低合金钢纤维或不锈钢纤维。钢纤维的形状可为平直形或异形，异形钢纤维又可为压痕形、波形、端钩形、大头形和不规则麻面形等。钢纤维的几何参数宜符合表 1.4.15 的规定。

钢纤维的几何参数   表 1. 4. 15

用　途	长度（mm）	直径（当量直径）（mm）	长径比
一般浇筑钢纤维混凝土	20～60	0.3～0.9	30～80
钢纤维喷射混凝土	20～35	0.3～0.8	30～80
钢纤维混凝土抗震框架节点	35～60	0.3～0.9	50～80
钢纤维混凝土铁路轨枕	30～35	0.3～0.6	50～70
层布式钢纤维混凝土复合路面	30～120	0.3～1.2	60～100

钢纤维抗拉强度等级及其抗拉强度应符合表 1.4.16 的规定。

钢纤维抗拉强度等级   表 1. 4. 16

钢纤维抗拉强度等级	抗拉强度（MPa）	
	平均值	最小值
380 级	$600 > R \geqslant 380$	342
600 级	$100 > R \geqslant 600$	540
1000 级	$R \geqslant 1000$	900

（2）合成纤维混凝土可采用聚丙烯腈纤维、聚丙烯纤维、聚酰胺纤维或聚乙烯醇纤维等。合成纤维可为单丝纤维、束状纤维、膜裂纤维和粗纤维等。合成纤维应为无毒材料。

合成纤维的规格宜符合表 1.4.17 的规定。

合成纤维的规格   表 1. 4. 17

外形	公称长度（mm）		当量直径（μm）
	用于水泥砂浆	用于水泥混凝土	
单丝纤维	3～20	6～40	5～100
膜裂纤维	5～20	15～40	—
粗纤维	—	15～60	＞100

❶ 本内容引自《纤维混凝土应用技术规程》JGJ/T 221—2010

合成纤维的性能应符合表 1.4.18-1 的规定。

合成纤维的性能 表 1.4.18-1

项目	防裂抗裂纤维	增韧纤维
抗拉强度（MPa）	≥270	≥450
初始模量（MPa）	≥3.0×10^3	≥5.0×10^3
断裂伸长率（%）	≤40	≤30
耐碱性能（%）	≥95.0	

单丝合成纤维的主要性能参数宜经试验确定；当无试验资料时，可按表 1.4.18-2 选用。

单丝合成纤维的主要性能参数 表 1.4.18-2

项目	聚丙烯腈纤维	聚丙烯纤维	聚丙烯粗纤维	聚酰胺纤维	聚乙烯醇纤维
截面形状	肾形或圆形	圆形或异形	圆形或异形	圆形	圆形
密度（g/cm³）	1.16～1.18	0.90～0.92	0.90～0.93	1.14～1.16	1.28～1.30
熔点（℃）	190～240	160～176	160～176	215～225	215～220
吸水率（%）	<2	<0.1	<0.1	<4	<5

（3）纤维混凝土的强度等级应按立方体抗压强度标准值确定。

合成纤维混凝土的强度等级不应小于 C20；钢纤维混凝土的强度等级应采用 CF 表示，并不应小于 CF25；喷射钢纤维混凝土的强度等级不宜小于 CF30。纤维混凝土抗压强度的合格评定应符合现行国家标准《混凝土强度检验评定标准》GB/T 50107 的规定。

（4）纤维混凝土配合比设计应满足混凝土试配强度的要求，并应满足混凝土拌合物性能、力学性能和耐久性能的设计要求。

（5）纤维混凝土的最大水胶比应符合现行国家标准《混凝土结构耐久性设计规范》GB/T 50476 的规定。

纤维混凝土的最小胶凝材料用量应符合表 1.4.19 的规定；喷射钢纤维混凝土的胶凝材料用量不宜小于 380kg/m³。

纤维混凝土的最小胶凝材料用量 表 1.4.19

最大水胶比	最小胶凝材料用量（kg/m³）	
	钢纤维混凝土	合成纤维混凝土
0.60	—	280
0.55	340	300
0.50	360	320
≤0.45	360	340

（6）配合比中的每立方米混凝土纤维用量应按质量计算；在设计参数选择时，可用纤维体积率表达。

1）普通钢纤维混凝土中的纤维体积率不宜小于 0.35%，当采用抗拉强度不低于 1000MPa 的高强异形钢纤维时，钢纤维体积率不宜小于 0.25%；钢纤维混凝土的纤维体积率范围宜符合表 1.4.20-1 的规定。

钢纤维混凝土的纤维体积率范围　　　　　　　　　　　　表 1.4.20-1

工程类型	使用目的	体积率（%）
工业建筑地面	防裂、耐磨、提高整体性	0.35～1.00
薄型屋面板	防裂、提高整体性	0.75～1.50
局部增强预制桩	增强、抗冲击	≥0.50
桩基承台	增强、抗冲切	0.50～2.00
桥梁结构构件	增强	≥1.00
公路路面	防裂、耐磨、防重载	0.35～1.00
机场道面	防裂、耐磨、抗冲击	1.00～1.50
港区道路和堆场铺面	防裂、耐磨、防重载	0.50～1.20
水工混凝土结构	高应力区局部增强	≥1.00
	抗冲磨、防空蚀区增强	≥0.50
喷射混凝土	支护、砌衬、修复和补强	0.35～1.00

　　2）合成纤维混凝土的纤维体积率范围宜符合表 1.4.20-2 的规定。

合成纤维混凝土的纤维体积率范围　　　　　　　　　　　表 1.4.20-2

使用部位	使用目的	体积率（%）
楼面板、剪力墙、楼地面、建筑结构中的板壳结构、体育场看台	控制混凝土早期收缩裂缝	0.06～0.20
刚性防水屋面	控制混凝土早期收缩裂缝	0.10～0.30
机场跑道、公路路面、桥面板、工业地面	控制混凝土早期收缩裂缝	0.06～0.20
	改善混凝土抗冲击、抗疲劳性能	0.10～0.30
水坝面板、储水池、水渠	控制混凝土早期收缩裂缝	0.06～0.20
	改善抗冲磨和抗冲蚀等性能	0.10～0.30
喷射混凝土	控制混凝土早期收缩裂缝、改善混凝土整体性	0.06～0.25

　　注：增韧用粗纤维的体积率可大于 0.5%，并不宜超过 1.5%。

　　纤维最终掺量应经试验验证确定。

　　（7）纤维混凝土拌合物中水溶性氯离子最大含量应符合表 1.4.21 的规定。

纤维混凝土拌合物中水溶性氯离子最大含量　　　　　　　表 1.4.21

环境条件	水溶性氯离子最大含量（%）		
	钢纤维混凝土	配钢筋的合成纤维混凝土	预应力钢筋纤维混凝土
干燥或有防潮措施的环境	0.30	0.30	0.06
潮湿但不含氯离子的环境	0.10	0.20	
潮湿并含有氯离子的环境	0.06	0.10	
除冰盐等腐蚀环境	0.06	0.06	

　　注：水溶性氯离子含量是指占水泥用量的质量百分比。

纤维混凝土配合比应根据纤维掺量按下列规定进行试配：

1) 对于钢纤维混凝土，应保持水胶比不降低，可适当提高砂率、用水量和外加剂用量；对于钢纤维长径比为 35～55 的钢纤维混凝土，钢纤维体积率增加 0.5% 时，砂率可增加 3%～5%，用水量可增加 4～7kg，胶凝材料用量应随用水量相应增加，外加剂用量应随胶凝材料用量相应增加，外加剂掺量也可适当提高；当钢纤维体积率较高或强度等级不低于 C50 时，其砂率和用水量等宜取给出范围的上限值。喷射钢纤维混凝土的砂率宜大于 50%。

2) 对于纤维体积率为 0.04%～0.10% 的合成纤维混凝土，可按计算配合比进行试配和调整；当纤维体积率大于 0.10% 时，可适当提高外加剂用量或（和）胶凝材料用量，但水胶比不得降低。

(8) 纤维混凝土配合比，应在满足混凝土拌合物性能要求和混凝土试配强度的基础上，对设计提出的混凝土耐久性项目进行检验和评定，符合要求的，可确定为设计配合比。

纤维混凝土设计配合比确定后，应进行生产适应性验证。

二、混凝土强度检验

要保证混凝土的实际强度达到合格质量水平的要求，除保证原材料的质量和对生产控制外，还要对半成品和成品的出厂或在交付使用前进行合格性检验。

(一) 混凝土的取样、养护和试验

1. 用于检查结构构件混凝土质量的试件，应在混凝土的浇筑地点随机取样制作。试件的留置应符合下列规定：

(1) 每拌制 100 盘且不超过 100m³ 的同配合比混凝土，其取样不得少于一次；

(2) 每工作班拌制的同配合比混凝土不足 100 盘时，其取样不得少于一次；

(3) 对现浇混凝土结构，其试件的留置尚应符合以下要求：

每一现浇楼层同配合比混凝土，其取样不得少于一次；

同一单位工程每一验收项目中同配合比混凝土，其取样不得少于一次。

每次取样应至少留置一组标准试件，同条件养护试件的留置组数可根据实际需要确定。

预拌混凝土除应在预拌混凝土厂内按规定留置试件外，混凝土运到施工现场后尚应按上述规定留置试件和取样。

2. 每组三个试件应在同盘混凝土中取样制作。其强度代表值的确定应符合下列规定：

(1) 取三个试件强度的算术平均值作为每组试件的强度代表值；

(2) 当一组试件中强度的最大值或最小值与中间值之差超过中间值的15%时，取中间值作为该组试件的强度代表值；

(3) 当一组试件中强度的最大值和最小值与中间值之差均超过中间值的15%时，该组试件的强度不应作为强度评定的依据。

3. 当采用非标准尺寸试件时，应将其抗压强度折算为标准试件抗压强度。

4. 每批混凝土试件总组数应按下列情况确定：

(1) 预拌混凝土厂、预制混凝土构件厂和采用现场集中搅拌混凝土的施工单位，混凝土强度按统计方法评定的，其试件组数应符合统计方法相应的要求。

（2）对现场搅拌批量不大的混凝土或零星生产的预制构件，混凝土强度可按非统计方法评定。其试件组数应按工程的验收项目划分验收批的要求确定。每个验收项目应按照现行国家标准《建筑工程施工质量验收统一标准》确定。

（3）检验结构或构件施工阶段混凝土强度所需试件总组数应根据各阶段实际需要确定。

5. 检验评定混凝土强度用的混凝土试件，其标准成型方法、标准养护条件及强度试验方法均应符合现行国家标准《普通混凝土力学性能试验方法》的规定。

6. 当检验结构或构件的拆模、出池、出厂、吊装、预应力筋张拉或放张，以及施工期间需短暂负荷的混凝土时，其试件的成型方法和养护条件应与施工中采用的成型方法和养护条件相同。

（二）混凝土强度的统计方法评定

1. 当混凝土的生产条件在较长时间内能保持一致，且同一品种混凝土的强度变异性能保持稳定时，应由连续的三组试件代表一个验收批，其强度应同时满足下列要求

$$m_{fcu} \geqslant f_{cu,k} + 0.7\sigma_0 \tag{1.4.11}$$

$$f_{cu,min} \geqslant f_{cu,k} - 0.7\sigma_0 \tag{1.4.12}$$

当混凝土强度等级不高于 C20 时，其强度的最小值尚应满足下式要求

$$f_{cu,min} \geqslant 0.85 f_{cu,k} \tag{1.4.13}$$

当混凝土强度等级高于 C20 时，其强度的最小值尚应满足下式要求

$$f_{cu,min} \geqslant 0.9 f_{cu,k} \tag{1.4.14}$$

式中：m_{fcu}——同一验收批混凝土立方体抗压强度的平均值（N/mm²）；

$f_{cu,k}$——设计的混凝土立方体抗压强度标准值（N/mm²）；

σ_0——验收批混凝土立方体抗压强度的标准差（N/mm²）；

$f_{cu,min}$——同一验收批混凝土立方体抗压强度的最小值（N/mm²）。

2. 验收批混凝土立方体抗压强度的标准差，应根据前一个检验期内同一品种混凝土试件的强度数据，按下列公式确定

$$\sigma_0 = \frac{0.59}{m} \sum_{i=1}^{m} \Delta f_{cu,i} \tag{1.4.15}$$

式中：$\Delta f_{cu,i}$——前一检验期内第 i 批试件立方体抗压强度中最大值与最小值之差；

m——前一检验期内验收批总批数。

注：上述检验期不应超过三个月，且在该期间内强度数据的总批数不得少于 15 组。

3. 当混凝土的生产条件在较长时间内不能保持一致，且混凝土强度变异性不能保持稳定时，或在前一个检验期内的同一品种混凝土没有足够的数据用以确定验收的混凝土立方体抗压强度的标准差时，应由不少于 10 组的试件组成一个验收批，其强度应同时满足下列公式的要求：

$$m_{fcu} - \lambda_1 S_{fcu} \geqslant 0.9 f_{cu,k} \tag{1.4.16}$$

$$f_{cu,min} \geqslant \lambda_2 f_{cu,k} \tag{1.4.17}$$

式中：S_{fcu}——同一验收批混凝土立方体抗压强度的标准差（N/mm²）。当 S_{fcu} 的计算值小于 $0.06 f_{cu,k}$ 时，取 $S_{fcu} = 0.06 f_{cu,k}$；

λ_1、λ_2——合格判定系数，按表 1.4.22 取用。

混凝土强度的合格判定系数

表 1.4.22

试件组数	10～14	15～24	≥25
λ_1	1.7	1.65	1.6
λ_2	0.9	0.85	

4. 混凝土立方体抗压强度的标准差 S_{fcu} 可按下列公式计算

$$S_{fcu} = \sqrt{\frac{\sum\limits_{i=1}^{n} f_{cu,i}^2 - n m_{fcu}^2}{n-1}} \tag{1.4.18}$$

式中：$f_{cu,i}$——验收批内第 i 组混凝土试件的立方体抗压强度值（N/mm²）；

n——验收批内混凝土试件的总组数。

（三）混凝土强度的非统计方法评定

按非统计方法评定混凝土强度时，其强度应同时满足下列要求：

$$m_{fcu} \geq 1.15 f_{cu,k} \tag{1.4.19}$$

$$f_{cu,min} \geq 0.95 f_{cu,k} \tag{1.4.20}$$

（四）混凝土强度的合格性判断

1. 当检验结果能满足以上（二）混凝土强度的统计方法评定或（三）混凝土强度的非统计方法评定时，则该批混凝土强度判为合格；当不能满足上述规定时，该批混凝土强度判为不合格。

2. 由不合格批混凝土制成的结构或构件，应进行鉴定。对不合格的结构或构件必须及时处理。

3. 当对混凝土试件强度的代表性有怀疑时，可采用从结构或构件中钻取芯样的方法或采用非破损检验方法对结构或构件中混凝土的强度进行推定。

4. 结构或构件拆模、出池、出厂、吊装、预应力筋张拉或放张，以及施工期间需临时负荷时的混凝土强度，应满足设计要求或有关规定。

三、混凝土的物理力学指标

（一）混凝土强度等级

混凝土是一种复合材料，内部组成非常复杂。混凝土强度（主要指抗压强度）通常是用来作为评价混凝土质量的一个重要技术指标。我国规范采用的混凝土强度等级，以字母 C 并以其立方体抗压强度标准值（以 N/mm² 计）表示。

混凝土强度等级应按立方体抗压强度标准值确定。立方体抗压强度标准值系指按标准方法制作、养护的边长为 150mm 的立方体试件，在 28d 或设计规定龄期以标准试验方法测得的具有 95% 保证率的抗压强度值。

我国试验实测资料统计分析结果表明，不同尺寸立方体试块实测强度值应乘以下列强度换算系数，才能转换成标准立方体强度：

立方体试块尺寸(mm)	强度换算系数
200×200×200	1.05
150×150×150	1.00
100×100×100	0.95

（二）混凝土的各项设计指标

1. 混凝土轴心抗压强度的标准值 f_{ck} 应按表 1.4.23-1 采用；轴心抗拉强度的标准值 f_{tk} 应按表 1.4.23-2 采用。

混凝土轴心抗压强度标准值（N/mm²）   表 1.4.23-1

强度	混凝土强度等级													
	C15	C20	C25	C30	C35	C40	C45	C50	C55	C60	C65	C70	C75	C80
f_{ck}	10.0	13.4	16.7	20.1	23.4	26.8	29.6	32.4	35.5	38.5	41.5	44.5	47.4	50.2

混凝土轴心抗拉强度标准值（N/mm²）   表 1.4.23-2

强度	混凝土强度等级													
	C15	C20	C25	C30	C35	C40	C45	C50	C55	C60	C65	C70	C75	C80
f_{tk}	1.27	1.54	1.78	2.01	2.20	2.39	2.51	2.64	2.74	2.85	2.93	2.99	3.05	3.11

2. 混凝土轴心抗压强度的设计值 f_c 应按表 1.4.24-1 采用；轴心抗拉强度设计值 f_t 应按表 1.4.24-2 采用。

混凝土轴心抗压强度设计值（N/mm²）   表 1.4.24-1

强度	混凝土强度等级													
	C15	C20	C25	C30	C35	C40	C45	C50	C55	C60	C65	C70	C75	C80
f_c	7.2	9.6	11.9	14.3	16.7	19.1	21.1	23.1	25.3	27.5	29.7	31.8	33.8	35.9

混凝土轴心抗拉强度设计值（N/mm²）   表 1.4.24-2

强度	混凝土强度等级													
	C15	C20	C25	C30	C35	C40	C45	C50	C55	C60	C65	C70	C75	C80
f_t	0.91	1.10	1.27	1.43	1.57	1.71	1.80	1.89	1.96	2.04	2.09	2.14	2.18	2.22

3. 混凝土受压和受拉的弹性模量 E_c 宜按表 1.4.25 采用。

混凝土的剪变模量 G_c 可按相应弹性模量值的 40% 采用。

混凝土泊松比 ν_c 可按 0.2 采用。

混凝土弹性模量（$\times 10^4$ N/mm²）   表 1.4.25

混凝土强度等级	C15	C20	C25	C30	C35	C40	C45	C50	C55	C60	C65	C70	C75	C80
E_c	2.20	2.55	2.80	3.00	3.15	3.25	3.35	3.45	3.55	3.60	3.65	3.70	3.75	3.80

注：1. 当有可靠试验依据时，弹性模量可根据实测数据确定；
    2. 当混凝土中掺有大量矿物掺合料时，弹性模量可按规定龄期根据实测数据确定。

4. 混凝土轴心抗压、轴心抗拉疲劳强度设计值 f_c^f、f_t^f 应按表 1.4.24-1 表 1.4.24-2 中的强度设计值乘疲劳强度修正系数 γ_ρ 确定。混凝土受压或受拉疲劳强度修正系数 γ_ρ 应根据受压或受拉疲劳应力比值 ρ_c^f 分别按表 1.4.26-1 及表 1.4.26-2 采用；当混凝土承受拉-压疲劳应力作用时，疲劳强度修正系数 γ_ρ 取 0.60。

疲劳应力比值 ρ_c^f 应按下列公式计算：

$$\rho_c^f = \frac{\sigma_{c,min}^f}{\sigma_{c,max}^f}$$

(1.4.21)

式中：$\sigma_{c,min}^f$、$\sigma_{c,max}^f$——构件疲劳验算时，截面同一纤维上混凝土的最小应力、最大应力。

混凝土受压疲劳强度修正系数 γ_ρ　　　　　　　　表 1.4.26-1

ρ_c^f	$0 \leqslant \rho_c^f < 0.1$	$0.1 \leqslant \rho_c^f < 0.2$	$0.2 \leqslant \rho_c^f < 0.3$	$0.3 \leqslant \rho_c^f < 0.4$	$0.4 \leqslant \rho_c^f < 0.5$	$\rho_c^f \geqslant 0.5$
γ_ρ	0.68	0.74	0.80	0.86	0.93	1.00

混凝土受拉疲劳强度修正系数 γ_ρ　　　　　　　　表 1.4.26-2

ρ_c^f	$0 < \rho_c^f < 0.1$	$0.1 \leqslant \rho_c^f < 0.2$	$0.2 \leqslant \rho_c^f < 0.3$	$0.3 \leqslant \rho_c^f < 0.4$	$0.4 \leqslant \rho_c^f < 0.5$
γ_ρ	0.63	0.66	0.69	0.72	0.74
ρ_c^f	$0.5 \leqslant \rho_c^f < 0.6$	$0.6 \leqslant \rho_c^f < 0.7$	$0.7 \leqslant \rho_c^f < 0.8$	$\rho_c^f \geqslant 0.8$	—
γ_ρ	0.76	0.80	0.90	1.00	—

注：直接承受疲劳荷载的混凝土构件，当采用蒸汽养护时，养护温度不宜高于60℃。

5. 混凝土疲劳变形模量 E_c^f 应按表 1.4.27 采用。

混凝土的疲劳变形模量（$\times 10^4 N/mm^2$）　　　　　表 1.4.27

强度等级	C30	C35	C40	C45	C50	C55	C60	C65	C70	C75	C80
E_c^f	1.30	1.40	1.50	1.55	1.60	1.65	1.70	1.75	1.80	1.85	1.90

6. 当温度在0℃到100℃范围内时，混凝土的热工参数可按下列规定取值：

线膨胀系数 α_c：$1 \times 10^{-5}/℃$；

导热系数 λ：$10.6 kJ/(m \cdot h \cdot ℃)$；

比热 c：$0.96 kJ/(kg \cdot ℃)$。

（三）混凝土强度等级的选用

1. 钢筋混凝土和预应力混凝土结构的混凝土强度等级不应低于表 1.4.28 的要求。

混凝土结构的最低强度等级　　　　　　　　　　　　表 1.4.28

序号	类　　　别	混凝土强度等级
1	基础混凝土垫层	C10
2	素混凝土结构、临时性混凝土结构、防水混凝土结构底板的混凝土垫层	C15
3	采用 HPB300 级钢筋及 335MPa 级钢筋的混凝土结构、一般的抗震结构构件、箱形基础(不包括与土壤接触的部位)	C20
4	采用 400、500 级钢筋的混凝土结构、扩展基础、条形基础及与土壤接触的构件、混凝土灌注桩、带有简体和短肢剪力墙的剪力墙结构、*板的叠合层	C25
5	预应力混凝土结构、一级抗震等级的框架梁、柱及其节点、框支梁及框支柱、各种钢筋混凝土转换层结构、抗震设计错层处框架柱、钢管混凝土结构管内混凝土、*简体结构、*作为上部结构嵌固部位的地下室楼盖、*叠合梁、筏形基础、非腐蚀环境中的预制桩、三、四类微腐蚀环境中的灌注桩、承受重复荷载的钢筋混凝土构件	C30
6	*预应力混凝土结构、预应力混凝土桩	C40

注：1. 表中带有 * 号时，为不宜低于该强度等级的结构；
　　2. 结构的混凝土最低强度等级，尚应满足结构耐久性要求见表 1.4.30。

2. 由于高强混凝土具有脆性性质，且随强度等级提高而增加，当抗震设防烈度为 8 度时混凝土强度等级不宜超过 C70，9 度时不宜超过 C60，剪力墙混凝土强度等级不宜超过 C60。

3. 由于混凝外加剂广泛应用与发展，使在混凝土结构中采用高强度混凝土成为可能。当前世界各国预应力混凝土强度等级已达到 C70，甚至达到 C80～C100 以上。轻质混凝土强度等级也达到 C50～C60 以上。资料分析表明，混凝土强度等级从 C40 提高到 C80 时，造价约增加 50％，而在以受压为主的结构中，其承载力可提高 80％左右。因此，提高混凝土的强度等级是减轻结构自重，特别是高层及大跨结构自重的有效途径。提高混凝土强度等级，特别是采用高强轻质混凝土，是国内外目前发展的方向。

4. 对于一般混凝土结构(包括中、低层框、排架结构)应从节约水泥降低工程造价出发，根据工程经验选择适当的混凝土强度等级。

框架柱的截面尺寸当框架梁的钢筋选用较粗直径时，尚受框架梁的纵向受力钢筋在节点内锚固长度 l_a 或 l_{aE} 的影响，当有抗震要求时，还应满足表 5.3.1 规定的轴压比 N/f_cA 的限值；以上两项要求都与混凝土强度等级密切相关。

四、混凝土的耐久性

1. 混凝土结构的耐久性应根据环境类别和设计使用年限进行设计，环境类别是指混凝土暴露表面所处的环境条件，应按表 1.4.29 的要求划分。

混凝土结构的环境类别 表 1.4.29

环境类别	条　件
一	室内干燥环境； 无侵蚀性静水浸没环境
二 a	室内潮湿环境； 非严寒和非寒冷地区的露天环境； 非严寒和非寒冷地区与无侵蚀性的水或土壤直接接触的环境； 严寒和寒冷地区的冰冻线以下与无侵蚀性的水或土壤直接接触的环境
二 b	干湿交替环境； 水位频繁变动环境； 严寒和寒冷地区的露天环境； 严寒和寒冷地区冰冻线以上与无侵蚀性的水或土壤直接接触的环境
三 a	严寒和寒冷地区冬季水位变动区环境； 受除冰盐影响环境； 海风环境
三 b	盐渍土环境； 受除冰盐作用环境； 海岸环境
四	海水环境
五	受人为或自然的侵蚀性物质影响的环境

注：1. 室内潮湿环境是指构件表面经常处于结露或湿润状态的环境；
　　2. 严寒和寒冷地区的划分应符合下列规定：
　　　　严寒地区：最冷月平均温度≤－10℃，日平均温度≤5℃的天数≥145d；
　　　　寒冷地区：最冷月平均温度 0℃～－10℃，日平均温度≤5℃的天数为 90～145d；
　　3. 海岸环境和海风环境宜根据当地情况，考虑主导风向及结构所处迎风、背风部位等因素的影响，由调查研究和工程经验确定；
　　4. 受除冰盐影响环境为受到除冰盐盐雾影响的环境；受除冰盐作用环境指被除冰盐溶液溅射的环境以及使用除冰盐地区的洗车房、停车楼等建筑；
　　5. 暴露的环境是指混凝土结构表面所处的环境。

2. 设计使用年限为 50 年的混凝土结构，其混凝土材料宜符合表 1.4.30 的规定。

结构混凝土材料的耐久性基本要求　　　　表 1.4.30

环境等级	最大水胶比	最低强度等级	最大氯离子含量(%)	最大碱含量(kg/m³)
一	0.60	C20	0.30	不限制
二 a	0.55	C25	0.20	
二 b	0.50(0.55)	C30(C25)	0.15	
三 a	0.45(0.50)	C35(C30)	0.15	3.0
三 b	0.40	C40	0.10	

注：1. 氯离子含量系指其占胶凝材料总量的百分比；
　　2. 预应力构件混凝土中的最大氯离子含量为 0.06%；最低混凝土强度等级宜按表中的规定提高两个等级；
　　3. 素混凝土构件的水胶比及最低强度等级的要求可适当放松；
　　4. 有可靠工程经验时，二类环境中的最低混凝土强度等级可降低一个等级；
　　5. 处于严寒和寒冷地区二 b、三 a 类环境中的混凝土应使用引气剂，并可采用括号中的有关参数；
　　6. 当使用非碱活性骨料时，对混凝土中的碱含量可不作限制。

3. 在海水环境下，结构混凝土的要求。

（1）在海水环境下，不同暴露部位混凝土最低强度等级应符合表 1.4.31 的规定。海水环境混凝土部位划分见表 1.4.32。

不同暴露部位混凝土最低强度等级　　　　表 1.4.31

地区	大气区	浪溅区	水位变动区	水下区
南方	C30	C40	C30	C25
北方	C30	C35	C30	C25

注：南方地区系指历年月平均最低气温大于 0℃ 的地区。

海水环境混凝土部位划分　　　　表 1.4.32

掩护条件	划分类别	大气区	浪溅区	水位变动区	水下区
有掩护条件	按港工设计水位	设计高水位加 1.5m 以上	大气区下界至设计高水位减 1.0m 之间	浪溅区下界至设计低水位减 1.0m 之间	水位变动区以下
无掩护条件	按港工设计水位	设计高水位加 (η_0 + 1.0m) 以上	大气区下界至设计高水位减 η_0 之间	浪溅区下界至设计低水位减 1.0m 之间	水位变动区以下
	按天文潮潮位	最高天文潮位加 0.7 倍百年一遇有效波高 $H_{1/3}$ 以上	大气区下界至最高天文潮位减百年一遇有效波高 $H_{1/3}$ 之间	浪溅区下界至最低天文潮位减 0.2 倍百年一遇有效波高 $H_{1/3}$ 之间	水位变动区以下

注：1. η_0 值为设计高水位时的重现期 50 年 $H_{1\%}$（波列累积频率为 1% 的波高）波峰面高度；
　　2. 当浪溅区上界计算值低于码头面高程时，应取码头面高程为浪溅区上界；
　　3. 当无掩护条件的海港工程混凝土结构无法按港工有关规范计算设计水位时，可按天文潮潮位确定混凝土的部位划分。

（2）混凝土拌合物中的氯离子最高限值（按水泥质量百分率计），钢筋混凝土为 0.10，预应力混凝土为 0.06。

（3）不同暴露部位混凝土拌合物水灰比最大允许值应符合表 1.4.33 的规定。

海水环境混凝土的水灰比最大允许值　　　　表 1.4.33

环　境　条　件			钢筋混凝土、预应力混凝土	
			北方	南方
大气区			0.55	0.50
浪溅区			0.50	0.40
水变动位区		严重受冻	0.45	—
		受冻	0.50	—
		微冻	0.55	—
		偶冻、不冻	—	0.50
水下区	不受水头作用		0.60	0.60
	受作水头用	最大作用水头与混凝土壁厚之比＜5	0.60	
		最大作用水头与混凝土壁厚之比 5～10	0.55	
		最大作用水头与混凝土壁厚之比＞10	0.50	

注：1. 除全日潮型区域外，有抗冻要求的细薄构件，混凝土水灰比最大允许值宜减小；
　　2. 对抗冻要求高的混凝土，浪溅区内下部 1m 应随同水位变动区按抗冻性要求确定其水灰比；
　　3. 位于南方海水环境浪溅区的钢筋混凝土宜掺用高效减水剂。

（4）不同暴露部位混凝土拌合物的最低水泥用量应符合表 1.4.34 的规定

海水环境混凝土的最低水泥用量（kg/m³）　　　　表 1.4.34

环　境　条　件		钢筋混凝土、预应力混凝土	
		北方	南方
大气区		300	360
浪溅区		360	400
水变动位区	F350（抗冻等级）	395	360
	F300	360	
	F250	330	
	F200	300	
水下区		300	300

注：1. 有耐久性要求的大体积混凝土，水泥用量应按混凝土的耐久性和降低水泥水化热要求综合考虑；
　　2. 掺加掺合料时，水泥用量可相应减少，但应符合相关规范的要求；
　　3. 掺外加剂时，南方地区水泥用量可适当减少，但不得降低混凝土密实性，可采用混凝土抗渗性或渗水高度检验；
　　4. 有抗冻要求的混凝土，浪溅区范围内下部 1m 应随同水位变动区按抗冻性要求确定其水泥用量。

（5）混凝土及钢筋表面涂层

混凝土表面涂层是海港工程混凝土结构耐久性特殊防护措施之一，要求涂层应具有良好的耐碱性、附着性和耐蚀性，环氧树脂、聚氨酯、丙烯酸树脂、氯化橡胶和乙烯树脂等涂料均适用。涂层涂装范围为表湿区（浪溅区及平均潮位以上的水位变动区）和表干区（大气区）。平均潮位以下的部位可不涂装。涂层系统的设计使用年限不应少于 10 年。在浪溅区混凝土结构表面也可用硅烷浸渍进行防腐蚀保护，使用前应进行喷涂试验。

环氧涂层钢筋适用于海港工程混凝土结构浪溅区和水位变动区。采用环氧涂层钢筋的混凝土应为优质混凝土或高性能混凝土，可同时掺加钢筋阻锈剂，但不得与外加电流阻极保护联合使用。钢筋阻锈剂常用于构件混凝土保护层偏薄、混凝土氯离子含量超标及恶劣环境中的重要工程的浪溅区和水位变化区。钢筋阻锈剂的使用应符合《钢筋阻锈剂应用技术规程》JGJ/T 192—2009 的规定。

4. 在腐蚀环境下，结构混凝土的基本要求应符合表 1.4.35 的规定。

结构混凝土的基本要求 表 1.4.35

项 目	腐蚀性等级		
	强	中	弱
最低混凝土强度等级	C40	C35	C30
最小水泥用量(kg/m³)	340	320	300
最大水灰比	0.40	0.45	0.50
最大氯离子含量(水泥用量的百分比)	0.08	0.10	0.10

注：1. 预应力混凝土构件最低混凝土强度等级应按表中提高一个等级；最大氯离子含量为水泥用量的 0.06%；

　　2. 当混凝土中掺入矿物掺和料时，表中"水泥用量"为"胶凝材料用量"，"水灰比"为"水胶比"；

　　3. 腐蚀性等级的划分，详见《工业建筑防腐蚀设计规范》GB 50046—2008 3.1节的规定。

5. 一类环境中，设计使用年限为 100 年的混凝土结构，应符合下列规定：

(1) 钢筋混凝土结构的最低强度等级为 C30；预应力混凝土结构的最低强度等级为 C40；

(2) 混凝土中的最大氯离子含量为 0.06%；

(3) 宜使用非碱活性骨料，当使用碱活性骨料时，混凝土中的最大碱含量为 3.0kg/m³；

(4) 混凝土保护层厚度应符合表 1.10.1 的规定；当采取有效的表面防护措施时，混凝土保护层厚度可适当减少。

6. 二类和三类环境中，设计使用年限 100 年的混凝土结构，应采取专门的有效措施。

7. 对下列混凝土结构及构件，尚应采用相应的措施：

(1) 预应力混凝土结构中的预应力筋应根据具体情况采取表面防护、孔道灌浆、加大混凝土保护层厚度等措施，外露的锚固端应采取封锚和混凝土表面处理等有效措施。

(2) 有抗渗要求的混凝土结构，混凝土的抗渗等级应符合《地下工程防水技术规范》GB 50108—2008 的要求，并满足表 1.4.36 的规定。设计抗渗等级不应小于 P6。有抗渗要求的混凝土结构，防水混凝土的抗渗等级也可根据地下水的最大水头与混凝土壁厚的比值，按表 1.4.37 选用。混凝土结构的抗渗宜以混凝土本身的密实性满足抗渗要求。混凝土的抗渗等级，应根据试验确定。相应的混凝土骨料应选择良好级配；水灰比不应大于 0.50。

防水混凝土设计抗渗等级 表 1.4.36

埋置深度 d(m)	设计抗渗等级	埋置深度 d(m)	设计抗渗等级
$d<10$	P6	$20 \leqslant d < 30$	P10
$10 \leqslant d < 20$	P8	$30 \geqslant d$	P12

注：1. 本表适用于Ⅳ、Ⅴ级围岩(土层及软弱围岩)；

　　2. 山岭隧道防水混凝土的抗渗等级可按铁道部门的有关规范执行；

　　3. 此表摘自国家人民防空办公室主编《地下工程防水技术规范》GB 50108—2008。

防水混凝土抗渗等级   表 1.4.37

作用最大水头(H)与混凝土壁、板厚度(h)的比值(H/h)	设计抗渗等级(MPa)
$\dfrac{H}{h} < 10$	P4
$10 \leqslant \dfrac{H}{h} < 30$	P6
$\dfrac{H}{h} > 30$	P8

注:本表摘自《给水排水工程构筑物结构设计规范》GB 50069—2002

设计抗渗等级是由 P 和混凝土的抗渗压力(MPa)表达的。抗渗等级 P8 表示其设计抗渗压力为 0.8MPa。

(3)严寒及寒冷地区的潮湿环境中,结构混凝土应满足抗冻要求,混凝土抗冻等级应符合《给水排水构筑物结构设计规范》GB 50069—2002 中的下列规定;满足表 1.4.38 要求。

混凝土抗冻等级 F_i 的规定   表 1.4.38

结构类别 工作条件 气候条件	地表水取水头部		其　他
	冻融循环总次数		地表水取水头部的水位涨落区以上部位及外露的水池等
	≥100	<100	
最冷月平均气温低于−10℃	F300	F250	F200
最冷月平均气温在−3～10℃	F250	F200	F150

注:1. 混凝土抗冻等级 F_i 系指龄期为 28d 的混凝土试件,在进行相应要求冻融循环总次数 i 次作用后,其强度降低不大于 25%,重量损失不超过 5%;
　　2. 气温应根据连续 5 年以上的实测资料,统计其平均值确定;
　　3. 冻融循环总次数指一年内气温从+3℃以上降至−3℃以下,然后回升至+3℃以上的交替次数;对于地表水取水头部,尚应考虑一年中月平均气温低于−3℃期间,因水位涨落而产生的冻融交替次数,此时水位每涨落一次应按一次冻融计算。

(4)处于二、三类环境中的悬臂构件宜采用悬臂梁-板的结构形式,或在其上表面增设防护层。

(5)处于二、三环境中的结构,其表面的预埋件、吊钩、连接件等金属部件应采取可靠的防锈措施。

(6)处在三类环境中的混凝土结构构件,可采用阻锈剂、环氧树脂涂层钢筋或其他具有耐腐蚀性能的钢筋,采取阴极保护措施或采用可更换的构件等措施。

8. 混凝土结构在设计使用年限内尚应遵守下列规定:

(1)建立定期检测、维修制度;

(2)设计中的可更换混凝土构件应定期按规定更换;

(3)构件表面的防护层,应按规定维护或更换;

(4)结构出现可见的耐久性缺陷时,应及时进行检测处理。

耐久性环境类别为四级和五级的混凝土结构,其耐久性要求应符合本节第四条 3、4 款的规定。

对临时性混凝土结构，可不考虑混凝土的耐久性要求。

9. 混凝土碱集料反应

近年来，混凝土结构物与构筑物早期劣化和耐久性降低已成为其有普遍性的问题，使混凝土产生劣化的因素很多，其中混凝土碱集料反应由于其破坏大、损坏重、发生后难以阻止其继续发展，由于反应的过程比较缓慢，其危害性又往往不易被人们觉察，而被喻为混凝土的癌症。提高混凝土质量、防止出现"短命工程"是从事混凝土工程设计、施工、建设开发、建材生产等单位必须关注的重大问题。

（1）混凝土碱集料发生的原因

混凝土碱集料反应是指混凝土中的碱和环境中可能渗入的碱与混凝土集料（砂石）中的碱活性矿物成分，在混凝土固化后缓慢发生化学反应，产生胶凝物质因吸收水分后发生膨胀，最终导致混凝土从内向外延伸开裂和损毁的现象。

混凝土碱含量是指来自水泥、化学外加剂和矿粉掺合料中游离钾、钠离子量之和，以当量 Na_2O 计，单位为"kg/m^3"（当量 $Na_2O\% = Na_2O\% + 0.658K_2O\%$）即混凝土碱含量＝水泥带入碱量（等当量 Na_2O 百分含量×单方水泥用量）＋外加剂带入碱量＋掺合料中有效碱含量。

游离钾、钠离子是指混凝土浆液中以离子状态存在的溶于水的钾和钠，游离钾、钠将导致混凝土碱集料反应的发生。

碱活性集料是指拌制混凝土的砂、石集料中含有能与游离钾、钠发生化学反应、其反应生成物吸水膨胀的岩石或矿物。

（2）预防混凝土碱骨料反应的技术措施

1）骨料

A. 混凝土工程宜采用非碱活性骨料。

B. 在勘察和选择采料场时，应对制作骨料的岩石或骨料进行碱活性检验。

C. 对快速砂浆棒法检验结果膨胀率不小于 0.10% 的骨料，应进行抑制骨料碱-硅酸反应活性有效性试验，并验证有效。

D. 在盐渍土、海水和受除冰盐作用等含碱环境中，重要结构的混凝土不得采用碱活性骨料。

E. 具有碱-碳酸盐反应活性的骨料不得用于配制混凝土。

2）其他原材料

宜采用碱含量不大于 0.6% 的通用硅酸盐水泥。

应采用 F 类的 I 级或 II 级粉煤灰，碱含量不宜大于 2.5%。

宜采用碱含量不大于 1.0% 粒化高炉矿渣粉。

宜采用二氧化硅含量不小于 90%、碱含量不大于 1.5% 的硅灰。

应采用低碱含量的外加剂。

应采用碱含量不大于 1500mg/L 的拌合用水。

3）配合比

A. 混凝土碱含量不应大于 3.0kg/m^3。混凝土碱含量计算应符合以下规定：

（A）混凝土碱含量应为配合比中各原材料的碱含量之和；

（B）水泥、外加剂和水的碱含量可用实测值计算；粉煤灰碱含量可用 1/6 实测值计算，硅灰和粒化高炉矿渣粉碱含量可用1/2实测值计算；

（C）骨料碱含量可不计入混凝土碱含量。

B. 当采用硅酸盐水泥和普通硅酸盐水泥时，混凝土中矿物掺合料掺量宜符合下列规定：

（A）对于快速砂浆棒法检验结果膨胀率大于0.20%的骨料，混凝土中粉煤灰掺量不宜小于30%；当复合掺用粉煤灰和粒化高炉矿渣粉时，粉煤灰掺量不宜小于25%，粒化高炉矿渣粉掺量不宜小于10%；

（B）对于快速砂浆棒法检验结果膨胀率为0.10%～0.20%范围的骨料，宜采用不小于25%的粉煤灰掺量；

（C）当本条第（A）、（B）款规定均不能满足抑制碱-硅酸反应活性有效性要求时，可再增加掺用硅灰或用硅灰取代相应掺量的粉煤灰或粒化高炉矿渣粉，硅灰掺量不宜小于5%。

C. 当采用除硅酸盐水泥和普通硅酸盐水泥以外的其他通用硅酸盐水泥配制混凝土时，可将水泥中混合材掺量20%以上部分的粉煤灰和粒化高炉矿渣掺量分别计入混凝土中粉煤灰和粒化高炉矿渣粉掺量，并应符合"B"款规定。

D. 在混凝土中宜掺用适量引气剂，引气剂掺量应通过试验确定。

第五节 钢 筋

一、混凝土结构应根据对强度、延性、连接方式、施工适应性等的要求，选用下列牌号的钢筋：

1. 纵向受力普通钢筋可采用 HRB400、HRB500、HRBF400、HRBF500、HRB335、RRB400、HPB300 钢筋；梁、柱和斜撑构件的纵向受力普通钢筋宜采用 HRB400、HRB500、HRBF400、HRBF500 钢筋；

2. 箍筋宜采用 HRB400、HRBF400、HRB335、HPB300、HRB500、HRBF500 钢筋；

3. 预应力筋宜采用预应力钢丝、钢绞线和预应力螺纹钢筋。

注：RRB400 钢筋不宜用作重要部位的受力钢筋，不应用于直接承受疲劳荷载的构件。

二、钢筋的机械性能、化学成分和外形尺寸

（一）热轧钢筋[1]

热轧钢筋按强度等级分为300MPa级、400MPa级、335MPa级及500MPa级四个等级。按牌号分为 HPB300、HRB335、HRB400、HRBF400、RRB400、HRB500 及 HRBF500 七种，其中"HRBF"牌号的钢筋为细晶粒热轧钢筋、它是在热轧过程中，通过控轧和控冷工艺形成的细晶粒，晶粒度不粗于9级。按外形分为 HPB300 级的光圆钢筋和 HRB335、HRB400、HRBF400、HRB500 及 HRBF500 级的带月牙肋的钢筋（图1.5.1）。月牙肋的钢筋，其横肋不与纵肋相连，横肋的高度向两端逐步降低，呈月牙状，这就避免了纵横肋相交处的应力集中现象，从而使钢筋的疲劳强度和冷弯性能

---

[1] 内容引自国家标准《钢筋混凝土用钢第1部分：热轧光园钢筋》GB 1499.1—2008、《钢筋混凝土用钢第2部分：热轧带肋钢筋》GB 1499.2—2007、《钢筋混凝土用余热处理钢筋》GB 13014—2013。

得到改善。在轧制过程中不易卡辊，生产较为顺畅。月牙肋钢筋与螺纹、等高肋钢筋相比，它与混凝土的粘结强度略有降低。

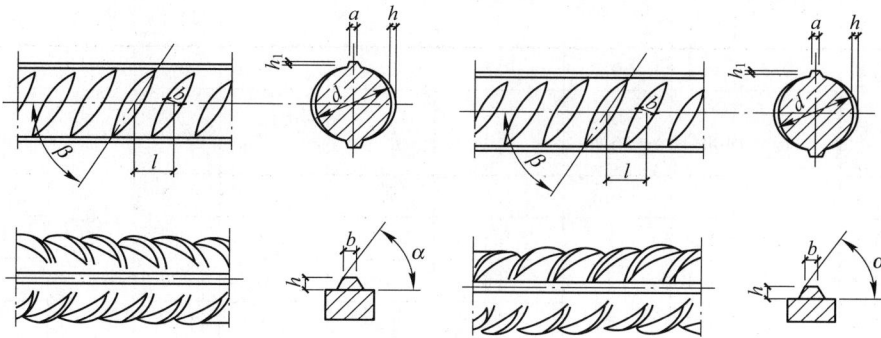

图 1.5.1　月牙肋钢筋

1. 钢筋的力学性能

热轧钢筋的力学性能应符合表 1.5.1 的规定。

钢筋的力学性能 表 1.5.1

牌号	屈服强度 f_{yk} (MPa)	抗拉强度 f_{stk} (MPa)	断后伸长率 A (%)	最大力总伸长率 Agt(%)	钢筋公称直径 d (mm)	冷弯试验180° a—弯芯直径 d—钢筋公称直径
	不小于					
HPB300	300	420	25	10	6～14	a＝d
HRB335	335	455	17		6～14	a＝3d
HRB400 HRBF400	400	540	16	7.5	6～25	a＝4d
					28～40	a＝5d
					＞40～50	a＝6d
HRB500 HRBF500	500	630	15		6～25	a＝6d
					28～40	a＝7d
					＞40～50	a＝8d

钢筋冷弯后，受弯曲部位表面不得产生裂纹。根据需方要求，钢筋可进行反向弯曲性能试验。

钢筋应无有害的表面缺陷。

2. 钢筋的尺寸及允许偏差

光圆钢筋当直径 $d \leqslant 12$mm 时，直径允许偏差±0.3mm；当直径 $d＝14$mm，直径允许偏差±0.4mm。光圆钢筋的不圆度为≤0.4mm。

对于表面形状为月牙肋的钢筋，其尺寸及允许偏差应符合表 1.5.2 的规定。

月牙肋钢筋尺寸及允许偏差(mm)　　　　　　　表 1.5.2

公称直径	内径 d		横肋高 h		纵肋高 h_1（不大于）	横肋宽 b	纵肋宽 a	间距 l		横肋末端最大间隙（公称周长的10%弦长）
	公称尺寸	允许偏差	公称尺寸	允许偏差				公称尺寸	允许偏差	
6	5.8	±0.3	0.6	±0.3	0.8	0.4	1.0	4.0	±0.5	1.8
8	7.7	±0.4	0.8	+0.4 −0.3	1.1	0.5	1.5	5.5		2.5
10	9.6		1.0	±0.4	1.3	0.6	1.5	7.0		3.1
12	11.5		1.2		1.6	0.7	1.5	8.0		3.7
14	13.4		1.4	+0.4 −0.5	1.8	0.8	1.8	9.0		4.3
16	15.4		1.5		1.9	0.9	1.8	10.0		5.0
18	17.3		1.6	±0.5	2.0	1.0	2.0	10.0		5.6
20	19.3	±0.5	1.7		2.1	1.2	2.0	10.0	±0.8	6.2
22	21.3		1.9		2.4	1.3	2.5	10.5		6.8
25	24.2		2.1	±0.6	2.6	1.5	2.5	12.5		7.7
28	27.2	±0.6	2.2		2.7	1.7	3.0	12.5		8.6
32	31.0		2.4	+0.8 −0.7	3.0	1.9	3.0	14.0	±1.0	9.9
36	35.0		2.6	+1.0 −0.8	3.2	2.1	3.5	15.0		11.1
40	38.7	±0.7	2.9	±1.1	3.5	2.2	3.5	15.0		12.4
50	48.5	±0.8	3.2	±1.2	3.8	2.5	4.0	16.0		15.5

注：1. 纵肋斜角 θ 为 0°～30°；

2. 尺寸 a、b 为参考数据。

3. 钢筋的化学成分

(1) 钢筋的化学成分和碳当量(熔炼分析)应符合表 1.5.3 的规定。

钢的化学成分和碳当量　　　　　　　　表 1.5.3

牌号	化学成分(质量分数)(%)不大于					
	C	Si	Mn	P	S	Ceq
HPB300	0.25	0.55	1.50	0.045	0.050	
HRB335	0.25	0.80	1.60	0.045	0.045	0.52
HRB400 HRBF400						0.54
HRB500 HRBF500						0.55

碳当量 Ceq(百分比)值可按公式计算 Ceq＝C＋Mn/6＋(Cr＋V＋Mo)/5＋(Cu＋Ni)/15

(2) 成品钢筋的化学元素允许与表 1.5.3 的规定有下列偏差，见表 1.5.4。

钢的化学成分允许偏差值(%) 表 1.5.4

种类	C	Si	Mn	V	Ti	Nb	P	S
HPB300	±0.02	±0.05	±0.06				+0.005	+0.005
HRB335 HRB400 HRBF400 HRB500 HRBF500	±0.02	±0.05	±0.03	+0.02 −0.01	+0.02 −0.01	±0.005	+0.005	+0.005

注：表中"＋"值为上偏差，"－"值为下偏差。同一熔炼号的成品分析，同一元素只允许有单向偏差。

（二）钢筋混凝土用余热处理钢筋

1. 钢筋的力学性能及工艺性能应符合表 1.5.5-1 的规定。钢筋的外形见图 1.5.1。

钢筋的力学性能 表 1.5.5-1

牌号	屈服强度 R_{eL}/MPa	抗拉强度 R_m/MPa	断后伸长率 A/%	最大力下总伸长率 A_{gt}/%
	不小于			
RRB400	400	540	14	
RRB500	500	630	13	5.0
RRB400W	430	570	14	

按表 1.5.5-2 规定的弯芯直径弯曲 180°后，钢筋受弯曲部位表面不得产生裂纹。

钢筋弯曲性能 表 1.5.5-2

牌号	公称直径 a	弯芯直径 d
RRB400 RRB400W	8～25	4a
	28～40	5a
RRB500	8～25	6a

余热处理钢筋 RRB400W 的牌号构成是由余热处理的英文缩写 RRB＋规定的屈服强度特征值＋焊接英文缩写 W 构成。即余热处理钢筋按用途有可焊与非可焊两种，牌号字尾有 W 的为可焊的余热处理钢筋。

2. 钢筋的化学成分应符合表 1.5.6 的规定。

钢筋的化学成分 表 1.5.6

牌号	化学成分，%（不大于）					
	C	Si	Mn	P	S	Ceq
RRB400 RRB500	0.30	1.00	1.60	0.045	0.045	
RRB400W	0.25	0.80	1.60	0.045	0.045	0.54

3. 钢筋应无有害的表面缺陷。钢筋表面凸块不得超过横肋的高度，钢筋表面上其他缺陷的深度和高度不得大于表 1.5.2 中相应直径所在部位尺寸的允许偏差。钢的化学成分

允许偏差值应符合表 1.5.4 的规定。

（三）中强度预应力混凝土用钢丝

制造钢丝用钢由供方根据钢丝直径和力学性能选择，其牌号及化学成分应符合《优质碳素钢热轧盘条》GB/T 4354—2008 的规定。钢丝经冷加工或冷加工后热处理制成。按表面形状分为光面钢丝和变形钢丝两类。光面钢丝的外形具有平滑的表面，变形钢丝的表面上应有连续的螺旋肋，螺旋肋钢丝的外形应符合图 1.5.2 的规定。

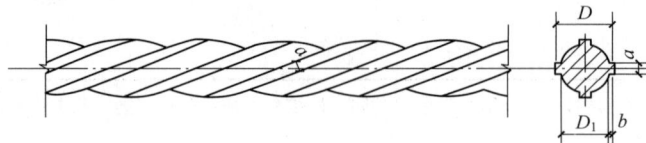

图 1.5.2   螺旋肋钢丝外形图

1. 中强度钢丝的力学性能

预应力混凝土中强度钢丝的力学性能应符合表 1.5.7 的规定。

中强度光面钢丝和变形钢丝的力学性能 表 1.5.7

种类	公称直径（mm）	规定非比例伸长应力 $\sigma_{p0.2}$（MPa）不小于	抗拉强度 σ_b（MPa）不小于	断后伸长率 δ_{100}（%）不小于	反复弯曲		1000h 松弛率（%）不大于
					次数 N 不小于	弯曲半径 r（mm）	
620/800	4.0 5.0 6.0 7.0 8.0 9.0	620	800	4	4	10 15 20 20 20 25	8
780/970	4.0 5.0 6.0 7.0 8.0 9.0	780	970	4	4	10 15 20 20 20 25	
980/1270	4.0 5.0 6.0 7.0 8.0 9.0	980	1270	4	4	10 15 20 20 20 25	
1080/1370	4.0 5.0 6.0 7.0 8.0 9.0	1080	1370	4	4	10 15 20 20 20 25	

2. 中强度钢丝的尺寸及允许偏差

光圆钢丝尺寸及允许偏差为：当公称直径 d_n（mm）为 4.00～6.00 时为 ±0.05mm；

当公称直径 d_n 为 7.00～9.00 时为 ±0.06mm。

螺旋肋钢丝的外形、尺寸和允许偏差应符合图 1.5.2 和表 1.5.8 的规定。

中强度螺旋肋钢丝外形、尺寸和允许偏差 表 1.5.8

公称直径 mm	螺旋肋数量·条	螺旋肋公称尺寸				
		基圆直径 D_1 mm	外轮廓直径 D mm	单肋尺寸		螺旋肋导程 C mm
				宽度 a mm	高度 b mm	
4.0	4	3.85±0.05	4.25±0.05	1.00～1.50	0.20±0.05	32～36
5.0	4	4.80±0.05	5.40±0.10	1.20～1.80	0.25±0.05	34～40
6.0	4	5.80±0.05	6.50±0.10	1.30～2.00	0.35±0.05	38～45
7.0	4	6.70±0.05	7.50±0.10	1.80～2.20	0.40±0.05	35～56
8.0	4	7.70±0.05	8.60±0.10	1.80～2.40	0.45±0.05	55～65
9.0	6	8.60±0.05	9.60±0.10	2.00～2.50	0.45±0.05	72～90

注：螺旋肋断面形状为梯形。

(四)预应力混凝土用消除应力钢丝

光圆及螺旋肋消除应力低松弛钢丝，它是在塑性变形下(轴应变)一次性连续进行的短时热处理才得到的，消除应力螺旋钢丝表面沿着长度方向上具有规则间隔的肋条。螺旋肋钢丝外形见图 1.5.2。

1. 消除应力光圆及螺旋肋钢丝的力学性能应符合表 1.5.9 的规定

消除应力光圆及螺旋肋钢丝的力学性能 表 1.5.9

公称直径 d_n/mm	抗拉强度 σ_b/MPa 不小于	规定非比例伸长应力 $\sigma_{p0.2}$/MPa 不小于		最大力下总伸长率 $(L_0=200mm)$ σ_{gt}/% 不小于	弯曲次数/ (次/180°) 不小于	变曲半径 R/mm	应力松弛性能		
							初始应力相当于公称抗拉强度的百分数/%	1000h后应力松弛率 r/%不大于	
		WLR	WNR					WLR	WNR
							对所有规格		
4.00	1470	1290	1250		3	10			
	1570	1380	1330				60	1.0	4.5
4.80	1670	1470	1410		4	15			
	1770	1560	1500						
5.00	1860	1640	1580						
6.00	1470	1290	1250		4	15			
	1570	1380	1330	3.5	4	20	70	2.0	8
6.25	1670	1470	1410		4	20			
7.00	1770	1560	1500		4	20			
8.00	1470	1290	1250		4	20			
9.00	1570	1380	1330		4	25			
10.00	1470	1290	1250		4	25	80	4.5	12
12.00					4	30			

制造钢丝用钢的化学成分应符合《预应力钢丝及钢绞线用热轧盘条》YB/T 146 或《制丝用非合金钢盘条》YB/T 170 的规定。

2. 消除应力钢丝的尺寸及允许偏差

光圆钢丝尺寸及允许偏差为：当公称直径 d_n(mm)为 3.00 及 4.00 时为±0.04

当公称直径 d_n 为 5.00～7.00 时为±0.05

当公称直径 d_n 为 8.00～12.00 时为±0.06

螺旋肋钢丝的尺寸及允许偏差应符合表 1.5.10 的规定。

消除应力螺旋肋钢丝的尺寸及允许偏差　　　　　表 1.5.10

公称直径 d_n/mm	螺旋肋数量/条	基圆尺寸		外轮廓尺寸		单肋尺寸	螺旋肋导程 C/mm
		基圆直径 D_1/mm	允许偏差/mm	外轮廓直径 D/mm	允许偏差/mm	宽度 a/mm	
4.00	4	3.85		4.25		0.90～1.30	24～30
4.80	4	4.60		5.10		1.30～1.70	28～36
5.00	4	4.80		5.30	±0.05	1.30～1.70	28～36
6.00	4	5.80	±0.05	6.30		1.60～2.00	30～38
6.25	4	6.00		6.70		1.60～2.00	30～40
7.00	4	6.73		7.46		1.80～2.20	35～45
8.00	4	7.75		8.45	±0.10	2.00～2.40	40～50
9.00	4	8.75		9.45		2.10～2.70	42～52
10.00	4	9.75		10.45		2.50～3.00	45～58

（五）钢绞线

由冷拉光圆钢丝及痕刻钢丝捻制的用于预应力混凝土结构的钢绞线应符合《预应力混凝土用钢绞线》GB/T 5224—2003 的有关规定。钢绞线的捻距为钢绞线公称直径的 12～16 倍。模拔钢绞线其捻距应为钢绞线公称直径的 14～18 倍。钢绞线内不应有折断、横裂和相互交叉的钢丝。

钢绞线按结构分为 5 类。其代号为：

用两根钢丝捻制的钢绞线	1×2
用三根钢丝捻制的钢绞线	1×3
用三根刻痕钢丝捻制的钢绞线	1×3Ⅰ
用七根钢丝捻制的标准型钢绞线	1×7
用七根钢丝捻制又经模拔的钢绞线	(1×7)C

钢绞线的截面形状如图 1.5.3，其力学性能应符合表 1.5.11 的规定。

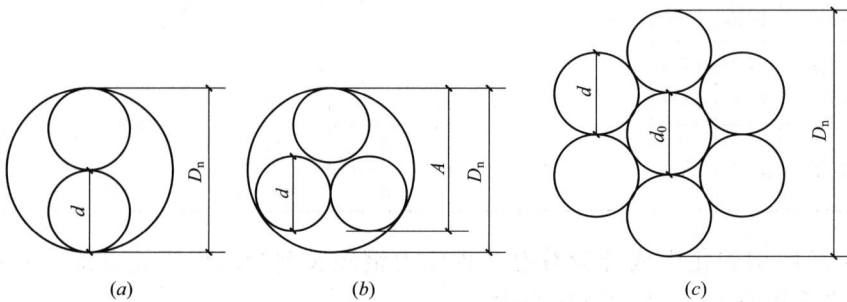

图 1.5.3　钢绞线截面外形

(*a*)二股钢绞线；(*b*)三股钢绞线；(*c*)七股钢绞线

D_n—钢绞线公称直径；d_0—中心钢绞线直径；d—外层钢丝直径；A—三股钢绞线测量尺寸

钢绞线的力学性能

表 1.5.11

钢绞线结构	钢绞线公称直径/D_n/mm	抗拉强度 R_m/MPa 不小于	整根钢绞线的最大力 F_m/kN 不小于	规定非比例延伸力 $F_{p0.2}$/kN 不小于	最大力总伸长率 ($L_0 \geqslant 400mm$) A_{gt}/%不小于	应力松弛性能	
						初始负荷相当于公称最大力的百分数/%	1000h 后应力松弛率 r/%不大于
1×2	5.00	1570	15.4	13.9	对所有规格	对所有规格	对所有规格
		1720	16.9	15.2			
		1860	18.3	16.5			
		1960	19.2	17.3			
	5.80	1570	20.7	18.6			
		1720	22.7	20.4			
		1860	24.6	22.1			
		1960	25.9	23.3			
	8.00	1470	36.9	33.2			
		1570	39.4	35.5			
		1720	43.2	38.9			
		1860	46.7	42.0			
		1960	49.2	44.3			
	10.00	1470	57.8	52.0	3.5	60	1.0
		1570	61.7	55.5			
		1720	67.6	60.8			
		1860	73.1	65.8		70	2.5
		1960	77.0	69.3			
	12.00	1470	83.1	74.8			
		1570	88.7	79.8		80	4.5
		1720	97.2	87.5			
		1860	105	94.5			
1×3	6.20	1570	31.1	28.0			
		1720	34.1	30.7			
		1860	36.8	33.1			
		1960	38.8	34.9			
	6.50	1570	33.3	30.0			
		1720	36.5	32.9			
		1860	39.4	35.5			
		1960	41.6	37.4			
	8.60	1470	55.4	49.9			
		1570	59.2	53.3			
		1720	64.8	58.3			
		1860	70.1	63.1			
		1960	73.9	66.5			

续表

钢绞线结构	钢绞线公称直径/D_n/mm	抗拉强度R_m/MPa 不小于	整根钢绞线的最大力F_m/kN 不小于	规定非比例延伸力$F_{p0.2}$/kN 不小于	最大力总伸长率($L_0 \geqslant 400mm$)A_{gt}/% 不小于	应力松弛性能	
						初始负荷相当于公称最大力的百分数/%	1000h后应力松弛率r/% 不大于
1×3	8.74	1570	60.6	54.5			
		1670	64.5	58.1			
		1860	71.8	64.6			
	10.80	1470	86.6	77.9			
		1570	92.5	83.3			
		1720	101	90.9			
		1860	110	99.0			
		1960	115	104			
	12.90	1470	125	113			
		1570	133	120			
		1720	146	131			
		1860	158	142			
		1960	166	149			
1×3 I	8.74	1570	60.6	54.5		60	1.0
		1670	64.5	58.1			
		1860	71.8	64.6			
1×7	9.50	1720	94.3	84.9	3.5	70	2.5
		1860	102	91.8			
		1960	107	96.3			
	11.10	1720	128	115		80	4.5
		1860	138	124			
		1960	145	131			
	12.70	1720	170	153			
		1860	184	166			
		1960	193	174			
	15.20	1470	206	185			
		1570	220	198			
		1670	234	211			
		1720	241	217			
		1860	260	234			
		1960	274	247			
	15.70	1770	266	239			
		1860	279	251			
	17.80	1720	327	294			
		1860	353	318			

续表

钢绞线结构	钢绞线公称直径/D_n/mm	抗拉强度R_m/MPa 不小于	整根钢绞线的最大力F_m/kN 不小于	规定非比例延伸力$F_{p0.2}$/kN 不小于	最大力总伸长率($L_0 \geq 400mm$)A_{gt}/% 不小于	应力松弛性能	
						初始负荷相当于公称最大力的百分数/%	1000h后应力松弛率r/% 不大于
(1×7)C	12.70	1860	208	187		60	1.0
	15.20	1820	300	270	3.5	70	2.5
	18.00	1720	384	346		80	4.5

注：规定非比例延伸力$F_{p0.2}$值不小于整根钢绞线公称最大力F_m的90%。

1×2 结构钢绞线尺寸及允许偏差、每米参考质量 表 1.5.12

钢绞线结构	公称直径		钢绞线直径允许偏差/mm	钢绞线参考截面积S_n/mm²	每米钢绞线参考质量/(g/m)
	钢绞线直径D_n/mm	钢丝直径d/mm			
1×2	5.00	2.50	+0.15 −0.05	9.82	77.1
	5.80	2.90		13.2	104
	8.00	4.00	+0.25 −0.10	25.1	197
	10.00	5.00		39.3	309
	12.00	6.00		56.5	444

1×3 结构钢绞线尺寸及允许偏差、每米参考质量 表 1.5.13

钢绞线结构	公称直径		钢绞线测量尺寸A/mm	测量尺寸A允许偏差/mm	钢绞线参考截面积S_n/mm²	每米钢绞线参考质量/(g/m)
	钢绞线直径D_n/mm	钢丝直径d/mm				
1×3	6.20	2.90	5.41	+0.15 −0.05	19.8	155
	6.50	3.00	5.60		21.2	166
	8.60	4.00	7.46		37.7	296
	8.74	4.05	7.56	+0.20 −0.10	38.6	303
	10.80	5.00	9.33		58.9	462
	12.90	6.00	11.2		84.8	666
1×3I	8.74	4.05	7.56		38.6	303

1×7 结构钢绞线的尺寸及允许偏差、每米参考质量 表 1.5.14

钢绞线结构	公称直径D_n/mm	直径允许偏差/mm	钢绞线参考截面积S_n/mm²	每米钢绞线参考质量/(g/m)	中心钢丝直径d_n加大范围/% 不小于
1×7	9.50	+0.30 −0.15	54.8	430	
	11.10		74.2	582	
	12.70	+0.40 −0.20	98.7	775	
	15.20		140	1101	
	15.70		150	1178	2.5
	17.80		191	1500	
(1×7)C	12.70	+0.40 −0.20	112	890	
	15.20		165	1295	
	18.00		223	1750	

（六）预应力混凝土用螺纹钢筋

螺纹钢筋是一种热轧成带有不连续的外螺纹的直条钢筋，该钢筋在任意截面处，均可用带有匹配形状的内螺纹的连接器或锚具进行连接或锚固。钢筋表面及截面形状见图1.5.4。

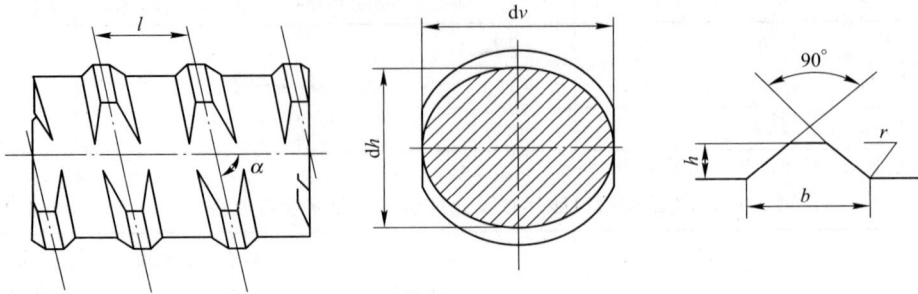

图 1.5.4 钢筋表面及截面形状

dh—基圆直径；dv—基圆直径；h—螺纹高；b—螺纹底宽；l—螺距；r—螺纹根弧；α—导角

1. 钢筋的力学性能应符合表 1.5.15 的规定。

螺纹钢筋的力学性能   表 1.5.15

级别	屈服强度 R_{eL}（MPa）	抗拉强度 R_m（MPa）	断后伸长率 A（%）	最大力下总伸长率 A_{gt}（%）	应力松弛性能	
					初始应力	1000h 后应力松弛率 V_r（%）
	不小于					
PSB785	785	980	7			
PSB830	830	1030	6	3.5	0.8R_{eL}	≤3
PSB930	930	1080	6			
PSB1080	1080	1230	6			

注：1. 无明显屈服时，用规定非比例延伸强度（$R_{p0.2}$）代替；

2. 预应力混凝土用螺纹钢筋以屈服强度划分级别，用代号为"PSB"加上规定屈服强度最小值表示。

2. 钢筋外形尺寸及允许偏差应符合表 1.5.16 的规定。

钢筋外形尺寸及允许偏差   表 1.5.16

公称直径/mm	基圆直径（mm）				螺纹高（mm）		螺纹底宽（mm）		螺距（mm）		螺纹根弧 r（mm）	导角 α
	dh		dv		h		b		l			
	公称尺寸	允许偏差	公称尺寸	允许偏差	公称尺寸	允许偏差	公称尺寸	允许偏差	公称尺寸	允许偏差		
18	18.0	±0.4	18.0	+0.4 −0.8	1.2	±0.3	4.0	±0.5	9.0	±0.2	1.0	80°42′
25	25.0		25.0	+0.4 −0.8	1.6		6.0		12.0	±0.3	1.5	81°19′
32	32.0	±0.5	32.0	+0.4 −1.2	2.0	±0.4	7.0		16.0		2.0	80°40′
40	40.0	±0.6	40.0	+0.5 −1.2	2.5	±0.5	8.0		20.0	±0.4	2.5	80°29′
50	50.0		50.0	+0.5 −1.2	3.0	+0.5 −1.0	9.0		24.0		2.5	81°19′

3. 钢筋的化学成分

钢筋的熔炼分析中，硫、磷含量不大于 0.035%。生产厂家应进行化学成分和合金元素的选择，以保证经过不同方法加工的成品钢筋能满足表 1.5.15 规定的力学性能要求。钢筋的成品化学成分分析允许偏差应符合《钢的成品化学成分允许偏差》GB/T 222 的规定。

（七）冷轧带肋钢筋❶

冷轧带肋钢筋系用热轧圆盘条经冷轧后，在其表面带有沿长度方向均匀分布的三面或二面横肋的钢筋制造冷轧带肋钢筋的盘条应符合国家标准《低碳钢热轧圆盘条》GB/T 701 及《优质碳素钢热轧盘条》GB/T 4354—2008。

冷轧带肋钢筋的牌号由 CRB 和钢筋的抗拉强度的最小值构成。C、R、B 分别为冷轧、带肋、钢筋三个词的英文首位字母。冷轧带肋钢筋分为 CRB550、CRB600H、CRB650、CRB650H、CRB800、CRB800H、CRB970 七个牌号。CRB550 及 CRB600H 为普通钢筋混凝土用钢筋，其他牌号为预应力混凝土用钢筋。牌号末尾带有"H"字母的钢筋为高延性冷轧带肋钢筋。

CRB550、CRB650H 钢筋的公称直径范围分别为 4~12mm 及 5~12mm。CRB650 以上牌号钢筋的公称直径为 4、5、6mm。

冷轧带肋钢筋的外形应符合图 1.5.5、图 1.5.6 和以下的规定：

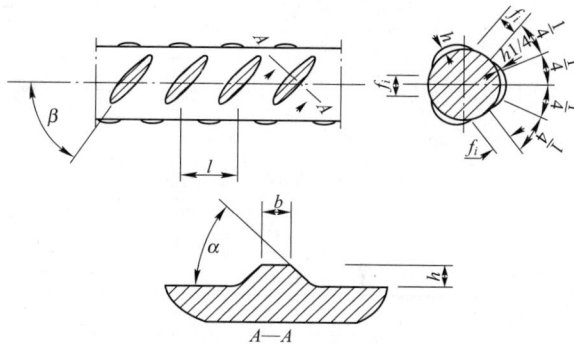

图 1.5.5　三面肋钢筋

α—横肋斜角；β—横肋与钢筋轴线夹角；h—横肋中点高度；
l—横肋间距；b—横肋顶宽；f_i—横肋间隙

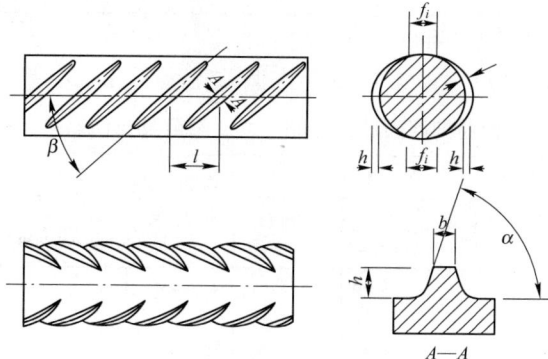

图 1.5.6　两面肋钢筋

α—横肋斜角；β—横肋与钢筋轴线夹角；h—横肋中点高度；
l—横肋间距；b—横肋顶宽；f_i—横肋间隙

---

❶　本内容引自国家标准《冷轧带肋钢筋》GB 13788—2008。

1. 肋呈月牙形。

2. 横肋沿钢筋横截面周圈上均匀分布，其中三面肋钢筋有一面肋的倾角必须与另两面反向，两面肋钢筋一面肋的倾角必须与另一面反向。

3. 横肋中心线和钢筋纵轴线夹角 β 为 $40°\sim60°$。

4. 横肋两侧和钢筋表面斜角 α 不得小于 $45°$，横肋与钢筋表面呈弧形相交。

5. 横肋间隙的总和应不大于公称周长的 20%。

冷轧带肋钢筋的化学成分应符合表 1.5.17 的规定。

冷轧带肋钢筋的化学成分　　　　表 1.5.17

钢筋牌号	盘条牌号	化学成分（%）					
		C	Si	Mn	V、Ti	S	P
CRB550	Q215	$0.09\sim0.15$	$\leqslant0.30$	$0.25\sim0.55$	—	$\leqslant0.050$	$\leqslant0.045$
CRB650	Q235	$0.14\sim0.22$	$\leqslant0.30$	$0.30\sim0.65$	—	$\leqslant0.050$	$\leqslant0.045$
CRB800	24MnTi	$0.19\sim0.27$	$0.17\sim0.37$	$1.20\sim1.60$	Ti: $0.01\sim0.05$	$\leqslant0.045$	$\leqslant0.045$
	20MnSi	$0.17\sim0.25$	$0.40\sim0.80$	$1.20\sim1.60$		$\leqslant0.045$	$\leqslant0.045$
CRB970	41MnSiV	$0.37\sim0.45$	$0.60\sim1.10$	$1.00\sim1.40$	V: $0.05\sim0.12$	$\leqslant0.045$	$\leqslant0.045$
	60	$0.57\sim0.65$	$0.17\sim0.37$	$0.50\sim0.80$	—	$\leqslant0.035$	$\leqslant0.035$

冷轧带肋钢筋的力学性能应符合表 1.5.18 的要求，当进行冷弯试验时受弯曲部位表面不得产生裂纹。钢筋的强屈比 $\sigma_b/\sigma_{0.2}$ 应不小于 1.05。

冷轧带肋钢筋的力学性能　　　　表 1.5.18

牌号	f_{yk}(MPa) 不小于	f_{ptk}(MPa) 不小于	伸长率（%）不小于		弯曲试验 180°	反复弯曲次数	应力松弛初始应力应相当于公称抗拉强度的 70%1000h 松弛率（%）不大于
			$A_{10.0}$	A_{100}			
CRB550	500	550	8.0	—	$D=3d$		—
CRB650	585	650	—	4.0		3	8
CRB800	720	800	—	4.0		3	8
CRB970	875	970	—	4.0		3	8

注：表中 D 为弯心直径，d 为钢筋公称直径。

三面肋和两面肋钢筋的尺寸、重量及允许偏差见表 1.5.19。

三面肋和两面肋钢筋的尺寸、重量及允许偏差　　　　表 1.5.19

公称直径 d(mm)	公称横截面面积 (mm²)	重量		横肋中点高		横肋 1/4 处高 $h_{1/4}$ (mm)	横肋顶宽 b(mm)	横肋间距		相对肋面积 f_r 不小于
		理论重量 (kg/m)	允许偏差 (%)	h (mm)	允许偏差 (mm)			l (mm)	允许偏差 (%)	
4	12.6	0.099		0.30		0.24		4.0		0.036
4.5	15.9	0.125		0.32		0.26		4.0		0.039
5	19.6	0.154		0.32		0.26		4.0		0.039
5.5	23.7	0.186		0.40		0.32		5.0		0.039
6	28.3	0.222	±4	0.40	+0.10 −0.05	0.32	$\sim0.2d$	5.0	±15	0.045
6.5	33.2	0.261		0.46		0.37		5.0		0.045
7	38.5	0.302		0.46		0.37		5.0		0.045
7.5	44.2	0.347		0.55		0.44		6.0		0.045
8	50.3	0.395		0.55		0.44		6.0		0.045

公称直径 d(mm)	公称横截面面积 (mm²)	重量		横肋中点高		横肋 1/4 处高 $h_{1/4}$ (mm)	横肋顶宽 b(mm)	横肋间距		相对肋面积 f_r 不小于
		理论重量 (kg/m)	允许偏差 (%)	h (mm)	允许偏差 (mm)			l (mm)	允许偏差 (%)	
8.5	56.7	0.445		0.55		0.44		7.0		0.045
9	63.6	0.499		0.75		0.60		7.0		0.052
9.5	70.8	0.556		0.75		0.60		7.0		0.052
10	78.5	0.617	±4	0.75	±0.10	0.60	~0.2d	7.0	±15	0.052
10.5	86.5	0.679		0.75		0.60		7.4		0.052
11	95.0	0.746		0.85		0.68		7.4		0.056
11.5	103.8	0.815		0.95		0.76		8.4		0.056
12	113.1	0.888		0.95		0.76		8.4		0.056

注：1. 横肋 1/4 处高、横肋顶宽供孔型设计用；
  2. 两面肋钢筋允许有高度不大于 0.5h 的纵肋。

冷轧带肋钢筋及预应力冷轧带肋钢筋的抗拉强度标准值（f_{stk} 或 f_{ptk}）及强度设计值 f_y 或 f_{py} 及 f_y' 或 f_{py}' 应按表 1.5.20 采用。

冷轧带肋钢筋及预应力冷轧带肋钢筋的抗拉强度标准值及强度设计值（N/mm²） 表 1.5.20

钢筋级别	f_{stk} 或 f_{ptk}	f_y 或 f_{py}	f_y' 或 f_{py}'
CRB550	500	400	
CRB600H	520	415	
CRB650	650	430	380
CRB650H			
CRB800	800	530	
CRB800H			
CRB910	910	650	

注：1. 成盘供应的 550 级冷轧带肋钢筋经机械调直后，抗拉强度设计值应降低 20N/mm²，但抗压强度设计值应不大于相应的抗拉强度设计值；
  2. 在钢筋混凝土结构中，轴心受拉和小偏心受拉构件的钢筋抗拉强度设计值应按 310N/mm² 取用。

（八）冷轧扭钢筋❶

冷轧扭钢筋系用低碳钢热轧圆盘条经专用钢筋冷轧扭调直、冷轧并冷扭（或冷滚）一次成型具有规定截面形式和相应节距的连续螺旋状钢筋。

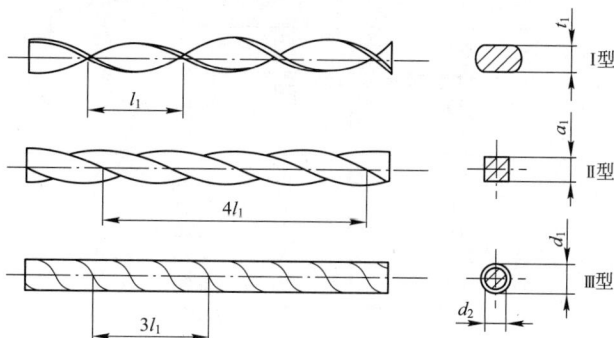

图 1.5.7 冷轧扭钢筋形状及截面控制尺寸

❶ 本内容引自建筑行业标准《冷轧扭钢筋》JG 190—2006 及《冷轧带肋钢筋混凝土结构技术规程》JGJ 95—2011。

冷轧扭钢筋的标记由产品名称代号：CTB；强度级别代号：550、650；标志代号 ϕ^T；主参数代号：标志直径；类型代号：Ⅰ、Ⅱ、Ⅲ组成。

标记示例：冷轧扭钢筋 550 级Ⅱ型标志直径 10mm，标记为：CTB 550ϕ^T10—Ⅱ。

1. 生产冷轧扭钢筋用的原材料应选用符合 GB/T 701 规定的低碳钢热轧圆盘条。

采用低碳钢的牌号应为 Q235 或 Q215。当采用 Q215 牌号时，其碳的含量不应低于 0.12%。500 级Ⅱ型和 650 级Ⅲ型冷轧扭钢筋应采用 Q235 牌号。

2. 冷轧扭钢筋的控制尺寸、节距应符合表 1.5.21 的规定。

截面控制尺寸、节距   表 1.5.21

强度级别	型号	标志直径 d(mm)	截面控制尺寸(mm)不小于				节距 l_1(mm) 不大于
			轧扁厚度 t_1	正方形边长 a_1	外圆直径 d_1	内圆直径 d_2	
CTB550	Ⅰ	6.5	3.7	—	—	—	75
		8	4.2	—	—	—	95
		10	5.3	—	—	—	110
		12	6.2	—	—	—	150
	Ⅱ	6.5	—	5.40	—	—	30
		8	—	6.50	—	—	40
		10	—	8.10	—	—	50
		12	—	9.60	—	—	80
	Ⅲ	6.5	—	—	6.17	5.67	40
		8	—	—	7.59	7.09	60
		10	—	—	9.49	8.89	70
CTB650	Ⅲ	6.5	—	—	6.00	5.50	30
		8	—	—	7.33	6.38	50
		10	—	—	9.22	8.67	70

3. 冷轧扭钢筋的公称横截面面积和理论质量应符合表 1.5.22 的规定。

公称横截面面积和理论质量   表 1.5.22

强度级别	型号	标志直径 d(mm)	公称横截面面积 A_s(mm²)	理论质量(kg/m)
CTB550	Ⅰ	6.5	29.50	0.232
		8	45.30	0.356
		10	68.30	0.536
		12	96.14	0.755
	Ⅱ	6.5	29.20	0.229
		8	42.30	0.332
		10	66.10	0.519
		12	92.74	0.728
	Ⅲ	6.5	29.86	0.234
		8	45.24	0.355
		10	70.69	0.555
CTB650	Ⅲ	6.5	28.20	0.221
		8	42.73	0.335
		10	66.76	0.524

4. 质量偏差

冷轧扭钢筋实际质量与理论质量的负偏差不应大于 5％。

5. 冷轧扭钢筋定尺长度尺寸允许偏差：

——单根长度大于 8m 时为±15mm；

——单根长度小于或等于 8m 时为±10mm。

6. 冷轧扭钢筋力学性能和工艺性能应符合表 1.5.23 的规定。

力学性能和工艺性能指标 表 1.5.23

强度级别	型号	抗拉强度 σ_b(N/mm²)	伸长率 A (％)	180°弯曲试验 (弯心直径＝3d)	应力松弛率(％)(当 $\sigma_{con}＝0.7f_{ptk}$)	
					10h	1000h
CTB550	Ⅰ	≥550	$A_{11.3}$≥4.5	受弯曲部位钢筋表面不得产生裂纹	—	—
	Ⅱ	≥550	A≥10		—	—
	Ⅲ	≥550	A≥12		—	—
CTB650	Ⅲ	≥650	A_{100}≥4		≤5	≤8

注1. d 为冷轧扭钢筋标志直径；

2. A、$A_{11.3}$分别表示以标距 5.65$\sqrt{S_0}$ 或 11.3$\sqrt{S_0}$(S_0 为试验原始截面面积)的试样拉断伸长率，A_{100}表示标距为 100mm 的试样拉断伸长率；

3. σ_{con}为预应力钢筋张拉控制应力；f_{ptk}为预应力冷轧扭钢筋抗拉强度标准值。

7. 冷轧扭钢筋抗拉(压)强度设计值和弹性模量应符合表 1.5.24 的规定。

冷轧扭钢筋抗拉(压)强度设计值和弹性模量(N/mm²) 表 1.5.24

强度级别	型号	符号	$f_y(f'_y)$或 $f_{py}(f'_{py})$	弹性模量 E_n
CTB550	Ⅰ	ϕ^T	360	1.9×10⁵
	Ⅱ		360	1.9×10⁵
	Ⅲ		360	1.9×10⁵
CTB650	Ⅲ		430	1.9×10⁵

（九）环氧树脂涂层钢筋 ❶

环氧树脂涂层钢筋系用普通带肋钢筋和普通光圆钢筋采用环氧树脂粉末以静电喷涂的方法，在工厂生产条件下制作的钢筋。

环氧树脂涂层钢筋适用于处在潮湿环境或侵蚀性介质中的工业与民用房屋、一般构筑物及道路、桥梁、港口、码头等的钢筋混凝土结构中。

环氧树脂涂层钢筋的型号由产品的名称代号(GHT—环氧树脂涂层钢筋)、特性代号(原钢筋代号)、主参数代号(钢筋直径，mm)、改型序号(A、B、C…)表示。例如：用直径为 20mm、强度等级代号为 HRB400 热轧带肋钢筋制作的环氧树脂涂层钢筋，在第一次变型更新后，其产品型号为"GHT·HRB400—20A"。

用于制作环氧涂层的钢筋，其质量应符合现行国家标准及本章的规定，其表面不得有尖角、毛刺或其他影响涂层质量的缺陷，并应避免油脂或漆的污染。

环氧涂层材料及涂层修补材料必须采用专业生产厂家的产品。涂层材料应满足抗化学

---

❶ 本内容引自建筑工业行业标准《环氧树脂涂层钢筋》JC 3042—1997。

腐蚀、阴极剥离、盐雾试验、氯化物渗透性及涂层的可弯性试验的要求。

制作环氧树脂涂层前，必须对钢筋的表面进行净化处理，并使用专门设备对净化处理后的表面进行检测。净化后的钢筋表面不得附着有氯化物，表面洁净度不应低于95%；净化后的钢筋表面尚应具有适当的粗糙度，其波峰至波谷间的幅值应在0.04～0.10mm之间。钢筋净化处理后至制作涂层时的间隔时间不宜超过3h。

涂层应采用环氧树脂粉末以静电喷涂方法在钢筋表面制作，并对涂层给予充分养护。

固化后的涂层厚度应为0.18～0.30mm。在每根被测钢筋的全部厚度记录中，应有不少于90%的厚度记录值在上述规定范围内，且不得有低于0.13mm厚度记录值。养护后的涂层应连续，不应有孔洞、空隙、裂纹或肉眼可见的其他涂层缺陷；涂层钢筋在每米长度上的微孔（肉眼不可见的针孔）数目平均不应超过三个。

涂层钢筋必须具有良好的可弯性，在涂层钢筋弯曲试验中，在被弯曲钢筋的外半圆范围内，不应有肉眼可见的裂纹或失去粘着现象的出现。

在钢筋混凝土结构中使用环氧树脂涂层钢筋应符合下列规定：

1）涂层钢筋与混凝土之间的粘结强度，应取为无涂层钢筋粘结强度的80%。

2）涂层钢筋的锚固长度应取为不小于设计规范规定的相同等级和规格的无涂层钢筋锚固长度的1.25倍。

3）涂层钢筋的绑扎搭接长度，对受拉钢筋，应取为不小于设计规范规定的相同等级和规格的无涂层钢筋锚固长度的1.5倍且不小于375mm；对受压钢筋，应取为不小于有关设计规范规定的相同等级和规格的无涂层钢筋的锚固长度的1.0倍，且不小于250mm。

4）当涂层钢筋进行弯曲加工时，对直径d不大于20mm的钢筋，其弯曲直径不应小于4d；对直径d大于20mm的钢筋，其弯曲直径不应小于6d。

5）在施工中，应根据具体工艺采取有效措施，使钢筋涂层不受损坏，对在施工操作中造成的少量涂层破损，必须用涂层修补材料及时修补。

三、钢筋的设计指标

1. 钢筋的强度标准值应具有不小于95%的保证率。

普通钢筋的屈服强度标准值f_{yk}、极限强度标准值f_{stk}应按表1.5.25采用；预应力钢丝、钢绞线和预应力螺纹钢筋的极限强度标准值f_{pyk}及屈服强度标准值f_{pyk}应按表1.5.26采用。

普通钢筋强度标准值　　　　　　　　　　　表1.5.25

牌号	符号	公称直径 d(mm)	屈服强度标准值 f_{yk}(N/mm²)	极限强度标准值 f_{stk}(N/mm²)
HPB300	φ	6～14	300	420
HRB335	Φ	6～14	335	455
HRB400 HRBF400 RRB400	Φ Φ^F Φ^R	6～50	400	540
HRB500 HRBF500	$\overline{\Phi}$ $\overline{\Phi}^F$	6～50	500	630

预应力筋强度标准值(N/mm²)　　　　　　　　　表 1.5.26

种类		符号	公称直径 d(mm)	屈服强度标准值 f_{pyk}	极限强度标准值 f_{ptk}
中强度预应力钢丝	光面螺旋肋	ϕ^{PM} ϕ^{HM}	5、7、9	620	800
				780	970
				980	1270
预应力螺纹钢筋	螺纹	ϕ^{T}	18、25、32、40、50	785	980
				930	1080
				1080	1230
消除应力钢丝	光面螺旋肋	ϕ^{P} ϕ^{H}	5	—	1570
				—	1860
			7	—	1570
			9	—	1470
				—	1570
钢绞线	1×3 (三股)	ϕ^{S}	8.6、10.8、12.9	—	1570
				—	1860
				—	1960
	1×7 (七股)		9.5、12.7、 15.2、17.8	—	1720
				—	1860
				—	1960
			21.6	—	1860

注：极限强度为 1960MPa 级的钢绞线作后张预应力配筋时，应有可靠的工程经验。

2. 普通钢筋的抗拉强度设计值 f_y、抗压强度设计值 f_y' 应按表 1.5.27 采用；预应力筋的抗拉强度设计值 f_{py}、抗压强度设计值 f_{py}' 应按表 1.5.28 采用。

当构件中配有不同种类的钢筋时，每种钢筋应采用各自的强度设计值。横向钢筋的抗拉强度设计值 f_{yv} 应按表中 f_y 的数值采用；但用作受剪、受扭、受冲切承载力计算时，其数值大于 360N/mm² 时应取 360N/mm²。

3. 普通钢筋及预应力筋在最大力下的总伸长率 δ_{gt} 应不小于表 1.5.29 的规定的数值。

4. 普通钢筋和预应力筋的弹性模量 E_s 应按表 1.5.30 采用。

普通钢筋强度设计值(N/mm²)　　　　　　　　　表 1.5.27

牌号	抗拉强度设计值 f_y	抗压强度设计值 f_y'
HPB300	270	270
HRB335	300	300
HRB400、HRBF400、RRB400	360	360
HRB500、HRBF500	435	435（400）

注：括号内数字仅用于轴心受压构件。

预应力筋强度设计值（N/mm²）   表 1.5.28

种类	f_{ptk}	抗拉强度设计值 f_{py}	抗压强度设计值 f'_{py}
中强度预应力钢丝	800	510	410
	970	650	
	1270	810	
消除应力钢丝	1470	1040	410
	1570	1110	
	1860	1320	
钢绞线	1570	1110	390
	1720	1220	
	1860	1320	
	1960	1390	
预应力螺纹钢筋	980	650	400
	1080	770	
	1230	900	

注：当预应力筋的强度标准值不符合表 1.5.28 的规定时，其强度设计值应进行相应的比例换算。

普通钢筋及预应力筋在最大力下的总伸长率限值   表 1.5.29

钢筋品种	普通钢筋			预应力筋
	HPB300	HRB335、HRB400、HRBF400、HRB500、HRBF500	RRB400	
δ_{gt}（%）	10.0	7.5	5.0	3.5

钢筋的弹性模量（×10⁵N/mm²）   表 1.5.30

牌号或种类	弹性模量 E_s
HPB300 钢筋	2.10
HRB335、HRB400、HRB500 钢筋 HRBF400、HRBF500 钢筋 RRB400 钢筋 预应力螺纹钢筋	2.00
消除应力钢丝、中强度预应力钢丝	2.05
钢绞线	1.95

5. 普通钢筋和预应力筋的疲劳应力幅限值 Δf_y^f 和 Δf_{py}^f 应根据钢筋疲劳应力比值 ρ_s^f、ρ_p^f，分别按表 1.5.31 及表 1.5.32 线性内插取值。

普通钢筋疲劳应力比值 ρ_s^f 应按下列公式计算：

$$\rho_s^f = \frac{\sigma_{s,min}^f}{\sigma_{s,max}^f} \tag{1.5.1}$$

式中：$\sigma_{s,min}^f$、$\sigma_{s,max}^f$——构件疲劳验算时，同一层钢筋的最小应力、最大应力。

普通钢筋疲劳应力幅限值（N/mm²） 表 1.5.31

疲劳应力比值 ρ_s^f	疲劳应力幅限值 Δf_y^f	
	HRB335	HRB400
0	175	175
0.1	162	162
0.2	154	156
0.3	144	149
0.4	131	137
0.5	115	123
0.6	97	106
0.7	77	85
0.8	54	60
0.9	28	31

注：当纵向受拉钢筋采用闪光接触对焊连接时，其接头处的钢筋疲劳应力幅限值应按表中数值乘以 0.8 取用。

预应力筋疲劳应力比值 ρ_p^f 应按下列公式计算：

$$\rho_p^f = \frac{\sigma_{p,min}^f}{\sigma_{p,max}^f} \tag{1.5.2}$$

式中：$\sigma_{p,min}^f$、$\sigma_{p,max}^f$——构件疲劳验算时，同一层预应力筋的最小应力、最大应力。

预应力筋疲劳应力幅限值（N/mm²） 表 1.5.32

疲劳应力比值 ρ_p^f	钢绞线 $f_{ptk}=1570$	消除应力钢丝 $f_{ptk}=1570$
0.7	144	240
0.8	118	168
0.9	70	88

注：1. 当 ρ_p^f 不小于 0.9 时，可不作预应力筋疲劳验算；

2. 当有充分依据时，可对表中规定的疲劳应力幅限值作适当调整。

6. 当进行钢筋代换时，除应符合设计要求的构件承载力、最大力下的总伸长率、裂缝宽度验算以及抗震规定以外，尚应满足最小配筋率、钢筋间距、保护层厚度、钢筋锚固长度、接头面积百分率及搭接长度等构造要求。

第六节 钢筋的锚固与连接 钢筋的绑扎搭接接头

一、钢筋的锚固

（一）传力机理

钢筋混凝土结构中，两种性能不同的材料能够共同受力是由于它们之间存在着粘结锚固作用。这种作用使接触界面两边的钢筋与混凝土之间能够实现应力传递，从而在钢筋与混凝土中建立起结构承载所必须的工作应力。

钢筋在混凝土中的粘结锚固作用有：胶结力——即接触面上的化学吸附作用，但其影响不大；摩阻力——与接触面的粗糙程度及侧压力有关，且随滑移发展其作用将逐渐减小；咬合力——由变形钢筋横肋对肋前混凝土挤压而产生，是变形钢筋锚固力的主要来源；机械锚固力——由弯钩、弯折及附加锚固等措施(如焊钢筋、焊钢板等)提供的锚固作用。

影响钢筋在混凝土中锚固作用的因素有：混凝土强度等级、保护层厚度、钢筋锚固长度、配筋情况、弯钩和机械锚固(焊钢筋、穿孔塞焊、锚栓锚头等附加锚固措施)以及锚固区内侧向压力的约束等。

我国规范的受拉钢筋最小锚固长度是根据系统试验研究及可靠分析的结果并参考国外标准确定的。受拉光圆钢筋主要靠钢筋与混凝土的粘结作用和钢筋末端弯钩的机械锚固作用，根据控制滑移增长率不致过大的粘结刚度条件；变形钢筋的粘结力主要靠横肋对混凝土的咬合和周围混凝土的约束作用，在分析中考虑混凝土保护层厚度等于受力钢筋直径及具有较小的配箍率的情况确定的。

(二)钢筋的锚固长度

1. 当计算中充分利用钢筋的抗拉强度时，受拉钢筋的锚固应符合下列要求：

(1)基本锚固长度应按下列公式计算：

普通钢筋

$$l_{ab} = \alpha \frac{f_y}{f_t} d \qquad (1.6.1)$$

预应力筋

$$l_{ab} = \alpha \frac{f_{py}}{f_t} d \qquad (1.6.2)$$

式中：l_{ab}——受拉钢筋的基本锚固长度；

f_y、f_{py}——普通钢筋、预应力筋的抗拉强度设计值；

f_t——混凝土轴心抗拉强度设计值，混凝土强度等级高于 C60 时，按 C60 取值；

d——锚固钢筋的直径；

α——锚固钢筋的外形系数，按表 1.6.1 取用。

锚固钢筋的外形系数 α 　　　　　　　　表 1.6.1

钢筋类型	光圆钢筋	带肋钢筋	螺旋肋钢丝	三股钢绞线	七股钢绞线
α	0.16	0.14	0.13	0.16	0.17

注：光圆钢筋末端应做 180°弯钩，弯后平直段长度不应小于 $3d$，但作受压钢筋时可不做弯钩。

普通钢筋的基本锚固长度 l_{ab}、受拉钢筋的锚固长度应按表 1.6.2 取用。

普通受拉钢筋基本锚固长度 l_{ab}、受拉钢筋锚固长度 l_a 　　　　表 1.6.2

钢筋牌号	钢筋基本锚固长度 l_{ab}、受拉钢筋锚固长度 l_a	混凝土强度等级								
		C20	C25	C30	C35	C40	C45	C50	C55	C60
HPB300	钢筋基本锚固长度 l_{ab}、锚固长度修正系数 $\zeta_a=1$ 时钢筋锚固长度 l_a	$40d$	$34d$	$31d$	$28d$	$26d$	$24d$	$23d$	$22d$	$22d$
	施工中易受扰动的钢筋 l_a	$44d$	$38d$	$34d$	$31d$	$28d$	$27d$	$26d$	$25d$	$24d$
	环氧树脂涂层钢筋 l_a	$49d$	$43d$	$38d$	$35d$	$32d$	$30d$	$29d$	$28d$	$27d$

钢筋牌号	钢筋基本锚固长度 l_{ab}、受拉钢筋锚固长度 l_a	混凝土强度等级								
		C20	C25	C30	C35	C40	C45	C50	C55	C60
HRB335	钢筋基本锚固长度 l_{ab}、锚固长度修正系数 $\zeta_a=1$ 时钢筋锚固长度 l_a	$39d$	$33d$	$30d$	$27d$	$25d$	$24d$	$23d$	$22d$	$21d$
	环氧树脂涂层钢筋 l_a	$48d$	$42d$	$37d$	$34d$	$31d$	$30d$	$28d$	$27d$	$26d$
HRB400 HRBF400 RRB400	钢筋基本锚固长度 l_{ab}、锚固长度修正系数 $\zeta_a=1$ 时钢筋锚固长度 l_a		$40d$	$36d$	$32d$	$30d$	$28d$	$27d$	$26d$	$25d$
	钢筋直径 $d>25$mm 或施工中易受扰动的钢筋 l_a		$44d$	$39d$	$36d$	$33d$	$31d$	$30d$	$29d$	$28d$
	环氧树脂涂层钢筋 l_a		$50d$	$44d$	$41d$	$37d$	$35d$	$34d$	$33d$	$31d$
HRB500 HRBF500	钢筋基本锚固长度 l_{ab}、锚固长度修正系数 $\zeta_a=1$ 时钢筋锚固长度 l_a		$48d$	$43d$	$39d$	$36d$	$34d$	$33d$	$31d$	$30d$
	钢筋直径 $d>25$mm 或施工中易受扰动的钢筋 l_a		$53d$	$47d$	$43d$	$40d$	$38d$	$36d$	$35d$	$33d$
	环氧树脂涂层钢筋 l_a		$60d$	$54d$	$49d$	$45d$	$43d$	$41d$	$39d$	$38d$

注：1. 钢筋弯锚、钢筋弯钩和机械锚固时的锚固长度应按各类构件的构造详图取值；

2. 当混凝土保护层厚度大于混凝土最小保护层厚度、纵向受力钢筋实配面积大于设计计算面积时，锚固长度修正系数 ζ_a 应根据具体工程条件按本节一、（二）、1、（4）、4）、5）款取值；

3. HPB300 钢筋受拉时，其末端应做成 $180°$ 弯钩，弯钩平直段长度不应小于 $3d$。

（2）受拉钢筋的锚固长度应根据锚固条件按下列公式计算，且不应小于 200mm：

$$l_a=\zeta_a l_{ab} \tag{1.6.3}$$

式中：l_a——受拉钢筋的锚固长度，按表 1.6.2-1 取用；

ζ_a——锚固长度修正系数，对普通钢筋按本节一、（二）、1.（4）条的规定取用，当多于一项时，可按连乘计算，但不应小于 0.6；对预应力筋，可取 1.0。

注：为了更好地理解和执行《混凝土结构设计规范》GB 50010—2010 有关锚固长度的规定，确保结构的安全度，本手册对规范中支座锚固长度的标注作了局部调整。

1. 对框架梁柱节点及机械锚固中的锚固长度的标注，规范用符号 $l_{ab}(l_{abE})$ 的地方，手册均改用 $l_a(l_{aE})$ 标注。

2. 凡在锚固长度 $l_a(l_{aE})$ 的前面已标有具体的数值，如 $0.4l_a(l_{aE})$、$0.5l_a(l_{aE})$、$0.6l_a$、$0.35l_a(l_{aE})$、$1.5l_a(l_{aE})$、$1.7l_a(l_{aE})$ 等，在取用锚固长度修正系数 ζ_a 时，为了不降低结构的安全度，不应再取用小于 1 的系数，即不考虑混凝土结构设计规范 8.3.2 条 4、5 款的修正。而应根据具体工程条件按混凝土结构设计规范 8.3.2 条 1～3 款的规定，取用大于 1 的修正系数。

3. 手册中其他支座锚固长度的标注，如主次梁连接等也均按上述条款处理。

（3）纵向受拉钢筋的抗震锚固长度 l_{aE} 应按下列公式计算，并按表 1.6.3 取用

$$l_{aE}=\zeta_{aE} l_a \tag{1.6.4}$$

普通受拉钢筋抗震锚固长度 l_{aE}

表 1.6.3

钢筋牌号	钢筋种类	d	C20 一、二级抗震等级	C20 三级抗震等级	C25 一、二级抗震等级	C25 三级抗震等级	C30 一、二级抗震等级	C30 三级抗震等级	C35 一、二级抗震等级	C35 三级抗震等级	C40 一、二级抗震等级	C40 三级抗震等级	C45 一、二级抗震等级	C45 三级抗震等级	C50 一、二级抗震等级	C50 三级抗震等级	C55 一、二级抗震等级	C55 三级抗震等级	C60 一、二级抗震等级	C60 三级抗震等级
HRB335	普通钢筋	d≤14	44d	40d	38d	35d	34d	31d	31d	28d	29d	26d	27d	25d	26d	24d	25d	23d	24d	22d
HRB335	环氧树脂涂层钢筋	d≤14	55d	51d	48d	44d	43d	39d	39d	36d	36d	33d	34d	31d	32d	30d	31d	29d	30d	27d
HRB335	施工中易受扰动的钢筋		49d	44d	42d	39d	38d	34d	34d	31d	31d	29d	30d	27d	29d	26d	28d	25d	26d	24d
HRB400 HRBF400 RRB400	普通钢筋	d≤25			46d	42d	41d	37d	37d	34d	34d	31d	33d	30d	31d	28d	30d	27d	29d	26d
HRB400 HRBF400 RRB400	普通钢筋	d>25			51d	46d	45d	41d	41d	37d	38d	34d	36d	33d	34d	31d	33d	30d	32d	29d
HRB400 HRBF400 RRB400	环氧树脂涂层钢筋	d≤25			57d	52d	51d	47d	47d	43d	43d	39d	41d	37d	39d	35d	37d	34d	36d	33d
HRB400 HRBF400 RRB400	环氧树脂涂层钢筋	d>25			63d	58d	56d	51d	51d	47d	47d	43d	45d	41d	43d	39d	41d	38d	39d	36d
HRB400 HRBF400 RRB400	施工中易受扰动的钢筋				51d	46d	45d	41d	41d	37d	38d	34d	36d	33d	34d	31d	33d	30d	32d	29d
HRB500 HRBF500	普通钢筋	d≤25			56d	51d	49d	45d	45d	41d	41d	38d	39d	36d	37d	34d	36d	33d	35d	32d
HRB500 HRBF500	普通钢筋	d>25			61d	56d	54d	50d	49d	45d	45d	42d	43d	39d	41d	38d	40d	36d	38d	35d
HRB500 HRBF500	环氧树脂涂层钢筋	d≤25			69d	63d	62d	56d	56d	51d	52d	47d	49d	45d	47d	43d	45d	41d	43d	40d
HRB500 HRBF500	环氧树脂涂层钢筋	d>25			76d	70d	68d	62d	62d	56d	57d	52d	54d	49d	51d	47d	50d	45d	48d	44d
HRB500 HRBF500	施工中易受扰动的钢筋				61d	56d	54d	50d	49d	45d	45d	42d	43d	39d	41d	38d	40d	36d	38d	35d

注：1. 四级抗震等级受拉钢筋锚固长度 $l_{aE}=l_a$，其值见表 1.6.2；

2. 钢筋弯锚、钢筋弯钩和机械锚固时的锚固长度应按各类构件构造详图取值；

3. 当混凝土保护层厚度大于混凝土最小保护层厚度时，锚固长度修正系数 ζ_a 应根据具体工程条件按本节一、(二)、1、(4)、5) 款取值；

4. 有抗震要求的构件不可采用 RRB400 级钢筋。

式中：ζ_{aE}——纵向受拉钢筋抗震锚固长度修正系数，对一、二级抗震等级取 1.15，对三级抗震等级取 1.05，对四级抗震等级取 1.0。

（4）纵向受拉普通钢筋的锚固长度修正系数 ζ_a 应按下列规定取用：

1）当带肋钢筋的公称直径大于 25mm 时取 1.10；

2）环氧树脂涂层带肋钢筋取 1.25；

3）施工过程中易受扰动的钢筋取 1.10；

4）当纵向受力钢筋的实际配筋面积大于其设计计算面积时，修正系数取设计计算面积与实际配筋面积的比值，但对有抗震设防要求及直接承受动力荷载的结构构件，不应考虑此项修正；

5）锚固钢筋的保护层厚度为 $3d$ 时修正系数可取 0.80，保护层厚度为 $5d$ 时修正系数可取 0.70，中间按内插取值，此处 d 为锚固钢筋的直径。

（5）当锚固钢筋的保护层厚度不大于 $5d$ 时，锚固长度范围内应配置横向构造钢筋，其直径不应小于 $d/4$；对梁、柱、斜撑等构件间距不应大于 $5d$，对板、墙等平面构件要求可适当放松，但其间距不应大于 $10d$，且均不应大于 100mm，此处 d 为锚固钢筋的直径。

2. 当纵向受拉普通钢筋末端采用弯钩或机械锚固措施（图 1.6.6a 型、e 型、f 型）时，包括弯钩或锚固端头在内的锚固长度（投影长度）可取 $0.6l_a$。（图 1.6.6b 型、c 型、d 型）机械锚固措施，可用于简支梁梁端当支座宽度有限，梁下部纵向受力钢筋伸入支座的锚固长度无法满足 l_{as}（表 3.2.4）要求时，可采取的锚固措施，使伸入支座的长度减少取 $0.6l_{as}$。一般可减少 $5d$。

弯钩和机械锚固的形式（图 1.6.1）和技术要求应符合表 1.6.4 的规定。

钢筋弯钩和机械锚固的形式和技术要求 表 1.6.4

锚固形式	技术要求
90°弯钩	末端 90°弯钩，弯后直段长度 $12d$
135°弯钩	末端 135°弯钩，弯后直段长度 $5d$
一侧贴焊锚筋	末端一侧贴焊长 $5d$ 同直径钢筋
两侧贴焊锚筋	末端两侧贴焊长 $3d$ 同直径钢筋
焊端锚板	末端与厚度 d 的锚板穿孔塞焊
螺栓锚头	末端旋入螺栓锚头

注：1. 焊缝和螺纹长度应满足承载力要求；

　　2. 螺栓锚头和焊接锚板的承压净面积不应小于锚固钢筋截面积的 4 倍；

　　3. 螺栓锚头的规格应符合相关标准的要求；

　　4. 螺栓锚头和焊接锚板的钢筋净间距不宜小于 $4d$，否则应考虑群锚效应的不利影响；

　　5. 截面角部的弯钩和一侧贴焊锚筋的布筋方向宜向截面内侧偏置；

　　6. 弯钩的弯钩内径大小与钢筋的牌号及钢筋直径有关，钢筋内径 D 宜满足表 1.6.5 的要求。

钢筋弯钩的弯钩内径 D 表 1.6.5

钢筋牌号	钢筋直径 ϕ(mm)		
	6～25	28～40	>40～50
HRB335	$4d$		
HRB400、HRBF400、RRB400	$4d$	$5d$	$6d$
HRB500、HRBF500	$6d$	$7d$	$8d$

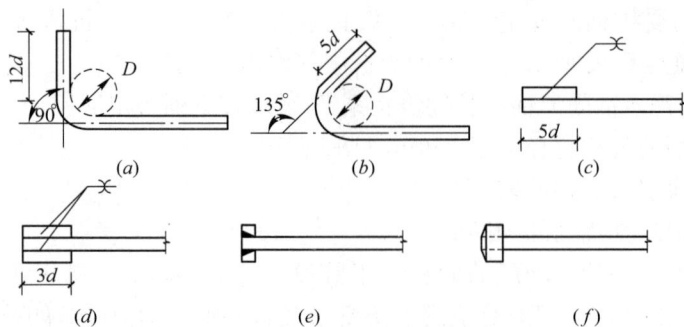

图 1.6.1 弯钩和机械锚固的形式和技术要求

(a)90°弯钩；(b)135°弯钩；(c)一侧贴焊锚筋；(d)两侧贴焊锚筋；(e)穿孔塞焊锚板；(f)螺栓锚头

3. 混凝土结构中的纵向受压钢筋，当计算中充分利用其抗压强度时，锚固长度不应小于相应受拉锚固长度的 70%。

受压钢筋不应采用末端弯钩和一侧贴焊锚筋的锚固措施。受压钢筋锚固长度范围内的横向构造钢筋应符合本节一、(二)条的规定。

4. 承受动力荷载的预制构件，应将纵向受力普通钢筋末端焊接在钢板或角钢上，钢板或角钢应可靠地锚固在混凝土中。钢板或角钢的尺寸应按计算确定，其厚度不宜小于 10mm。

其他构件中的受力普通钢筋的末端也可通过焊接钢板或型钢实现锚固。

二、钢筋的连接

(一) 一般规定

1. 钢筋的连接可采用绑扎搭接；机械连接或焊接。

2. 采用钢筋绑扎搭接接头时，其适用范围；构造要求及搭接长度应符合本节"三"款的有关规定。采用机械连接接头时，其接头质量、适用范围及构造要求，应符合《钢筋机械连接技术规程》JGJ 107—2010 及本章第七节的规定。采用钢筋焊接连接接头时，其接头类型、质量、适用范围及构造要求应符合《钢筋焊接及验收规程》JGJ 18—2012 及本章第八节的规定。

3. 受力钢筋的接头宜设置在受力较小处。在同一根钢筋上宜少设接头。在结构的重要构件和关键传力部位，纵向受力钢筋不宜设置连接接头。

4. 轴心受拉及小偏心受拉杆件的纵向受力钢筋不得采用绑扎搭接；其他构件中的钢筋采用绑扎搭接时，受拉钢筋直径不宜大于 25mm，受压钢筋直径不宜大于 28mm。

5. 抗震设计时，现浇钢筋混凝土框架梁、柱纵向受力钢筋的连接方法应符合下列规定：

(1)框架柱：一、二级抗震等级及三级抗震等级的底层，宜采用机械连接接头，也可采用绑扎搭接或焊接接头；三级抗震等级的其他部位和四级抗震等级，可采用绑扎搭接或焊接接头；

(2)框架梁、框支柱：宜采用机械连接接头；

(3)框架梁：一级宜采用机械连接接头，二、三、四级可采用绑扎搭接或焊接接头。

6. 需进行疲劳验算的构件，其纵向受拉钢筋不得采用绑扎搭接接头，也不宜采用焊接接头，且严禁在钢筋上焊有任何附件(端部锚固除外)。

当直接承受吊车荷载的钢筋混凝土吊车梁、屋面梁及屋架下弦的纵向受拉钢筋，采用焊接接头时，应符合下列规定：

（1）应采用闪光接触对焊，并去掉接头的毛刺及卷边；

（2）同一连接区段内纵向受拉钢筋焊接接头面积百分率不应大于25%，此时，焊接接头连接区段的长度应取纵向受力钢筋直径的45倍；

（3）疲劳验算时，应按本章第五节二、5款的规定，对焊接接头处的疲劳应力幅限值进行折减。

7. 抗震设防时纵向受力钢筋连接接头的位置宜避开梁端、柱端箍筋加密区；当无法避开时，应采用机械连接或焊接，且钢筋接头面积百分率不宜超过50%。

8. 有抗震设防要求的混凝土结构构件向受力钢筋接头面积百分率不宜超过50%。

9. 一、二级抗震等级剪力墙的加强部位，每次连接钢筋数量不宜超过50%，错开净距不宜小于500mm；其他情况剪力墙钢筋可在同一截面连接。

三、钢筋的绑扎搭接接头

1. 同一构件中相邻纵向受力钢筋的绑扎搭接接头宜相互错开。

钢筋绑扎搭接接头连接区段的长度为1.3倍搭接长度，凡搭接接头中点位于该连接区段长度内的搭接接头均属于同一连接区段。同一连接区段内纵向受力钢筋搭接接头面积百分率为该区段内有搭接接头的纵向受力钢筋与全部纵向受力钢筋截面面积的比值（图1.6.2）。当直径不同的钢筋搭接时，按直径较小的钢筋计算。

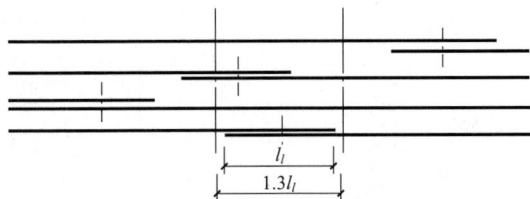

图 1.6.2　同一连接区段内的纵向受拉钢筋绑扎搭接接头

注：图中所示同一连接区段内的搭接接头钢筋为两根，当钢筋直径相同时，钢筋搭接接头面积百分率为50%。

位于同一连接区段内的受拉钢筋搭接接头面积百分率：对梁类、板类及墙类构件，不宜大于25%；对柱类构件，不宜大于50%。当工程中确有必要增大受拉搭接钢筋接头面积百分率时，对梁类构件，不应大于50%；对板、墙、柱及预制构件的拼接处，可根据实际情况放宽。

纵向受拉钢筋绑扎搭接接头的搭接长度，应根据位于同一连接区段内的钢筋搭接接头面积百率按下列公式计算，且不应小于300。

$$l_l = \zeta_l l_a \qquad (1.6.5)$$

式中：l_l——纵向受拉钢筋的搭接长度；

l_a——纵向受拉钢筋的锚固长度；

ζ_l——纵向受拉钢筋搭接长度修正系数，按表1.6.6取用。当纵向搭接钢筋接头面积百分率为表的中间值时，修正系数可按内插取值。

纵向受拉钢筋搭接长度修正系数　　　　　　　　　　表 1.6.6

纵向搭接钢筋接头面积百分率(%)	≤25	50	100
ζ_l	1.2	1.4	1.6

2. 构件中的纵向受压钢筋，当采用搭接连接时，其受压搭接长度不应小于本节三.1款确定的纵向受拉钢筋搭接长度的70%，且不应小于200mm。

3. 在梁、柱类构件的纵向受力钢筋搭接长度范围的横向构造钢筋应符合以下要求：

（1）当锚固钢筋的保护层厚度不大于 $5d$ 时，箍筋的直径不应小于搭接钢筋较大直的 $d/4$，箍筋的间距不应大于搭接钢筋较小直径的 $5d$，且不应大于 100mm；

（2）当受压钢筋直径大于 25mm 时，尚应在搭接接头两个端面外 100mm 范围内各设置两道箍筋。

4. 非抗震及四级抗震等级的结构，当计算中充分利用钢筋的强度时，纵向受拉钢筋的绑扎搭接长度 l_l 不应小于表 1.6.7 的数值。

非抗震及四级抗震等级结构受拉钢筋绑扎搭接最小长度 l_l（mm）   表 1.6.7

序号	混凝土强度等级			C20	C25	C30	C35	C40	C45	C50	C55	≥C60
1	牌号	HPB300	≤25	$47d$	$41d$	$37d$	$33d$	$31d$	$29d$	$28d$	$27d$	$26d$
			50	$55d$	$48d$	$43d$	$39d$	$36d$	$34d$	$32d$	$31d$	$30d$
			100	$63d$	$55d$	$49d$	$44d$	$41d$	$39d$	$37d$	$36d$	$34d$
2		HRB335	≤25	$46d$	$40d$	$36d$	$33d$	$30d$	$28d$	$27d$	$26d$	$25d$
			50	$54d$	$46d$	$42d$	$38d$	$35d$	$33d$	$32d$	$30d$	$29d$
			100	$61d$	$53d$	$47d$	$43d$	$40d$	$38d$	$36d$	$35d$	$33d$
3		HRB400 HRBF400 RRB400	≤25		$48d$	$43d$	$39d$	$36d$	$34d$	$32d$	$31d$	$30d$
			50		$56d$	$50d$	$45d$	$42d$	$40d$	$38d$	$36d$	$35d$
			100		$64d$	$57d$	$52d$	$48d$	$45d$	$43d$	$42d$	$40d$
4		HRB500 HRBF500	≤25		$58d$	$52d$	$47d$	$43d$	$41d$	$39d$	$38d$	$36d$
			50		$68d$	$60d$	$55d$	$50d$	$48d$	$46d$	$44d$	$42d$
			100		$77d$	$69d$	$62d$	$57d$	$55d$	$52d$	$50d$	$48d$

注（中间列为"同一连接区段内的钢筋搭接接头面积百分率%"）：

注：1. 表中的搭接长度是按锚固长度修正系数 $\zeta_a=1$ 编制的，使用本表时，搭接长度尚应根据不同的锚固条件乘以锚固长度修正系数 ζ_a 后取用；

2. RRB400 级及 HPB300 级钢筋仅用于非抗震设防的普通钢筋的搭接。

5. 由于抗震结构承受反复的地震作用，当钢筋采用绑扎搭接接头时，其搭接长度均应按受拉钢筋的搭接长度考虑，并应满足下式规定或取表 1.6.8 及表 1.6.9 规定的数值。

$$l_{lE} = \zeta_l l_{aE} \qquad (1.6.6)$$

式中：ζ_l——纵向受拉钢筋搭接长度修正系数，按表 1.6.6 采用。

一、二级抗震等级结构受拉钢筋绑扎搭接长度 l_{lE}（mm）   表 1.6.8

序号	混凝土强度等级			C20	C25	C30	C35	C40	C45	C50	C55	≥C60
1	牌号	HRB335	≤25	$53d$	$46d$	$41d$	$37d$	$34d$	$33d$	$31d$	$30d$	$29d$
			50	$62d$	$54d$	$48d$	$43d$	$40d$	$38d$	$36d$	$35d$	$34d$
2		HRB400 HRBF400	≤25		$55d$	$49d$	$45d$	$41d$	$39d$	$37d$	$36d$	$34d$
			50		$64d$	$57d$	$52d$	$48d$	$45d$	$43d$	$42d$	$40d$
3		HRB500 HRBF500	≤25		$67d$	$59d$	$54d$	$50d$	$47d$	$45d$	$43d$	$42d$
			50		$78d$	$69d$	$63d$	$58d$	$55d$	$52d$	$50d$	$48d$

（中间列为"同一连接区段内的钢筋搭接接头面积百分率%"）

注：同表 1.6.7 注 "1"。

三级抗震等级结构受拉钢筋绑扎搭接长度 l_{lE}（mm） 　　　　表 1.6.9

序号	混凝土强度等级				C20	C25	C30	C35	C40	C45	C50	C55	≥C60
1	牌号	HRB335	同一连接区段内的钢筋搭接接头面积百分率%	≤25	49d	42d	37d	34d	31d	30d	28d	27d	26d
				50	57d	49d	44d	40d	37d	35d	33d	32d	31d
2		HRB400 RRB400		≤25		50d	45d	41d	38d	36d	34d	33d	32d
				50		59d	52d	48d	44d	42d	40d	38d	37d
3		HRB500 HRBF500		≤25		61d	54d	49d	45d	43d	41d	40d	38d
				50		71d	63d	57d	53d	50d	48d	46d	44d

注：同表 1.6.7 注"1"。

四、并筋（钢筋束）

当构件中需要摆放的普通钢筋数量太多，按常规的布筋方法无法满足钢筋间距的要求，引起设计与施工困难，或因大直径钢筋规格不齐，无法满足配筋需求时，可采用并筋方式，将二、三根钢筋捆绑成束。

试验表明并筋的承载能力与原各单根钢筋的总和相同，但由于配筋密集握裹力的相对不足（二并筋影响不大，三并筋影响稍多）将影响其受力性能。经试验分析确定，这种影响可以用并筋（钢筋束）的等效直径 d_e 来表述。即并筋可视为计算截面相等的单根等效钢筋。

1. 一般规定

（1）采用并筋的钢筋应采用热轧带肋钢筋。

（2）构件中的钢筋采用并筋配置形式时，直径 28mm 及以下的钢筋并筋数量不应超过 3 根；直径 32mm 的钢筋并筋数量宜为 2 根；直径 36mm 及以上的钢筋不应采用并筋。

（3）当并筋的钢筋总面积不大于单根大直径钢筋面积时，应选用大直径钢筋进行配筋。

（4）等效钢筋的等效直径 d_e 应按截面面积相等的原则换算确定。n 根相同直径为 d 的钢筋的并筋可以用等效直径为 d_e 的一根等效钢筋来替代。等效直径 d_e 按下式计算：

$$d_e = \sqrt{n}\,d \tag{1.6.7}$$

相同直径的二并筋等效直径为 1.41d，可按一字形上下或左右放置

相同直径的三并筋等效直径为 1.73d，可按品字形放置

（5）并筋中的钢筋都应具有同样的特性（牌号和等级），当钢筋的直径比不超过 1.2 时，不同直径的钢筋才能并筋。

不同直径的钢筋并筋时，其等效直径按下式计算：

$$d_e = \sqrt{\frac{\sum A_s}{0.785}} \tag{1.6.8}$$

式中：$\sum A_s$——为不同直径钢筋并筋时的钢筋总面积。

（6）并筋等效直径的概念适用于《混凝土结构设计规范》GB 50010—2010 中钢筋间距、保护层厚度、裂缝宽度验算、钢筋锚固长度、钢筋搭接长度及搭接接头面积百分率等有关条文的计算及构造规定。

（7）并筋端部的锚固，一般情况只允许采用直线锚固，并筋不可弯折，因此并筋适用于支座尺寸较大的公、铁路简支桥梁。

（8）计算并筋的间距及混凝土保护层时均以并筋钢筋的重心作为等效直径的圆心，并筋在构件中的排布方式以便于绑扎就位为原则，一般以贴近箍筋作上下排布（图1.6.3、图1.6.4）。

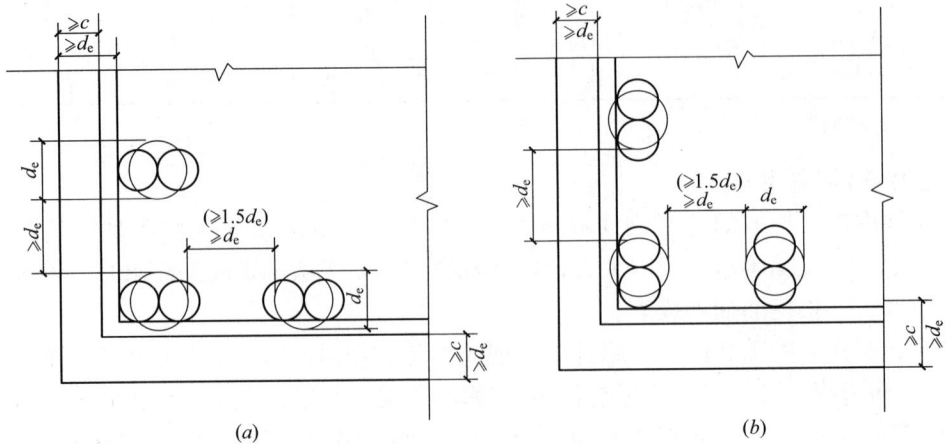

图 1.6.3　二并筋布置
(a)水平二并筋；(b)上下二并筋

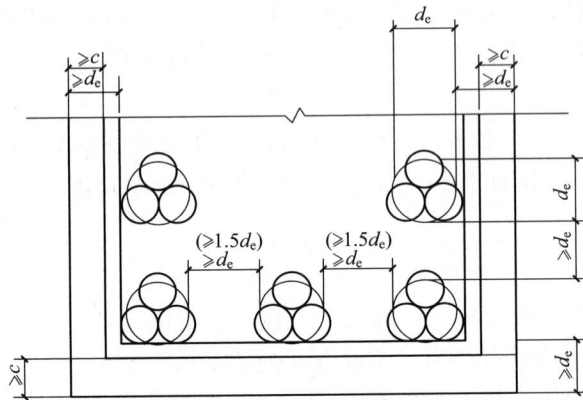

图 1.6.4　品字形三并筋布置

注　1. 括号内数字仅用于梁上部纵向钢筋水平方向的净距；

　　2. 因 d_e 均大于 30mm，规范钢筋间距的控制尺寸 30mm 及 25mm 已不起控制作用，不须标注；

2. 并筋的连接

并筋的钢筋连接应首选机械连接，如有工程经验，也可采用绑扎搭接或焊接。并筋采用绑扎搭接连接时，应按每根单筋错开搭接的方式连接。接头面积百分率应按同一连接区段内所有的单根钢筋计算。并筋中钢筋的搭接长度 l_l 仍按单根钢筋计算。对于两根或三根钢筋组成的并筋每根钢筋应在纵向用大于 $1.3l_l$ 的长度交错搭接见图1.6.5。

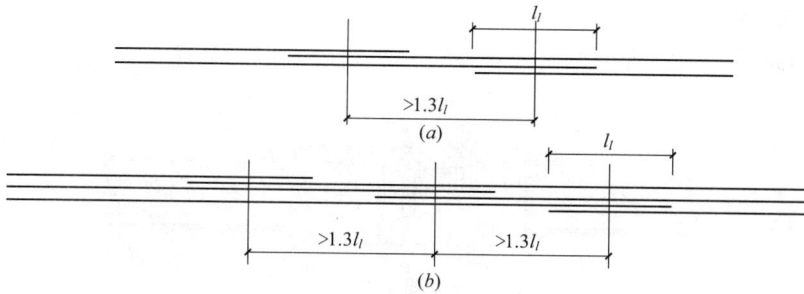

图 1.6.5　并筋受拉搭接

(a)二并筋搭接；(b)三并筋搭接

第七节　钢筋的机械连接接头❶

一、钢筋机械连接的类型和特点

钢筋的机械连接是通过钢筋与连接件的直接或间接的机械咬合作用或钢筋端面的承压作用，将一根钢筋中的力传递到另一根钢筋的连接方法。

用于机械连接的钢筋应符合现行国家标准《钢筋混凝土用热轧带肋钢筋》GB 1499.2 及《钢筋混凝土用余热处理钢筋》GB 13014 的要求。

国内外的钢筋机械连接的方法有以下 6 种：

1. 挤压套筒接头

通过挤压力使连接用的钢套筒塑性变形与带肋钢筋紧密咬合形成的接头；可分为径向挤压套筒接头和轴向挤压套筒接头两种，见图 1.7.1。工程中常用的是径向挤压套筒接头。

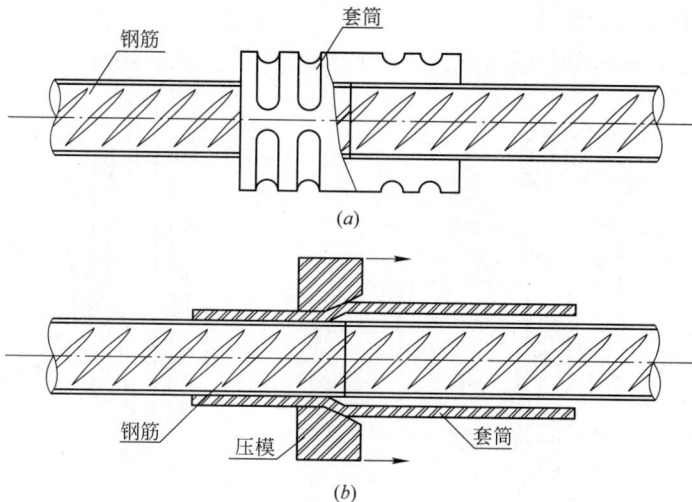

图 1.7.1　钢筋挤压套筒接头

(a)径向挤压接头；(b)轴向挤压接头

---

❶　本节内容引自《钢筋机械连接技术规程》JGJ 107—2016。

2. 锥螺纹接头

通过钢筋端头特制的锥形螺纹和连接件锥螺纹咬合形成的接头，见图1.7.2。

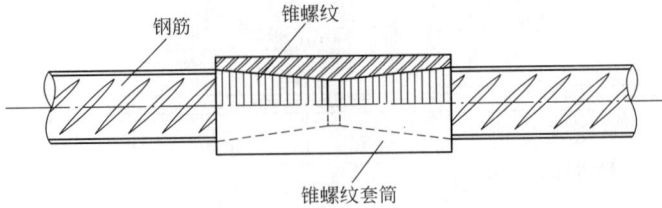

图 1.7.2 钢筋锥螺纹套筒接头

3. 镦粗直螺纹钢筋接头

镦粗直螺纹接头：通过钢筋端头镦粗后制作的直螺纹和连接件螺纹咬合形成的接头，见图1.7.3。

4. 滚轧直螺纹钢筋接头

滚轧直螺纹接头：通过钢筋端头直接滚轧或剥肋后滚轧制作的直螺纹和连接件螺纹咬合形成的接头，见图1.7.4。

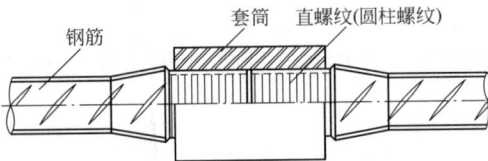

图 1.7.3 镦粗直螺纹钢筋接头

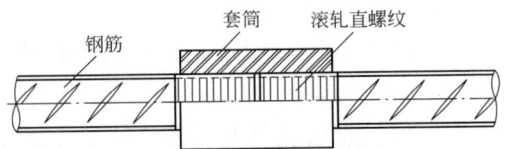

图 1.7.4 滚轧直螺纹钢筋接头

5. 熔融金属充填套筒接头

由高热剂反应产生熔融金属充填在钢筋与连接件套筒间形成的接头，见图1.7.5。

6. 水泥灌浆充填套筒接头

用特制的水泥浆充填在钢筋与连接件套筒间硬化后形成的接头，见图1.7.6。

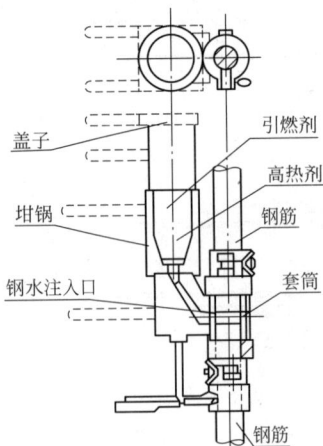

图 1.7.5 钢筋熔融金属充填套筒接头

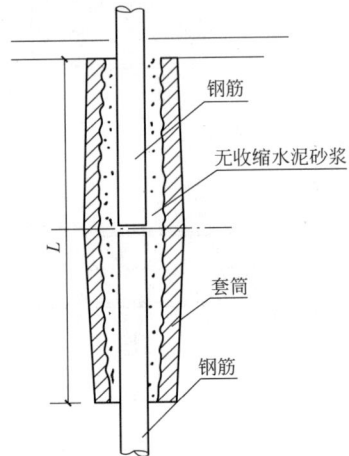

图 1.7.6 钢筋水泥灌浆充填套筒接头

L—套筒长度

目前国内常用的机械连接方法是带肋钢筋套筒径向挤压接头和钢筋锥螺纹接头和直螺纹钢筋接头。

二、一般规定

1. 接头的设计应满足强度及变形性能的要求。

2. 接头连接件的屈服承载力和抗拉承载力的标准值不应小于被连接钢筋的屈服承载力和受拉承载力标准值的 1.10 倍。

3. 接头应根据其性能等级和应用场合，对单向拉伸性能、高应力反复拉压、大变形反复拉压、抗疲劳等各项性能确定相应的检验项目。

4. 接头应根据抗拉强度、残余变形以及高应力和大变形条件下反复拉压性能的差异，分为下列三个性能等级：

Ⅰ级　接头抗拉强度等于被连接钢筋的实际拉断强度或不小于 1.10 倍钢筋抗拉强度标准值，残余变形小并具有高延性及反复拉压性能。

Ⅱ级　接头抗拉强度不小于被连接钢筋抗拉强度标准值，残余变形较小并具有高延性及反复拉压性能。

Ⅲ级　接头抗拉强度不小于被连接钢筋屈服强度标准值的 1.25 倍，残余变形较小并具有一定的延性及反复拉压性能。

5. Ⅰ级、Ⅱ级、Ⅲ级接头的极限抗拉强度必须符合表 1.7.1 的规定。

接头的极限抗拉强度　　　　　　　　表 1.7.1

接头等级	Ⅰ级		Ⅱ级	Ⅲ级
极限抗拉强度	$f_{mst}^0 \geqslant f_{stk}$ 或 $f_{mst}^0 \geqslant 1.10 f_{stk}$	钢筋拉断 连接件破坏	$f_{mst}^0 \geqslant f_{stk}$	$f_{mst}^0 \geqslant 1.25 f_{yk}$

6. Ⅰ级、Ⅱ级、Ⅲ级接头应能经受规定的高应力和大变形反复拉压循环，且在经历拉压循环后，其抗拉强度仍应符合表 1.7.1 的规定。

7. Ⅰ级、Ⅱ级、Ⅲ级接头的变形性能应符合表 1.7.2 的规定。

接头的变形性能　　　　　　　　表 1.7.2

接头等级		Ⅰ级	Ⅱ级	Ⅲ级
单向拉伸	残余变形(mm)	$u_0 \leqslant 0.10(d \leqslant 32)$ $u_0 \leqslant 0.14(d > 32)$	$u_0 \leqslant 0.14(d \leqslant 32)$ $u_0 \leqslant 0.16(d > 32)$	$u_0 \leqslant 0.14(d \leqslant 32)$ $u_0 \leqslant 0.16(d > 32)$
	最大力总伸长率(%)	$A_{sgt} \geqslant 6.0$	$A_{sgt} \geqslant 6.0$	$A_{sgt} \geqslant 3.0$
高应力反复拉压	残余变形(mm)	$u_{20} \leqslant 0.3$	$u_{20} \leqslant 0.3$	$u_{20} \leqslant 0.3$
大变形反复拉压	残余变形(mm)	$u_4 \leqslant 0.3$ 且 $u_8 \leqslant 0.6$	$u_4 \leqslant 0.3$ 且 $u_8 \leqslant 0.6$	$u_4 \leqslant 0.6$

8. 对直接承受重复荷载的结构构件，设计应根据钢筋应力幅提出接头的抗疲劳性能要求。当设计无专门要求时，剥肋滚轧直螺纹钢筋接头、镦粗直螺纹钢筋接头和带肋钢筋套筒挤压接头的疲劳应力幅限值不应小于现行国家标准《混凝土结构设计规范》GB 50010 中普通钢筋疲劳应力幅限值的 80%。

9. 结构设计图纸中应列出设计选用的钢筋接头等级和应用部位。接头等级的选定应符合下列规定：

(1) 混凝土结构中要求充分发挥钢筋强度或对延性要求高的部位应选用Ⅱ级接头或Ⅰ级接头。当在同一连接区段内必须实施 100% 钢筋接头的连接时，应采用Ⅰ级接头。

(2) 混凝土结构中钢筋应力较高但对延性要求不高的部位可采用Ⅲ级接头。

10. 钢筋连接件的混凝土保护层厚度宜符合表 1.10.1 中受力钢筋的混凝土保护层最

小厚度的规定，且不应小于 0.75 倍钢筋最小保护层厚度和 15mm 的较大值。必要时可对连接件采取防锈措施。

11. 结构构件中纵向受力钢筋的接头宜相互错开。钢筋机械连接的连接区段长度应按 35d 计算。在同一连接区段内有接头的受力钢筋截面面积占受力钢筋总截面面积的百分率（以下简称接头百分率），应符合下列规定：

（1）接头宜设置在结构构件受拉钢筋应力较小部位，当需要在高应力部位设置接头时，在同一连接区段内Ⅲ级接头的接头百分率不应大于 25%，Ⅱ级接头的接头百分率不应大于 50%。Ⅰ级接头的接头百分率除本条(2)、(4)款所列情况外可不受限制。

（2）接头宜避开有抗震设防要求的框架的梁端、柱端箍筋加密区；当无法避开时，应采用Ⅱ级接头或Ⅰ级接头，且接头百分率不应大于 50%。

（3）受拉钢筋应力较小部位或纵向受压钢筋，接头百分率可不受限制。

（4）对直接承受动力荷载的结构构件，接头百分率不应大于 50%。

12. 当对具有钢筋接头的构件进行试验并取得可靠数据时，接头的应用范围可根据工程实际情况进行调整。

13. 不同直径钢筋连接时，被连接钢筋的直径相差不宜大于 5mm 或钢筋直径规格的两级。

三、接头的型式检验

1. 在下列情况应进行型式检验：

（1）确定接头性能等级时；

（2）材料、工艺、规格进行改动时；

（3）型式检验报告超过 4 年时。

2. 用于形式检验的钢筋应符合有关钢筋标准的规定。

3. 对每种型式、级别、规格、材料、工艺的钢筋机械连接接头，型式检验试件不应少于 12 个：其中钢筋母材拉伸强度试件不应少于 3 个，单向拉伸试件不应少于 3 个，高应力反复拉压试件不应少于 3 个，大变形反复拉压试件不应少于 3 个。同时应另取 3 根钢筋试件作抗拉强度试验。全部试件均应在同一根钢筋上截取。试件的仪表布置和变形测量标距应符合下列规定：

（1）单向拉伸和反复拉压试验时的变形测量仪表应在接头两侧对称布置（图 1.7.7），取钢筋两侧仪表读数的平均值计算残余变形值。

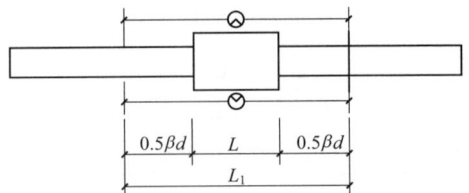

图 1.7.7   接头试件变形测量标距和仪表布置

（2）变形测量标距 $L_1 = L + \beta d$

式中：L_1——变形测量标距；L——机械接头长度；d——钢筋公称直径；β 取 1～6，反复拉压取 4。

4. 用于型式检验的直螺纹或锥螺纹接头试件应散件送达检验单位，由型式检验单位或在其监督下由接头技术提供单位按表 1.7.3 或表 1.7.4 规定的拧紧扭矩进行装配，拧紧扭矩值应记录在检验报告中，型式检验试件必须采用未经过预拉的试件。

5. 型式试检验的试验方法应按《钢筋机械连接技术规程》JGJ 107—2016 附录 A 中的规定进行，当试验结果符合下列规定时评为合格：

（1）强度检验：每个接头试件的强度实测值均应符合表 1.7.1 中相应接头等级的强度要求；

（2）变形检验：对残余变形和最大力总伸长率，3个试件实测值的平均值应符合表1.7.2的规定。

四、接头的加工与安装

1. 直螺纹接头的现场加工应符合下列规定：

（1）钢筋端部应切平或镦平后加工螺纹；

（2）镦粗头不得有与钢筋轴线相垂直的横向裂纹；

（3）钢筋丝头长度应满足企业标准中产品设计要求，公差应为 $0\sim2.0p$（p 为螺距）；

（4）钢筋丝头宜满足 $6f$ 级精度要求，应用专用直螺纹量规检验，通规能顺利旋入并达到要求的拧入长度，止规旋入不得超过 $3p$。抽检数量10％，检验合格率不应小于95％。

2. 锥螺纹接头的现场加工应符合下列规定：

（1）钢筋端部不得有影响螺纹加工的局部弯曲；

（2）钢筋丝头长度应满足设计要求，使拧紧后的钢筋丝头不得相互接触，丝头加工长度公差应为 $-0.5p\sim-1.5p$；

（3）钢筋丝头的锥度和螺距应使用专用锥螺纹量规检验；抽检数量10％，检验合格率不应小于95％。

3. 直螺纹钢筋接头的安装质量应符合下列要求：

（1）安装接头时可用管钳扳手拧紧，应使钢筋丝头在套筒中央位置相互顶紧。各种接头安装后的外露螺纹不宜超过 $2p$；

（2）安装后应用扭力扳手校核拧紧扭矩，拧紧扭矩值应符合表1.7.3的要求；

直螺纹接头安装时的最小拧紧扭矩值　　　　　　　表 1.7.3

钢筋直径(mm)	≤16	18～20	22～25	28～32	36～40	50
拧紧扭矩(N·m)	100	200	260	320	360	460

（3）校核用扭力扳手的准确度级别可选用10级。

4. 锥螺纹钢筋接头的安装质量应符合下列要求：

（1）接头安装时应严格保证钢筋与连接套的规格相一致；

（2）接头安装时应用扭力扳手拧紧，拧紧扭矩值应符合表1.7.4的要求；

锥螺纹接头安装时的拧紧扭矩值　　　　　　　表 1.7.4

钢筋直径(mm)	≤16	18～20	22～25	28～32	36～40	50
拧紧扭矩(N·m)	100	180	240	300	360	460

（3）校核用扭力扳手与安装用扭力扳手应区分使用，校核用扭力扳手应每年校核1次，准确度级别应选用5级。

5. 套筒挤压钢筋接头的安装质量应符合下列要求：

（1）钢筋端部不得有局部弯曲，不得有严重锈蚀和附着物；

（2）钢筋端部应有检查插入套筒深度的明显标记，钢筋端头离套筒长度中点不宜超过10mm；

（3）挤压应从套筒中央开始，依次向两端挤压，挤压后的压痕直径或套筒长度的波动范围应用专用量规检验；压痕处套筒外径应为原套筒外径的 $0.80\sim0.90$ 倍，挤压后套筒长度应为原套筒长度的 $1.10\sim1.15$ 倍；挤压后的套筒不应有可见裂纹。

五、施工现场接头的检验与验收

钢筋连接工程开始前，应对不同钢筋生产厂的进场钢筋进行接头工艺检验；施工过程中，更换钢筋生产厂时，应补充进行工艺检验。工艺检验应符合下列规定：

1. 每种规格钢筋的接头试件不应小于 3 根。检验项目的接头极限抗拉强度和残余变形。

2. 每根试件的抗拉强度各 3 根接头试件的残余变形的平均值均应符合表 1.7.1 和表 1.7.2 的规定。

3. 接头试件在测量残余变形后可再进行抗拉强度试验，并宜按《钢筋机械连接技术规程》附录 A 表 A.1.3 中的单向拉伸加载制度进行试验。

4. 第一次工艺检验中 1 根试件抗拉强度或 3 根试件的残余变形平均值不合格时，允许再抽 3 根试件进行复检，复检仍不合格时判为工艺检验不合格。

5. 接头安装前应检查连接件产品合格证及套筒表面生产批号标识；产品合格证应包括适用钢筋直径和接头性能等级、套筒类型、生产单位、生产日期以及可追溯产品原材料力学性能和加工质量的生产批号。

6. 现场检验应按规定进行接头的抗拉强度试验，加工和安装质量检验；对接头有特殊要求的结构，应在设计图纸中另行注明相应的检验项目。

7. 接头的现场检验应按验收批进行。同一施工条件下采用同一批材料的同等级、同型式、同规格接头，应以 500 个为一个验收批进行检验与验收，不足 500 个也应作为一个验收批。

8. 螺纹接头安装后应按本节五.7 条的验收批，抽取其中 10% 的接头进行拧紧扭矩校核，拧紧扭矩值不合格数超过被校核接头数的 5% 时，应重新拧紧全部接头，直到合格为止。

9. 套筒挤压接头应按验收批抽取 10% 接头，压痕直径或挤压后套筒长度应满足本节四.5.(3)条要求；钢筋插入套筒深度应满足产品设计要求，检查不合格数超过 10% 时，可在本批外观检验不合格的接头中抽取 3 个试件做极限抗拉强度试验并进行评定。

10. 对接头的每一验收批，必须在工程结构中随机截取 3 个接头试件作抗拉强度试验，按设计要求的接头等级进行评定。当 3 个接头试件的抗拉强度均符合表 1.7.1 中相应等级的强度要求时，该验收批应评为合格。如有 1 个试件的抗拉强度不符合要求，应再取 6 个试件进行复检。复检中如仍有 1 个试件的抗拉强度不符合要求，则该验收批应评为不合格。

11. 现场检验连续 10 个验收批抽样试件抗拉强度试验一次合格率为 100% 时，验收批接头数量可扩大 1 倍。

第八节   钢筋的焊接接头[❶]

一、一般规定

1. 钢筋的电阻点焊、闪光对焊、电弧焊、电渣压力焊、气压焊和埋弧压力焊等六种

---

❶ 本节内容引自《钢筋焊接及验收规程》JGJ 18—2012

焊接方法，其适用范围见表1.8.1。采用其他焊接方法或其他品种、规格的钢筋时，应经鉴定或试验合格后，方可使用。

钢筋焊接方法适用范围　　　　　　　表 1.8.1

焊接方法			接头型式	适用范围	
				钢筋牌号	钢筋直径(mm)
电阻点焊				HPB300	6～14
				HRB335	6～14
				HRB400　HRBF400	6～16
				HRB500　HRBF500	6～16
				CRB550	4～12
				CDW550	3～8
闪光对焊				HPB300	8～14
				HRB335	8～14
				HRB400　HRBF400	8～40
				HRB500　HRBF500	8～40
				RRB400W	8～32
箍筋闪光对焊				HPB300	6～14
				HRB335	6～14
				HRB400　HRBF400	6～18
				HRB500　HRBF500	6～18
				RRB400W	8～18
电弧焊	帮条焊	双面焊		HPB300	10～14
				HRB335	10～14
				HRB400　HRBF400	10～40
				HRB500　HRBF500	10～32
				RRB400W	10～25
		单面焊		HPB300	10～14
				HRB335	10～14
				HRB400　HRBF400	10～40
				HRB500　HRBF500	10～32
				RRB400W	10～25
	搭接焊	双面焊		HPB300	10～14
				HRB335	10～14
				HRB400　HRBF400	10～40
				HRB500　HRBF500	10～32
				RRB400W	10～25
		单面焊		HPB300	10～14
				HRB335	10～14
				HRB400　HRBF400	10～40
				HRB500　HRBF500	10～32
				RRB400W	10～25
熔槽帮条焊				HRB400　HRBF400	20～40
				HRB500　HRBF500	20～32
				RRB400W	20～25

续表

焊接方法		接头型式	适用范围	
			钢筋牌号	钢筋直径(mm)
电弧焊	坡口焊	平焊	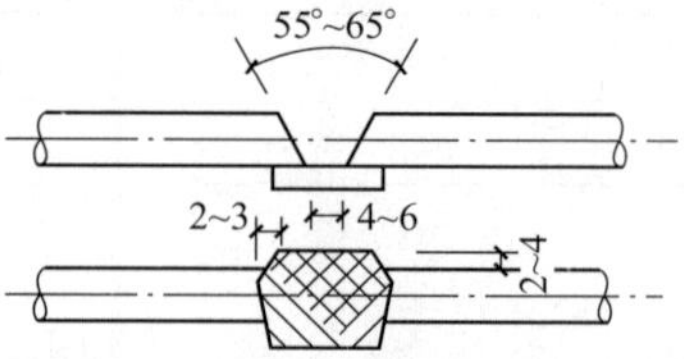 HRB400　HRBF400 HRB500　HRBF500 RRB400W	18～40 18～32 18～25
		立焊	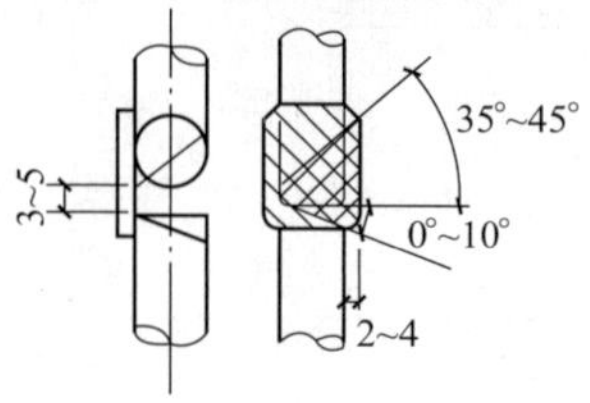 HPB300 HRB400　HRBF400 HRB500　HRBF500 RRB400W	8～14 18～40 18～32 18～25
		钢筋与钢板搭接焊	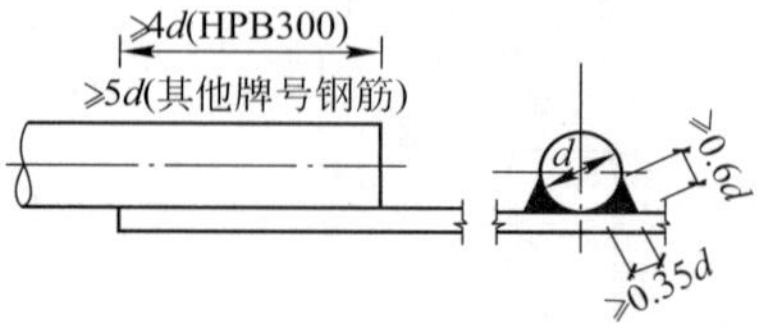 HPB300 HRB335 HRB400　HRBF400 HRB500　HRBF500 RRB400W	8～14 8～14 8～40 8～32 8～25
		窄间隙焊	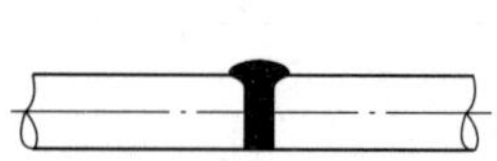 HRB400　HRBF400 HRB500　HRBF500 RRB400W	16～40 18～32 18～25
	预埋件钢筋	角焊	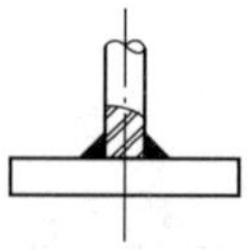 HPB300 HRB335 HRB400　HRBF400 HRB500　HRBF500 RRB400W	6～14 6～14 6～25 10～20 10～20
		穿孔塞焊	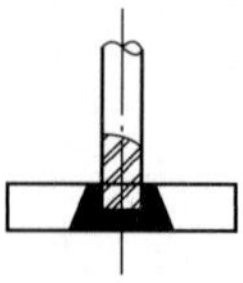 HRB400　HRBF400 HRB500 RRB400W	20～32 20～28 20～28
		埋弧压力焊	 HPB300 HRB335 HRB400　HRBF400	6～14 6～14 6～28
		埋弧螺柱焊		
电渣压力焊			 HPB300 HRB335 HRB400 HRB500	12～14 12～14 12～32 12～32

平焊图中标注：55°～65°、2～3、4～6、2～4

立焊图中标注：35°～45°、0°～10°、3～5、2～4

钢筋与钢板搭接焊图中标注：≥4d(HPB300)、≥5d(其他牌号钢筋)、0.9d、≥0.35d

焊接方法		接头型式	适用范围	
			钢筋牌号	钢筋直径(mm)
气压焊	固态		HPB300	12~14
			HRB335	12~14
	熔态		HRB400	12~40
			HRB500	12~32

注：1. 电阻点焊时，适用范围的钢筋直径指两根不同直径钢筋交叉叠接中较小钢筋的直径；

2. 电弧焊含焊条电弧焊和二氧化碳气体保护电弧焊两种工艺方法；

3. 在生产中，对于有较高要求的抗震结构用钢筋，在牌号后加 E(例如：HRB400E)，焊接工艺可参照同级别热轧钢筋施焊；焊条应采用低氢型碱性焊条；

4. 生产中，如果有 HPB235 钢筋需要进行焊接时，可参考采用 HPB300 钢筋的焊接材料和焊接工艺参数，以及接头质量检验与验收的有关规定；

5. 钢筋 RRB400W 为可焊接余热处理钢筋；

6. 表中括号内数字仅用于除牌号为 HPB300 以外的其他钢筋。

2. 在钢筋工程焊接开工之前，参与该项工程施焊的焊工必须进行现场条件下的焊接工艺试验，经试验合格后，方准于焊接生产。

3. 钢筋焊接施工之前应清除钢筋、钢板焊接部位以及钢筋与电极接触处表面上的锈斑、油污、杂物等；钢筋端部有弯折、扭曲时，应予以矫直或切除。

4. 带肋钢筋进行闪光对焊、电弧焊、电渣压力焊和气压焊时，应将纵肋对纵肋安放和焊接。两根同牌号、不同直径的钢筋进行闪光对焊时其径差不得超过 4mm；电渣压力焊或气压焊时，其径差不得超过 7mm。

5. 进行电阻点焊、闪光对焊、埋弧螺柱焊、埋弧压力焊时应随时观察电源电压的波动情况，当电源电压下降大于 5%、小于 8%，应采取提高焊接变压器级数的措施；当大于或等于 8% 时，不得进行焊接。

6. 电渣压力焊应用于现浇钢筋混凝土结构中竖向或斜向(倾斜度不大于 10°)钢筋的连接。

7. 在环境温度低于 −5℃ 条件下施焊时，闪光对焊、电弧帮条焊或电弧搭接焊均需采取相应的焊接工艺确保焊接质量。

当环境温度低于 −20℃ 时，不宜进行各种焊接。

8. 混凝土结构中钢筋焊接骨架和钢筋焊接网，宜采用电阻点焊制作。

若有两种不同直径的钢筋，在焊接骨架中较小的钢筋直径小于或等于 10mm 时，大小钢筋直径之比不宜大于 3；当较小钢筋的直径为 12~16mm 时，大小钢筋直径之比，不宜大于 2；焊接网较小钢筋直径不得小于较大钢筋直径的 60%。

9. 钢筋的对接焊接宜采用闪光对焊。其焊接工艺可根据钢筋直径大小、钢筋级别及焊机容量，分别选用连续闪光焊、预热闪光焊、闪光-预热闪光焊。

10. 当螺丝端杆与钢筋对焊时，宜事先对螺丝端杆进行预热，并减小调伸长度。钢筋一侧的电极应垫高，确保两者轴线一致。

11. 钢筋电弧焊包括帮条焊、搭接焊、坡口焊、窄间隙焊和熔槽帮条焊五种接头形式。

（1）帮条焊与搭接焊，宜采用双面焊，当不能进行双面焊时，可采用单面焊。

（2）帮条焊接头或搭接焊接头的焊缝有效厚度 s 不应小于主筋直径的 30%；焊缝宽度 b 不应小于主筋直径的 80%（图 1.8.1）。

12. 熔槽帮条焊适用于直径 20mm 及以上钢筋的现场安装焊接。焊接时应加角钢作垫板模。接头形式（图 1.8.2）、角钢尺寸和焊接工艺应符合下列要求：

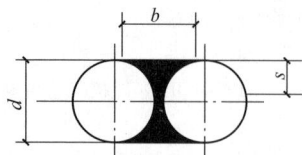

图 1.8.1 焊缝尺寸示意图
b—焊缝宽度；s—焊缝厚度；d—钢筋直径

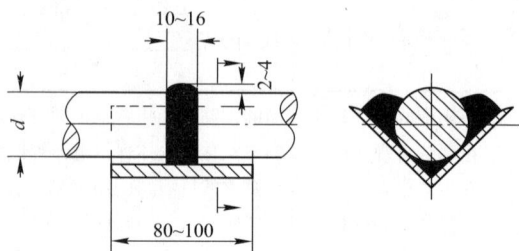

图 1.8.2 钢筋熔槽帮条焊接头

（1）角钢肢长宜为 40～70mm；

（2）钢筋端头应加工平整；

（3）从接缝处垫板引弧后应连续施焊，并应使钢筋端部熔合，防止未焊透、气孔或夹渣；

（4）焊接过程中应及时停焊清渣。焊平后，再进行焊缝余高的焊接，其高度应为 2～4mm；

（5）钢筋与角钢垫板之间，应加焊侧面焊缝 1～3 层，焊缝应饱满，表面应平整。

13. 坡口焊焊接应符合下列要求

（1）坡口面应平顺，切口边缘不得有裂纹、钝边和缺棱；

（2）坡口焊角度在规定范围内选用；

（3）钢垫板厚度宜为 4～6mm，长度宜为 40～60mm；平焊时，垫板宽度应为钢筋直径加 10mm；立焊时，垫板宽度宜等于钢筋直径（图 1.8.3）；

（4）焊缝的宽度应大于 V 形坡口的边缘 2～3mm，焊缝余高应为 2～4mm，并平缓过渡至钢筋表面；

（5）钢筋与钢垫板之间，应加焊二、三层侧面焊缝。

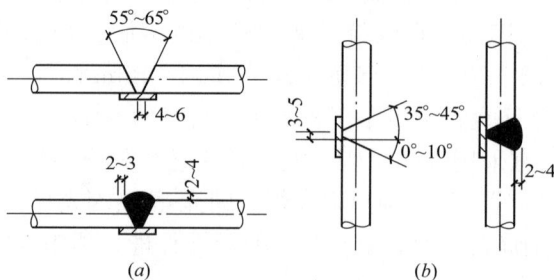

图 1.8.3 钢筋坡口焊接接头
（a）平焊；（b）立焊

14. 窄间隙焊宜用于直径 16mm 及以上钢筋的水平连接。焊接时，钢筋端部应平整，置于铜模中，并应留出一定间隙，连续焊接，熔化钢筋端面和使熔敷金属填充间隙，形成接头（图 1.8.4）。焊接时宜选用低氢型碱性焊条。焊缝余高为 2~4mm，且应平缓过渡至钢筋表面。当钢筋直径为 16~40mm 时，钢筋端面间隙相应为 9~15mm。

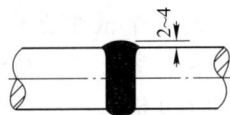

图 1.8.4 钢筋窄间隙焊接头

15. 箍筋闪光对焊，其焊点位置宜设置在箍筋受力较小的一边。箍筋下料长度应预留焊接总留量 Δ，其中包括烧化留量、预热留量和顶锻留量。箍筋下料长度经试焊核对后，其外皮尺寸应符合设计图纸规定。

16. 气压焊可用于钢筋在垂直位置、水平位置或倾斜位置的对接焊接，按加热温度和工艺方法不同，可分为熔态气压焊和固态气压焊。

17. 预埋件钢筋电弧焊 T 型接头可分为角焊（图 1.8.6）和穿孔塞焊（图 14.2.4）两种，其焊接要求当采用 HPB300 钢筋时，角焊缝焊脚不得小于钢筋直径的 50%；采用其他牌号钢筋时焊脚不得小于钢筋直径的 60%。

18. 钢筋与钢板搭接焊时，焊接要求：HRB300 钢筋的搭接长度不得小于 $4d$，其他牌号钢筋的搭接长度不得小于 $5d$；焊缝宽度不得小于钢筋直径的 60%，焊缝厚度不得小于钢筋直径的 35%。

二、质量检验与验收

（一）基本规定

1. 钢筋焊接接头或焊接制品（焊接骨架、焊接网）应按检验批进行质量检验与验收，质量检验与验收应包括外观质量检查和力学性能检验，并划分为主控项目和一般项目两类。

2. 纵向受力钢筋焊接接头验收中闪光对焊接头、电弧焊接头、电渣压力焊接头、气压焊接头和非纵向受力箍筋闪光对焊接头、预埋件钢筋 T 形接头的连接方式检查和接头力学性能检验应为主控项目。焊接接头的外观质量检查应为一般项目。

3. 纵向受力钢筋焊接接头和箍筋闪光对焊接头、预埋件钢筋 T 形接头的连接方式应符合设计要求，并应全数检查，检查方法为目视观察。纵向受力钢筋受力钢筋焊接接头和箍筋闪光对焊接头、预埋件钢筋 T 形接头的外观质量检查应符合下列规定：

（1）纵向受力钢筋焊接接头，每一检验批中应随机抽取 10% 的焊接接头：箍筋闪光对焊接头和预埋件钢筋 T 形接头应随机抽取 5% 的焊接接头。检查结果，外观质量要求应符合本节二（四）2 条的规定。当外观质量各项不合格数均小于或等于抽检数的 10%，则该批焊接接头外观质量评为合格。

（2）当某一小项不合格数超过抽检数的 10% 时，应对该批焊接接头该小项逐个进行复检，并剔出不合格接头。对外观质量检查不合格接头采取修整或补焊措施后，可提交二次验收。

4. 钢筋闪光对焊接头、电弧焊接头、电渣压力焊接头、气压焊接头、箍筋闪光对焊接头、预埋件钢筋 T 形接头的拉伸试验时，应从每一检验批接头中随机切取三个接头，试验结果，应按下列规定进行评定。

（1）符合下列条件之一，应评定该检验批接头拉伸试验合格：

1）3 个试件均断于钢筋母材，呈延性断裂，其抗拉强度大于或等于钢筋母材抗拉强度标准值。

2) 2 个试件断于钢筋母材，呈延性断裂，其抗拉强度大于或等于钢筋母材抗拉强度标准值；另一试体断于焊缝，呈脆性断裂，其抗拉强度大于或等于钢筋母材抗拉强度标准值的 1.0 倍。

试件断于热影响区，呈延性断裂，应视作与断于钢筋母材等同；试件断于热影响区，呈脆性断裂，应视作与断于焊缝等同。

(2) 符合下列条件之一，应进行复验：

1) 2 个试件断于钢筋母材，呈延性断裂，其抗拉强度大于或等于钢筋母材抗拉强度标准值；另一试件断于焊缝，或热影响区，呈脆性断裂，其抗拉强度小于钢筋母材抗拉强度标准值的 1.0 倍。

2) 1 个试件断于钢筋母材，呈延性断裂，其抗拉强度大于或等于钢筋母材抗拉强度标准值；另 2 个试件断于焊缝，或热影响区，呈脆性断裂。

(3) 试验结果，若 3 个试件均断于焊缝，呈脆性断裂，其抗拉强度均大于或等于钢筋母材抗拉强度标准值的 1.0 倍，应进行复验。当 3 个试体中每一个试体抗拉强度小于钢筋母材抗拉强度标准值的 1.0 倍，应评定该检验批接头拉伸试验不合格。

(4) 复验时，应切取 6 个试件进行试验。试验结果，若有 4 个或 4 个以上试件断于钢筋母材，呈延性断，其抗拉强度大于或等于钢筋母材抗拉强度标准值，另 2 个或 2 个以下试件断于焊缝，呈脆性断裂，其抗拉强度大于或等于钢筋母材抗拉强度标准值的 1.0 倍，应评定该检验批接头拉伸试验复验合格。

(5) 可焊接余热处理钢筋 RRB400W 焊接接头拉伸试验结果，其抗拉强度应符合同级别热轧带肋钢筋抗拉强度标准值 540MPa 的规定。

(6) 预埋件钢筋 T 形接头拉伸试验结果，3 个试件的抗拉强度均应符合下列规定：

HPB300 钢筋接头不得小于 400MPa；

HRB335 钢筋接头不得小于 435MPa；

HRB400、HRBF400 钢筋接头不得小于 520MPa；

HRB500、HRBF500 钢筋接头不得小于 610MPa；

RRB400W 钢筋接头不得小于 520MPa。

当试验结果，3 个接头试件的抗拉强度均大于或等于上述规定值时，应评定该检验批接头拉伸试验合格，若有 1 个接头试件抗拉强度小于规定值时，应进行复验。复验时，应切取 6 个试件。复验结果，其抗拉强度均达到规定值时，应评定该检验批接头拉伸试验复验合格。

5. 钢筋闪光对焊接头、气压焊接头进行弯曲试验时，应从每一个检验批接头中随机切取 3 个接头，焊缝应处于弯曲中心点，弯心直径和弯曲角度应符合表 1.8.2 的规定。

接头弯曲试验指标 表 1.8.2

钢筋牌号	弯心直径	弯曲角度(°)
HPB300	2d	90
HRB335	4d	90
HRB400、HRBF400、RRB400W	5d	90
HRB500、HRBF500	7d	90

注：1. d 为钢筋直径(mm)；

　　2. 直径大于 25mm 的钢筋焊接接头，弯心直径应增加 1 倍钢筋直径。

试验结果，按下列规定进行评定：

(1) 当试验结果，弯曲至 **90°**，有 2 个或 3 个试件外侧(含焊缝和热影响区)未发生宽度达到 0.5mm 的裂纹，应评定该检验批接头弯曲试验合格。

(2) 当有 2 个试件发生宽度达到 0.5mm 的裂纹，应进行复验。

(3) 当有 3 个试件发生宽度达到 0.5mm 的裂纹，则评定该检验批接头弯曲试验不合格。

(4) 复验时，应切取 6 个试件进行试验。复验结果，当不超过 2 个试件发生宽度达到 0.5mm 的裂纹时，应评定该批接头弯曲试验复验合格。

（二）钢筋焊接骨架和焊接网

1. 不属于专门标准规定范围的焊接骨架和焊接网可按下列规定的检验批只进行外观质量检查。

（1）凡钢筋牌号、直径及尺寸相同的焊接骨架和焊接网应视为同一类型制品，且每 300 件作为一批，一周内不足 300 件的亦应按一批计算，每周至少检查一次。

（2）外观质量检查时，每批抽查 5%，且不得少于 5 件。

2. 焊接骨架外观质量检查结果，应符合下列要求：

（1）焊点压入深度应为较小钢筋直径的 18%～25%；

（2）每件制品的焊点脱落、漏焊数量不得超过焊点总数的 4%，且相邻两焊点不得有漏焊及脱落；

（3）应量测焊接骨架的长度和宽度，并应抽查纵、横方向 3 个～5 个网格的尺寸，其允许偏差应符合表 1.8.3 的规定；

（4）当外观检查结果不符合上述要求时，应逐件检查，并剔出不合格品。对不合格品经整修后，可提交二次验收。

焊接骨架的允许偏差　　　　　　　　　　　　　　表 1.8.3

项目		允许偏差(mm)
焊接骨架	长度 宽度 高度	±10 ±5 ±5
骨架钢筋间距		±10
受力主筋	间距 排距	±15 ±5

3. 焊接网外形尺寸检查和外观质量检查结果，应符合下列要求：

（1）钢筋焊接网间距的允许偏差取 ±10mm 和规定间距的 ±5% 的较大值。网片长度和宽度的允许偏差取 ±25mm 和规定长度的 ±0.5% 的较大值；网格数量应符合设计规定；

（2）钢筋焊接网焊点开焊数量不应超过整张网片交叉点总数的 1%，并且任一根钢筋上开焊点不得超过该支钢筋上交叉点总数的一半。焊接网最外边钢筋上的交叉点不得开焊；

（3）钢筋焊接网表面不应有影响使用的缺陷。当性能符合要求时，允许钢筋表面存在浮锈和因矫直造成的钢筋表面轻微损伤。

（三）钢筋闪光对焊接头

1. 闪光对焊接头的质量检验，应分批进行外观检查和力学性能检验，并应符合下列规定：

（1）在同一台班内，由同一个焊工完成的 300 个同牌号、同直径钢筋焊接接头应作为一批。当同一台班内焊接的接头数量较少，可在一周之内累计计算；累计仍不足 300 个接头时，应按一批计算；

（2）力学性能检验时，应从每批接头中随机切取 6 个接头，其中 3 个做拉伸试验，3 个做弯曲试验；

（3）异径钢筋接头可只做拉伸试验。

2. 闪光对焊接头外观检查结果，应符合下列规定：

（1）对焊接头表面应呈圆滑、带毛刺状，不得有肉眼可见的裂纹；

（2）与电极接触处的钢筋表面不得有明显烧伤；

（3）接头处的弯折角度不得大于 2°；

（4）接头处的轴线偏移不得大于钢筋直径的 0.1 倍，且不得大于 1mm。

（四）箍筋闪光对焊接头

1. 箍筋闪光对焊接头应分批进行外观质量检查和力学性能检验，要求如下：

（1）在同一台班内，由同一焊工完成的 600 个同牌号、同直径箍筋闪光对焊接头作为一个检验批；如超过 600 个接头，其超出部分可以与下一台班完成接头累计计算；

（2）每一个检验批中，应随机抽查 5% 个接头进行外观质量检查；

（3）每个检验批中应随机切取 3 个对焊接头做拉伸试验。

2. 箍筋闪光对焊接头外观质量检查结果，应符合下列规定。

（1）对焊接头表面应呈圆滑、带毛刺状，不得有肉眼可见裂纹；

（2）轴线偏移不大于钢筋直径 0.1 倍，且不得大于 1mm；

（3）对焊接头所在直线边凹凸不得大于 5mm；

（4）对焊箍筋外净空尺寸的允许偏差在 ±5mm 之内；

（5）与电极接触无明显烧伤。

（五）钢筋电弧焊接头

电弧焊接头的质量检验，应分批进行外观检查和力学性能检验，并应符合下列规定：

（1）在混凝土结构中，应以 300 个同牌号钢筋、同形式接头作为一批；在房屋结构中，应在不超过连续二楼层中 300 个同牌号钢筋、同形式接头作为一批。每批随机切取 3 个接头，做拉伸试验。

（2）在装配式结构中，可按生产条件制作模拟试件，每批 3 个，做拉伸试验。

（3）钢筋与钢板电弧搭接焊接头可只进行外观检查。

注：在同一批中若有几种不同直径的钢筋焊接接头，应在最大直径钢筋接头和最小直径钢筋接头中分别切取 3 个试件进行拉伸试验。钢筋电渣压力焊接头、钢筋气压焊接头取样均同。

电弧焊接头外观检查结果，应符合下列要求：

（1）焊缝表面应平整，不得有凹陷或焊瘤；

（2）焊接接头区域不得有肉眼可见的裂纹；

（3）咬边深度、气孔、夹渣等缺陷允许值及接头尺寸的允许偏差，应符合表 1.8.4 的规定；

（4）坡口焊、熔槽帮条焊和窄间隙焊接头的焊缝余高应为 2～4mm。

钢筋电弧焊接头尺寸偏差及缺陷允许值　　　　表 1.8.4

名称		单位	接头形式		
			帮条焊	搭接焊钢筋与钢板搭接焊	坡口焊、窄间隙焊熔槽帮条焊
帮条沿接头中心线的纵向偏移		mm	0.3d	—	—
接头处弯折角度		°	2	2	2
接头处钢筋轴线的偏移		mm	0.1d	0.1d	0.1d
			1	1	1
焊缝宽度		mm	+0.1d	+0.1d	—
焊缝长度		mm	−0.3d	−0.3d	—
横向咬边深度		mm	0.5	0.5	0.5
在长 2d 焊缝表面上的气孔及夹渣	数量	个	2	2	
	面积	mm²	6	6	
在全部焊缝表面上的气孔及夹渣	数量	个	—	—	2
	面积	mm²	—	—	6

注：d 为钢筋直径(mm)。

（六）钢筋电渣压力焊接头

1. 电渣压力焊接头的质量检验，应分批进行外观检查和力学性能检验，并应符合下列规定：

在现浇钢筋混凝土结构中，应以 300 个同牌号钢筋接头作为一批；在房屋结构中，应在不超过连续二楼层中 300 个同牌号钢筋接头作为一批；当不足 300 个接头时，仍应作为一批。每批随机切取 3 个接头试件做拉伸试验。

2. 电渣压力焊接头外观检查结果，应符合下列要求：

（1）四周焊包凸出钢筋表面的高度，当钢筋直径为 25mm 及以下时，不得小于 4mm；当钢筋直径为 28mm 及以上时，不得小于 6mm；

（2）钢筋与电极接触处，应无烧伤缺陷；

（3）接头处的弯折角度不得大于 2°；

（4）接头处的轴线偏移不得大于 1mm。

（七）钢筋气压焊接头

1. 气压焊接头的质量检验，应分批进行外观检查和力学性能检验，并应符合下列规定：

在现浇钢筋混凝土结构中，应以 300 个同牌号钢筋接头作为一批；在房屋结构中，应在不超过连续二楼层中 300 个同牌号钢筋接头作为一批；当不足 300 个接头时，仍应作为一批。

在柱、墙的坚向钢筋连接中，应从每批接头中随机切取 3 个接头做拉伸试验；在梁、板的水平钢筋连接中，应另切取 3 个接头做弯曲试验。

在同一批中，异径钢筋气压焊接头可只做拉伸试验。

2. 固态或熔态气压焊接头外观检查结果，应符合下列要求：

(1) 接头处的轴线偏移 e 不得大于钢筋直径的 1/10，且不得大于 1mm（图 1.8.5a）；当不同直径钢筋焊接时，应按较小钢筋直径计算；当大于上述规定值，但在钢筋直径的 3/10 以下时，可加热矫正；当大于 3/10 时，应切除重焊；

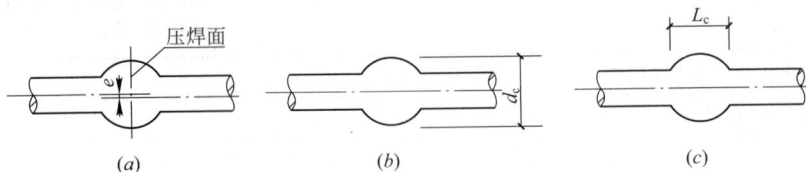

图 1.8.5   钢筋气压焊接外观质量图解
(a)轴线偏移；(b)镦粗直径；(c)镦粗长度

(2) 接头处的弯折角度不得大于 2°；当大于规定值时，应重新加热矫正；

(3) 固态气压焊接头镦粗直径 d_c 不得小于钢筋直径的 1.4 倍，熔态气压焊接头镦粗直径 d_c 不得小于钢筋直径的 1.2 倍（图 1.8.5-b）；当小于上述规定值时，应重新加热镦粗；

(4) 镦粗长度 L_c 不得小于钢筋直径的 1.0 倍，且凸起部分平缓圆滑（图 1.8.5-c）；当小于上述规定值时，应重新加热镦长。

（八）预埋件钢筋 T 形接头

1. 预埋件钢筋 T 形接头的外观质量检查，应从同一台班内完成的同类型预埋件中抽查 5%，且不得少于 10 件。

2. 预埋件钢筋 T 形接头外观质量检查结果，应符合下列要求：

(1) 焊条电弧焊时，角焊缝焊脚尺寸(K)当采用 HPB300 钢筋时，不得小于钢筋直径的 0.5 倍；采用其他牌号钢筋时，不得小于钢筋直径的 0.6 倍；

(2) 埋弧压力焊或埋弧螺柱焊时，四周焊包凸出钢筋表面的高度，当钢筋直径为 18mm 及以下时，不得小于 3mm；当钢筋直径为 20mm 及以上时，不得小于 4mm；

(3) 焊缝表面不得有气孔、夹渣和肉眼可见裂纹；

(4) 钢筋咬边深度不得超过 0.5mm；

(5) 钢筋相对钢板的直角偏差不得大于 2°。

3. 预埋件外观质量检查结果，当有 2 个接头不符合上述要求时，应对全数接头的这一项目进行检查并剔出不合格品，不合格接头经补焊后可提交二次验收。

4. 当进行力学性能检验时，应以 300 件同类型预埋件作为一批。一周内连续焊接时，可累计计算。当不足 300 件时，亦应按一批计算。

应从每批预埋件中随机切取 3 个接头做拉伸试验。试件的钢筋长度应大于或等于 200mm，钢板的长度和宽度应等于 60mm，并视钢筋直径的增大而适当增大。

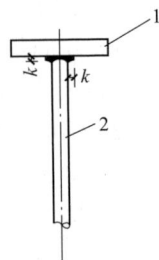

图 1.8.6   预埋件
钢筋 T 形接头
1—钢板；2—钢筋

三、焊条

1. 钢筋焊条电弧焊所采用的焊条，应符合现行国家标准《非合金钢及细晶粒钢焊条》GB/T 5117 或《热强钢焊条》GB/T 5118 的规定。钢筋二氧化碳气体保护电弧焊所采用的焊丝，应符合现行国家标准《气体保护电弧焊用碳钢、低合金钢焊丝》GB/T 8110 的规定。其型号应根据设计确定；若设计无规定时，可按表 1.8.5 选用。

钢筋电弧焊所采用焊条、焊丝推荐表　　　　表 1.8.5

钢筋牌号	电弧焊接头形式			
	帮条焊　搭接焊	坡口焊、熔槽帮条焊 预埋件穿孔塞焊	窄间隙焊	钢筋与钢板搭接焊 预埋件 T 形角焊
HPB300	E4303 ER50-X	E4303 ER50-X	E4316 E4315 ER50-X	E4303 ER50-X
HRB335	E5003 E4303 E5016 E5015 ER50-X	E5003 E5016 E5015 ER50-X	E5016 E5015 ER50-X	E5003 E4303 E5016 E5015 ER50-X
HRB400 HRBF400	E5003 E5516 E5515 ER50-X	E5503 E5516 E5515 ER55-X	E5516 E5515 ER55-X	E5003 E5516 E5515 ER50-X
HRB500 HRBF500	E5503 E6203 E6216 E6215 ER55-X	E6203 E6216 E6215	E6216 E6215	E5503 E6203 E6216 E6215 ER55-X
RRB400W	E5003 E5516 E5515 ER50-X	E5503 E5516 E5515 ER55-X	E5516 E5515 ER55-X	E5003 E5516 E5515 ER50-X

2. 对同一强度等级的酸性焊条或碱性焊条的选用，主要取决于焊接件的结构形状（简单或复杂）、截面大小（刚度大小）、工作条件（恒荷载或活荷载）和钢材抗裂性能等因素。通常要求塑性好、冲击韧性高、低温性能好、抗裂性能强的可选用碱性焊条。如直流电源有困难，可选用交直流两用的碱性焊条。

3. 对于低碳钢与低合金钢或低合金钢与低合金钢之间的异种钢材焊接接头，一般选用与强度等级较高的钢材相应的焊接材料。

4. 中碳钢焊接，由于钢材含碳量较高，增大了发生焊接裂纹的倾向，可选用低氢焊条或选用使焊缝金属具有良好塑性及高韧性的焊条，并将焊件预热和缓冷却处理。

5.《非合金钢及细晶粒钢焊条》的型号根据熔敷金属的力学性能、药皮类型、焊接位置和焊接电流种类划分（见表 1.8.7）。

焊条型号编制方法如下：字母"E"表示焊条；前两位数字表示熔敷金属抗拉强度的最小值，后面的第三和第四数字表示药皮类型、焊接位置和电流类型，其后为熔敷金属的化学成分代号，最后为焊后状态代号。除上述分类代号外，可在型号后依次附加可选代号。

示例 1：　E 43 03

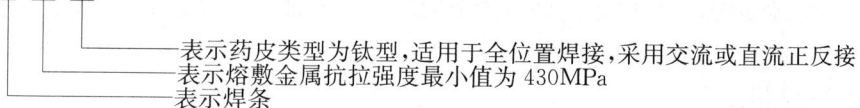

表示药皮类型为钛型，适用于全位置焊接，采用交流或直流正反接
表示熔敷金属抗拉强度最小值为 430MPa
表示焊条

示例2：　E　55　15-N5　P　U　H10

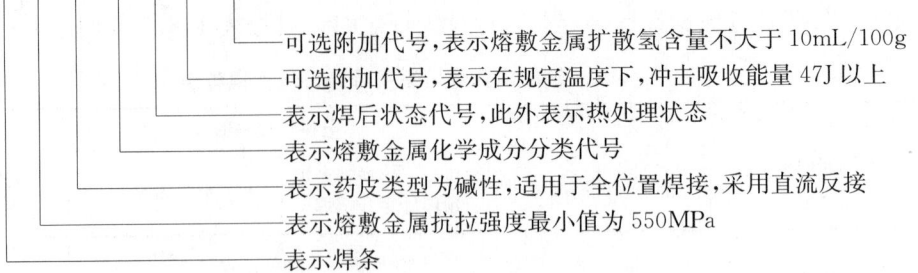

- 可选附加代号,表示熔敷金属扩散氢含量不大于10mL/100g
- 可选附加代号,表示在规定温度下,冲击吸收能量47J以上
- 表示焊后状态代号,此外表示热处理状态
- 表示熔敷金属化学成分分类代号
- 表示药皮类型为碱性,适用于全位置焊接,采用直流反接
- 表示熔敷金属抗拉强度最小值为550MPa
- 表示焊条

熔敷金属抗拉强度代号　　　　　　　　表 1.8.6

抗拉强度代号	最小抗拉强度值 MPa
43	430
50	490
55	550
57	570

药皮类型代号　　　　　　　　表 1.8.7

代号	药皮类型	焊接位置[a]	电流类型
03	钛型	全位置[b]	交流和直流正、反接
10	纤维素	全位置	直流反接
11	纤维素	全位置	交流和直流反接
12	金红石	全位置[b]	交流和直流正接
13	金红石	全位置[b]	交流和直流正、反接
14	金红石＋铁粉	全位置[b]	交流和直流正、反接
15	碱性	全位置[b]	直流反接
16	碱性	全位置[b]	交流和直流反接
18	碱性＋铁粉	全位置[b]	交流和直流反接
19	钛铁矿	全位置[b]	交流和直流正、反接
20	氧化铁	PA、PB	交流和直流正接
24	金红石＋铁粉	PA、PB	交流和直流正、反接
27	氧化铁＋铁粉	PA、PB	交流和直流正、反接
28	碱性＋铁粉	PA、PB、PC	交流和直流反接
40	不做规定	由制造商确定	
45	碱性	全位置	直流反接
48	碱性	全位置	交流和直流反接

[a]焊接位置见 GB/T 16672,其中 PA＝平焊、PB＝平角焊、PC＝横焊、PG＝向下立焊;
[b]此外"全位置"并不一定包含向下立焊,由制造商确定。

6.《热强钢焊条》型号根据熔敷金属的力学性能、化学成分、药皮类型、焊接位置及电流种类划分(见表 1.8.8)。

型号编制方法

字母"E"表示焊条；其后面紧邻的两位数字，表示熔敷金属的最小抗拉强度代号，第三、四位数字，表示药皮类型、焊接位置和电流类型，在短划"-"后的字母、数字或字母和数字的组合，表示熔敷金属的化学成分分类代号，最后一项为可选的附加代号。

完整焊条型号示例如下：

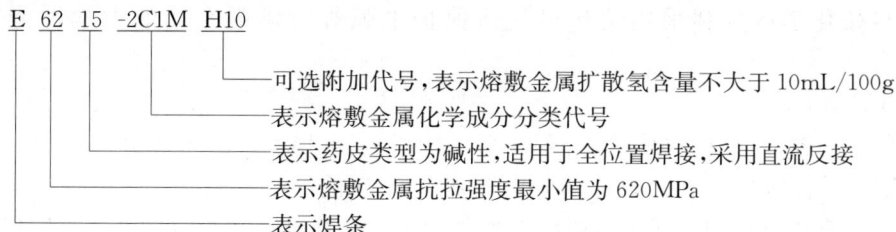

E 62 15 -2C1M H10

— 可选附加代号，表示熔敷金属扩散氢含量不大于 10mL/100g
— 表示熔敷金属化学成分分类代号
— 表示药皮类型为碱性，适用于全位置焊接，采用直流反接
— 表示熔敷金属抗拉强度最小值为 620MPa
— 表示焊条

熔敷金属抗拉强度代号共四挡，分别为：50、52、55、62；

最小抗拉强度值（MPa）相对应的数值为：490、520、550、620。

药皮类型代号 表 1.8.8

代号	药皮类型	焊接位置[a]	电流类型
03	钛型	全位置[c]	交流和直流正、反接
10[b]	纤维素	全位置	直流反接
11[b]	纤维素	全位置	交流和直流反接
13	金红石	全位置[c]	交流和直流正、反接
15	碱性	全位置[c]	直流反接
16	碱性	全位置[c]	交流和直流反接
18	碱性＋铁粉	全位置（PG 除外）	交流和直流反接
19[b]	钛铁矿	全位置[c]	交流和直流正、反接
20[b]	氧化铁	PA、PB	交流和直流正接
27[b]	氧化铁＋铁粉	PA、PB	交流和直流正接
40	不做规定	由制造商确定	

[a]焊接位置见 GB/T 16672，其中 PA＝平焊、PB＝平角焊、PG＝向下立焊；
[b]仅限于熔敷金属化学成分代号 1M3；
[c]此处"全位置"并不一定包含向下立焊，由制造商确定。

熔敷金属化学成分分类代号 表 1.8.9

分类代号	主要化学成分的名义含量
-1M3	此类焊条中含有 Mo，Mo 是在非合金钢焊条基础上的唯一添加合金元素。数字 1 约等于名义上 Mn 含量两倍的整数，字母"M"表示 Mo，数字 3 表示 Mo 的名义含量，大约 0.5%
-×C×M×	对于含铬-钼的热强钢，标识"C"前的整数表示 Cr 的名义含量，"M"前的整数表示 Mo 的名义含量。对于 Cr 或者 Mo，如果含义含量少于 1%，则字母前不标记数字。如果在 Cr 和 Mo 之外还加入了 W、V、B、Nb 等合金成分，则按照此顺序，加于铬和钼标记之后。标识末尾的"L"表示含碳量较低。最后一个字母后的数字表示成分有所改变。
-G	其他成分

7. 气体保护电弧焊用碳钢、低合金钢焊丝

（1）焊丝分类

焊丝按化学成分分为碳钢、碳钼钢、铬钼钢、镍钢、锰钼钢和其他低合金钢等6类。

（2）型号化分

焊丝型号按化学成分和采用熔化极气体保护电弧焊时熔敷金属的力学性能进行划分。

（3）型号编制方法

焊丝型号由三部分组成。第一部分用字母"ER"表示焊丝；第二部分两位数字表示焊丝熔敷金属的最低抗拉强度；第三部分为短划"-"后的字母或数字，表示焊丝化学成分代号。焊丝的简要说明和国际上主要标准型号的对应关系见现行行业标准《气体保护电弧焊用碳钢、低合金钢焊丝》GB 8110 附录 A 和附录 B。

根据供需双方协商，可在型号后附加扩散氢代号 H×，其中×代表 15、10 或 5。

本标准中完整焊丝型号示例如下：

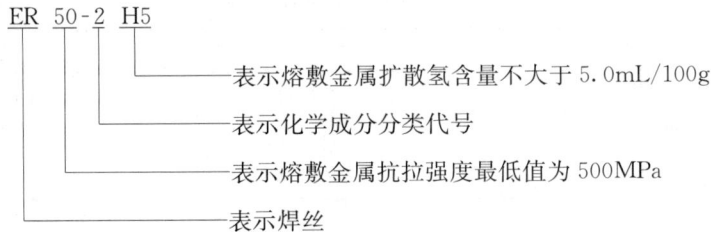

$$ER\ 50\text{-}2\ H5$$

- 表示熔敷金属扩散氢含量不大于 5.0mL/100g
- 表示化学成分分类代号
- 表示熔敷金属抗拉强度最低值为 500MPa
- 表示焊丝

（4）常用焊丝的说明

ER50-2

ER50-2 焊丝主要用于镇静钢、半镇静钢和沸腾钢的单道焊，也可用于某些多道焊的场合。由于添加了脱氧剂，这种填充金属能够用来焊接表面有锈和污物的钢材，但可能损害焊缝质量，它取决于表面条件。ER50-2 填充金属广泛地用于用 GTAW 方法生产的高质量和高韧性焊缝。这些填充金属亦很好地适用于在单面焊接，而不需要在接头反面采用根部气体保护。这些钢的典型标准为 ASTM A36、A285-C、A515-55 和 A516-70，它们的 UNS 号分别为 K02600、K02801、K02001 和 K02700。

ER50-3

ER50-3 焊丝适用于焊接单道和多道焊缝。典型的母材标准通常与 ER50-2 类别适用的一样。ER50-3 焊丝是使用广泛的 GMAW 焊丝。

ER50-4

ER50-4 焊丝适用于焊接其条件要求比 ER50-3 焊丝填充金属能提供更多脱氧能力的钢种。典型的母材标准通常与 ER50-2 类别适用的一样。本类别不要求冲击试验。

ER50-6

ER50-6 焊丝适用于单道焊，又适用于多道焊。它们特别适合于期望有平滑焊道的金属薄板和有中等数量铁锈或热轧氧化皮的型钢和钢板。在进行 CO_2 气体保护或 $Ar+O_2$ 或 $Ar+CO_2$ 混合气体保护焊接时，这些焊丝允许较高的电流范围。然而，当采用二元或三元混合保护气体时，这些焊丝要求比上述焊丝有较高的氧化性。典型的母材标准通常与 ER50-2 类别适用的

一样。

ER50-7

ER50-7 焊丝适用于单道和多道焊。与 ER50-3 焊丝填充金属相比，它们可以在较高的速度下焊接。与那些填充金属相比，它们还提供某些较好的润湿作用和焊道成形。在进行 CO_2 保护气体或 $Ar+O_2$ 混合气体或 $Ar+CO_2$ 混合气体焊接时，这些焊丝允许采用较高的电流范围。然而，当采用二元或三元混合气体时，这些焊丝要求像上面所述的焊丝有较高的氧化性（更多的 CO_2 或 O_2）。典型的母材标准通常与 ER50-2 类别适用的一样。

ER49-1

ER49-1 焊丝适用于单道焊和多道焊，具有良好的抗气孔性能，用以焊接低碳钢和某些低合金钢。

ER55-1

ER55-1 是耐大气腐蚀用焊丝，由于添加了 Cu、Cr、Ni 等合金元素，焊缝金属具有良好的耐大气腐蚀性能，主要用于铁路货车用 Q450NQR1 等钢的焊接。

第九节　钢筋的弯钩和弯折

一、钢筋的弯钩

1. 绑扎骨架的受力钢筋，应在末端设置弯钩，但下列钢筋的末端可不设置弯钩：

满足直线锚固要求的带肋钢筋；

焊接骨架及焊接网中的光面钢筋；

绑扎骨架中的受压光面钢筋。

2. 下列绑扎骨架中不受力或按构造配置的纵向附加钢筋的末端可不做弯钩：

板的分布钢筋；

梁内不受力的架立钢筋；

梁柱内按构造配置的纵向附加钢筋。

3. 构造弯钩的形式有两种：半圆弯钩和直弯钩（图 1.9.1）。半圆弯钩用于光圆钢筋。直弯钩，只用在柱钢筋的底部。

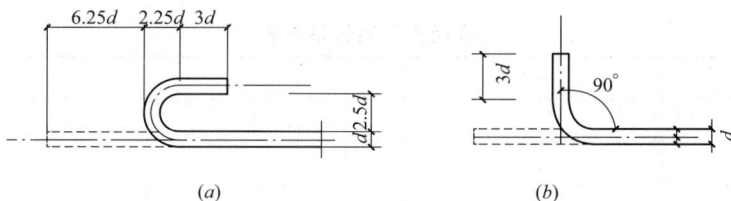

图 1.9.1　钢筋弯钩形式及增长长度
(a)半圆弯钩；(b)直弯钩

4. 带肋钢筋的末端按锚固及受力要求需设置 $90°$ 或 $135°$ 的弯钩时，为避免受力钢筋弯曲时，钢筋受弯曲部位表面产生裂纹和在钢筋弯曲内侧的混凝土局部承压破坏，钢筋的最小弯钩内径 D 可按表 1.9.1 取值，平直部分长度应按设计要求确定，见图 1.9.2。平直部分长度 $\leqslant 12d$ 时称为弯钩。

最小弯钩内径 D   表 1.9.1

钢筋牌号	钢筋直径 φ		
	6～25	28～40	>40～50
HRB335	4d	4d	5d
HRB400 HRBF400(RRB400)	4d	5d(4d)	6d(4d)
HRB500 HRBF400	6d	7d	8d

注：括号内数字用于 RRB400 级钢筋

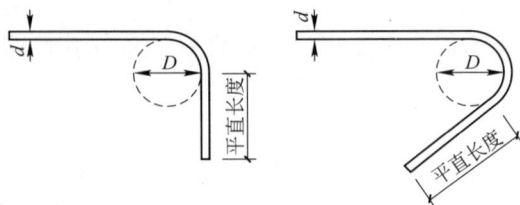

图 1.9.2   钢筋末端 90°或 135°弯钩示意图

二、钢筋弯折

1. 当图 1.9.2 所示钢筋的平直长度>12d 时，称为钢筋弯折。钢筋弯折内径 D 可按表 1.9.1 取用。

2. 框架节点中梁上部纵向钢筋与柱外侧纵向钢筋在节点角部的弯弧内直径，当钢筋≤φ25 时，D 不宜小于 12d；当钢筋>φ25 时，不宜小于 16d。

三、弯起钢筋中间部位弯折处的弯曲直径 D 5d，见图 1.9.3，各边长关系见表 1.9.2。

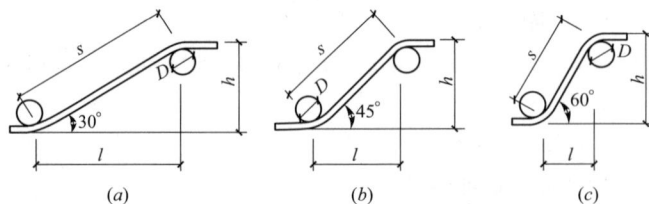

图 1.9.3   弯起钢筋斜长计算简图

(a)弯起角度 30°；(b)弯起角度 45°；(c)弯起角度 60°

弯起钢筋斜长系数表   表 1.9.2

弯起角度	α=30°	α=45°	α=60°
斜边长度 s	2h	1.41h	1.15h
底边长度 l	1.732h	h	0.575h
增加长度	0.268h	0.41h	0.575h

四、箍筋的弯钩

1. 梁的箍筋弯钩

(1) 当梁采用开口箍时，用 HRB300 级钢筋制作的箍筋其末端应做成 180°弯钩，弯钩的弯曲直径应大于受力钢筋直径，且不小于箍筋直径的 2.5 倍(图 1.9.1a)。当用 HRB335 级及 HRB400 级钢筋制作开口箍筋时，其末端应做成 135°弯钩其直线段应不小于 5d，弯钩弯曲直径应大于受力钢筋直径，且宜按表 1.9.1 取值。开口箍可用于非抗震小跨度简支梁。

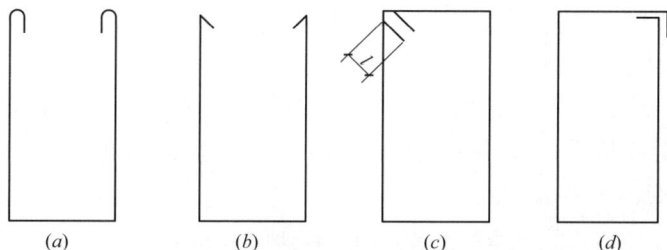

图 1.9.4

（a）光圆钢筋开口箍；（b）带肋钢筋开口箍；（c）常用封闭箍；（d）可用于非地震区

（2）箍筋的末端带有 135°弯钩的封闭式箍筋，为最常用的形式（图 1.9.4c），在弯钩的末端应加平直段 l。

平直段长度：抗震、抗扭　　　　　　　$l \geqslant 10d$；

高层建筑框架梁抗震　　　$l \geqslant 10d$ 和 75mm 的较大值；

其他情况　　　　　　　$l \geqslant 5d$。

（3）在非抗震时，也可采用末端带有 90°弯钩的封闭式箍筋，弯钩末端应加平直段 $l \geqslant 5d$（图 1.9.4d），这种箍筋型式在工程中已很少采用。

2. 柱箍筋弯钩

柱箍筋应做成封闭式，箍筋的末端应做成 135°弯钩，弯钩的末端应加平直段（图 1.9.4b）。

平直段长度：抗震　　　　　$l \geqslant 10d$；

其他情况　　　$l \geqslant 5d$；

柱中全部纵向受力钢筋的配筋率超过 3% 时　　$l \geqslant 10d$，且不应大于 200mm

箍筋也可采用焊接封闭式箍筋，焊接工艺为闪光对焊，应在专用设备上进行焊接详见《钢筋焊接及验收规程》JGJ 18—2012 4.4 节。焊接封闭箍抗震性能良好，为重要工程及对混凝土约束要求较高工程的首选。

焊接封闭箍筋的焊点设置应符合下列规定：

（1）每个箍筋的焊点数量应为 1 个，焊点宜位于箍筋肢的中部，且距箍筋弯折处的位置宜大于 100mm；

（2）柱箍筋焊点可设在箍筋肢的任一边，箍筋安装就位时，应使箍筋焊点位置错开；

（3）梁箍筋焊点应设置在箍筋的顶边或底边。

第十节　混凝土保护层

混凝土的保护层的最小厚度取决于构件的受力钢筋粘结锚固性能和耐久性要求。是根据我国对混凝土结构耐久性的调研及分析并参考国内外相应规范标准的有关规定确定的。

确定保护层的最小厚度是为了保证握裹层混凝土对受力钢筋的锚固，使钢筋能充分发挥其强度；并在设计使用年限为 50 年内能保护构件的钢筋不会发生危及结构安全的锈蚀而确定的。

1. 构件中普通钢筋及预应力筋的混凝土保护层厚度应满足下列要求。

（1）构件中受力钢筋的保护层厚度不应小于钢筋的公称直径 d。

（2）设计使用年限为 50 年的混凝土结构，最外层钢筋的保护层厚度应符合表 1.10.1 的规定；设计使用年限为 100 年的混凝土结构，最外层钢筋的保护层厚度不应小于表 1.10.1 中数值的 1.4 倍。

混凝土保护层的最小厚度 c(mm)   表 1.10.1

环境等级	板、墙、壳	梁、柱、杆
一	15	20
二 a	20	25
二 b	25	35
三 a	30	40
三 b	40	50

注：1. 混凝土强度等级不大于 C25 时，表中保护层厚度数值应增加 5mm；

　　2. 钢筋混凝土基础宜设置混凝土垫层，基础中钢筋的混凝土保护层厚度应从垫层顶面算起，且不应小于 40mm。

2. 当有充分依据并采取下列有效措施时，可适当减小混凝土保护层的厚度。

（1）构件表面有可靠的防护层。如采用水泥砂浆抹面及聚合物水泥砂浆抹面层；

（2）采用工厂化生产的预制构件，并能保证预制构件混凝土质量；

（3）在混凝土掺加钢筋阻锈剂。阻锈剂应按《钢筋阻锈剂应用技术规程》JGJ/T 92—2009 的规定，根据环境类别和环境作用等级选用。市场阻锈剂种类较多，应尽量选用无毒的、环境安全性好的有机类钢筋阻锈剂；

（4）对钢筋进行环氧树脂涂层镀锌或采取阴极保护处理等防锈措施；

（5）当对地下室墙体采用可靠的建筑防水做法时与土壤接触一侧钢筋保护层可适当减少，但不应小于 25mm。常用可靠的建筑防水做法有：

1）高聚物改性沥青防水卷材（如 SBS 改性沥青卷材）；

2）合成高分子防水卷材（如三元乙丙防水卷材、聚乙烯丙纶防水卷材、氯化聚乙烯防水卷材等）；

3）高聚物改性沥青防水涂层（如 SBS 改性沥青涂层）；

4）合成高分子防水涂层（如聚氨酯涂层、乳化沥青涂层、改性橡胶涂层）。

对防水要求较高的地下室墙体，不应减少混凝土保护层的厚度。

3. 当梁、柱、墙中纵向受力钢筋的保护层厚度大于 50mm 时，宜对保护层采取有效的构造措施。在保护层内配置防裂、防剥落的钢筋网片时，网片钢筋的保护层厚度不应小于 25mm。为保证防裂网片不致成为引导锈蚀的通道，应对其采取有效的绝缘和定位措施。

4.《地下工程防水技术规范》GB 50108—2008 第 4.1.7 条尚规定：

防水混凝土结构迎水面钢筋保护层厚度不应小于 50mm。第 3.1.4 条规定：地下工程迎水面主体结构应采用防水混凝土，并应根据防水等级的要求采取其他防水措施。

上述规定表明《地下工程防水技术规范》在保护层厚度及防水措施的要求上与《混凝土结构设计规范》有所不同设计者应根据工程的具体情况酌情取用。

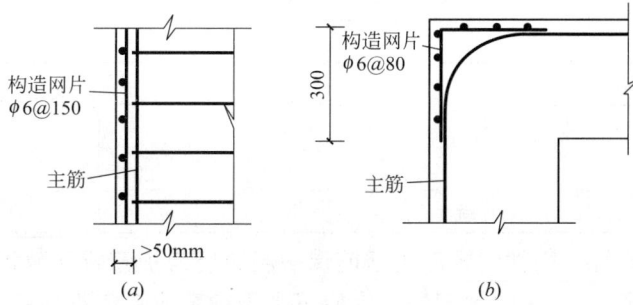

图 1.10.1 厚保护层中的表面配筋

(a)保护层厚度大于 50mm;(b)角节点的厚保护层

5. 环境类别为"四"的海水环境海港工程混凝土保护层应符合下列规定:

(1) 钢筋混凝土保护层最小厚度应符合表 1.10.2 的规定。

钢筋混凝土保护层最小厚度(mm)　　　　　　　　　表 1.10.2

建筑物所处地区	大气区	浪溅区	水位变动区	水下区
北方	50	50	50	30
南方	50	65	50	30

注:1. 混凝土保护层厚度系指主筋表面与混凝土表面的最小距离;

2. 表中数值系箍筋直径为 6mm 时主钢筋的保护层厚度,当箍筋直径超过 6mm 时,保护层厚度应按表中规定增加 5mm;

3. 位于浪溅区的码头面板、桩等细薄构件的混凝土保护层可取 50mm;

4. 南方地区系指历年月平均最低气温大于 0℃的地区。

(2) 当构件厚度为 500mm 以上时预应力混凝土保护层最小厚度应符合表 1.10.3 的规定。

预应力混凝土保护层最小厚度(mm)　　　　　　　　　表 1.10.3

所在部位	大气区	浪溅区	水位变动区	水下区
保护层厚度	75	90	75	75

注:1. 构件厚度系指规定保护层最小厚度方向上的构件尺寸;

2. 后张法预应力筋保护层厚度系指预留孔道壁面至构件表面的最小距离;

3. 采用特殊工艺制作的构件,经充分技术论证,对钢筋的防腐蚀作用确有保证时,保护层厚度可适当减小;

4. 有效预应力小于 400N/mm² 的预应力筋的保护层厚度,按表 1.10.2 执行,但不宜小于 1.5 倍主筋直径。

(3) 当构件厚度小于 500mm 时,预应力筋的混凝土保护层最小厚度宜为 2.5 倍预应力筋直径,但不得小于 50mm。

(4) 结构的混凝土表面易受冰凌等漂浮物磨损或撞击的部位,保护层厚度宜适当加大。

6. 在环境类别为"五"的腐蚀环境下钢筋混凝土保护层最小厚度应符合表 1.10.4 的规定。

混凝土保护层最小厚度（mm）   表 1.10.4

构件类别	强腐蚀	中、弱腐蚀
板、墙等面形构件	35	30
梁、柱等条形构件	40	35
基础	50	50
地下室外墙及底板	50	50

后张法预应力混凝土构件的预应力钢筋保护层厚度为护套或孔道管外缘至混凝土表面的距离，除应符合表 1.10.4 的规定外，尚应不小于护套或孔道直径的 1/2。

第十一节 配筋百分率

一、纵向受力钢筋的最小配筋率

1. 钢筋混凝土结构构件中纵向受力钢筋的配筋百分率 ρ_{min} 不应小于表 1.11.1-1 规定的数值；

纵向受力钢筋的最小配筋百分率 ρ_{min}（%）   表 1.11.1-1

受力类型		最小配筋百分率
受压构件	全部纵向钢筋 强度等级 500MPa	0.50
	全部纵向钢筋 强度等级 400MPa	0.55
	全部纵向钢筋 强度等级 300MPa、335MPa	0.60
	一侧纵向钢筋	0.20
受弯构件、偏心受拉、轴心受拉构件一侧的受拉钢筋		0.20 和 $45f_t/f_y$ 中的较大值

注：1. 受压构件全部纵向钢筋最小配筋百分率，当采用 C60 以上强度等级的混凝土时，应按表中规定增加 0.10；

2. 板类受弯构件(不包括悬臂板)的受拉钢筋，当采用强度等级 400MPa、500MPa 的钢筋时，其最小配筋百分率应允许采用 0.15 和 $45f_t/f_y$ 中的较大值；

3. 偏心受拉构件中的受压钢筋，应按受压构件一侧纵向钢筋考虑；

4. 受压构件的全部纵向钢筋和一侧纵向钢筋的配筋率以及轴心受拉构件和小偏心受拉构件一侧受拉钢筋的配筋率均应按构件的全截面面积计算；

5. 受弯构件、大偏心受拉构件一侧受拉钢筋的配筋率应按全截面面积扣除受压翼缘面积 $(b_f'-b)h_f'$ 后的截面面积计算；

6. 当钢筋沿构件截面周边布置时，"一侧纵向钢筋"系指沿受力方向两个对边中一边布置的纵向钢筋。

受弯构件、偏心受拉、轴心受拉构件一侧受拉钢筋的最小配筋百分率见表 1.11.1-2。

一侧受拉钢筋的最小配筋百分率（%）   表 1.11.1-2

钢筋牌号	f_y N/mm²	混凝土强度等级												
		C20	C25	C30	C35	C40	C45	C50	C55	C60	C65	C70	C75	C80
HPB300	270	0.20	0.21	0.24	0.26	029	0.30	0.32	0.33	0.34	0.35	0.36	0.36	0.37
HRB335	300	0.20	0.20	0.21	0.24	0.26	0.27	0.28	0.29	0.31	0.31	0.32	0.33	0.33
HRB400 HRBF400 RRB400	360		0.16	0.18	0.20	0.21	0.23	0.24	0.25	0.26	0.26	0.27	0.27	0.28

（续）

钢筋牌号	f_y N/mm²	混凝土强度等级												
		C20	C25	C30	C35	C40	C45	C50	C55	C60	C65	C70	C75	C80
HRB500 HRBF500	435		0.15	0.15	0.16	0.18	0.19	0.20	0.20	0.21	0.22	0.22	0.23	0.23

2. 抗震时框架梁纵向受拉钢筋的配筋率不应小于表 1.11.2-1 规定的数值，或不小于表 1.11.2-2 中的数值；

框架梁纵向受拉钢筋的最小配筋百分率（%） 表 1.11.2-1

抗震等级	梁中位置	
	支座	跨中
一级	0.4 和 $80f_t/f_y$ 中的较大值	0.3 和 $65f_t/f_y$ 中的较大值
二级	0.3 和 $65f_t/f_y$ 中的较大值	0.25 和 $55f_t/f_y$ 中的较大值
三、四级	0.25 和 $55f_t/f_y$ 中在较大值	0.2 和 $45f_t/f_y$ 中的较大值

框架梁纵向受拉钢筋最小配筋百分率（%） 表 1.11.2-2

抗震等级	钢筋种类	梁中位置	混凝土强度等级												
			C20	C25	C30	C35	C40	C45	C50	C55	C60	C65	C70	C75	C80
一级	HRB400 HRBF400	支座			0.40	0.40	0.40	0.40	0.42	0.436	0.453	0.464	0.476		
		跨中			0.30	0.30	0.309	0.325	0.341	0.354	0.368	0.377	0.386		
	HRB500 HRBF500	支座			0.40	0.40	0.40	0.40	0.40	0.40	0.40	0.40	0.40		
		跨中			0.30	0.30	0.30	0.30	0.30	0.30	0.305	0.312	0.32		
二级	HRB400 HRBF400	支座		0.30	0.30	0.30	0.309	0.325	0.341	0.354	0.368	0.377	0.386	0.394	0.40
		跨中		0.25	0.25	0.25	0.261	0.275	0.289	0.299	0.312	0.319	0.327	0.333	0.339
	HRB500 HRBF500	支座		0.30	0.30	0.30	0.30	0.30	0.30	0.30	0.305	0.312	0.32	0.326	0.332
		跨中		0.25	0.25	0.25	0.25	0.25	0.25	0.25	0.258	0.264	0.271	0.276	0.289
三、四级	HRB400 HRBF400	支座		0.25	0.25	0.25	0.261	0.275	0.289	0.299	0.312	0.319	0.327	0.333	0.339
		跨中		0.20	0.20	0.20	0.214	0.225	0.236	0.245	0.255	0.261	0.268	0.273	0.278
	HRB500 HRBF500	支座		0.25	0.25	0.25	0.25	0.25	0.25	0.25	0.258	0.264	0.271	0.276	0.289
		跨中		0.20	0.20	0.20	0.20	0.20	0.20	0.203	0.211	0.216	0.221	0.226	0.23

3. 抗震时框架柱和框支柱中全部纵向受力钢筋的配筋百分率不应小于表 1.11.3 规定的数值，同时，每一侧配筋率不应小于 0.2%；对Ⅳ类场地上较高的高层建筑，最小配筋百分率应按表中数值增加 0.1 采用；

柱全部纵向受力钢筋最小配筋百分率（%） 表 1.11.3

柱类型	抗震等级			
	一级	二级	三级	四级
中柱、边柱	0.9（1.0）	0.7（0.8）	0.6（0.7）	0.5（0.6）
角柱、框支柱	1.1	0.9	0.8	0.7

注：1. 表中括号内的数值用于框架结构的柱；
　　2. 采用 400MPa 级纵向受力钢筋时，应按表中数值增加 0.05 采用；
　　3. 当混凝土强度等级为 C60 以上时，应按表中数值增加 0.1 采用。

4. 对卧置于地基上的混凝土板，板中受拉钢筋的最小配筋率可适当降低，但不应小于 0.15%；

5. 深梁钢筋的最小配筋百分率，不宜小于表 1.11.4 规定的数值；

深梁中钢筋的最小配筋百分率(%)　　　　表 1.11.4

钢筋种类	纵向受拉钢筋	水平分布钢筋	竖向分布钢筋
HPB300	0.25	0.25	0.20
HRB400、HRBF400、RRB400 HRB335	0.20	0.20	0.15
HRB500、HRBF500	0.15	0.15	0.10

注：当集中荷载作用于连续深梁上部 1/4 高度范围内且 $l_0/h > 1.5$ 时，竖向分布钢筋最小配筋百分率应增加 0.05。

6. 梁内受扭纵向钢筋的配筋率不应小于 $0.6\sqrt{\dfrac{T}{Vb}}\dfrac{f_t}{f_y}$。当 $T/(Vb) > 2.0$ 时取 $T/(Vb) = 2.0$，式中 V、T 为剪力、扭矩设计值；b 为矩形截面宽度、T 形或 I 字形截面的腹板宽度；箱形截面，取箱形截面的宽度 b_h；

7. 牛腿承受竖向力所需的纵向受拉钢筋配筋率，按全截面计算不应小于 0.2% 及 $0.45f_t/f_y$、钢筋数量不宜少于 $4\phi 12$。

对结构中次要的钢筋混凝土受弯构件，当构造所需截面高度远大于承载的需求时，其纵向受拉钢筋的配筋率可按下列公式计算：

$$\rho_s \geqslant \frac{h_{cr}}{h}\rho_{min} \tag{1.11.1}$$

$$h_{cr} = 1.05\sqrt{\frac{M}{\rho_{min}f_y b}} \tag{1.11.2}$$

式中：ρ_s——构件按全截面计算的纵向受拉钢筋的配筋率；

ρ_{min}——纵向受力钢筋的最小配筋率，按表 1.11.1 取用；

h_{cr}——构件截面的临界高度，当小于 $h/2$ 时取 $h/2$；

h——构件截面的高度；

b——构件的截面宽度；

M——构件的正截面受弯承载力设计值。

二、纵向钢筋最大配筋率

1. 当纵向受拉钢筋的屈服与受压区混凝土破坏同时发生时，可推算出最大配筋率。单筋矩形截面梁的最大配筋百分率，不应大于表 1.11.5 规定的数值。

单筋矩形截面梁的最大配筋百分率(%)　　　　表 1.11.5

钢筋级别 MPa	混凝土强度等级										
	C20	C25	C30	C35	C40	C45	C50	C55	C60	C65	C70
400 级		1.71	2.06	2.40	2.75	3.03	3.32	3.48	3.65			
500 级		1.32	1.59	1.85	2.12	2.34	2.56	2.68	2.79	2.87	2.93

2. 考虑地震作用组合的框架梁截面受弯承载力计算中，计入纵向受压钢筋的梁端混凝土受压区高度，应符合下列要求：

一级抗震等级 $\qquad x \leqslant 0.25h_0 \qquad (1.11.3-1)$

二、三级抗震等级 $\qquad x \leqslant 0.35h_0 \qquad (1.11.3-2)$

式中：x——混凝土受压区高度；

$\qquad h_0$——截面有效高度。

梁端纵向受拉钢筋的最大配筋百分率也可按表 1.11.6 选取。此时表中梁端纵向受拉钢筋百分率没有计入纵向受压钢筋，当框架梁端有受压钢筋时，应使受拉受压钢筋的总量计算所得的配筋百分率≤2.5%。

抗震结构框架梁端最大配筋百分率（%）　　　　　　　表 1.11.6

钢筋种类	抗震等级	混凝土强度等级												
		C20	C25	C30	C35	C40	C45	C50	C55	C60	C65	C70	C75	C80
HRB400 HRBF400	一			0.99	1.16	1.33	1.47	1.60	1.68	1.75	1.80	1.84	1.86	1.87
	二、三		1.16	1.39	1.62	1.86	2.05	2.24	2.35	2.45				
HRB500 HRBF500	一			0.82	0.96	1.10	1.21	1.33	1.39	1.45				
	二、三		0.96	1.15	1.34	1.54	1.70	1.86	1.95	2.02	2.09	2.12	2.15	2.17

注：计算纵向钢筋的配筋率时，截面高度应取截面的有效高度 h_0。

3. 地震区框架柱中全部纵向受力钢筋配筋率不应大于 5%；当按一级抗震等级设计，且柱的剪跨比 $\lambda \leqslant 2$ 时，柱每侧纵向钢筋的配筋率不宜大于 1.2%。

三、箍筋和分布钢筋的最小配筋百分率

1. 地震区框架梁端箍筋加密长度范围内箍筋间距和箍筋最小直径按本手册第五章规定执行，承受地震作用的框架梁，沿梁全长箍筋的配筋率 ρ_{sv} 应符合下列规定：

一级抗震等级 $\qquad \rho_{sv} \geqslant 0.30 f_t/f_{yv} \qquad (1.11.4-1)$

二级抗震等级 $\qquad \rho_{sv} \geqslant 0.28 f_t/f_{yv} \qquad (1.11.4-2)$

三、四级抗震等级 $\qquad \rho_{sv} \geqslant 0.26 f_t/f_{yv} \qquad (1.11.4-3)$

或不小于表 1.11.7 规定的数值。

梁的箍筋最小配筋百分率（%）　　　　　　　表 1.11.7

抗震等级或受力类型	牌号	混凝土强度等级								
		C20	C25	C30	C35	C40	C45	C50	C55	C60
一级	HPB300			0.159	0.174	0.190	0.200	0.210	0.218	0.227
	HRB335			0.143	0.157	0.171	0.180	0.189	0.196	0.204
	HRB400、HRBF400			0.119	0.131	0.143	0.150	0.158	0.163	0.170
	HRB500、HRBF500			0.099	0.108	0.118	0.124	0.130	0.135	0.141
二级	HRB300	0.114	0.132	0.148	0.163	0.177	0.187	0.196	0.203	0.212
	HRB335	0.103	0.119	0.133	0.147	0.160	0.168	0.176	0.183	0.190
	HRB400、HRBF400		0.099	0.111	0.122	0.133	0.140	0.147	0.152	0.159
	HRB500、HRBF500		0.082	0.092	0.101	0.110	0.116	0.122	0.126	0.131

续表

抗震等级或受力类型		牌号	混凝土强度等级								
			C20	C25	C30	C35	C40	C45	C50	C55	C60
三、四级		HPB300	0.106	0.122	0.138	0.151	0.165	0.173	0.182	0.189	0.196
		HRB335	0.095	0.110	0.124	0.136	0.148	0.156	0.164	0.170	0.177
		HRB400、HRBF400		0.092	0.103	0.113	0.124	0.130	0.137	0.142	0.147
		HRB500、HRBF500		0.076	0.085	0.094	0.102	0.108	0.113	0.117	0.122
非抗震	受剪	HPB300	0.097	0.113	0.127	0.140	0.152	0.160	0.168	0.174	0.181
		HRB335	0.088	0.102	0.114	0.126	0.137	0.144	0.151	0.157	0.163
		HRB400、HRBF400		0.085	0.095	0.105	0.114	0.120	0.126	0.131	0.136
		HRB500、HRBF500		0.070	0.079	0.087	0.094	0.099	0.104	0.108	0.113
	弯剪扭	HPB300	0.114	0.132	0.148	0.163	0.177	0.187	0.196	0.203	0.212
		HRB335	0.103	0.119	0.133	0.147	0.160	0.168	0.176	0.183	0.190
		HRB400、HRBF400		0.099	0.111	0.122	0.133	0.140	0.147	0.152	0.159
		HRB500、HRBF500		0.082	0.092	0.101	0.110	0.116	0.122	0.126	0.131

$\rho_{sv} = \dfrac{A_{sv}}{bs}$，其中 A_{sv} 为配置在同一截面内箍筋各肢的全部截面面积。箍筋间距 s 应符合本手册第三章第三节的规定。

2. 非地震区梁箍筋的配筋率 ρ_{sv} 应不小于 $0.24f_t/f_{yv}$，或不小于表 1.11.7 规定的数值。

3. 弯剪扭构件中箍筋的配筋率 ρ_{sv} 应不小于 $0.28f_t/f_{yv}$，或不小于表 1.11.7 规定的数值。

4. 框架柱箍筋加密区箍筋的体积配筋率 ρ_v 的规定见第五章第三节。

5. 钢筋混凝土剪力墙的水平和竖向分布钢筋的配筋率 $\rho_{sh}\left(\rho_{sh} = \dfrac{A_{sh}}{bs_v}, \; s_v$ 为水平分布钢筋的间距$\right)$ 和 $\rho_{sv}\left(\rho_{sv} = \dfrac{A_{sv}}{bs_h}, \; s_h$ 为竖向分布钢筋的间距$\right)$ 不应小于 0.2%。重要部位的剪力墙，其水平和竖向分布钢筋的配筋率宜适当提高；

剪力墙中温度、收缩应力较大的部位，水平分布钢筋的配筋率宜适当提高；

6. 抗震设防时剪力墙的水平和竖向分布钢筋的配置，应符合下列要求：

(1) 一、二、三级抗震等级的剪力墙的水平和竖向分布钢筋配筋率均不应小于 0.25%；四级抗震等级剪力墙不应小于 0.2%，分布钢筋间距不应大于 300mm；其直径不应小于 8mm。

(2) 部分框支剪力墙结构的剪力墙底部加强部位，水平和竖向分布钢筋配筋率不应小于 0.3%，水平钢筋间距不应小于 200mm。

第十二节   伸缩缝、沉降缝、防震缝、施工缝

一、伸缩缝

1. 素混凝土结构伸缩缝的最大间距，可按表 1.12.1 的规定采用。整片的素混凝土墙壁式结构，其伸缩缝宜做成贯通式，将基础断开。

素混凝土结构伸缩缝最大间距(m)　　　　表 1.12.1

结构类别	室内或土中	露天
装配式结构	40	30
现浇式结构(配有构造钢筋)	30	20
现浇式结构(未配构造钢筋)	20	10

2. 钢筋混凝土结构伸缩缝的最大间距宜符合表 1.12.2 的规定。

钢筋混凝土结构伸缩缝最大间距(m)　　　　表 1.12.2

结构类别		室内或土中	露天
排架结构	装配式	100	70
框架结构	装配式	75	50
	现浇式	55	35
剪力墙结构	装配式	65	40
	现浇式	45	30
挡土墙、地下室墙壁等类结构	装配式	40	30
	现浇式	30	20

注：1. 装配整体式结构的伸缩缝间距，可根据结构的具体情况取表中装配式结构与现浇式结构之间的数值；
　　2. 框架-剪力墙结构或框架-核心筒结构房屋的伸缩缝间距，可根据结构的具体情况取表中框架结构与剪力墙结构之间的数值；
　　3. 当屋面无保温或隔热措施时，框架结构、剪力墙结构的伸缩缝间距宜按表中露天栏的数值取用；
　　4. 现浇挑檐、雨罩等外露结构的局部伸缩缝间距不宜大于 12m。

3. 对下列情况，表 1.12.2 中的伸缩缝最大间距宜适当减小：

(1) 柱高(从基础顶面算起)低于 8m 的排架结构；

(2) 屋面无保温、隔热措施的排架结构；

(3) 位于气候干燥地区、夏季炎热且暴雨频繁地区的结构或经常处于高温作用下的结构；

(4) 采用滑模类工艺施工的各类墙体结构；

(5) 混凝土材料收缩较大(如采用泵送、免振施工的混凝土)，施工期外露时间较长的结构。

4. 如有充分依据对下列情况表 1.12.2 中的伸缩缝最大间距可适当增大：

(1) 采用低收缩混凝土材料，采用分仓浇筑、后浇带、控制缝等施工方法，并加强施工养护；

1) 采用低收缩混凝土材料：

混凝土凝固过程中失水和胶体结晶固化，体积减小而引起收缩。收缩变形在受约束的条件下将引起拉应力而导致裂缝，调查表明上世纪七八十年代，我国混凝土的收缩量一般为 $300\mu\varepsilon$，目前由于水泥用量普遍增加；为了泵送，混凝土中粗骨料含量大幅度减小，粒径也减小，且粉煤灰等掺合料大量使用并采用轻骨料(陶粒等)等综合因素，使目前混凝土的收缩量已达 $500\mu\varepsilon$ 以上。拟采用低收缩混凝土材料办法增大伸缩缝间距的办法难度很大。

2) 分仓浇筑：分段跳仓施工，使结构混凝土的收缩变形，处于可控的自由变形状态，也是大尺度的后浇带。施工条件允许时超长的地下室可采用此工法。跳仓施工尚应满足本章第四节一.(二).5.(4)款的要求。

3）后浇带

后浇带通常 30～40mm 设置一道，宽度为 800～1000mm。通常，后浇带的钢筋贯通不切断（图 1.12.2a）。需要时可在后浇带处将钢筋完全断开，通过钢筋的搭接实现应力传递，这种后浇带消除约束应力积聚的效果较好（图 1.12.2b），此时后浇带的宽度应为 $1.6l_a+60$mm，且应≥800mm。

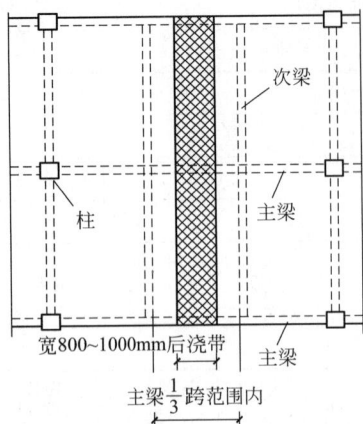

图 1.12.1 钢筋混凝土结构后浇带

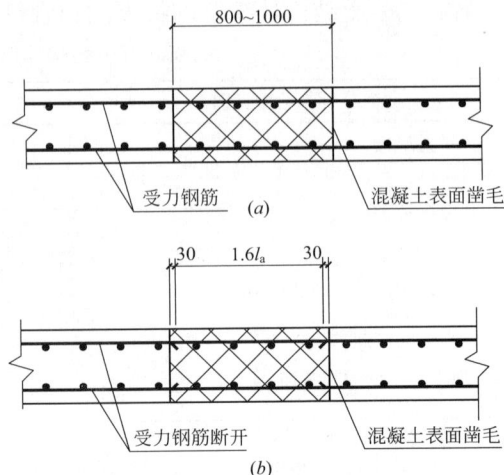

图 1.12.2 后浇带配筋构造
（a）钢筋不断开；（b）钢筋全部断开

现浇混凝土梁、板的后浇带宜布置在剪力较小处的跨度中间 1/3 跨度范围之内如图 1.12.1 所示。

后浇带布置的原则：凡是超过表 1.12.1 所列的温度缝最大间距的结构，均宜设置后浇带（或采取其他措施），当结构超长较多时，尚应在结构区段的中部附近增设一道膨胀加强带。

后浇带中一般情况不再添加钢筋，仅在其薄弱部位，添增适量的加强筋。图 1.12.3 中当板为单层配筋时宜附加钢筋改为双层配筋。梁的翼缘较厚且梁顶部为单层配筋时，宜在梁翼缘下表面处增添附加短筋（图 1.12.4）。

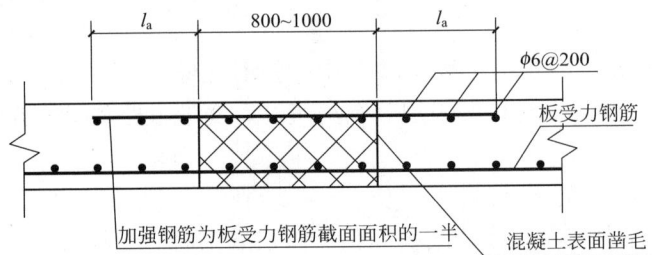

图 1.12.3 现浇板后浇带构造

后浇带两侧可采用钢筋支架加钢丝网或钢板网隔断，当后浇混凝土时，应将其表面浮浆剔除，并涂抹界面胶。

后浇带宜浇注补偿收缩混凝土，其限制膨胀率应按表 1.12.3 取值，强度等级不宜低于 C30，且应比两侧的混凝土高一个强度等级。

混凝土收缩将随时间推移不断变化，开始增长很快，而后渐趋平缓，在前三个月可完

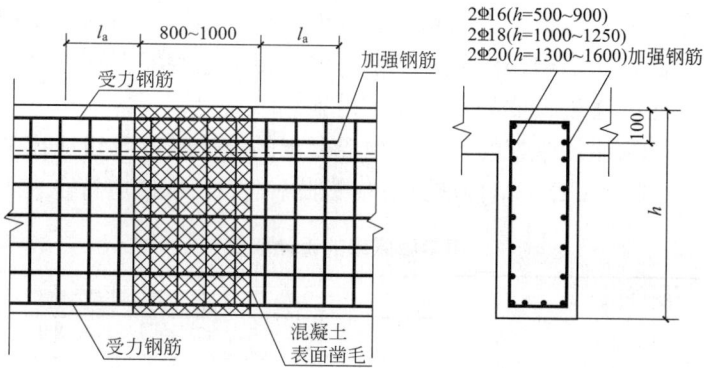

图 1.12.4 现浇梁后浇带构造

成总收缩量的 $40\%\sim80\%$，由于混凝土收缩规律十分复杂，是难以统一规定后浇带浇注的间隔时间。而应根据工程结构条件、混凝土品质、施工季节、结构超长等诸多因素由设计与施工研究确定。一般情况不宜少于 $45d$，不应少于 $28d$。

挡土墙、地下室墙壁、箱形基础及筏板基础后浇带做法见图 1.12.5。

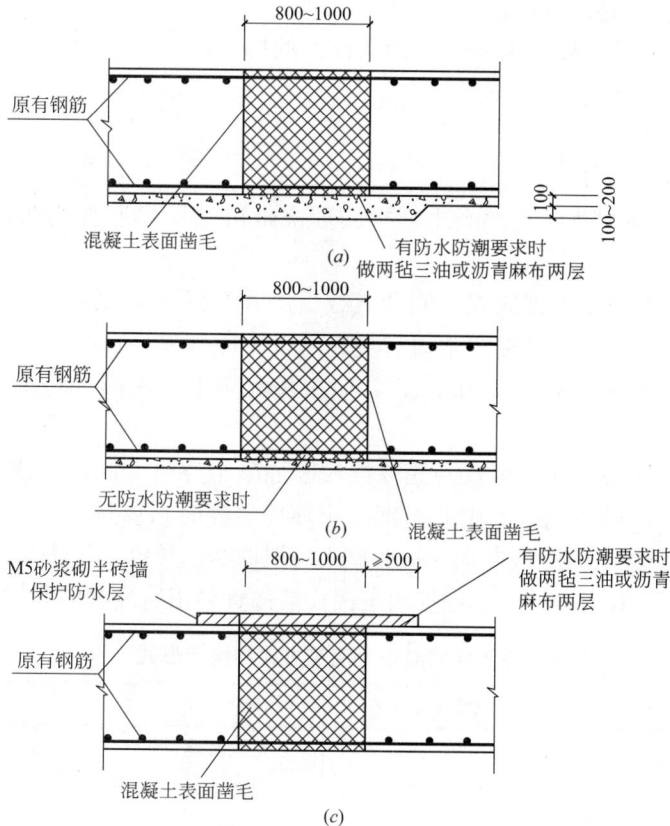

图 1.12.5 挡土墙、地下室墙壁、箱形基础及筏板基础后浇带

(a)底板(有防水防潮要求时)；(b)底板(无防水防潮要求)；(c)侧壁及顶部

4）补偿收缩混凝土及膨胀加强带

补偿收缩混凝土是由膨胀剂或膨胀水泥配制的自应力为 $0.2\sim1.0$MPa 的混凝土，可

用于工程接缝填充、采取连续施工的超长混凝土结构、结构自防水等工程。

膨胀加强带是通过在结构预设的后浇带部位浇筑补偿收缩混凝土减少或取消后浇带和伸缩缝、延长构件连续浇筑长度的一种技术措施。

a. 用于后浇带和膨胀加强带的补偿收缩混凝土的设计强度等级应比两侧混凝土提高一个强度等级，且不宜低于C25。结构部位限制膨胀率的设计取值应符合表1.12.3的规定。

限制膨胀率的设计取值   表 1.12.3

结构部位	限制膨胀率（%）
板梁结构	≥0.015
墙体结构	≥0.020
后浇带、膨胀加强带等部位	≥0.025

b. 对下列情况，表1.12.3中的限制膨胀率取值宜适当增大。

（a）强度等级大于等于C50的混凝土，限制膨胀率宜提高一个等级（限制膨胀率的取值应以0.005%的间隔为一个等级）；

（b）约束程度大的桩基础底板等构件；

（c）气候干燥地区、夏季炎热且养护条件差的构件；

（d）结构总长度大于120m；

（e）屋面板；

（f）室内结构越冬外露施工。

c. 大体积、大面积及超长混凝土结构的后浇带可采用膨胀加强带的措施，并应符合下列规定：

（a）膨胀加强带可采用连续式、间歇式或后浇式等形式（见图1.12.6～图1.12.8）；

（b）膨胀加强带的设置可按照常规后浇带的设置原则进行；

（c）膨胀加强带宽度宜为2000mm，并应在其两侧用密孔钢（板）丝网将带内混凝土与带外混凝土分开；

（d）非沉降的膨胀加强带可在两侧补偿收缩混凝土浇筑28d后再浇筑，大体积混凝土的膨胀加强带应在两侧的混凝土中心温度降至环境温度时再浇筑。

d. 补偿收缩混凝土的浇筑方式和构造形式应根据结构长度，按表1.12.4进行选择。膨胀加强带之间的间距宜为30～60m。强约束板式结构宜采用后浇式膨胀加强带分段浇筑。

补偿收缩混凝土浇筑方式和构造形式   表 1.12.4

结构类别	结构长度 L(m)	结构厚度 H(m)	浇筑方式	构造形式
墙体	L≤60	—	连续浇筑	连续式膨胀加强带
	L>60	—	分段浇筑	后浇式膨胀加强带
板式结构	L≤60	—	连续浇筑	—
	60<L≤120	H≤1.5	连续浇筑	连续式膨胀加强带
	60<L≤120	H>1.5	分段浇筑	后浇式、间歇式膨胀加强带
	L>120	—	分段浇筑	后浇式、间歇式膨胀加强带

注：不含现浇挑檐、女儿墙等外露结构。

e. 补偿收缩混凝土中的钢筋配置应符合下列规定：

补偿收缩混凝土应采用双排双向配筋，钢筋间距宜符合表 1.12.5 的要求。当地下室外墙的净高度大于 3.6m 时，在墙体高度的水平中线部位上下 500mm 范围内，水平筋的间距不宜大于 100mm。配筋率应符合现行国家标准《混凝土结构设计规范》GB 50010 的有关规定。

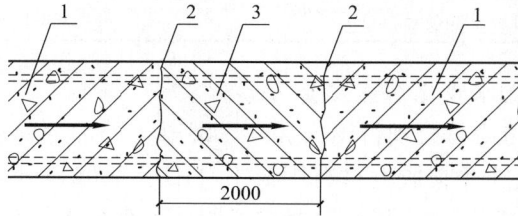

图 1.12.6 连续式膨胀加强带
1—补偿收缩混凝土；2—密孔钢丝网；3—膨胀加强带混凝土

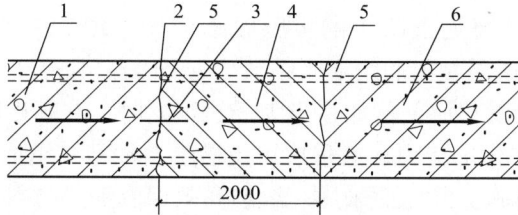

图 1.12.7 间歇式膨胀加强带
1—先浇筑的补偿收缩混凝土；2—施工缝；3—钢板止水带；4—后浇筑的膨胀加强带混凝土；5—密孔钢丝网；6—与膨胀加强带同时浇筑的补偿收缩混凝土

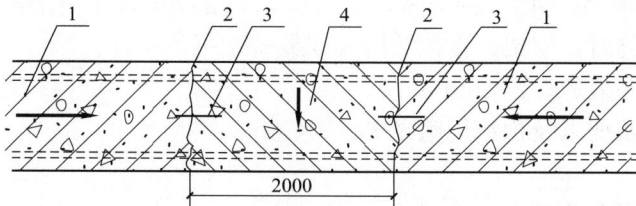

图 1.12.8 后浇式膨胀加强带
1—补偿收缩混凝土；2—施工缝；3—钢板止水带；4—膨胀加强带混凝土

钢 筋 间 距   表 1.12.5

结构部位	钢筋间距(mm)
底板	150～200
楼板	100～200
屋面板、墙体水平筋	100～150

f. 膨胀剂掺量应根据设计要求的限制膨胀率，并应采用实际工程使用的材料，经过

混凝土配合比试验后确定。配合比试验的限制膨胀率值应比设计值高 0.005％，试验时，每立方米混凝土膨胀剂用量可按照表 1.12.6 选取。

每立方米混凝土膨胀剂用量 表 1.12.6

用途	混凝土膨胀剂用量（kg/m³）
用于补偿混凝土收缩	30～50
用于后浇带、膨胀加强带和工程接缝填充	40～60

g. 补偿收缩混凝土的水胶比不宜大于 0.50。

h. 单位胶凝材料用量应符合现行国家标准《混凝土外加剂应用技术规范》GB 50119 的规定，且补偿收缩混凝土单位胶凝材料用量不宜小于 $300kg/m^3$，用于膨胀加强带和工程接缝填充部位的补偿收缩混凝土单位胶凝材料用量不宜小于 $350kg/m^3$。

（2）局部加强配筋。在混凝土的干缩和冷缩约束产生拉应力的较大部位，局部加强配筋或改变配筋方式，可以控制裂缝，使出现的裂缝比较均匀，其宽度可以小到不影响观瞻，使钢筋免遭锈蚀。结构水平构件的胀缩也会使竖向构件产生附加剪力与弯矩，因此对竖向构件的加强配筋也需进行验算，通常普通混凝土的极限收缩应变可取 $\varepsilon = 300～400\mu\varepsilon$（$3.0～4.0 \times 10^{-4}$），对于温度变化普通混凝土的线膨胀系数为 $\alpha = 10～14\mu\varepsilon/℃$（$1.0～1.4 \times 10^{-5}/℃$）。

（3）解除约束，设置滑移层。例如，当为天然地基时，在基础下设置一层滑移层，就能大大减少混凝胀缩所产生的应力。滑移层可由砂层、油毡等组成。

（4）加强保温隔热措施。除屋面采用一般的高效保温隔热材料外，通风屋面和设有空气夹层的墙面能有效地保护房屋的内部构件免受外界气候剧烈变化的影响。

（5）在建筑物顶部设置音叉式变形缝。较长的框架或剪力墙结构体系，可在顶部一、二层范围内设置音叉式伸缩缝，将屋盖分成几段以使应变得到释放，可有效地防止屋顶墙体及结构的温度裂缝。

当增大伸缩缝间距较多时，尚应考虑温度变化和混凝土收缩对结构的影响。

5. 当设置伸缩缝时，框架、排架结构的双柱基础可不断开。

6. 伸缩缝宽度一般为 20～30mm。

7. 伸缩缝的防水要求及构造见附录 A。

二、沉降缝

1. 建筑物沉降缝的作用及位置见表 1.12.7。

建筑物的沉降缝 表 1.12.7

序号	项目	内容
1	沉降缝的作用	防止地基不均匀沉降时可能造成房屋破坏所采取的一种措施
2	沉降缝的设置	建筑物的下列部位，宜设置沉降缝： 1）建筑平面的转折部位 2）高度差异或荷载差异处 3）长高比过大的砌体承重结构或钢筋混凝土框架结构的适当部位 4）地基土的压缩性有显著差异处 5）建筑结构或基础类型不同处 6）分期建造房屋的交界处

2. 房屋沉降缝的宽度

房屋沉降缝应有足够的宽度，一般可按表 1.12.8 采用。

房屋沉降缝的宽度　表 1.12.8

序号	房屋层数	沉降缝宽度(mm)	序号	房屋层数	沉降缝宽度(mm)
1	二～三	50～80	3	五层以上	不小于 120
2	四～五	80～120			

注：在沉降缝处房屋应连同基础一起断开。缝内一般不填塞材料，当必须填塞时，应防止缝内两侧因房屋内倾而相互挤压影响沉降效果。

三、防震缝

1. 建筑的平、立面布置宜规则、对称；建筑的质量分布和刚度变化宜均匀；楼层不宜错层。在满足以上布置要求的基础上，可不设防震缝。

2. 体型复杂的建筑不设防震缝时，应选用符合实际的结构计算模型，进行较精确的抗震分析，判明其局部的应力和变形集中、扭转影响及其易损部位，采取有效措施提高抗震能力，以消除不设防震缝带来的不利影响。当设置防震缝时，应将建筑分成规则的结构单元。防震缝应根据烈度、场地类别、房屋类型等具有足够的宽度，其两侧的上部结构应完全分开，详见表 1.12.9。在地震区的伸缩缝和沉降缝应符合防震缝的要求。

各类房屋设置防震缝的条件和宽度　表 1.12.9

序号	房屋类别		设缝条件	防震缝宽度
1	多层和高层钢筋混凝土房屋		1. 房屋平面局部突出部分的长度大于宽度及总长的 30% 2. 房屋立面局部收进的尺寸大于该方向总尺寸的 30% 3. 房屋有较大错层时 4. 各部分结构的刚度或荷载相差悬殊时 5. 地基不均匀，各部分的沉降差过大时	1. 框架结构房屋，当高度 $H \leqslant 15m$ 时，不应小于 100mm；当 $H > 15m$ 时，6、7、8、9 度相应每增加高度 5m、4m、3m 和 2m，宜加宽 20mm 2. 框架-抗震墙结构房屋防震缝宽度，可采用第一款数值的 70%，且不宜小于 100mm 3. 抗震墙结构房屋防震缝宽度，可采用第一款数值的 50%，且不宜小于 100mm
2	单层工业厂房	钢筋混凝土柱	厂房体型复杂或有贴建房屋和构筑物	1. 在厂房纵横跨交接处、大柱网厂房或不设柱间支撑的厂房可采用：100～150mm 2. 其他情况可采用 50～90mm
		砖柱		1. 轻型房屋(指木屋盖和轻钢屋架、瓦楞铁、压型钢板屋面的屋盖)，可不设防震缝 2. 钢筋混凝土屋盖厂房与贴建的建(构)筑物间可采用：50～70mm，防震缝处应设置双柱或双墙
3	单层空旷房屋(如影剧院、俱乐部、礼堂、食堂等)		大厅、前厅、舞台之间，不宜设防震缝；大厅与两侧附属房屋之间可不设防震缝，但不设缝时应加强连接	

3. 避免用牛腿托梁或滑动支承梁板等做法设置防震缝。

4. 防震缝可以结合沉降缝要求贯通到地基，当无沉降问题时也可以从基础或地下室以上贯通。当有多层地下室形成大底盘，上部结构为带裙房多塔结构时，可将裙房用防震缝自地下室以上分隔，地下室顶板应有良好的整体性和刚度，能将上部结构地震作用分布到地下结构。

5. 8、9 度框架结构房屋防震缝两侧结构层高相差较大时，防震缝两侧框架柱的箍筋应沿房屋全高加密，并可根据需要在缝两侧沿房屋全高各设置不少于两道垂直于防震缝的抗撞墙。抗撞墙的布置宜避免加大扭转效应，其长度可不大于 1/2 层高，抗震等级可同框架结构；框架构件的内力应按设置和不设置抗撞墙两种计算模型的不利情况取值。结构单元较长时，尚应考虑抗撞墙可能引起的较大温度应力(图 1.12.9)。

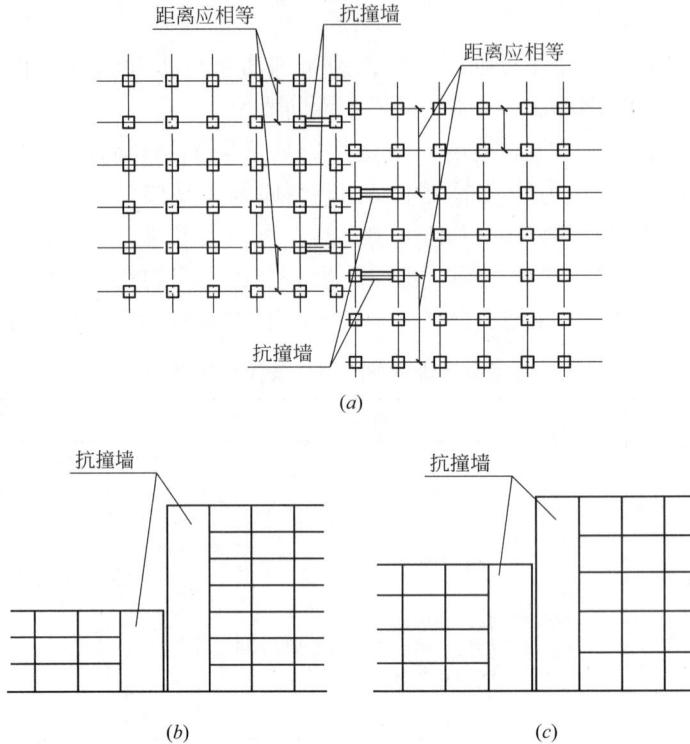

图 1.12.9　抗撞墙

(*a*)平面图；(*b*)抗震缝两边高度、刚度相差较大；(*c*)抗震缝两边房屋层高不同

6. 采取隔震设计的建筑结构，隔震层以上的上部结构，其周边应设置防震缝，缝宽不宜小于各隔震支座在罕遇地震下的最大水平位移值的 1.2 倍。

四、施工缝

(一)施工缝位置

施工缝主要解决不同施工工序的交叉。施工缝的位置，一般情况下应留在混凝土受力较小的部位，特别是拉力、剪力较小的部位。同一混凝土灌筑区的整体结构，一般不留施工缝，如大块体基础，一般应分层浇灌或分段分层浇灌，并保证上、下层之间混凝土在初凝前结合好，不致形成施工缝隙。

多层框架按分层分段施工，水平方向以结构平面的伸缩缝分段，垂直方向按结构层次分层。在每层中先灌筑柱，再灌筑梁板。柱和梁的施工缝，应垂直于构件的轴线；板和墙则应与其表面垂直。

梁板施工缝可采用企口式接缝或垂直立缝,不宜留坡槎。

普通柱的施工缝宜设于基础顶面或梁的底面。无梁楼板柱的施工缝应设于柱帽的下部。柱帽与平板之间不留施工缝。

墙的施工缝宜留置在门洞口过梁跨中 1/3 范围内,也可留置在纵横墙交接处。

平板楼盖施工缝可留置在平行于板的短边的任何位置。

肋形楼盖施工缝的位置:沿次梁方向灌筑时,应留在次梁跨度中间三分之一的范围内,见图 1.12.10;沿主梁方向灌筑时,则应留在主梁中间二分之一的范围内。

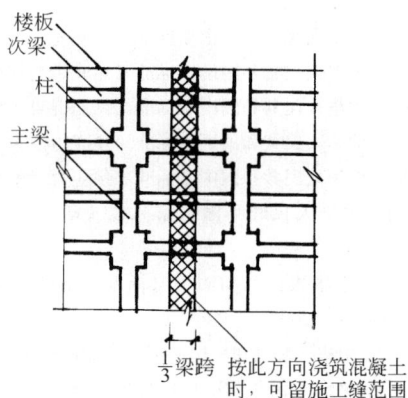

图 1.12.10 有主次梁楼板施工缝留置

灌筑混凝土时,应连续进行,如必须间歇时,时间应尽量缩短。间歇时间应按所用水泥的凝结时间及混凝土硬化条件确定。无试验资料时,间歇时间不应超过 2h,否则应按施工缝处理。

双向受力楼板、大体积混凝土结构、拱、穹拱、薄壳、蓄水池、斗仓、多层刚架及其他结构复杂的工程,施工缝的位置应按设计要求留置。

(二)梁施工缝受剪承载力验算

梁施工缝受剪承载力可按下式计算

$$V \leqslant 0.85 f_y A_s \tag{1.12.1}$$

式中:V——作用在施工缝上的剪力设计值;

A_s——与施工缝垂直相交的全部钢筋截面面积(mm^2)。

当梁施工缝受剪承载力不满足式(1.12.1)的需要时,应在施工缝中增设插筋,其直径 $\geqslant 12mm$,间距为 $200mm$。插筋在缝两侧的锚固长度应为 l_a。

(三)施工缝处理

在已硬化的混凝土表面上(要求混凝土强度达到 $1.2N/mm^2$ 以后)继续灌筑混凝土前,应消除垃圾、水泥薄膜、表面上松动的砂石和软弱的混凝土层,同时还应将表面凿毛,用水冲洗干净并充分润湿,一般润湿时间不宜少于 24h,残留在混凝土表面的积水应消除。

施工缝附近的钢筋回弯时,要注意不要使混凝土受到松动和损坏。钢筋上的油污,水泥浆及浮锈等杂物也应清除。

灌筑前,水平施工缝宜先铺上 10～15mm 厚的水泥砂浆一层,其配合比与混凝土内的砂浆相同。也可在已硬化的混凝土表面上涂刷混凝土界面剂后进行灌筑。

应避免直接靠近施工缝已终凝的混凝土边缘下料和机械振捣,但应对施工缝内新浇筑的混凝土要加强振捣,使其结合密实。

施工缝的防水要求及构造见附录 A。

参 考 文 献

[1-1] 中华人民共和国国家标准《混凝土结构设计规范》(2015 年版)GB 50010—2010. 北京:中国建筑工业出版

社，2015

[1-2]　中华人民共和国国家标准《建筑抗震设计规范》GB 50011—2010 北京：中国建筑工业出版社，2010

[1-3]　中华人民共和国国家标准《建筑地基基础设计规范》GB 50007—2011. 北京：中国建筑工业出版社，2010

[1-4]　中华人民共和国国家标准《热轧光圆钢筋》GB 1499.1—2008. 北京：中国建筑工业出版社，2008

[1-5]　中华人民共和国国家标准《热轧带肋钢筋》GB 1499.2—2007. 北京：中国建筑工业出版社，2007

[1-6]　中华人民共和国国家标准《钢筋混凝土用余热处理钢筋》GB 13014—2013. 北京：中国建筑工业出版社.

[1-7]　中华人民共和国国家标准《预应力混凝土用钢丝》GB/T 5223—2002. 北京：中国建筑工业出版社，2002

[1-8]　中华人民共和国国家标准《预应力混凝土用钢绞线》GB/T 5224—2003. 北京：中国建筑工业出版社，2003

[1-9]　中华人民共和国国家标准《预应力混凝土用螺纹钢筋》GB/T 20065—2006. 北京：中国建筑工业出版社，2006

[1-10]　中华人民共和国国家标准《钢的成品化学成分允许偏差》GB/T 222—2006. 北京：中国建筑工业出版社，2006

[1-11]　中华人民共和国国家标准《工业建筑防腐蚀设计规范》GB 50046—2008. 北京：中国建筑工业出版社，2008

[1-12]　中华人民共和国国家标准《给水排水构筑物结构设计规范》GB 50069—2002. 北京：中国建筑工业出版社，2002

[1-13]　中华人民共和国国家标准《混凝土外加剂应用技术规范》GB 50119—2003. 北京：中国建筑工业出版社，2003

[1-14]　中华人民共和国国家标准《地下工程防水技术规范》GB 50108—2008. 北京：中国建筑工业出版社，2008

[1-15]　中华人民共和国国家标准《通用硅酸盐水泥》GB 175—2007. 北京：中国建筑工业出版社，2007

[1-16]　中华人民共和国国家标准《混凝土结构工程施工规范》GB 50666—2011. 北京：中国建筑工业出版社，2011

[1-17]　中华人民共和国国家标准《大体积混凝土施工规范》GB 50496—2009. 北京：中国建筑工业出版社，2009

[1-18]　中华人民共和国国家标准《冷轧带肋钢筋》GB 13788—2008. 北京：中国建筑工业出版社，2008

[1-19]　中华人民共和国国家标准《海港工程混凝土结构防腐蚀技术规范》JTJ 275—2000. 北京：人民交通出版社，2000

[1-20]　中华人民共和国国家标准《混凝土结构耐久性设计规范》GB/T 50476—2008. 北京：中国建筑工业出版社，2008

[1-21]　中华人民共和国建筑工业行业标准《钢筋焊接及验收规程》JGJ 18—2012. 北京：中国建筑工业出版社，2012

[1-22]　中华人民共和国建筑工业行业标准《普通混凝土配合比设计规程》JGJ 55—2011. 北京：中国建筑工业出版社，2011

[1-23]　中华人民共和国建筑工业行业标准《钢筋机械连接技术规程》JGJ/T 107—2016. 北京：中国建筑工业出版社，2016

[1-24]　中华人民共和国建筑工业行业标准《补偿收缩混凝土技术规程》JGJ/T 178—2009. 北京：中国建筑工业出版社，2009

[1-25]　中华人民共和国建筑工业行业标准《冷轧扭钢筋》JG 190—2006. 北京：中国建筑工业出版社，2006

[1-26]　中华人民共和国建筑工业行业标准《钢筋阻锈剂应用技术规程》JGJ/T 192—2009. 北京：中国建筑工业出版社，2009

[1-27]　中华人民共和国建筑工业行业标准《纤维混凝土应用技术规程》JGJ/T 221—2010. 北京：中国建筑工业出版社，2010

[1-28]　中国工程建设标准化协会标准《自密实混凝土应用技术规程》CECS 203：2006. 北京：中国计划出版社，2006

[1-29]　中国工程建设标准化协会标准《高强混凝土技术规程》CECS 104：99. 北京：中国计划出版社，1999

[1-30]　中华人民共和国黑色冶金行业标准《中强度预应力混凝土用钢丝》2006 年确认. YB/T 156—1999. 北京：中国计划出版社，1999

第二章 板

第一节 现浇混凝土板的厚度

板的厚度一般应由设计计算确定，即应满足承载能力、刚度和裂缝控制的要求，还应考虑使用要求（包括防火要求）、预埋管线、施工方便和经济方面的因素。

一、现浇板的设计参考厚度

1. 为便于设计，现浇板的厚度可参考表 2.1.1 中的数值确定。

现浇板的厚度与计算跨度的最小比值 h/l_0 表 2.1.1

板的类别	单向板	双向板	悬臂板	无梁楼板	
				有柱帽	无柱帽
h/l_0 最小值	1/30	1/40	1/12	1/35	1/30

注：1. l_0 为板的计算跨度。对双向板为短向计算跨度；对无梁楼板为区格长边计算跨度；h 为板的厚度；

2. 计算跨度＞4m 的单向和双向板应适当加厚；

3. 荷载较大时，板厚另行考虑；

4. 表中的单向板、双向板及无梁楼板均包括现浇空心板。

2. 现浇板的厚度不应小于表 2.1.2 规定的数值。

现浇板的最小厚度（mm） 表 2.1.2

板的类别		最小厚度
单向板	屋面板	60
	民用建筑楼板	60
	工业建筑楼板	70
	行车道下的楼板	80
双向板		80
悬臂板根部	悬臂长度不大于 500mm	60
	悬臂长度 1200mm	100
无梁楼板		150
现浇空心楼板		200
密肋楼板	面板	50
	肋高	250

注：表中除单向板外，其余各类别楼板均包括屋面板。

3. 按荷载确定现浇单向板的厚度可参考表 2.1.3 及表 2.1.4 选用。

单向多跨连续板厚度（mm） 表 2.1.3

$g+q$ (kN/m²)	计算跨度(m)										
	1.6	1.8	2.0	2.2	2.4	2.6	2.8	3.0	3.2	3.4	3.6
2.5											
3.0											
3.5		60~70									
4.0											
4.5								80~90			
5.0					70~80						
6.0									90~100		
7.0											
8.0											
9.0											
10.0											

注：表中 $g+q$ 为作用于板上的总荷载设计值（不包括板自重）。

单向单跨板厚度（mm） 表 2.1.4

$g+q$ (kN/m²)	计算跨度(m)										
	1.6	1.8	2.0	2.2	2.4	2.6	2.8	3.0	3.2	3.4	3.6
2.5											
3.0		60~70									
3.5											
4.0				70~80							
4.5											
5.0								90~100			
6.0					80~90					100~110	
7.0											
8.0											
9.0											
10.0										110~120	

注：同表 2.1.3。

二、按耐火等级确定现浇板的最小厚度

根据现行国家标准《建筑设计防火规范》GB 50016，民用建筑物的耐火等级为一级和二级时，满足耐火极限需要的现浇整体式板的最小厚度见表 2.1.5。

满足民用建筑物耐火等级为一级和二级的现浇整体式板最小厚度 表 2.1.5

与梁整浇板的最小厚度	80mm		90mm	
混凝土保护层厚度	15mm	20mm	10mm	20mm
耐火极限	1.45h	1.5h	1.75h	1.85h
能满足的建筑物最大耐火等级	二级	一级	一级	一级

三、按预埋管道直径确定现浇板的最小厚度

当现浇板内需要预埋管道(如电线套管等)时，在不显著有损板的强度和无其他不利影响的前提下，可允许在板内预埋管道。此时，板的最小厚度应大于 3 倍预埋管道外径；当有交叉管道预埋在板内时，板的最小厚度还需适当增加。预埋管道应放置在顶部和底部钢筋之间，且其混凝土保护层不宜小于 40mm。在与预埋管道垂直的方向宜采取有效措施防止沿预埋管道产生裂缝(如加配防裂钢筋网等)。对住宅中的现浇板，当预埋单根电线套管 $\phi25$ 时板的最小厚度通常不小于 100mm，当板中有交叉套管时($2\phi25$)，板的最小厚度通常不小于 120mm。

四、按使用功能要求的竖向自振频率或加速度限值确定板的厚度

1. 当业主有要求或楼板的跨度较大时，楼板的厚度尚需根据不同类型房屋的使用功能要求，验算楼板的竖向自振频率，并宜符合下列限值要求：

1) 住宅和公寓不宜低于 5Hz；

2) 办公楼和旅馆不宜低于 4Hz；

3) 大跨度公共建筑不宜低于 3Hz。

2. 当业主对舒适度有要求时，楼板的厚度尚应满足竖向振动加速度限值(表 2.1.6)的要求：

楼板竖向振动加速度限值　　　　　　　　　　　　表 2.1.6

人员活动环境	峰值加速度限值(m/s^2)	
	竖向自振频率不大于 2Hz	竖向自振频率不小于 4Hz
住宅、办公楼	0.07	0.05
商场及室内连廊	0.22	0.15

注：楼板竖向自振频率为 2Hz～4Hz 时，峰值加速度限值可按线性插值选取。

五、有关建筑结构设计规范中对房屋某些结构部位的最小楼板厚度要求

1. 现行建筑行业标准《高层建筑混凝土结构技术规程》JGJ 3 规定：高层建筑顶层现浇混凝土屋面板厚度不宜小于 120mm；普通地下室顶板厚度不宜小于 160mm；作为上部结构嵌固部位的地下室顶板厚度不宜小于 180mm；部分框支剪力墙结构中的框支转换层楼板厚度不宜小于 180mm。

2. 现行国家标准《建筑抗震设计规范》GB 50011 规定：底部框架-抗震墙砌体房屋的过渡层现浇钢筋混凝土底板厚度不应小于 120mm。

3. 现行国家标准《人民防空地下室设计规范》GB 50038 规定：防空地下室结构顶板及中间层楼板的最小厚度为 200mm。

4. 现行国家标准《砌体结构设计规范》GB 50003 规定：有墙梁的房屋，在托梁两边各一个开间及相邻开间处应采用现浇混凝土楼板，其厚度不宜小于 120mm。

第二节　现浇板的配筋构造

一、受力钢筋的直径

采用绑扎钢筋配筋时，现浇楼(屋面)板中受力钢筋的直径宜符合表 2.2.1 的规定。

受力钢筋的直径(mm)　　　　　　　　　　　表 2.2.1

项次	直径	单向或双向板			悬臂板	
		板厚(mm)			悬出长度(mm)	
		$h<100$	$100 \leqslant h \leqslant 150$	$h>150$	$l \leqslant 500$	$l>500$
1	最小	6	8	10	8	8
2	常用	6~10	8~12	10~16	8~10	8~12

采用焊接网时,受力钢筋的直径不宜小于 5mm。

二、受力钢筋的间距

当采用绑扎钢筋配筋时,受力钢筋的间距宜符合表 2.2.2 的规定。

现浇板的受力钢筋的间距(mm)　　　　　　　　表 2.2.2

项次	间距	板厚 $h \leqslant 150mm$	板厚 $h>150mm$
1	最大	200	1.5h 及 250 中的较小者
2	最小	70	70

当采用钢筋焊接网时,受力钢筋间距一般不宜大于 200mm。伸入支座的下部纵向受力钢筋,其间距不应大于 400mm,且其截面面积不应小于跨中受力钢筋截面面积的 1/2。

三、受力钢筋的锚固

1. 上部钢筋

(1) 当采用绑扎配筋时,板的上部受力钢筋伸入支座内的长度 l 按下列规定确定:

A. 嵌固于砌体墙内的简支板,板上部钢筋伸入支座的长度 $l=a-15$(图 2.2.1),a 为板在砌体墙上的支承长度,对抗震设防地区的此类板,其值不应小于 120mm。由于此类板的端部按简支设计而实际嵌固于砌体墙内,因此板端实际存在有不便准确定量的约束负弯矩,需要配置一定数量的负钢筋,使其在支座内有一定锚固长度以便承受板端的约束负弯矩。根据工程经验负弯矩钢筋在砌体墙内的锚固长度宜不小于 $0.35l_a$(按不完全利用钢筋的抗拉设计强度考虑)。

B. 与混凝土边梁或墙整浇的板,无论设计时根据工程实际情况板的端部是按简支还是按固结假定,此时板的上部钢筋均宜伸至边梁或墙的外侧并锚固,其锚固性能应满足板端负弯矩的受弯承载力要求。当上部受力钢筋按充分利用其抗拉强度设计值锚固时,伸入边梁

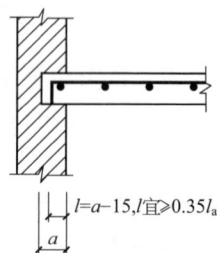

图 2.2.1　简支板嵌固于砌体墙内

或墙内的受力钢筋或构造钢筋锚固长度应符合不小于 $0.6l_a$ 要求,且在钢筋末端设 90°直弯钩,弯折后的直线长度为 $12d$(d 为板上部钢筋直径,图 2.2.2)。当上部受力钢筋按不完全利用其抗拉强度设计值锚固时,其伸入边梁或墙内的锚固长度不应小于 $0.35l_a$。

(2) 当采用钢筋焊接网时,对嵌固在砌体墙内的现浇简支板,其上部焊接网的受力钢筋伸入支座内的长度不宜小于 110mm,并在焊接网端部应有一根横向钢筋(图 2.2.3a)或将上部受力钢筋弯折设 90°直弯钩(图 2.2.3b);对与混凝土梁或墙整浇的按固支或简支设计的板端部,当连接处板的受力钢筋按受力或构造要求配置时,该处上部钢筋焊接网的受力钢筋均宜伸至梁或墙边外侧可靠锚固,钢筋的锚固性能应满足承受板端相应的负弯矩受弯承

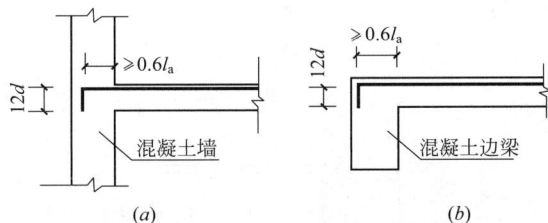

图 2.2.2 与混凝土梁、墙整浇的板上部受力钢筋充分利用其抗拉强度的锚固
(a)与混凝土墙整浇；(b)与混凝土边梁整浇

载力要求。当上部受力钢筋按充分利用其抗拉强度设计值锚固时，其锚固长度 l_a 应符合 $l_a \geqslant 0.6l_a$ 的要求，且在钢筋末端弯折设 $90°$ 直弯钩或钢筋网端焊有一根横向钢筋(图 2.2.4)。

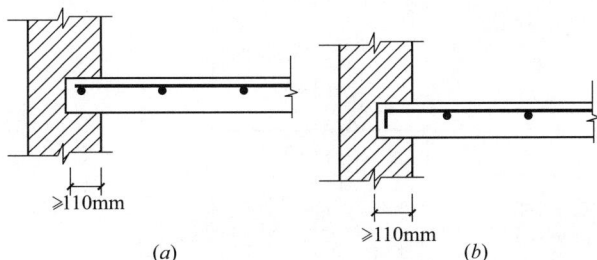

图 2.2.3 嵌固在砌体墙内的简支板上部钢筋焊接网
(a)焊接网端有一根横向钢筋；(b)上部钢筋弯折设 $90°$ 直弯钩

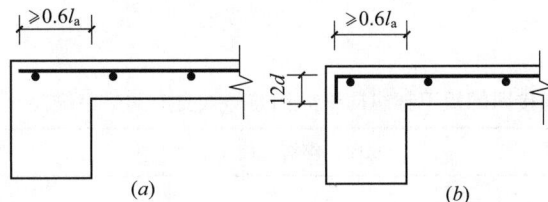

图 2.2.4 与混凝土梁整浇的端跨简支板上部钢筋焊接网
(a)焊接网端有一根横向钢筋；(b)上部钢筋弯折设 $90°$ 直弯钩

2. 下部钢筋

(1) 由于单向板板端的剪力设计值 V 一般均能满足 $V \leqslant 0.7f_tbh_0$ 要求(其中 f_t 为混凝土轴心抗拉设计值、b 为板的计算宽度、h_0 为板的截面有效高度)，因此当采用绑扎配筋时，对简支板或连续板的端支座下部受力钢筋伸入支座内的锚固长度 l_{as} 不应小于 $5d$(d 为受力钢筋直径)；且当与混凝土梁、墙整浇时宜伸过支座中心线。对各跨单独配筋的连续板中间支座处的下部受力钢筋伸入支座内的锚固长度 l_{as} 不应小于 $5d$ 且宜伸过支座中心线。如图 2.2.5 及图 2.2.6 所示。板内温度变化及混凝土收缩引起的拉应力较大时，伸入支座内的锚固长度宜适当增加。

(2) 采用钢筋焊接网配筋的板，若板在支座边缘处的剪力设计值 V 不大于 $0.7f_tbh_0$ 时，板的下部纵向受力钢筋伸入支座内的锚固长度 l_{as} 不宜小于表 2.2.3 规定的数值；网片最外侧横向钢筋距支座内边缘的距离不应大于该方向钢筋间距的一半且不宜大

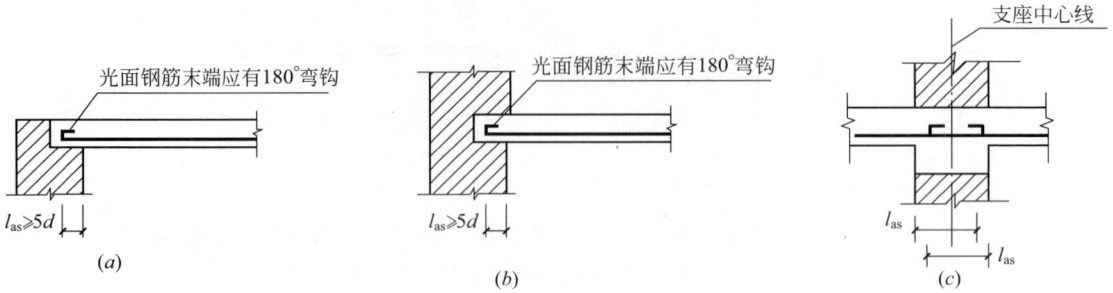

图 2.2.5   支承于砌体墙上的板在支座处下部受力钢筋的锚固长度

(a)简支于砌体墙上的板端部；(b)嵌固于砌体墙内的板端部；(c)连续板中间支座处

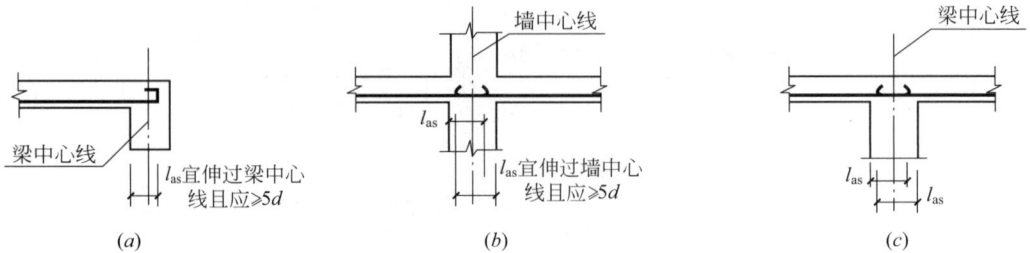

图 2.2.6   板与梁整体浇筑或板与墙整体浇筑时下部受力钢筋的锚固长度

(a)板端与梁整体浇筑；(b)板中间支座边与墙整体浇筑；(c)板中间支座处与梁整体浇筑

于 100mm。

配置钢筋焊接网的板下部纵向受力钢筋伸入支座的最小锚固长度 l_{as}（mm）   表 2.2.3

焊接网类别	支座内钢筋锚固端形式	最小锚固长度
热扎或冷扎带肋钢筋	直筋	$10d$ 不宜小于 100mm
光面钢筋	直筋，但在支座范围内网端应有不少于一根横向钢筋	$10d$ 且不宜小于 100mm

注：焊接横向钢筋的直径不应小于 0.6 倍受力钢筋直径。

四、单向板的分布钢筋

板中分布钢筋的作用是：承受和分布板上局部荷载产生的内力；在浇灌混凝土时固定受力钢筋的位置；抵抗混凝土收缩和温度变化产生的沿分布钢筋方向的拉应力。

1. 单向板除沿受力方向布置受力钢筋外，尚应在垂直于受力方向布置分布钢筋。每单位宽度上分布钢筋的截面面积不宜小于单位宽度上受力钢筋截面面积的 15%，且配筋率不宜小于 0.15%（绑扎方式配筋）或 0.1%（钢筋焊接网配筋）；分布钢筋的间距不宜大于 250mm，直径不宜小于 6mm（绑扎配筋）或 5mm（焊接网配筋）。

2. 对集中荷载较大的情况，分布钢筋的截面面积应适当增加，其间距不宜大于 200mm。

3. 按单向现浇板受力钢筋配筋量确定的分布钢筋最小直径及最大间距如表 2.2.4 所示。

单向现浇板的分布钢筋最小直径及最大间距(mm) 表 2.2.4

项次	受力钢筋直径	受力钢筋间距												
		70	75	80	85	90	95	100	110	120	130	140	150	160	170～200
1	6～8	$\phi6@250$												
2	10	$\phi6@150$ 或 $\phi8@250$			$\phi6@200$					$\phi6@250$				
3	12	$\phi8@200$			$\phi8@250$					$\phi6@200$				
4	14	$\phi8@150$			$\phi8@200$					$\phi8@250$			$\phi6@200$	
5	16	$\phi10@150$			$\phi10@200$				$\phi10@250$ 或 $\phi8@150$			$\phi8@250$		

4. 常用的分布钢筋直径及间距允许的单向现浇板最大厚度如表 2.2.5 所示。

常用分布钢筋直径及间距允许的单向现浇板最大厚度 表 2.2.5

分布钢筋直径(mm)	$\phi6$			$\phi8$			$\phi10$		
分布钢筋间距(mm)	250	200	150	250	200	150	250	200	150
允许单向现浇板的最大厚度(mm)	70	90	120	130	160	220	200	260	340

注：本表适用于绑扎方式配筋的板。按分布钢筋的配筋率不宜小于 0.15% 条件确定表中数值。

五、构造钢筋

为承受某些在设计中不便准确计算，但又实际存在于板中的内力(通常为负弯矩或拉力)，可根据工程实践经验在板内配置构造钢筋。

1. 嵌固于砌体墙内的现浇混凝土板构造钢筋

嵌固在砌体墙内的现浇混凝土板，采用绑扎钢筋或焊接钢筋网配筋时，在板的上表面均应配置构造钢筋。

(1) 构造钢筋应垂直于板的嵌固边缘配置并伸入板内。伸入板内的长度从墙边算起不宜小于板短边跨度的七分之一(图 2.2.7)。

(2) 对两边嵌固于砌体墙内的板角部分，应配置正交双向上部构造钢筋，其伸入板内的长度从墙边算起不宜小于板短边跨度的四分之一，见图 2.2.7。

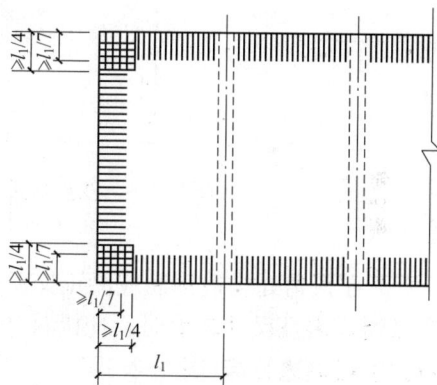

图 2.2.7 嵌固在砌体墙内的板上部构造钢筋的配置(绑扎钢筋)

(3) 沿板的受力方向配置的上部构造钢筋，其截面面积不宜小于该方向跨中受力钢筋截面面积的三分之一；沿板的非受力方向配置的上部构造钢筋，可根据经验适当减少。

(4) 构造钢筋的直径不宜小于 8mm，间距不宜大于 200mm。

2. 与梁或墙整浇的现浇板构造钢筋

周边与混凝土梁或混凝土墙整体浇筑的单向板或双向板，当支承边按简支设计时，应在该支承边板的上表面配置垂直于板边的构造钢筋。

(1) 构造钢筋的截面面积不宜小于该方向板跨中相应方向纵向钢筋截面面积的三分之一。

(2) 构造钢筋自梁边或墙边伸入板跨内的长度，在单向板中不宜小于受力方向板计算跨度的四分之一(图 2.2.8),在双向板中不宜小于板短跨方向计算跨度的四分之一(图 2.2.9)。

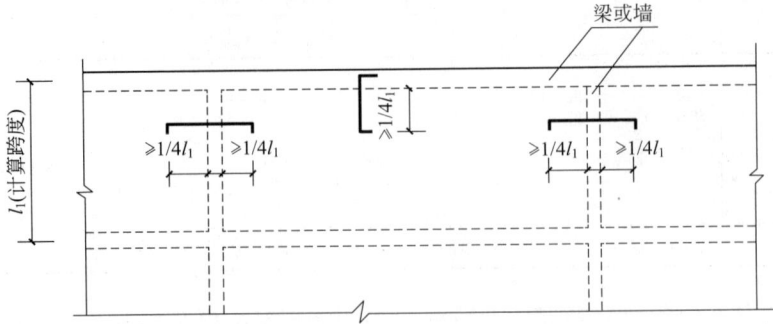

图 2.2.8 周边与梁整浇的单向板上部构造钢筋(边支座按简支计算)

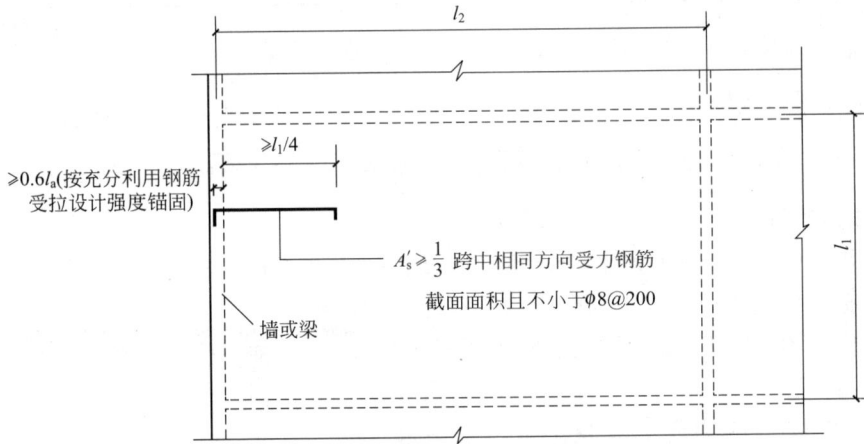

图 2.2.9 双向板边支座按简支计算时的上部构造钢筋
l_1—短向计算跨度;l_2—长向计算跨度

(3) 在板角处构造钢筋应沿正交两个垂直方向布置或按放射状布置。当柱角或墙的阳角突出到板内且尺寸较大时,应沿柱边或墙阳角边布置构造钢筋,该钢筋伸入板内的长度应从柱边或墙边算起(图 2.2.10)。

(4) 构造钢筋宜按受拉钢筋充分发挥其抗拉设计强度要求锚固在梁内、墙内或柱内。否则应采取其他措施,使该支承边处的负弯矩受弯承载力满足设计中未予考虑约束弯矩的要求,此约束弯矩根据工程经验可取三分之一该方向的板跨中最大弯矩值。

(5) 构造钢筋的直径不宜小于 8mm,间距不宜大于 200mm。

3. 抗温度、收缩应力构造钢筋

在温度、收缩应力较大的现浇板区域内(如跨度较大与混凝土梁或墙整浇的双向板的中部区域;与梁或墙整浇的单向板,当垂直于跨度方向的长度较长时,在长向的中部区域等)宜配置限制温度、收缩裂缝开展的构造钢筋。

(1) 抗温度、收缩构造钢筋应配置在板的表面。其间距不宜大于 200mm;并使板的上、下表面沿纵、横两个方向的配筋率(受力主筋可包括在内)均不宜小于 0.1%。抗温度、收缩构造钢筋的最小配筋量可参考表 2.2.6 配置。

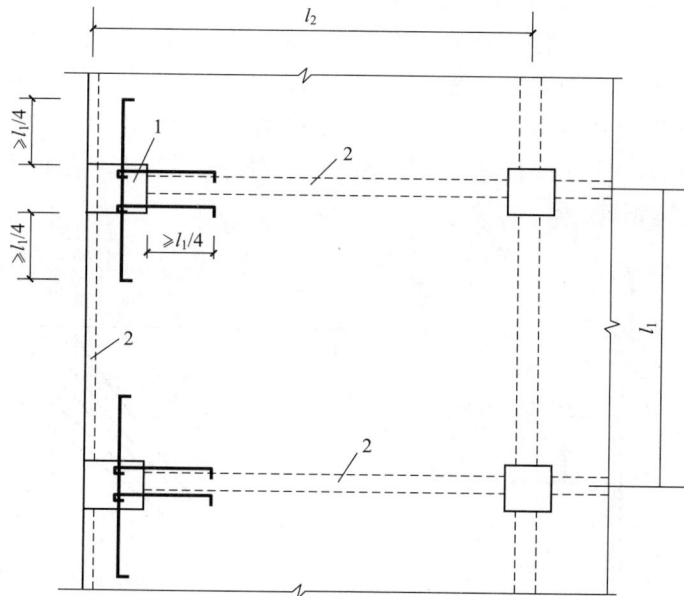

图 2.2.10 双向板在柱角处的上部构造钢筋($l_1 < l_2$)
1—柱；2—墙或梁

抗温度、收缩构造钢筋最小配筋量参考表 表 2.2.6

板厚度(mm)	≤120	130~200	≥210
抗温度收缩构造钢筋	$\phi6@150$	$\phi8@200$	$\geq\phi10@200$

（2）抗温度、收缩构造钢筋可利用原有上部钢筋贯通布置，也可另行设置构造钢筋网（图 2.2.11），并与原有钢筋按受拉钢筋的要求搭接或在周边构件中锚固。

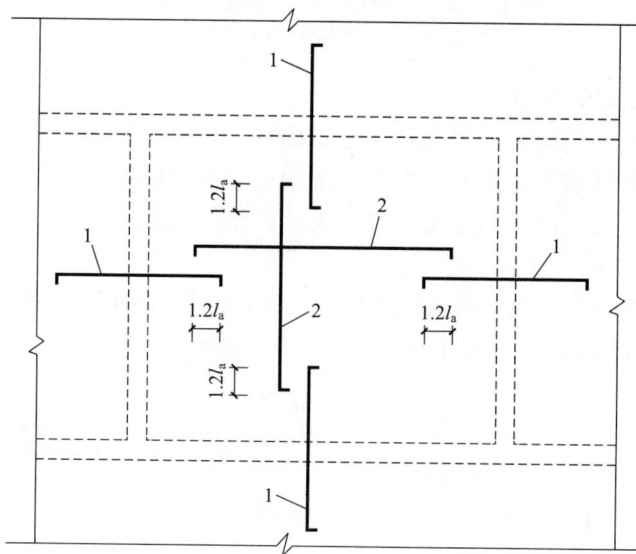

图 2.2.11 在板的上表面配置温度钢筋
1—板中上部原有受力钢筋；2—板上表面另行配置的抗温度、收缩应力钢筋

4. 现浇屋面板挑檐转角处的构造钢筋

屋面板挑檐转角处应配置承受负弯矩的放射状构造钢筋（图 2.2.12a、b），其间距沿 $l/2$ 处应不大于 200mm（l 为挑檐长度），钢筋的锚固长度一般取 $l_a \geqslant l$，钢筋的直径与悬臂板支座处受力钢筋相同且不小于 $\phi 8mm$。阴角处挑檐，当挑檐因故未按规范要求设置局部伸缩缝（间距≤12m），且挑檐长度 $l \geqslant 1.2m$ 时，宜按图 2.2.12c 在板上下表面各设置 3 根 $\Phi 10 \sim \Phi 14$ 的构造钢筋。

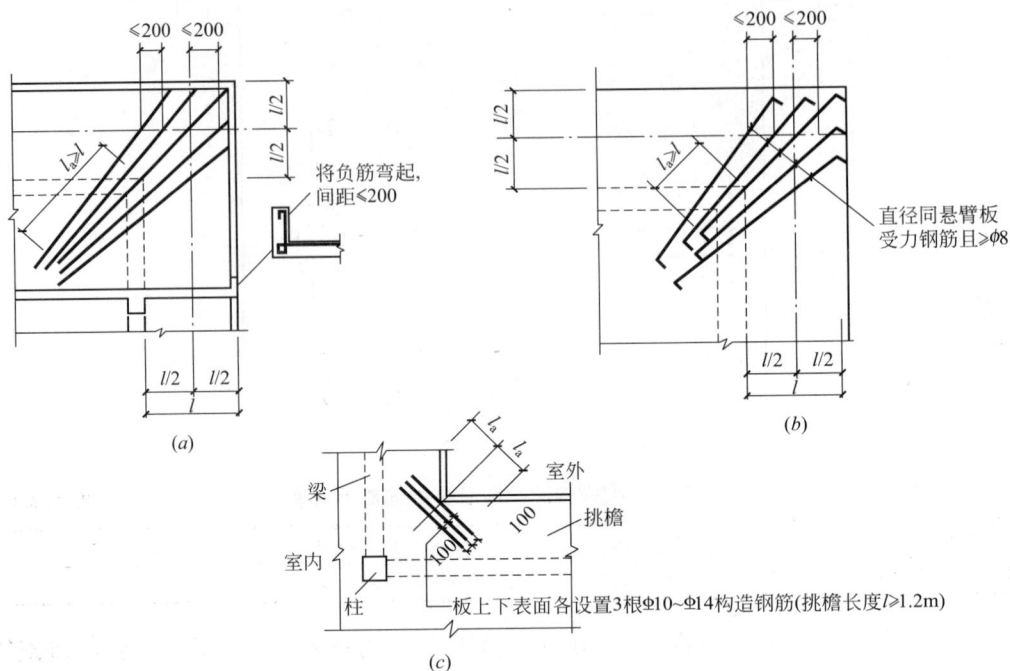

图 2.2.12　屋面板挑檐转角处的构造配筋
(a)有肋挑檐；(b)平板挑檐；(c)阴角处挑檐

六、现浇单向板的配筋方式

单向板的绑扎配筋方式有分离式和弯起式两种。分离式配筋因施工方便，已成为工程中目前主要采用的配筋方式。单向板也可采用钢筋焊接网配筋，由于目前此种配筋方式的造价稍高，尚未获广泛采用，但它是一种有推广价值的配筋方式。

1. 分离式绑扎配筋

（1）分离式配筋的单跨或多跨连续单向板的跨中正弯矩钢筋宜全部伸入支座；支座负弯矩钢筋向跨内的延伸长度应覆盖负弯矩图并满足钢筋锚固的要求。

（2）单跨板的分离式配筋示意见图 2.2.13。与梁整浇时，上部钢筋伸过支座内边缘距离不小于 $l_0/4$（l_0 为计算跨度）。

（3）考虑塑性内力重分布设计的等跨单向连续板的分离式配筋示意见

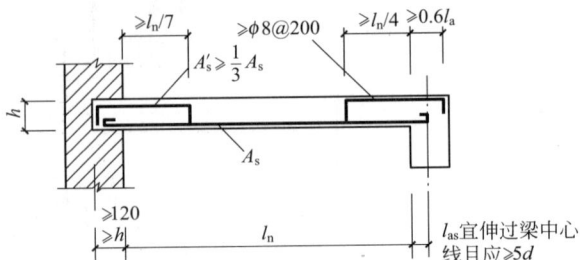

图 2.2.13　单跨板的分离式配筋

图 2.2.14。板的下部受力钢筋根据实际长度也可以采取连续配筋，不在中间支座处截断，而采用绑扎搭接位于同一连接区段内的受拉钢筋搭接接头面积百分率不宜大于 25％。

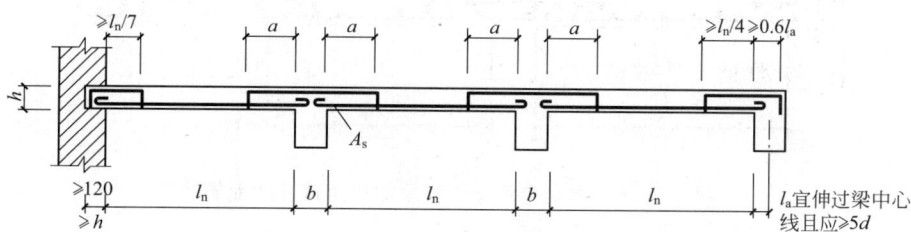

图 2.2.14 单向等跨连续板的分离式配筋

当 $q \leqslant 3g$ 时，$a \geqslant l_n/4$；当 $q > 3g$ 时，$a \geqslant l_n/3$

式中 q—均布活荷载设计值；g—均布恒荷载设计值

（4）跨度相差不大于20％的不等跨单向连续板，考虑塑性内力重分布设计的分离式配筋示意见图 2.2.15。板中下部钢筋也可采用连续配筋。

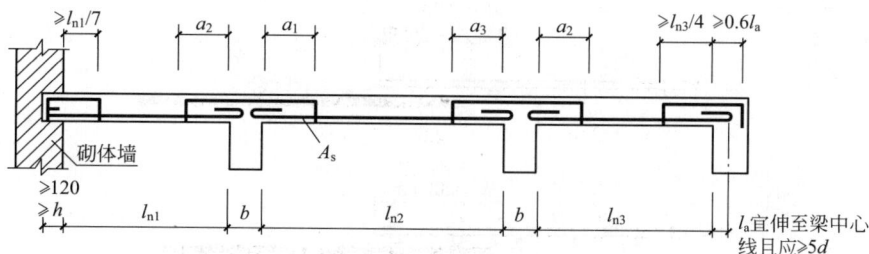

图 2.2.15 跨度相差不大于 20％的不等跨单向连续板的分离式配筋

当 $q \leqslant 3g$ 时，$a_1 \geqslant l_{n1}/4$，$a_2 \geqslant l_{n2}/4$，$a_3 \geqslant l_{n3}/4$；当 $q > 3g$ 时，$a_1 \geqslant l_{n1}/3$，$a_2 \geqslant l_{n2}/3$，$a_3 \geqslant l_{n3}/3$

式中 q—均布活荷载设计值；g—均布恒荷载设计值

（5）对按塑性内力重分布设计跨度相差较大的多跨连续板和设计中要求钢筋必须按弹性分析的弯矩图形配置的多跨连续板，其上部受力钢筋伸过支座边缘的长度应根据弯矩包络图形确定并满足延伸长度和锚固的要求。

2. 钢筋焊接网配筋

（1）单向板的下部受力钢筋焊接网不宜设置搭接接头。伸入支座的下部纵向受力钢筋，其间距不应大于 400mm，其截面面积不应小于跨中受力钢筋截面面积的二分之一。未伸入支座的下部纵向受力钢筋的长度应满足受弯承载力和延伸长度的要求。

（2）单向板的上部受力钢筋和构造钢筋焊接网应根据板的实际支承情况和计算假定进行配置。可按本章第五节第一款的要求和参照分离式配筋的原则进行配筋。

（3）考虑弯矩塑性内力重分布的单向等跨连续板采用钢筋焊接网配筋示意图，见图 2.2.16。

（4）考虑弯矩塑性内力重分布的不等跨连续板，当跨度相差不大于20％时，可参照绑扎配筋方式配置上部焊接钢筋网。

（5）单向板在非受力方向的分布钢筋的搭接可采用叠接法、扣接法或平接法(图 2.2.17)。

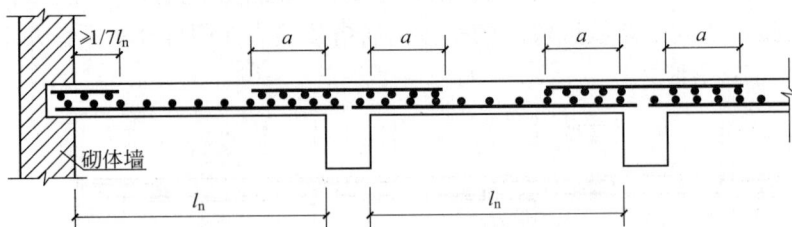

图 2.2.16　单向等跨连续板采用焊接钢筋网配筋

当 $q \leqslant 3g$ 时，$a \geqslant l_0/4$；当 $q > 3g$ 时，$a \geqslant l_0/3$

式中 q—均布活荷载设计值；g—均布恒荷载设计值

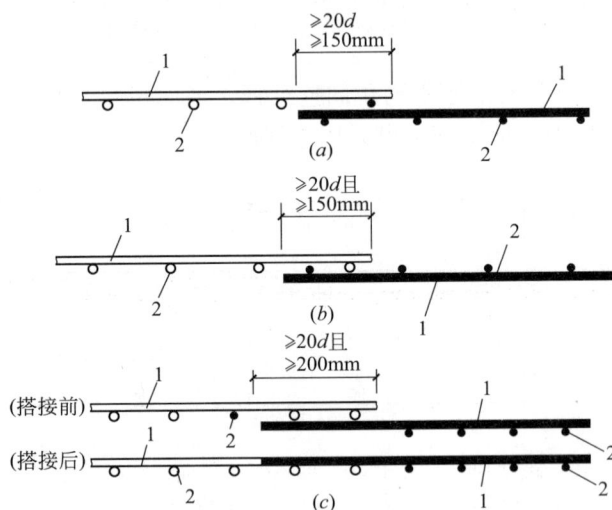

图 2.2.17　钢筋焊接网在非受力方向的搭接

(a)叠接法；(b)扣接法；(c)平接法

1—分布钢筋；2—受力钢筋

注：当搭接区内分布钢筋的直径 $d > 8$mm 时本图中的搭接长度规定值应增加 $5d$。

当采用叠接法或扣接法时，每个网片在搭接范围内至少应有一根受力主筋，搭接长度不应小于 $20d$（d 为分布钢筋直径）且不应小于 150mm。当采用平搭法时，若一张网片在搭接区内无受力钢筋时，其搭接长度不应小于 $20d$ 且不应小于 200mm。

（6）单向板当受力方向的焊接钢筋网需要设置搭接接头时，可采用叠接法或扣接法。对热轧或冷轧带肋钢筋焊接网，两片网末端之间钢筋搭接接头的最小搭接长度不应小于 $1.2l_a$（l_a 为受力钢筋的最小锚固长度）且不应小于 200mm（图 2.2.18）；在搭接区内每张焊接网片的横向钢筋不应少于一根，两网片最外一根横向钢筋之间搭接长度不应小于 50mm。若两网片中有一片在搭接区内无横向钢筋，则最小搭接长度不应小于表 2.2.7 规定的数值：

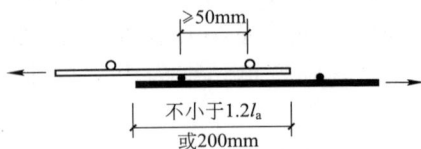

图 2.2.18　热轧或冷轧带肋钢筋
焊接网搭接接头

搭接区内两张网片中有一片无横筋时焊接网的最小搭接长度（mm）　　表 **2.2.7**

焊接网类别	混 凝 土 强 度 等 级		
	C20	C25	≥C30
热轧或冷轧带肋钢筋焊接网	45d	40d	35d

注：1. 当钢筋的直径 d>8mm 时，其搭接长度应按表中数值增加 5d 采用；

　　2. 在任何情况下，纵向受拉钢筋的搭接长度不应小于 250mm；

　　3. d 为纵向受力钢筋直径（mm）。

对光面钢筋焊接网，两片网末端之间钢筋搭接接头的最小搭接长度，不应小于 $1.2l_a$ 且不应小于 250mm（图 2.2.19）。在搭接区内每张焊接网片的横向钢筋不应少于二根，两网片最外边横向钢筋间的搭接长度不少于一个网格。若两网片中有一片在搭接区内无横向钢筋且无附加钢筋网片或附加锚固构造措施时，则不得采用搭接。

图 2.2.19　光面钢筋
焊接网搭接接头

七、现浇双向板的配筋方式

1. 一般规定

（1）四边支承在墙或梁上的混凝土矩形区格形双向板，当长边与短边长度之比小于或等于 2 时应按双向板计算并配筋。当长边与短边长度之比大于 2 但小于 3 时，宜按双向板计算并配筋；若按沿短边方向受力的单向板计算并配筋时，应沿长边方向布置足够的构造钢筋。当长边与短边长度之比大于或等于 3 时，可按沿短边方向受力的单向板计算并配筋。

（2）按弹性理论计算的双向板，当短边跨度 l_1 较大时（$l_1 \geqslant 2.5$m），为节省板底部钢筋，可将板在两个方向各分为三个板带。两边板带的宽度均为短边跨度 l_1 的 1/4，其余则为中间板带（图 2.2.20）。在中间板带内，应按最大跨中正弯矩计算配筋，而在边板带内的配筋各为其相应中间板带的一半，且每米宽度内的钢筋间距应符合表 2.2.2 的要求。此时，连续板的中间支座应按最大负弯矩计算配筋，可不分板带均匀配置。为简化施工时的配筋，目前在设计中常常两个方向不分板带，均按跨中及支座最大弯矩分别计算并均匀配置钢筋。

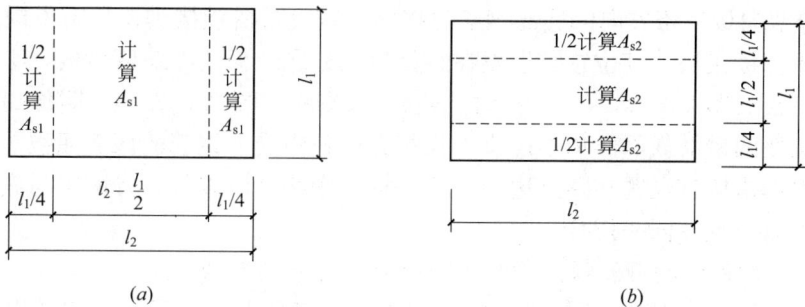

图 2.2.20　双向板的板带划分（$l_1 \leqslant l_2$）
（a）沿短边跨度方向的配筋；（b）沿长边跨度方向的配筋

（3）按塑性理论计算双向板时，则根据设计假定，均匀配置钢筋，可将跨中钢筋的全部或一半伸入支座。

（4）按条带法设计双向板时，应在板的各条带内均匀布置所需的钢筋。

（5）双向板当同一截面部位的纵横两个方向弯矩同号时，计算所需的钢筋应分别配置，此时宜将较大弯矩方向的受力钢筋配置在外层，另一方向的受力钢筋设在内层。

（6）双向板绑扎配筋可采用分离式或弯起式，分离式由于施工方便，已成为目前工程中常用的配筋方式。双向板也可采用钢筋焊接网配筋。

2. 分离式配筋

（1）按弹性理论计算，板的底部钢筋均匀配置的四边支承单跨双向板的分离式配筋示意见图 2.2.21。

（2）按弹性理论计算，板的底部钢筋均匀配置的四边支承连续双向板分离式配筋示意见图 2.2.22。

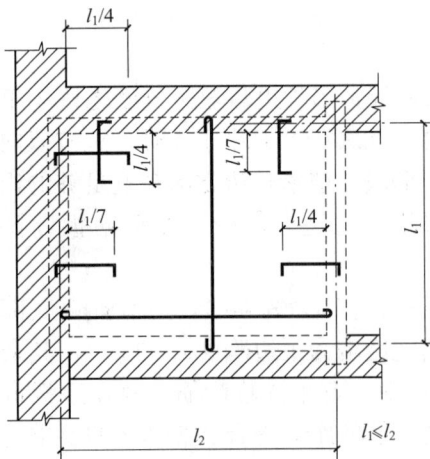

图 2.2.21 单跨双向板的分离式配筋

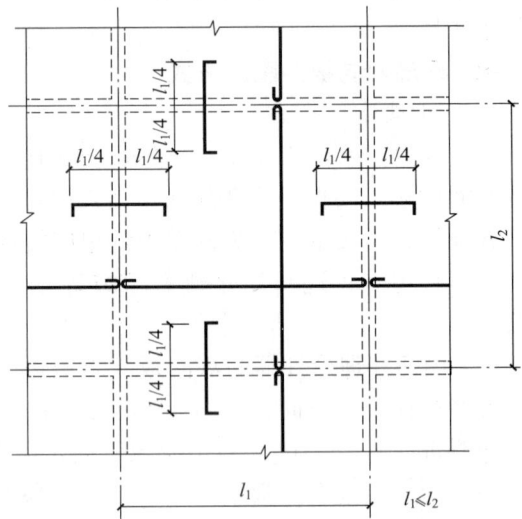

图 2.2.22 连续双向板的分离式配筋

3. 钢筋焊接网配筋

（1）现浇双向板短跨方向的底部钢筋焊接网不宜设置搭接接头；长跨方向的底部钢筋焊接网可设置搭接接头，其位置宜设置在距梁边三分之一板的净跨区段内，必要时可用附加焊接网片搭接（图 2.2.23a）或用绑扎钢筋伸入支座（图 2.2.23b）。附加焊接网片或绑扎钢筋伸入支座的钢筋截面面积不应小于长跨方向跨中受力钢筋的截面面积。

满铺面网的搭接宜设置在距梁边四分之一板的净跨区段以外，且面网与底网的搭接位置宜错开，不宜设置在同一搭接区段内。

（2）现浇双向板带肋钢筋焊接网的底网也可采用下列布网方式：

A. 布网方式一：将双向板的纵向钢筋和横向钢筋分别与非受力筋焊成纵向网和横向网，安装时分别插入相应的梁中（图 2.2.24a）；

B. 布网方式二：将纵向钢筋和横向钢筋分别采用 2 倍原配筋间距焊成纵向底网和横向底网，安装时（宜用扣搭法）分别插入相应的梁中（图 2.2.24b）。钢筋的间距和在支座处的锚固长度应符合本章第二节第三款的规定。

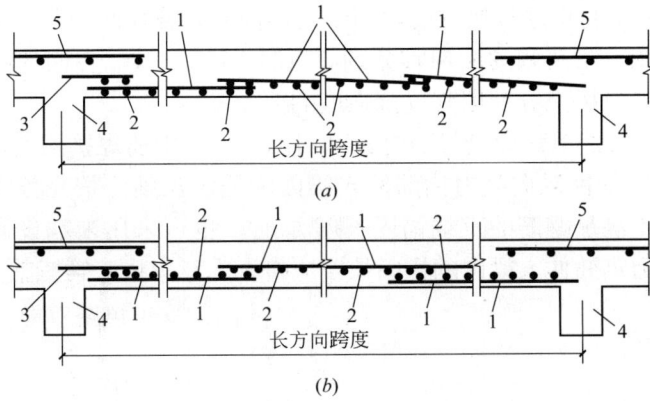

图 2.2.23 钢筋焊接网在双向板长跨方向的搭接
(a)叠接法搭接；(b)扣接法搭接
1—长跨方向钢筋；2—短跨方向钢筋；3—伸入支座的附加网片；
4—支承梁；5—支座上部钢筋

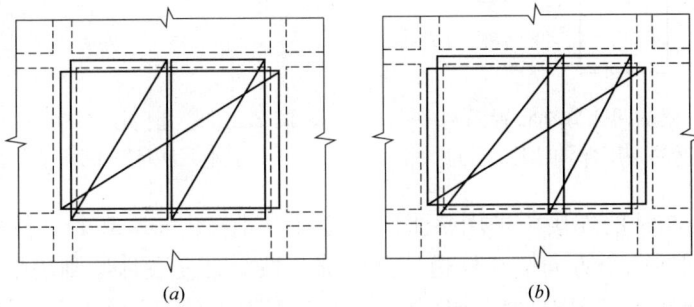

图 2.2.24 双向板底网的双层布置
(a)布网方式一；(b)布网方式二

（3）现浇多跨双向板带肋钢筋焊接网的面网配筋示意图见图 2.2.25。对未配筋的板顶表面，当混凝土的温度、收缩应力较大时，可在该范围内配置防裂钢筋焊接网面网。

（4）梁两侧的楼板顶面有大于 30mm 的高差时，带肋钢筋焊接面网宜在高差处断开，分别锚入梁中（图 2.2.26）。纵向受力钢筋伸入梁内的锚固长度应按充分利用其抗拉强度的要求确定。

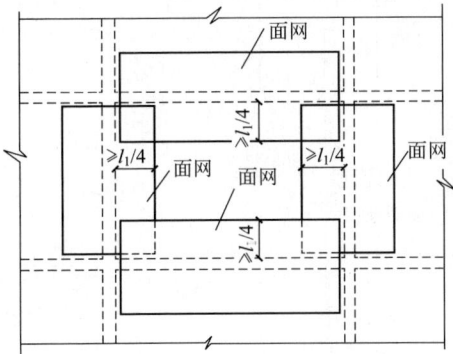

图 2.2.25 双向板面网布置

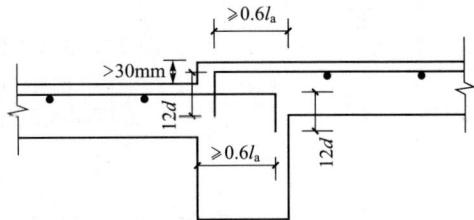

图 2.2.26 高差处板的面网布置（面网受力
钢筋采用弯钩锚固）示意

（5）当梁两侧的带肋钢筋焊接网的面网配筋不同时，若配筋相差不大，可按较大配筋布置设计面网；否则，梁两侧的面网宜分别布置（图2.2.27），各网的纵向受力钢筋伸入梁内的锚固长度应各自按充分利用其抗拉强度的要求确定。

（6）当梁突出于板的上表面（反梁）时，梁两侧的带肋钢筋焊接网的面网和底网均应分别布置（图2.2.28）。面网纵向受力钢筋伸入梁内的锚固长度应按充分利用其抗拉强度的要求确定，当梁宽不满足钢筋的直线锚固长度 l_a 时，也可采用末端设弯钩方法减少锚固长度。底网纵向受力钢筋伸入梁内的锚固长度应符合本章第二节第三款对下部钢筋的锚固规定。

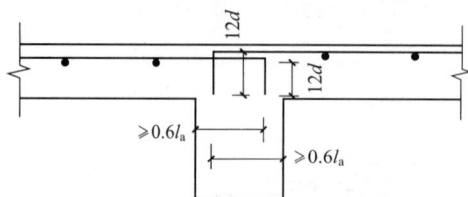

图 2.2.27 梁的两侧分别布置面网
（面网受力钢筋采用弯钩锚固）示意

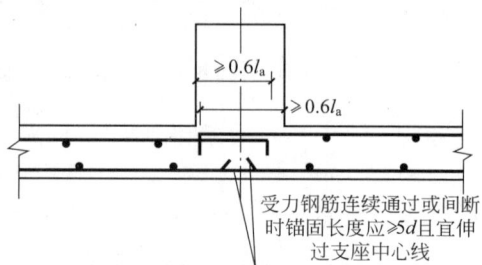

图 2.2.28 钢筋焊接网在反梁处的布置
（面网受力钢筋采用弯钩锚图）示意

（7）楼板面网与柱的连接可采用整张网先套在柱上（图2.2.29a），然后再与其他网先搭接；也可将面网在两个方向铺至柱边，其余部分按等强度设计原则用附加钢筋补足。楼板面网与钢柱的连接可采用附加钢筋连接方法（图2.2.29b），钢筋的筋固长度应按充分利用其抗拉强度的要求确定。

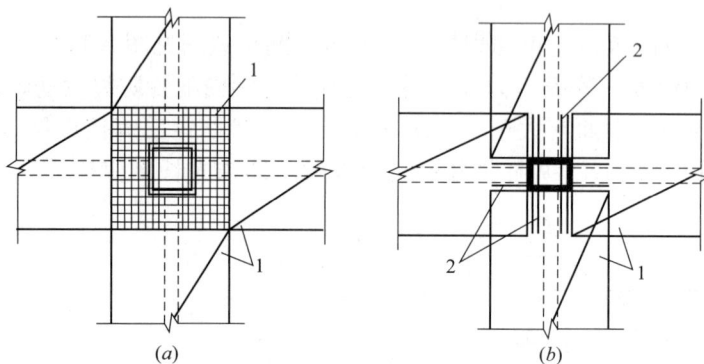

图 2.2.29 楼板焊接网与柱的连接
（a）焊接网套柱连接；（b）附加筋连接
1—焊接网的面网；2—附加锚固筋

第三节 现浇悬臂板的配筋构造

1. 嵌固于砌体墙内的悬臂板（图2.3.1），当板上部受力钢筋截面面积按计算所需数量配置时，钢筋伸入墙内的长度应按充分利用其抗拉强度的锚固长度的要求确定。该钢筋通长采用两种配筋方式：板的上部受力钢筋与相连梁的箍筋合并配置或单独配置。

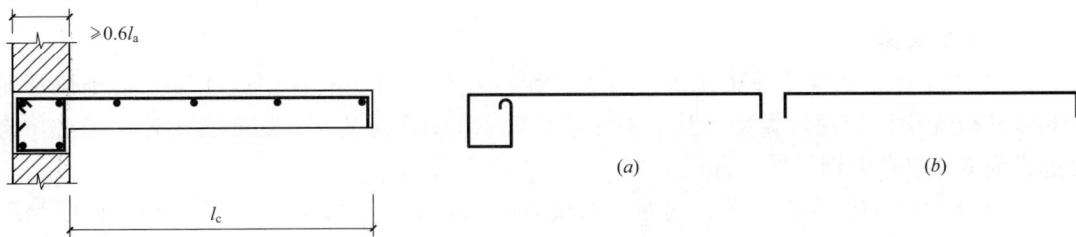

图 2.3.1 嵌固于砌体墙内的悬臂板

(a)板上部钢筋与梁箍筋合并配置；(b)板上部钢筋单独配置并锚入梁内

2. 带有悬臂的板，必须考虑悬臂端的负弯矩对板跨中部受力的影响。如在板跨中部较长范围内存在负弯矩时，应按图 2.3.2 配置钢筋；如负弯矩范围仅在板的支承附近时，可按图 2.3.3 配置钢筋。

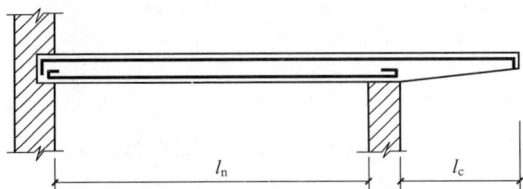

图 2.3.2 带悬臂的板配筋图(一)

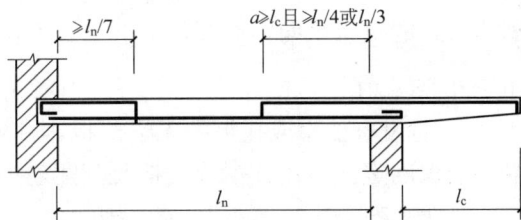

图 2.3.3 带悬臂的板配筋图(二)

当 $q \leqslant 3g$ 时，$a \geqslant l_n/4$；当 $q > 3g$ 时，$a \geqslant l_n/3$

式中 q—均布活荷载设计值；g—均布永久荷载设计值

3. 梁单侧和双侧带悬臂板的配筋分别见图 2.3.4、图 2.3.5。悬臂板的受力钢筋应可靠锚固于梁内。

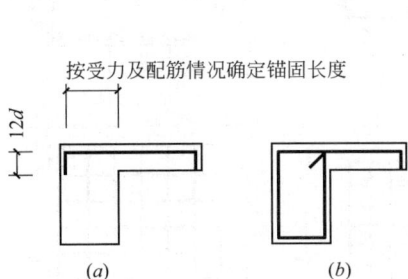

图 2.3.4 梁单侧带悬臂板的配筋

(a)悬臂板钢筋单独配置并锚入梁内；

(b)悬臂板钢筋与箍筋合并

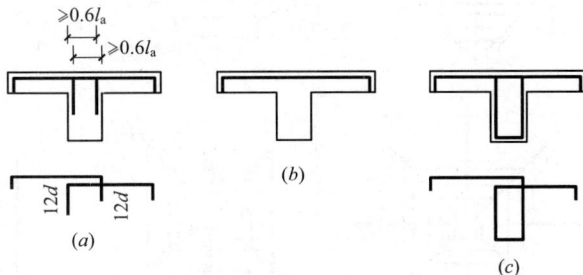

图 2.3.5 梁双侧带悬臂板的配筋

(a)两侧悬臂板分离配筋；(b)两侧悬臂板整体配筋；

(c)悬臂板配筋与箍筋合并

4. 对离地面 30m 以上且悬挑长度大于 1200mm 的悬臂板，以及位于抗震设防区悬挑长度大于 1500mm 的悬臂板，均需配置不少于 $\phi 8@200$mm 的底部钢筋。

第四节 现浇无梁楼板构造[注]

一、一般规定

1. 支承于柱上的现浇无梁楼板按有无柱帽或托板可分为有柱帽或托板无梁楼板及无柱帽或托板无梁楼板两种类型。其柱网一般布置成正方形或矩形，以正方形比较经济，跨度通常为6m左右。

2. 无梁楼板的厚度由受弯、受冲切承载力计算决定，一般不小于150mm，板厚与跨度的最小比值可参考表2.1.1。

3. 为改善无梁楼板的受力性能、节约材料、方便施工，可将沿周边的板伸出边柱外侧，伸出长度（从板边缘至外柱中心）不宜超过板沿伸出方向跨度的0.4倍。

4. 当无梁楼板不伸出外柱外侧时，在板的周边应设置边梁，且应有足够的抗垂直方向的抗弯刚度，边梁截面高度不宜小于板厚度的2.5倍。边梁除与半个柱上板带共同承受弯矩和剪力外，还承受扭矩，因此应配置沿截面周边布置的抗扭构造纵向钢筋 A_{stl} 和箍筋。沿周边布置的抗扭纵向钢筋配筋率 $\rho = \dfrac{A_{stl}}{bh}$ 不应小于 $0.6\sqrt{\dfrac{T}{Vb}\dfrac{f_t}{f_y}}$。箍筋的配筋率 $\rho_{sv} = \dfrac{A_{sv}}{bs}$ 不应小于 $0.28f_t/f_{yv}$。

5. 对设有柱帽或托板的无梁楼板，柱帽或托板的型式及尺寸一般由建筑美观和结构受力要求确定。常用柱帽或托板及其配筋如图2.4.1所示，其外形尺寸应包容柱周边可能

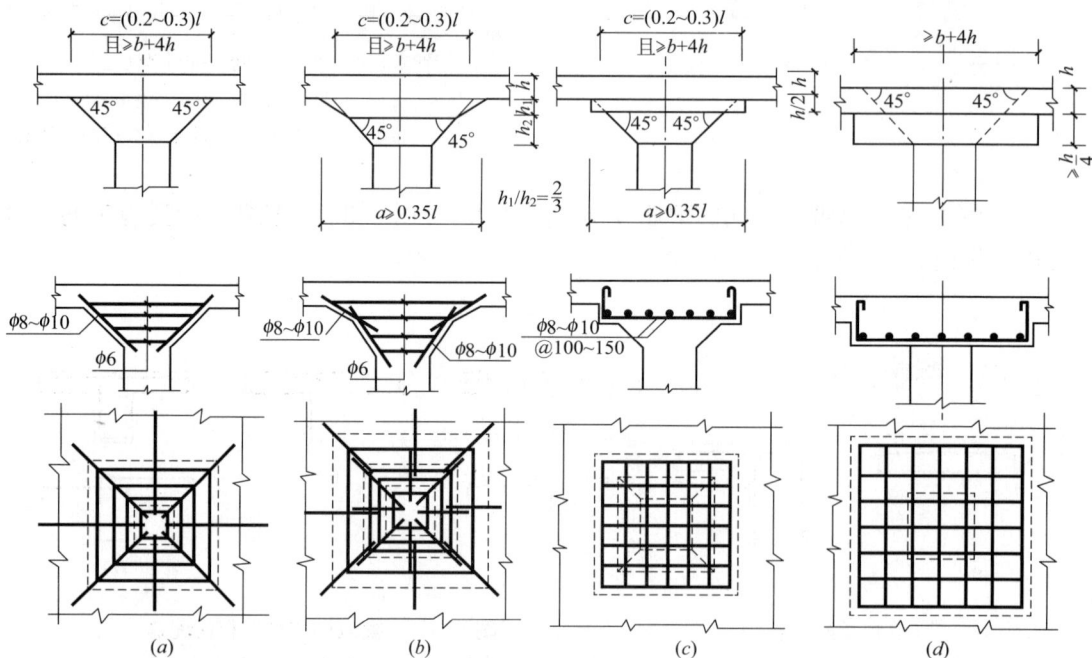

图 2.4.1 无梁楼盖柱帽的柱帽或托板形式及配筋

(*a*)用于轻荷载的柱帽；(*b*)用于重荷载的柱帽；(*c*)用于受力条件稍次于情况(*b*)的重荷载；(*d*)托板

注：本节现浇无梁楼板系指支承于柱上的现浇混凝土无梁楼板或支承于柱上且柱间设有刚度不大的混凝土梁，但该梁不会改变柱支承板受力性能的楼板。

产生的 45°冲切破坏锥体并应满足受冲切承载力的要求。柱帽的高度不应小于板的厚度 h；托板的厚度不应小于 $h/4$。柱帽或托板在平面两个方向上的尺寸不宜小于同方向上柱截面宽度 b 与 $4h$ 的和。抗震设防烈度为 8 度时，无梁楼板宜采用有柱帽或托板的类型。

6. 抗震设防地区有时为增强无梁楼板的抗震能力，其柱上板带可沿纵、横向柱间均设置刚度不大的梁，因而该梁不会改变无梁楼板的柱支承受力性能，板的配筋构造仍应符合本节第二款的要求。梁的宽度可大于或小于柱宽度。

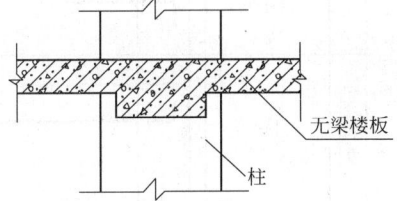

图 2.4.2　沿柱间设有刚度
不大的混凝土梁

二、无梁楼板的配筋

1. 承受垂直荷载的无梁楼板通常以纵横两个方向划分为柱上板带及跨中板带进行配筋，划分范围见图 2.4.3。

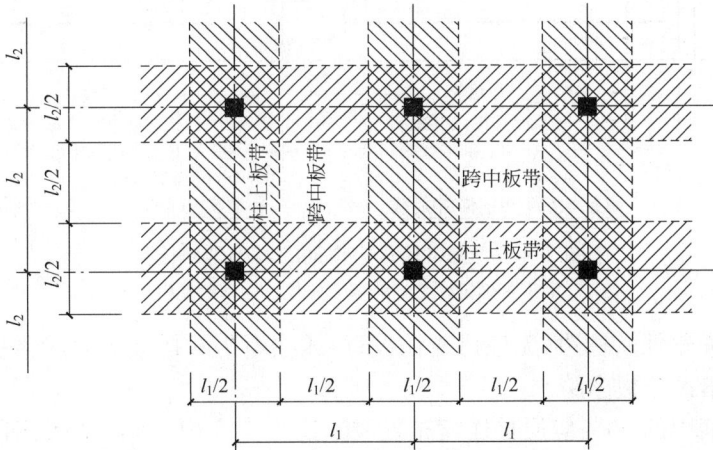

图 2.4.3　无梁楼板的板带划分(区格板 $l_1 \leqslant l_2$)

2. 柱上板带及跨中板带的配筋有两种形式，即分离式及弯起式。分离式配筋方式由于施工方便目前在工程中广泛采用；弯起式配筋方式施工较复杂且难于正确定位，目前在工程中已很少采用。

3. 承受竖向均布等效荷载的无梁楼板中的配筋应具有图 2.4.4 规定的最小延伸长度。

(1) 柱上板带纵向受力钢筋

A. 板面钢筋中的 50% 从柱边(无柱帽或托板时)或柱帽边、托板边向区格板内的延伸长度不应小于 0.3 倍区格板净跨；其余钢筋不应小于 0.2 倍净跨。

B. 全部板底钢筋均应通长连续布置。为提高板的抗连续倒塌能力，钢筋的连接应采用焊接或机械连接，不应采用绑扎搭接。钢筋接头位置应设置在中间支座(柱)两侧各 0.3 倍净跨范围内。

C. 边支座处的板底钢筋至少应有两根钢筋穿过柱核心区并可靠锚固。

(2) 跨中板带纵向受力钢筋

板带	部位	截面中应配有的A_s的最小百分数	无柱帽或托板	有柱帽或托板
柱上板带	上部配筋	50 其余的	$0.30l_n$　$0.30l_n$ $0.20l_n$　$0.20l_n$	$0.30l_n$　　$0.33l_n$ $0.20l_n$　$0.20l_n$
柱上板带	下部配筋	100	200 至少两根钢筋穿过柱核心并可靠锚固　接头应允许布置在此区域内	连续布置钢筋　200
跨中板带	上部配筋	100	$0.22l_n$　$0.22l_n$	$0.22l_n$　$0.22l_n$
跨中板带	下部配筋	50 其余的	200 最大$0.15l_n$　200　最大$0.15l_n$	200

c_1　净跨l_n　c_1　　　c_1　净跨l_n　c_1
支座边缘之间距离　　　支座边缘之间距离
支座中线到中线的跨度　　支座中线到中线的跨度
端支座(板不再前伸)中心线　中间支座(板连续通过)中心线　端支座(板不再前伸)中心线

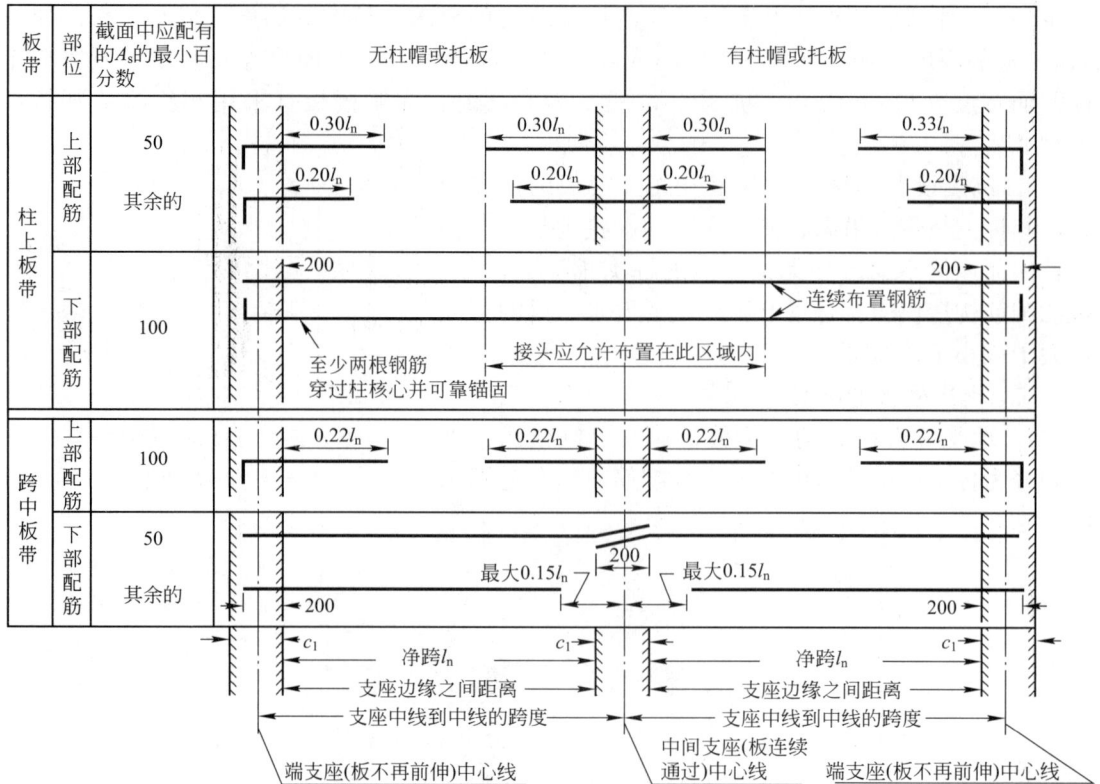

图 2.4.4　无梁楼板中钢筋的最小延伸长度

C_1—沿需要确定弯矩的跨度方向柱、柱帽或托板尺寸

　　A. 全部板面钢筋从柱边(无柱帽或托板时)或柱帽边、托板边向区格板内延伸的长度不应小于 0.22 倍区格板净跨。

　　B. 板底钢筋中的 50% 应通长连续布置或锚固于支座内,其余板底钢筋可按图 2.4.4 所示区域分段布置。

　　(3) 当相邻区格板的跨度不相同时,板面钢筋的最小延伸长度应以较大跨度确定。

　　4. 板柱框架结构或板柱-剪力墙结构中的无梁楼板,由于与柱组成抗震或抗风的侧力结构,因此楼板钢筋的延伸长度应经设计确定,但不应小于图 2.4.4 的要求。

　　5. 抗震或抗风设计的板柱框架结构或板柱-剪力墙结构中的无梁楼板配筋尚应符合下列要求:

　　(1) 无柱帽平板宜在柱上板带中设构造暗梁,暗梁宽度可取柱宽加柱两侧各不大于 1.5 倍板厚。暗梁支座上部纵向钢筋应不小于柱上板带纵向钢筋截面面积的 1/2,暗梁下部纵向钢筋不宜少于上部纵向钢筋截面面积的 1/2。

　　(2) 暗梁箍筋直径不应小于 8mm,间距不宜大于 3/4 倍板厚,肢距不宜大于 2 倍板厚。

　　(3) 无柱帽柱上板带的板底钢筋宜在距柱面为 2 倍板厚以外连接。

　　(4) 暗梁在柱支承处或柱帽、托板处的箍筋配置尚应满足板柱节点受冲切承载力计算的要求。

　　6. 为防止无梁楼板发生连续倒塌破坏,沿纵横两个主轴方向贯通节点柱截面的板底连续(通长)钢筋总截面面积应符合下式要求：

$$A_s \geqslant N_G / f_y \qquad (2.4.1)$$

式中：A_s——纵横两个主轴方向贯通柱截面的板底连续钢筋总截面面积；对一端在柱截面对边按充分发挥抗拉设计强度并在末端设弯钩锚固的钢筋，其截面面积按一半计算；

N_G——在本层楼板竖向荷载作用下，支承该区格无梁楼板的柱轴向压力设计值；

f_y——板底连续钢筋的抗拉设计强度。

7. 为提高板柱节点的受冲切承载力除设置柱帽或托板外，可采用在无梁楼板中配置抗冲切箍筋或弯起钢筋、设置抗剪栓钉等方法。对抗震设计的板柱节点不宜采用配置弯起钢筋。

8. 当无梁楼板需提高受冲切承载力且不允许设置柱帽或托板而配置抗冲切箍筋或弯起钢筋时，应符合下列构造要求：

(1) 板的厚度不应小于 150mm；

(2) 按计算所需的抗冲切箍筋及相应的架立钢筋应配置在与 45° 冲切破坏锥面相交的范围内，且从柱截面边缘向外的分布长度不应小于 $1.5h_0$（h_0 为板纵横两个方向配筋的截面有效高度平均值）；箍筋直径不应小于 6mm，且应做成封闭式，间距不应大于 $h_0/3$，且不应大于 100mm（图 2.4.5）；

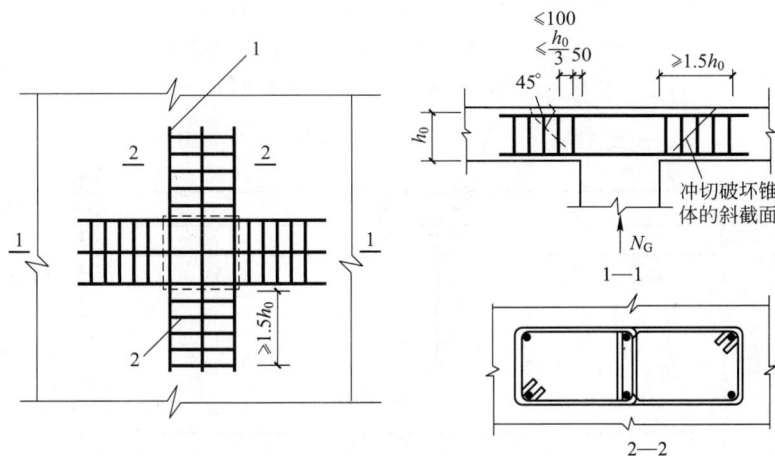

图 2.4.5 配置箍筋提高受冲切承载力
1—架立钢筋；2—箍筋

(3) 按计算所需的弯起钢筋可由一排或两排组成，其弯起角可根据板的厚度在 30°～45° 之间选取，弯起钢筋的倾斜段应与冲切破坏斜截面相交，当弯起钢筋为一排时，其交点应在离局部荷载或集中反力作用面积周边以外 1/2～2/3 板厚度的范围内，当弯起钢筋为二排时，其交点应在离局部荷载或集中反力作用面积周边以外 1/2～5/6 板厚度的范围内。弯起钢筋直径不应小于 12mm，且每一方向不应少于三根（图 2.4.6）。

9. 采用抗剪栓钉增强板柱节点的受冲切承载力时，应符合下列要求：

(1) 抗剪栓钉由多个上端带有方形或圆形锚头的圆钢杆，并在其下端与底部扁钢条焊牢后共同组成（图 2.4.7）。

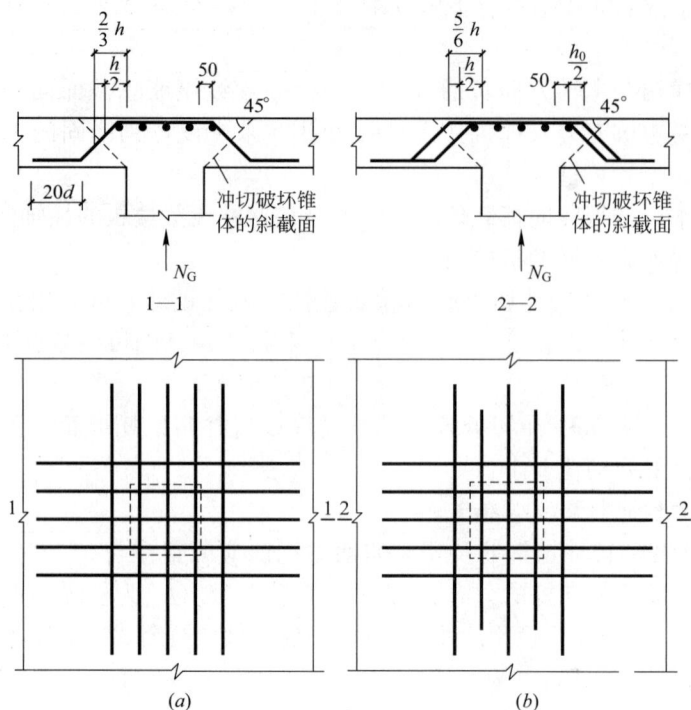

图 2.4.6   配置弯起钢筋提高受冲切承载力

(a)一排弯起钢筋；(b)二排弯起钢筋

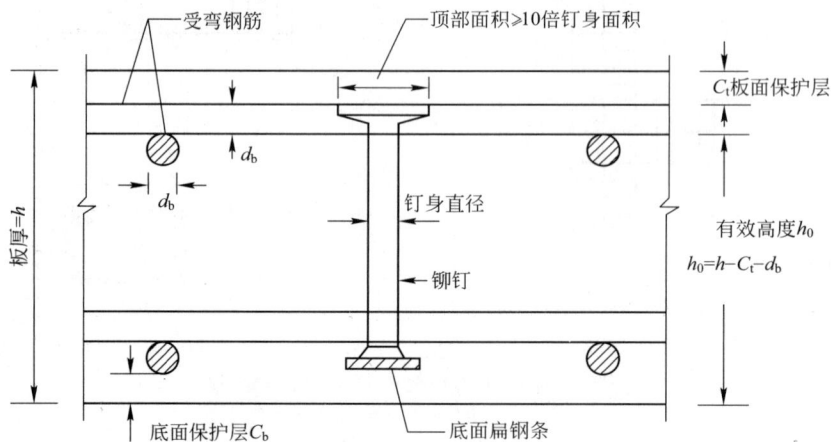

图 2.4.7   与栓钉条垂直的剖面

(2) 每个栓钉可视为一肢等效的抗冲切箍筋的垂直肢，因而配置抗剪栓钉的板柱节点的受冲切承载力计算方法与配置抗冲切箍筋情况相同。

(3) 对方形或矩形截面柱，焊有多个栓钉的扁钢条通常沿纵横两方向正交布置(图 2.4.8)对圆形或等边多角形截面柱，扁钢条通常按辐射状布置或正交布置(图 2.4.9)。

(4) 抗剪栓钉底部扁钢条放置在无梁楼板底模上，但应有与底面最外层钢筋相同的混凝土保护层厚度。

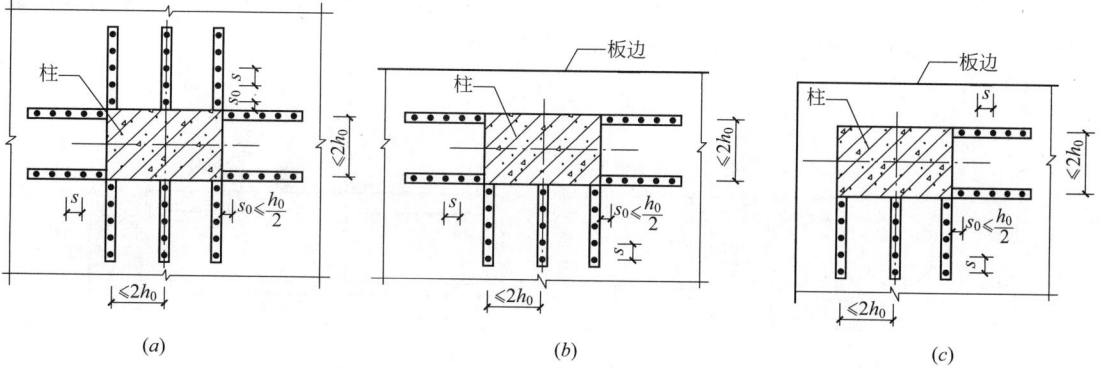

图 2.4.8 矩形截面柱抗剪栓钉扁钢条排列平面
(a)中柱；(b)边柱；(c)角柱

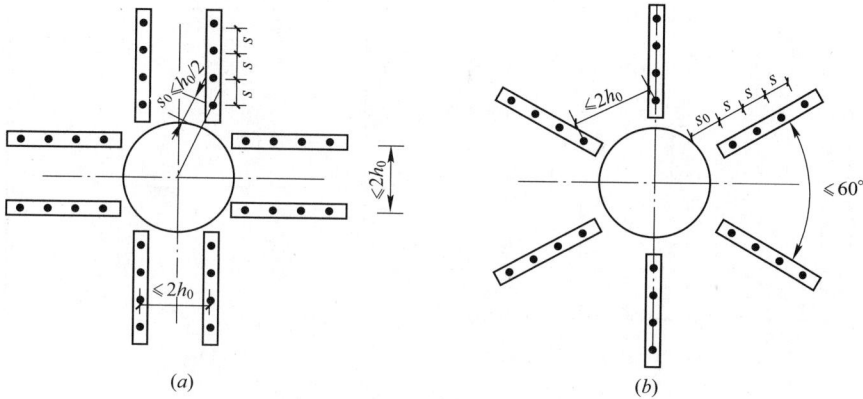

图 2.4.9 圆形截面柱抗剪栓钉扁钢条排列平面
(a)正交布置；(b)辐射状布置

(5) 抗剪栓钉在无梁楼板板面和底面钢筋网安装或绑扎成型前固定在模板上。

(6) 栓钉上端锚头的顶部截面面积不应小于圆钢杆(钉身)截面面积的 10 倍。

(7) 扁钢条的宽度不应小于 2.5 倍栓钉钉身直径。

(8) 扁钢条的厚度不应小于 0.5 倍栓钉钉身直径。

(9) 栓钉的间距 s 应根据受冲切承载力的计算确定，可增大至 $3/4h$(h 为无梁楼板厚度)。

(10) 扁钢条的间距不宜大于 $2h$。

第五节 现浇空心楼板构造

一、一般构造要求

1. 现浇混凝土空心楼板适用于跨度较大的民用建筑楼(屋面)板(常用跨度为 7m～12m)。按板的支承情况不同可分为边支承及柱支承板两类。其中边支承系指板的周边由刚性墙支承或由刚度很大的现浇梁支承(其竖向变形较小)，因而其内力分析及构造配筋按板支承竖向无变形考虑；柱支承板系指板的支承为柱，因而其内力分析及配筋构造可按无梁楼板考虑。按板采用的非抽芯永久内模内孔的外形不同可分为管形内孔与箱形内孔两类（图 2.5.1）。此外芯模尚可采用轻质实心的筒体或块体。

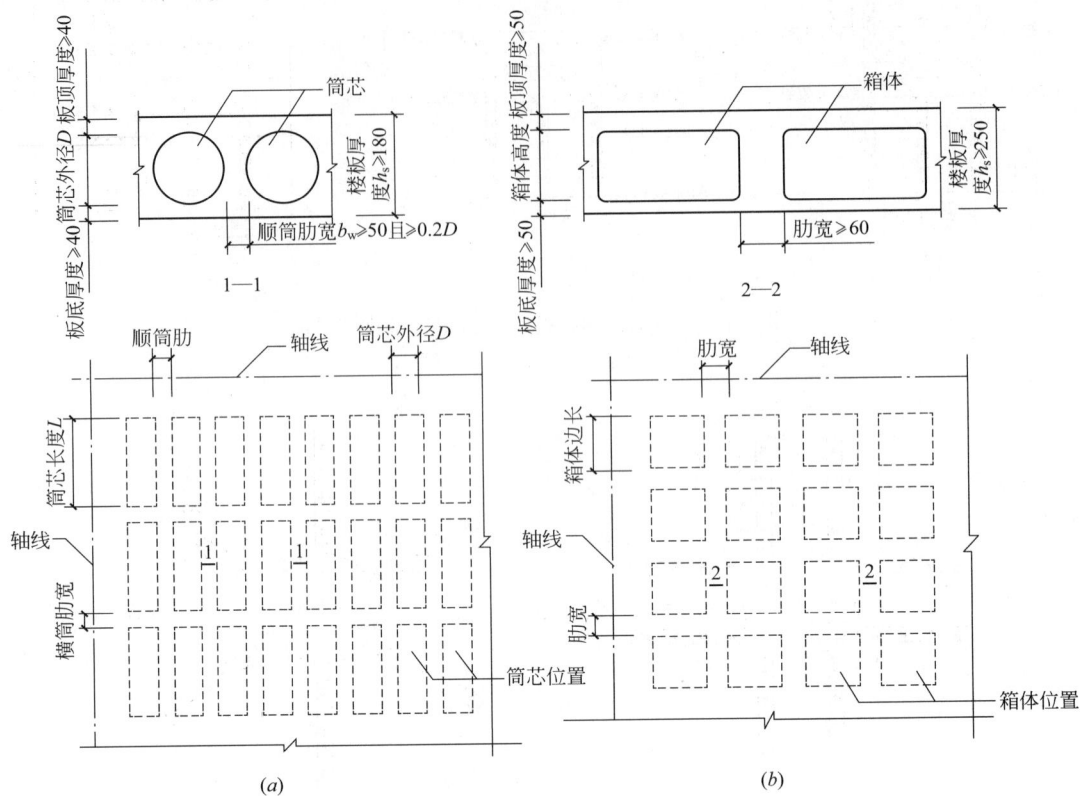

图 2.5.1 管形内孔与箱形内孔示意
(a)管形内孔；(b)箱形内孔

2. 管形内孔和箱形内孔芯模可由多种材料制成并具有不同的形状。通常在工程中采用的芯模有金属芯模、硫铝酸盐芯模（GRC 芯模）、聚氨酯发泡芯模、塑料芯模、聚苯乙烯芯模、纤维增强玻镁芯模、纤维增强硅钙芯模、普通硅酸盐芯模、玻璃钢芯模、防水纸芯模、混凝土装配箱芯模等。设计人员可根据实际工程情况及芯模的供应情况经技术经济比较后确定选用芯模的类型。

3. 各类芯模的质量及物理力学性能均需符合有关产品标准的要求。

4. 现浇混凝土空心楼板的体积空心率（区格楼板内埋置非轴心永久芯模的体积与该区域内板结构轮廓体积的比值）不宜大于 50%。

5. 采用管形内孔时，孔顶、孔底板厚均不应小于 40mm，肋宽与内孔径之比不宜小于 1/5，且肋宽不应小于 50mm。

6. 采用箱形内孔时，顶板厚度不应小于肋间净距的 1/15 且不应小于 50mm。当板底配置受力钢筋时，其厚度不应小于 50mm。内孔间肋宽与内孔高度比不宜小于 1/4，且肋宽不应小于 60mm。

7. 采用混凝土装配箱做芯模时，装配箱的长度、宽度和高度应由设计确定。其顶板、底板的平面形状宜为矩形（图 2.5.2）。矩形平面尺寸的各边长度宜为 500mm～1500mm。

箱体高度可取 250mm～1400mm。

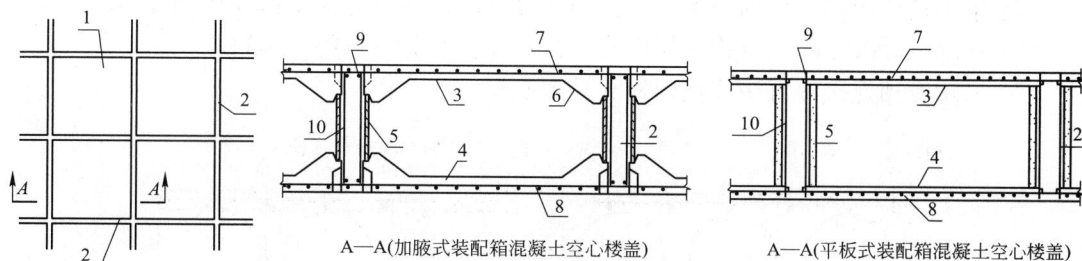

图 2.5.2　装配箱示意图

1—装配箱；2—现浇肋梁；3—顶板；4—底板；5—侧壁板；6—加腋；

7—顶板钢筋；8—底板钢筋；9—肋梁纵筋；10—肋梁箍筋

8. 装配箱的顶板、底板当采用加腋板时，板端截面宜由薄到厚形成加腋。加腋板的四周宜设置剪力齿，其水平间距与外伸钢筋间距一致，且不宜大于 1000mm。剪力齿的外口宽度(b_1)不宜小于 60mm、高度(h_1)不宜小于 80mm；内口宽度(b_2)不宜小于 40mm、高度(h_2)不宜小于 50mm；深度(c)不宜小于 30mm(图 2.5.3)。

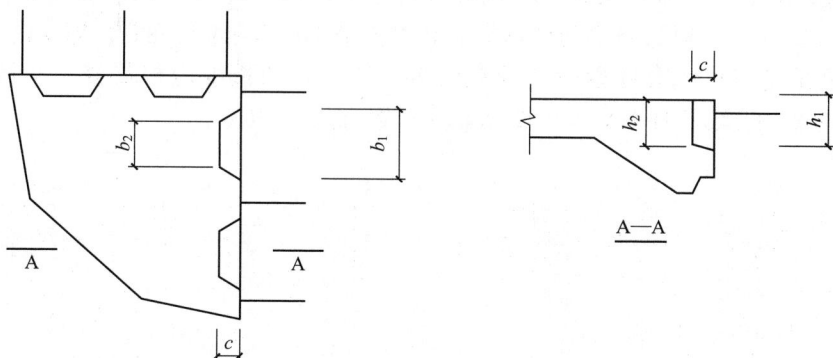

图 2.5.3　剪力齿示意图

此外加腋四周尚应设置与侧壁板相连的承插口，承插口长度应与侧壁筒的侧壁板长度一致，宽度宜大于侧壁板厚度 20mm，深度不宜小于 10mm。

9. 装配箱的顶板、底板采用平板时，顶板伸出侧壁板外壁不宜小于 15mm；顶板、底板上宜设定位块。顶板、底板的配筋应根据受弯承载力计算确定，并伸至周边肋梁内锚固。但在实际工程中也有的平板式装配箱顶板的配筋仅考虑承担施工过程中浇筑混凝土时的荷载，此时可将顶板作为内模考虑且其钢筋不外伸至肋梁内，因而顶板顶面需设置承担使用荷载的配筋混凝土现浇层。

10. 装配箱的侧壁板应选用低吸水率的硬质材料制作且不应对混凝土产生有害影响。当侧壁由 4 块侧壁板组装时，侧壁板间的板缝应严密，并宜采取对拉等固定措施，保证其位置准确。侧壁板与顶板、底板可通过承插口、定位块等措施相连接和固定。

11. 为防止施工时内模在浇筑板的混凝土时上浮，应采取内模抗浮措施。常用的抗浮措施如下：

（1）直接用钢丝对单个内模进行捆绑并固定于底模上（图 2.5.4a）。

（2）采用抗浮压筋防止内模上浮，并通过穿过底模的钢丝固定抗浮压筋（图 2.5.4b）。

（3）在浇筑混凝土时用重物下压内模，待混凝土初凝后再将重物移开。

（4）采用专用连接件直接连接内模和楼板底模。

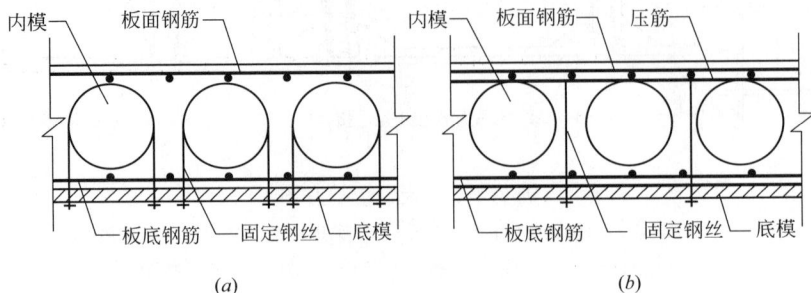

图 2.5.4　内模抗浮示意

(a)将单个内模捆绑；(b)设抗浮压筋

二、边支承现浇混凝土空心楼(屋面)板构造

1. 通常边支承现浇空心楼(屋面)板的芯模可采用两种布置方式：筒芯沿区格板短跨方向布置(图 2.5.5)和周边筒芯与中部筒芯正交布置(图 2.5.6)。前者适用于单向板和双向板(对于满足受剪承载力计算要求的双向板，其中 a 的长度应根据受剪承载力计算确定)。荷载较大、板较厚时不宜采用图 2.5.6 布置方式。

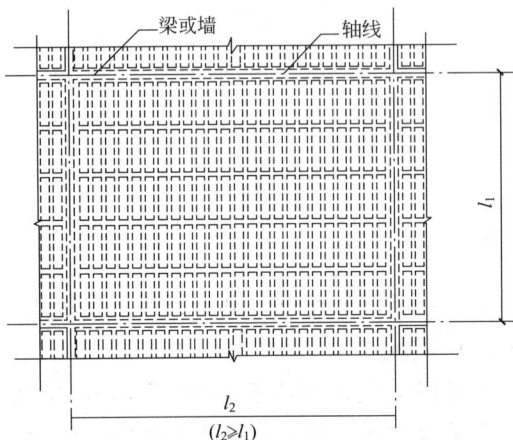

图 2.5.5　边支承板布置(一)

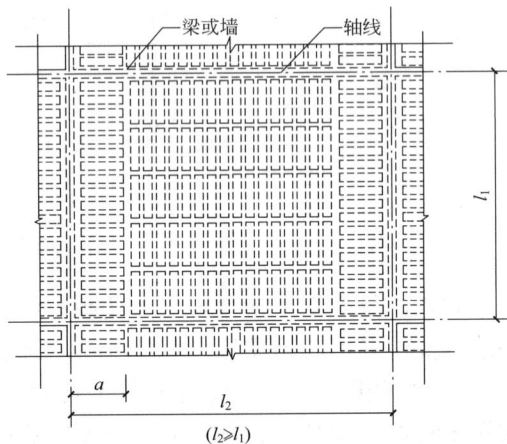

图 2.5.6　边支承板布置(二)

2. 边支承现浇空心(屋面)楼板应沿板的支承梁或墙边设置宽度不小于 50mm 且不小于 0.2 倍板厚的局部实心区域(图 2.5.7)。楼板实心区域内的配筋应符合设计要求。

3. 顺筒方向顶板和底板、顺筒肋内的配筋布置通常有三种方式：布置方式(一)(图 2.5.8)：适用于楼板厚度较小、板承受的荷载较小的单向板和双向板情况，对于满足受剪承载力的双向板，筒芯也可连续布置；布置方式(二)(图 2.5.9)：适用于楼板厚度、荷载适中情况；布置方式(三)(图 2.5.10)：适用于楼板厚度较大或荷载较大情况，当顺

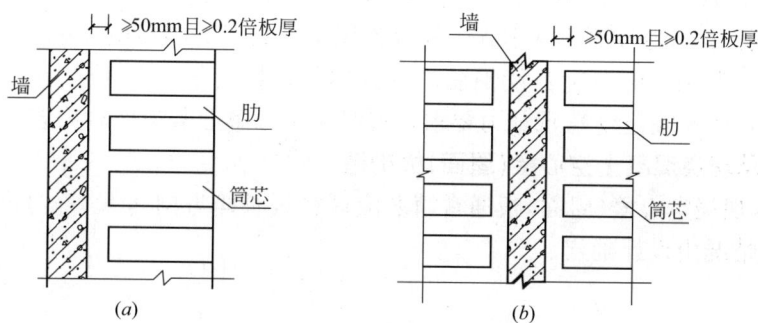

图 2.5.7 支承于混凝土墙上的现浇单向空心楼板示意
(a)端支承处；(b)中间支承处

筒肋内需要配置箍筋时宜采用此种配筋布置方式。

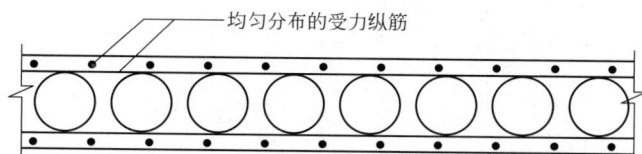

图 2.5.8 顺筒方向布置(一)

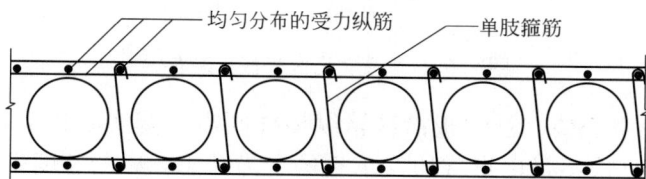

图 2.5.9 顺筒方向布置(二)

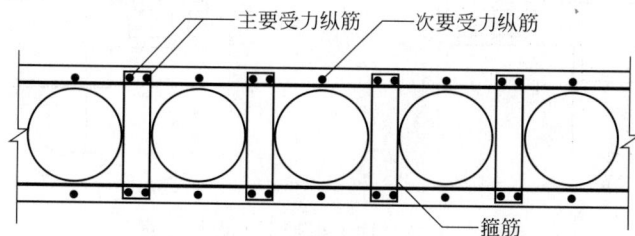

图 2.5.10 顺筒方向布置(三)

4. 周边与混凝土梁(墙)整体浇筑的边支承现浇空心楼(屋面)板的配筋构造要求与实心单向和双向板相同，可参见本章第二节有关内容。

5. 砌体墙上支承的边支承现浇空心楼板(屋面板)的配筋构造要求与实心单向和双向板相同，可参见本章第二节有关内容。

6. 当空心楼板需要开洞时，应符合国家现行标准《建筑抗震设计规范》GB 50011、《高层建筑混凝土结构技术规程》JGJ 3 的有关规定。洞口的周边应保证至少 100mm 宽的实心混凝土带。在洞边应布置补偿钢筋，每方向的补偿钢筋面积不应小于切断钢筋的面积，并应可靠锚固及满足受弯承载力要求，可参见本章第七节第四款内容。

三、柱支承现浇混凝土空心楼(屋面)板构造

1. 柱支承现浇空心楼(屋面)板通常筒芯沿区格板长跨方向布置方式(图 2.5.11)也可根据工程具体情况由设计确定。

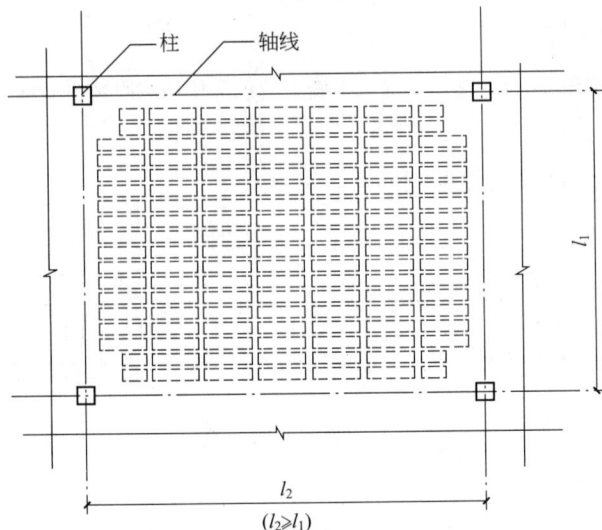

图 2.5.11　筒芯沿区格板长跨布置

2. 柱支承现浇空心楼(屋面)板沿区格纵横柱间需设置实心柱上板带，板带下方可设梁，但该梁的刚度应不足以形成边支承板的受力状态，梁的宽度可小于柱宽或大于柱宽(图 2.5.12)。

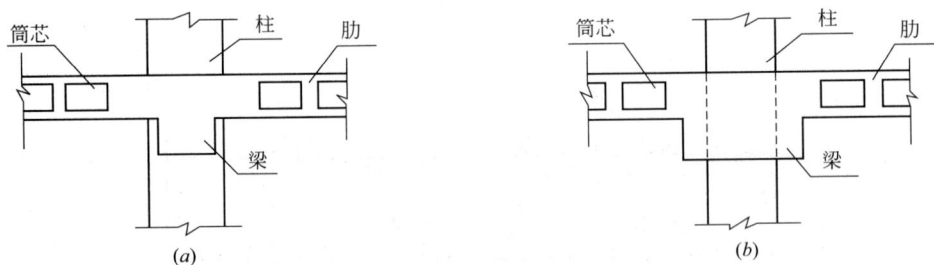

图 2.5.12　柱上板带下方设梁示意
(a)梁宽度小于柱宽；(b)梁宽度大于柱宽

3. 柱支承无梁现浇空心楼板应将柱附近区域的楼板设置实心板，以提高其抗冲切能力(图 2.5.13)。

4. 柱支承无梁现浇空心楼板的配筋要求与普通无梁现浇板相同，可参见本章第四节有关内容。

5. 柱支承无梁现浇空心楼板开洞尺寸应符合国家现行标准《建筑抗震设计规范》GB 50011、《高层建筑混凝土结构技术规程》JGJ 3 的有关规定。洞口周边应保证至少 100mm 宽的实心混凝土带，在洞边应布置补偿钢筋，每个方向的补偿钢筋面积不应小于切断钢筋的面积并应可靠锚固及满足受弯承载力要求。并可参见本章第七节第四款内容。

6. 柱支承无梁现浇空心楼板在与柱相连接点处，板内配置的抗冲切钢筋构造与普通无梁板相同，可参见本章第四节有关内容。此外为提高楼板的受冲切承载力的构造措施，也可参见本章第四节有关内容。

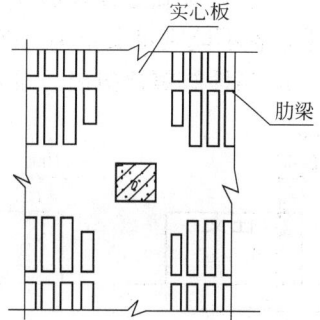

图 2.5.13　柱附近区域
设实心板示意

第六节　现浇板上设置小型设备基础

1. 板上设有集中荷载较大或有振动的小型设备时，设备基础应设置在梁上；设备荷载分布的底部面积较小时，可设置单梁；设备底部面积较大时，应设置双梁（图 2.6.1）。

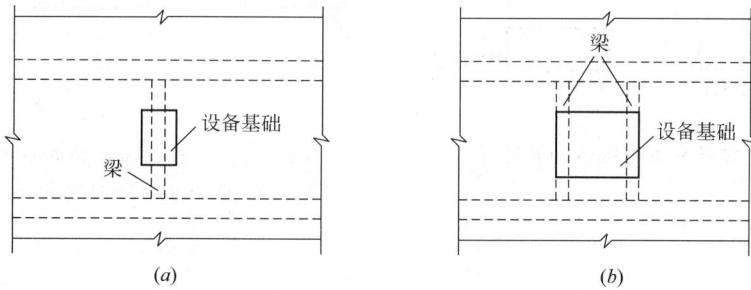

图 2.6.1　板上小型设备基础的设置
(a)设备底面积较小；(b)设备底面积较大

2. 板上的小型设备基础宜与板同时浇灌混凝土。因施工条件限制允许作二次浇灌，但必须将设备基础处的板面凿成毛面，洗刷干净后再进行浇灌。当设备有振动时，需配置板与基础的连接钢筋，见图 2.6.2。

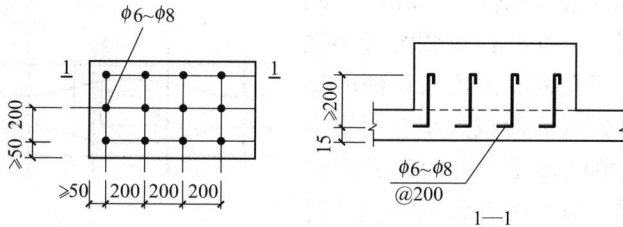

图 2.6.2　板与设备基础的连接钢筋布置

3. 设备基础上预埋螺栓的中心线或预留孔壁至基础外边缘的距离宜满足图 2.6.3 的要求；若不能满足要求则可按图 2.6.4 所示处理。

4. 当地脚螺栓拔出力量较大时，需按图 2.6.5 配置构造钢筋。

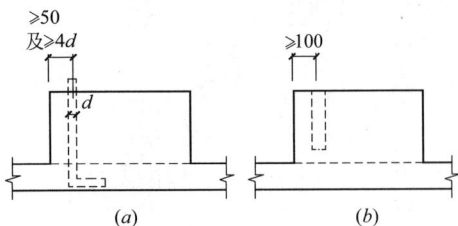

图 2.6.3   设备基础上预埋螺栓或
预留孔至基础边的最小距离
(*a*)设预埋螺栓；(*b*)设预留螺栓孔

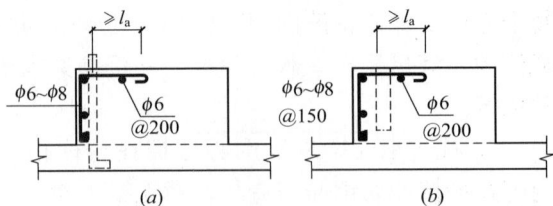

图 2.6.4   设备基础上预埋螺栓或预留孔至基础边
的最小距离不满足时的处理方法
(*a*)设预埋螺栓；(*b*)设预留螺栓孔

5. 当设备基础与板的总厚度不能满足预埋螺栓的埋设长度时，对板及设备基础的混凝土强度等级为 C20 及预埋螺栓为 Q235 情况可按图 2.6.6 处理。

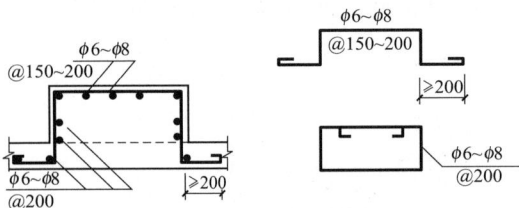

图 2.6.5   设备基础的构造钢筋配置

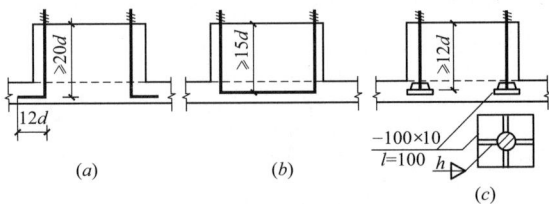

图 2.6.6   预埋螺栓的埋设长度的处理
(*a*)弯钩预埋螺栓；(*b*)U 形预埋螺栓；(*c*)有锚板的预埋螺栓

第七节   板上开洞时的配筋

一、现浇单向或双向楼板开洞

1. 当板上圆形开洞直径 d 及矩形开洞宽度 b（b 为垂直于板跨度方向的开洞宽度）不大于 300mm 时，可将受力钢筋绕过洞边，不需切断并可不设洞口的补强钢筋（图 2.7.1）。

2. 当 $300mm < d$（或 b）$\leqslant 1000mm$，且洞口周边无集中荷载时，应在洞口每侧配置补强钢筋，其面积应不小于孔洞宽度内被切断的受力钢筋的一半，且根据板面荷载大小选用不小于 2Φ8～2Φ12。对单向板受力方向的补强钢筋应伸至支座内，另一方向的补强钢筋应伸过洞边 l_a（图 2.7.2 及图 2.7.3）；对双向板两方向的补强钢筋均应伸至支座内（图 2.7.4）。

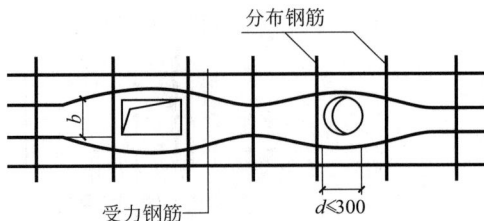

图 2.7.1   单向楼板上开洞小于
300mm 的钢筋加固

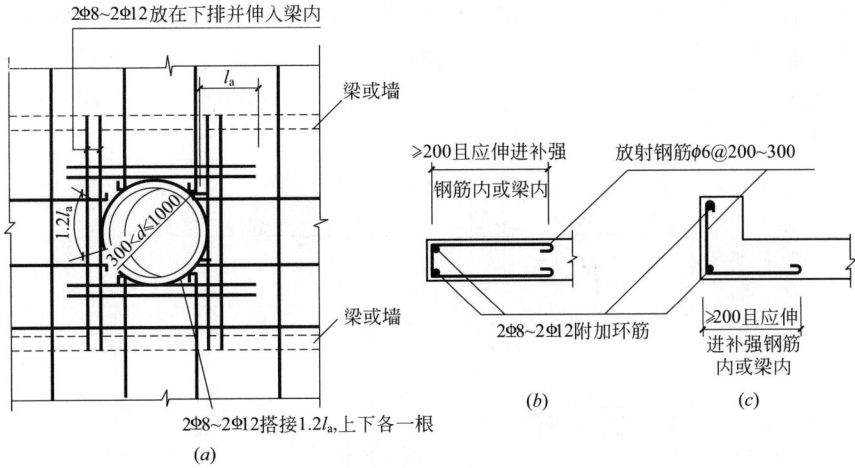

图 2.7.2　300mm<d≤1000mm 的圆形洞口钢筋的加固（单向板）

（a）补强钢筋平行于受力钢筋放置；（b）洞口边的环形附加钢筋及放射性钢筋；（c）洞边有突肋时

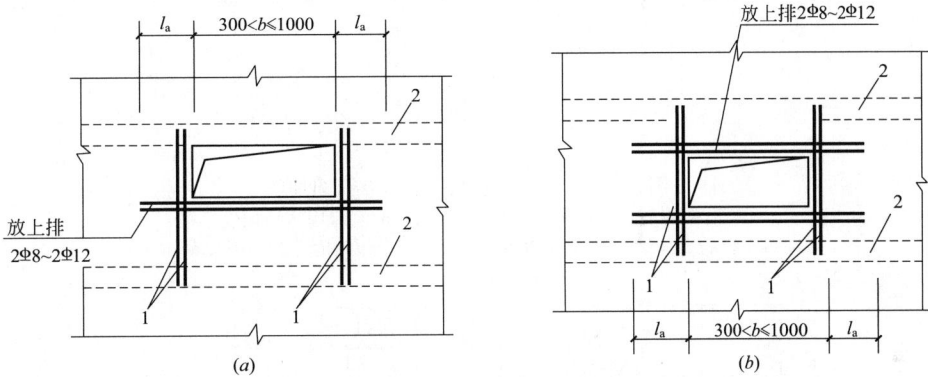

图 2.7.3　300mm<b≤1000mm 的矩形洞口钢筋加固（单向板）

（a）洞口一周边与支承梁边齐平；（b）洞口边不设边梁

1—开洞宽度内被切断钢筋的一半；2—板的支承梁

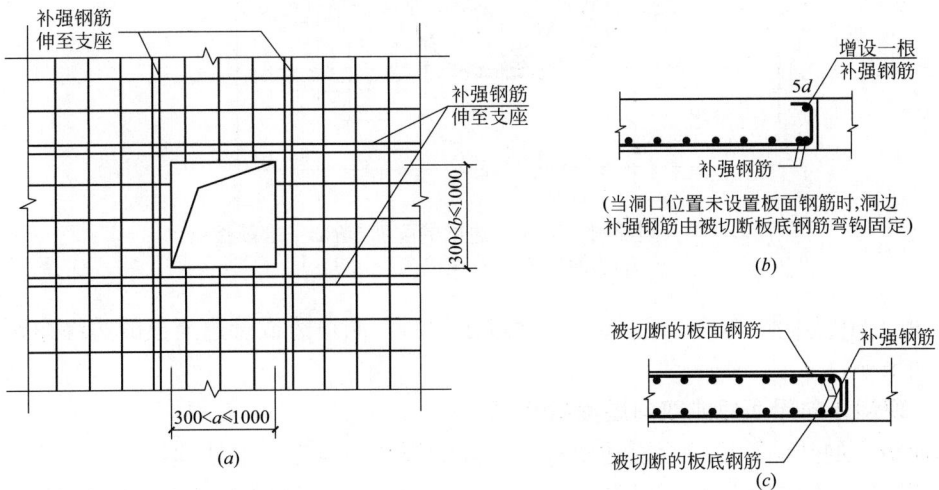

图 2.7.4　300<b≤1000mm 的矩形洞口钢筋的加固（双向板）

（a）补强钢筋双方向均伸至支座；（b）洞口边钢筋构造（一）；（c）洞口边钢筋构造（二）

3. 当 b(或 d)＞300mm，且洞口周边有集中荷载时或当 b(或 d)＞1000mm 时，应在洞口边加设边梁(图 2.7.5 及图 2.7.6)，将洞口处板的荷载经边梁传递至支承梁上，边梁的配筋应经计算确定。通过洞口范围内的板钢筋在洞口边截断后，可锚固在边梁内或在洞口边弯折(参见图 2.7.4)。

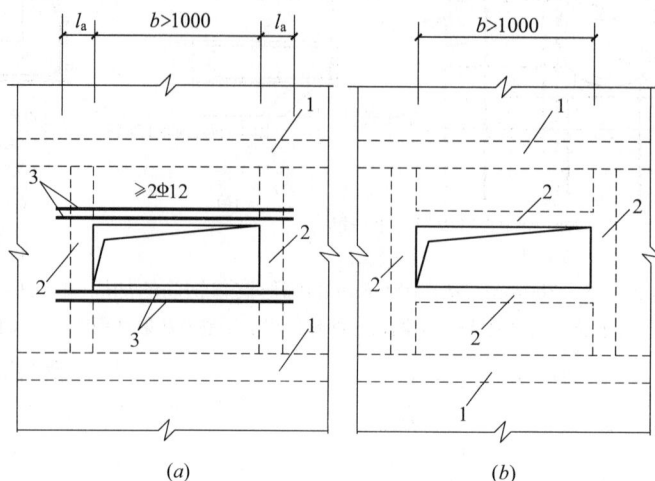

图 2.7.5　矩形洞口边加设边梁的加固
(a)沿板跨度方向在洞口边加设边梁；(b)洞口周边均加设边梁
1—板的支承梁；2—孔洞边梁；3—垂直于板跨度方向的附加钢筋

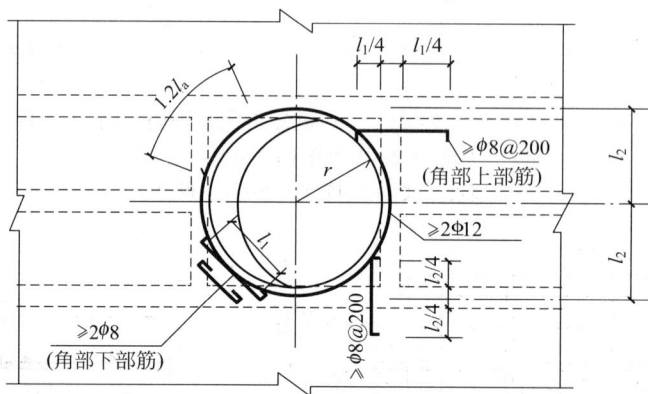

图 2.7.6　圆形洞口边加设边梁的配筋(角部下部筋按跨度
l_1 的简支板计算配筋 $l_1＝0.83r$)

4. 板上预留小洞口(d≤150mm)或穿过小管时，洞口边或管边至板的边缘净距一般应不小于 40mm。

二、现浇单向屋面板或双向屋面板开洞

屋面板上的开洞除应符合上述要求外，开洞周边尚应作如下处理：

1. 当 d(或 b)＜500mm，且洞口周边无固定的烟、气管等设备时，应按图 2.7.7(a)处理，可不另行配筋。

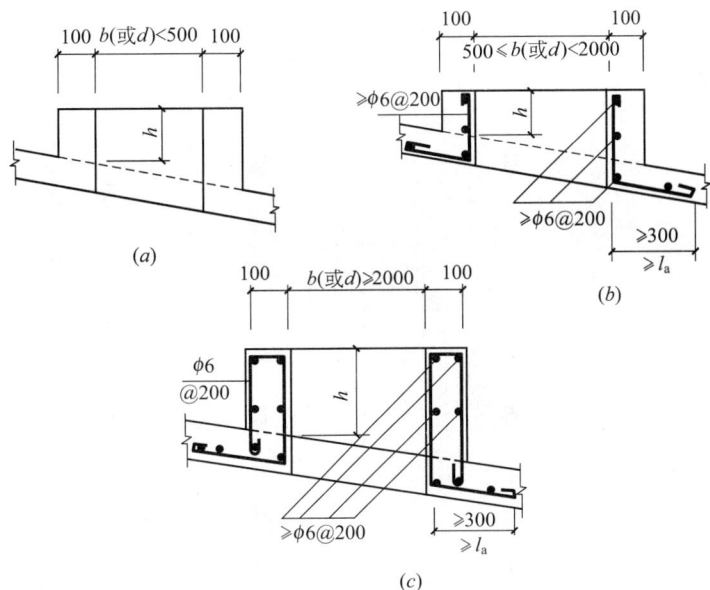

图 2.7.7　屋面开洞的加固

(a)b(或 d)<500mm；(b)500mm≤b(或 d)<2000mm；(c)b(或 d)≥2000mm

2. 当 500mm≤d(或 b)<2000mm，或洞口周边有固定较轻的烟、气管等设备时，应按图 2.7.7(b)处理。

3. 当 d(或 b)≥2000mm，或洞口周边有固定较重的烟、气管等设备时，应按图 2.7.7(c)处理。

4. 洞口周边突出屋面高度的最小尺寸 h 应满足建筑设计要求(屋面积雪厚度、屋面泛水要求高度、屋面做法厚度等的要求)。

三、现浇无梁楼(屋面)板开洞

1. 无梁楼(屋面)板允许局部开设洞口，但应满足承载力及挠度验算的要求。

2. 无梁楼(屋面)板的洞口宜远离柱边，并宜设在两个方向的跨中板带的交叉区内。

3. 符合图 2.7.8 开洞要求的单个洞口，可不做专门的计算，仅需在洞边设置补强钢筋。

A. 对设在两个方向跨中板带交叉区域内的洞口，洞边每侧的补强钢筋不少于洞口相应宽度范围内被截断的受力钢筋总面积的一半，补强钢筋的延伸长度应满足本章图 2.4.4 及第四节的有关要求。

B. 对设在一个柱上板带和一个跨中板带交叉区域内的洞口，开洞截断的受力钢筋在两个方向上均不得大于原钢筋的 1/4，洞边每侧的补强钢筋不少于洞口每侧的补强钢筋，不少于洞口相应宽度范围内被截断受力钢筋总面积的一半，补强钢筋的延伸长度应满足本章图 2.4.4 及第四节有关要求。

4. 若洞口离柱边较近(不大于 6 倍板的有效高度时)，应按《混凝土结构设计规范》GB 50010—2010 第 6.5.2 条的规定，考虑洞口对板板节点冲切承载力的不利影响。

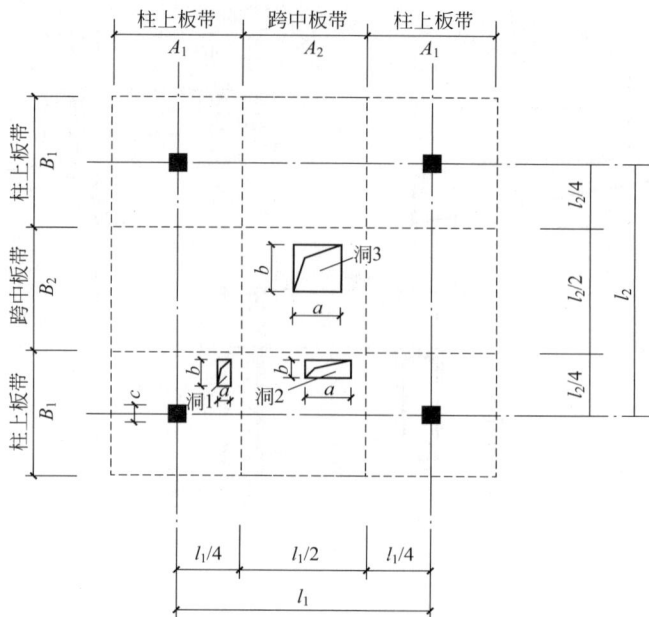

图 2.7.8　无梁楼板开洞要求

注：洞1：$b \leq c/4$ 或 $b \leq h/2$；其中，b 为洞口长边尺寸，c 为相应于洞口长边方向的柱宽，h 为板厚；洞2：$a \leq A_2/4$ 且 $b \leq B_1/4$；洞3：$a \leq A_2/4$ 且 $b \leq B_2/4$。

四、现浇空心楼(屋面)板开洞

1. 现浇空心楼(屋面)板开洞时，洞口周边应设实心区域(图 2.7.9)。

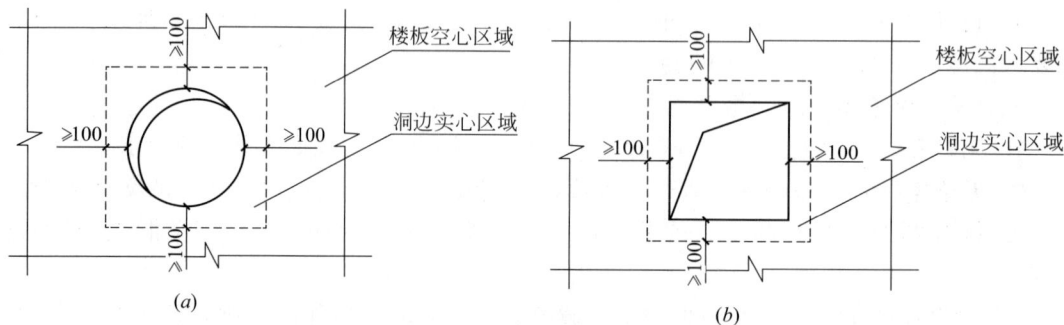

图 2.7.9　现浇空心板开洞周边实心区域示意

(a)板面开圆洞；(b)板面开矩形洞

2. 当洞口直径 d 或洞口各边宽度 b 不大于 300mm 时，受力钢筋可绕过洞口，不另设补强钢筋(图 2.7.10)。

3. 当洞口直径或宽度大于 300mm 时，边支承的规绕空心楼(屋面)板洞口配筋构造要求可参照本节第一款及第二款的要求进行配筋。

4. 柱支承的现绕空心楼(屋面)板洞口配筋构造要求可参照本节第三款进行配筋。

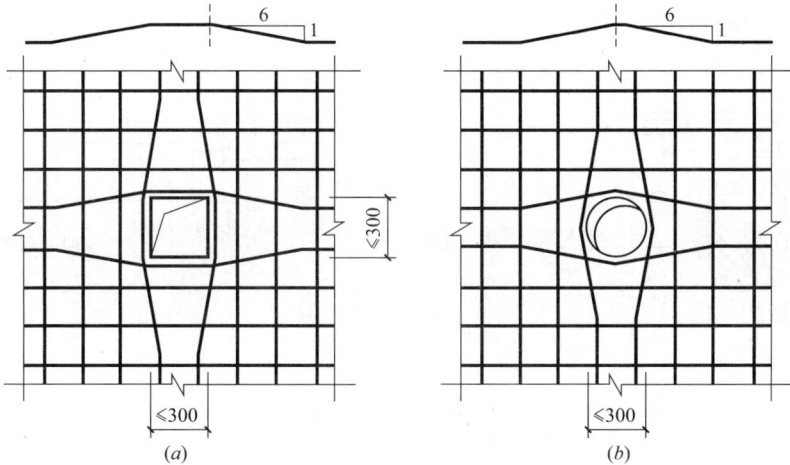

图 2.7.10 受力钢筋绕过洞口示意

(a)绕过矩形洞口；(b)绕过圆形洞口

第八节 预制混凝土楼板构造

1. 在房屋的楼(屋)盖中常采用两类预制混凝土板：一类是预制空心板，其中包括普通混凝土空心板及预应力混凝土空心板。前者多用于跨度较小且当地无预应力混凝土生产条件时，后者有跨度 4.2m 及以下的短向板和跨度 4.5m～6.9m 的长向板等。另一类是由预制混凝土薄板(包括普通混凝土或预应力混凝土薄板)作为底板与现浇混凝土叠合层共同组成的叠合板。选用这两类预制板时，可根据地方(各省市)建筑标准图集或国家建筑标准图集等有关资料。

2. 我国属多地震国家由于地震的特性(如不确定性等)，因而在采用预制混凝土板的楼(屋)盖时，应加强楼(屋)盖的整体性及与板的支承结构构件的相互连接。为此采取以下措施：

(1) 预制板端宜伸出锚固钢筋相互连接；该锚固钢筋宜与板的支承结构构件(圈梁、楼面梁、屋面梁或墙)伸出的钢筋连接，并宜在板端拼缝中设置的通长钢筋连接(图 2.8.1 及图 2.8.2)。

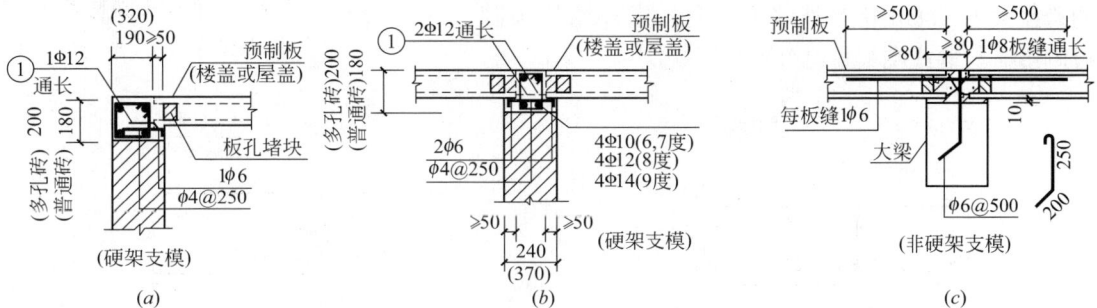

图 2.8.1 预制空心板端连接构造示意

(a)边支座连接；(b)内墙中间支座连接；(c)与梁连接

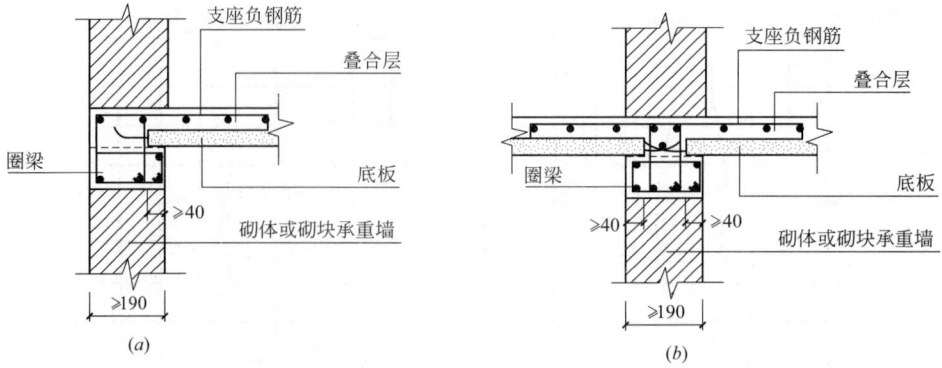

图 2.8.2　叠合板与砌体墙连接构造示意

(a)边支座连接；(b)中间支座连接

（2）预制空心板侧应为双齿边；拼缝上口宽度不应小于 30mm，空心板端孔中应有堵头，深度不宜少于 60mm；拼缝中应浇灌强度等级不低于 C30 的细石混凝土（图 2.8.3 及图 2.8.4）。

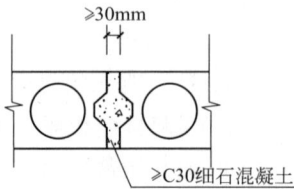

图 2.8.3　预制空心板拼缝

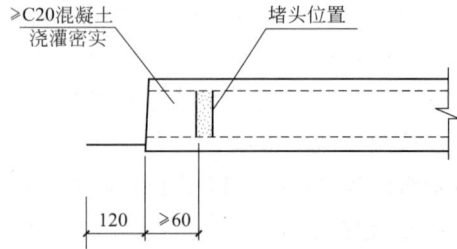

图 2.8.4　预制空心板堵头

（3）对整体性要求较高的装配整体式楼（屋）盖，除采用叠合板形式外，当采用预制空心板时应采用在板顶加现浇混凝土叠合层的形式（图 2.8.5）；或在预制空心板侧设置配筋混凝土现浇带（图 2.8.6），并在板端设置负弯矩钢筋；或在板的支承处、沿拼缝设置拉结钢筋与支座连接（图 2.8.7）。当预制空心板的跨度大于 4.8m 且与外墙平行时，靠外墙的预制板侧边应与墙或圈梁拉结（图 2.8.8）。

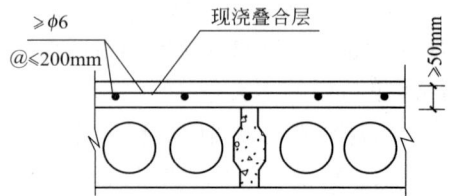

图 2.8.5　预制空心板顶面加现浇混凝土叠合层

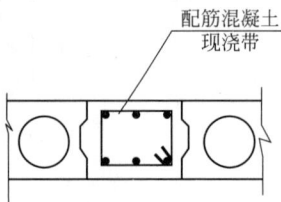

图 2.8.6　预制空心板侧设置
配筋混凝土现浇带

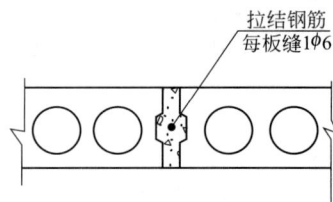

图 2.8.7　预制空心板支承外沿
拼缝设置拉结钢筋

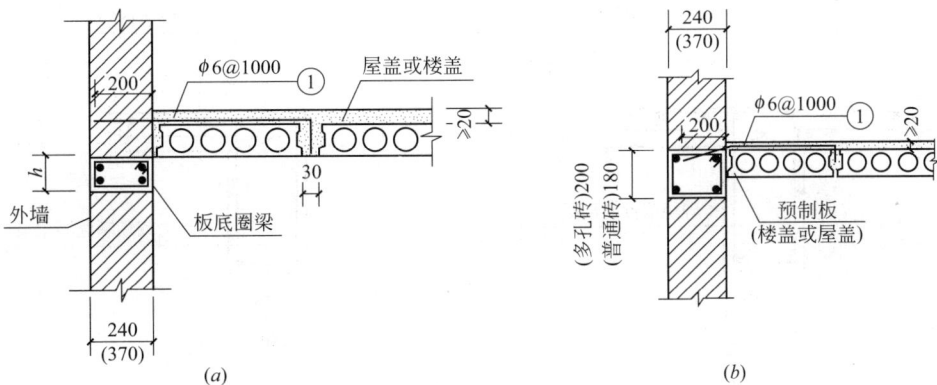

图 2.8.8　跨度大于 4.8m 预制板与外墙拉结示意

(a)与墙拉结；(b)与圈梁拉结

(4) 预制混凝土板应有足够的支承长度，否则应采取保证安全受力的有效措施。

A. 当预制空心板用于无抗震设防要求的房屋时，在砌体墙或砌块墙上的支承长度不小于 100mm，在混凝土构件上的支承长度不小于 80mm，在钢构件上的支承长度不小于 50mm。仅当支承于砌体墙上的预制空心板端伸出钢筋并锚入板端头的现浇混凝土板缝并与圈梁可靠连接时，板的支承长度可为 40mm，但板端头的板缝宽度不小于 80mm，灌缝混凝土强度等级不低于 C30。

B. 当预制空心板用于有抗震设防要求的房屋时，在圈梁未设在板的同一标高的砌体或砌块外墙上的支承长度不应小于 120mm，在内墙上的支承长度不应小于 100mm，当采用硬架支模连接时可适当减少其支承长度但不宜小于 50mm；在梁上的支承长度不应小于 80mm，当采用硬架支模连接时，可适当减少其支承长度(图 2.8.1)。

C. 叠合板的底板的支承长度：在砌体或砌块墙上不应小于 40mm(非抗震设防地区或抗震设防烈度不大于 8 度地区)(图 2.8.9)；在钢梁上不应小于 40mm(非抗震设防地区或抗震设防烈度不大于 8 度地区)；在混凝土梁上不应小于 20mm(非抗震设防地区或抗震设防烈度不大于 8 度地区)(图 2.8.10)。

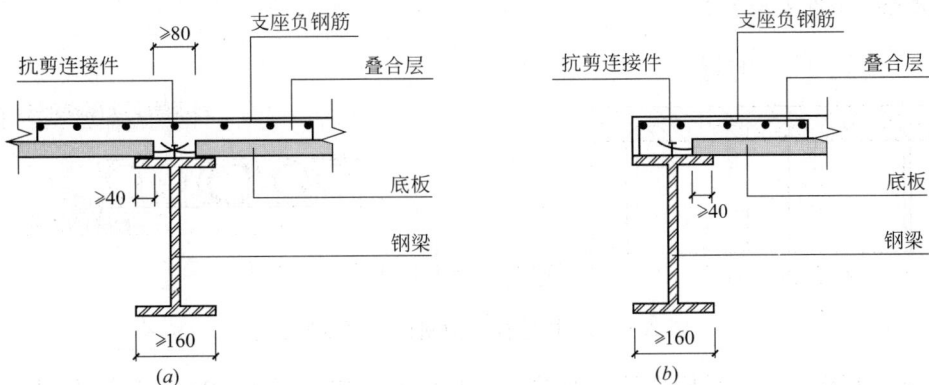

图 2.8.9　叠合板与钢梁连接构造示意

(a)与钢梁连接(中间支座)；(b)与钢梁连接(边支座)

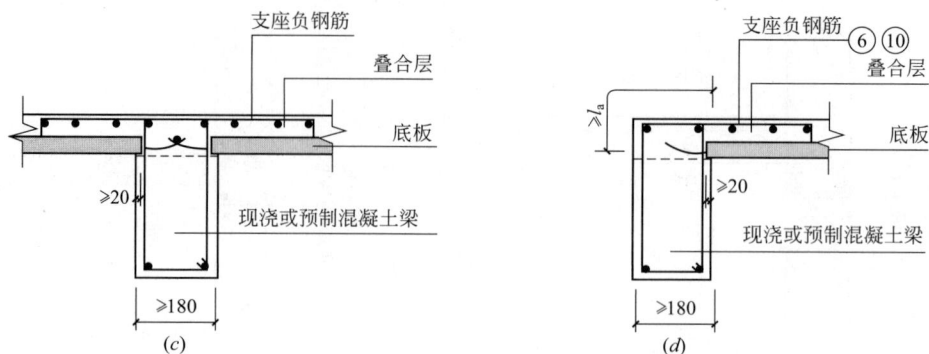

图 2.8.10　叠合板与混凝土梁连接构造示意

(c)与混凝土梁连接(中间支座)；(d)与混凝土梁连接(边支座)

(5) 对抗震横墙间距较大的砌体房屋(见《建筑抗震设计规范》GB 50011—2010 表 7.1.5)及高度不超过 50m 且抗震设防烈度为 6 度、7 度的高层混凝土房屋，其楼盖采用装配整体式混凝土结构时，应采用在预制板顶面设置现浇混凝土叠合层的形式。此时现浇混凝土叠合层的厚度不应小于 50mm，并应双向配置直径不小于 6mm，间距不大于 200mm 的钢筋网(图 2.8.5)，钢筋应可靠锚固于墙或梁内。

3. 为便于设备专业用管穿过楼板，预制空心板与外纵墙间可留一定宽度的混凝土现浇带，现浇带内需配置按计算确定的钢筋(图 2.8.11)；叠合板如需开洞，需在工厂生产中先在底板中预留孔洞(孔洞内的受力钢筋暂不切断)，浇筑叠合层混凝土时留出孔洞，叠合板达到强度后切除孔洞内的受力钢筋；洞口处加强钢筋及开洞板的承载能力由设计人员根据实际情况计算确定。

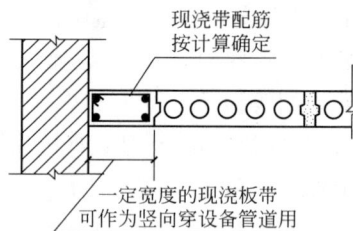

图 2.8.11　外纵墙边设置
混凝土现浇带

4. 当预制空心板与设置在砌体墙内的现浇钢筋混凝土构造柱相遇时，为避免施工时将构造柱范围内的板支承端切除，宜将板布置在构造柱两侧，在构造柱处楼盖的板间设置混凝土现浇带(图 2.8.12)。

图 2.8.12　构造柱处预制板平面布置示意

5. 预制板底面与支承构件接触处的支座长度范围内应设置 20mm 厚的水泥砂浆垫层(坐浆)，但叠合板的底板与圈梁、叠合层混凝土整体浇筑时或预制空心板与圈梁采用硬架支模连接时，可不设水泥砂浆垫层。

6. 叠合板不适用于有机器设备振动的楼盖。

7. 预制空心板不宜用于潮湿房间（如浴室、厕所等）。

8. 为增强叠合板的整体性，其底板上表面应做成凹凸不小于 4mm 的人工粗糙面，可用网状滚筒等方法成型（图 2.8.13）。当叠合板底板较厚时，也可在底板内设置抗剪短钢筋或钢筋骨架伸入叠合层内，增强整体性。

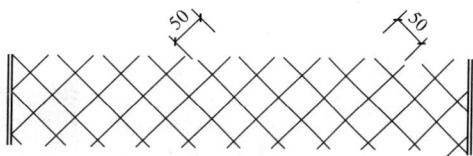

图 2.8.13　网状滚筒成型粗糙面

参 考 文 献

［2-1］　中华人民共和国国家标准《混凝土结构设计规范》GB 50010—2010. 北京：中国建筑工业出版社，2010

［2-2］　中华人民共和国国家标准. 《建筑抗震设计规范》GB 50011—2010. 北京：中国建筑工业出版社，2010

［2-3］　中华人民共和国国家标准. 《人民防空地下室设计规范》GB 50038—2005. 北京：中国建筑工业出版社，2005

［2-4］　中华人民共和国建筑工程行业标准《钢筋焊接网混凝土结构技术规程》JGJ 114—2003. 北京：中国建筑工业出版社，2003

［2-5］　中华人民共和国建筑工程行业标准《高层建筑混凝土结构技术规程》JGJ 3—2010，北京：中国建筑工业出版社，2010

［2-6］　中华人民共和国建筑工程行业标准《装置箱混凝土空心楼盖结构技术规程》JGJ/T 207—2010. 北京：中国建筑工业出版社，2010

［2-7］　中国工程建设标准化协会标准《现浇混凝土空心楼盖结构技术规程》CECS 175：2004. 北京：中国计划出版社，2004

［2-8］　中国工程建设协会标准《钢筋混凝土连续梁和框架考虑内力重分布设计规程》CECS 51：93. 北京：中国计划出版社，1993

［2-9］　A. H. 尼尔逊著. 过镇海等译校. 混凝土结构设计（第 12 版）. 北京：中国建筑工业出版社，2003

［2-10］　F. 莱昂哈特、E. 门尼希著. 程积高译. 钢筋混凝土结构配筋原理. 北京：水利电力出版社，1984

［2-11］　美国混凝土学会（ACI）发布. 张川等译.《美国房屋建筑混凝土结构规范》ACI 318—05 及条文说明 ACI 3189—05. 重庆：重庆大学出版社，2007

［2-12］　中国工程建设标准化协会混凝土结构专业委员会. 全国现浇混凝土空心楼盖结构技术交流会论文集. 上海：2005 年 7 月

［2-13］　建设部工程质量安全监督与行业发展司、中国建筑标准设计研究所. 全国民用建筑工程设计技术措施（结构分册）. 2003

［2-14］　国家建筑标准设计图集. 05SG343 现浇混凝土空心楼盖. 中国建筑标准设计研究院. 北京：中国计划出版社，2007

［2-15］　国家建筑标准设计图集. 06SG439-1《预应力混凝土叠合板》（50mm、60mm 实心底板）. 中国建筑标准设计研究院. 北京：中国计划出版社，2008

［2-16］　建筑结构专业技术措施. 北京市建筑设计研究院编. 北京：中国建筑工业出版社，2007

第三章 梁

第一节 梁 截 面 的 选 择

一、梁的截面形式

在工业和民用建筑结构中，由于采用的结构形式不同，所采用的梁的截面形状也有所不同。常用的截面形状有矩形、T形、倒T形、倒L形、I字形、花篮形(图3.1.1)，在工程中如确为实际需要，也可采用空心形、双肢形和箱形等。梁的截面应根据结构的不同要求，选择不同的截面形式。在整体现浇结构中，一般选择矩形，T形和箱形截面，在装配式结构中，为了搁置预制板，可采用T形，倒T形、花篮形等。

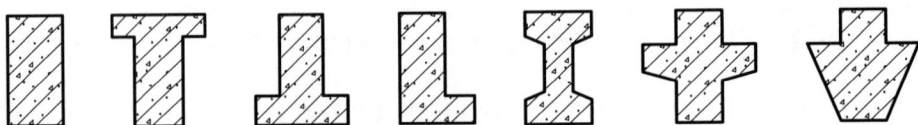

图 3.1.1　梁的截面形式

二、梁的截面高度和高跨比

梁截面的高度与梁的跨度和梁所受的荷载有关，为计算方便，一般先确定梁的高跨比 h/l，而后作进一步验算，当 h/l 值能满足承载力和正常使用极限状态要求时，此 h 值即为设计要求的梁高。

常用的梁高有 150、200、250、300、350、400、…、750、800、900、1000mm 等。为了使梁高(h)有一定的模数而便于施工，其截面高度 $h \leqslant 800$mm 时，以 50mm 为级差；当截面高度 $h > 800$mm 时以 100mm 为级差。

框架扁梁的截面高度除应满足表 3.1.1 中规定的数值外，还应满足刚度要求。同时扁梁的高度 h 不宜小于 2.5 倍的板的厚度及 $h \geqslant 16d$(d 为柱纵筋直径)。

现浇结构中，一般主梁要比次梁高出 50mm，如主梁下部受力钢筋为双层配置，或次梁处设置吊筋时，宜高出 100mm。

梁截面高度设计的初步取值可根据梁的荷载情况及跨度大小按表 3.1.1 选择：

常用梁截面高度取值　　　　　　　　　　　　　表 3.1.1

序号	梁的种类		梁截面高度
1	现浇整体楼、屋盖	普通主梁	$l/10 \sim l/15$
2		框架主梁	$l/10 \sim l/18$
3		扁主梁	$l/16 \sim l/22$
4		次梁	$l/12 \sim l/15$

续表

序号	梁的种类		梁截面高度
5	独立梁	简支梁	$l/8\sim l/12$
6	独立梁	连续梁	$l/12\sim l/15$
7	悬臂梁		$l/5\sim l/6$
8	单向密肋梁		$l/16\sim l/22$
9	井字梁		$l/15\sim l/20$
10	框支梁($b\geqslant400$)		$l/6$

注：1. 本表适用于长宽比<1.5 的楼、屋盖，梁间距<3.6m，且周边设有边梁的结构；

    2. 双向密肋梁截面高度可适当减小；

    3. 梁的荷载较大时，截面高度取较大值；梁的计算荷载的大小，一般可以均布设计荷载 40kN/m 为界，超过此值可认为属于荷载较大；

    4. 当梁的跨度 $l>9$m 时，梁的高度取值宜适当增大。

三、梁的截面宽度

1. 梁的截面宽度一般宜采用 100、150、180、200、220、250、300mm、…，如大于 250 时一般应以 50mm 为模数。现浇钢筋混凝土结构中，主梁的截面宽度不宜小于 200mm，次梁的截面宽度不宜小于 150mm。在预制结构中，梁的宽度应满足搁置在梁上的板的支承长度的要求，Γ 形、T 形梁的翼缘宽度及矩形梁的宽度一般不应小于 $l_n/40$，l_n 为支座净间距。

扁梁截面宽度 $b_b\leqslant2b_c$；$b_b\leqslant b_c+h_b$，$h_b\geqslant16d$（此处，b_b、h_b 为扁梁的宽度及高度，b_c 为柱截面宽度，对圆形柱截面取直径的 0.8 倍，d 为柱纵筋直径）。

扁梁框架的边梁不宜采用宽度大于柱截面在该方向高度的梁；当与边梁相交的内部框架宽扁梁的宽度大于柱宽时，对边梁应采取措施，以考虑其受扭的不利影响。

2. 梁截面的高宽比一般在下列范围内采用：

矩形截面：$h/b=2.0\sim3.5$；

T 形截面：$h/b=2.5\sim4.0$；

扁梁的截面宽高比 b/h 不宜超过 3。

考虑薄腹梁的侧向稳定性，梁的侧向支承间距 l_s 不应超过下列规定：

（1）简支梁或连续梁，$l_s\leqslant60b_c$ 及 $250b_c^2/h_0$（b_c 为侧向支承中间的梁截面受压边的宽度）；

（2）悬臂梁，$l_s\leqslant25b_c$ 及 $100\,b_c^2/h_0$。

第二节 梁的纵向受力钢筋

一、纵向受力钢筋的直径及数量

1. 梁内纵向受力钢筋的最小直径应符合表 3.2.1 的规定。

纵向受力钢筋的最小直径   表 3.2.1

梁高 h(mm)	<300	$300\leqslant h<500$	$\geqslant500$
直径 d(mm)	8	10	12

2. 梁内纵向受力钢筋的直径通常取 $d=12\sim25\text{mm}$，一般不宜大于 28mm。

3. 同一根梁内纵向钢筋直径的种类不宜多于两种；两种不同直径的钢筋，其直径差不宜小于 2mm，亦不宜大于 2 级。

4. 梁内纵向受拉钢筋的配筋百分率(%)不应小于 0.2 和 $0.45f_\text{t}/f_\text{y}$ 中的较大值。

5. 纵向受力钢筋伸入支座的钢筋根数，应按设计计算确定，当梁宽 $b<100\text{mm}$ 时，可为一根；当梁宽 $b\geqslant100\text{mm}$ 时，不宜少于两根。

二、纵向受力钢筋的排列净距

1. 梁上、下部纵向钢筋水平钢筋的净间距(如图 3.2.1 所示)不应小于表 3.2.2 的规定。

2. 在梁的配筋密集区域必要时可采用并筋(钢筋束)的配筋形式，配筋构造要求见第一章。

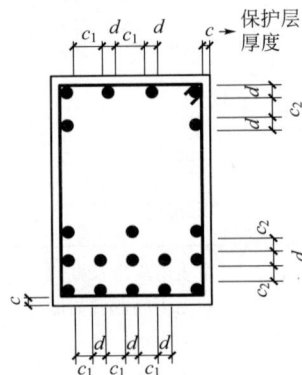

图 3.2.1　受力钢筋的排列

梁上、下部纵向钢筋水平钢筋的最小净间距　　　　　表 3.2.2

间距类型	水平净距 c_1(mm)		垂直净 c_2(mm)
钢筋类型	上部钢筋	下部钢筋	$\geqslant25$，且 $\geqslant d$
最小净距	$\geqslant30$，且 $\geqslant1.5d$	$\geqslant25$，且 $\geqslant d$	

注：1. d 为钢筋的最大直径；

　　2. 梁的下部纵向钢筋配置多于两层时，第三层及第三层以上的钢筋在水平方向的中距应比下面两层钢筋的中距增大一倍，且上一排的钢筋应直接布置在下一排钢筋的正上方，不允许错位。

3. 梁内纵向受力钢筋的排列数量

根据梁宽、钢筋和箍筋直径，梁内纵筋单层钢筋的最多根数见表 3.2.3。

梁内纵筋单层钢筋的最多根数　　　　　表 3.2.3

梁宽 (mm)	钢筋直径									
	10	12	14	16	18	20	22	25	28	32
150	3	2/3	2	2	2	2	2	2		
200	4	3/4	3/4	3	3	3	3	2/3	2	2
250	5	5	4/5	4/5	4	4	4	3/4	3	2/3
300			6	5/6	5/6	5	4/5	4/5	3/4	3/4
350			6/7	6/7	6	5/6	5/6	4/5	4	
400			7/8	7/8	7	6/7	5/7	5/6	4/5	
450				8/9	8/9	7/8	6/8	6/7	5/6	
500				9/10	9/10	8/9	7/9	6/8	5/7	
550					10/11	9/10	8/10	7/9	6/8	
600					11/12	10/11	9/11	8/10	7/8	

注：1. 本表是按混凝土强度等级 $\geqslant$C25，环境等级一、二 a，箍筋直径为 $\phi8$ 及 $\phi10$(梁宽 150mm 时，箍筋直径按 $\phi6$，$200\leqslant b\leqslant400\text{mm}$ 时，箍筋直径按 $\phi8$，$b\geqslant450\text{mm}$ 时，箍筋直径按 $\phi10$)，保护层厚度为 25mm 时进行计算的；当混凝土强度等级 $\leqslant$C25 或环境等级为二 b 以下时，应调整梁内钢筋根数；

　　2. 表内分数值其分子为梁截面上部钢筋排成一排时最多根数，分母为梁截面下部钢筋排成一排时最多根数；

　　3. 本表不适用于钢筋束的配筋情况。

三、纵向受力钢在支座的锚固

1. 钢筋混凝土简支梁和连续梁简支端的下部纵向受力钢筋，从支座边缘算起伸入支座范围内的锚固长度 l_{as}，应符合表 3.2.4 的规定：

受力钢筋伸入支座范围内的锚固长度 l_{as}　　　　　　　　表 3.2.4

受剪情况	$V \leqslant 0.7 f_t bh_0$	$V > 0.7 f_t bh_0$	
		带肋钢筋	光面钢筋
l_{as}	$\geqslant 5d$	$\geqslant 12d$	$\geqslant 15d$

注：1. d 为钢筋的最大直径；

2. 对混凝土强度等级为 C25 及以下的简支梁和连续梁的简支端，当距支座 1.5h 范围内作用有集中荷载，且 $V > 0.7 f_t bh_0$ 时，对带肋钢筋宜采用附加锚固措施，或取锚固长度 $l_{as} \geqslant 15d$。

支承于砌体结构上的钢筋混凝土独立梁，在纵向受力钢筋的锚固长度 l_{as} 范围内应配置不少于两个箍筋，其直径不宜小于纵向受力钢筋最大直径的 0.25 倍；间距不宜大于纵向受力钢筋最小直径的 10 倍；当采用机械锚固措施时，箍筋间距尚不宜大于纵向受力钢筋最小直径的 5 倍。

2. 附加锚固措施

当构件尺寸有限，简支梁下部纵向受力钢筋伸入支座范围内的锚固长度无法满足表 3.2.4 所规定的要求时，可采取下列弯钩或机械锚固措施：

（1）将纵向受力钢筋末端弯成 90° 弯钩，弯后直段长度为 12d，则伸入支座内的水平长度可取 $0.6l_{as}$，见图 3.2.2(a)。

（2）将纵向受力钢筋末端弯成 135° 弯钩，弯钩平直段长度 $\geqslant 5d$，则伸入支座内的水平长度可取 $0.6l_{as}$，见图 3.2.2(b)。

（3）将受力钢筋焊在梁端支座的预埋件上，但伸入支座内的水平长度 l_{as} 不宜小于 5d（双面焊），预埋件应可靠地锚入支座内，见图 3.2.2(c)。

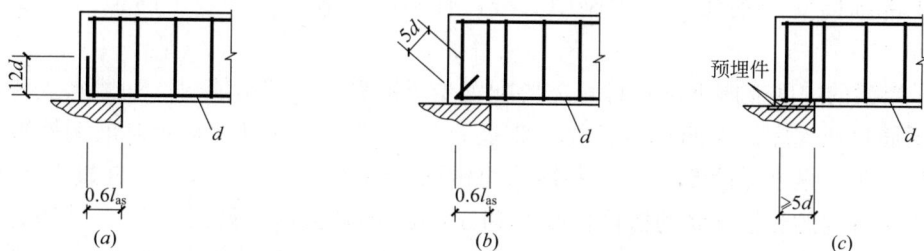

图 3.2.2　钢筋末端采用的弯钩或机械锚固措施
(a)90° 弯钩；(b)135° 弯钩；(c)受力筋焊在埋件上

当采用上述锚固措施时，锚固长度范围内的箍筋不应少于 2 个，箍筋直径不应小于 0.25d，间距不应大于 5d，且不应大于 100mm，d 为锚固钢筋的直径。

3. 承受动力荷载的预制构件，应将纵向受力普通钢筋末端焊接在钢板或角钢上，钢板或角钢应可靠地锚固在混凝土中。钢板或角钢的尺寸应按计算确定，其厚度不宜小于 10mm。

4. 在端支座上纵向受力钢筋的锚固要求

（1）当梁端实际受到部分约束但按简支计算时，应在支座区上部设置构造负弯矩钢筋

（图 3.2.3b 及图 3.2.4a）。

1）支承在砖墙或砖柱上的简支梁，支座处的弯起钢筋及构造负弯矩钢筋的锚固应满足图 3.2.3 的要求。

2）梁与梁的整体连接，在计算中端支座按简支考虑时，支座处的构造负弯矩钢筋的锚固应满足图 3.2.4(a) 的要求。

（2）当充分利用钢筋抗拉强度，端支座上部钢筋为计算钢筋时，其锚固长度见图 3.2.4(b)。

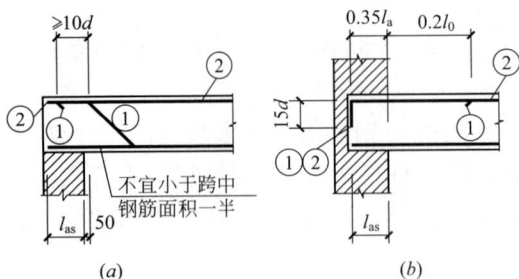

图 3.2.3　砌体墙或砖柱上梁的受力钢筋的锚固
(a)梁支承在砌体墙或砖柱上；
(b)梁嵌入支承在砌体墙或砖柱上

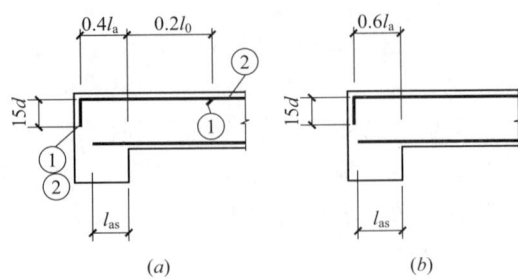

图 3.2.4　梁与梁的受力钢筋锚固
(a)梁与梁连接；(b)梁与梁连接，
充分利用钢筋抗拉强度

图 3.2.3(b) 及 3.2.4(a) 中，①号钢筋为构造负弯矩钢筋，如利用架立钢筋或另设钢筋时，其截面面积不应小于梁跨中纵向受力钢筋截面面积的 1/4，且不得少于 2 根。该附加纵向钢筋自支座边缘向跨内伸出长度不应小于 $0.2l_0$，l_0 为该跨的计算跨度。

5. 在中间支座上纵向钢筋的锚固

（1）当梁的中间支座负弯矩承载力计算不需要设置受压钢筋，且不会出现正弯矩时，一般将下部纵向受力钢筋伸至支座中心线，且不小于表 3.2.4 规定的锚固长度 l_{as}，见图 3.2.5。

（2）当梁的中间支座下部按计算需要配置受压钢筋或受拉钢筋时，一般将支座两侧下部受力钢筋贯通支座。如两侧部分受力钢筋直径不同，且在同一截面内该钢筋数量不超过：受压时为总钢筋量的 50%，受拉时为总钢筋量的 25%，应将该钢筋伸过支座中心线，且不应小于规定的受拉钢筋的搭接长度 l_l 和 300mm 的较大值，见图 3.2.6。当下部钢筋受压时，取 $l_l=0.7l_l$ 和 200mm 的较大值。受拉钢筋的搭接长度 l_l 按较小钢筋直径 d 确定。

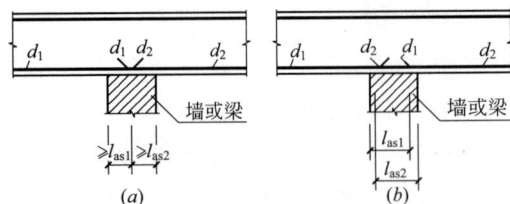

图 3.2.5　中间支座受力钢筋的锚固
(a)宽支座；(b)窄支座

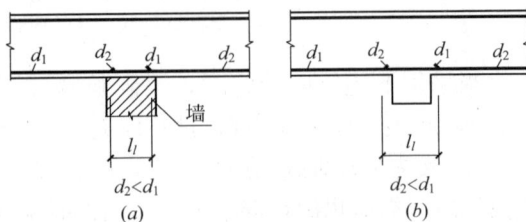

图 3.2.6　中间支座下部受力钢筋的搭接
(a)梁支承在墙上；(b)次梁支承在主梁上

四、纵向受力钢筋的弯起

1. 弯起钢筋的设置

（1）在采用绑扎骨架的钢筋混凝土梁中，宜采用箍筋作为承受剪力的钢筋，弯起钢筋应根据计算需要确定。

（2）当需要设置弯起钢筋以满足斜截面受剪承载力要求时，可将梁的一定数量（满足抗剪要求）的纵向受力钢筋在计算需要的地方弯起。

（3）位于梁底层中的角部钢筋不应弯起，位于梁顶层中的角部钢筋不应弯下。

（4）当纵向受力钢筋不能在需要弯起的地方弯起，或弯起钢筋不足以承受剪力时，需另增设附加弯起钢筋（鸭筋），其两端应锚固在受压区内，弯起钢筋不应采用浮筋，见图 3.2.7。

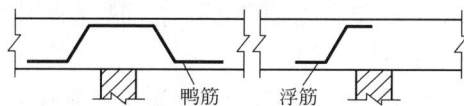

图 3.2.7　附加斜钢筋（鸭筋）的设置

2. 弯起钢筋的布置

（1）在混凝土梁的受拉区中，弯起钢筋的弯起点可设在按正截面受弯承载力计算不需要该钢筋的截面之前，但弯起钢筋与梁中心线的交点应位于不需要该钢筋的截面之外（图 3.2.8）；同时弯起点与按计算充分利用该钢筋的截面之间的距离不应小于 $h_0/2$。

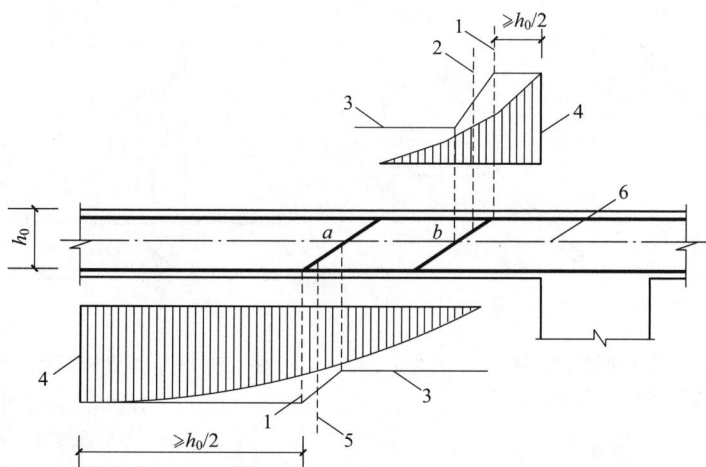

图 3.2.8　弯起钢筋弯起点与弯矩图的关系

1—受拉区的弯起点；2—按计算不需要钢筋"b"的截面；3—正截面受弯承载力图；4—按计算充分利用钢筋"a"或"b"强度的截面；5—按计算不需要钢筋"a"的截面；6—梁中心线

（2）当按计算需要设置弯起钢筋时，第一排弯起钢筋的弯终点距支座边缘的距离为50mm，从支座起前一排的弯起点至后一排的弯终点的距离 S_{max} 不应大于表 3.3.2 中 $V>0.7f_tbh_0+0.05N_{p0}$ 栏中箍筋最大间距的规定，见图 3.2.9。

（3）弯起钢筋应在同一截面中与梁轴线对称成对弯起，当两个截面中各弯起一根钢筋时，这两根钢筋也应沿梁轴线对称弯起。钢筋的弯起顺序，一般按先内层后外层，先外侧后内侧进行。

（4）当梁宽≥350mm 时，在一个截面上的弯起钢筋不宜少于两根。

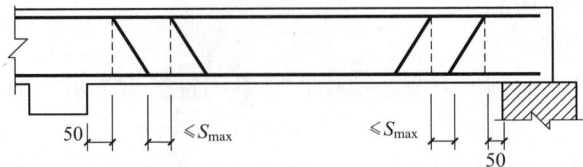

图 3.2.9   弯起钢筋的距离

3. 弯起钢筋的构造

（1）钢筋的弯起角度一般为 45°，当梁高＞800mm 时，可为 60°；当梁高较小，且有集中荷载时，可为 30°。

（2）在弯起钢筋的弯终点外应留有平行于梁轴线方向的锚固长度，其长度在受拉区不应小于 20d，在受压区不应小于 10d，见图 3.2.10。

五、支座受力钢筋

钢筋混凝土连续梁、框架梁支座的负弯矩纵向钢筋不宜在受拉区截断。当需要截断时，应符合以下规定（见图 3.2.11）：

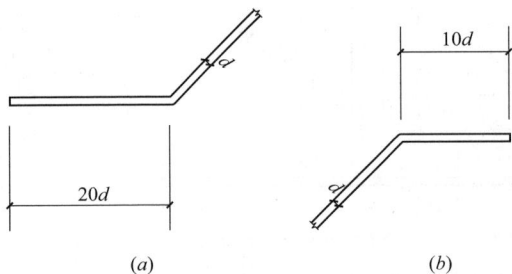

图 3.2.10   弯起钢筋端部构造
(a)受拉区；(b)受压区

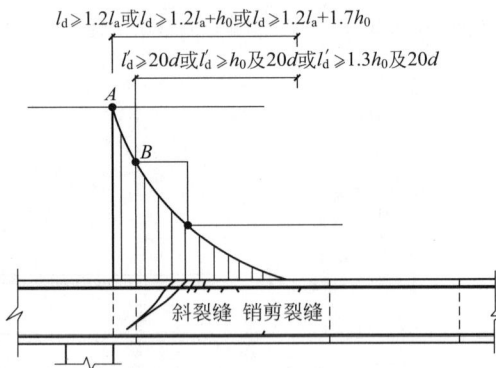

图 3.2.11   梁支座截面负弯矩纵向受拉钢筋
截断点的延伸长度
A—钢筋强度充分利用截面；
B—按计算不需要该钢筋的截面

1. 当 $V \leqslant 0.7 f_t b h_0$ 时，应延伸至按正截面受弯承载力计算不需要该钢筋的截面以外不小于 20d 处截断，且从该钢筋强度充分利用截面伸出的长度不应小于 $1.2 l_a$；

2. 当 $V > 0.7 f_t b h_0$ 时，应延伸至按正截面受弯承载力计算不需要该钢筋的截面以外不小于 h_0 且不小于 20d 处截断，且从该钢筋强度充分利用截面伸出的长度不应小于 $1.2 l_a + h_0$；

3. 若按上述 1、2 条确定的截断点仍位于负弯矩对应的受拉区内，则应延伸至按正截面受弯承载力计算不需要该钢筋的截面以外不小于 $1.3 h_0$ 且不小于 20d 处截断，且从该钢筋强度充分利用截面伸出的长度不应小于 $1.2 l_a + 1.7 h_0$。

六、受力钢筋的接头

1. 受力钢筋的连接接头及其构造要求应符合第一章第六节和第七节的规定。

2. 主梁和基础主梁内纵向受力钢筋搭接和接头的允许位置，见图 3.2.12(a)中有斜线的部位；次梁和基础次梁内纵向受力钢筋搭接和接头的允许位置，见图 3.2.12(b)中有斜线的部位。悬臂梁不允许有接头和搭接。

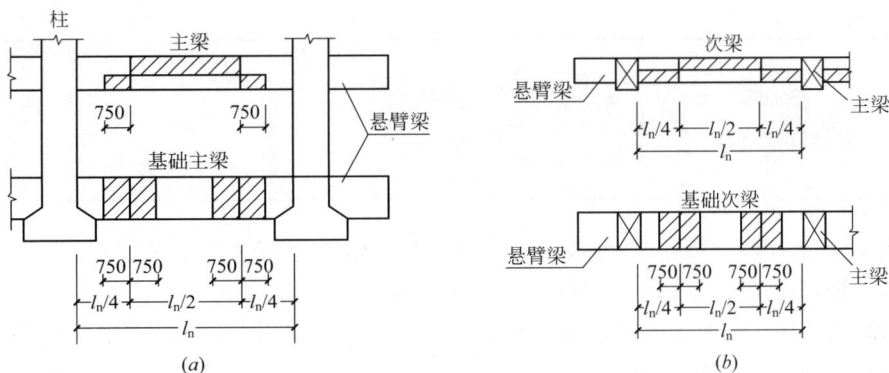

图 3.2.12 纵向受力钢筋搭接和接头允许位置
(a)主梁和基础主梁；(b)次梁和基础次梁

第三节 箍 筋

一、箍筋的设置

1. 按承载力计算不需要箍筋的梁，当截面高度 $h > 300$mm 时，应沿梁的全长设置构造箍筋；当截面高度为 $h = 150 \sim 300$mm 时，可仅在梁的端部各 $l_0/4$ 范围内设置构造箍筋，l_0 为跨度。但当在梁的中部 $l_0/2$ 范围内有集中荷载作用时，则应沿梁的全长设置箍筋。当截面高度 $h < 150$mm 以下时，可不设置箍筋。

2. 梁支座处的箍筋从梁边(或柱、墙边)50mm 处开始放置，见图 3.3.1。

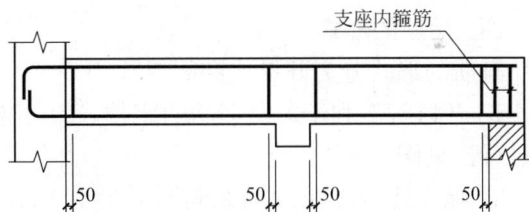

图 3.3.1 箍筋的设置

二、梁的箍筋直径

梁的箍筋最小直径应符合表 3.3.1 的规定：

梁内箍筋最小直径 表 3.3.1

项次	梁高 h(mm)	最小直径(mm)	一般采用直径(mm)
1	$h \leqslant 800$	6	$6 \sim 10$
2	$h > 800$	8	$8 \sim 12$

注：在梁的纵向受力钢筋搭接长度范围内箍筋直径不应小于 $0.25d$，d 为搭接钢筋的较小直径。

梁中配有计算需要的纵向受压钢筋时，箍筋直径尚不应小于 $0.25d$，d 为受压钢筋最大直径。

三、箍筋的间距

1. 梁中箍筋的最大间距宜符合表 3.3.2 的规定。

梁中箍筋的最大间距 表 3.3.2

梁高 h(mm)	$V>0.7f_tbh_0+0.05N_{p0}$	$V\leqslant0.7f_tbh_0+0.05N_{p0}$
$150<h\leqslant300$	150	200
$300<h\leqslant500$	200	300
$500<h\leqslant800$	250	350
$h>800$	300	400

2. 当梁中配有按计算需要的纵向受压钢筋时，箍筋应符合以下规定：

(1) 箍筋应做成封闭式，且弯钩直线长度不应小于 $5d$，d 为箍筋直径；

(2) 箍筋间距不应大于 $15d$，并不应大于 400mm。当一层内的纵向受压钢筋多于 5 根且直径大于 18mm 时，箍筋间距不应大于 $10d$，d 为纵向受压钢筋的最小直径；

(3) 当梁的宽度大于 400mm 且一层内的纵向受压钢筋多于 3 根时，或当梁的宽度不大于 400mm 但一层内的纵向受压钢筋多于 4 根时，应设置复合箍筋；

(4) 抗震结构中，在纵向钢筋搭接长度范围内的箍筋间距不应大于搭接钢筋较小直径的 5 倍，且不宜大于 100mm。

3. 梁中箍筋的配筋率需满足下述要求：

当 $V>0.7f_tbh_0+0.05N_{p0}$ 时，箍筋的配筋率 $\rho_{sv}[\rho_{sv}=A_{sv}/(bs)]$ 尚不应小于 $0.24f_t/f_{yv}$。其中：A_{sv} 为配置在 s 宽度截面内箍筋各肢的全部截面面积。

当梁同时承受弯矩、剪力及扭矩时，箍筋的配筋率 ρ_{sv} 不应小于 $0.28f_t/f_{yv}$。

四、箍筋的形式

箍筋的形式分为开口式和闭口式。

1. 开口箍不利于纵向钢筋的定位，且不能约束芯部混凝土，故开口式箍筋只能用于小过梁。见图 3.3.2(a)。

2. 除上述情况及加固结构外，均应采用封闭式箍筋，见图 3.3.2(b)、(c)、(d)、(e)、(f)、(g)。

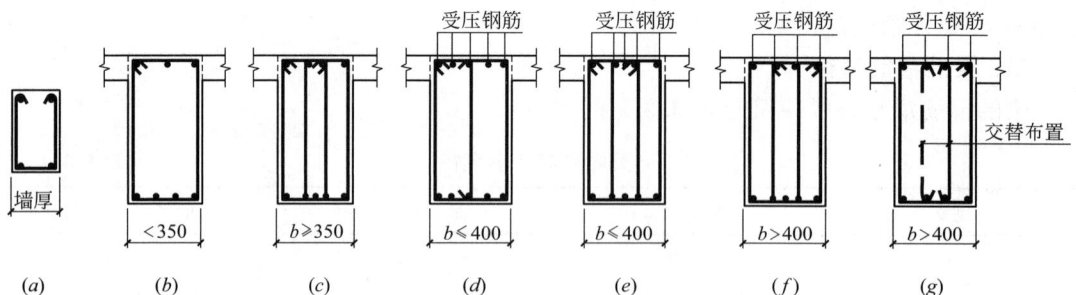

图 3.3.2　箍筋的形式

(a)开口式箍筋；(b)、(c)、(d)、(e)、(f)、(g)封闭式箍筋

3. 抗震结构及在有扭矩作用的结构中，箍筋宜采用焊接封闭箍筋，当采用非焊接封闭箍筋时，箍筋的末端应做成 135°弯钩，弯钩端头平直段长度不应小于 $10d$，d 为箍筋直径。

五、箍筋的肢数

1. 当梁宽度 $b<350$mm 时，采用双肢箍（图 3.3.2b），当梁承受的剪力较大、$b\geqslant$350mm 时宜采用复合箍筋：4 肢箍或 3 肢箍（图 3.3.2c）。

2. 当梁宽度 $b\leqslant400$mm 时，且一层内的纵向受压钢筋不多于 3 根时，可采用双肢箍，但当一层内的纵向受压钢筋多于 4 根时，应设置复合箍筋（图 3.3.2d、e）。当梁承受的剪力较小时，可设置 3 肢箍筋；当梁承受的剪力较大时，应设置 $\geqslant$4 肢箍筋。

3. 当梁的宽度大于 400mm 且一层内的纵向受压钢筋多于 3 根时，应设置复合箍筋（图 3.3.2f、g）。

第四节　纵 向 构 造 钢 筋

一、架立钢筋

1. 当梁内配置箍筋，并在梁顶面箍筋转角处无纵向受力钢筋时，应设置架立钢筋。架立钢筋的直径不宜小于表 3.4.1 的规定。

梁架立钢筋的直径　　　　　　　　　　　　　　　　表 3.4.1

梁的计算跨度（m）	架立钢筋的最小直径（mm）
$l<4$	8
$4\leqslant l\leqslant6$	10
$l>6$	12

2. 绑扎骨架配筋中，采用双肢箍筋时，架立钢筋为两根；采用四肢箍筋时，架立钢筋为四根。

3. 架立钢筋与受力钢筋的搭接长度应符合下列规定：

（1）架立钢筋的直径小于 10 时，搭接长度为 100mm；

（2）架立钢筋的直径大于或等于 10 时，搭接长度为 150mm；

（3）当架立钢筋需要承受弯矩、且采用绑扎搭接接头时，其搭接长度取 l_l，且不应小于 300mm。

二、梁侧构造钢筋及拉筋

1. 当梁的腹板高度 $h_w\geqslant450$mm 时，在梁的两个侧面应沿高度配置纵向构造钢筋。每侧纵向构造钢筋（不包括梁上、下部受力钢筋及架立钢筋）的截面面积不应小于腹板截面面积（bh_w）的 0.1%，且间距不宜大于 200mm。此处，梁截面的腹板高度 h_w：对矩形截面，取有效高度；对 T 形截面，取有效高度减去翼缘高度；对 I 形截面，取腹板净高度。梁侧纵向构造钢筋直径可按表 3.4.2 选用。

梁侧纵向构造钢筋的直径　　　　　　　　　　　　表 3.4.2

梁宽 b（mm）	纵向构造钢筋最小直径（mm）	梁宽 b（mm）	纵向构造钢筋最小直径（mm）
$b\leqslant250$	8	$550<b\leqslant750$	14
$250<b\leqslant350$	10	$750<b\leqslant1000$	16
$350<b\leqslant550$	12		

2. 薄腹梁或需作疲劳验算的钢筋混凝土梁，应在下部二分之一梁高的腹板内沿两侧配置直径 8～14mm 的纵向构造钢筋，其间距为 100～150mm，并按下密上疏的方式布置。在上部二分之一梁高的腹板内，纵向构造钢筋可按上述 1 条的规定配置。

3. 梁的两侧纵向钢筋按构造配置时，一般伸至梁端；若按受扭计算配置时，则在梁端应满足受拉时的锚固长度。

4. 梁的两侧纵向构造钢筋应用拉筋联系，当梁宽 $b \leqslant 350$mm 时拉筋的直径采用 $\phi6$；当梁宽 350mm$<b<500$mm 时拉筋的直径采用 $\phi8$；当梁宽 $b \geqslant 500$mm 时拉筋的直径采用 $\phi10$，其间距一般为非加密区箍筋间距的两倍，并不宜大于 500mm，见图 3.4.1。

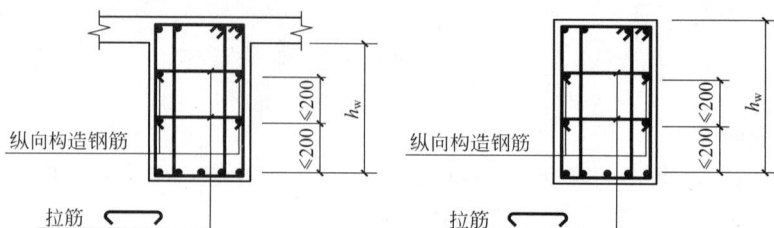

图 3.4.1 两侧纵向构造钢筋与拉筋布置

5. 当梁的混凝土保护层厚度大于 50mm 且配置表层钢筋网片时，应符合下列规定：

(1) 表层钢筋宜采用焊接网片，其直径不宜大于 8mm、间距不应大于 150mm；网片应配置在梁底和梁侧的混凝土保护层中。梁侧的网片钢筋应延伸至梁高的 2/3 处。

(2) 两个方向上表层网片钢筋的截面面积均不应小于相应混凝土保护层(图 3.4.2 阴影部分)面积的 1%。

(3) 网片钢筋的保护层厚度不应小于 25mm，并应采取有效的定位、绝缘措施。

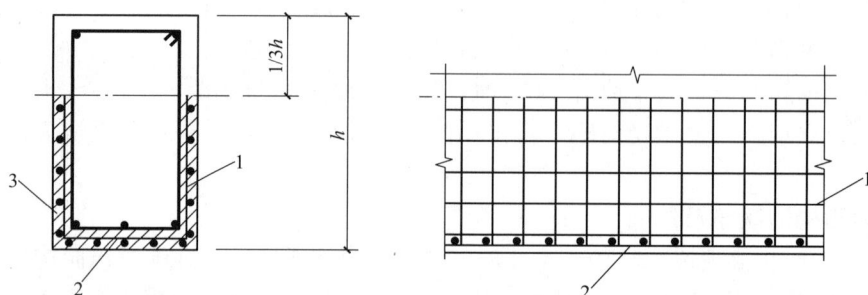

图 3.4.2 表层钢筋配置构造要求

1—梁侧表层钢筋网片；2—梁底表层钢筋网片；3—配置网片钢筋的区域

第五节 附加横向钢筋

一、附加横向钢筋的设置

1. 位于梁下部或梁截面高度范围内的集中荷载，应全部由附加横向钢筋(箍筋、吊筋)承担(图 3.5.1 中的 a、b)；附加横向钢筋宜采用箍筋。

附加箍筋应布置在长度为 s 的范围内，此处，$s = 2h_1 + 3b$(见图 3.5.1a)。当传入集

中力的次梁宽度 b 过大时，宜适当减小由 $2h_1+3b$ 所确定的附加横向钢筋的布置长度 s。在 s 范围内主梁的箍筋照常布置，不允许布置在集中荷载影响区内的受剪箍筋代替附加横向钢筋。

当有两个沿梁长度方向相互距离较小的集中荷载作用于梁高范围内时，可能形成一个总的撕裂效应和撕裂破坏面。在此情况下，附加横向钢筋的布置应在不减少两个集中荷载之间应配附加钢筋数量的同时，分别适当增大两个集中荷载作用点以外附加横向钢筋的数量。

当采用吊筋时(图 3.5.1b)，其弯起段应伸至梁的上边缘，且末端水平长度在受拉区不应小于 $20d$，在受压区不应小于 $10d$。

当梁下部有伸出长度较长的悬臂板时，悬挂悬臂板的吊筋构造见图 3.5.1(c)，箍筋不作为吊筋考虑。

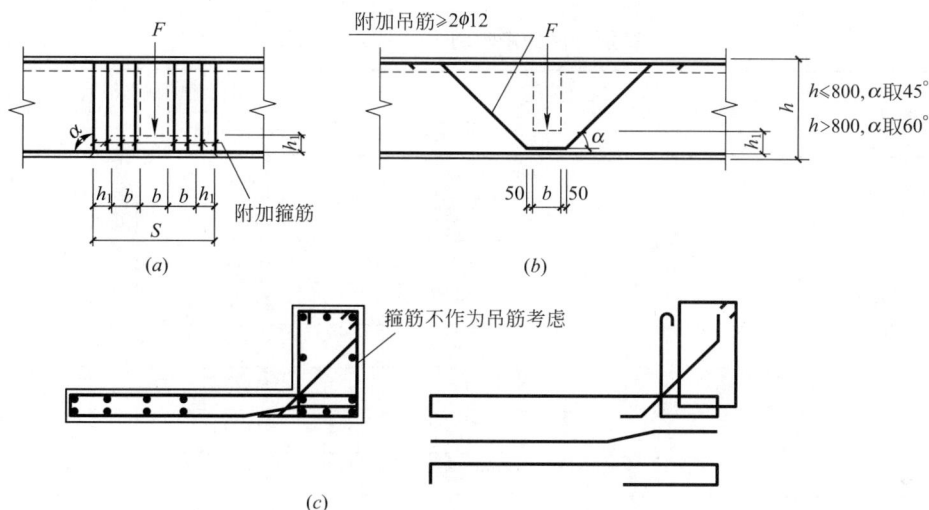

图 3.5.1　附加横向钢筋的配置(一)
(a)附加箍筋；(b)附加吊筋；(c)悬臂板的吊筋

2. 附加横向钢筋所需的总截面面积，应按下式计算：

$$A_{sv} \geqslant \frac{F}{f_{yv}\sin\alpha} \qquad (3.5.1)$$

式中：A_{sv}——承受集中荷载所需的附加横向钢筋总截面面积；当采用吊筋时，A_{yv} 应为左、右弯起段截面面积之和；

　　　　F——作用在梁的下部或梁截面高度范围内的集中荷载设计值；

　　　　α——附加横向钢筋与梁轴线间的夹角。

二、附加横向钢筋的选用

1. 次梁在主梁上部或集中荷载较小时，一般在次梁每侧配置 2～3 根附加箍筋，如图 3.5.1(a)所示；按构造配置附加箍筋时，次梁每侧不得少于 $2\phi6$。

2. 在整体式梁板结构中，次梁在主梁上部且集中荷载较大，仅配置附加箍筋无法满足公式 3.5.1 要求时，应设置附加吊筋，附加吊筋不宜小于 $2\phi12$，如图 3.5.1(b)所示。当次梁位于主梁下部时可按图 3.5.2(a)增设吊筋；当梁中预埋钢管或螺栓传递集中荷载时，可按图 3.5.2(*b*)、(*c*)配置吊筋。

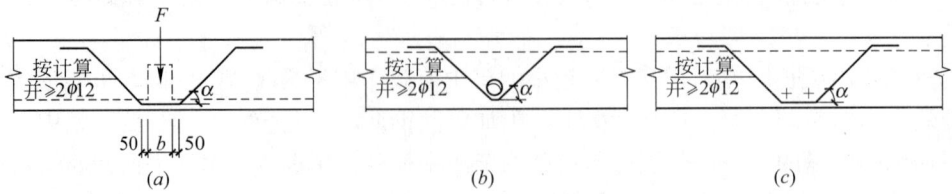

图 3.5.2 附加横向钢筋的配置(二)

(*a*)次梁位于主梁下部；(*b*)梁中设预埋钢管传递集中荷载；(*c*)梁中螺栓传递集中荷载

3. 附加箍筋及附加吊筋的承载力 *F* 见表 3.5.1 及表 3.5.2。

附加箍筋的承载力 $F = A_{sv} f_{yv}$（kN） 表 3.5.1

箍筋种类	主梁箍筋		次梁每侧的箍筋根数（总根数）	
	肢数	直径(mm)	2 根（共 4 根）	3 根（共 6 根）
HPB300 $f_{yv}=270\text{N/mm}^2$	双肢	6	61.13	91.69
		8	108.65	162.94
		10	169.56	254.34
		12	244.30	366.44
	四肢	6	122.26	183.38
		8	217.30	325.94
		10	339.12	508.68
		12	488.59	732.89
HRB335 $f_{yv}=300\text{N/mm}^2$	双肢	6	67.92	101.88
		8	121.20	181.80
		10	188.40	282.60
		12	271.20	406.80
	四肢	6	135.84	203.76
		8	242.40	363.60
		10	376.80	565.20
		12	542.40	813.60
HRB400、HRBF400 HRB500、HRBF500 $f_{yv}=360\text{N/mm}^2$	双肢	6	81.50	122.26
		8	144.86	217.30
		10	226.08	339.12
		12	325.73	488.59
	四肢	6	163.01	244.51
		8	289.73	434.59
		10	452.16	678.24
		12	651.46	977.18

附加吊筋的承载力 $F=A_{sv}f_{yv}\sin\alpha$(kN)　　　表 3.5.2

钢筋种类	钢筋直径(mm)	钢筋弯起角度					
		$\alpha=45°$			$\alpha=60°$		
		吊筋根数					
		1	2	3	1	2	3
HPB300 $f_{yv}=270N/mm^2$	12	43.18	86.37	129.56	52.89	105.78	158.67
	14	58.76	117.53	176.29	71.97	143.94	215.91
HRB335 $f_{yv}=300N/mm^2$	12	47.98	95.97	143.95	58.77	117.53	176.30
	14	65.26	130.53	195.79	79.97	159.93	239.90
HRB400 HRBF400 HRB500 HRBF500 $f_{yv}=360N/mm^2$	12	57.58	116.16	172.74	70.52	141.04	211.56
	14	78.35	156.70	235.05	95.96	191.92	287.88
	16	102.38	204.76	307.14	125.39	250.78	376.17
	18	129.57	259.14	388.70	158.68	317.37	476.05
	20	159.96	319.93	479.89	195.91	391.82	387.73
	22	193.51	387.02		237.00	474.00	
	25	249.92	499.85		306.08	612.17	
	28	313.25	626.51		383.65	767.30	
	32	409.48	818.96		501.50	1002.99	

第六节　梁的支承长度

1. 梁的支承长度应满足纵向受力钢筋在支座处的锚固长度要求。

2. 梁支承在砖墙、砖柱上的长度 a，一般采用：

(1) 梁高≤500 时，$a\geq180mm$；

(2) 梁高>500 时，$a\geq240mm$；

(3) 当梁的支座反力较大时，应按《砌体结构设计规范》GB 5003—2011 验算梁下部砌体的局部受压承载力，以确定是否需要扩大支承面积。

梁的有效支承长度 a_0 按下式计算，当 a_0 大于 a 时，取 a_0 等于 a。

$$a_0=10\sqrt{\frac{h}{f}} \tag{3.6.1}$$

式中：h——梁的截面高度(mm)；

　　　f——砌体的抗压强度设计值(MPa)。

梁端设有刚性垫块时，梁端有效支承长度 a_0 应按下式确定：

$$a_0=\delta_1\sqrt{\frac{h}{f}} \tag{3.6.2}$$

式中：δ_1——刚性垫块的影响系数，可按表 3.6.1 采用。

		系数 δ_1 值表		表 3.6.1
σ_0/f	0	0.2	0.4	0.6	0.8
δ_1	5.4	5.7	6.0	6.9	7.8

注：垫块上梁的反力作用点的位置可取 $0.4a_0$ 处；

　　表中其间的数值可采用插入法求得；

　　σ_0 为上部平均压应力设计值（N/mm^2）。

3. 梁支承在钢筋混凝土梁（或柱）上的支承长度，应采用 $a \geqslant 180mm$。

4. 预制钢筋混凝土梁支承在砖墙、砖柱上的长度 a 一般应 $\geqslant 240mm$。

5. 钢筋混凝土檩条支承长度 a 一般按下采用：

(1) 支承在砖墙上时，$a \geqslant 120mm$；

(2) 支承在钢筋混凝土梁上时，$a \geqslant 80mm$。

6. 考虑地震作用，楼梯间及门厅内墙阳角处的大梁支承长度不应小于 500mm，并应与圈梁连接。

第七节　梁的折角处配筋

1. 当梁的内折角处于受拉区时，内折角处应增设箍筋（见图 3.7.1），该箍筋应能承受未在受压区锚固的纵向受拉钢筋的合力，且在任何情况下不应小于全部纵向钢筋合力的 35%。

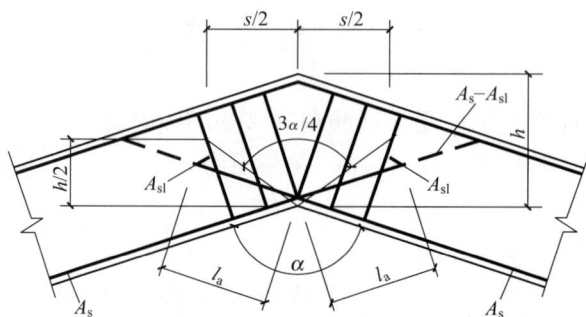

图 3.7.1　梁的内折角处的配筋（一）

由箍筋承受的纵向受拉钢筋的合力按下列公式计算：

未在受压区锚固的纵向受拉钢筋的合力：

$$N_{s1} = 2f_y A_{s1} \cos \frac{\alpha}{2} \qquad (3.7.1)$$

全部纵向受力钢筋合力的 35% 为：

$$N_{s2} = 0.7 f_y A_s \cos \frac{\alpha}{2} \qquad (3.7.2)$$

式中：A_s——全部纵向受拉钢筋的截面面积；

$\quad\quad A_{s1}$——未在受压区锚固的纵向受拉钢筋的截面面积；

$\quad\quad \alpha$——构件的内折角；

$\quad\quad f_y$——钢筋抗拉强度设计值（N/mm²）。

按上述条件求得的箍筋应设置在长度 s 范围内，s 值按下式计算：

$$s = h\tan\frac{3}{8}\alpha \tag{3.7.3}$$

2. 梁的内折角配筋，可采用图 3.7.1 的配筋形式，也可采用如图 3.7.2 所示的配筋形式。此时，在 s 范围内的箍筋所承受的拉力为：

$$N_s = f_y A_s \cos\frac{\alpha}{2} \tag{3.7.4}$$

$$s = 0.5h\tan\frac{3}{8}\alpha \tag{3.7.5}$$

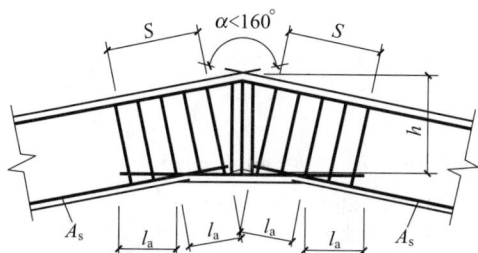

图 3.7.2 梁的内折角处的配筋(二)　　图 3.7.3 梁的外折角处附加箍筋

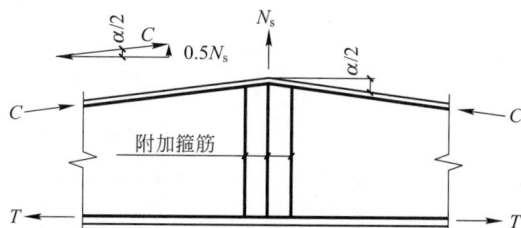

3. 当梁的外折角处于受压区时，由混凝土压力 C 产生的径向力 N_s 使外折角混凝土产生拉应力。若此拉应力过大时，应考虑配置附加箍筋承受此径向力 N_s，见图 3.7.3。径向力 N_s 可按下式计算：

$$N_s = 2C\sin\frac{\alpha}{2} \tag{3.7.6}$$

第八节　悬　臂　梁

1. 梁顶面纵向受力直通钢筋不应少于 2 根，并沿梁角布置，且伸至梁外端，同时向下弯折不小于 $12d$；其余上部纵向受拉钢筋不应在梁的上部截断，但可按弯矩图分批向下弯折锚入梁的受压区内，向下弯折角度宜取 45°或 60°（见图 3.8.1）。具体按下述 2、3 两种情况分别确定。

2. 在较短($l\leqslant1.5m$)的悬臂梁中，宜将全部负弯矩钢筋伸至梁端，并向下弯折不小于 $12d$。

3. 当悬臂梁较长时，应至少将 2 根角筋，并不少于梁顶 25%的负弯矩钢筋伸至梁端并向下弯折锚固外，其余负钢筋宜按本章第二节之四. 2.(1)关于弯起钢筋弯折点位置的一般规定分批向下弯折并锚固在梁的受压区内(锚固长度不应小于 $10d$)，而不应采用将梁顶钢筋分批截断的做法。当悬臂梁 $l \geqslant 3m$ 或梁端集中力很大时，应结合其他条件，采取相应的构造措施。

4. 在纯悬臂梁 [图 3.8.1(a)] 支座处，当充分利用该钢筋的抗拉强度，采用直线锚固形式时，锚固长度不应小于 l_a，且应伸过柱中心线，伸过的长度不宜小于 $5d$，d 为悬臂梁上部纵向钢筋的直径；当支座尺寸不满足直线锚固要求时，可采用 90°弯折锚固形式（图 3.8.1a），或采用机械锚头的锚固形式，悬臂梁上部纵向钢筋宜伸至柱外侧柱纵向钢筋内边，包括机械锚头在内的水平投影锚固长度应 $\geqslant 0.4l_a$。当支座宽度无法满足 $0.4l_a$ 的水平锚固长度时，可减小钢筋的直径或改变支座的尺寸。

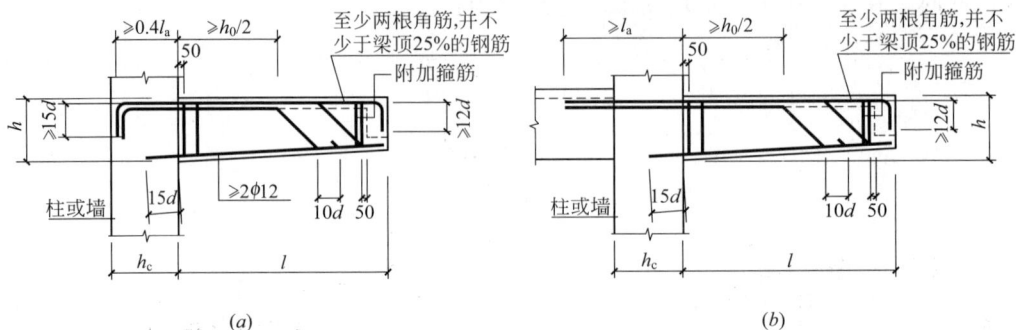

图 3.8.1　悬臂梁的配筋构造
(a)纯悬臂梁；(b)悬臂梁从框架梁内伸出

当悬臂梁从框架梁内伸出，悬臂梁顶低于连续梁顶面较多时，悬臂梁的受力钢筋伸入支座的长度应满足锚固要求，见图 3.8.1(b)。当悬臂梁顶面低于连续梁顶或高于连续梁顶、且 $c/(h_c-50) \leqslant 1/6$ 时，上部纵向钢筋经弯折后可连续布置，如图 3.8.2。

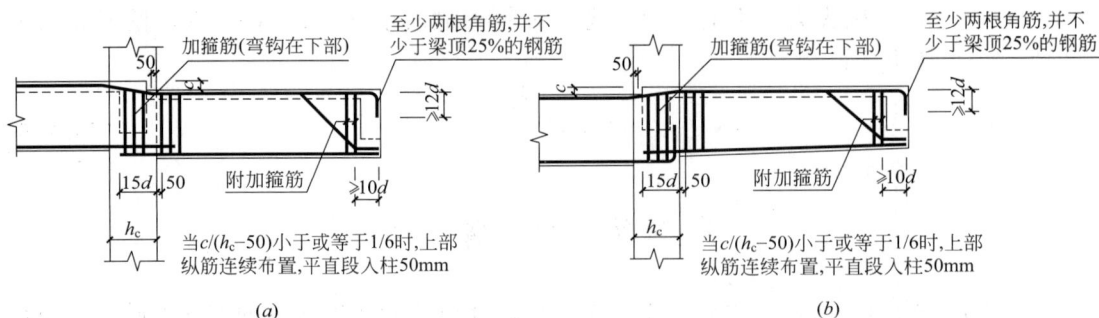

图 3.8.2　连续悬臂梁支座纵向钢筋构造
(a)悬臂梁顶面低于连续梁顶面；(b)悬臂梁顶面高于连续梁顶面

5. 在钢筋混凝土悬臂梁中，宜采用箍筋作为承受剪力的钢筋，箍筋间距不宜大于100mm。当箍筋不足以承受全部剪力时，可采取其他办法如加大梁截面或加大箍筋直径等方法来满足抗剪的要求。

当悬臂梁端设有次梁时，应在次梁内侧增设附加箍筋。

6. 悬臂梁下部的架立钢筋不应少于两根，其直径应 $\geqslant 12mm$。

7. 当楼盖结构中连续悬臂梁外端设置次梁时，宜按下列情况进行构造处理：

（1）悬挑梁高度等于次梁（边梁）高度时，按图3.8.3a、b构造；

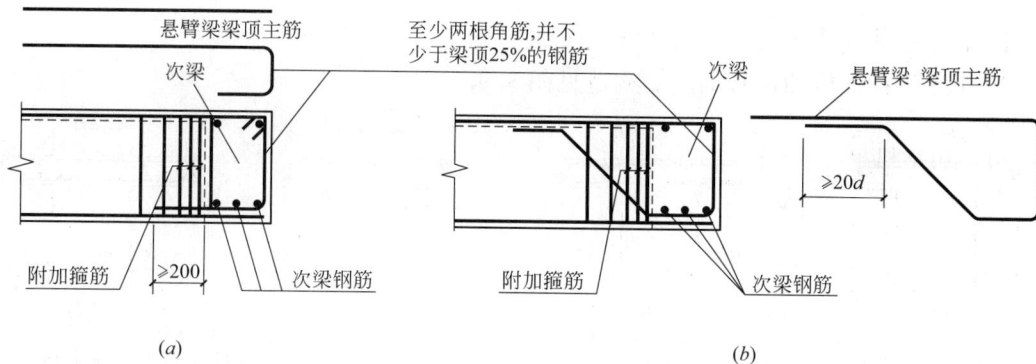

图3.8.3 悬臂梁与次梁等高时的配筋

（a）次梁作用力较小时；（b）次梁作用力较大时

（2）当次梁（边梁）高度小于悬挑梁端部高度时，按图3.8.4构造；

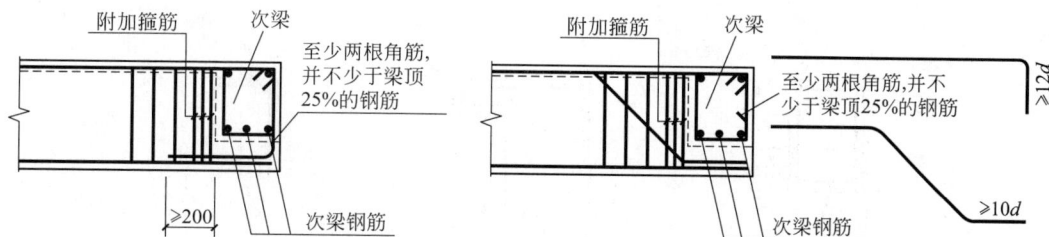

图3.8.4 悬臂梁高度大于边梁高度时的配筋构造

（3）当次梁高度大于主梁或悬臂梁时，可按图3.8.5所示方法设置附加吊筋。

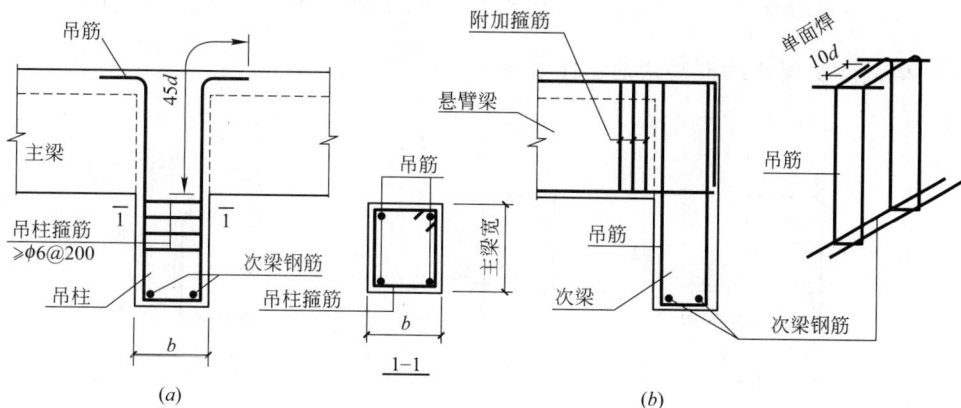

图3.8.5 次梁高度大于主梁或悬臂梁时的构造

第九节 非矩形截面梁的构造配筋

1. T字形截面梁翼缘的配筋构造见图 3.9.1。

2. 十字形截面梁的挑耳的配筋构造见图 3.9.2。

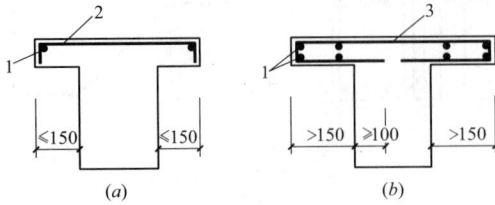

图 3.9.1 T字形截面梁外挑翼缘的配筋构造
(a)配筋形式一;(b)配筋形式二
1—≥ϕ6;2—≥ϕ8,间距同肋箍筋,且不大于200mm;
3—按计算,≥ϕ8,间距同肋箍筋,且不大于200mm

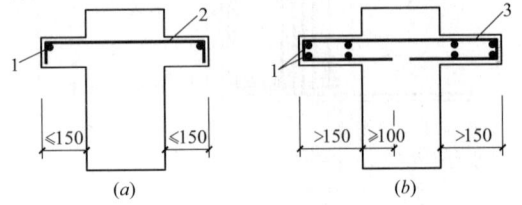

图 3.9.2 十字形截面梁挑耳的配筋构造
(a)配筋形式一;(b)配筋形式二
1—≥ϕ6;2—≥ϕ8,间距同肋箍筋,且不大于200mm;
3—按计算,≥ϕ8,间距同肋箍筋,且不大于200mm

3. Γ形截面梁外挑翼缘的配筋构造见图 3.9.3。

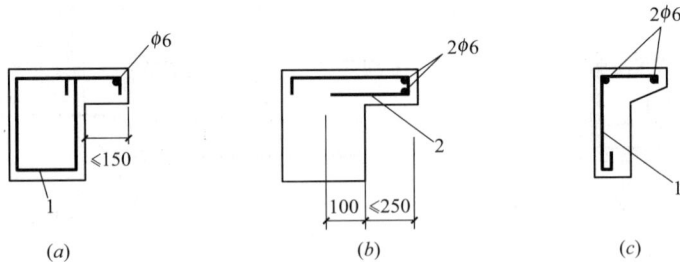

图 3.9.3 Γ形截面梁翼缘的配筋构造
(a)配筋形式一;(b)配筋形式二;(c)配筋形式三
1—≥ϕ6,间距不大于200mm;2—按计算,且≥ϕ8,间距同肋箍筋,且不大于200mm

4. L形截面梁翼缘的配筋构造见图 3.9.4。

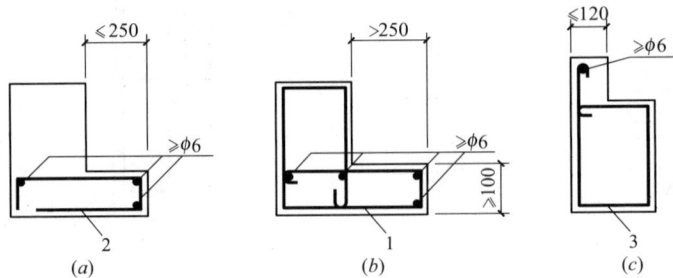

图 3.9.4 L形截面梁翼缘的配筋构造
(a)配筋形式一;(b)配筋形式二;(c)配筋形式三
1—按计算,且≥ϕ8,间距不大于200mm;2—按计算,且≥ϕ6,间距同肋箍筋,
且不大于200mm;3—按计算,且≥ϕ6,间距不大于200mm

第十节　受扭及受弯剪扭作用的梁

对于受弯剪扭作用的梁，除配置承受弯矩的纵向钢筋和承受剪力的箍筋外，必须增加足够数量的承受扭矩的纵向钢筋和箍筋，箍筋截面面积由受剪承载力和受扭承载力所需的箍筋截面面积相叠加，并应配置在相应的位置。

一、受弯剪扭作用的梁的截面条件

在弯矩、剪力和扭矩共同作用下，h_w/b 不大于 6 的矩形、T 形、I 形截面和 h_w/t_w 不大于 6 的箱形截面构件(见图 3.10.1)，其截面应符合下列条件：

当 h_w/b(或 h_w/t_w)不大于 4 时

$$\frac{V}{bh_0} + \frac{T}{0.8W_t} \leqslant 0.25\beta_c f_c \tag{3.10.1}$$

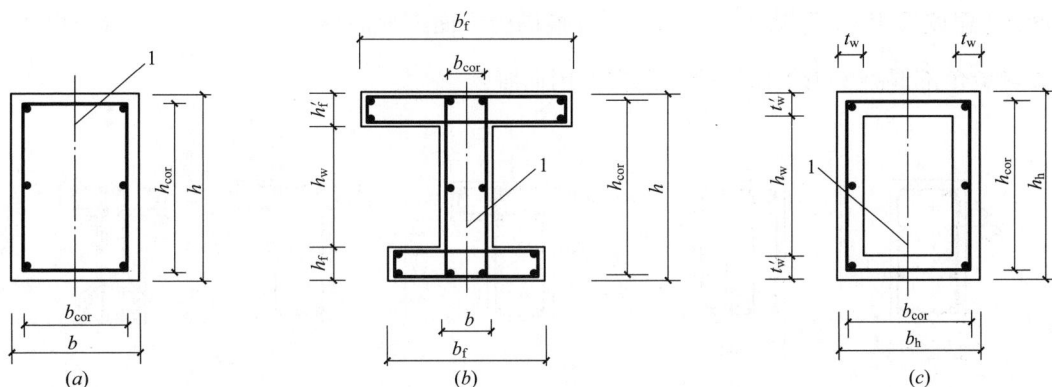

图 3.10.1　受扭构件截面
(a)矩形截面；(b)T 形、I 形截面；(c)箱形截面($t_w \leqslant t_w'$)
1—弯矩、剪力作用平面

当 h_w/b(或 h_w/t_w)等于 6 时

$$\frac{V}{bh_0} + \frac{T}{0.8W_t} \leqslant 0.2\beta_c f_c \tag{3.10.2}$$

当 h_w/b(或 h_w/t_w)<6 时

$$\frac{V}{bh_0} + \frac{T}{0.8W_t} \leqslant 0.025\left(14 - \frac{h_w}{b}\right)\beta_c f_c \tag{3.10.3}$$

上式中，当为 T 形、I 形截面时，h_w/b 用 h_w/t_w 替换。

式中：T——扭矩设计值；

$\quad b$——矩形截面的宽度，T 形或 I 形截面取腹板宽度，箱形截面取两侧壁总厚度 $2t_w$；

$\quad W_t$——受扭构件的截面受扭塑性抵抗矩，按《混凝土结构设计规范》GB 50010—2010 第 6.4.3 条的规定计算；

$\quad h_w$——截面的腹板高度：对矩形截面，取有效高度 h_0；对 T 形截面，取有效高度减去翼缘高度；对 I 形和箱形截面，取腹板净高；

t_w——箱形截面壁厚，其值不应小于 $b_h/7$，此处，b_h 为箱形截面的宽度。

二、箍筋的构造要求

1. 在弯剪扭构件中，箍筋的配筋率 ρ_{sv} 不应小于按下式计算的值：

$$\rho_{sv,min} = 0.28 f_t / f_{yv} \qquad (3.10.4)$$

式中：$\rho_{sv} = \dfrac{A_{sv}}{bs}$，其中：$A_{sv}$ 为配置在同一截面内箍筋各肢的截面面积总和；

f_t——混凝土轴心抗拉强度设计值；

f_{yv}——横向钢筋的抗拉强度设计值。

2. 受扭所需的箍筋应做成封闭式，且应沿周边布置；受扭所需箍筋的末端应做成 135°弯钩，弯钩端头平直段长度不应小于 $10d$（d 为箍筋直径）；当采用复合箍筋时，位于截面内部的箍筋不应计入受扭所需的箍筋面积：

（1）矩形截面梁的配筋见图 3.10.2(a)、(b)。当承受的扭矩较大时，宜采用较小的箍筋间距$\left(\text{建议采用 } s \leqslant \dfrac{u_{cor}}{8} \leqslant 200\text{mm}，u_{cor} \text{取箍筋内表面即截面核心部分的周长}\right)$和较粗的角筋以避免角部混凝土由于压杆的径向力作用而脱落。

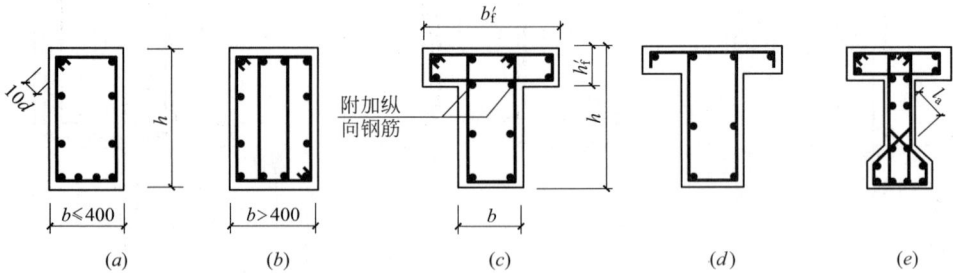

图 3.10.2　矩形、T 形及 I 字形截面的抗扭配筋

(a)、(b)矩形截面梁；(c)、(d)T 形截面梁；(e)I 字形截面梁

（2）T 形截面梁，其翼缘一般采用封闭箍筋(图 3.10.2c)；当翼缘较薄，$h'_f < 0.55b$ 及 100mm 时，翼缘采用封闭箍筋的下肢拉应力极小，约为上肢的 $1/3 \sim 1/15$，其受扭承载力与翼缘为开口箍筋的梁没有明显的差异，翼缘可以采用开口箍(图 3.10.2d)。

（3）I 字形截面梁，下翼缘箍筋的两端应满足锚固长度 l_a(图 3.10.2e)。

（4）Γ 形截面梁，箍筋应沿全部周边设置，内拐角处箍筋要交叉锚固(图 3.10.3)。

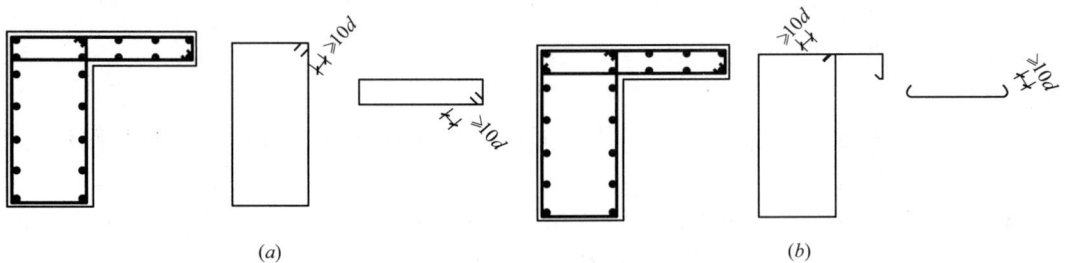

图 3.10.3　Γ 形截面梁的抗扭配筋

(a)配筋方法之一；(b)配筋方法之二

（5）箱形截面梁的箍筋按下述情况设置

1）当壁厚 $t'_w \leqslant h_h/6$ 时，可在壁的外侧和内侧配置横向钢筋和纵向钢筋（图 3.10.4a），要特别注意壁内侧箍筋在角部要有足够的锚固；当壁厚 $t'_w > h_h/6$ 时，壁内侧的钢筋不再承受扭矩，可仅按受剪配置内侧箍筋（图 3.10.4b）。

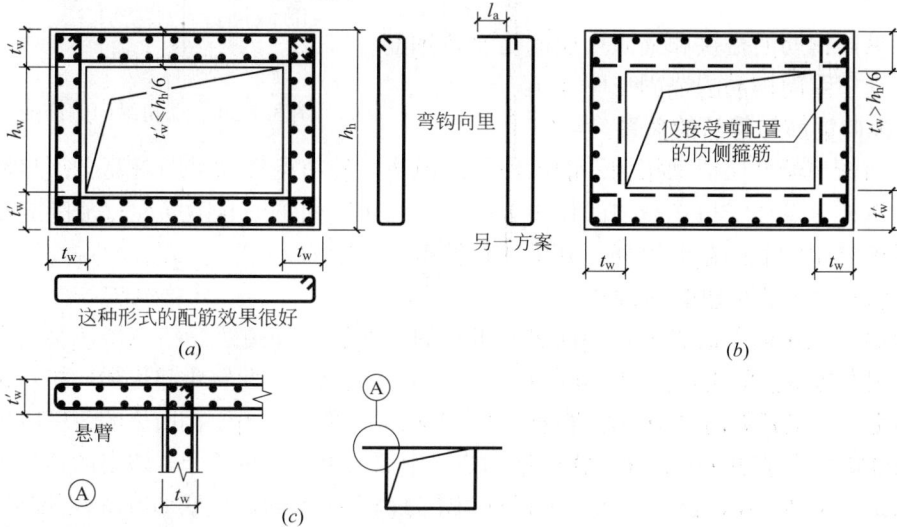

图 3.10.4　箱形截面的抗扭配筋
(a) $t'_w \leqslant h_h/6$；(b) $t'_w > h_h/6$；(c) 带悬臂的箱形截面节点Ⓐ

2）当承受的扭矩很大时，宜采用 45°和 135°的横向钢筋。

3. 箍筋的间距按下要求配置：

（1）箍筋的间距除应符合表 3.3.2 的规定外，尚不应大于梁宽 b；

（2）在超静定结构中，考虑协调扭转而配置的箍筋，其间距不宜大于 $0.75b$（b 为矩形截面的宽度；T 形及 I 字形截面为其腹板宽度；箱形截面构件，b 均应以 b_h 代替）。

三、纵向钢筋的构造要求

1. 在弯剪扭构件中，配置在截面弯曲受拉边的纵向受力钢筋，其截面面积不应小于按受弯构件受拉钢筋最小配筋率计算所得的钢筋截面面积与按受剪扭构件纵向钢筋最小配筋率计算并分配到弯曲受拉边的钢筋截面面积之和。

对受弯构件，纵向受力钢筋的最小配筋率应按 0.2% 和 $0.45 f_t/f_y\%$ 中的较大值取用；梁内受扭纵向钢筋的最小配筋率 $\rho_{tl,\min}$ 应符合下列规定：

$$\rho_{tl,\min} = 0.6\sqrt{\dfrac{T}{Vb}}\dfrac{f_t}{f_y} \tag{3.10.5}$$

当 $T/(Vb) > 2.0$ 时，取 $T/(Vb) = 2.0$。

式中：$\rho_{tl,\min}$——受扭纵向钢筋的最小配筋率，取 A_{stl}/bh；

　　　　b——抗剪的截面宽度：矩形截面为梁宽度；T 形及 I 字形截面为其腹板宽度；对箱形截面构件，b 应以 b_h 代替；

　　　　A_{stl}——沿截面周边布置的受扭纵向钢筋总截面面积。

2. 梁内受扭纵向钢筋的布置及锚固：

沿截面周边布置的受扭纵向钢筋的间距不应大于 200mm 及梁截面短边长度；除应在梁截面四角设置受扭纵向钢筋外，其余受扭纵向钢筋宜沿截面周边均匀对称布置。受扭纵向钢筋应按受拉钢筋锚固在支座内。

受扭纵向钢筋的搭接和锚固均应满足受拉钢筋的要求，受扭纵向钢筋的锚固见图 3.10.5。

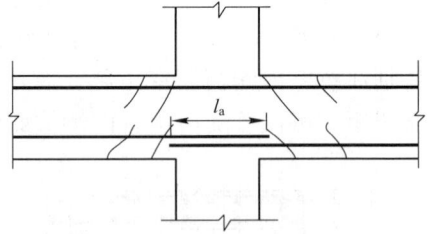

图 3.10.5 受扭纵向钢筋的锚固

四、纵向钢筋与箍筋的关系

用空间桁架模型比拟受扭构件的工作机理说明，受扭构件的纵向钢筋必须与箍筋共同工作，才能充分发挥受扭承载力的作用。因此，受扭纵向钢筋和箍筋配置范围应延伸至计算不需要该受扭钢筋的截面以外，其延伸长度不应小于 l_a。

五、框架边梁的抗扭配筋构造

楼面梁支承在框架边梁上，楼面梁支承点的弯曲转动使边梁受扭。楼面梁的支座负弯矩即为作用在边梁上的扭矩。此扭矩值可由楼面梁支承点的弯曲转角与边梁的扭转角相协调的条件确定。在梁开裂前可用弹性理论计算，但在梁开裂后，由于楼面梁的弯曲刚度和边梁的扭转刚度都发生了明显的变化，楼面梁和边梁中都发生内力重分布，边梁的扭转角急剧增大，作用扭矩急剧减小。因此，边梁的设计扭矩是由支承点的扭转变形协调条件确定的，不是为了平衡外界作用的扭矩。这种边梁扭转一般称为协调扭转，在进行内力计算时，受楼面梁约束的边梁扭矩宜考虑内力重分布，并应按弯剪扭构件进行承载力计算及配筋构造。

为简化框架边梁协调扭转的计算方法，可假定楼面梁在边梁上的支承点为简支，在边梁内配置附加抗扭构造纵向钢筋和箍筋，以满足边梁的延性和限制裂缝宽度的要求。附加抗扭纵向钢筋和箍筋的最小配筋率分别为：

$$\rho_{tl,\min} = 0.6\sqrt{\frac{T}{Vb}}\frac{f_t}{f_y}; \qquad \rho_{sv,\min} = 0.28 f_t / f_{yv}\,。$$

楼面梁和边梁的连接构造非常重要。除在边梁的接头处配置足够的附加箍筋 a，将楼面梁的反力全部传到边梁的受压区外，同时在接头区还必须加密配置楼面梁的箍筋 b，以抵抗斜裂缝间混凝土斜压杆施加在纵筋上的压力（图 3.10.6）。

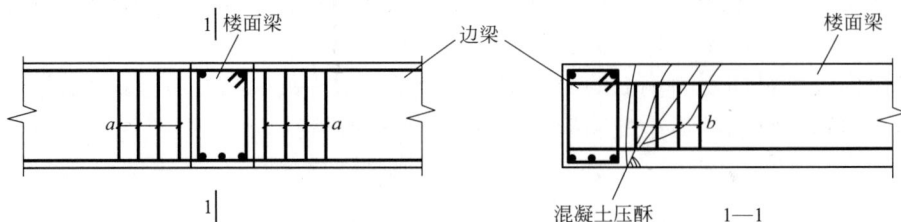

图 3.10.6 边梁与楼面梁接头处的配筋构造

第十一节 梁腹具有矩形孔洞的梁

本节适用于抗震设防烈度为 6～8 度的地震和非地震地区的工业和民用建筑中的梁腹

具有矩形孔洞的梁，混凝土强度等级宜≤C50。

　　注：《机械工业厂房结构设计规范》（报批稿）中已取消了对抗震区的规定。

　　抗震设计时，除按本节规定外，开孔梁的设计与构造尚应符合《混凝土结构设计规范》和《建筑抗震设计规范》的有关规定。配筋计算中，地震作用组合的内力设计值应乘以抗震调整系数，并除以地震作用下承载力降低系数。地震作用下承载力降低系数，正截面宜取 1.0，斜截面宜取 0.8。

一、构造措施

　　1. 开孔尺寸和位置应满足以下要求（图 3.11.1）：

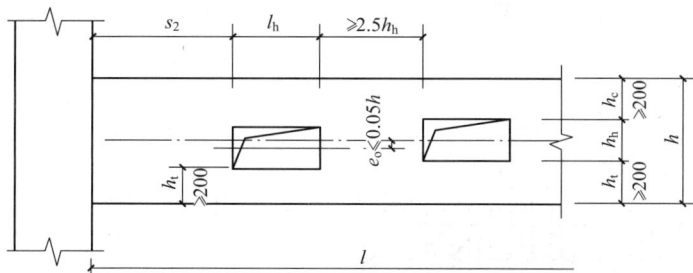

图 3.11.1　矩形孔洞位置

　　（1）孔洞应尽可能设置于剪力较小的跨中 $l/3$ 区域，必要时可设置于梁端 $l/3$ 区域内。

　　（2）孔洞偏心距宜偏向受拉区，偏心距 e_0 不宜大于 $0.05h$。

　　（3）设置多孔时，相邻孔洞边缘间的净距不应小于 $2.5h_h$，孔洞尺寸和位置应满足表 3.11.1 的规定。

　　（4）孔洞长度和高度的比值 l_h/h_h 应满足：跨中 $l/3$ 区域内的孔洞不大于 4；梁端 $l/3$ 区域内的孔洞不大于 2.6。

矩形孔洞尺寸和位置　　　　　　　　　　表 3.11.1

项目	跨中 $l/3$ 区域				梁端 $l/3$ 区域				
	h_h/h	l_h/h	h_c/h	l_h/h_h	h_h/h	l_h/h	h_c/h	l_h/h_h	s_2/h
非地震区	≤0.40	≤1.60	≥0.30	≤4.0	≤0.30	≤0.80	≥0.35	≤2.6	≥1.0
地震区	≤0.40	≤1.60	≥0.30	≤4.0	≤0.30	≤0.80	≥0.35	≤2.6	≥1.5

　　2. 矩形孔洞周边配筋构造（图 3.11.2）：

　　（1）当矩形孔洞高度小于 $h/6$ 及 100mm，且孔洞长度小于 $h/3$ 及 200mm 时，其孔洞周边配筋可按构造设置：弦杆纵筋 A_{s2}、A_{s3} 可采用 $2\phi10\sim2\phi12$，弦杆箍筋采用 $\geqslant\phi6$ 钢筋，间距不应大于 0.5 倍弦杆有效高度及 100mm。孔洞边补强的垂直箍筋 A_v 宜靠近孔洞边缘布置，单向倾斜钢筋 A_d 可取 $2\phi12$，其倾角 α 可取 45°。

　　（2）当孔洞尺寸不满足（1）项要求时，孔洞周边的配筋应按计算确定，但不应小于按构造要求设置的钢筋。

二、孔洞周边补强钢筋的计算

　　1. 截面控制条件：

　　对于受压弦杆应满足：

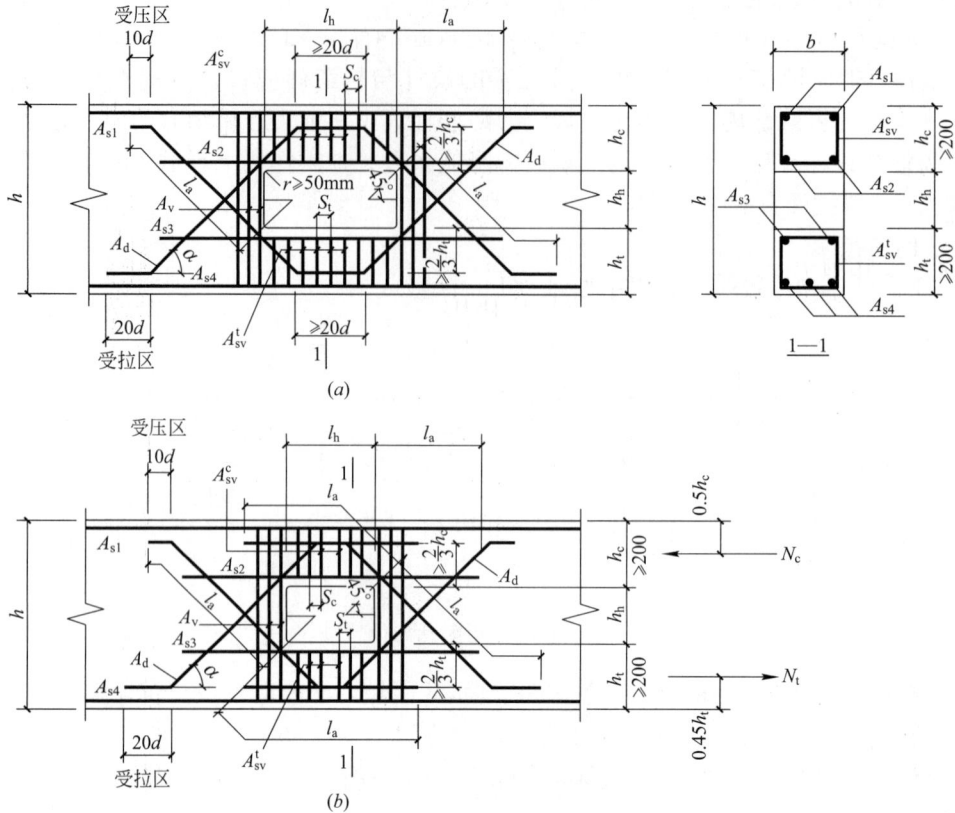

图 3.11.2 矩形孔洞周边配筋构造

(a)孔洞较宽时的配筋；(b)孔洞较窄时的配筋

$$V_c \leqslant 0.25bh_0^c f_c \tag{3.11.1}$$

对于受拉弦杆应满足：

$$V_t \leqslant 0.25bh_0^t f_c \tag{3.11.2}$$

式中：b——梁宽；

h_0^c、h_0^t——分别为受压，受拉弦杆的有效高度；

f_c——混凝土轴心抗压强度设计值；

V_c、V_t——分别为受压、受拉弦杆分配的剪力，按式(3.11.5)、式(3.11.6)计算。

2. 孔洞一侧补强钢筋(A_v、A_d)按以下公式计算：

$$A_v \geqslant 0.54V_1 / f_{yv} \tag{3.11.3}$$

$$A_d \geqslant 0.76 \frac{V_1}{f_{yd}\sin\alpha} \tag{3.11.4}$$

式中：V_1——孔洞边缘截面处较大的剪力设计值(N)；

f_{yv}、f_{yd}——分别为孔洞侧边垂直箍筋和倾斜钢筋的抗拉强度设计值(N/mm²)；

α——单向倾斜钢筋与水平线之间的夹角。

3. 受压弦杆和受拉弦杆的箍筋 A_{sv}^c、A_{sv}^t 按下列公式计算：

$$V_c = \beta V \tag{3.11.5}$$

$$V_{\mathrm{t}} = 1.2V - V_{\mathrm{c}} \tag{3.11.6}$$

$$N_{\mathrm{c}} = N_{\mathrm{t}} = \frac{M}{0.5h_{\mathrm{c}} + h_{\mathrm{h}} + 0.55h_{\mathrm{t}}} \tag{3.11.7}$$

$$A_{\mathrm{sv}}^{\mathrm{c}} \geqslant \left(V_{\mathrm{c}} - \frac{1.75}{\lambda_{\mathrm{c}} + 1.0} bh_0^{\mathrm{c}} f_{\mathrm{t}} - 0.07N_{\mathrm{c}}\right) \frac{s_{\mathrm{c}}}{f_{\mathrm{yv}} h_0^{\mathrm{c}}} \tag{3.11.8}$$

$$A_{\mathrm{sv}}^{\mathrm{t}} \geqslant \left(V_{\mathrm{t}} - \frac{1.75}{\lambda_{\mathrm{t}} + 1.0} bh_0^{\mathrm{t}} f_{\mathrm{t}} + 0.2N_{\mathrm{t}}\right) \frac{s_{\mathrm{t}}}{f_{\mathrm{yv}} h_0^{\mathrm{t}}} \tag{3.11.9}$$

式中：V——孔洞中心截面处的剪力设计值；

V_{c}、V_{t}——分别为受压、受拉弦杆分配的剪力，应满足上述式(3.11.1)及式(3.11.2)的要求；

β——剪力分配系数，一般取 $\beta = 0.9$；

N_{c}、N_{t}——分别为受压弦杆和受拉弦杆承受的轴向压力和轴向拉力；

当 $N_{\mathrm{c}} > 0.3 bh_{\mathrm{c}} f_{\mathrm{c}}$ 时，取 $N_{\mathrm{c}} = 0.3 bh_{\mathrm{c}} f_{\mathrm{c}}$；

M——孔洞中心截面处的弯矩设计值；

λ_{c}、λ_{t}——分别为受压、受拉弦杆的剪跨比，$1 \leqslant \lambda_{\mathrm{c}} \leqslant 3$，$1 \leqslant \lambda_{\mathrm{t}} \leqslant 3$；

$$当 A_{\mathrm{s1}} = A_{\mathrm{s2}} 时，\lambda_{\mathrm{c}} = 0.5 l_{\mathrm{h}}/h_0^{\mathrm{c}}；\tag{3.11.10-1}$$

$$当 A_{\mathrm{s1}} > A_{\mathrm{s2}} 时，\lambda_{\mathrm{c}} = 0.75 l_{\mathrm{h}}/h_0^{\mathrm{c}}；\tag{3.11.10-2}$$

$$当 A_{\mathrm{s4}} > A_{\mathrm{s3}} 时，\lambda_{\mathrm{t}} = 0.75 l_{\mathrm{h}}/h_0^{\mathrm{t}}；\tag{3.11.11}$$

l_{h}、h_{h}——分别为孔洞的长度和高度。

当按式(3.11.9)计算得出的 $A_{\mathrm{sv}}^{\mathrm{t}}$ 反算 V_{t} 值小于 $f_{\mathrm{yv}} A_{\mathrm{sv}}^{\mathrm{t}} h_0^{\mathrm{t}}/s_{\mathrm{t}}$ 时，应取 $V_{\mathrm{t}} = f_{\mathrm{yv}} A_{\mathrm{sv}}^{\mathrm{t}} h_0^{\mathrm{t}}/s_{\mathrm{t}}$，且 $f_{\mathrm{yv}} A_{\mathrm{sv}}^{\mathrm{t}} h_0^{\mathrm{t}}/s_{\mathrm{t}}$ 值不得小于 $0.36 bh_0^{\mathrm{t}} f_{\mathrm{t}}$。

4. 受压弦杆内的纵向钢筋 A_{s2} 可按对称配筋偏心受压构件计算：

(1) 当 $\xi \leqslant \xi_{\mathrm{b}}$ 时为大偏心受压

$$\xi = \frac{N_{\mathrm{c}}}{f_{\mathrm{c}} bh_0^{\mathrm{c}}} \tag{3.11.12}$$

$$A_{\mathrm{s2}} \geqslant \frac{N_{\mathrm{c}} e - \xi(1 - 0.5\xi) f_{\mathrm{c}} bh_0^{\mathrm{c}2}}{f_{\mathrm{y}}'(h_0^{\mathrm{c}} - a')} \tag{3.11.13}$$

(2) 当 $\xi > \xi_{\mathrm{b}}$ 时为小偏心受压

$$\xi = \frac{N_{\mathrm{c}} - \xi_{\mathrm{b}} f_{\mathrm{c}} bh_0^{\mathrm{c}}}{\dfrac{N_{\mathrm{c}} e - 0.43 f_{\mathrm{c}} bh_0^{\mathrm{c}2}}{(0.8 - \xi_{\mathrm{b}})(h_0^{\mathrm{c}} - a')} + f_{\mathrm{c}} bh_0^{\mathrm{c}}} + \xi_{\mathrm{b}} \tag{3.11.14}$$

将 ξ 代入式(3.11.13)即可得 A_{s2}。

上述式中：N_{c}——受压弦杆的轴向压力；

ξ_{b}—— 相对界限受压区高度，当钢筋为 HRB335 级时，$\xi_{\mathrm{b}} = 0.55$；当钢筋为 HRB400、HRBF400、RRB400 级时，$\xi_{\mathrm{b}} = 0.5176$；当钢筋为 HRB500、HRBF500 级时，$\xi_{\mathrm{b}} = 0.482$；

e——轴向力作用点至受拉钢筋的距离，

$$e = e_i + 0.5h_{\mathrm{c}} - a \tag{3.11.15}$$

e_i——初始偏心距，

$$e_i = e_0^c + e_a, \quad e_0^c = M_c / N_c \tag{3.11.16}$$

$$M_c = V_c l_h / 2 \quad (\text{当 } A_{s1} \geqslant A_{s2} \text{ 时}) \tag{3.11.17}$$

e_a——附加偏心距，应取 20mm 和偏心方向截面尺寸的 1/30 两者中的较大值；

$l_h/2$——弦杆反弯点至孔边距离，假设反弯点位于弦杆中点。

5. 受拉弦杆内的纵筋 A_{s3}、A_{s4}（图 3.11.3）可近似按非对称的偏心受拉构件计算。按下列公式计算：

$$M_{t1} = 0.25 V_t l_h, \quad M_{t2} = 0.75 V_t l_h \tag{3.11.18}$$

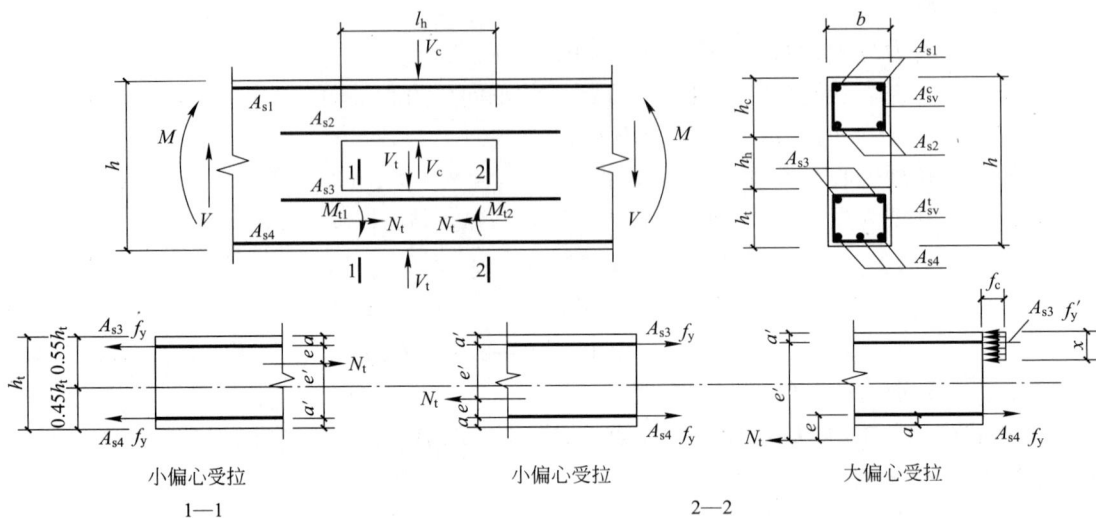

图 3.11.3　偏心受力构件受力图

（1）当轴向力 N_t 作用在受拉弦杆纵向钢筋 A_{s3}、A_{s4} 之间时（图 3.11.3），A_{s3} 由 1—1 截面按小偏心受拉按下式计算，作用在截面上的内力取 N_t 和 M_{t1}：

$$A_{s3} \geqslant \frac{N_t e'}{f_y (h_t - a - a')} \tag{3.11.19}$$

A_{s4} 由 2—2 截面之小偏心受拉情况计算，但作用在截面上的内力取 N_t 和 M_{t2}：

$$A_{s4} \geqslant \frac{N_t e'}{f_y (h_t - a - a')} \tag{3.11.20}$$

上述式(3.11.19)、式(3.11.20)中，e' 为轴向力到离其较远的纵向钢筋的距离(mm)。

（2）当轴向力 N_t 不作用在受拉弦杆纵向钢筋 A_{s3}、A_{s4} 之间时（见图 3.11.3 之 2—2 截面的大偏心受拉），按下式计算纵向受力钢筋：

$$A_{s3} \geqslant \frac{N_t e - f_c b x (h_0^t - 0.5x)}{f_y' (h_0^t - a')} \tag{3.11.21}$$

$$A_{s4} \geqslant \frac{N_t + f_y' A_{s3} + f_c b x}{f_y} \tag{3.11.22}$$

式中：x——混凝土受压区高度，应满足 $2a' \leqslant x \leqslant \xi_b h_0^t$ 的要求。

当上述公式算得的 A_{s4} 值小于不开洞梁的纵向受拉钢筋截面面积 A_s 值时，设计应取 A_s 值。

三、计算实例

【例题 3-1】 已知：矩形截面梁，$b=250\text{mm}$，$h=600\text{mm}$，在梁跨中 1/3 的区段内开有一矩形孔洞，孔洞高度 $h_h=180\text{mm}$，孔洞长度 $l_h=460\text{mm}$，孔洞位于梁截面中心。孔洞边缘截面处较大剪力 $V_1=130\text{kN}$，孔洞中心截面处的剪力和弯矩分别为 $V=105\text{kN}$，$M=90.5\text{kN} \cdot \text{m}$。混凝土强度等级为 C30（$f_c=14.3\text{N/mm}^2$，$f_t=1.43\text{N/mm}^2$），除梁内箍筋采用 HPB300（$f_{yv}=270\text{N/mm}^2$）级钢筋外，其余钢筋均采用 HRB400（$f_y=360\text{N/mm}^2$）级钢筋。构件所处环境类别为一级。

求：孔洞周边的配筋构造。

【解】 1）验算相关条件：

$$h_c = h_t = \frac{600-180}{2} = 210\text{mm};$$

$$h_h/h = 180/600 = 0.30 < 0.4; \quad l_h/h = 460/600 = 0.767 < 1.6$$

$$h_c/h = 210/600 = 0.35 > 0.3; \quad l_h/h_h = 460/180 = 2.56 < 4.0$$

均满足表 3.11.1 的要求。

2）孔洞两侧的垂直箍筋和倾斜钢筋 A_v、A_d：

由式（3.11.3）及式（3.11.4）：

$$A_v \geqslant 0.54 V_1/f_{yv} = 0.54 \times 130000/270 = 260\text{mm}^2$$

$$A_d \geqslant 0.76 \frac{V_1}{f_{yd}\sin\alpha} = 0.76 \times 130000/360\sin45° = 388.123\text{mm}^2$$

A_v、A_d 分别选用钢筋 $3\phi8$、$2\Phi16$，$A_v=302\text{mm}^2$；$A_d=402\text{mm}^2$。

3）受压弦杆和受拉弦杆的箍筋 A_{sv}^c、A_{sv}^t：

由式（3.11.5）及式（3.11.6）：

$$V_c = \beta V = 0.9V = 0.9 \times 105 = 94.5\text{kN}$$

$$V_t = 1.2V - V_c = 1.2 \times 105 - 94.5 = 31.5\text{kN}$$

钢筋保护层最小厚度取 $c=20\text{mm}$，$a=a'=20+8+10=38\text{mm}$，取 $a=a'=40\text{mm}$

$$h_0^c = h_0^t = 210 - 40 = 170\text{mm}$$

$$N_c = N_t = \frac{M}{0.5h_c + h_h + 0.55h_t} = \frac{90.5 \times 1000}{0.5 \times 210 + 180 + 0.55 \times 210} = 225.97\text{kN}$$

由式（3.11.1）及式（3.11.2）：

$$V_c = 94.5\text{kN} < 0.25bh_0^c f_c = (0.25 \times 250 \times 170 \times 14.3)/1000 = 151.94\text{kN}$$

$$V_t = 31.5\text{kN} < 0.25bh_0^t f_c = (0.25 \times 250 \times 170 \times 14.3)/1000 = 151.94\text{kN}$$

由式（3.11.10）及式（3.11.11）：

$$\lambda_c = 0.5l_h/h_0^c = 0.5 \times 460/170 = 1.353$$

$$\lambda_t = 0.75l_h/h_0^t = 0.75 \times 460/170 = 2.029$$

$$0.3bh_c f_c = (0.3 \times 250 \times 210 \times 14.3)/1000 = 225.225\text{kN} < N_c$$

取 $\qquad\qquad N_c=0.3bh_c f_c=225.225\text{kN}$

由式(3.11.8)

取 $\qquad\qquad\qquad s_c=50\text{mm}$

$$A_{sv}^c \geqslant \left(V_c-\frac{1.75}{\lambda_c+1.0}bh_0^c f_t-0.07N_c\right)\frac{s_c}{f_{yv}h_0^c}$$

$$\geqslant\left(94500-\frac{1.75}{1.353+1.0}250\times170\times1.43-0.07\times225225\right)\frac{50}{270\times170}\approx37\text{mm}^2$$

受压弦杆箍筋选用 $2\phi8$，$A_{sv}^c=101\text{mm}^2$

由式(3.11.9)

取 $s_t=50\text{mm}$

$$A_{sv}^t\geqslant\left(V_t-\frac{1.75}{\lambda_t+1.0}bh_0^t f_t+0.2N_t\right)\frac{s_t}{f_{yv}h_0^t}$$

$$\geqslant\left(31500-\frac{1.75}{2.029+1.0}250\times170\times1.43+0.2\times225970\right)\frac{50}{270\times170}$$

$$\approx45.296\text{mm}^2$$

由 $A_{sv}^t=45.296\text{mm}^2$ 求 V_t：

$$V_t\leqslant\frac{1.75}{\lambda_t+1.0}bh_0^t f_t+f_{yv}\frac{A_{sv}^t}{s_t}h_0^t-0.2N_t$$

$$=\frac{1.75}{2.029+1.0}250\times170\times1.43+270\frac{45.296}{50}170-0.2\times225970$$

$$\approx31500.4\text{N}$$

$$V_t=31500.4\text{N}<f_{yv}A_{sv}^t h_0^t/s_t=270\times45.296\times170/50=41582\text{N}$$

$$0.36f_t bh_0^t=0.36\times1.43\times250\times170=21879\text{N}<225970\text{N}$$

取 $\qquad\qquad V_t=f_{yv}A_{sv}^t h_0^t/s_t=41582\text{N}$

$$A_{sv}^t\geqslant\left(41582-\frac{1.75}{2.029+1.0}250\times170\times1.43+0.2\times225970\right)\frac{50}{270\times170}$$

$$\approx56\text{mm}^2$$

受拉弦杆箍筋选用 $2\phi8$，$A_{sv}^t=101\text{mm}^2$

4) 孔洞受压弦杆纵向钢筋 A_{s2}：

由式(3.11.17)、(3.11.16)及式(3.11.15)：

$$M_c=V_c l_h/2=94.5\times460/2=21735\text{kN}\cdot\text{mm}$$

$$e_0^c=M_c/N_c=21735/225.97=96.18\text{mm}$$

取 $e_a=20\text{mm}$ 和 $210/30=7\text{mm}$ 的较大值。

$$e=e_0^c+e_a+0.5h_c-a=96.18+20+0.5\times210-40=181.18\text{mm}$$

由式(3.11.12)：

$$\xi=\frac{N_c}{f_c bh_0^c}=\frac{225970}{14.3\times250\times170}\approx0.372<\xi_b=0.5176 \text{ 为大偏心受压。}$$

由式(3.11.13)：

$$A_{s2} \geqslant \frac{N_c e - \xi(1-0.5\xi)f_c b h_0^{c2}}{f_y'(h_0^c - a')}$$

$$= \frac{225970 \times 181.18 - 0.372(1-0.5 \times 0.372) \times 14.3 \times 250 \times 170^2}{360(170-40)} = 206\text{mm}^2$$

选用钢筋 3Φ12，$A_{s2} = 339\text{mm}^2$

5）孔洞受拉弦杆纵向钢筋 A_{s3}、A_{s4}：

由式(3.11.18)：

$$M_{t1} = 0.25V_t l_h = 0.25 \times 31.5 \times 460 = 3622.5\text{kN} \cdot \text{mm}$$

$$e_0 = M_{t1}/N_t = 3622.5/225.97 = 16\text{mm}$$

$$M_{t2} = 0.75V_t l_h = 0.75 \times 31.5 \times 460 = 10867.5\text{kN} \cdot \text{mm}$$

由式(3.11.19)

因所选 A_{sv}^t 为 Φ8，故 $a = 20+8+10 = 38\text{mm}$，取 $a = 40\text{mm}$。

$$e' = 0.45h_t - a' + e_0 = 0.45 \times 210 - 40 + 16 = 70.5\text{mm}$$

$$A_{s3} \geqslant \frac{N_t e'}{f_y(h_t - a - a')} = \frac{225970 \times 70.5}{360(210-40-40)} = 340.4\text{mm}^2$$

选用钢筋 3Φ14，$A_{s3} = 461\text{mm}^2$

由 M_{t2} 得：$e_0 = M_{t2}/N_t = 10867.5/225.97 = 48.1\text{mm}$

因所选 A_{sv}^t 为 Φ8，故 $a' = 20+8+10 = 38\text{mm}$，取 $a' = 40\text{mm}$。

$$e = 0.45h_t - a - e_0 = 0.45 \times 210 - 40 - 48.1 = 6.4\text{mm}$$

属小偏心受拉：$e' = 0.55h_t - a' + e_0 = 0.55 \times 210 - 40 + 48.1 = 123.6\text{mm}$

由式(3.11.20)计算 A_{s4}：

$$A_{s4} = \frac{N_t e'}{f_y(h_t - a - a')} = \frac{225970 \times 123.6}{360(210-40-40)} = 597\text{mm}^2$$

选用钢筋 3Φ18，$A_{s4} = 763\text{mm}^2$。

若 3Φ18 小于不开洞梁截面处的受拉钢筋面积时，应取用不小于不开洞梁的受拉钢筋截面面积。

第十二节　梁腹具有圆形孔洞的梁

本节适用于非地震区和抗震设防烈度为 6～8 度地区的工业和民用建筑中的梁，结构的混凝土强度等级宜≤C50。

注：《机械工业厂房结构设计规范》中已取消了对地震区的规定。

一、构造措施

1. 开孔尺寸和位置应满足以下要求（图 3.12.1）：

（1）孔洞的位置应尽可能设置于剪力较小的跨中 $l/3$ 区域内，必要时可设置于梁端 $l/3$ 区域内。圆孔尺寸及位置应满足表 3.12.1 的规定。

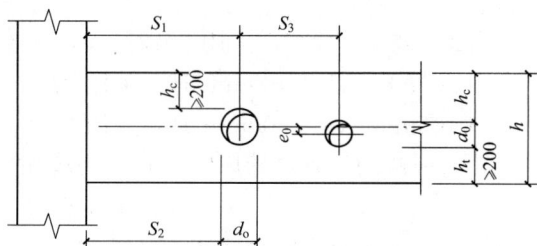

图 3.12.1　圆形孔洞位置

圆孔洞尺寸及位置

表 3.12.1

地区	e_0/h	跨中 $l/3$ 区域			梁端 $l/3$ 区域			
		d_0/h	h_c/h	s_3/d_0	d_0/h	h_c/h	s_2/h	s_3/d_0
非地震区	≤0.1 (偏向拉区)	≤0.4	≥0.3	≥2.0	≤0.3	≥0.35	≥1.0	≥2.0
地震区		≤0.4	≥0.3	≥2.0	≤0.3	≥0.35	≥1.5	≥3.0

(2) 对于 d_0/h≤0.2 及 150mm 的小直径孔洞，圆孔的中心位置应满足 $-0.1h$≤e_0≤$0.2h$（负号表示偏向受压区）和 s_2≥$0.5h$ 的要求，对于抗震设计，圆孔梁塑性铰位置宜向跨中转移 $1.0h$ 的距离。

2. 孔洞配筋构造

(1) 当孔洞直径 d_0 小于 $h/10$ 及 150mm 时，孔洞周边可不设倾斜补强钢筋。

(2) 当孔洞直径 d_0 小于 $h/5$ 及 200mm 时，孔洞周边可按构造设置补强钢筋，弦杆纵向钢筋 A_{s2}、A_{s3} 可采用 2ϕ10～2ϕ12，弦杆箍筋可采用 ϕ6，间距不应大于 0.5 倍弦杆有效高度及 100mm；孔洞两侧补强钢筋 A_v、A_d 宜靠近孔洞边缘布置，倾斜钢筋 A_d 可取 2ϕ12，其倾角 α 可取 45°（图 3.12.2 所示）。

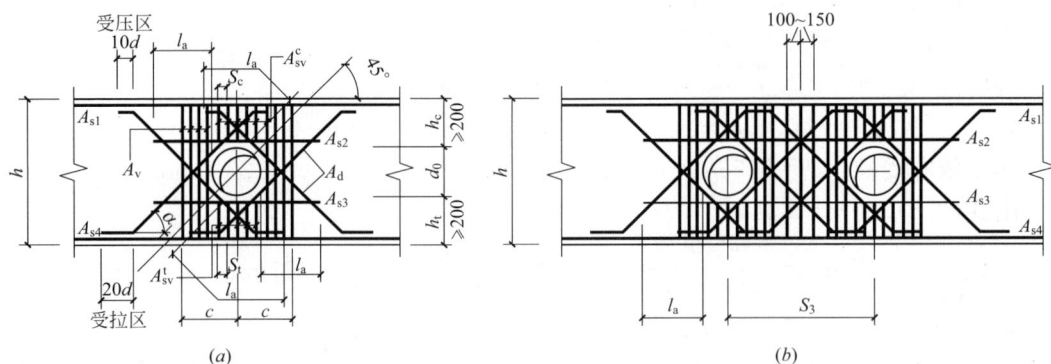

图 3.12.2　圆形孔洞周边的配筋构造

(a)单孔梁的配筋构造；(b)多孔梁的配筋构造

(3) 当孔洞直径不满足上述(1)、(2)项要求时，孔洞周边的配筋应按计算确定，但不得小于按构造要求设置的钢筋。

孔洞上、下弦杆内的钢筋 A_{s2}、A_{s3} 可按下列原则选用，并不得小于梁受压区纵向钢筋 A_{s1}。

当 d_0≤200mm 时，采用 2ϕ12；

当 200mm<d_0≤400mm 时，采用 2ϕ14；

当 400mm<d_0≤600mm 时，采用 2ϕ16。

孔洞两侧的垂直箍筋应贴近孔洞边缘布置，其范围为

$$c = h_0^c + d_0/2, \quad 且\ c ≥ 0.5h_0 \qquad (3.12.1)$$

式中：h_0^c——孔洞受压弦杆的有效高度。

靠近孔洞边缘的垂直箍筋可根据实际情况选用，其与第二个垂直箍筋的间距宜与弦杆内箍筋间距一致。

(4) T 形截面梁当翼缘位于受压区时，一般可按矩形截面梁设计，而不考虑翼缘的有

利作用。当由于截面尺寸受到限制需要考虑翼缘的有利作用时，孔洞周边的配筋除满足构造要求外，尚应满足下列要求：

1）当受压弦杆为图 3.12.3 所示的 T 形截面时，取伸入腹部的垂直箍筋(A_{sv1}^c)直径 d_1 比在翼缘内的箍筋(A_{sv2}^c)直径 d_2 大一个直径等级，并满足 $A_{sv1}^c/s_c = A_{sv}^c/s_c$ 的要求；

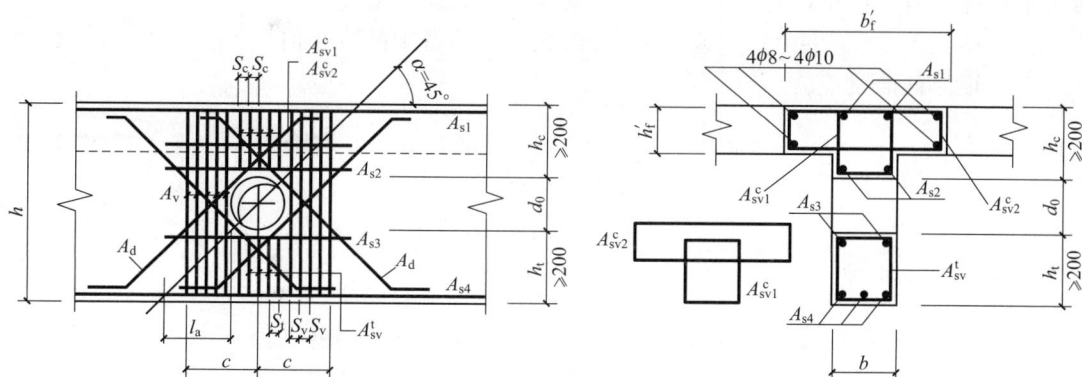

图 3.12.3 T 形截面开圆形孔洞梁的配筋构造

2）孔洞范围内的箍筋间距按计算值 s_c 确定；孔洞以外和弦杆纵筋 A_{s2} 以内的翼缘中宜设置箍筋 A_{sv2}^c，其间距取孔洞边缘箍筋间距 s_v。

二、孔洞周边补强钢筋的计算

1. 截面控制条件：

对于矩形截面和翼缘位于受拉区的 T 形截面梁：

$$V \leqslant 0.25b(h_0 - d_0)f_c \tag{3.12.2}$$

对于翼缘位于受压区的 T 形截面梁：

$$V \leqslant 0.30b(h_0 - d_0)f_c \tag{3.12.3}$$

式中：V——孔洞中心截面处的剪力设计值；

b——矩形截面梁宽度和 T 形截面梁腹板宽度；

h_0——梁截面有效高度；

d_0——孔洞直径；

f_c——混凝土轴心抗压强度设计值。

2. 孔洞两侧的补强钢筋（A_v、A_d）按式(3.12.4)~式(3.12.6)计算：

对于矩形截面梁

$$V \leqslant \frac{1.75}{\lambda + 1.0}bh_0f_t\left(1 - 1.61\frac{d_0}{h}\right) + 2(A_vf_{yv} + A_df_{yd}\sin\alpha) \tag{3.12.4}$$

对于 T 形截面梁

$$V \leqslant 0.7bh_0f_t\left(1 - 1.61\frac{d_0}{h}\right) + 2(A_vf_{yv} + A_df_{yd}\sin\alpha) \tag{3.12.5}$$

取

$$A_df_{yd} = 2A_vf_{yv} \tag{3.12.6}$$

式中：λ——梁的剪跨比，$\lambda = M/Vh_0$；

A_v——孔洞一侧 c 值范围内的垂直箍筋截面面积；

A_d——孔洞一侧倾斜钢筋截面面积；

f_{yv}——孔洞一侧垂直箍筋的抗拉强度设计值；

f_{yd}——孔洞一侧倾斜钢筋的抗拉强度设计值。

3. 孔洞上、下弦杆内箍筋(A_{sv}^c/s_c)的计算，应符合下列规定：

对于 T 形截面梁，当翼缘位于受拉区时仍按矩形截面梁计算；当翼缘位于受压区时可考虑翼缘的有利作用，此时翼缘的有效宽度 b_f'按下式取用：

$$b_f'=2b \quad 或 \quad b_f'=b+2h_f' \quad 取两者中的较小值 \tag{3.12.7}$$

对于矩形截面梁

$$V_c \leqslant 0.9bh_0^c f_t + \frac{A_{sv}^c}{s_c}h_0^c f_{yv} + A_d f_{yd}\sin\alpha + 0.07N_c \tag{3.12.8}$$

$$N_c = \frac{M}{0.5h_c + d_0 + 0.55h_t} \tag{3.12.9}$$

对于 T 形截面梁

$$V_c \leqslant 0.9[bh_0^c + (b_f'-b)h_f']f_t + \frac{A_{sv}^c}{s_c}h_0^c f_{yv} + A_d f_{yd}\sin\alpha + 0.07N_c \tag{3.12.10}$$

式中：b_f'——翼缘的有效宽度；

h_f'——翼缘厚度；

V_c——受压弦杆分配的剪力：

$$V_c = \beta V \tag{3.12.11}$$

β——剪力分配系数，一般取 $\beta=0.8$；

N_c——受压弦杆承受的轴向压力，取 $N_c \leqslant 0.3bh_c f_c$；

M——孔洞中心截面处的弯矩设计值。

三、计算实例

【例题 3-2】 已知：矩形截面梁，$b=250$mm，$h=600$mm，在梁端 $l/3$ 的区域内开有一个圆形孔洞，孔洞直径 $d_0=180$mm，孔洞位于梁截面中心，孔洞中心截面处的剪力和弯矩分别为 $V=220$kN，$M=200$kN·m，梁剪跨比 $\lambda=2.5$。混凝土强度等级为 C25（$f_c=11.9$N/mm²，$f_t=1.27$N/mm²），除梁内箍筋采用 HPB300（$f_{yv}=270$N/mm²）级钢筋外，其余钢筋均采用 HRB400（$f_y=360$N/mm²）级钢筋。构件所处环境类别为二 a 级。

求孔洞中心截面处的配筋构造。

【解】 1）验算开洞的相关条件：

$$h_t = h_c = \frac{h-d_0}{2} = \frac{600-180}{2} = 210\text{mm}；\quad h_c/h = 210/600 = 0.35$$

$d_0/h = 180/600 = 0.3$。

满足开洞的限制条件要求。

2）孔洞一侧的垂直箍筋及倾斜钢筋 A_v，A_d：

钢筋保护层厚度：$c=25$mm，$a=a'=25+10+10=45$mm，取 $a=a'=45$mm。

$h_0 = 600-45 = 555$mm。

由式（3.12.2）

$$V=220\text{kN} < 0.25b(h_0-d_0)f_c = 0.25 \times 250(555-180) \times 11.9 = 278906\text{N} = 278.91\text{kN}$$

由式（3.12.4）及式（3.12.6）：

$$A_d f_{yd} = 2A_v f_{yv}$$

$$V \leqslant \frac{1.75}{\lambda+1.0} bh_0 f_t \left(1-1.61\frac{d_0}{h}\right)+2(A_v f_{yv}+A_d f_{yd}\sin\alpha)$$

$$\leqslant \frac{1.75}{\lambda+1.0} bh_0 f_t \left(1-1.61\frac{d_0}{h}\right)+2(A_v f_{yv}+2A_v f_{yv}\sin\alpha)$$

$$220000 \leqslant \frac{1.75}{2.5+1.0} 250\times555\times1.27\times\left(1-1.61\frac{180}{600}\right)+2A_v\times270(1+2\sin45°)$$

$$A_v=\frac{220000-45550.93}{1303.68}=134\text{mm}^2$$

取 $2\phi10$，$A_v=157\text{mm}^2$

$$A_d=\frac{2A_v f_{yv}}{f_{yd}}=\frac{2\times157\times270}{360}=236\text{mm}^2$$

取 $2\Phi14$，$A_d=308\text{mm}^2$

3) 孔洞弦杆箍筋 A_{sv}^c，A_{sv}^t 计算：

由式(3.12.9)：

$$N_c=\frac{M}{0.5h_c+d_0+0.55h_t}=\frac{200}{0.5\times0.21+0.18+0.55\times0.21}=499.38\text{kN}$$

$$N_c>0.3bh_c f_c=0.3\times250\times210\times11.9=187425\text{N}$$

取 $N_c=187425\text{N}$

由式(3.12.11)及式(3.12.8)：

$$V_c=\beta V\leqslant 0.9bh_0^c f_t+\frac{A_{sv}^c}{s_c}h_0^c f_{yv}+A_d f_{yd}\sin\alpha+0.07N_c$$

$$0.8\times220000=0.9\times250\times165\times1.27+\frac{A_{sv}^c}{s_c}165\times270+308\times360\sin45°+0.07\times187425$$

$$176000=47148.75+\frac{A_{sv}^c}{s_c}44550+78404+13120$$

$\dfrac{A_{sv}^c}{s_c}=0.84\text{mm}$，受压弦杆箍筋选用 $2\phi8$，$A_{sv}^c=101\text{mm}^2$，$s_c=100\text{mm}$

受拉弦杆箍筋选用 $\phi8@100$（双肢箍）。

【例题 3-3】 已知：T 形截面简支梁，$b=250\text{mm}$，$h=600\text{mm}$，翼缘厚度为 100mm，孔洞中心截面处的剪力和弯矩设计值分别为 $V=290\text{kN}$，$M=250\text{kN}\cdot\text{m}$。混凝土强度等级为 C30（$f_c=14.3\text{N/mm}^2$，$f_t=1.43\text{N/mm}^2$），孔洞直径 $d_0=180\text{mm}$，孔洞位于梁截面中心，梁剪跨比 $\lambda=2.5$。梁内钢筋均采用 HRB400（$f_y=360\text{N/mm}^2$）级钢筋。构件所处环境类别为二 a 级。

求孔洞中心截面处的配筋构造。

【解】 1) 孔洞一侧的垂直钢筋及倾斜钢筋 A_v、A_d：

$d_0/h=180/600=0.3$，$\lambda=2.5$，考虑翼缘的有利作用，取 $\lambda=1.5$。

$$h_t=h_c=\frac{h-d_0}{2}=\frac{600-180}{2}=210\text{mm};$$

翼缘的有效宽度，由式(3.12.7)：$b_f'=250+2\times100=450\text{mm}$

钢筋保护层厚度：$c=25\text{mm}$，$a=a'=25+10+10=45\text{mm}$，取 $a=a'=45\text{mm}$。

$h_0=600-45=555\text{mm}$。

由式(3.12.3)

$$V=290000\text{N}<0.3b(h_0-d_0)f_c=0.3\times250(555-180)\times14.3=402187.5\text{N}$$

由式(3.12.5)及式(3.12.6)，将(3.12.6)代入(3.12.5)得：

$$V=290000\text{N}\leqslant0.7bh_0f_t\left(1-1.61\frac{d_0}{h}\right)+2(A_vf_{yv}+2A_vf_{yv}\sin\alpha)$$

$$290000=0.7\times250\times555\times1.43(1-1.61\times0.3)+2A_v\times360(1+2\sin45°)$$

$$290000=71805.5+1738.23A_v$$

$$A_v=126\text{mm}^2，\quad 取\ 2\ \Phi\ 10(A_v=157\text{mm}^2)$$

$$A_d=\frac{2A_vf_{yv}}{f_{yd}}=\frac{2\times157\times360}{360}=314\text{mm}^2$$

取 2 Φ 16，$A_d=402\text{mm}^2$

2) 孔洞弦杆箍筋 A_{sv}^c、A_{sv}^t：

由式(3.12.9)：

$$N_c=\frac{M}{0.5h_c+d_0+0.55h_t}=\frac{250}{0.5\times0.21+0.18+0.55\times0.21}=624.22\text{kN}$$

$$N_c>0.3bh_cf_c=0.3\times250\times210\times14.3=225225\text{N}=225.225\text{kN}$$

取 $N_c=225225\text{N}$

由式(3.12.11)及(3.12.10)

$$V_c=\beta V\leqslant0.9\left[bh_0^c+(b_f'-b)h_f'\right]f_t+\frac{A_{sv}^c}{s_c}h_0^cf_{yv}+A_df_{yd}\sin\alpha+0.07N_c$$

$$0.8\times290000\leqslant0.9[250\times165+(450-250)100]1.43+\frac{A_{sv}^c}{s_c}165\times$$

$$360+402\times360\sin45°+0.07\times225225$$

$$232000=78828.75+59400\frac{A_{sv}^c}{s_c}+102332.5+15765.75$$

$\dfrac{A_{sv}^c}{s_c}=0.59\text{mm}$，受压弦杆箍筋选用 2 Φ 8，$A_{sv}^c=101\text{mm}^2$，$s_c=100\text{mm}$。实际配筋时取 A_{sv1}^c 为 Φ 8@100，A_{sv2}^c 为 Φ 8@100。

受拉弦杆箍筋选用 Φ 8@100（双肢箍），偏于安全。

第十三节　深受弯构件

本节适用于工业与民用建筑和一般构筑物中以承受竖向静力荷载为主的深梁。

一、一般规定

1. $l_0/h<5.0$ 的简支钢筋混凝土单跨梁或多跨连续梁按深受弯构件进行设计。其中，$l_0/h<2$ 的简支钢筋混凝土单跨梁和 $l_0/h<2.5$ 的钢筋混凝土多跨连续梁称为深梁，深梁应按本节规定进行设计。此处，h 为梁截面高度；l_0 为梁的计算跨度，可取支座中心线之间的距离和 $1.15l_n$（l_n 为梁的净跨）两者中的较小值。

2. 深梁的混凝土等级不应低于 C20，且尚应根据构件所处的环境类别确定。深梁的截面宽度不应小于 140mm。为了保证深梁平面外的稳定，当跨高比 $l_0/h\geqslant1$ 时，其高宽

比 h/b 不宜大于 25；当跨高比 $l_0/h<1$ 时，其跨度与宽度之比 l_0/b 不宜大于 25。深梁顶部应与楼板、屋面板等水平构件可靠连接。

3. 为了增强深梁平面外的侧向稳定，并可将深梁的荷载通过梁柱交接面传到支柱，以改善深梁的受剪及局部受压性能，支承深梁的柱宜延伸至深梁顶。

深梁中心线宜与柱中心线重合；如不能重合时，深梁任一侧边离柱边的距离不宜小于 50mm（图 3.13.1）。

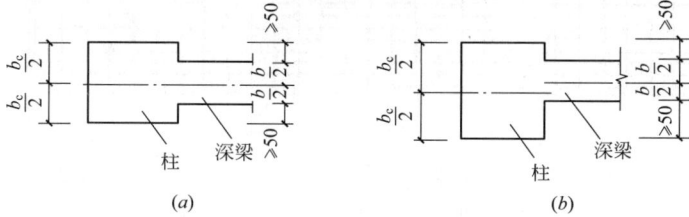

图 3.13.1　深梁与柱连接平面
(a)梁柱中心线重合；(b)梁柱中心线不重合

4. 深梁支座的支承面和深梁顶集中荷载作用面的混凝土都有发生局部受压破坏的可能性，应进行局部受压承载力验算，在必要时配置间接钢筋。

二、纵向受拉钢筋的构造要求

1. 为了控制垂直裂缝的开展，深梁的纵向受拉钢筋宜采用较小的直径，且宜按下列规定布置：

（1）单跨深梁和连续深梁的下部纵向钢筋宜均匀布置在梁下边缘以上 $0.2h$ 的范围内（图 3.13.2 和图 3.13.3）。

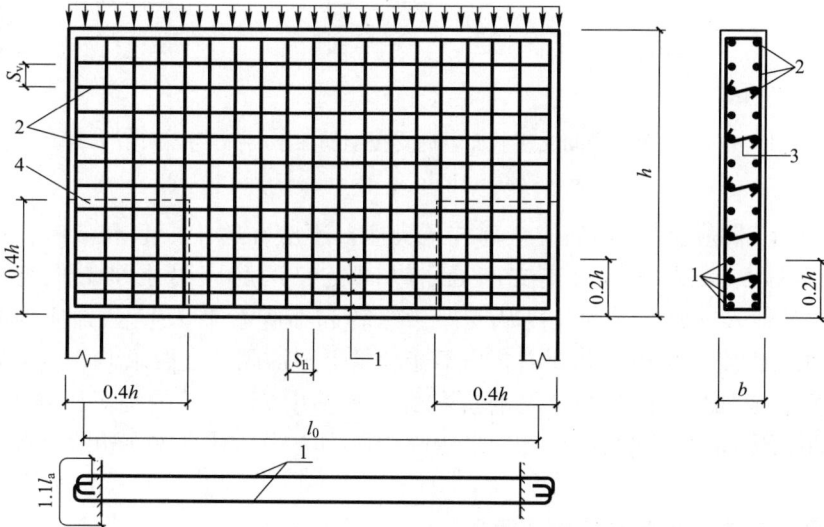

图 3.13.2　单跨深梁的钢筋配置
1—下部纵向受拉钢筋；2—水平及竖向分布钢筋；3—拉筋；4—拉筋加密区

（2）连续深梁中间支座截面的上部纵向受拉钢筋宜按图 3.13.4 规定的高度范围和配筋比例均匀布置在相应高度范围内。对于 $l_0/h<1.0$ 的连续深梁，在中间支座底面以上 $0.2l_0$ 到 $0.6l_0$ 高度范围内的纵向受拉钢筋配筋率尚不宜小于 0.5%。水平分布钢筋可用作

支座部位的上部纵向受拉钢筋,不足部分可由附加水平钢筋补足,附加水平钢筋自支座向跨中延伸的长度不宜小于 $0.4l_0$(图 3.13.3)。

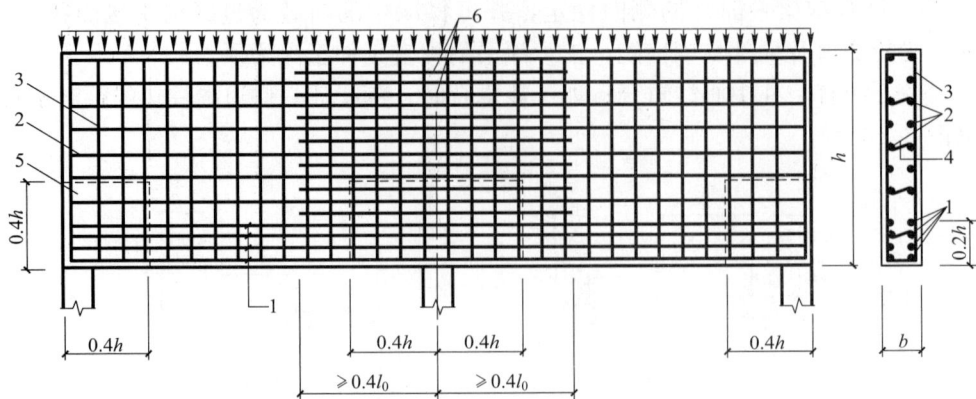

图 3.13.3 连续深梁的钢筋配置
1—下部纵向受拉钢筋;2—水平分布钢筋;3—竖向分布钢筋;4—拉筋;
5—拉筋加密区;6—支座截面上部的附加水平钢筋

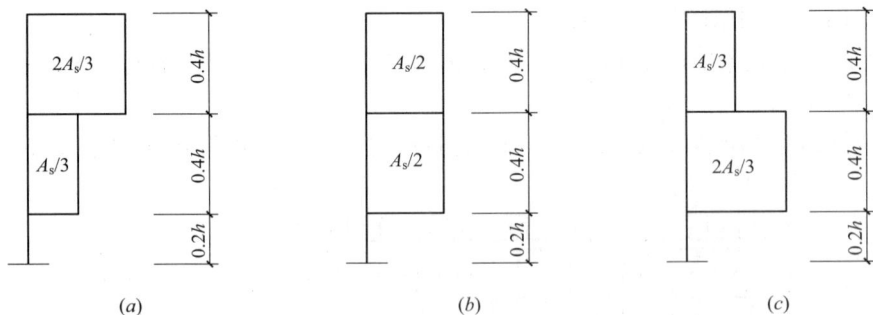

图 3.13.4 连续深梁中间支座截面纵向受拉钢筋在不同高度范围内的分配比例
(a)$1.5<l_0/h\leqslant2.5$;(b)$1<l_0/h\leqslant1.5$;(c)$l_0/h\leqslant1.0$

2. 深梁的下部纵向受拉钢筋应全部伸入支座,不应在跨中弯起和截断。在简支单跨深梁支座及连续深梁梁端的简支支座处,纵向受拉钢筋应沿水平方向弯折锚固(见图 3.13.2),其伸入支座的锚固长度从支座边缘算起不应小于 $1.1l_a$,并应伸至梁端,伸入支座的直线段长度不应小于 $0.50l_a$。当不能满足上述锚固长度要求时,应采取在钢筋上加焊横向短筋、或加焊锚固钢板及将钢筋末端焊成封闭式等有效的锚固措施(图 3.13.5)。连续深梁的下部纵向受拉钢筋应全部伸过中间支座中心线,其自支座边缘算起的锚固长度不应小于 l_a。

三、水平和竖向分布钢筋的构造要求

1. 深梁应配置双排钢筋网,水平和竖向钢筋直径均不应小于 8mm,间距不应大于200mm,也不宜小于 100mm。

2. 当沿深梁端部竖向边缘设柱时,水平分布钢筋应弯折锚入柱内(图 3.13.6a)或在中部错位搭接(图 3.13.6b),分布钢筋搭接接头面积的百分率应小于钢筋总截面面积的25%。在深梁上、下边缘处,竖向分布钢筋宜做成封闭式(见图 3.13.6c)。

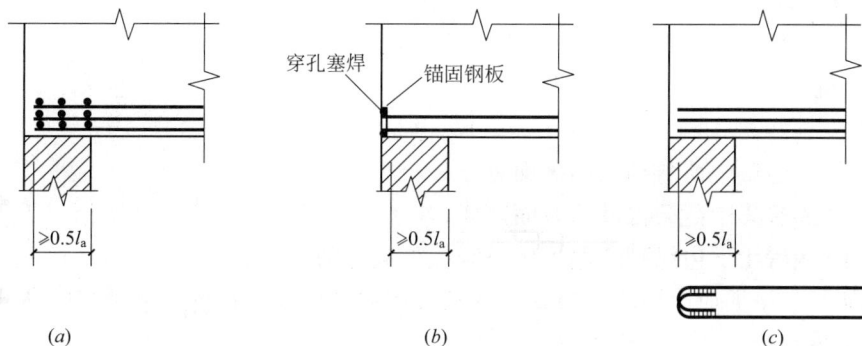

图 3.13.5 锚固措施

(*a*)加焊横向短筋；(*b*)加焊锚固钢板；(*c*)搭接焊

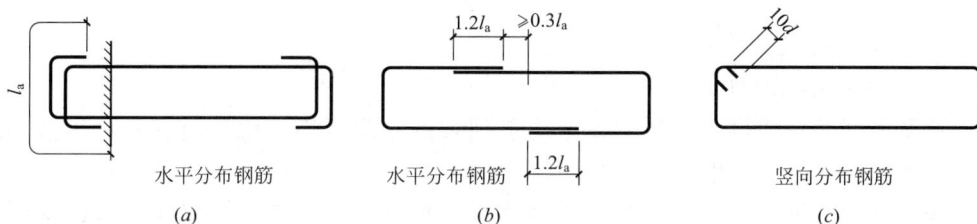

图 3.13.6 分布钢筋的搭接

(*a*)在端部弯折锚固；(*b*)在中部错位搭接；(*c*)竖向分布钢筋

3. 在深梁双排钢筋之间应设置拉筋，拉筋沿纵横两个方向的间距均不宜大于 600mm，在支座区高度 $0.4h$，宽度为从支座伸出 $0.4h$ 的范围内(见图 3.13.2 和图 3.13.3 中的虚线部分)，尚应适当增加拉筋的数量。

四、吊筋的构造要求

1. 当深梁全跨沿下边缘作用有均布荷载时，应沿梁全跨均匀布置附加竖向吊筋，吊筋间距不宜大于 200mm。

2. 当有集中荷载作用于深梁下部 3/4 高度范围内时，该集中荷载应全部由附加吊筋承受，吊筋应采用竖向吊筋或斜向吊筋。竖向吊筋的水平分布长度 s 应按下列公式确定(图 3.13.7)：

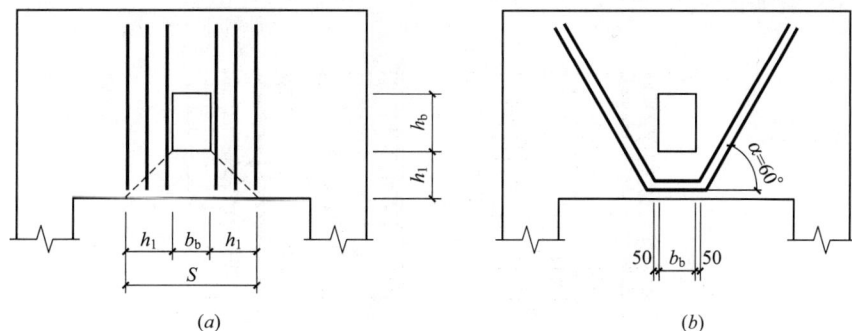

图 3.13.7 深梁承受集中荷载作用时的附加吊筋(图中尺寸以 mm 为单位)

(*a*)竖向吊筋；(*b*)斜向吊筋

当 $h_1 \leqslant h_b/2$ 时

$$s = b_b + h_b \qquad (3.13.1)$$

当 $h_1 > h_b/2$ 时

$$s = b_b + 2h_1 \qquad (3.13.2)$$

式中：b_b——传递集中荷载构件的截面宽度；

h_b——传递集中荷载构件的截面高度；

h_1——从深梁下边缘到传递集中荷载构件底边的高度。

3. 附加竖向吊筋应沿梁两侧布置，并从梁底伸到梁顶，在梁顶和梁底应做成封闭式。

4. 附加吊筋的总截面面积按下列公式计算：

均布荷载时竖向吊筋：

$$A_{sv} \geqslant \frac{ql_0}{0.8f_{yv}} \qquad (3.13.3)$$

集中荷载时斜向吊筋：

$$A_{sv} \geqslant \frac{F}{0.8f_{yv}\sin\alpha} = \frac{F}{0.69f_{yv}} \qquad (3.13.4)$$

式中：q——均布荷载设计值；

F——集中荷载设计值。

5. 承受间接荷载的挑耳，当荷载作用点到梁侧的距离小于挑耳高度时，可按牛腿设计；当大于挑耳高度时，可按悬臂梁设计。

6. 深梁支承在另一个深梁上时，成为间接支承深梁。承受间接荷载的边部深梁Ⅱ应按深梁Ⅰ的全部支座反力 V 配置吊筋或垂直吊箍，吊筋布置范围可取 $3b_r$（b_r 为深梁Ⅰ的宽度）。当处于 $V \leqslant 0.5V_u$（V_u 为深梁Ⅰ的斜截面受剪承载力）的中等受力情况时，在深梁Ⅰ的荷载传递区域（$0.5h \times 0.5h$，当 $l_0/h < 1$ 时，取 $0.5l_0 \times 0.5l_0$）内应配置竖向吊筋及较密的竖向和水平向钢筋，其配筋截面面积可分别按 $T = 0.8V$ 计算（图 3.13.8）；当处于 $V >$

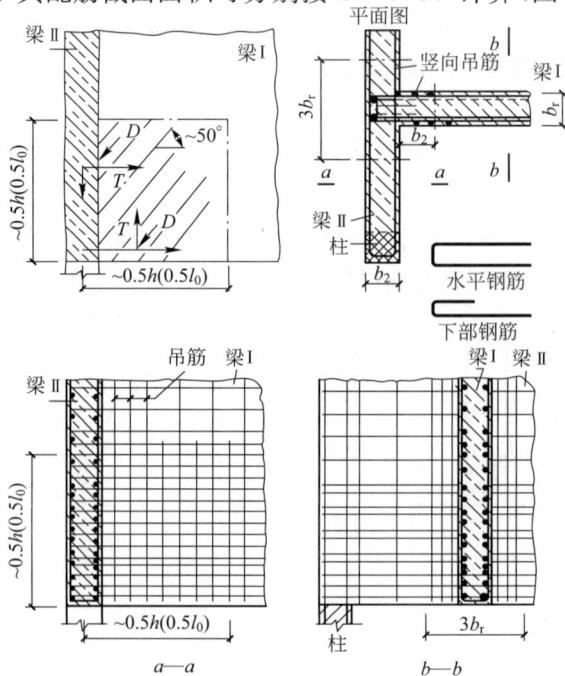

图 3.13.8 在中等受力情况下间接支承的深梁Ⅰ及承受荷载的边部深梁Ⅱ的配筋构造

$0.5V_u$ 的较大受力情况时，在深梁Ⅰ的荷载传递区域应至少配置按 $T=0.5V$ 计算的斜向吊筋(图 3.13.9)。当深梁Ⅰ受力较大时，深梁Ⅱ的吊箍的一半可用斜筋或弯起钢筋代替(图 3.13.10)以限制裂缝宽度。

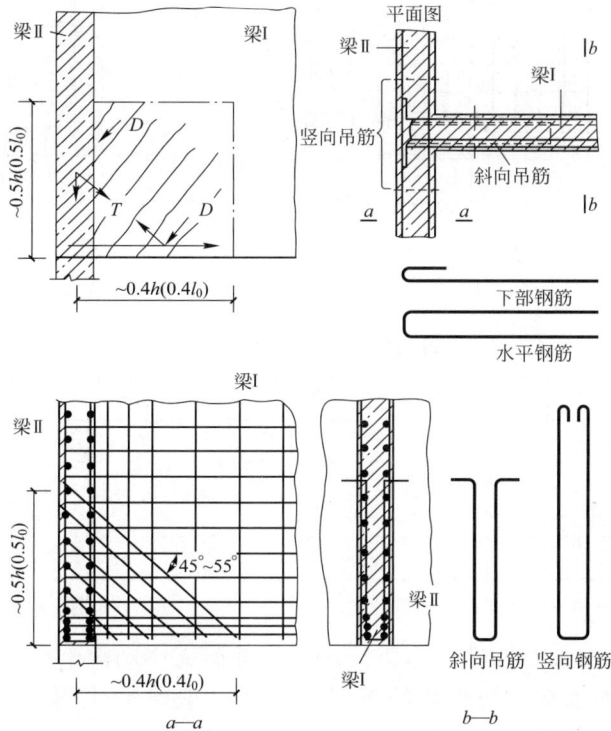

图 3.13.9 当受力较大时，带斜向吊箍的梁Ⅰ的荷载传递区域的配筋

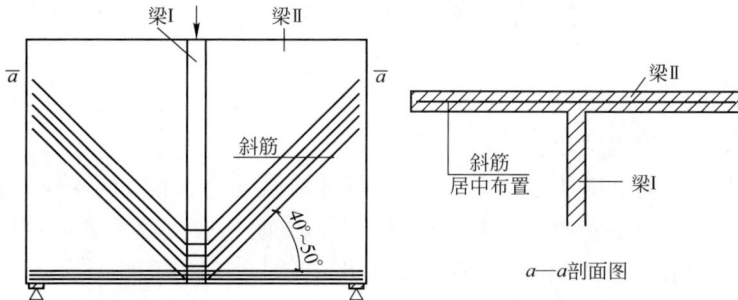

图 3.13.10 当受力较大时，带斜筋和适量正交配筋(未画出)用于悬挂荷载的梁Ⅱ

7. 承受间接荷载较大的悬臂深梁Ⅱ应按图 3.13.11 要求配置竖向吊筋和斜向吊筋，斜向吊筋下端应做成环状锚固在深梁Ⅰ内，其上端应与悬臂深梁Ⅱ的配筋连接。

8. 深梁的纵向受拉钢筋配筋率 $\rho\left(\rho=\dfrac{A_s}{bh}\right)$、水平分布钢筋配筋率 $\rho_{sh}\left(\rho_{sh}=\dfrac{A_{sh}}{bs_v}，s_v\right.$ 为水平分布钢筋的间距$\left.\right)$和竖向分布钢筋配筋率 $\rho_{sv}\left(\rho_{sv}=\dfrac{A_{sv}}{bs_h}，s_h\right.$ 为竖向分布钢筋间距$\left.\right)$不宜小于表 3.13.1 规定的数值。

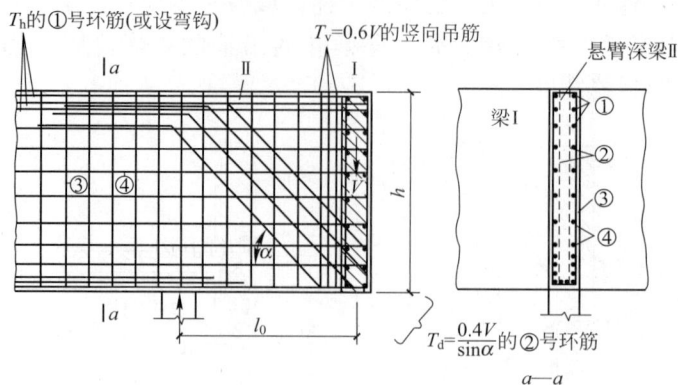

图 3.13.11   当受力较大时，悬臂深梁 II 的配筋构造

深梁中钢筋的最小配筋百分率（%）   **表 3.13.1**

钢筋种类	纵向受拉钢筋	水平分布钢筋	竖向分布钢筋
HPB300	0.25	0.25	0.20
HRB400、HRBF400、RRB400、HRB335	0.20	0.20	0.15
HRB500、HRBF500	0.15	0.15	0.10

注：当集中荷载作用于连续深梁上部 1/4 高度范围内且 $l_0/h>1.5$ 时，竖向分布钢筋最小配筋百分率应增加 0.05。

9. 除深梁以外的深受弯构件如 $2.0<l_0/h<5$ 的简支钢筋混凝土单跨梁或多跨连续梁，其纵向受力钢筋、箍筋及纵向构造钢筋的构造规定与一般梁相同，但其截面下部二分之一高度范围内和中间支座上部二分之一高度范围内布置的纵向构造钢筋宜较一般梁适当加强。

第十四节   开 洞 深 梁

构造措施

1. 孔洞的尺寸和位置要求

深梁的跨中部分为低应力区，为减小开洞对深梁受力性能的影响，洞口宜设置在此区域内。为保证开洞后的深梁能整体工作和防止边支座和中支座上方的截面被削弱过多而发生局部破坏，孔洞的尺寸和位置应符合下列规定（图 3.14.1）。

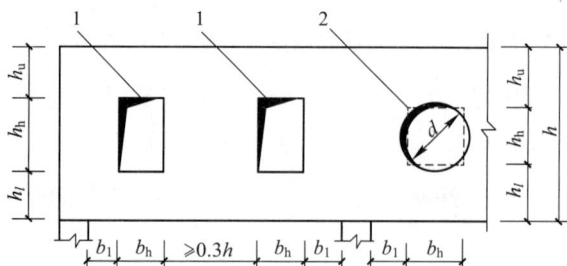

图 3.14.1   孔洞的尺寸和位置

1—矩形孔洞；2—圆形孔洞化为等效方形孔洞

（1）矩形孔洞

孔洞尺寸

$$b_h \leqslant 0.5h, \quad h_h \leqslant 0.5h$$

孔洞位置

$h_u \geqslant 0.2h$，$h_l \geqslant 0.2h$，$b_1 \geqslant 0.15h$，且不小于 500mm

此处，b_h，h_h——孔洞的宽度、高度；

$\quad\quad h_u$，h_l——孔洞的上边至深梁的上边缘、孔洞的下边至深梁的下边缘的距离；

$\quad\quad\quad b_1$——支座边缘至孔洞近边的距离；

$\quad\quad\quad h$——开洞深梁的截面高度，当 $h > l_0$ 时，上述规定中的 h 以 l_0 代替。

当一跨内设有两个孔洞时，应对称布置，且水平净距不应小于 $0.3h$。

（2）圆形孔洞

深梁开有圆形孔洞的受力条件较矩形孔洞有利。为计算方便，偏于安全，圆形孔洞可按形心位置和面积不变的原则换算为正方形孔洞，可近似取 $b_h = h_h = 0.9d$，并应符合上述（1）矩形孔洞的规定。

2. 构造规定

（1）矩形孔洞

矩形孔洞靠近支座和加荷点的两对角部位产生拉应力集中，若配筋过少，角部裂缝将发展较快，甚至引起角部钢筋屈服形成塑性铰，使深梁受剪承载力降低较多。因此，矩形孔洞的四角宜做成圆角，并按下列要求在孔洞四周配置附加钢筋。

1）当矩形孔洞的长边 $\leqslant 800$mm 时，应按下列规定在孔洞四周配置附加钢筋（图3.14.2）：

① 孔洞一边的水平附加钢筋截面面积不应小于 $0.003bh_h$，或被孔洞切断的水平分布钢筋截面面积的一半，并取二者中的较大值，且不应少于 $2\phi 12$；

② 孔洞一边的竖向附加钢筋截面面积不应小于被孔洞切断的竖向分布钢筋截面面积的一半，且不应少于 $2\phi 12$；

③ 孔洞角部斜向附加钢筋不应少于 $2\phi 12$。

附加钢筋的锚固长度 l_a 按表 1.6.2 取用。

2）当矩形孔洞的长边 > 800mm 时，应在孔洞周边设置暗梁与暗柱（图3.14.3）。水平

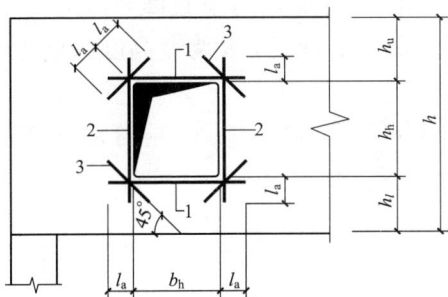

图3.14.2 长边≤800mm 矩形孔洞的附加钢筋
1—水平附加钢筋；2—竖向附加钢筋；
3—角部附加钢筋

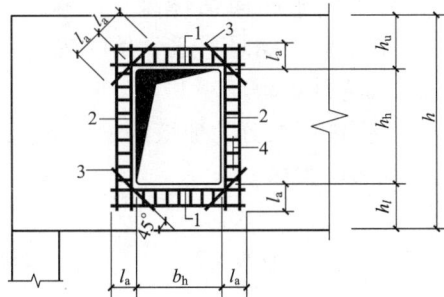

图3.14.3 长边>800mm 矩形孔洞的附加钢筋
1—水平附加钢筋；2—竖向附加钢筋；
3—角部附加钢筋；4—暗柱、暗梁箍筋

附加钢筋和竖向附加钢筋可按上述 1) 的①、②规定取用，但不应少于 4ϕ12；箍筋间距不应大于 200mm，直径不应小于 6mm。孔洞角部斜向附加钢筋不应少于 2ϕ16。

（2）圆形孔洞

1）当圆形孔洞的直径不大于 900mm 时，周边应设置不少于 2ϕ12 的环形附加钢筋和斜向附加钢筋。每侧斜向附加钢筋的截面面积不应小于 0.0025bd（d 为孔洞直径），或被孔洞切断的水平与竖向分布钢筋截面面积之和的 1/4，并取二者中的较大值，且不应少于 2ϕ12（图 3.14.4）。

2）当圆形孔洞的直径大于 900mm 时（图 3.14.5），应在孔洞边设置环形暗梁，暗梁的环形附加钢筋不应少于 4ϕ12，箍筋间距在外环处不应大于 200mm，直径不应小于 6mm。每侧斜向附加钢筋截面面积不应小于 0.0025bd，或被孔洞切断的水平与竖向分布钢筋截面面积之和的 1/4，并取二者中的较大值，且不应少于 2ϕ16。

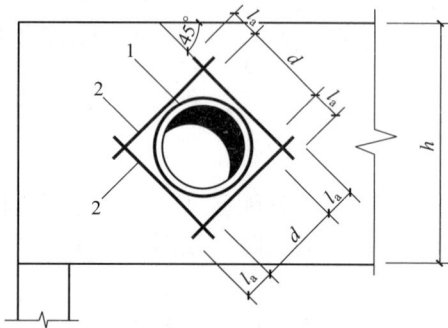

图 3.14.4　直径不大于 900mm 圆形孔洞周边的附加钢筋

1—环形附加钢筋；2—斜向附加钢筋

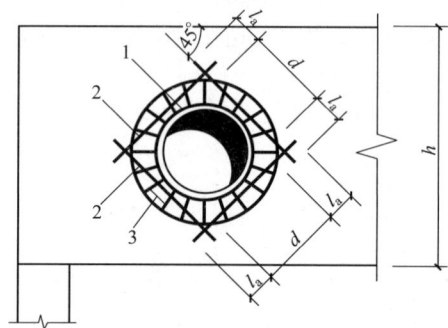

图 3.14.5　直径大于 900mm 圆形孔洞周边的附加钢筋

1—环形附加钢筋；2—斜向附加钢筋；3—暗梁箍筋

第十五节　变高度简支深梁

本节只适用于截面高度沿梁轴线呈直线变化的简支深梁。对截面高度沿梁轴线呈曲线变化的深梁，目前在国内尚缺乏实验研究资料。

一、一般规定

1. 对矩形截面简支深梁，当梁端的截面高度沿梁轴线方向呈直线变化，且符合 $l_0/h \leqslant 2$ 的条件和满足下述 2 条的规定时，可按本节设计。此处，h 为变高度深梁跨中截面高度，l_0 为计算跨度。

2. 变高度深梁分为加腋深梁与下折式深梁两类（图 3.15.1），其尺寸应符合下列要求：

1）加腋深梁（$h_s > h$）

$$V \leqslant 0.18 f_c bh \tag{3.15.1}$$

$$h_s \leqslant 1.4h \tag{3.15.2}$$

$$\tan\alpha \leqslant 0.8 \tag{3.15.3}$$

2）下折式深梁（$h_s < h$）

$$V \leqslant 0.15 f_c bh \tag{3.15.4}$$

$$h_s \geqslant 0.7h \tag{3.15.5}$$

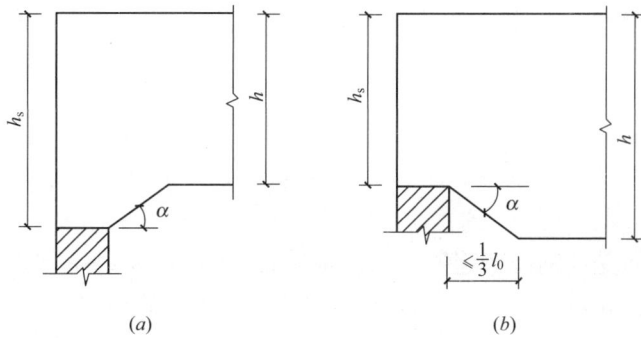

图 3.15.1　两类变高度深梁

(a)加腋深梁；(b)下折式深梁

$$\tan\alpha\leqslant0.7 \tag{3.15.6}$$

且受拉边缘弯起点至支座边的距离不应大于 $l_0/3$。

式中：h_s——变高度深梁支座截面的高度；

α——变高度深梁的倾斜受拉边与水平线之间的夹角。

二、构造规定

变高度深梁除应符合本章第十三节的构造规定外，尚应满足下列构造要求：

1. 加腋深梁

加腋深梁的纵向受拉钢筋应均匀布置在下部 $0.2h$ 范围内，并全部伸入支座，不得弯起或向下弯折(图 3.15.2)，也不允许在跨中截断。在支座处的锚固应符合本章第十三节二条的规定。

因支座处是高应力区，为防止纵向劈裂破坏，应加强外侧两排分布钢筋之间的拉结。故沿梁端受拉边应设置不少于 $2\phi12$ 的构造钢筋(图 3.15.2)。在支座区的高度和宽度各为 $0.4h_s$ 的范围内(图 3.15.2 中虚线范围内)，分布钢筋之间的拉筋应按本章第十三节的规定加密。

2. 下折式深梁

下折式深梁的纵向受拉钢筋应均匀布置在下部 $0.2h$ 范围内，且全部在变高度处沿斜面弯起和伸入支座(3.15.3)，其锚固要求应符合本章第十三节二条的规定。

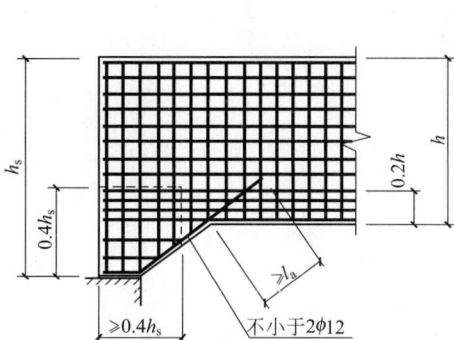

图 3.15.2　加腋深梁的钢筋配置

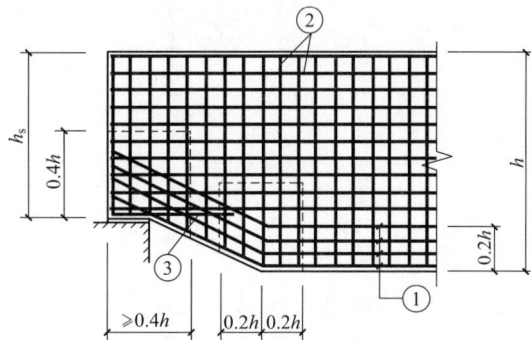

图 3.15.3　下折式深梁的钢筋配置

①—纵向受拉钢筋；②—水平和竖向分布钢筋；

③—水平拉结钢筋

梁端下部应设置水平拉结钢筋(图 3.15.3 中的③号钢筋),其截面面积 A_s 应按下列公式计算:

$$A_s \geqslant \frac{1.1V}{f_y}\tan\alpha \tag{3.15.7}$$

水平拉结钢筋不应少于 2ϕ12,梁端应沿水平方向弯折锚固,从支座边缘算起的两边的锚固长度均应符合本章第十三节二条的规定。

在支座区和纵向受拉钢筋弯起处的高度和宽度各为 $0.4h$ 的范围内(图 3.15.3 中虚线范围内)分布钢筋之间的拉筋均应按本章第十三节三、3 条的规定加密。

第十六节　缺　口　梁

一、缺口梁的端部尺寸(图 3.16.1)

缺口梁的端部高度 h_1 和相应宽度 b 一方面根据钢筋锚固的需要,另一方面根据斜压杆 D_1(图 3.16.2a)所引起的混凝土的压应力来确定,通常 h_1 不宜小于 $h/2$,挑出部分不宜太长,一般取用 $a_1 \leqslant h_1$。对较长的挑出部分,一般需要按受弯和受剪计算。缺口拐角处做成斜面或弧形(图 3.16.1),以减少缺口应力集中,提高缺口的抗裂性。梁端受剪截面应符合下式要求:

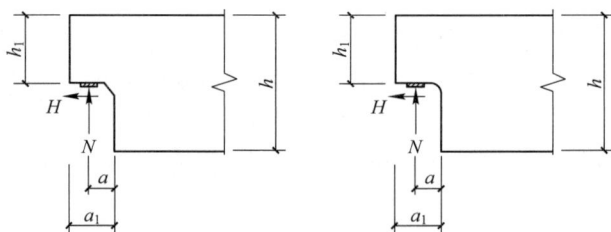

图 3.16.1　缺口梁端部尺寸

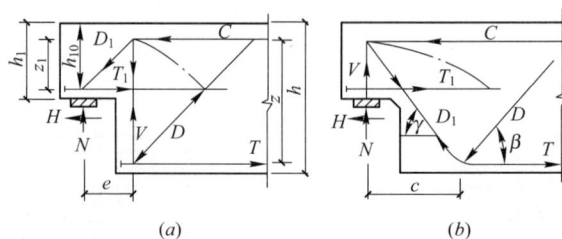

图 3.16.2　缺口梁端部的桁架模型

$$N \leqslant 0.25\beta_c f_c b h_{10} \tag{3.16.1}$$

式中: N——梁端部支座反力设计值;

$\quad\quad \beta_c$——混凝土强度影响系数,当混凝土强度等级不超过 C50 时,取 $\beta_c = 1.0$;当混凝土强度等级为 C80 时,取 $\beta_c = 0.8$;其间按线性内插法确定;

$\quad\quad h_{10}$——缺口梁端部截面的有效高度。

二、缺口梁端部的配筋计算

1. 根据缺口梁端部的配筋形式，其配筋计算采用以下两种桁架模型。

(1) 吊筋形式采用图 3.16.2(a) 的计算模型，其内力按下列公式计算，并近似取 $z_1 = 0.85h_{10}$。

$$V = N \tag{3.16.2}$$

$$T_1 = \frac{Ne}{z_1} + H \tag{3.16.3}$$

$$e = a + h_1/4 \tag{3.16.4}$$

$$D_1 = N\sqrt{1 + \left(\frac{e}{z_1}\right)^2} \tag{3.16.5}$$

(2) 斜筋形式采用图 3.16.2(b) 的计算模型，其内力按下列公式计算，并取 $\gamma \leqslant 45°$，$z_1 = 0.85h_{10}$。

$$D_1 = \frac{N}{\sin\gamma} \tag{3.16.6}$$

$$T_1 = \frac{Ne}{z_1} + H \tag{3.16.7}$$

2. 缺口梁端部的配筋构造可采用图 3.16.3(a) 的吊筋形式或图 3.16.3(b) 的吊筋和斜筋形式。实际工程设计中，多采用(b)的构造形式。

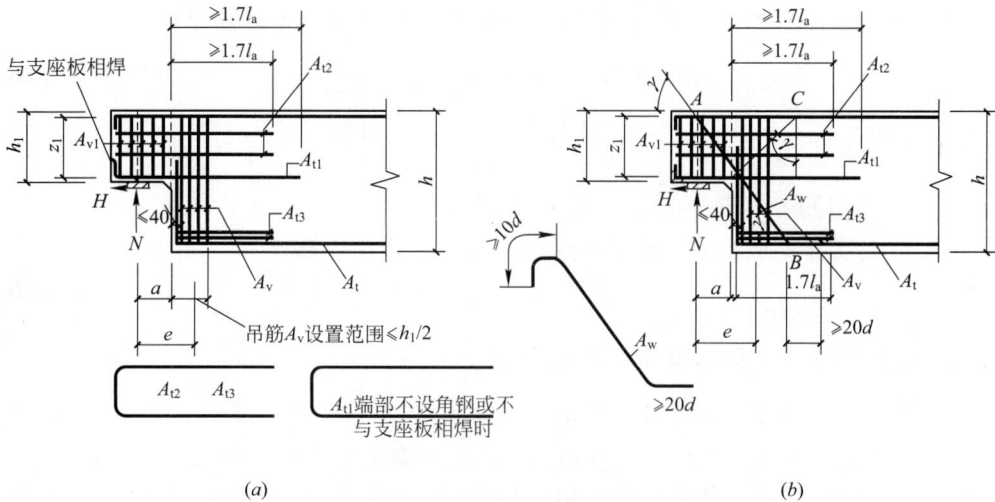

图 3.16.3 缺口梁端部的配筋构造

(a) 吊筋 A_v、A_{v1}；(b) 吊筋 A_v、A_{v1} 及斜筋 A_w

3. 缺口梁端部的配筋计算：

(1) 吊筋形式，缺口梁端部的配筋按下列公式计算：

$$A_v = \frac{1.2N}{f_{yv}} \tag{3.16.8}$$

$$A_{t1} = \frac{Ne}{0.85f_y z_1} + \frac{1.2H}{f_y} \tag{3.16.9}$$

为了防止变断面处的裂缝开展，A_{t1}、A_{t2}宜满足下式的要求：

$$A_{t1} = \frac{Ne}{0.85 f_y z_1} + \frac{1.2H + 0.5N}{f_y} \qquad (3.16.10)$$

$$A_{t2} = 0.5 A_{t1} \qquad (3.16.11)$$

A_{t2}钢筋的直径不宜太粗，配筋时宜用较细直径的钢筋和较小的钢筋间距。

$$A_{v1,max} = \frac{1.2N - 0.7 b h_{10} f_t}{f_{yv}} \qquad (3.16.12)$$

由于A_{t2}对端部挑出部分的裂缝的控制较为有利，故A_{v1}的面积可适当减小，但不能小于：

$$A_{v1,min} \geqslant 0.5 \frac{1.2N - 0.7 b h_{10} f_t}{f_{yv}} \qquad (3.16.13)$$

同时也不能小于$0.24 b h_1 f_t / f_{yv}$，间距$\leqslant 100mm$。

式中：f_y——纵筋A_{t1}及水平腰筋A_{t2}的抗拉强度设计值（MPa）；

f_{yv}——吊筋A_v及箍筋A_{v1}的抗拉强度设计值（MPa）；

f_t——混凝土的抗拉强度设计值；

1.2——结构构件的重要性系数。

（2）吊筋及斜筋形式如图3.16.3(b)，A_{t1}、A_{t2}、A_v、A_{v1}仍按上述计算公式确定而忽略A_w的有利作用，A_w的计算按图3.16.3(b)所示，先自A点起确定A_w向下弯的角度γ至B点，然后自梁缺口变断面交点处做垂直于A_w的线延伸相交于C点，忽略水平钢筋A_{t1}及竖向钢筋A_v、A_{v1}对C点产生的力矩，则斜筋A_w按下列公式计算：

$$Hz_1 + N(a + z_1 \tan\gamma) = A_w f_y \frac{z_1}{\cos\gamma} \qquad (3.16.14)$$

$$A_w = \frac{\cos\gamma [Hz_1 + N(a + z_1 \tan\gamma)]}{f_y z_1} \qquad (3.16.15)$$

计算所得的斜筋若小于$2\phi14$时，则取$\geqslant 2\phi14$。

（3）缺口梁端部支承面的局部受压承载力按下列公式计算：

$$N \leqslant 1.35 \beta_c \beta_l f_c A_l \qquad (3.16.16)$$

式中：β_l——局部受压承载力提高系数，$\beta_l = \sqrt{\dfrac{A_b}{A_l}}$；

β_c——混凝土强度影响系数，当混凝土强度等级不超过 C50 时，β_c取 1.0；当混凝土强度等级为 C80 时，β_c取 0.8；其间按线性内插法确定；

A_b——局部受压的计算底面积，可由局部受压面积与计算底面积按同心、对称的原则确定；

A_l——梁端局部受压面积。

当计算中不满足公式(3.16.16)时，应提高混凝土强度或加大梁端局部受压面积。

三、缺口梁端部的配筋构造

纵筋A_{t1}应满足$0.2\% b h_0$和$45 f_t / f_y \% b h_0$中的较大值。

纵筋A_{t1}端部应与预埋钢板焊牢，当端部不设钢板（或角钢）或不与钢板相焊时，应做成 U 形；A_{t2}（为 U 形）布置在靠近A_{t1}的$h_1/4$范围内。A_{t1}及水平腰筋A_{t2}应伸过变断面处至少$1.7 l_a$。斜筋A_w自 A 点向下弯，A_w在受压区的锚固长度应$\geqslant 10d$，在受拉区的锚固长度应≥20d。箍筋 A_v 及 A_{v1} 应做成封闭式，离梁边的距离不应超过 40mm，A_v 应配置在 $h/4$（或 $h_1/2$）的范围内；A_{v1} 不能少于 3 根，且最后一根箍筋位于角区附近（如图 3.16.3）。

A_t 钢筋不应采用较粗（根数以满足梁底钢筋的最小间距为准）直径的钢筋，端部做 90° 直弯钩锚入挑出部分内≥10d。水平腰筋 A_{t3}（为 U 形）的截面面积近似取 $A_t/3$，宜选用较小直径的钢筋，靠 A_t 分层布置以确保斜压杆 D 的可靠作用，并起到加强 A_t 的锚固作用。A_{t3} 的直线长度取 $1.7l_a$，分别见图 3.16.2 及图 3.16.3。

四、计算实例

【例题 3-4】 如图 3.16.4 所示缺口梁，梁宽 $b=400$mm，梁高 $h=700$mm；$h_1=a_1=350$mm。梁底面反力设计值 $N=280$kN，$H=60$kN。构件所处环境类别为一类，混凝土强度采用 C30，钢筋采用 HRB400（Φ），箍筋采用 HPB300（ϕ），受拉区纵筋 A_t 为 5Φ25。

求：梁端部的配筋构造

【解】 根据环境类别，梁的钢筋保护层厚度取 20mm。

梁端部采用吊筋 A_v 及斜筋 A_w 的配筋形式。

$$z_1=0.85h_{10}=0.85\times310=263.5\text{mm};$$

由式（3.16.4）：$e=a+h_1/4=200+350/4=287.5$mm。

由式（3.16.1）：$N\leqslant0.25\beta_c f_c bh_{10}$

$$280000<0.25\times1\times14.3\times400\times310=443300\text{N} \quad 满足要求$$

由式（3.16.10）：
$$A_{t1}=\frac{Ne}{0.85f_y z_1}+\frac{1.2H+0.5N}{f_y}$$
$$=\frac{280000\times287.5}{0.85\times360\times263.5}+\frac{1.2\times60000+0.5\times280000}{360}$$
$$=1587\text{mm}^2$$

选用 8Φ16，$A_{t1}=1608\text{mm}^2>0.2\%bh_0=248\text{mm}^2>45f_t/f_y\%bh_0=222\text{mm}^2$

由式（3.16.11）：$A_{t2}=0.5A_{t1}$
$$=0.5\times1587=794\text{mm}^2$$

选用 8Φ12，$A_{t2}=905\text{mm}^2$

由式（3.16.8）：$A_v=\dfrac{1.2N}{f_{yv}}=\dfrac{1.2\times280000}{270}=1244\text{mm}^2$

选用四道四肢箍：ϕ10@50，16ϕ10，$A_v=1256\text{mm}^2$

A_{v1} 计算，由式（3.16.12）：$A_{v1,max}=\dfrac{1.2N-0.7bh_{10}f_t}{f_{yv}}=\dfrac{1.2\times280000-0.7\times400\times310\times1.43}{270}$
$$=785\text{mm}^2$$

选用四道四肢箍：ϕ8@90，16ϕ8，$A_{v1}=804\text{mm}^2$

斜筋 A_w 计算，由式（3.16.15）：$A_w=\dfrac{\cos\gamma\left[Hz_1+N(a+z_1\tan\gamma)\right]}{f_y z_1}$

取斜筋与水平筋的夹角 $\gamma=50°$，则：

$$A_w=\frac{\cos50°\left[60000\times263.5+280000(200+263.5\tan50°)\right]}{360\times263.5}=1082\text{mm}^2$$

选用 4Φ20，$A_w=1257\text{mm}^2$

水平腰筋 A_{t3} 取 $A_t/3=2454/3=818\text{mm}^2$，取 8$\Phi$12，$A_{t3}=904\text{mm}^2$，分两层布置。

梁端局部承压验算，梁端底部预埋 $400 \times 250 \times 20$ 钢板，$\beta_c = 1$，$\beta_l = 1$。

由式(3.16.16)：$N \leqslant 1.35 \beta_c \beta_l f_c A_l$

$$280000N < 1.35 \times 1 \times 1 \times 400 \times 300 \times 14.3 = 2316600N$$

梁的配筋图如图 3.16.4。

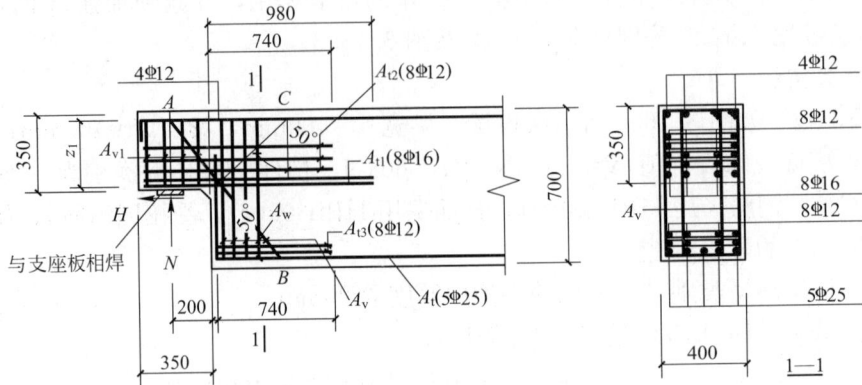

图 3.16.4 缺口梁端部计算配筋图

第十七节 折 梁

随着建筑物立面造型的丰富和多样化，在工程中采用悬挑梯形楼板或悬挑阳台的结构也越来越多，支承这种悬挑梯形楼板的梁多以折梁的形式构成。在竖向荷载作用下，折梁处于弯剪扭受力状态。

一、折梁的种类

平面折梁通常有以下四种种形式(图 3.17.1)。

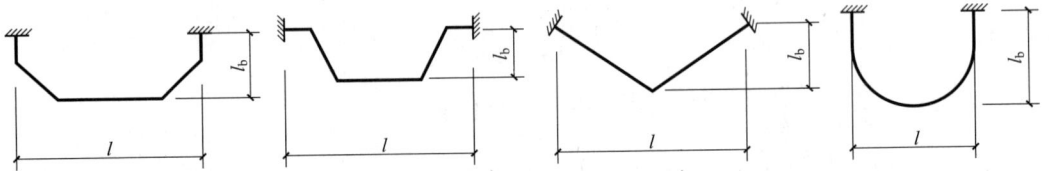

图 3.17.1 平面折梁的常见形式

二、折梁的结构布置

根据建筑功能和平、立面的造型要求，折梁可以间隔布置，也可连续布置(图 3.17.2)，但其支承应可靠。

三、折梁的断面和配筋构造

当折梁支承在框架柱上时，应将支座处的纵向钢筋按受拉钢筋锚固长度的要求可靠地锚入框架柱或框架梁内。

当折梁在砌体上时，应根据折梁边支座、中间支座的受力情况，按抗倾覆的要求确定埋入砌体内的长度 l_1。l_1 与挑出长度 l_b 之比宜大于 1.2。当挑梁上无砌体时，l_1/l_b 宜$\geqslant 2$。

折梁埋入砌体 l_1 长度范围内的配筋：根据《砌体结构设计规范》的有关要求，纵向受

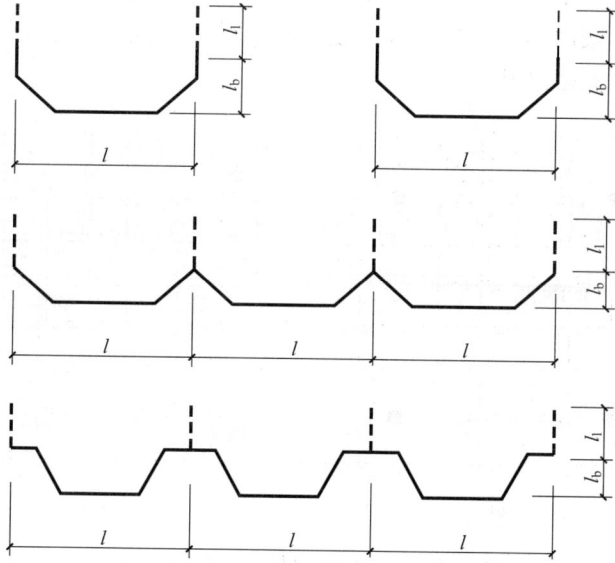

图 3.17.2　折梁的布置形式

力钢筋至少应有 1/2 的钢筋面积伸入梁尾端，其中梁的四角纵向钢筋应全部伸至梁尾端。其余纵向钢筋伸入支座内的长度不应小于 $2l_1/3$，且在该范围内箍筋的直径、间距按支座截面处的要求不变，在靠梁尾约 $l_1/3$ 范围内的箍筋间距可适当放大。

折梁纵向钢筋在转折点处的弯折、锚固：纵向钢筋在内折角处不能弯折而必须切断并注意锚固长度(l_a)；外侧纵向钢筋在外折角处可用通长钢筋弯折配置(图 3.17.3)。

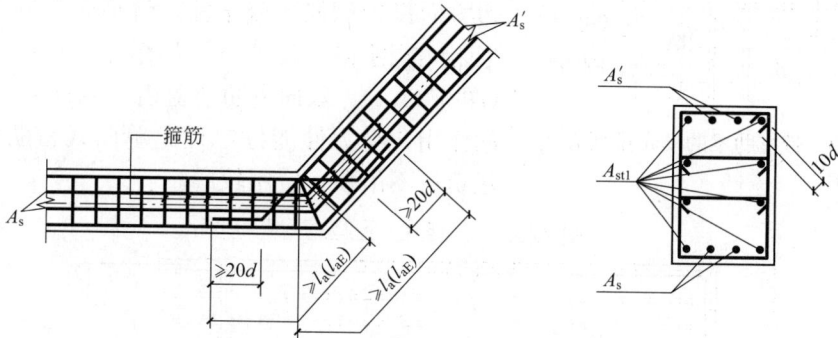

图 3.17.3　折梁转折点处纵向钢筋的锚固

折梁的箍筋宜采用封闭式，在有扭矩 T 作用时，可做成封闭式焊接箍或做成 135°的弯钩，且其末端平直部分的长度应不少于 $10d$。

第十八节　密肋梁和井字梁

一、密肋梁

1. 密肋楼盖由薄板和间距较小(肋距≤1.5m)的肋梁组成(见图 3.18.1 及图 3.18.2)，

一般用于跨度较大，且梁高受到限制的情况。楼盖的浇筑采用重复使用的专用模壳，如钢模壳、玻璃钢模壳、聚丙烯塑料模壳及专用支承工具。为此，确定密肋梁网格布置及肋梁尺寸时，须符合模壳规格尺寸。

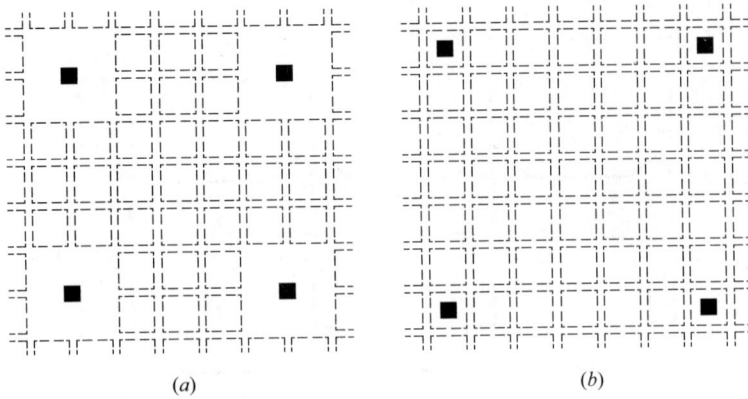

图 3.18.1   全次肋梁的模壳排列方式
(a)正轴形；(b)骑轴形

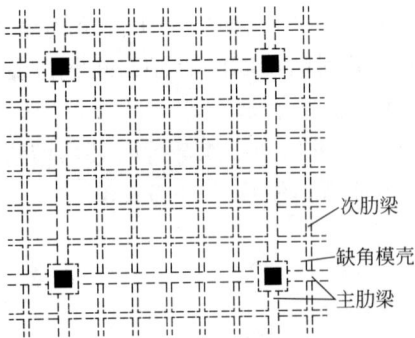

图 3.18.2   带主肋梁的模壳排列方式

密肋楼盖可分为双向密肋楼盖和单向密肋楼盖两种。当建筑的柱网(长边 l_x，短边 l_y)为方形(l_x/l_y =1.0)或接近正方形($l_x/l_y \leqslant 1.5$)时，可采用双向密肋楼盖(图 3.18.1 及图 3.18.2)；当 $l_x/l_y > 1.5$ 时，可采用单向(其跨度不宜大于 6.0m)密肋式楼盖(图 3.18.3)。为了沿两个方向传递荷载，可在长边方向设置钢筋混凝土柱，将平面划分为两个相似形状的网格，使肋梁支承在柱间的主梁上(图 3.18.4)。双向密肋楼盖由于双向共同承受荷载的作用，受力性能好，且比单向式密肋楼盖美观，建筑可不吊顶，应用较广。

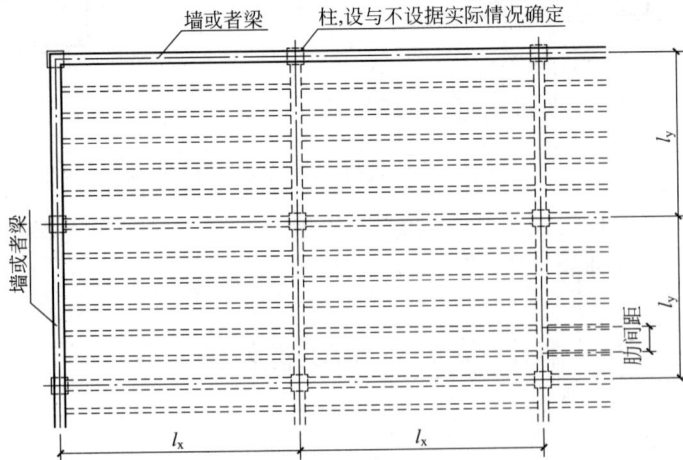

图 3.18.3 $l_x/l_y > 1.5$ 单向密肋式

2. 密肋楼盖的柱距：对于普通混凝土一般不宜大于 9.0m，对于预应力混凝土一般不宜大于 12.0m。

3. 密肋楼盖的模壳多为定型产品，肋梁的间距一般为 0.9～1.5m，确定密肋网格布置及选用肋梁的截面尺寸时必须考虑模壳的规格尺寸。

4. 肋梁的截面尺寸：

(1) 全次肋梁的梁高度均相同，不分主、次肋梁。

图 3.18.4 $l_x/l_y > 1.5$ 时加柱双向式布置

(2) 有主、次肋梁的双向密肋楼盖中一般主肋梁和次肋梁的高度相同。

(3) 根据荷载和刚度等的要求，肋梁的高度 h 与柱网或跨度 l 之比，宜采用：

$$h/l = 1/15 \sim 1/20$$

1) 当荷载较大，如活荷载 $q \geqslant 6.0 \text{kN/m}^2$ 时，h 宜取较大值；

2) 当柱网或跨度较大，如 $l \geqslant 9.0 \text{m}$ 时，h 宜取较大值；

3) 当柱顶周围有与梁高相等的实心板加强时，h 值可略减小，但不应小于 $l/22$；

4) 当采取预应力双向密肋楼盖板时，h 值可适当减小；

5) 梁截面的有效高度 h_0 的取法：当为单层配筋时，$h_0 = h - 40$；当为双层配筋时，$h_0 = h - 65$。计算时尚应按结构的环境类别及钢筋直径对 h_0 的取值进行调整。

密肋梁的截面尺寸可参照图 3.18.5、图 3.18.6 及表 3.18.1 选用。

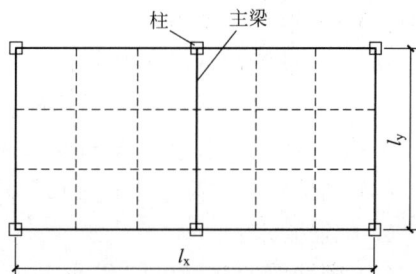

密肋梁截面尺寸

表 3.18.1

密肋梁跨度 L(m)	板厚 h_f(mm)	肋距 l(cm)	肋高 h_1(mm)	肋底宽 b_1(mm)	肋顶宽 b_2(mm)	梁高 h(mm)
≤6.0	50～150	90～150		125	220	400～500
≤7.0	50～150	90～150		125	220	500～550
≤8.0	50～150	90～150		125	250	600
≤9.0	50～150	90～150	肋高 h_1 根据梁高 h 与板厚 h_f 的关系确定	150	250	700
≤10.0	50～150	100～150		150	250	800
≤11.0	50～150	120～150		150	280	900
≤12.0	50～150	120～150		165	280	1000
≤14.0	50～150	120～150		165	280	1000～1100

(4) 肋梁的高宽比一般取 $h/b = 1.8 \sim 2.8$，肋梁的肋底宽与肋高和截面的配筋有关，一般取 125～200mm，最小不宜小于 100mm。

5. 肋梁的截面及配筋要求：

(1) 肋梁的受剪截面应符合以下条件：

$$V \leqslant 0.25 f_c b h_0$$

(2) 肋梁配置箍筋的配箍率 ρ_{sv} 应不小于：

$$\rho_{sv} = \frac{A_{sv}}{bs} \geqslant 0.24 \frac{f_t}{f_{yv}}$$

式中：b——肋梁平均宽度；

　　　h_0——肋梁截面的有效高度；

　　　A_{sv}——配置在同一截面内箍筋各肢的全部截面面积；

　　　s——沿肋梁长度方向箍筋的间距。

（3）当抗震要求高于上述 1)、2)两条时，应按照抗震规范的规定调整。

6. 配筋要求：

（1）密肋梁的配筋可按 T 形截面计算。纵向受力钢筋一般选用 $\phi12 \sim \phi18$，箍筋选用 $\phi4 \sim \phi6$，间距@150～300。在两个方向肋梁相交的格点处，短向的纵向钢筋应设置在长向的纵向钢筋的下面。

（2）密肋梁的梁顶均应配置相当于各自梁底纵向受力钢筋总截面面积的 $1/5 \sim 1/4$ 的纵向通长构造钢筋，以保证在荷载不均匀作用情况下承受负弯矩。

密肋梁的配筋构造可参照图 3.18.5、图 3.18.6 进行。

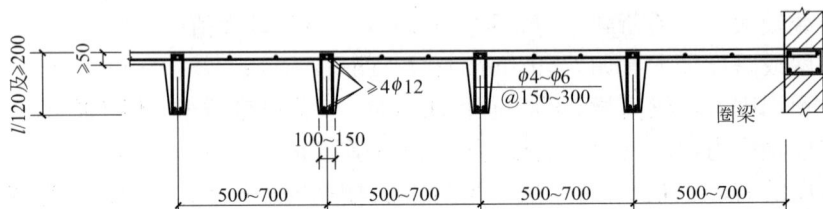

图 3.18.5　密肋梁截面尺寸及配筋形式（一）

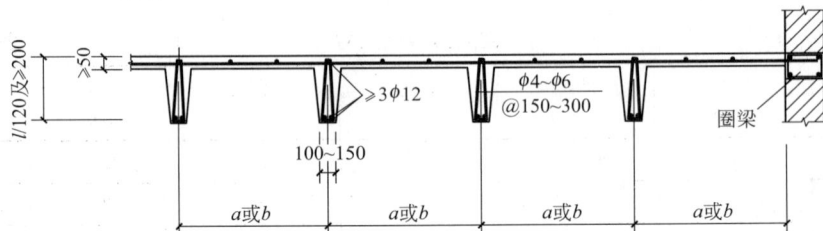

图 3.18.6　密肋梁截面尺寸及配筋形式（二）

（3）位于柱范围内的肋梁的上、下纵向受力钢筋应锚入柱内，锚固长度应满足规范要求。

（4）承受负弯矩的配筋均考虑为单排设置，肋形截面为梯形时承受负弯矩的配筋可布置在梯形截面外的板中，如图 3.18.7 所示。

7. 柱顶周围实心板的配筋和构造：

考虑柱顶周围还有一定的扭矩的作用，实心板部分应按梁的构造配置抗扭箍筋，见图 3.18.8。

8. 板配筋：

密肋梁楼盖中板的厚度最小不应小于 50mm，其配筋一般应根据计算确定，且应满足规范规定的最小配筋率（$\rho \geqslant 0.2bh\%$ 或 $45bhf_t/f_y$ 两者中的较大值）的要求，钢筋直径宜取 $\phi4 \sim \phi10$，钢筋间距不宜大于 200mm。当板厚 $50\text{mm} \leqslant h_f < 70\text{mm}$ 时，在板中可仅配置钢筋间距 $\leqslant 200\text{mm}$ 的单层钢筋网。在柱顶托板的肋网格内，其顶部尚应附加加强钢筋网片。

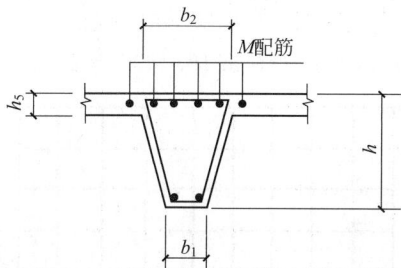

图 3.18.7　负弯矩配筋

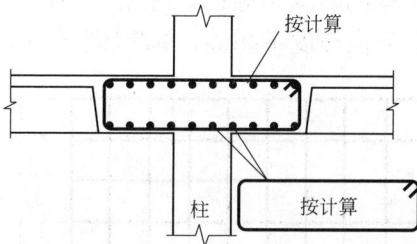

图 3.18.8　柱顶周围实心板配筋构造

9. 密肋梁楼盖预留孔洞的要求：

（1）当需要在板上预留孔洞时，孔洞应预留的肋梁之间的板上，见图 3.18.9，孔洞周边应加强配筋。

（2）当需要在肋上留孔洞，仅可在肋的中部留小孔洞，孔洞直径 d 应小于 $h/3$（见图 3.18.10），孔洞周边应按第十二节规定加强配筋。

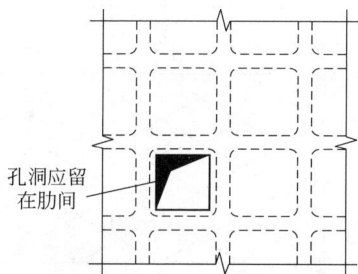

图 3.18.9　板上预留孔洞示意

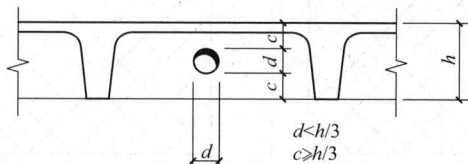

图 3.18.10　密肋梁上预留孔洞示意

二、井字梁

井字式楼、屋盖设计时，不分主梁和次梁，都取相同的梁高值。常用于民用建筑中的门厅、餐厅、会议室和展览大厅等。近年来，在柱距较大、柱网较规整的工业建筑中，也有采用井字式现浇楼板。

1. 井字梁楼盖的柱网、网格和跨度可分为：

（1）方形网格：单跨（图 3.18.11）及连续跨（图 3.18.13）。

（2）矩形网格：单跨（图 3.18.12）及连续跨（图 3.18.14）。

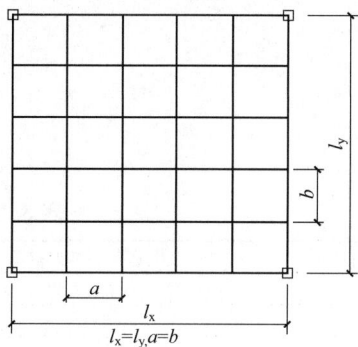

图 3.18.11　单跨（等跨度、等网格）

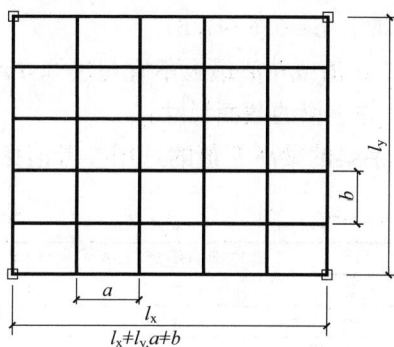

图 3.18.12　单跨（不等跨度、不等网格）

（3）双向跨度相等：单跨（图 3.18.11）$l_x = l_y$；连续跨（图 3.18.13）$l_x = l_y$。

（4）双向跨度不相等：单跨（图 3.18.12）$l_x \neq l_y$；连续跨（图 3.18.14）$l_x \neq l_y$ 或 $l_{x1} \neq l_{x2}$。

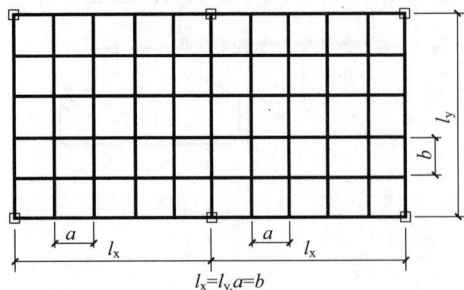

图 3.18.13　连续跨（等跨度、等网格）　　　图 3.18.14　连续跨（不等跨度、不等网格）

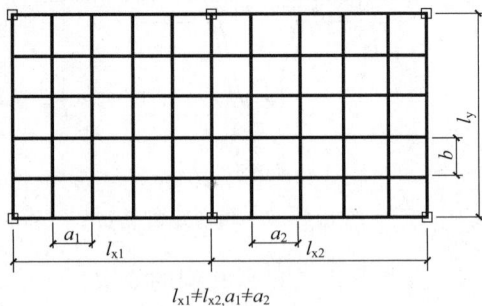

2. 井字梁楼盖的梁的斜交布置方式：

井字梁楼盖的梁的布置根据建筑或美观要求，也可布置为斜交，见图 3.18.15。

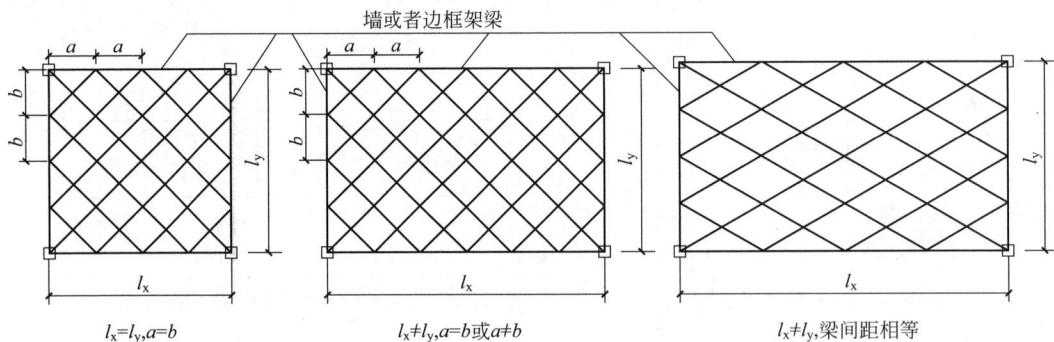

图 3.18.15　井字梁的斜交方式布置

3. 井字式楼盖的设计要求：

（1）平面尺寸布置时纵横两个方向梁的跨度不一定相同；

（2）设计时应尽量控制长跨与短跨之比 $l_x/l_y \leqslant 1.5$。

4. 井字梁之间的间距：

（1）纵横两个方向的井字梁之间的距离常取相等值，即取 $a/b = 1.0$。特殊情况下或必要时可取 $a/b = 0.6 \sim 1.6$。

（2）a 值或 b 值最大不宜超过 3.3m。

5. 井字梁的截面尺寸：

井字梁的梁高 h 值的选用参考值见表 3.18.2。

井字梁的梁高 h 值　　　　　　　　　　　　　　　　　表 3.18.2

序号	梁与梁的距离（m）	正交井字梁梁高 h 值	斜交井字梁梁高 h 值
1	≤2	$h = l/18$	$h = l/20$
2	≤3	$h = l/17$	$h = l/19$
3	>3	$h = l/16$	$h = l/18$

注：l 为井字梁的跨度，$l = l_x$（或 l_y）。设计时根据荷载大小确定取用 l_x 或 l_y。

现浇井字梁，设计时按 T 形截面梁计算。梁宽 b 取梁高的 $h/3 \sim h/4$，但不能小于 200mm。

6. 井字梁的挠度限值：

（1）一般挠度按 $f \leqslant l_0/300$ 取值，l_0 为井字梁的计算跨度。

（2）跨度较大或使用要求较高时，可取 $f \leqslant l_0/400$。

7. 井字梁的配筋构造要求：

（1）井字梁的配筋，在横梁与纵梁交叉点处，短跨方向梁底部的受拉纵向钢筋应放在长跨方向梁底部的受拉纵向钢筋的下面；

（2）在横梁与纵梁交叉点处，两个方向的梁在其上部尚应配置适量的构造负钢筋，以防荷载不均匀分布时可能产生的负弯矩。这种负弯矩钢筋的截面面积一般相当于下部受拉纵向钢筋截面面积的 $1/4 \sim 1/5$。所以要求长跨梁的负筋应放在短跨梁的负筋上面；

（3）不论长跨梁和短跨梁，其箍筋内净高度都等于 $(h-2c-2d)$mm，h 为梁高，c 为最外层钢筋的保护层厚度，d 为箍筋直径；

（4）为解决纵横两个方向井字梁端部剪力过大，当箍筋不能满足端部剪力、又不可能增大梁断面的前提下，把端部最大剪力值减去箍筋承担的剪力，余下的剪力，采用增加弯起钢筋（鸭筋）来解决，如图 3.18.16(a)所示；

（5）当梁端实际受到边梁的部分约束但按简支梁计算时，则各梁端支座上部按如图 3.19.16(b)所示增加构造负筋。

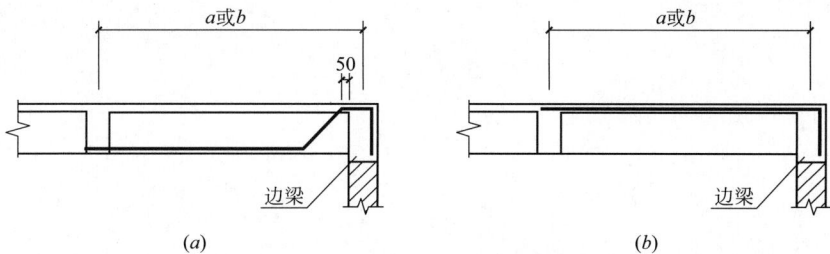

图 3.18.16　井字梁端支座构造
(a)增加抗剪鸭筋；(b)增加构造负筋

参 考 文 献

［3-1］　中国有色工程设计研究总院．混凝土结构构造手册．北京：中国建筑工业出版社，2003 年 8 月．

［3-2］　【美】A. H. 尼尔逊 著．过镇海，方鄂华，庄崖屏，等译校．混凝土结构设计（第 12 版）．北京：中国建筑工业出版社，2003 年 9 月．

［3-3］　建设部工程质量安全监督与行业发展司，中国建筑标准设计研究所．全国民用建筑工程设计技术措施·结构．北京：中国计划出版社，2003 年 2 月．

［3-4］　国振喜，徐建．建筑结构构造规定及图例．北京：中国建筑工业出版社，2004 年 8 月．

［3-5］　国振喜．简明钢筋混凝土结构构造手册．北京：机械工业出版社，2002 年 9 月．

［3-6］　《砌体结构设计规范》GB 50003—2011．北京：中国建筑工业出版社

［3-7］　《建筑抗震设计规范》GB 50011—2011．北京：中国建筑工业出版社

［3-8］　中华人民共和国行业标准．《机械工厂结构设计规范》JBJ 8—97．北京：机械工业出版社，1997 年．

［3-9］　本书编写组．建筑结构设计资料集③混凝土结构分册．北京：中国建筑工业出版社，2007 年 2 月．

[3-10] 中国工程建设标准化协会标准《钢筋混凝土深梁设计规程》CECS39：92. 北京：中国建筑工业出版社，1993 年.

[3-11] 【西德】F. 莱昂哈特 E. 门尼希 著. 程积高 译. 钢筋混凝土结构配筋原理. 北京：水利电力出版社，1984.

[3-12] 贡金鑫，魏巍巍，胡家顺 编著. 中美欧混凝土结构设计. 北京：中国建筑工业出版社，2007 年 2 月.

[3-13] 陈一马，陈莹编著. 钢筋混凝土折梁结构设计手册. 北京：机械工业出版社，1995.

[3-14] 建筑结构设计手册编委会，李培林，吴学敏 合著. 混凝土密肋及井式楼盖设计手册. 北京：中国建筑工业出版社，1994 年 7 月.

[3-15] 本手册编委会. 建筑标准. 规范. 资料速查系列手册-混凝土结构. 北京：中国计划出版社，2007 年 4 月.

第四章 单层厂房柱

第一节 铰接排架柱的选型与截面尺寸

一、柱的截面形式

单层厂房铰接排架柱一般采用预制柱，柱顶与屋架铰接，柱根与杯口基础固接，柱的截面形式可根据其截面高度 h 确定：

1. 当 $h \leqslant 800\text{mm}$ 时，宜采用矩形截面；

2. 当 $800 < h \leqslant 1400\text{mm}$ 时，宜采用工字形截面；

3. 当 $h > 1400\text{mm}$ 时，宜采用双肢柱（设防烈度 8 度和 9 度时，宜采用斜腹双肢柱）；

4. 当抗震设防烈度为 8 度和 9 度时，不得采用薄壁工字形柱、腹板开孔工字形柱、预制腹板的工字形柱和管柱。

注：工字形截面柱，由于施工、预制和吊装的原因、在工程中已很少采用，大截面混凝土柱已逐步被钢柱、双肢柱替代。

二、柱的截面尺寸

1. 柱距为 6m 的厂房柱和露天栈桥柱的截面最小尺寸可按表 4.1.1 确定，此时一般可不做变形验算。

6m 柱距实腹柱截面最小尺寸　　　　　　　　　　　　　　　表 4.1.1

项目	简图	分项		截面高度 h	截面宽度 b
无吊车厂房		单跨		$\geqslant H/18$	$\geqslant H/30$ 并 $\geqslant 300\text{mm}$
		多跨		$\geqslant H/20$	
有吊车厂房		$Q \leqslant 10\text{t}$		$\geqslant H_t/14$	$\geqslant H_t/25$ 并 $\geqslant 300\text{mm}$
		$Q = 15 \sim 20\text{t}$	$H_t \leqslant 10\text{m}$ $10\text{m} < H_t \leqslant 12\text{m}$	$\geqslant H_t/11$ $\geqslant H_t/12$	
		$Q = 30\text{t}$	$H_t \leqslant 10\text{m}$ $H_t \geqslant 12\text{m}$	$\geqslant H_t/10$ $\geqslant H_t/11$	
		$Q = 50\text{t}$	$H_t \leqslant 11\text{m}$ $H_t \geqslant 13\text{m}$	$\geqslant H_t/9$ $\geqslant H_t/10$	
		$Q = 75 \sim 100\text{t}$	$H_t \leqslant 12\text{m}$ $H_t \geqslant 14\text{m}$	$\geqslant H_t/8$ $\geqslant H_t/8.5$	

续表

项目	简图	分项		截面高度 h	截面宽度 b
露天栈桥		$Q\leqslant10t$		$H_t/10$	$\geqslant H_l/25$ 并$\geqslant500mm$
		$Q=15\sim30t$	$H_t\leqslant12m$	$H_t/8$	
		$Q=50t$	$H_t\leqslant12m$	$H_t/7$	

注：1. 表中 Q 为吊车起重量，H 为基础顶面至柱顶的总高度，H_t 为基础顶面至吊车梁顶的高度，H_l 为基础顶面至吊车梁底的高度；

2. 当采用平腹杆双肢柱时，截面高度 h 应乘以系数1.1，采用斜腹杆双肢柱时，截面高度 h 应乘系数1.05；

3. 表中有吊车厂房的柱截面高度系按吊车工作级别 A_6、A_7 考虑的；当吊车工作级别为 $A_1\sim A_5$ 时，可乘系数0.95；

4. 当厂房柱距为12m时，柱的截面尺寸宜乘以系数1.1；

5. 柱顶端为不动支点（复式排架如带有贮仓）时，有吊车厂房的柱截面可按下列情况确定：

当 $Q\leqslant10t$ 时，h 为 $\dfrac{H_t}{16}\sim\dfrac{H_t}{18}$，$b\geqslant\dfrac{H}{30}$，且 $b\geqslant300mm$；

当 $Q>10t$ 时，h 为 $\dfrac{H_t}{14}\sim\dfrac{H_t}{16}$，$b\geqslant\dfrac{H}{25}$，且 $b\geqslant400mm$。

6. 山墙柱、壁柱的上柱截面尺寸$(h\times b)$不宜小于$350mm\times300mm$，下柱截面尺寸应满足下列尺寸要求：

截面高度 $h\geqslant\dfrac{1}{25}H_{xl}$，且 $h\geqslant600mm$（中、轻型厂房中 h 允许适当减小）；

截面宽度 $b\geqslant\dfrac{1}{30}H_{yl}$，且 $b\geqslant350mm$。

式中，H_{xl} 为自基础顶面至屋架或抗风桁架与壁柱较低联结点的距离，H_{yl} 为柱宽方向两支点间的最大间距。

壁柱与屋架及基础的联结点均可视为柱宽方向的支点；在柱高范围内，与柱有钢筋拉结的墙梁及与柱刚性连接的大型墙板亦可视为柱宽方向的支点。

2. 单层厂房常用柱截面尺寸，也可按表4.1.2至表4.1.4选用。

3. 抗震设防时，大柱网厂房柱截面宜采用正方形或接近正方形的矩形，边长不宜小于柱全高的$1/18\sim1/16$。

三、柱的侧向变形允许值

设有 A_7、A_8 级吊车的厂房柱和设有中级和重级工作制吊车的露天栈桥柱，在吊车梁或吊车桁架的顶标高处，由一台最大吊车水平荷载（按荷载规范取值）所产生的侧向变形值，不应超过表4.1.5所规定的水平位移允许值。

四、工字形柱的外形构造尺寸

工字形柱的外形构造尺寸非抗震时宜满足图4.1.1中规定的要求。当抗震设防时，柱底至室内地坪以上500mm范围内和阶形柱的上柱宜采用矩形截面。

五、露天栈桥柱与吊车梁的连接形式

1. 常用的连接形式如图4.1.2、图4.1.3所示（走道板栏杆未表示）。

2. 当柱截面高度 $h<1200mm$，且不设走道板或仅设单侧走道板时，也可采用图4.1.3的形式。

6m柱距厂房钢筋混凝土柱的截面尺寸选用表(mm)

表 4.1.2

吊车起重量(t)	轨顶标高(m)	柱截面简图	边柱 上柱 无吊车走道	边柱 上柱 有吊车走道	边柱 下柱 实腹柱、工字形柱及平腹杆双肢柱	边柱 下柱 斜腹杆双肢柱	中柱 上柱 无吊车走道	中柱 上柱 有吊车走道	中柱 下柱 实腹柱、工字形柱及平腹杆双肢柱	中柱 下柱 斜腹杆双肢柱
5	6~8.4	矩形	矩400×400		矩400×600 ($b×h$)		矩400×400		矩400×600 ($h×b$)	
10	8.4	工字形	矩400×400	矩400×800	1400×800×150×120 ($b×h×h_i×b_i$)		矩400×600	矩400×800	1400×800×150×120 ($b×h×h_i×b_i$)	
10	10.2		矩400×400	矩400×800	1400×800×150×120		矩400×600	矩400×800	1400×800×150×120	
10	12		矩500×400	矩500×800	1500×1000×150×120		矩500×600	矩500×800	1500×1000×150×120	
15~20	8.4		矩400×400	矩400×800	1400×800×150×120		矩400×600	矩400×800	1400×800×150×100	
20	10.2		矩400×400	矩400×800	1400×1000×150×120		矩400×600	矩400×800	1400×1000×150×120	
20	12		矩500×400	矩500×800	1500×1000×200×120		矩500×600	矩500×800	1500×1000×200×120	
30	10.2	工字形	矩500×500	矩500×800	1500×1200×150×120		矩500×600	矩500×800	1500×1200×150×120	
30	12		矩500×500	矩500×800	1500×1200×200×120		矩500×600	矩500×800	1500×1200×200×120	
30	14.4		矩600×600	矩600×800	1600×1200×200×120		矩600×600	矩600×800	1500×1200×200×120	
50	10.2	双肢	矩500×600	矩500×800	双600×1400×300 ($b×h×h_c$)	双600×1600×300	矩500×600	矩500×800	双600×1400×300 ($b×h×h_c$)	双500×1600×300
50	12		矩500×600	矩500×800	双600×1600×300	双700×1800×300	矩500×600	矩500×800	双500×1600×300	双500×1600×300
50	14.4		矩600×600	矩600×800	双600×1600×300	双700×1800×300	矩600×600	矩600×800	双500×1600×300	双600×1600×300
75	12		矩600×700	矩600×900	双600×1600×300	双600×1600×300	矩600×700	矩600×900	双600×1600×300	双600×1800×300
75	14.4		矩600×900	矩600×900	双600×1800×300	双600×1800×300	矩600×900	矩600×900	双600×1800×300	双600×2000×300
75	16.2		矩700×900	矩700×900	双700×1800×300	双700×1800×350	矩700×900	矩700×900	双600×2000×300	双600×2000×300
100	12		矩600×900	矩600×900	双600×2000×300	双600×1800×300	矩600×900	矩600×900	双600×2000×300	双600×2000×350
100	14.4		矩600×900	矩600×900	双600×2000×300	双600×2000×350	矩600×900	矩600×900	双600×2000×350	双600×2000×350
100	16.2		矩700×900	矩700×900	双700×2000×350	双700×2000×350	矩700×900	矩700×900	双700×2200×350	双700×2000×350

注：当边柱的上柱设有吊车安全走道人孔时，可将原上柱截面高度加大400mm以满足人员通行高度，也可以不加大柱截面高度，设置宽度较柱截面高度大400mm安全通行走道板，人员绕柱内侧通行。以上两种做法均应校核吊车轨道中心到柱内边走道板边的距离，以确保吊车通行。必要时柱网定位可增加插入距。

表 4.1.3

12m柱距厂房钢筋混凝土柱的截面尺寸选用表(mm)

吊车起重量(t)	轨顶标高(m)	柱截面简图	边柱 上柱 无吊车走道 ($b×h$)	边柱 上柱 有吊车走道	边柱 下柱 工字形柱及平腹杆双肢柱 ($b×h×h_i×b_i$)	边柱 下柱 斜腹杆双肢柱	中柱 上柱 无吊车走道	中柱 上柱 有吊车走道	中柱 下柱 工字形柱及平腹杆双肢柱 ($b×h×h_i×b_i$)	中柱 下柱 斜腹杆双肢柱
10	6~8.4	矩形	矩400×400		1400×700×150×120		矩500×600	矩500×800	1500×1000×150×120	
	8.4		矩400×400	400×800	1400×1000×150×120		矩500×600	矩500×800	1500×1100×200×120	
	10.2		矩400×400	400×800	1400×1000×150×120		矩500×600	矩500×800	1500×1100×200×120	
	12		矩500×400	500×800	1500×1000×150×120		矩500×600	矩500×800	1500×1100×200×120	
15~20	8.4	工字形	矩400×400	400×800	1400×1000×150×120		矩500×600	矩500×800	1500×1200×200×120	
	10.2		矩500×400	500×800	1500×1100×150×120		矩500×600	矩500×800	双500×1600×300	双500×1600×300
	12		矩500×400	500×800	1500×1100×200×120		矩500×600	矩500×800	双500×1600×300	双500×1600×300
30	10.2		矩500×500	500×800	1500×1100×200×120		矩500×600	矩500×800	双500×1600×300	双500×1600×300
	12		矩500×500	500×800	1500×1200×200×120		矩500×600	矩500×800	双500×1600×300	双500×1600×300
	14.4		矩600×500	600×900	双600×1300×300		矩600×600	矩600×800	双600×1600×300	双600×1600×300
50	10.2	双肢	矩500×600	500×900	双500×1400×300		矩600×700	矩600×900	双600×1800×300	双600×1800×300
	12		矩500×600	500×900	双500×1400×300		矩600×700	矩600×900	双600×1800×300	双600×1800×300
	14.4		矩600×600	600×900	双600×1600×300	双600×1600×300	矩600×700	矩600×900	双600×1800×300	双600×1800×300
75	12			矩600×900	双600×1800×300 ($b×h×h_c$)	双600×1800×300	矩600×700	矩600×900	双600×2000×350 ($b×h×h_c$)	双600×2000×300
	14.4			矩600×900	双600×2000×350	双600×2000×350	矩600×700	矩600×900	双600×2000×350	双600×2000×350
	16.2			矩700×900	双700×2000×350	双700×2000×350	矩700×700	矩700×900	双700×2200×350	双700×2200×350
100	12			矩600×900	双600×2000×350	双600×2000×350	矩600×700	矩600×900	双600×2200×350	双600×2200×350
	14.4			矩600×900	双600×2200×350	双600×2200×350	矩600×700	矩600×900	双600×2200×350	双600×2200×350
	16.2			矩700×900	双700×2200×350	双700×2200×400	矩700×700	矩700×900	双700×2400×400	双700×2400×400

注：同表 4.1.2 注。

露天栈桥钢筋混凝土柱截面尺寸选用表（mm）　　　　　　表 4.1.4

吊车起重量 （t）	轨顶标高 （m）	6m 柱距	9m 柱距	12m 柱距
5	8 9 10	I400×800×150×120 I400×900×150×120 I400×1000×150×120	I400×800×150×120 I400×900×150×120 I400×1000×200×120	I400×1000×150×120 I400×1000×150×120 I400×1100×200×120
10	8 9 10	I400×900×150×120 I400×1000×150×120 I400×1000×200×120	I400×1000×150×120 I400×1100×200×120 I500×1100×200×120	I400×1100×150×120 I400×1100×200×120 I500×1100×200×120
15	8 9 10 12	I400×1000×150×120 I500×1000×200×120 I500×1100×200×120 双 500×1300×250	I500×1100×200×120 I500×1100×200×120 I500×1200×200×120 双 500×1300×250	I500×1100×200×120 I500×1100×200×120 I500×1200×200×120 双 500×1300×250
20	8 9 10 12	I400×1000×150×100 I500×1000×200×120 I500×1100×200×120 双 500×1300×250	I500×1100×200×120 I500×1100×200×120 I500×1200×200×120 双 500×1300×250	I500×1200×200×120 I500×1200×200×120 双 500×1300×250 双 500×1400×250
30	8 9 10 12	I500×1000×200×120 I500×1100×200×120 I500×1200×200×120 双 500×1300×250	I500×1100×200×120 I500×1200×200×120 双 500×1300×250 双 500×1600×250	I500×1100×200×120 双 500×1300×250 双 500×1400×250 双 500×1600×250
50	10 12	双 500×1400×250 双 600×1600×300	双 500×1600×300 双 600×1800×300	双 600×1600×350 双 600×1800×350

柱水平位移允许值　　　　　　表 4.1.5

项　次	变形的种类	按平面结构图形计算	按空间结构图形计算
1	厂房柱的横向位移	$H_c/1250$	$H_t/2000$
2	露天栈桥柱的横向位移	$H_c/2500$	—
3	厂房和露天栈桥柱的纵向位移	$H_c/4000$	—

注：1. H_c 为基础顶面至吊车梁顶面的高度；

2. 计算厂房或露天栈桥柱的纵向位移时，可假定吊车的纵向水平制动力分配在温度区段内所有柱间支撑或纵向排架上；

3. 在设有 A8 级吊车的厂房中，厂房柱的水平位移允许值宜减小 10%；

4. 在设有 A6 级吊车的厂房柱的纵向位移宜符合表中的要求。

六、双肢柱的外形构造尺寸

1. 双肢柱的柱肢中心应尽量与吊车梁中心重合；如不能重合，吊车梁中心也不宜超出柱肢外缘。斜腹杆双肢柱的斜腹杆与水平面的夹角 β 宜为 45°左右，一般取 35°～55°，且不大于 60°。设有吊车梁的柱肢上端应为斜腹杆的设置起点，如两柱肢均设有吊车梁时，则以承受吊车荷载较大的柱肢为斜腹杆的设置起点，见图 4.1.4。

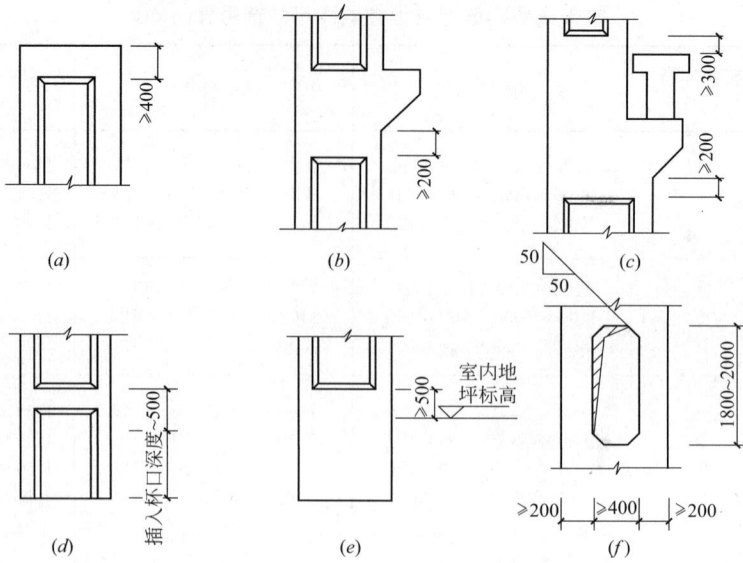

图 4.1.1   工字形柱的外形构造尺寸

(a)柱顶；(b)、(c)牛腿上、下部；(d)柱根；(e)用于抗震设防或腹板较薄处；(f)入孔

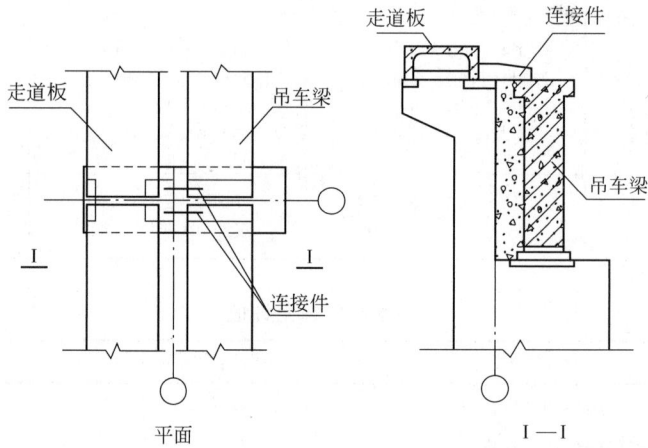

图 4.1.2   吊车梁(露天吊车)与柱连接

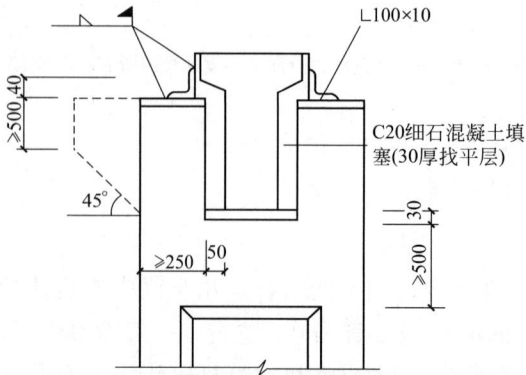

图 4.1.3   吊车梁与柱连接

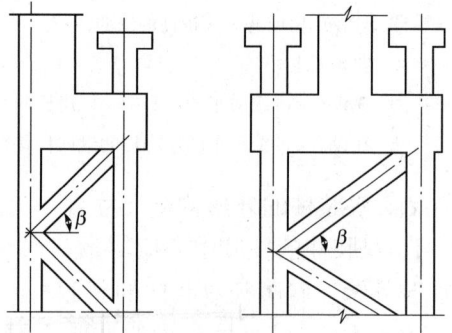

图 4.1.4   双肢柱的外形构造

2. 斜腹杆双肢柱的截面尺寸如图 4.1.5 所示。

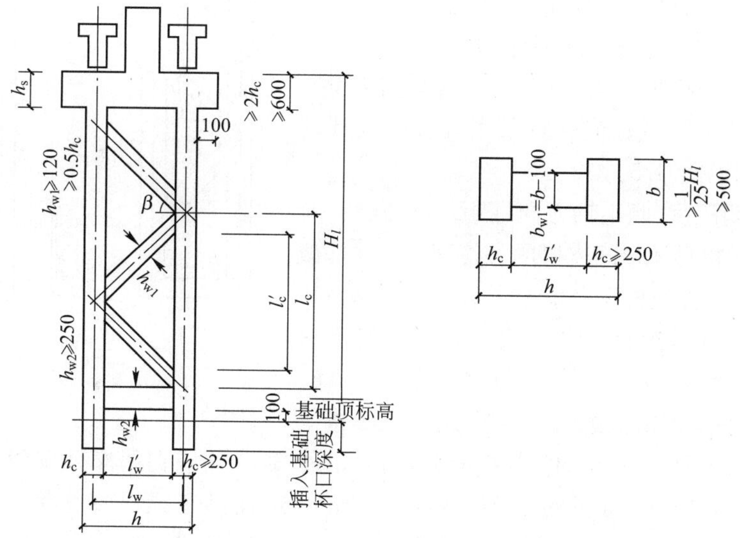

图 4.1.5　斜腹杆双肢柱的截面尺寸(分肢插入杯口)

3. 平腹杆双肢柱的截面尺寸见图 4.1.6 所示。腹杆刚度 K_{w_1} ($K_{w_1} = I_w / l'_w$) 宜大于肢杆刚度 K_c ($K_c = I_c / l'_c$) 的 5 倍，且 $h_{w_1} \geqslant 400\text{mm}$。

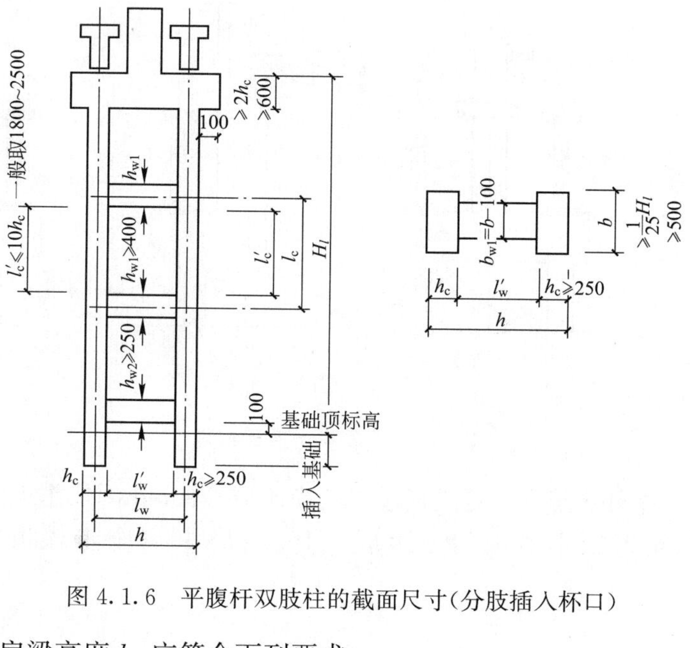

图 4.1.6　平腹杆双肢柱的截面尺寸(分肢插入杯口)

4. 双肢柱的肩梁高度 h_s 应符合下列要求：

(1) $h_s \geqslant 2h_c$，且 $\geqslant 600\text{mm}$；

(2) 应满足柱肢及上柱内纵向受力钢筋锚固长度的要求；

肩梁刚度 $K_s \left(K_s = \dfrac{I_s}{l'_w} \right)$ 宜为肢杆刚度 $K_c \left(K_c = \dfrac{I_c}{l'_c} \right)$ 的 20 倍以上。

5. 双肢柱上段柱开设人孔时，人孔的底标高宜与吊车轨顶面相近。肩梁下段设置牛腿时，牛腿区段范围内的柱宜为实腹矩形截面。

6. 双肢柱的柱脚，当基础设计为单杯口时，应采用图 4.1.7 的形式；当柱脚采用分肢插入基础杯口时，应采用图 4.1.5 或 4.1.6 形式。

七、大柱网厂房（两主轴方向柱距均≥12m）

无桥式起重机且无柱间支撑的大柱网厂房，柱截面宜采用正方形，柱边长不宜小于柱全高的 1/18～1/16。重屋盖厂房地震组合柱轴压比，6、7 度时不宜大于 0.8，8 度时不宜大于 0.7，9 度时不应大于 0.6。

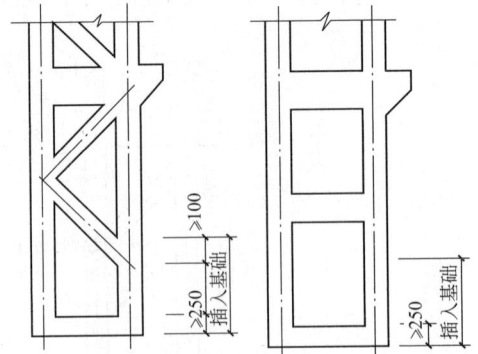

图 4.1.7 柱脚形式（合肢插入杯口）

八、吊车安全走道板的设置应满足以下要求

1. 工作级别为 A_6～A_8 的吊车及露天吊车的栈桥，均应在吊车两侧设置安全走道板。

2. 工作级别为 A_1～A_5 的吊车，轨高>8m 时宜在吊车操纵室一侧设置安全走道板，另一侧宜设置长度≥12m 的检修走道板，或在山墙处各设一个长度为厂房跨度的检修平台。

3. 工作级别为 A_1～A_5 的吊车，轨高≤8m 时，可不设走道板，但在上吊车梯处吊车两侧宜设置长度≥12m 的检修走道板。

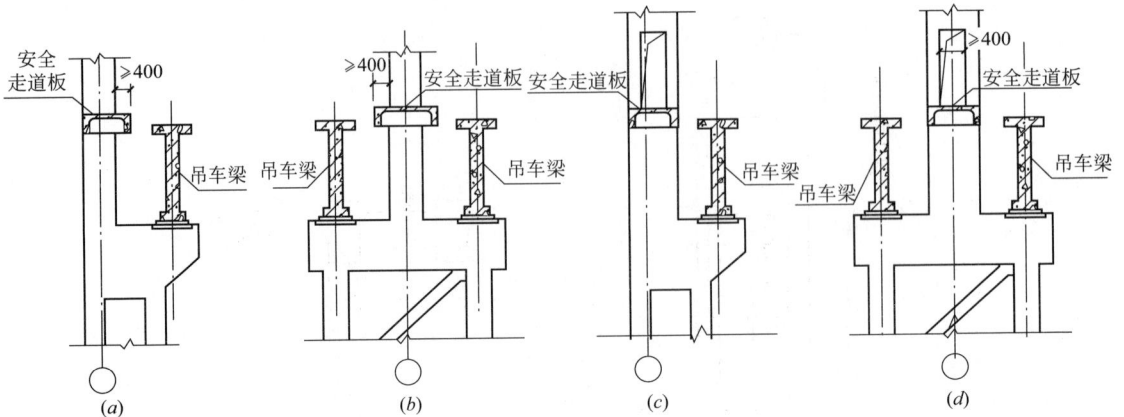

图 4.1.8 安全走道板布置

4. 4 轮吊车桥架外缘至安全走道板边缘的净距应≥80mm，工作级别 A_6～A_8 的吊车及 8 轮吊车外缘至安全走道板的净距应≥100mm，其安全走道板突出柱内侧的尺寸应≥400mm。

第二节 铰接排架柱的纵向钢筋与箍筋

一、纵向钢筋

1. 铰接排架柱纵向受力钢筋的最小配筋百分率应符合表 1.11.1 的规定。纵向钢筋的最大配筋率不应大于 5%（按全部纵向钢筋计算）。

2. 柱中纵向受力钢筋一般为对称配置。当铰接排架柱的纵向受力钢筋按构造设置时，其直径宜≥14mm(小型厂房柱)或16mm(大型厂房柱)。

3. 纵向受力钢筋的净距不应小于50mm，且不宜大于300mm；对水平浇筑的预制柱，纵向受力钢筋的净距不应小于25mm 及 d(d 为钢筋最大直径)。

4. 在偏心受压柱中，垂直于弯矩作用平面的侧面上的纵向受力钢筋以及轴心受压柱中各边的纵向受力钢筋，其中距不宜大于300mm，见图4.2.4。

5. 抗震设防时大柱网厂房柱纵向受力钢筋宜沿柱截面周边对称配置，间距不宜大于200mm，角部宜配置直径较大的钢筋。

6. 柱截面高度 h>600mm 时，可根据柱的截面大小，在柱的侧边应设置直径 10～16mm 的构造钢筋，其间距不应大于 500mm(对于平腹杆双肢柱，其间距不应大于400mm)。矩形截面柱的纵向构造钢筋见图4.2.1。工字形截面柱的纵向构造钢筋见图4.2.2。双肢柱的纵向构造钢筋见图4.2.3，当 H_c≤400mm 时，按钢筋排布需要设置复合箍筋(图4.2.9)。

7. 设有柱间支撑的柱其侧面应按计算设置纵向受力钢筋，其间距宜≤300mm 见图4.2.4；其余没有与柱间支撑连接的柱，其侧面可设置纵向构造钢筋。

8. 抗震时纵向受力钢筋的间距在柱箍筋加密区应双向满足箍筋最大肢距要求(可在箍筋加密区局部设置短筋)。

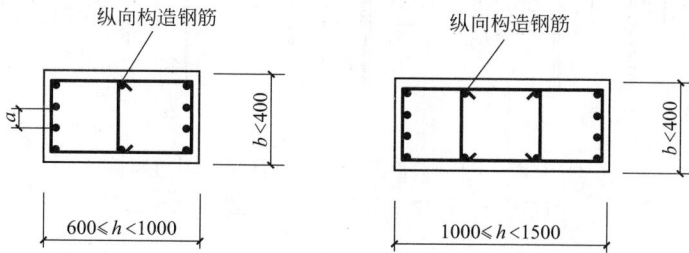

图 4.2.1　矩形截面柱的纵向构造钢筋

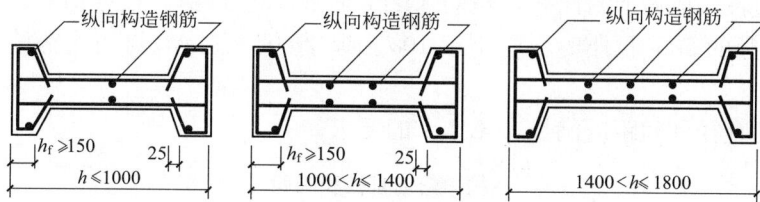

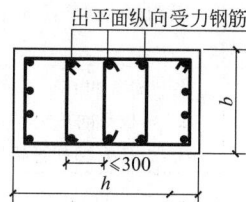

图 4.2.2　工字形截面柱的纵向构造钢筋

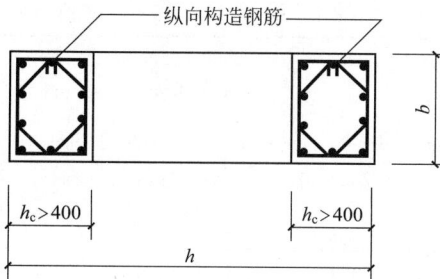

图 4.2.3　双肢柱的纵向构造钢筋　　　　图 4.2.4　矩形柱出平面纵向受力钢筋

8. 铰接排架中的变截面预制柱，其纵向受力钢筋的锚固与连接应符合以下要求：

1）上柱与下柱的纵向受力钢筋，其直径与根数均相同时，下柱外侧的纵向钢筋可直接伸入上柱（图 4.2.5a）。

2）上柱、下柱纵向受力钢筋根数相同，下柱纵筋直径大于上柱纵筋时，下柱外侧纵筋应伸入上柱与上柱纵筋搭接（图 4.2.5b）；当下柱纵筋直径小于上柱纵筋时，上柱外侧纵筋应锚入下柱并与下柱纵筋搭接（4.2.5c）（通常下柱外侧的纵向受力钢筋其强度均未充分利用）。

3）上柱、下柱纵向受力钢筋直径相同，下柱纵筋的根数多于上柱时，可将下柱外侧多余的纵筋伸入上柱满足锚固长度要求后切断（图 4.2.5d）。

4）上柱内侧纵向受力钢筋一般情况下应锚入下柱牛腿满足锚固要求（图 4.2.5a～d）。

5）下柱内侧纵向受力钢筋应伸入牛腿顶并满足直锚要求，当牛腿高度较小时其直线段应为 $0.6l_a(l_{a,aE})$ 并弯折 $15d$（图 4.2.5a～d）。中柱纵向受力钢筋构造（图 4.2.5e）。

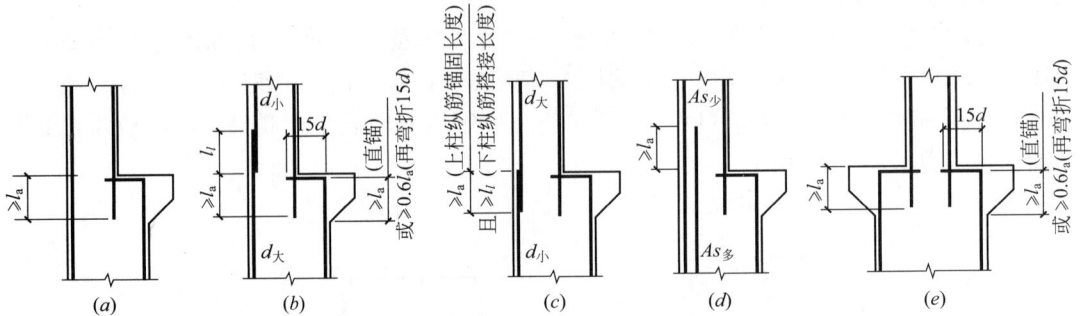

图 4.2.5　预制柱纵向受力钢筋的锚固与连接

（抗震时，图中 l_a、l_l 均相应改为 l_{aE}、l_{lE}）

二、箍筋

1. 柱周边箍筋应做成封闭式，箍筋末端应做成 135°弯钩，且弯钩末端平直段长度不应小于箍筋直径的 $5d$，抗震时不应小于 $10d$。焊接（闪光对焊）封闭式箍筋应在抗震设防时优先采用。

2. 箍筋的直径和间距应满足表 4.2.1 的要求。

柱中箍筋直径和间距 表 4.2.1

箍　　筋	纵向受力钢筋配筋率		纵向钢筋的搭接区
	≤3%	>3%	
直　　径	采用热轧钢筋：$\geqslant\frac{1}{4}d$ 及 6mm	$\geqslant\frac{1}{4}d$ 及 8mm	
间　　距	1．≤400mm； 2．≤柱截面短边尺寸； 3．≤15d（绑扎骨架）、20d（焊接骨架）	1．≤200mm； 2．≤10d	受拉时：≤100mm；≤5d 受压时：≤200mm；≤10d

注：1. 表中 d 为纵向受力钢筋的直径；用于箍筋直径取 d 的最大值；用于箍筋间距取 d 的最小值；

　　2. 当受压钢筋直径 $d>25$mm 时，尚应在搭接接头两个端面外 100mm 范围内各设置两个箍筋。

3. 抗震设计时，铰接排架柱的柱顶、吊车梁、牛腿和柱根等区段的箍筋应加密。箍筋加密区段的长度、箍筋加密区的最大肢距、箍筋的最小直径及最大间距应遵守表 4.2.2 规定。

箍筋加密区的箍筋最小直径和最大间距   表 4.2.2

箍筋加密区		有无支撑的柱	8度Ⅲ、Ⅳ类场地和9度	7度Ⅲ、Ⅳ类场地和8度Ⅰ、Ⅱ类场地	6度和7度Ⅰ、Ⅱ类场地	最大间距(mm)
区段	草图					
一般柱顶	500及h	无	$\phi8$	$\phi8$	$\phi6$	100
		有(或有约束)	$\phi12$	$\phi10$	$\phi8$	
角柱柱顶		有或无	$\phi12$	$\phi10$	$\phi8$	100
—	300	按表4.2.1				
吊车梁及牛腿	$300(H/6)$	有或无	$\phi10$	$\phi8$	$\phi8$	100
—	500	按表4.2.1				
柱根	$(1000,且>H/6)$	无	$\phi10$	$\phi8$	$\phi6$	100
		刚性地坪 有	$\phi10$	$\phi8$	$\phi8$	
箍筋最大肢距(mm)			200	250	300	

注：1. 表中有约束是指柱变位受到约束。当铰接排架侧向受约束且约束点至柱顶长度 l 不大于柱截面边长的两倍(排架平面：$l\leqslant2h$，垂直排架平面：$l\leqslant2b$)时，柱顶预埋钢板和柱顶箍筋加密区的构造尚应符合下列要求：

    (1) 柱顶预埋钢板沿排架平面方向的长度，宜取柱顶的截面高度 h，但在任何情况下不得小于 $h/2$ 及 300mm，预埋钢筋上的直锚筋：一级抗震等级，取 $4\phi16$，二级抗震等级，取 $4\phi14$，三、四级抗震等级，取 $4\phi12$；

    (2) 柱顶轴向力在排架平面内的偏心距 e_0 在 $h/6\sim h/4$ 范围内时，柱顶箍筋加密区，宜配置四肢箍，肢距不大于 200mm，箍筋体积配筋率不宜小于下列规定：一级抗震等级为 1.2%；二级抗震等级为 1.0%；三、四级抗震等级为 0.8%；当 $e_0\leqslant h/6$ 时，宜符合表 5.3.4 的规定。

  2. 括号内数据用于大柱网厂房，其纵向钢筋宜沿柱截面周边对称配置，间距不宜大于 200mm，角部宜配置直径较大的钢筋；

  3. 柱间支撑与柱连接点和柱变位受平台等约束的部位，柱的箍筋加密范围取节点上、下各 300mm。

4. 当矩形截面柱短边尺寸大于 400，且各边纵向钢筋多于三根时，应设置复合箍筋；当柱子短边不大于 400mm 且纵向钢筋不多于四根时，可不设置复合箍筋(图 4.2.6)。抗震设防时，箍筋的设置应按表 4.2.2 满足最大肢距要求。

5. 复合箍筋可采用多个矩形箍组成或矩形箍加拉筋、三角筋、菱形筋等。在保证满足纵向受力钢筋稳定、斜截面受剪承载力和柱延性的基础上，力求箍筋用量最少。

6. 复合箍筋中的拉筋，当纵向受力钢筋与箍筋有绑扎时，拉筋宜紧靠纵向钢筋并钩住封闭箍筋(图 4.2.7d)或采用拉筋同时钩住纵筋与箍筋(图 4.2.7e)。箍筋弯钩的要求，见第一章第九节三，其中 135°弯钩与纵筋的关系见图 4.2.7(a) 及 (b)。

7. 工字形截面柱的箍筋形式见图 4.2.8。

8. 双肢柱的箍筋形式见图 4.2.9。

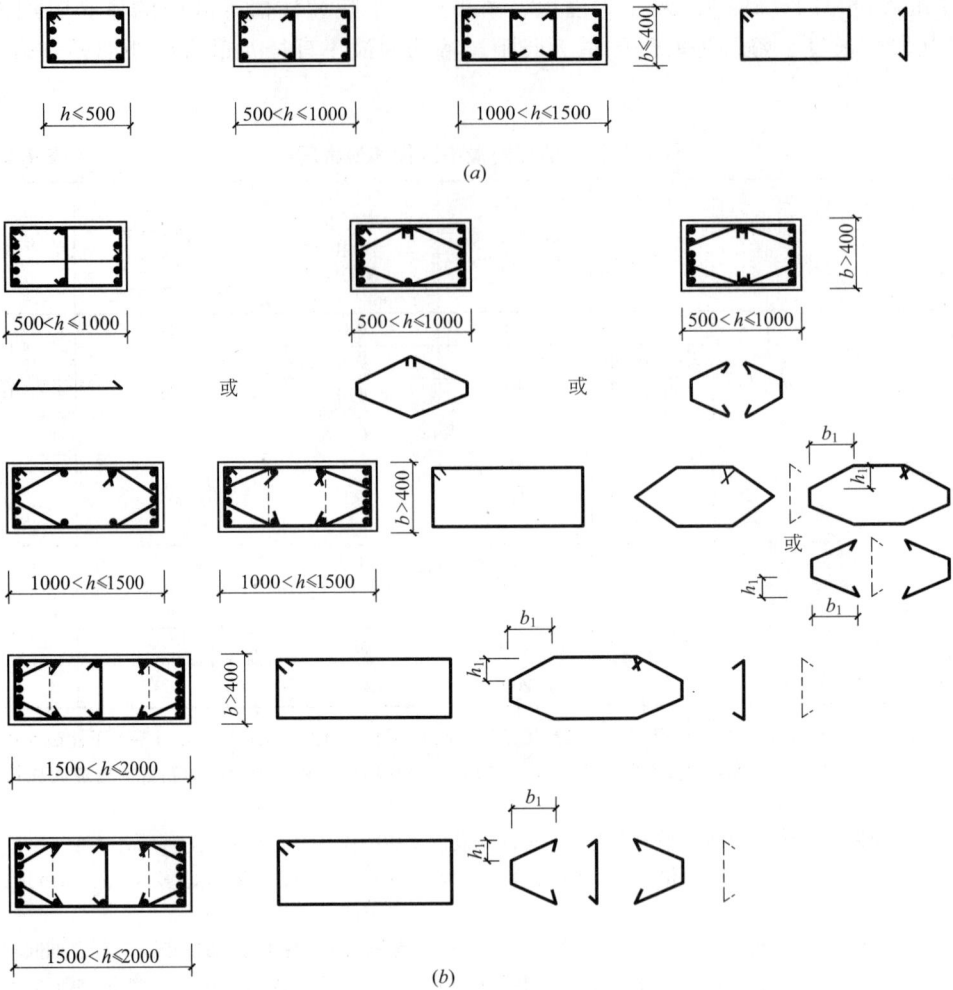

图 4.2.6   矩形截面柱的箍筋形式

$(a)b{\leqslant}400$；$(b)b{>}400$

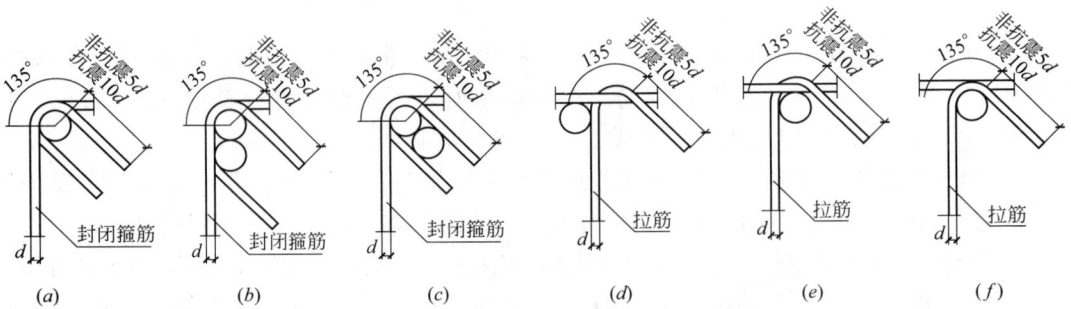

图 4.2.7   箍筋、拉筋构造

$(a)(b)(c)$为箍筋角部构造；(d)拉筋紧靠纵筋并钩住箍筋；

(e)拉筋同时钩住纵筋与箍筋；(f)拉筋钩住纵筋并紧靠箍筋

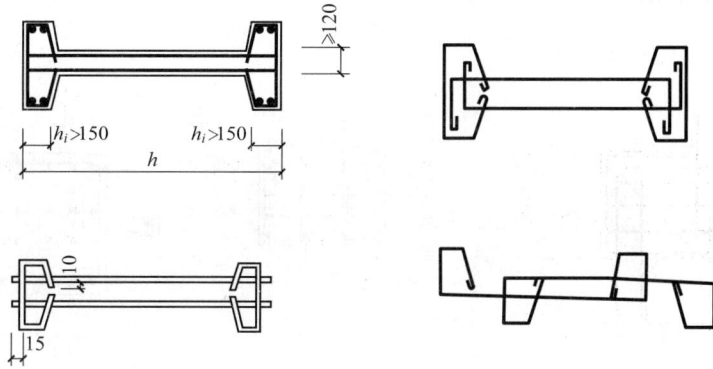

图 4.2.8　工字形截面柱的箍筋形式

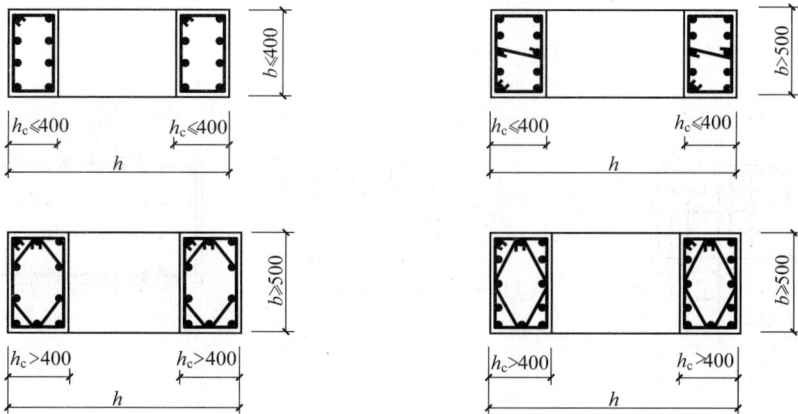

图 4.2.9　双肢柱的箍筋形式

第三节　铰接排架柱的细部配筋

一、肩梁

1. 双肢柱中柱的肩梁，当 $l'_w/h_s \leqslant 2$ 时，应参照牛腿的有关规定设计并配筋。肩梁的截面尺寸应满足裂缝控制的要求。肩梁上、下水平纵向钢筋不宜少于 4 根，直径不宜小于 16mm，水平箍筋一般采用 $\phi 8 \sim \phi 12$ 的 HPB300 级或 HRB335 级钢筋，其间距为 $100 \sim 150$mm，垂直箍筋一般为 $\phi 8@100$。当水平钢筋一排多于 5 根时，宜用四肢箍筋（图 4.3.1）。

2. 双肢柱边柱肩梁的配筋，宜满足图 4.3.2 的要求。

3. 露天栈桥的吊车梁，当作用于工字形柱顶部时，工字形柱顶部应设置矩形截面边框，其高度不宜小于 500mm，在矩形截面框的上、下边，各配置不少于 4 根水平钢筋，其直径不宜小于 16mm（图 4.3.3）。

二、人孔

人孔处的柱肢纵向受力钢筋应根据计算确定，人孔配筋构造见图 4.3.4。人孔及其顶面以上 300mm 高度范围内箍筋应加密。

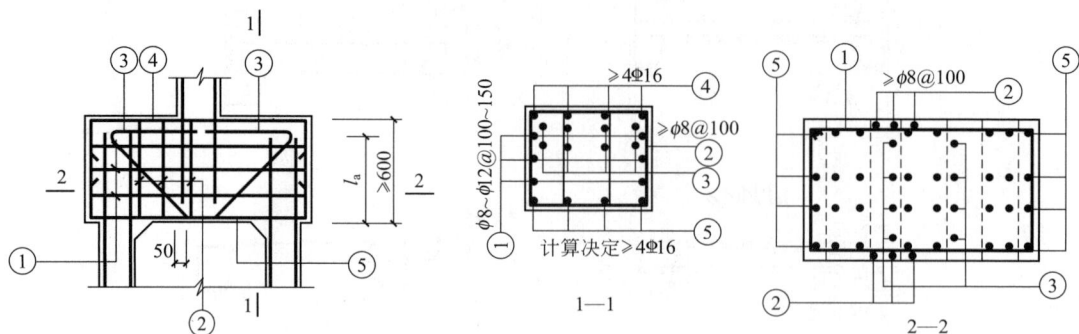

图 4.3.1   中柱肩梁的配筋构造

注：其中③为弯起钢筋 $A_{sb} \geqslant \frac{1}{2} A_s$，$\geqslant 0.002bh$，$\geqslant 3\Phi 12$。

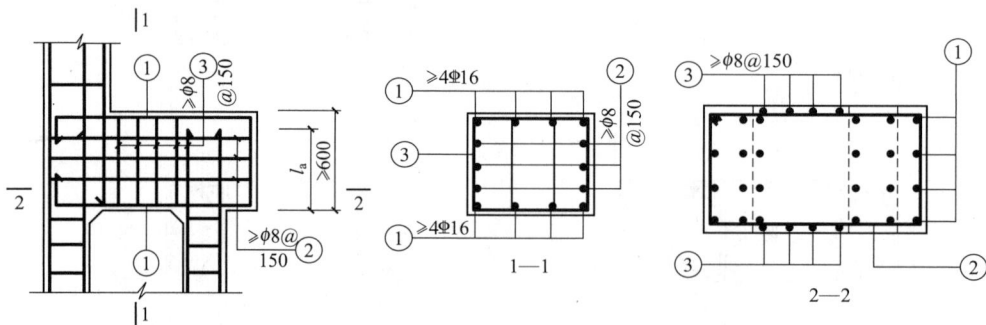

图 4.3.2   边柱肩梁的配筋构造

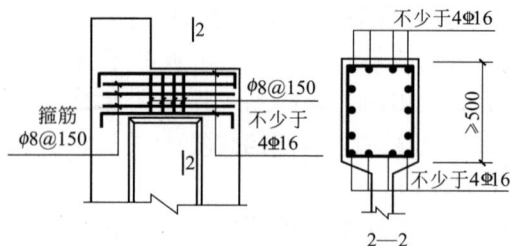

图 4.3.3   工字形柱顶部边框

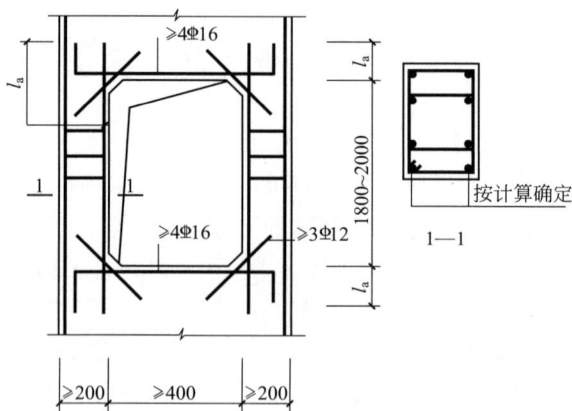

图 4.3.4   人孔配筋构造

三、腹杆的配筋构造

双肢柱腹杆受力钢筋应根据计算确定，并应对称配置。斜腹杆的受力钢筋，每边不应少于2根(图4.3.5),平腹杆的每边不应少于4根(图4.3.6)。钢筋直径均不应小于12mm,钢筋伸入柱肢内的长度应符合锚固长度要求。

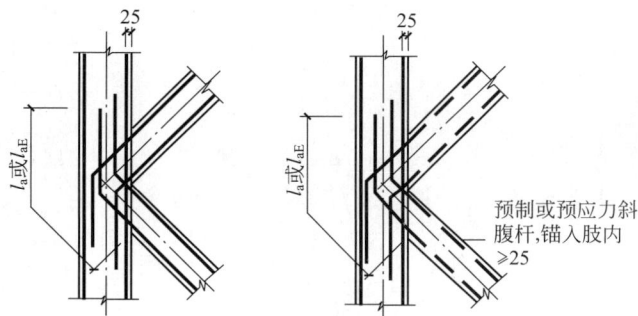

图4.3.5 斜腹杆的配筋构造

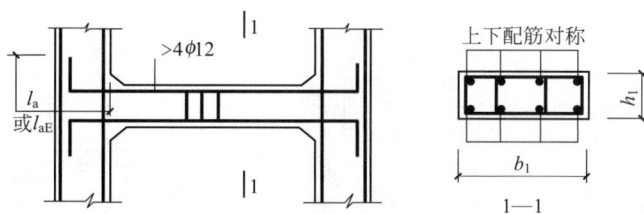

图4.3.6 平腹杆的配筋构造

四、屋架与柱的连接

抗震等级三级及以下的厂房,屋架与柱的连接可采用焊接(图4.3.7a);二级时,宜采用螺栓连接(图4.3.7b);一级时,也可采用螺栓连接,有条件时,宜采用钢板铰连接(图4.3.7c)。

1. **焊接连接** 在屋架吊装前,先将支承垫板B-1与屋架支承底板焊牢。屋架就位后,再将垫板与柱顶预埋件M-1焊牢。垫板的宽度应满足柱顶和屋架混凝土局部受压承载力的要求,板厚不宜小于16mm。

2. **螺栓连接** 连接用螺栓的直径按弯剪强度计算,但不小于$\phi 25$。螺栓应与柱顶预埋件M-2焊接,以便将螺栓承担的地震剪力通过钢板传至锚筋。螺帽下加垫板B-3,并与支承垫板B-2焊接。支承垫板的厚度不宜小于16mm。B-2不与M-2焊接。

3. **板铰连接** 这种连接方式的特点是采用双层支承垫板,垫板比柱宽每边长出80mm并在垫板的悬出部分采用螺栓将两块垫板拧牢。下层板在柱子吊装前焊于柱顶预埋件M-3上,再将上层垫板用螺栓与下层垫板拧牢。待柱和屋架先后吊装就位后,将屋架端头底面的预埋钢板与上层垫板焊牢。为使垫板具有一定的转动能力,以耗散地震能量,垫板不能太厚,一般取10~12mm。连接两层垫板的螺栓直径按抗剪强度确定,但不宜小于$\phi 25$mm。垫板上的孔径宜比螺栓直径大1mm,不宜过大。

五、牛腿

1. 钢筋混凝土柱牛腿是支承屋盖、墙梁和吊车梁等构件的重要结构,柱牛腿(当$a \leqslant h_0$时)

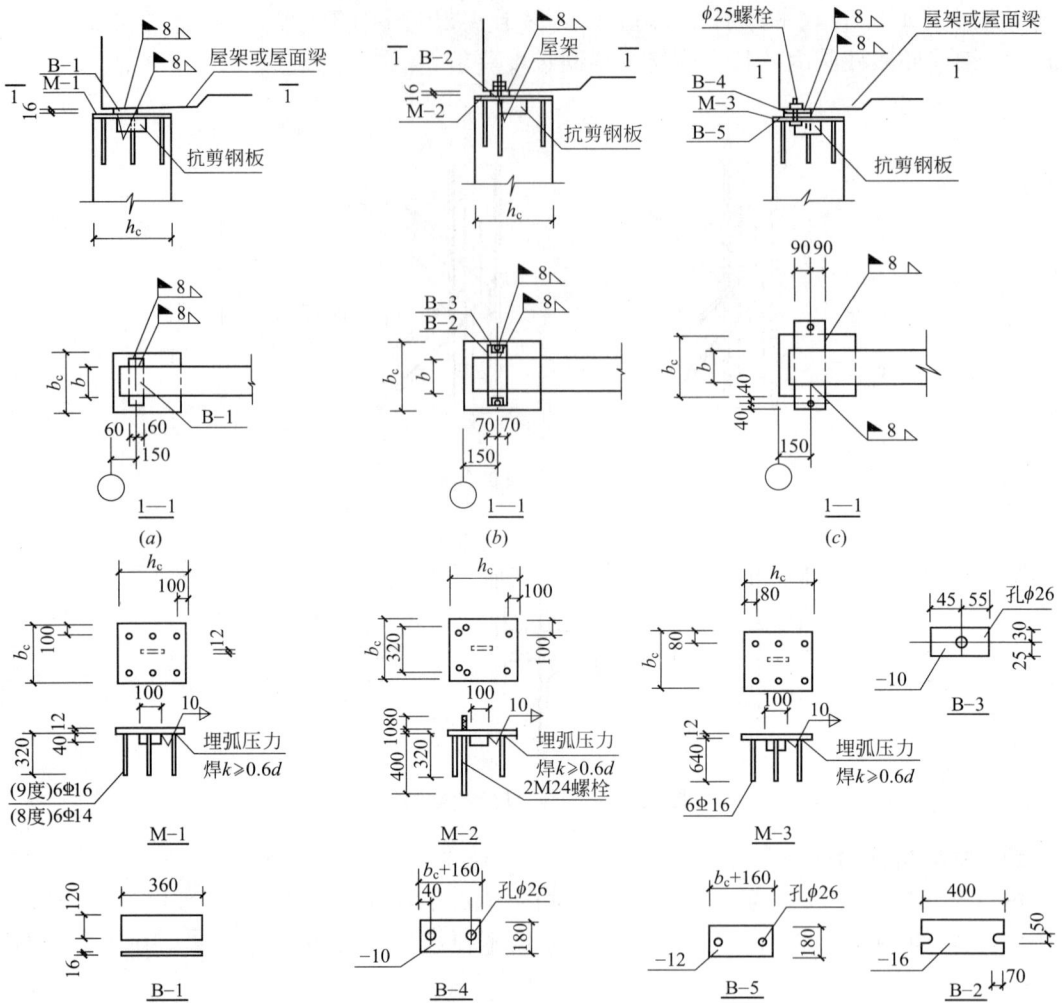

图 4.3.7 屋架与柱的连接

(a)焊接方案；(b)螺栓方案；(c)钢板铰方案

注：1. 在有柱间支撑的柱顶预埋件 M-1～M-3 中，应设抗剪钢板；

2. 当采用预应力混凝土工字形屋面梁时其柱顶宽度 b_c 不宜小于 500mm(螺栓方案)或 450mm(焊接方案)。

的截面尺寸应符合下列要求(图 4.3.8)。

（1）牛腿的裂缝控制要求

$$F_{vk} \leqslant \beta \left(1 - 0.5 \frac{F_{hk}}{F_{vk}}\right) \frac{f_{tk}bh_0}{0.5 + \frac{a}{h_0}} \qquad (4.3.1)$$

式中：F_{vk}——作用于牛腿顶部按荷载效应标准组合计算的竖向力值；

F_{hk}——作用于牛腿顶部按荷载效应标准组合计算的水平拉力值；

β——裂缝控制系数：对支承吊车的牛腿，取 0.65；对其他牛腿，取 0.80；

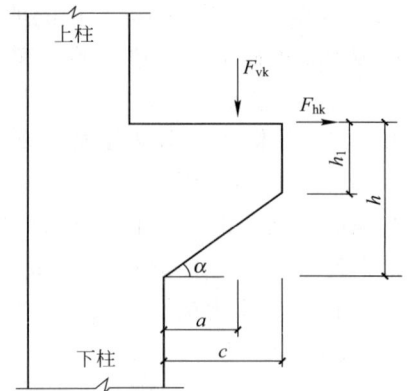

图 4.3.8 牛腿尺寸

a——竖向力的作用点至下柱边缘的水平距离，此时应考虑安装偏差 20mm；当考虑 20mm 安装偏差后的竖向力作用点仍位于下柱截面以内时，取 $a=0$；

b——牛腿宽度；

h_0——牛腿与下柱交接处的垂直截面有效高度：$h_0=h_1-a_s+c\tan\alpha$，当 $\alpha>45°$ 时，取 $\alpha=45°$；其中 a_s 为牛腿纵向受拉钢筋合力点至截面近边的距离。

（2）牛腿的外边缘高度 h_1 不应小于 $h/3$，且不应小于 200mm。

（3）在牛腿顶面的受压面上，由竖向力 F_{vk} 所引起的局部压应力不应超过 $0.75f_c$，否则应采取加大受压面积，提高混凝土强度等级或设置钢筋网等有效措施。

2. 牛腿配筋（图 4.3.9）

（1）承受竖向力所需的受拉钢筋截面面积和承受水平拉力所需的锚筋截面面积所组成的纵向受力钢筋的总截面面积应符合下列要求：

$$A_s \geqslant \frac{F_v a}{0.85 f_y h_0} + 1.2 \frac{F_h}{f_y} \qquad (4.3.2)$$

$$\geqslant 4\phi12$$

式中第二项承受水平拉力所需的锚筋截面面积，应全部焊在预埋件上（图 4.3.10），并不少于 $\phi12$。

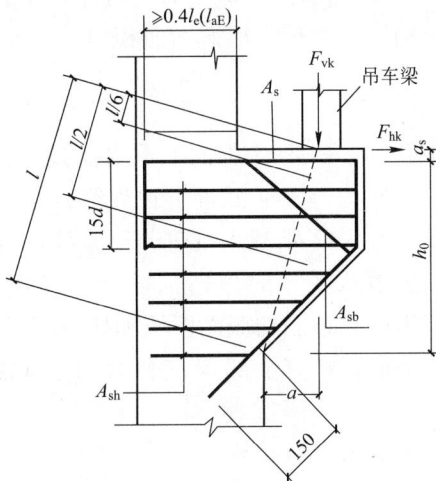

图 4.3.9 支承吊车梁牛腿的配筋

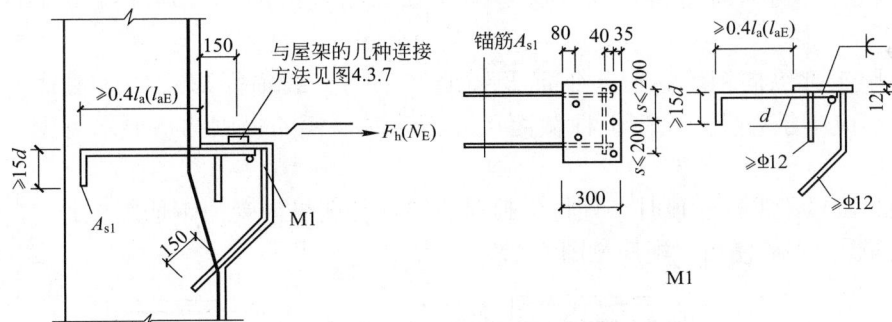

图 4.3.10 有水平拉力的牛腿锚筋

当 $a<0.3h_0$ 时，取 $a=0.3h_0$，并应满足 $0.002bh \leqslant A_s \leqslant 0.006bh$ 以及 $A_s \geqslant 0.45f_t/f_y$。

（2）当牛腿的剪跨比 $a/h_0 \geqslant 0.3$ 时，宜设置弯起钢筋，并宜使其与集中荷载作用点到牛腿斜边下端连线的交点位于牛腿上部 $l/6 \sim l/2$ 之间的范围内，l 为该连线的长度（图 4.3.9），其截面面积应满足下列要求：

$$A_{sb} \geqslant \frac{1}{2}A_s \qquad (4.3.3)$$

$$\geqslant 2\phi12$$

（3）牛腿应设置水平箍筋，配置在同一截面内箍筋各肢的全部截面面积 A_{sh} 应满足下列要求：

$$A_{sh} \geqslant \frac{3SA_s}{4h_0} \qquad (4.3.4)$$

式中：S——水平箍筋间距。

　　水平箍筋直径宜取 $6 \sim 12mm$，间距宜取 $100 \sim 150mm$。当按抗震设计时，并应满足表 4.2.2 对箍筋加密区的要求。

　　3. 在地震作用组合的竖向力水平拉力作用下，在不等高厂房中，支承低跨屋盖的柱牛腿的纵向受拉钢筋截面面积 A_s，应按下式确定：

$$A_s \geqslant \left(\frac{N_G a}{0.85 h_0 f_y} + 1.2 \frac{N_E}{f_y} \right) \gamma_{RE} \qquad (4.3.5)$$

式中：N_G——柱牛腿面上重力荷载代表值产生的压力设计值；

　　　　N_E——柱牛腿面上地震组合的水平拉力设计值；

　　　　γ_{RE}——承载力抗震调整系数，可采用 1.0。

　　式中承受竖向力所需的纵向受拉钢筋的截面面积，以及和纵向受拉钢筋相应的弯起钢筋、箍筋的截面面积和构造要求均与式(4.3.2)相同，式中承受水平拉力所需的锚筋截面面积，应全部焊在预埋件上(图 4.3.10)。锚筋根数不少于 2 根，其最小直径 $d \geqslant 16mm$（一级抗震）

　　$\geqslant 14mm$（二级抗震）

　　$\geqslant 12mm$（三、四级抗震）。

　　水平箍筋最小直径为 8mm，最大间距为 100mm。

　　4. 牛腿所需的纵向受拉钢筋、弯起钢筋和锚筋宜采用 HRB400 级或 HRB500 级钢筋。

　　5. 牛腿上部纵向钢筋、弯起钢筋及锚筋当采用直线锚固形式锚入上柱截面时其锚固长度不应小于 $l_a(l_{aE})$。当上柱截面尺寸不足时，钢筋锚固构造要求见图 4.3.9 及图 4.3.10。

　　6. 当牛腿设于上柱柱顶时，宜将牛腿对边的柱外侧纵向受力钢筋沿柱顶弯入牛腿作为牛腿纵向受拉钢筋使用，配筋见图 4.3.11。

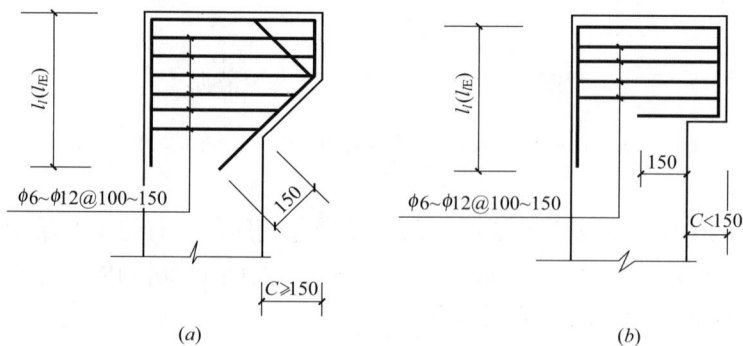

图 4.3.11　柱顶牛腿配筋示意图

(a)外挑 $C \geqslant 150$；(b)外挑 $C < 150$

注：抗震时，箍筋最小直径为 8mm，最大间距为 100mm。

六、山墙抗风柱

1. 山墙抗风柱是承受风力为主的竖向构件、常为二阶变截面柱，山墙较高时可在柱外侧设置牛腿承受墙梁传来的竖向荷载(图4.3.12)。抗风柱截面尺寸要求见表4.1.1注6。

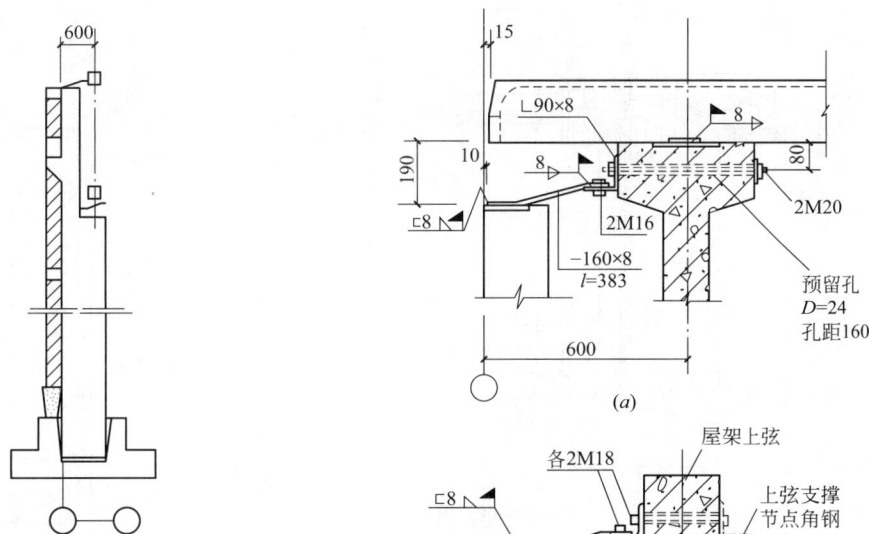

图4.3.12　山墙抗
风柱示图

计算时柱顶为不动铰，柱根固定在基础上，可按受弯构件计算；预制柱尚应进行脱模起吊与安装起吊验算。一般情况下吊装验算常控制抗风柱的截面与配筋。当抗风柱与屋架下弦相连接时，应进行下弦横向支撑杆件的截面和连接节点抗震承载力验算。8度和9度时，高大山墙的抗风柱应进行平面外截面抗震验算。

2. 抗风柱与厂房的连接应符合下列要求：

(1) 当厂房屋面设置屋面梁或虽设置屋架但山墙高度不大且厂房又未设置下弦横向水平支撑时，山墙柱柱顶应与屋面梁翼缘或屋架的上弦连接(图4.3.13)。当厂房跨度与高度较大且屋架下弦设置下弦横向水平支撑时，山墙抗风柱应与屋架的上下弦连接(图4.3.14)。

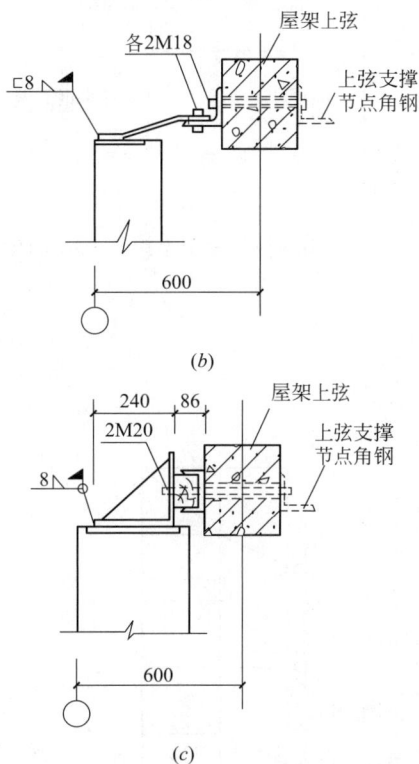

图4.3.13　山墙柱与屋架及屋架
上弦连接节点示意图
(a)与屋架连屋；(b)6、7度时与屋架上弦连接；
(c)8、9度与屋架上弦连接

(2) 当抗风柱与屋架的连接部位不在上、下弦水平横向支撑与屋架的连接点处时，可在支撑中增设次腹杆或设置型钢横梁，将风力或水平地震作用传至节点部位(图4.3.15)。

(3) 当屋架横向水平支撑设置在第二开间时应设置刚性斜撑将山墙风力或水平地震作

用传至支撑节点处(图 4.3.16)。斜撑长细比应按表 9.4.2 选用。

(4) 抗风柱柱顶应设置预埋件，使柱顶与屋架上弦可靠连接(图 4.3.17)，预埋件的锚筋可按以下要求设置：

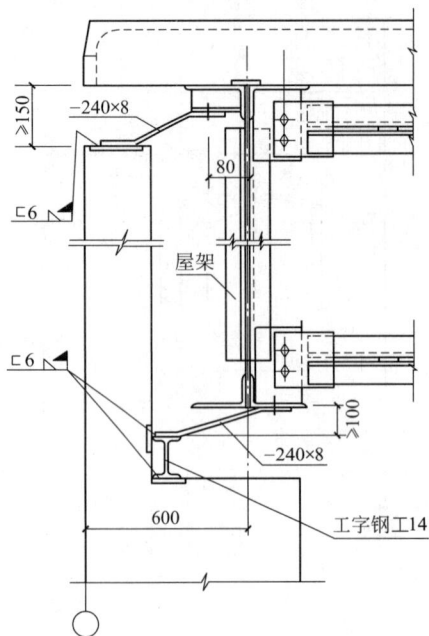

图 4.3.14　山墙柱与屋架连接节点示意图

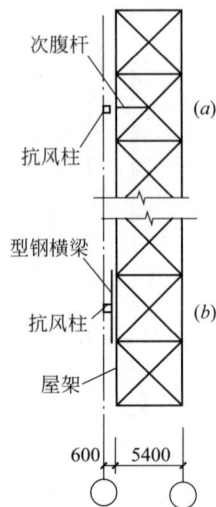

图 4.3.15　抗风柱位置不在支撑节点处示意图
(a)增设次腹杆；(b)增设型钢横梁

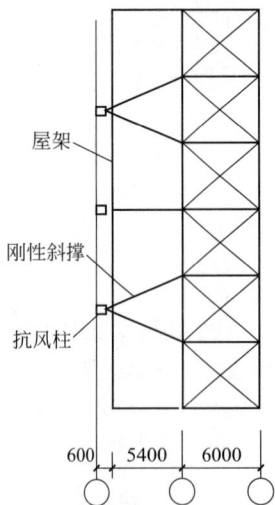

图 4.3.16　横向水平支撑
设在第二开间

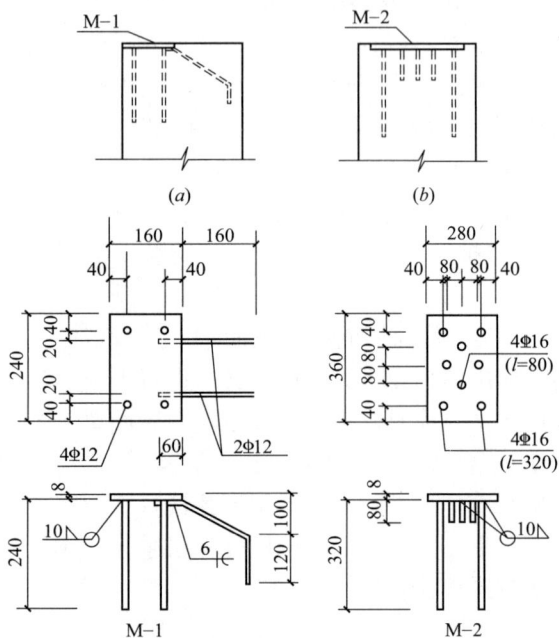

图 4.3.17　柱顶预埋件
(a)用于 6、7 度；(b)用于 8～9 度

6、7度时不宜少于 4φ12；8度时不宜少于 4φ14；9度时不宜少于 4φ16。

3. 山墙抗风柱的配筋，应符合下列要求：

（1）抗风柱柱顶以下 300mm 和牛腿（柱肩）面以上 300mm 范围内的箍筋，直径不宜小于 8mm，间距不应大于 100mm，肢距不宜大于 250mm。

（2）抗风柱的变截面牛腿（柱肩）处，宜设置纵向受拉钢筋（图4.3.18）。

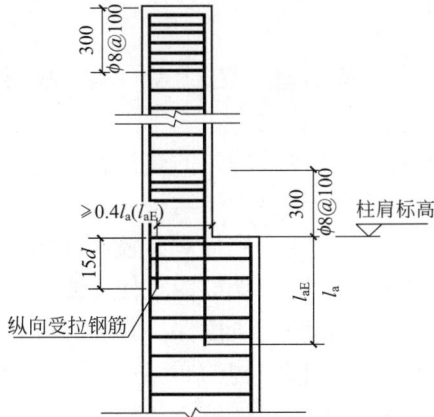

图 4.3.18　抗风柱柱肩配筋

参 考 文 献

[4-1]　中华人民共和国国家标准《混凝土结构设计规范》GB 50010—2010. 北京：中国建筑工业出版社，2010

[4-2]　中华人民共和国国家标准《建筑抗震设计规范》GB 50011—2010. 北京：中国建筑工业出版社，2010

[4-3]　北京钢铁设计研究总院主编. 钢筋混凝土结构构造手册. 北京：冶金工业出版社，1990

[4-4]　建筑结构构造资料集编委会. 建筑结构构造资料集. 北京：中国建筑工业出版社，1990

[4-5]　国家建筑标准设计图　现浇混凝土框架、剪力墙、梁、板构造详图　11G101-1　北京：中国计划出版社，2011

第五章 现浇框架梁、柱及框架节点

第一节 框架结构一般规定

框架结构适用于体型较规则、刚度较均匀的建筑物。由于其抗侧刚度通常较差，因此在地震区一般不宜设计较高的框架结构。框架结构应具有必要的抗震承载力、刚度、稳定性、延性及耗能等方面的性能，主要耗能构件应有较高的延性和适当刚度，承受竖向荷载的主要构件不宜作为主要耗能构件。同一楼层内宜使主要耗能构件屈服以后，其他抗侧力构件仍处于弹性阶段，使"有约束屈服"阶段保持较长时间，保证结构的延性和抗倒塌能力。要合理控制框架的塑性铰区。掌握结构的屈服过程以及最后形成的屈服机制。框架结构抗震设计应遵守强柱弱梁、强剪弱弯、强节点弱构件、强压弱拉的原则。根据重庆大学的实验研究，由于框架顶层柱的轴压比不会超过0.2，即使顶层端节点和中节点的柱端形成塑性铰，节点区均具有较好的延性。若在顶层中节点的柱端形成塑性铰，尚能提高节点区的耗能性能。

框架结构的梁柱节点，特别是中柱节点在地震反复作用下，梁的纵筋屈服逐渐深入节点核心，产生反复滑移现象，节点刚度退化，使框架梁变形增大，梁端纵向受拉钢筋不能充分发挥作用，降低了梁的后期受弯承载力。因此，必须采取有效措施防止钢筋滑移、混凝土过早的剪切破坏和压碎等脆性破坏。

一、框架结构设计要点

1. 框架结构按抗震设计时，框架结构既要承受横向地震所起的地震作用，也要承受纵向地震所起的地震作用。因此框架结构应在纵横两个方向布置成双向刚接框架。

2. 框架结构按抗震设计时，不应采用部分由砌体墙承重的混合形式。框架结构中的楼、电梯间及局部出屋面的电梯机房、楼梯间、水箱间等应采用框架承重，不应采用砌体墙承重。

3. 宜避免采用大底盘楼房形式。结构在大底盘上某层突然收进，属竖向不规则结构。大底盘上有两个或多个塔楼时，结构振型复杂，并会产生复杂的扭转振动；如结构布置不当，竖向刚度突变、扭转振动反应及高振型影响将会加剧，宜避免采用。

4. 抗震设计的甲乙类建筑以及高度大于24m的丙类建筑，不应采用单跨框架结构；高度不大于24m的丙类建筑不宜采用单跨框架结构。楼梯间的布置不应导致结构平面显著不规则。

5. 框架柱和梁的中心线宜重合，尽量避免梁位于柱的一侧。否则，要考虑偏心对节点核心区和柱子受力的不利影响。9度抗震设计时，偏心距不应大于柱截面在该方向宽度的1/4；非抗震设计和6～8度抗震设计时，偏心距不宜大于柱截面在该方向宽度的1/4。如偏心距大于该方向柱宽的1/4时，可采取增设梁的水平加腋(图5.1.1)等措施。设计水平加腋后，仍须考虑梁柱偏心的不利影响。

1）梁的水平加腋厚度可取梁截面高度，其水平加腋尺寸宜满足下列尺寸：

$$b_x/l_x \leq 1/2 \tag{5.1.1}$$

$$b_x/b_b \leq 2/3 \tag{5.1.2}$$

$$b_x + b_b + x \geq b_c/2 \tag{5.1.3}$$

式中：b_x——梁水平加腋宽度；

l_x——梁水平加腋长度；

b_b——梁截面宽度；

b_c——沿偏心方向柱偏心宽度；

x——非加腋侧梁边到柱边的距离。

2）梁采用水平加腋时，框架节点有效宽度 b_j 宜符合下列要求：

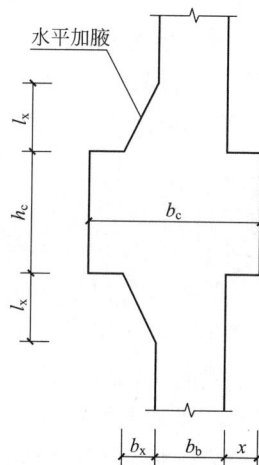

图 5.1.1 水平加腋梁

（1）当 $x=0$ 时，b_j 按下式计算：

$$b_j \leq b_b + b_x \tag{5.1.4}$$

（2）当 $x \neq 0$ 时，b_j 取（5.1.5）（5.1.6）二式计算的较大值，且应满足公式（5.1.7）的要求。

$$b_j \leq b_b + b_x + x \tag{5.1.5}$$

$$b_j \leq b_b + 2x \tag{5.1.6}$$

$$b_j \leq b_b + 0.5h_c \tag{5.1.7}$$

式中：h_c——柱截面高度。

6. 框架的柱端一般同时存在着弯矩 M 和剪力 V，可根据柱的剪跨比 $\lambda = M/Vh_0$ 来确定柱为长柱、短柱和超短柱，h_0 为与弯矩 M 平行方向柱截面有效高度。$\lambda > 2$（当柱反弯点在柱高度 H_0 中部时即 $H_0/h_0 > 4$）称为长柱；$1.5 < \lambda \leq 2$ 称为短柱；$\lambda \leq 1.5$ 称为超短柱。试验表明：长柱一般发生弯曲破坏；短柱多发生剪切破坏；超短柱发生剪切斜拉破坏，这种破坏属于脆性破坏。抗震设计的框架结构，柱端的剪力一般较大，从而剪跨比 λ 较小，易形成短柱或极短柱。柱的剪切受拉和剪切斜拉破坏属于脆性破坏，在设计中应特别注意避免发生这类破坏。

二、材料选用

1. 现浇框架梁、柱、节点的混凝土强度等级，按一级抗震等级设计时，不应低于 C30；按二～四级和非抗震设计时，不应低于 C20；现浇框架梁的混凝土强度等级不宜大于 C40；框架柱的混凝土强度等级，抗震设防烈度为 9 度时不宜大于 C60，抗震设防烈度为 8 度时不宜大于 C70。

2. 抗震等级为一、二、三级的框架和斜撑构件（含梯段），其纵向受力钢筋采用普通钢筋时，钢筋的抗拉强度实测值与屈服强度实测值的比值不应小于 1.25；钢筋的屈服强度实测值与屈服强度标准值的比值不应大于 1.3，且钢筋在最大拉力下的总伸长率实测值不应小于 9%。普通钢筋宜优先采用延性、韧性和可焊性较好的钢筋；普通钢筋的强度等级，纵向受力钢筋宜选用符合抗震性能指标的 HRB400、HRBF400、HRB500、HRBF500 级的热轧钢筋；箍筋宜选用符合抗震性能指标的不低于 HRB335 级热轧钢筋，也可选用 HPB300 级热轧钢筋。

现行国家标准《钢筋混凝土用钢第二部分：热轧带肋钢筋》GB 1499.2 中牌号带"E"的钢筋符合本条要求。

注：钢筋的检验方法应符合现行国家标准《混凝土结构工程施工及验收规范》GB 50204 的规定。

第二节　框　架　梁

框架梁是框架和框架结构在地震作用下的主要耗能构件，因此框架梁、特别是框架梁的塑性铰区应保证有足够的延性。影响框架梁延性的诸因素有框架梁的剪跨比、截面剪压比、截面配筋率、压区高度比等。按不同抗震等级对上述诸方面有不同的要求，在地震作用下，梁端塑性铰区保护层容易脱落，若框架梁截面宽度过小，则截面损失比例较大。为了对节点核心区提供约束以提高其受剪承载力，框架梁宽度不宜小于框架柱宽度的 $1/2$，如不能满足，则应考虑核心区的有效受剪截面。狭而高的框架梁截面不利于混凝土的约束，框架梁的塑性铰发展范围与框架梁的高跨比有关，当框架梁截面的高度与框架梁净跨之比小于 4 时，在反复受剪作用下交叉斜裂缝将沿框架梁的全跨发展，从而使框架梁的延性及受剪承载力急剧降低。为了改善其性能，可适当加宽框架梁的截面以降低框架梁截面的剪压比，并采取有效配筋方式，如设置交叉斜筋或沿框架梁全长加密箍筋及增设水平腰筋等。

一、框架梁的截面

1. 框架梁的截面高度 h 可按计算跨度 l_0 的 $1/18 \sim 1/10$ 确定。

2. 框架梁的截面宽度 b 不宜小于 200mm。

3. 框架梁的截面的高宽比（h/b）不宜大于 4。

4. 框架梁的截面的跨高比（框架梁的净跨 L_n 比截面高度 h）不宜小于 4。

5. 实验表明：若框架梁的截面尺寸过小，以致剪压比过大，就会在早期出现斜裂缝，且会过早的发生剪切破坏。

框架梁受剪时应符合下列条件：

非抗震设计时当 $h_w/b \leqslant 4$ 时　　　$V \leqslant 0.25\beta_c f_c b h_0$ 　　　　(5.2.1)

当 $h_w/b \geqslant 6$ 时　　　　　　　　$V \leqslant 0.2\beta_c f_c b h_0$ 　　　　(5.2.2)

当 $4 < h_w/b < 6$ 时，按线性内插法确定。

抗震设计时

$$当跨高比 l_0/h > 2.5 时 \quad V_b \leqslant \frac{1}{\gamma_{RE}}(0.2\beta_c f_c b h_0) \tag{5.2.3}$$

$$跨高比 l_0/h \leqslant 2.5 时 \quad V_b \leqslant \frac{1}{\gamma_{RE}}(0.15\beta_c f_c b h_0) \tag{5.2.4}$$

式中：V——框架梁斜截面上的最大剪力设计值；

V_b——考虑地震组合的框架梁斜截面上的最大剪力设计值；

β_c——混凝土强度影响系数：当混凝土强度等级不超过 C50 时，取 $\beta_c = 1.0$；当混凝土强度等级为 C80 时，取 $\beta_c = 0.8$；其间按线性内插法确定；

f_c——混凝土轴心抗压强度设计值；

b——矩形截面的宽度，T 形截面或 I 形截面的腹板宽度；

h_0——截面的有效高度；

h_w——截面的腹板高度：矩形截面，取有效高度；T 形截面，取有效高度减去翼缘高度；I 形截面，取腹板净高；

γ_{RE}——框架梁斜截面承载力抗震调整系数，取 $\gamma_{RE}=0.85$。

注：1. 对 T 形或 I 形截面的简支受弯构件，当有实践经验时，公式(5.2.1)中的系数可改用 0.3；

2. 对受拉边倾斜的构件，当有实践经验时，其受剪截面的控制条件可适当放宽。

二、框架梁的设计要求

1. 受压区高度与有效高度的比值

梁正截面受弯承载力计算中，计入纵向受压钢筋的梁端混凝土受压区高度应符合下列要求：

一级抗震等级 $\qquad\qquad x\leqslant 0.25h_0$ $\qquad\qquad$ (5.2.5)

二、三级抗震等级 $\qquad\qquad x\leqslant 0.35h_0$ $\qquad\qquad$ (5.2.6)

式中：x——混凝土受压区高度；

h_0——截面有效高度。

2. 框架梁的纵向钢筋

(1) 最小配筋率应满足表 5.2.1 的规定

框架梁纵向受拉钢筋的最小配筋百分率（％）　　　表 5.2.1

抗震等级或非抗震设计时	梁中位置	
	支座	跨中
一级	0.40 和 $80f_t/f_y$ 中的较大值	0.30 和 $65f_t/f_y$ 中的较大值
二级	0.30 和 $65f_t/f_y$ 中的较大值	0.25 和 $55f_t/f_y$ 中的较大值
三、四级	0.25 和 $55f_t/f_y$ 中的较大值	0.20 和 $45f_t/f_y$ 中的较大值
非抗震设计时	0.20 和 $45f_t/f_y$ 中的较大值	0.20 和 $45f_t/f_y$ 中的较大值

(2) 最大配筋率

抗震设计时，梁端纵向受拉钢筋的配筋率不宜大于 2.5％，不应大于 2.75％。当梁端受拉钢筋的配筋率大于 2.5％时，受压钢筋的配筋率不应小于受拉钢筋的一半。

(3) 通长钢筋

沿梁全长顶面和底面应至少各配置两根纵向配筋，一、二级抗震设计时钢筋直径不应小于 14mm，且分别不应小于梁两端顶面和底面纵向配筋中较大截面面积的 1/4；三、四级抗震设计和非抗震设计时钢筋直径不应小于 12mm。

框架梁梁端截面的底部和顶部纵向受力钢筋截面面积的比值，除按计算确定外，一级抗震等级不应小于 0.5；二、三级抗震等级不应小于 0.3。

一、二、三级抗震等级的框架梁内贯通中柱的每根纵向钢筋的直径，对框架结构及其他类型的框架，当矩形截面柱时，不应大于柱在该方向截面尺寸的 1/20；当圆形截面柱时，不应大于纵向钢筋所在位置柱截面弦长的 1/20。

3. 框架梁的箍筋

框架梁中箍筋的构造要求，应符合下列规定：

（1）按抗震设计时梁端箍筋的加密区长度、箍筋最大间距和最小直径，应按表 5.2.2 采用；当梁端纵向受拉钢筋配筋率大于 2% 时，表中箍筋最小直径应增大 2mm。

框架梁梁端箍筋加密区的构造要求　　　　　　　　表 5.2.2

抗震等级	加密区长度(mm)	箍筋最大间距(mm)	最小直径(mm)
一级	$2h$ 和 500 中的较大值	$6d$，梁高的 1/4 和 100 中的最小值	10
二级	1.5h 和 500 中的较大值	$8d$，梁高的 1/4 和 100 中的最小值	8
三级		$8d$，梁高的 1/4 和 150 中的最小值	8
四级		$8d$，梁高的 1/4 和 150 中的最小值	6

注：1. d 为纵向钢筋直径，h 为梁截面高度；

　　2. 箍筋直径大于 12mm、肢数不少于 4 肢且肢距不大于 150mm 时，一、二级的梁端箍筋加密区箍筋的最大间距应允许适当放宽，但不应大于 150mm。

（2）梁箍筋加密区范围内的箍筋肢距：一级抗震等级，不宜大于 200mm 和 20 倍箍筋直径的较大值；二、三级抗震等级，不宜大于 250mm 和 20 倍箍筋直径的较大值；四级抗震等级，不宜大于 300mm。

（3）梁端设置的第一个箍筋距框架节点边缘不应大于 50mm。在纵向钢筋搭接长度范围内的箍筋间距，钢筋受拉时不应大于搭接钢筋较小直径的 5 倍，且不应大于 100mm；钢筋受压时不应大于搭接钢筋较小直径的 10 倍，且不应大于 200mm；沿梁全长箍筋的面积配筋率 ρ_{sv} 应符合下列规定：

$$\text{一级抗震等级} \qquad \rho_{sv} \geqslant 0.30 f_t / f_{yv} \qquad (5.2.7)$$

$$\text{二级抗震等级} \qquad \rho_{sv} \geqslant 0.28 f_t / f_{yv} \qquad (5.2.8)$$

$$\text{三、四级抗震等级} \qquad \rho_{sv} \geqslant 0.26 f_t / f_{yv} \qquad (5.2.9)$$

$$\text{非抗震} \qquad \rho_{sv} \geqslant 0.24 f_t / f_{yv} \qquad (5.2.10)$$

（4）按抗震设计时，箍筋应有 135° 弯钩，弯钩端头直段长度不应小于 10 倍的箍筋直径和 75mm 的较大值；框架梁非加密区箍筋最大间距不宜大于加密区箍筋间距的 2 倍。

（5）框架梁的纵向钢筋不应与箍筋、拉筋及预埋件等焊接。

（6）非抗震设计时，框架梁中箍筋的间距筋不应大于表 5.2.3 的规定。

框架梁非抗震设计梁箍筋最大间距(mm)　　　　　　　表 5.2.3

h_b(mm)	V $V > 0.7 f_t b h_0$	$V \leqslant 0.7 f_t b h_0$
$h_b = 300$	150	200
$300 < h_b \leqslant 500$	200	300
$500 < h_b \leqslant 800$	250	350
$h_b > 800$	300	400

（7）截面高度大于 800mm 的梁，其箍筋直径不宜小于 8mm；高度不大于 800mm 的梁不应小于 6mm。在受力钢筋搭接长度范围内，箍筋直径不应小于搭接钢筋最大直径的 0.25 倍。

(8) 承受弯矩和剪力的梁，当梁的剪力设计值大于 $0.7f_tbh_0$ 时，其箍筋的面积配筋率应符合公式(5.2.10)的要求：

承受弯矩、剪力和扭矩的梁，其箍筋面积配筋率和受扭纵向钢筋的配筋率应分别符合公式(5.2.8)和公式(5.2.11)的要求：

$$\rho_{tl} \geqslant 0.6\sqrt{\frac{T}{Vb}}f_t/f_y \qquad (5.2.11)$$

当 $T/(Vb)$ 大于 2.0 时，取 2.0。式中：T、V——分别为扭矩、剪力设计值。

(9) 框架梁全长箍筋最小面积配筋率应满足表 5.2.4 的规定。

框架梁全长箍筋最小面积配筋率(%) 表 5.2.4

混凝土强度等级		C25	C30	C35	C40	C45	C50
非抗震设计		0.085	0.095	0.104	0.114	0.120	0.126
弯剪扭受力		0.099	0.111	0.122	0.133	0.140	0.147
抗震设计	特一级(加密区)	—	0.131	0.144	0.157	0.165	0.173
	特一级(非加密区)、一级		0.119	0.131	0.143	0.150	0.158
	二级	0.099	0.111	0.122	0.133	0.140	0.147
	三、四级	0.092	0.103	0.113	0.124	0.130	0.137

注：1. 表内数值为 HRB400 级钢筋的最小面积配箍率，当箍筋为 HPB300 级钢筋时，表内数值需乘以放大系数 1.333。当箍筋为 HRB500 级钢筋时，表内数值无需修正。当箍筋为 HRB335 级钢筋时，表内数值需乘以放大系数 1.20；

2. 表中非抗震设计箍筋最小面积配筋率适用于梁的剪力设计值大于 $0.7f_tbh_0$ 时。

三、框架宽扁梁

框架梁采用宽扁梁时，应进行挠度及裂缝宽度的验算，采用现浇楼板，梁中线宜与柱中线重合，扁梁应双向布置，且不宜用于一级抗震等级的框架结构。

1. 框架宽扁梁的截面尺寸

(1) 框架扁梁的截面高度应满足刚度要求，对于钢筋混凝土宽扁梁的梁高可取梁计算跨度的 1/16～1/22(对钢筋混凝土预应力梁可取 1/20～1/25)，跨度较大时截面高度宜取较大值。扁梁的截面高度不宜小于 2.5 倍板的厚度(对钢筋混凝土预应力扁梁的截面高度不宜小于 2 倍板的厚度)。截面宽高比 b/h 不宜超过 3。其截面尺寸应符合下列要求：$b_b \leqslant 2b_c$，$b_b \leqslant b_c + h_b$，$h_b \geqslant 16d$；其中，b_c 为柱截面宽度，圆形截面取柱直径的 0.8 倍；b_b、h_b 分别为梁截面宽度和高度；d 为柱纵筋直径(图 5.2.1)。

(2) 宽扁梁框架的边梁不宜采用宽度大于柱截面在该方向尺寸的梁；当与框架边梁相交的内部框架宽扁梁大于柱宽时，对边梁应采取措施，以考虑其受扭的不利影响。

2. 框架宽扁梁的最小配筋率(纵向钢筋)及构造

(1) 宽扁梁纵向受力钢筋的最小配筋率，除应符合《混凝土结构设计规范》的规定外，尚不应小于 0.3%，一般为单层放置，间距不宜大于 100mm。

(2) 宽扁梁节点的内、外核心区均可视为梁的支座，梁纵向受力钢筋在支座区的锚固和搭接均按《混凝土结构设计规范》有关框架梁的规定执行，见(图 5.2.2)。其中支座梁底的钢筋宜贯通或按受拉钢筋一样搭接；梁顶面钢筋宜有 1/4～1/3 贯通。

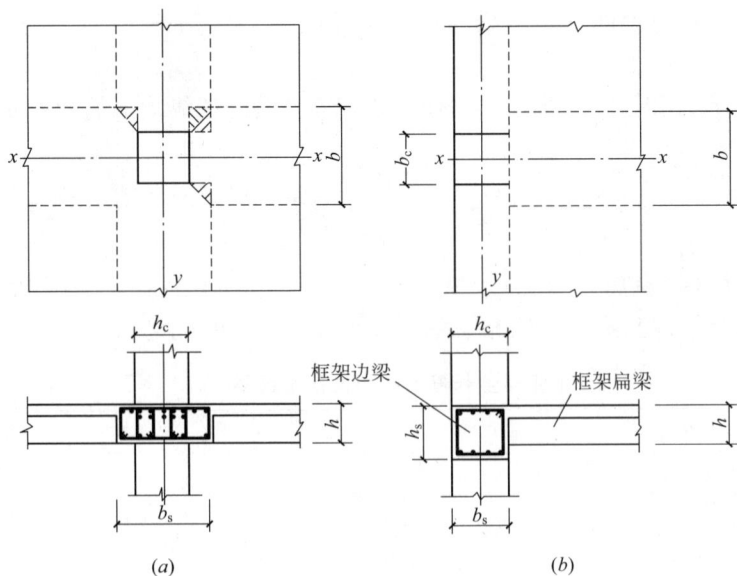

图 5.2.1 框架扁梁柱节点

(a)中柱节点；(b)边柱节点

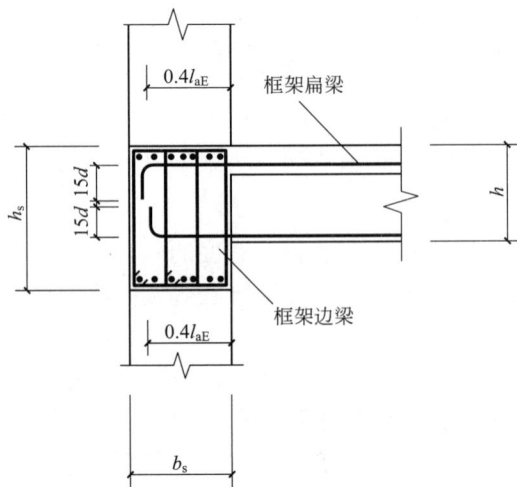

图 5.2.2 框架扁梁与边梁的连接构造

3. 框架宽扁梁的箍筋及腰筋

（1）箍筋加密区及非加密区的构造要求

节点内核心区的配箍量及构造要求同普通框架；节点外核心区（两向宽扁梁相交面积扣除柱截面面积部分），对于中柱节点可配置附加水平箍筋及竖向拉筋，拉筋勾住宽扁梁纵向钢筋并与之绑扎；拉筋直径：一、二级抗震等级不宜小于 10mm，三、四级抗震等级不宜小于 8mm；当核心区受剪承载力不能满足计算要求时，可配置附加腰筋；对于宽扁梁边柱节点核心区，也可配置附加腰筋。

混凝土框架宽扁梁（包括预应力宽扁梁）端箍筋加密区长度，应取自柱边算起至梁边以外 $b+h$ 范围内长度和自梁边算起 l_{aE} 中的较大值（图 5.2.3）。

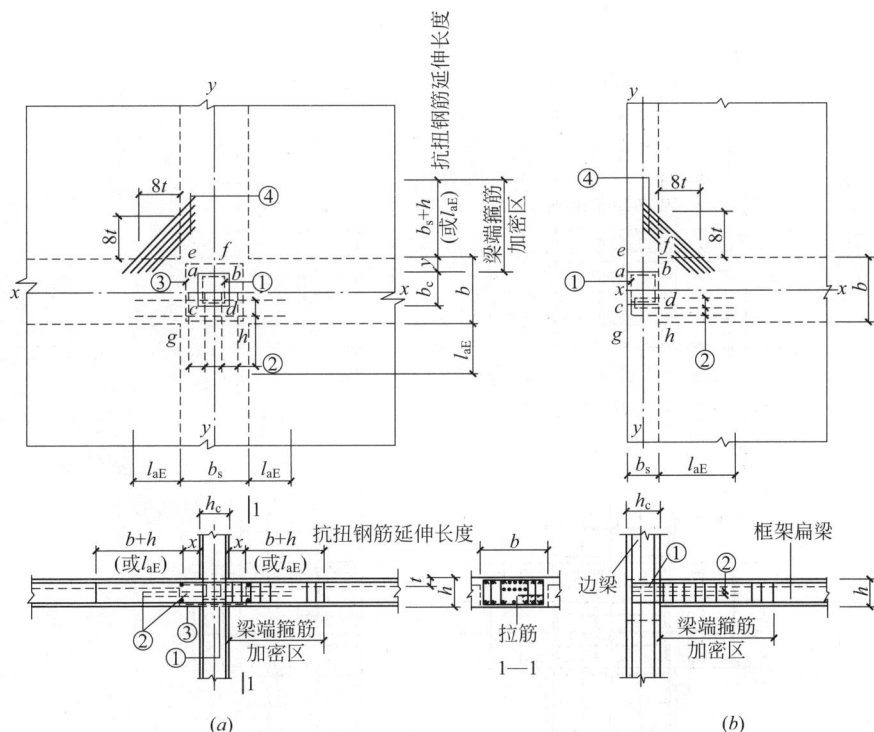

图 5.2.3 扁梁柱节点的配筋构造

(a)中柱节点；(b)边柱节点

①—柱内核心区箍筋；②—核心区附加腰筋；③—核心区附加水平箍筋；④—板面附加斜向钢筋

注：1—1 剖面中腰筋②未表示

对于中柱节点 x 向 y 向及边柱节点 y 向，框架扁梁端箍筋的加密区长度尚应满足抗扭钢筋延伸长度的要求即 x 向扁梁端取 $x+(b+h$ 或 l_{aE} 的较大值)；y 向扁梁端取 $y+(b+h$ 或 l_{aE} 的较大值)。考虑抗震要求的纵向钢筋最小锚固长度按混凝土规范要求确定。在扁梁端 x 区段和 y 区段内的箍筋水平肢纵横交叉，施工比较困难，核心区内的箍筋水平肢可利用扁梁端上部顶层纵筋和下部底层纵筋，但该处纵筋截面面积：当地震沿 $x(y)$ 向作用时，$x(y)$ 向纵筋尚应增加 $y(x)$ 向扁梁端抗扭计算需要箍筋水平肢的截面面积。核心区内的箍筋垂直肢可做成图(图 5.2.3)中 1—1 剖面所示的拉筋形式；即外侧拉筋承受扭矩，内侧拉筋承受剪力；拉筋两端做成 135°弯钩，弯钩平直段长度不小于 10d。在节点核心区 efgh 内除配置了扁梁端纵向受力钢筋外，尚配置了附加腰筋和水平箍筋；因此，加强了柱边到节点核心区 efgh 边缘范围内的受弯承载力，迫使梁端塑性铰由柱边向跨中转移，起到保护内核心区的有利作用。

为防止板面斜裂缝的开展，当中柱节点和边柱节点在扁梁交角处的板面顶层纵向钢筋和横向钢筋间距>200mm 时，可配置(图 5.2.3)所示的板面附加斜向钢筋。

对于柱内节点核心区的配箍量及构造要求与普通框架结构相同。对于扁梁内中柱节点核心区可配置③号附加水平箍筋及拉筋(图 5.2.4a)，它不仅可以提高核心区的受剪承载力，还能增强核心区混凝土的约束作用，提高纵向受力钢筋与混凝土的粘结锚固性能；当核心区受剪承载力还不能满足计算要求时，尚可配置②号附加腰筋如图 5.2.4(a)所示。对于扁梁内边柱节点核心区可配置②号附加腰筋如图 5.2.4(b)所示。

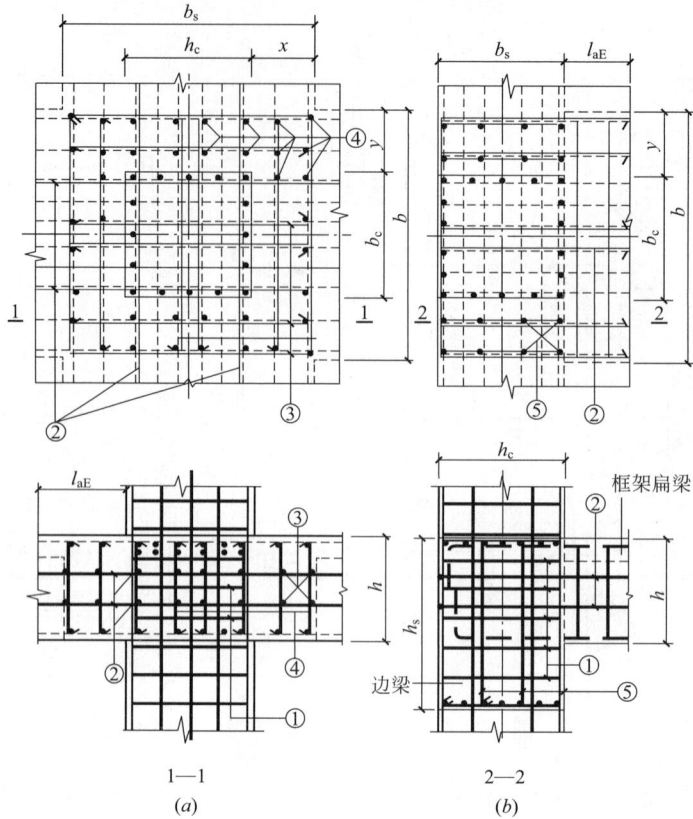

图 5.2.4　节点核心区的配筋构造

(a)中柱节点；(b)边柱节点

①—柱内核心区箍筋；②—核心区附加腰筋；③—核心区附加水平箍筋及拉筋；

④—扁梁端 x 和 y 区段内的拉筋；⑤—边梁端箍筋

(2) 箍筋的肢距及腰筋

宽扁梁的箍筋肢距不宜大于 200mm。宽扁梁两侧面应配置腰筋，其直径不宜小于 12mm，间距不宜大于 200mm。

四、预应力混凝土扁梁结构的构造要求

1. 梁宽大于柱宽的预应力混凝土扁梁不得用于一级抗震等级的框架结构。混凝土强度等级不宜低于 C40。为提高预应力混凝土扁梁的延性和能量耗散能力，宜采用混合配筋，梁内非预应力受拉钢筋的最小截面面积 A_s 应满足式(5.5.12)的要求，预应力钢筋应布置在柱宽范围内。

$$f_y A_s \geqslant 0.25(f_y A_s + f_{py} A_p) \tag{5.2.12}$$

式中：f_y——非预应力钢筋的抗拉强度设计值；

　　　f_{py}——预应力钢筋的抗拉强度设计值；

　　　A_p——受拉区预应力钢筋的截面面积。

2. 由于扁梁较宽，预应力钢筋和非预应力钢筋可布置在同一层内，以便充分发挥扁梁的承载能力。对于抗震设计，梁端纵向受拉钢筋按非预应力钢筋抗拉强度设计值换算的

配筋率不应大于 2.5%(HRB400 级钢筋)。且对计入受压钢筋的梁端混凝土受压区高度应满足下列要求:

二、三级抗震等级 $\qquad x \leqslant 0.35 h_0$ (5.2.13)

3. 预应力混凝土扁梁的预应力钢筋往往呈曲线状布置,支座截面上部除配置预应力钢筋 A_p 外尚有非预应力钢筋 A_s,而支座截面下部仅有非预应力钢筋 A_s'。因此考虑扁梁端在地震作用下的延性要求,非预应力钢筋 A_s' 在满足反向弯矩的受力前提下,尚应满足下列要求:二、三级抗震设计,$A_s'/A_s \geqslant 0.8$,且 $A_s' \geqslant 0.002 b h_0$。

4. 无粘结预应力混凝土扁梁可用于抗震等级为三、四级的框架结构。预应力钢筋的锚具不宜设置在梁柱节点核心区,且锚具外部应涂以树脂类保护膜。考虑无粘结预应力钢筋在扁梁达到极限状态时尚有应力增量;在地震作用下,扁梁可能产生较大的塑性变形,无粘结预应力钢筋的应力可能达到条件屈服点 $\sigma_{0.2}$。因此,当预应力钢筋采用碳素钢丝和钢绞线时,在锚具的局部受压计算中,纵向力应按 $0.8 f_{ptk}$ 值进行计算,f_{ptk} 为预应力钢筋的抗拉强度标准值。在柱宽范围内节点核心区受预应力筋孔洞削弱的截面面积不宜超过其总面积的 20%;当超过时,在计算受剪承载力时应考虑其不利影响。

五、框架扁梁结构计算

(一)在竖向荷载作用下

扁梁的受弯和受剪承载力以及正常使用极限状态的裂缝宽度和挠度均可按《混凝土结构设计规范》(GB 50010—2010)规定计算。

对于中柱节点,考虑梁宽大于柱宽,$x(y)$ 向梁端部分剪力(图 5.2.1a 斜线范围内)不能直接传至柱上,需要通过 $y(x)$ 向梁端传至柱上,因此在梁端该范围内的箍筋需适当加强。对于边柱节点,框架边梁除必须按第三章第十一节四的规定配置协调扭转需要的抗扭钢筋外,尚需考虑由 x 向扁梁传至框架边梁端的附加剪力(图 5.2.1b),在该范围的箍筋需适当加强。

(二)在地震作用组合或强风作用组合荷载作用下

1. 扁梁端的内力

当地震或风荷载沿 $x(y)$ 向框架作用时(图 5.2.5),$y(x)$ 向框架扁梁除承受本身的弯矩和剪力外,尚应考虑 $x(y)$ 向框架扁梁传来的扭矩 T。此扭矩 T 由 $x(y)$ 向框架扁梁端未通过柱内的纵向受拉钢筋 A_{s0} 承受的不平衡弯矩所产生,作用在 y 向框架扁梁上的扭矩 T_y 可按下列公式计算。作用在 x 向框架扁梁上的扭矩 T_x 可用类似方法确定。

中柱节点

$$T_y = \left(M_x^l \frac{A_{s0}^l}{A_s^l} + M_x^r \frac{A_{s0}^r}{A_s^r} \right) \Big/ 2 \qquad (5.2.14)$$

边柱节点

$$T_y = \left(M_x^r \frac{A_{s0}^r}{A_s^r} \right) \Big/ 2 \qquad (5.2.15)$$

式中:M_x^l、M_x^r——作用在 x 向框架节点左侧和右侧扁梁端柱边处的弯矩设计值;

$\qquad A_{s0}^l$、A_{s0}^r——x 向框架节点左侧和右侧扁梁端未通过柱内的纵向受拉钢筋截面面积;

$\qquad A_s^l$、A_s^r——x 向框架节点左侧和右侧扁梁端的全部纵向受拉钢筋截面面积。

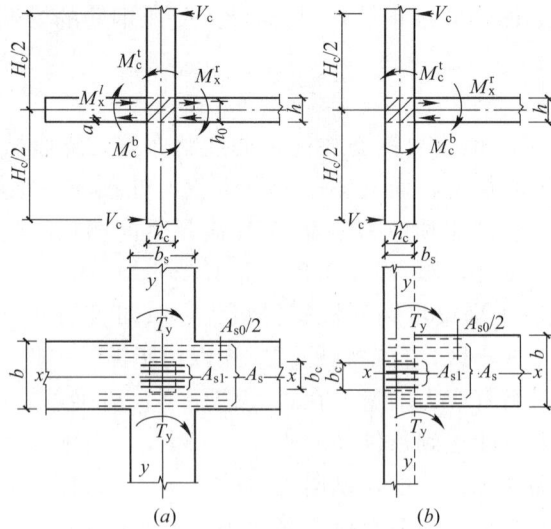

图 5.2.5   扁梁柱节点区的受力图

(a)中柱节点；(b)边柱节点

2. 扁梁端的承载力

垂直地震或强风作用方向的扁梁端处于弯矩 M、剪力 V 和扭矩 T 共同作用，其截面限制条件及承载力可按下列公式计算，式中受弯承载力 M_u 及剪扭构件的受剪承载力 V_u 和受扭承载力 T_u 可按《混凝土结构设计规范》(GB 50010—2010)第 6 章中有关公式计算，承载力抗震调整系数 γ_{RE} 可按该规范第 11 章规定选用，考虑地震作用下承载力降低系数可取用 $\alpha=0.8$。

$$\frac{V}{bh_0}+\frac{T}{0.8Wt}\leqslant 0.2\beta_c f_c b/\gamma_{RE} \tag{5.2.16}$$

$$M\leqslant M_u/\gamma_{RE} \tag{5.2.17}$$

$$V\leqslant \alpha V_u/\gamma_{RE} \tag{5.2.18}$$

$$T\leqslant \alpha T_u/\gamma_{RE} \tag{5.2.19}$$

截面配筋可按扁梁端柱边处弯矩 M、剪力 V 和扭矩 T 分别算得的纵向受拉钢筋和箍筋截面面积叠加后确定。

平行地震或强风作用方向的扁梁端处于弯矩 M 和剪力 V 共同作用，其截面限制条件及承载力可按普通框架梁的方法计算。

3. 框架节点的受剪承载力

框架节点核心区有两种破坏可能性见图 5.2.6。核心区 1，在 abcd 面积 A_{j1} 内破坏；而核心区 2，则在 aefb dhgc 面积 A_{j2} 内破坏。作用在节点核心区的剪力 V_{ji} 可按下列公式计算，考虑抗震等级的区别，系数 β 分别取用：一级抗震等级，$\beta=1.35$，当 M_x^l

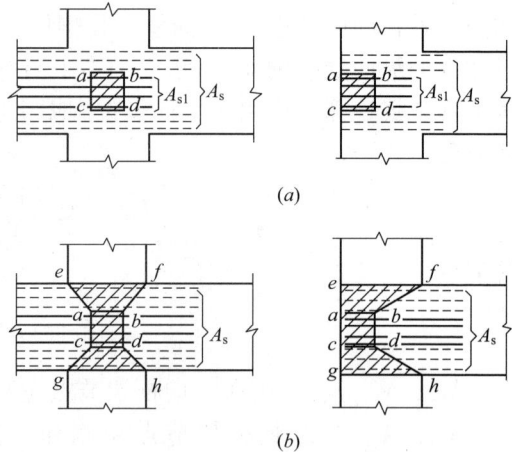

图 5.2.6   节点核心区的受力图

(a)核心区 1；(b)核心区 2

和 M_x^r 均为负弯矩时，绝对值较小的弯矩应取零；且尚应满足 $\beta=1.15$，M_x^l 和 M_x^r 取用实配钢筋面积（计入受压钢筋）和材料强度标准值计算，并考虑 γ_{RE} 的正截面受弯承载力 M_{bua}^l 和 M_{bua}^r。二级抗震等级 $\beta=1.20$。

中柱节点的核心区 1

$$V_{j1}=\beta\left[\frac{M_x^l\dfrac{A_{s1}^l}{A_s^l}+M_x^r\dfrac{A_{s1}^r}{A_s^r}}{h_0-a'}-\frac{M_x^l+M_x^r}{H_c-h}\right] \tag{5.2.20}$$

边柱节点的核心区 1

$$V_{j1}=\beta\left[\frac{M_x^r\dfrac{A_{s1}^r}{A_s^r}}{h_0-a'}-\frac{M_x^r}{H_c-h}\right] \tag{5.2.21}$$

中柱节点的核心区 2

$$V_{j2}=\beta\left(\frac{M_x^l+M_x^r}{h_0-a'}\right)\left(1-\frac{h_0-a'}{H_c-h}\right) \tag{5.2.22}$$

边柱节点的核心区 2

$$V_{j2}=\frac{\beta M_x^r}{(h_0-a')}\left(1-\frac{h_0-a'}{H_c-h}\right) \tag{5.2.23}$$

式中：H_c——节点上柱和下柱反弯点之间的距离。

框架节点核心区的剪力限值 V_{j2} 应符合式（5.2.24）的要求；对四边有梁的中柱节点，取 $\eta_j=1.5$；其他情况，取 $\eta_j=1.0$。

$$V_{j2}\leqslant\frac{0.3\eta_j\beta_c f_c}{\gamma_{RE}}\left(\frac{b_c+b}{2}\right)h_c \tag{5.2.24}$$

作用在框架节点核心区 2 的柱宽范围内、外的剪力 V_{j1} 和（$V_{j2}-V_{j1}$）应分别符合式（5.2.25）的要求。对柱宽范围外的核心区不考虑轴向压力 N 对受剪承载力的有利作用。

$$V_j\leqslant\frac{1}{\gamma_{RE}}\left[1.1\eta_j f_t A_j+0.05\eta_j N+f_{yv}A_{sv}\frac{(h_0-a')}{s}+\alpha_a f_{ya}A_{sa}\frac{(h_0-a')}{s_a}\right] \tag{5.2.25}$$

式中：η_j——梁对节点的约束影响系数：对两个正交方向有梁约束的中柱节点柱宽范围内 $\eta_j=1.5$；其他情况的核心区取 $\eta_j=1$；

A_j——节点核心区的面积，对柱宽范围内的核心区 A_j 取 abcd 面积；对柱宽范围外的核心区 A_j 取 abef 和 cdgh 面积（图 5.2.6）；

N——考虑地震作用组合的节点上柱底部的轴向压力设计值；当 $N>0.5f_c b_c h_c$ 时，取 $N=0.5f_c b_c h_c$；当 N 为拉力时，取 $N=0$；

f_{yv}——箍筋抗拉强度设计值；

A_{sv}——配置在同一截面内箍筋各肢的全部截面面积；

s——沿柱长度方向上箍筋的间距；

α_a——附加钢筋（腰筋或箍筋）的强度折减系数；在核心区 abcd 面积内的附加钢筋，取 $\alpha_a=1$；在核心区 abef 和 cdgh 面积内的附加钢筋，取 $\alpha_a=0.8$；

f_{ya}——附加钢筋抗拉强度设计值；

A_{sa}——配置在同一截面内附加钢筋各肢的全部截面面积；

s_a——沿柱长度方向上附加钢筋的间距；

γ_{RE}——承载力抗震调整系数，取 $\gamma_{RE}=0.85$。

第三节　框　架　柱

　　轴压比是影响框架柱抗震设计的破坏形态和变形能力的重要因素。轴压比不同，框架柱将呈现两种破坏形态，即受拉钢筋首先屈服的大偏心受压破坏和混凝土受压区压碎而受拉钢筋未屈服的小偏心受压破坏。框架柱应控制在大偏心受压破坏范围，以保证柱有一定延性。因此，框架柱抗震设计应根据不同结构体系、抗震等级、剪跨比及截面配筋情况等控制框架柱轴压比限值。

　　利用箍筋可以加强框架柱截面的约束，在三向受压状态下提高柱的混凝土抗压强度，从而降低柱轴压比限值。试验研究表明：采用连续矩形复合螺旋箍是一种非常有效的提高柱延性的措施。采用连续复合螺旋箍比一般复合箍可提高柱的极限变形角 25%。

　　剪跨比和剪压比是判别框架柱抗震性能的重要指标。剪跨比用于区分变形特征和变形能力；剪压比用于限制内力，保证延性。

一、框架柱的截面

　　1. 框架柱的截面形式一般采用矩形、方形、圆形或多边形等。截面宽度和高度：非抗震设计时均不宜小于 250mm，抗震设计时抗震等级为四级或层数不超过 2 层时，其最小截面尺寸不宜小于 300mm，一、二、三级抗震等级且层数超过 2 层时不宜小于 400mm；圆柱的截面直径及多边形截面的内切圆直径非抗震设计及抗震等级为四级或层数不超过 2 层时不宜小于 350mm；一、二、三级抗震等级且层数超过 2 层时不宜小于 450mm；抗震设计时，错层处框架柱的截面高度不应小于 600mm。截面长边与短边的比值不宜大于 3。框架柱的截面宜满足 $l_0/b \leqslant 30$；$l_0/h \leqslant 25$；（l_0 为柱的计算长度；b、h 分别为柱截面宽度和高度）。框架柱的剪跨比宜大于 2。

　　2. 抗震设计时的各类结构的框架柱和框支柱，其轴压比 N/f_cA 不宜大于表 5.3.1 规定的限值。对 Ⅳ 类场地上较高的高层建筑，柱轴压比限值应适当减小。

柱 轴 压 比 限 值　　　　　　　　　　表 5.3.1

结构类型	抗 震 等 级			
	一	二	三	四
框架结构	0.65	0.75	0.85	0.90
框架-抗震墙，板柱-抗震墙及筒体	0.75	0.85	0.90	0.95
部分框支抗震墙	0.6	0.7	—	

　　注：1. 轴压比指柱组合的轴压力设计值与柱的全截面面积和混凝土轴心抗压强度设计值乘积之比值；对规定不进行地震作用计算的结构，可取无地震作用组合的轴力设计值计算；

　　　　2. 表内限值适用于剪跨比大于 2、混凝土强度等级不高于 C60 的柱；剪跨比不大于 2 的柱，轴压比限值应降低 0.05；剪跨比小于 1.5 的柱，轴压比限值应专门研究并采取特殊构造措施；

　　　　3. 沿柱全高采用井字复合箍且箍筋肢距不大于 200mm、间距不大于 100mm、直径不小于 12mm，或沿柱全高采用复合螺旋箍、螺旋间距不大于 100mm、箍筋肢距不大于 200mm、直径不小于 12mm，或沿柱全高采用连续复合矩形螺旋箍、螺旋净距不大于 80mm、箍筋肢距不大于 200mm、直径不小于 10mm，轴压比限值均可增加 0.10；上述三种箍筋的体积配箍率均应按增大的轴压比由表 5.3.3 确定；

　　　　4. 在柱的截面中部附加芯柱，其中另加的纵向钢筋的总面积不少于柱截面面积的 0.8%，轴压比限值可增加 0.05；此项措施与注 3 的措施共同采用时，轴压比限值可增加 0.15，但箍筋的体积配箍率仍可按轴压比增加 0.10 的要求确定；

　　　　5. 柱轴压比不应大于 1.05。

3. 框架柱和框支柱的受剪截面应符合下列条件：

无地震作用组合

$$V_c \leqslant 0.25\beta_c f_c bh_0 \tag{5.3.1}$$

有地震作用组合

剪跨比 $\lambda > 2$ 的框架柱

$$V_c \leqslant \frac{1}{\gamma_{RE}}(0.2\beta_c f_c bh_0) \tag{5.3.2}$$

框支柱和剪跨比 $\lambda \leqslant 2$ 的框架柱

$$V_c \leqslant \frac{1}{\gamma_{RE}}(0.15\beta_c f_c bh_0) \tag{5.3.3}$$

式中：λ——框架柱、框支柱的剪跨比，取 $M/(V_c h_0)$；此处，M 宜取柱上、下端考虑地震作用组合的弯矩设计值的较大值，V_c 取与 M 对应的剪力设计值，h_0 为柱截面有效高度；当框架结构中的框架柱反弯点在柱层高范围内时，可取 λ 等于 $H_n/(2h_0)$，此处，H_n 为净高；

V_c——框架柱端截面组合的与 M 对应的剪力设计值。

4. 考虑地震作用组合的矩形截面双向受剪的钢筋混凝土框架柱，其受剪斜截面应符合下列条件：

$$V_x \leqslant \frac{1}{\gamma_{RE}}0.2\beta_c f_c bh_0 \cos\theta \tag{5.3.4}$$

$$V_y \leqslant \frac{1}{\gamma_{RE}}0.2\beta_c f_c hb_0 \sin\theta \tag{5.3.5}$$

式中：V_x——x 轴方向的剪力设计值，对应的截面有效高度为 b，截面宽度度为 b；

V_y——y 轴方向的剪力设计值，对应的截面有效高度为 b_0，截面宽度度为 h；

θ——斜向剪力设计值 V 的作用方向与 x 轴的夹角，取为 $\arctan(V_y/V_x)$。

5. 考虑地震作用组合时，矩形截面双向受剪的钢筋混凝土框架柱，其斜截面受剪承载力应符合下列条件：

$$V_x \leqslant \frac{V_{ux}}{\sqrt{1+\left(\dfrac{V_{ux}\tan\theta}{V_{uy}}\right)^2}} \tag{5.3.6}$$

$$V_y \leqslant \frac{V_{uy}}{\sqrt{1+\left(\dfrac{V_{uy}}{V_{ux}\tan\theta}\right)^2}} \tag{5.3.7}$$

$$V_{ux} \leqslant \frac{1}{\gamma_{RE}}\left[\frac{1.05}{\lambda_x+1}f_t bh_0 + f_{yv}\frac{A_{svx}}{s}h_0 + 0.056N\right] \tag{5.3.8}$$

$$V_{uy} \leqslant \frac{1}{\gamma_{RE}}\left[\frac{1.05}{\lambda_y+1}f_t bh_0 + f_{yv}\frac{A_{svy}}{s_y}b_0 + 0.056N\right] \tag{5.3.9}$$

式中：λ_x、λ_y——框架柱的计算剪跨比；取 $M/(Vh_0)$；当框架结构中的框架柱反弯点在柱层高范围内时，可取 λ 等于 $H_n/(2h_0)$，此处，H_n 为净高。当 λ 小于 1.0 时，取 1.0；当 λ 大于 3.0 时，取 3.0；M 为计算截面上与剪力设计值 V 相应的弯矩设计值；

A_{svx}、A_{svy}——配置在同一截面内平行于 x 轴 y 轴的箍筋各肢截面面积的总和；

　　　　N——与斜向剪力设计值 V 相应的轴向压力设计值，当 N 大于 $0.3f_cA$ 时，取 $0.3f_cA$；此处，A 为构件的截面面积。

在计算截面箍筋时，在公式(5.3.6)、公式(5.3.7)中可近似取 V_{ux}/V_{uy} 等于 1 计算。

二、框架柱的构造设计要求

1. 框架柱的纵向钢筋

(1) 纵向钢筋的配置

纵向受力钢筋的直径 d 不宜小于 12mm。柱中纵向钢筋的净间距不应小于 50mm。

① 在偏心受压柱中，垂直于弯矩作用平面的侧面上的纵向受力钢筋以及轴心受压柱中各边的纵向受力钢筋，其中距不宜大于 300mm。纵向钢筋宜对称配置。抗震设计时，截面边长大于 400mm 的柱，纵向钢筋间距不宜大于 200mm。地下室柱截面每侧的纵向钢筋面积，除应满足计算要求外，不应少于地上一层对应柱每侧纵筋面积的 1.1 倍。柱纵向钢筋的绑扎接头应避开柱端的箍筋加密区。

② 当偏心受压柱的截面高度 $h \geqslant 600$mm 时，在柱的侧面上应设置直径为 $10 \sim 16$mm 的纵向构造钢筋，并相应设置复合箍筋和拉筋。

(2) 最大配筋率

全部纵向受力钢筋配筋率：对于非抗震设计不宜大于 5%，不应大于 6%，对于抗震设计不应大于 5%。当按一级抗震等级设计，且柱的剪跨比 $\lambda \leqslant 2$ 时，柱每侧纵向钢筋的配筋率不宜大于 1.2%。

(3) 最小配筋率

框架柱全部纵向受力钢筋的最小配筋率应按表 5.3.2 采用，同时每一侧配筋率不应小于 0.2%；对建造于Ⅳ类场地上较高的高层建筑，表中的数值应增加 0.1。

框架柱全部纵向受力钢筋最小配筋率(%)　　　　　表 5.3.2

柱类型	抗震等级				非抗震
	一级	二级	三级	四级	
中柱和边柱	0.9(1.0)	0.7(0.8)	0.6(0.7)	0.5(0.6)	0.5
角柱、框支柱	1.1	0.9	0.8	0.7	0.5

注：1. 采用 400MPa 级纵向受力钢筋时，表中数值应增加 0.05；
　　2. 混凝土强度等级高于 C60 时，应按表中数值增加 0.1 采用；
　　3. 边柱、角柱及在地震组合下处于小偏心受拉时，柱内纵向受力钢筋总截面面积应比计算值增加 25%；
　　4. 表中括号内数值用于框架结构的柱。

(4) 圆柱的纵向钢筋

圆柱中纵向钢筋宜沿周边均匀布置，根数不宜少于 8 根，且不应少于 6 根。

(5) 框架柱纵向钢筋的搭接接头

柱中各部位钢筋的接头采用绑扎搭接接头方案时(图 5.3.1)，搭接接头方案宜满足以下条件：

(1) 轴心受拉及小偏心受拉杆件的纵向受力钢筋不得采用绑扎搭接；其他构件中的钢筋采用绑扎搭接时，受拉钢筋的直径不宜大于 25mm。受压钢筋直径不宜大于 28mm。

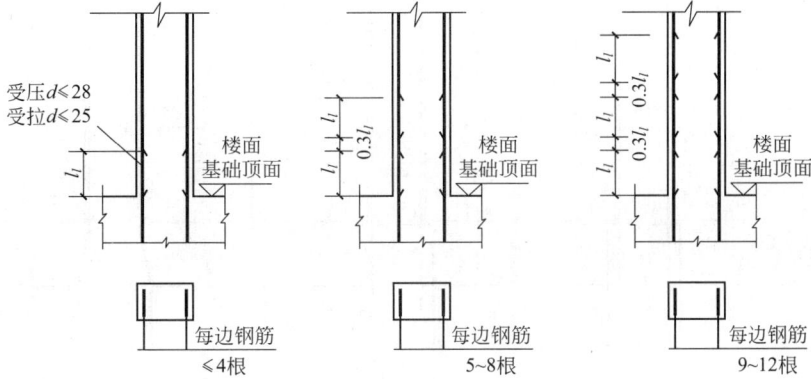

图 5.3.1　纵向钢筋搭接接头方案（非抗震）

注：图中搭接长度按表 1.6.2-1 取用。

（2）非抗震时搭接位置可以从基础顶面或各层板面开始（图 5.3.1），柱每边的钢筋不多于 4 根时，可一次搭接；柱每边的钢筋为 5～8 根时，可分两次搭接；柱每边的钢筋为 9～12 根，可分为三次搭接。

（3）抗震时搭接位置应错开，同一截面内钢筋接头，不宜超过全截面钢筋总根数的 50％（图 5.3.2）。当柱纵向钢筋总根数为 4 根时，可在同一截面搭接。

（4）在搭接接头范围内，箍筋间距≤5d（d 为柱的较小纵向受力钢筋直径），且应≤100mm。

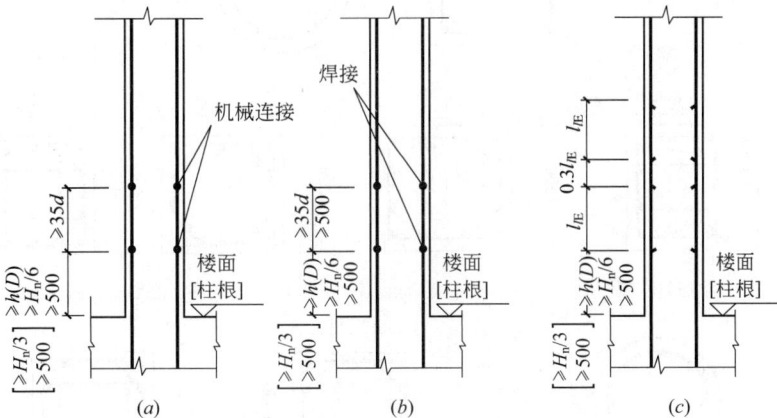

图 5.3.2　纵向钢筋连接方案（抗震）

（a）用于机械连接；（b）用于焊接连接；（c）用于搭接连接

注：柱根系指地下室的顶面或无地下室情况的基础顶面。

（5）变截面框架柱纵向钢筋伸入锚固长度

下柱伸入上柱搭接钢筋的根数及直径应满足上柱受力的要求。当上下柱内钢筋直径不同时，搭接长度应按上柱内钢筋直径计算。当钢筋的折角大于 1∶6 时，应设插筋或将上柱内钢筋伸入下柱（图 5.3.3a），当折角不大于 1∶6 时，下柱内钢筋可以弯折伸入上柱搭接（图 5.3.3b）。柱内钢筋的搭接接头方案应符合图 5.3.1 和图 5.3.2（c）的规定。

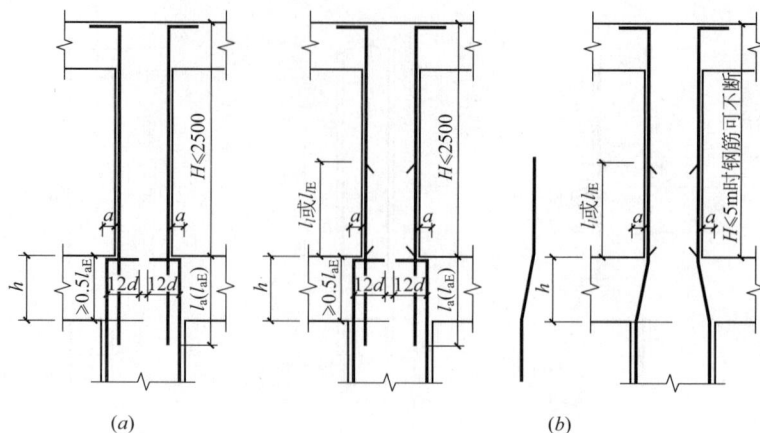

图 5.3.3 插筋和弯折连接

$(a)a/h>1/6$ 时;$(b)a/h≤1/6$ 时

注:重要工程插筋锚入长度可改为 $1.2l_a(1.2l_{aE})$。

2. 框架柱的箍筋

(1) 箍筋的形式

箍筋的形式见图 5.3.4。

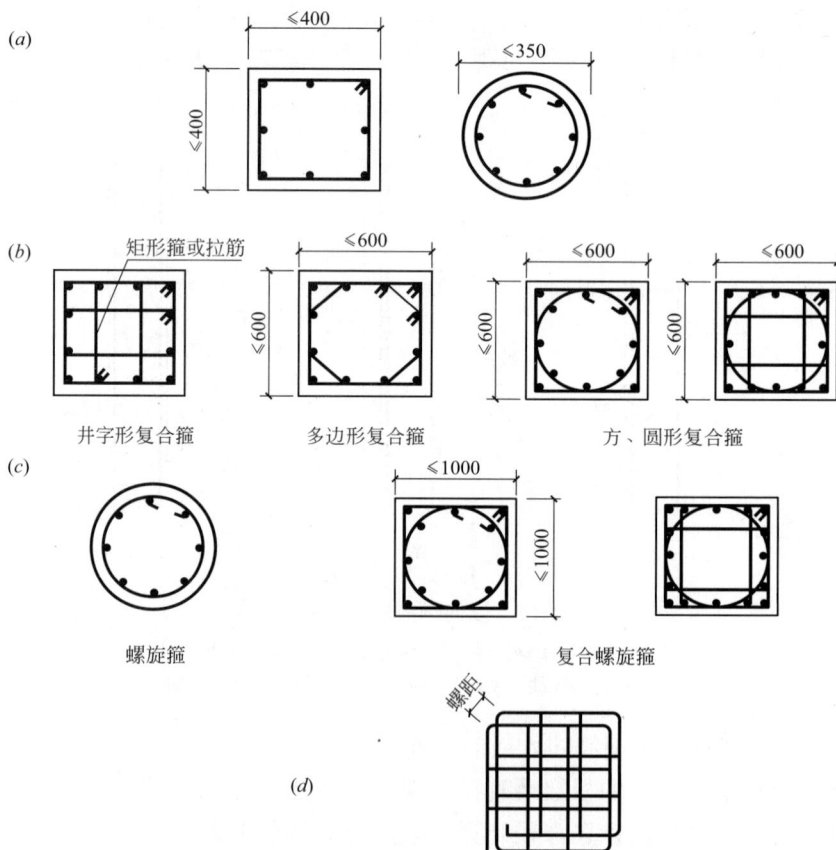

图 5.3.4 各类箍筋示意

(a)普通箍;(b)复合箍;(c)螺旋箍;(d)连续复合螺旋箍(用于矩形截面柱)

（2）箍筋的构造要求

1）一般构造

柱中的周边箍筋应做成封闭式；对圆柱中的箍筋，搭接长度不应小于充分利用抗拉强度时的锚固长度 l_a（图 5.3.5），且末端应做成 135° 弯钩，弯钩末端平直段长度不应小于箍筋直径的 5 倍。

2）箍筋加密范围及肢距

柱端，取截面高度（圆柱直径），柱净高的 1/6 和 500mm 三者的最大值；底层柱，柱根（注：柱根指框架底层柱的嵌固部位）不小于柱净高的 1/3；刚性地面上下各 500mm；剪跨比不大于 2 的柱、因设置填充墙等形成的柱净高与柱截面高度之比不大于 4 的柱、框支柱、一级和二级框架的角柱，需提高变形能力的框架柱，错层柱，取全高。

柱箍筋加密区箍筋肢距，一级不宜大于 200mm，二、三级不宜大于 250mm 和 20 倍箍筋直径的较大值，四级不宜大于 300mm。至少每隔一根纵向钢筋宜在两个方向有箍筋或拉筋约束；采用拉筋复合箍时，拉筋宜紧靠纵向钢筋并勾住箍筋（图 4.2.7）。

3）柱箍筋加密区箍筋最小配箍率及体积配箍率

柱箍筋加密区的体积配箍率，应符合下式要求：

$$\rho_v \geqslant \lambda_v f_c / f_{yv} \qquad (5.3.10)$$

式中：ρ_v——柱箍筋加密区的体积配箍率；四级不应小于 0.4%；一、二、三级，分别不应小于 0.8%、0.6%、0.4%；计算复合箍的体积配箍率时，应扣除重叠部分的箍筋体积，计算复合螺旋箍的体积配箍率时，其非螺旋箍的箍筋体积应乘以折减系数 0.80；

f_c——混凝土轴心抗压强度设计值；强度等级低于 C35 时，应按 C35 计算；

f_{yv}——箍筋或拉筋抗拉强度设计值；

λ_v——最小配箍特征值，宜按表 5.3.3 采用。

柱箍筋加密区的箍筋最小配箍特征值 λ_v　　　　　　　　表 5.3.3

抗震等级	箍筋形式	柱轴压比								
		≤0.3	0.4	0.5	0.6	0.7	0.8	0.9	1.0	1.05
一	普通箍、复合箍	0.10	0.11	0.13	0.15	0.17	0.20	0.23		
	螺旋箍、复合或连续复合矩形螺旋箍	0.08	0.09	0.11	0.13	0.15	0.18	0.21		
二	普通箍、复合箍	0.08	0.09	0.11	0.13	0.15	0.17	0.19	0.22	0.24
	螺旋箍、复合或连续复合矩形螺旋箍	0.06	0.07	0.09	0.11	0.13	0.15	0.17	0.20	0.22
三、四	普通箍、复合箍	0.06	0.07	0.09	0.11	0.13	0.15	0.17	0.20	0.22
	螺旋箍、复合或连续复合矩形螺旋箍	0.05	0.06	0.07	0.09	0.11	0.13	0.15	0.18	0.20

注：1. 普通箍指单个矩形箍和单个圆形箍筋，螺旋箍指单个螺旋箍筋；复合箍指由矩形、多边形、圆形箍筋或拉筋组成的箍筋；复合螺旋箍指由螺旋箍与矩形、多边形、圆形箍筋或拉筋组成的箍筋；连续复合矩形螺旋箍指全部螺旋箍为同一根钢筋加工而成的箍筋；

2. 框支柱宜采用复合螺旋箍或井字复合箍，其最小配箍特征值应比表 5.3.3 内数值增加 0.02，且体积配箍率不应小于 1.5%；

3. 剪跨比不大于 2 的柱宜采用复合螺旋箍或井字复合箍，且体积配箍率不应小于 1.2%。9 度一级时不应小于 1.5%；

4. 当混凝土强度等级大于 C60 时，箍筋宜采用复合箍、复合螺旋箍或连续复合矩形螺旋箍。当轴压比不大于 0.6 时，其加密区的最小配箍特征值宜按表中数值增加 0.02；当轴压比大于 0.6 时，宜按表中数值增加 0.03。

柱箍筋加密区最小体积配箍率 ρ_v 见表 5.3.4。

柱箍筋加密区最小体积配箍率 ρ_v（%） 表 5.3.4

抗震等级	箍筋形式	混凝土强度等级	柱轴压比								
			≤0.3	0.4	0.5	0.6	0.7	0.8	0.9	1.0	1.05
一级	普通箍、复合箍	≤C35	0.800	0.800	0.800	0.800	0.800	0.928	1.067		
		C40	0.800	0.800	0.800	0.800	0.902	1.061	1.220		
		C45	0.800	0.800	0.800	0.879	0.996	1.173	1.348		
		C50	0.800	0.800	0.834	0.963	1.091	1.283	1.476		
		C55	0.800	0.800	0.914	1.054	1.195	1.406	1.616		
		C60	0.800	0.840	0.993	1.146	1.299	1.528	1.757		
	螺旋箍、复合或连续复合矩形螺旋箍	≤C35	0.800	0.800	0.800	0.800	0.800	0.835	0.974		
		C40	0.800	0.800	0.800	0.800	0.800	0.955	1.114		
		C45	0.800	0.800	0.800	0.800	0.879	1.055	1.231		
		C50	0.800	0.800	0.800	0.834	0.963	1.155	1.348		
		C55	0.800	0.800	0.800	0.914	1.054	1.265	1.476		
		C60	0.800	0.800	0.840	0.993	1.146	1.375	1.604		
二级	普通箍、复合箍	≤C35	0.600	0.600	0.600	0.603	0.696	0.789	0.881	1.021	1.114
		C40	0.600	0.600	0.600	0.690	0.796	0.902	1.008	1.167	1.273
		C45	0.600	0.600	0.645	0.762	0.879	0.996	1.114	1.289	1.406
		C50	0.600	0.600	0.706	0.834	0.963	1.091	1.219	1.412	1.540
		C55	0.600	0.633	0.773	0.914	1.054	1.195	1.335	1.546	1.686
		C60	0.611	0.688	0.840	0.993	1.146	1.299	1.451	1.681	1.833
	螺旋箍、复合或连续复合矩形螺旋箍	≤C35	0.600	0.600	0.600	0.600	0.603	0.696	0.789	0.928	1.021
		C40	0.600	0.600	0.600	0.600	0.690	0.796	0.902	1.061	1.167
		C45	0.600	0.600	0.600	0.645	0.762	0.879	0.996	1.173	1.289
		C50	0.600	0.600	0.600	0.706	0.834	0.963	1.091	1.283	1.412
		C55	0.600	0.600	0.632	0.773	0.914	1.054	1.195	1.406	1.546
		C60	0.600	0.600	0.688	0.840	0.993	1.146	1.299	1.528	1.681
三、四级	普通箍、复合箍	≤C35	0.400	0.400	0418	0.510	0.603	0.696	0.789	0.928	1.021
		C40	0.400	0.400	0478	0.584	0.690	0.796	0.902	1.061	1.167
		C45	0.400	0.410	0.527	0.645	0.762	0.879	0.996	1.172	1.289
		C50	0.400	0.449	0.578	0.706	0.843	0.963	1.091	1.283	1.412
		C55	0.422	0.492	0.632	0.773	0.914	1.054	1.195	1.406	1.546
		C60	0.459	0.535	0.688	0.840	0.993	1.146	1.299	1.528	1.681
	螺旋箍、复合或连续复合矩形螺旋箍	≤C35	0.400	0.400	0.400	0.418	0.510	0.603	0.696	0.835	0.928
		C40	0.400	0.400	0.400	0.478	0.584	0.690	0.796	0.955	1.061
		C45	0.400	0.400	0.410	0.527	0.645	0.762	0.879	1.055	1.173
		C50	0.400	0.400	0.449	0.578	0.706	0.843	0.963	1.155	1.283
		C55	0.400	0.422	0.492	0.632	0.773	0.914	1.054	1.265	1.406
		C60	0.400	0.459	0.535	0.688	0.840	0.993	1.146	1.375	1.528

注：表内数值为 HRB400 级箍筋的最小体积配箍率，当箍筋为 HPB300 级钢筋时，表内数值（0.800、0.600、0.400 除外）需乘以放大系数 1.333。当箍筋为 HRB500 级钢筋时，表内数值（0.800、0.600、0.400 除外）需乘以折减系数 0.828。当箍筋为 HRB335 级钢筋时，表内数值（0.800、0.600、0.400 除外）需乘以放大系数 1.20。且一级不应小于 0.8%，二级不应小于 0.6%，三、四级不应小于 0.4%。

矩形柱箍筋间距＝100mm 时体积配箍率 表 5.3.5

箍筋形式	截面尺寸 (b×h)		截面尺寸 (b×h)		截面尺寸 (b×h)		截面尺寸 (b×h)		截面尺寸 (b×h)		截面尺寸 (b×h)		截面尺寸 (b×h)	
	箍筋直径	体积配箍率(%)	箍筋直径	体积配箍率(%)	箍筋直径	体积配箍率(%)	箍筋直径	体积配箍率(%)	箍筋直径	体积配箍率(%)	箍筋直径	体积配箍率(%)	箍筋直径	体积配箍率(%)
	300×300		350×350		400×400		450×450		300×350		300×400		300×450	
	φ8	0.85	φ8	0.70	φ8	0.60	φ8	0.52	φ8	0.78	φ8	0.72	φ8	0.68
	φ10	1.36	φ10	1.12	φ10	0.95	φ10	0.83	φ10	1.24	φ10	1.15	φ10	1.09
	φ12	2.01	φ12	1.65	φ12	1.39	φ12	1.21	φ12	1.83	φ12	1.70	φ12	1.60
	300×300		350×350		400×400		450×450		300×350		300×400		300×450	
	φ8	1.28	φ8	1.05	φ8	0.90	φ8	0.78	φ8	1.17	φ8	1.09	φ8	1.03
	φ10	2.04	φ10	1.68	φ10	1.43	φ10	1.24	φ10	1.86	φ10	1.73	φ10	1.64
	φ12	3.02	φ12	2.47	φ12	2.09	φ12	1.81	φ12	2.74	φ12	2.55	φ12	2.41
	400×400		450×450		500×500		550×550		600×600		400×500		500×600	
	φ8	1.20	φ8	1.04	φ8	0.92	φ8	0.83	φ8	0.75	φ8	1.06	φ8	0.83
	φ10	1.90	φ10	1.65	φ10	1.46	φ10	1.31	φ10	1.18	φ10	1.68	φ10	1.32
	φ12	2.79	φ12	2.42	φ12	2.13	φ12	1.91	φ12	1.73	φ12	2.46	φ12	1.93
	400×450		400×500		400×600		450×500		450×600		500×550		500×600	
	φ8	1.25	φ8	1.18	φ8	1.07	φ8	1.10	φ8	0.99	φ8	0.98	φ8	0.93
	φ10	1.98	φ10	1.86	φ10	1.69	φ10	1.74	φ10	1.57	φ10	1.55	φ10	1.47
	φ12	2.90	φ12	2.73	φ12	2.47	φ12	2.54	φ12	2.29	φ12	2.26	φ12	2.14
	500×500		550×550		600×600		700×700		800×800		500×600		600×700	
	φ8	1.15	φ8	1.03	φ8	0.94	φ8	0.79	φ8	0.68	φ8	1.05	φ8	0.86
	φ10	1.82	φ10	1.63	φ10	1.48	φ10	1.25	φ10	1.08	φ10	1.65	φ10	1.36
	φ12	2.67	φ12	2.38	φ12	2.16	φ12	1.81	φ12	1.56	φ12	2.41	φ12	1.98
	500×600		500×700		600×700		600×800		700×800		700×900		800×900	
	φ8	1.14	φ8	1.05	φ8	0.94	φ8	0.88	φ8	0.80	φ8	0.76	φ8	0.70
	φ10	1.80	φ10	1.66	φ10	1.49	φ10	1.38	φ10	1.27	φ10	1.19	φ10	1.11
	φ12	2.63	φ12	2.42	φ12	2.17	φ12	2.01	φ12	1.84	φ12	1.73	φ12	1.60
	600×600		700×700		800×800		900×900		1000×1000		1100×1100		1200×1200	
	φ8	1.13	φ8	0.95	φ8	0.82	φ8	0.72	φ8	0.64	φ8	0.58	φ8	0.53
	φ10	1.78	φ10	1.49	φ10	1.29	φ10	1.13	φ10	1.01	φ10	0.91	φ10	0.83
	φ12	2.59	φ12	2.17	φ12	1.87	φ12	1.65	φ12	1.47	φ12	1.33	φ12	1.21
	700×700		800×800		900×900		1000×1000		1100×1100		1200×1200		1300×1300	
	φ8	1.11	φ8	0.96	φ8	0.84	φ8	0.75	φ8	0.68	φ8	0.62	φ8	0.57
	φ10	1.74	φ10	1.51	φ10	1.32	φ10	1.18	φ10	1.07	φ10	0.97	φ10	0.89
	φ12	2.54	φ12	2.19	φ12	1.92	φ12	1.71	φ12	1.55	φ12	1.41	φ12	1.29

注：本表混凝土保护层取 20，配筋率计算取间距 100。

4）圆柱螺旋箍筋构造要求

在配有螺旋式或焊接环式间接钢筋的柱中，如计算中考虑间接钢筋的作用，则间接钢筋的间距 s 不应大于 80mm 及 $d_{cor}/5$（d_{cor} 为按间接钢筋内表面确定的核心截面直径），且不宜小于 40mm（图 5.3.5）；间接钢筋的直径应符合本节二.2柱箍筋直径的规定。

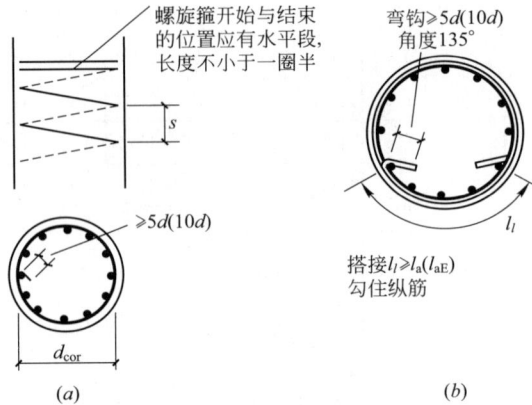

图 5.3.5   圆柱螺旋箍筋构造

（a）端部构造；（b）搭接构造

注：括号中内容用于抗震设计。

5）其他构造要求

在柱箍筋加密区外，箍筋的体积配筋率不宜小于加密区配筋率的一半；对一、二级抗震等级的框架柱；箍筋间距不应大于 10 倍纵向钢筋直径；对三、四级抗震等级的框架柱，箍筋间距不应大于 15 倍纵向钢筋直径。

第四节   有特殊要求的框架柱构造

一、角柱

在钢筋混凝土框架体系中，角柱的受力条件比其他柱要差。震害调查也表明，角柱的破坏程度往往比边柱和中柱更严重一些。为了防止角柱的斜向压弯破坏，除考虑双向地震输入，进行角柱的斜向压弯承载力验算外；在构造上应特别注意加密箍筋，使两个方向箍筋的配置均符合对短柱的要求，以增强箍筋对受压区混凝土的约束作用。此外，为了增强角柱的斜截面压弯能力，对于高层建筑中较大截面的角柱，纵向受力钢筋的排列，在满足间距不大于 200mm 的条件下，尽量向角部集中；此外，还可在四角部位采用较密和较粗钢筋（图 5.4.1）。

二、异形柱

1. 异形柱的截面

（1）异形柱的截面形式一般采用 L 形、T 形、十字形。且

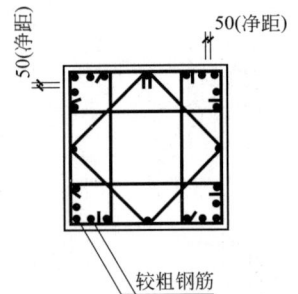

图 5.4.1   框架角柱纵向受力钢筋的排列构造

截面各肢的肢高肢厚比不大于 4。异形柱截面的肢厚不应小于 200mm，肢高不应小于 500mm。异形柱的剪跨比宜大于 2，抗震设计时不应小于 1.50。

（2）抗震设计时，异形柱的轴压比不宜大于表 5.4.1 规定的限值。

异形柱的轴压比限值　　　　　　　　表 5.4.1

结构体系	截面形式	抗震等级		
		二级	三级	四级
框架结构	L 形	0.50	0.60	0.70
	T 形	0.55	0.65	0.75
	十字形	0.60	0.70	0.80
框架-剪力墙结构	L 形	0.55	0.65	0.75
	T 形	0.60	0.70	0.80
	十字形	0.65	0.75	0.85

注：1. 轴压比 $N/(f_cA)$ 指考虑地震作用组合的异形柱轴向压力设计值 N 与柱全截面面积 A 和混凝土轴心抗压强度设计值 f_c 乘积的比值；

2. 剪跨比不大于 2 的异形柱，轴压比限值应按表内相应数值减小 0.05；

3. 框架-剪力墙结构，在基本振型地震作用下，当框架部分承担的地震倾覆力矩大于结构总地震倾覆力矩的 50% 时，异形柱轴压比限值应按框架结构采用。

2. 异形柱的构造设计要求

（1）异形柱的纵向钢筋

在同一截面内，纵向受力钢筋宜采用相同直径，其直径不应小于 14mm，且不应大于 25mm；内折角处应设置纵向受力钢筋；纵向钢筋间距：二、三级抗震等级不宜大于 200mm；四级不宜大于 250mm；非抗震设计不宜大于 300mm。当纵向受力钢筋的间距不能满足上述要求时，应设置纵向构造钢筋，其直径不应小于 12mm，并应设置拉筋，拉筋间距应与箍筋间距相同。异形柱纵向受力钢筋之间的净距不应小于 50mm。柱肢厚度为 200～250mm 时，纵向受力钢筋每排不应多于 3 根；根数较多时，可分两排设置。

（2）最大配筋率

异形柱全部纵向受力钢筋的配筋率，非抗震设计时不应大于 4%；抗震设计时不应大于 3%。

（3）最小配筋率

异形柱中全部纵向受力钢筋的配筋百分率不应小于表 5.4.2 规定的数值，且按柱全截面面积计算的柱肢各肢端纵向受力钢筋的配筋百分率不应小于 0.2；建于Ⅳ类场地且高于 28m 的框架，全部纵向受力钢筋的最小配筋百分率应按表 5.4.2 中的数值增加 0.1 采用。

异形柱全部纵向受力钢筋的最小配筋百分率（%）　　　表 5.4.2

柱类型	抗震等级			非抗震
	二级	三级	四级	
中柱、边柱	0.8	0.8	0.8	0.8
角柱	1.0	0.9	0.8	0.8

注：采用 HRB400 级钢筋时，全部纵向受力钢筋的最小配筋百分率应允许按表中数值减小 0.1，但调整后的数值不应小于 0.8。

（4）异形柱的箍筋

异形柱应采用复合箍筋，严禁采用有内折角的箍筋。箍筋应做成封闭式，其末端应做成 135°的弯钩。弯钩端头平直段长度，非抗震设计时不应小于 5d（d 为箍筋直径）；当柱中全部纵向受力钢筋的配筋率大于 3% 时，不应小于 10d。抗震设计时不应小于 10d，且不应小于 75mm。当采用拉筋形成复合箍时，拉筋应紧靠纵向钢筋并钩住箍筋。

非抗震设计时，异形柱的箍筋直径不应小于 0.25d（d 为纵向受力钢筋的最大直径），且不应小于 6mm；箍筋间距不应大于 250mm，且不应大于柱肢厚度和 15d（d 为纵向受力钢筋的最小直径）；当柱中全部纵向受力钢筋的配筋率大于 3% 时，箍筋直径不应小于 8mm，间距不应大于 200mm，且不应大于 10d（d 为纵向受力钢筋的最小直径）；箍筋肢距不宜大于 300mm。

抗震设计时，异形柱箍筋加密区的箍筋应符合下列规定。

加密区的体积配箍率应符合下列要求：

$$\rho_v \geqslant \lambda_v f_c / f_{yv} \tag{5.4.1}$$

式中：ρ_v——异形柱的箍筋加密区的箍筋体积配箍率，计算复合箍的体积配箍率时，应扣除重叠部分的箍筋体积；对抗震等级为二、三、四级的异形框架柱，箍筋加密区的箍筋体积配箍率分别不应小于 0.8%、0.6%、0.5%。当剪跨比 $\lambda \leqslant 2$ 时，二、三级抗震等级的柱，箍筋加密区的箍筋体积配箍率不应小于 1.2%；

f_c——混凝土轴心抗压强度设计值；强度等级低于 C35 时，应按 C35 计算；

f_{yv}——箍筋或拉筋抗拉强度设计值，超过 300N/mm² 时应取 300N/mm² 计算；

λ_v——最小配箍特征值，宜按表 5.4.3 采用。

异形柱箍筋加密区的箍筋最小配箍特征值 λ_v　　　　表 5.4.3

抗震等级	截面形式	柱轴压比										
		≤0.3	0.40	0.45	0.50	0.55	0.60	0.65	0.70	0.75	0.80	0.85
二级	L 形	0.1	0.13	0.15	0.18	0.20	—	—	—	—	—	—
三级		0.09	0.10	0.12	0.14	0.16	0.18	0.20	—	—	—	—
四级		0.08	0.09	0.10	0.11	0.12	0.14	0.16	0.18	0.20	—	—
二级	T 形	0.09	0.12	0.14	0.17	0.19	0.21	—	—	—	—	—
三级		0.08	0.09	0.11	0.13	0.15	0.17	0.19	0.21	—	—	—
四级		0.07	0.08	0.09	0.10	0.11	0.13	0.15	0.17	0.19	0.21	—
二级	十字形	0.08	0.11	0.13	0.16	0.18	0.20	0.22	—	—	—	—
三级		0.07	0.08	0.10	0.12	0.14	0.16	0.18	0.20	0.22	—	—
四级		0.06	0.07	0.08	0.09	0.10	0.12	0.14	0.16	0.18	0.20	0.22

抗震设计时，异形柱箍筋加密区的箍筋最大间距和箍筋最小直径应符合表 5.4.4 的规定。

异形柱箍筋加密区箍筋的最大间距和最小直径　　　表 5.4.4

抗震等级	箍筋最大间距(mm)	箍筋最小直径(mm)
二级	纵向钢筋直径的 6 倍和 100 的较小值	8
三级	纵向钢筋直径的 7 倍和 120(柱根 100)的较小值	8
四级	纵向钢筋直径的 7 倍和 150(柱根 100)的较小值	6(柱根 8)

注：1. 底层柱的柱根指地下室的顶面或无地下室情况的基础顶面；

　　2. 三、四级抗震等级的异形柱，当剪跨比 λ 不大于 2 时，箍筋间距不应大于 100mm，箍筋直径不应小于 8mm。

异形柱箍筋加密区箍筋的肢距：二、三级抗震等级不宜大于 200mm，四级抗震等级不宜大于 250mm。此外，每隔一根纵向钢筋宜在两个方向均有箍筋或拉筋约束。

异形柱的箍筋加密区范围应按下列规定采用：

柱端取截面长边尺寸、柱净高的 1/6 和 500mm 三者中的最大值；底层柱柱根不小于柱净高的 1/3；当有刚性地面时，除柱端外尚应取刚性地面上、下各 500mm；剪跨比不大于 2 的柱以及因设置填充墙等形成的柱净高与柱肢截面高度之比不大于 4 的柱取全高；二、三级抗震等级的角柱取柱全高。

抗震设计时，异形柱非加密区箍筋的体积配箍率不宜小于箍筋加密区的 50%；箍筋间距不应大于柱肢截面厚度；二级抗震等级不应大于 $10d$（d 为纵向受力钢筋直径）；三、四级抗震等级不应大于 $15d$ 和 250mm。

当柱的纵向受力钢筋采用绑扎搭接接头时，搭接长度范围内箍筋直径不应小于搭接钢筋较大直径的 0.25 倍，箍筋间距不应小于搭接钢筋较小直径的 5 倍，且不应大于 100mm。

第五节　梁柱纵筋在框架节点内的锚固

一、框架节点的一般配筋构造

1. 框架柱的纵向钢筋应贯穿中间层中间节点和中间层端节点，柱纵向钢筋接头应设在节点区以外。

2. 非抗震设计时，在框架节点内应设置水平箍筋，箍筋应符合本节三.2 中对柱中箍筋的构造规定，但间距不宜大于 250mm。当顶层端节点内设有梁上部纵向钢筋和柱外侧纵向钢筋的搭接接头时，节点内水平箍筋应符合受拉搭接区的规定。对四边均有梁与之相连的中间节点，节点内可只设置沿周边的矩形箍筋。

3. 抗震设计时，框架节点核心区箍筋的最大间距和最小直径宜按表 5.5.1 中加密区箍筋间距和直径采用；对于一、二、三级抗震等级的框架节点核心区，配箍特征值 λ_v 分别不宜小于 0.12、0.10 和 0.08，且其箍筋体积配箍率分别不宜小于 0.6%、0.5% 和 0.4%。框架柱的剪跨比 λ≤2 的框架节点核心区配箍特征值不宜小于核心区上、下柱端配箍特征值中的较大值。

二、框架顶层端节点

框架顶层端节点的配筋构造

框架顶层端节点柱外侧纵向钢筋可弯入梁内作梁上部纵向钢筋；也可将梁上部纵向钢

筋与柱外侧纵向钢筋在节点及其附近部位搭接，搭接可采用下列方式：

(1) 搭接接头可沿顶层端节点外侧及梁端顶部布置，搭接长度不应小于 $1.5l_a(l_{aE})$ (图 5.5.1a)。其中，伸入梁内的外侧柱纵向钢筋截面面积不宜小于其全部面积的 65%；梁宽范围以外的柱外侧钢筋宜沿节点顶部伸至柱内边锚固，当柱外侧纵向钢筋位于柱顶第一层时，钢筋伸至柱内边后宜向下弯折不小于 $8d$ 后截断(图 5.5.1a)；d 为柱纵向钢筋的直径。当柱纵向钢筋位于柱顶第二层时，可不向下弯折，当有现浇板板厚不小于 100mm 时，梁宽范围以外的柱外侧纵向钢筋也可伸入现浇板内，其长度与伸入梁内的柱纵向钢筋相同。

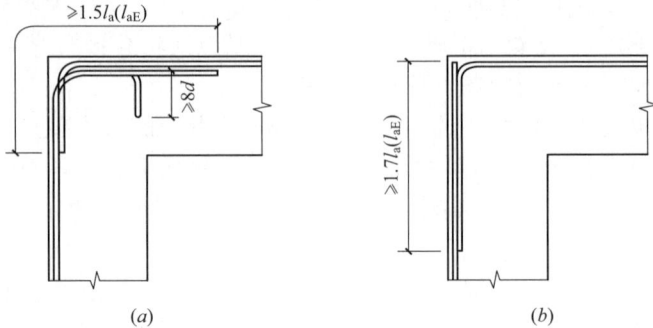

图 5.5.1　顶层端节点梁、柱纵向钢筋在节点内的锚固与搭接
(a)搭接接头沿顶层端节点外侧及梁端顶部布置；(b)搭接接头沿节点外侧直线布置

(2) 当柱外侧纵向钢筋配筋率大于 1.2% 时，伸入梁内的柱纵向钢筋应满足(1)中规定且宜分两批截断，截断点之间的距离不宜小于 $20d$，d 为柱纵向钢筋的直径。梁上部纵向钢筋应伸至节点外侧并向下弯至梁下边缘高度位置截断。

(3) 纵向钢筋搭接接头也可沿节点外侧直线布置(图 5.5.2b)，此时，搭接长度自柱顶算起不应小于 $1.7l_a(l_{aE})$。当上部梁纵向钢筋的配筋率大于 1.2% 时，弯入柱外侧的梁上部纵向钢筋应满足(1)中规定的搭接长度，且宜分两批截断，其截断点之间的距离不宜小于 $20d$，d 为梁上部纵向钢筋的直径。

(4) 当梁的截面高度较大，梁、柱钢筋相对较小，从梁底算起的直线搭接长度未延伸至柱顶即已满足 $1.5l_a$ 的要求时，应将搭接长度延伸至柱顶并满足搭接长度 $1.7l_a(l_{aE})$ 的要求；或者从梁底算起的弯折搭接长度未延伸至柱内侧边缘即已满足 $1.5l_a(l_{aE})$ 的要求时，其弯折后包括弯弧在内的水平段的长度不应小于 $15d$，d 为柱纵向钢筋的直径。

(5) 柱内侧纵向钢筋的锚固应符合本章关于顶层中节点的规定。

(6) 在框架顶层端节点处梁上部纵向钢筋的截面面积 A_S 应符合下列规定：

$$A_S \leqslant 0.35\beta_c bh_0 f_c/f_y \tag{5.5.1}$$

式中：b——梁腹板宽度；

　　　h_0——梁截面有效高度。

(7) 梁上部纵向钢筋与柱外侧纵向钢筋在节点角部的弯弧内半径，当钢筋直径不大于 25mm 时，不宜小于 $6d$；大于 25mm 时，不宜小于 $8d$。为了使节点外角不出现过大的素混凝土区，钢筋弯弧外的混凝土中应配置防裂、防剥落的构造钢筋(图 5.5.2)。按

图 5.5.2 所示增设的 $\phi 10$ 角部附加钢筋，其两端的
搭接长度不宜小于 200mm，并在两端与主筋扎牢。
当有框架边梁纵筋从柱边通过时，$\phi 10$ 角部插筋可
不设置（一般情况均有纵向边梁存在）。

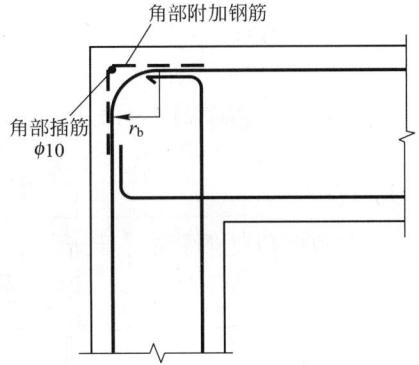

图 5.5.2 节点角部附加钢筋

三、框架中间层端节点

框架柱纵向钢筋应贯穿中间层端节点，接头应
设在节点区以外，框架梁纵向钢筋点的锚固应符合
下列要求。

1. 梁上部纵向钢筋伸入节点的锚固：

1）当采用直线锚固形式时，不应小于 $l_a (l_{aE})$，
且应伸过柱中心线。伸过的长度不宜小于 $5d$，d 为
梁上部纵向钢筋的直径。

2）当柱截面尺寸不足时，梁上部纵向钢筋可采用钢筋端部加机械锚头的锚固方式。
梁上部纵向钢筋宜伸至柱外侧纵筋内边，包括机械锚头在内的水平投影锚固长度不应小于
$0.4l_a (l_{aE})$（图 5.5.3a）。

3）梁上部纵向钢筋也可采用 90°弯折锚固的方式，此时梁上部纵向钢筋应伸至节点对
边并向节点内弯折，其包含弯弧在内的水平投影长度不应小于 $0.4l_a (l_{aE})$，弯折钢筋在弯
折平面内包含弯弧段的投影长度不应小于 $15d$（图 5.5.3b）。

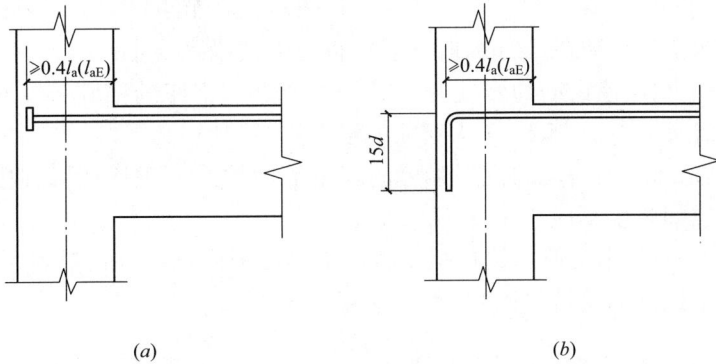

(a) $\qquad$ (b)

图 5.5.3 梁上部纵向钢筋在中层端节点内的锚固
(a)钢筋端头加锚板锚固；(b)钢筋末端 90°弯折锚固

2. 框架梁下部纵向钢筋在端节点处的锚固：

1）当计算中充分利用该钢筋的抗拉强度时，钢筋的锚固方式及长度应与上部钢筋的
规定相同；

2）当计算中不利用该钢筋的强度或仅利用该钢筋的抗压强度时，伸入节点的锚固长
度应分别符合中间层中节点梁下部纵向钢筋锚固的规定。

四、框架顶层中间节点

框架柱纵向钢筋在顶层中间节点的锚固应符合下列要求：

1. 柱纵向钢筋应伸至柱顶且自梁底算起的锚固长度不应小于 $l_a (l_{aE})$。

2. 当截面尺寸不满足直线锚固要求时，可采用 90°弯折锚固措施。此时，包括弯弧在

内的钢筋垂直投影锚固长度不应小于 $0.5l_a(l_{aE})$，在弯折平面内包含括弯弧段水平投影长度不宜小于 $12d$(图 5.5.4a)。

3. 当截面尺寸不足时，也可采用带锚头(锚板)的机械锚固措施。此时，包含锚头(锚板)在内的竖向锚固长度不应小于 $0.5l_a(l_{aE})$(图 5.5.4b)。

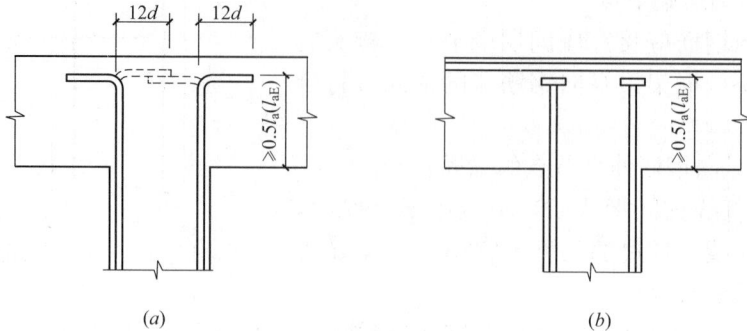

图 5.5.4　顶层节点中柱纵向钢筋在节点内的锚固
(a)柱纵向钢筋 90°弯折锚固；(b)柱纵向钢筋端头加锚板锚固

4. 当柱顶有现浇板且板厚不小于 100mm 时，柱纵向钢筋也可向外弯折。弯折后的水平投影长度不宜小于 $12d$。

五、框架中间层中间节点

框架柱纵向钢筋应贯穿中间层中间节点，接头应设在节点区以外，框架梁的上部纵向钢筋应贯穿节点或支座。梁的下部纵向钢筋应符合下列锚固要求：

1. 当计算中不利用该钢筋的强度时，其伸入节点或支座的锚固长度对带肋钢筋不小于 $12d$，对光面钢筋不小于 $15d$，d 为钢筋的最大直径；

2. 当计算中充分利用钢筋的抗压强度时，钢筋应按受压钢筋锚固在中间节点或中间支座内，其直线锚固长度不应小于 $0.7l_a(l_{aE})$；

3. 当计算中充分利用钢筋的抗拉强度时，钢筋可采用直线方式锚固在节点或支座内，锚固长度不应小于钢筋的受拉锚固长度 $l_a(l_{aE})$(图 5.5.5a)；

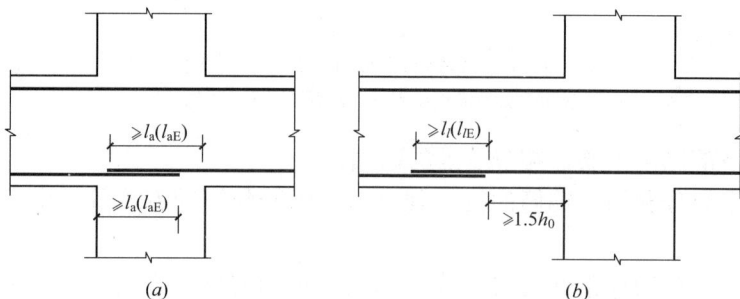

图 5.5.5　梁下部纵向钢筋在中间节点或中间支座范围的锚固与搭接
(a)下部纵向钢筋在节点中直线锚固；(b)下部纵向钢筋在节点或支座范围外的搭接

4. 当柱截面尺寸不足时，宜采用本手册四.1条第2)款规定的钢筋端部加锚头的机械锚固措施，也可采用 90°弯折锚固的方式；

5. 钢筋也可在节点或支座外梁中弯矩较小处设置搭接接头，搭接长度的起点至节点或支座边缘的距离不应小于 $1.5h_0$（图 5.5.5b）。

六、抗震设防的框架梁柱节点

抗震设防时框架梁和框架柱的纵向受力钢筋在框架节点区的锚固和搭接应符合下列要求：

1. 框架中间层中间节点处，框架梁的上部纵向钢筋应贯穿中间节点。贯穿中柱的每根梁纵向钢筋直径，对于 9 度设防烈度的各类框架和一级抗震等级的框架结构，当柱为矩形截面时，不宜大于柱在该方向截面尺寸的 1/25，当柱为圆形截面时，不宜大于纵向钢筋所在位置柱截面弦长的 1/25；对一、二、三级抗震等级，当柱为矩形截面时，不宜大于柱在该方向截面尺寸的 1/20，对圆柱截面，不宜大于纵向钢筋所在位置柱截面弦长的 1/20。

2. 对于框架中间层中间节点、中间层端节点、顶层中间节点以及顶层端节点，梁、柱纵向钢筋在节点部位的锚固和搭接，应符合本节四～六的相关规定，且将相应的 l_a 改为 l_{aE}，l_l 改为 l_{lE}（图 5.5.5）。

3. 柱端箍筋加密区箍筋的最大间距、最小直径宜按表 5.5.1 采用。对一、二、三级抗震等级的框架节点核心区，配筋特征值 λ_v 分别不宜小于 0.12、0.10 和 0.08，且其箍筋体积配筋率分别不宜小于 0.6%、0.5% 和 0.4%。当框架柱的剪跨比不大于 2 时，其节点核心区体积配筋率不宜小于核心区上、下柱端体积配筋率中的较大值。

柱端箍筋加密区箍筋的最大间距和最小直径　　　　　　　　　表 5.5.1

抗震等级	箍筋最大间距(mm)	箍筋最小直径(mm)
一级	纵向钢筋直径的 6 倍和 100 的较小值	10
二级	纵向钢筋直径的 8 倍和 100 的较小值	8
三级	纵向钢筋直径的 8 倍和 150（柱根 100）的较小值	8
四级	纵向钢筋直径的 8 倍和 150（柱根 100）的较小值	6（柱根 8）

注：柱根系指底层柱下端的箍筋加密区范围。

七、框架带支托（竖向加腋）节点的构造

框架节点的形式可分为普通节点和带支托节点两种，一般情况选用普通节点。当框架梁的支座剪力 $V_b > 0.25\beta_c f_c bh_0$（按非抗震和四级抗震设计），$V_b > 1/\gamma_{RE}(0.2\beta_c f_c bh_0)$（按一、二、三级抗震设计）又不能增大梁的截面高度，或柱与梁的刚度相差较大，或有其他构造要求时，可选用带支托节点。

带支托节点的构造（图 5.5.6）应符合下列规定：

1. 对于按非抗震和抗震等级为四级的框架设计，支托的坡度一般为 1:3；其长度一般为 $l_h = l_n/6 \sim l_n/8$（l_n 为梁的净跨），且不宜小于 $l_n/10$；支托高度 $h_h \leqslant 0.4h$，且应满足 $V_b \leqslant 0.25\beta_c f_c b(h + h_{h0})$。

对于抗震等级为一、二、三级的框架设计，支托的坡度一般为 1:1 至 1:2；支托长度 $l_h \geqslant h$，且不小于 500mm；支托高度 $h_h \leqslant 0.4h$，且应满足 $V_b \leqslant 0.2\beta_c f_c b(h + h_{h0})/\gamma_{RE}$。带支托节点能使梁端塑性铰转移，防止梁端纵向受拉钢筋在节点核心区的滑移，提高框架的抗震性能。因此，支托内的配筋计算与构造要求应按本章第六节二的规定设计。

2. 支托下部纵向受拉钢筋的直径和根数，一般不宜少于梁伸进支托内的下部钢筋的

直径和根数。

3. 支托内的箍筋应按计算确定,其构造要求应符合本章第二节二的规定。

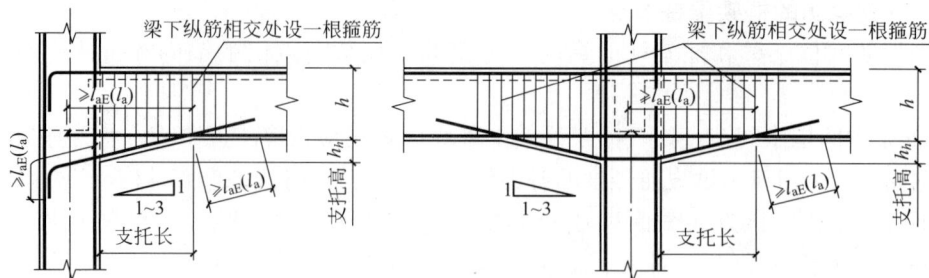

图 5.5.6   框架带支托(竖向加腋)节点的配筋构造

第六节   改善节点性能的构造措施

在地震作用下,为了使框架节点处于有利的受力状态,宜使节点内及其周边处的纵向受力钢筋不进入屈服状态。在柱端不出现塑性铰的前提下,若在梁端形成塑性铰,梁端纵向受力钢筋达到屈服,并将渗入节点核心区,它将严重影响梁端纵向受力钢筋的锚固性能及节点的受力机理。从构造上采取措施加强梁端截面的受弯承载力,迫使塑性铰不是紧靠柱边产生,而是离开柱边一定的距离形成(图 5.6.1)这样柱边梁端纵向受力钢筋不至于达到屈服,就可以推迟或防止梁端纵向受力钢筋在节点核心区的滑移,改善节点在反复循环荷载作用下的刚度退化,保证正交梁对节点核心区的约束作用,使节点核心区始终处于弹性受力状态,提高框架的抗震性能。

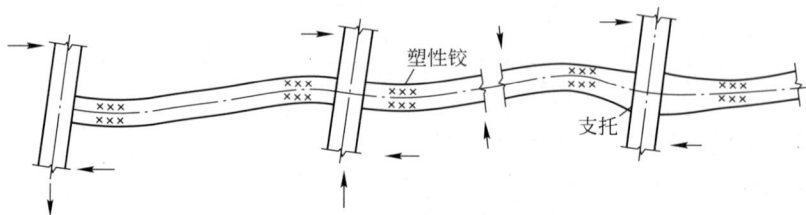

图 5.6.1   梁端塑性铰的转移

梁端塑性铰转移的设计原则不仅必须保证梁端 ed 区段(图 5.6.2)具有足够的受弯承载力,同时在梁端箍筋加密区具有足够的受剪承载力和较大的转动能力,使转移后的塑性铰具有较大的发展范围,提高其耗能能力。

塑性铰转移后,梁铰之间的跨度变小,梁的剪力增大;考虑强柱弱梁时,梁的弯矩应取转移塑性铰处的受弯承载力。

转移塑性铰离柱面的距离要适当,太近不解决问题,太远则塑性铰的转动量太大,难以满足延性要求。一般转移距离约为梁高 h。在截面承载力设计时,应使图 5.6.2 截面 d 的纵向受力钢筋屈服后(考虑应变硬化),截面 e 的纵向受力钢筋刚刚接近屈服,节点核心区截面应按相应剪力进行设计。塑性铰区的剪力应全部由配筋承担。塑性铰转移后,对于同样大小的楼层位移,要求塑性铰区具有更大的塑性转动能力。

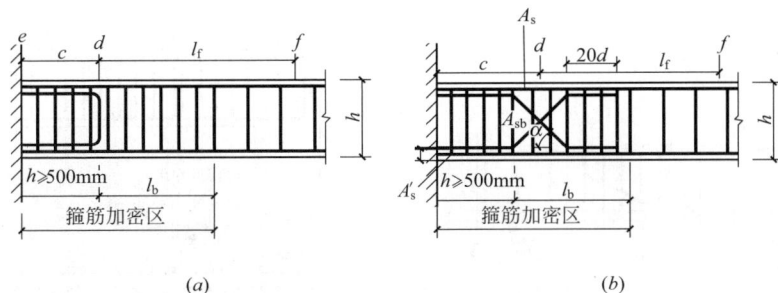

图 5.6.2 转移梁端塑性铰的配筋构造
(a)增设附加钢筋；(b)增设交叉弯折钢筋

一、采用配筋构造措施转移梁端塑性铰

转移梁端塑性铰的配筋构造措施主要有以下两种：一种是在梁端增设附加钢筋，预期在附加钢筋切断处形成塑性铰(图 5.6.2a)；另一种是在梁端增设交叉弯折钢筋，预期在弯折钢筋交叉处形成塑性铰(图 5.6.2b)。l_b 按表 5.2.2 的规定取用。

1. 梁端增设附加钢筋的构造见图 5.6.2(a)。梁端 e 点的受弯承载力 M_{ue} 与塑性铰区 d 点的受弯承载力 M_{ud} 的比值应满足式(5.6.1)的要求，梁端受弯承载力可按双筋梁计算。当按《混凝土结构设计规范》GB 50010—2010 验算梁端受剪截面的剪压比时，承载力抗震调整系数 γ_{RE} 宜取 1.0。梁端箍筋加密区的构造要求应满足本章第二节的规定。

$$\frac{M_{ue}}{M_{ud}} \geqslant 1.15\left(1+\frac{c}{l_f}\right) \tag{5.6.1}$$

式中：c——梁端 e 点至塑性铰区 d 点的距离；

l_f——塑性铰区 d 点至梁上反弯点 f 的距离。

2. 梁端增设交叉弯折钢筋的构造见图 5.6.2b，弯折钢筋的倾角 α 可取 $45°\sim60°$。这种配筋构造与增设附加钢筋构造相比，尚可增强塑性铰区的受剪承载力，减小该区的剪切变形，提高塑性铰的耗能能力。因此，对延性要求较高的框架梁，尤其当框架梁的跨高比($l/h\leqslant8$)较小时宜优先采用交叉弯折钢筋。

梁端 e 点的受弯承载力 M_{ue} 与塑性铰区中 d 点的受弯承载力 M_{ud} 的比值应满足式(5.6.1)的要求；计算受弯承载力 M_{ud} 时应考虑交叉弯折钢筋的作用，M_{ud} 可按式(5.6.2)计算。梁端箍筋加密区的计算与构造要求同上。

$$M_{ud}=0.87A_Sf_yh_0+\beta A_{sb}f_y(h_0-a_S')\cos\alpha \tag{5.6.2}$$

式中：A_{sb}——单向弯折钢筋的截面面积；

β——考虑弯折钢筋作用的参与系数，取 $\beta=0.4$。

二、采用支托或水平加腋转移梁端塑性铰

当建筑功能许可时，框架梁端可增设支托(图 5.6.3a)或水平加腋(图 5.6.3b)，其构造要求应满足图示规定，且在斜筋与纵筋相交处或弯折钢筋转角处应设置双箍。在空间框架的内节点，配筋往往比较拥挤；当框架梁端增设支托或水平加腋后，使梁与柱的接触面加大，节点的有效体积有所增加，提高了节点受剪承载力，减少了节点箍筋的用量，有利于解决箍筋过密、施工困难的问题。

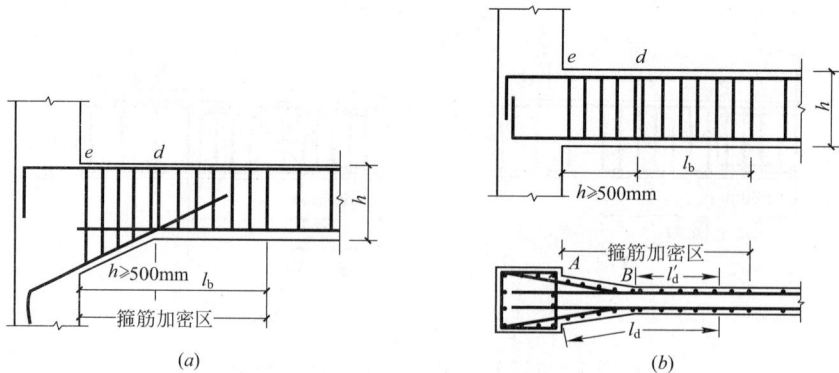

图 5.6.3　转移梁端塑性铰的构造措施

(a)增设支托；(b)增设水平加腋

梁端 e 点的受弯承载力 M_{ue} 与塑性铰区 d 点的受弯承载力 M_{ud} 的比值应满足式(5.6.1)的要求。梁端箍筋加密区的计算与构造要求除满足本章第二节和第六节一的规定外，当按《混凝土结构设计规范》GB 50010—2010 验算梁端 ed 区段受剪截面的剪压比时，承载力抗震调整系数 γ_{RE} 宜取用 1.0。对于增设水平加腋的框架梁端弯折钢筋，其延伸长度应符合第三章第二节五的规定。图 5.6.3(b)中 A 点为弯折钢筋强度充分利用截面，B 点为弯折钢筋按计算不需要的截面。

第七节　短　　柱

柱高与柱截面高度之比 $H_n/h\leqslant4$ 或 $M/Vh_0\leqslant2$ 的柱称为短柱。短柱在地震作用时，容易发生脆性破坏，引起建筑物或构筑物的严重破坏甚至倒塌。工程设计时应尽可能避免设计成短柱。当无法避免使用短柱且又不便于在短柱层设置抗震墙或其他支撑结构以承担地震剪力时，应采用复合箍筋柱、螺旋箍筋柱、X 形配筋柱、外包钢板箍柱以及采取其他合理并经过试验验证的构造措施(如分割短柱截面，转化柱的剪切破坏为弯曲破坏等)，防止短柱的剪切或黏着破坏，增加其耗能能力。

一、设计原则

1. 9 度设防烈度的各类框架结构宜避免设计成普通钢筋混凝土短柱，否则应采用特殊构造措施。

2. 节点上下柱端正截面弯曲承载力应大于左右梁端正截面弯曲承载力，做到强柱弱梁。

(1) 对除 9 度设防烈度以外的其他框架

一级抗震等级

$$\sum M_c=1.4\sum M_b \tag{5.7.1}$$

二级抗震等级

$$\sum M_c=1.2\sum M_b \tag{5.7.2}$$

三、四级抗震等级

$$\sum M_c=1.1M_b \tag{5.7.3}$$

(2) 对框架结构

二级抗震等级

$$\sum M_c = 1.5 \sum M_b \tag{5.7.4}$$

三级抗震等级

$$\sum M_c = 1.3 \sum M_b \tag{5.7.5}$$

四级抗震等级

$$\sum M_c = 1.2 \sum M_b \tag{5.7.6}$$

式中：M_c、M_b——同《混凝土结构设计规范》(GB 50010—2010)第 11.4.1 条。

3. 短柱的受剪承载力 V_c 应大于受弯承载力相应的剪力设计值 V_c。其计算公式应用《混凝土结构设计规范》GB 50010—2010 式(11.4.7)及式(11.4.3-2)~式(11.4.3-7)。

4. 避免发生粘着型及高压剪型破坏。

5. 短柱变形能力应满足层间弹塑性位移角不小于 1/67。

6. 梁柱节点受剪承载力应大于柱、梁受剪承载力。

二、抗震短柱

短柱宜采用复合箍筋、复合螺旋箍筋。复合箍筋指由矩形、多边形或拉筋各自带有锚固弯钩组成的普通复合箍；复合螺旋箍指一个柱截面由一根钢筋加工成的复合箍；连续复合螺旋箍指全部(或分段)柱高的螺旋箍为同一根钢筋加工成的复合箍。

钢筋混凝土短柱之所以发生严重震害，在于它的受剪承载力及变形能力不足，因而设计短柱应致力于增加柱体受剪承载力及改善其变形能力。采用复合箍筋，其内箍既能增加受剪承载力，同时能约束混凝土，使混凝土在反复循环受剪后，不致剪切滑移，呈现出改善变形能力的效果。

1. 复合箍筋短柱

短柱中常见的复合箍筋由菱形、八边形及井字形等与方形或矩形箍筋组成，其形式见图 5.7.1。

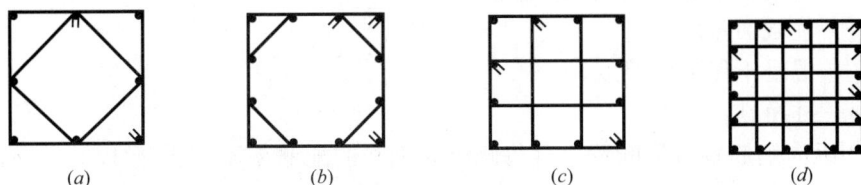

图 5.7.1　复合箍筋形式

复合箍短柱的抗震设计要点

(1) 复合箍筋柱的受剪承载力

考虑地震作用组合的剪跨比 $\lambda \leqslant 2$ 的框架柱的受剪截面应符合下列条件：

$$V_c \leqslant \frac{1}{\gamma_{RE}} (0.15 \beta_c f_c b h_0) \tag{5.7.7}$$

式中：β_c——混凝土强度影响系数；当混凝土强度等级不超过 C50 时，取 $\beta_c = 1.0$；当混凝土强度等级为 C80 时，取 $\beta_c = 0.8$；其间按线性内插法确定。

考虑地震作用组合的短柱的受剪承载力应符合下列规定：

$$V_c \leqslant \frac{1}{\gamma_{RE}} \left[\frac{1.05}{\lambda+1} f_t b h_0 + f_{yv} \frac{A_{sv}}{s} h_0 \right] \tag{5.7.8}$$

式中：λ——短柱的计算剪跨比，取 $\lambda = M/V h_0$；当 $\lambda < 1.0$ 时，取 $\lambda = 1.0$。

当轴压比 $n = \dfrac{N}{f_c bh} > 0.7$ 时，因混凝土部分受剪承载力随轴压比 n 的增加而降低，建议采用如下受剪承载力计算公式：

$$V_c \leqslant \frac{1}{\gamma_{RE}} \left[\xi_{cv} f_t bh_0 + \frac{f_{yv} A_{sv}}{s} h_0 \right] \tag{5.7.9}$$

$$\xi_{cv} = \frac{1.3}{\lambda + 2} + 0.03 \sqrt{1 - 4(n - 0.5)^2 \left[1 - \frac{1}{0.21\lambda + 1.43} \right]^2} \tag{5.7.10}$$

（2）粘着强度验算

钢筋混凝土短柱的受拉钢筋根数较多时，容易发生沿受拉纵筋处通裂（图 5.7.2a）；当纵筋直径较大，并集中于截面角部时，容易发生沿截面角部斜裂（图 5.7.2b）。其条件是：

$b/m \leqslant 2.83a$，发生通裂；

$b/m > 2.83a$，发生角部开裂。

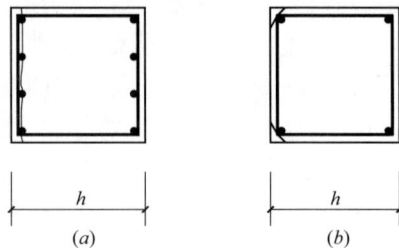

图 5.7.2

通裂验算公式为：

$$1.44 f_t (b - md) H_n > md^2 \sigma_s \tag{5.7.11}$$

角部开裂验算公式为：

$$1.44 f_t (5.66a - 2d) H_n > md^2 \sigma_s \tag{5.7.12}$$

式中：m——受拉主筋根数；

$\quad\quad d$——受拉主筋直径；

$\quad\quad \sigma_s$——受拉主筋的应力，柱端出铰则 $\sigma_s = f_y$；

$\quad\quad f_t$——混凝土轴心受拉强度设计值；

$\quad\quad b$——柱截面宽度；

$\quad\quad a$——混凝土保护层厚度；

$\quad\quad H_n$——柱净高。

短柱的纵向钢筋宜对称配置，且每侧纵向钢筋的配筋率不宜大于 1.2%。密配高强螺旋箍柱则不受此限。

（3）轴压比限值、箍筋最小体积配筋百分率及最小配箍特征值。

考虑地震作用组合的复合箍筋短柱的轴压比 $N/(f_c A)$，不宜大于表 5.7.1 中规定的限值：

复合箍筋短柱轴压比限值　　　　　　　　　　　表 5.7.1

抗震等级	一　级	二　级	三　级
轴压比限值	0.65	0.75	0.85

注：对剪跨比 $\lambda \leqslant 1.5$ 的短柱轴压比限值应专门研究。可采用密配高强螺旋箍柱。

复合箍筋短柱的体积配筋百分率不应小于 1.2%。为满足 8 度设防延性要求，短柱箍筋的体积配筋百分率宜采用 2.2%。

短柱应在柱全高范围内加密箍筋，一般情况下箍筋间距不应大于 100mm；约束混凝土则箍筋间距不应大于 80mm，肢距不大于 200mm。箍筋间距 60mm，肢距 150mm 的约束效果较好。

复合箍筋短柱最小配箍特征值应符合表 5.7.2 的规定：

复合箍筋最小配箍特征值 表 5.7.2

抗震等级	轴 压 比			
	0.6	0.7	0.8	0.9
一级	0.17	0.20	0.23	0.26
二级	0.15	0.18	0.20	0.22
三级	0.13	0.16	0.18	0.20

2. 复合螺旋箍筋短柱

普通复合螺旋箍是不连续的，每一圈都有末端锚固弯钩。普通复合箍柱体在承受反复循环荷载后的大变形时，常因混凝土破裂，箍筋末端崩开，失去对混凝土的约束作用也失去箍筋的受剪承载力。而复合螺旋箍筋则是连续的，没有受震后箍筋末端崩开的问题，其后劲充分，能耐更大的变形而使承载力不下降。加上它不要锚固弯钩，也节省钢材。复合螺旋箍筋的成型可以使用机械，使箍筋生产实现工业化。工地上将复合螺旋箍套进纵筋也比绑扎普通箍筋骨架省工。特

图 5.7.3 内井字形的连续复合螺旋箍

别是在梁柱节点核心区，完全克服了现存普通箍筋施工的困难。其抗震性能、方便施工、经济效益、安全性能都比普通复合箍筋柱好。在西安建筑科技大学十层教学大楼工程实践后，在成都、福州等各地推广使用，均收到了良好效益。

连续复合螺旋箍水平投影形式分内菱形、内八边形、内井字形及内多肢形，如图 5.7.1 所示；其中内井字形的如图 5.7.3。按箍筋强度分低强箍筋（$f_y < 700 \text{N/mm}^2$）和高强箍筋（$f_y \geqslant 700 \text{N/mm}^2$）。

（1）复合螺旋箍筋的设计要点

1）低强螺旋箍筋短柱的受剪承载力

考虑地震作用组合的短柱斜截面抗震受剪承载力应符合下列规定：

$$V_c \leqslant \frac{1}{\gamma_{RE}} \left[\frac{1.05}{\lambda + 1} f_t b h_0 + f_{yv} \frac{A_{sv}}{s} h_0 \right] \qquad (5.7.13)$$

考虑地震作用组合的复合螺旋箍短柱受剪截面可符合下列条件：

$$V_c \leqslant \frac{1}{\gamma_{RE}} (0.2 \beta_c f_c b h_0) \qquad (5.7.14)$$

式中：符号同《混凝土结构设计规范》（GB 50010—2010）。

2）高强复合螺旋箍筋短柱的受剪承载力

考虑地震作用组合的短柱斜截面抗震受剪承载力应符合下列规定：

当 $P_v f_{yv} > 5$ 时

$$V_c \leqslant \frac{1}{\gamma_{RE}} \left\{ \frac{1.25}{\lambda + 1} \left[1 + 15.8 \rho_v \frac{\sqrt{f_{yv}}}{f_c} \right] b h_0 f_t + [5 + 0.4(P_v f_{yv} - 5)] b h_0 \right\} \qquad (5.7.15)$$

当 $P_v f_{yv} \leqslant 5$ 时

$$V_c \leqslant \frac{1}{\gamma_{RE}} \left[\frac{1.25}{\lambda+1} \left(1+1.37\rho_v \frac{f_{yv}}{f_c} \right) bh_0 f_t + f_{yv} \frac{A_{sv}}{s} h_0 \right] \tag{5.7.16}$$

式中：λ——剪跨比；

　　　b——柱截面宽度；

　　　h_0——柱截面有效高度；

　　　f_t——混凝土抗拉强度设计值；

　　　P_v——箍筋面积配箍率；

　　　ρ_v——箍筋体积配箍率；

　　　f_{yv}——箍筋抗拉强度设计值。

3）复合螺旋短柱轴压比限值及最小配箍特征值

复合螺旋箍柱的变形能力比普通复合箍柱好。在大变形时螺旋箍筋仍能很好地约束混凝土，克服了普通复合箍在大变形时末端弯钩崩开的弱点。复合螺旋箍筋短柱的轴压比限值如表 5.7.3。

低强复合螺旋箍筋短柱的轴压比限值　　　　　　　　表 5.7.3

抗震等级	一级	二级	三级
框架短柱	0.7	0.8	0.9
框支层短柱	0.6	0.7	—

低强复合螺旋箍短柱的箍筋最小体积配筋百分率不小于 1.2%，8 度设防延性要求短柱的体积配筋百分率宜采用 2.2%。

低强复合螺旋箍筋短柱最小配箍特征值应符合表 5.7.4 的规定。

框支层柱的最小配箍特征值应比表 5.7.4 内数值增加 0.02。

低强复合螺旋箍筋短柱的最小配箍特征值　　　　　　　表 5.7.4

抗震等级	轴 压 比		
	0.7	0.8	0.9
一级	0.18	0.21	0.24
二级	0.16	0.18	0.20
三级	0.14	0.16	0.18

高强复合螺旋箍的优越性在于高轴压、高剪压、高强混凝土时，它都能更好的约束混凝土增大变形能力，避免了低强箍筋在大变形时箍筋应力达到屈服而失去了对混凝土的约束能力。

当轴压比高于 0.9、剪跨比 $\lambda \leqslant 1.5$、混凝土等级 C60 以上、甚至 9 度抗震设防工程都可以采用高强螺旋箍柱。

当轴压比等于或高于 0.9 时，其轴压比限值或体积配箍率可以按下式计算：

$$n = \frac{0.66 \left(1+73\rho_v \frac{\sqrt{f_y}}{f_c} \right) \varepsilon_c}{\theta_1} + 0.67 \tag{5.7.17}$$

式中：n——组合轴压比设计值；

　　ρ_v——箍筋体积配箍率；

　　θ_1——柱截面变形角的下限值，一级抗震等级取 1/67，二级抗震等级取 1/70，三级抗震等级取 1/75；

　　ε_c——非约束混凝土应变值，取值如表 5.7.5。

表 5.7.5

混凝土等级	C40	C50	C60	C70	C80
ε_c	0.0022	0.0023	0.0024	0.0025	0.0026

（2）复合螺旋箍筋构造

复合螺旋箍通常外环间距可以小到 60mm，箍筋直径宜等于或大于 6mm，连续箍筋末端应有两圈是重叠的（即没有间距），最末端设 135°弯钩及不小于 12d 的直线段。

连续螺旋箍肢距不大于 200mm。肢距不足者，可附加拉条。

柱箍筋间距为 60mm 的，宜采用流态混凝土，粗骨料直径不大于 20mm。

两段螺旋箍相接时，应至少做到与相邻斜肢相接，两个 135°弯钩处于同一个纵筋上，且两钩应绑扎。

（3）复合螺旋柱的施工方法

复合螺旋箍的制作，可以是手工制箍和机械制箍，手工制箍是将外箍和内箍分别弯制，然后套在一起，形成复合螺旋箍。

机械制箍一次成形如图 5.7.3，在我国已经生产该种机械。

柱箍筋安装，有两种方式：

1）上提式，先将连续螺旋箍成捆套入柱的插筋，平放于柱的下端，最下两圈与纵筋绑结，然后将上圈由下向上提至设计的顶位置。将上两圈与纵筋绑结。由于螺旋箍自身的尺寸一定，以及它本身具有弹力，各段螺旋箍的间距自行调整，基本均匀，因此各段的中部箍筋间距不必一一进行尺量，即可满足设计要求。中间箍筋与纵筋不用一一绑结，可间断绑扎。

2）下套式，先进行柱纵筋连接，然后将捆箍由上向下套穿，先绑住顶部两圈，再下拉下箍，其余方法同上提式。

3. 外包钢板箍短柱

配普通复合箍和螺旋复合箍的钢筋混凝土柱，箍筋都不能约束混凝土保护层，混凝土保护层在受荷剥落以后，柱受剪承载力即行降低，而外包钢板箍的钢筋混凝土柱，钢板箍的约束作用可以包括混凝土保护层，因此它能更加有效地提高受剪承载力。

外包钢板箍可以是分段的（图 5.7.4a），也可以是整箍外包（图 5.7.4b）。前者适用于柱高较长或在已建柱上加固。分段外包钢

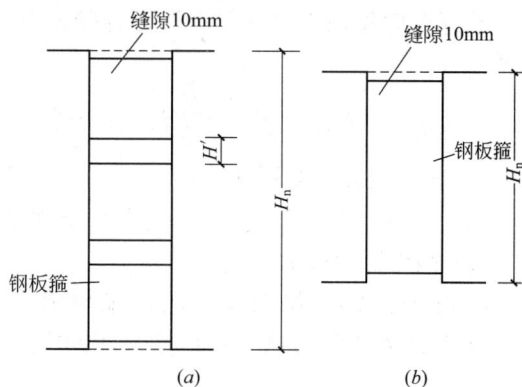

图 5.7.4　外包钢板箍短柱

（a）分段外包钢板箍；（b）全长整箍外包

板箍的方法能有效防止钢板箍的受压屈曲，并且施工方便和节省钢材。

（1）外包钢板箍短柱的设计要点

1）外包钢板箍柱的受剪承载力

① 分段外包钢板箍短柱的受剪承载力按下式计算：

$$V_c \leqslant \frac{1}{\gamma_{RE}} \left(\frac{10}{(\lambda + 0.72)(\lambda' + 2.48)} bh_0 f_t + 0.8 f_{yv} \frac{A_{yv}}{s} h_0 + 0.056 N \right) \tag{5.7.18}$$

式中：λ——框架柱的计算剪跨比$\left(\frac{H_n}{2h} \right)$；

λ'——钢板箍间钢筋混凝土柱段的计算剪跨比$\left(\frac{H'}{2h} \right)$，$H'$见图 5.7.4(a)中所示。

其他符号同《混凝土结构设计规范》GB 50010—2010。

② 全长整箍外包

全长整箍外包柱的受剪承载力计算分混凝土没有出现斜裂缝和混凝土已经出现斜裂缝（进行加固设计时）两种情况。

未裂时：

$$V_c \leqslant \frac{1}{\gamma_{RE}} \left(\frac{1.3}{\lambda - 0.2} bh f_t K + f_{yv} \frac{A_{yv}}{s} h + 0.056 N \right) \tag{5.7.19}$$

式中：K——混凝土强度的钢板箍约束效应系数；按下式计算

$$K = 1 + 0.8 \sqrt{\frac{f_y t}{f_c h}} + 1.1 \frac{f_y t}{f_c h} \tag{5.7.20}$$

其中：f_y——钢板箍的抗拉强度设计值；

t——钢板箍厚度。

已裂时：

$$V_c \leqslant \frac{1}{\gamma_{RE}} \left(1.15 t l_1 f_y + f_{yv} \frac{A_{yv}}{s} h_0 \right) \tag{5.7.21}$$

式中：l_1——斜裂缝的长度。

当钢板箍短柱的受剪截面满足受剪承载力要求时，可不考虑剪压比$\frac{V}{bh f_c}$的限值要求。

2）正截面受弯承载力 M_{cuE} 的计算

强剪弱弯型外包钢板箍钢筋混凝土短柱正截面受弯承载力 M_{cuE}，可按下列公式计算：

$$M_{cuE} = \frac{1}{\gamma_{RE}} \left[f_c K b x \left(h_0 - \frac{x}{2} \right) + A_s' f_y' (h_0 - a_s') - \frac{N}{2} (h_0 - a_s') \right] \tag{5.7.22}$$

式中：x——混凝土受压区高度；

K——按式(5.7.16)计算的混凝土强度的钢板箍约束效应系数。

（2）钢板箍短柱的构造

1）柱上、下两端钢板箍与梁、板断开，其间隙距离可取 10mm（图 5.7.4）；

2）分段外包钢板箍与钢板箍之间的净距应不小于 30mm，也不大于 0.5h（h 为柱截面高度）；

3）钢板箍厚度宜取$\left(\frac{1}{120} \sim \frac{1}{100} \right) h$，但不小于 3mm；

　　4) 钢板箍约束段内的柱内箍筋间距不应大于 300mm；无钢板箍约束段的柱内箍筋应符合《混凝土结构设计规范》GB 50010—2010 表 11.4.12-2 的规定，满足箍筋最大间距及箍筋最小直径的要求；

　　5) 框架柱计算剪跨比 $\lambda \leqslant 1.5$ 时，宜沿柱全长整箍外包(图 5.7.4b)；

　　6) 分段外包钢板箍短柱的轴压比限值，同表 5.8.4 复合螺旋箍，但不大于 0.9。

　　(3) 外包箍的施工

　　1) 外包钢板箍由机械冲压成槽形($\sqsubset$形)的两块钢板在 $\frac{h}{2}$ 处对焊而成。应避免采用 L 形($\llcorner$形)钢板在柱角部焊接形成的钢板箍；

　　2) 混凝土硬化后加钢板箍应先在柱周表面抹水泥砂浆，再用特制的夹具将钢板箍固定在预定的位置上并施加预压力，尽可能挤压砂浆，最后焊缝；

　　3) 施工前对钢板箍应除锈，钢板箍的外露部分涂漆防锈；

　　4) 焊接钢板箍宜选用细焊条。

　　4. 配 X 筋短柱

　　配 X 筋短柱的设计，主要参考日本的试验与理论研究。日本福山大学南宏一教授首先提出配 X 筋柱，经过系统深入的试验和理论研究，目前已有许多工程应用，日本建筑师事务所协会联合会编制了《X 形配筋构件的设计与施工》，并已列入日本建筑学会编制的有关规程[5-10]。

　　为了验证配 X 筋短柱的抗震性能，西安建筑科技大学也进行了补充试验，配 X 筋柱的特点是充分发挥钢筋混凝土柱纵筋的受力作用，利用 X 筋的水平分力承担剪力，提高柱的受剪强度。由于 X 筋本身在柱两端都是受拉或是受压，本身平衡，避免柱体的黏着破坏。当短柱设计不能满足《混凝土结构设计规范》GB 50010—2010 第 11.4.13 条规定："按一级抗震等级设计，且柱的剪跨比 $\lambda \leqslant 2$ 时，柱每侧纵向钢筋的配筋率不宜大于 1.2%"的要求时，采用配 X 筋即可得到解决。因为配 X 筋柱不是依赖约束混凝土的效应，所以它的轴压比限值没有提高，它的配箍特征值要求与普通钢筋混凝土柱相同。

　　钢筋混凝土短柱中的部分纵筋斜向布置成 X 形(在满足受弯承载力的条件下)，可以增加短柱的受剪承载力，提高短柱的变形能力，变短柱为强剪弱弯，避免剪切破坏和粘结破坏。配筋形式如图 5.7.5 所示(图内仅表示一个方向布置 X 形筋)。X 形配筋数量与全部纵筋数量之比用 β 表示，合适的 X 筋配筋量与全部纵筋量之比为 $\beta = \frac{1}{3} \sim \frac{1}{2}$。

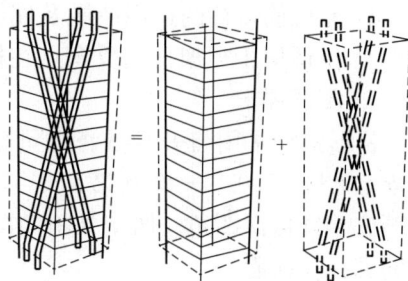

　　(1) 配 X 形筋短柱的设计要点

图 5.7.5　配 X 筋的短柱

　　1) 配 X 形筋短柱的受剪承载力

　　配 X 形筋短柱的受剪承载力应按下列公式计算：

$$V_c \leqslant \frac{1}{\gamma_{RE}} \left(\frac{1.05}{\lambda + 1} f_t b h_0 + f_{yv} \frac{A_{sv}}{s} h_0 + 2\gamma A_{sx} f_y \sin\theta \right) \tag{5.7.23}$$

式中：A_{sx}——单侧 X 形纵筋的面积；

f_y——纵筋强度设计值；

γ——反弯点高度比的修正系数$\left(\gamma=\dfrac{0.5}{y}\right)$；$y$ 为反弯点高度比，当 $y<0.5$ 时，用 $1-y$ 代入；

θ——X 形筋与柱轴线方向的夹角。

其他符号同 GB 50010—2010。

矩形截面 X 形筋柱的受剪截面应符合下列条件：

$$V_c \leqslant \frac{1}{\gamma_{RE}}(0.2f_c bh_0) \qquad (5.7.24)$$

2）配 X 形筋短柱正截面受压承载力计算

a. 当计算正截面受压承载力时，按《混凝土结构设计规范》GB 50010—2010 第 6.2.17 条计算。

b. 当计算有地震荷载作用组合时的正截面受压承载力时，在柱端考虑平行纵筋及 X 形筋的有效面积（$A_{sx}\cos\theta$）；而在 X 形筋交叉点处仅考虑平行筋；而柱端到 X 筋交叉点之间的承载力按线性变化插入。

c. 柱中全部纵向受力筋（平行筋面积与 X 形筋有效面积之和）的配筋百分率不应小于《混凝土结构设计规范》GB 50010—2010 表 11.4.12-1 中规定的数值。

3）配 X 形筋短柱的轴压比、配筋率要求应符合表 5.7.6 的限值要求。

X 形筋短柱的轴压比、配筋率限值要求　　　　　　表 5.7.6

抗震等级	一级	二级	三级
轴压比	0.65	0.75	0.85
配箍率	同复合箍筋柱		
平行纵筋受拉钢筋配筋率上限（%）	0.8	1.0	—
配筋比 β	$\dfrac{1}{3} \sim \dfrac{1}{2}$		

4）X 形筋短柱的适用范围及配筋要求

① 仅适用于框架柱的反弯点在柱高范围内（复曲率）的情况。

② 配筋要求

X 形钢筋采用与平行纵筋相同类别的钢筋，其两端锚固长度不应小于《混凝土结构设计规范》GB 50010—2010 第 8.3.1 条中规定的数值，且两对角线上等量配筋。部分平行纵筋位于柱截面四角。两交叉斜向配置的 X 筋均应贯通全柱高，且在节点核心区内应与箍筋绑扎在一起。

（2）X 形配筋短柱的施工

X 筋的弯折成形分两种方法，一种是在钢筋加工车间事先按设计图纸要求弯好，拿到现场绑扎的先弯法；另一种是在现场使用扳手弯折的后弯法。

1）先弯法（图 5.8.6a）

先弯法的施工，关键在于保证钢筋的正确位置。当采用每层一组 X 筋时，如图 5.7.6（a）的方法三，可在楼层处调整到正确位置；当逐点焊接时，可如图 5.7.6（a）的方法一，钢筋长度需预留一段焊接压缩量(预测求得),亦可以如图 5.7.6(*a*)方法二,根据焊接点的位置调整上段筋的长度,避免误差积累。

2)后弯法(图 5.7.6*b*、*c*)

基础上的后弯钢筋法如图 5.7.6(*b*),先用直筋焊接,然后弯折。柱头处的后弯钢筋法如图 5.7.6(*c*),后弯法钢筋直径不宜大于 22mm。

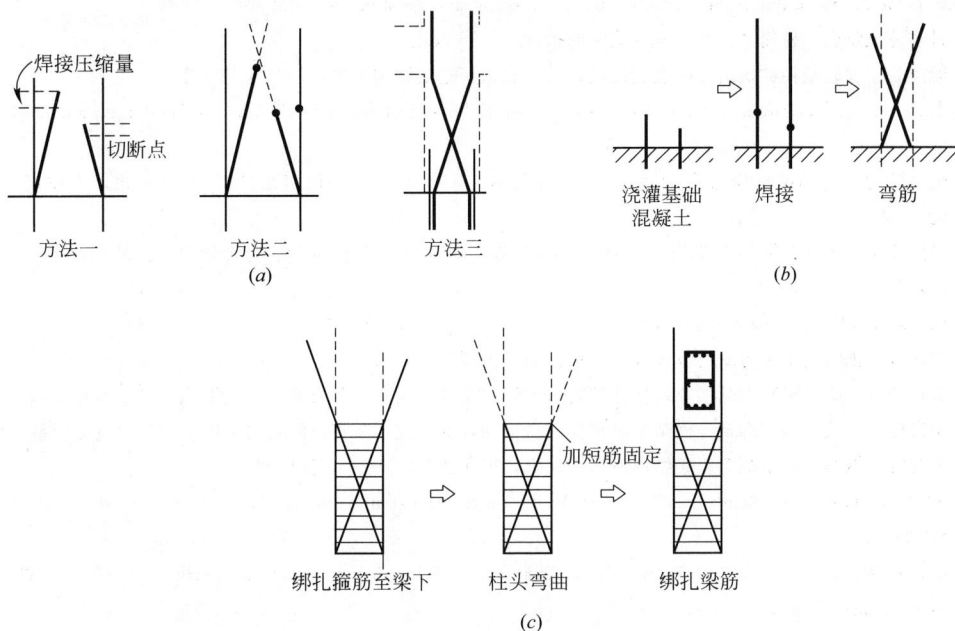

图 5.7.6 X 筋弯折成形施工方法

(*a*)先弯法;(*b*)后弯法(基础处);(*c*)后弯法(柱头处)

X 筋的焊点位置如图 5.7.7 所示。X 筋在边节点处应用约束箍或拉筋约束(图 5.7.8)。

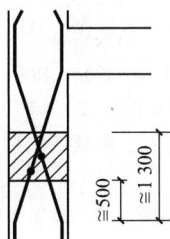

图 5.7.7

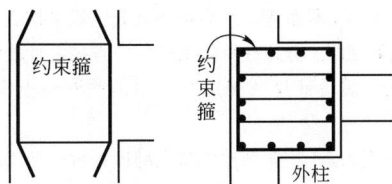

图 5.7.8

参 考 文 献

[5-1]　中华人民共和国行业标准《高层建筑混凝土结构技术规程》JGJ 3—2010。北京:中国建筑工业出版社,2002

[5-2]　国家建筑标准设计、建筑物抗震构造详图(民用框架、框架、剪力墙、剪力墙及框支剪力墙结构)11G 329(1)。2011

[5-3]　建筑结构构造资料集编委会编建筑结构构造资料集(上册)北京:中国建筑工业出版社,2009

[5-4] 重庆建筑工程学院(现重庆大学),北京有色冶金设计研究总院(现中国有色工程有限公司或中国恩菲工程技术有限公司)。钢筋混凝土现浇框架顶层边节点的静力及抗震性能试验研究,1991

[5-5] 唐九如编著。钢筋混凝土框架节点抗震。南京:东南大学出版社,1989

[5-6] 朱志达等。钢筋混凝土框架梁端的抗震强度和变形研究。北京:建筑结构学报,1990年6月

[5-7] 张连德等。钢筋混凝土框架顶层中节点抗震设计建议。西安:西安冶金建筑学院建筑工程系。1990

[5-8] 莱昂哈特等著。程积高译,钢筋混凝土结构配筋原理。北京:水利电力出版社,1984

[5-9] Deutsche Normen. Beton und Stahlbeton,Bemessung und Ausführung DIN 1045,1982

[5-10] 日本建筑学会:铁筋コンクリート造配筋指针。1986改定

[5-11] 殷芝霖。扁梁结构的抗震性能及其设计方法。北京:建筑结构学报,1993年第4期

[5-12] T. Paulay. A Deterministic Approach to the Seismic Design of Reinforced Concrete Buildings. Seismic Design of Reinforced Concrets Structures,1988. 6

[5-13] 裴函始等。无粘结预应力扁梁设计(亚运村东小区15♯,16♯楼裙房设计)。北京:北京市建筑设计研究院,1990

[5-14] 中国土木工程学会混凝土及预应力混凝土学会等。部分预应力混凝土结构设计建议。北京:中国铁道出版社,1986

[5-15] Freyssinet. Post Tensioned Buildings

[5-16] 胡庆昌。钢筋混凝土房屋抗震设计。北京:地震出版社,1991

[5-17] 黄良璧等。钢筋混凝土框架梁端塑性铰转移的设计建议。西安:西安冶金建筑学院建筑工程系,1990

[5-18] 黄良璧等。关于钢筋混凝土框架梁端塑性铰转移问题的研究。西安:西安冶金建筑学院建筑工程系。1990

[5-19] 殷芝霖。钢筋混凝土框架扁梁结构设计。北京:工业建筑,1993年第12期

[5-20] H. Hatamoto et al. Reinforced Concrete Wide-Beam-to-Column Subassemblages Subjected fo Lateral Load,SP123 11

[5-21] Earthquake Loading on R C Beam-Column Connections-Wide Beam-Column Connection,P3185 10 WCEE 1992 Proceedings,Vol. 6

[5-22] Egor P Popov et al. Behavior of Interior Narrow and Wide Beams,ACI Structural Journal Nov-Dec1992

[5-23] 胡庆昌著。建筑结构抗震设计与研究,北京:中国建筑工业出版社,1999

[5-24] 程懋堃。高强混凝土柱的梁柱节点处理方法,建筑结构,2001年第5期

[5-25] 范重等。核心配筋柱抗震性能试验研究,建筑结构学报,2001年2月

[5-26] 傅学怡。宽扁梁设计建议,建筑结构,1999年第2期,2000年第9期

[5-27] 何利等。预应力混凝土扁梁节点性能的试验研究,建筑结构,1999年第8期

[5-28] 练贤荣等。宽扁梁一大跨度板柱体系在蛇口招商购物中心工程中的应用,建筑结构,2001年第6期

[5-29] 北京工业大学土木工程系等。约束钢筋混凝土短梁抗震性能与设计原理方法研究,1995年12月

[5-30] 李忠献等。钢筋混凝土分体柱框架梁柱中节点抗震性能的研究-建筑结构学报,2001年8月

[5-31] 胡庆昌。建筑抗震设计规范多层及高层钢筋混凝土房屋抗震设计要点。海峡两岸抗震结构技术研讨会,2002年

[5-32] 傅剑平等。钢筋混凝土框架顶层端节点的设计方法及构造措施。建筑结构,2003年第1期

[5-33] 中华人民共和国国家标准。混凝土结构设计规范(GB 50010—2010)。北京:中国建筑工业出版社,2010

[5-34] 中华人民共和国国家标准。建筑抗震设计规范(GB 50011—2010)北京:中国建筑工业出版社,2010

[5-35] 姜维山,白国良。配复合箍、螺旋箍、X形筋钢筋混凝土短柱的抗震性能及抗震设计。建筑结构学报1994年2月第1期

[5-36] 宋金声,周小真。用复合矩形螺旋箍增强柱抗震性能的试验研究,西安冶金建筑学院学报。1986年6月第2期

[5-37] 于庆荣,姜维山,冯永伟,胡建宏。发展混凝土结构。东南大学学报,2002第32卷。增刊

[5-38] 李玉麟。矩形螺旋箍约束混凝土受压柱基本性能。硕士学位论文。西安建筑科技大学,1990

[5-39] 压弯剪构件抗震性能专题研究组。钢筋混凝土压弯剪构件的抗震性能试验研究。建筑结构学报,1992年第2期

［5-40］ 南宏一。X形配筋柱の弾塑性性状に関すろ基礎的研究。1994年12月

［5-41］ 宋金声、姜维山、张保印、邬晓。连续复合矩形螺旋箍短柱抗震性能试验报告。西安建筑科技大学。1998年10月

［5-42］ 姜维山、马乐为、孙慧中。钢筋混凝土框架轴压比设计。建筑结构，2002年10月第10期

［5-43］ 周小真、姜维山。高轴压作用下钢筋混凝土短柱抗震性能试验研究，西安冶金建筑学院学报。1985年第2期

［5-44］ 中华人民共和国行业标准。《混凝土异形柱结构技术规程》JGJ 149—2006。北京：中国建筑工业出版社，2006

第六章 高 层 建 筑

第一节 高层建筑结构抗震概念设计

高层建筑结构抗震设计的基本准则是：建筑物遭受低于本地区抗震设防烈度的多遇地震影响时，一般不受损坏或不需修理可继续使用；当遭受相当于本地区抗震设防烈度的地震影响时，可能损坏，经一般修理或不需修理仍可继续使用；当遭受高于本地区抗震设防烈度预估的罕遇地震影响时，不致倒塌或发生危及生命的严重破坏。这就是抗震设防三个水准的要求。概括地说，抗震设计的目标就是"小震不坏，设防烈度可修，大震不倒"。为了实现上述三个水准的设防要求，规范采用了二阶段设计，第一阶段设计是承载力验算，使结构既满足第一水准下必要的承载力可靠度，又满足第二水准损坏可修的目标，对大多数结构可只进行第一阶段设计，而通过概念设计和抗震构造措施来满足第三水准的设计要求；对地震时易倒塌的结构、有明显薄弱层的不规则结构以及有专门要求的建筑还应进行第二阶段设计，验算结构薄弱部位的弹塑性层间变形并采取相应的抗震构造措施，以实现第三水准的设防要求。采用二阶段设计实现三个水准的设防要求，并依据建筑物所在地区的设防烈度、建筑物的重要程度、不同的结构体系、建筑物的高度、按抗震等级要求进行设计，结构设计就会更经济更合理。

高层建筑在承受重力荷载的同时还要承受风荷载及地震作用，随着高度的增加，风荷载和地震作用产生的内力和位移会大幅度的增加，因此高层结构除应有足够的承载能力之外，还要求结构具有足够的刚度，以便控制结构的总体侧向位移和层间侧向位移。此外，高层结构抗震设计还应依据地震动水准的要求使结构和构件承载力、刚度、延性等多种性能得到最佳组合。

从震害中观察到抗震概念设计理念上的缺失，也是造成结构破坏和倒塌的重要因素之一。结构抗震设计绝对不是仅仅进行地震作用计算和抗力计算并满足规范相应构造要求这样一个简单过程。抗震设计重要的是判断和确定不同结构的屈服机制和控制结构的屈服历程，并应准确地判断结构受力的关键部位和薄弱部位并加强其抗震构造措施，必要时应对这些部位有针对性的进行抗震性能化设计，根据实际需要可分别对整个结构、结构的关键部位、重要构件、确定在不同地震动水准下结构不同部位的水平和竖向构件承载力的要求，并采取相应抗震措施防止建筑连续倒塌，从而在地震发生时结构和构件能提供足够的延性变形能力和消耗地震能量的能力。明确的抗震概念设计理念和相应的抗震措施是钢筋混凝土建筑抗震设计实现合理屈服机制、防止建筑物倒塌的重要手段。

一、高层结构抗震设计的基本准则

《建筑工程抗震设防分类标准》GB 50223 规定了建筑物的抗震设防类别和抗震设防目标。当建筑物使用功能或其他方面有专门要求时，采用抗震性能化设计可以满足更具体和更高的抗震设防目标。

抗震设防分类标准规定建筑工程分为以下四个抗震设防类别：

1. 特殊设防类：指使用上有特殊设施，涉及国家公共安全的重大建筑工程和地震时可能发生严重次生灾害等特别重大灾害后果，需要进行特殊设防的建筑。简称甲类。

2. 重点设防类：指地震时使用功能不能中断或需尽快恢复的生命线相关建筑，以及地震时可能导致大量人员伤亡等重大灾害后果，需要提高设防标准的建筑。简称乙类。

3. 标准设防类：指大量的除 1、2、4 类以外按标准要求进行设防的建筑。简称丙类。

4. 适度设防类：指使用上人员稀少且震损不致产生次生灾害，允许在一定条件下适度降低要求的建筑。简称丁类。

各抗震建筑设防类别的抗震设防标准，应符合下列要求：

1. 标准设防类，应按本地区抗震设防烈度确定其抗震措施和地震作用，达到在遭遇高于当地抗震设防烈度的预估罕遇地震影响时不致倒塌或发生危及生命安全的严重破坏的抗震设防目标。

2. 重点设防类，应按高于本地区抗震设防烈度一度的要求加强其抗震措施；但抗震设防烈度为 9 度时应按比 9 度更高的要求采取抗震措施；地基基础的抗震措施，应符合有关规定。同时，应按本地区抗震设防烈度确定其地震作用。

3. 特殊设防类，应按高于本地区抗震设防烈度提高一度的要求加强其抗震措施；但抗震设防烈度为 9 度时应按比 9 度更高的要求采取抗震措施。同时，应按批准的地震安全性评价的结果且高于本地区抗震设防烈度的要求确定其地震作用。

4. 适度设防类，允许比本地区抗震设防烈度的要求适当降低其抗震措施，但抗震设防烈度为 6 度时不应降低。一般情况下，仍应按本地区抗震设防烈度确定其地震作用。

建筑场地为 I 类时，甲、乙类建筑应允许按本地区抗震设防烈度的要求采取抗震构造措施；丙类建筑应允许按本地区抗震设防烈度降低一度的要求采取抗震构造措施，但抗震设防烈度为 6 度时仍应按本地区抗震设防烈度要求采取抗震构造措施。

当建筑场地为 I 类和 II、III、IV 类时，应依据抗震设防类别和场地类别按表 6.3.1 调整设防烈度，以确定结构相应抗震等级所应采取的抗震构造措施。

选择建筑场地时，应根据工程需要和地震活动情况、工程地质和地震地质的有关资料，对抗震有利、不利和危险地段做出综合评价。对不利地段，应提出避开要求；当无法避开时应采取有效的措施。对危险地段，严禁建造甲、乙类的建筑，不应建造丙类的建筑。

二、抗震结构概念设计简述

1. 结构应具有明确的计算简图和合理的地震作用传递途径。

2. 结构应避免因局部削弱或刚度、承载力突变而形成薄弱部位，以免造成过大的应力集中或塑性变形集中。对可能出现的薄弱部位，应采取措施提高其抗震能力。

3. 应避免因部分结构或构件破坏而导致整个结构丧失抗震能力或对重力荷载的承载能力。

4. 结构应具备必要的抗震承载力，良好的变形能力和消耗地震能量的能力。

5. 结构承载力、刚度、稳定性、延性、能量吸收及能量耗散等方面的性能，要适应在地震时形成具有良好延性性能结构屈服机制的要求。在一般静力设计中，任何结构部位的超强设计都不会影响结构的安全。但在抗震设计中，某一部分结构的超强设计和不合理的任意加强，以及在施工中以大代小改变配筋，都可能在整体结构中造成相对薄弱部位，将使具有良好延性性能的结构屈服机制不能形成。

6. 根据实际需要可分别对整个结构、结构的关键部位、重要构件有针对性的进行抗震性能化设计，以提高整体结构或结构关键部位的抗震承载力、结构变形能力或同时提高抗震承载力和变形能力。其具体指标是：明确在预期不同的地震动水准下对结构不同部位的水平、竖向构件承载力的要求（不发生脆性剪切破坏、形成塑性铰、达到屈服值或保持弹性）；选择不同地震动水准下结构不同部位的预期弹性或弹塑性变形状态，以及相应的构件延性的高、中、低要求。

7. 尽可能设置多道防线。多道防线意味着结构具有较多的超静定冗余度，罕遇地震时第一道防线可能遭受损坏，部分结构退出工作，多道防线将会避免因部分结构或构件破坏而导致结构体系丧失抗震能力和承受重力荷载的能力。此外，强烈地震之后往往伴随多次余震，如只有一道防线，在首次地震破坏后再遭余震，将会因损伤积累而导致建筑倒塌。适当处理构件的强弱关系，使其在强震作用下形成多道防线，是提高结构抗震性能、避免倒塌的有效措施。

8. 抗震设计重要的是判断和确定不同结构的屈服机制和控制结构的屈服历程。此外，同样的构件由于所在部位的不同，其延性要求也不尽相同（如位于平面变化部位的构件、周边转角部位的构件、相对薄弱楼层的构件等），应准确地判断、合理地进行抗震设计。

9. 关键受力部位和薄弱部位应采取有效措施防止构件过早的剪切、受压和钢筋锚固等脆性破坏。可采用加密设置的复合箍筋或螺旋箍筋与纵筋组成的'约束混凝土'，限制混凝土的横向变形，从而提高混凝土的有效压应变、承载力和延性，并能有效地提高钢筋的锚固性能。

10. 在地震作用下节点的承载力应大于相连构件的承载力。当构件屈服、刚度退化时，节点应能保持承载力和刚度不变。

11. 地基基础的承载力和刚度要与上部结构的承载力和刚度相适应，当上部结构形成屈服机制后，基础结构应仍保持弹性工作。

12. 合理控制结构的非弹性部位（塑性铰区），实现合理的屈服机制。

13. 结构体系要求受力明确、传力合理、力的传递途径不应间断、从上部结构到基础力的传递途径越短，越具有经济性和合理性。

14. 结构单元之间应遵守牢固连接或有效分离的原则，高层建筑结构单元之间宜采用加强连接的结构方案。

高烈度地区的高层建筑宜避免不规则结构方案。

三、抗震结构的屈服机制

为了经济合理的进行抗震设计，必须研究地震作用下结构的屈服部位、屈服历程及最后形成的屈服机制。

多层或高层钢筋混凝土建筑可以归纳为两类屈服机制，一种为整体机制，另一种为楼层机制。其他机制均可由这两种机制组合而成。

整体机制如图 6.1.1 所示，表现为所有横向构件屈服而竖向构件除根部外均处于弹性，整体结构围绕根部作刚体转动，因此从结构总体而言仅有一个自由度。如整体机制的框架结构(梁铰机制)由于只有一个自由度,层间位移的变化是均匀的,而且对于地面运动敏感度降低,这样就可以减少一部分不确定因素的影响。如能在设计时采取措施控制结构的屈服部位,就能实现预期的屈服机制。

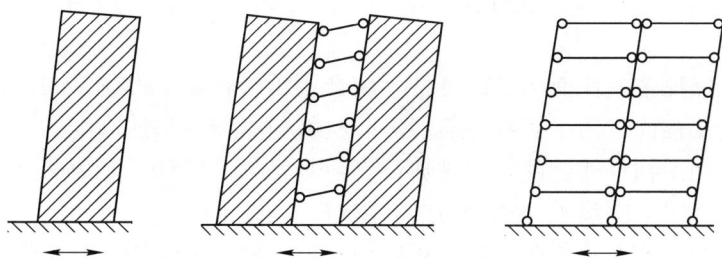

图 6.1.1　整体屈服机制

整体屈服机制也就是最少自由度的机制,一方面防止塑性铰在某些构件上出现,另一方面迫使塑性铰发生在其他次要构件上,同时要尽量推迟塑性铰在某些关键部位的出现(例如框架柱的根部、剪力墙墙肢的根部),显然整体机制是抗震设计理想的结构屈服机制。

楼层屈服机制(图 6.1.2)各层可以独立地沿地面运动方向移动,因此整个结构可有相当总层数的自由度,但全部机制不一定在各层同时形成。典型的楼层机制表现为在地震作用下仅竖向构件屈服,而横向构件处于弹性,以图 6.1.2(a)框架结构楼层机制为例,层间位移和节点部位梁、柱延性比,对于楼层机制(柱铰机制)是非常敏感的,塑性变形集中现象随着地面运动的不同,可能在不同楼层发生。装配式大板结构水平接缝没有可靠的整体性连接措施时,墙板可能会出现沿水平接缝的滑移即属于如图 6.1.2(b)所示屈服机制。因此,地震作用下图 6.1.2 所示的结构屈服机制是应该避免的。

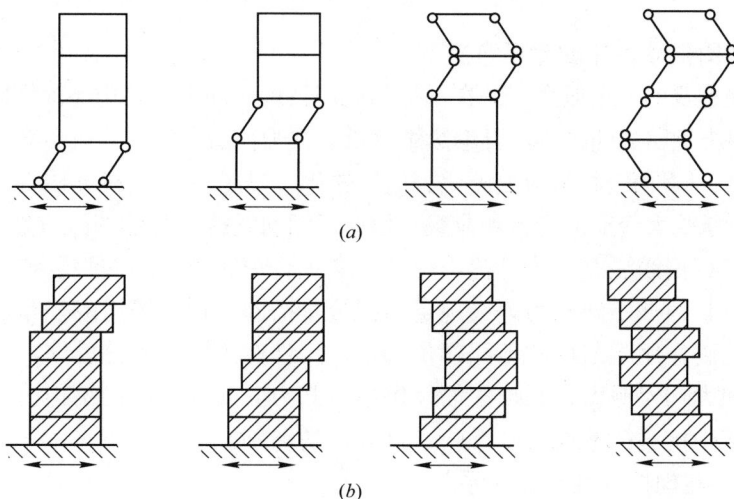

(a)

(b)

图 6.1.2　楼层屈服机制

(a)框架柱铰；(b)墙体层间滑移

在地震作用下首先进入屈服的构件称为主要耗能构件,这些构件在屈服历程中受约束于其他处于弹性的构件,这一阶段称为有约束屈服阶段。抗震设计就是要设法延长这一阶段以提高结构的抗震性能。这种由弹性阶段到有约束屈服阶段(弹塑性)，再到无约束屈服阶段(塑性)直到最后破坏，是地震作用下结构受力状态的全过程。

基于上述要求，选定主要耗能构件要注意以下几点：

第一，主要耗能构件的屈服历程应尽量保持有约束屈服，且具有良好的延性和耗能性能。

第二，为了保证主要耗能构件的延性，应选用承受轴向应力较小的构件，不宜选用承受重力荷载的主要构件。为了提高耗能能力，构件应具有足够的刚度。

第三，主要耗能构件耗能部位的破坏形态应当是弯曲破坏，避免剪切破坏。为此在进行构件承载力设计时，应按不同承载力的要求进行调控。

第四，充分利用有约束屈服阶段，可以使延性构件充分发挥耗能而竖向构件仍处于弹性。如图 6.1.3 所示延性构件与非延性构件的共同工作，将可实现一定的结构整体延性。

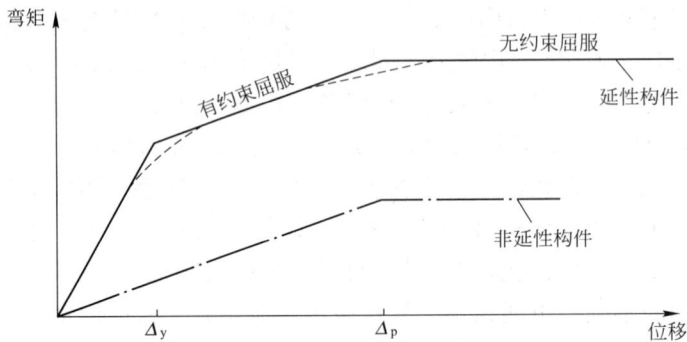

图 6.1.3　理想的抗震结构屈服历程

注：Δ_y—延性构件屈服点位移；Δ_p—结构塑性变形起始点位移

四、抗震结构延性性能的重要意义

抗震设计很重要的一个概念，是在预计的地震持续时间内，结构能提供较大的位移，而结构的抗侧移能力无明显的降低，且继续维持承受重力荷载的能力，避免罕遇地震时建筑物倒塌。此时结构、构件和材料(应变硬化、应变软化、塑性阶段)承受非线性变形的能力即为延性，它包括了承受大变形的能力和荷载—位移滞回曲线特性显示的吸收地震能量的能力。

考虑延性进行钢筋混凝土建筑抗震设计是实现合理屈服机制的手段和方法。我国《建筑抗震设计规范》根据不同抗震等级规定不同抗震措施，抗震等级的划分反映了不同延性水平的要求。地震作用下结构的不同部位和不同构件有不同的延性要求，为了满足延性要求有时不得不加大构件截面、增加配筋及提高承载力，此外不同的结构设计措施也有一定影响，设计规范中抗震构造措施已反映了这方面的差别。

1. 结构延性与构件延性间的关系

抗震结构设计应使构件的延性满足整体结构所要求的延性。在实际工程设计中，延性要求是以变形指标来表达的，保证构件延性的构造措施主要来自震害经验和试验研究，钢筋混凝土结构或构件的延性主要与应力状态及配筋构造有关。

抗震措施是指采用合理的结构体系、调整构件承载能力和配筋方式，在合理的配筋构造条件下，以受弯为主的梁构件可取得较高的延性。对于受剪为主的剪力墙和压应力较高的柱，单纯改变配筋方式难以达到较高的延性，较有效的措施是降低剪压比和轴压比。《建筑抗震设计规范》关于柱配箍量随轴压比不同而变化，反映了压应力的影响。同框架结构相比，框架-剪力墙结构中的框架可以降低抗震等级，反映了降低框架柱剪应力的效果。

构件延性的要求应高于结构延性要求，二者的关系与结构塑性铰形成后的破坏机制有关。例如十层的框架结构按楼层屈服柱铰机制分析，求得柱根截面曲率延性系数需达100以上，才能满足结构整体位移延性要求，显然对于一般钢筋混凝土结构是无法满足的。而对于相同层数整体屈服梁铰机制的框架，柱根部截面曲率延性系数仅要求为柱铰机制的1/10就能满足结构整体位移延性要求，显然只要采取合理的抗震措施是不难满足的。大量分析表明当梁铰机制的框架结构整体位移延性系数为3～5时，需要的楼层位移延性系数约为3～10，此时梁构件需要的延性系数约为5～15。

构件截面曲率延性系数 μ_{ϕ} 表达式为

$$\mu_{\phi} = \varphi_{u}/\varphi_{y} \tag{6.1.1}$$

式中：φ_{u}——构件截面混凝土达到极限压应变时的曲率；

φ_{y}——构件截面受拉钢筋屈服时的曲率。

构件截面曲率即塑性铰区单位长度内截面的转动值，影响曲率延性的因素有轴力、混凝土强度、钢筋屈服强度以及构件屈服部位的约束条件（如加密箍筋）等。

构件、结构位移延性系数可由图6.1.4所示低周反复荷载作用下，荷载—位移滞廻曲线包络线所示位移比表达。

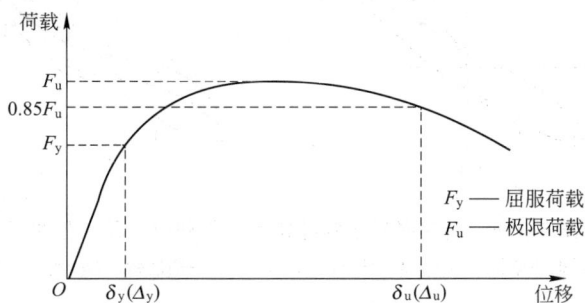

图6.1.4　荷载—位移滞廻曲线包络线

构件位移延性系数

$$\mu_{\delta} = \delta_{u}/\delta_{y} \tag{6.1.2}$$

式中：δ_{u}——构件极限位移；

δ_{y}——构件屈服位移。

结构延性通常以位移延性系数

$$\mu_{\Delta} = \Delta_{u}/\Delta_{y} \tag{6.1.3}$$

式中：Δ_{u}——结构顶点极限位移或层间极限位移；

Δ_{y}——结构顶点屈服位移或层间屈服位移。

2. 结构和构件滞廻曲线特性的意义

由试验研究得到的钢筋混凝土构件和结构的荷载—位移滞廻曲线，表达了在反复周期荷载下受力性能的变化，反映了裂缝的开展和闭合、钢筋的屈服和强化、钢筋的

'Baushinger 效应'、钢筋的粘结退化和滑移、混凝土局部破坏和剥落,荷载—位移滞廻曲线是构件和结构破坏历程的综合反映,它概括了承载力、刚度和延性等特性,滞廻环面积的大小还表明了构件和结构的耗能能力,当前规范中构件的许多配筋和构造措施都是通过此类试验成果归纳而形成的。

为了便于比较取图 6.1.5(a) 一个理想化的构件弹塑性滞廻曲线进行对比,图 6.1.5(b) 为耗能性能较好的框架梁塑性铰部位的滞廻曲线,其滞回环面积约为图 6.1.5(a) 理想化滞回曲线的 70%~80%,这就表明其塑性变形吸收的能量占地震反应能量的 70%~80%。图 6.1.5(c) 为具有中等至较高轴压比柱的滞廻曲线,此图滞廻环面积与图 6.1.5(a) 相比显然吸收地震能量的能力大大降低。图 6.1.5(d) 为在低轴力作用下剪力墙矮墙的滞廻曲线,显然表明在反复荷载作用下矮墙底部裂缝开展而引起了墙体剪切滑移。

通过荷载—位移滞廻曲线,可以较深入地了解构件和结构的抗震性能。

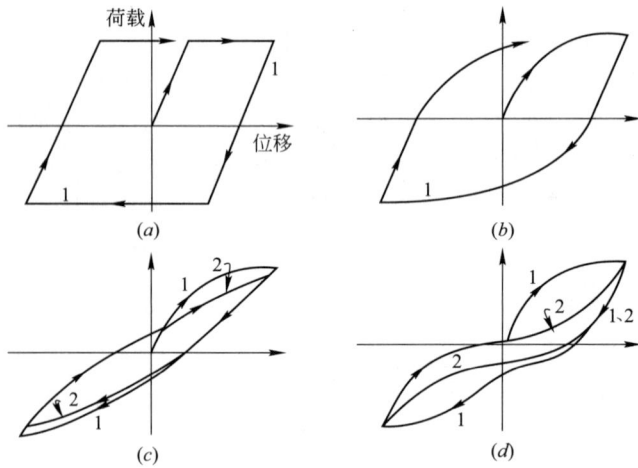

图 6.1.5   钢筋混凝土构件典型的荷载—位移滞廻曲线
(a)理想弹塑性;(b)框架梁塑性铰;(c)框架柱塑性铰;(d)剪力墙矮墙

3. 结构多道防线与不同结构部位延性的相关性

由于地震有一定的持续时间而且可能是多次作用,为了增强结构的抗倒塌能力,抗震设计应使结构具有多道防线,如框架结构的梁和柱,框架-剪力墙结构的连梁、剪力墙和框架,剪力墙结构的连梁和剪力墙墙肢等。第一道防线应是在地震作用下首先进入屈服耗能的构件,它们不应是承受竖向荷载的主要构件但必须具有良好的延性。对于抗震等级较低的结构主要考虑第一道防线,而对于较高的抗震等级则应考虑更多的防线。

地震作用下结构的不同部位有不同的延性要求,重点部位是预期首先屈服的部位,如梁端、剪力墙连梁、柱脚、剪力墙根部等,规范中给出了有关这些部位的构造措施。但是同样的构件由于所在部位不同,其延性要求也不尽相同(如位于周边转角、平面变化及相对薄弱楼层的构件等)。重要的和不规则的高层建筑可以通过非弹性动力分析获得每个构件或楼层的延性要求,从而校验或调整设计以满足结构多道防线的抗震要求。

4. 延性构件与非延性构件的共同作用

在实际建筑中延性构件与非延性构件往往是并存的(图 6.1.3)。例如框架结构的长柱与短柱，剪力墙结构有洞口的联肢墙与无洞口的宽肢墙等。试验研究表明，在保证延性构件与非延性构件一定比例条件下，延性构件对非延性构件起协调作用，以使结构有较好的变形能力。

改善非延性构件的抗震性能主要是提高其受剪承载力，减小截面的压应力与剪应力。此外改变非延性构件的截面形状，采取特殊的配筋方式和加强对混凝土的约束都是有效的方法。在结构的同一楼层内不希望所有构件同时屈服，而是某些耗能构件屈服以后有些构件仍处于弹性，这样就使'有约束屈服'持续较长阶段，保证结构的延性和抗倒塌能力。

5. 平面不规则结构非弹性阶段的延性设计概念

在抗震设计中对于平面不规则结构，应考虑由于地震引起的扭转作用。在强震作用下，平面不对称的结构可能很大程度进入非弹性阶段，此时结构平面的非对称性效应用提高延性来解决比提高承载力更为有效。平面不规则结构进入非弹性阶段以后，结构偏心的概念和弹性阶段有显然的不同，弹性阶段的偏心是指刚度与质量的偏心距。塑性偏心是指当结构进入非弹性阶段后抗侧力构件达到极限承载力时，抗侧力构件的屈服承载力中心与结构平面质量中心的偏心距。平面不规则结构的非弹性扭转反应与塑性偏心有直接的对应关系，如能按构件屈服承载力与塑性偏心矩相对应的原则进行设计，则利用塑性偏心概念可以有效地减小由于结构平面非对称性引起的附加延性要求。

结构动力分析结果显示：

（1）位于结构的转角及边缘的抗侧力构件有较大的附加延性要求。

（2）平面不对称的短周期结构（$T_1 \leqslant 0.5\text{s}$）对附加延性有较高要求，长周期结构的附加延性要求较低。

五、抗震结构屈服机制与延性的调控措施

1. '强柱弱梁'与'强剪弱弯'

框架结构设计要求'强柱弱梁'实现梁铰屈服机制，抗震设计规范规定框架结构柱端受弯承载力乘以增大系数，一级抗震等级和9度设计时柱端受弯承载力设计值还应按梁端实配钢筋面积和材料强度标准值计算梁端的受弯承载力再乘以增大系数来确定。即使满足了这样的条件，在诸多不确定因素影响下也并不能完全避免塑性铰发生在柱端，只能避免同一楼层的柱端不致全部出现塑性铰或者不致上、下柱端都出现铰，也就是形成梁铰与柱铰的混合机制，由于不能完全避免柱铰，规范中对柱的设计尚有若干保证延性的措施，如限制柱的轴压比和剪压比，采用适当的配箍量以形成约束混凝土等。计算梁实配钢筋受弯承载力时考虑现浇楼板两侧各6倍板厚翼缘宽度范围楼板内的钢筋作用，将能提高'强柱弱梁'的有效性。

所谓强柱指一般长柱的受弯承载力，对短柱而言则应由受剪承载力控制。

框架柱和梁端、剪力墙等构件'强剪弱弯'是保证构件延性，防止脆性破坏的重要原则。它要求截面受弯屈服时相对应的剪力低于截面受剪承载力，计算截面受剪承载力时，应考虑混凝土开裂后受剪承载力的退化影响，为此现行规范在考虑地震作用组合的受剪截面剪压比控制条件时做了相应调整。

考虑框架节点的'强剪弱弯'关系，梁柱节点核心区的受剪承载力应大于梁的弯曲屈服超强引起的剪力，此外对核心区剪应力还要有一定限制，在某些情况下对柱截面尺寸可能起控制作用。

2. 构件塑性铰的形成和控制

塑性铰是结构进入非弹性阶段后的耗能部位。塑性铰的形成次序、分布规律、具体部位和铰的形成范围与外部条件有关(外力大小与位移幅度)也受到结构本身条件的控制(构件尺寸、配筋构造、承载力调控关系等)。塑性铰的分布决定了结构的屈服机制，而其具体部位则影响到铰的耗能性能。抗震设计就是要结合外部条件和结构构造，控制塑性铰的部位，尽量实现有利的屈服机制和有良好耗能性能的塑性铰以满足结构的延性要求。一般框架结构出现塑性铰的理想次序和部位为梁端和柱根部，当不能完全避免柱铰时，在同一层内应当利用有利条件加强外柱以提高楼层的柱梁受弯承载力比。适当加强柱根部推迟屈服，可使上部楼层的梁铰得以充分地形成和发展。框架-剪力墙结构出现铰的理想次序为剪力墙连梁、框架梁端和剪力墙根部，位于平面端部或边缘的剪力墙应有较大的屈服承载力比(屈服承载力比为构件实际屈服承载力与计算要求屈服承载力的比值)。剪力墙结构出现铰的理想次序为连梁及墙肢根部。塑性铰的具体部位也是应当注意的问题，对框架梁而言，当柱截面较小时，为了保证节点核心区不发生破坏，应提高核心区受剪承载力，利用不同的屈服承载力比将梁铰转移到柱边以外不小于梁截面高度处，但应注意转移梁铰相当于减小梁跨，因此梁剪力相应提高，同时要求梁铰有较高的截面曲率延性也就是对梁铰的配筋构造有更严格的要求。

塑性铰形成的范围和构件尺寸、截面配筋构造及位移幅度有关。对梁而言，有较大的塑性铰范围可以提高耗能能力。对柱及剪力墙而言，塑性铰范围过大将不利于结构稳定，对短柱和高宽比较小的矮剪力墙都是不利的。

3. 结构延性设计中的承载力调整和抗震性能设计

当结构的刚度和承载力沿高度有突变时，在结构进入非弹性阶段之后，某些部位会因变形过大而不能满足延性要求，或者某些构件可能发生脆性破坏。针对这些情况，应对某些薄弱楼层的受弯、受剪构件进行加强，此类构件可按《建筑抗震设计规范》附录 M 抗震性能设计要求进行设计，使这些部位不屈服或推迟屈服。

某些关键部位如框架柱和剪力墙的根部，在强震作用下最终会屈服，但是柱根部过早屈服则梁铰不能充分形成和发展，剪力墙根部过早屈服则连梁也不能充分发挥耗能作用。因此对这些部位应适当加强，以延缓屈服，同时还应考虑保证延性的构造措施。

高层建筑的底部往往由于使用上需要较大空间，造成结构承载力和刚度突变。常见的部分框支剪力墙结构，在地震作用下由于塑性变形集中的影响，框支层对延性有很高的要求。当框支层的实际承载力同上部结构相比，相差较大时，单纯采取提高钢筋混凝土结构延性的构造措施难以满足要求，此时框支层构件应按抗震性能设计要求进行设计，并采取适当的提高延性措施是一种简单可行的方法。

4. 材料要求

抗震设计结构构件中的纵向受力钢筋宜选用不低于 HRB400 级的热轧钢筋，也可采用符合抗震性能指标的 HRB335 级热轧钢筋；箍筋宜选用符合抗震性能指标的不低于 HRB335 级的热轧钢筋，也可选用 HPB300 级热轧钢筋。**施工中当需要以强度等级较高的钢筋替代原设计中的纵向受力钢筋，应按钢筋受拉承载力设计值相等的原则进行换算，并应满足最小配筋率要求。**替代后的主要钢筋总屈服强度不应高于截面原设计的屈服强度，以免造成薄弱部位的转移，以及构件在关键部位发生混凝土的脆性破坏(混凝土压碎、剪切破坏等）。

此外，为了使结构实现'强柱弱梁'、'强剪弱弯'的要求，在出现塑性铰的部位应有足够的转动能力，**抗震等级为一、二、三级的框架和斜撑构件（包括楼梯的梯段），其纵向受力钢筋采用普通钢筋时，钢筋的抗拉强度实测值与屈服强度实测值的比值不应小于1.25；钢筋的屈服强度实测值与屈服强度标准值的比值不应大于1.3，且钢筋在最大拉力下的总伸长率实测值不应小于9%。**由于高强混凝土具有脆性性质，且随强度等级提高而增加，因而抗震设计应考虑这一特征，抗震结构采用高强混凝土时，剪力墙不宜超过C60，其他构件烈度为9度时也不宜超过C60，8度时不宜超过C70。

混凝土结构还应根据设计使用年限和环境类别，满足规范耐久性设计的相应要求。

5. 结构抗震措施

抗震措施是保证构件基本延性和结构整体延性与塑性耗能能力的重要抗震设计措施，合理并有效的抗震构造措施将可避免强震发生时建筑物发生严重损坏或倒塌。

结构抗震构造措施的具体要求见本章有关章节的规定。

六、地震时建筑物之间撞击的影响及相应措施

1985年墨西哥城地震、1989年旧金山洛马帕瑞他（Loma Prieta）地震时建筑物间的撞击导致建筑物严重破坏甚至倒塌。

撞击导致严重破坏与相邻建筑间的缝宽过小有关，地基土较软也是导致严重撞击的一种原因，有些特殊情况撞击发生在柱或墙的中部，不规则建筑由于扭转使撞击震害更为严重。

震害调查和研究分析表明：

1. 高层与低层建筑相撞，在楼层的撞击部位峰值加速度有突变，可达未撞击前加速度的10倍以上。

在撞击位置以上的高层部位，地震剪力增大。低层部分除顶部撞击部位外，其他各层剪力均减小。当楼层质量相差较大时，质量较小的楼层将受到较严重的撞击影响。

2. 两栋相邻建筑质量相近，层数相等，发生撞击时刚度较大的建筑不利（地震剪力增大后对结构延性要求更高）。

3. 相邻建筑质量相差较大，层数相同，发生撞击时质量较小的建筑不利。

4. 相邻建筑不等高，层刚度相同，发生撞击时较低的建筑不利；当较低建筑的楼层质量和刚度均大于较高建筑时，对高层的突出部分将有很高的结构延性要求。

5. 发生偏心撞击，在撞击部位以下可导致很大扭矩。

6. 发生撞击的楼层对建筑附属部件（机电设备、供水系统、女儿墙、裙墙等）的影响很大，附属部件刚度越大，破坏越严重。

7. 建筑物遭遇两侧撞击比单侧撞击更不利。

8. 建筑结构的阻尼比增大则撞击响应明显减小。

抗震设计的框架结构防震缝两侧结构高度、刚度或层高相差较大时，可在防震缝两侧建筑物的相邻端沿房屋全高设置垂直于防震缝的抗撞墙，框架结构抗撞墙的设置如图1.12.9所示，防震缝每侧抗撞墙的数量不应少于两片墙，宜分别对称布置，墙肢长度可不大于一个柱距，抗震等级可同框架结构，框架的内力应按设置和不设置抗撞墙两种计算模型分别进行分析，并按不利情况取值。防震缝两侧抗撞墙的端柱和框架的边柱，箍筋应沿房屋全高加密设置。

七、建筑结构防止连续倒塌的控制

1. 造成连续倒塌的原因有多种，除地震之外还有风灾、爆炸、撞击、高温等。为此《混凝土结构设计规范》GB 50010—2010 关于防止建筑连续倒塌制定了如下规定：

(1) 设计原则

1) 采取减小偶然作用效应的措施；

2) 采取使重要构件及关键传力部位避免直接遭受偶然作用的措施；

3) 在结构容易遭受偶然作用影响的区域增加冗余约束，布置备用传力途径；

4) 增强疏散通道、避难空间等重要结构构件及关键传力部位的承载力和变形性能；

5) 配置贯通水平、竖向构件的钢筋，并与周边构件可靠地锚固；

6) 设置结构缝，控制可能发生连续倒塌的范围。

(2) 重要结构部位防连续倒塌设计可采用下列方法：

局部加强法：提高可能遭受偶然作用而发生局部破坏的竖向重要构件和关键传力部位的安全储备；也可直接考虑偶然作用进行设计。

拉结构件法：在结构局部竖向构件失效的条件下，可根据具体情况分别按梁—拉结模型、悬索—拉结模型和悬臂—拉结模型进行承载力验算，维持结构的整体稳固性。

拆除构件法：按一定规则拆除结构的主要受力构件，验算剩余结构体系的极限承载力；也可采用倒塌全过程分析进行设计。

2.《高层建筑混凝土结构技术规程》关于防止建筑连续倒塌，提出了以下概念设计要求：

(1) 采取必要的结构连接措施，增强结构的整体性；

(2) 主体结构宜采用多跨规则的超静定结构；

(3) 结构构件应具有适宜的延性，避免剪切破坏、压溃破坏、锚固破坏、节点先于构件破坏；

(4) 结构构件应具有一定的反向承载能力；

(5) 周边及边跨框架的柱距不宜过大；

(6) 转换结构应具有整体多重传递重力荷载途径；

(7) 钢筋混凝土结构梁柱宜刚接，梁板顶部、底部钢筋在支座处宜按受拉要求连续贯通；

(8) 独立基础之间宜采用拉梁连接。

3. 建筑结构连续倒塌究其原因可以归纳为：

(1) 由于地震作用下结构进入非弹性大变形阶段，造成构件破坏或失稳，传力途径失效引起连续倒塌。

(2) 由于撞击、爆炸、人为破坏，造成部分承重构件失效，阻断了传力途径导致连续倒塌。

(3) 引发连续倒塌的一个重要因素是采用了不利的结构体系和构件。如框支结构及各类转换结构、板柱结构、大跨度单向结构、整体性较差的装配式大板结构、现浇叠合层无配筋的装配式楼板、装配式楼梯及幕墙结构，均属于引发连续倒塌的不利结构。其中框支柱、转换梁及大跨度单向结构缺少转换传力的途径，一旦传力途径失效将导致连续倒塌。

板柱结构的板柱节点在侧向大变形作用下，节点承受弯、剪能力失效，会导致连续倒塌。没有可靠整体性连接措施的装配式结构在大震时，特别是在爆炸作用下，极易造成连接部位失效。预应力结构在爆炸冲击波作用下，可能出现反向受力，引起不利作用。

（4）平面不规则的建筑如 L 形及 ⊓ 形建筑平面，由于爆炸冲击波受到约束，不利于防爆。

4. 防连续倒塌结构设计应关注的一些问题

为了降低连续倒塌风险，在设计中应综合考虑以下结构特性，以限制由于初始事件造成破坏的扩展：

结构超静定冗余度：在竖向荷载承重体系中应具有冗余的荷载传递途径，当发生结构构件局部失效时可保证获得转变传力途径。

框架结构应限制柱距：当柱承载失效时，柱距过大会降低结构荷载重分布能力。

结构和构件延性：在灾难性事件中构件和连接部位可能产生很大的变形（位移及转动），从而使承载力及关键部位结构构件无法进行荷载重分布，此时就需要结构和构件具有足够的延性。钢筋混凝土结构的延性是由混凝土构件内足够的约束钢筋、可靠的钢筋连接、保持结构的稳定、构件之间的可靠连接、足够的承载力和变形能力实现的。

足够的受剪承载力：薄弱部位的结构构件，如周边梁或板设计时应考虑在失去一个构件的情况下所承受的剪力可能大于极限弯矩对应的剪力。剪切破坏是一种脆性破坏不应由其控制破坏机制，受剪承载力应大于受弯承载力以保证构件延性。

承受反复荷载能力：主要的结构构件（柱、主梁、屋顶梁及抗侧力构件）及次结构构件（楼层梁及板）应采用延性概念明确的方法进行设计，以承受薄弱部位的反复荷载。

边跨最易受损坏：当失去构件后将导致缺少荷载重分布能力，因为不可能再实现双向荷载分布。

转换梁和柱：失去一根转换大梁或者失去一根支承转换大梁的柱，将使相应部分建筑面积内的结构破坏。转换大梁临近建筑外部增加面临空中爆炸的易损性，因此不宜采用。

承重墙的设置：横墙承重的承重墙结构应间断设置内纵墙提高横墙的稳定性以控制连续倒塌。外承重墙体系应隔一定距离设置垂直于外墙的墙体或壁柱以控制外墙的稳定。

连接节点的承载力：考虑应对连续倒塌的抗力设计时，应比只考虑重力设计及抗侧力（风力或地震）进一步提高连接节点的承载力，节点连接设计应提供可靠的荷载重分布途径，并应避免承载力及刚度突变导致应力集中、超强及过早失效。

关键构件：柱或墙的失稳可能由于楼板体系失效导致失去侧向支承，这种情况特别对于临街的建筑更为重要。采用型钢混凝土组合结构或钢管混凝土柱可提供安全度高的防护，关键柱的设计应考虑失去 2～3 层楼板的侧向支承时不致失稳和压屈破坏，承重内墙同上下层的楼板当有良好的拉结时，也可以有效的抗连续倒塌。

加强结构整体性拉结：为了防止连续倒塌，结构的关键构件必需拉结在一起，以适应局部结构失效后发生的内力重分布。拉结包括周边拉结、内部拉结、柱和墙的水平拉结及竖向拉结。

5. 防止结构连续倒塌的一些技术措施

（1）选择对防止结构连续倒塌有利的结构体系及构件，剪力墙结构、筒中筒结构及剪力墙较多的框架-剪力墙结构均属于防连续倒塌有利的抗震结构体系。筒中筒结构有利于抗震，但对抗爆不利。对不利的结构体系，应采用承载力较强的组合结构和构件防止连续倒塌、型钢混凝土结构、钢管混凝土柱、钢板组合剪力墙均属于承载力较强的组合结构。

（2）结构体系承受竖向荷载关键部位的构件，应具有冗余的荷载传递途径。

如图 6.1.6 所示平面两端框架柱距较大时，应增加柱的设置以增加边框架的结构荷载传递途径。

图 6.1.7 为减小角柱的轴压比，提高角柱荷载传递途径冗余度的措施。

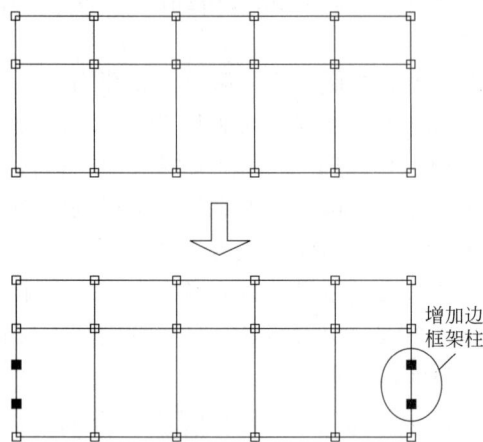

图 6.1.6   边框架柱距较大时增加结构
荷载传递途径的措施

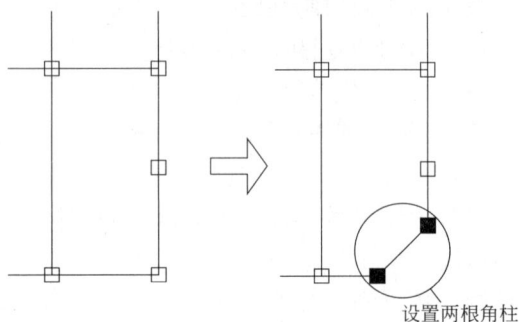

图 6.1.7   框架结构提高结构角柱荷载
传递途径冗余度的措施

（3）应采用有转换传力途径的结构，如用双向相交梁系代替单向梁，用空腹桁架代替转换梁。内隔墙的设计和构造应能起到梁的传力作用。

（4）降低构件内力（轴压比、剪压比），保证结构总体稳定及局部稳定。针对特殊问题应作特殊处理，如考虑防爆的结构不宜采用预应力结构；地震高烈度区及有防爆要求的高层建筑不宜采用装配式大板结构；抗震框架结构不宜采用钢筋混凝土预制楼板和楼梯。

（5）为了保证结构的整体性，重要的是要合理的布置墙、柱。在承重墙结构中必须设置内纵墙以减小横墙的无支承长度，即使受到局部破坏，也可减小影响范围。

（6）沿建筑周边及构件之间应建立完整拉结体系，设置圈梁、拉梁以保证结构的整体工作。

（7）内墙和外墙都应有与其相交的翼缘墙以提高稳定性。

（8）采用双向配筋楼板，加强非主要受力方向的承载力，当一个方向失效，另一方向可起承重作用。当承重墙破坏，楼板不致塌落造成连续倒塌。楼板的配筋构造应具有连续性，接头宜采用机械连接或焊接，与支座应有良好的锚固，当楼板混凝土断裂，板内支座配筋应能起到悬挂作用以避免楼板塌落。

（9）典型的双向板无梁楼盖当出现沿柱边严重冲切破坏时楼板应具有破坏后的抗力，在板柱结构防止连续倒塌初始失效发生时，楼板内配筋构造应能将板悬挂在柱上。

图 6.1.8 表达了板柱结构楼板内顶部及底部配筋可靠的锚入柱内并具有连续性的作用，但是在冲切破坏后，上部钢筋掀起上部板面，完全失去承载能力。若板底钢筋没有合理的构造措施锚入板柱节点内，将不具有冲切破坏后第二次抗力从而易导致连续倒塌。

如图 6.1.8 及图 6.1.9 所示板底部连续配筋可在柱上悬挂破坏的楼板，起到受拉膜作用。从而避免楼板冲切受剪破坏后坠落，这种避免柱支撑部位发生连续倒塌是由板内配筋的受拉和销键作用来保证的。

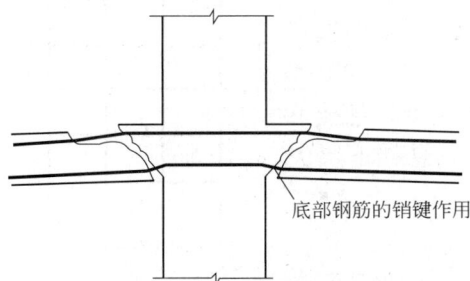

图 6.1.8　楼板冲切破坏后板内配筋
的受拉和销键作用

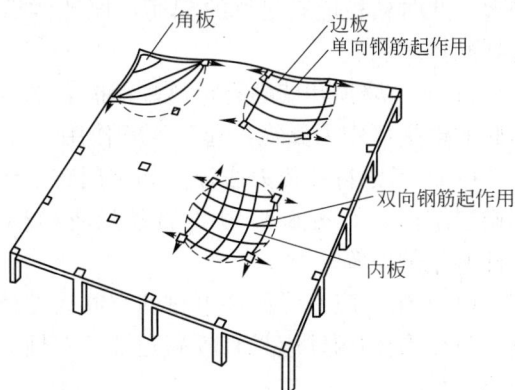

图 6.1.9　无边梁板柱结构板底部
连续配筋的受拉膜作用

板柱结构板底部连续配筋应锚入柱内，当楼板受冲切破坏限制跨中变形不大于 $0.15l_n$ 时，沿 l_n 方向板底部锚入柱内的连续钢筋面积 A_{sb} 应满足下式要求：

$$A_{sb} = \frac{0.5W_s l_n l}{\phi f_y} \tag{6.1.4}$$

式中：A_{sb}——板底部有效连续配筋沿 l_n 方向锚入柱支承截面的板底有效纵筋截面面积；

$\quad W_s$——在初始失效后楼板应承受的荷载，可假定为作用在楼板上单位面积的使用荷载或单位面积楼板自重的两倍二者的较大值；

$\quad l_n$——计算方向柱间的净跨度；

$\quad l$——垂直计算方向柱间两侧楼板的中线距离；

$\quad f_y$——钢筋屈服强度；

$\quad \phi$——钢筋应力降低系数，取 0.9。

保证板底部配筋 A_{sb} 有效连续作用的构造措施：

1）在柱支座范围内搭接，搭接长度应满足规范规定；

2）紧靠柱支座以外搭接，搭接长度不小于规范规定的 2 倍；

3）钢筋垂直弯起、钢筋设置弯勾或其他连接方式，应必须保证在支座处钢筋 A_{sb} 达到屈服强度。

当计算方向沿 l_n 轴线相邻两跨净跨度不同时，则 A_{sb} 值应采用较大值。板底部配筋不但对防止连续倒塌起作用，对防止板柱结构早期冲切破坏也起一定作用。

板柱结构的内节点冲切破坏后容易导致连续倒塌，而外节点则不易引起连续倒塌。加大使用荷载进行设计对防止连续倒塌不起作用，按受拉膜作用考虑底部配筋是有效的，如不能按受拉膜设计则节点抗冲切承载力取值不应大于穿过柱截面钢筋屈服承载力的0.5倍。

此外，加大板内暗梁的配箍率，对改善抗冲切承载力及防止连续倒塌也是有利的。

（10）内隔墙应起到承受楼板支承方向改变后的承重作用。

（11）当不可能改变楼板支承方向时，如失去中间支承，板跨增大，此时楼板应有足够的配筋，保证楼板虽有很大变形，但可起到悬挂作用。

（12）当墙顶和墙底有足够配筋时，墙身可作为腹板，墙顶和墙底的楼板可作为翼缘，起到深梁作用。

（13）考虑特殊传力途径。如利用转换层大梁或桁架，悬挂下部楼层结构；如图 6.1.10 设置顶层支撑桁架，可以悬挂下层失效柱避免倒塌等。

（14）桁架应有平面外可靠的空间支撑体系。

（15）结构构件应具有较高延性，在地震作用下可以承受较大变形。

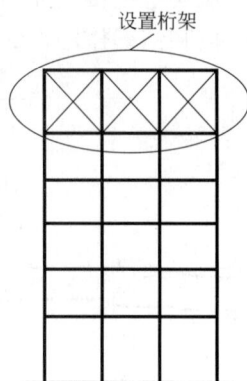

图 6.1.10　设置顶层支撑桁架

第二节　高层建筑结构设计的基本准则和要求

一、结构的合理布置

建筑物的平面和立面应力求规则、对称，并应具有良好的整体性，其抗侧力构件的平面布置宜规则对称、侧向刚度沿竖向宜均匀变化，应避免侧向刚度和承载力的突变。复杂的平面和外形会导致质量中心与刚度中心的偏离，在平面的凸出或凹进部位易产生应力集中。结构规则与否是影响结构抗震性能的重要因素。

（一）结构平面布置

1. 非抗震设计的结构，平面宜选用风压较小的形状；独立的结构单元内，宜使结构平面形状和刚度均匀对称；不对称结构应考虑扭转对结构产生的影响。

2. 抗震设计的钢筋混凝土高层建筑，平面内质量分布和抗侧力构件的布置宜规则、对称、减少偏心，平面突出部分不宜过大，平面长度不宜过长，过长的平面外形地震时空间振动可能造成严重的震害。

3. 抗震设计为避免平面不规则产生的过大偏心而导致较大扭转效应，平面布置应注意控制扭转位移比。此外，尚应严格控制结构平面抗扭刚度，当结构扭转为主的第一自振周期 T_t 与平动为主的第一自振周期 T_1 之比两者相近时，结构振动耦联扭转效应将明显增大，抗震设计应采取措施减小周期比值 T_t/T_1，控制在规范规定的范围内。

4. 抗震设计的建筑物在结构单元的两端或拐角部位，设置楼梯间和电梯间时应采取加强措施。

5. 建筑平面宜满足图 6.2.1 和表 6.2.1 的要求。

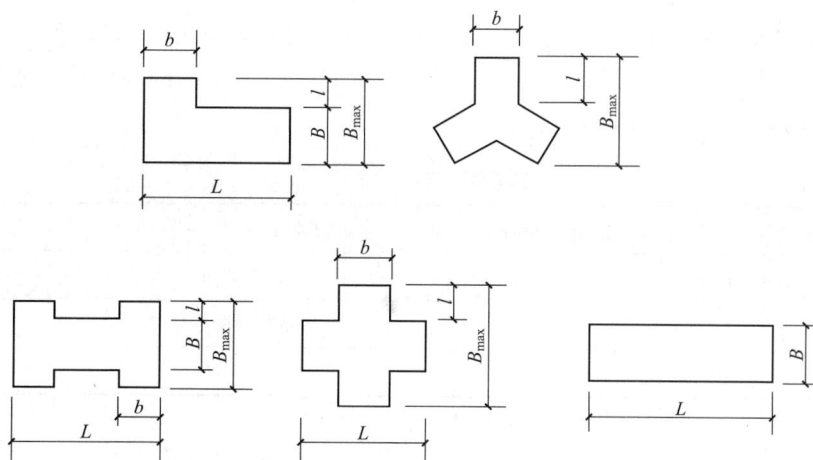

图 6.2.1　建筑平面示意图

建筑平面 L、l 的限值　　　　　　　　　　　　　表 6.2.1

设防烈度	L/B	l/B_{max}	l/b
6、7 度	≤6.0	≤0.35	≤2.0
8、9 度	≤5.0	≤0.30	≤1.5

6. 伸缩缝的设置：为避免由于温度和混凝土收缩使结构或非结构墙体产生严重的裂缝，钢筋混凝土结构伸缩缝的最大间距可按第一章表 1.12.2 规定采用。

设计中如能采取有效的屋盖保温隔热措施，减小结构温度变形；对结构的薄弱环节采取加强措施，提高其抗裂性能；以及在现浇结构施工中加强养护或采取分段施工，通过后浇带连为一体，以减小收缩变形；合理地选择材料以及采用外加剂减少混凝土的收缩等构造和施工措施，伸缩缝最大间距可适当放宽。

7. 防震缝的设置：由于复杂和不规则的建筑平面是不可避免的，用防震缝对结构平面分段是把不规则结构分割为若干规则结构的有效方法。

防震缝可以结合沉降缝要求贯通到地基。当建筑物无沉降缝时防震缝可以从基础以上起始设置，地下室可不设置防震缝，但在防震缝起始部位应采取加强措施和连接。当建筑物地下有多层大面积地下室，而上部结构为有裙房的单塔或多塔结构，主楼与裙房之间如设置防震缝时可自地下室以上起始，但不应采用牛腿托梁的做法设置防震缝。地下室顶板应有良好的整体性和刚度，能将上部结构地震作用传递到地下室结构。

下列钢筋混凝土高层建筑宜设置防震缝：

(1) 平面尺寸超过表 6.2.1 限值而无有效设计措施的建筑。

(2) 抗震设计有较大错层的建筑。

(3) 建筑平面各结构单元的地基条件有差异，存在较大沉降差（宜增大防震缝的宽度）。

(4) 体型复杂，平、立面特别不规则的建筑结构（可在适当部位设置防震缝，形成多个较规则的抗侧力结构单元)。

防震缝的最小宽度宜满足表 6.2.2 要求。表 6.2.2 中给出的缝宽是在良好地基条件下，一般结构的最小缝宽。因此，确定防震缝宽度时，除考虑结构变形外，还应考虑由于地基变形引起基础转动的影响。

防震缝的最小宽度(mm)   表 6.2.2

结构类型	≤15m	建筑物高度			
		>15m			
		抗震设防烈度			
		6	7	8	9
框架	100mm	$4H+40$	$5H+25$	$6.67H$	$10H-50$
框架-剪力墙		$0.7(4H+40)$	$0.7(5H+25)$	$4.67H$	$0.7(10H-50)$
剪力墙		$0.5(4H+40)$	$0.5(5H+25)$	$3.33H$	$0.5(10H-50)$

注：1. 表中 H 为相邻结构单元中较低单元的屋面高度(m)；

　　2. 防震缝最小宽度不应小于 100mm；

　　3. 防震缝两侧结构类型不同时，防震缝宽度应按不利的结构类型确定。

钢筋混凝土结构高层建筑，宜选用合理的结构方案，进行准确的分析，采取有效抗震措施而不设置防震缝。高层建筑缝宽过大将对建筑装修、机电管道处理带来困难，而缝宽不足则地震时又将造成两侧碰撞等不利情况。

8. 主体结构高层建筑的群房伸出长度不大于底部长度的 15% 时，如图 6.2.2 所示，利用基础刚度连成整体可不设沉降缝，但应注意由于裙房布置不对称带来的结构扭转和基础偏心影响。裙房的刚度应采用比主体结构较柔的结构体系，尽量减小由于刚度突变对主体结构带来的不利影响。

高层主体建筑与其相连的裙房之间，如能根据地基条件，采取措施减少高层建筑的沉降，并使裙房的沉降量不致过小，控制两者之间的沉降差，高层主体建筑与裙房之间也可不设沉降缝，高层主体结构与裙房之间可采用沉降后浇带连为一体，以减少早期差异沉降影响。如需考虑后期沉降对相连结构的影响，则应采取有效的构造措施，可采用如图 6.2.3 所示高低层相连的构造措施。

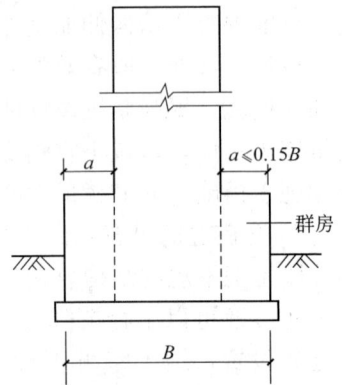

图 6.2.2　外伸较小的裙房与高层建筑间可不设置沉降缝

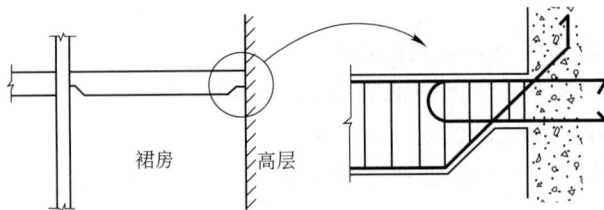

图 6.2.3　适应后期有差异沉降高低层相连的半刚性框架节点

（二）结构竖向布置

1. **结构的整体稳定**　窄而高的建筑，在风荷载或地震作用下会产生较大的水平位移，当地基变形引起基础转动时，还会使建筑物产生附加位移，这些因素都会影响结构整体稳定。为了满足整体稳定的要求，钢筋混凝土结构的高宽比不宜超过表 6.2.3 的限值。超过限值时，结构设计应有可靠依据，应进行结构稳定和重力二阶效应验算，并采取有效的加强措施。

钢筋混凝土高层建筑结构高宽比的限值　　　　　　　　　表 6.2.3

结构体系	非抗震设计	抗震设防烈度		
		6 度、7 度	8 度	9 度
框架	5	4	3	
板柱-剪力墙	6	5	4	
框架-剪力墙、剪力墙	7	6	5	4
框架-核心筒	8	7	6	4
筒中筒	8	8	7	5

注：当主体结构下部有大底盘时，高宽比可自大底盘以上算起。

2. **结构侧向刚度**　抗震结构的侧向刚度沿高度宜均匀变化，控制阶梯形的凸出或凹进变化，截面尺寸和材料强度宜自下而上逐渐减小，避免抗侧力结构的侧向刚度和承载力突变。

3. **结构楼层的收进与外挑**　抗震设计的高层建筑宜按图 6.2.4 和图 6.2.5 控制上部结构楼层的收进和外挑。

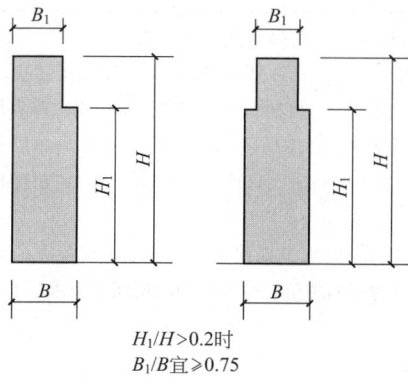

$H_1/H>0.2$ 时
B_1/B 宜 $\geqslant 0.75$

图 6.2.4　结构竖向收进的限值

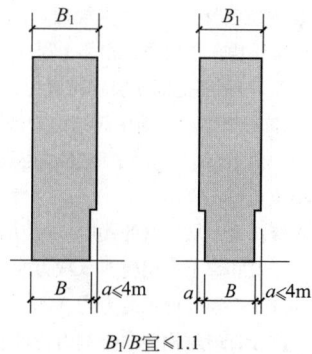

B_1/B 宜 $\leqslant 1.1$

图 6.2.5　结构竖向外挑的限值

4. **顶层空旷结构**　顶层取消部分墙、柱形成空旷房间时，应进行弹性动力时程分析，并应采取有效的构造加强措施。

（三）不规则结构

建筑设计应根据抗震概念设计的要求明确建筑形体的规则性。不规则的建筑应按规定采取加强措施；特别不规则的建筑应进行专门研究和论证，采取特别的加强措施；严重不规则的建筑不应采用。（注：建筑形体指建筑平面形状和立面、竖向剖面的变化。）

由于建筑设计的多样化，不规则的建筑难以避免，为此结构设计一方面要争取建筑体形规则，另一方面也要考虑对不规则建筑的对策。

1.《建筑抗震设计规范》GB 50011—2010 规定，不规则结构是指超过表 6.2.4 中一项不规则指标的结构，特别不规则结构是指有多项指标超过表 6.2.4 规定或某一项指标超过规定较多的结构。

《高层建筑混凝土结构技术规程》JGJ 3—2010 对不规则结构按不同结构体系定义了不规则指标，且对楼层刚度和承载力变化的指标做了进一步的分类（见表 6.2.4 注释）。

特别不规则结构可按本节（五）的要求进行设计、论证和审查。

表 6.2.4

不规则结构的类型

类型	不规则类型	示意图	定　义
平面不规则结构	扭转不规则	图 6.2.6	在具有偶然偏心的规定水平力作用下，楼层两端抗侧力构件弹性水平位移（或层间位移）的最大值与平均值的比值大于 1.2
	凹凸不规则	图 6.2.1	结构平面凹进的尺寸，大于相应投影方向总尺寸的 30%
	楼板局部不连续	图 6.2.8	楼板的尺寸和平面刚度急剧变化。例如，有效楼板宽度小于该层楼板典型宽度的 50%，或开洞面积大于该层楼面面积的 30% 或较大的楼层错层
竖向不规则结构	侧向刚度不规则	图 6.2.7 图 6.2.4 图 6.2.5	该层的侧向刚度小于相邻上一层的 70%，或小于其上相邻三个楼层侧向刚度平均值的 80%；除顶层或出屋面小建筑外，局部收进的水平向尺寸大于相邻下一层的 25%
	竖向抗侧力构件不连续	图 6.2.9	竖向抗侧力构件（柱、剪力墙、抗震支撑）的内力由水平转换构件（梁、桁架等）向下传递
	楼层承载力突变	图 6.2.10	抗侧力结构的层间受剪承载力小于相邻上一楼层的 80%

注：《高层建筑混凝土结构技术规程》JGJ 3—2010 对抗震设计不规则结构还做了如下规定：

1. 框架结构，楼层与其相邻上层的侧向刚度比（按规程 3.5.2-1 式计算），本层与相邻上层的比值不宜小于 0.7；与相邻上部三层平均值的比值不宜小于 0.8；框架-剪力墙结构、板柱-剪力墙结构、剪力墙结构、框架-核心筒结构、筒中筒结构，楼层与其相邻上层侧向刚度比（按规程 3.5.2-2 式计算），本层与相邻上层的比值不宜小于 0.9；当本层层高大于相邻上层层高的 1.5 倍时，该比值不宜小于 1.1；对结构底部嵌固层该比值不宜小于 1.5；

2. A 级高度高层建筑的楼层抗侧力结构的层间受剪承载力不宜小于其相邻上一层受剪承载力的 80%，不应小于其相邻上一层受剪承载力的 65%。B 级高度高层建筑的楼层抗侧力结构的层间受剪承载力不应小于其相邻上一层受剪承载力的 75%；

3. 抗震设计时结构竖向抗侧力构件宜上、下连续贯通；

4. 楼层质量沿高度宜均匀分布，楼层质量不宜大于相邻下部楼层质量的 1.5 倍；

5. 不宜采用同一楼层刚度和承载力变化同时不满足以上第 1 条和第 2 条规定的高层建筑结构；

6. 侧向刚度变化、承载力变化、竖向抗测力构件连续性不符合以上第 1 条、第 2 条、第 3 条要求的楼层，其对应于地震作用标准值的剪力应乘以 1.25 的增大系数；

7. 结构扭转为主的第一自振周期 T_t 与平动为主的第一自振周期 T_1 之比，A 级高度高层建筑不应大于 0.9，B 级高度高层建筑、复杂高层建筑不应大于 0.85。

2. 建筑形体及构件布置不规则的建筑结构，应采用符合实际的计算模型分析判断其应力集中部位、刚度突变影响、地震扭转效应等因素可能导致地震作用遭受破坏的部位，对其内力和变形进行调整和控制，并对薄弱部位采取有效的抗震构造措施。

（1）平面不规则而竖向规则的建筑结构，应采用空间结构计算模型，并应符合下列要求：

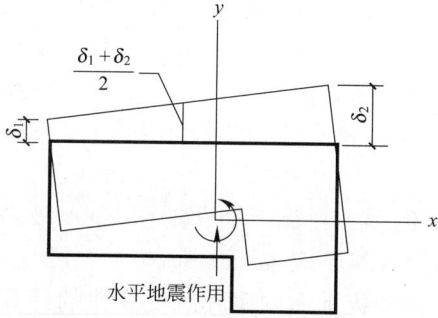

图 6.2.6 平面扭转不规则结构

注：$\delta_2 > 1.2\left(\dfrac{\delta_1+\delta_2}{2}\right)$ 属平面扭转不规则结构

且应控制 $\delta_2 \leqslant 1.5\left(\dfrac{\delta_1+\delta_2}{2}\right)$。

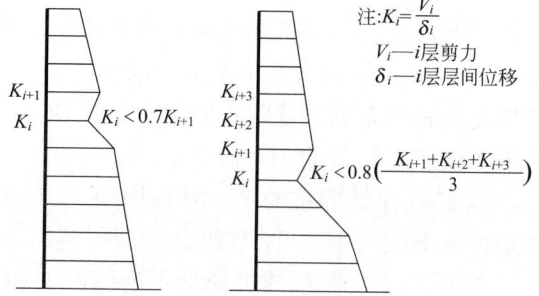

图 6.2.7 沿竖向侧向刚度不规则(有薄弱层)结构

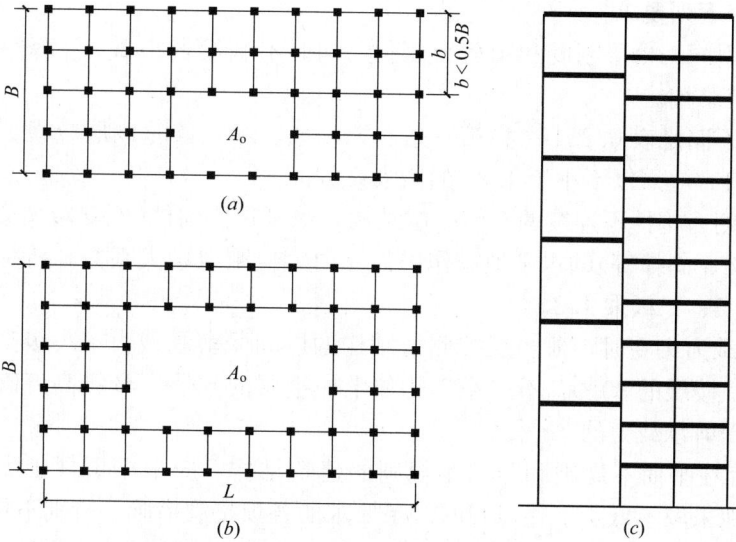

图 6.2.8 平面局部不连续(楼板设置大洞口)及错层不连续结构

注：$A_o > 0.3A$ 属平面局部不连续结构；

$A = BL$；A_o：开洞面积。

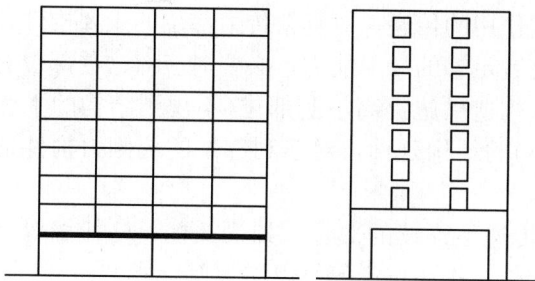

图 6.2.9 竖向抗侧力构件不连续结构

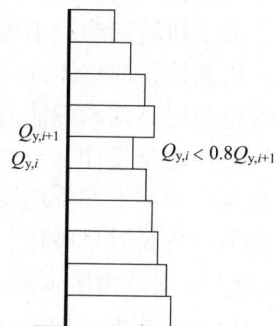

图 6.2.10 楼层受剪承载力突变
(薄弱层)不规则结构

1) 扭转不规则时，应计入扭转影响，A 级高度高层建筑在具有偶然偏心的规定水平力作用下，楼层两端抗侧力构件弹性水平位移或层间位移的最大值与平均值的比值不宜大于 1.5（当最大层间位移角不大于限值的 40% 时可适当放宽，但不应大于 1.6）；B 级高度高层建筑和复杂高层建筑不宜大于楼层两端弹性水平位移和层间位移平均值的 1.2 倍，不应大于楼层平均值的 1.4 倍。

2) 结构扭转为主的第一自振周期 T_t 与平动为主的第一自振周期 T_1 之比，A 级高度高层建筑不应大于 0.9，B 级高度高层建筑、复杂高层建筑不应大于 0.85。

3) 凹凸不规则或楼板局部不连续时，应采用符合楼板平面内实际刚度变化的计算模型；高烈度或不规则程度较大时，宜计入楼板局部变形的影响。

4) 平面不对称且凹凸不规则或局部不连续，可根据实际情况分块计算扭转位移比，扭转较大的部位应考虑局部内力增大系数。

（2）平面规则而竖向不规则的高层建筑，其薄弱层应按规范有关规定进行弹塑性变形分析，并应符合下列要求：

1) 不宜采用同一楼层刚度和承载力变化，同时不满足表 6.2.4 注释第一条和第二条规定的高层建筑结构。

2) 当楼层不满足表 6.2.4 注释第一条、第二条、第三条时该层应视为薄弱层，地震作用标准值的剪力应乘以不小于 1.25 的增大系数。

3) 竖向抗侧力构件不连续的有转换层结构，水平转换构件（框支转换梁、桁架、空腹桁架、箱形结构、斜撑等）的水平地震作用计算内力应乘以增大系数，特一级抗震等级乘 1.9、一级乘 1.6、二级乘 1.3。

4) 楼层承载力突变时，薄弱层抗侧力结构的层间受剪承载力，A 级高度高层建筑不宜小于相邻上一楼层的 80%，不应小于相邻上一楼层的 65%；B 级高度高层建筑不应小于相邻上一层受剪承载力的 75%。

（3）同时存在平面不规则和竖向不规则的建筑结构，应根据不规则类型的数量和程度，有针对性地采取不低于上述（1）和（2）条要求的各项抗震措施。特别不规则的建筑，应专门研究，采取更有效的加强措施或对薄弱部位采用相应的抗震性能化设计方法。

3. 对于特别不规则的结构应采用时程分析法进行多遇地震作用的补充计算。

4. 对于不规则结构，除进行必要的计算分析外，更重要的是掌握概念设计原则，采取有效的抗震措施，例如可利用剪力墙和筒体的合理布置调整建筑平面质量中心与刚度中心的偏心，减小扭转影响。不规则结构的抗震设计要注意提高薄弱部位结构的承载能力以推迟屈服；提高楼盖的整体性，保证地震作用的传递；对复杂传力部位的主要构件，根据具体情况宜适当提高其承载能力，并使之有足够的变形能力，必要时应对这些部位有针对性的进行抗震性能化设计。与此同时采取构造措施提高不利部位（不规则结构的平面转折处及体型和承载力突变部位均属不利部位）的结构延性，对不利部位的抗侧力构件适当提高其承载能力，避免过早破坏。

5. 竖向不规则结构还包括结构荷载传递不连续的部位，如梁托柱、柱托墙等，应从结构方案和构造措施方面加强这些薄弱部位，提高抗震等级以增大变形能力。

6. 不规则结构不设防震缝时必须沿高度和平面上考虑相对薄弱及应力集中部位的加强措施，并提高这些部位的延性。薄弱部位和应力集中部位应尽量避免设置楼梯间、电梯间及楼板上开设较大的洞口。

7. 裙房与主体相连的结构除考虑差异沉降外，裙房宜采用柔性结构以减小楼层刚度差异影响，裙房以上主体结构的相对薄弱层应适当提高抗震等级，必要时还应适当提高承载力。

8. 突出屋顶的塔楼与塔楼以下相邻楼层的刚度比相差大于 5 倍时，在高振型影响下的鞭梢效应比较明显。这种效应的大小取决于塔楼自振频率(塔楼根部视为固定)、主体结构自振频率及场地土频率，当三个频率非常接近时，则鞭梢效应最大。应设法调整质量与刚度，改变其自振频率，避免三者的共振放大作用。塔楼位于房屋端部时，扭转效应更为不利。在较高地震烈度区，塔楼结构承载力往往难以满足要求。因此，从构造和材料方面提高塔楼的延性是很必要的，有些塔楼可采用型钢混凝土结构或钢结构，此时应保证塔楼与下部主体结构的可靠连接。

（四）复杂高层建筑结构

1. 复杂高层结构包括带转换层的结构、带加强层的结构、错层结构、连体结构、竖向体型收进及悬挑结构。

2. 9 度抗震设计时不应采用带转换层的结构、带加强层的结构、错层结构和连体结构。

3. 复杂结构属于不规则结构，7 度和 8 度抗震设计的高层建筑不宜同时采用两种以上第 1 款内所指的复杂高层建筑结构。

4. 复杂高层结构在进行整体计算后，宜再对受力复杂部位进行应力分析，并按应力分析结果进行校核和配筋。

5. 复杂高层建筑及高度大于 150m 的其他高层建筑应考虑施工过程对结构的影响。

6. 错层结构的设计措施

（1）抗震设计的高层建筑宜避免竖向错层结构。当结构有错层时宜采用防震缝将错层部位划分为独立的结构单元。

（2）错层两侧宜采用结构布置和侧向刚度相近的结构体系，尽量减少扭转效应，避免错层处结构形成薄弱部位。

（3）错层结构错开的楼层不应归并为一个刚性楼盖进行计算，计算分析模型应能反映错层影响。

（4）抗震设计时错层处框架柱的截面高度不应小于 600mm；混凝土强度等级不应低于 C30；箍筋应全柱段加密；抗震等级应提高一级采用，一级应提高至特一级，但抗震等级已经为特一级时应允许不再提高。

（5）错层处平面外受力的剪力墙截面厚度，非抗震设计时不应小于 200mm，抗震设计时不应小于 250mm，并均应设置与之垂直的墙肢或扶壁柱；抗震设计时其抗震等级应提高一级采用。错层处剪力墙的混凝土强度等级不应低于 C30，水平和竖向分布钢筋的配筋率，非抗震设计时不应小于 0.3%，抗震设计时不应小于 0.5%。

（6）抗震设计错层结构剪力墙构造边缘构件的最小配筋应符合下列要求：

1）剪力墙的构造边缘构件竖向钢筋最小配筋率应比表 6.4.7 规定增大 $0.001A_c$。

2）箍筋的配筋范围取图 6.4.12 中 A_c 阴影部分，其配箍特征值 λ_v 不宜小于 0.1。

（7）抗震设计剪力墙设置约束边缘构件的构造要求应符合第四节的有关规定。

7. 连体结构的设计措施

（1）连体结构各独立部分宜有相同或相近的体型、平面布置和刚度；宜采用双轴对称的平面形式，以避免扭转影响。7度、8度抗震设计时，层数和刚度相差悬殊的建筑不宜采用连体结构。

(2) 7度(0.15g)和8度抗震设计时，连体结构的连接体应考虑竖向地震的影响。

（3）6度和7度(0.10g)抗震设计时，高位连体结构的连接体宜考虑竖向地震的影响。

（4）连接体结构与主体结构宜采用刚性连接，刚性连接时连接体结构的主要结构构件应至少伸入主体结构一跨并可靠连接；必要时可延伸至主体部分的内筒，并与内筒结构可靠连接。

当连体结构与主体结构采用滑动连接时，支座滑移量应能满足两个方向在罕遇地震作用下的位移要求，并应采取防坠落、防撞击措施。罕遇地震作用下的位移要求，应采用时程分析方法进行计算复核。

（5）刚性连接的连体结构可设置钢梁、钢桁架、型钢混凝土梁，型钢应伸入主体结构至少一跨并可靠锚固。连体结构的边梁截面宜加大，楼板厚度不宜小于150mm，宜采用双层双向钢筋网，每层每方向钢筋网配筋率不宜小于0.25%。

当连接体包含多个楼层时，应特别加强其最下面一个楼层及顶层的构造设计。

(6) 抗震设计时，连接体及与连接体相连的结构构件在连接体高度范围及其上、下层，抗震等级应提高一级采用，一级提高至特一级，抗震等级已经为特一级时允许不再提高。B级高度建筑不宜采用连体结构。

(7) 抗震设计时，与连接体相连的框架柱在连接体高度范围及其上、下层，箍筋应全柱段加密设置，轴压比限值应按其他楼层框架柱的数值减小0.05采用。

（8）抗震设计剪力墙设置约束边缘构件的构造要求应符合第四节的有关规定。**与连接体相连的剪力墙在连接体高度范围及其上、下层应设置约束边缘构件。**

（9）抗震设计连体结构剪力墙构造边缘构件的最小配筋应符合下列要求：

1）剪力墙的构造边缘构件竖向钢筋最小配筋率应比表6.4.7规定增大$0.001A_c$。

2）箍筋的配筋范围取图6.4.12中A_c阴影部分，其配箍特征值λ_v不宜小于0.1。

8. 多塔楼结构、竖向体型收进及悬挑结构的设计措施

（1）多塔楼结构抗震设计应符合以下要求：

1）抗震设计时，各塔楼的层数、平面和刚度宜接近。塔楼对底盘宜对称布置，上部塔楼结构的综合质心与底盘结构质心的距离不宜大于底盘相应边长的20%。

2）抗震设计时，如图6.2.11所示转换层不宜设置在底盘屋面的上层塔楼内，否则应采取有效的抗震措施。

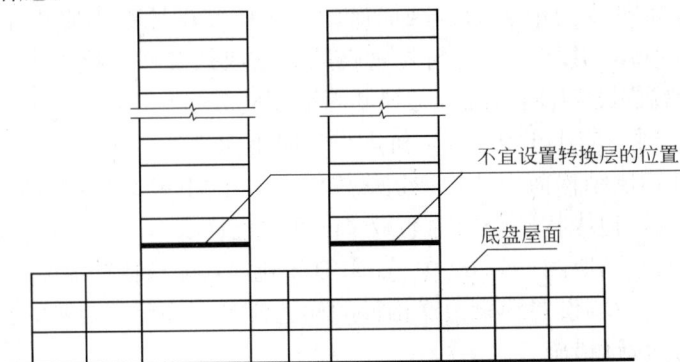

图6.2.11　不宜设置转换层的位置

3）抗震设计时，如图 6.2.12 所示塔楼中与裙房相连的外围柱、剪力墙，从固定端至裙房屋面上一层的高度范围内，柱纵向钢筋的最小配筋率宜适当提高，剪力墙宜按本章第四节的规定设置约束边缘构件，柱箍筋宜在裙房屋面上、下层的范围内全高加密；当多塔楼或单塔楼结构相对于底盘结构偏心收进时，应加强底盘周边竖向构件的配筋构造措施。

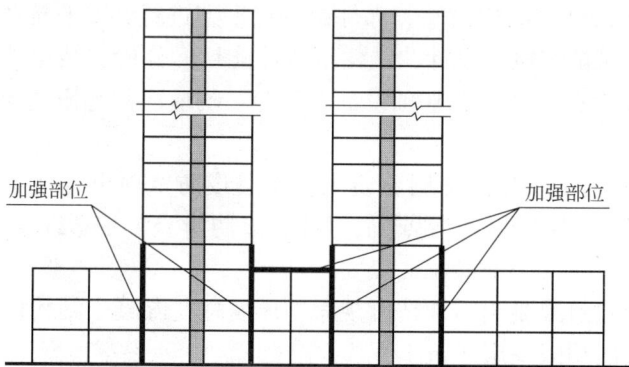

图 6.2.12　多塔楼应加强的部位

（2）竖向体型收进超过图 6.2.4 限值的高层结构、底盘高度超过房屋高度 20％的多塔楼结构，设计应符合下列要求：

1）体型收进处宜采取措施减小结构刚度的变化，上部收进结构的底部楼层层间位移角不宜大于相邻下部区段最大层间位移角的 1.15 倍。

2）抗震设计时，体型收进部位上、下各 2 层塔楼周边竖向结构构件的抗震等级宜提高一级采用，一级提高至特一级，抗震等级已为特一级时，允许不再提高。

3）结构收进偏心时，应加强收进部位以下两层结构周边竖向构件的配筋构造措施。

（3）竖向体型悬挑超过图 6.2.5 限值的高层结构，设计应符合以下要求：

1）悬挑部位应采取降低结构自重的措施。

2）悬挑部位结构宜采用冗余度较高的结构形式。

3）7 度(0.15g)和 8、9 度抗震设计时，悬挑结构应考虑竖向地震的影响；6、7 度抗震设计时，悬挑结构宜考虑竖向地震的影响。

4）抗震设计悬挑结构的关键构件以及与之相邻的主体结构关键构件的抗震等级应提高一级采用，一级提高至特一级，抗震等级已为特一级时，允许不再提高。

（4）多塔楼结构以及体型收进结构、悬挑结构，竖向体型突变部位的楼板宜加强，楼板厚度不宜小于 150mm，宜双层双向配筋，每层每方向钢筋网的配筋率不宜小于 0.25％。体型突变部位上、下结构的楼板也应加强构造措施。

（五）超限高层混凝土结构建筑[注]

1. 超限高层混凝土结构设计的基本准则和要求

（1）对高度超限或规则性超限工程不应同时具有转换层、加强层、错层、连体和多塔等五种类型中的四种及以上的复杂类型。

注：超限高层建筑的有关设计要求按《超限高层建筑工程抗震设防专项审查技术要点》建质〔2015〕67 号规定编写。

（2）对于超限高层建筑应提出有效控制安全性的技术措施，包括抗震、抗风技术措施的适用性、可靠性，整体结构及其薄弱部位的加强措施和预期的性能目标。

（3）按结构不规则项的多少、超限的程度和薄弱部位具体情况应明确提出为达到安全性和预期性能目标，而采取比规范、规程规定更严格的有针对性的抗震措施。

（4）结构体系特别复杂、结构类型特殊的工程、超高很多的工程，当设计依据不足时，应选择整体结构模型、结构构件、部件或节点模型进行必要的抗震性能试验研究。

（5）超限高层建筑抗震概念设计、结构抗震性能目标分析、结构计算分析模型和计算结果、结构抗震加强措施、地基和基础设计方案等，均应满足超限高层建筑抗震设计专项审查要求。

2. 住房和城乡建设部《超限高层建筑工程抗震设防专项审查技术要点》规定，下列超限高层建筑可委托全国超限高层建筑工程抗震设防审查专家委员会进行抗震设防专项审查。

（1）超过《高层建筑混凝土结构技术规程》B级高度混凝土结构的高层建筑，主体结构总高度超过350m的超限高层建筑工程。

（2）高度超过规定的错层结构，塔体显著不同的连体结构，同时具有转换层、加强层、错层、连体四种结构类型中三种复杂结构，高度超过《建筑抗震设计规范》规定且转换层位置超过《高层建筑混凝土结构技术规程》规定层数的混凝土结构，高度超过《建筑抗震设计规范》规定水平和竖向均特别不规则的建筑结构。

（3）当房屋高度超过《高层建筑混凝土结构技术规程》的B级高度，以及房屋高度、平面和竖向规则性等三方面均不满足规范、规程有关规定时，应提供达到预期性能目标的充分依据供专项审查。

（4）住房和城乡建设部《超限高层建筑工程抗震设防专项审查技术要点》规定的其他超限高层建筑工程。

（5）钢筋混凝土超限高层建筑可按表6.2.5～表6.2.9界定。

房屋高度（m）超过下列规定的高层建筑工程 表6.2.5

结构类型		6度	7度(0.1g、0.15g)	8度(0.20g)	8度(0.30g)	9度
混凝土结构	框架	60	50	40	35	24
	框架-抗震墙	130	120	100	80	50
	抗震墙	140	120	100	80	60
	部分框支抗震墙	120	100	80	50	不应采用
	框架-核心筒	150	130	100	90	70
	筒中筒	180	150	120	100	80
	板柱-抗震墙	80	70	55	40	不应采用
	较多短肢墙	140	100	80	60	不应采用
	错层的抗震墙	140	80	60	60	不应采用
	错层的框架-抗震墙	130	80	60	60	不应采用

注：平面和竖向均不规则（部分框支结构指框支层以上的楼层不规则），其高度应比表内数值降低至少10%。

同时具有下列三项及三项以上不规则的钢筋混凝土高层建筑工程（不论高度是否大于表6.2.5规定）

表 6. 2. 6

序号	不规则类型	简要涵义	备注
1a	扭转不规则	考虑偶然偏心的扭转位移比大于 1.2	参见 GB 50011—3.4.3
1b	偏心布置	偏心率大于 0.15 或相邻层质心相差大于相应边长 15%	参见 JGJ 99—3.2.2
2a	凹凸不规则	平面凹凸尺寸大于相应边长 30% 等	参见 GB 50011—3.4.3
2b	组合平面	细腰形或角部重叠形	参见 JGJ 3—3.4.3
3	楼板不连续	有效宽度小于 50%、开洞面积大于 30%、错层大于梁高	参见 GB 50011—3.4.3
4a	刚度突变	相邻层刚度变化大于 70%（按高规考虑层高修正时，数值相应调整）连续三层变化大于 80%	参见 GB 50011—3.4.3、JGJ 3—3.5.2
4b	尺寸突变	竖向构件收进位置高于结构高度 20% 且收进大于 25%，或外挑大于 10% 和 4m，多塔	参见 JGJ 3—3.5.5
5	构件间断	上下墙、柱、支撑不连续，含加强层、连体类	参见 GB 50011—3.4.3
6	承载力突变	相邻层受剪承载力变化大于 80%	参见 GB 50011—3.4.3
7	局部不规则	如局部的穿层柱、斜柱、夹层、个别构件错层或转换，或个别楼层扭转位移比略大于 1.2 等	已计入 1~6 项者除外

注：深凹进平面在凹口设置连梁，当连梁刚度较小不足以协调两侧的变形时，仍视为凹凸不规则，不按楼板不连续的开洞对待；序号 a、b 不重复计算不规则项；局部的不规则，视其位置、数量等对整个结构影响的大小，判断是否计入不规则的一项。

　　具有下列 2 项或同时具有下表和表 6.2.6 中某项不规则的高层建筑工程（不论高度是否大于表 6.2.5）

表 6. 2. 7

序号	不规则类型	简要涵义	备注
1	扭转偏大	裙房以上的较多楼层考虑偶然偏心的扭转位移比大于 1.4	表 6.2.6 之 1 项不重复计算
2	抗扭刚度弱	扭转周期比大于 0.9，超过 A 级高度的结构扭转周期比大于 0.85	
3	层刚度偏小	本层侧向刚度小于相邻上层的 50%	表 6.2.6 之 4a 项不重复计算
4	塔楼偏置	单塔或多塔与大底盘的质心偏心距大于底盘相应边长 20%	表 6.2.6 之 4b 项不重复计算

具有下列某一项不规则的高层建筑工程（不论高度是否大于表 6.2.5）　　表 6. 2. 8

序号	不规则类型	简要涵义
1	高位转换	框支墙体的转换构件位置：7 度超过 5 层，8 度超过 3 层
2	厚板转换	7~9 度设防的厚板转换结构
3	复杂连接	各部分层数、刚度、布置不同的错层，连体两端塔楼高度、体型或沿大底盘某个主轴方向的振动周期显著不同的结构
4	多重复杂	结构同时具有转换层、加强层、错层、连体和多塔等复杂类型的 3 种

注：仅前后错层或左右错层属于表 6.2.6 中的一项不规则，多数楼层同时前后、左右错层属于本表的复杂连接。

其他高层建筑工程　　表 6. 2. 9

序号	简称	简要涵义
1	特殊类型高层建筑	抗震规范、高层建筑混凝土结构技术规程暂未列入的其他高层建筑结构，特殊形式的大型公共建筑及超长悬挑结构，特大跨度的连体结构等
2	大跨屋盖建筑	空间网格结构或索结构的跨度大于 120m 或悬挑长度大于 40m，钢筋混凝土薄壳跨度大于 60m，整体张拉式膜结构跨度大于 60m，屋盖结构单元的长度大于 300m，屋盖结构形式为常用空间结构形式的多重组合、杂交组合以及屋盖形体特别复杂的大型公共建筑

注：表中大型建筑工程的范围，参见《建筑工程抗震设防分类标准》GB 50223。

（六）高层建筑的风荷载

基本风压应按照现行国家标准《建筑结构荷载规范》GB 50009 的规定采用。对风荷载比较敏感的高层建筑，承载力设计时应按基本风压的 1.1 倍采用。

高层建筑风荷载的确定还应符合《高层建筑混凝土结构技术规程》的有关规定。特殊体型结构的风荷载体型系数，应通过风洞试验确定。

高层建筑在风荷载作用下将产生振动，过大的振动加速度将使生活在高层建筑内的人感觉不适。高度超过 150m 的高层建筑应满足舒适度要求，按《建筑结构荷载规范》规定的 10 年一遇的风荷载标准值计算顺风向与横风向结构顶点最大加速度 a_{lim} 不应超过表 6.2.10 的限值。

建筑顶点最大加速度限值 a_{lim}　　　　表 6.2.10

使用功能	$a_{lim}(m/s^2)$	使用功能	$a_{lim}(m/s^2)$
住宅、公寓	0.15	办公、旅馆	0.25

（七）楼盖构造要求

为了保证房屋的整体性，宜采用现浇钢筋混凝土楼盖结构。有可靠连接、能保证整体工作性能的装配整体式楼盖，在抗震设计中使用时，构造做法及使用范围可按第七章第三节要求采用。

本节（四）所涉及的复杂高层建筑结构应采用现浇钢筋混凝土楼盖结构，平面复杂或开洞过大的楼层也应采用现浇楼盖结构。

二、结构的变形控制和重力二阶效应影响

在正常使用条件下，高层建筑结构应处于弹性状态，并且有足够的刚度，避免产生过大的位移而影响结构的承载力、稳定性和正常使用条件。

结构的变形应考虑层间位移 Δ_u 限值。层间位移主要影响剪力墙的开裂、塑性铰的发展、梁柱节点钢筋的滑移、支撑失稳以及结构受力机制的形成，此外层间位移还是影响非结构部件（包括墙体、玻璃幕墙、装修及机电设备等）破坏程度的主要因素。地基变形引起基础转动对结构总体位移的影响也不容忽视，在软弱地基土情况下，必须采取有效措施加强基础整体性和稳定性。

钢筋混凝土结构在风荷载作用下，层间位移的限值，以及抗震结构在多遇地震作用下，按弹性计算的楼层层间位移限值，不宜超过表 6.2.11 的限值。

楼层层间最大位移与层高之比的限值　　　　表 6.2.11

结构类型	$\Delta u/h$ 限值	结构类型	$\Delta u/h$ 限值
框架	1/550	筒中筒、剪力墙	1/1000
框架-剪力墙、框架-核心筒、板柱-剪力墙	1/800	框支层	1/1000

注：1. 高度不大于 150m 的高层建筑，其楼层层间最大位移与层高之比 $\Delta u/h$ 不宜大于表 6.2.10 的限值；

2. 高度等于或大于 250m 的高层建筑，其楼层层间最大位移与层高之比 $\Delta u/h$ 不宜大于 1/500；

3. 高度在 150～250m 之间的高层建筑，其楼层层间最大位移与层高之比 $\Delta u/h$ 的限值按附注第 1 款和第 2 款的限值线性插入取用；

4. 楼层层间最大位移 Δu 以楼层最大的水平位移差计算，不扣除整体弯曲变形。抗震设计时，楼层位移计算不考虑偶然偏心的影响。

框架结构容易造成截面承载力与地震作用所需要的承载力不相适应，从而形成薄弱层。7～9度时楼层屈服强度系数 $\xi_y < 0.5$ 的框架结构（楼层屈服强度系数 ξ_y，是按构件实际配筋和材料强度标准值计算的楼层受剪承载力与罕遇地震作用标准值计算的楼层弹性地震剪力的比值），高度大于150m的结构、甲类建筑和9度设防的乙类建筑以及采用隔震和消能减震设计的结构，应进行罕遇地震作用下薄弱层（部位）弹塑性抗震变形验算。此外，7度Ⅲ、Ⅳ类场地和8度乙类建筑、板柱-剪力墙结构以及符合表6.2.4所列的竖向不规则结构，宜进行罕遇地震作用下薄弱层（部位）的弹塑性变形验算，并应满足表6.2.12弹塑性层间位移角限值要求。

弹塑性层间位移角限值　　　　　　　　　　表 6.2.12

结构类别	$[\theta_p]$	结构类别	$[\theta_p]$
框架	1/50	剪力墙、筒中筒、框支层	1/120
框架-剪力墙，板柱-剪力墙，框架-核心筒	1/100		

抗震设计的框架结构、框架-剪力墙结构、框架-支撑结构，除应满足表6.2.11层间位移限值和表6.2.12弹塑性层间位移角限值要求外，当结构在地震作用下的重力附加弯矩大于该层地震作用初始弯矩的10%时，结构应考虑重力二阶效应的影响，即

$$\frac{\sum G_i \cdot \Delta u_i}{V_i h_i} > 0.1 \tag{6.2.1}$$

式中：$\sum G_i$——第 i 层以上重力荷载计算值；

　　　Δu_i——第 i 层楼层质心处的弹性或弹塑性层间位移；

　　　V_i——第 i 层地震剪力设计值；

　　　h_i——第 i 层层间高度。

重力附加弯矩指任一楼层以上全部重力荷载与该楼层地震平均层间位移的乘积，初始弯矩指该楼层地震剪力与楼层层高的乘积。

三、地下室结构抗震设计和构造要求

地下室周边的钢筋混凝土外墙及墙外侧土体对地下室有一定的约束，被动土压力和土对墙体的摩擦力也都限制了地下室的侧向位移，当地下室结构有足够的侧向刚度和嵌固深度时，地震作用下高层建筑地下室的顶板即可作为上部主体结构的嵌固部位。

1. 高层建筑嵌固部位的确定

高层建筑上部结构的嵌固部位是确定建筑物抗震计算总高度和结构预期塑性铰出现的部位，嵌固部位应依据上部结构体系及地下室结构类型等因素分别不同情况确定。

（1）当结构满足以下基本条件时，地下室顶板可被确定为上部结构的嵌固部位：

许多高层建筑有面积较大的地下室，当上部主体结构楼层等效剪切刚度与地下室在主体结构相关范围内（图6.2.13所示 L 范围内）的楼层等效剪切刚度比满足（6.2.2）式的要求，且地下室层数不少于2层，地下室顶板可作为上部主体结构的嵌固部位。

$$\gamma = \frac{G_0 A_0 h_1}{G_1 A_1 h_0} \leqslant 0.5 \tag{6.2.2}$$

式中：G_1、G_0——地下一层与上部结构首层的混凝土剪切模量；

　　　A_1、A_0——地下一层与上部结构首层的折算受剪面积。

$$A_1 = A_{w,1} + 0.12A_{c,1}$$
$$A_0 = A_{w,0} + 0.12A_{c,0}$$

$A_{w,1}$、$A_{w,0}$——抗震验算方向地下一层与上部结构首层剪力墙受剪总有效面积；

$A_{c,1}$、$A_{c,0}$——抗震验算方向地下一层与上部结构首层框架柱（包括剪力墙端柱）总截面面积；

h_1、h_0——地下一层与上部结构首层的高度。

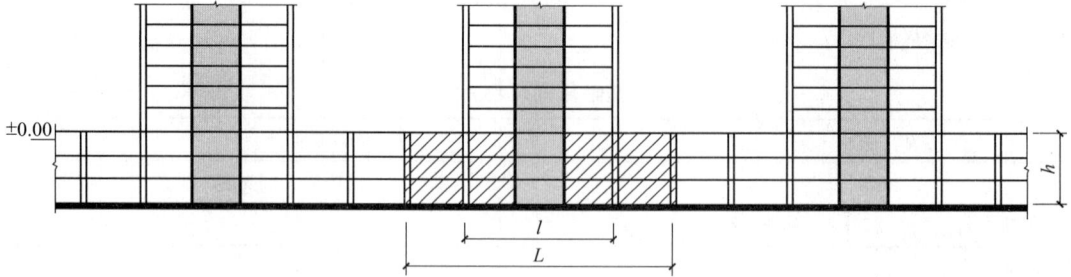

图 6.2.13　主体结构地下室的相关范围示意图

注：1. 按(6.2.2)式计算楼层等效剪切刚度比时，相关范围 L 取主体结构周边外延不大于 3 跨；

2. 确定地下室相关范围内抗震等级时，其相关范围 L 取主体结构周边外延不小于 3 跨。

（2）当结构不能满足以上条件时，上部结构的嵌固部位应取在地下室基础顶面处。

2. 地下室结构的抗震等级及底部加强部位高度

（1）图 6.2.13 所示地下室主体结构的相关范围 L 内，地下一层的抗震等级按上部结构的抗震等级采用，地下一层以下抗震等级可逐层降低一级采取抗震构造措施。相关范围 L 以外的地下室结构抗震等级可根据具体情况按三级或四级采用，并采取相应的抗震构造措施。

（2）上部结构底部加强部位从地下室顶板起始其高度按以下规定取值：

1）剪力墙结构取地下室顶板以上 2 层和 $H/10$（H 为地下室顶板以上建筑物高度）高度二者中的较大值。

2）部分框支剪力墙结构的剪力墙，可取至框支层以上两层的高度及落地剪力墙总高度的 1/10 二者的较大值；

（3）当结构嵌固部位位于地下室顶板以下时，底部加强部位的范围尚宜向下延伸至计算嵌固端。

（4）当上部结构嵌固在基础顶面时，地下室的抗震等级应按上部结构的抗震等级采用。上部结构底部加强部位应从基础顶面起始其高度至室外地面以上 $H/10$（H 为地下室顶板以上建筑物高度）和地下室顶板以上 2 层二者中的较大值。

3. 上部结构嵌固在地下室顶板部位时地下室结构的抗震设计要求

（1）地下室的结构布置和顶板平面内的整体刚度，应能将上部结构的地震剪力传递到全部地下室结构，地下室顶板应避免开设大洞口，地下室顶板应采用现浇楼板，楼板厚度不宜小于 180mm，混凝土强度等级不应低于 C30，并应采用双层双向配筋，每层每方向配筋率不宜小于 0.25%。

（2）地下室框架、剪力墙的承载力和配筋构造应满足相应抗震等级的要求，地下室剪力墙和框架柱的截面、配筋面积、剪力墙边缘构件的设置及混凝土强度等级均不应小于地下室顶板上部主体结构底部相应构件的设计要求。

（3）地下室顶板不宜采用无梁楼盖。

4. 上部结构嵌固在地下室顶板部位时地下室结构构件的设计要求

（1）地下室结构宜有与地下室顶板相连的周边外墙。

（2）地下室顶板相邻的首层框架柱下端应依据规范规定按相应抗震等级考虑柱根弯矩增大系数。

（3）地震作用下为了使框架柱塑性铰出现在地下室顶板上部，地下一层框架柱截面每侧纵向钢筋面积除应满足计算要求外，还不应少于地上一层对应框架柱截面每侧纵向钢筋面积的 1.1 倍。中柱的纵向钢筋最小配筋率应比表 5.3.2 的规定值增加 0.2%。地下室顶板框架柱端和节点左、右梁端截面同一方向实配钢筋的抗震受弯承载力之和应大于地上一层柱下端实配钢筋的抗震受弯承载力的 1.3 倍。

（4）当地下室顶板梁的刚度较大时，地下一层框架柱截面每侧纵向钢筋面积应大于地上一层对应柱纵向钢筋面积的 1.1 倍。同时梁端截面顶部、底部纵向钢筋面积应比计算值增大 10% 以上。

（5）部分框支剪力墙结构的落地剪力墙约束边缘构件设置高度应从基础底部至加强部位以上一层。

（6）地下室剪力墙和筒体墙肢边缘构件纵向钢筋的截面面积，不应小于地上一层对应墙肢边缘构件纵向钢筋的截面面积，边缘构件的设置和配筋构造应按本章第四、五、六、七节的有关规定设置。

5. 高层建筑地下室外墙设计应满足水、土压力及地面荷载侧压作用下承载力要求，其竖向和水平分布钢筋应双层双向布置，配筋率不宜小于 0.3%、间距不宜大于150mm。

四、地下室基础底板和外墙的构造措施

1. 高层建筑地下室设计应综合考虑上部荷载、岩土侧压力及地下水的不利作用影响。地下室尚应满足整体抗浮要求，可采取排水、加配重或设置抗拔锚桩(杆)等措施。

2. 高层建筑地下室不宜设置变形缝，当地下室长度超过伸缩缝最大间距时，每隔30m～40m 设置贯通顶板、底部及墙体的施工后浇带。后浇带可设置在柱距三等分的中间范围内以及剪力墙附近，其方向宜与梁正交，沿竖向应在结构同跨内，底板及外墙的后浇带宜增设附加防水层，后浇带混凝土强度等级应提高一级，并宜采用收缩补偿混凝土。

3. 高层建筑主体结构与裙房之间不设沉降缝时，主体结构地下室底板与裙房地下室底板交界处其截面厚度和配筋应适当加强。

4. 高层建筑地下室外墙回填土应采用级配砂石、砂土或灰土，并应分层夯实。

5. 有窗井的地下室应设外挡土墙，挡土墙与地下室外墙之间应可靠地连接。

五、基础结构

（一）主体结构与裙房

主体结构与裙房相连采用天然地基时，按抗震设计的主楼基础底面不宜出现零应力。

高层主体结构与低层裙房之间，由于差异沉降影响有时不得不设置沉降缝，此时主体结构与裙房基础埋置深度相差不宜小于 2m，并应在沉降缝内充填松散材料(如粗砂等)，使高层主体结构与裙房之间竖向可以自由沉降，而侧向有一定的约束。

沉降缝在温度变形或地震作用下对建筑装修可能带来许多问题，后期的差异沉降还可能造成楼层标高的差异，基础结构设计时应做妥善处理。

抗震设计时，沉降缝的宽度应符合防震缝的有关要求。

根据地基和上部结构的条件，高层主体结构与裙房之间可以不设沉降缝，为了减小差异沉降对结构内力的影响，可在高低层相连部位的裙房一侧设置施工后浇带，后浇带宽度不小于 800mm，自基础至裙房顶部各层与主体结构相连构件的钢筋可不断开，待主体结构完成后再浇筑混凝土连成整体，施工后浇带宜采用补偿收缩混凝土。除上述施工措施外，尚应采取设计措施调整主体结构与裙房之间的沉降差，避免后期沉降量差异过大的不利影响。

（二）基础的埋置深度

地震作用下结构的动力效应与基础埋置深度关系较大，软弱土层时更为明显，因此高层建筑应有一定的埋置深度。采用天然地基或复合地基时，埋置深度可取建筑高度的 1/15；采用桩基时，基础埋置深度可取建筑高度的 1/18（桩的长度不计在埋置深度内）。

高层建筑宜设置地下室。当基础落在岩石上时可不设地下室，必要时应采用地锚等措施，防止倾覆及滑移。

（三）抗震结构的基础

抗震结构的地基和基础设计，宜符合下列要求：

1. 同一结构单元基础不宜设置在性质截然不同的地基土上；

2. 同一结构单元不宜部分采用天然地基、部分采用桩基；

3. 地基有软弱黏性土、液化土、新近填土或严重不均匀土层时，应考虑地震时地基不均匀沉降或其他不利影响，并采取相应的措施。

4. 为保证地震作用下基础的抗倾覆能力，高宽比＞4 的高层建筑天然地基在多遇地震作用和竖向荷载作用下，基础底面不宜出现零应力区。其他建筑基础底面的零应力区面积不宜超过基础底面面积的 15%。

抗震结构基础承受的地震作用，直接来自相邻的土的变形和上部结构的地震作用。目前有关上部结构地震作用的分析，已有许多可供选择的计算分析方法，然而关于地基和上部结构的共同作用却复杂得多，诸如：基底剪力从结构反馈给地基的机理、地震作用产生的倾覆力矩、不均匀沉陷、地基土的液化、基础埋置深度对地震反应的影响等，其中许多问题尚处于探讨研究阶段。因此，当前许多设计问题的考虑主要还是建立在地震区震害的经验上。

高层建筑宜采用筏形基础，当地质条件较好、荷载较小时也可采用交叉梁基础，当上部结构的重量、刚度非常不均匀时，宜结合地下室采用箱形基础，以便加强结构整体性。当表层土质较差时，可以结合以上基础类型采用桩基，减小沉降量，提高基础嵌固程度。

地基土较软弱、基础刚度和整体性较差时，地震作用下剪力墙基础将产生较大的转动，从而降低剪力墙的抗侧力刚度，对结构内力和位移都将产生不利影响。因此，框架-剪力墙结构的剪力墙基础和部分框支剪力墙结构落地剪力墙基础应有良好的整体性和抗转动能力。

抗震结构基础设计除了要考虑地基土对建筑的动力影响和建筑物自重、地震倾覆力矩对地基的影响外，还应考虑基础结构在竖向荷载与地震作用组合下应有足够的承载力，当上部结构屈服超强时基础结构仍能保持弹性工作。

（四）框架单独柱基础抗震设计的相关措施

1. 框架柱采用单独柱基时，以下情况应在柱基础部位设置双向基础系梁：

（1）一级抗震等级及Ⅳ类场地二级抗震等级的框架；

（2）各单独柱基础之间承受的重力荷载代表值差异较大；

（3）单独柱基础埋置较深或各柱基础埋置深度差别较大；

（4）地基持力层存在软弱黏土层、液化层、复杂的不均匀土层；

（5）桩基承台之间。

2. 设置在单独柱基础顶部的系梁

当系梁受弯承载力满足以下条件时，如图 6.2.14(a)所示，地基可不考虑上部结构的弯矩作用。

$$\sum M_b > M_{cua} \tag{6.2.3}$$

式中：M_{cua}——系梁上部柱底按实配钢筋面积和材料强度标准值确定的柱受弯承载力。

当系梁受弯承载力不满足(6.2.3)式时，地基应考虑上部结构的弯矩作用。为避免地震作用下系梁塑性铰贴近柱边出现而带来的不利影响，应如图 6.2.14(b)所示将系梁端部截面放大与基础相连，地震时系梁塑性铰的外移将有利于避免柱塑性铰的过早出现。

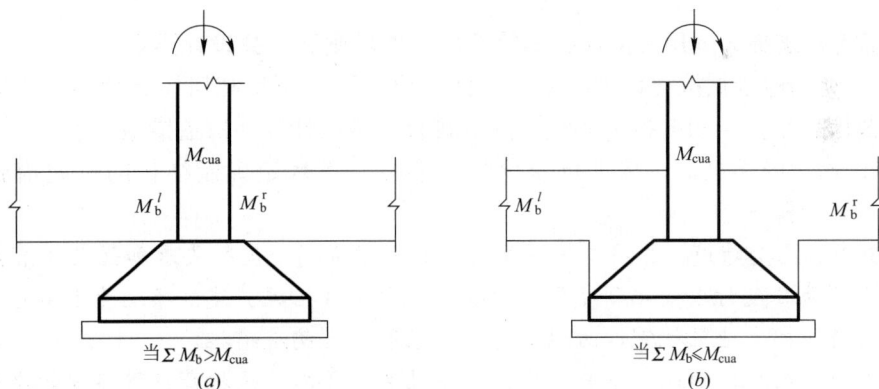

图 6.2.14 单独柱基础顶部设置系梁

3. 设置在单独柱基础顶部之上的系梁

当系梁下部的柱如图 6.2.15(a)所示形成短柱时，应将系梁端部截面放大，以保证系梁下部的柱不致受剪、受弯破坏。当系梁受弯承载力大于柱受弯承载力时($\sum M_b > M_{cua}$)，地基可不考虑上部结构的弯矩作用。

当系梁下部的柱 $H_n \geq 3h_c$ 时，如图 6.2.15(b)所示，可将系梁与柱的节点部位按强柱弱梁设计，使系梁在地震时首先出现塑性铰，并迫使柱塑性铰最终在柱的根部出现；在这种情况下地基应考虑柱下端的嵌固弯矩作用。系梁下部的柱还应验算截面受剪承载力。

4. 一、二级抗震等级框架结构的基础系梁除承受柱弯矩外，边跨系梁尚应考虑系梁以上框架柱下端的剪力设计值产生的拉力或压力。

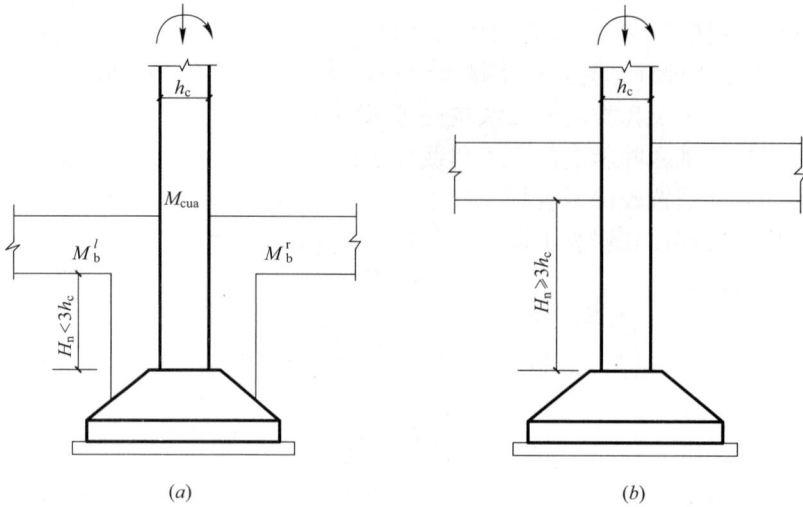

图 6.2.15　单独柱基础顶部之上设置

第三节　各种结构体系的适用范围

一、确定建筑最大适用高度和抗震等级的一些准则和有关设计要求

1. 抗震结构应根据抗震设防类别、设防烈度、结构类型和房屋高度确定不同结构体系的适用范围，采用不同的抗震等级，并应符合相应的计算和构造措施要求。

2. 甲、乙、丙类建筑应依据抗震设防标准按以下规定确定结构的抗震措施和地震作用。

（1）甲类、乙类建筑：应按本地区抗震设防烈度提高一度的要求加强其抗震措施，但抗震设防烈度为 9 度时应按比 9 度更高的要求采取抗震措施。建筑场地为Ⅰ类时，甲、乙类的建筑允许仍按本地区抗震设防烈度的要求采取抗震构造措施。

甲类建筑应按批准的地震安全性评估的结果且高于本地区抗震设防烈度的要求确定其地震作用。

乙类建筑应按本地区抗震设防烈度确定其地震作用。

（2）丙类建筑：应按本地区抗震设防烈度确定其抗震措施和地震作用。当建筑场地为Ⅰ类时，允许按本地区抗震设防烈度降低一度的要求采取抗震构造措施，但其地震作用仍应按本地区抗震设防烈度确定。

当建筑场地为Ⅰ类抗震设防烈度为 6 度时，仍应按本地区抗震设防烈度的要求采取抗震构造措施。

（3）当建筑场地为Ⅰ类和Ⅱ、Ⅲ、Ⅳ类时，应依据抗震设防类别和场地类别按表 6.3.1 调整设防烈度，以确定结构相应抗震等级所应采取的抗震构造措施。

按建筑抗震设防类别及场地类别调整后的设防烈度　　　表 6.3.1

建筑设防类别	场地	设防烈度			
		6	7	8	9
甲、乙类	Ⅰ	6	7	8	9
	Ⅱ、Ⅲ、Ⅳ	7	8	9	9+
丙类	Ⅰ	6	6	7	8
	Ⅱ、Ⅲ、Ⅳ	6	7	8	9

注：1. 本表为经调整后的建筑抗震设防标准，仅用于确定结构相应抗震等级所应采取的抗震构造措施；

　　2. Ⅰ、Ⅱ、Ⅲ、Ⅳ类场地按调整后的抗震烈度，由表 6.3.1 确定与抗震等级相应的抗震构造措施；

　　3. 9+表示应采取比 9 度一级更有效的抗震措施，应考虑合理的建筑平面及体型，有利的结构体系和更严格的抗震措施，具体要求应进行专门研究；

　　4. 建筑场地为Ⅲ、Ⅳ类时，设计基本地震加速度为 0.15g(7 度)和 0.3g(8 度)的地区，除应满足规范相应的规定外，宜分别按抗震设计烈度 8 度(0.20g)和 9 度(0.40g)时各抗震设防类别建筑的要求采取抗震构造措施。

3. 抗震设计时，高层建筑钢筋混凝土结构构件应根据抗震设防烈度、结构类型和房屋高度采用不同的抗震等级，并应符合相应的计算和构造措施要求。A 级、B 级高度丙类建筑钢筋混凝土结构各类型抗震结构体系的适用高度和抗震等级按表 6.3.2～表 6.3.7 采用。

4. 高层建筑结构抗震等级为特一级的钢筋混凝土构件除应符合一级抗震等级的所有设计要求外，尚应符合《高层建筑混凝土结构技术规程》有关专门规定。

当本地区的设防烈度为 9 度时，A 级高度乙类建筑的抗震等级应按特一级采用，甲类建筑应采取更有效的抗震措施。

5. 接近或等于房屋高度限值时，应结合房屋不规则程度及场地、地基条件确定抗震等级。

6. 乙类建筑各类型抗震结构体系的最大适用高度可按表 6.3.2～表 6.3.7 采用。

7. 房屋高度系指室外地面到屋面板顶的高度(不包括局部突出屋顶部分)。

8. 抗震设计的建筑按高度分为 A 级和 B 级，超过适用高度的房屋结构，应进行专门研究和论证，采取比相应抗震等级更有效的抗震构造措施。

9. 9 度抗震设计时不应采用带转换层的结构、带加强层的结构、错层结构和连体结构。

抗震设计的 B 级高度高层建筑不宜采用连体结构。

10. 抗震设计平面和竖向均不规则的结构，其适用的最大高度宜适当降低。

11. 抗震设计裙房与主楼相连的结构，裙房除应按本身确定抗震等级外，相关范围不应低于主楼的抗震等级(裙房与主楼相连的相关范围，一般可取主楼周边外延不少于 3 跨)。地震作用下主楼在裙房屋面标高处的上、下层受刚度和承载力突变的影响较大，因此裙房屋面标高处主楼的上、下层应适当加强抗震构造措施。当裙房与主楼之间设置防震缝时，裙房抗震等级按其结构类型和高度确定，裙房与主楼分离的设计在罕遇地震时可能会发生主楼与裙房的碰撞，因此裙房屋面标高处主楼的上、下层也应采取抗震加强措施。

二、各类型抗震结构体系的适用高度和抗震等级的确定

1. 框架结构体系

框架结构体系的建筑平面布置比较灵活，可以设计成具有较大空间的各类建筑。

框架结构的侧向刚度较小，因此适用高度应受到限制。按抗震设计的框架结构，虽然可以实现延性框架设计，但由于地震时会产生较大的侧向位移，引起非结构构件和建筑装修的破坏，为了满足位移限制又会造成梁、柱截面过大，因此即使是按延性框架设计的抗震结构，使用范围也应从严控制。

丙类建筑现浇钢筋混凝土框架结构的适用高度和抗震等级按表 6.3.2 采用。

框架结构适用高度及抗震等级
表 6.3.2

		抗震设计							非抗震设计 适用最大高度(m)
设防烈度		6		7		8		9	
房屋高度(m)		≤24	>24	≤24	>24	≤24	>24	≤24	
抗震等级	一般建筑	四	三	三	二	二	一	一	70
	大跨度框架	三		二		一		一	
适用最大高度(m)		60		50		40		24	

注：设防烈度为 8 度(0.3g)时，适用最大高度为 35m。

装配整体式框架结构的适用高度，依据节点连接构造类型按第七章第五节规定采用。

现浇钢筋混凝土框架结构构造要求和抗震设计要求，按第五章有关规定采用。

2. 板柱-剪力墙结构体系

板柱-剪力墙结构体系的建筑空间利用比较充分，且设备管道便于布置。板柱结构由于楼板对柱的约束作用较小，因此结构抗侧力刚度较差，结构平面内应合理的布置剪力墙和筒体，避免地震作用下产生过大的变形和扭转。

现浇钢筋混凝土板柱-剪力墙结构构造要求和抗震设计要求，按第二章有关规定采用。

丙类建筑现浇钢筋混凝土板柱-剪力墙结构的适用高度和抗震等级按表 6.3.3 采用。

板柱-剪力墙结构适用高度及抗震等级
表 6.3.3

		抗震设计						非抗震设计 适用最大高度(m)
设防烈度		6		7		8		
房屋高度(m)		≤35	>35	≤35	>35	≤35	>35	
抗震等级	周边框架、板柱	三	二	二	二	一	一	110
	剪力墙	二	二	二	二	二	二	
适用最大高度(m)		80		70		55		

注：设防烈度为 8 度(0.3g)时，适用最大高度为 40m。

3. 剪力墙结构体系

高层建筑中剪力墙结构是一种有效的抗侧力结构，现浇剪力墙结构既能保证结构的抗震要求，且震后也便于修复。

剪力墙结构施工简单，没有凸出墙面的梁柱，特别适用于居住建筑。

丙类建筑剪力墙结构体系的适用高度和抗震等级按表 6.3.4 采用。

剪力墙结构适用高度及抗震等级　　　　　表 6.3.4

	抗震设计													非抗震设计适用最大高度(m)	
设防烈度	6			7				8				9		A级	B级
	A级		B级	A级			B级	A级			B级	A级			
房屋高度(m)	≤80	>80	>140	≤24	>24 ≤80	>80	>120	≤24	>24 ≤80	>80	>100	≤24	>24 ≤60	150	180
抗震等级	四	三	二	四	三	二	二	三	二	一	一	一	一		
适用最大高度(m)	140		170	120			150	100			130	60			

注：1. 有错层的高层建筑房屋高度，7度抗震设计时不宜大于80m，8度不宜大于60m；
　　2. 设防烈度为8度(0.3g)时，适用最大高度A级为80m，B级为110m；
　　3. B级高度建筑和抗震设防烈度为9度的A级高度建筑不应采用具有较多短肢剪力墙的剪力墙结构(较多短肢剪力墙的定义见《高层建筑混凝土结构技术规程》7.1.8-2条注2)。其他A级高度剪力墙结构具有较多短肢剪力墙时，应比表中规定的最大适用高度适当降低，7度、8度(0.2g)和8度(0.3g)时分别不应大于100m、80m和60m。

4. 框架-剪力墙结构体系

框架结构在适当部位设置一些剪力墙，组成框架-剪力墙结构体系。框架主要承受竖向荷载和部分侧力，较合理的设计应是除结构顶部外大部分侧力由剪力墙承受，剪力墙可以是单片墙体，也可以是电梯井、楼梯井、管道井。

框架与剪力墙协同工作，提高了结构的刚度，减小了层间位移和顶点位移，框架-剪力墙结构作为一种抗震结构体系，具有多道防线的抗震性能，多遇地震时剪力墙对抗震起着主要作用。在设防烈度的地震作用下，剪力墙的刚度有一定退化，地震作用由框架与剪力墙共同承受。当遭受高于本地区设防烈度预估的罕遇地震时，剪力墙刚度大幅度退化，但是仍然具有一定的耗能作用，结构刚度降低将会减小地震作用，此时框架起保持结构稳定及防止倒塌的作用，框架-剪力墙结构是一种经济有效的抗风和抗震结构体系。

丙类建筑现浇钢筋混凝土框架-剪力墙结构适用高度和抗震等级按表6.3.5采用。

框架-剪力墙结构适用高度及抗震等级　　　　　表 6.3.5

		抗震设计													非抗震设计适用最大高度(m)	
设防烈度		6			7				8				9		A级	B级
		A级		B级	A级			B级	A级			B级	A级			
房屋高度(m)		≤60	>60	>130	≤24	>24 ≤60	>60	>120	≤24	>24 ≤60	>60	>100	≤24	>24 ≤50	150	170
抗震等级	框架	四	三	二	四	三	二	二	三	二	一	一	一	一		
	剪力墙	三	二	二	三	二	二	一	二	一	一	特一	一	一		
适用最大高度(m)		130		160	120			140	100			120	50			

注：1. 表中框架-剪力墙结构指框架底部所承担的地震倾覆力矩不大于总地震倾覆力矩50%的情况；
　　2. 有错层的高层建筑房屋高度，7度抗震设计不应大于80m，8度不应大于60m；
　　3. 当框架部分承受的地震倾覆力矩大于结构总地震倾覆力矩的50%但不大于80%时，不宜按表内规定确定适用高度，最大适用高度可比表6.3.2框架结构适当增加，框架部分的抗震等级和轴压比限值宜按框架结构的规定采用；
　　4. 当框架部分承受的地震倾覆力矩大于结构总地震倾覆力矩的80%时，不宜按表内规定确定适用高度，其最大适用高度宜按表6.3.2框架结构采用，框架部分的抗震等级和轴压比限值应按框架结构的规定采用。其弹性层间位移角，宜比框架-剪力墙结构规定限值从严控制；
　　5. 设防烈度为8度(0.3g)时，适用最大高度A级为80m，B级为100m。

装配整体式框架-剪力墙结构的适用高度，依据节点连接构造类型按第七章第五节规定采用。

5. 部分框支剪力墙结构体系

当高层剪力墙结构的底层要求有较大空间时，可将部分剪力墙设计为框支剪力墙，但必须按规范要求设置足够的落地剪力墙。

丙类建筑部分框支剪力墙结构的适用高度和抗震等级按表 6.3.6 采用。

部分框支剪力墙结构适用高度及抗震等级   表 6.3.6

		抗震设计									非抗震设计适用最大高度(m)	
设防烈度		6		7				8				
		A 级	B 级	A 级			B 级	A 级		B 级	A 级	B 级
房屋高度(m)		≤80	>80 >120	≤24	>24 ≤80	>80	>100	≤24	>24 ≤80	>80	A 级	B 级
剪力墙抗震等级	一般部位	四	三 二	四	三	二	一	三	二	一	130	150
	加强部位	三	二 一	三	二	一	一	二	一	特一		
框支层框架抗震等级		二	一 一		一		特一		一	特一		
适用最大高度(m)		120	140	100			120	80		100		

注：1. 地面以上设置转换层的层数，8 度时不宜超过 3 层，7 度时不宜超过 5 层，6 度时其层数可适当增加；
　　2. 转换层的位置设置在 3 层及 3 层以上时，框支柱及剪力墙底部加强部位的抗震等级宜按表中规定提高一级采用，已为特一级时可不再提高；
　　3. 设防烈度为 8 度(0.3g)时，适用最大高度 A 级为 50m、B 级为 80m。

6. 筒体结构体系

筒体结构是一种空间结构体系，具有较大的侧向刚度，适用于层数较多的超高层建筑。采用筒体结构的建筑平面可以是矩形的、圆形的或其他规则形状的。

丙类建筑筒体结构适用高度和抗震等级按表 6.3.7 采用。

框架-核心筒、筒中筒结构适用高度及抗震等级   表 6.3.7

			抗震设计							非抗震设计适用最大高度(m)	
		设防烈度	6		7		8		9		
框架-核心筒		高度等级	A 级	B 级	A 级	B 级	A 级	B 级	A 级	A 级	B 级
	抗震等级	框架	三	二	二	一	一	一	一	160	220
		核心筒	二	二	二	一	一	特一	一		
	适用最大高度(m)		150	210	130	180	100	140	70		
筒中筒		高度等级	A 级	B 级	A 级	B 级	A 级	B 级	A 级	A 级	B 级
	抗震等级	外筒	三	二	二	一	一	特一	一	200	300
		内筒									
	适用最大高度(m)		180	280	150	230	120	170	80		

注：1. 当框架-核心筒结构高度不超过 60m 时，其抗震等级按表 6.3.5 框架-剪力墙结构规定采用；
　　2. 底部有转换层的筒体结构，其框支框架的抗震等级按表 6.3.6 部分框支剪力墙结构框支框架抗震等级规定采用；
　　3. 底部有转换层的 B 级高度筒中筒结构，当外筒框支层以上采用由剪力墙构成的壁式框架时，其最大适用高度应适当降低；
　　4. 设防烈度为 8 度(0.3g)时，框架-核心筒适用最大高度 A 级为 90m、B 级为 120m。筒中筒适用最大高度 A 级为 100m、B 级为 150m。

第四节 剪力墙结构的设计和构造要求

一、结构设计的基本要求

1. 按抗震设计的多层和高层剪力墙结构，为了提高剪力墙的变形能力，长度较长的剪力墙宜开设结构洞口或结合洞口设置弱连梁，弱连梁跨高比宜大于 6。如图 6.4.1 所示，将剪力墙分成若干均匀的墙段，每个墙肢的总高宽比不宜小于 3。墙肢截面长度不宜大于 8m，且墙肢截面长宽比不宜＜4。

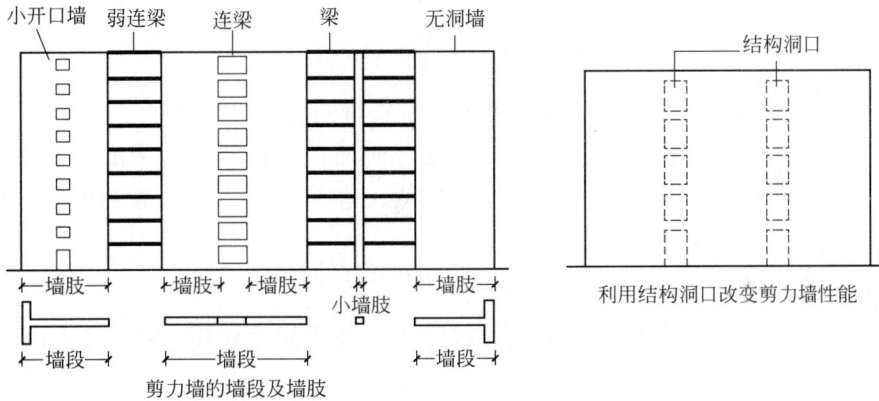

图 6.4.1 较长的剪力墙墙段划分及结构洞口利用

2. 抗震设计的剪力墙结构，墙肢截面的长度沿结构全高不宜有突变；剪力墙截面端部(不包括洞口两侧)宜设置翼墙或端柱，以提高剪力墙的承载力、变形能力和稳定性。

3. 抗震设计剪力墙结构底部加强部位的高度取墙肢总高度的 1/10 和底部两层二者的较大值。房屋高度不超过 24m 时，底部加强部位的高度可取底部一层。

4. 剪力墙上、下各层洞口宜对齐，形成明确的墙肢和连梁，依靠连梁耗散地震能量，以避免或减轻墙肢的破坏。

一、二、三级抗震等级剪力墙的底部加强部位不宜采用错洞墙；一、二、三级抗震等级的剪力墙均不宜采用叠合错洞墙。

5. 抗震设防烈度为 9 度的剪力墙结构和 B 级高度的高层剪力墙结构不应在外墙开设角窗。抗震设防烈度为 7 度和 8 度时，高层剪力墙结构不宜在外墙开设角窗，必须设置角窗时应采取抗震加强措施：

(1) 抗震计算时应考虑扭转耦联影响；

(2) 角窗两侧墙肢厚度不宜小于 250mm；

(3) 宜提高角窗两侧墙肢的抗震等级，轴压比限值应满足提高后的抗震等级要求；

(4) 角窗两侧墙肢应沿全高设置约束边缘构件；

(5) 角窗部位房间的楼板宜适当加厚，楼板内应双层双向配筋；楼板内宜设置连接角窗两侧墙肢的暗梁；

(6) 角窗部位悬挑折梁的配筋和构造应按《建筑物抗震构造详图》有关规定采取加强措施。

6. 抗震设计为了实现剪力墙结构最少自由度的总体机制，应控制塑性铰出现在剪力墙底部加强部位的范围内，避免塑性铰集中在剪力墙结构的底部，从而使结构底部区域有较大的塑性变形能力，为此需要加强底部以上剪力墙截面的受弯承载力和底部加强部位的受剪承载力。

一级抗震等级底部加强部位以上部位，墙肢的组合弯矩设计值应乘以增大系数1.2，剪力设计值应作相应调整。

剪力墙底部加强部位截面的剪力设计值应相应进行调整，一级抗震等级墙肢组合的剪力计算值应乘以增大系数1.6，二级乘以1.4，三级乘以1.2。9度一级时底部加强部位剪力设计值应符合

$$V=1.1\frac{M_{wua}}{M_w}V_w \tag{6.4.1}$$

式中：V_w——剪力墙底部加强部位截面考虑地震组合的剪力设计值；

M_{wua}——剪力墙底部截面按实配纵向钢筋截面面积、材料强度标准值和轴力等计算的抗震受弯承载力所对应的弯矩值；有翼墙时应计入墙两侧各一倍翼墙厚度范围内的纵向钢筋；

M_w——剪力墙底部截面考虑地震组合的弯矩设计值。

7. 一、二、三级抗震等级的剪力墙，在重力荷载代表值作用下的墙肢轴压比不宜超过表6.4.1的限值。

剪力墙轴压比限值   表 6.4.1

抗震等级（设防烈度）	一级（9度）	一级（6、7、8度）	二级、三级
轴压比限值	0.4	0.5	0.6

注：表中6度一级仅用于B级高度部分框支剪力墙结构底部加强部位剪力墙。

8. 地震作用下的双肢剪力墙当出现墙肢受拉时，由于裂缝的形成和开展将导致受拉墙肢刚度退化，地震作用将主要由受压墙肢承受。因此，抗震设计时双肢剪力墙不宜出现小偏心受拉墙肢。当双肢剪力墙的任一墙肢为偏心受拉时，另一墙肢的剪力设计值和弯矩设计值应乘以增大系数1.25，考虑到地震的往复作用每个墙肢都应按乘以增大系数后的内力配筋。

9. 剪力墙的混凝土强度等级不应低于C20（采用400MPa级以上的钢筋时，混凝土强度等级不应低于C25），不宜高于C60。

10. 非抗震设计的钢筋混凝土剪力墙的厚度不应小于140mm，且不应小于层高或无支长度的1/25。

抗震设计底部加强部位剪力墙的厚度一、二级抗震等级不应小于200mm，且不宜小于层高或无支长度的1/16，三、四级不应小于160mm且不宜小于层高或无支长度的1/20。当剪力墙两端无端柱或翼墙时（一字形独立剪力墙），一、二级抗震等级剪力墙的厚度不宜小于层高或无支长度的1/12；三、四级不宜小于层高或无支长度的1/16。

抗震设计其他部位剪力墙的厚度一、二级抗震等级不应小于160mm，且不宜小于层高或无支长度的1/20；三、四级不应小于140mm，且不宜小于层高或无支长度的1/25。当剪力墙两端无端柱或翼墙时，一、二级不宜小于层高或无支长度的1/16；三、四级不

宜小于层高或无支长度的 1/20。

当采用预制楼板时，剪力墙的厚度尚应考虑预制楼板在墙上的搁置长度，以及剪力墙上、下层竖向钢筋贯通的要求。

11. 剪力墙的受剪截面应符合以下要求：

当混凝土强度等级不大于 C50 时，受剪截面按以下条件控制

（1）非抗震设计

$$V_W \leqslant 0.25 f_c bh \tag{6.4.2}$$

（2）抗震设计

当剪跨比 $\lambda > 2.5$ 时

$$V_W \leqslant \frac{1}{\gamma_{RE}}(0.2 f_c bh) \tag{6.4.3}$$

当剪跨比 $\lambda \leqslant 2.5$ 时

$$V_W \leqslant \frac{1}{\gamma_{RE}}(0.15 f_c bh) \tag{6.4.4}$$

式中：V_W——剪力设计值；

　　　b——墙肢厚度；

　　　h——墙肢截面长度（《建筑抗震设计规范》GB 50011—2010 第 6.2.9 条规定可取墙肢长度）。

12. 楼面梁支承在剪力墙墙肢平面外方向时，支承楼面梁的剪力墙内应设置暗柱或扶壁柱，其设计和配筋构造，参见本章第 7 节相关要求。

二、剪力墙配筋与构造要求

1. 非抗震设计剪力墙水平和竖向分布钢筋的配筋率不宜小于 0.2%，重要部位及温度收缩应力较大部位分布钢筋的配筋率宜适当提高。建筑高度不大于 10m 且不超过 3 层时，配筋率不宜小于 0.15%。

厚度大于 160mm 的剪力墙应配置双排分布钢筋；结构中重要部位的剪力墙，当其厚度不大于 160mm 时，也宜配置双排分布钢筋。双排分布筋之间应设置拉结筋，拉筋直径不宜小于 6mm，间距不宜大于 600mm。

剪力墙分布钢筋的间距不宜大于 300mm，直径不应小于 8mm。

2. 抗震设计的剪力墙结构，为保证裂缝出现后仍有足够的承载力和延性，剪力墙的水平和竖向分布钢筋的配筋率除应满足承载力计算要求外，还须满足以下构造要求：

一、二、三级抗震等级剪力墙的水平和竖向分布钢筋配筋率均不应小于 0.25%；四级抗震等级剪力墙分布钢筋配筋率不应小于 0.2%。对高度小于 24m 的四级抗震等级剪力墙，其竖向分布筋最小配筋率应允许按 0.15% 采用。剪力墙水平和竖向分布钢筋的间距不宜大于 300mm，直径不宜大于墙厚的 1/10，且不应小于 8mm；竖向分布钢筋直径不宜小于 10mm。

抗震设计剪力墙厚度大于 140mm 时，分布钢筋应采用双排钢筋。

当建筑平面超长时，根据外墙及屋顶的保温情况，外墙及顶部的纵墙应适当提高水平分布钢筋的配筋率。

剪力墙双排分布筋之间应设置拉结筋，拉筋直径不宜小于 6mm，间距不宜大

于 600mm。

3. 剪力墙的重要部位和薄弱部位宜适当提高分布钢筋配筋率。此外，剪力墙结构设计还应考虑温度和混凝土收缩影响，一些受约束的结构部位易引发非受力裂缝，为了控制温度和混凝土收缩裂缝的产生和开展，剪力墙结构的顶层以及长矩形平面建筑的端部山墙、楼梯间和电梯间、端开间的内纵墙等部位宜适当提高剪力墙分布钢筋的配筋率，配筋率不宜小于 0.25%，分布钢筋间距不宜大于 200mm。

4. 剪力墙厚度＞400mm，且≤700mm 时，分布钢筋可分三排设置，且宜将总面积 2/3 的竖向分布钢筋设置在截面两外侧。厚度＞700mm 时，宜采用四排分布钢筋。

5. 截面长宽比≤3 的墙肢应按柱的要求设计，当墙肢厚度≤300mm 时尚宜沿全高加密箍筋。

6. 剪力墙水平分布钢筋的搭接、锚固及连接如图 6.4.2 所示。

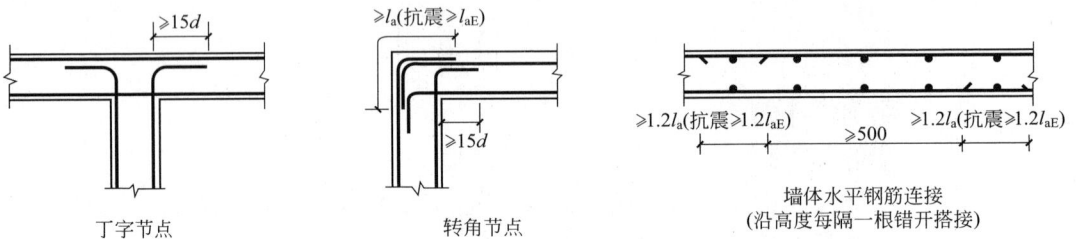

图 6.4.2　剪力墙水平分布钢筋的连接构造

非抗震设计的剪力墙竖向分布钢筋可在同一截面搭接，搭接长度不应小于 $1.2l_a$ 且不应小于 300mm。同排水平分布钢筋的搭接接头之间以及上、下相邻水平分布钢筋的搭接接头之间，沿水平方向的净间距不宜小于 500mm。当分布钢筋直径大于 25mm 时，不宜采用搭接接头。

抗震设计剪力墙的竖向分布钢筋连接构造应按抗震等级区别对待，钢筋连接要求如图 6.4.3 所示。

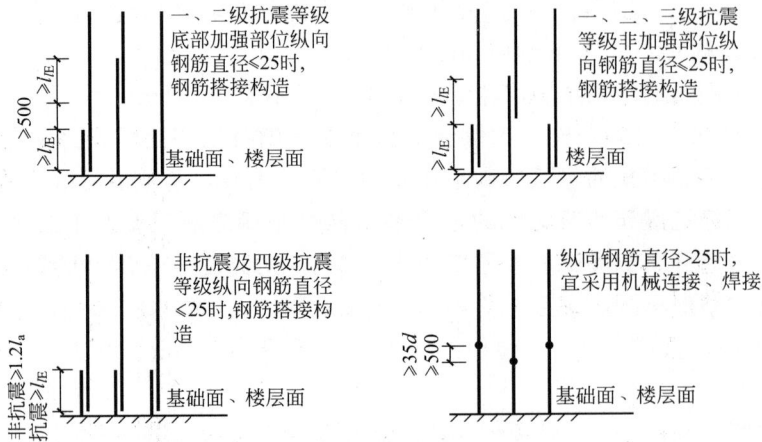

图 6.4.3　剪力墙竖向分布钢筋的连接构造

注：l_a、l_{aE}、l_{lE} 值按表 1.6.2、表 1.6.3、表 1.6.8 及表 1.6.9 采用。

7. 楼板与剪力墙的连接部位宜按图 6.4.4 设置构造配筋，现浇钢筋混凝土楼板锚入剪力墙的配筋构造应符合第二章的有关要求。

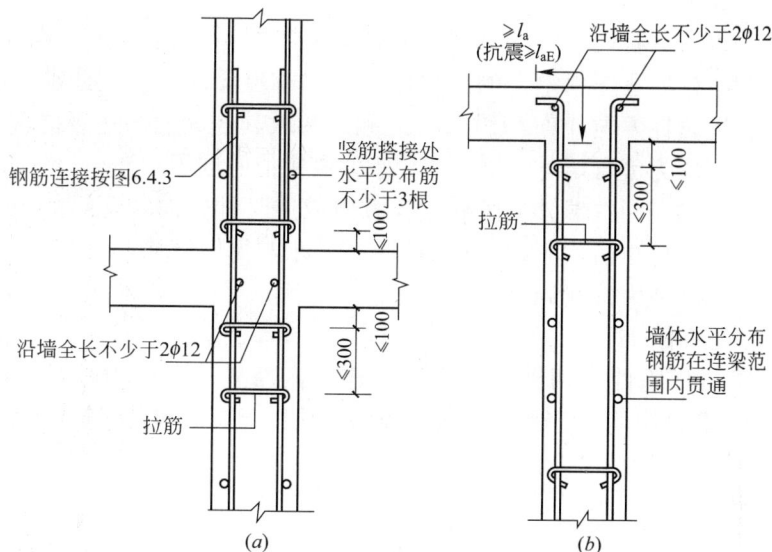

图 6.4.4 楼板与剪力墙的连接部位配筋构造
(*a*)楼层；(*b*)顶层

8. 当剪力墙有小洞口，且洞口各边长度不大于 800mm 时，应将洞口被截断的分布钢筋集中配置在洞口四边，配筋直径不应小于 12mm，其构造如图 6.4.5 所示。

三、剪力墙连梁设计和构造

高层剪力墙结构连梁的设计常受多因素制约，连梁的内力与结构抗侧力刚度、与相连墙肢刚度、与连梁跨高比等因素有关。抗震结构还应考虑非弹性变形阶段，连梁是首先屈服的构件应调整内力，避免连梁在弯曲屈服前出现剪切破坏。剪力墙结构的连梁跨高比较小，地震作用下连梁剪力却很大，设计时应区别不同情况妥善处理。

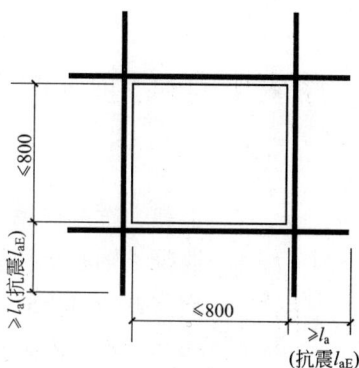

图 6.4.5 剪力墙洞口补强构造

连梁跨高比≥5 时，尚应满足框架梁相应的设计要求。

1. 连梁剪力的调整

为了避免连梁出现剪切破坏，连梁剪力设计值应按下式调整：

$$V_{\mathrm{wb}} = \eta_{\mathrm{vb}} \frac{M_{\mathrm{b}}^l + M_{\mathrm{b}}^r}{l_{\mathrm{n}}} + V_{\mathrm{Gb}} \tag{6.4.5}$$

按 9 度一级抗震等级设计的剪力墙连梁，应符合下式要求：

$$V_{\mathrm{wb}} = 1.1 \frac{M_{\mathrm{bua}}^l + M_{\mathrm{bua}}^r}{l_{\mathrm{n}}} + V_{\mathrm{Gb}} \tag{6.4.6}$$

式中： η_{vb}——连梁端部剪力增大系数；特一级和一级抗震等级取 1.3、二级取 1.2、三
级取 1.1、四级取 1.0；

l_n——连梁净跨度；

V_{Gb}——重力荷载代表值作用下，连梁按简支梁计算的梁端剪力设计值；

M_b^l、M_b^r——考虑地震作用组合的连梁左、右端弯矩设计值，应分别按顺时针方向或
逆时针方向计算 M_b^l 与 M_b^r 之和，并取其较大值。一级抗震等级当两端弯
矩均为负弯矩时，绝对值较小的弯矩值应取零；

M_{bua}^l、M_{bua}^r——连梁左、右端分别按顺时针方向或逆时针方向实配钢筋受弯承载力所对
应的弯矩值，应按实配钢筋面积(计入受压钢筋)和材料强度标准值并考
虑承载力抗震调整系数计算。

2. 连梁截面控制条件

为避免连梁出现脆性剪切破坏，应控制连梁截面平均剪应力，过高的剪应力也会
降低连梁箍筋的受剪作用。当混凝土强度等级不超过 C50 时，连梁截面应符合以下
条件：

非抗震设计

$$V_{wb} \leqslant 0.25 f_c bh_0 \tag{6.4.7}$$

抗震设计

(1) 跨高比>2.5 的连梁

$$V_{wb} \leqslant \frac{1}{\gamma_{RE}} (0.2 f_c bh_0) \tag{6.4.8}$$

(2) 跨高比≤2.5 的连梁

$$V_{wb} \leqslant \frac{1}{\gamma_{RE}} (0.15 f_c bh_0) \tag{6.4.9}$$

式中： γ_{RE}——承载力抗震调整系数，取 0.85；

f_c——混凝土轴心抗压强度设计值；

b——连梁截面宽度；

h_0——连梁截面有效高度。

3. 连梁承载力计算

连梁正截面受弯承载力及斜截面受剪承载力的计算按《混凝土结构设计规范》有关规
定确定。

4. 抗震设计连梁刚度的折减与连梁剪力设计值的控制

为了使连梁成为剪力墙结构在罕遇地震作用下首先出现屈服并形成塑性铰的耗能机
构，抗震设计时对连梁刚度进行折减(或设水平缝形成双连梁)是保证连梁'强剪弱弯'的
有效措施。

抗震设计时连梁刚度折减系数的取值应以满足结构楼层层间位移限值为条件，刚度折
减系数不宜小于 0.5。在抗震计算中已考虑连梁刚度折减，就不宜对连梁弯矩再进行
调幅。

连梁刚度折减后，如计算分析结果仍有部分连梁不能满足式(6.4.8)、式(6.4.9)剪压

比限制时，则可按剪压比要求降低连梁剪力设计值，由调整后的剪力计算出相应的连梁弯矩，并对剪力墙墙肢内力进行调整。

经刚度折减后，当有较多数量的连梁不能满足式(6.4.8)、式(6.4.9)截面控制要求，且有较多连梁纵向钢筋超出最大配筋率限值时，可采用减小连梁截面高度或加大洞口等措施，进行连梁内力调整。

5. 抗风设计连梁刚度取值

连梁内力由风荷载控制时，连梁刚度不宜折减。

6. 连梁配筋构造

(1) 非抗震设计连梁配筋构造要求

连梁上、下纵向钢筋除应满足洞口连梁正截面受弯承载力的要求外，尚不应少于 2 根直径不小于 12mm 的钢筋。

跨高比 $l_n/h_b \leq 1.5$ 的连梁，其上、下纵向钢筋的最小配筋率不应小于 0.2%。纵向钢筋最大配筋率不宜大于 2.5%。纵向钢筋自洞口边伸入墙内的长度不应小于受拉钢筋的锚固长度 l_a，且不应小于 600mm。

跨高比大于 1.5 的连梁，其纵向钢筋的最小配筋率可按框架梁的要求采用。

连梁应沿全长设置箍筋，箍筋直径应不小于 6mm，间距不应大于 150mm。

(2) 抗震设计连梁配筋构造要求

跨高比 $l_n/h_b \leq 1.5$ 的连梁，其上、下纵向钢筋的最小配筋率宜符合表 6.4.2 的要求跨高比 $l_n/h_b > 1.5$ 的连梁，其纵向钢筋的最小配筋率可按框架梁梁端截面的要求采用。

抗震设计跨高比 $l_n/h_b \leq 1.5$ 的连梁纵向钢筋的最小配筋率(%)　　　表 6.4.2

跨高比	最小配筋率(采用较大值)	跨高比	最小配筋率(采用较大值)
$l_n/h_b \leq 0.5$	0.20、$45f_t/f_y$	$0.5 < l_n/h_b \leq 1.5$	0.25、$55f_t/f_y$

连梁上、下纵向钢筋的最大配筋率宜符合表 6.4.3 的要求。如不满足则应按实配钢筋进行连梁强剪弱弯的验算。

抗震设计连梁纵向钢筋的最大配筋率(%)　　　表 6.4.3

跨高比	最大配筋率(%)	跨高比	最大配筋率(%)
$l/h_b \leq 1.0$	0.6	$2.0 < l/h_b \leq 2.5$	1.5
$1.0 < l/h_b \leq 2.0$	1.2		

纵向钢筋自洞口边伸入墙内的长度不应小于受拉钢筋的锚固长度 l_{aE}。

连梁高度范围内的墙肢水平分布钢筋应在连梁内拉通作为连梁的腰筋。跨高比 $l_n/h_b \leq 2.5$ 的连梁，连梁两侧腰筋的总面积配筋率应 $\geq 0.3\%$。

连梁高度 $h > 450$mm 时，腰筋直径应 ≥ 8mm、间距 ≤ 200mm。

顶层连梁纵向钢筋伸入剪力墙锚固长度范围内，应设置间距不大于 150mm 的箍筋，箍筋直径应与连梁内箍筋直径相同。

图 6.4.6 为剪力墙开设不同门洞时，连梁配筋构造要求。

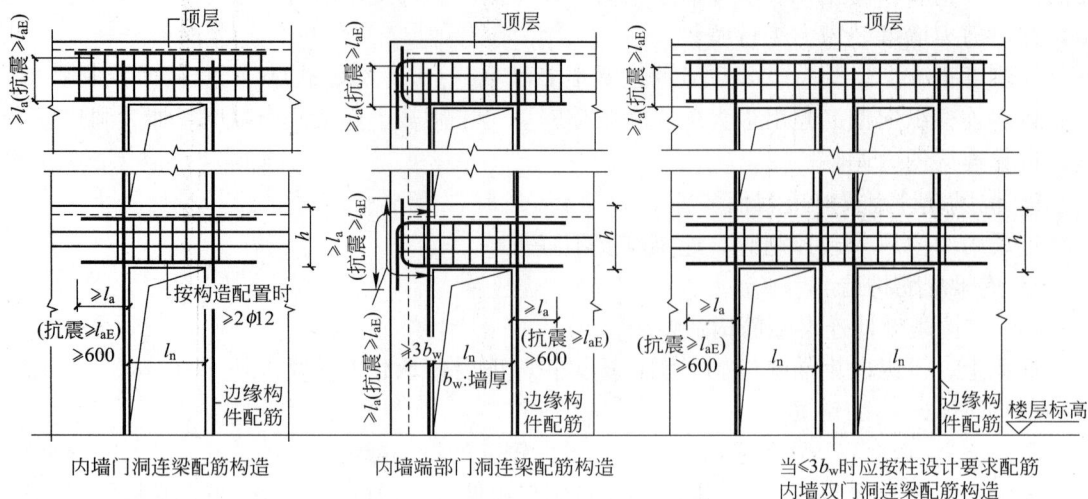

内墙门洞连梁配筋构造　　　　　内墙端部门洞连梁配筋构造　　　　当≤3b_w时应按柱设计要求配筋
内墙双门洞连梁配筋构造

图 6.4.6　剪力墙门洞连梁配筋构造

抗震设计剪力墙连梁的箍筋按表 6.4.4 要求设置。连梁箍筋应按框架梁梁端加密区箍筋的要求采用，箍筋的最小配箍率应符合第五章的有关规定。

连梁箍筋构造要求　　　　　　　　　　　　　　表 6.4.4

抗震等级	箍筋最大间距(取最小值)	箍筋最大肢距(取较小值)	箍筋最小直径(mm)
一	$h_b/4$、$6d$、100mm	200、$20d'$	10
二	$h_b/4$、$8d$、100mm	250、$20d'$	8
三	$h_b/4$、$8d$、150mm	250、$20d'$	8
四	$h_b/4$、$8d$、150mm	300	6

注：d 为纵筋直径，d' 为箍筋直径，h_b 连梁高度。

当采用现浇楼板时，连梁配筋构造可按图 6.4.7(a)、(b)设置。

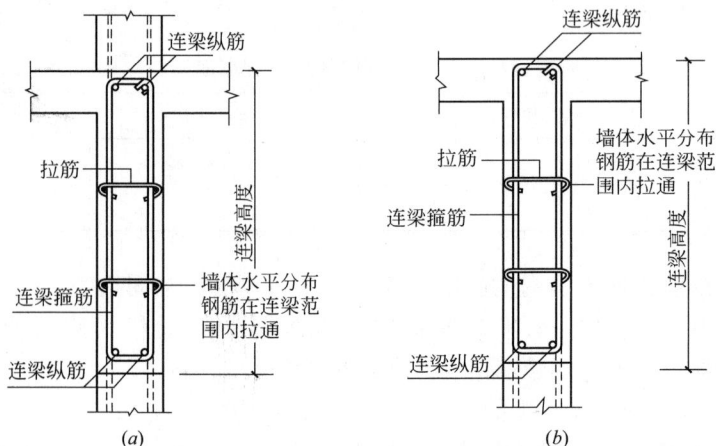

图 6.4.7　剪力墙连梁配筋构造

(a)用于楼层剪力墙连梁配筋；(b)用于顶层剪力墙连梁配筋

7. 设置交叉斜筋的连梁

按一、二级抗震等级设计的剪力墙结构，连梁跨高比≤2.5且连梁截面宽度不小于250mm时，连梁除设置纵向钢筋和箍筋外，宜设置斜向交叉配筋。以提高连梁'强剪弱弯'性能，并减缓非弹性变形阶段的刚度退化。连梁斜向交叉钢筋的计算和构造要求，可按《混凝土结构设计规范》有关规定进行设计。

连梁跨高比≤1且连梁截面宽度不小于400mm时，宜按图6.7.12及相关要求设置斜向交叉暗撑配筋。

四、剪力墙洞口的配筋构造和加强措施

1. 一、二、三级抗震等级的剪力墙底部加强部位不宜采用上下洞口不对齐的错洞墙；剪力墙全高不宜采用叠合错洞墙；剪力墙洞口不规则布置将引起墙肢内力的交错传递和局部应力集中，易使剪力墙发生剪切破坏。如必须采用叠合错洞墙时，应采取可靠措施保证墙肢荷载的传递途径。叠合错洞墙连梁的设计应考虑上层墙肢内力作用在连梁上的影响。此外还应采取构造措施使洞口周边形成暗框架，以增强被削弱部位，其洞口及有关要求如图6.4.8所示。

当底层局部开洞时，可参照图6.4.9所示配筋构造，将门洞口暗柱内纵向钢筋锚入下层。

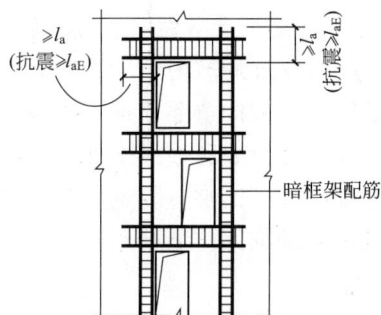

图6.4.8 叠合错洞剪力墙洞口配筋构造

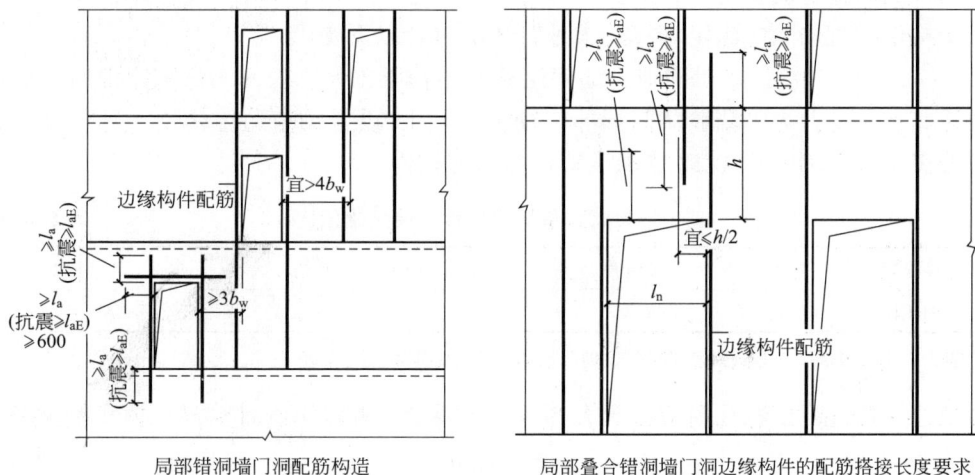

局部错洞墙门洞配筋构造

局部叠合错洞墙门洞边缘构件的配筋搭接长度要求

图6.4.9 局部错洞剪力墙洞口配筋构造

2. 当剪力墙的连梁有洞口时，洞口上、下有效高度不宜小于梁高的1/3，且不宜小于200mm，洞口处应配置补强钢筋，其构造做法如图6.4.10所示，被洞口削弱的截面还应进行受剪承载力和受弯承载力验算。

五、剪力墙边缘构件

1. 非抗震设计剪力墙构造边缘构件的构造要求

非抗震设计剪力墙墙肢端部应按计算要求配筋。构造边缘构件纵向钢筋不少于4根直径12mm，箍筋直径应≥6mm，箍筋间距≤250mm。

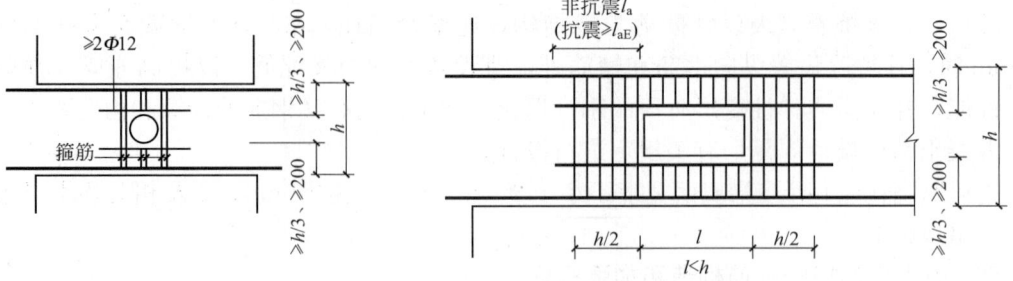

图 6.4.10　剪力墙连梁洞口补强配筋构造

2. 抗震设计剪力墙边缘构件的构造要求

抗震设计的剪力墙为了实现'强剪弱弯'受力机制，提高其变形能力和耗能能力，除应满足计算和构造要求外，还与剪力墙墙肢边缘构件的设置、墙肢截面相对受压区高度、轴压比，以及墙肢边缘构件的约束条件有关。因此，一、二、三级抗震等级的剪力墙底部加强部位轴压比超过限定值时，墙肢两端及洞口两侧就应设置约束边缘构件，用以提高剪力墙底部加强部位墙肢受压区的有效压应变，从而避免墙肢端部被压溃，并提高墙肢的延性性能。

当剪力墙截面轴压比较小时，可仅设置构造边缘构件，剪力墙仍会有较好的延性性能。

抗震设计的剪力墙结构，应根据具体情况设置边缘构件，建筑角部剪力墙受力复杂，其边缘构件的构造配筋宜适当加强。

边缘构件的配筋除应满足计算要求外，还应符合以下要求：

（1）一、二、三级抗震等级剪力墙底层截面的轴压比大于表 6.4.5 限定值时，底部加强部位及其上一层剪力墙墙肢截面端部应按图 6.4.11 设置约束边缘构件；其他部位的剪力墙可按表 6.4.7 和图 6.4.12 要求设置构造边缘构件。

剪力墙设置构造边缘构件的最大轴压比　　　　　表 6.4.5

抗震等级和烈度	一级（9 度）	一级（6、7、8 度）	二、三级
轴压比	0.1	0.2	0.3

注：表中 6 度一级仅用于 B 级高度部分框支剪力墙结构底部加强部位剪力墙。

约束边缘构件配箍特征值应符合表 6.4.6 的要求，并按下式计算最小体积配箍率

$$\rho_v = \lambda_v f_c / f_{yv} \qquad (6.4.10)$$

式中：f_c——混凝土轴心抗压强度设计值；

f_{yv}——箍筋或拉筋抗拉强度设计值；

λ_v——配箍特征值，按表 6.4.6 采用。

（2）抗震设计剪力墙端部约束边缘构件的纵向钢筋面积除应满足计算要求外还应满足最小配筋率的要求，一级抗震等级不应小于 $0.012A_c$、二级、三级不应小于 $0.01A_c$。且一级抗震等级不应小于 8ϕ16、二级不应小于 6ϕ16、三级不应小于 6ϕ14。特一级抗震等级约束边缘构件的纵向钢筋面积不应少于 $0.014A_c$、配筋特征值 $\lambda_v = 0.24$。如图 6.4.11 所示纵筋应设置在 A_c 阴影面积范围内。

剪力墙约束边缘构件长度 l_c 及配箍特征值 λ_v 表 6.4.6

抗震等级（设防烈度）		一级（9度）		一级（6、7、8度）		二级、三级	
重力荷载代表值作用下的轴压比		≤0.2	>0.2	≤0.3	>0.3	≤0.4	>0.4
λ_v		0.12	0.20	0.12	0.20	0.12	0.20
l_c (mm)	暗柱	$0.20h_w$	$0.25h_w$	$0.15h_w$	$0.20h_w$	$0.15h_w$	$0.20h_w$
	端柱、翼墙或转角墙	$0.15h_w$	$0.20h_w$	$0.10h_w$	$0.15h_w$	$0.10h_w$	$0.15h_w$

注：1. 表中6度一级仅用于B级高度部分框支剪力墙结构底部加强部位剪力墙；

2. 剪力墙的翼墙长度小于其厚度3倍时，视为无翼墙剪力墙；端柱截面边长小于墙厚2倍时，视为无端柱剪力墙；端柱有集中荷载时，配筋构造尚应满足与墙相同抗震等级框架柱的要求；

3. l_c 为约束边缘构件长度，不小于墙厚和400mm的较大值；当有端柱、翼墙和角墙时，尚不应小于翼墙厚度或端柱沿墙肢方向截面高度加300mm；

4. λ_v 为约束边缘构件的配箍特征值，其体积配箍率按(6.4.10)式计算；当墙肢端部水平分布钢筋如图 6.4.2 所示有可靠的弯折锚固时，可适当计入水平分布钢筋的截面面积（计入水平分布钢筋的配箍特征值不宜大于总配箍特征值的30%，水平分布钢筋之间应设置1道封闭箍筋）；

5. 约束边缘构件的箍筋或拉筋沿竖向的间距，一级抗震等级不宜大于100mm，二、三级抗震等级不宜大于150mm；

6. h_w 为剪力墙墙肢长度。

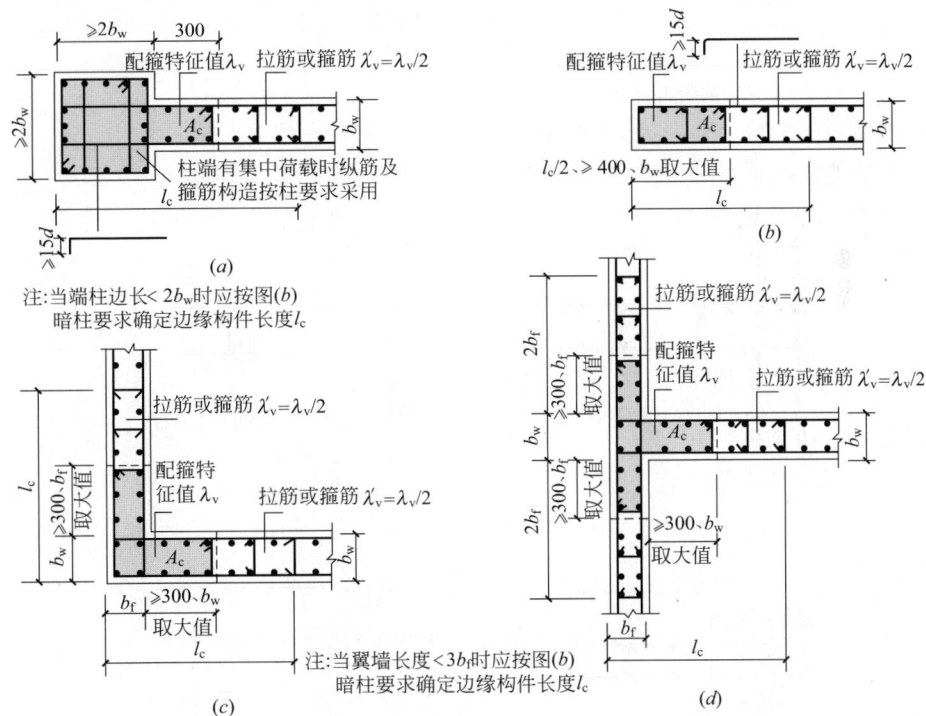

图 6.4.11 抗震设计剪力墙底部加强部位及其上一层约束边缘构件配筋构造

(a)端柱；(b)墙端暗柱；(c)角墙；(d)翼墙

注：1. 约束边缘构件的长度 l_c 和配箍特征值 λ_v 值按表 6.4.6 采用；

2. 图(c)、(d)水平分布筋在约束边缘构件内的锚固应符合图 6.4.2 要求；

3. 边缘构件内箍筋、拉筋水平方向的肢距不宜大于300mm，不应大于竖向钢筋间距的2倍；

4. 约束边缘构件的箍筋或拉筋沿竖向的间距，一级抗震等级不宜大于100mm，二、三级抗震等级不宜大于150mm。

（3）A 级高度一、二、三级抗震等级加强部位底部平均轴压比小于表 6.4.5 规定值的剪力墙，以及四级抗震等级剪力墙，应按表 6.4.7 和图 6.4.12 要求设置构造边缘构件。

（4）A 级高度剪力墙结构墙肢构造边缘构件的纵向钢筋除应满足计算要求外，尚不应小于表 6.4.7 的构造要求。

特一级剪力墙构造边缘构件纵向钢筋的配筋量不应小于 $0.012A_c$。

（5）B 级高度的剪力墙（筒体），其构造边缘构件的最小配筋应符合下列要求：

1）剪力墙的构造边缘构件竖向钢筋最小配筋量应比表 6.4.7 规定增大 $0.001A_c$。

2）箍筋的配筋范围取图 6.4.12 中 A_c 阴影部分，其配箍特征值 λ_v 不宜小于 0.1。

构造边缘构件的构造配筋要求　　　　　　　　　　表 6.4.7

抗震等级	底部加强部位			其他部位		
	纵向钢筋最小配筋量（取较大值）	箍筋、拉筋		纵向钢筋最小配筋量（取较大值）	箍筋、拉筋	
		最小直径（mm）	沿竖向最大间距（mm）		最小直径（mm）	沿竖向最大间距（mm）
一	$0.01A_c$，$6\phi16$	8	100	$0.008A_c$，$6\phi14$	8	150
二	$0.008A_c$，$6\phi14$	8	150	$0.006A_c$，$6\phi12$	8	200
三	$0.006A_c$，$6\phi12$	6	150	$0.005A_c$，$4\phi12$	6	200
四	$0.005A_c$，$4\phi12$	6	200	$0.004A_c$，$4\phi12$	6	250

注：1. A_c 为图 6.4.12 所示的阴影面积；

2. 其他部位拉筋的水平间距不应大于纵向钢筋间距的 2 倍，转角处宜设置箍筋；

3. 当端柱承受集中荷载时，其纵向钢筋、箍筋直径和间距应满足框架柱的配筋要求。

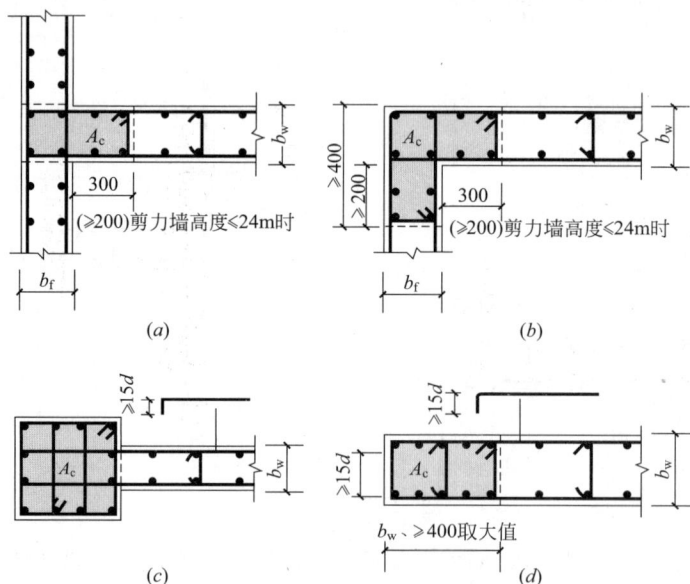

图 6.4.12　抗震设计剪力墙构造边缘构件配筋构造

(a)翼墙；(b)角墙；(c)端柱；(d)墙端暗柱

注：1. 图(a)、(b)水平分布筋在边缘构件内的锚固应符合图 6.4.2 要求；

2. 拉筋的水平间距不应大于纵向钢筋间距的 2 倍。

（6）B级高度建筑的剪力墙，宜在约束边缘构件层与构造边缘构件层之间设置1～2层过渡层，过渡层边缘构件的箍筋配置要求可低于约束边缘构件的要求，但应高于构造边缘构件的要求。

（7）抗震设计的错层结构、连体结构剪力墙边缘构件的配筋构造，应满足第二节（四）复杂高层建筑结构的有关要求。

3. 剪力墙边缘构件内纵向钢筋的接头

剪力墙边缘构件内的纵向受力钢筋位于同一连接区段的钢筋接头面积百分率不宜超过50%。受拉钢筋直径大于25mm时钢筋应采用机械连接或焊接连接；当剪力墙边缘构件内纵向钢筋的接头采用搭接接头时，其构造要求应满足规范相应规定。

六、短肢剪力墙

抗震设计的高层建筑结构不应全部采用短肢剪力墙（短肢剪力墙是指截面厚度不大于300mm、各肢截面高度与厚度之比大于4但不大于8的剪力墙）；B级高度建筑和抗震设防烈度为9度的A级高度建筑，不应采用具有较多短肢剪力墙的剪力墙结构（具有较多短肢剪力墙的剪力墙结构是指在规定的水平地震作用下，短肢剪力墙承担的底部倾覆力矩不小于结构底部总地震倾覆力矩的30%）。除上述高层建筑外当剪力墙结构具有较多短肢剪力墙时，设计应符合以下规定：

1. 在规定的水平地震作用下，短肢剪力墙承担的底部倾覆力矩不宜大于结构底部总地震倾覆力矩的50%。

2. A级高度剪力墙结构的适用高度应比表6.3.4规定的最大适用高度适当降低，7度、8度(0.2g)和8度(0.3g)时分别不应大于100m、80m和60m。

3. 一、二、三级短肢剪力墙的轴压比，分别不宜大于0.45、0.50、0.55；一字形截面短肢剪力墙的轴压比限值应相应减少0.1。

4. 短肢剪力墙的底部加强部位应按本节有关规定调整剪力设计值外，其他各层一、二、三级短肢剪力墙的剪力设计值应分别乘以增大系数1.4、1.2和1.1。

5. 短肢剪力墙的全部竖向钢筋的配筋率，底部加强部位一、二级不宜小于1.2%，三、四级不宜小于1.0%，其他部位一、二级不宜小于1.0%，三、四级不宜小于0.8%。

6. 短肢剪力墙截面的厚度底部加强部位不应小于200mm，其他部位不应小于180mm。

7. 短肢剪力墙边缘构件的设置应符合本节相应抗震等级的配筋构造要求。

8. 不宜采用一字形短肢剪力墙，不宜在一字形短肢剪力墙上布置平面外与之相交的单侧楼面梁。

9. 剪力墙墙肢的截面长度≤4b_w时（b_w为墙肢厚度），应按钢筋混凝土柱进行设计和配筋。抗震设计的剪力墙当截面长度≤3b_w且矩形墙肢的厚度不大于300mm时尚宜按柱的相应抗震等级要求沿墙全高度设置加密箍筋。

10. 当连梁净跨度与截面高度的比值≥5时，连梁应按相应抗震等级框架梁的要求配筋，梁端纵筋也应满足相应抗震等级框架梁的锚固要求。

第五节　框架-剪力墙结构的设计和构造要求

一、框架-剪力墙结构剪力墙的布置和结构设计要求

1. 框架-剪力墙结构体系是由框架和剪力墙共同承担风荷载及地震作用，为使框架与剪力墙协同工作，框架-剪力墙结构中剪力墙的布置宜符合下列要求：

（1）剪力墙的平面布置宜均匀分布，各片墙的刚度宜接近。

（2）横向剪力墙宜设置在建筑物的端部附近，以增强结构承受偏心扭转的能力；楼梯间、电梯间、平面形状变化处及重力荷载较大的部位亦应设置剪力墙。考虑施工支模和拆模存在不便伸缩缝、沉降缝、两侧不宜成对设置剪力墙。

（3）框架-剪力墙结构应设计成双向抗侧力体系。抗震设计时，结构两主轴方向均应布置剪力墙。剪力墙截面端部(不包括洞口两侧)宜设置端柱，以提高剪力墙的承载力、变形能力和稳定性。剪力墙宜贯通建筑全高，且应避免墙肢截面长度突变。

（4）纵向剪力墙宜布置在结构单元的中间区段，房屋纵向长度较长时，不宜集中在两端布置纵向剪力墙，否则会造成墙体对房屋温度变形的约束。纵向剪力墙间距较大时宜在其间楼盖和屋盖留施工后浇带以减少施工过程中温度和收缩应力的影响。

（5）平面形状凹凸较大时，宜在凸出部分的端部附近布置剪力墙。

（6）剪力墙不宜设置大洞口，以避免剪力墙刚度的减弱。剪力墙的洞口宜上、下层对齐，洞边距端柱边不宜小于300mm。

（7）楼盖与剪力墙连接部位有孔洞时，在洞口两侧楼板内应增设与剪力墙有可靠锚固的补强钢筋，保证楼盖与剪力墙的剪力传递。

（8）单片剪力墙底部承担的水平剪力不应超过结构底部总水平剪力的30%。

（9）剪力墙连梁刚度适当时，能改善剪力墙整体工作性能，并增大剪力墙耗能能力。跨高比≥5的连梁宜按框架梁设计。

剪力墙的设置可如图6.5.1所示。

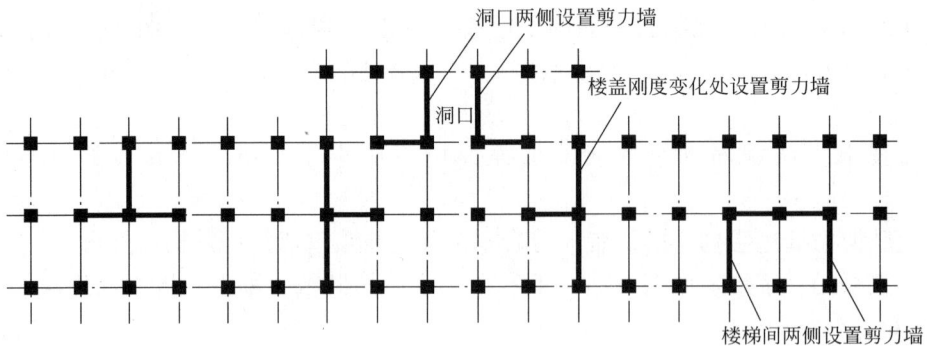

图6.5.1　剪力墙平面布置示意图

2. 楼盖平面内的变形将影响楼层侧力在各抗侧力构件之间的分配，横向剪力墙的间距和剪力墙之间楼盖的长宽比宜满足表6.5.1的要求。当剪力墙的间距超过表6.5.1规定时，应考虑楼盖及屋盖平面内变形对楼层水平地震作用分配的影响。

剪力墙间距 *L*(m)　　　　　　　　　　表 **6.5.1**

楼盖形式	非抗震设计 (取较小值)	抗震设防烈度		
		6度、7度(取较小值)	8度(取较小值)	9度(取较小值)
现浇	5.0B、60	4.0B、50	3.0B、40	2.0B、30
装配整体	3.5B、50	3.0B、40	2.0B、30	—

注：1. 表中 *B* 为剪力墙之间的楼盖宽度，单位为 m；

　　2. 剪力墙不对称布置的框架-剪力墙结构剪力墙间距可参照图 6.5.2 取值。

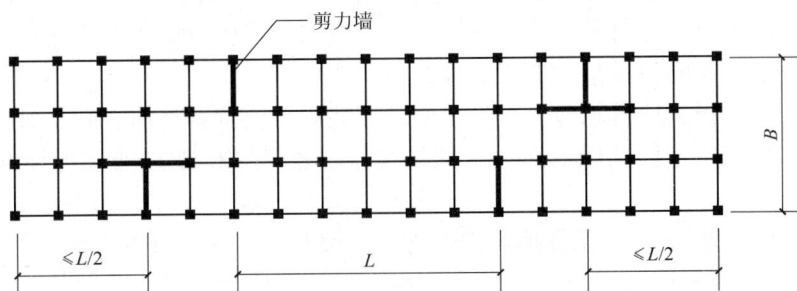

图 6.5.2　剪力墙不对称布置的框架-剪力墙结构剪力墙间距的取值

如楼盖有较大洞口时，剪力墙的间距应予减小。

框架-剪力墙结构应通过刚性楼盖、屋盖与剪力墙的可靠连接将地震作用传递到剪力墙，保证结构在地震作用下的整体工作。

3. 抗震设计的框架-剪力墙结构，应根据结构底层框架部分承受的地震倾覆力矩与结构总地震倾覆力矩的比值，确定相应的设计方法，并应符合下列要求：

(1) 框架部分承受的地震倾覆力矩不大于结构总地震倾覆力矩的 10% 时，表明结构中框架承担的地震作用较小。其剪力墙的抗震等级可按剪力墙结构的规定确定，框架部分应按框架-剪力墙结构的框架进行设计。最大适用高度按框架-剪力墙结构的要求控制，其侧向位移控制指标可按剪力墙结构采用。

(2) 当框架部分承受的地震倾覆力矩大于结构总地震倾覆力矩的 10% 但不大于 50% 时，按本节框架-剪力墙结构的规定进行设计。

(3) 当框架部分承受的地震倾覆力矩大于结构总地震倾覆力矩的 50% 但不大于 80% 时，显然结构中剪力墙的数量偏少，框架承担较大的地震作用，其最大适用高度不宜再按框架-剪力墙结构的要求确定，最大适用高度可比框架结构适当增加；框架的抗震等级和轴压比限值宜按框架结构的规定采用，剪力墙的抗震等级和轴压比限值按框架-剪力墙结构的规定采用。

(4) 当框架部分承受的地震倾覆力矩大于结构总地震倾覆力矩的 80% 时，其最大适用高度宜按框架结构采用，框架部分的抗震等级和轴压比限值也应按框架结构的规定采用。这种少墙的框架-剪力墙结构抗震性能较差，工程中不宜采用。

4. 为保证作为第二道防线的框架具有一定的抗侧力能力，需要对框架承担的剪力进行调整。满足式(6.5.1)要求的楼层，其框架总剪力不必调整；不满足式(6.5.1)的楼层，其框架总剪力应按 $0.2V_0$ 和 $1.5V_{f,max}$ 二者的较小值采用。

$$V_f \geqslant 0.2V_0 \tag{6.5.1}$$

式中：V_0——对框架柱数量从下至上基本不变的结构，应取对应于地震作用标准值的结构底层总剪力；对框架柱数量从下至上分段有规律变化的结构，应取每段底层结构对应于地震作用标准值的总剪力；

V_f——对应于地震作用标准值且未经调整的各层（或某一段内各层）框架承担的地震总剪力。

$V_{f,max}$ 为各层框架承担的地震总剪力中的最大值，对框架柱数量从下至上基本不变的结构，应取对应于地震作用标准值且未经调整的各层框架承担的地震总剪力中的最大值；对框架柱数量从下至上分段有规律变化的结构，应取每段中对应于地震作用标准值且未经调整的各层框架承担的地震总剪力中的最大值。

各层框架所承担的地震总剪力按上述要求调整后，应按调整前、后总剪力的比值调整每根框架柱和与之相连框架梁的剪力及梁端弯矩标准值，框架柱的轴力标准值可不进行调整。

5. 按振型分解反应谱法计算地震作用时，框架总剪力的调整可在振型组合之后进行。并应满足《建筑抗震设计规范》第 5.2.5 条关于楼层最小地震剪力系数的要求。

6. 为实现'强柱弱梁'准则，一、二、三、四级框架柱的弯矩和剪力设计值应按《建筑抗震设计规范》6.2.2 条、6.2.5 条、6.2.6 条的有关规定进行调整。

7. 一、二、三级抗震等级剪力墙底部加强部位组合的剪力值和一级抗震等级剪力墙底部加强部位以上部位的组合的弯矩设计值应乘以增大系数进行调整，调整后的设计值按本章第四节有关规定采用。

特一级抗震等级剪力墙底部加强部位的弯矩设计值应乘以 1.1 的增大系数，其他部位的弯矩设计值应乘以 1.3 的增大系数；底部加强部位的剪力设计值，应按考虑地震作用组合的剪力计算值的 1.9 倍采用，其他部位的剪力设计值，应按考虑地震作用组合的剪力计算值的 1.4 倍采用。

8. 框架-剪力墙结构高度超过 50m 时，应采用现浇楼盖和屋盖。建筑高度不超过 50m 时顶层也应采用现浇屋盖。

9. 建筑高度不超过 50m 时，8、9 度抗震设计的框架-剪力墙结构宜采用现浇楼盖；6、7 度抗震设计的框架-剪力墙结构，也可采用有配筋整浇层的装配整体式楼盖，有关装配整体式楼盖的设计要求详见第七章。

10. 框架-剪力墙结构的剪力墙基础应有良好的整体性和抗转动能力。

11. 抗震设计框架-剪力墙结构剪力墙底部加强部位的高度取剪力墙总高度的 1/10 和底部两层的较大值。当建筑高度不大于 24m 时，底部加强部位可取底部一层。

12. 非抗震设计框架-剪力墙结构的剪力墙厚度不应小于 160mm，且不宜小于层高或无支长度的 1/20。

抗震设计一、二级抗震等级剪力墙底部加强部位墙厚不应小于 200mm，且不宜小于层高或无支长度的 1/16；其他部位墙厚不应小于 160mm，且不宜小于层高或无支长度的 1/20。三、四级抗震等级剪力墙墙厚不应小于 160mm，且不宜小于层高或无支长度的 1/20。

13. 抗震设计合理设置剪力墙的横梁和端柱将对剪力墙起约束作用，即使剪力墙破坏后，剪力墙的端柱仍能承受竖向荷载，且具有一定抗侧力能力。试验表明楼层处设置的横梁能控制剪力墙斜裂缝的开展和延伸，剪力墙的横梁可选用暗梁或横梁，暗梁高度可取墙厚的两倍或与相连框架梁截面等高，柱距较大时宜设置横梁。

剪力墙端柱应有足够的截面，以便承受剪力墙斜向通裂时对边框端柱产生的附加剪力。端柱截面尺寸宜符合以下规定，端柱的截面宜与同层框架柱相同，应满足框架柱的要求，且端柱宽度不小于 2 倍墙厚，端柱截面高度不小于框架柱的宽度。

有边框剪力墙的端柱和横梁与剪力墙的轴线宜重合在同一平面内。剪力墙与端柱、框架梁与框架柱轴线间偏心距 9 度时不应大于 1/4 柱宽；非抗震设计和 6~8 度抗震设计不宜大于 1/4 柱宽，偏心距大于 1/4 柱宽时应计入偏心的影响。

二、配筋与构造要求

1. 框架-剪力墙结构中剪力墙是结构的主要受力构件，因此在构造上要保证其承载力和延性。**剪力墙的水平和竖向分布钢筋配筋率非抗震设计时不应小于 0.2%，抗震设计时不应小于 0.25%。**分布钢筋间距不宜大于 300mm、直径不宜小于 10mm。剪力墙水平和竖向分布钢筋的直径不宜大于墙厚的 1/10。

双排分布钢筋之间应设置拉筋，拉筋直径不应小于 6mm，间距不应大于 600mm。

特一级抗震等级剪力墙一般部位的水平和竖向分布钢筋配筋率不应小于 0.35%，底部加强部位的水平和竖向分布钢筋配筋率不应小于 0.4%。

2. 非抗震设计剪力墙横梁或暗梁的上、下纵向钢筋配筋率，均不应小于 0.2%，箍筋不应少于 $\phi6@200$。

抗震设计有边框剪力墙横梁或暗梁的上、下纵向钢筋配筋率，应符合第五章相应抗震等级框架梁纵向受拉钢筋最小配筋率的要求。

箍筋不应少于 $\phi6@200$。

3. 剪力墙水平分布钢筋与边框端柱的连接构造，见本章第四节相关要求。

4. 剪力墙需要开设洞口时应满足图 6.5.3 的构造要求。

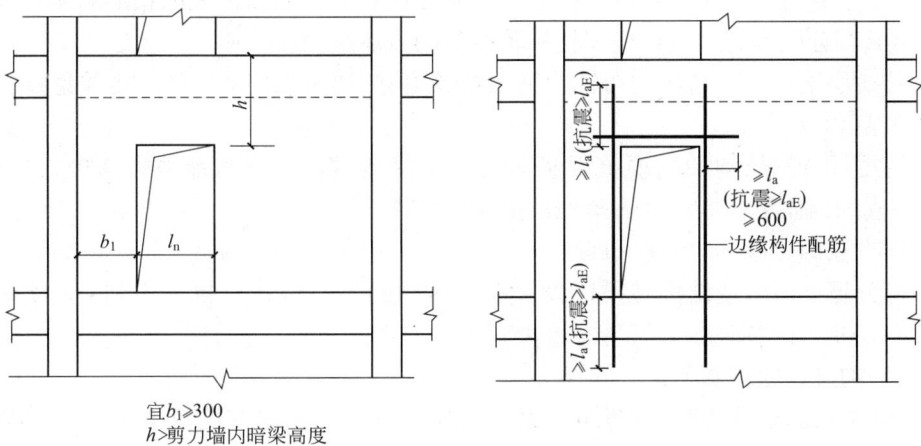

宜 $b_1 \geqslant 300$
h>剪力墙内暗梁高度

图 6.5.3　有端柱剪力墙的洞口要求及配筋构造

5. 剪力墙连梁设计及配筋构造应符合本章第四节的有关要求。

特一级抗震等级剪力墙连梁的配筋构造同第四节一级抗震等级剪力墙的相关要求。

6. 框架-剪力墙结构的框架设计应满足第五章的有关要求。

7. 框架-剪力墙结构的框架梁、柱和节点，按一级抗震等级设计时混凝土强度等级不应低于 C30，非抗震设计和按二、三级抗震等级设计时混凝土强度等级不应低于 C20（采用 400MPa 级以上的钢筋时混凝土强度等级不宜低于 C25）。

三、剪力墙端柱及洞口边缘构件的构造要求

1. 非抗震设计的剪力墙端柱纵向钢筋除应满足计算要求外，其配筋率还应满足第五章框架柱的有关要求。剪力墙端柱箍筋不应少于 $\phi6@200$，并应满足框架柱配箍的有关构造要求。

2. 非抗震设计的剪力墙洞口边缘构件的配筋除应满足计算要求外，应设置不少于 4 根直径不小于 12mm 的纵向构造钢筋，箍筋不应少于 $\phi6@250$。

3. 抗震设计的剪力墙当洞口紧贴端柱设置时，剪力墙端柱宜按相应抗震等级框架柱箍筋加密区要求沿端柱全高设置加密箍筋。

4. 抗震设计底部加强部位剪力墙端柱的箍筋宜按相应抗震等级框架柱箍筋加密区要求沿端柱全高设置加密箍筋。

5. 抗震设计框架-剪力墙结构的剪力墙洞口边缘构件及其他部位剪力墙端柱的配筋和构造，应满足本章第四节的有关要求。

第六节　部分框支剪力墙结构的设计和构造要求

一、结构布置

1. 当建筑功能需要底部有较大空间时，结构设计常常采用部分框支剪力墙结构，由于部分框支剪力墙结构属于竖向不规则结构，**9 度抗震设计时不应采用带转换层的结构。**

2. 部分框支剪力墙结构的转换层是上、下层不同结构传递内力和变形的复杂受力部位，抗震设计时更是关键部位。转换层应依据建筑布局及结构要求进行设计，可采用框支梁、桁架、空腹桁架、斜撑，以及由上、下层楼板和竖向隔板组成的箱形结构等转换结构构件，形成部分框支剪力墙结构和托柱转换层的筒体结构。

3. 转换层上、下层结构的布置宜采用荷载直接传递的结构方案，宜避免使用荷载间接传递的厚板转换结构。

4. 抗震设计时结构的主要抗震竖向构件应落地贯通，除落地剪力墙外，由电梯间、楼梯间组成的筒体结构应设计为落地的抗侧力构件。

5. 框支层的楼板不应错层布置。

6. 部分框支剪力墙结构转换层设置在建筑物的较高位置对抗震不利，8 度时不宜超过第 3 层，7 度时不宜超过第 5 层，6 度时可适当提高。

二、结构设计的基本要求

1. 部分框支剪力墙结构由落地剪力墙、框支剪力墙和框支层框架组成，其截面设计和构造要求除本节有关规定外，还应满足第五章框架结构和本章第四节剪力墙结构的有关构造要求。

部分框支剪力墙结构框支框架承担的地震倾覆力矩应小于结构总地震倾覆力矩的 50%。

2. 部分框支剪力墙结构的平面布置应如图 6.6.1 所示，力求简单规则，均衡对称，避免扭转的不利影响。

非抗震设计落地剪力墙的间距应满足以下条件：

$$l \leqslant 3B \text{、且} \leqslant 36\text{m}$$

抗震设计框支层的平面宜对称，且宜设置抗震筒体，平面内应尽量使地震作用中心与结构刚度中心重合。矩形平面的建筑如楼盖无大洞口时，落地剪力墙的间距应满足以下条件（B 为落地墙之间楼盖的平均宽度）：

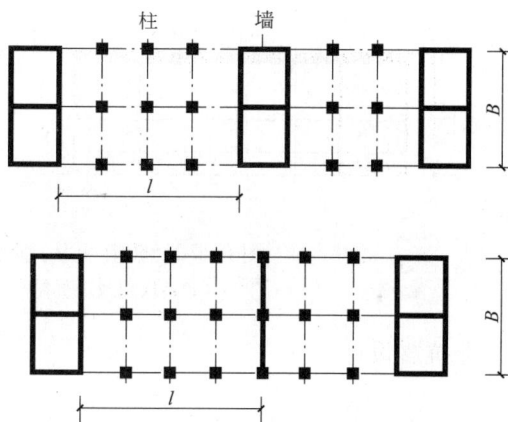

图 6.6.1　底层大空间剪力墙结构平面示意

底部框支层不超过 2 层时 $l \leqslant 2B$、且 $\leqslant 24\text{m}$。

底部框支层超过 2 层时 $l \leqslant 1.5B$、且 $\leqslant 20\text{m}$。

3. 落地剪力墙与相邻框支柱的距离，框支层不超过 2 层时不宜大于 12m；超过 2 层时不宜大于 10m。

4. 结构竖向布置应使转换层结构与相邻上层结构的等效剪切刚度比满足以下要求。

（1）转换层设置在 1、2 层时等效剪切刚度比

非抗震设计

$$\gamma_{e1} = \frac{G_1 A_1}{G_2 A_2} \times \frac{h_2}{h_1} \geqslant 0.4 \tag{6.6.1}$$

抗震设计

$$\gamma_{e1} = \frac{G_1 A_1}{G_2 A_2} \times \frac{h_2}{h_1} \geqslant 0.5 \tag{6.6.2}$$

转换层结构与相邻上层结构的等效剪切刚度比宜接近 1。

式中：G_1、G_2——转换层结构与上层结构的混凝土剪切变形模量（取 $G = 0.4E$）；

A_1、A_2——转换层结构与上层结构的折算受剪截面面积；

$$A_i = A_{w,i} + \sum_j C_{i,j} A_{ci,j} \quad (i = 1, 2)$$

$$C_{i,j} = 2.5 \left(\frac{h_{ci,j}}{h_i} \right)^2 \quad (i = 1, 2)$$

$A_{w,i}$——第 i 层全部剪力墙在计算方向的有效截面面积（不包括翼缘面积）；

$A_{ci,j}$——第 i 层第 j 根柱的截面面积；

h_i——第 i 层的层高；

$h_{ci,j}$——第 i 层第 j 根柱沿计算方向的截面高度；

$C_{i,j}$——第 i 层第 j 根柱的截面面积折算系数当计算值大于 1 时取 1。

（2）转换层设置在第二层以上时，应满足转换层侧向刚度与其相邻上层的侧向刚度比 $K_i / K_{i+1} \geqslant 0.6$ 的要求（K_i、K_{i+1} 的定义见图 6.2.7）。

转换层设置在第二层以上时，尚宜采用图 6.6.2 所示计算模型，计算转换层下部结构与上部结构的等效侧向刚度比。

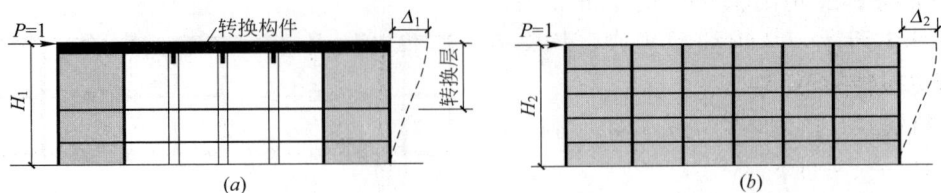

图 6.6.2　转换层上、下等效侧向刚度计算模型简图
(a)转换层及下部结构；(b)转换层上部部分结构

非抗震设计

$$\gamma_{e2} = \frac{\Delta_2 H_1}{\Delta_1 H_2} \geqslant 0.5 \qquad (6.6.3)$$

抗震设计

$$\gamma_{e2} = \frac{\Delta_2 H_1}{\Delta_1 H_2} \geqslant 0.8 \qquad (6.6.4)$$

图 6.6.2 所示转换层下部结构与上部结构等效侧向刚度比 γ_{e2} 宜接近 1。

式中：H_1——转换构件顶部以下结构的高度；

　　　Δ_1——图 6.6.2(a)所示转换层顶部在单位水平力作用下的侧向位移；

　　　H_2——转换层上部结构若干层的高度，所取层数的高度 $H_2 \approx H_1$，且 $H_2 \leqslant H_1$；

　　　Δ_2——转换层上部结构 H_2 高度的顶部，在单位水平力作用下的侧向位移，如图 6.6.2(b)所示。

5. 抗震设计部分框支剪力墙结构其剪力墙底部加强部位的高度应从地下室顶板算起，宜取至转换层以上二层，且不宜小于建筑高度的 1/10。

6. 当部分框支剪力墙结构超过表 6.2.4 规定属竖向不规则结构时，其转换层(薄弱层)对应于地震作用标准值的地震剪力应乘以 1.25 的增大系数。

7. 抗震设计的部分框支剪力墙结构，为了保证转换构件的设计安全度和具有可靠的抗震性能，转换构件的水平地震作用计算内力应乘以增大系数，特一级抗震等级转换构件乘以增大系数 1.9、一级乘以 1.6、二级乘以 1.3。

8. 采用空腹桁架转换层时，空腹桁架宜满层设置，应有足够的刚度保证其整体受力作用。空腹桁架的上、下弦杆宜考虑楼板作用，并应加强上、下弦杆与框架柱的锚固连接构造；竖腹杆应按强剪弱弯进行配筋设计，并加强箍筋配置以及与上、下弦杆的连接构造措施。

9. 落地剪力墙和框支剪力墙墙肢及连梁截面控制条件应符合本章第四节的有关规定。

10. 落地剪力墙的基础应有良好的整体性和抗转动能力，宜采用整体性基础。

11. 当地面以上框支层多于 2 层时，框支柱及落地剪力墙底部加强部位的抗震等级宜按表 6.3.6 提高一级采用，特一级不再提高。

三、框支柱设计与构造要求

1. 框支柱的混凝土强度等级不应低于 C30。特一级框支柱宜采用型钢混凝土柱、钢管混凝土柱。

2. 非抗震设计框支柱截面宽度不宜小于 400mm，框支柱截面高度不宜小于转换梁跨度的 1/15。抗震设计框支柱截面宽度不宜小于 450mm，框支柱截面高度不宜小于转换梁跨度的 1/12。

3. 抗震设计框支柱轴压比限值不宜超过表 5.3.1 的要求。

4. 抗震设计框支柱弯矩设计值和剪力设计值的调整

（1）框支柱承受的地震剪力标准值应按以下规定进行调整

抗震设计当每层框支柱多于 10 根，框支层不多于 2 层时每层框支柱承受的地震剪力之和应至少取基底地震剪力的 20%；当框支层为 3 层及 3 层以上时，每层框支柱承受的地震剪力之和应至少取基底地震剪力的 30%。

抗震设计当每层框支柱不多于 10 根，框支层不多于 2 层时每根框支柱承受的地震剪力应不小于基底地震剪力的 2%；当框支层为 3 层及 3 层以上时，每根框支柱承受的地震剪力应不小于基底地震剪力的 3%。

（2）框支柱地震剪力标准值调整后，应相应调整框支柱的弯矩和梁端（不包括转换梁）的剪力、弯矩。

（3）抗震设计时为推迟与转换层构件相连的框支柱上端和底层框支柱下端塑性铰的出现，其截面组合的弯矩设计值应乘以增大系数，特一级抗震等级乘以 1.8（角柱乘 1.98），一级乘以 1.5（角柱乘 1.65），二级乘以 1.3（角柱乘 1.43）。

当有多层框支层时，中间层框支柱柱端地震作用组合的弯矩设计值也应乘以增大系数，特一级乘以增大系数 1.68（角柱乘 1.85），一级乘 1.4（角柱乘 1.54），二级乘 1.2（角柱乘 1.32）。

中间层框架节点部位应符合'强柱弱梁'的设计要求。

底层框支柱的纵向钢筋宜按柱上、下端不利情况配置。

（4）框支柱截面应满足'强剪弱弯'的设计要求，剪力设计值应乘以增大系数，特一级抗震等级剪力增大系数取 1.68，一级取 1.4，二级取 1.2。

（5）考虑到地震作用下落地剪力墙的刚度退化使框支柱轴力增大，地震作用产生的框支柱轴力应乘以增大系数，特一级抗震等级应乘以增大系数 1.8，一级乘 1.5，二级乘以 1.2。计算轴压比时不乘增大系数。

5. 框支柱的剪力设计值应满足以下要求：

（1）非抗震设计框支柱截面的组合剪力设计值应符合

$$V_c \leqslant 0.2\beta_c f_c b h_0 \tag{6.6.5}$$

（2）抗震设计框支柱截面的地震组合剪力设计值应符合

$$V_c \leqslant \frac{1}{\gamma_{RE}}(0.15\beta_c f_c b h_0) \tag{6.6.6}$$

式中：γ_{RE}——承载力抗震调整系数，取 0.85。

6. 框支柱纵向钢筋配筋要求

框支柱截面每一侧纵向钢筋配筋率不应小于 0.2%；且全部纵向钢筋最小配筋率非抗震设计不应小于 0.7%，抗震设计应满足表 6.6.1 的要求。

抗震设计框支柱纵向钢筋最小配筋率（%）　　　　　　　表 6.6.1

钢筋类别	抗震设计		
	特一级	一级	二级
HRB500、HRBF500	1.60	1.10	0.90
HRB400、HRBF400、RRB400	1.65	1.15	0.95

注：1. 当混凝土强度等级≥C60 时，表中数值增加 0.1；

　　2. 抗震设计Ⅳ类场地上的建筑，表中数值应增加 0.1。

非抗震设计的框支柱全部纵向钢筋配筋率不宜大于 5%，不应大于 6%。纵向钢筋间距不宜大于 250mm，且不应小于 80mm。

抗震设计的框支柱全部纵向钢筋配筋率不应大于 5%，柱纵向钢筋宜对称配置。纵向钢筋间距不宜大于 200mm，且不应小于 80mm，每隔一根纵筋都宜有两个方向的约束。

框支柱纵向钢筋接头宜采用机械连接。

7. 抗震设计为了提高框支柱受剪承载力及延性性能，**框支柱箍筋应采用复合螺旋箍或井字复合箍，箍筋直径不应小于 10mm，箍筋间距不应大于 100mm 和 6 倍纵向钢筋直径的较小值，并应沿柱全高加密。**箍筋肢距及配筋构造按第五章第三节的要求采用。

抗震设计框支柱箍筋的最小配箍特征值应满足表 6.6.2 要求。

抗震设计框支柱箍筋的最小配箍特征值 λ_v　　　　　　　表 6.6.2

抗震等级	箍筋形式	轴压比				
		≤0.3	0.4	0.5	0.6	0.7
特一级	井字复合箍	0.13	0.14	0.16	0.18	
	复合螺旋箍或连续复合矩形螺旋箍	0.11	0.12	0.14	0.16	
一级	井字复合箍	0.12	0.13	0.15	0.17	
	复合螺旋箍或连续复合矩形螺旋箍	0.10	0.11	0.13	0.15	
二级	井字复合箍	0.10	0.11	0.13	0.15	0.17
	复合螺旋箍或连续复合矩形螺旋箍	0.08	0.09	0.11	0.13	0.15

注：1. 一、二级抗震等级框支柱体积配箍率不应小于 1.5%，特一级抗震等级不小于 1.6%；

　　2. 混凝土强度等级大于 C60，轴压比不大于 0.6 时表中 λ_v 值宜增大 0.02；轴压比大于 0.6 时 λ_v 值宜增大 0.03。

非抗震设计框支柱宜采用复合螺旋箍或井字复合箍，箍筋体积配箍率不宜小于 0.8%，箍筋直径不宜小于 10mm，箍筋间距不宜大于 150mm。

8. 框支柱应将能贯通的纵向钢筋延伸到框支梁以上的墙体内，延伸高度不小于上层层高，如图 6.6.3 所示。框支柱内其余纵筋应锚入转换梁内和楼板内，锚入长度应自柱边起不小于 l_a（非抗震设计）或 l_{aE}（抗震设计）。

9. 抗震设计时，框支柱与转换梁的节点核心区应进行抗震验算，节点核心区的箍筋设置和构造措施应符合相应抗震等级框架节点核心区的要求。

10. 框支柱的中间层节点配筋构造，按第五章要求采用。

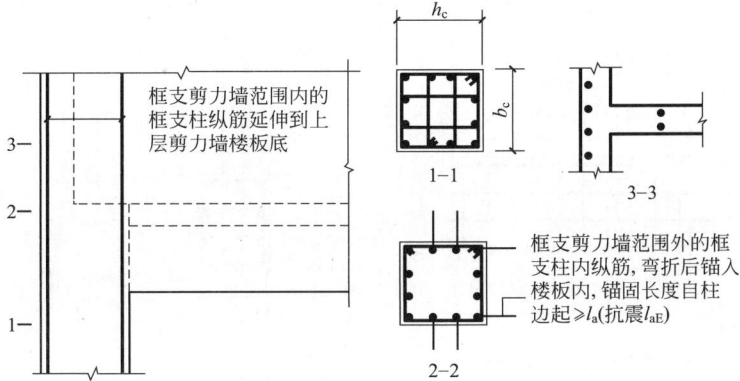

图 6.6.3　框支柱配筋构造

四、转换梁的设计与构造要求

1. 转换梁的混凝土强度等级不应低于 C30。

2. 转换梁中线宜与框支柱中线重合。

3. 转换梁宽度不宜小于相邻上层剪力墙厚度的 2 倍，且不小于 400mm，也不宜大于框支柱柱宽。转换梁高度不宜小于跨度的 1/8。托柱转换梁截面宽度不应小于其上所托柱在梁宽方向的截面宽度。

4. 转换梁截面组合的剪力设计值应满足以下要求：

（1）非抗震设计

$$V \leqslant 0.2\beta_c f_c bh_0 \tag{6.6.7}$$

（2）抗震设计

$$V \leqslant \frac{1}{\gamma_{RE}}(0.15\beta_c f_c bh_0) \tag{6.6.8}$$

5. 转换梁的上、下部纵向钢筋的最小配筋率，非抗震设计时不应小于 0.30%；抗震设计时，特一、一和二级分别不应小于 0.60%、0.50% 和 0.40%。沿梁腹板高度应配置间距不大于 200mm、直径不小于 16mm 的腰筋。

转换梁纵向钢筋不宜有接头，有接头时宜采用机械连接接头，同一截面内接头钢筋截面面积不应超过全部纵向钢筋截面面积的 50%，接头位置应避开上部墙体开洞部位、梁上托柱部位及受力较大部位。

6. 偏心受拉的转换梁，其支座上部纵向钢筋至少应有 50% 沿梁全长贯通，下部纵向钢筋应全部直通到柱内。

转换梁的配筋构造如图 6.6.4 所示。

7. 离柱边 1.5 倍转换梁截面高度范围内的梁箍筋应加密，加密区箍筋直径不应小于 10mm，间距不应大于 100mm。加密区箍筋的最小面积配筋率，非抗震设计时不应小于 $0.9f_t/f_{yv}$；抗震设计时，特一、一和二级分别不应小于 $1.3f_t/f_{yv}$、$1.2f_t/f_{yv}$ 和 $1.1f_t/f_{yv}$。

8. 转换梁上部墙体开有门洞和梁上托柱时，该部位转换梁的箍筋应加密设置，加密区范围可取梁上托柱边和洞口墙边两侧各 1.5 倍转换梁高度，箍筋直径、间距及配箍率应按第 7 款规定设置。

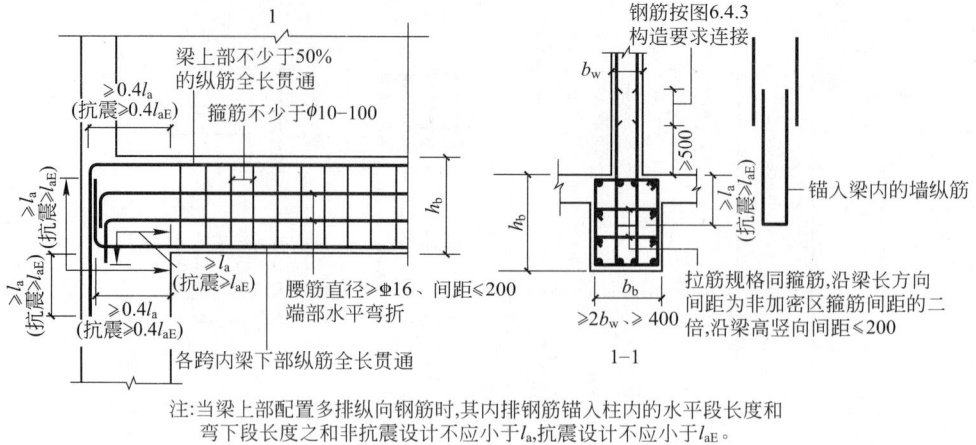

注：当梁上部配置多排纵向钢筋时，其内排钢筋锚入柱内的水平段长度和
弯下段长度之和非抗震设计不应小于 l_a 抗震设计不应小于 l_{aE}。

图 6.6.4　转换梁的配筋构造

当洞口靠近转换梁端部且梁的受剪承载力不满足要求时，可采取转换梁端部加腋等措施。

9．转换梁不宜开洞。若必须开洞时，洞口边离开支座柱边的距离不宜小于梁截面高度，被洞口削弱的转换梁截面应进行承载力计算。因开洞形成的上、下弦杆应加强纵筋和受剪箍筋的配置。

10．托柱转换梁应沿腹板高度配置腰筋，其直径不宜小于 12mm、间距不宜大于 200mm。

11．箱形转换结构的上、下楼板厚度均不宜小于 180mm，应根据转换柱的布置和建筑功能要求设置双向横隔板；上、下板配筋设计应同时考虑板局部弯曲和箱形转换层整体弯曲的影响，横隔板宜按深梁设计。

12．转换层上部的竖向抗侧力构件（墙、柱）宜直接落在转换层的主要转换构件上。当转换梁承托剪力墙并承托转换次梁及其上的剪力墙时，应进行应力分析，按应力校核配筋，并应加强配筋构造措施。

B 级高度部分框支剪力墙高层建筑的结构转换层，不宜采用框支主、次梁方案。

五、转换厚板设计与构造要求

1．间接传递荷载的厚板转换结构应控制使用范围，非抗震设计和 6 度抗震设计时转换构件可采用厚板。7、8 度抗震设计时地下室的转换结构构件可采用厚板。

2．转换厚板的厚度可由受弯、受剪、抗冲切截面承载力计算确定。

3．转换厚板可局部做成薄板，薄板与厚板交界处可加腋；转换厚板亦可局部做成夹心板。

4．转换厚板宜按整体计算时所划分的主要交叉梁系的剪力和弯矩设计值进行截面设计，并按有限元法分析结果进行配筋校核。受弯纵向钢筋可沿转换板上、下部双层双向配置，每一方向总配筋率不宜小于 0.6％。转换厚板内暗梁受剪箍筋配筋率不宜小于 0.45％。

5．转换厚板的混凝土强度等级不应低于 C30。

6．为防止转换厚板的板端沿厚度方向产生层状水平裂缝，宜在厚板外周边配置钢筋骨架网进行加强。

7．转换厚板上、下部的剪力墙、柱的纵向钢筋均应在转换厚板内可靠锚固。

8. 转换厚板上、下一层的楼板应适当加强，楼板厚度不宜小于 150mm。

六、框支剪力墙设计与构造要求

1. 转换构件上部的剪力墙厚度不宜小于 200mm；当墙体作为转换构件时，墙厚度不宜小于 300mm。

2. 非抗震设计转换构件上部的剪力墙，分布钢筋最小配筋率不应小于 0.25%。分布钢筋间距不应大于 300mm。水平分布钢筋直径不应小于 8mm，竖向分布钢筋直径不宜小于 10mm。

抗震设计时转换构件上部剪力墙底部加强部位分布钢筋配筋率不应小于 0.3%，非加强部位不应小于 0.25%；分布钢筋间距不应大于 200mm。直径不宜大于墙厚的 1/10，且不应小于 8mm，竖向分布钢筋直径不宜小于 10mm。

特一级抗震等级框支剪力墙底部加强部位的水平和竖向分布钢筋配筋率不应小于 0.4%，其他部位分布筋配筋率不应小于 0.35%。

剪力墙水平和竖向分布钢筋的直径不宜大于墙厚的 1/10。

剪力墙竖向分布钢筋在框支梁内的锚固构造，如图 6.6.4 所示。

3. 转换梁相邻的上一层剪力墙端部有较大的应力集中区段，应配置足够的竖向钢筋与混凝土共同承担竖向压应力；如图 6.6.5 所示，此范围一般为由柱边起 $0.2l_n$ 区段内（l_n 为框支梁净跨）和柱上墙体部位。

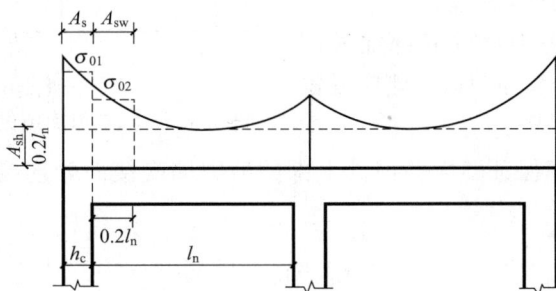

图 6.6.5 转换梁相邻剪力墙局部加强配筋范围

此外，转换梁上层剪力墙 $0.2l_n$ 高度范围内还应配置水平分布钢筋。竖向和水平分布钢筋配筋数量，应按式(6.6.9)、式(6.6.10)和式(6.6.11)计算：

柱上墙体端部竖向分布钢筋面积

$$A_s = \frac{h_c b_w (\sigma_{01} - f_c)}{f_y} \tag{6.6.9}$$

距框支柱边 $0.2l_n$ 范围内墙体竖向分布钢筋面积

$$A_{sw} = \frac{0.2 l_n b_w (\sigma_{02} - f_c)}{f_{yw}} \tag{6.6.10}$$

转换梁以上 $0.2l_n$ 高度范围内水平分布钢筋面积

$$A_{sh} = \frac{0.2 l_n b_w \sigma_{xmax}}{f_{yh}} \tag{6.6.11}$$

抗震设计时公式(6.6.9)、式(6.6.10)、式(6.6.11)中 σ_{01}、σ_{02}、σ_{xmax} 均应乘以 γ_{RE}，取 $\gamma_{RE} = 0.85$。

式中：l_n——转换梁净跨度；

　　　h_c——框支柱截面高度；

　　　b_w——转换梁上部剪力墙厚度；

　　　σ_{01}——柱上墙体 h_c 范围内考虑风荷载、地震作用组合的平均压应力设计值；

　　　σ_{02}——墙体距柱边 $0.2l_n$ 范围内考虑风荷载、地震作用组合的平均压应力设计值；

　　　σ_{xmax}——转换梁与剪力墙交接面上考虑风荷载、地震作用组合的水平拉应力设计值；

f_y、f_{yw}、f_{yh}——所计算部位剪力墙墙端纵筋、剪力墙竖向及水平分布钢筋的抗拉强度设计值。

4. 转换梁上一层墙体内不宜设置边门洞，也不宜在框支中柱上方设置门洞。转换梁上部剪力墙设置有边门洞时，洞边墙体宜设置翼墙、端柱或墙体加厚，并应按剪力墙约束边缘构件要求进行配筋设计，当洞口靠近转换梁端部且转换梁受剪承载力不满足要求时，可采取梁端加腋（如图 6.6.6 所示）或增大框支墙洞口连梁刚度等措施。

5. 抗震设计框支剪力墙的底部加强部位及其上一层的墙肢端部和洞口两侧应设置约束边缘构件。

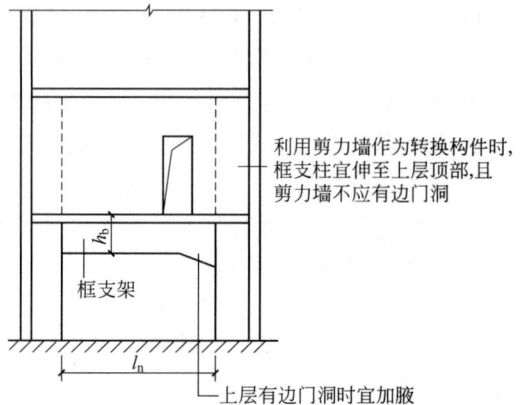

利用剪力墙作为转换构件时，框支柱宜伸至上层顶部，且剪力墙不应有边门洞

框支架

上层有边门洞时宜加腋

图 6.6.6　框支剪力墙设置边门洞的构造要求

6. 抗震设计时为了保证转换梁与其上部的剪力墙交接面处连接的可靠性，交接面处竖向配筋应满足：

$$V \leqslant \frac{1}{\gamma_{RE}}(0.6f_y A_s + 0.8N) \tag{6.6.12}$$

式中：V——剪力墙交接面处地震作用组合的剪力设计值；

　　　A_s——剪力墙交接面处竖向分布钢筋和边缘构件内纵筋总面积；

　　　f_y——钢筋抗拉设计强度；

　　　N——地震作用组合的轴向力设计值，压力取正值，拉力取负值；

　　　γ_{RE}——承载力抗震调整系数，取 0.85。

七、落地剪力墙设计与构造要求

1. 转换梁上部剪力墙的设计应符合第四节的构造要求。落地剪力墙和筒体底部墙体应加厚；落地剪力墙底部加强部位及其上一层混凝土强度等级不宜低于 C30。

2. 非抗震设计落地剪力墙水平和竖向分布钢筋配筋率不应小于 0.25%，分布钢筋间距不应大于 300mm。水平分布钢筋直径不应小于 8mm，竖向分布钢筋直径不宜小于 10mm。

抗震设计剪力墙底部加强部位，分布钢筋配筋率不应小于 0.3%；其他部位不应小于 0.25%。分布钢筋间距不宜大于 200mm，分布钢筋直径不宜小于 10mm。

剪力墙水平和竖向分布钢筋的直径不宜大于墙厚的 1/10。

特一级抗震等级落地剪力墙底部加强部位的水平和竖向分布钢筋配筋率不应小于0.4%，其他部位分布钢筋配筋率不应小于0.35%。

3. 一级抗震等级落地剪力墙底部加强部位约束边缘构件以外部位的墙体，在两排钢筋间应设置直径不小于8mm，间距不大于400mm的拉结筋时，验算落地剪力墙受剪承载力时可计入混凝土的受剪作用。

4. 抗震设计落地剪力墙底部加强部位的弯矩设计值，应按墙肢底部截面地震作用组合的弯矩值乘以增大系数，特一级抗震等级乘以增大系数1.8、一级乘1.5、二级乘1.3、三级乘1.1。

抗震设计落地剪力墙底部加强部位，其截面受剪承载力应符合式(6.4.4)的要求。

落地剪力墙底部加强部位的剪力应按强剪弱弯原则进行调整，其截面组合的剪力计算值应乘以增大系数，特一级抗震等级增大系数取1.9、一级1.6、二级1.4、三级1.2。

5. 抗震设计落地剪力墙不宜出现偏心受拉墙肢。无地下室的落地剪力墙，当考虑不利荷载组合出现大偏心受拉时，宜在墙肢的底部截面处另设交叉防滑斜筋，防滑斜筋承担的地震剪力可按墙肢底截面处剪力设计值的30%采用。

6. 落地剪力墙和筒体的洞口宜设置在墙体的中部。

7. 落地剪力墙基础应有良好的整体性和抗转动的能力。

八、剪力墙边缘构件构造要求

1. 非抗震设计落地剪力墙和框支剪力墙墙肢的端部应设置构造边缘构件，边缘构件纵向钢筋除应满足受弯承载力要求外，尚应满足第四节的有关配筋构造要求。

2. 抗震设计落地剪力墙和框支剪力墙底部加强部位及上一层宜设置翼墙或端柱；一级、二级和三级抗震等级底部加强部位及其上一层的墙肢端部应设置约束边缘构件，其配筋构造应符合本章第四节有关规定。特一级抗震等级的墙肢约束边缘构件纵向钢筋面积不应小于$0.014A_c$，配箍特征值比一级抗震等级增大20%，最小体积配箍率按式(6.4.10)计算；构造边缘构件纵向钢筋面积不应小于$0.012A_c$。

剪力墙约束边缘构件配筋构造应符合图6.4.11的要求。

其他部位墙肢端部应按本章第四节的有关规定和图6.4.12要求设置构造边缘构件。

3. 特一级抗震设计的落地剪力墙底部加强部位边缘构件宜配置型钢，型钢宜向上、下各延伸一层。

九、转换层楼板设计与构造要求

1. 为了保证转换层楼板的刚性应采用现浇混凝土楼板，楼板厚度不宜小于180mm，混凝土强度等级不宜低于C30，应采用双层双向配筋，每层每个方向配筋率不宜小于0.25%。楼板钢筋应锚固在边梁或墙体内。

转换层楼板在落地剪力墙和筒体周围不宜开洞，楼梯间、电梯间宜尽量布置在落地剪力墙所组成的筒体内。

抗震设计时与转换层相邻的上、下层楼盖，也应适当加强。

2. 抗震设计矩形平面建筑的转换层楼板与落地剪力墙应有可靠的连接，以保证剪力的传递。楼板混凝土强度等级不大于C50时，楼板的厚度应满足式(6.6.13)的要求：

$$V_f \leqslant \frac{1}{\gamma_{RE}}(0.1 f_c b_f t_f) \qquad (6.6.13)$$

楼板内纵向钢筋贯通和锚入剪力墙内的钢筋截面面积应满足式(6.6.14)要求：

$$V_{\mathrm{f}} \leqslant \frac{1}{\gamma_{\mathrm{RE}}} f_{\mathrm{y}} A_{\mathrm{s}} \qquad (6.6.14)$$

式中：V_{f}——由不落地剪力墙传到落地剪力墙处按刚性楼板计算的转换层楼板组合的剪力设计值，8 度时应乘以增大系数 2、7 度时乘以增大系数 1.5；验算落地剪力墙时不考虑此项增大系数；

  b_{f}——转换层楼板宽度；

  t_{f}——转换层楼板厚度；

  f_{c}——混凝土轴心抗压强度设计值；

  f_{y}——钢筋抗拉强度设计值；

  A_{s}——转换层楼盖内贯通和锚入落地剪力墙内的全部钢筋截面面积（包括楼板和梁内的钢筋）；

  γ_{RE}——承载力抗震调整系数，取 0.85。

3. 转换层楼盖的边缘及较大洞口周边应设置边梁，其尺寸如图 6.6.7 所示，边缘构件内纵向钢筋面积不小于 $0.01A_{\mathrm{b}}$（A_{b} 为边缘构件截面面积），纵筋在边缘构件内上、下层均匀设置，箍筋间距不大于 200mm，箍筋直径不小于 8mm。

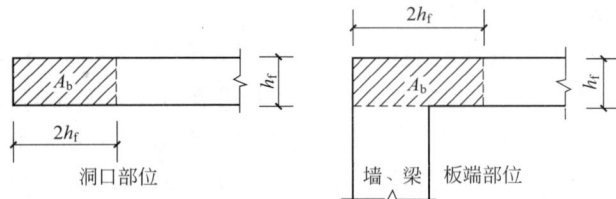

图 6.6.7　转换层楼盖边缘构件

4. 当建筑平面较长或不规则或各剪力墙的内力相差较大时，转换层楼板尚应验算楼板平面内的受弯承载力。

第七节　筒体结构设计和构造要求

一、筒体结构体系

1. 筒中筒结构受力特征

筒中筒结构如图 6.7.1 所示，由实腹内筒和外框筒组成，筒中筒结构能提供很大的抗侧力刚度，适用于平面规整的高层建筑。

外框筒由密排柱和刚度很大的框筒梁组成，从而形成具有空间作用的筒体。承受侧力时垂直于侧力的翼缘框架能承受很大的倾覆力矩，平行于侧力的腹板框架与内筒共同承受水平剪力。有许多因素能影响外框筒结构的受力性能，如建筑平面形状、平面的长宽比、框筒梁与柱的刚度比、框架柱刚域的影响、现浇楼板对框筒梁刚度的影响等。结构平面越接近正方形，外框筒结构的空间作用越显著；侧力作用下框筒梁与柱刚度比越小，翼缘框架梁剪力传递的滞后现象越显著，腹板框架梁的边跨与中间跨的剪力差异也越大。此外，由于现浇楼板的整体作用，计算框筒梁刚度时还应考虑楼板的有效翼缘宽度作用。

筒中筒结构的实腹内筒具有很大的受剪承载力，承受了结构下部的大部分水平剪力。

由于现浇楼板具有很大的水平刚度，从而使外框筒与内筒能协同工作，形成了一个刚度更大的空间结构，筒中筒结构是用于高层建筑的一种有明显优越性的抗风、抗震结构体系。

2. 框架-核心筒结构受力特征

框架-核心筒结构如图 6.7.2 所示，由实腹核心筒与外框架组成，实腹核心筒具有较大的侧向刚度和受剪承载力，且核心筒和翼缘框架共同工作更为结构提供了较大的受弯承载力。

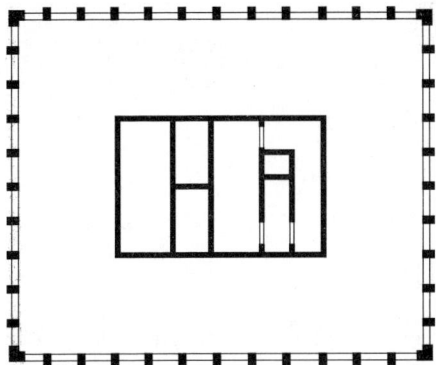

图 6.7.1 筒中筒结构平面示意   图 6.7.2 框架-核心筒结构平面示意

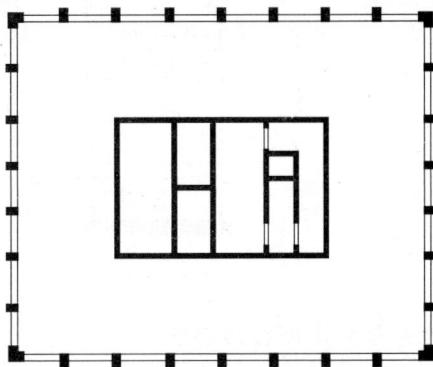

当框架-核心筒结构侧向位移不能满足要求时，也可采用设置水平加强层的结构方案，使核心筒与外框架协同工作，减小结构水平位移。

核心筒与外框架之间的楼盖宜采用梁板体系。

二、框架-核心筒结构水平加强层的作用与设置

1. 控制结构侧向位移的措施

当高层建筑侧向位移超过规范规定，而核心筒又不可能加大面积增大抗侧力刚度时，可如图 6.7.3 所示设置水平加强层，减小结构位移。

框架-核心筒结构的核心筒是体系的主要承受侧力和抗倾覆力矩的构件，当设置水平加强层后，核心筒与外围框架共同工作，从而调整结构的内力分配，如图 6.7.4 所示核心筒与外框架柱形成一个能够整体承受侧力的体系，结构侧移相应减小。

侧力作用下加强层使核心筒的弯曲变形与外框架柱产生的竖向变形得到协调平衡，外框架柱对核心筒弯曲变形的约束使柱产生拉、压轴力，形成反向约束弯矩，从而减小核心筒的弯矩。

图 6.7.3 框架-核心筒结构水平
加强层平面示意

水平加强层的水平伸臂构件通常采用开洞墙梁、空腹桁架、整层箱形梁、斜腹杆桁架等类型的结构构件，采用墙梁时开洞不宜过大，洞口过大或过多都将使水平加强层伸臂构件的刚度降低，其作用亦明显降低。

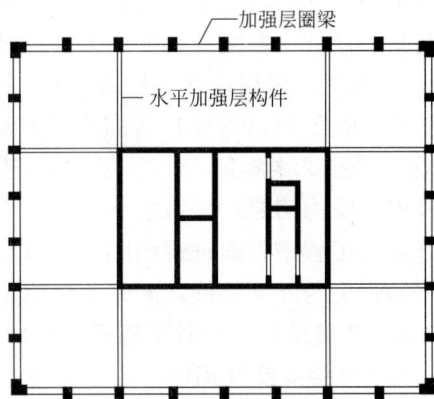

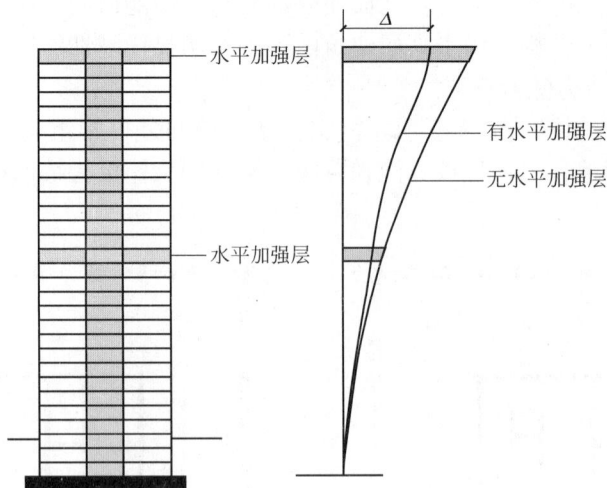

图 6.7.4   水平加强层对侧移的影响

水平加强层所在楼层的外框架柱上应设置刚度较大的圈梁，以使框架柱能充分地参与工作，共同承受整体结构的倾覆弯矩。

2. 设置水平加强层应考虑的影响因素

应合理设计加强层的数量、刚度和设置位置。设置一个水平加强层时可在 0.6 倍建筑高度附近；当设置两个水平加强层时可分别设置在顶层和 0.5 倍房屋高度附近；过多设置水平加强层对控制结构侧向位移并无明显作用。

水平加强层的有效作用与设置位置有关，结构设计所涉及的工程往往是非常复杂的，且结构重力荷载和刚度沿高度也是变化的。因此，在工程设计时应依据实际条件进行优化分析，选择合理的水平加强层设置位置。

水平加强层的变形也会影响其对核心筒的约束作用，水平加强层对核心筒的约束弯矩还与核心筒的受弯刚度及外框架柱的轴向刚度有关。

3. 水平加强层设计与构造要求

（1）框架-核心筒结构设置水平加强层时，内力分析和位移计算应考虑加强层变形及楼板平面内变形影响。设计还应进行模拟施工过程计算，施工过程中结构自重将导致外框架柱轴向压力明显增大，水平加强层内力减小，其作用亦相应降低，应尽可能从结构构造设计和施工程序方面进行调整，以减小结构竖向温度变形及外框架柱轴向压缩变形，如在水平加强层与外框架柱之间采用后浇筑连接，以及有效的外保温措施等。

（2）9 度抗震设计时不应采用带加强层的结构。

（3）加强层及其相邻层的框架柱、核心筒剪力墙的抗震等级应提高一级采用，一级应提高至特一级，但抗震等级已经为特一级时应允许不再提高。

（4）加强层及其相邻层的框架柱，箍筋应全柱段加密设置，轴压比限值应按其他楼层框架柱的数值减小 0.05 采用。

（5）加强层及其相邻层核心筒剪力墙应设置约束边缘构件。

（6）水平加强层及相邻上、下层楼盖刚度和配筋应采取加强措施。加强层楼板厚度不宜小于 180mm，混凝土强度等级不宜低于 C30，并应采用双层双向配筋，每层每个方向配筋率不宜小于 0.25%。

（7）水平加强层构件应与核心筒墙肢贯通，其平面布置宜位于核心筒的转角、T 字节点处；水平伸臂构件与外框架柱采用铰接或半刚性连接。

三、筒体结构托柱转换层的设置与设计要求

筒体结构的外框筒和外框架常常限制了建筑物底部的使用，为了满足建筑功能上的需要，当建筑物底部需要改变为大柱距时，外框筒和外框架底部可如图 6.7.5 所示，采用拱结构、墙梁、桁架等转换构件用于支承上部密排柱。

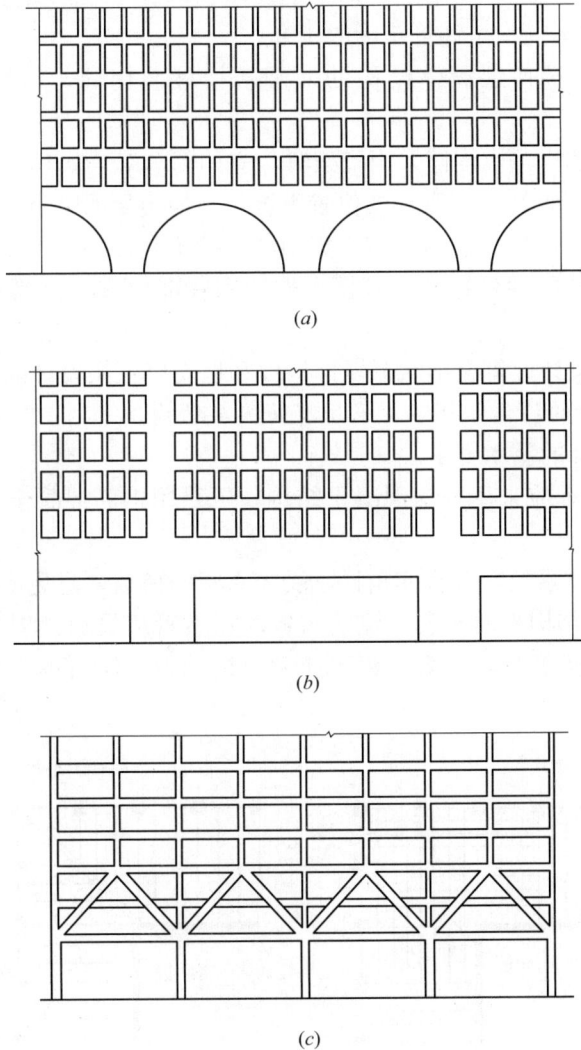

图 6.7.5　筒体结构托柱转换层示意
(a)拱形转换结构；(b)墙梁转换结构；(c)桁架转换结构

外框筒或外框架经转换处理后的底部结构应满足以下要求：

1. 转换层上、下部结构质量中心宜接近重合(不包括裙房)。

2. 转换构件上、下层的侧向刚度比，应符合公式(6.6.1)～(6.6.4)要求。

3. 转换层上部结构的竖向抗侧力构件(墙、柱)宜直接落在转换层的主结构上。

4. 筒中筒结构和框架-核心筒结构的内筒及核心筒应全部落地。

5. 转换层楼盖不应开设大洞口，楼盖平面内宜接近刚性。

6. 转换层楼板和设置楼板边缘构件的要求应符合本章第六节和图 6.6.7 的构造要求。

7. 转换层楼盖与筒体墙应有可靠的连接，转换层楼板的厚度不宜小于 180mm，应双层双向配筋，每层每方向的配筋率不宜小于 0.25%，转换层楼板板厚和楼板锚入筒体墙内的钢筋面积应满足式(6.6.13)和(6.6.14)的要求。

8. 转换梁的高度不宜小于计算跨度的 1/8。

9. 抗震设计托柱转换层筒体结构的外围转换柱与内筒、与核心筒的中距不宜大于 12m。

10. 托柱转换层结构转换构件采用桁架时，应如图 6.7.5(c)所示转换桁架斜腹杆的交点及空腹桁架的竖腹杆宜与上部密柱的位置重合，转换桁架的节点应妥善设计并加强配筋及构造措施，避免杆件产生次应力及应力集中产生的不利影响。

11. 底部有转换层的筒体结构，其框支框架和底部加强部位筒体结构的抗震等级按表 6.3.6 规定采用。

12. 转换层结构设计应符合第六节转换构件和框支层框架设计的有关规定。

13. 9 度抗震设计的筒体结构不应采用有转换层结构。

四、筒体结构设计的基本要求

1. 筒体结构的楼盖应采用现浇混凝土结构，可采用钢筋混凝土平板、扁梁肋形板或密肋板。

筒中筒结构楼盖体系的布置宜使角柱承受较大竖向荷载，避免或减小角柱出现拉力。

图 6.7.6(a)所示结构平面有利于建筑布置和设备管道贯通，但角柱所承受的轴力较小；图 6.7.6(b)所示楼盖布置方案有利于加大角柱轴力，但所占空间较大；楼盖设计可根据情况选用。

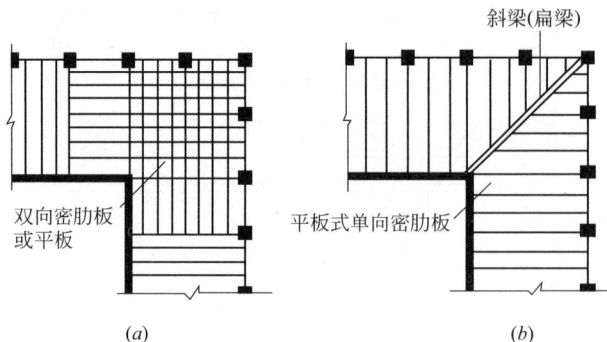

图 6.7.6 筒中筒结构转角楼盖布置

筒体结构楼盖采用平板时，角部宜设置双层双向分布钢筋，每层每个方向配筋率不宜小于 0.3%，钢筋直径应≥8mm，间距≤150mm，双层分布钢筋配筋范围不宜小于图 6.7.7 所示范围。

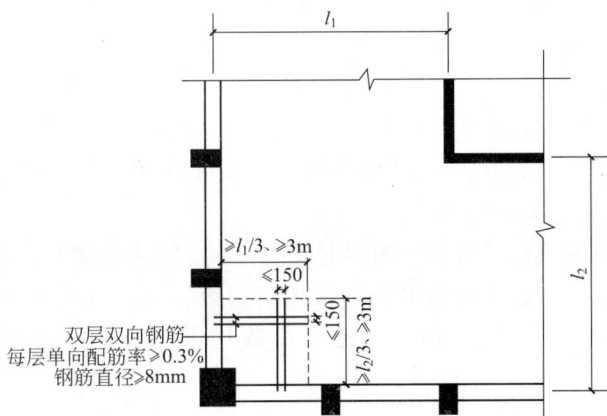

图 6.7.7 筒体结构平板楼盖角部配筋

2. 筒体结构楼层梁不宜支承在内筒或核心筒的连梁上。

3. 当剪力墙或核心筒墙肢与其平面外相交的楼面梁刚接时，可在楼面梁与剪力墙相交处设置扶壁柱或在墙内设置暗柱，并应符合下列规定：

（1）与楼面梁相连的剪力墙，墙的厚度不宜小于梁的宽度；

（2）设置扶壁柱时，其宽度不应小于梁宽，截面高度应满足楼面梁纵筋水平锚固段的要求，墙厚可计入扶壁柱的截面高度；

（3）墙内设置暗柱时，暗柱的截面高度可取墙的厚度，暗柱的截面宽度可取梁宽度加2倍墙厚度之和；

（4）暗柱或扶壁柱配筋除应满足计算要求外，暗柱或扶壁柱内纵向钢筋配筋率不宜小于表6.7.1的要求；

暗柱或扶壁柱内纵向钢筋最小配筋率   表 6.7.1

设计类别	抗震设计			非抗震设计
	一级	二级	三级	
纵向钢筋配筋率	0.9	0.7	0.6	0.5

注：采用 400MPa 或 335MPa 级纵向受力钢筋时，应分别按表中数值增加 0.05 或 0.1 采用。

（5）楼面梁的水平钢筋应伸入剪力墙暗柱或扶壁柱内，伸入长度应符合钢筋锚固要求，如图6.7.8所示。钢筋锚固的水平段长度，非抗震设计时不宜小于 $0.4l_a$，抗震设计时不宜小于 $0.4l_{aE}$。当暗柱截面高度不能满足水平段锚固长度要求时，可将楼面梁伸出墙面形成梁头，梁的纵筋伸入梁头后弯折锚固；

（6）暗柱或扶壁柱内应设置箍筋，非抗震设计时箍筋直径不应小于 6mm，箍筋间距不应大于 200mm。抗震设计时箍筋直径不应小于 8mm，箍筋间距不应大于 150mm。

4. 筒中筒结构的内筒和框架-核心筒结构的核心筒均

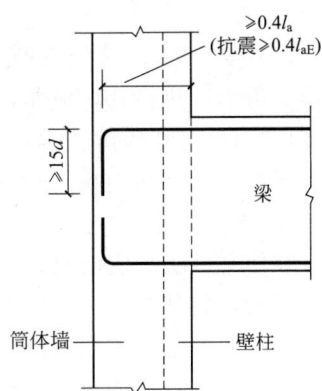

图 6.7.8 梁端支承部位设置壁柱

不宜靠近筒体角部设置门洞，当不可避免时洞口至筒角内壁的距离不应小于 500mm 和开洞墙截面厚度的较大值。

内筒和核心筒的外墙不宜在水平方向连续开洞；洞口间墙肢截面高度不宜小于 1.2m，当洞间墙肢的截面高度与厚度之比小于 4 时，宜按框架柱进行截面设计。

5. 内筒和核心筒中的墙肢宜均匀对称布置，墙肢截面形状宜简单，截面形状复杂的墙体可按应力分析进行配筋设计校核。

6. 抗震设计筒中筒结构的外框筒柱和框架-核心筒的外框架柱，轴压比限值应满足框架-剪力墙结构的要求；柱截面设计和构造措施应符合第五章的有关规定。

抗震设计筒体墙底部加强部位，在重力荷载代表值作用下墙肢的轴压比不宜超过表 6.7.2 的限值。

筒体墙底部加强部位轴压比限值   表 6.7.2

抗震等级（设防烈度）	一级（9 度）	一级（7、8 度）	二级、三级
轴压比限值	0.4	0.5	0.6

7. 抗震设计的框架-核心筒结构和筒中筒结构，如果各层承担的地震剪力不小于结构底部总地震剪力的 20％，则框架部分承担的地震剪力可不进行调整。否则，框架部分承担的地震剪力应按以下规定进行调整，并相应调整框架柱和与之相连的框架梁的剪力和弯矩。

（1）框架部分分配的楼层地震剪力标准值的最大值 $V_{f,max}$，不宜小于结构底部总地震剪力标准值 V_f 的 10％。

（2）当框架部分分配的地震剪力标准值的最大值小于结构底部总地震剪力标准值的 10％时，各层框架部分承担的地震剪力标准值应增大到结构底部总地震剪力标准值的 15％；此时各层核心筒墙体的地震剪力标准值宜乘以增大系数 1.1，但可不大于结构底部总地震剪力标准值，墙体的抗震构造措施应按抗震等级提高一级采用，已为特一级的可不再提高。

（3）当框架部分分配的地震剪力标准值小于结构底部总地震剪力标准值的 20％，但其最大值不小于结构底部总地震剪力标准值的 10％时，应按结构底部总地震剪力标准值的 20％和框架部分楼层地震剪力标准值中最大值的 1.5 倍二者的较小值进行调整。

（4）按上述（2）或（3）调整框架柱的地震剪力后，框架柱端弯矩及与之相连的框架梁端弯矩、剪力应进行相应调整。

（5）有加强层时，框架部分分配的楼层地震剪力标准值的最大值不应包括加强层及其上、下层的框架剪力。

8. 抗震设计一、二、三级抗震等级的筒体墙肢，底部加强部位及其上一层组合的剪力计算值和一级抗震等级墙肢其他部位组合的弯矩设计值，应按本章第四节相应规定乘以增大系数进行调整。

特一级抗震等级筒体墙肢底部加强部位的弯矩设计值，应乘以 1.1 的增大系数，其他部位的弯矩设计值应乘以 1.3 的增大系数。底部加强部位的剪力设计值，应按考虑地震作用组合的剪力计算值的 1.9 倍采用，其他部位的剪力设计值，应按考虑地震作用组合的剪力计算值的 1.4 倍采用。

9. 抗震设计筒体结构底部加强部位的高度(从地下室顶板算起)

(1) 筒体结构底部加强部位高度,取墙肢总高度的 1/10 和底部两层二者的较大值。

(2) 底部有转换层的筒体结构底部加强部位高度,取总高度的 1/10 和框支层以上两层二者的较大值。

10. 抗震设计有转换层的筒体结构,弯矩设计值和剪力设计值的调整,截面配筋设计和构造要求,应符合本章第六节部分框支剪力墙结构的有关设计规定。

11. 抗震设计底部有托柱转换层的筒体结构,其转换柱和转换梁的抗震等级按部分框支剪力墙结构中框支框架的规定采用,有关说明见表 6.3.6 附注。

12. 筒体结构墙肢和连梁截面受剪设计值应符合本章第四节有关规定。

13. 抗震设计筒体结构底部加强部位及相邻上一层墙厚度不应小于 200mm,且不小于层高或无支长度的 1/16;其他部位筒体外墙厚度不应小于 200mm,内墙厚度不应小于 160mm,均不应小于层高或无支长度的 1/20。

筒体底部加强部位及相邻上一层,当侧向刚度无突变时不宜改变墙体厚度。

14. 筒体结构混凝土强度等级不宜低于 C30。

五、筒中筒结构设计的基本要求

1. 抗震设计宜采用筒中筒结构,由于内筒与外框筒共同工作,提高了结构的抗弯刚度,同时也减轻了外筒承担的地震剪力。外筒刚度不宜过大,以便保证内筒起到受弯、受扭的第二道抗震防线作用。

2. 筒中筒结构的高度不宜低于 80m,高宽比不宜小于 3。

3. 筒中筒结构的内筒的宽度可为高度的 1/12～1/15,如有另外的角筒或剪力墙时,内筒平面尺寸可适当减小。内筒宜贯通建筑物全高,竖向刚度宜均匀变化。

4. 内筒与外框筒之间的中距,非抗震设计大于 15m、抗震设计大于 12m 时,宜采取增设内柱等措施。

5. 为了减小外框筒的'剪力滞后'现象,筒中筒结构平面宜采用圆形、正多边形、椭圆形或矩形,内筒宜居中设置。

矩形平面的筒中筒结构长宽比不宜大于 2。

6. 三角形平面宜切角,切角后空间受力性能会相应改善。外筒的切角长度不宜小于相应边长的 1/8,其角部可设置刚度较大的角柱或角筒;内筒的切角长度不宜小于相应边长的 1/10,切角处的筒壁宜适当加厚。

7. 外框筒的空间作用还与柱距、墙面开洞率、洞口高宽比、层高与柱距比值等因素有关,外框筒的设计应符合以下规定:

(1) 柱距不宜大于 4m,框筒柱的截面长边应沿侧力作用方向布置,必要时可采用 T 形截面。

(2) 洞口面积不宜大于墙面面积的 60%,洞口高宽比宜与层高和柱距比值相近。

(3) 外框筒梁的截面高度可取柱净距的 1/4。

(4) 外框筒角柱承受较大的轴力和剪力,应保证有足够的承载力,但截面也不宜过大,以避免增大'剪力滞后'作用,一般角柱截面面积可取中柱面积的 1～2 倍。角柱可如图 6.7.9 所示采用方形、十字形或 L 形柱。

十字形角柱　　　　　方形角柱　　　　　L形角柱

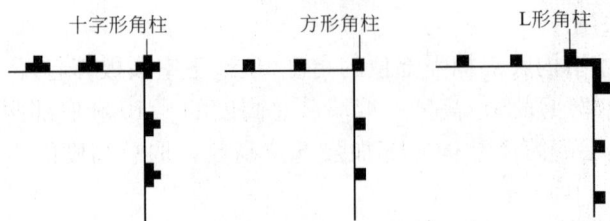

图 6.7.9　角柱截面形式

8. 抗震设计筒体墙底部加强部位的高度、轴压比限值、边缘构件的设置和截面配筋要求，应符合本章第四节的相关规定和图 6.4.11 所示设置约束边缘构件。底部加强部位及其上一层其他部位筒体的墙肢端部，应设置如图 6.4.12 所示构造边缘构件，其纵筋面积除应满足计算要求外，还应满足表 6.4.7 配筋构造要求。

六、框架-核心筒结构设计的基本要求

1. 框架-核心筒结构的核心筒宜贯通建筑物全高。核心筒的宽度不宜小于筒体总高的 1/12，当筒体结构设置角筒、剪力墙或增强结构整体刚度的构件时，核心筒的宽度可适当减小。

2. 框架-核心筒结构核心筒与外框架之间的中距，非抗震设计大于 15m，抗震设计大于 12m 时，宜采取另设内柱等措施。

3. 高度不超过 60m 的框架-核心筒结构，可按框架-剪力墙结构设计。

4. **框架-核心筒结构的周边柱间必须设置框架梁。**

5. 框架-核心筒结构楼盖宜采用梁板体系。

6. 框架梁和柱的截面设计和构造措施，应满足本章第五节和第五章的相关规定。

7. 内筒偏置的框架-核心筒结构，应控制结构在考虑偶然偏心影响规定的地震作用下，最大楼层水平位移和层间位移不应大于该楼层平均值的 1.4 倍，结构扭转为主的第一自振周期 T_t 与平动为主的第一自振周期 T_1 之比不应大于 0.85，且 T_1 的扭转成分不宜大于 30%。

8. 当内筒偏置、长宽比大于 2 时，宜采用框架-双筒结构。

9. 当框架-双筒结构的双筒间楼板开洞时，其有效楼板宽度不宜小于楼板典型宽度的 50%，洞口部位楼板应加厚，洞口边缘可如图 6.6.7 所示设置配筋边缘构件，且楼板应采用双层双向配筋，且每层单向配筋率不应小于 0.25%；双筒之间的楼板宜按弹性板进行细化分析。

10. 抗震设计框架-核心筒结构的核心筒是主要承受地震作用的结构和构件，核心筒的抗震构造措施应予以加强，边缘构件的设置应符合以下要求：

（1）底部加强部位筒体的角部约束边缘构件沿墙肢的长度宜取墙肢截面高度的 1/4，其配筋构造如图 6.7.10 所示。

（2）底部加强部位以上筒体的角部宜按本章第四节的规定和图 6.7.11 所示设置约束边缘构件。

（3）筒体角部之外的墙肢边缘构件，应按第四节的有关要求进行设计。

七、筒体结构配筋与构造要求

1. 非抗震设计的内筒和核心筒墙肢的水平和竖向分布钢筋配筋率不应小于 0.2%，分布钢筋应双排设置，其构造要求应符合本章第四节和第六节相关剪力墙的要求。

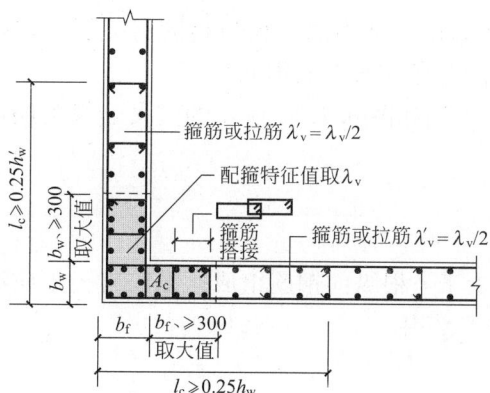

图 6.7.10　抗震设计筒体底部加强部位角部
约束边缘构件配箍构造

注：1. h_w、h'_w 为墙肢截面高度；

2. 约束边缘构件范围内宜全部采用箍筋；

3. 箍筋长边宜≤3 倍短边长度，相邻的两个箍筋搭接长度≥1/3 箍筋长边长度；

4. 边缘构件内箍筋、拉筋水平方向的肢距不宜大于 300mm，不应大于竖向钢筋间距的 2 倍；

5. 约束边缘构件的箍筋或拉筋沿竖向的间距，一级抗震等级不宜大于 100mm，二、三级不宜大于 150mm；

6. 边缘构件的配筋构造应满足第四节的有关要求；

7. 水平分布钢筋在约束边缘构件内的锚固应符合图 6.4.2 要求。

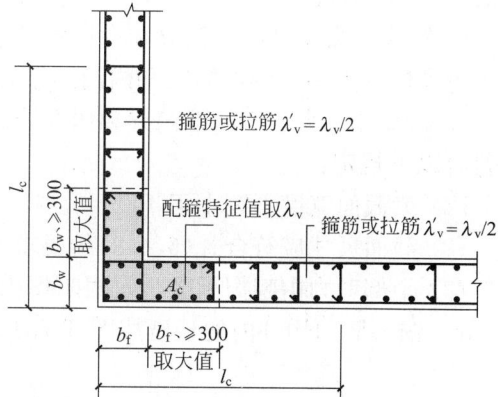

图 6.7.11　抗震设计底部加强部位以上筒体
其他部位角部约束边缘构件配筋构造

注：1. 边缘构件内箍筋、拉筋水平方向的肢距不宜大于 300mm，不应大于竖向钢筋间距的 2 倍；

2. 约束边缘构件的箍筋或拉筋沿竖向的间距，一级抗震等级不宜大于 100mm，二、三级不宜大于 150mm；

3. 边缘构件的配筋构造应满足第四节的有关要求；

4. 水平分布钢筋在约束边缘构件内的锚固应符合图 6.4.2 要求。

2. 抗震设计一、二、三级抗震等级筒体墙肢的水平和竖向分布钢筋配筋率均不应小于 0.25%；框架-核心筒结构筒体主要墙体的底部加强部位分布钢筋配筋率不宜小于 0.3%。其构造要求尚应符合本章第四节和第六节相应抗震等级剪力墙的要求。

特一级抗震等级剪力墙底部加强部位的水平和竖向分布钢筋配筋率不应小于 0.4%，其他部位分布钢筋不应小于 0.35%。

3. 墙肢端部边缘构件的设置，应按本章第四节的有关规定进行设计。

4. 抗震设计剪跨比不大于 2 的柱，应沿柱全高加密箍筋，箍筋直径不应小于 10mm，间距不应大于 100mm，宜采用复合螺旋箍或井字复合箍；其体积配箍率不应小于 1.2%，9 度时不应小于 1.5%。

5. 外框筒梁和内筒连梁的配筋构造应符合以下要求：

(1) 非抗震设计时，箍筋直径不应小于 8mm，间距不应大于 150mm。

(2) 抗震设计时，箍筋直径不应小于 10mm，间距不应大于 100mm；当连梁内设置交叉暗撑配筋时连梁箍筋间距不应大于 200mm。

(3) 框筒梁上、下纵向钢筋的直径不应小于 16mm；腰筋直径不应小于 10mm、间距

不应大于 200mm。

6. 跨高比大于 2 的框筒梁和内筒连梁应按第四节剪力墙结构连梁的有关要求进行设计。跨高比不大于 2 的框筒梁和内筒连梁宜增配对角交叉斜向钢筋。

7. 跨高比不大于 1 的框筒梁和内筒连梁宜采用如图 6.7.12 所示的交叉暗撑配筋，且应符合以下规定：

（1）梁截面宽度不宜小于 400mm。

（2）截面尺寸应符合式（6.4.9）的要求。

（3）全部剪力由暗撑承受，每根暗撑由不少于 4 根纵向钢筋组成，纵筋直径不应小于 14mm；锚入竖向构件内的长度按图 6.7.12 要求采用。

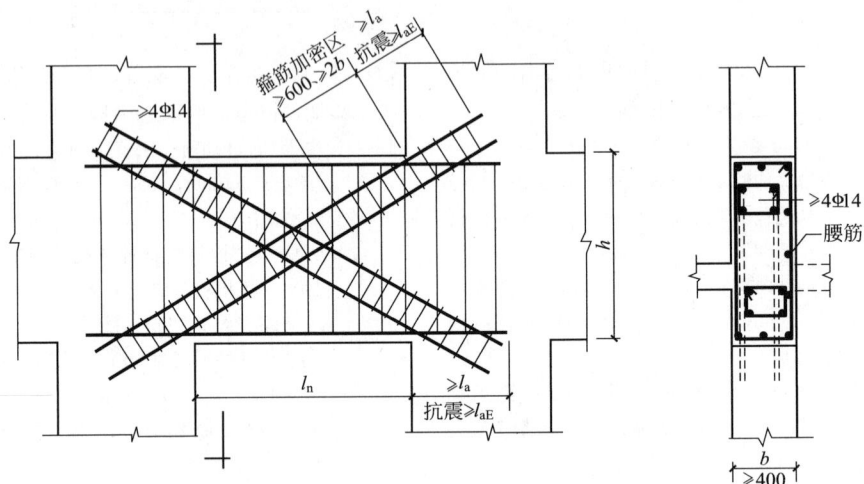

图 6.7.12　连梁内交叉暗撑配筋构造

（4）梁内暗撑构造如图 6.7.12 所示，暗撑箍筋直径不应小于 8mm，箍筋间距不应大于 150mm。

（5）梁内交叉暗撑纵筋面积按下式计算

非抗震设计

$$A_s \geqslant \frac{V_b}{2f_y\sin\alpha}$$ （6.7.1）

抗震设计

$$A_s \geqslant \frac{\gamma_{RE}V_b}{2f_y\sin\alpha}$$ （6.7.2）

式中：V_b——外框筒梁或内筒连梁剪力设计值；

　　　α——梁内暗撑与水平线的夹角。

（6）连梁内箍筋的配置应符合本章第四节表 6.4.4 的构造要求。

（7）连梁高度范围内的墙肢面层水平分布钢筋应在连梁内贯通作为连梁的腰筋，腰筋直径不应小于 10mm、间距不大于 200mm。连梁水平分布腰筋的配筋率应 $\geqslant 0.3\%$。

参 考 文 献

［6-1］ 中华人民共和国国家标准《建筑工程抗震设防分类标准》GB 50223—2008，北京：中国建筑工业出版社．2008

［6-2］ 中华人民共和国国家标准《混凝土结构设计规范》GB 50010—2010（2015 年版），北京：中国建筑工业出版社，2015

［6-3］ 中华人民共和国国家标准《建筑抗震设计规范》GB 50011—2010（2016 年版），北京：中国建筑工业出版社，2016

［6-4］ 中华人民共和国行业标准《高层建筑混凝土结构技术规程》JGJ 3—2010．北京：中国建筑工业出版社，2010

［6-5］ 住房和城乡建设部　建质［2015］67 号《超限高层建筑工程抗震设防专项审查技术要点》，2015

［6-6］ 胡庆昌．建筑结构抗震设计与研究，北京：中国建筑工业出版社，1999

［6-7］ 胡庆昌，孙金墀，郑琪．建筑结构抗震减震与连续倒塌控制，北京：中国建筑工业出版社，2007

［6-8］ 胡庆昌，钱稼茹，孙金墀．高层建筑地下室结构的抗震设计，北京：建筑结构，2006 年第 6 期

［6-9］ 孙金墀，关启勋．钢筋混凝土有边框剪力墙的强度与变形性能，北京：建筑结构学报，1988 年第 6 期

［6-10］ 孙金墀．国家标准《建筑抗震构造详图》97G329（一）编制内容说明，北京：建筑结构，1999 年第 10 期

［6-11］ T．鲍雷，M．J．N．普里斯特利著，戴瑞同等译．钢筋混凝土和砌体结构的抗震设计，北京：中国建筑工业出版社，1999

［6-12］ Bertero V V. Seismic performance of reinforced concrete structures. Proceedings 8 WCEE，1984

［6-13］ Mueller P. On seismic design. Proceedings 8 WCEE，1984

［6-14］ Roger S C. Appropriateness of the rigid floor assumption for buildings with irregular features. Proceedings 8 WCEE，1984

［6-15］ Park R and Paulay T. Reinforced Concrete Structures，1975

［6-16］ Bungale S. Taranath. Wind and earthquake resistant buildings，structural analysis and design，2003

［6-17］ Earthquake design philosophies，past development and future trends，1978

［6-18］ Sadek A W and W K TSO. Plastic eccentricity concept for inelastic analysis of asymmetric structures. 9 WCEE，1988

［6-19］ Uniform building code，1997

［6-20］ International building code，2000，2003

［6-21］ Hanson R D and Degenkolb H J. The Venezuela earthquake. July. 29，1967

［6-22］ Fenwick and Davidson B J. Elongation in ductile seismic resistant R C. frame. Proceedings of the Tom Paulay Symposium "Recent development in lateral force transfer in buildings，1993"

［6-23］ Kasai K. Seismic pounding effect，survey and analysis. 10 WCEE，1992

［6-24］ Spiliopoulos K V. Earthquake induced pounding in adjacent buildings. 10 WCEE，proceedings，1992. vol. 7

［6-25］ Donald O. Dusenberry. Review of existing guidelines and provisions related to progressive collapse，2002

［6-26］ Design of buildings to resist progressive collapse. UFC. Dept. of Defense，Jan. 2006

［6-27］ Smith J L，Swatzell S R and Hall B. Prevention of progressive collapse DOD guidance and application，2001

第七章　装配整体式结构的连接

第一节　装配整体式结构设计的基本准则

预制装配整体式结构设计至关重要的问题在于保证结构体系的整体性，装配整体式结构必须合理的设计预制构件间的连接，提高连接部位的整体连续性，从而保证结构体系的整体性，装配整体式结构设计应遵循以下原则。

1. 本章所论述的装配整体式结构适用于非地震区和抗震设防类别为丙类的钢筋混凝土建筑，抗震设计还应根据场地类别按表 6.3.1 调整丙类建筑的抗震设防烈度。考虑到现浇整体式结构与装配整体式结构受力机制和受力性能的差异宜按本章表 7.4.1 和表 7.5.1～表 7.5.4 确定结构的适用高度和抗震等级并采取相应抗震构造措施。

2. 装配整体式结构设计应依据结构方案和传力途径确定预制构件的布置。装配式框架节点及与其连接的构件应分别进行施工安装阶段和使用阶段各种作用效应、不利组合下承载力、稳定性和刚度的验算，此外尚应考虑施工安装偏差、钢筋焊接应力和连接处局部削弱所引起的应力集中等不利影响。

结构抗震设计还应满足建筑物基本抗震设防目标的要求。

本章所论述的节点类型均经过系统性的试验研究和工程实践，并被纳入《钢筋混凝土装配整体式节点与连接设计规程》CECS43：92。该规程考虑到不同的节点连接构造类型具有不同的受力和变形性能特征，按照不同的节点连接构造类型和设防烈度确定结构的适用高度和抗震等级。本章参照《建筑抗震设计规范》GB 50011—2010 规定，对 CECS43：92 规程装配整体式结构不同类型节点连接构造的最大适用高度和抗震等级的确定做了局部修订。

3. 梁柱节点是钢筋混凝土框架抗震设计的最重要部位，通过等同条件现浇框架与装配式节点框架低周反复荷载对比试验，可以明显看出两者受力机制和受力性能的差异。装配式框架梁、柱构件在节点部位形成整体刚性连接的性能较差时，将导致节点部位对梁端钢筋锚固粘结性能的削弱，试验数据表明装配式框架梁端受弯承载力有一定的降低，因此在装配式框架的内力计算时应按不同的装配式框架节点构造类型，框架梁端弯矩乘以相应的调幅系数。装配式结构设计时应对保证连接部位整体性的节点构造措施予以高度重视，以确保装配式框架在罕遇地震作用下实现'强柱弱梁'和'梁铰屈服机制'。

4. 装配整体式结构的连接应能保证构件的连续性和结构的整体性；构件连接部位的承载力，不应低于构件的承载力。

5. 装配整体式结构宜用于平面规整对称、竖向刚度均匀的建筑。在保证结构整体受力性能的前提下，应力求连接构造简单，传力直接，受力明确。

6. 装配整体式结构的连接部位应满足耐久性和耐火性要求。

7. 装配整体式结构的设计应符合《混凝土结构设计规范》GB 50010—2010 第 9.6 节

及该规范有关构件承载力验算及配筋构造等相关条文的规定。

预埋件的承载力，不应低于连接件的承载力。预埋件承载力验算及构造要求应符合《混凝土结构设计规范》GB 50010—2010 第 9.7 节及本手册第十四章的有关规定和要求。

8. 装配整体式框架节点应满足现浇钢筋混凝土结构的有关设计和构造规定，节点的承载力与抗震性能不应低于现浇结构的设计要求。

9. 装配整体式结构承受弯矩的梁、柱连接部位，设计时应使接头部位的截面刚度与预制构件截面刚度相接近，避免引起应力集中。

10. 装配整体式框架-剪力墙结构梁、柱与剪力墙的轴线宜重合在同一平面内。框架结构梁、柱轴线间偏心距不应大于 1/4 柱宽。

11. 按刚性连接设计的柱与柱、梁与柱、梁与梁之间的接头，钢筋宜采用机械连接或焊接。当接头的构造和施工措施能保证连接接头传力性能要求时，接头的钢筋亦可采用其他的连接方法。

12. 预制梁、柱构件的截面设计和构造除应满足有关规范的各项要求外，还应考虑施工安装偏差及施工阶段的有关要求。

13. 二、三级抗震等级的装配整体式框架节点核芯区，应按规范规定计算节点的受剪承载力和配筋，计算公式中梁对节点的约束影响系数取 $\eta_j = 1$。

14. 风载及多遇地震作用下，装配整体式结构计算层间位移时应考虑节点刚度降低对框架位移的影响，层间位移应满足表 7.1.1 限值。

层间位移限值 表 7.1.1

结构类型	层间位移限值 $\Delta\mu_p/h$
框架结构	1/550
框架-剪力墙结构	1/800

注：h 为楼层层高。

装配整体式框架和框架-剪力墙结构层间位移可按下式计算：

$$\Delta\mu_p = \gamma_p \Delta u_e \tag{7.1.1}$$

式中：γ_p——位移增大系数，装配整体式框架取 $\gamma_p = 1.1$；装配整体式框架-剪力墙结构取 $\gamma_p = 1$；

Δu_e——弹性层间位移值。

15. 装配整体式框架结构和框架-剪力墙结构有关设计要求和构造措施，应符合第五章、第六章第五节和本章第四、五节的相关规定。

16. 装配整体式结构中的砌体填充墙、建筑平面和竖向的布置宜均匀对称，应避免形成薄弱层或短柱。

第二节 材料和施工要求

1. 预制构件的混凝土强度等级不应低于 C20。装配整体式结构连接部位后浇混凝土的强度等级应比预制构件强度等级提高 10MPa。

2. 装配整体式结构承受竖向荷载的构件，其连接部位为避免后浇混凝土出现收缩缝隙，应预留间隙采用强度等级不低于后浇混凝土的干硬性细石混凝土捻缝（水灰比不大于

0.3）；或采用更有效的其他措施。

预制构件连接接头部位后浇混凝土宜使用无收缩快硬硅酸盐水泥配制。该水泥具有硬化快、高强度、微膨胀、无收缩性能，其特性见表7.2.1。

3. 预制构件连接部位坐浆使用的砂浆强度等级应高于构件强度等级，且坐浆应密实饱满。

4. 连接部位浇筑混凝土前，预制构件的连接面应做表面处理，不得粘有脱模剂，以便保证后浇混凝土与预制混凝土构件的粘结。

无收缩快硬硅酸盐水泥强度 表 7.2.1

强度等级	抗压强度（MPa）			抗折强度（MPa）		
	1 天	3 天	28 天	1 天	3 天	28 天
52.5	13.7	28.4	51.5	3.4	5.4	7.1
62.5	17.2	34.3	61.3	3.9	5.9	7.9
72.5	20.6	41.7	71.1	4.4	6.4	8.8

注：1. 产品标准：JC/T 741—1988(1996)；

2. 自由膨胀率(净浆)：1 天>0.02%，28 天<0.3%。

5. 施工中承受荷载的预制构件的连接部位，后浇混凝土强度达到10MPa以上时方能继续上层结构的安装。

6. 预制构件的纵向受力钢筋宜采用 HRB400、HRB335 钢筋，不宜采用高强钢筋；箍筋宜采用 HPB300、HRB335 级钢筋；预制构件的吊环应采用 HPB300 级钢筋及 Q235B 钢棒制作，确有工程经验时也可采用 HRB400E 钢筋制作，但其钢筋强度允许值仍按 HPB300 钢筋取值。

7. 预制构件的预埋件宜采用 Q235、Q345 级钢板制作。

8. 焊条应按表 1.8.5、表 1.8.6 和表 1.8.7 选用。

9. 预制构件外露的受力钢筋应确保位置准确，且钢筋外露部分不得有对焊接头。

10. 预制构件安装过程中应注意焊接程序，以便减小焊接应力。

11. 预制构件安装时应考虑施工过程对结构整体稳定性的影响。

第三节 装配整体式结构设计的一般规定

一、构件及连接部位的设计和构造要求

1. 装配整体式结构构件及连接部位应进行施工安装阶段和使用阶段受弯、受压、局部受压、受剪承载力验算。

2. 抗震设计的装配整体式结构构件承载力抗震调整系数按表7.3.1采用。

装配整体式结构构件承载力抗震调整系数 表 7.3.1

受力状态	γ_{RE}	受力状态	γ_{RE}
受弯	0.75	垂直接缝受剪	1.0
偏心受压	0.80	牛腿	1.0
斜截面受剪	0.85		

注：1. 轴压比小于0.15的偏心受压柱，取 $\gamma_{RE}=0.75$；

2. 预埋件锚筋截面计算的承载力抗震调整系数应取 $\gamma_{RE}=1.0$。

3. 预制柱截面尺寸不宜小于 400mm×400mm。预制框架柱全部纵向受力钢筋的配筋

率应符合表 7.3.2 规定,柱截面每一侧纵筋配筋率还不应小于 0.2%。各边纵筋多于 3 根时应设置复合箍筋。

框架柱纵向钢筋最小配筋百分率(%)　　　　　表 7.3.2

柱类型	抗震等级		非抗震设计
	二级	三级	
中柱、边柱	0.9	0.8	0.6
角柱	1.0	0.9	

注:1. 表中数值为 HRB335 级钢筋;

　　2. 采用 HRB400 级钢筋时,应按表中数值减小 0.05。

4. 预制柱上、下端钢筋网间接配筋的设置应按局部受压要求确定,但钢筋网间接配筋不应少于 4 片。钢筋网的钢筋直径宜≥8mm,钢筋间距≤100mm。

5. 抗震设计的装配式框架柱,当剪跨比 $M/(Vh_0)$≤2 或因设置填充墙而形成短柱,应沿柱全高设置加密箍筋,箍筋间距应≤100mm。

6. 预制框架梁纵向受拉钢筋配筋率应符合表 7.3.3 构造配筋要求。

框架梁纵向受拉钢筋最小配筋百分率(%)　　　　　表 7.3.3

工程设计类别		支座	跨中
非抗震设计		0.2 和 $45f_t/f_y$ 较大值	0.2 和 $45f_t/f_y$ 较大值
抗震设计	二级	0.3 和 $65f_t/f_y$ 较大值	0.25 和 $55f_t/f_y$ 较大值
	三级	0.25 和 $55f_t/f_y$ 较大值	0.2 和 $45f_t/f_y$ 较大值

7. 预制梁内不宜采用弯起钢筋承受梁斜截面剪力。

8. 预制装配整体式框架的构件配筋和构造,应满足现浇钢筋混凝土框架结构和框架-剪力墙结构有关的构造要求和抗震设计要求。

二、框架节点的构造要求

1. 非抗震设计装配整体式框架节点内箍筋设置应符合柱内箍筋设置要求,且箍筋间距不宜≥250mm。对于四边均有梁的框架中柱节点,可仅设置矩形箍筋。

顶层端节点内箍筋间距应≤100mm。

2. 二、三级抗震等级装配整体式框架节点内箍筋应满足抗震受剪承载力要求;框架节点箍筋设置尚应符合柱端箍筋加密区最大间距和最小直径的构造要求;节点内配箍特征值二级抗震等级不宜小于 0.10,三级不宜小于 0.08;且二、三级抗震等级节点体积配箍率不宜小于 0.5% 和 0.4%。

框架柱剪跨比 λ≤2 的框架节点核芯区,体积配箍率不宜小于上、下柱端的较大体积配箍率。

3. 节点核芯区的配筋构造应满足第五章有关的构造要求。

4. 框架端节点内梁纵筋弯折锚固部位,为避免应力集中造成混凝土局部挤压破坏,钢筋弯弧半径按以下规定取值:

端节点内纵筋直径 d≤25mm,弯弧半径不宜小于 6d;d>25mm 时不宜小于 8d。

三、叠合梁的设计和构造要求

采用预制楼板的结构宜使用叠合梁,通过叠合层后浇混凝土使楼板与梁连为整体。叠合梁可按以下要求设计，并应满足《混凝土结构设计规范》GBJ 50010—2010 附录 H 的规定：

1. 预制梁高度不足全截面高度的 40％时，施工阶段预制梁应设置可靠支撑。

2. 施工阶段不设置支撑的预制梁，在施工阶段应按简支梁考虑，荷载应考虑预制梁自重、预制楼板自重、叠合层自重及施工荷载。施工阶段不设置支撑的预制梁还应进行变形验算。

3. 叠合层混凝土达到强度设计值后，叠合梁按整体梁计算，荷载按以下两种情况取较大值：

1）施工阶段考虑叠合梁自重、预制楼板自重、面层、吊顶等自重以及施工荷载。

2）使用阶段考虑叠合梁自重、预制楼板自重、面层、吊顶等自重以及使用阶段的可变荷载。

4. 预制梁的箍筋应全部伸入叠合层，且各肢伸入叠合层的直线段长度不宜小于 $10d$（d 为箍筋直径）。

5. 预制梁的叠合面应形成凹凸不小于 6mm 表面坚实的粗糙面，以保证与现浇叠合层的结合。

6. 叠合层的厚度不宜小于 100mm。当采用预制楼盖时，预制梁叠合层混凝土强度等级不宜低于 C30。

四、装配式楼盖的构造要求

1. 预制装配式楼盖的构造措施应满足《混凝土结构设计规范》GBJ 50010—2010第 9.6.5 条有关规定。

非抗震设计和抗震设计的装配整体式框架结构、框架-剪力墙结构，可根据设防烈度、抗震等级、工程情况采用如图 7.3.1(a)、(b)所示预制板楼盖或图 7.3.1(c)预制叠合板楼盖。

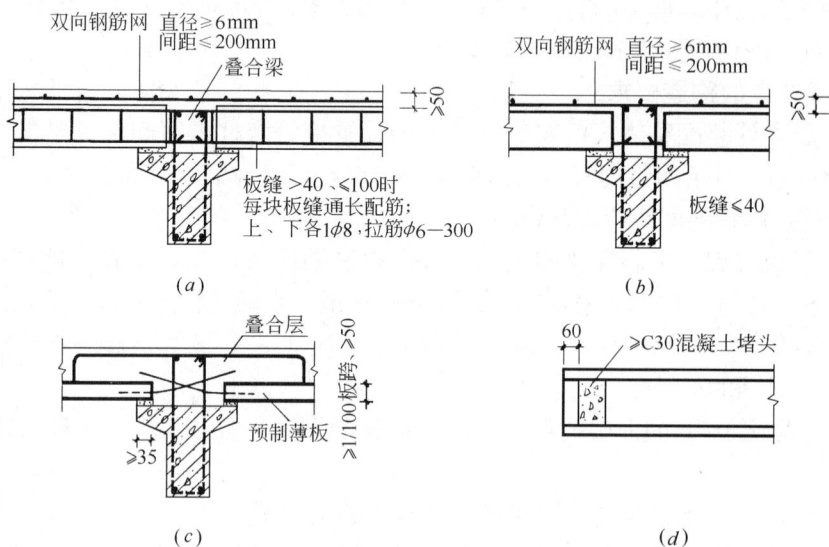

图 7.3.1   预制板与叠合梁的连接及预制板板缝配筋构造
(a)板缝加焊网构造；(b)板面加现浇层构造；(c)叠合板连接构造；(d)空心板堵头大样

顶层应采用现浇混凝土屋盖。

2. 建筑高度不超过 50m 的装配整体式框架结构及抗震设防烈度为 6、7 度设计的框架-剪力墙结构，可采用装配整体式楼盖。楼盖每层宜设置钢筋混凝土现浇层，现浇层厚度不应小于 50mm，混凝土强度等级不宜低于 C25，并应双向设置直径不小于 6mm、间距不大于 200mm 的钢筋网，钢筋应锚固在剪力墙和梁内。

建筑高度超过 50m 的装配整体式框架结构及 8 度抗震设计的框架-剪力墙结构，应采用现浇混凝土楼盖。

3. 预制板端部应伸出长度不小于 100mm 的钢筋锚入梁叠合层内或剪力墙内。

楼盖的预制板板缝宽度不宜小于 40mm，板缝大于 40mm 时应在板缝内配置钢筋，并宜贯通整个结构单元。预制板板缝、板缝梁的混凝土强度等级宜高于预制板的混凝土强度等级。

采用现浇混凝土楼盖或叠合板楼盖有利于加强楼层平面内的整体性。叠合板搁置长度宜≥35mm；叠合楼板的预制底板表面应做成凹凸不小于 4mm 的人工粗糙面，且表面应坚实；叠合层混凝土强度等级不应低于 C25；承受荷载较大的叠合楼板，宜在现浇叠合层内设置按计算需要的钢筋；叠合楼板施工阶段应设置支撑。

4. 平面复杂和开洞过大的楼层，不应采用装配式楼盖。

五、框架-剪力墙结构剪力墙的构造要求

装配整体式框架-剪力墙结构的剪力墙应采用现浇混凝土结构。

1. 剪力墙端柱与现浇剪力墙的连接面应如图 7.3.2 所示预留键槽，并预埋水平环形钢筋以便与剪力墙水平分布钢筋搭接连接。

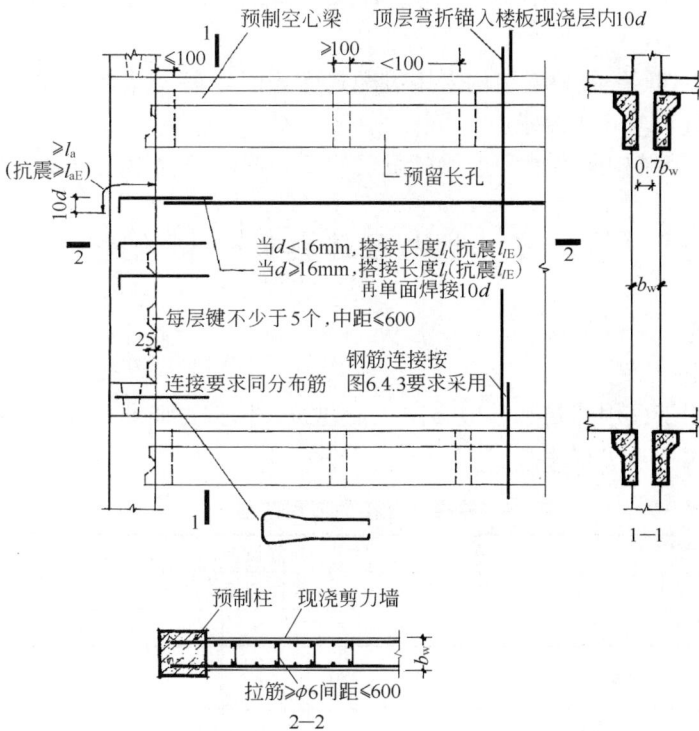

图 7.3.2 装配整体式有边框剪力墙的配筋构造

2. 剪力墙边框梁宜采用图 7.3.3 所示预制空心梁，以便于现浇剪力墙纵向分布钢筋上下贯通。

非抗震设计空心梁上、下纵筋配筋率不应小于0.2%。

抗震设计预制空心梁上、下纵筋配筋率均应满足相应抗震等级框架梁纵向受拉钢筋最小配筋率要求。

箍筋不应少于φ6间距200。

3. 非抗震设计的剪力墙水平分布钢筋和竖向分布钢筋配筋率均不应小于 0.2%，钢筋直径不应小于8mm，钢筋间距不应大于 300mm。

抗震设计的剪力墙水平分布钢筋和竖向分布钢筋配筋率不应小于 0.25%，钢筋直径不应小于10mm，钢筋间距不应大于 300mm。

分布钢筋应双排设置，分布钢筋之间应设拉筋，拉筋直径不应小于6mm，拉筋间距不宜大于 600mm。

竖向分布钢筋的连接构造如图 6.4.3 所示。

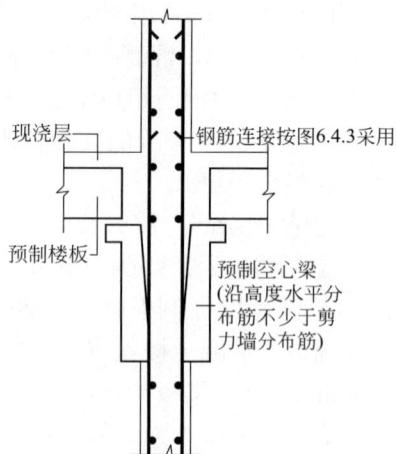

图 7.3.3　现浇剪力墙构造

4. 非抗震设计剪力墙厚度不应小于 140mm，且不小于层高的 1/20。

抗震设计剪力墙厚不应小于 160mm，且不小于层高或无支长度的 1/20；

底部加强部位墙厚不应小于 200mm、且不小于层高或无支长度的 1/16。

5. 剪力墙边框端柱和边缘构件的配筋构造按第六章第五节有关要求采用。

6. 剪力墙开设门洞时，门洞周边应设置边缘构件，其配筋构造按第六章第五节有关要求采用。

7. 抗震设计的框架-剪力墙结构采用装配式楼盖时，剪力墙之间楼盖的长宽比的限制条件应符合第六章表 6.5.1 要求。

8. 框架-剪力墙结构剪力墙和连梁的配筋构造，尚应符合第六章第四节的有关规定。

第四节　柱与柱连接设计和构造

一、榫式连接

（一）适用范围

榫式连接适用于民用建筑和一般多层工业建筑，依据试验研究及工程实践柱榫式连接的适用范围宜按表 7.4.1 采用。

柱榫式连接的适用范围　　　　　　　　　　　　　　表 7.4.1

结构类型		抗震设计			非抗震设计适用高度(m)
		设防烈度			
		6	7	8	
框架结构	适用高度(m)	≤40	≤20	>20 ≤35	≤20	≤40
	抗震等级	三	三	二	二	
框架-剪力墙结构	适用高度(m)	≤60	≤55		≤20	≤60
	框架抗震等级	三	三		三	
	剪力墙抗震等级	三	二		二	

注：框架-剪力墙结构，框架部分承受的地震倾覆力矩不应大于结构总地震倾覆力矩的 50%。

（二）连接部位承载力计算

1. 施工阶段

（1）柱端榫头 1—1 截面（图 7.4.1）承载力计算

当榫头承载力满足式（7.4.1）时柱端榫头内可不设置钢筋网间接配筋

$$N_1 \leqslant 0.9(A_l f_c + A'_s f'_y) \qquad (7.4.1)$$

当榫头承载力不能满足式（7.4.1）时，榫头内需设置钢筋网间接配筋，其承载力按下式计算

$$N_1 \leqslant 0.9(\beta_c f_c + 2\alpha\rho_{vl} f_y)A_{cor} + A'_s f'_y \qquad (7.4.2)$$

式中：N_1——施工安装阶段作用于榫头截面的轴力设计值；

$\quad\quad A'_s$——榫头内纵向钢筋截面面积；

$\quad\quad f'_y$——榫头内纵向钢筋抗压强度设计值；

$\quad\quad A_l$——榫头端部截面面积；

$\quad\quad f_c$——榫头混凝土轴心抗压强度设计值；

$\quad\quad \beta_c$——混凝土强度影响系数，当混凝土强度等级≤C50 时取 $\beta_c=1.0$；当混凝土强度等级为 C80 时取 $\beta_c=0.8$；其间按线性内插法取用；

$\quad\quad \alpha$——间接钢筋对混凝土约束的折减系数，当混凝土强度等级≤C50 时取 $\alpha=1.0$；当混凝土强度等级为 C80 时取 $\alpha=0.85$；其间按线性内插法取用；

$\quad\quad \rho_{vl}$——榫头内钢筋网体积配筋率；

$\quad\quad A_{cor}$——榫头端部钢筋网范围内的核心面积。

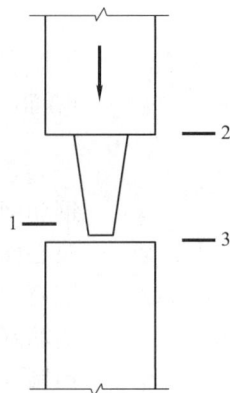

图 7.4.1　柱榫式连接
承载力验算截面

（2）柱端 2—2、3—3 截面（图 7.4.1）局部受压承载力计算

施工安装阶段预制构件局部受压截面不能满足式（7.4.3）时，应设置钢筋网间接配筋以提高局部受压截面承载力

$$N_1 \leqslant 0.75\beta_l f_{cc} A_l \qquad (7.4.3)$$

式中：β_l——局部受压强度提高系数；

$$\beta_l = \sqrt{\frac{A_b}{A_l}}$$

$\quad\quad A_b$——局部受压的计算底面积，按图 7.4.2 所示范围确定；

$\quad\quad A_l$——局部受压面积；

$\quad\quad f_{cc}$——素混凝土的轴心抗压强度设计值。

采用钢筋网间接配筋用于提高局部受压承载力时，局部受压截面尺寸应满足式（7.4.4）的要求

$$N_1 \leqslant 1.35\beta_c\beta_l f_c A_l \qquad (7.4.4)$$

设置钢筋网间接配筋的局部受压截面承载力按式（7.4.5）计算

$$N_1 \leqslant 0.9(\beta_c\beta_l f_c + 2\alpha\rho_v\beta_{cor} f_y)A_l \qquad (7.4.5)$$

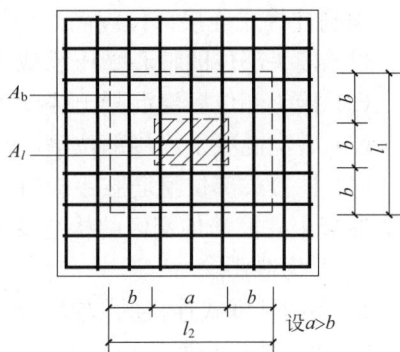

图 7.4.2　局部受压计算面积 A_b 取值

式中：β_{cor}——设置钢筋网间接配筋的局部受压承载力提高系数；

$$\beta_{cor} = \sqrt{\frac{A_{cor}}{A_l}}$$

A_{cor}——钢筋网范围内的核心面积，取值 $A_{cor} \leqslant A_b$，见图 7.4.2；

ρ_v——钢筋网体积配筋率(钢筋网两个方向单位长度内钢筋截面面积的比值不大于 1.5)；

$$\rho_v = \frac{n_1 A_{s1} l_1 + n_2 A_{s2} l_2}{A_{cor} s} \tag{7.4.6}$$

s——钢筋网间接配筋的间距，取 $30 \sim 80$mm；

l_1、l_2——核心面积 A_{cor} 两个方向的长度；

n_1、A_{s1}——钢筋网沿 l_1 方向的根数及单根钢筋的截面面积；

n_2、A_{s2}——钢筋网沿 l_2 方向的根数及单根钢筋的截面面积；

f_c——预制柱混凝土轴心抗压强度设计值；

f_y——钢筋网间接配筋钢筋的抗拉强度设计值。

局部受压截面按承载力需要设置的钢筋网间接配筋，应设置在图 7.4.3 所示高度 h 的范围内，钢筋网不应少于 4 片。

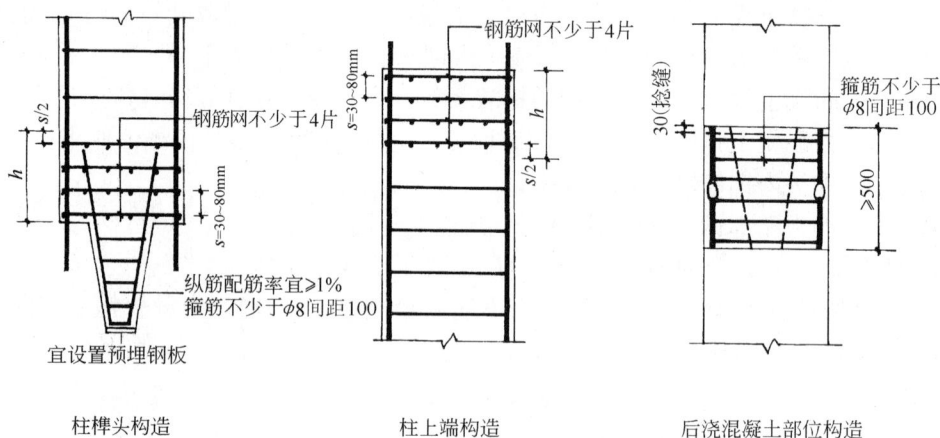

柱榫头构造　　　　　柱上端构造　　　　后浇混凝土部位构造

图 7.4.3　柱榫式连接构造

注：$h \geqslant l_1$(l_1 按图 7.4.2 取值)、$h \geqslant 15d$(d 为柱纵筋直径)

2. 使用阶段

预制柱榫式连接部位应满足以下要求：

(1) 接头部位的轴心受压承载力，不宜小于 1.3 倍该截面计算所需的承载力；

(2) 接头部位后浇混凝土强度等级比预制柱混凝土强度等级提高两级；

(3) 后浇混凝土连接部位箍筋直径不小于 8mm，间距不大于 100mm；

(4) 柱接头部位箍筋肢距应符合现浇混凝土柱的有关构造要求，抗震设计时尚应满足现浇混凝土柱箍筋加密区的构造要求。

(三) 构造要求

1. 预制柱榫式连接的位置，宜设置在楼面以上 1000mm 上下处。

2. 预制柱榫头连接构造如图 7.4.3 所示。

(1) 榫头高度不宜小于 500mm，榫头端部截面不应小于 120mm×120mm；

(2) 榫头内纵向钢筋配筋率不宜小于 1.0%(按榫头根部截面计算)，且不少于 4Φ12，

纵向钢筋长度 $l \geqslant 1000mm$；箍筋直径不宜小于 8mm，间距不大于 100mm；

（3）榫头端部应设置预埋钢板，安装时与下柱顶部预埋钢板点焊连接；

（4）预制柱纵向钢筋连接宜采用机械连接或焊接；

（5）预制柱接头部位应在后浇混凝土上部预留 30mm 缝隙，后捻干硬性细石混凝土，以避免接头部位出现收缩缝隙，干硬性细石混凝土强度等级不应低于后浇混凝土的强度等级。

二、浆锚式连接

（一）适用范围

1. 预制柱浆锚式连接用于非抗震和抗震设计的民用建筑，建筑高度不宜超过 20m。

2. 预制柱浆锚式连接用于设防烈度为 6 度和 7 度的建筑时，应按三级抗震等级设计。

3. 预制柱浆锚式连接不宜用于框架-剪力墙结构剪力墙的端柱和砖砌填充墙框架结构。

4. 预制柱浆锚式连接不得用于偏心受拉柱。

（二）连接部位承载力计算

预制柱浆锚式连接接头部位按偏心受压计算承载力，其截面有效高度按图 7.4.4 所示取 h_{01}。

（三）构造要求

预制柱浆锚式连接构造如图 7.4.4 所示。

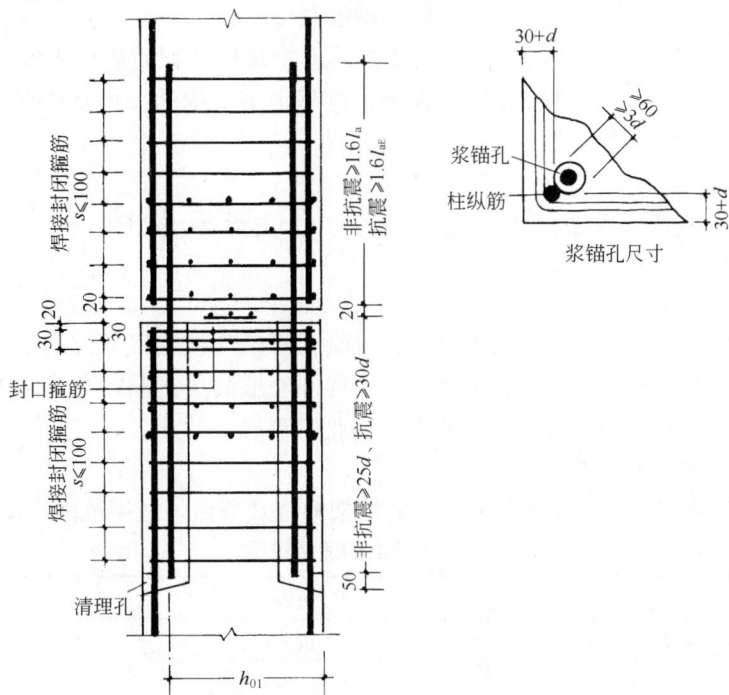

图 7.4.4　柱浆锚式连接构造

1. 柱截面尺寸不宜大于 400mm×400mm，柱纵向钢筋不宜多于 4 根，采用 HRB335 钢筋，其直径不宜大于 25mm。

2. 柱混凝土强度等级不宜低于 C30。

3. 柱浆锚式连接的位置宜设在楼面以上 1000mm 上下处。

4. 接头部位应设置直径不小于 8mm、间距不大于 100mm 的焊接封闭箍筋。

5. 预制柱上端应配置直径不小于 8mm、间距不大于 30mm 的焊接封口箍筋二道。

6. 预制柱上、下端应设置不少于 4 片钢筋网，钢筋网的钢筋直径不宜小于 8mm、间距不大于 100mm。

7. 非抗震设计时，柱纵向钢筋在孔内锚固长度不应小于 $25d$（d 为柱纵筋直径）；抗震设计时，柱纵向钢筋锚固长度不应小于 $30d$。

浆锚式连接的受力性能受多因素影响，如钢筋类型、钢筋锚固部位的强度和约束条件、浆锚材料性能、钢筋锚固长度等。地震作用下浆锚钢筋可能出现粘结性能退化，在余震作用下将产生钢筋粘结锚固性能退化积累，且震后无法修复，因此浆锚钢筋的锚固长度应适当加长。

8. 水平接缝间应放置直径 6mm、50mm×50mm 的钢筋焊网，以便控制水平缝高度，并便于预制柱的安装和柱轴力的传递。

9. 水平接缝砂浆及预留孔内浆锚砂浆，可使用无收缩快硬硅酸盐水泥与纯净中砂配制，配合比 1∶1（重量比），水灰比 0.35～0.4，稠度 100～120mm。浆锚砂浆 1 天强度不低于 25MPa，28 天强度不低于 50MPa。浆锚砂浆必须使用后期材性稳定，并且具有耐火性能的材料配制。

10. 浆锚孔直径不应小于浆锚纵筋直径的 3 倍，且不小于 60mm，孔壁表面应坚实粗糙。浆锚孔位置应准确，孔的深度应比锚固钢筋长 50mm。

11. 浆锚式柱连接应先清除下柱浆锚孔内浮着物及松散物质后，再安装上柱并使用压力灌浆注入浆锚砂浆，为保证浆锚砂浆在硬化过程中不受扰动，预制柱在安浆阶段必须有可靠的支撑。

第五节 梁柱节点的设计和构造

一、整浇式节点

装配整体式框架整浇式节点是使用后浇混凝土将梁与柱连接部位的节点浇筑成整体的一种连接构造方式。这种节点构造具有梁、柱构件外形简单，制作和安装方便，节点整体性能可靠等特点，适用于民用建筑和多层轻工业建筑。

（一）适用范围及节点类型

1. 依据试验研究及工程实践装配整体式框架整浇式节点，适用范围宜按表 7.5.1 采用。

整浇式节点的适用范围 表 7.5.1

结构类型		抗震设计			非抗震设计 适用高度(m)
		设防烈度			
		6	7	8	
框架结构	适用高度(m)	≤40	≤20	>20 ≤35	≤20	≤40
	抗震等级	三	三	二	二	
框架-剪力墙 结构	适用高度(m)	≤60	≤55		≤20	≤60
	框架抗震等级	三	三		三	
	剪力墙抗震等级	三	二		二	

注：框架-剪力墙结构，框架部分承受的地震倾覆力矩不应大于结构总地震倾覆力矩的 50%。

2. 整浇式节点按预制梁端钢筋数量及构造的不同分为两种类型：

（1）整浇式 A 型节点，梁端下部纵筋在节点内采用焊接连接，梁下部纵筋不宜多于 3 根。

（2）整浇式 B 型节点，梁端下部纵筋在节点内采用搭接弯折锚固，梁下部纵筋不宜多于 2 根，直径不宜大于 25mm。

（二）预制柱的构造要求

预制柱的构造如图 7.5.1 所示。

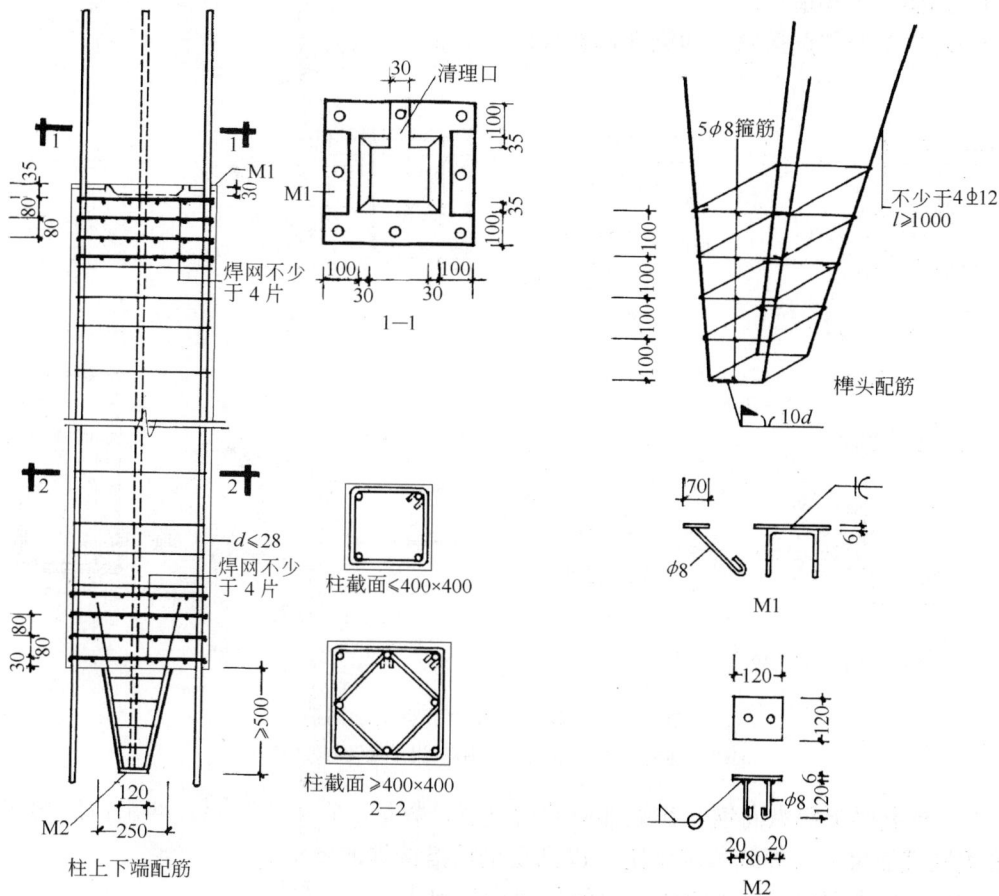

图 7.5.1　整浇式节点的预制柱构造

1. 柱截面尺寸不宜小于 400mm×400mm，柱纵向钢筋每侧不宜多于 3 根。

2. 柱榫头高度不宜小于 500mm，榫头端部截面不应小于 120mm×120mm。

3. 柱榫头内纵向钢筋配筋率不宜小于 1.0%（按榫头根部截面计算），且不少于 4φ12；箍筋直径不宜小于 8mm，间距不大于 100mm。

4. 柱榫头端部应设置预埋钢板。

5. 预制柱上、下端钢筋网的设置应按局部受压确定；钢筋网不应少于 4 片，钢筋网直径不宜小于 8mm，间距不大于 100mm。

6. 预制柱的纵向钢筋直径不宜大于 28mm，柱纵向钢筋在节点部位采用机械连接；也可采用搭接加焊连接方式，钢筋搭接部位上、下端各焊 5d 单面焊缝（d 为柱的纵向钢筋直径)。

7. 当横向梁与纵向梁高度不等时，应在高度较小预制梁一侧的下柱顶端纵向钢筋上加焊角钢，以便在安装阶段支承该方向预制梁，角钢在柱纵向钢筋上的焊接位置应按该方向预制梁梁底标高确定，如该方向预制梁需承受施工阶段荷载时，应在梁下部设置施工支撑。

（三）A型节点构造要求

1. 预制梁的构造要求

整浇式A型节点预制梁的梁端构造如图7.5.2所示。

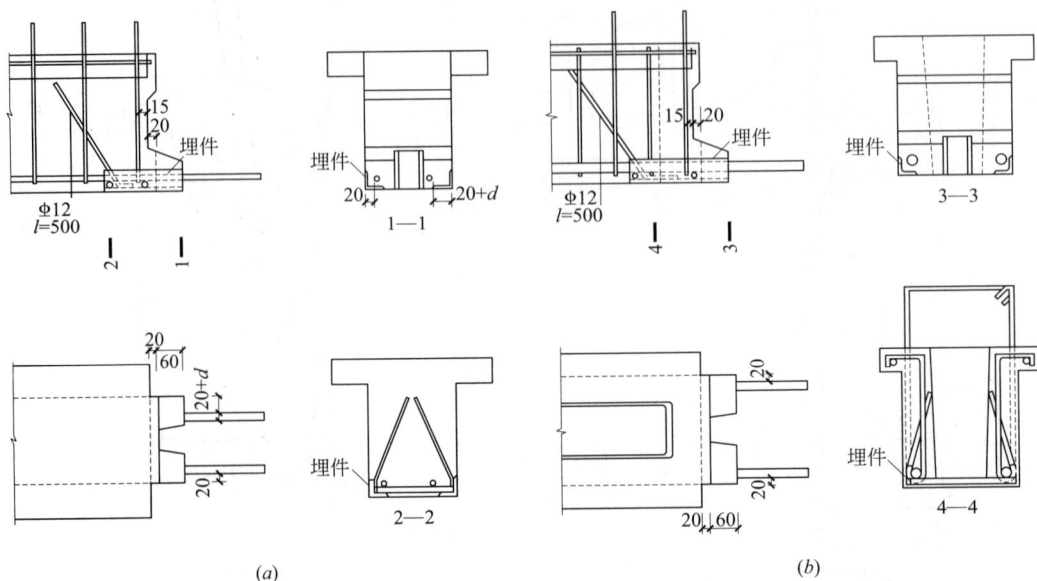

图 7.5.2 整浇式 A 型节点梁端构造
(a)梁端构造；(b)空心梁梁端构造(用于现浇剪力墙部位)

（1）预制梁下部纵向钢筋在端部应伸出直筋，数量不宜多于三根，伸出钢筋的部位和长度按柱截面尺寸及焊缝长度确定，以满足钢筋搭接焊的要求；

（2）预制梁端部应设置键槽，以便传递梁端剪力；

（3）预制梁端底部应设置预埋件与预制柱顶端预埋钢板焊接，以便保证安装阶段的稳定和荷载的传递。

2. 节点部位的构造要求

整浇式A型节点的构造如图7.5.3所示。

（1）梁端下部纵向钢筋在节点内采用单面搭接焊连接，焊接长度$\geqslant 10d$（d为梁下部纵向钢筋直径）；

（2）节点部位后浇混凝土应比预制柱混凝土强度等级提高二级；

（3）节点部位箍筋宜采用预制焊接封闭箍筋骨架；

（4）施工安装时为保证预制柱上端外伸纵向钢筋的位置，节点后浇混凝土顶部应设置直径12mm的定位焊接封闭箍筋；

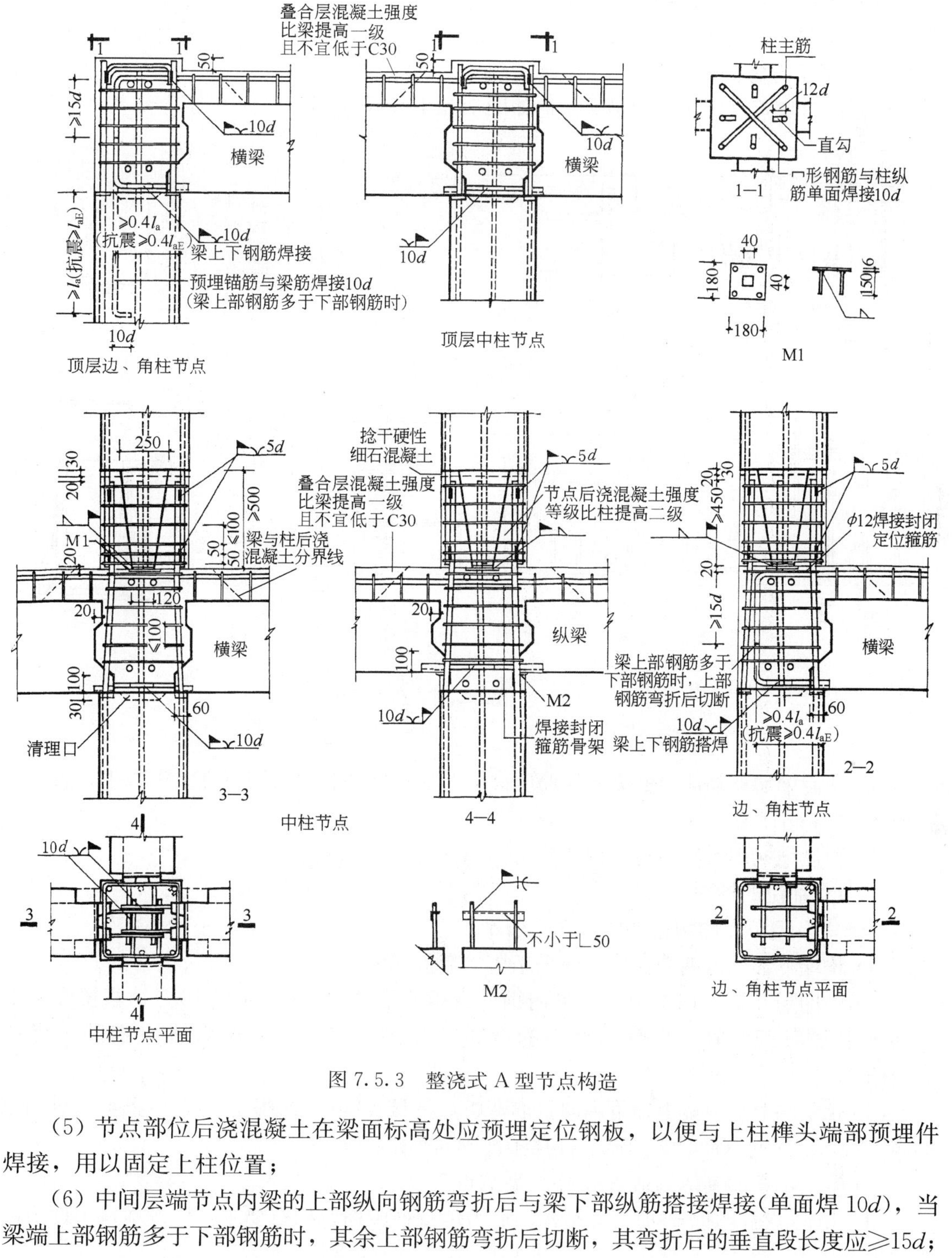

图 7.5.3　整浇式 A 型节点构造

（5）节点部位后浇混凝土在梁面标高处应预埋定位钢板，以便与上柱榫头端部预埋件焊接，用以固定上柱位置；

（6）中间层端节点内梁的上部纵向钢筋弯折后与梁下部纵筋搭接焊接（单面焊 10d），当梁端上部钢筋多于下部钢筋时，其余上部钢筋弯折后切断，其弯折后的垂直段长度应≥15d；

（7）顶层端节点内梁的上部纵向钢筋弯折后与梁下部纵筋搭接焊接（单面焊 10d），当梁上部纵向钢筋多于梁下部纵向钢筋时，尚需与柱顶预埋钢筋焊接；

（8）为避免后浇混凝土收缩，柱接头部位后浇混凝土宜预留 30mm 间隙，采用强度等级不低于后浇混凝土的干硬性细石混凝土捻缝(水灰比不大于 0.3)。

（四）B 型节点构造要求

1. 预制梁的构造要求

整浇式 B 型节点预制梁的梁端构造如图 7.5.4 所示。

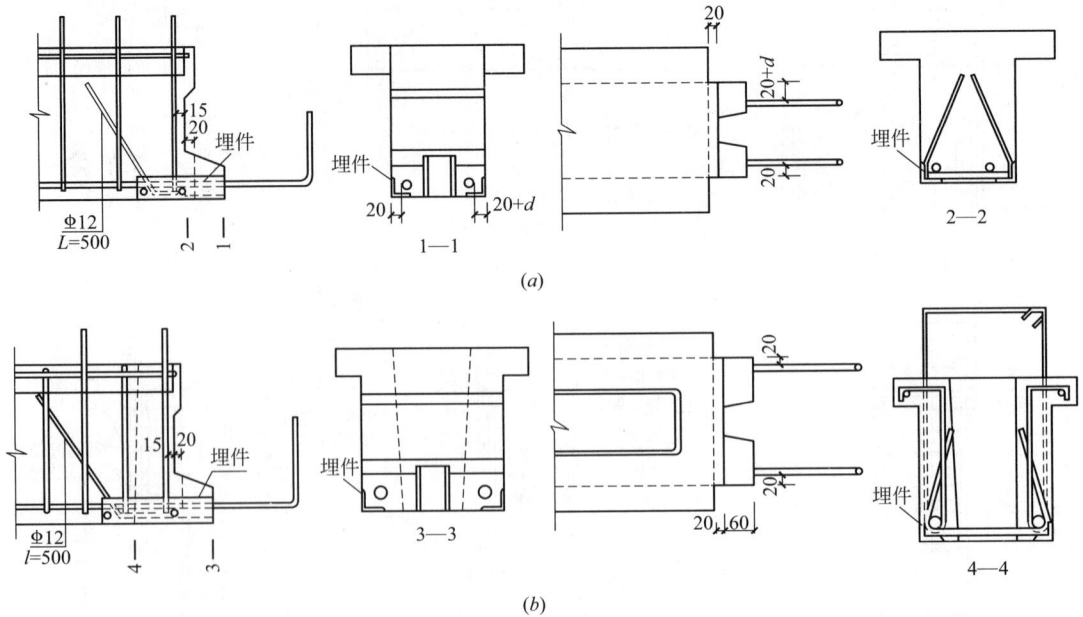

图 7.5.4 整浇式 B 型节点梁端构造

(a)梁端构造；(b)空心梁梁端构造(用于现浇剪力墙部位)

（1）预制梁端下部伸出的纵向钢筋应向上弯折，外伸纵向钢筋不宜多于二根，且钢筋直径宜≤25mm；

（2）预制梁端部的其他有关构造要求同 A 型节点梁构件。

2. 节点部位的构造要求

整浇式 B 型节点的构造如图 7.5.5 所示。

（1）梁端下部纵向钢筋在节点内采用搭接弯折锚固；

（2）中间层端节点内梁上、下纵向钢筋弯折后搭接焊接(单面焊 10d)，当梁端上部钢筋多于下部钢筋时，其余上部钢筋弯折后切断，其弯折后的垂直段钢筋长度应≥15d；

（3）顶层端节点内梁上、下纵向钢筋弯折后搭接焊接(单面焊 10d)，当梁上部纵向钢筋多于梁下部纵向钢筋时，尚需与柱顶预埋钢筋焊接；

（4）节点部位的其他构造要求同 A 型节点。

（五）抗震设计的框架-剪力墙结构，剪力墙端柱配筋及构造要求，应按本章第四节的有关规定采用。

（六）构件及连接部位承载力计算

1. 施工阶段

预制梁端部应满足图 7.5.6 所示构造要求。在施工阶段梁端还应满足裂缝控制要求

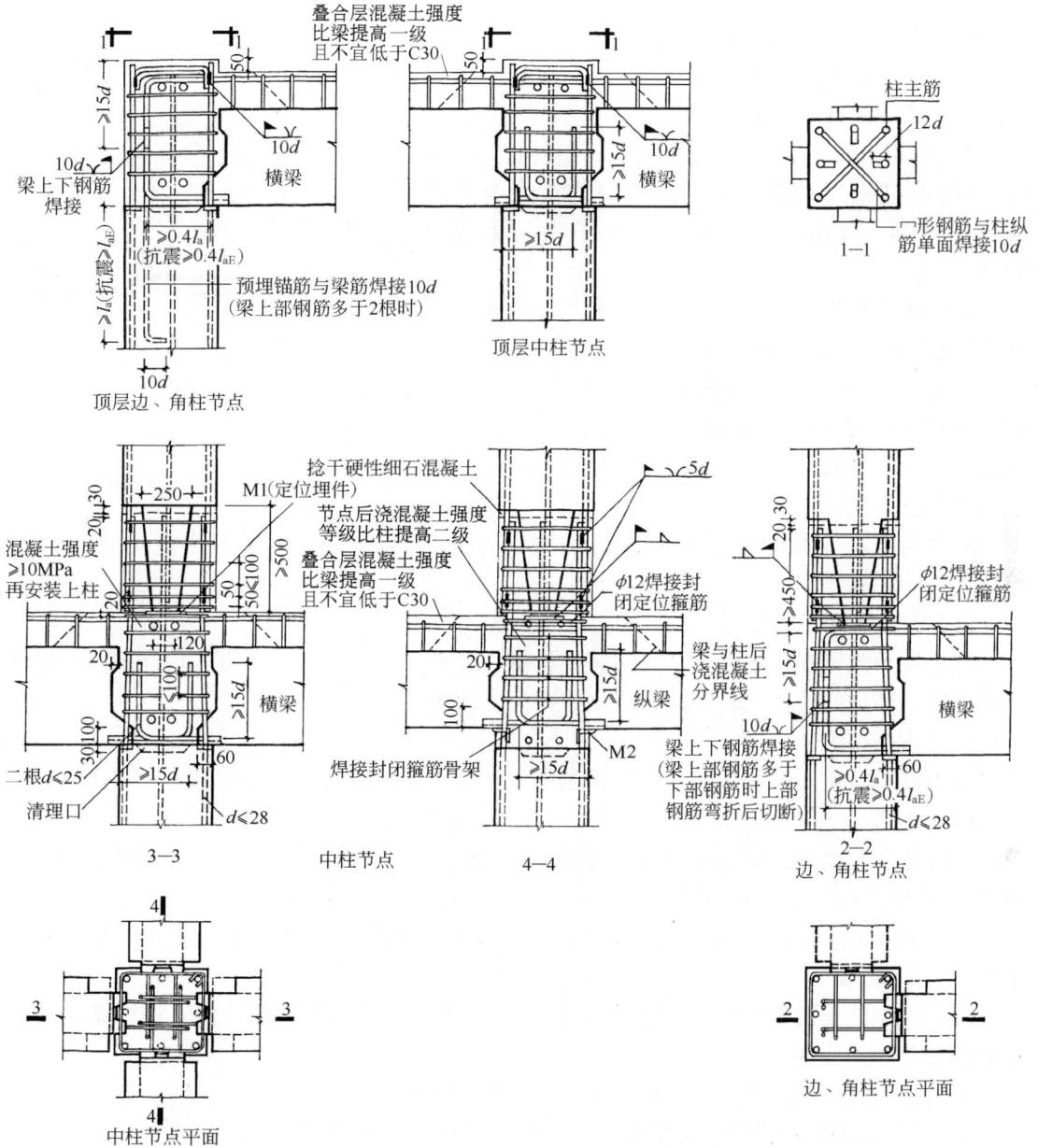

图 7.5.5　整浇式 B 型节点构造

$$V_1 \leqslant \frac{0.8 f_{tk} b h_{10}}{0.5 + \dfrac{a}{h_{10}}} \tag{7.5.1}$$

式中：V_1——施工阶段梁端剪力设计值；

　　　f_{tk}——混凝土抗拉强度标准值；

　　　b——梁端有效宽度；

　　　a——施工阶段梁端反力至梁端的距离，取值按下式计算

$$a = d - \frac{c}{2} + 20$$

当梁端剪力设计值不能满足式(7.5.1)控制值要求时应在梁下设置施工临时支撑。

2. 使用阶段

(1) 当柱端接头部位已满足整浇式节点有关的构造要求时，可不再进行使用阶段正截面承载力验算；

(2) 使用阶段内力计算应考虑装配式框架节点刚度降低的影响，施工期间梁跨中不设置临时支撑时，竖向荷载(不包括施工安装阶段荷载)产生的梁端弯矩，其调幅系数取$\alpha = 0.7$；施工期间梁跨中设置临时支撑时，竖向荷载(全部竖向荷载)产生的梁端弯矩其调幅系数取$\alpha = 0.75$。

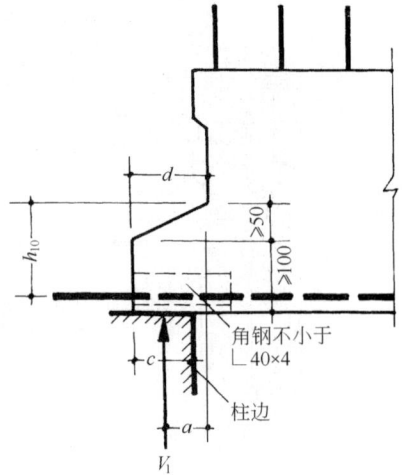

图 7.5.6　梁端构造要求

竖向荷载产生的梁端弯矩应先行调幅，再与风荷载或地震作用产生的弯矩进行组合。

二、现浇柱预制梁节点

现浇柱预制梁框架结构是全装配式结构的一种发展，由于柱与节点部位在现场同时浇筑混凝土，结构的整体性较全装配式框架有很大改善。

(一) 适用范围

依据试验研究及工程实践现浇柱预制梁框架节点，适用范围宜按表7.5.1采用。

(二) 构造要求

现浇柱预制梁框架结构节点构造按预制梁端钢筋数量及构造的不同分为两种类型：

1. A 型节点，梁端下部纵向钢筋在节点内采用焊接连接，钢筋不宜多于 4 根。

2. B 型节点，梁端下部钢筋在节点内采用搭接弯折锚固，钢筋不宜多于 2 根，直径不宜大于 25mm。

现浇柱预制梁框架结构 A 型节点和 B 型节点梁端部构造与装配整体式框架整浇式 A 型节点和 B 型节点相同。

现浇柱预制梁框架节点构造如图 7.5.7、图 7.5.8 所示。

3. 抗震设计的框架-剪力墙结构，剪力墙端柱配筋及构造要求，应按本章第四节的有关规定采用。

(三) 构件及连接部位承载力计算

1. 施工阶段

预制梁端部承载力验算及梁端构造要求与整浇式节点相同。

2. 使用阶段

使用阶段内力计算应考虑装配式框架节点刚度降低的影响，施工期间梁跨中不设置临时支撑时，竖向荷载(不包括施工安装阶段荷载)产生的梁端弯矩其调幅系数取$\alpha = 0.75$；施工期间梁跨中设置临时支撑时，竖向荷载(全部竖向荷载)产生的梁端弯矩其调幅系数取$\alpha = 0.8$。

叠合层混凝土强度
比梁提高一级且不
宜低于C30

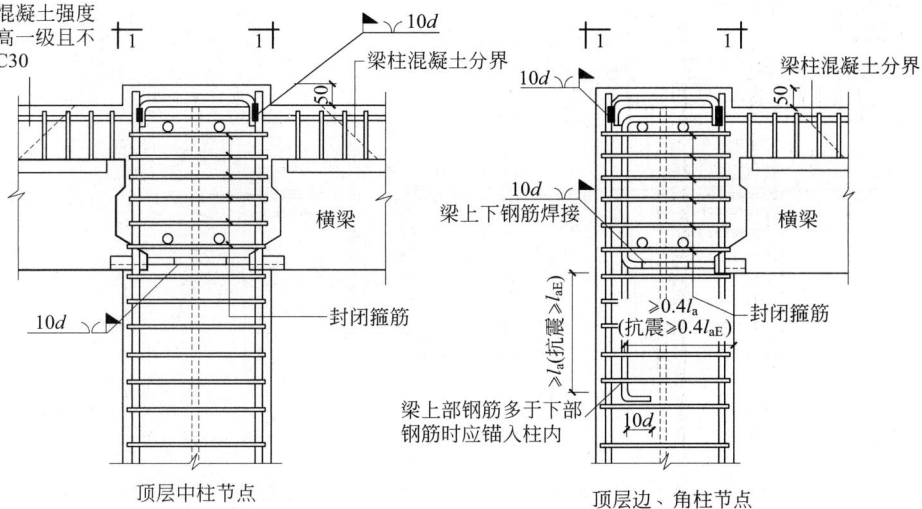

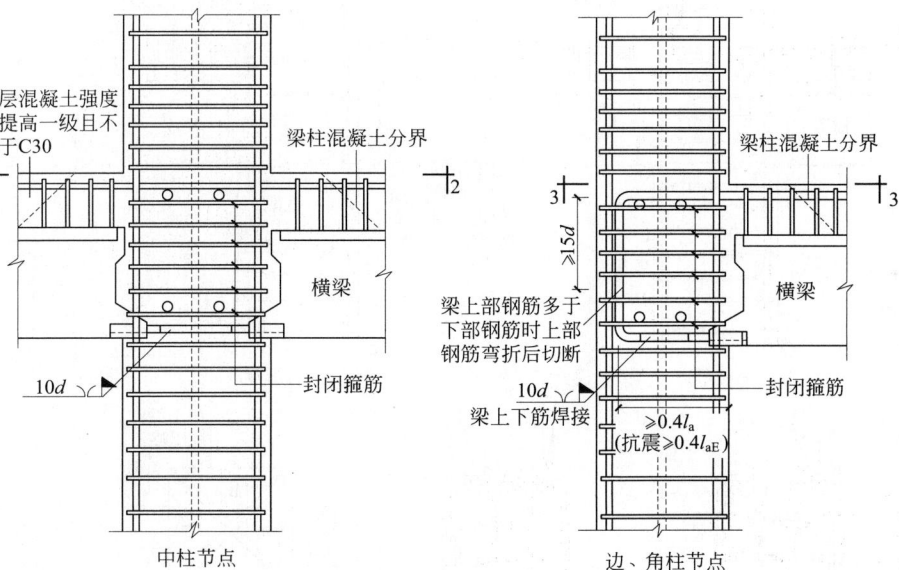

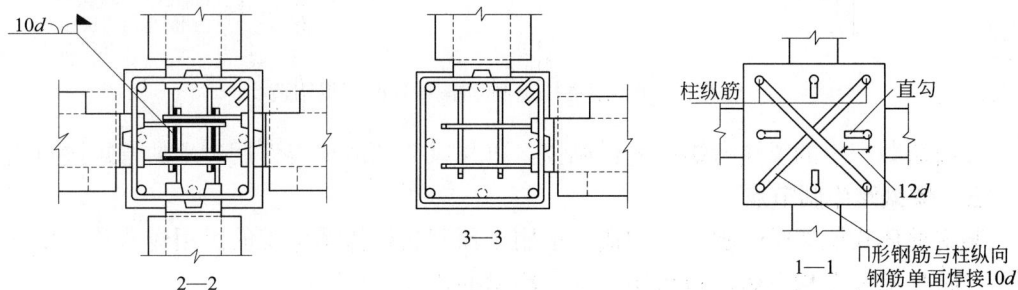

梁柱混凝土分界

封闭箍筋

顶层中柱节点

梁柱混凝土分界

梁上下钢筋焊接

封闭箍筋

梁上部钢筋多于下部
钢筋时应锚入柱内

顶层边、角柱节点

叠合层混凝土强度
比梁提高一级且不
宜低于C30

梁柱混凝土分界

横梁

封闭箍筋

中柱节点

梁柱混凝土分界

横梁

梁上部钢筋多于
下部钢筋时上部
钢筋弯折后切断

封闭箍筋

梁上下筋焊接

边、角柱节点

柱纵筋

直勾

∏形钢筋与柱纵向
钢筋单面焊接10d

2—2

3—3

1—1

图 7.5.7 现浇柱预制梁框架 A 型节点构造

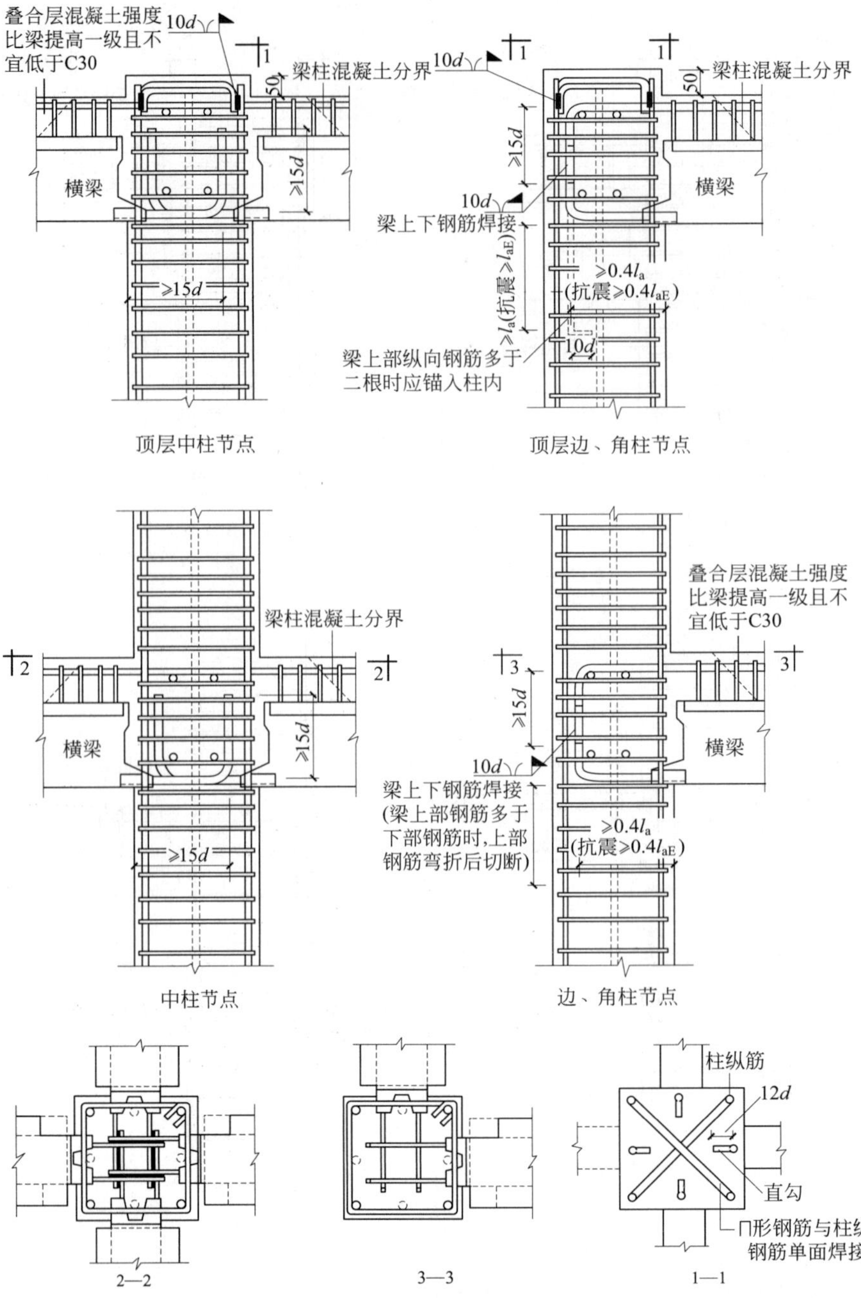

图 7.5.8　现浇柱预制梁框架 B 型节点构造

竖向荷载产生的梁端弯矩应先行调幅，再与风荷载或地震作用产生的弯矩进行组合。

三、型钢暗牛腿节点

装配整体式框架暗牛腿节点构造，适用于预制长柱体系施工的民用建筑和多层轻工业厂房。暗牛腿节点构造做法也可用于主、次梁的连接。

（一）适用范围

依据试验研究及工程实践装配整体式框架暗牛腿节点，适用范围宜按表 7.5.2 采用。

暗牛腿节点的适用范围　　　　　　　　　　　　　　表 7.5.2

结构类型		抗震设计			非抗震设计适用高度(m)
		设防烈度			
		6	7	8	
框架结构	适用高度(m)	≤20	≤20		≤20
	抗震等级	三	二		
框架-剪力墙结构	适用高度(m)	≤20	≤20	≤20	≤20
	框架抗震等级	三	三	二	
	剪力墙抗震等级	三	二	二	

注：同表 7.5.1。

（二）构造要求

装配整体式框架暗牛腿节点的构造如图 7.5.9 所示。

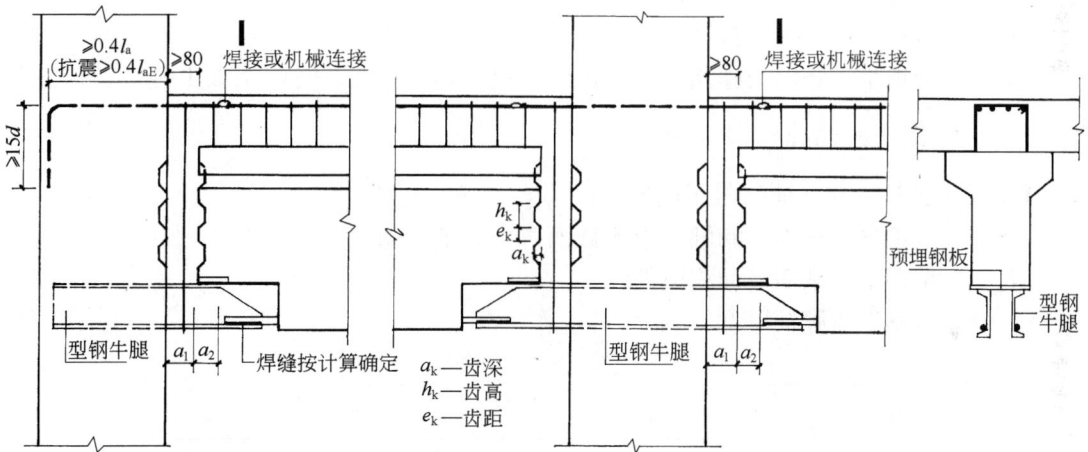

图 7.5.9 暗牛腿式节点构造

1. 预制柱设置型钢牛腿。

2. 节点部位预制柱和预制梁间的接缝宽度不宜小于 80mm，梁端及柱相应部位应设置齿槽，以利于传递梁端剪力，齿槽个数由计算确定，齿槽沿高度均匀布置。齿型可采用等腰三角形或梯形，斜度取 45°，齿深一般取 40mm，齿高 40～100mm，但不大于齿深的 3 倍，齿槽数不应少于 2 个。

3. 预制梁梁端箍筋直径不宜小于 8mm，间距不大于 100mm，梁端缺口部位箍筋不应少于三道。抗震设计的预制梁梁端箍筋应自梁端缺口外边缘起始加密设置，加密区长度取 ≥1.5h_c(h_c 为梁高度)、≥500，箍筋直径和间距同上述要求。

4. 预制柱与预制梁间的接缝内应至少设置一道箍筋，箍筋直径不小于梁端箍筋直径。

5. 抗震设计的框架-剪力墙结构，剪力墙端柱配筋及构造要求，应按本章第四节的有关规定采用。

（三）构件及连接部位承载力计算

1. 施工阶段

（1）型钢牛腿承载力计算

型钢牛腿剪力设计值

$$V_3 = V_1 + 0.3 V_2 \qquad (7.5.2)$$

式中：V_1——施工阶段作用于型钢牛腿上的竖向力；

$\quad\quad V_2$——使用阶段梁端剪力设计值；抗震设计取考虑地震作用组合的梁端剪力设计值。

型钢牛腿受弯、受剪承载力应满足下式：

$$\frac{V_3 a}{W_x} \leqslant f \qquad (7.5.3)$$

$$\frac{V_3 S}{I_x t_w} \leqslant f_v \qquad (7.5.4)$$

式中：f——钢材的抗弯强度设计值；

$\quad\quad f_v$——钢材的抗剪强度设计值；

$\quad\quad a$——型钢牛腿竖向力作用点至柱边的距离，如图 7.5.9 及图 7.5.10 所示 $a = a_1 + \dfrac{2a_2}{3} + 20 \text{(mm)}$；

$\quad W_x$——型钢牛腿 x 轴的截面抵抗矩；

$\quad S$——型钢牛腿截面中和轴以上毛截面对中和轴的面积矩；

$\quad I_x$——型钢牛腿截面毛面积惯性矩；

$\quad t_w$——型钢牛腿腹板厚度。

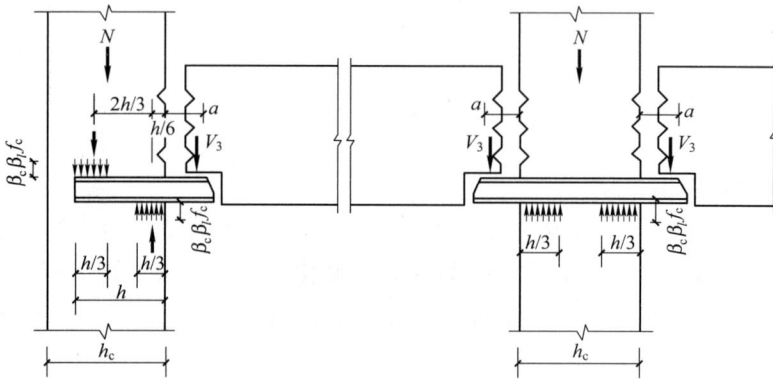

图 7.5.10　柱局部受压内力分布图

（2）预制柱局部受压计算

埋设柱内的型钢牛腿(图 7.5.10)其局部受压承载力应符合以下要求：

1) 荷载对称的中柱

$$V_3 \leqslant \frac{1}{3} (0.9 \beta_c \beta_l f_c - \sigma) A_l \qquad (7.5.5)$$

2）荷载不对称的中柱

$$V_3 \leqslant \frac{1}{3+4\dfrac{a}{h_c}}(0.9\beta_c\beta_l f_c-\sigma)A_l \tag{7.5.6}$$

3）边柱

$$V_3 \leqslant \frac{1}{3+4\dfrac{a}{h}}(0.9\beta_c\beta_l f_c-\sigma)A_l \tag{7.5.7}$$

式中：σ——轴向力作用下，柱截面的正应力；

$$\sigma=\frac{N}{b_c h_c}$$

N——柱轴向力设计值；

b_c——柱截面宽度；

h_c——柱截面高度；

β_l——混凝土局部受压时的强度提高系数；

$$\beta_l=\sqrt{\frac{A_b}{A_l}}$$

β_c——混凝土强度影响系数，当混凝土强度等级$\leqslant$C50 时取 $\beta_c=1.0$，当混凝土强度等级为 C80 时取 $\beta_c=0.8$，其间按线性内插法取用；

A_b——局部受压计算底面积，取 $A_b=3bh$，当 $b_c<3b$ 时取 $A_b=b_c h$，式中 b 为型钢翼缘宽度，h 为型钢牛腿在柱内的埋置长度，中柱取 $h=h_c$；

A_l——局部受压面积，中柱取 $A_l=bh_c$；边柱取 $A_l=bh$；

f_c——预制柱混凝土轴心抗压强度设计值。

如局部受压不满足承载力要求时，可采取增加型钢牛腿翼缘宽度，或设置钢筋网间接配筋等构造措施，以满足局部受压计算要求。

（3）预制梁端缺口部位承载力计算及配筋构造

梁端缺口部位的截面尺寸及配筋构造，应符合以下要求（图 7.5.11）：

1）施工阶段梁端缺口截面应满足裂缝控制要求

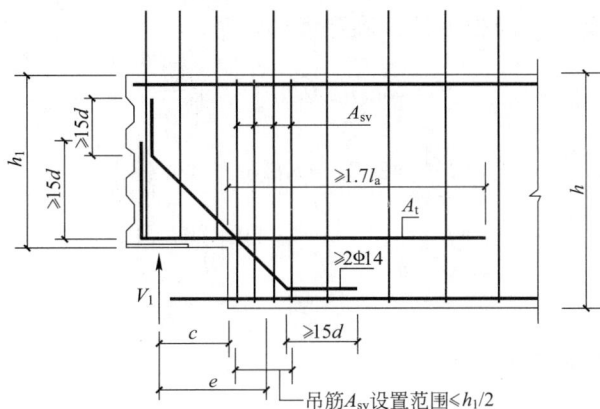

图 7.5.11　梁端缺口配筋构造

$$V_1 \leqslant \frac{0.8 f_{tk} b_b h_{10}}{0.5 + \dfrac{c}{h_{10}}} \tag{7.5.8}$$

式中：V_1——施工阶段梁端剪力设计值；

$\quad\quad f_{tk}$——混凝土抗拉强度标准值；

$\quad\quad b_b$——梁端宽度；

$\quad\quad h_{10}$——梁端缺口部位截面有效高度；

$\quad\quad c$——竖向力 V_1 的作用点至梁缺口边的水平距离，取值时应考虑安装偏差20mm。

2）施工阶段梁端缺口部位配筋计算

梁端吊筋面积

$$A_{sv} = \frac{1.2 V_1}{f_{yv}} \tag{7.5.9}$$

式中：f_{yv}——吊筋的抗拉强度设计值。

梁端缺口部位纵向钢筋截面面积

$$A_t = \frac{V_1 e}{0.85 f_y h_{10}} \tag{7.5.10}$$

式中：e——施工阶段梁端竖向力作用点到吊筋合力点的距离，如图 7.5.11 所示

$\quad\quad$取 $e = c + \dfrac{h_1}{4}$。

3）梁端缺口部位构造要求

① 梁端缺口部位截面尺寸应满足式(7.5.8)计算要求。当不能满足时，施工期间梁跨中应设临时支撑。

② 缺口端所需吊筋面积 A_{sy} 应集中设置在图 7.5.11 所示端部 $\leqslant h_1/2$ 范围内，并采用封闭式箍筋。

③ 梁端缺口部位应设置构造斜筋，斜筋宜 $\geqslant 2\Phi 14$。

2. 使用阶段

（1）齿槽受剪计算

梁端考虑齿槽受剪时，应根据计算确定齿槽数量。

非抗震设计 $\quad\quad$ $V_2 \leqslant 3\alpha_k n f_t b_k h_k + 0.4 \dfrac{M}{h_0}$ $\quad\quad$ (7.5.11)

抗震设计 $\quad\quad$ $V_2 \leqslant \dfrac{1}{\gamma_{RE}} \left(2.5\alpha_k n f_t b_k h_k + 0.4 \dfrac{M}{h_0} \right)$ $\quad\quad$ (7.5.12)

当式中 $\quad\quad$ $0.4 \dfrac{M}{h_0} > \dfrac{1}{3} V_2$ 时，取 $0.4 \dfrac{M}{h_0} = \dfrac{1}{3} V_2$

式中：n——齿槽数；

$\quad\quad \alpha_k$——齿槽抗剪强度折减系数

$\quad\quad\quad\quad n \leqslant 3$ 时，$\alpha_k = 0.85$；

$\quad\quad\quad\quad n = 4 \sim 5$ 时，$\alpha_k = 0.75$；

$n \geqslant 6$ 时，$\alpha_{\mathrm{k}} = 0.65$；

b_{k}——齿槽宽度；

h_{k}——齿槽高度；

f_{t}——混凝土轴心抗拉强度设计值；

M——与剪力设计值相应的梁端组合弯矩设计值；抗震设计当组合弯矩设计值为正弯矩时，取 $M = 0$；

h_0——截面有效高度；

γ_{RE}——承载力抗震调整系数，取 1.0。

（2）使用阶段内力计算

使用阶段应考虑装配式框架节点刚度降低的影响。施工期间梁跨中不设置临时支撑时，竖向荷载（不包括施工安装阶段荷载）产生的梁端弯矩其调幅系数取 $\alpha = 0.7$；施工期间梁跨中设置临时支撑时，竖向荷载（全部竖向荷载）产生的梁端弯矩其调幅系数取 $\alpha = 0.75$。

竖向荷载产生的梁端弯矩应先行调幅，再与风荷载或地震作用产生的弯矩进行组合。

四、叠压浆锚式节点

叠压浆锚节点连接构造适用于图 7.5.12 所示有内廊和外挑廊的建筑物。

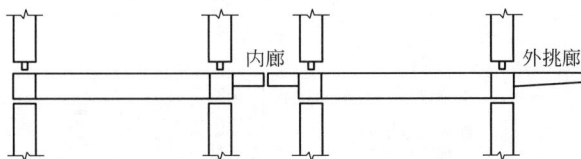

图 7.5.12 叠压浆锚式节点适用的结构类型

（一）使用范围

依据试验研究及工程实践叠压浆锚节点适用范围宜按表 7.5.3 采用。

叠压浆锚式节点的适用范围　　　　　　　　　　表 7.5.3

结构类型		抗震设计			非抗震设计适用高度(m)
		设防烈度			
		6	7	8	
框架结构	适用高度(m)	≤20	≤20		≤20
	抗震等级	三	二		
框架-剪力墙结构	适用高度(m)	≤20	≤20	≤20	≤20
	框架抗震等级	三	三	二	
	剪力墙抗震等级	三	二	二	

注：同表 7.5.1。

（二）构造要求

装配整体式框架叠压浆锚节点连接构造如图 7.5.13 所示。

1. 浆锚节点部位预制柱纵向钢筋总根数不宜多于 4 根，柱截面不宜大于 400mm×400mm。

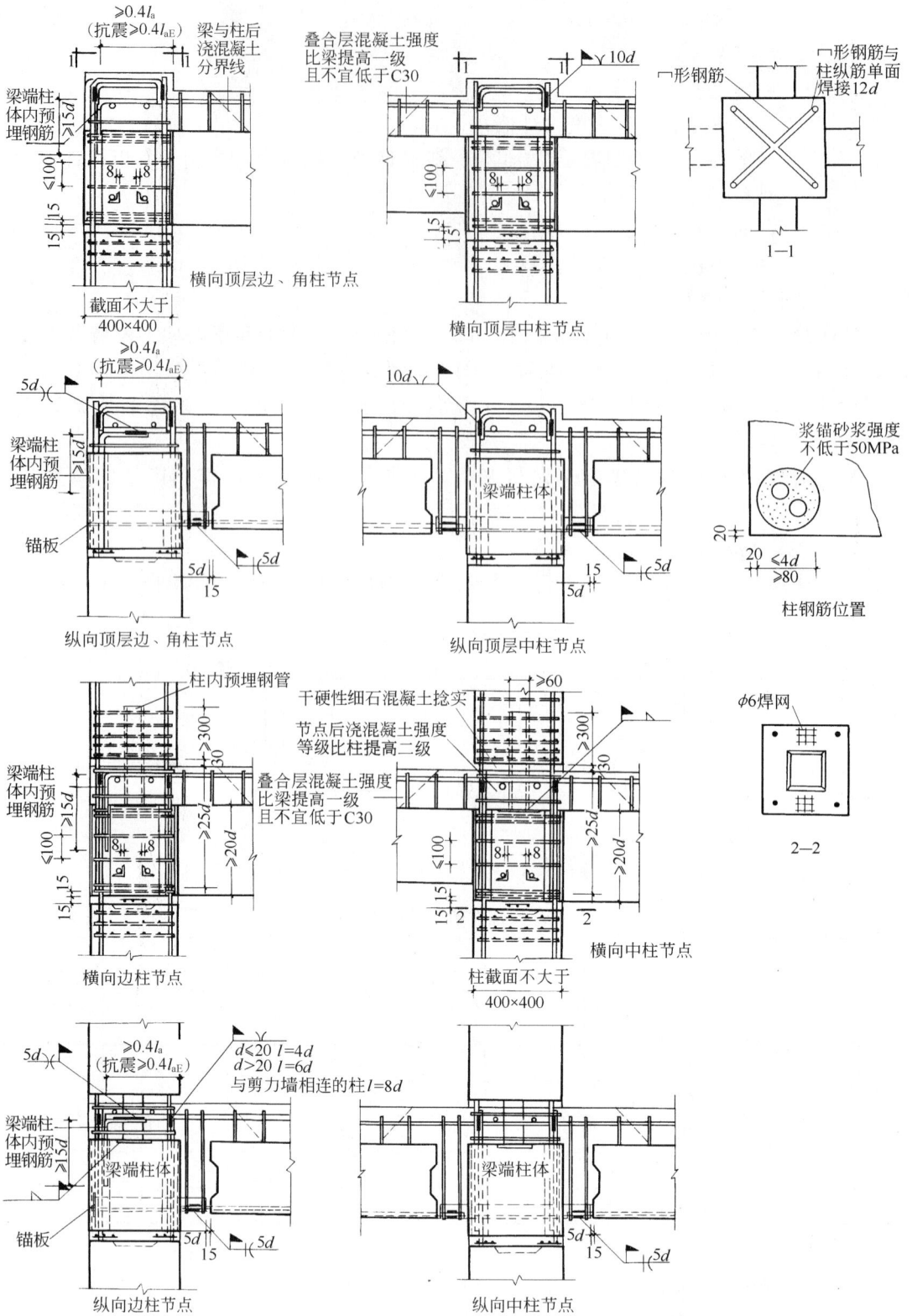

图 7.5.13   叠压浆锚式节点构造

2. 预制柱纵向钢筋在节点部位搭接总长度不应小于 $25d$(d 为柱纵向钢筋直径);在浆锚孔内的搭接长度不应小于 $20d$。

上、下柱纵向钢筋在节点部位,除搭接长度应满足上述要求外,尚应在搭接钢筋的上部加焊,单面焊缝长度为:

$$d \leqslant 20mm,\ l = 4d;$$
$$d > 20mm,\ l = 6d。$$

与现浇剪力墙相连的端柱,柱纵向钢筋搭接加焊长度 $l = 8d$。

3. 预制柱上、下端应设置不少于四片构造钢筋网,钢筋网的钢筋直径不宜小于 8mm,间距不大于 100mm。

4. 预制梁的混凝土强度等级宜与预制柱混凝土强度等级一致。当预制梁混凝土强度等级低于预制柱时,梁端柱体应按计算要求设置钢筋网间接配筋,以提高受压承载力及节点核芯区截面抗震受剪承载力。

5. 梁端柱体上用于连接纵向非承重梁的预埋角钢不宜小于∟63×6,角钢伸出的长度应大于 $5d$(d 为纵向梁伸出钢筋的直径)。

纵向梁伸出的钢筋与梁端柱体预埋角钢焊接,焊接应采用多次间歇施焊的方法,避免钢筋及角钢过热软化,施工时宜设支撑。

6. 预制柱下端应预埋钢管,在安装阶段用以支承上柱,钢管端部与梁端柱体上表面预埋钢板焊接。

柱端预埋钢管锚入柱内的长度不应小于 300mm,直径不小于 60mm;钢管内应充填不低于 C20 细石混凝土。

7. 梁端柱体浆锚孔应在上柱安装后灌入浆锚砂浆,包括底部水平接缝应一次灌注完成。为保证灌入的浆锚砂浆在硬化过程中不受扰动,预制柱安装阶段应有可靠的稳定支撑。浆锚砂浆应使用无收缩快硬硅酸盐水泥配制,浆锚砂浆 1 天强度不应低于 25MPa,28 天强度不应低于 50MPa。浆锚砂浆必须使用后期材性稳定,并且具有耐火性能的材料配制。

(三)构件及连接部位承载力计算

1. 施工阶段

预制柱下端埋设的钢管在施工安装阶段承载力应满足

$$N_1 \leqslant A_n f \tag{7.5.13}$$

式中:N_1——预制柱自重及安装阶段施工荷载;

A_n——钢管净截面面积;

f——钢管抗压强度设计值。

2. 使用阶段

(1)梁端柱体混凝土强度等级低于预制柱时,可采用钢筋网间接配筋提高受压承载力,承载力按下式计算:

$$Af_c \leqslant 0.9(\beta_c f_{cb} + 2\alpha\rho_v f_y)A_{cor} \tag{7.5.14}$$

式中:A——预制柱截面面积;

f_c——预制柱混凝土轴心抗压强度设计值;

f_{cb}——梁端柱体混凝土轴心抗压强度设计值;

β_c——混凝土强度影响系数,当混凝土强度等级≤C50 时取 $\beta_c = 1.0$;当混凝土强度等级为 C80 时取 $\beta_c=0.8$；其间按线性内插法取用；

　　α——间接钢筋对混凝土约束的折减系数，当混凝土强度等级≤C50 时取 $\alpha=1.0$；当混凝土强度等级为 C80 时取 $\alpha=0.85$；其间按线性内插法取用；

　　ρ_v——梁端柱体钢筋网体积配筋率；

　　f_y——钢筋网的钢筋抗拉强度设计值；

　　A_{cor}——梁端柱体钢筋网范围内的核心面积。

（2）使用阶段内力计算应考虑装配式框架节点刚度降低的影响。施工期间梁跨中不设置临时支撑时，竖向荷载（不包括施工安装阶段荷载）产生的梁端弯矩，其调幅系数取 $\alpha=0.65$；施工期间梁跨中设置临时支撑时，竖向荷载（全部竖向荷载）产生的梁端弯矩，其调幅系数取 $\alpha=0.7$。

竖向荷载产生的梁端弯矩应先行调幅，再与风荷载或地震作用产生的弯矩进行组合。

五、明牛腿式节点

明牛腿节点适用于装配整体式单层及多层工业厂房和民用建筑的特殊部位。

（一）适用范围

依据试验研究及工程实践明牛腿节点构造适用范围宜按表 7.5.4 采用。

明牛腿式节点的适用范围　　　　　　表 7.5.4

结构类型		抗震设计				非抗震设计适用高度(m)
		设防烈度				
		6	7		8	
框架结构	适用高度(m)	≤40	≤20	>20 ≤35	≤30	≤40
	抗震等级	三	三	二	二	
框架-剪力墙结构	适用高度(m)	≤60	≤55		≤20	≤60
	框架抗震等级	三	三		三	
	剪力墙抗震等级	三	二		二	

注：同表 7.5.1。

（二）构造要求

装配式框架明牛腿节点的连接构造如图 7.5.14 所示。

1. 预制柱截面不宜小于 400mm×400mm。

预制梁宽度不宜小于 200mm，且不宜小于柱截面宽度的 1/2。

2. 牛腿挑出长度应根据梁端下部纵向钢筋与牛腿间焊接时所需焊缝长度及梁端与柱间所留接缝宽度确定，且不得小于 250mm。牛腿底面倾斜角不宜大于 45°（与水平面夹角）。牛腿外边缘高度不宜小于牛腿高度的 1/3，且不应小于 200mm。

3. 梁端与柱面间接缝宽度不宜小于 80mm，其间应至少设置一道箍筋，箍筋直径不小于梁端箍筋直径。

4. 节点部位柱面和梁端宜设置齿槽，数量不少于二个，齿深≥25mm，齿高 50～80mm，齿距 50～100mm。

5. 预制梁叠合层内纵向钢筋与柱预埋的钢筋宜采用机械连接或焊接，钢筋接头位置

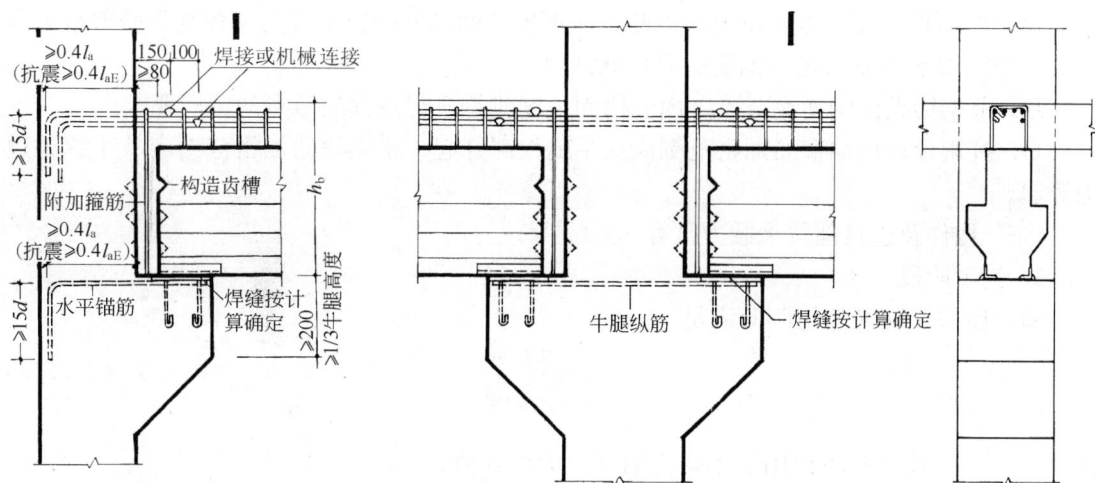

图 7.5.14　明牛腿节点构造

距柱面不宜小于 150mm。叠合层内纵向钢筋为两排时，下排钢筋不宜多于 2 根，上、下排钢筋接头宜错开不小于 100mm。

6. 牛腿内水平箍筋（图 7.5.15 所示）直径取 $6\sim12$mm，间距 $100\sim150$mm，在上部 $2h_0/3$ 范围内的水平箍筋总截面面积不宜小于牛腿承受竖向力所需受拉纵向钢筋截面面积的 1/2。

抗震设计牛腿水平箍筋直径不小于 8mm，间距不大于 100mm，钢筋直径和肢距按规范相应抗震等级柱的规定采用。

7. 当牛腿的剪跨比 $a/h_0\geqslant0.3$ 时，宜设置弯起钢筋，弯起钢筋如图 7.5.15 所示宜设置在牛腿上部 $l/6$ 至 $l/2$ 之间的范围内，弯起钢筋截面面积不宜少于承受竖向力所需受拉纵筋截面面积的 1/2，根数不应少于 2 根，直径不应小于 12mm。

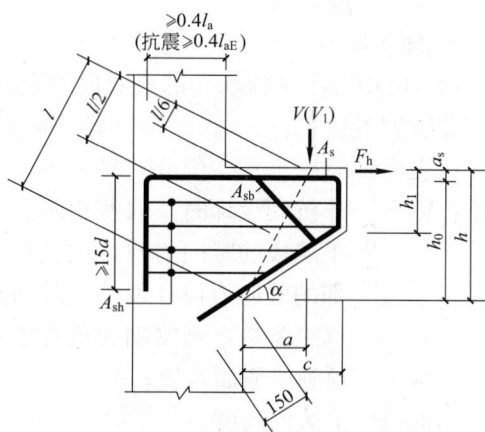

图 7.5.15　牛腿的尺寸和钢筋配置
注：适用于 $a\leqslant h_0$

8. 牛腿承受竖向力所需的纵向受拉钢筋除应满足计算要求外，其配筋率按牛腿有效截面计算不应小于 0.2% 及 $0.45f_t/f_y$，也不宜大于 0.6%，根数不宜少于 4 根。纵向受拉钢筋不得兼作弯起钢筋。

非抗震设计牛腿纵筋直径不小于 12mm。

抗震设计牛腿纵筋直径，二级抗震等级时不应小于 14mm，三级抗震等级时不应小于 12mm。

9. 牛腿承受水平拉力的纵筋应焊在预埋件上，与牛腿顶部预埋件焊接的纵筋不应少于 2 根。

　　预制梁端下部纵向受力钢筋应与梁底预埋件有可靠的焊接，以便通过梁底预埋件与柱牛腿顶面的钢板焊接后传递拉力。牛腿顶面钢板下的纵筋受拉承载力和焊缝的受剪承载力均应大于梁端下部纵向受力钢筋的受拉承载力。

　　10. 框架梁纵向钢筋在节点区内的锚固长度应符合现浇框架节点的锚固要求。

　　11. 抗震设计柱端箍筋加密范围应从牛腿根部算起。梁端箍筋加密范围应从牛腿外边缘算起。

　　（三）构件及连接部位承载力计算

　　1. 施工阶段

　　施工阶段牛腿裂缝控制应满足

$$V_1 \leqslant \frac{0.8 f_{tk} b h_0}{0.5 + \dfrac{a}{h_0}} \tag{7.5.15}$$

式中：V_1——施工阶段作用于牛腿上的竖向力设计值；

　　　　f_{tk}——柱混凝土轴心抗拉强度标准值；

　　　　b——牛腿宽度；

　　　　a——竖向力 V_1 的作用点至柱边缘的水平距离，取值时应考虑安装偏差 20mm；

　　　　h_0——牛腿垂直截面有效高度（图 7.5.15）取 $h_0 = h_1 - a_s + c \cdot tg\alpha$，当 $\alpha > 45°$ 时取 $\alpha = 45°$。

　　2. 使用阶段

　　（1）使用阶段牛腿承受的总竖向力设计值可按下式确定：

非抗震设计　　　　　　　$V = V_1 + \alpha_M (V_2 - 0.07 f_c b_b h_{b1})$ 　　　　　　(7.5.16)

抗震设计　　　　　　　$V_E = V_1 + \alpha_M (V_2 - 0.056 f_c b_b h_{b1})$ 　　　　　(7.5.17)

式中：V_2——非抗震设计时，取使用阶段梁端作用在牛腿顶部的竖向力设计值（不包括施工阶段的竖向力）；抗震设计时，取考虑地震作用组合的梁端作用在牛腿顶部的竖向力设计值（不包括施工阶段的竖向力）；

　　　　α_M——调整系数，当梁端为负弯矩时取 $\alpha_M = 0.8$；当梁端为正弯矩时取 $\alpha_M = 1.0$；

　　　　b_b——预制梁截面宽度；

　　　　h_{b1}——梁截面高度。

　　（2）牛腿纵向受力钢筋计算

　　1）梁端为负弯矩时，牛腿承受竖向力所需的受拉钢筋截面面积，按下式计算：

非抗震设计　　　　　　　　$A_s \geqslant \dfrac{Va}{0.85 f_y h_0}$ 　　　　　　　　(7.5.18)

抗震设计

$$A_s \geqslant \gamma_{RE} \frac{V_E a}{0.85 f_y h_0} \tag{7.5.19}$$

式中：V、V_E——非抗震及抗震设计牛腿承受的总竖向力设计值；

　　　　a——总竖向力 V 或 V_E 的作用点至柱边缘的水平距离，取值时应考虑安装偏差 20mm；当 $a < 0.3 h_0$ 时，取 $a = 0.3 h_0$；

　　　　f_y——牛腿纵向受力钢筋的抗拉强度设计值；

　　　　γ_{RE}——承载力抗震调整系数，取 1.0。

2）考虑地震作用组合梁端为正弯矩时，牛腿承受竖向力所需的受拉钢筋及承受水平拉力所需的纵筋截面面积之和按下式计算

$$A_s \geqslant \gamma_{RE} \left(\frac{V_E a}{0.85 f_y h_0} + \frac{1.2M}{f_y (h_{b0} - a_s)} \right)$$ （7.5.20）

式中：h_{b0}——梁截面有效高度；

　　　a_s——梁下部受拉钢筋合力点至牛腿顶部的距离；

　　　M——梁端地震作用组合的正弯矩设计值；

　　　γ_{RE}——承载力抗震调整系数，取 1.0。

牛腿纵向受力钢筋面积 A_s 不宜小于梁端上部纵向钢筋面积的 30%。

（3）使用阶段内力计算应考虑装配式框架节点刚度降低的影响。施工期间梁跨中不设置临时支撑时，竖向荷载（不包括施工安装阶段荷载）产生的梁端弯矩，其调幅系数取 $\alpha = 0.75$。

竖向荷载产生的梁端弯矩应先行调幅，再与风荷载或地震作用产生的弯矩进行组合。

参 考 文 献

[7-1]　中华人民共和国国家标准《混凝土结构设计规范》GB 50010—2010（2015 年版）. 北京：中国建筑工业出版社，2015

[7-2]　中华人民共和国国家标准.《建筑抗震设计规范》GB 50011—2010（2016 年版）. 北京：中国建筑工业出版社，2016

[7-3]　中华人民共和国行业标准.《高层建筑混凝土结构技术规程》JGJ 3—2010. 北京：中国建筑工业出版社，2010

[7-4]　中国工程建设标准化委员会标准.《钢筋混凝土装配整体式框架节点与连接设计规程》CECS43：92. 北京：中国建筑工业出版社，1994

[7-5]　国家标准设计 97G329（一）《建筑物抗震构造详图》（民用框架、框架-剪力墙、剪力墙、框支剪力墙结构）. 1998

[7-6]　胡庆昌. 建筑结构抗震设计与研究. 北京：中国建筑工业出版社，1999

[7-7]　胡庆昌，徐云扉. 钢筋混凝土框架整浇装配式梁柱节点的试验研究，《钢筋混凝土结构研究报告选集》（2），中国建筑工业出版社，1981

[7-8]　孙金墀. 装配式结构钢筋浆锚连接的性能，混凝土及加筋混凝土. 第 4 期，1986

[7-9]　孙金墀. 混凝土结构植筋锚固刍议，建筑结构. 第 1 期，2002

第八章 楼 梯

第一节 概 述

一、楼梯的一般类型
1. 直跑楼梯(图 8.1.1)

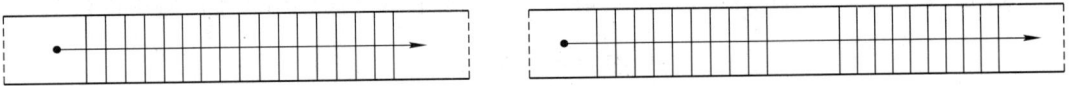

图 8.1.1 直跑楼梯

2. 双跑楼梯(图 8.1.2)
3. 三跑楼梯(图 8.1.3)

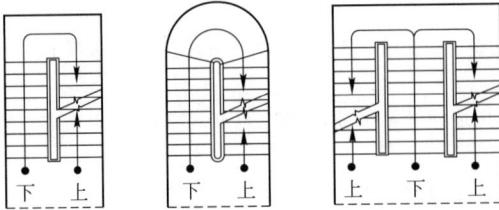

图 8.1.2 双跑楼梯

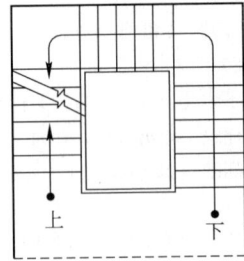

图 8.1.3 三跑楼梯

4. 悬挑式楼梯(图 8.1.4)
5. 螺旋式楼梯

图 8.1.5 为板式螺旋楼梯。图 8.1.6 为梁式螺旋楼梯。

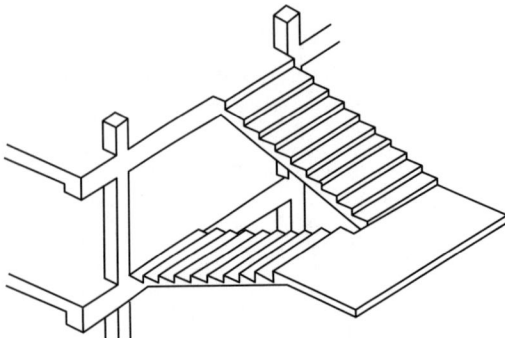

图 8.1.4 悬挑式楼梯

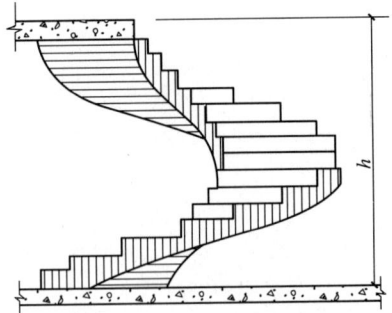

图 8.1.5 板式螺旋楼梯

6. 自动扶梯

在人流量较大的场所,是组织人流流动升降的载客设备。见图 8.1.12。

二、楼梯的宽度

1. 楼梯间开间尺寸和楼梯宽度应符合《建筑楼梯模数协调标准》及防火规范等有关规定。

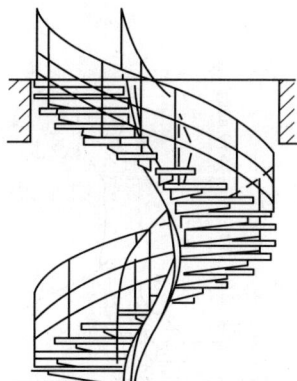

图 8.1.6 梁式螺旋楼梯

2. 作为主要交通用的楼梯段净宽应根据使用过程中人流股数确定，一般按每股人流宽度为 $0.55+(0\sim0.15)$m 计算，并不应少于两股人流。见图 8.1.7。

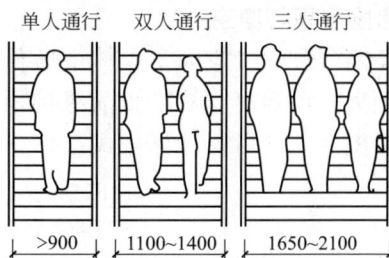

图 8.1.7 楼梯的宽度

3. 仅供单人通行的楼梯，其宽度必须满足单人携带物品通过的需要，其梯段净宽应不小于 900mm（图 8.1.7）。

注：$0\sim0.15$m 为人流在行进中的摆幅，公共建筑人流众多应取上限值。

三、楼梯平台

包括楼层平台和中间平台两部分。中间平台的形状除满足楼梯间建筑艺术需要外，还要适应不同功能及步伐规律所需尺度要求。

楼层平台：封闭楼梯和防火楼梯其楼层平台深度应与中间平台深度一致。

中间平台：其深度依下列情况确定，见图 8.1.8。

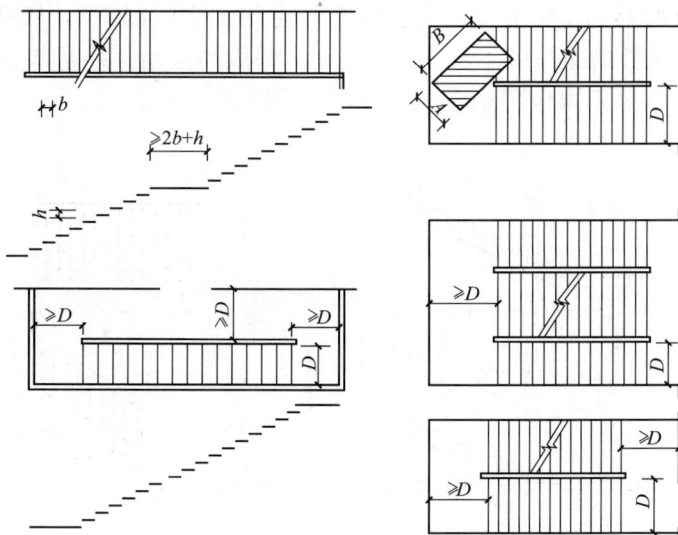

图 8.1.8 楼梯平台的深度

1. 直跑楼梯中间平台深度应 $\geqslant 2b+h$。

2. 双跑楼梯中间平台深度应 $\geqslant$ 梯段宽度。

3. 有搬运家具及大型物品需要的楼梯，其中间平台宽度可按下列公式验算：

$$D=100+\sqrt{\left(\frac{B}{2}\right)^2+A^2}$$

式中：D——中间平台最小净宽(mm)；

　　　A——家具宽度(mm)；

　　　B——家具长度(mm)。

四、梯段净高与净空

梯段净高(H)一般应大于人体上肢伸直向上，手指触到顶棚的距离。该距离应从踏步前缘到顶棚垂直线的净高度计算。由图8.1.9可得计算公式：

$$H=1494+\frac{819}{\cos\varphi}$$

上式 1494(mm)为肩高尺寸，819(mm)为人体肢长尺寸。

梯段净空(C)是指梯段空间的最小高度，即由踏步前缘至顶棚的距离。$C=H\cos\varphi$

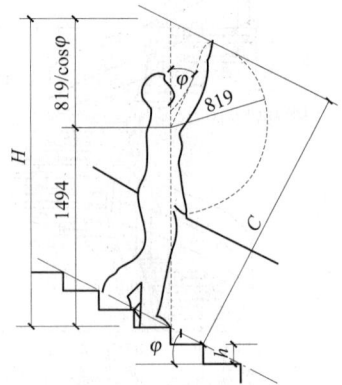

图 8.1.9　梯段净高、净空
尺寸关系

梯段净高及净空尺寸计算(mm)　　　　　　　　　　　　表 8.1.1

踏步尺寸	130×340	150×300	170×260	180×240
梯段坡度	20°54′	26°30′	33°12′	36°52′
梯段净高(H)	2370	2410	2470	2520
梯段净空(C)	2214	2157	2067	2015

考虑行人肩扛物品的实际需要，防止行进中碰头或产生压抑感，楼梯梯段净高应不小于2200mm，平台部分的净高应不小于2000mm。梯段的起始、终了踏步的前缘与顶部凸出物的内边缘线的水平距离应不小于300mm，见图8.1.10。

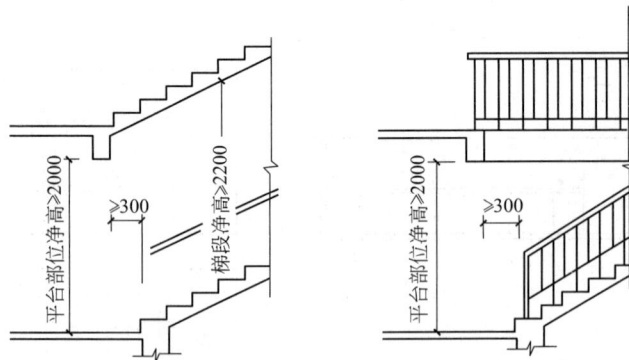

图 8.1.10　梯段及平台部位净高要求

五、楼梯的坡度

坡度为30°左右的楼梯，行走最舒适。室内楼梯的最大坡度不宜超过38°，踏步的高度不宜大于 210mm，也不宜小于 140mm。

计算踏步高度和宽度的一般公式：

$$s=2h+b\approx600\text{mm} \qquad (8.1.1)$$

式中：h——踏步高度；

b——踏步宽度；

600mm——女子及儿童的平均跨步长度。

楼梯坡度与踏步尺寸的关系见图 8.1.11。

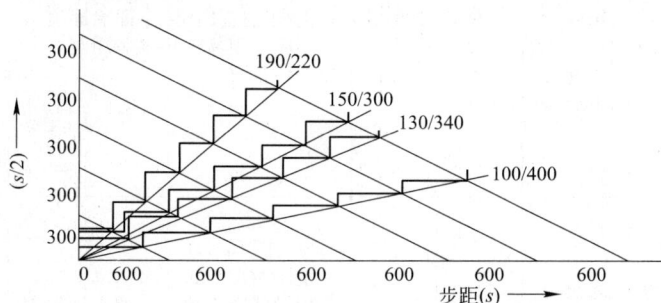

图 8.1.11 楼梯坡度与踏步尺寸的关系

上图 $s/2$ 为人抬高一步的垂直高度（300mm）。

一般楼梯踏步的尺寸见表 8.1.2。

一般楼梯踏步尺寸 表 8.1.2

名称	住宅	学校、办公楼	剧院、会堂	医院（病人用）	幼儿园
踏步高（mm）	156～175	140～160	120～150	150	120～150
踏步宽（mm）	300～250	320～280	360～300	300	250～280

各类建筑对楼梯的具体要求见表 8.1.3。

各类建筑物对楼梯的要求（mm） 表 8.1.3

建筑类别	在限定条件下对梯段净宽及踏步的要求				栏杆高度与要求	中间平台宽（深）度要求	其 他
	限定条件	梯段净宽	踏步高度	踏步宽度			
住宅	共用楼梯：七层以上	≥1100	≤180	≥250	不宜小于 900 栏杆垂直杆件间净空不应大于 110	深度≥梯段净宽，平台结构下缘至人行走道的垂直高度≥2000	楼梯井宽度大于 200 时，必须采取防止儿童攀滑的措施
	六层及六层以下	≥1000					
	户内楼梯：一边临空时	≥750	≤200	≥220			
	两边为墙面时	≥900					
托儿所幼儿园	幼儿用楼梯	≥1000	≤150	≥250	幼儿扶手不应高于 600，栏杆垂直线饰间净距≤110	平台净宽≥梯段净宽且不小于 1200	楼梯井宽度大于 200 时，必须采取安全措施，除设成人扶手外并应在靠墙一侧设幼儿扶手。严寒寒冷地区设室外安全疏散梯应有防滑措施

续表

建筑类别	在限定条件下对梯段净宽及踏步的要求				栏杆高度与要求	中间平台宽（深）度要求	其　他
	限定条件	梯段净宽	踏步高度	踏步宽度			
中小学	教学楼梯	≥1400 梯段净宽≥3000时宜设中间扶手	梯段坡度不应大于30°		室内栏杆≥900 室外栏杆≥1100 不应采用易于攀登的花饰	平台净宽≥楼梯净宽	楼梯井宽度大于200时，必须采取安全保护措施。楼梯间应有直接天然采光。楼梯不得采用螺旋梯或扇形踏步，每梯段踏步不得多于18级，并不得少于3级，梯段与梯段间不应设挡视线的隔墙
商　店	营业部分的公用楼梯 室外阶梯	≥1400	≤160 ≤150	≥280 ≥300	室内栏杆≥900 室外栏杆≥1100 应设坚固连续的扶手。栏杆垂直杆件间净距≤110	平台净宽≥楼梯净宽	商店营业部分楼梯应作疏散计算，大型百货商店、商场的营业层在五层以上时，宜设置直通屋顶平台的疏散楼梯间，且不少于两座
疗养院	人流集中使用的楼梯	≥1650				≥2000	主体建筑的疏散楼梯不应少于两个，楼梯间应采取自然通风
综合医院	门诊、急诊、病房楼 疏散楼梯 次要楼梯	≥1650 ≥1650 ≥1300	≤160	≥280	室内栏杆≥900 室外栏杆≥1100	主楼梯和疏散楼梯的平台深度不宜小于2000	病人使用的疏散楼梯至少应用一座为天然采光和自然通风的楼梯 病房楼的疏散楼梯间，不论层数多少，均应为封闭式楼梯间，高层病房应为防烟楼梯间
公路汽车客运站	二楼设置候车厅时 疏散楼梯通向地面候车厅 疏散楼梯直接通向室外	≥1400 ≥3000				≥1400	
电影院	室内楼梯 室外疏散楼梯	≥1400 ≥1100			室内栏杆≥900 室外栏杆≥1100 扶手应坚固连续栏杆垂直杆件间净距≤110	≥1400	疏散楼梯的宽度应按观众的使用人数进行计算，有候场需要的门厅，厅内供人场使用的主楼梯不应作为疏散楼梯

续表

建筑类别	在限定条件下对梯段净宽及踏步的要求				栏杆高度与要求	中间平台宽(深)度要求	其 他
	限定条件	梯段净宽	踏步高度	踏步宽度			
剧 场	主要疏散楼梯	≥1100	≤160	≥280	高度不应小于900应设置坚固、连续的扶手	深度≥梯段宽度并不小于1100	连续踏步不超过18步。超过18步时每增加一步,踏步放宽10,高度相应降低,但最多不超过22步。不得采用螺旋楼梯,采用弧形梯段时,离踏步窄端扶手250处踏步宽不应小于220宽,端扶手处踏步宽不应大于500
	主要楼梯	≥1400	≤160	≥280			
	舞台至天桥、棚顶、光桥、耳光室的金属梯或钢筋混凝土楼梯	≥600	坡度不应大于60°,不应采用垂直爬梯				

六、自动扶梯

自动扶梯是建筑物楼层间连续运输效率最高的载客设备,适用于车站、码头、地铁、航空港、商场及公共大厅等人流量较大的场所。自动扶梯可正逆向运行,停机时可作为临时楼梯使用(图 8.1.12)。

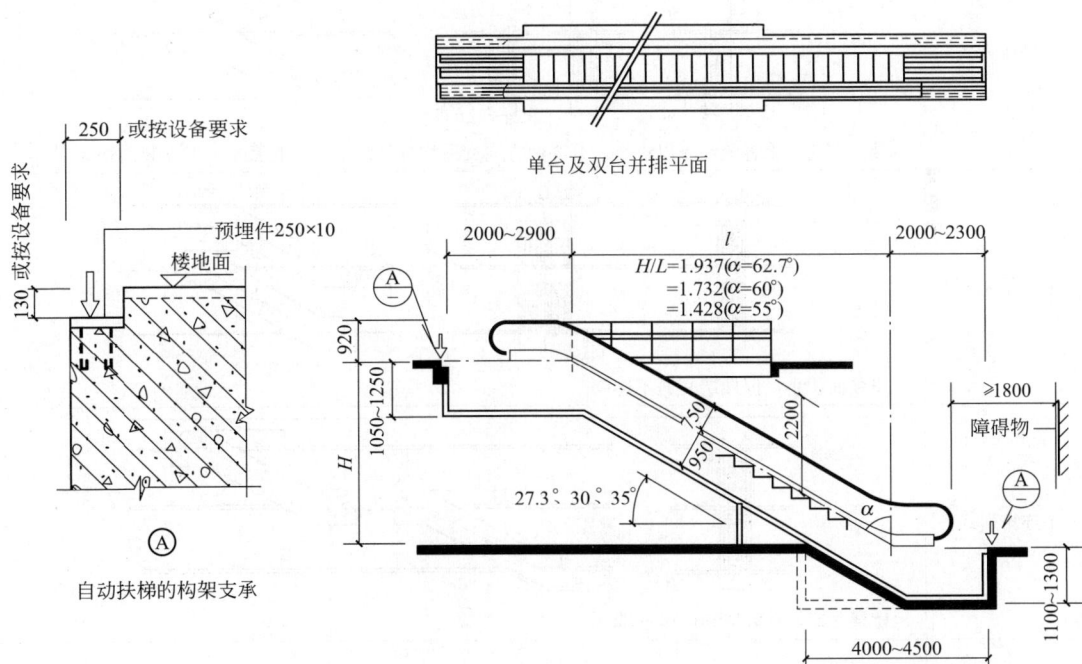

图 8.1.12 自动扶梯平剖面图

自动扶梯的主要规格尺寸见表 8.1.4。自动扶梯的布置参见表 8.1.5。各层的自动扶梯搭乘位置的配置,应不扰乱乘客的连续流动。

自动扶梯主要规格尺寸(mm)   表 8.1.4

公司名称	中国迅达电梯 公司南方公司		上海三菱电梯 有限公司		天津奥的斯 电梯有限公司		广州市电梯 工业公司	
梯型	600	1000	800	1200	600	1000	800	1200
梯级宽 W	600	1000	610	1010	600	1000	604	1004
倾斜角	27.3°、30°、35°		30°				35°	
运转型式	单速上下可逆转							
运行速度	一般为 0.5m/s、0.65m/s							
扶手型式	全透明、半透明、不透明							
最大提升 高度(H)	600(800)型一般为 3000~11000 1000(1200)型一般为 3000~7000 （提升高度超过标准产品时，可增加驱动级数）							
输送能力	5000 人/h(梯级宽 600、速度 0.5m/s) 8000 人/h(梯级宽 1000、速度 0.5m/s)							
电源	动力：380V(50Hz)、功率一般为 7.5~15kW 照明：220V(50Hz)							

注：1. 自动扶梯一般应布置在建筑物入口处经合理安排的交通流线上；

   2. 在乘客经常有手提物品的客流高峰场合，以选用梯级宽 1000mm 为宜；

   3. 条件许可时宜优先采用角度为 30°及 27.3°的自动扶梯。

自动扶梯的布置   表 8.1.5

并联排列式	 楼层交通，乘客流动可以连续，升降两方向交通均分离清楚，外观豪华，但安装面积大
平行排列式	 安装面积小，但楼层交通不连续
串连排列式	 楼层交通，乘客流动可以连续
交叉排列式	乘客流动升降两方向均为连续，且搭乘场远离，升降流动不发生混乱，安装面积小

第二节　板式及梁式楼梯

一、板式楼梯

1. 板式楼梯由斜板、踏步、平台梁及平台板组成。常见形式如图 8.2.1 及图 8.2.2 所示。

2. 板式楼梯配筋有弯起式(图 8.2.1 a)与分离式(图 8.2.1b)两种。

弯起式配筋是在距支座 $l_n/6$ 处将纵向受拉钢筋弯起总根数的 1/2，弯起筋与底部直筋间隔放置。弯起筋伸入支座可替代部分支座负筋，可节约钢材，但施工麻烦。

分离式配筋用钢量比弯起式配筋增加不多，施工方便，工程中被广泛使用。

横向构造钢筋通常在每一踏步下放置 1ϕ6 或 ϕ6@250。当梯板厚 $t \geqslant 150$mm 时，横向构造筋宜采用 ϕ8@200。

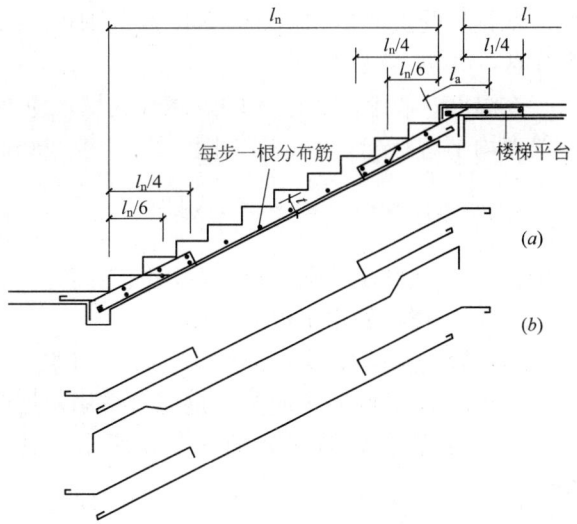

图 8.2.1　板式楼梯配筋
(a)弯起式配筋；(b)分离式配筋

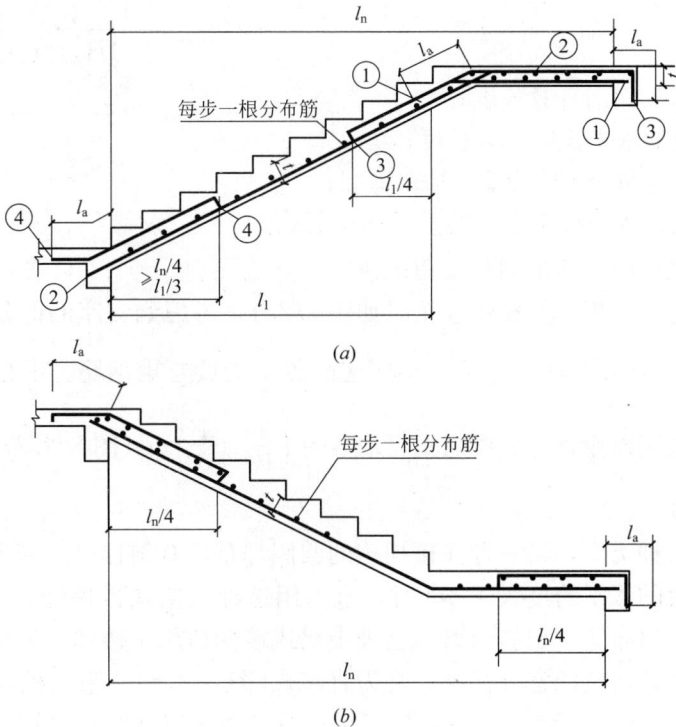

图 8.2.2　带有平台的板式楼梯配筋
(a)上折板式楼梯；(b)下折板式楼梯

板的跨中配筋按计算确定，支座配筋一般取跨中配筋量的 $1/3$，配筋范围为 $l_n/4$，见图 8.2.1 及图 8.2.2。支座负筋也可锚固在平台梁里。

带有平台板的板式楼梯，当为上折板式时（图 8.2.2a），在折角处由于节点的约束作用应配置承受负弯矩的钢筋，其配筋范围可取 $l_1/4$。其下部受力筋①、②在折角处应伸入受压区，并满足锚固要求。

在温度、收缩应力较大的现浇板区域，应在板的未配筋表面双向配置防裂构造钢筋，配筋率均不宜小于 0.10%，间距不宜大于 200mm。

3. 板厚通常取 $t=\dfrac{l_n}{25}\sim\dfrac{l_n}{30}$。

式中：t——从踏步凹角至板底的法向距离；

l_n——楼梯的水平投影长度。

当梯段的水平投影跨度不超过 4m，荷载不太大时，宜采用板式楼梯。

当板厚 $t\geqslant 200$ 时纵向受力钢筋宜采用双层配筋。

4. 斜板的计算简图如图 8.2.3 所示。其跨中最大弯矩为

$$M_{max}=\frac{1}{8}p'_x l_0'^2 \qquad (8.2.1)$$

由于 $\qquad l_0'=\dfrac{l_0}{\cos\alpha}\qquad p'_x=p_x\cos\alpha\qquad p_x=p\cos\alpha$

所以 $\qquad M_{max}=\dfrac{1}{8}pl_0^2 \qquad (8.2.2)$

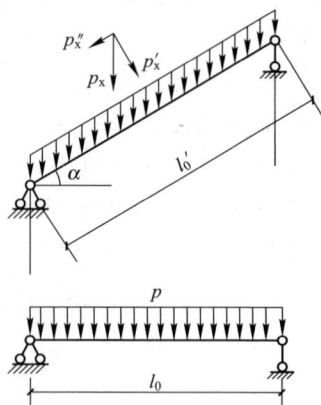

图 8.2.3　板式楼梯计算简图

式中：l_0'——斜板的斜向计算长度；

l_0——斜板的水平投影计算长度；

p_x——沿斜向每 1m 长的垂直均布荷载；

p——斜板在水平投影面上的垂直均布荷载。

当核算斜板挠度时，应取斜长及荷载 p'_x。

当楼梯斜板与平台板（梁）整体连接时如图 8.2.1，考虑到支座的部分嵌固作用，板式楼梯的跨中弯矩可近似取 $M=\dfrac{1}{10}pl_0^2$。支座应配置承受负弯矩钢筋。带有平台的板式楼梯考虑支座不同的嵌固作用，其跨中弯矩可取 $M=\left(\dfrac{1}{10}\sim\dfrac{1}{8}\right)pl_0^2$（图 8.2.2）。

二、梁式楼梯

梁式楼梯有三种类型，第一种在楼梯跑的两侧都布置有斜梯梁，踏步板的两端均支承在梯梁上。当梯段的水平跨度大于 4m 时，宜采用这种双梁式楼梯（图 8.2.5）。第二种是在楼梯跑宽度的中央布置一根斜梯梁。这种中梁式楼梯适用于楼梯不很宽，荷载亦不太大时，多用于大型公共建筑的室外楼梯，常为直跑式（图 8.2.8）。第三种是在楼梯跑的一侧设置斜梯梁（或栏板）另一侧为砖墙，踏步板一端支承在斜梁上，另一端支承在砖墙上（图 8.2.4）。这种布置方式要求楼梯间的侧墙要与楼梯配合施工，引起施工不便，并对抗震不利，地震区严禁使用。

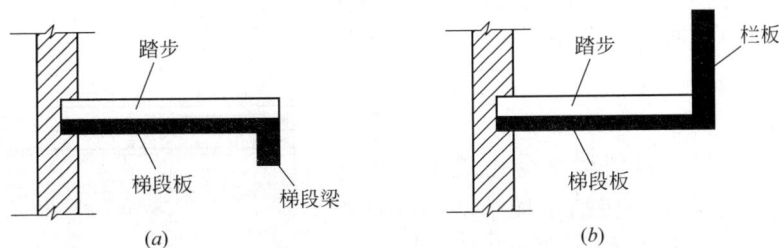

图 8.2.4 梯段板一侧为砖墙

(a)另一侧为梯段梁；(b)另一侧为栏板

1. 双梁式楼梯(图 8.2.5)

(1) 梯段梁的高度常取 $h=\left(\dfrac{1}{18}\sim\dfrac{1}{12}\right)l_n$，$l_n$ 为梯段梁的水平投影的净距。梯段板的厚度 $t\geqslant40\text{mm}$。其厚度为从踏步凹角点至板底的法向距离。

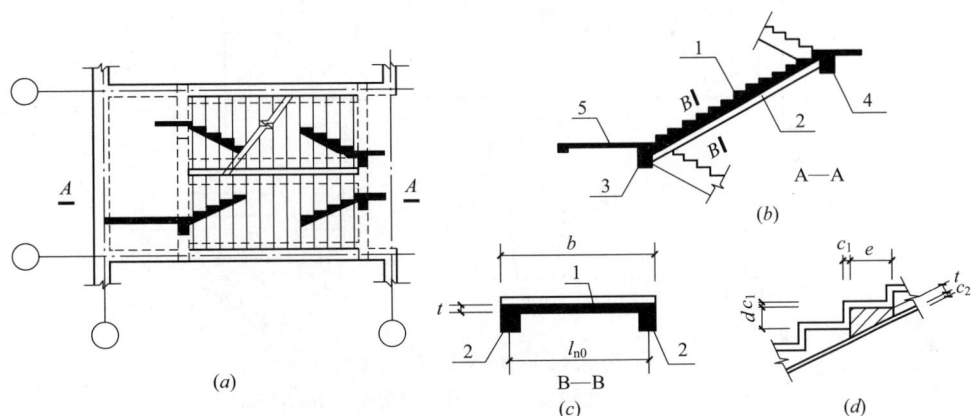

图 8.2.5 双梁式楼梯示图

(a)平面布置图；(b)A—A 剖面；(c)B—B 剖面；(d)踏步详图

1—梯段板；2—梯段梁；3—平台梁；4—楼层梁；5—平台板

(2) 双梁式楼梯的踏步斜板支承在边梁上，是一块斜向支承的单向板，计算时取一个踏步作为计算单元。踏步板的截面为图 8.2.6 所示的 $ABCDE$ 的面积，在计算踏步板正截面强度时其受压区为图 8.2.6 所示有斜线的三角形，为简化计算可近似地按截面宽度为 b_1，截面高度 $h_0=h_1/2$ 的矩形截面计算，式中 $h_1=d\cdot\cos\alpha+t$。

踏步板两端与边梁整体连接时，考虑支座的嵌固作用踏步板的跨中弯矩可近似取 $M=\dfrac{1}{10}pl_n^2$。

(3) 构造

梯段板每一级踏步下应配不少于 $2\phi6$ 的受力钢

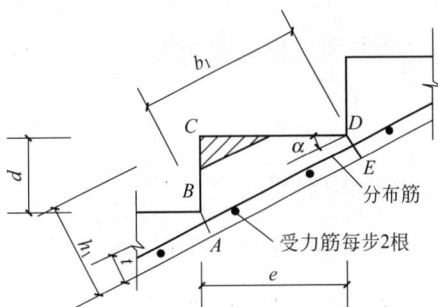

图 8.2.6 踏步板有效计算高度

筋,为了承受支座处的负弯矩,板底受力筋伸入支座后,每2根中应弯上一根(图8.2.7)。分布筋常选用 $\phi6@300$。

2. 单梁楼梯

(1)单梁楼梯是一根斜梁承受由踏步板传递来的竖向荷载,斜梁设置在踏步板中间,以直跑形式最为常见。单梁楼梯的主要形式如图8.2.8所示。

当梁高受到限制,为满足楼梯净高要求可采用宽扁梁形式(图8.2.8d)。

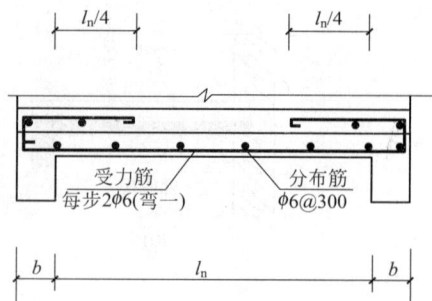

图 8.2.7 双梁楼梯梯段配筋图

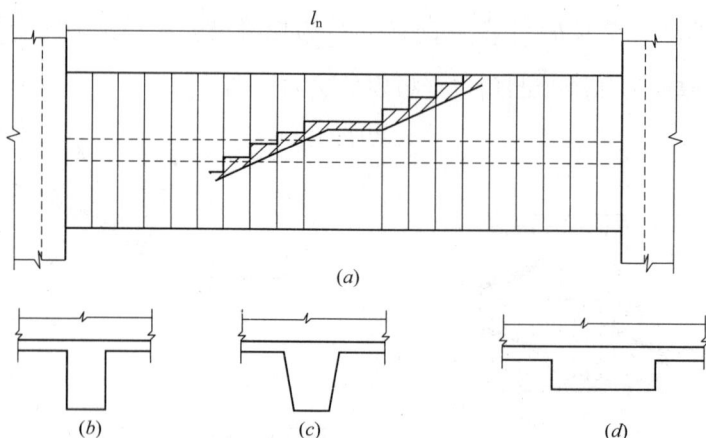

图 8.2.8 单梁楼梯示图

(a)平面图;(b)矩形梁剖面;(c)梯形梁剖面;(d)扁梁剖面

(2)梯段板按悬臂板计算。梯段梁除按一般单跨梁计算外,尚应考虑当活荷载在梁翼缘一侧布置时产生的扭矩,如图8.2.9所示,图中 q_1——活荷载设计值(kN/m^2);g_1——恒载设计值($\gamma_G=1.2$)(kN/m^2);g_2——恒载设计值($\gamma_G=1.0$)(kN/m^2)。

梯段梁单位长度的扭矩为:

$$T_1 = \frac{1}{2} \times \left(\frac{b}{2}\right)^2 (q_1 + g_1 - g_2)(\text{kN} \cdot \text{m/m})$$

梯段梁支座处扭矩为:

$$T = \frac{1}{2} l_n T_1 \quad (\text{kN} \cdot \text{m})$$

(3)构造要求

(a)梯段板厚:$t \geqslant 60\text{mm}$,梯段梁高 $h = \left(\frac{1}{12} \sim \frac{1}{15}\right) l_n$;

(b)梯段梁应与两端的楼层梁整体连接,以便可靠地传递扭矩;

(c)悬挑板的受力钢筋可以与梁的受扭受剪共同使用,也可以分开设置(图8.2.10)。

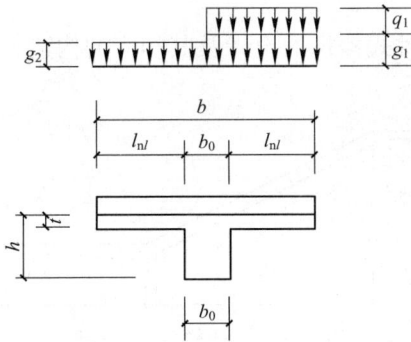

图 8.2.9 梯段梁荷载示图

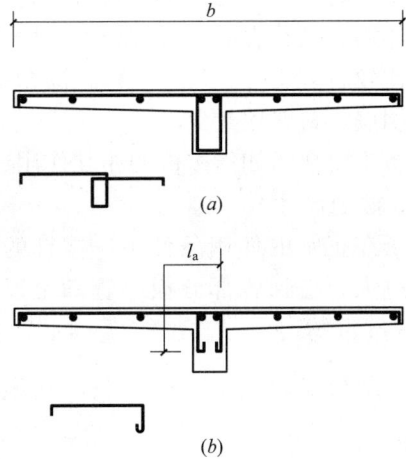

图 8.2.10 两边挑板的单梁梯
(a)挑板受力钢筋与受扭、剪箍筋共用；
(b)挑板受力钢筋单独设置

第三节 悬挑式楼梯

钢筋混凝土悬挑式楼梯在 20 世纪 50 年代初已开始采用，因为它没有中间平台梁和柱，所以有较好的建筑效果。

常见的悬挑式楼梯为Ⅱ形(图 8.1.4)，也有直角形及 V 形(图 8.3.1)。Ⅱ形悬挑式楼梯整体性差，地震作用时，在交线梁上下梯板交接处，很容易引发剪切破坏，不应在地震区使用。其他形式的悬挑式楼梯，在地震区应慎用。

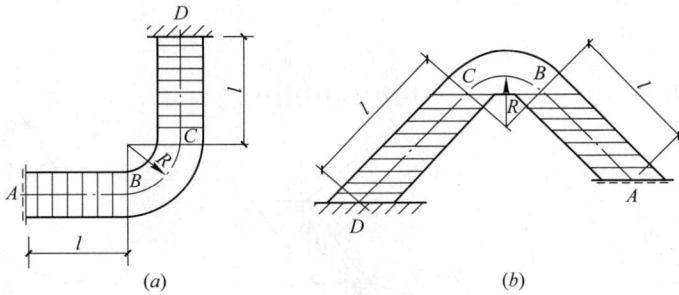

图 8.3.1 悬挑式楼梯
(a)直角形悬挑式楼梯；(b)V形悬挑式楼梯

悬挑式楼梯是一种多次超静定空间结构，内力分析复杂、繁琐，应采用计算机计算。无法采用计算机计算时，也可采用实用的简化方法计算。目前，悬挑式楼梯的设计计算方法主要有空间构架法和板的相互作用法。计算方法不同，截面配筋和构造也不相同。这两种简化的计算方法在我国工程设计中都有采用，实际效果都很好。

按空间构架法计算时，视楼梯斜板的中心线为斜向杆；平台板为半圆形杆，形成了空间构架。近似地忽略了矩形平台板转角部分的影响。板的相互作用法是指在计算交线梁的内力与变形时，考虑上、下梯斜板对它的作用；同样在计算上、下梯斜板时也考虑交线梁对它的作用。试验表明，板的相互作用法的计算结果，除了支座负弯矩偏小一些外，其余部位都比较符合实际。与空间构架法相比较，板的相互作用法的计算及构造比较简单，物理概念明确，材料用量少。

本节主要介绍如何按板的相互作用法进行悬挑式楼梯的设计及其相应的构造。

一、截面尺寸

为了在正常的使用条件下，楼梯的变形不致过大，楼梯各部分板厚宜满足以下条件(图 8.3.2)。

上、下楼梯斜板 $t \geqslant \dfrac{l}{25} \sim \dfrac{l}{20}$，支座嵌固较好时可用 $l/25$。

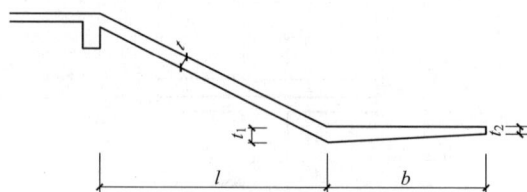

图 8.3.2　楼梯各部分板厚

楼梯斜板与平台板相接处

$$t_1 = \frac{b}{6} \sim \frac{b}{8}$$

平台板端部　　$t_2 = 70 \sim 100\text{mm}$

二、计算假定及内力分析

1. 计算假定

在竖向荷载作用下，内力计算分为两个步骤：第一步是沿着交线 3-4、9-10 的长度上，虚设竖向不动铰支座(图 8.3.3b)，求出在竖向荷载作用下不动铰支座的反力 rb，以及平台板和上、下楼梯斜板各控制截面的内力。第二步是去掉上述虚设的竖向不动铰支座，将支座虚反力 rb 反向作用到交线 3-4 和 9-10 上，形成图 8.3.3(c) 的计算图形。悬挑式楼梯的内力就等于上述两个计算图形求出的内力总和。内力的方向及正负号均应遵守图 8.3.10 的规定。

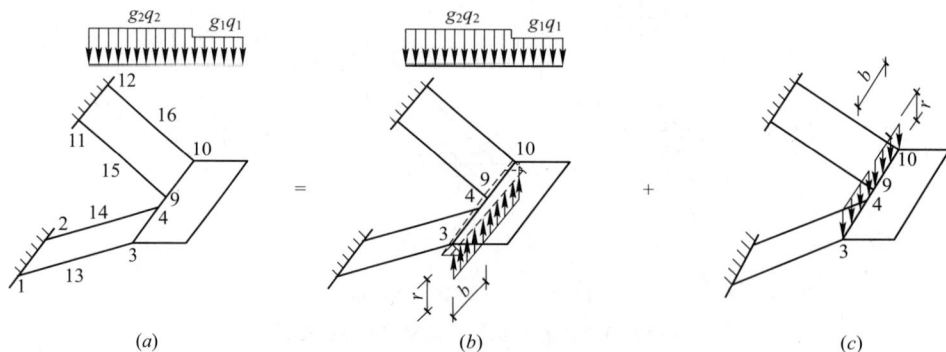

图 8.3.3　板的相互作用法计算假定

(a)实际结构；(b)虚设不动铰支座；(c)在线荷载 r 作用下

2. 基本内力计算

(1) 有不动铰支座时的基本内力(图 8.3.4、图 8.3.5)

g_1、g_2 分别为平台板和楼梯斜板每米(m)的永久荷载，q_1、q_2 分别为平台板和楼梯斜板每米(m)的可变荷载，则可求得不动铰支座的最大均布线反力。

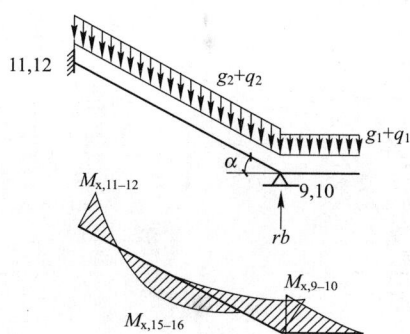

图 8.3.4 有不动铰支座时，
上半部楼梯的计算简图和弯矩图

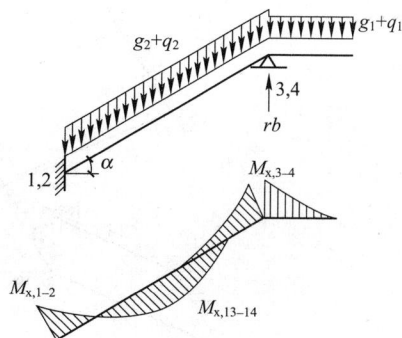

图 8.3.5 有不动铰支座时，
下半部楼梯的计算简图和弯矩图

满载时：

$$r=\frac{3}{8b}(g_2+q_2)l+(g_1+q_1)\left(1+\frac{3b}{4l}\right) \tag{8.3.1-1}$$

平台上无可变荷载 q_1 时：

$$r=\frac{3}{8b}(g_2+q_2)l+g_1\left(1+\frac{3b}{4l}\right) \tag{8.3.1-2}$$

各控制截面的最不利基本内力如下

平台板：

截面 3-4 和 9-10

$$M_{x,3\text{-}4}=M_{x,9\text{-}10}=\frac{1}{2}(g_1+q_1)b^2 \tag{8.3.2}$$

上、下楼梯斜板：

截面 1-2 和 11-12

$$M_{x,1\text{-}2}=M_{x,11\text{-}12}=-\frac{1}{8}(g_2+q_2)l^2+\frac{1}{4}g_1b^2 \tag{8.3.3}$$

$$N_{11\text{-}12}=[-(g_1+q_1)b-(g_2+q_2)l+rb]\sin\alpha \tag{8.3.4}$$

$$N_{1\text{-}2}=-N_{11\text{-}12} \tag{8.3.5}$$

截面 13-14 和 15-16

$$M_{x,13\text{-}14}=M_{x,15\text{-}16}=\frac{1}{16}(g_2+q_2)l^2-\frac{1}{8}g_1b^2 \tag{8.3.6}$$

$$N_{15\text{-}16}=N_{11\text{-}12}+\frac{1}{2}(g_2+q_2)l\sin\alpha \tag{8.3.7}$$

$$N_{13\text{-}14}=-N_{15\text{-}16} \tag{8.3.8}$$

（2）在线荷载 r 作用下的基本内力

上、下楼梯斜板中的内力：

由图 8.3.6 可知，线荷载 r 的合力 $2rb$ 竖直向下作用在 o 点，这将由上楼梯斜板的拉力 $N_{0,u}$ 和下楼梯斜板压力 $N_{0,d}$ 来平衡。$U_{0,u}$ 和 $U_{0,d}$ 是合力 $2rb$ 在上、下斜板处的分力：

$$U_{0,u}=-U_{0,d}=\frac{rb}{\sin\alpha} \tag{8.3.9}$$

$N_{0,u}=-U_{0,u}$ 是对上楼梯斜板的偏心拉力，其偏心距 $e_0=\frac{b+c}{2}$（图 8.3.7a），

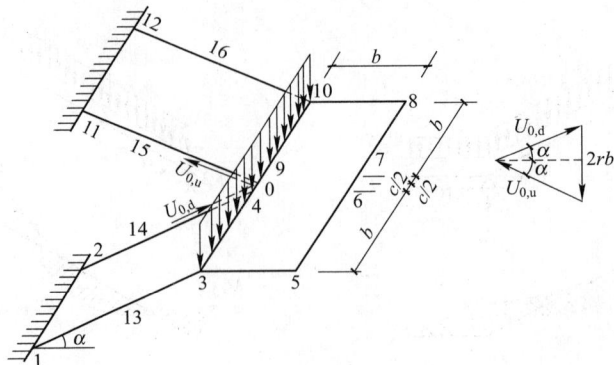

图 8.3.6   线荷载 r 作用下的静力平衡

则
$$N_{11\text{-}12}=N_{15\text{-}16}=N_{9\text{-}10}=-\frac{rb}{\sin\alpha} \tag{8.3.10}$$

$$M_{y,11\text{-}12}=M_{y,15\text{-}16}=M_{y,9\text{-}10}=-\frac{rb(b+c)}{2\sin\alpha} \tag{8.3.11}$$

同理 $N_{0,\text{d}}=-U_{0,\text{d}}$ 对下楼梯斜板是偏心压力，偏心距 $e_0=\dfrac{b+c}{2}$（图 8.3.7b），

则
$$N_{1\text{-}2}=N_{13\text{-}14}=N_{3\text{-}4}=\frac{rb}{\sin\alpha} \tag{8.3.12}$$

$$M_{y,1\text{-}2}=M_{y,13\text{-}14}=M_{y,3\text{-}4}=-\frac{rb(b+c)}{2\sin\alpha} \tag{8.3.13}$$

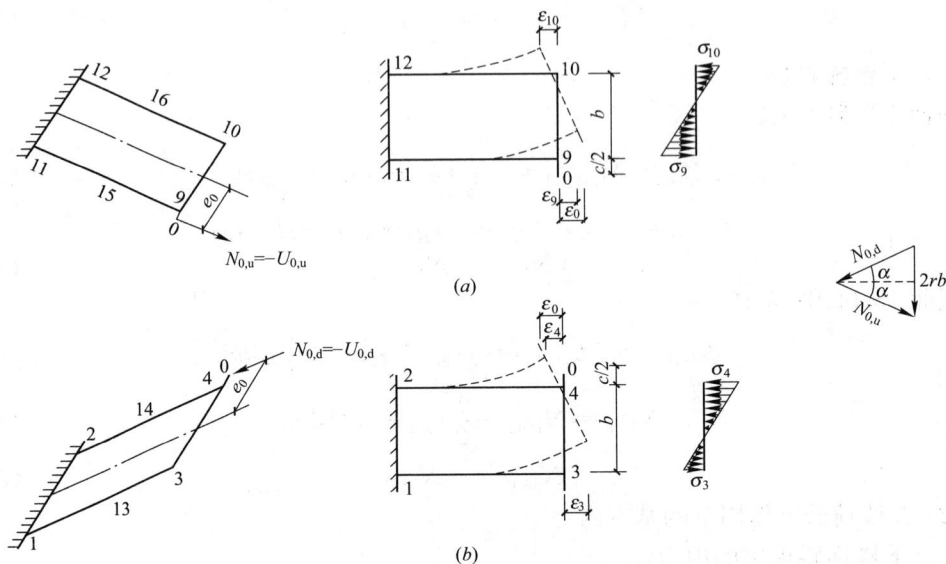

图 8.3.7   上、下楼梯的基本内力

(a)上楼梯斜板的内力；(b)下楼梯斜板的内力

交线梁 3-4-0-9-10 的内力：

交线梁上除作用有均布线荷载 r 以外（图 8.3.8a），还要考虑上、下楼梯斜板对交线

梁在 3-4 和 9-10 处的作用力。从图 8.3.7(a) 可知，上楼梯斜板在偏心拉力 $N_{0,u}$ 的作用下，在 9 点和 10 点处的应力为

$$\sigma_9 = -\frac{r}{t\sin\alpha}\left(3\frac{b+c}{b}+1\right)\quad(拉力)$$

$$\sigma_{10} = \frac{r}{t\sin\alpha}\left(3\frac{b+c}{b}-1\right)\quad(压力)$$

式中：t——上下楼梯板厚度。

由此，即可求得上楼梯斜板在 9 点和 10 点处对交线梁的竖向作用力分别为

$$\sigma_9 t\sin\alpha = -r\left(3\frac{b+c}{b}+1\right)$$

$$\sigma_{10} t\sin\alpha = r\left(3\frac{b+c}{b}-1\right)$$

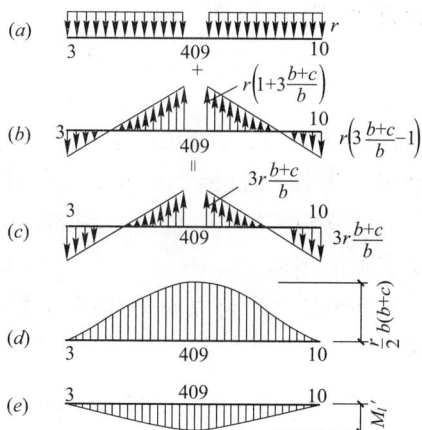

图 8.3.8　交线梁的荷载和弯矩图
(a) 线荷载 r；(b) 上、下楼梯斜板的竖向作用力；
(c) 合成的荷载图；(d) 弯矩图；(e) 附加弯矩 M'_l 图

同理可求出下楼梯斜板在 3 点和 4 点对交线梁的竖向作用力。

上、下楼梯斜板对交线梁的竖向作用力如图 8.3.8(b) 所示。

叠加图 8.3.8(a) 和图 8.3.8(b) 即可得作用在交线梁上的总的竖向荷载图（图 8.3.8c）。由此可求得交线梁的弯矩图（图 8.3.8d），其最大值为

$$M_{x,4-6} = M_{x,0-0} = M_{x,7-9} = -\frac{rb(b+c)}{2}\tag{8.3.14}$$

3. 附加内力计算

这是由变形协调条件求得的内力，用来对基本内力进行修正。

(1) 交线处的附加均布线荷载 r' 及其产生的附加内力

在基本内力作用下，上楼梯斜板伸长，下楼梯斜板压缩，楼梯总体下垂，致使在交线处产生附加均布线荷载 r'

$$r' = \frac{t^2}{4l^2\sin^2\alpha}\left[1+3\left(\frac{b+c}{b}\right)^2\right]r\tag{8.3.15}$$

由附加均布线荷载 r' 在上、下楼梯斜板各控制截面中产生的附加负弯矩为

$$M'_{x,11-12} = M'_{x,1-2} = -r'bl\tag{8.3.16}$$

$$M'_{x,15-16} = M'_{x,13-14} = -\frac{r'bl}{2}\tag{8.3.17}$$

由式 (8.3.15) 可见 r' 与 t/l 成正比，实际工程中，t^2/l^2 是很小的，故 r' 也很小，可忽略不计。

(2) 附加弯矩 M'_l

在图 8.3.8 中所示交线梁的荷载和弯矩图都是没有考虑平台板与上、下楼梯斜板相互之间变形的影响。事实上，当交线梁向下弯曲产生竖向变位时，必定受到上、下楼梯斜板的约束对交线梁产生附加正弯矩 M'_l。反之交线梁对上、下楼梯斜板将产生一个反向的 M'_l。显然，M'_l 的矢量方向是水平的，它的两个分矢量就是上、下楼梯斜板中的附加扭矩

T' 和附加弯矩 M'_y（图 8.3.9）。

$$T' = \pm M'_l \cos\alpha \qquad (8.3.18)$$

$$M'_y = \pm M'_l \sin\alpha \qquad (8.3.19)$$

式（8.3.18）、式（8.3.19）中，正号用于上楼梯斜板，负号用于下楼梯斜板。可见，M'_l 对交线梁是有利的，对上、下楼梯斜板的 M_y 也是有利的，但对上、下楼梯斜板却产生了附加扭矩。

附加弯矩 M'_l 可以由交线梁与楼梯斜板的变形协调条件来求得

$$M'_l = \frac{r}{2} \cdot \frac{(b+c)\left(bc + \dfrac{st^2}{b}\right)}{\dfrac{2l\cos\alpha}{K'_2} + h\dfrac{t^2}{b^2}\sin\alpha + c} \qquad (8.3.20)$$

图 8.3.9　作用在楼梯上的附加弯矩 M'_l

式中：$K'_2 = \dfrac{GI_{t2}}{EI_{x1}}$；

s——楼梯跑斜长，$s = l/\cos\alpha$；

I_{x1}——按交线梁宽度为 $b/2$ 计算的截面惯性矩 $I_{x1} = \dfrac{\dfrac{b}{2} \cdot t_n^3}{12}$；

t_n——宽度为 $\dfrac{b}{2}$ 的交线梁的平均厚度；

I_{t2}——楼梯斜板截面的抗扭惯性矩 $I_{t2} = K_1 bt^3$；K_1 见表 8.3.1。

$$\frac{G}{E} \approx 0.42 \quad h = l\,\mathrm{tg}\alpha$$

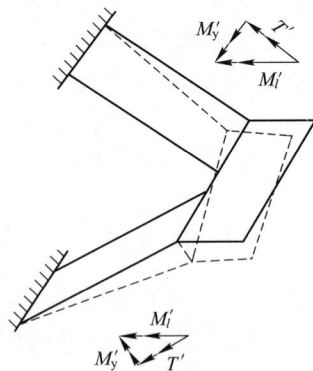

系数 K_1 表　　　　　　　　　　　表 8.3.1

b/t	1.0	1.5	1.75	2	2.5	3	4	6	8	10	∞
K_1	0.141	0.196	0.214	0.229	0.249	0.263	0.281	0.299	0.307	0.313	0.333

按求得的附加内力 M'_l 及 r' 对基本内力进行修正。

按以上计算求得的内力，其正方向表示如图 8.3.10，

图 8.3.10　楼梯斜板计算截面上内力的正方向

图中：V_x——x 方向的水平剪力，使上段截离体向内侧错动为正，反之为负；

V_y——y 方向的竖向剪力，使与上支座相连的上段截离体向上错动为正，反之为负；

N——压力为正，拉力为负；

M_x——x 方向的弯矩，以使板底受拉为正，反之为负；

M_y——y 方向的弯矩，即在板平面内的弯矩，以使板的外侧受拉为正，反之为负；

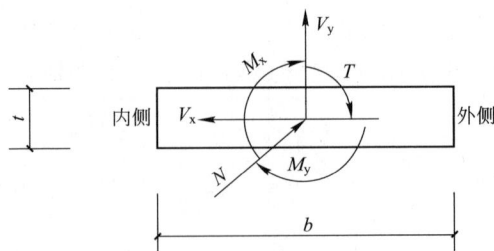

T——扭矩；顺时针为正，即使上段截离体由内侧向上往外扭转为正，反之为负。

三、承载力计算

因楼梯斜板和平台板都承受复杂的内力，属于双向受弯、剪、扭构件，目前尚无精确的实用计算方法，根据国内外的实践经验，建议按以下方法进行承载力计算和配筋。

1. 截面尺寸应符合以下要求：

（1）当 $V_x = 0$ 时

$$\frac{V_y}{bt_0} + \frac{T}{0.8W_t} \leqslant 0.25\beta_c f_c \tag{8.3.21}$$

式中：b、t——楼梯斜板或平台板的截面宽度、高度；

$\quad$ t_0——楼梯斜板或平台板在厚度方向的截面有效高度 $t_0 = t - a_s$；

$\quad$ β_c——混凝土强度影响系数，当混凝土强度等级不超过 C50 时，取 $\beta_c = 1$；

$\quad$ W_t——截面塑性抗扭抵抗矩 $W_t = \dfrac{t^2}{b}(3b - t)$。

（2）当 $V_x \neq 0$

$$\sqrt{\left(\frac{V_y}{bt_0}\right)^2 + \left(\frac{V_x}{tb_0} + \frac{T}{0.8W_t}\right)^2} \leqslant 0.25\beta_c f_c \tag{8.3.22}$$

（3）当 $V_y = T = 0$ 时，

$$V_x \leqslant 0.25\beta_c f_c tb_0 \tag{8.3.23}$$

式中：b_0——楼梯斜板或平台板截面宽度方向的有效高度，$b_0 = b - a_s$。

2. 在垂直楼梯斜板平面方向，在 M_x 和 N 的作用下按对称配筋偏心受拉承载力计算，可求得纵向钢筋截面积 A_{sx}。

3. 截面受扭受剪计算

（1）当式（8.3.21）或式（8.3.22）的计算值 $\leqslant 0.7f_t$ 时，或式（8.3.23）的计算值 $\leqslant 0.07f_c tb_0$ 时，可不作受扭受剪承载能力计算，箍筋和受扭纵向钢筋按构造要求设置。

箍筋按构造要求配置时，建议箍筋直径不小于 8mm，其间距 $s \leqslant s_{max}$。

s_{max} 为箍筋的最大间距，按表 8.3.2 采用。

板中箍筋最大间距 s_{max}　　　　　表 8.3.2

板　　厚	$V_y > 0.07f_c bt_0$	$V_y \leqslant 0.07f_c bt_0$
$150 < t \leqslant 300$	150mm	200mm
$300 < t \leqslant 500$	200mm	300mm

按构造要求，受扭纵向钢筋截面面积可近似按下式计算：

$$A_{st} = 1.5\rho_{sv \cdot min} bt \tag{8.3.24}$$

$$\rho_{sv \cdot min} = \frac{2A_{sv1}}{bs}$$

（2）按计算设置抗扭、抗剪箍筋及抗扭纵向钢筋

可近似按剪扭构件计算

a. 抗扭箍筋

设 A_{sv1} 为单肢受扭箍筋截面面积，s 为箍筋间距；$A_{sv1 \cdot v}$ 与 $A_{sv1 \cdot t}$ 分别为受剪与受扭所

需的单肢受扭箍筋截面面积。则

$$\frac{A_{sv1}}{s} = \frac{A_{sv1 \cdot v}}{s} + \frac{A_{sv1 \cdot t}}{s}$$

$$\frac{A_{sv1 \cdot v}}{s} = \frac{V_y - 0.7(1.5 - \beta_t) f_c b t_0}{2 \times 1.25 f_{yv} t_0}$$

$$\frac{A_{sv1 \cdot t}}{s} = \frac{T - 0.35 f_t W_t}{1.2 \sqrt{\zeta} f_{yv} A_{cor}}$$

式中：ζ——受扭构件纵向钢筋与箍筋的配筋强度比值，可取 $\zeta = 1.2 \sim 1.3$；

A_{cor}——截面核心部分的面积，$A_{cor} = b_{cor} \cdot t_{cor}$，$b_{cor}$ 和 t_{cor} 分别为从箍筋内表面计算的截面核心部分的长边和短边尺寸；

β_t——剪扭构件混凝土受扭承载力降低系数，按下式计算：

$$\beta_t = \frac{1.5}{1 + 0.5 \dfrac{V_y}{T} \cdot \dfrac{W_t}{b t_0}}$$

当计算值 $\beta_t < 0.5$ 时取 $\beta_t = 0.5$；当 $\beta_t > 1.0$ 时取 $\beta_t = 1.0$。

b. 受扭纵向钢筋截面面积

$$A_{st} = \zeta \frac{A_{st1} f_{yv} u_{cor}}{f_y s}$$

式中：μ_{cor}——截面核心部分的周长 $u_{cor} = 2(b_{cor} + t_{cor})$

4. 确定纵向钢筋的截面面积 A_s

纵向钢筋截面的总量 A_s 是由三部分相加而得：一是受扭纵向钢筋截面面积 A_{st}；二是在 M_x 和 N 作用下按对称配筋偏心受拉承载力计算所求得的钢筋截面面积 $2A_{sx}$；三是在 M_y 作用下近似按单筋矩形截面计算的纵向钢筋截面面积 $2A_{sy}$。即

$$A_s = A_{st} + 2A_{sx} + 2A_{sy}$$

四、配筋构造要求

1. 楼梯斜板采用对称配筋截面(上下对称、左右对称)，钢箍采用封闭式，弯钩应符合抗扭要求。

2. 楼梯斜板纵向钢筋总面积 $A_s = A_{st} + 2A_{sx} + 2A_{sy}$，其中 A_{sy} 应配置在横截面两侧(图 8.3.11)，截面上、下均匀配置 $A_{st} + 2A_{sx}$ 钢筋。

3. 上、下楼梯斜板配筋计算相同，考虑到上楼梯斜板的轴向力 N 是拉力，下楼梯斜板的轴向力 N 为压力，故下楼梯斜板的纵向钢筋及箍筋必须满足受压构件的构造要求。

4. 要特别注意将上楼梯斜板的受拉钢筋可靠地锚固在现浇的梁板中。

5. 平台板配筋形式常用的有两种

第一种如图 8.3.11 所示。交线梁计算所得的钢筋全部配置在宽度为 $b/2$ 的箍筋的顶部。箍筋与平台板的钢筋可连成一体(图 8.3.11a)，也可以分开设置(图 8.3.11b)。也有将平台板的钢筋与上、下斜板钢筋连成一体的做法(图 8.3.13)。

第二种形式如图 8.3.12 所示，即当平台板悬挑长度不大，平台板较薄时可不设箍筋，交线梁计算所得的钢筋全部集中配置在 $b/2$ 的范围内。

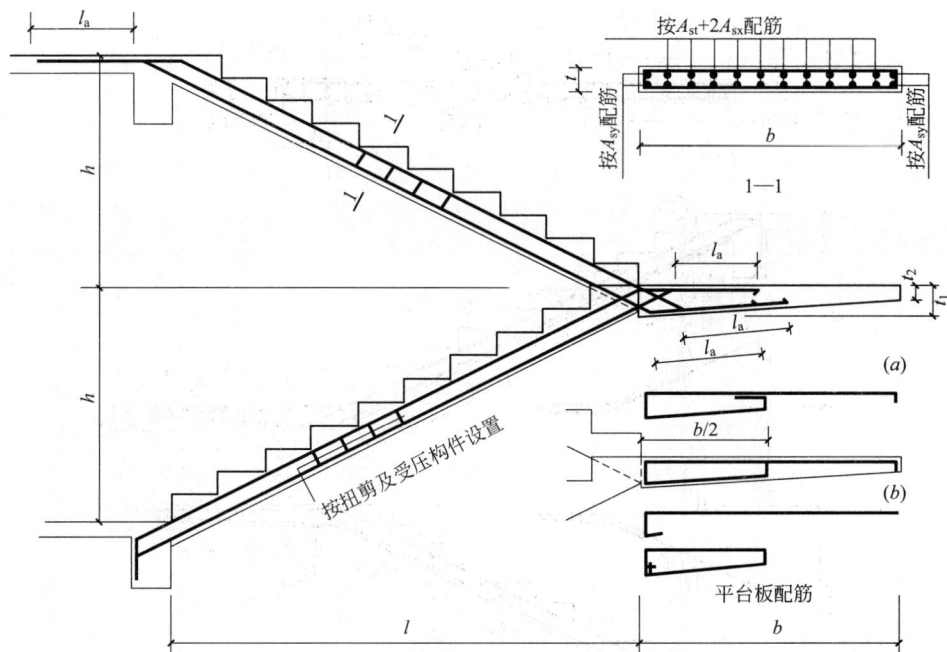

图 8.3.11 悬挑梯配筋构造

(a)箍筋与平台板钢筋连成一体；(b)箍筋与平台板钢筋分开设置

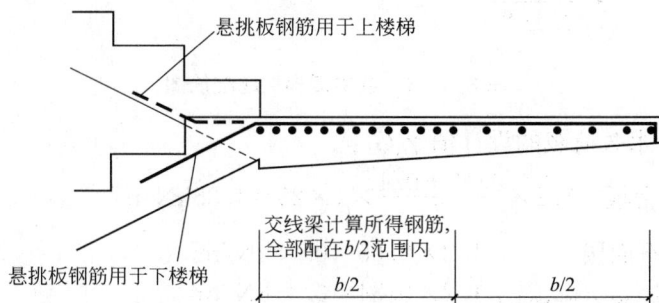

图 8.3.12 平台板较薄时交线梁配筋

第一种配筋形式受力明确、可靠，采用较多。

五、计算例题

【例题 8-1】 平剖面图见图 8.3.13，基本尺寸为 $l=3.0\text{m}$，$h=1.50\text{m}$，$b=1.50\text{m}$，$c=0.2\text{m}$，$\sin\alpha=0.4472$，$\cos\alpha=0.8944$，可变荷载 $q_1=q_2=2.0\text{kN/m}^2$。混凝土 C20，用于室内，结构安全等级为二级，结构重要系数 $\gamma_0=1$。

【解】 (1)板厚及计算荷载：

上、下楼梯斜板板厚 t：$t\geqslant\dfrac{l}{20}=\dfrac{3000}{20}=150\text{mm}$

平台板厚度 t_1：$t_1\geqslant\dfrac{b}{8}=\dfrac{1500}{8}=187.7$ 采用 $t_1=190\text{mm}$ $t_2=100\text{mm}$

1)平台板的计算荷载：

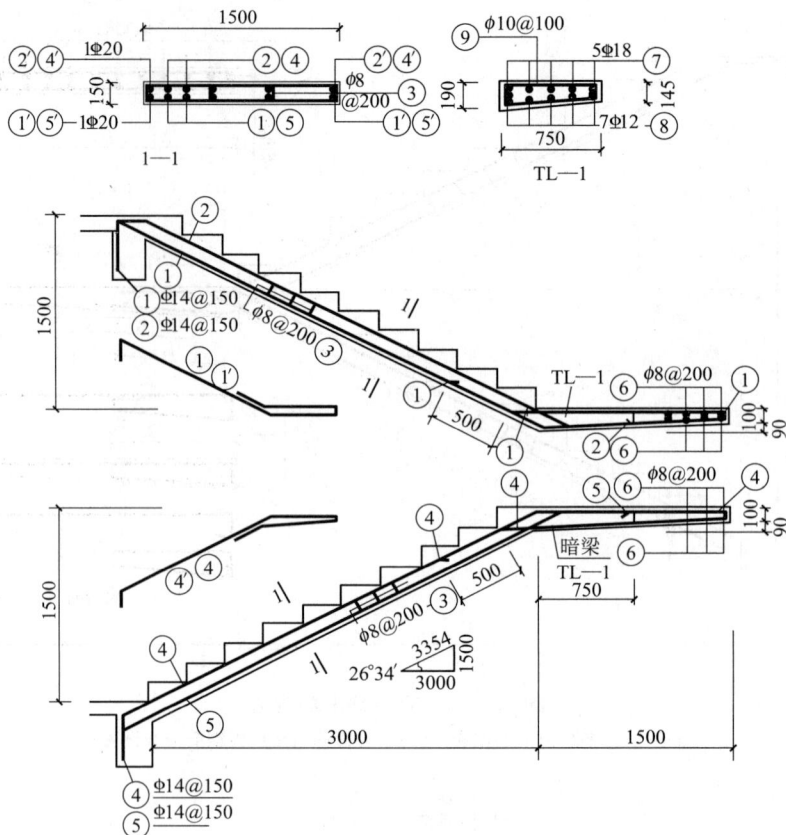

图 8.3.13 悬挑楼梯例题配筋图

平台板每 $1m^2$ 永久荷载的设计值 $\gamma_G G_1$：

钢筋混凝土平台板 $\quad 1.2 \times \dfrac{0.19+0.1}{2} \times 1 \times 25 = 4.35 kN/m^2$

30mm 厚水磨石面层 $\quad 1.2 \times 0.65 = 0.78 kN/m^2$

20mm 厚板底纸筋石灰粉刷 $\dfrac{1.2 \times 0.34 = 0.41 kN/m^2}{\gamma_G G_1 = 5.54 kN/m^2}$

所以 $\quad g_1 = \gamma_G G_1 \left(b + \dfrac{c}{2}\right) = 5.54\left(1.5 + \dfrac{0.2}{2}\right) = 8.86 kN/m$

考虑到栏杆和平台侧边粉刷等取 $\quad g_1 = 10 kN/m$

可变荷载 $\quad q_1 = \gamma_Q Q_1 \left(b + \dfrac{c}{2}\right) = 1.4 \times 2.0\left(1.5 + \dfrac{0.2}{2}\right) = 4.48 kN/m$

2）上、下楼梯斜板的计算荷载：

上、下楼梯斜板每 m^2 永久荷载的设计值 $\gamma_G G_2$：

踏步与斜板 $\quad 1.2\left(\dfrac{0.3 \times 0.15}{2} + \dfrac{0.30}{\cos\alpha} \times 0.15\right) \times 1 \times \dfrac{1}{0.30} \times 25 = 7.28 kN/m^2$

30mm 厚水磨石面层 $\quad 1.2(0.30 + 0.15) \times 1 \times \dfrac{1}{0.30} \times 0.65 = 1.17 kN/m^2$

20mm 厚板底纸筋石灰粉刷 $\quad 1.2 \times 1 \times \dfrac{1}{\cos\alpha} \times 0.34 = 0.46 kN/m^2$

$$\gamma_G G_2 = 8.91\text{kN/m}^2$$

所以 $\qquad g_2 = \gamma_G G_2 b = 8.91 \times 1.5 = 13.36\text{kN/m}$

考虑到栏杆及侧边粉刷等，取 $g_2 = 15\text{kN/m}$

可变荷载 $\qquad q_2 = \gamma_Q Q_2 b = 1.4 \times 2 \times 1.5 = 4.2\text{kN/m}$

则 $\qquad g_1 = 10\text{kN/m} \qquad q_1 = 4.48\text{kN/m} \qquad g_1 + q_1 = 14.48\text{kN/m}$

$\qquad\qquad g_2 = 15\text{kN/m} \qquad q_2 = 4.2\text{kN/m} \qquad g_2 + q_2 = 19.2\text{kN/m}$

(2) 各控制截面的设计内力

1) r、$U_{0,u}$、r' 和 M'_l 值的计算

a. 满载时$(g_1 + q_1；g_2 + q_2)$

$$r = \frac{3}{8b}(g_2 + q_2)l + (g_1 + q_1)\left(1 + \frac{3b}{4l}\right)$$

$$= \frac{3}{8 \times 1.5} \times 19.2 \times 3 + 14.48\left(1 + \frac{3 \times 1.5}{4 \times 3}\right) = 34.31\text{kN/m}$$

按式(8.3.9) $\qquad U_{0,u} = \frac{rb}{\sin\alpha} = \frac{34.31 \times 1.5}{0.4472} = 115.13\text{kN}$

按式(8.3.15) $\quad r' = \frac{t^2}{4l^2\sin^2\alpha}\left[1 + 3\left(\frac{b+c}{b}\right)^2\right]r$

$$= \frac{0.15^2}{4 \times 3^2 \times 0.4472^2}\left[1 + 3\left(\frac{1.5 + 0.2}{1.5}\right)^2\right] \times 34.31 = 0.52\text{kN/m}$$

M'_l 按式(8.3.20)计算，其中交线梁惯性矩 I_{x1} 近似地按 $b/2$ 宽度范围内的平均厚度计算

$$I_{x1} = \frac{1}{12} \times \frac{1.5}{2} \times \left(\frac{0.19 + 0.145}{2}\right)^3 = 2 \times 10^{-4}\text{m}^4$$

楼梯斜板截面抗扭惯性矩 I_{t2} 因 $b/t = \frac{1.5}{0.15} = 10$

查表 8.3.1 $\qquad\qquad\qquad K_1 = 0.313$

所以 $\quad I_{t2} = K_1 bt^3 = 0.313 \times 1.5 \times 0.15^3 = 15.85 \times 10^{-4}\text{m}^4$

$$K'_2 = \frac{GI_{t2}}{EI_{x1}} = \frac{0.42 \times 15.85}{2.94} = 2.26$$

按式(8.3.20) $\quad M'_l = \frac{r}{2} \times \frac{(b+c)\left(bc + \frac{st^2}{b}\right)}{\frac{2l\cos\alpha}{K'_2} + h \times \frac{t^2}{b^2}\sin\alpha + c}$

$$= \frac{34.31}{2} \times \frac{(1.5 + 0.2)\left(1.5 \times 0.2 + \frac{3 \times 0.15^2}{1.5 \times 0.8944}\right)}{\frac{2 \times 3 \times 0.8944}{2.26} + 1.5 \times \frac{0.15^2}{1.5^2} \times 0.4472 + 0.2}$$

$$= 5.12\text{kN} \cdot \text{m}$$

b. 平台板上没有可变荷载 q_1 时$(g_1；g_2 + q_2)$

$$r = \frac{3}{8 \times 1.5} \times 19.2 \times 3 + 10\left(1 + \frac{3 \times 1.5}{4 \times 3}\right) = 28.15\text{kN/m}$$

$$U_{0,u} = \frac{28.15 \times 1.5}{0.4472} = 94.42\text{kN}$$

$$r'=0.52 \times \frac{28.15}{34.31}=0.43 \text{kN/m}$$

$$M_l'=5.12 \times \frac{28.15}{34.31}=4.20 \text{kN} \cdot \text{m}$$

2）平台板控制截面 7-9 和 9-10 的内力（按满载计算）

$$M_{x,9\text{-}10}=-\frac{1}{2}(g_1+q_1)b^2=-\frac{1}{2} \times 14.48 \times 1.5^2=-16.29 \text{kN} \cdot \text{m}$$

按式(8.3.14)和式(8.3.20)

$$M_{x,7\text{-}9}=-\frac{rb(b+c)}{2}+M_l'=-\frac{34.31 \times 1.5 \times 1.7}{2}+5.12=-38.63 \text{kN} \cdot \text{m}$$

3）上楼梯斜板控制截面 11～12 的内力

a. 满载时

$$M_{x,11\text{-}12}=-\frac{1}{8}(g_2+q_2)l^2+\frac{1}{4}(g_1+q_1)b^2-r'bl$$

$$=-\frac{1}{8} \times 19.2 \times 3^2+\frac{1}{4} \times 14.48 \times 1.5^2-0.52 \times 1.5 \times 3=-15.80 \text{kN} \cdot \text{m}$$

$$M_{y,11\text{-}12}=-U_{0,\text{u}} \times \frac{b+c}{2}+M_l' \sin\alpha$$

$$=-115.13 \times \frac{1.7}{2}+5.12 \times 0.4472=-95.57 \text{kN} \cdot \text{m}$$

$$T_{11\text{-}12}=M_l' \cos\alpha=5.12 \times 0.8944=4.58 \text{kN} \cdot \text{m}$$

$$N_{11\text{-}12}=[-(g_1+q_1)b-(g_2+q_2)l+rb]\sin\alpha-U_{0,\text{u}}$$

$$=(-14.48 \times 1.5-19.2 \times 3+34.31 \times 1.5)0.4472-115.13$$

$$=-127.57 \text{kN}$$

$$V_{y,11\text{-}12}=[-(g_1+q_1)b-(g_2+q_2)l+rb]\cos\alpha$$

$$=(-14.48 \times 1.5-19.2 \times 3+34.31 \times 1.5)0.8944=-24.91 \text{kN}$$

b. 平台板没有可变荷载 q_1 时（g_1；g_2+q_2）

$$M_{x,11\text{-}12}=-\frac{1}{8}(g_2+q_2)l^2+\frac{1}{4} \times g_1 b^2-r'bl$$

$$=-\frac{1}{8} \times 19.2 \times 3^2+\frac{1}{4} \times 10 \times 1.5^2-0.43 \times 1.5 \times 3=-17.91 \text{kN} \cdot \text{m}$$

$$M_{y,11\text{-}12}=-U_{0,\text{u}} \times \frac{b+c}{c}+M_l' \sin\alpha$$

$$=-94.42 \times \frac{1.7}{2}+4.20 \times 0.4472=-78.38 \text{kN} \cdot \text{m}$$

$$T_{11\text{-}12}=M_l' \cos\alpha=4.20 \times 0.8944=3.76 \text{kN} \cdot \text{m}$$

$$N_{11\text{-}12}=[-g_1 b-(g_2+q_2)l+rb]\sin\alpha-U_{0,\text{u}}$$

$$=(-10 \times 1.5-19.2 \times 3+28.15 \times 1.5)0.4472-94.42$$

$$=-108.00 \text{kN}$$

$$V_{y,11\text{-}12}=[-g_1 b-(g_2+q_2)l+rb]\cos\alpha$$

$$=(-10 \times 1.5-19.2 \times 3+28.15 \times 1.5) \times 0.8944=-30.38 \text{kN}$$

4）上楼梯斜板控制截面 15-16 的内力

$a.$ 满载时

$$M_{x,15\text{-}16}=\frac{1}{16}(g_2+q_2)l^2-\frac{1}{8}(g_1+q_1)b^2$$

$$=\frac{1}{16}\times19.2\times3^2-\frac{1}{8}\times14.48\times1.5^2=6.73\text{kN}\cdot\text{m}$$

$$M_{y,15\text{-}16}=M_{y,11\text{-}12}=-95.57\text{kN}\cdot\text{m}$$

$$T_{15\text{-}16}=T_{11\text{-}12}=4.58\text{kN}\cdot\text{m}$$

$$N_{15\text{-}16}=N_{11\text{-}12}+\frac{1}{2}(g_2+q_2)l\sin\alpha=-127.59+\frac{1}{2}\times19.2\times3\times0.4472$$

$$=114.71\text{kN}$$

$$V_{y,15\text{-}16}=V_{y,11\text{-}12}+\frac{1}{2}(g_2+q_2)l\cos\alpha=-24.91+\frac{1}{2}\times19.2\times3\times0.8944=0.85\text{kN}$$

$b.$ 平台板没有可变荷载 q_1 时 $(g_1;\ g_2+q_2)$

$$M_{x,15\text{-}16}=\frac{1}{16}(g_2+q_2)l^2-\frac{1}{8}g_1b_2=\frac{1}{16}\times19.2\times3^2-\frac{1}{8}\times10\times1.5^2$$

$$=7.99\text{kN}\cdot\text{m}$$

$$M_{y,15\text{-}16}=M_{y,11\text{-}12}=-78.38\text{kN}\cdot\text{m}$$

$$T_{15\text{-}16}=T_{11\text{-}12}=3.78\text{kN}\cdot\text{m}$$

$$N_{15\text{-}16}=N_{11\text{-}12}+\frac{1}{2}(g_2+q_2)l\sin\alpha=-108+\frac{1}{2}\times19.2\times3\times0.4472$$

$$=-95.12\text{kN}$$

$$V_{y,15\text{-}16}=V_{y,11\text{-}12}+\frac{1}{2}(g_2+q_2)l\cos\alpha=-30.38+\frac{1}{2}\times19.2\times3\times0.8944$$

$$=-4.62\text{kN}$$

各控制截面的内力　　　　　　　　　　　　　　　　　　表 8.3.3

控　制　截　面		$M_x(\text{kN}\cdot\text{m})$	$M_y(\text{kN}\cdot\text{m})$	$T(\text{kN})$	$N(\text{kN})$	$V_y(\text{kN})$
平　台　板	9-10 3-4	−16.29				
	7-9 4-6	−38.63				
上下楼梯斜板	11-12 1-2	−15.80 (∓17.91)	∓95.57 (∓78.38)	±4.58 (±3.76)	∓127.59 (∓108.00)	∓24.91 (∓30.38)
	15-16 13-14	+6.73 (+7.99)	∓95.57 (∓78.38)	∓4.58 (∓3.76)	∓114.71 (∓95.12)	∓0.85 (∓4.62)

注：1. 上表有正、负号时，上面的符号用于上楼梯斜板，下面符号用于下楼梯斜板；

　　2. 圆括号里的数值是当平台上没有可变荷载 q_1 时的内力值。

（3）截面选择

1）验算截面尺寸

按式(8.3.21)验算截面 11-12、1-2。

$$W_t = \frac{t^2}{6}(3b-t) = \frac{150^2}{6}(3\times1500-150) = 16.31\times10^6 \text{mm}^3$$

$$\frac{V_y}{bt_0} + \frac{T}{W_t} = \frac{24.91\times10^3}{1500\times120} + \frac{4.58\times10^6}{16.31\times10^6} = 0.419\text{N/mm}^2 < 0.25\times9.6 = 2.4\text{N/mm}$$

2）楼梯斜板配筋（按上楼梯斜板内力计算）

a. 箍筋与抗扭纵筋

因为　$0.7\times f_t = 0.7\times1.1 = 0.77\text{N/mm}^2 > 0.419\text{N/mm}^2$

所以　箍筋及抗扭纵筋按构造配置

按构造要求，箍筋采用 $\phi 8$，双肢 $s = 200\text{mm}$。

$$\rho_{sv,\min} = \frac{2\times50.2}{200\times1500} = 0.0334\%$$

按构造要求，受扭纵向钢筋截面面积 $A_{st} = 1.5\rho_{sv,\min}\times bt = 1.5\times0.0334\%\times1500\times150 = 113\text{mm}^2$

b. 由 M_x 和 N 所要求的纵向钢筋截面面积

第一种内力组合

$$M_{x,11\text{-}12} = 15.80\text{kN}\cdot\text{m}$$

$$N = 127.59\text{kN}$$

$$e_{0x} = \frac{15.80\times10^6}{127.59\times10^3} = 123.8\text{mm}$$

$$A'_{sx} = A_{sx} = \frac{N_{11\text{-}12}\left(\frac{t}{2}-a_s+e_0\right)}{f'_y(t_0-a_s)} = \frac{127.59(75-30+124)\times10^3}{300(120-30)}$$

$$= 799\text{mm}^2$$

上式 a_s 为楼梯梯板上、下侧混凝土保护层厚度。

第二种内力组合

$$M_{x,11\text{-}12} = 17.91\text{kN}\cdot\text{m}$$

$$N = 108.00\text{kN}$$

$$e_{0x} = 166\text{mm}$$

$$A'_{sx} = A_{sx} = \frac{108(75-30+166)\times10^3}{300(120-30)} = 844\text{mm}^2$$

c. 由 M_y 所要求的附加纵向钢筋截面面积

$$M_y = 95.57\text{kN}\cdot\text{m}$$

$$\alpha_s = \frac{M}{f_c bh_0^2} = \frac{95.57\times10^6}{9.6\times150\times(1500-35)^2} = 0.031$$

查表得 $\gamma_s = 0.984$

所以

$$A_{sy} = \frac{95.57\times10^6}{0.984\times300(1500-35)} = 221\text{mm}^2$$

d. 纵向钢筋总面积 A_s

按第一种内力组合

$$A_s = 113 + 799 \times 2 + 221 \times 2 = 2153 \text{mm}^2$$

按第二种内力组合

$$A_s = 113 + 844 \times 2 + 221 \times 2 = 2243 \text{mm}^2$$

今按第二种内力组合配筋，采用 $\Phi 14@150\text{mm}$，实际配筋时应注意梯板四角钢筋应满足 A_{st} 要求。上、下板面钢筋应满足 A_{sx} 的要求。梯板两侧应满足 A_{sy} 的要求。并均应留有一定的富余。

3）平台板配筋

a. 截面 9-10、3-4

因平台板板面钢筋放置在交线梁上方

所以　　$t_0 = 190 - 25 = 165\text{mm}$　　$M = 16.29 \times 10^6 \text{N} \cdot \text{m}$

$$\alpha_s = \frac{16.29 \times 10^6}{9.6 \times 1500 \times 165^2} = 0.042, \quad \gamma_s = 0.979$$

$$A_s = \frac{M}{\gamma_s f_y h_0} = \frac{16.29 \times 10^6}{0.979 \times 270 \times 165} = 374\text{mm}^2$$

选 $\phi 10@100$

b. 截面 7-9、4-6

交线梁高度取 $\dfrac{b}{2}$ 宽度内的平均板厚 $h' = \left(190 + \dfrac{190 + 100}{2}\right) \times \dfrac{1}{2} = 167\text{mm}$，其宽度取 $\dfrac{b}{2} = \dfrac{1500}{2} = 750\text{mm}$

$$\alpha_s = \frac{38.63 \times 10^6}{9.6 \times 750 \times (167 - 25)^2} = 0.266$$

$$\gamma_s = 0.842$$

$$A_s = \frac{38.63 \times 10^6}{0.842 \times 360 \times 142} = 898\text{mm}^2 \quad \text{选 } 5 \Phi 18$$

配筋见图 8.3.13。

第四节　螺旋板式楼梯

螺旋板式楼梯的平面投影通常是圆弧形，但也可以是椭圆形。按上楼方向，螺旋梯可分为左旋式和右旋式两种，我国一般习惯用右旋式（图 8.4.1）。

偶尔也见有采用螺旋梁式楼梯，它的体形虽较明快，但由于灰尘和脏物易从楼梯踏步间的空隙掉下来，所以用得不多。

一、截面尺寸

1. 为了保证楼梯有足够的刚度，当有条件时应计算楼梯的挠度。由于楼梯属于使用上对挠度有较高要求的重要结构，宜将挠度控制在 $s/400$ 范围以内。

其中 s 为计算轴线的展开长度 $s = \dfrac{r\beta}{\cos\varphi}$。

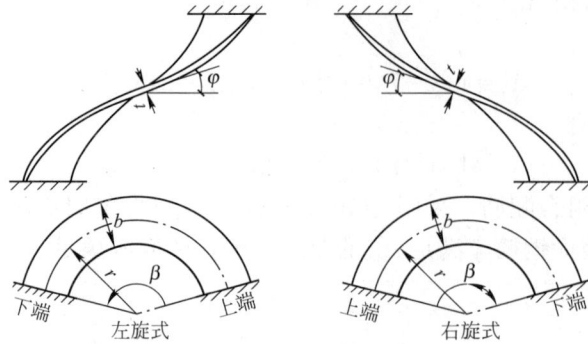

图 8.4.1　左旋式和右旋式螺旋楼梯

r 为计算轴线半径；

β 为水平旋转角，一般不宜超过 360°；

φ 为楼梯的倾斜角。

当不计算挠度时，通常宜使板厚 t 与 s 之比大于 $1/35$。当两端固定，或一端固定；一端简支时，板厚可适当减薄。

2. 由于楼梯梯板一般均较厚，故通常在楼梯梯板两侧挑出一定长度的薄板，以使外形更加轻快(图 8.4.2)。

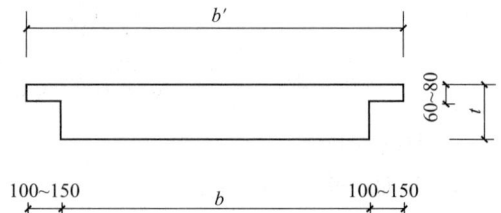

图 8.4.2　梯板两侧挑出薄板

二、计算假定及内力分析

1. 计算假定

螺旋式楼梯犹如一小段弹簧，下端压在基础上或下层梁上。上端则是悬挂在上层梁上，所以螺旋式楼梯承受轴向力的特点是上半段受拉，下半段受压，在楼梯高度中点处轴向力为零，上、下支座处轴力达最大值。

由于楼层支承梁的抗扭刚度通常不大，基础也有可能有些转动。因此，在实用上，板式楼梯的上、下支承端往往可以假定为简支端，即楼梯板以水平柱状铰与楼层和基础连接。当然，在配筋时尚应适当考虑实际存在的部分嵌固作用；反之，当上、下端支承梁或基础有足够的抗扭刚度时，板式螺旋梯应按两端固接设计。

本节主要介绍两端铰接的板式螺旋楼梯的构造与内力分析。

2. 几何参数

主要有六个几何参数(图 8.4.3)。

h：层高；

β：水平旋转角；

b'：楼梯实际宽度；

r：楼梯宽度中心线的辐射半径；

u：踏步数；

t：楼梯板厚度。

由此可以推算出其他一些几何参数

ω：对应于每一个踏步的水平旋转角 $\omega=\dfrac{\beta}{u}$；

a：踏步高度 $a=\dfrac{h}{u}$；

r_1：楼梯内侧辐射半径 $r_1=r-\dfrac{b'}{2}$；

r_2：外侧辐射半径 $r_2=r+\dfrac{b'}{2}$；

h_x：楼梯宽度中心线上任一点 x 离底平面的高度：

$$h_x=h\,\dfrac{\theta}{\beta}$$

θ：是从底部算起至 x 在平面上投影点 x' 的水平旋转角（图 8.4.4）；

φ：楼梯的倾斜角 $\varphi=\mathrm{tg}^{-1}\dfrac{h}{r\beta}$，式中 β 以弧度计。

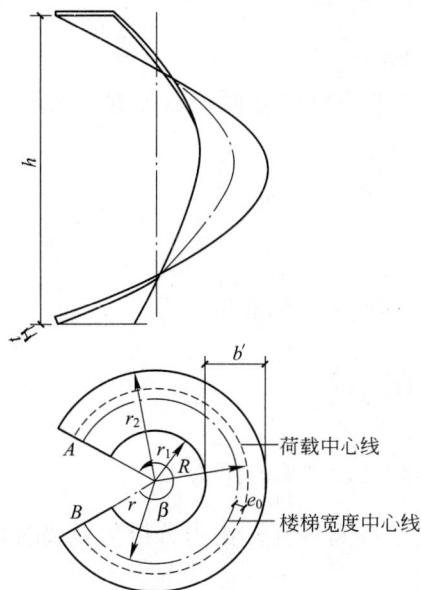

图 8.4.3　螺旋楼梯的几何关系

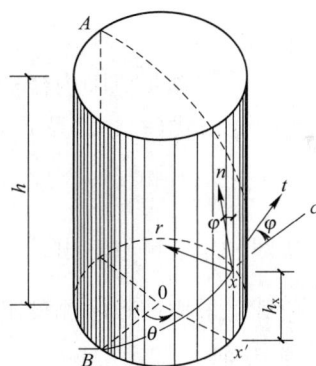

图 8.4.4　螺旋楼梯的几何关系

3. 计算荷载

与普通楼梯一样，荷载均以水平投影面来计量，由于螺旋楼梯每个踏步的平面呈扇形，内窄外宽，其形心在楼梯宽度中心的外侧。设其形心的辐射半径为 R，则 $R>r$，偏心距 $e_0=R-r$。因此，计算时应把作用在楼梯上的竖向均布可变荷载 $Q(\mathrm{kN/m^2})$ 化成作用在辐射半径 R 处的均布线荷载 $q(\mathrm{kN/m})$。

$$q=\frac{\gamma_Q Q\Omega}{R_\omega} \tag{8.4.1}$$

式中：γ_Q——可变荷载分项系数 $\gamma_Q=1.4$；

Ω——一个踏步的水平投影面积 $\Omega=\dfrac{\omega}{2}(r_2^2-r_1^2)=rb'\omega$

代入式(8.4.1)得

$$q=\frac{\gamma_Q Q r b'}{R}=\frac{\gamma_Q Q b'}{m} \tag{8.4.2}$$

式中：$m=\frac{R}{r}$

R——与面积 Ω 的形心相对应的半径，当 ω 较小时可取

$$R\approx\frac{2}{3}\cdot\frac{r_2^3-r_1^3}{r_2^2-r_1^2}=r+\frac{b'^2}{12r} \tag{8.4.3}$$

荷载偏心距 $\qquad\qquad e_0=R-r=\dfrac{b'^2}{12r}$ $\qquad\qquad$ (8.4.4)

当楼梯不很宽时，每一踏步范围内由踏步及底板产生的永久荷载的标准值 G 可近似地取为

$$G\approx\gamma b'\left(\frac{ar\omega}{2}+t\sqrt{a^2+r^2\omega^2}\right) \tag{8.4.5}$$

式中：γ——每 $1m^3$ 钢筋混凝土的重力，可取为 $25kN/m^3$。

每一踏步的永久荷载 G 其重心所对应的辐射半径也可近似地取为 R。楼梯的永久荷载化为作用在半径为 R 处的均布计算线荷载为

$$g=\frac{\gamma_G(G+G')}{R_\omega} \tag{8.4.6}$$

式中：$\gamma_G=1.2$

G'——一个踏步范围内楼梯面层及底板粉刷重力的标准值。

$p=g+q$ 由式(8.4.2)及式(8.4.6)知

$$p=\frac{\gamma_Q Q b'}{m}+\frac{\gamma_G(G+G')}{R_\omega} \tag{8.4.7}$$

显然从图 8.4.5 可以看出，g 与 q 都是偏心荷载，其偏心距为 $\dfrac{b'^2}{12r}$。

计算荷载时采用梯板两侧挑出薄板所增加的实际宽度 b'；内力分析与承载能力计算时采用 b(图 8.4.2)。

4. 计算简图与内力

简图是以楼梯宽度中心线为计算轴线的两端简支的旋梁在底平面上的水平投影(图 8.4.5a)。

在竖向荷载 p 作用下，下支座 B 受压，上支座 A 受拉，所以上、下支座 A、B 对楼梯的竖向反力 V_1、V_2 都是向上作用的，当上、下支座的竖向刚度相差不大时为方便可近似地假设

$$V_1=V_2=\frac{1}{2}W \tag{8.4.8}$$

式中：W——竖向荷载的总值 $W=pR\beta$。

其他支承反力可由静力平衡条件求得

$$\Sigma X=0 \qquad H_2=0$$

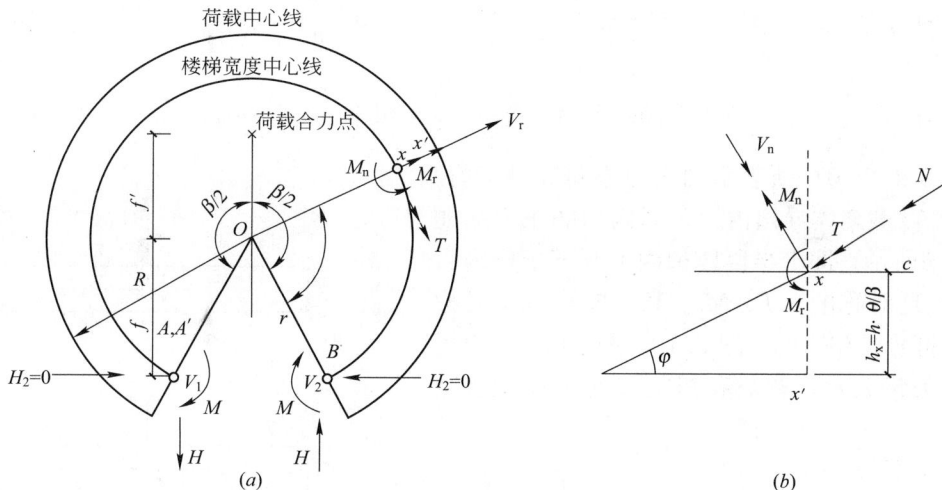

图 8.4.5 两端简支板式螺旋楼梯内力计算图

（a）计算简图在底平面上的投影；（b）计算截面 x 的竖向位置和内力

$$\Sigma M_A = 0 \qquad H = \frac{pR}{h}\left[2R\sin\frac{\beta}{2} + r\beta\sin\left(\frac{\beta}{2} - \frac{\pi}{2}\right)\right] \qquad (8.4.9)$$

$$\Sigma M_0 = 0 \qquad M = Hr\sin\gamma \qquad (8.4.10)$$

式中：$\gamma = \pi - \dfrac{\beta}{2}$。

两端简支的板式螺旋楼梯在支座处为假想的水平柱状铰，所以在支座 A、B 处的径向弯矩 $M_r = 0$，但作用在支座水平面内的弯矩 M 还存在。因此，在下支座 B 处，由于水平弯矩 M 的作用下，将在 B 截面上产生法向弯矩 $M_n = M\cos\varphi$ 及扭矩 $T = -M\sin\varphi$。

已知外力与支座反力，即可求解螺旋梯的内力（图 8.4.5a）。在计算轴线 AB 上任取一点 x，过 x 点作垂直于该点切线的平面与楼梯相截，得截离体 A_x 和 B_x。按截离体 B_x 可导出螺旋梯的 6 种内力的计算公式。

扭矩
$$T = \left[pRr\frac{\beta}{2}(1-\cos\theta) - Hh\frac{\theta}{\beta}\sin\left(\theta+\gamma-\frac{\pi}{2}\right) + pR(R\sin\theta - r\theta)\right]\cos\varphi$$

$$-Hr\cos\left(\theta+\gamma-\frac{\pi}{2}\right)\sin\varphi \qquad (8.4.11)$$

径向弯矩
$$M_r = pRr\frac{\beta}{2}\sin\theta - Hh\frac{\theta}{\beta}\cos\left(\theta+\gamma-\frac{\pi}{2}\right) - pR^2(1-\cos\theta) \qquad (8.4.12)$$

法向弯矩
$$M_n = \left[pRr\frac{\beta}{2}(1-\cos\theta) - Hh\frac{\theta}{\beta}\sin\left(\theta+\gamma-\frac{\pi}{2}\right) + pR(R\sin\theta - r\theta)\right]\sin\varphi$$

$$-Hr\cos\left(\theta+\gamma-\frac{\pi}{2}\right)\cos\varphi \qquad (8.4.13)$$

径向剪力
$$V_r = -H\sin\left(\theta+\gamma-\frac{\pi}{2}\right) \qquad (8.4.14)$$

法向剪力 $\qquad V_n = -H\cos\left(\theta+\gamma-\dfrac{\pi}{2}\right)\sin\varphi + pR\left(\dfrac{\beta}{2}-\theta\right)\cos\varphi$ $\qquad$ (8.4.15)

轴力 $\qquad N = H\cos\left(\theta+\gamma-\dfrac{\pi}{2}\right)\cos\varphi + pR\left(\dfrac{\beta}{2}-\theta\right)\sin\varphi$ $\qquad$ (8.4.16)

图 8.4.5(b) 中所表示的内力方向都是正值。如果从 A_x 截离体导出内力，则内力的正方向如图 8.4.6 所示。即上半段楼梯内力与下半段内力 M_r、V_r 是对称的，T、M_n、V_n 和 N 是反对称的，其符号是相反的。图 8.4.5 及图 8.4.6 中用双箭头矢量表示，弯矩和扭矩按右手螺旋法则确定。

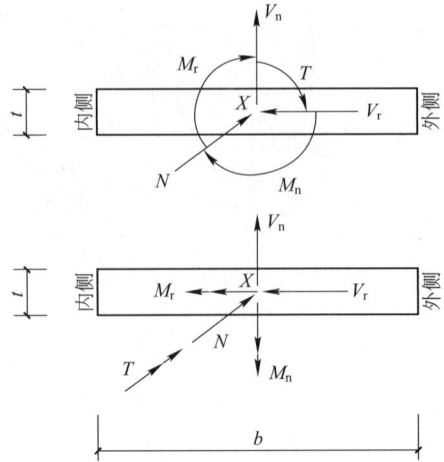

图 8.4.6　螺旋楼梯中上段内力的正方向

5. 计算图表

应用式（8.4.11）～式（8.4.16）计算内力时，计算工作量相当大，当不可能用计算机按程序进行计算时，建议采用以下的计算图表进行计算。

（1）采用参考文献［8-1］给出的内力系数表

编制内力系数表需将式（8.4.11）～（8.4.16）表达为下式

$$T = A_T pr^2,\ M_r = A_r pr^2,\ M_n = A_n pr^2$$
$$V_r = B_r pr,\ V_n = B_n pr,\ N = B_T pr$$

其内力系数 A_T、A_r、A_n、B_r、B_n、B_T 仅取决于 β、$m=\dfrac{R}{r}$、$n=\dfrac{h}{r}$ 和 $\dfrac{\theta}{\beta}$，而与外荷载无关。要注意的是表中的内力系数都是指下半段楼梯的；至于上半段楼梯内力，应注意 M_n、V_n、T、N 的反对称关系。

（2）表 8.4.1"螺旋楼梯内力系数表"给出了两端铰接，坡度 $\varphi=30°$，$\dfrac{R}{r}=1.05$ 的内力系数。从该表可直接查得支座、中点及极值的内力系数，当 φ 角为 25° 及 35° 时尚可修正。此表简捷实用。

螺旋楼梯内力系数　　　　　　　　　　　　　　表 8.4.1

内力 ＼ β	90°	120°	150°	180°	210°	240°
扭矩 T	0.153 0 —	0.290 0 —	0.454 0 —	0.608 0 —	0.714 0 —	0.736 0 —
法向弯矩 M_n	0.265 0 —	0.503 0 —	0.784 0 —	1.053 0 1.054 $\theta=1.61°$	1.236 0 1.326 $\theta=21.03°$	1.274 0 1.636 $\theta=37.73°$

续表

内力 　　β	90°	120°	150°	180°	210°	240°
径向弯矩 M_r	0 0.260 0.260 $\theta=45.00°$	0 0.401 0.401 $\theta=60.00°$	0 0.510 0.510 $\theta=75.00°$	0 0.542 0.542 $\theta=90.00°$	0 0.471 0.486 $\theta=66.51°$	0 0.196 0.488 $\theta=46.48°$
径向剪力 V_r	−0.307 −0.434 —	−0.335 −0.670 —	−0.243 −0.939 —	0.000 −1.216 —	0.383 −1.478 —	0.849 −1.699 —
法向剪力 V_n	0.561 0 —	0.662 0 —	0.737 0 —	0.820 0 —	0.953 0 —	1.169 0 —
轴力 N	0.678 0 —	1.052 0 —	1.473 0 —	1.878 0 —	2.198 0 —	2.374 0 —

内　力 　　β	270°	300°	330°	360°	乘　数	校正系数 $\varphi=25°$	校正系数 $\varphi=35°$
扭矩 T	0.657 0 —	0.485 0 —	0.250 0 —	0.000 0 —	pr^2	1.045	0.945
法向弯矩 M_n	1.138 0 1.972 $\theta=53.11°$	0.840 0 2.309 $\theta=65.91°$	0.432 0 2.654 $\theta=81.75°$	0.000 0 2.965 $\theta=95.35°$	pr^2	1.295	0.780
径向弯矩 M_r	0 −0.133 0.587 $\theta=41.62°$	0 −0.683 0.776 $\theta=41.71°$	0 −1.409 1.058 $\theta=44.26°$	0 −2.205 1.438 $\theta=48.38°$	pr^2	1.000	1.000
径向剪力 V_r	1.314 −1.859 —	1.680 −1.940 —	1.862 −1.928 —	1.819 −1.819 —	pr	1.240	0.825
法向剪力 V_n	1.485 0 —	1.896 0 —	2.369 0 —	2.857 0 —	pr	1.045	0.945
轴力 N	2.375 0 —	2.214 0 —	1.944 0 —	1.649 0 —	pr	1.060	0.972

注：本表梯板两端铰接，坡度 $\varphi=30°$，$R/r=1.05$，每格第一行为支座内力，第二行为中点内力，第三行为内力极值；第四行为内力极值所在位置。

（3）应优先采用计算机用楼梯计算程序进行计算。

三、承载力计算

截面尺寸应符合式(8.3.21)～式(8.3.23)的要求。

1. 在轴力 N 和径向弯矩 M_r 作用下，按偏心受拉承载力计算，求得纵向钢筋截面面积 A_{sr}。

2. 按扭矩 T 进行抗扭承载力计算，求得纵向钢筋截面面积 A_{st}。

3. 按法向弯矩 M_n 进行受弯承载力计算，求得纵向钢筋截面面积 A_{sn}。

4. 抗剪抗扭承载力计算确定箍筋截面面积。

四、配筋构造要求

1. 在梯板板面与板底配置由扭矩 T 及由拉力 N 及径向弯矩 M_r 求得的纵向钢筋 A_{st} 与 A_{sr} 配筋如图 8.4.7 所示。

2. 由法向弯矩 M_n 求得的抗弯钢筋 A_{sn} 应放在板的外侧边（M_n 为正时）或内侧边（M_n 为负时）。

3. 为了使纵向螺旋形钢筋便于施工，钢筋直径不宜过粗，最好不要超过 $\phi25$。

4. 由于上段楼梯承受拉力，上层楼盖与楼梯的相接部分应采用现浇梁、板，务必把楼梯的主筋可靠地锚固在现浇梁、板中。

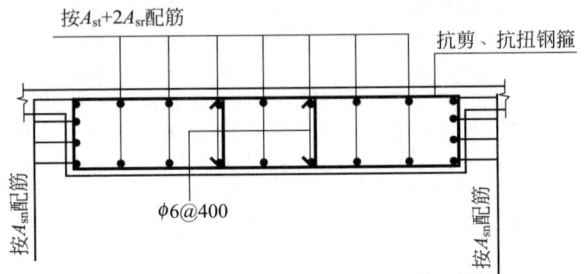

图 8.4.7 板式螺旋梯配筋

5. 计算公式是按螺旋楼梯中轴线进行推导的，梯板内外圈曲线长度与中轴线长度相差较大，其内力情况必有变化，配筋应留有余地，适当增加安全储备，外圈钢筋也应布置得比内圈的多一些。

6. 为防止纵向钢筋外鼓，应采用封闭钢箍。

五、计算例题

【例题 8-2】 已知：1)水平旋转角 $\beta=300°$，层高 $h=3.84\text{m}$，楼梯实际宽度 $b'=1.45\text{m}$，两侧各挑出 0.1m，计算宽度 $b=1.25\text{m}$，$r=1.5\text{m}$，踏步数 $\mu=25$ 级。2)可变荷载的标准值 4.0kN/m^2，混凝土采用 C30。3)结构安全等级为二级，$\gamma_0=1.0$。

【解】 设计螺旋楼梯

1）几何参数

$$\beta=300°=5.236\text{rad}$$

楼梯内侧辐射半径 $r_1=r-b'/2=1.5-1.45/2=0.775\text{m}$

楼梯外侧辐射半径 $r_2=r+b'/2=2.225\text{m}$

每一踏步的水平旋转角 $\omega=\dfrac{\beta}{\mu}=\dfrac{300°}{25}=12°=0.2094\text{rad}$

每个踏步的高度 $a=\dfrac{h}{\mu}=\dfrac{3.84}{25}=0.1536\text{m}$

楼梯宽度中心线处的倾斜角 $\varphi=\text{tg}^{-1}\dfrac{h}{r\beta}=\text{tg}^{-1}\dfrac{3.84}{1.5\times5.236}=\text{tg}^{-1}0.4889$，所以 $\varphi=$

$26°06'$，$\cos\varphi=0.8984$，$\sin\varphi=0.4392$

楼梯计算轴线长度 $s=\dfrac{\beta r}{\cos\varphi}=\dfrac{5.236\times1.5}{0.8984}=8.74\mathrm{m}$

2）设计荷载

楼梯板厚 $t=\dfrac{s}{30}=\dfrac{8.74}{30}=0.29\mathrm{m}$ 取 $t=0.30\mathrm{m}$

设计荷载的作用半径 $R\approx r+\dfrac{b'^2}{12r}=1.5+\dfrac{1.45^2}{12\times1.5}=1.62\mathrm{m}$

$$m=\frac{R}{r}=\frac{1.62}{1.5}=1.08$$

可变荷载 $\qquad q=\dfrac{\gamma_{\mathrm{Q}}Q_{\mathrm{r}}b'}{m}=\dfrac{1.4\times4\times1.45}{1.08}=7.52$

永久荷载 $\qquad g=\dfrac{\gamma_{\mathrm{G}}(G+G')}{R\omega}$

按式（8.4.5），一个踏步范围内由踏步板及底板产生的标准值为

$$G\approx\gamma b'\left(\frac{ar\omega}{2}+t\sqrt{a^2+r^2\omega^2}\right)$$

$$=25\times1.45\left[\frac{0.1536\times1.5\times0.2094}{2}+0.3\times\sqrt{0.1536^2+(1.5\times0.2094)^2}\right]$$

$$=4.68\mathrm{kN}$$

$1\mathrm{m}^2$ 水平投影面上 $30\mathrm{mm}$ 厚水磨石及板底 $20\mathrm{mm}$ 石灰粉刷的永久荷载标准值为：

$$G'=0.65\times\frac{a+r\omega}{r\omega}\times1+0.34\times\frac{r\omega}{\cos\varphi}\times1$$

$$=0.65\left(1+\frac{0.1536}{1.5\times0.2094}\right)\times1+0.34\times\frac{1.5\times0.2094}{0.8984}\times1$$

$$=0.97+0.12=1.09\mathrm{kN/m}^2$$

所以 $\qquad g=\dfrac{1.2(4.68+1.09)}{1.62\times0.2094}=20.41\mathrm{kN/m}$

$$p=g+q=7.52+20.41=27.93\mathrm{kN/m}$$

3）设计内力

下半段螺旋梯段的截面内力如表8.4.2所示。

下半段螺旋梯段的截面内力　　　　　表8.4.2

内　　力 ＼ 计算截面离下支座相对高度	θ/β							
	0	0.10	0.15	0.20	0.30	0.35	0.40	0.50
径向弯矩 M_{r}	0	42.84	45.57	38.17	5.0	−13.93	−30.07	−44.65
法向弯矩 M_{n}	62.5	126.21	147.44	158.19	143.88	111.39	85.32	0
扭矩 T	−30.43	−15.93	−4.12	7.09	20.24	20.35	16.28	0
径向剪力 V_{r}	80.29	46.23	23.99	0	−46.35	65.55	−80.29	−92.70
法向剪力 V_{n}	78.76	44.11	30.15	18.86	4.49	1.03	−0.48	0
轴力 N	90.05	110.88	114.36	112.36	91.52	73.44	51.34	0

上半段螺旋梯的径向弯矩及剪力 M_r、V_r 与下半段相同；而 M_n、T、V_n、N 的数值与下半段相同而符号相反。

4）截面设计与截面配筋

因上半段螺旋梯段的 N 是拉力，所以截面设计按上半段进行，下半段的配筋与上半段相同。

a. 跨中截面 $\left(\dfrac{\theta}{\beta}=0.5\right)$ $M_r=-44.65\mathrm{kN \cdot m}$ $V_r=-92.70\mathrm{kN}$

截面尺寸验算

$0.25f_c tb_0=0.25\times14.3\times300(1250-30)=1308500\mathrm{N}=1308.50\mathrm{kN}>92.7\mathrm{kN}$，可按单筋矩形截面进行抗弯计算

$$t_0=300-30=270\mathrm{mm}$$

$$a_s=\frac{M_r}{f_c bt_0^2}=\frac{44.65\times10^6}{14.3\times1250\times270^2}=0.034 \quad \gamma_s=0.979$$

$$A_s=\frac{44.65\times10^6}{360\times0.979\times270}=470\mathrm{mm}^2$$

b. 上支座截面 $\left(\dfrac{\theta}{\beta}=1\right)$ $M_r=0$，$M_n=-62.50\mathrm{kN \cdot m}$，

$T=30.43\mathrm{kN \cdot m}$，$V_r=80.29\mathrm{kN}$，$V_n=-78.76\mathrm{kN}$，$N=-90.05\mathrm{kN}$（拉）

截面尺寸验算

$$W_t=\frac{t^2}{6}(3b-t)=\frac{300^2}{6}(3\times1250-300)=51.75\times10^6\mathrm{mm}^3$$

$$\sqrt{\left(\frac{V_n}{bt_0}\right)^2+\left(\frac{V_r}{tb_0}+\frac{T}{0.8W_t}\right)^2}=\sqrt{\left(\frac{-78.76\times10^3}{1250\times270}\right)^2+\left(\frac{80.29\times10^3}{300\times1220}+\frac{30.43\times10^6}{0.8\times51.75\times10^6}\right)^2}$$

$$=0.98\mathrm{N/mm}^2$$

$<0.25f_c=0.25\times14.3=3.58\mathrm{N/mm}^2$ 截面尺寸满足要求。$<0.7f_t=0.7\times1.43=1.00\mathrm{N/mm}^2$ 可不进行抗剪抗扭承载力计算，箍筋和纵向钢筋按构造要求设置。

$$0.07f_c bt_0=0.07\times14.3\times1250\times270=337820\mathrm{N}$$
$$=337.82\mathrm{kN}>V_n=78.76\mathrm{kN}$$

查表 8.3.2 钢箍最大间距为 200mm。今采用 $s=150\mathrm{mm}$

按构造要求箍筋的配筋率不应小于 $\rho_{sv \cdot min}$

$$\rho_{sv \cdot min}=0.28f_t/f_{yv}=0.28\frac{1.43}{210}=0.00191$$

$$A_{sv}=0.00191\times1250\times150=179\mathrm{mm}^2$$

配 $\phi12@150$

按构造要求梯斜板受剪扭时纵向钢筋截面面积

$$A_{st}=1.5\rho_{sv \cdot min}bt=1.5\times0.00191\times1250\times300=1074\mathrm{mm}^2$$

c. $\dfrac{\theta}{\beta}=0.85$ 截面，$M_r=45.57\mathrm{kN \cdot m}$ $M_n=-147.44\mathrm{kN \cdot m}$

$T=4.12\mathrm{kN \cdot m}$ $V_r=23.99\mathrm{kN}$，$V_n=-30.15\mathrm{kN}$，$N=-114.36\mathrm{kN}$（拉）

由于内力 T、V_r 和 V_n 小于支座截面相应内力，故抗剪抗扭所需的箍筋与纵向钢筋同支座截面，均按构造设置。即箍筋 $\phi12@150$，$A_{st}=1507\text{mm}^2$。

由 N、M_r 要求的偏心受拉纵向钢筋截面面积为：

$$e_{or}=\frac{M_r}{N}=\frac{45.57\times10^6}{114.36\times10^3}=398\text{mm}$$

$$A_{sr}'=A_{sr}=\frac{N\left(\dfrac{t}{2}-a_s+e_{or}\right)}{f_y'(t_0-a_s)}=\frac{114.36\left(\dfrac{300}{2}-30+398\right)\times10^3}{360(270-30)}=686\text{mm}^2$$

M_n 所要求的纵向钢筋截面面积为：

$$a_s=\frac{M_n}{f_ctb_0^2}=\frac{147.44\times10^6}{14.3\times360\times1220^2}=0.02 \qquad \gamma_s=0.984$$

$$A_{sn}=\frac{M_n}{f_y\gamma_sb_0}=\frac{147.44\times10^6}{360\times0.984\times1220}=341\text{mm}^2$$

总的纵向钢筋截面面积：

$$A_s=A_{st}+2(A_{sr}+A_{sn})=1074+2(686+341)=3128\text{mm}^2$$

其中 $2A_{sn}=2\times341=682\text{mm}^2$，应配置在截面两侧，选 4Φ20；$A_{st}+2A_{sr}=1074+2\times686=2446\text{mm}^2$ 应配置在截面的上部与底部。即上、下各配 8Φ16，侧边 4Φ20。箍筋采用 $\phi10@150\text{mm}$。配筋见图 8.4.8。

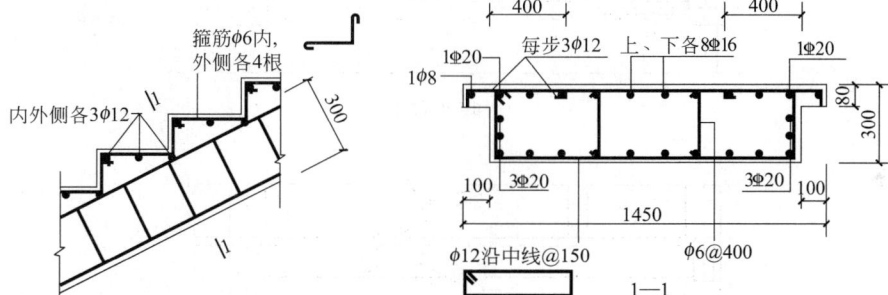

图 8.4.8　设计例题　两端简支板式螺旋楼梯的截面配筋图

第五节　框架结构楼梯的抗震措施

发生强烈地震时，楼梯是重要的竖向紧急逃生通道，框架结构的楼梯构件、踏步斜板、斜梁在地震作用下将作为斜向构件参加抗侧力工作，使结构整体刚度加大、楼层平面内的刚度分布不均匀，结构整体分析的结果有很大变化，其影响的程度与纯框架的刚度、楼梯数量、楼梯平面位置等情况有关，基本规律是：楼梯刚度占纯框架结构刚度的比例越大，则平动周期减少越多，总地震作用加大越多，但对垂直梯板方向影响很小。楼梯布置在一端时，扭转周期明显减小，但扭转位移比明显加大；楼梯在楼面的两端对称布置时，扭转周期明显减小，扭转位移比减小较多；楼梯布置在中部时，扭转影响不明显。在地震作用下，楼梯梯板沿梯板方向处于非常复杂的受力状态，承受很大的轴向力及不可忽略的剪力力矩、为拉（压）弯剪复合受力，在平面内尚存在弯矩与扭矩，应按压弯剪构件设计。

一、一般规定

（1）框架结构楼梯间布置不应导致结构平面特别不规则；

（2）宜采用现浇钢筋混凝土楼梯，楼梯间四角宜设框架柱；

（3）计算框架结构的地震作用，应计入楼梯构件对地震作用及其效应的影响，合理地确定楼梯构件所分担的水平地震力；

（4）楼梯构件的抗震等级应与所在的框架结构相同；

（5）应采取措施减少楼梯对主体结构刚度的影响；

（6）梯板下段设有滑动支座的楼梯时，不宜采用带有平段的楼梯梯板。

二、框架结构楼梯抗震措施

1. 楼梯与框架整体连接的抗震构造，见图 8.5.1

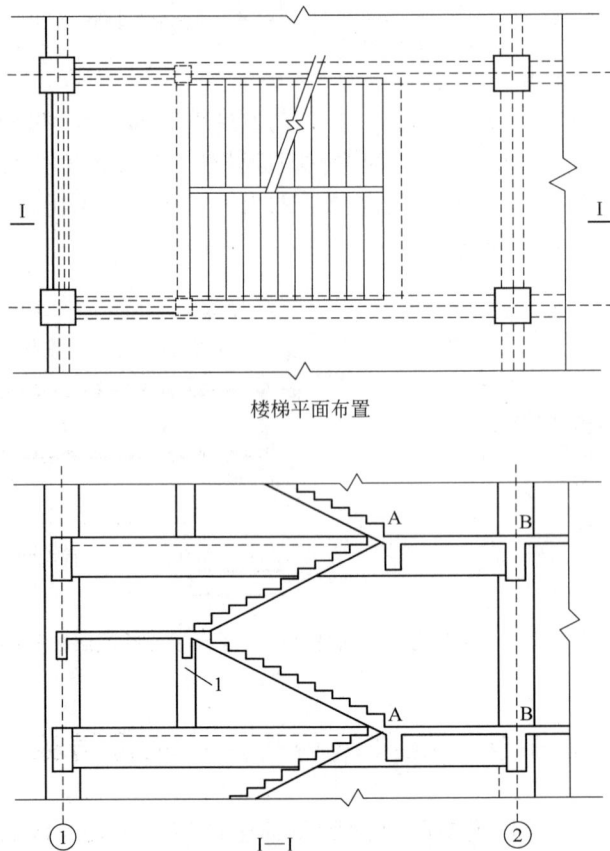

楼梯平面布置

图 8.5.1　楼梯平台与框架整体连接构造

（1）楼梯梯板的厚度应计算确定，且不宜小于 140mm。

（2）楼梯梯板应双层双向配筋纵向钢筋应对称配置，数量按计算确定，水平钢筋应锚入边缘构件。

（3）楼梯梯板两侧应设置边缘构件，边缘构件的宽度取 1.5 倍板厚，边缘构件的纵向钢筋，当抗震等级为一、二级可采用 6Φ12，当抗震等级为三、四级可采用 4Φ12；且不应小于梯板纵向受力钢筋直径。箍筋可采用 φ6@200。见图 8.5.2。

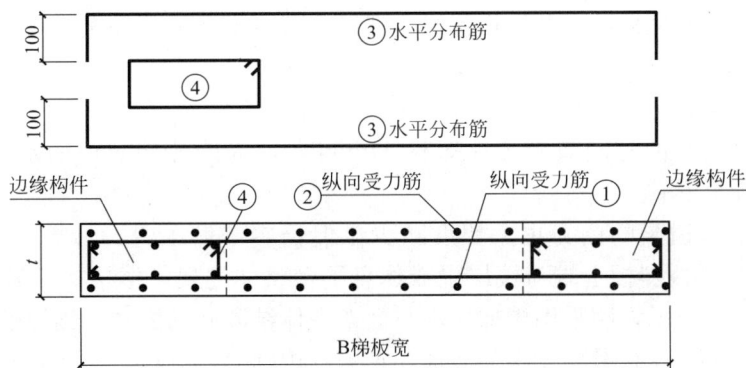

图 8.5.2 梯板配筋

(水平分布筋与箍筋放在同一层上，交错插空放置)

（4）楼梯间的框架柱轴力与剪力明显加大，应严格控制柱的轴压比。当现有柱截面无法满足轴压要求时，可采取构造措施，如附加芯柱、采用井字形复合箍并控制箍筋的肢距、间距及直径，以提高柱轴压比限值的规定。该柱的体积配箍率不应小于 1.2%，9 度一级时不应小于 1.5%。①轴线框架柱按短柱配筋。当楼梯对称配置时，非楼梯间框架柱地震内力将有所减小。

（5）框架梁 A-B 段的弯矩和剪力明显加大，②轴线梁端箍筋加密区范围应延伸至 A 点。

（6）休息平台的梯梁传递梯板的轴力、剪力与弯矩处于复杂受力状态，上下梯板接缝处极易剪切破坏，箍筋应全长加密加粗。与梯梁垂直的休息平台梁，直接传递踏步板的地震效应处于受压状态，应按偏压(拉)构件的要求计算配筋。

（7）休息平台板传递梯板的轴力，受力复杂，板宜与梯板同厚，也应双层双向配筋。平台两侧边梁跨度较小，当为短梁时，易碎性破坏，应加强。

（8）平台短柱处于偏拉(压)剪受力状态，应满足短柱的构造要求。

2. 楼梯休息平台与框架柱脱开，见图 8.5.3。

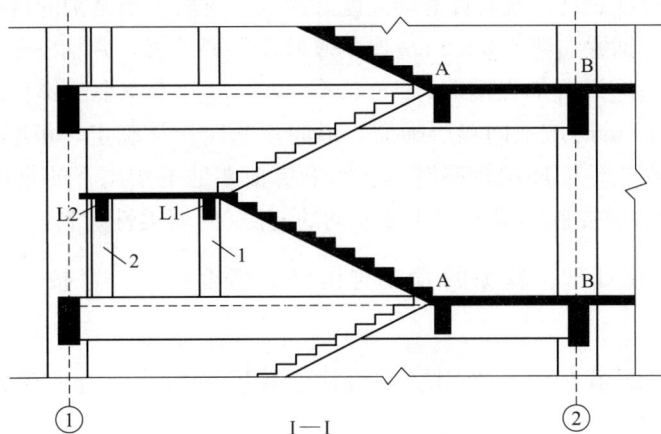

图 8.5.3 楼梯平台与框架脱开构造

楼梯休息平台与框架柱脱开后楼梯对主体结构的刚度影响，和楼梯与主体结构整体连接相比不很显著，但下列楼梯构件的受力状况却有所改善。

(1) ①轴线框架柱的轴力明显减少，不用按短柱设计。

(2) 平台短柱 2 的地震效应要比短柱 1 小得多，为能分担短柱的水平力，短柱 1、2 应取相同的配筋构造。

(3) 休息平台边梁的内力也大幅度减少，但仍应按偏压(拉)计算。

3. 采用楼梯梯段斜板上端与楼层梁或休息平台整体连接，楼梯梯段斜下端做成滑动支座，如图 8.5.4 所示，即采用楼梯构件与框架主体结脱开的方式。楼梯的刚度将不会对主体结构造成影响。设有滑动支座的楼梯在布置不规则时(如仅设置在结构一段)，也不会增加主体结构的扭转效应，这种构造是减少楼梯对主体结构刚度影响的最好办法。但由于地震动具有明显的不确定性和复杂性，结构计算模型的各种假定与实际地震动的差异，滑动支座的楼梯抗震构造尚应进一步认证并采取以下构造措施：

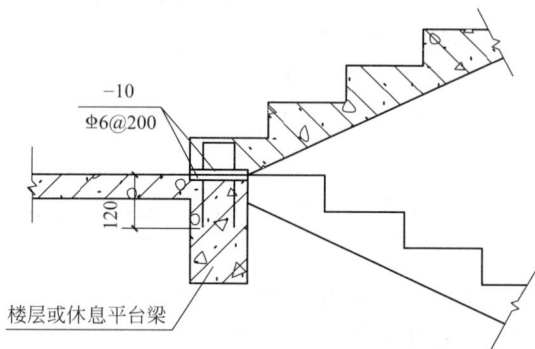

图 8.5.4　梯板下端滑动支座

(1) 滑动支座滑动面上下均应放置长度与梯板宽度相同的预埋钢板，锚筋为Φ6@200，为减少钢板间的摩擦，钢板间应放置石墨粉、聚四氟乙烯薄膜、聚四氟乙烯涂料或其他减少摩擦效应的材料，在使用期间应采取措施，防止钢板锈蚀(图 8.5.4)。也可在滑动面上直接铺设四氟乙烯板(四氟板)或放置滑动性能好的其他材料。当结构的抗震等级为三、四级时，也可在滑动面上铺置油毡或 3～5mm 厚的硬软质塑料片材，并粘贴于平整的滑动面上。

(2) 梯板两侧边应设置加强钢筋(图 8.5.5)2Φ16，且不应小于梯板纵向钢筋的直径。

(3) 当梯板 $L \geqslant 4m$ 时应双向双层配筋，纵向主筋应计算确定，板厚宜 $\geqslant 140mm$。

(4) 梯板滑动端当地面面层较厚时，会影响梯板在地震作用下的自由滑动。为此，在梯板滑动端与地面面层接触处留出供梯板滑动的缝隙(内填柔性材料)。建筑设计尚应对此缝隙的表层进行美化处理。缝隙的宽度与楼层的高度有关，可按 $\dfrac{H}{100}$ 控制，且不宜小于 50mm。

4. 楼梯间周边的填充墙宜采用轻质墙体，其抗震构造应合"建筑抗震设计规范" 13.3.4 条的规定。

三、试验认证

2012 年初北京工业大学结构试验室，对楼梯进行了楼梯梯段为滑动支座及楼梯梯段

梯板边缘附加纵筋

100

t

梯板纵向受力筋

分布筋φ8@200

梯板宽

(a)

梯板边缘附加纵筋

分布筋φ8@200

t

梯板纵向受力筋

梯板宽

(b)

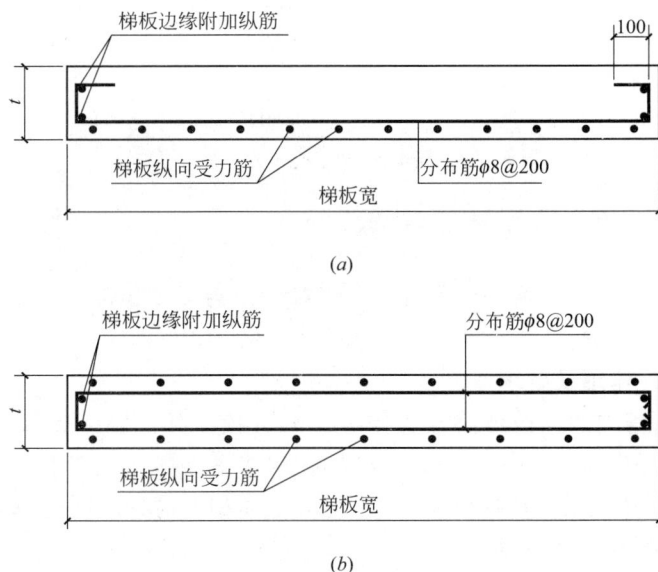

图 8.5.5　滑动支座梯板配筋
(a)梯板单层配筋；(b)梯板双层配筋

与主体结构整体连接的拟静力与模拟地震振动台对比试验。试验结果表明，滑动支座抗震性能良好，工作可靠。楼梯刚度对主体结构的影响可忽略不计。主体框架结构压弯破坏时，梯段完好无裂缝出现。

楼梯梯段与主体框架结构整体连接时，主体框架应考虑楼梯刚度的影响。当梯段采取了可靠的抗震构造措施后，主体结构破坏时，梯段出现均匀的水平裂缝，仍能正常工作。

在地震作用下，梯段下端不仅会出现预期的水平滑动，而且尚会出现竖向位移，使梯段下端脱空，梯端呈悬臂状态，设计配筋时应予考虑。

综合分析，手册推荐工程中宜采用滑动支座方案。

参 考 文 献

[8-1]　程文瀼. 钢筋混凝土特种楼梯. 北京：中国铁道出版社，1990.

[8-2]　丁大钧主编. 钢筋混凝土结构学. 上海：上海科学技术出版社，1985.

[8-3]　建筑设计资料集编委会. 建筑设计资料集(第二版). 北京：中国建筑工业出版社，1994.

[8-4]　建筑结构构造资料集编委会. 建筑结构构造资料集. 上册. 北京：中国建筑工业出版社，1990.

[8-5]　郁彦. 螺旋楼梯内力系数表.

[8-6]　程文瀼. 楼梯、阳台和雨篷设计. 南京：东南大学出版社，1998.

[8-7]　孙培生等. 钢筋混凝土楼梯设计手册. 北京：中国建筑工业出版社，1999.

[8-8]　中国建筑标准设计研究院编. 楼梯栏杆栏板(一). 北京：中国计划出版社. 2006.

[8-9]　中国建筑标准设计研究院编. 规划·建筑·景观. 北京：中国计划出版社. 2009.

第九章 支 撑

第一节 一 般 要 求

一、支撑内容、作用及要求

1. 单层工业厂房中的支撑分屋盖支撑和柱间支撑二类。屋盖支撑包括：屋架上、下弦及天窗架上弦的横向水平支撑；屋架下弦的纵向水平支撑；屋架上、下弦及天窗架上弦的纵向水平系杆(系杆分压杆和拉杆两种)；屋架之间和天窗架之间的垂直支撑。柱间支撑又分为纵向柱间支撑与山墙柱间支撑。

2. 屋盖支撑的作用主要是：防止承重结构受压杆件侧向失稳和受拉杆件振动；传递山墙、起重运输设备传来的水平力；增加屋盖刚度；保证安装时的稳定性和施工方便。柱间支撑的作用，是保证厂房纵向刚度，传递吊车、屋盖、山墙及纵墙的地震与风力作用的纵向水平力；是厂房纵向的主要承重结构。

3. 支撑布置应根据厂房的承重结构形式(钢或混凝土结构)、屋盖形式(有檩或无檩)、起重运输设备形式(包括起重量和工作级别)、有无振动设备及其振动大小、地震设防烈度、围护结构的种类及构造特点、房屋的高度和跨度，以及托架的位置等具体情况，按本章第二节和第三节具体情况布置。

每一厂房单元，或当工程分期建设时，第一期建设的工程和以后扩建的工程，其支撑布置均应分别形成完整的体系。

4. 支撑应与屋架、托架、天窗架的杆件或檩条等组成完整的桁架体系。屋架上、下弦支撑在布置上要协调配套，使其形成封闭的空间桁架体系，其刚度要均匀协调，传力路线要直接明确。

传递山墙和吊车水平力的支撑，应布置在外力各自作用点，尽快依次传到结构的支座。

二、无檩(大型屋面板)屋盖

1. 工程经验证明，在非地震区，当大型屋面板满足以下要求时，可以认为屋盖结构的整体作用已得到保证，可不再设置屋架上弦横向水平支撑。这些要求是：

(1) 屋面板最小支承长度为 60mm(屋架间距 6m)或 80mm(屋架间距大于 6m)；

(2) 屋面板的支承至少应焊接三点。在温度伸缩缝或端墙处的屋面板不可能焊三点时，允许沿纵肋焊两点。每点焊缝的厚度和长度不小于 6mm 和 50mm(屋架间距 6m)或 6mm 和 80mm(屋架间距大于 6m)；

(3) 屋面板之间的空隙，应用 C20 的细石混凝土灌实。

2. 在有振动设备、吊车工作级别为 A6～A8 或起重量较大吊车工作级别为 A4、A5 的厂房中，不论大型屋面板的连接情况如何，屋面板一般不考虑起横向支撑作用，但在满足以上规定时，可以代替横向支撑以外的水平系杆。

3. F型屋面板，不论何种情况均不能代替横向支撑，但满足上述要求(1)、(2)两项时，可用以代替横向支撑以外的水平系杆。

4. 双T型屋面板与屋架的连接焊缝不易保证质量，不能用以代替横向支撑和水平系杆。

5. 从震害调查看，由于高空焊接缺乏监管，有相当数量的屋面板与屋架漏焊或少焊，在地震作用下，屋盖的整体性迅速瓦解，屋面板脱落事故较多。因此，提高屋面板的连接质量十分重要。施工中加强管理是保证质量重要的一方面，设计者也应采取措施，以保证屋盖的整体性。

无檩屋盖的连接及支撑布置应符合下列要求：

(1) 大型屋面板应与屋架(屋面梁)焊牢，靠近柱列的屋面板与屋架(屋面梁)的连接焊缝长度不宜小于80mm，相应的预埋件及支承长度均应满足这项要求，且屋架(屋面梁)端部顶面预埋件的锚筋，8度时不宜少于4ϕ10，9度时不宜少于4ϕ12。

(2) 设防烈度为6或7度时，有天窗厂房单元的端开间宜将垂直屋架方向两侧相邻的大型屋面板的顶面彼此焊牢(采用图9.1.1或图9.1.2中的①、②、③、④大样)；8度或9度时厂房单元的各开间都应彼此焊牢(采用图9.1.1或图9.1.2)。

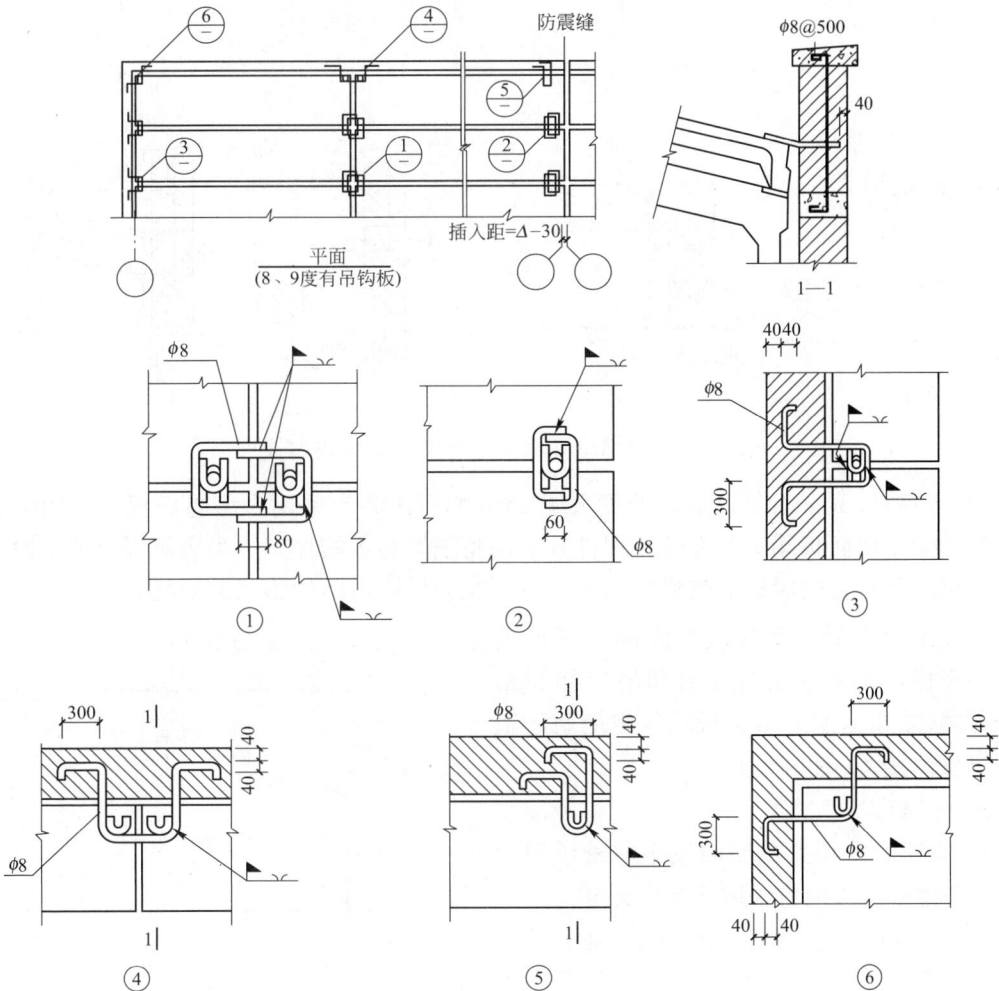

图9.1.1 大型屋面板顶面连接方案(吊钩方案)

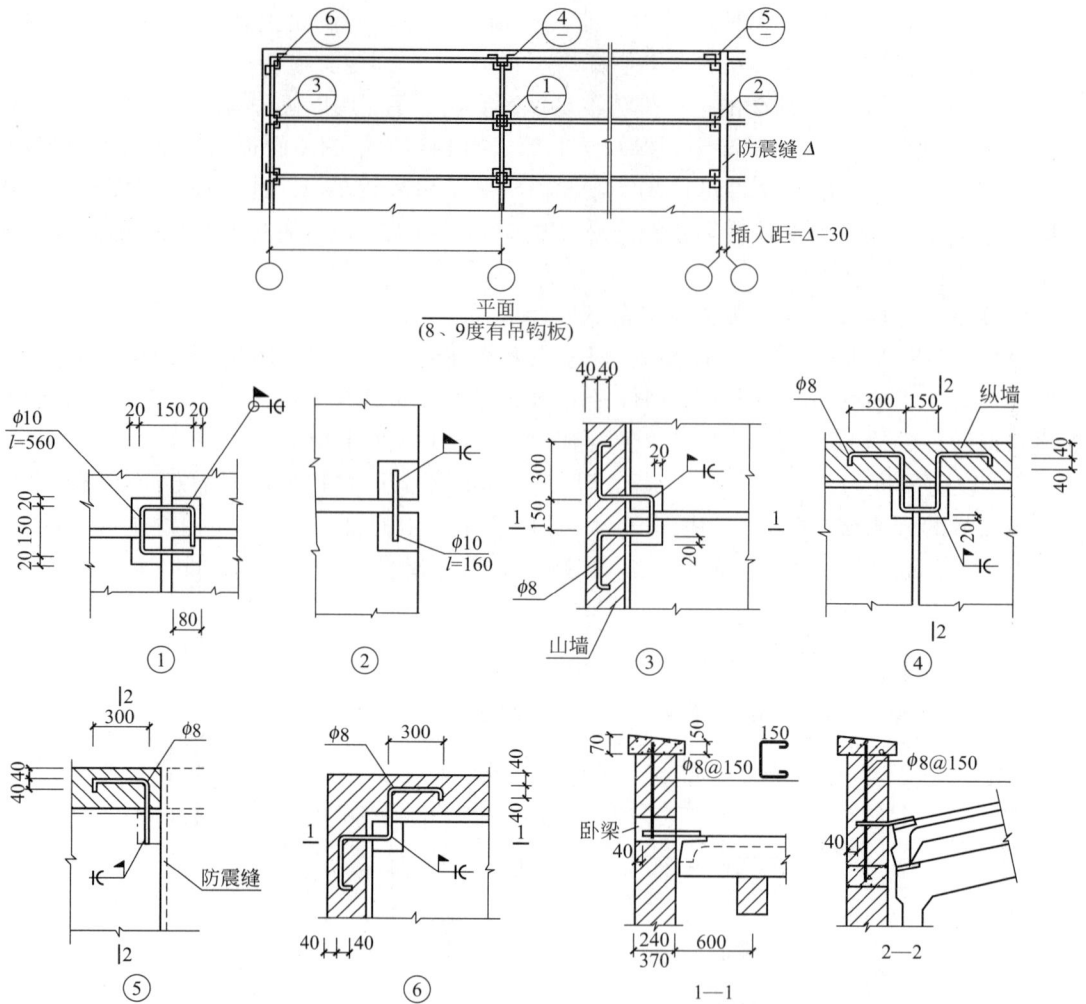

图 9.1.2　大型屋面板顶面连接方案(预埋钢板)

（3）8度(0.30g)和9度时，跨度大于24m的厂房不宜采用大型屋面板。采用大型屋面板时，大型屋面板端头底面的预埋件宜采用角钢并与主筋焊牢。当满足以上要求时，并按本章第二节布置的屋架上弦横向水平支撑可视为抗震设防的第二道防线。

如施工中不受定型模板的限制，可采用非定型模板，如采取端肋后退和吊后补焊相结合方案(图9.1.3)，或从板端伸出钢筋，做成现浇整体接头(图9.1.4)。

三、天窗

1. 天窗宜采用突出屋面较小的避风型天窗，有条件或9度时宜采用下沉式天窗。

2. 突出屋面的天窗宜采用钢天窗架；6~8度时，可采用矩形截面杆件的钢筋混凝土天窗架。

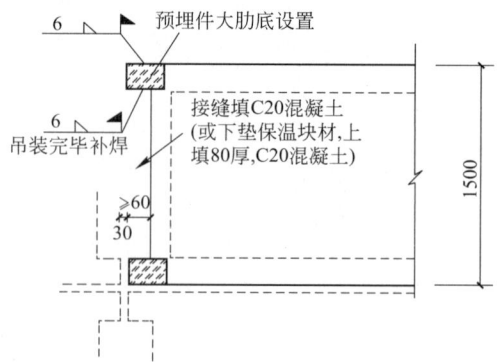

图 9.1.3　端肋后退补焊方案(四角焊接)

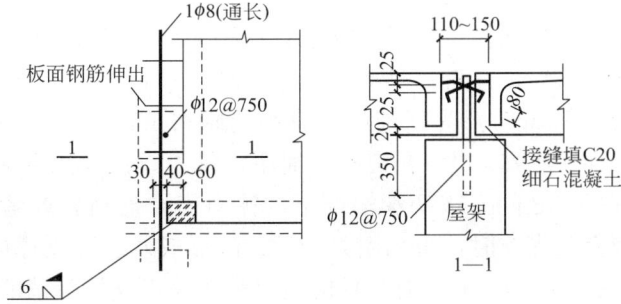

图 9.1.4 现浇整体接头

3. 天窗架不宜从厂房结构单元第一开间开始设置；8 度和 9 度时，天窗架宜从厂房单元端部第三柱间开始设置。

4. 天窗屋盖、端壁板和侧板，宜采用轻型板材；不应采用端壁板代替端天窗架。

四、支撑形式

1. 屋盖上、下弦水平支撑节间的划分，应与屋架节间相适应。屋盖上弦横向水平支撑、下弦横向水平支撑和纵向水平支撑，宜采用十字交叉的形式，交叉杆件的倾角一般在 30°～60°之间（图 9.1.5）。

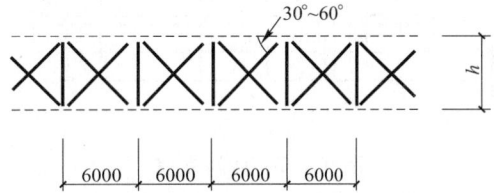

2. 屋架或天窗架之间垂直支撑的形式见图 9.1.6。

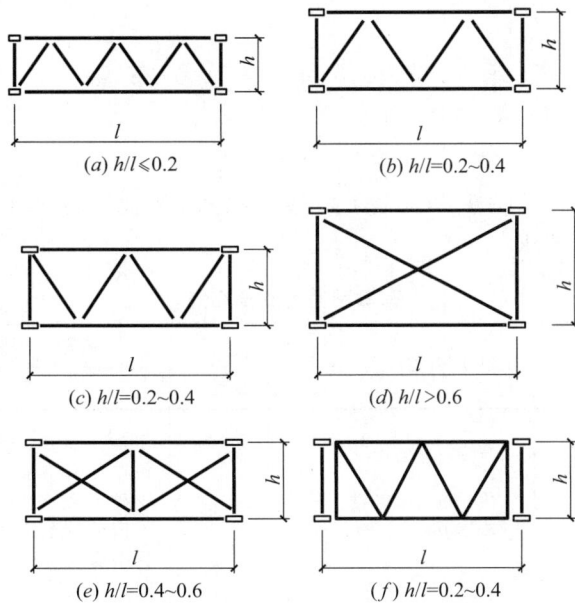

图 9.1.5 屋盖横向或纵向水平支撑形式

图 9.1.6 屋盖垂直支撑形式

（a）～（e）钢支撑；（f）钢筋混凝土支撑

M 形和 W 形支撑（图 9.1.6 中 b 和 c），受力基本相同；其差别在于支座处竖向反力的位置：前者在下部，后者在上部。对于天窗架和梯形屋架两侧，选用 M 形支撑可以将竖向反力直接传给连接点的下部结构。这对天窗架立柱和梯形屋架端竖杆都有利。

3. 柱间支撑当柱距 6m，且轨顶标高在 10m 及以下时，上、下柱一般采用单层交叉支撑；当轨顶标高大于 10m 时，为保证斜杆有利的倾斜角，下柱柱间支撑宜采用双层交叉支撑（图 9.1.7）。十字交叉支撑，具有构造简单、传力直接及刚度大的特点。交叉杆的倾角一般做成在 35°～55°之间。在特殊情况下，柱间需要通行，或者因为柱距较大等原因，不能或不宜采用交叉支撑时，可采用人字形、门形或八字形支撑（图 9.1.8）。支撑结构宜采用中心支撑（图 9.1.8a，b），有条件时也可采用偏心支撑等消能支撑（图 9.1.8c）。

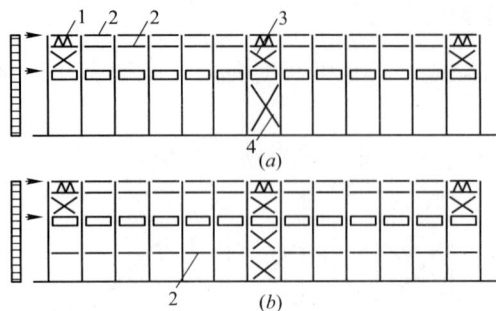

图 9.1.7　柱间支撑

(a)轨顶标高≤10m；(b)轨顶标高>10m

1—屋架端部垂直支撑；2—系杆；

3—上柱支撑；4—下柱支撑；

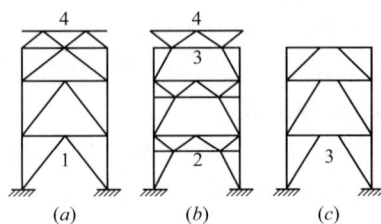

图 9.1.8　人字形、门形、八字形支撑

1—人字形支撑；2—门形支撑；

3—八字形支撑；4—屋架端部垂直支撑

第二节　屋盖支撑布置

一、支撑布置

工业厂房屋盖分有檩屋盖和无檩（大型屋面板）屋盖二大类，其支撑布置宜符合表 9.2.1～表 9.2.3 的要求。

有檩屋盖的支撑布置　　　　　　　　　　　表 9.2.1

	支撑名称	非抗震设计	抗震设防烈度		
			6、7	8	9
屋架支撑	上弦横向水平支撑	单元端开间各设一道；按本节二.（一）布置		单元端开间及单元长度大于 66m 的柱间支撑开间各设一道；天窗开洞范围的两端各增设局部的上弦横向水平支撑一道	单元端开间及单元长度大于 42m 的柱间支撑开间各设一道；天窗开洞范围的两端各增设局部的支撑一道
	下弦横向水平支撑	在屋架下弦传递水平力时，应在单元端开间或靠近水平力作用处设置一道　　　按本节二.（二）布置			

续表

支撑名称		非抗震设计	抗震设防烈度		
			6、7	8	9
屋架支撑	跨中竖向支撑	屋架跨度>18m 及≤30m 时，在单元两端第一或第二开间及单元长度大于 66m 时，在柱间支撑开间的屋架跨度中点，设置一道垂直支撑及下弦通长系杆；当有天窗时还应设置上弦通长系杆。屋架跨度>30m 时，在上述开间内的屋架跨度 1/3 左右处设置二道垂直支撑及下弦通长系杆 按本节二.(三)布置		单元端开间及单元长度大于 42m 的柱间支撑开间各设一道；天窗开洞范围的两端各增设局部的支撑一道
	下弦纵向水平支撑	按本节二.(四)布置			
	上弦、下弦通长水平系杆	按本节二.(五)布置			
	端部竖向支撑 — 屋架端部高度≤900mm	可不设置			
	端部竖向支撑 — 屋架端部高度>900mm	单元端开间及柱间支撑开间各设一道			
天窗架支撑	上弦横向支撑	天窗单元端开间各设一道		天窗单元端开间及每隔 30m 各设一道	天窗单元端开间及每隔 18m 各设一道
	两侧竖向支撑	天窗单元端开间及每隔 36m 各设一道			

注：1. 表中"单元"指厂房独立结构单元；
　　2. 天窗跨度不小于 12m 时，对于应设置两侧竖向支撑的天窗，尚应在天窗架中央增设竖向支撑。

无檩屋盖的支撑布置 表 9.2.2

支撑名称		非抗震设计	抗震设防烈度		
			6、7	8	9
屋架支撑	上弦横向水平支撑	各种跨度均可不设置横向水平支撑；有较大振动设备的厂房、吊车工作级别 A6～A8 的厂房、工作级别 A1～A5 且起重量大于 30t 的厂房，在单元端开间各设置一道；当天窗通过温度伸缩缝时，在温度伸缩缝两旁天窗下各设置局部支撑一道	屋架跨度小于 18m 时，同非抗震设计；屋架跨度不小于 18m 时，在单元端开间各设一道；按本节二.(一)布置	单元端开间及柱间支撑开间各设一道；天窗开洞范围的两端各增设局部的上弦横向水平支撑一道	
	下弦横向水平支撑	在屋架下弦传递水平力时，应在单元端开间或靠近水平力作用处设置一道 按本节二.(二)布置		同上弦横向水平支撑	
	跨中竖向支撑	屋架跨度>18m 及≤30m 时，在单元两端第一或第二开间及单元长度大于 66m 时，在柱间支撑开间的屋架跨度中点，设置一道垂直支撑及下弦通长系杆；当有天窗时还应设置上弦通长系杆。屋架跨度>30m 时，在上述开间内的屋架跨度 1/3 左右处设置二道垂直支撑及下弦通长系杆 按本节二.(三)布置		同上弦横向水平支撑	

续表

支撑名称		非抗震设计	抗震设防烈度		
			6、7	8	9
屋架支撑	下弦纵向水平支撑	按本节二.(四)布置			
	上弦、下弦通长水平系杆	无天窗时可不设置；当有天窗时在有天窗开洞范围内设一道按本节二.(五)布置		沿屋架跨度不大于 15m 设一道，但装配整体式的屋面可不设；围护墙在屋架上弦高度设有现浇圈梁时，屋架端部处可不另设	沿屋架跨度不大于 12m 设一道，但装配整体式的屋面可仅在天窗开洞范围内设置；围护墙在屋架上弦高度处设有现浇圈梁时，屋架端部处可不另设
	端部竖向支撑 屋架端部高度≤900mm	可不设置		单元端开间各设一道	单元端开间以及每隔48m各设一道
	屋架端部高度＞900mm	单元端开间各设一道		厂房单元端开间及柱间支撑开间各设一道	有上弦横向支撑开间，及每隔30m各设一道
天窗架支撑	上弦横向水平支撑	天窗单元端开间各设一道		天窗跨度≥9m时，天窗单元端开间及柱间支撑开间各设一道	天窗单元端开间及柱间支撑开间各设一道
	天窗两侧竖向支撑	天窗单元端开间及每隔30m各设一道		天窗单元端开间及每隔24m各设一道	天窗单元端开间及每隔18m各设一道

注：1. 表中"单元"指厂房独立结构单元；
　　2. 天窗跨度不小于12m时，对于应设置两侧竖向支撑的天窗，尚应在天窗架中央增设竖向支撑；
　　3. 设防烈度8度和9度时，跨度不大于15m的厂房屋盖采用屋面梁时，可仅在单元两端各设竖向支撑一道。单坡屋面梁屋盖的支撑布置，宜按端部高度大于900mm的屋盖支撑布置的规定采用。

中间井式天窗无檩屋盖支撑布置　　　　　　　　　　　　　　表 9. 2. 3

支撑名称		非抗震设计	抗震设防烈度		
			6、7	8	9
上弦横向水平支撑 下弦横向水平支撑		单元端开间各设一道		单元端开间及柱间支撑开间各设一道	
上弦通长水平系杆		单元天窗范围内屋架跨中上弦节点处设置			
下弦通长水平系杆		单元天窗两侧以及天窗范围内屋架下弦节点处设置			
跨中竖向支撑		单元有上弦横向支撑开间设置，位置与下弦通长水平系杆相对应			
端部竖向支撑	屋架端部高度≤900mm	单元端开间各设一道			有上弦横向水平支撑开间，且间距不大于48m
	屋架端部高度＞900mm	单元端开间各设一道		有上弦横向水平支撑开间，且间距不大于48m	有上弦横向水平支撑开间，且间距不大于30m

注：表中"单元"指厂房独立结构单元。

二、支撑布置细则

（一）上弦横向水平支撑

上弦横向水平支撑的作用是保证屋架上弦或屋面梁上翼缘的侧向稳定，并传递水平力至柱顶。凡属下列情况之一者，应设置上弦横向水平支撑。

1. 凡采用有檩条系统，不论有无天窗，应按表9.2.1的要求设置支撑。上弦横向支撑的承压杆，可用檩条代替，但此时檩条应符合压杆要求，并保证与屋架连接可靠(图9.2.1～图9.2.4)。

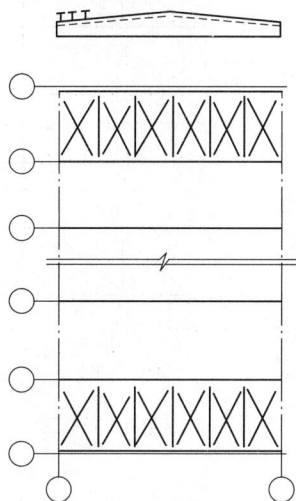

图 9.2.1 有檩屋盖体系的上弦
横向水平支撑（一）
（无天窗）

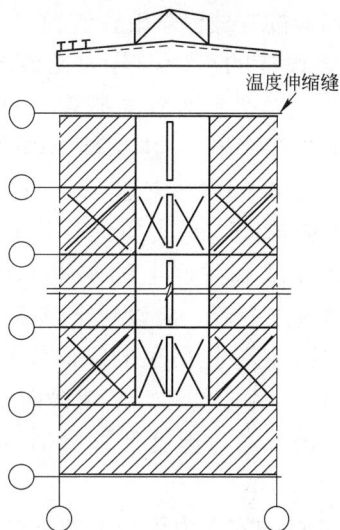

图 9.2.2 有檩屋盖体系的上弦
横向水平支撑（二）（天窗通过温度伸缩缝）
注：仅表示一个温度伸缩缝区段。

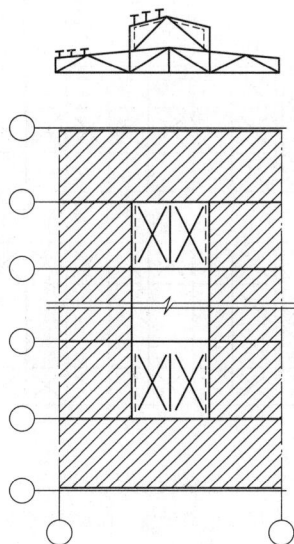

图 9.2.3 有檩屋盖体系的
天窗上弦横向水平支撑（一）
（天窗不通过温度伸缩缝）

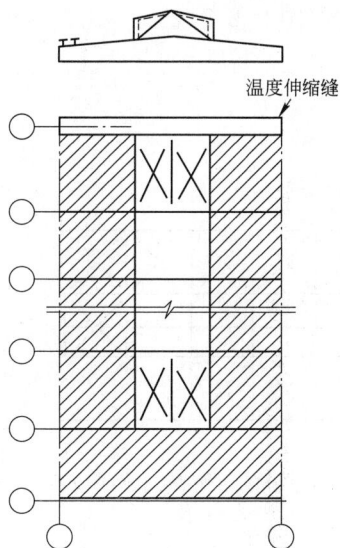

图 9.2.4 有檩屋盖体系的
天窗上弦横向水平支撑（二）
（天窗通过温度伸缩缝）
注：仅表示一个温度伸缩缝区段。

2. 非抗震设计的厂房，采用无檩屋盖时，若大型屋面板的搁置长度、焊接、混凝土填缝等均满足本章第一节要求，则可不设置上弦横向水平支撑。当厂房设有天窗，且天窗通过温度伸缩缝时，则须在温度缝两旁的天窗下面各设置上弦横向水平支撑一道。

若山墙柱的水平力传于屋架上弦，虽采用大型屋面板，但大型屋面板与屋架的连接不能满足本章第一节的要求时，则应按有檩屋盖设置支撑。

3. 抗震设计的厂房，若为无檩屋盖除应按表 9.2.2 布置支撑外，大型屋面板的搁置长度、焊接要求以及板顶面的附加焊接措施，均应满足本章第一节的要求。

（二）下弦横向水平支撑

屋盖下弦横向水平支撑的作用是作为垂直支撑的支承点，并将山墙和屋面上的水平力传递到两旁柱子上。凡属下列情况之一者，应设置下弦横向水平支撑。

1. 屋架下弦悬挂吊车的纵向水平力较大而无其他措施传至屋盖时（图 9.2.5）。下弦横向水平支撑设在吊车梁的两端，当吊车通过温度伸缩缝时则宜在伸缩缝的第一柱间设置；

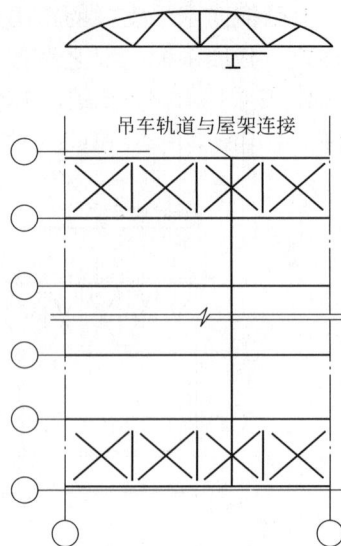

图 9.2.5　屋盖系统的下弦横向水平支撑（一）

2. 山墙柱的水平力传至屋架下弦时；

3. 当悬挂吊车沿厂房横向（平行于屋架跨度方向）行驶时，应在其两侧相邻的柱间内增设下弦横向水平支撑及在轨道两端增设水平支撑（图 9.2.6）；

4. 设置屋盖下弦纵向水平支撑时，为保证厂房空间刚度，必须同时设置相应的下弦横向水平支撑（图 9.2.7）。

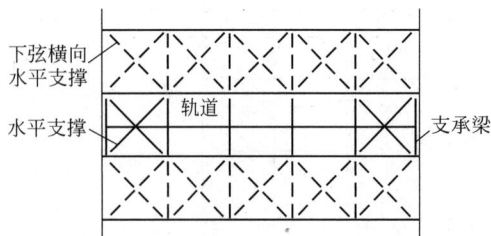

图 9.2.6　屋盖系统的下弦横向水平支撑（二）

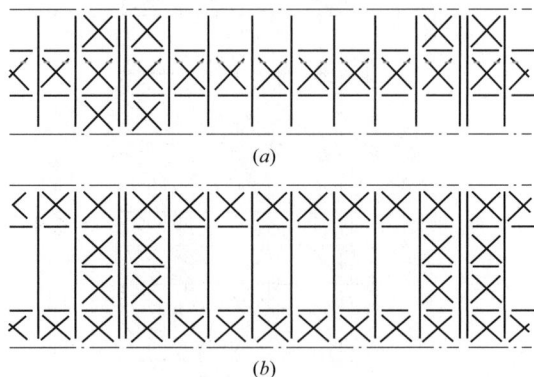

图 9.2.7　屋盖系统的下弦横向水平支撑（三）
（a）在屋架中部设置；（b）在屋架端部设置

（三）屋面竖向支撑

A. 屋架跨中竖向支撑

屋架跨中竖向支撑在跨度方向的间距，6～8 度时不大于 15m，9 度时不大于

12m；当仅在跨中设一道时，应设在跨中屋架屋脊处；当设两道时，应在跨度方向均匀布置。

1. 屋架间距为 6m 时

（1）非抗震及 6～8 度时，钢筋混凝土屋架的跨度大于 18m，但不超过 30m 时只要在厂房单元两端第一或第二跨间的屋架中点设置一道竖向支撑和系杆（图 9.2.8、图 9.2.9、图 9.2.10）。9 度时，单元端开间及单元长度大于 42m 的柱间支撑开间各设一道屋架跨中竖向支撑；天窗开洞范围的两端各增设局部的屋架跨中竖向支撑一道。

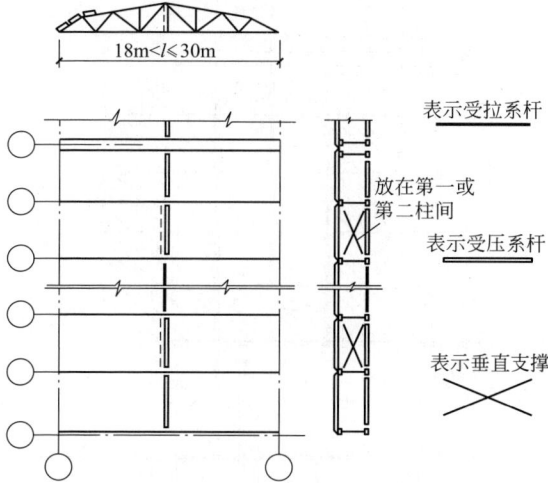

图 9.2.8 无天窗时屋盖系统的竖向支撑和系杆

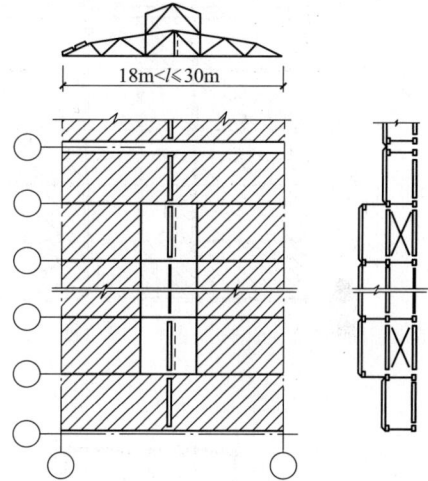

图 9.2.9 天窗不通过温度伸缩缝时屋盖系统的竖向支撑和系杆

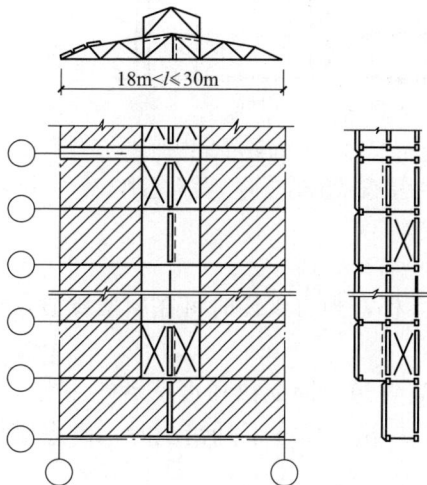

图 9.2.10 天窗通过温度伸缩缝时屋盖系统的竖向支撑和系杆

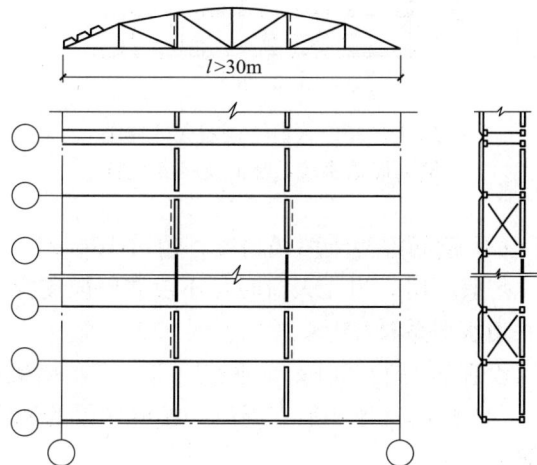

图 9.2.11 无天窗时屋盖系统的竖向支撑和系杆

（2）非抗震及 6～8 度时，钢筋混凝土屋架的跨度超过 30m 时，在厂房单元两端第一或第二开间的屋架 1/3 左右节点处设置二道竖向支撑和系杆(图 9.2.11～图 9.2.13)。9 度时,单元端开间及单元长度大于 42m 的柱间支撑开间各设一道屋架跨中竖向支撑;天窗开洞范围的两端各增设局部的屋架跨中竖向支撑一道。

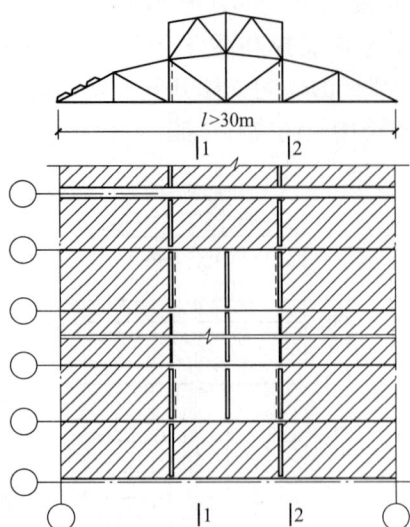

图 9.2.12 天窗不通过温度伸缩
缝时屋盖系统的竖向支撑和系杆

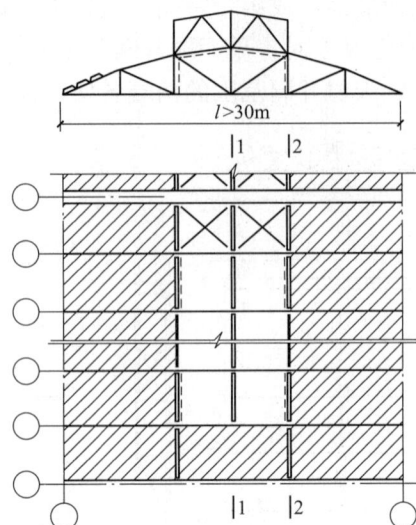

图 9.2.13 天窗通过温度伸缩
缝时屋盖系统的竖向支撑和系杆

(3) 钢筋混凝土屋架跨度不超过 18m 时

一般厂房,当无天窗时可不设置竖向支撑和水平系杆,当有天窗时可在屋架脊节点设置一道水平系杆(图 9.2.14、图 9.2.15)。

设有不小于 750kg 锻锤的厂房,应在屋架中点设置一道竖向支撑和水平系杆。

(4) 竖向支撑一般在温度伸缩缝区段的两端各设置一道。但在下列情况时,尚应增加设置:

当厂房长度大于 66m 时,在柱间支撑跨内,增设一道竖向支撑。当锻锤不小于 3t 时,在锻锤跨内及其附近 30m 范围内每隔一榀屋架跨间,应增设一道竖向支撑。

(5) 对于屋面大梁或刚架,无论是无檩(大型屋面板)或有檩体系,垂直屋面大梁或刚架的悬挂吊车梁,可设置斜撑,将吊车纵向水平力传至屋盖(图 9.2.16)。

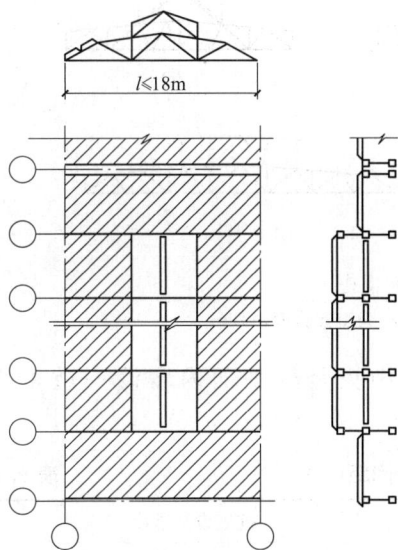

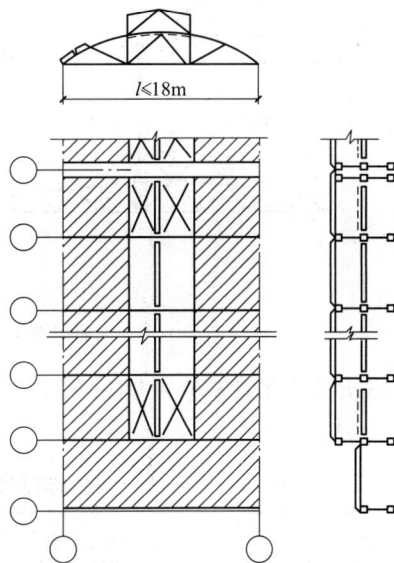

图 9.2.14　天窗不通过温度伸缩缝　　　　图 9.2.15　天窗通过温度伸缩缝

2. 屋架间距大于 6m 时

除因屋架间距较大，下弦水平系杆可改作斜撑外，其他支撑布置皆可参照上述各项处理。在温度伸缩缝区段内两端的斜撑，应按压杆设计或采用一般的竖向支撑作法（图 9.2.17b）。

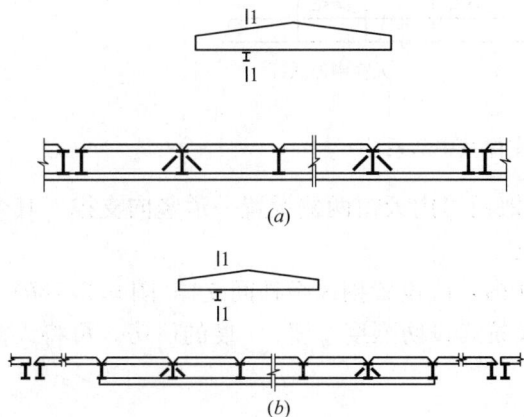

图 9.2.16　斜撑

(a)1—1 吊车梁通过伸缩缝；(b)1—1 吊车梁不通过伸缩缝

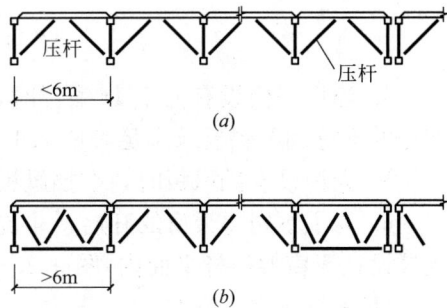

图 9.2.17　下弦斜撑

B. 天窗架竖向支撑

1. 厂房单元天窗端开间的天窗架两侧应各设置一道垂直支撑（图 9.2.18a）。当天窗较长时，在设有柱间支撑的开间，天窗架两侧宜增设一道竖向支撑。支撑的最大间距，不宜超过表 9.2.4 的要求。

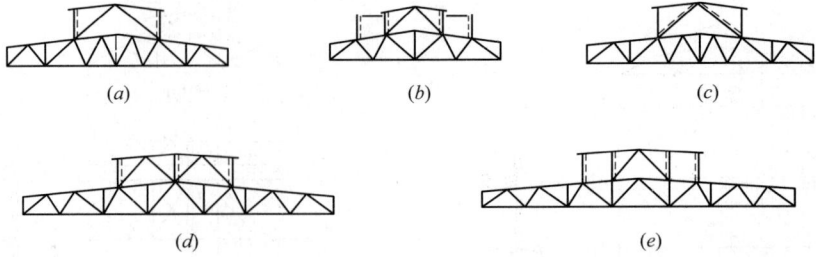

图 9.2.18　天窗竖向支撑

(a)～(c)天窗架跨度<12m；(d)、(e)天窗架跨度≥12m

2. 当天窗架的跨度≥12m 时，应在天窗架中央竖杆平面内增设一道垂直支撑 (图 9.2.18d、e)。

天窗两侧竖向支撑最大间距(m)　　　　　　　　　　表 9.2.4

屋盖类型	非抗震设计及抗震设防烈度为 6 度、7 度	抗震设防烈度	
		8 度	9 度
有檩体系	36	30	18
有檩体系	30	24	

3. 当天窗架较高时，为了减少天窗架立柱平面外的计算长度，可以在天窗架立柱的中间高度处，设置一道系杆(图 9.2.19)。

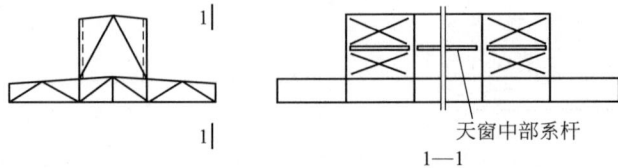

图 9.2.19　天窗支撑及中部系杆

4. 当厂房内设有大于 1t 锻锤时，则应在锻锤跨内天窗两侧设置一道竖向支撑，其余部分的支撑间距仍要求满足表 9.2.1、2 的规定。

5. 天窗设有挡风板时，在挡风板第一开间内，应设置挡风板柱间支撑(图 9.2.18b)

6. 为了不妨碍天窗的开启，非抗震设计及抗震设防烈度 6 度、7 度的厂房，可将天窗支撑设在天窗架斜杆平面内(图 9.2.18c)。

(四)纵向水平支撑

纵向水平支撑的作用是提高厂房的空间刚度，使吊车产生的横向水平力分布到邻近的排架上去，保证托架梁上翼缘侧向稳定并提供墙架柱的支承点。纵向支撑一般设置在屋架下弦，当屋架为拱形、多边形及端斜杆为下降式屋架时，可设置在屋架的上弦。

纵向支撑的布置，有关因素很多，如厂房的跨数和高度，厂房是否等高，吊车的类型、吨位和工作制，屋架形式，屋面承重结构形式等，设计时应本着安全与经济的原则，布置纵向支撑。

1. 当厂房柱距为 6m 且符合下列情况之一时，须设置下弦纵向水平支撑：

(1) 厂房内设有 5t 及 5t 以上悬挂吊车时；

(2) 厂房内设有较大的振动设备，如 5t 及 5t 以上的锻锤、重型水压机或锻压机、铸件水瀑池及其他类似的振动设备时；

(3) 厂房内设有硬钩、磁力、抓斗、夹钳和刚性料耙等桥式吊车，壁行吊车和双层桥式吊车时；

(4) 屋架利用托架支承时；

(5) 厂房排架柱之间设有墙架柱，且以屋架下弦纵向水平支撑为支承点时。

2. 设有桥式吊车的厂房屋盖采用有檩条系统时，当吊车工作级别为 A8 或符合表 9.2.5 的情况时，应布置纵向水平支撑。

纵向水平支撑布置　　　　　　　　　　　　表 9.2.5

厂房类型	屋架下弦标高为			
	有天窗≤15m	无天窗≤18m	有天窗>15m	无天窗>18m
单跨厂房	吊车工作级别 A4、A5 Gn≥50t 吊车工作级别 A6、A7 Gn≥15t		吊车工作级别 A4、A5 Gn≥30t 吊车工作级别 A6、A7 Gn≥10t	
等高多跨厂房	吊车工作级别 A4、A5 Gn≥75t 吊车工作级别 A6、A7Gn≥20t		吊车工作级别 A4、A5 Gn≥50t 吊车工作级别 A6、A7 Gn≥15t	

注：1. 当厂房有高低跨时，可根据同一高度厂房的跨数，参考表中数据选用，如图 9.2.20；

　　2. 当承重结构为拱形或多边形屋架和大型屋面板时，在非地震区若考虑屋盖结构能起整体作用，可降低表中规定的要求来布置支撑。

3. 设有桥式吊车的厂房柱顶高度大于 24m 应布置纵向水平支撑。

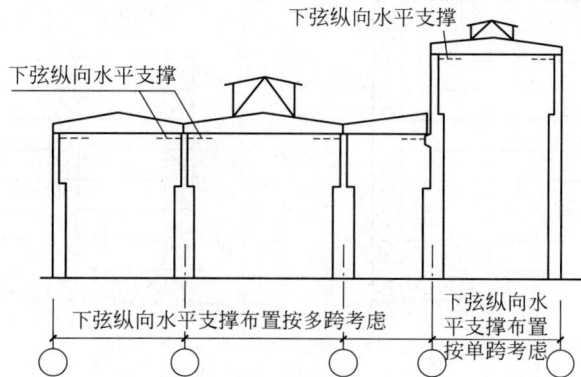

图 9.2.20　下弦纵向水平支撑(一)

4. 不论采用无檩大型屋面板或有檩体系，只要设有托架，都必须设置下弦纵向水平支撑(图 9.2.21)。如果只在部分柱间设有托架，必须在设有托架的柱间和两端相邻的一个柱间设置下弦纵向水平支撑(图 9.2.22)。当厂房结构单元内沿同一柱列间断设置托架(梁)时，宜沿厂房全长设置。

5. 纵向支撑的布置，尚应根据具体情况沿所有纵向柱列或只沿着部分纵向柱列，设置在屋架端部节间内，形成封闭的支撑系统。等高多跨厂房(或多跨厂房的相邻等高部分)，可沿厂房两侧(或多跨相邻等高部分两侧)柱列设置(图9.2.23)。对于设有桥式吊车的厂房，尚应根据各跨吊车的起重量和工作制等级，在中间柱列增设纵向水平支撑(图9.2.24)。

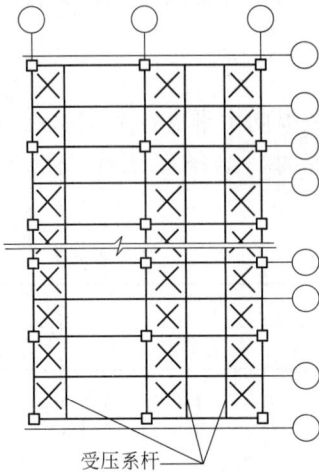

图 9.2.21　下弦纵向水平
支撑(二)

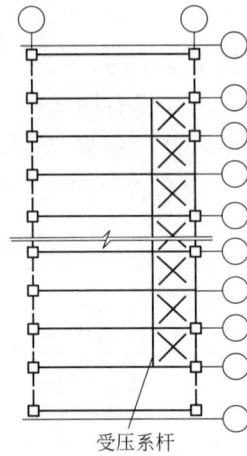

图 9.2.22　下弦纵向水平
支撑(三)

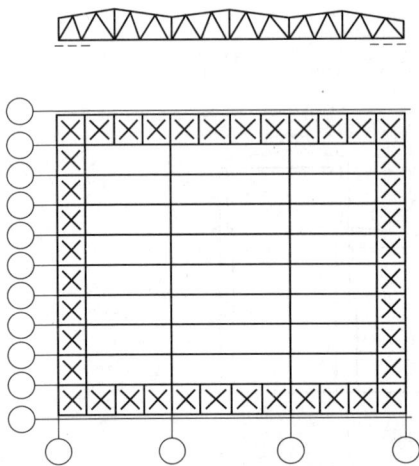

图 9.2.23　下弦纵向水平
支撑(四)(无吊车)

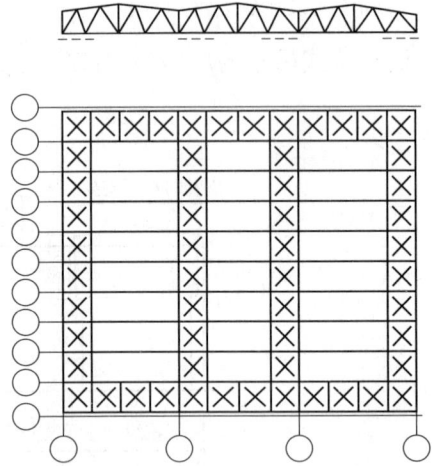

图 9.2.24　下弦纵向水平
支撑(五)(有吊车)

(五) 通长水平系杆

有檩屋盖和无檩屋盖，应按下列规定设置纵向通长水平系杆。

1. 设置有天窗的厂房，应在天窗开洞范围内的屋架脊点处以及天窗架与屋架连接处，设置纵向通长水平系杆。

2. 抗震设计8度Ⅲ、Ⅳ类场地和9度时，梯形屋架端部上节点处应设置纵向通长水平系杆。

3. 设置跨中竖向支撑和屋架端部竖向支撑的厂房，在对应竖向支撑位置，应设置上、下弦纵向通长水平系杆。纵向通长水平系杆应按压杆设计。对于有檩屋盖，当上弦水平系杆位置有檩条时，可用檩条替代上弦水平系杆。此时檩条应按压弯构件设计。

4. 屋架端部高度不大于900mm，当不设置端部竖向支撑时，在柱顶支座处应设置通长刚性系杆。

第三节 柱 间 支 撑

1. 凡有下列情况之一者，均应在厂房单元中部设置上、下柱间支撑(图9.3.1)且下柱支撑应与上柱支撑配套设置。

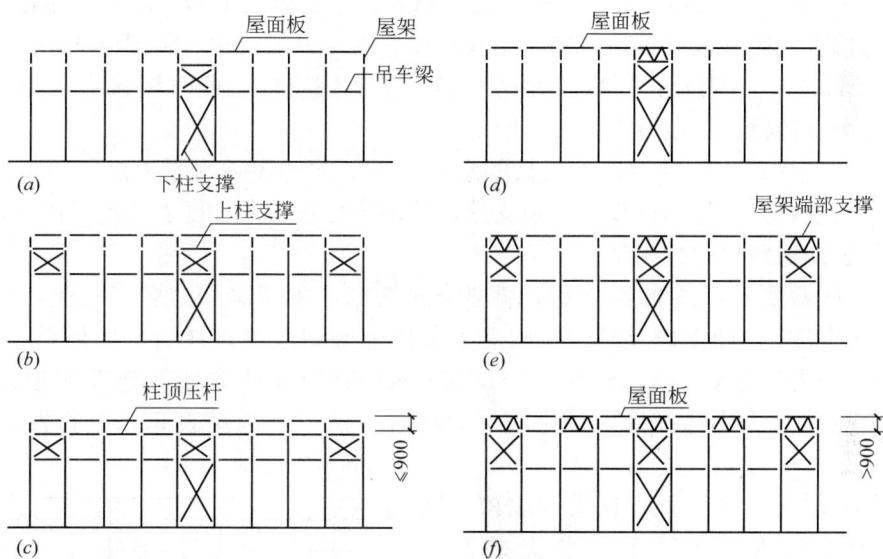

图 9.3.1 柱间支撑布置方案

(a)屋架端部不设竖向支撑；(b)厂房单元两端加设上柱支撑；(c)情况同(b)且屋架端部高度≤900；
(d)厂房单元中部屋架端部设竖向支撑；(e)情况同(d)且在厂房两端设上柱支撑及屋架端部支撑；
(f)情况同(e)且在厂房中部加设屋架端部竖向支撑

(1) 抗震设计的厂房；

(2) 设有悬臂壁式吊车或3t及3t以上悬挂式吊车；

(3) 吊车起重量在10t或10t以上的厂房；

(4) 厂房跨度在18m或18m以上，或柱高在8m以上；

(5) 纵向柱的总数在7根以下；

(6) 露天吊车栈桥的柱列。

2. 柱间支撑的布置宜符合表9.3.1的要求。

柱 间 支 撑   表 9.3.1

部位	非抗震设计及抗震设防烈度为 6 度、7 度	抗震设防烈度	
		8 度 Ⅰ、Ⅱ类场地	8 度 Ⅲ、Ⅳ类场地和 9 度
柱顶水平压杆	见表注 1	厂房跨度≥18m 的中部柱顶，边柱柱顶，见表注	各柱顶
上柱支撑	下柱支撑处设一道及见表注 1	除下柱支撑处外，在厂房单元两端增设一道	
下柱支撑	厂房单元中部设置一道	厂房单元中部设置一道或二道	

注：1. 厂房单元两端上柱支撑及柱顶水平压杆，应根据受力大小考虑是否设置；
　　2. 有起重机或 8 度和 9 度时，宜在厂房单元两端增设上柱支撑。

3. 柱间支撑是厂房纵向的主要受力构件，布置时应避免使屋盖水平力集中传给柱间支撑，宜多点分流。

图 9.3.1(a)、(d)表示：上、下柱间支撑只设在厂房单元中部。此时，屋盖水平力只能由支撑跨的大型屋面板或檩条传递，屋面板和焊缝受力都较大，震害也较多。

图 9.3.1(b)、(e)表示：厂房单元两端增设了上柱支撑，此时屋盖水平力已得到分流，支撑受力性能已有一定改善。

图 9.3.1(c)所示：柱顶增设了通长的水平压杆。此时屋盖水平力由屋面板均匀传给屋架(或梁)端顶部，再传给柱顶压杆及支撑，柱顶压杆在很大程度上改善了传力条件，同时屋架(或梁)的稳定也得到保证。

图 9.3.1(f)所示：适当多设屋架端部竖向支撑，屋盖水平力多点分流，柱顶压杆和吊车梁协同工作，使支撑及其连接的受力条件也得到改善。柱间支撑体系(包括沿柱列的屋面板、屋架端部支撑、柱顶压杆、吊车梁等)的杆件截面及连接应通过计算确定。根据杆件传力大小选择受力条件较好的布置方法，并满足表 9.3.1 和表 9.2.1～3 的要求。

厂房单元较长或 8 度 Ⅲ、Ⅳ类场地和 9 度时，水平剪力较大，宜采用分散支撑方案(图 9.3.2)，可在厂房单元中部 1/3 区段内设置两道柱间支撑，且下柱支撑应与上柱支撑配套设置，不应采用一道支撑加大刚度和截面等不利抗震的做法。

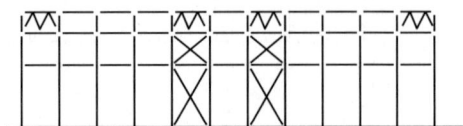

图 9.3.2 分散支撑方案
注：两道支撑尽量靠近。

4. 交叉支撑一般采用钢结构，柱顶压杆可采用钢筋混凝土压杆。钢筋混凝土压杆自重产生的挠度 $\delta \leqslant \frac{1}{200} l_0$($l_0$ 为压杆计算跨度)，采用矩形断面时要求对称配筋。

5. 吊车梁以上部分的柱间支撑可设计成单片；吊车梁以下部分的柱间支撑应设计成双片。对钢筋混凝土矩形柱和工字形柱，两片支撑的距离等于柱宽减 200mm(图 9.3.3)。双肢柱在吊车梁以下部分的柱间支撑，宜设置在柱肢的中心线平面内，并尽量靠近吊车梁垂直平面。边列柱当有墙骨架时，可设单片下柱支撑；上段柱当有人孔时，宜设双片支撑(图 9.3.4)。

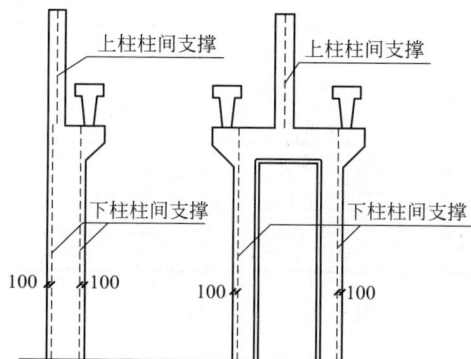

图 9.3.3 柱间支撑(一)

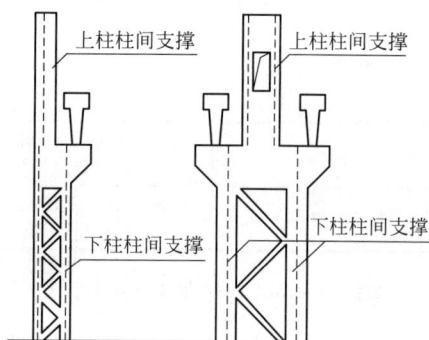

图 9.3.4 柱间支撑(二)

6. 非地震区厂房的围护结构及内部隔墙,若属永久性设施,亦可代替柱间支撑,但此时必须保证墙体有足够强度和稳定性,并与柱有可靠的连接起整体作用。

7. 当厂房较高($H \geqslant 15m$)、吊车吨位较大或地震设防烈度$\geqslant 8$度时,山墙抗风柱间宜设柱间支撑。在柱间支撑节点处,设置刚性水平系杆作为未与柱间支撑相连的抗风柱的侧向支点。

第四节 支 撑 设 计

一、支撑杆件的截面形状

支撑杆件截面选择得好,在耗钢量大致相等的情况下,截面回转半径可以增大,从而可以提高支撑杆件的稳定性,减少地震时杆件压曲的可能性。如采用两个角钢组成的十字形截面(图 9.4.1),在截面积相等时,十字形截面比单个角钢的回转半径约增大 20%。若采用两个槽钢(图 9.4.2),在截面积相等时比两个单角钢的回转半径约增大 50%。交叉支撑斜杆在平面内和平面外的计算长度不同,宜采用不等肢角钢。

柱间支撑应采用型钢,支撑形式宜采用交叉式,其斜杆与水平面的交角不宜大于 55°。

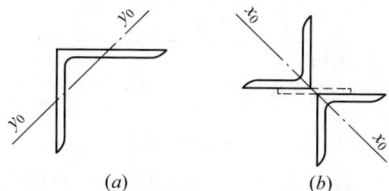

图 9.4.1 单片支撑的斜杆截面形状图
(a)单角钢;(b)十字形截面

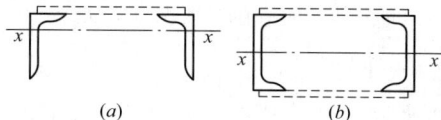

图 9.4.2 双片支撑的斜杆截面形状
(a)不等肢角钢;(b)槽钢

二、支撑的长细比

1. 非地震区传递水平剪力的各类支撑,一般应经计算决定。采用型钢作支撑时,尚应满足长细比的要求。长细比宜按表 9.4.1 采用。

交叉支撑的最大长细比（非地震区）　　　　　表 9.4.1

类别	构件名称	最大长细比	
		设有较大振动设备及吊车 工作级别 A6～A8 的厂房	其他厂房
受拉构件	吊车梁以下柱间支撑	200（按压杆考虑）	300
	其他受拉构件	350	400
受压构件	吊车梁以下柱间支撑	150	150
	其他受压构件	200	200

2. 地震区柱间支撑的长细比，尚宜满足表 9.4.2 的要求：

柱间交叉支撑的最大长细比（地震区）　　　　　表 9.4.2

厂位置	设防烈度			
	6 度和 7 度 Ⅰ、Ⅱ类场地	7 度Ⅲ、Ⅳ类场 地和 8 度Ⅰ、Ⅱ类场地	8 度Ⅲ、Ⅳ类场地 和 9 度Ⅰ、Ⅱ类场地	9 度Ⅲ、 Ⅳ类场地
上柱支撑	250	250	200	150
下柱支撑	200	150	120	120

三、支撑杆件的计算长度

1. 交叉杆

受拉杆件的计算长度 l_0，在支撑平面内取节点中心至交叉点的距离；在支撑平面外，对单片支撑的拉杆，取节点中心间的距离（交叉点不作为节点考虑），对双片支撑的单肢杆件，可取横向连接系杆（斜缀条）之间的距离。

受压杆件的计算长度 l_0 按表 9.4.3 确定。

交叉支撑中受压杆的计算长度　　　　　表 9.4.3

弯曲方向	相交的另一杆的 受力状态	交叉杆相交 处的特征	计算长度 l_0	
			单片支撑	双片支撑
在支撑平面内	—	—	节点中心至交叉点间的距离	
在支撑平面内	受拉	两杆均不中断	$0.5l$	横向连系杆 之间的距离
		两杆中有一杆中断， 并以节点板搭接	$0.7l$	
在单角钢斜平面内	—	—	节点中心至 交叉点间的距离	—

注：1. 表中 l 为节点中心间支撑杆件的长度，交叉点不作为节点考虑；
　　2. 也可按《钢结构设计规范》GB 50017—2003 第 5.3.2 条确定交叉支撑中受压杆的计算长度。

2. 水平杆

水平杆的计算长度 l_0，在支撑平面内和平面外均取节点中心间的距离，即取杆件的几何长度。

四、屋盖支撑

当屋架间距≤6m，墙架间距≤6m，支撑桁架跨度≤24m，屋架下弦标高≤20m，基本风压≤0.5kN/m²，车间内的桥式吊车起重量≤50t，其支撑的截面可按表 9.4.1 规定的最大长细比确定。对屋架间距为 6m，屋盖支撑最小截面也可按表 9.4.4 选用，轻型钢结构屋架的角钢支撑杆件在满足长细比要求情况下可采用较小型号的角钢。

屋盖结构支撑最小截面(屋架间距 6m)　　　　　　表 **9.4.4**

类别	支撑形式	h(mm)	无吊车和吊车工作级别 A1～A5	吊车工作级别 A6～A8
上、下弦平面支撑或十字交叉竖向支撑		3000	L56×5	L63×5
		3500	L63×5	L70×5
		4000	L63×5	L70×5
		4500	L63×5	L70×5
		5000	L70×5	L70×5
		5500	L70×5	L70×5
		6000	L70×5	L90×5
		7000	L75×5	L90×6 (L100×63×6)
		8000	L90×6 (L100×63×6)	L100×6 (L100×80×6)
		9000	L90×6 (L100×63×6)	L100×6 (L100×80×6)
竖向支撑 b—L50×5		2500	a L63×5	a L63×5
		3000	a L75×5	a L75×5
		3500	a ┼ 50×5	a ┼ 50×5
		4000	a ┼ 50×5	a ┼ 50×5
竖向支撑		1000	a L50×5	a L50×5
		1500	a L56×5	a L56×5
		2000	a L63×5	a L63×5
		2500	a L75×5	a L75×5
		3000	a ﹁﹂ L56×5	a ﹁﹂ L56×5
刚性系杆	6000		┼ 75×5	┼ 75×5
柔性系杆	6000		L75×5	L90×5

注：采用不等边角钢时，长肢应在支撑平面外。

五、柱间支撑

1. 上柱支撑和下柱支撑的刚度和强度相差悬殊，就会在相对薄弱的上柱或下柱支撑部位发生严重的塑性变形集中，从而加重该部位的破坏。为防止变形集中和局部破坏，抗震设计时应该将上、下柱支撑的杆件强度设计成大致相等。

2. 交叉支撑在侧向水平力作用下，两根交叉斜杆，一根受拉，一根受压，始终是共同工作的。在往复侧向水平力作用下，两根斜杆交替受拉、受压，依旧能自始至终地协调工作。不过，随着杆件长细比的大小，压杆参与工作的程度也就有高有低。

（1）长细比 $\lambda < 40$ 的杆件，属于"小柔度杆"，受压时不致发生侧向失稳；即受压斜杆的强度无异于受拉斜杆，能充分发挥其全截面的强度和刚度，称刚性支撑(图 9.4.3a)。

（2）长细比 $40 < \lambda < 200$ 的杆件，属于"中柔度杆"，受压斜杆超过临界压力时即发

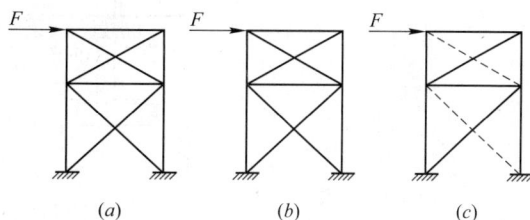

图 9.4.3　交叉支撑的计算简图

(a)刚性支撑；(b)半刚性支撑；(c)柔性支撑

生弹性失稳，失稳后虽然随着变形的增长，承压能力有所降低，但在杆件截面发生塑性翘曲以前，仍能保持一定的强度和刚度。由这样杆件组成的支撑，因压杆参与工作的程度低于拉杆，称半刚性支撑（图 9.4.3b）；例如图中细线表示压杆所参与的强度和刚度较小。

（3）长细比 $\lambda > 200$ 的杆件，交叉支撑的斜杆基本上不参与受压工作，称柔性支撑（图 9.4.3c）。例如图中虚线所表示的斜杆，计算时当它不存在。

第五节　支 撑 的 连 接

一、天窗支撑（图 9.5.1）

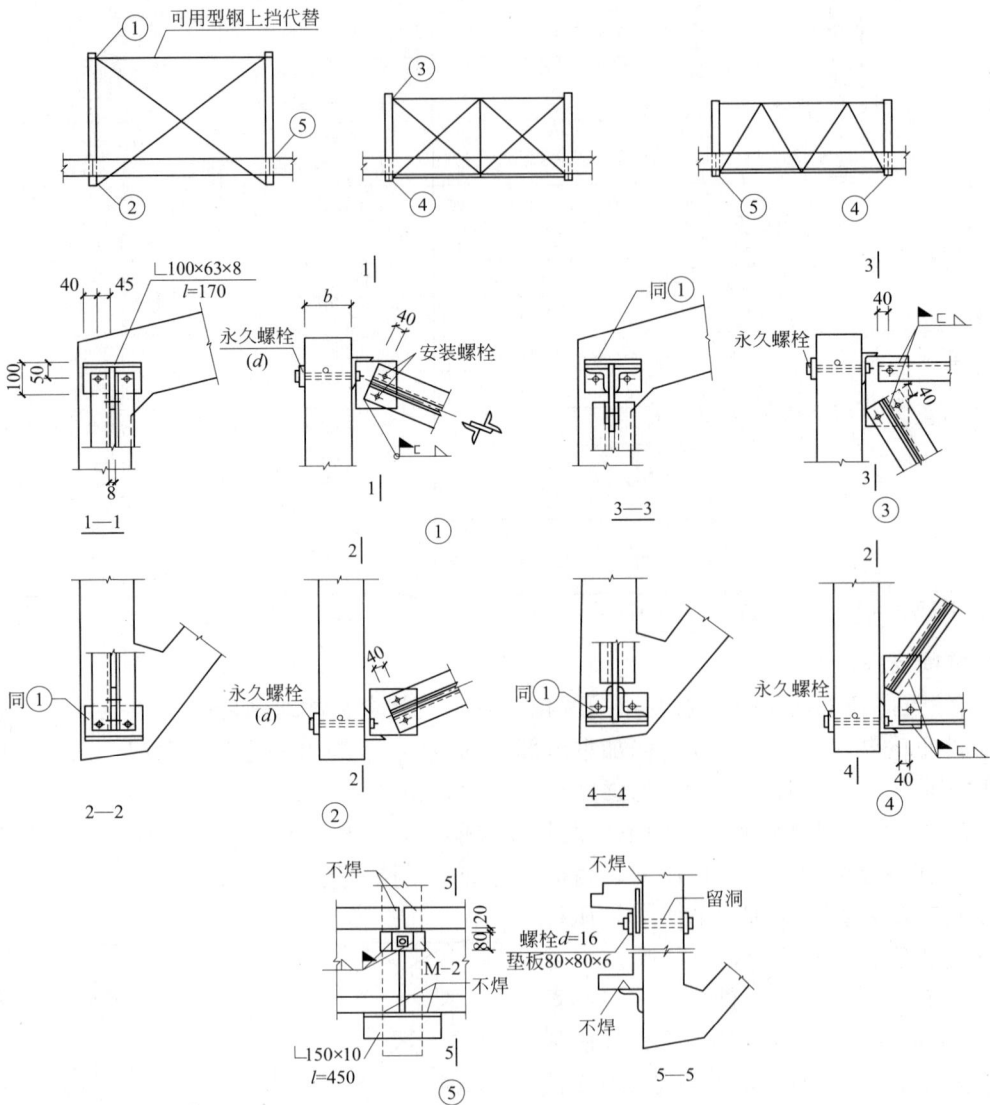

图 9.5.1　天窗支撑

注：1. 支撑杆的安装螺栓均为 M16，螺孔均为 $\phi18$；

　　2. 永久螺栓，连接焊缝均按计算确定；

　　3. 杆件截面按计算确定。

二、屋盖支撑

1. 型钢支撑的连接(适用于 8 度、9 度地震区)

(1) 屋架上弦节点(图 9.5.2)

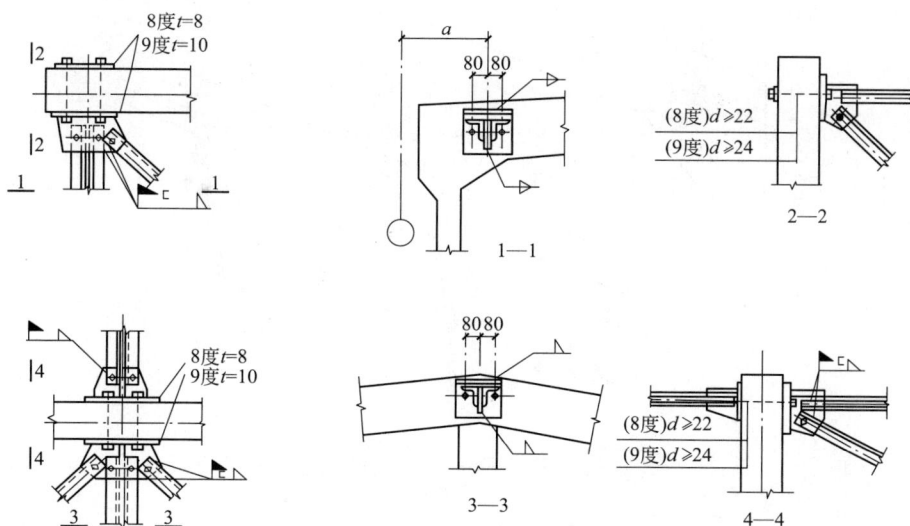

图 9.5.2 上弦节点

(2) 屋架下弦节点(图 9.5.3)

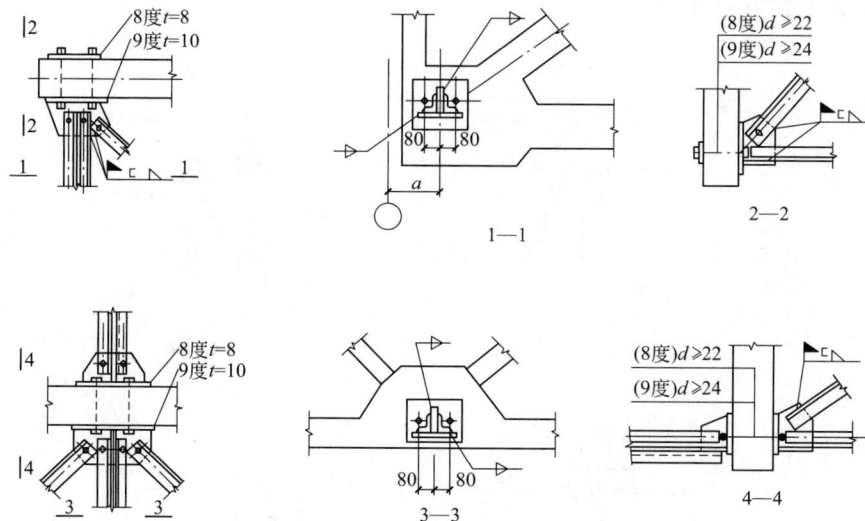

图 9.5.3 下弦节点

2. 钢拉杆支撑的连接(图 9.5.4)

非地震区符合下述情况的厂房也可用圆钢做支撑拉杆,但安装时应注意拉紧。

(1) 厂房跨度不宜大于 18m;

(2) 屋架上无较大的悬挂吊车;

(3) 厂房内无桥式吊车或吊车工作级别为 A1~A3 级,吊车吨位较小时;

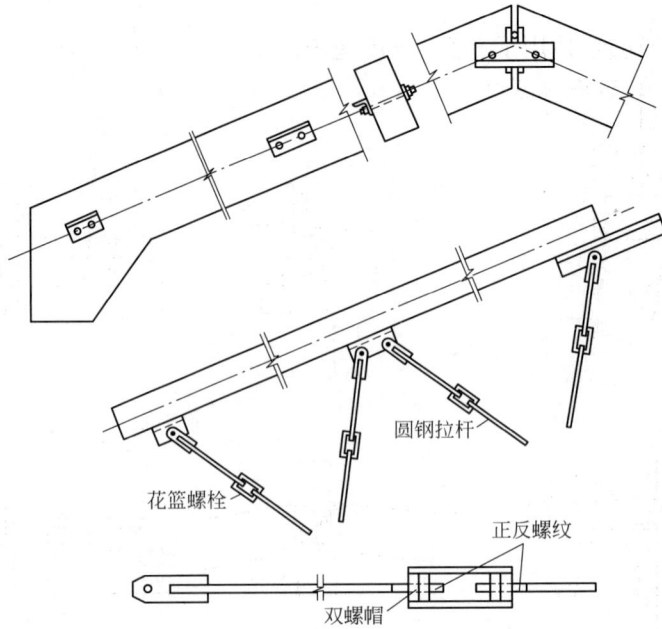

图 9.5.4   圆钢拉杆支撑

（4）厂房内无较大振动设备。

3. 钢斜杆与混凝土压杆组成的支撑的连接（适用于 7 度及以下地震区）

（1）屋架上弦节点（图 9.5.5）

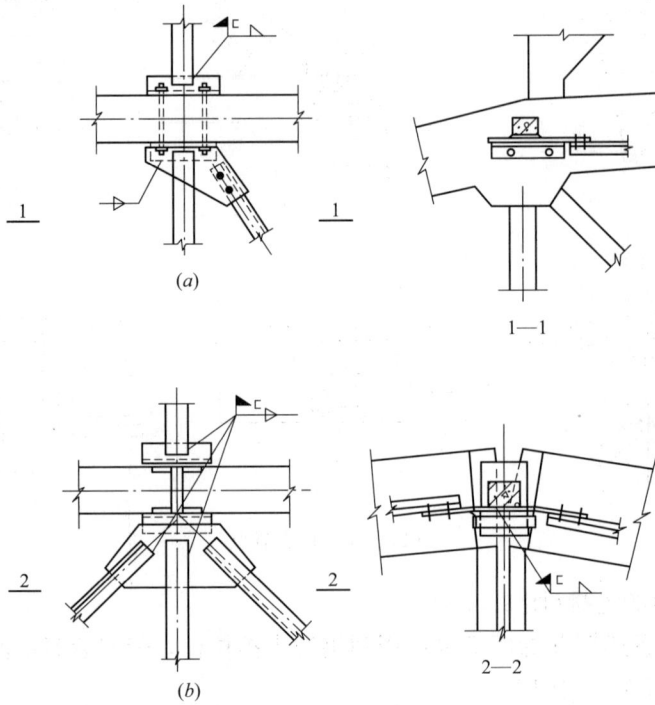

图 9.5.5   上弦节点

（a）天窗立柱处节点；（b）屋脊处节点

（2）屋架下弦节点（图9.5.6）

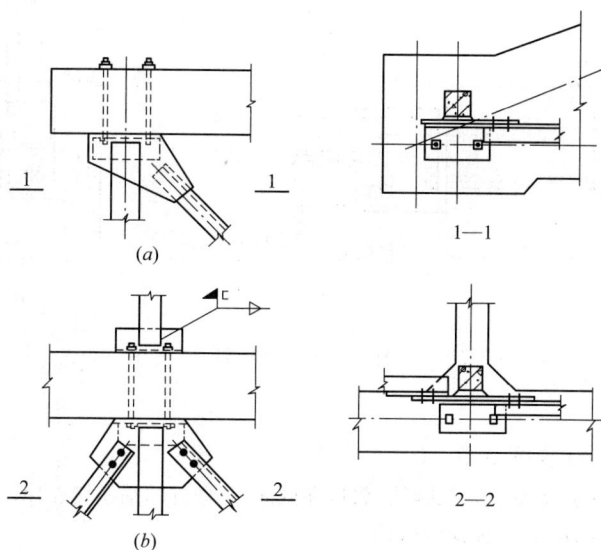

图9.5.6 下弦节点

（a）屋架端部节点；（b）下弦中间节点

三、柱间支撑

1. 柱顶压杆

（1）混凝土压杆（图9.5.7 或图9.5.8）

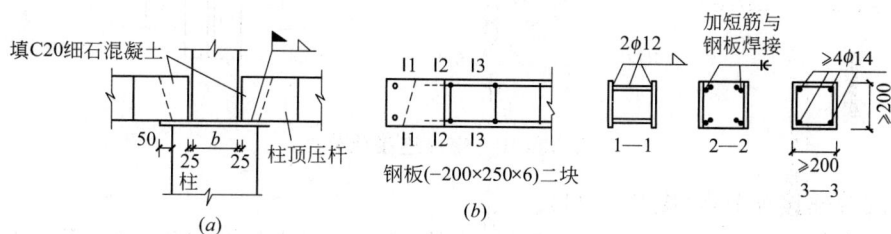

图9.5.7 混凝土压杆（一）

（a）混凝土压杆与柱直接焊接；（b）混凝土压杆端部构造

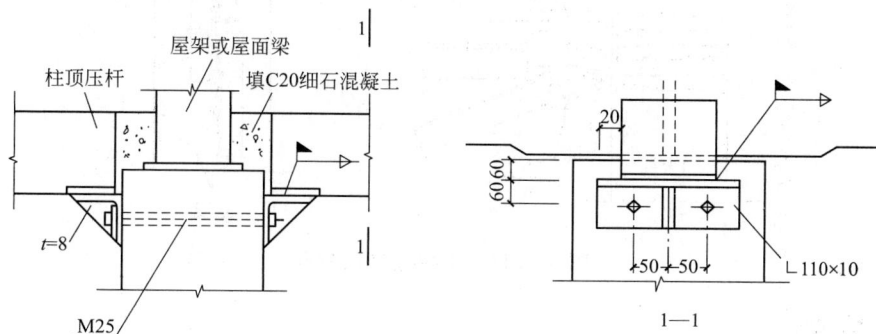

图9.5.8 混凝土压杆（二）

（2）钢压杆（图 9.5.9）

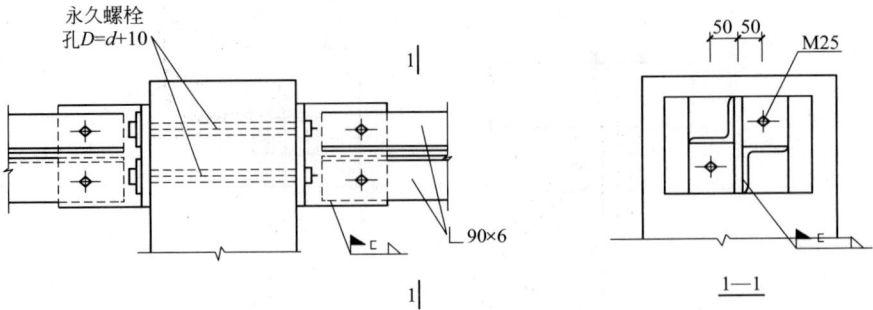

图 9.5.9　钢压杆

2. 上柱支撑

（1）螺栓连接顶节点（图 9.5.10）

注：1. 支撑杆件，节点焊缝，永久螺栓（数量和截面）及埋件的锚筋均按计算确定，图中所注尺寸为最小尺寸。安装螺栓均为 M16，螺孔均为 $\phi 18$。

2. 如螺栓强度（拉、剪）足够，焊缝可以取消。

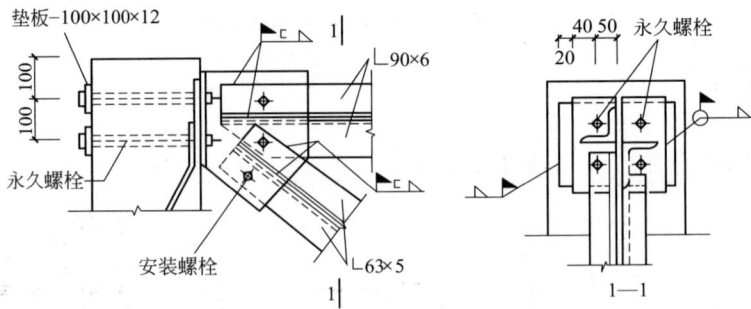

图 9.5.10　螺栓连接顶节点

（2）焊接连接顶节点（图 9.5.11）

注：支撑杆件，节点、焊缝和埋件的锚筋均按计算确定。安装螺栓均为 M16，螺孔均为 $\phi 18$。

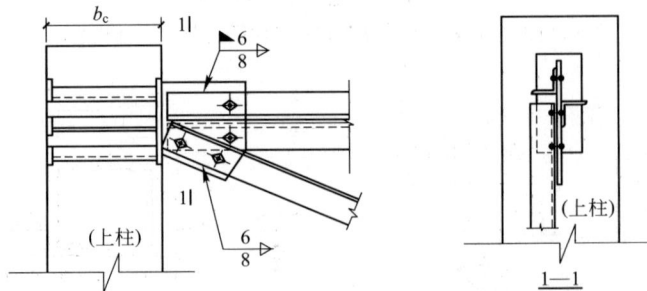

图 9.5.11　焊接连接顶节点

3. 下柱支撑

（1）螺栓连接顶节点（图 9.5.12）

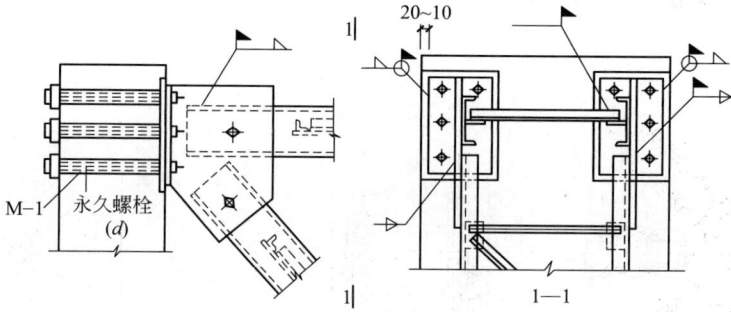

图 9.5.12 螺栓连接顶节点

（2）焊接连接顶节点（图 9.5.13）

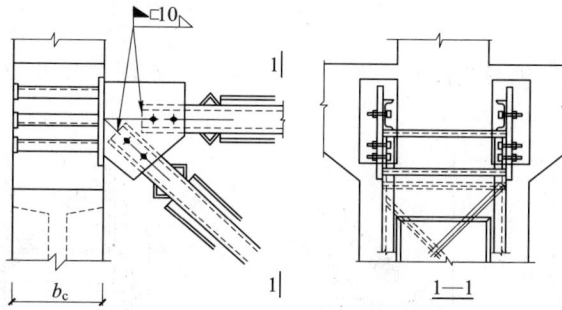

图 9.5.13 焊接连接顶节点

（3）螺栓连接中节点（图 9.5.14）

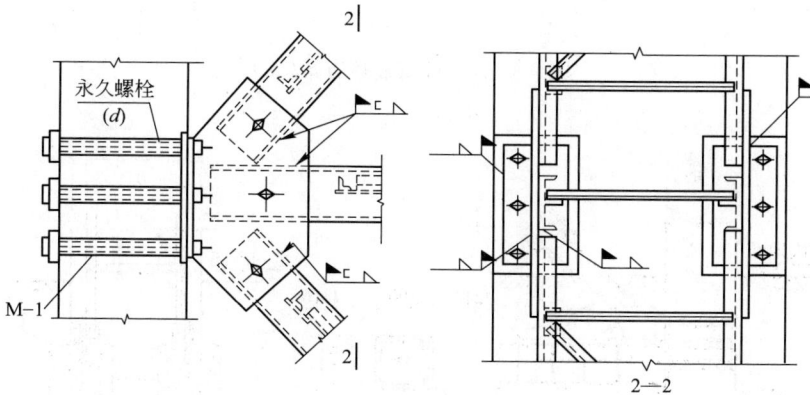

图 9.5.14 螺栓连接中节点

（4）焊接连接中节点（图 9.5.15）

（5）柱脚连接柱间支撑在柱脚无水平杆（图 9.5.16），仅用于有混凝土地坪且基础埋设不深，水平力不大的非抗震设计的厂房。

柱间支撑在柱脚有水平杆或斜杆直接交于基础中心（图 9.5.17～图 9.5.20），共 5 个方案，适用于抗震结构，可根据水平力大小选择。对方案二、三应注意水平力对基础的不利影响。

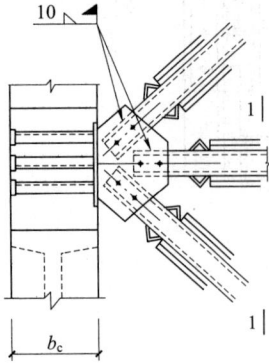

图 9.5.15 焊接连接中节点

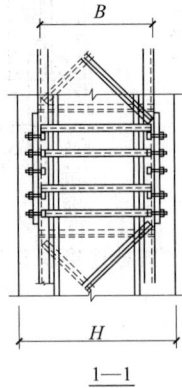

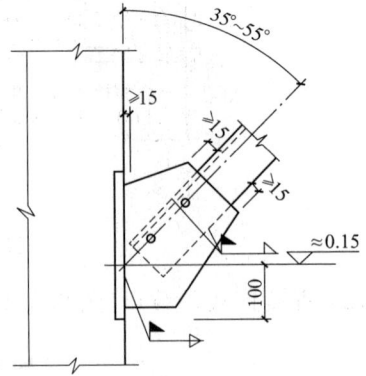

图 9.5.16 柱脚连接方案(一)

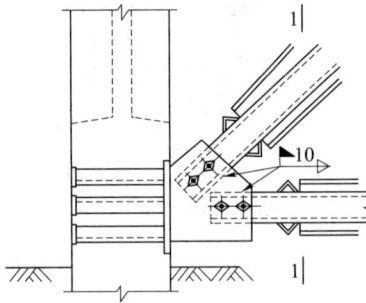

图 9.5.17 柱脚连接方案(二)

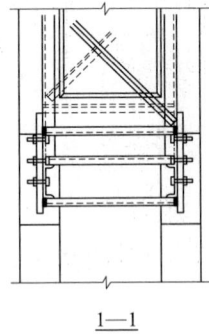

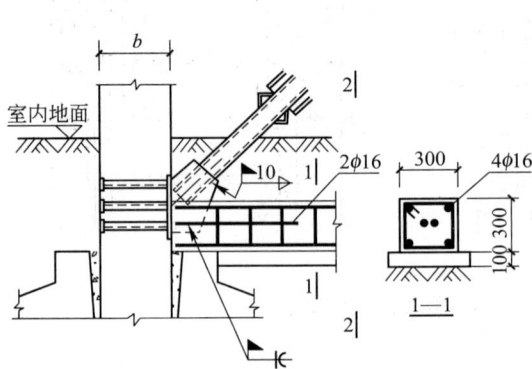

图 9.5.18 柱脚连接方案(三)

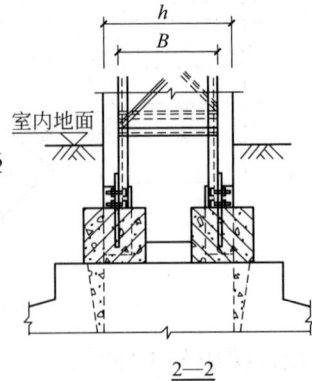

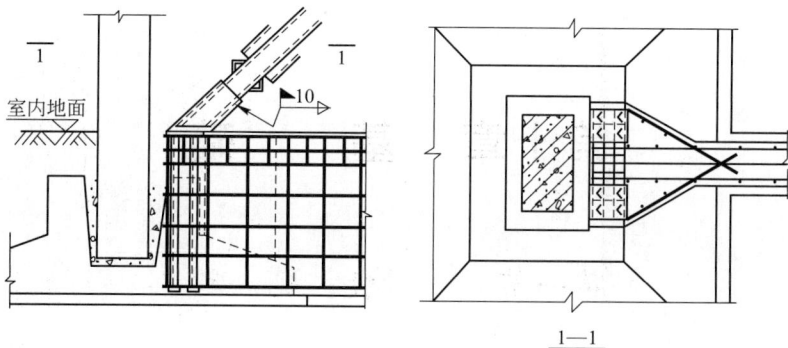

图 9.5.19　柱脚连接方案（四）

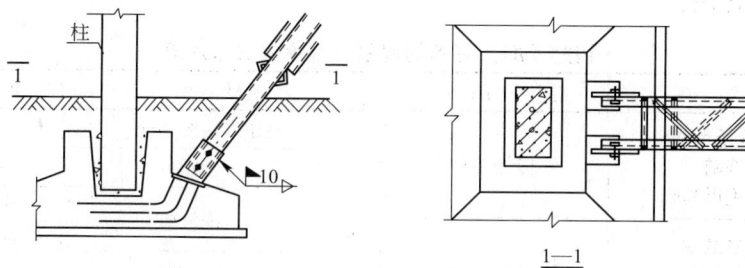

图 9.5.20　柱脚连接方案（五）

注：1. 支撑杆件、节点焊缝、埋件均按计算确定。安装螺栓均为 M16，孔均为 φ18；

　　2. 地面以下的钢构件应采取防腐性措施，如采用 C15 混凝土保护层等；

　　3. 浇筑混凝土地坪时，宜在支撑斜杆周围留洞并浇注沥青。

参 考 文 献

［9-1］　中华人民共和国国家标准.《建筑抗震设计规范》GB 50011—2010 北京：中国建筑工业出版社，2010

［9-2］　北京有色冶金设计研究总院(现中国有色工程有限公司或中国恩菲工程技术有限公司). 建筑结构设计手册—钢筋混凝土结构构造. 北京：中国工业出版社，1971

［9-3］　建筑结构构造资料集编委会编建筑结构构造资料集(上册)北京：中国建筑工业出版社，2009

［9-4］　重庆钢铁设计院. 工业厂房钢结构设计手册. 北京：冶金工业出版社，1980

［9-5］　11G329-3 建筑物抗震构造详图(单层工业厂房). 北京：中国建筑标准设计研究院，2011

第十章 基 础

第一节 一 般 规 定

一、材料

1. 设计使用年限为 50 年，处于非腐蚀环境中的各类钢筋混凝土基础的混凝土强度等级按表 10.1.1 选用。

钢筋混凝土基础的混凝土强度等级选用表 　　表 10.1.1

基础类型	混凝土强度等级		基础类型	混凝土强度等级
柱下独立基础或条形基础 墙下条形基础 多层建筑墙下筏形基础	不应低于 C25		高层建筑箱形基础	不应低于 C25
		桩 基 础	预制桩	不应低于 C30
			灌注桩	不应低于 C25，水下灌注时不宜高于 C40
高层建筑筏形基础 高层建筑桩筏基础 高层建筑桩箱基础	不应低于 C30		预应力桩	不应低于 C40
			承台	不应低于 C25

注：1. 对处于环境类别为二 b 类严寒和寒冷地区冰冻线以上与无侵蚀性的水或土壤直接接触的环境的基础表中的混凝土强度等级 C25 应改为 C30；
　　2. 对处于二 b 类环境及三、四、五类微腐蚀环境中的桩，其混凝土强度等级不应低于 C30；
　　3. 对处于腐蚀环境中的各类型基础的混凝土强度等级应符合现行《混凝土结构设计规范》GB 50010 及《工业建筑防腐蚀设计规范》GB 50046 的有关规定；
　　4. 对设计使用年限大于 50 年的各类型基础的最低强度等级应符合专门的规定。

2. 对处于地下水位以下，需要用防水混凝土的带地下室筏形基础或箱形基础，其防水混凝土的设计抗渗等级应符合表 10.1.2 的规定。

带地下室筏形基础或箱形基础的防水混凝土设计抗渗等级 　　表 10.1.2

基础埋置深度 d(m)	设计抗渗等级	基础埋置深度 d(m)	设计抗渗等级
$d<10$	P6	$20 \leqslant d < 30$	P10
$10 \leqslant d < 20$	P8	$d \geqslant 30$	P12

注：对重要建筑物，其地下室及基础宜采用自防水并设置架空排水层。

3. 无筋扩展基础的混凝土强度等级不应小于 C15。

4. 钢筋混凝土基础的垫层，其混凝土强度等级不应小于 C10，厚度不应小于 70mm；对采用防水混凝土基础的垫层，其混凝土强度等级不应小于 C15；厚度不应小于 100mm、在软弱土层中尚不应小于 150mm。

5. 预制钢筋混凝土柱与杯口之间的空隙，应采用比基础混凝土强度等级高一级的细石混凝土充填密实，如图 10.1.1 所示。

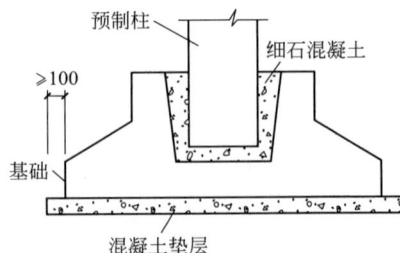

图 10.1.1　基础垫层及杯口充填

二、设计使用年限 50 年混凝土基础钢筋的最小混凝土保护层厚度

1. 基础底板最外层钢筋的最小混凝土保护层厚度,有混凝土垫层时为 40mm(从垫层顶面算起);无垫层时为 70mm(由于无垫层时,在施工中的钢筋定位不方便且钢筋表面易受泥污沾染,对工程质量造成不良影响,近年来在工程中已很少采用此种做法)。桩基承台底部最外层受力钢筋的最小混凝土保护层厚度应不小于桩顶嵌入承台底板内的长度。当基础混凝土处于强、中、弱腐蚀环境时,其受力钢筋的保护层最小厚度为 50mm。

2. 桩的纵向受力钢筋最小保护层厚度:

预制钢筋混凝土桩	45mm
预制预应力混凝土管桩	35mm
混凝土灌注桩	50mm(微腐蚀环境)、55mm(腐蚀环境)

3. 桩的最外层钢筋(箍筋)的最小保护层厚度应根据环境类别不同符合第一章表 1.4.19 的规定。

4. 地下工程采用防水混凝土时,其主体结构迎水面受力钢筋的最小保护层厚度为 50mm。

5. 当对地下室墙体采取可靠的建筑防水做法或防护措施时,与土层接触一侧钢筋的保护层厚度可适当减少,但不应小于 25mm。

6. 设计使用年限超过 50 年及处于腐蚀环境中的基础、桩等构件的保护层除符合以上规定外,尚应符合有关标准的规定。

三、基础、承台、基础梁等地下构件顶面的标高

基础、承台、基础梁(包括基础、承台间的连系梁)等地下构件顶面的标高,一般均应低于室外设计地面、内墙基础顶面也不应高室内设计地面。确定地下构件顶面的标高时,尚需考虑地下管沟或管线的影响。

四、现浇钢筋混凝土柱、墙的纵向受力钢筋(包括插筋)在基础、承台内的锚固长度

1. 当基础或承台高度满足混凝土柱或墙内最大直径纵向受拉钢筋的锚固长度 l_a 或 l_{aE} 时,可采用直线锚固(图 10.1.2)。当条形或筏板基础的厚度超过剪力墙伸入基础的竖向钢筋的锚固长度 $l_a(l_{aE})$ 时,宜将 1/3～1/2 竖向钢筋伸至基础底的钢筋网片上,以支持剪力墙钢筋骨架,其余钢筋应伸入基础顶面下按本款第二项缩短锚固长度。为便于施工,在纵向受力钢筋末端可设置 90°弯折构造直钩,其弯折长度不小于 150mm,并将纵向受力钢筋支承于基础底部的钢筋网上。

2. 当基础或承台高度不满足混凝土柱或墙内最大直径纵向受拉钢筋(或插筋)的锚固长度 l_a 或 l_{aE} 时,可根据柱或墙纵向钢筋的锚固具体情况。缩短锚固长度,并符合下列要求:

(1) 当锚固钢筋周边的混凝土保护层厚度为 3d 时,其基本锚固长度可乘以修正系数 0.8;当锚固钢筋周边的混凝土保护层厚度为 5d 时,其基本锚固长度可乘以修正系数 0.7;当保护层厚度为上述 3d～5d 的中间位时,修正系数可按内插法取值。

(2) 当在纵向受拉钢筋末端采用弯钩措施时(末端 90°弯钩、弯钩内径 4d、弯折后直线段长度 12d),其基本锚固长度可乘以修正系数 0.6,弯钩的自由端宜指向柱中心。

(3) 当在纵向受力钢筋末端采用机械锚固措施时(其锚固的形式和技术要求应符合本书第一章表 1.6.3 的规定),其基本锚固长度可乘以修正系数 0.6。

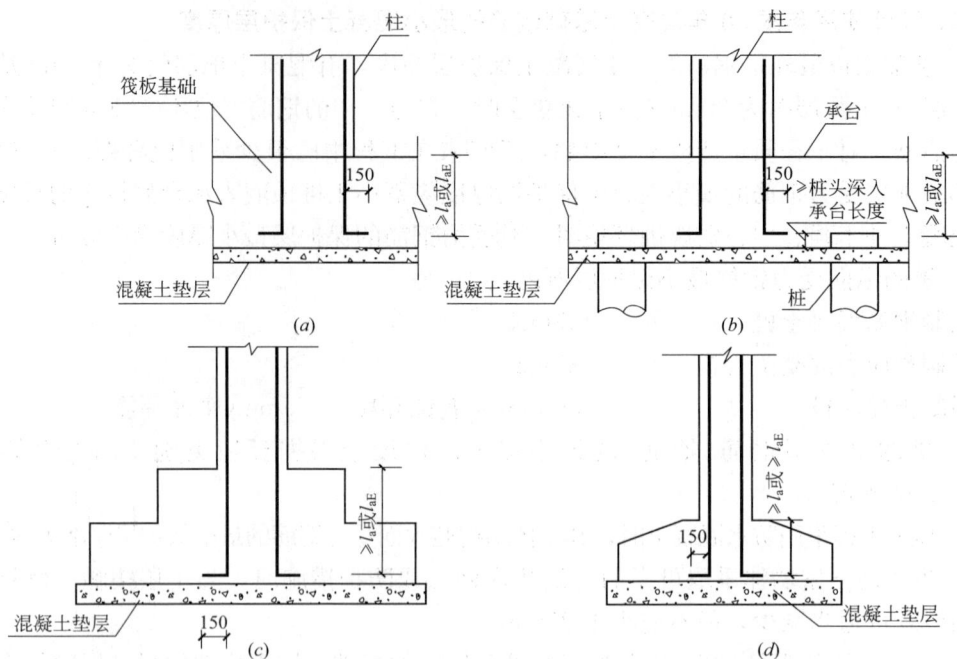

图 10.1.2　基础或承台高度满足纵向受拉钢筋(或插筋)直线锚固长度要求

(a)柱内钢筋锚入筏板基础；(b)柱内钢筋锚入承台；(c)柱内钢筋锚入独立基础；(d)墙内钢筋锚入条形基础

五、基础中的纵向受力钢筋最小配筋率

1. 各类型钢筋混凝土基础(包括桩基承台)中的纵向受力钢筋通常以设计控制截面的最大弯矩值按计算确定所需配筋量 A_s，此外其配筋量尚需满足该截面受弯最小配筋率 $A_s/bh \geqslant 0.15\%$ 的要求，其中 bh 对矩形截面构件为截面宽度及高度。

2. 柱下钢筋混凝土阶形和锥形基础(图 10.1.3)的纵向受力钢筋最小配筋率可按下列方法确定：

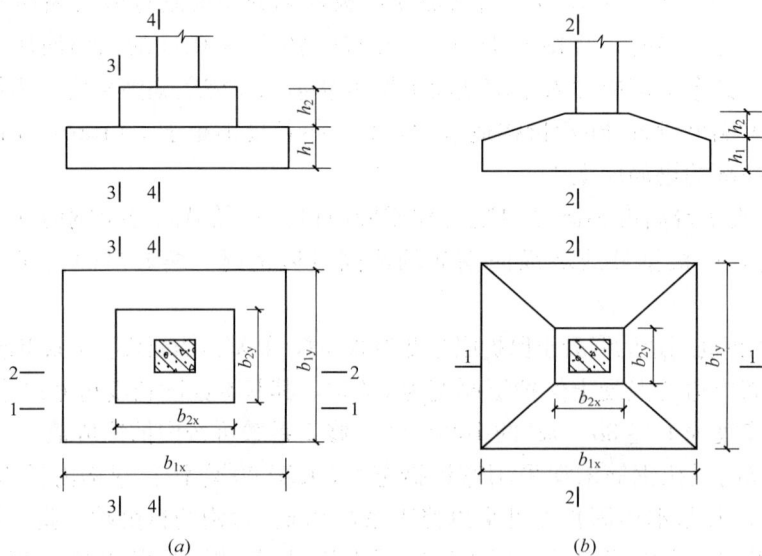

图 10.1.3　柱下钢筋混凝土阶形和锥形基础弯矩设计控制截面位置示意图

(a)阶形基础；(b)锥形基础

（1）阶形基础或锥形基础的纵向受力钢筋最小配筋率应满足不小于 0.15% 的要求，当设计控制截面为非矩形的倒 T 形或梯形时，可采用截面折算宽度与截面高度的乘积作为折算截面面积确定纵向受力钢筋最小配筋率。

（2）阶形基础设计控制截面 2-2 及 4-4 的折算宽度 b_x 及 b_y 按下列公式确定：

$$b_x = (b_{x1} h_1 + b_{x2} h_2)/(h_1 + h_2) \tag{10.1.1}$$

$$b_y = (b_{y1} h_1 + b_{y2} h_2)/(h_1 + h_2) \tag{10.1.2}$$

（3）锥形基础设计控制截面 1-1 及 2-2 的折算宽度 b_x 及 b_y 按下列公式确定：

$$b_x = \left[1 - 0.5 \frac{h_1}{h_0} \left(1 - \frac{b_{x2}}{b_{x1}} \right)/(h_1 + h_2) \right] b_{x1} \tag{10.1.3}$$

$$b_y = \left[1 - 0.5 \frac{h_1}{h_0} \left(1 - \frac{b_{y2}}{b_{y1}} \right)/(h_1 + h_2) \right] b_{y1} \tag{10.1.4}$$

（4）阶形基础的纵向受力钢筋最小配筋量应选用同一配筋方向的各设计控制截面计算所得最小配筋量的较大值（对两阶基础）或最大值（三阶和三阶以上基础）。

3. 预制混凝土桩的最小配筋率不宜小于 0.8%（锤击沉桩法施工时）、0.6%（静压沉桩法施工时）。

4. 预应力混凝土空心桩（包括离心法生产的管桩和方桩）的最小配筋率不宜小于 0.5%。

5. 灌注混凝土桩最小配筋率不宜小于桩截面面积的 0.2%～0.65%（小直径桩取大值、大直径桩取小值）。

第二节 无筋扩展基础

一、无筋扩展基础的适用范围

无筋扩展基础适用于多层民用建筑和轻型厂房。

二、无筋扩展基础的高度

无筋扩展基础的高度应在基础底面尺寸满足规范规定的地基承载力情况下，符合下式要求（图 10.2.1）：

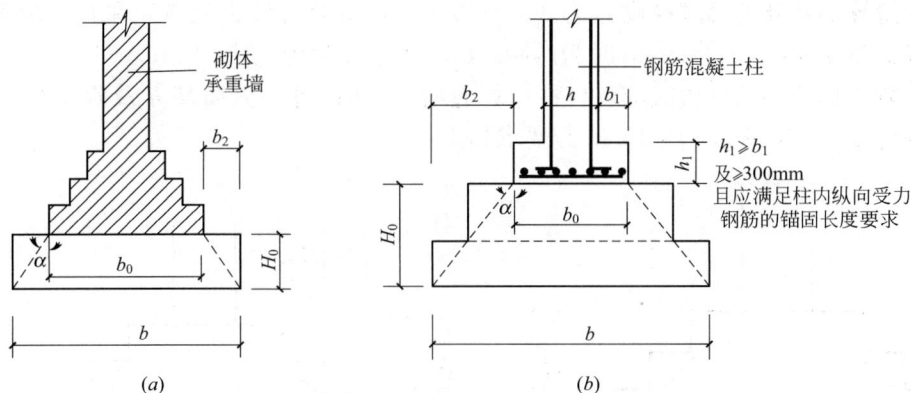

图 10.2.1 无筋扩展基础构造示意图
(a)砌体承重墙墙下无筋扩展基础；(b)柱下无筋扩展基础

$$H_0 \geqslant \frac{b - b_0}{2 \tan \alpha}$$

式中：b——基础底面宽度；

b_0——基础顶面墙体的宽度或柱脚宽度；

H_0——基础高度；

b_2——基础台阶宽度；

$\tan\alpha$——基础台阶宽高比 $b_2 : H_0$，其允许值可按表 10.2.1 取用。

无筋扩展基础台阶宽高比的允许值　　　　　　　　表 10.2.1

基础材料	质量要求	台阶宽高比的允许值		
		$p_k \leqslant 100$	$100 < p_k \leqslant 200$	$200 < p_k \leqslant 300$
混凝土基础	≥C15 混凝土	1：1.00	1：1.00	1：1.25
毛石混凝土基础	≥C15 混凝土	1：1.00	1：1.25	1：1.50

注：1. 表中 p_k 为荷载效应标准组合时，基础底面处的平均压力值(kPa)；
　　2. 混凝土基础单侧扩展范围内基础底面处的平均压力值超过 300kPa 时，尚应进行抗剪验算；对基底反力集中于钢筋混凝土柱附近的岩石地基，应进行局部受压承载力验算。

三、无筋扩展基础的钢筋混凝土柱脚

采用无筋混凝土扩展基础的钢筋混凝土柱，其柱脚高度 h_1 不应小于 b_1（图 10.2.1），且不应小于 300mm；此外柱脚高度尚应满足柱纵向钢筋伸入柱脚内的锚固长度要求。

第三节　扩　展　基　础

一、柱下钢筋混凝土独立基础

1. 基础的外形尺寸

（1）轴心受压基础的底板平面一般采用正方形，其边长宜为 100mm 的倍数。

（2）偏心受压基础的底板平面一般采用矩形，其长边与短边之比不宜大于 3；其边长宜为 100mm 的倍数。

（3）基础高度 h 应按受冲切承载能力和柱内纵向钢筋在基础内的锚固长度的要求确定，一般为 100mm 的倍数。

（4）阶梯形基础的每阶高度宜为 300～500mm，阶数可按下列规定采用；$h \leqslant 500$mm 时为一阶；500mm$< h \leqslant 900$mm 时为两阶；$h > 900$mm 时为三阶(图 10.3.1)。

（5）阶梯形基础的外边线应在自柱边算起的 45°线以外，其阶高 h 及阶宽 b 一般按下述要求选用。对三阶基础(图 10.3.2)要求如下：

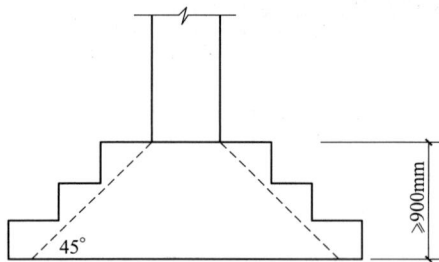

图 10.3.1　三阶梯形基础示意图　　　　图 10.3.2　基础阶高及阶宽

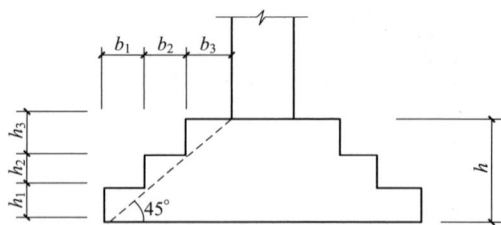

$$b_3/h_3 \geqslant 1; \quad (b_2 + b_3)/(h_2 + h_3) \geqslant 1; \quad (b_1 + b_2 + b_3)/h \geqslant 1$$

（6）锥形基础的边缘高度 h_1 不应小于 200mm，见图 10.3.3。锥形基础顶面的坡度可根据浇灌混凝土时能保持基础外形的条件确定，一般情况不宜大于 $1:3(\alpha \leqslant 18°)$。由于类型一基础在施工时模板较复杂，在实际工程中多采用类型二基础。

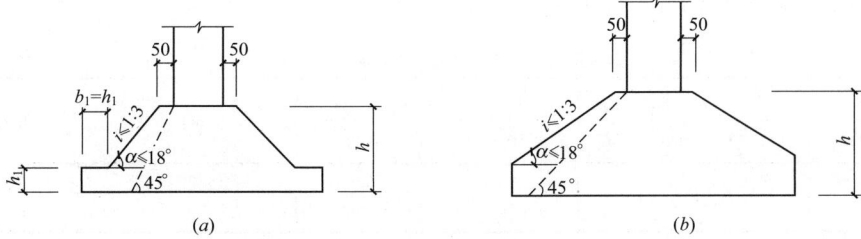

图 10.3.3　现浇柱的锥形基础
(a)类型一；(b)类型二

（7）当在设计中采用基底反力按直线分布假定确定阶形或锥形基础的受弯纵向受力钢筋时，基础台阶宽高比应小于或等于 2.5。

（8）当设计要求阶形或梯形基础的外边线落入自柱边算起的 45°线以内时，基础的各阶宽、高尺寸应满足受剪承载力要求。

2. 预制柱杯口基础的尺寸要求

（1）杯口形式（图 10.3.4）：

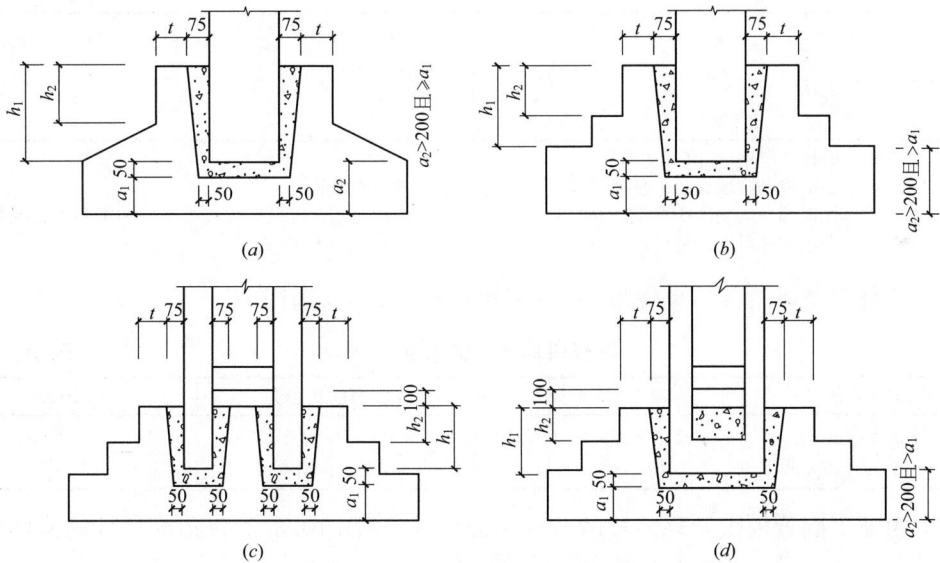

图 10.3.4　预制柱基础的杯口构造
(a)矩形及工字形柱单杯口基础；(b)矩形及工字形柱单杯口基础；
(c)双肢柱双杯口基础；(d)双肢柱单杯口基础

当预制柱的截面为矩形及工字形时，基础采用单杯口形式；当为双肢柱时，基础可采用双杯口或单杯口形式。

（2）杯口深度：

杯口深度取预制柱的插入深度 h_1 加 50mm。预制柱的插入深度 h_1 按同时满足下列三条件确定：

1）满足表 10.3.1 的要求。

2）满足柱内纵向受力钢筋在基础内的锚固长度的要求；其取值见本章第一节第四款。

3）满足吊装时柱的稳定性要求，h_1 不应小于吊装时柱长的 0.05 倍。

（3）杯底厚度和杯壁厚度：

杯底厚度 a_1 及杯壁厚度 t 可按表 10.3.2 选用。

柱在杯口内的插入深度 h_1（mm）   表 10.3.1

矩形或工字形柱				双肢柱	单肢管柱
$h_c<500$	$500{\leqslant}h_c<800$	$800{\leqslant}h_c{\leqslant}1000$	$h_c>1000$		
$h_c{\sim}1.2h_c$	h_c	$0.9h_c$ 且${\geqslant}800$	$0.8h_c$ 且${\geqslant}1000$	$(1/3{\sim}2/3)h_c$ $(1.5{\sim}1.8)h_b$	$1.5d$ 且${\geqslant}500$

注：1. 对偏心矩 $e_0>2h_c$ 的矩形或工字形柱，h_1 值应适当加大，可取用 $h_1=1.2h_c$，在 $e_0=\dfrac{M}{N}$ 中，M、N 取用控制柱底部固定端处截面配筋的一组内力；

　　2. h_c 为矩形柱或工字形柱截面的长边尺寸；双肢柱时，h_c 为整个截面的长边尺寸；

　　3. h_b 为双肢柱整个截面的短边尺寸或双肢管柱的单管外径尺寸；

　　4. d 为单肢管柱的外径尺寸；

　　5. 双肢柱 $h_1=\left(\dfrac{1}{3}{\sim}\dfrac{2}{3}\right)h_c$ 中，当柱的安装采用缆绳固定时取下限值，否则取上限值；

　　6. 柱轴心受压或小偏心受压时，h_1 可适当减小。

基础杯口的杯底厚度 a_1 及杯壁厚度 t（mm）   表 10.3.2

柱截面的边长 h_c	杯底厚度 a_1	杯壁厚度 t	柱截面的边长 h_c	杯底厚度 a_1	杯壁厚度 t
$h_c<500$	${\geqslant}150$	$150{\sim}200$	$1000{\leqslant}h_c<1500$	${\geqslant}250$	${\geqslant}350$
$500{\leqslant}h_c<800$	${\geqslant}200$	${\geqslant}200$	$1500{\leqslant}h_c{\leqslant}2000$	${\geqslant}300$	${\geqslant}400$
$800{\leqslant}h_c<1000$	${\geqslant}200$	${\geqslant}300$			

注：1. 双肢柱的杯底厚度 a_1 值可适当加大；

　　2. 设置基础梁或勒脚墙板时，杯壁厚度还应满足其支承宽度要求；

　　3. 柱插入杯口部分的表面应凿毛，柱与杯口之间的空隙应用比基础混凝土强度等级高一级的细石混凝土充填密实，当达到材料设计强度的 70% 以上时，方能进行上部结构构件吊装。

（4）高杯口基础的杯口壁厚度 t，一般可按表 10.3.3 选用。

高杯口基础杯壁厚度 t（mm）   表 10.3.3

柱截面的长边 h_c	杯壁厚度 t	柱截面的长边 h_c	杯壁厚度 t
$600<h_c{\leqslant}800$	${\geqslant}250$	$1000<h_c{\leqslant}1400$	${\geqslant}350$
$800<h_c{\leqslant}1000$	${\geqslant}300$	$1400<h_c{\leqslant}1600$	${\geqslant}400$

（5）为便于搁置模板，现浇柱的基础顶面尺寸（见图 10.3.3）每边应比柱的截面尺寸大 50mm 以上。

3. 基础的配筋要求

（1）底板受力钢筋的最小直径不宜小于 10mm；间距不宜大于 200mm，也不宜小于 100mm。

（2）底板受力钢筋为构造配筋时，一般采用 $\phi10{\sim}\phi12$，间距为 200mm 的钢筋网且应满足基础受力钢筋最小配筋率要求。

（3）底板边长 $b{\geqslant}2.5$m 时，底板受力钢筋的长度可取边长或宽度的 0.9 倍，并交错布置（图 10.3.5）。

（4）杯口基础当预制柱为轴心受压或小偏心受压且 $\dfrac{t}{h_2}{\geqslant}0.65$，或大偏心受压且 $\dfrac{t}{h_2}{\geqslant}$

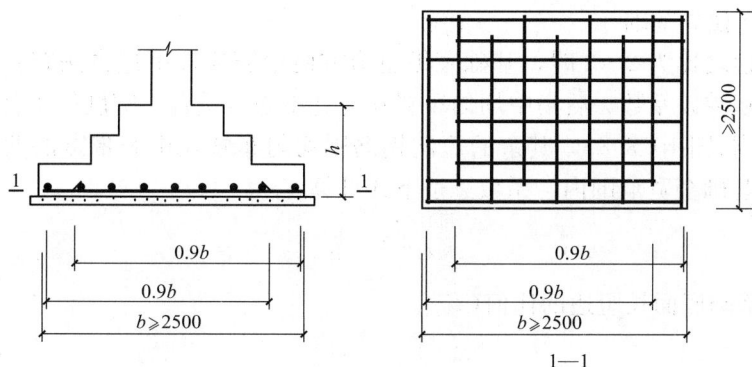

图 10.3.5　基础底板配筋

0.75 时，杯口可不配筋；当柱为轴心受压或小偏心受压且 $0.5 \leqslant \dfrac{t}{h_2} < 0.65$ 时，杯口可按表 10.3.4 构造配筋(图 10.3.6)；其他情况下应按计算配筋。

杯口顶层钢筋网配筋　　　　　　　　　　　　　　　　表 10.3.4

柱截面长边尺寸 h_c(mm)	$h_c < 1000$	$1000 \leqslant h_c < 1500$	$1500 \leqslant h_c < 2000$
钢筋网直径(mm)	8~10	10~12	12~16

注：表中钢筋网置于杯口顶部，每边两根。

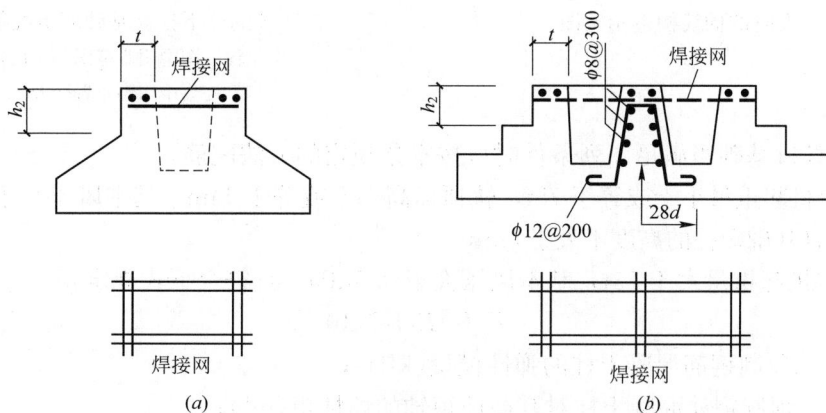

图 10.3.6　杯口基础杯口配筋构造
(a)单杯口；(b)双杯口

(5) 现浇柱的基础，其插筋的数量、直径以及钢筋种类应与柱内纵向受力钢筋相同。插筋在基础内的锚固长度应符合本章第一节第四款的规定。插筋与柱内纵向受力钢筋的连接方法，应符合现行国家标准《混凝土结构设计规范》GB 50010 的有关规定。插筋在基础内应设置足够数量的定位箍筋(一般不应少于 2 个箍筋)。

(6) 当符合下列条件之一时，可仅将四角的插筋伸至底板钢筋网上，其余插筋锚固在基础顶面以下 l_a 或 l_{aE}(图 10.3.7)。

A. 柱为轴心受压或小偏心受压，基础高度 h 大于或等于 1200mm；

B. 柱为大偏心受压，基础高度 h 大于或等于 1400mm。

（7）当柱下独立基础

底面长短边之比为 2～3 时，基础底板短边方向钢筋应按下述方法布置；将短向计算所得的钢筋面积乘以系数 λ 后集中均匀布置在与柱中心线重合、宽度等于基础短边长度的中间带宽范围内（图 10.3.8），其余的短向钢筋则均匀布置在中间带宽的两侧。长向钢筋应均匀布置在基础全宽范围内。系数 λ 按下式计算：

$$\lambda = 1 - \frac{w}{6} \tag{10.3.1}$$

式中：w——基础底面长短边的比值（%）。

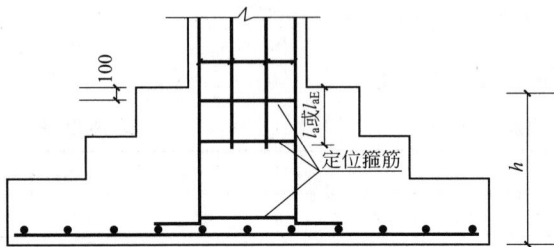

图 10.3.7　现浇柱下独立基础高度较
大时的插筋构造示意图

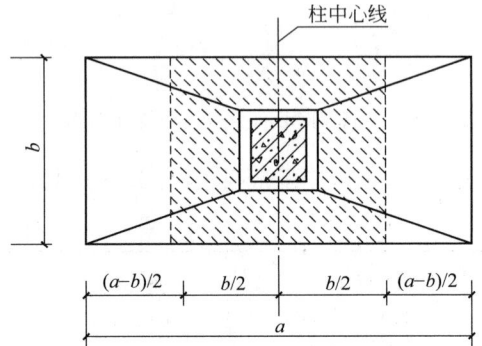

图 10.3.8　长边（a）与短边（b）之比为
2～3 的柱下独立基础底板配筋示意图
（注：图中阴影范围为短向钢筋
集中均匀布置区域）

（8）高杯口基础当满足下列条件时可按本条规定的方法配筋。

1）起重机起重量小于或等于 75t，轨顶标高小于或等于 14m，基本风压小于 0.5kPa 的工业厂房，且基础短柱的高度不大于 5m；

2）起重机起重量大于 75t，基本风压大于 0.5kPa，且符合下式规定：

$$E_2 I_2 / E_1 I_1 \geqslant 10 \tag{10.3.2}$$

式中：E_1——预制钢筋混凝土柱的弹性模量（kPa）；

　　　I_1——预制钢筋混凝土柱对其截面短轴的惯性矩（m⁴）；

　　　E_2——短柱的钢筋混凝土弹性模量（kPa）；

　　　I_2——短柱对其截面短轴的惯性矩（m⁴）。

3）当基础短柱的高度大于 5m，并符合下式规定：

$$\Delta_2 / \Delta_1 \leqslant 1.1 \tag{10.3.3}$$

式中：Δ_1——单位水平力作用在以高杯口基础顶面为固定端的柱顶时，柱顶的水平位移（m）；

　　　Δ_2——单位水平力作用在以短柱底面为固定端的柱顶时，柱顶的水平位移（m）。

A. 高杯口基础的配筋规定：

1）杯壁厚度符合表 10.3.3 的要求时，杯壁可按图 10.3.9 及图 10.3.10 进行构造配筋。

2）高杯口基础短柱的配筋：

a. 在非地震区及抗震设防烈度为 6、7、8 度地区当满足本条的 1)、2)、3)款规定时，可按图 10.3.11 的构造要求进行设计。此时短柱四角纵向钢筋直径一般不小于 20mm，并

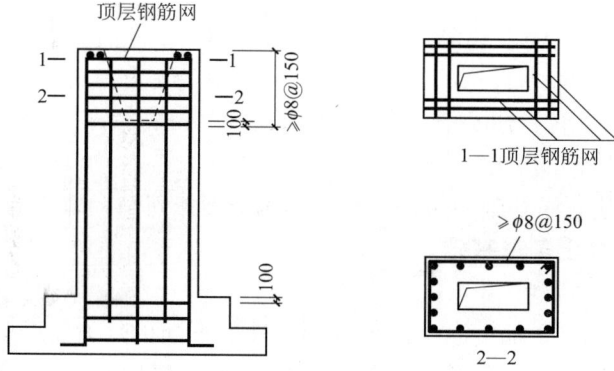

图 10.3.9 高杯口基础杯壁构造配筋

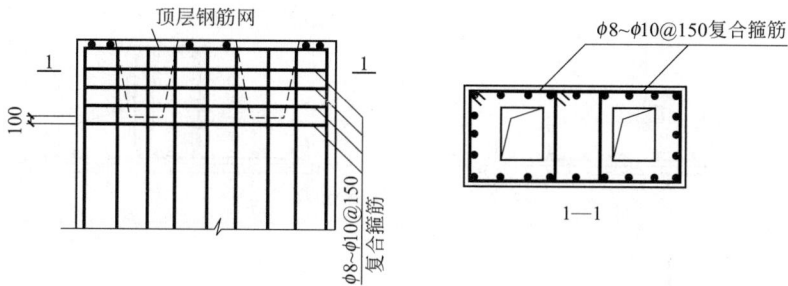

图 10.3.10 短柱双杯口构造配筋

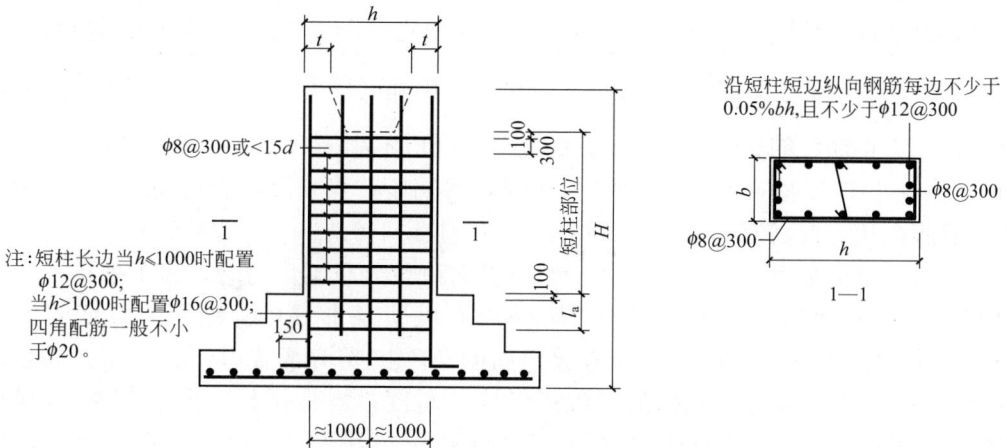

图 10.3.11 高杯口基础短柱配筋构造

应伸至基础底部的钢筋网上；短柱长边的纵向钢筋，当短柱长边尺寸 $h \leqslant 1000mm$ 时，沿长边应配置不少于 $\phi12@300$ 的钢筋；当 $h > 1000mm$ 时，沿长边应配置不少于 $\phi16@300$ 的钢筋，且每隔一米左右伸下一根并作 150mm 长的直钩，以支持整个钢筋骨架，其余钢筋应伸入基础顶面以下 l_a 处。短柱短边的纵向钢筋每边的配筋量应不少于 0.05% 短柱的截面面积，且不少于 $\phi12@300$。

b. 当基础短柱的纵向钢筋按计算确定时，其纵向钢筋及箍筋的直径、面积、间距等要求应按第四章柱的有关要求配置。

c. 短柱中的箍筋除根据计算确定外，当满足本条的 1)、2)、3)款要求时，可按构造配筋，此时其直径不应小于 $\phi 8$mm，间距不应大于 300mm。当设防烈度为 8 度时，箍筋直径不应小于 8mm，间距不应大于 150mm。

B. 对现浇柱下独立深基础的短柱及基础的构造要求可参见本条有关内容。

二、墙下钢筋混凝土条形基础

1. 基础的外形尺寸要求

(1) 砌体承重墙墙下钢筋混凝土条形基础按外形不同可分为无纵肋条形基础和有纵肋条形基础两种(图 10.3.12)。后者适用于需要加强条形基础的整体刚度情况。

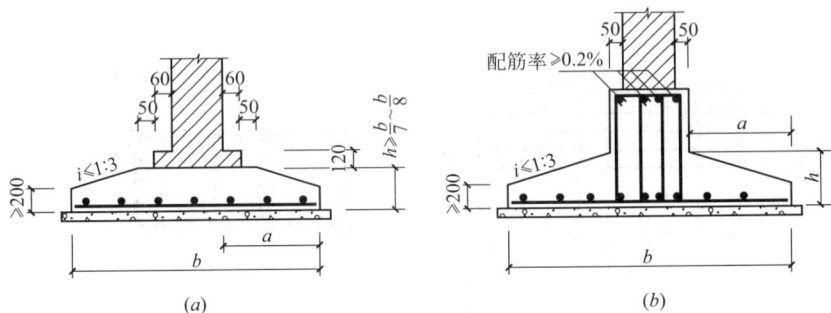

图 10.3.12　砌体承重墙墙下条形基础构造
(*a*)无纵肋；(*b*)有纵肋

(2) 无纵肋条形基础的高度 h 应按剪切计算确定。一般要求 h 不小于 300mm 且 $h \geqslant \left(\frac{1}{8} \sim \frac{1}{7}\right)b$，式中 b 为基础宽度。此外，当设计采用基底反力呈直线分布假定确定条形基础底板的受力钢筋配筋量时，条形基础的高度 h 尚应不小于 0.4 倍外挑悬臂长度 a(即 $a \leqslant 2.5h$)。当 b 小于 1500mm 时，基础高度可做成等高度；当 b 大于 1500mm 时，可做成变高度，且板的边缘处高度不宜小于 200mm。且坡度≤1：3。

(3) 当墙下的地基土质不均匀或沿基础纵向荷载分布不均匀时，为了抵抗不均匀沉降和加强条形基础的纵向抗弯能力，可做成有纵肋条形基础。纵肋的宽度为墙厚加100mm。翼板高度宜以不配箍筋或弯起钢筋的条件按受剪承载力计算确定。当悬挑长度小于或等于 750mm 时，基础的翼板可做成等高度；当悬挑长度大于 750mm 或翼板高度大于 250mm 时，可做成变高度，此时翼板边缘高度不应小于 200mm，且坡度 $i \leqslant 1：3$。

2. 基础的配筋

(1) 墙下条形基础的横向受力钢筋宜采用 HRB335 及 HRB400 级钢筋，其直径不小于 10mm，钢筋间距不大于 200mm，且配筋率不应小于 0.15%。墙下条形基础的纵向钢筋一般按构造配置，直径为 $\phi 8 \sim \phi 12$，间距不大于 250mm。当基础下的地基局部软弱时可在底板内设置暗梁局部加强(见图 10.3.13)。

(2) 有纵肋条形基础，当肋宽大于 350mm 时，肋内应配置四肢箍筋；当肋宽大于 800mm 时，应配置六肢箍筋。箍筋一般为 $\phi6\sim\phi8$，间距为 $200\sim400$mm，纵肋内的纵向受力钢筋，一般按构造要求配置上下相同的双筋，其配筋率应满足受弯构件最小配筋率要求。

（3）当底板宽度 $b\geq2.5$m 时，底板的横向受力钢筋长度 l 可按 $0.9b$ 交错布置（图 10.3.13）。

（4）底板纵横交接处的配筋平面布置可参见图 10.4.5 及图 10.4.6 设置。

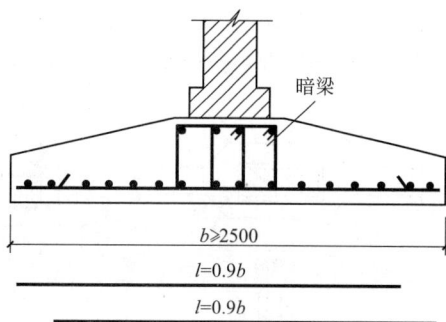

图 10.3.13 底板横向钢筋交错布置

第四节 柱下条形基础

一、柱下条形基础的外形尺寸要求

1. 钢筋混凝土柱下条形基础的截面通常为倒 T 形（图 10.4.1）；当柱距小于或等于 6m 时，肋梁高 h 宜为柱距的 $1/4\sim1/8$（当基础底部地基土的净反力大时取大值）。

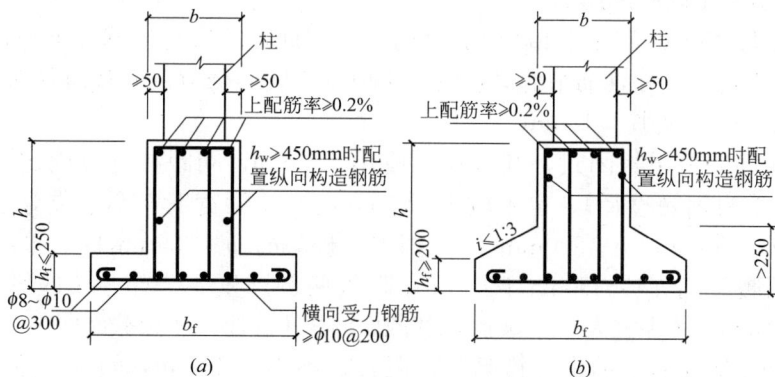

图 10.4.1 柱下钢筋混凝土条形基础构造

(a)等厚度翼板；(b)变厚度翼板

2. 柱下条形基础的翼板厚度不应小于 200mm。当翼板厚度 $h_f\leq250$mm 时，宜用等厚度翼板；当翼板厚度 $h_f>250$mm 时，宜用变厚度翼板，其坡度小于或等于 1：3，此时翼板边缘处厚度不应小于 200mm。

3. 现浇柱与肋梁交接处的平面尺寸宜符合图 10.4.2 所示尺寸。

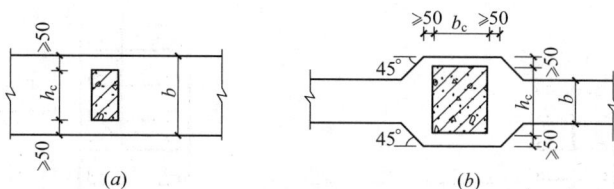

图 10.4.2 现浇柱与条形基础肋梁交接处平面尺寸

(a)与肋梁轴线垂直的柱边长 $h_c<b$ 时；
(b)与肋梁轴线垂直的柱边长 $h_c\geq b$ 时

4. 预制柱与肋梁交接处的杯口构造：当杯口顶面与肋梁顶面标高相同时，其平面尺寸宜符合图 10.4.3 及表 10.3.2 的要求；当杯口顶面高于肋梁顶面时要求与预制柱杯口基础相同。

5. 在柱列端部，条形基础的端部宜向外伸出，其长度宜为第一跨距的 0.25 倍(图 10.4.4)。

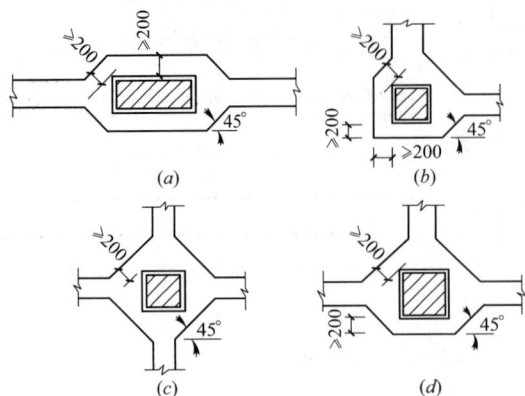

图 10.4.3　预制柱与肋梁交接处杯口尺寸
(a)柱与直线形肋梁相连；(b)柱与角形肋梁相连；
(c)柱与十字形肋梁相连；(d)柱与 T 形肋梁相连

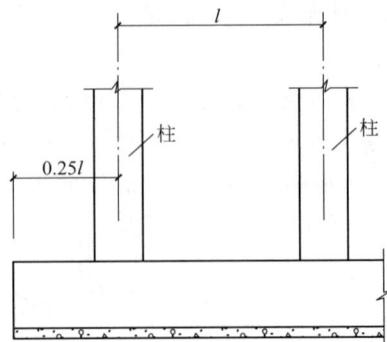

图 10.4.4　柱列端部肋梁悬挑长度

二、柱下条形基础的配筋

1. 柱下条形基础肋梁顶面和底面的纵向受力钢筋，除满足计算要求外，顶面钢筋按计算配筋全部贯通，底面钢筋中的通长钢筋不应少于底面受力钢筋截面总面积的 1/3。纵向受力钢筋的直径不应小于 12mm。

2. 肋梁箍筋应采用封闭式，其直径不应小于 8mm，间距按计算确定，但不应小于 15d(d 为纵向受力钢筋直径)，也不应大于 400mm。肋梁宽度 b 小于或等于 350mm 时，采用双肢箍筋；350mm<b≤800mm 时，采用四肢箍筋；b>800mm 时，采用六肢箍筋。

3. 当肋梁腹板高 h_w≥450mm 时，应在腹板两侧配置不小于 φ12 的纵向构造钢筋。该纵向构造钢筋的间距不宜大于 200mm，其截面面积不应小于腹板截面面积 bh_w 的 0.1%。

4. 翼板的横向受力钢筋由计算确定，但直径不小于 10mm，间距不应大于 200mm。纵向分布钢筋的直径为 8～10mm，间距不大于 250mm。

5. 在柱下钢筋混凝土条形基础的 T 形和十字形交接处，翼板横向受力钢筋仅沿一个主要受力轴方向通长放置，而另一轴向的横向受力钢筋，伸入主要受力轴方向底板宽度 1/4 即可(见图 10.4.5)。

6. 当条形基础底板在 L 形拐角处，其底板横向受力钢筋应沿两个轴向通长放置(见图 10.4.6)，分布钢筋在主要受力轴向通长放置，而另一轴向的分布钢筋可在交接边缘处断开。

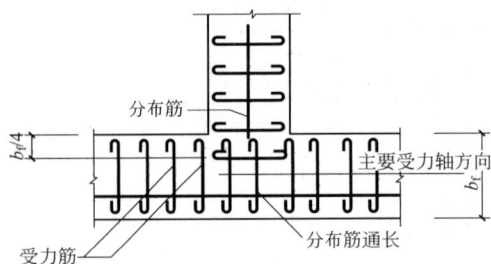

图 10.4.5　T 形交接处翼板受力钢筋配置构造

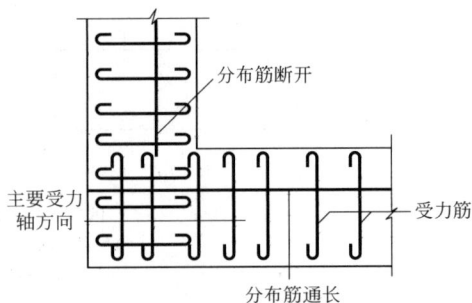

图 10.4.6　L 形拐角处翼板配筋构造

7. 柱下钢筋混凝土条形基础的肋梁箍筋在中段 $0.4l$ 范围内，间距可适当增大，但不宜大于 400mm，见图 10.4.7。

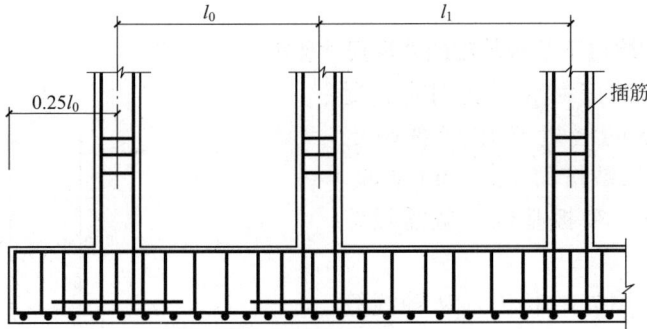

图 10.4.7 肋梁配筋构造

8. 肋梁顶部和底部的纵向受力钢筋除应满足计算要求外，尚应满足受弯构件最小配筋率要求。顶部纵向钢筋应全部贯通，底部贯通钢筋不应少于底部受力钢筋总面积的 1/3。

三、柱与条形基础肋梁的连接及配筋

1. 现浇柱与基础肋梁的连接，当柱边长 < 600mm 且 $h_c < b$ 时，肋梁内应伸出插筋与柱内纵向钢筋连接，并宜采用焊接或机械连接方法。当采用搭接时的构造要求见本书第一章第六节；当柱边长 ≥ 600mm 且 $h_c ≥ b$ 时，肋梁内除应伸出插筋与柱内纵向钢筋连接外，肋梁在与柱连接处可按图 10.4.8 所示配筋。

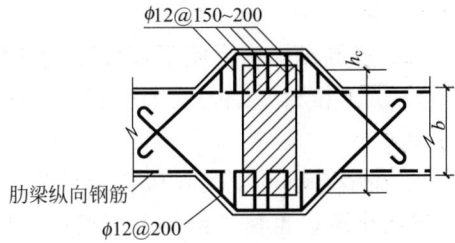

图 10.4.8 现浇柱与条形基础肋梁连接处配筋构造（$h_c ≥ b$ 时）

2. 预制柱与基础肋梁杯口连接处，肋梁的配筋构造如图 10.4.9 所示。肋梁上部纵向钢筋应伸至杯口边处，下部纵向钢筋应贯通杯口。

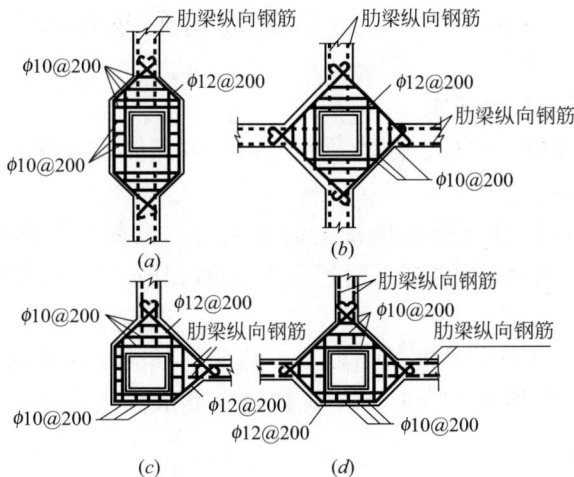

图 10.4.9 预制柱与条形基础肋梁杯口连接处配筋构造

(a)柱与直线形肋梁相连；(b)柱与十字形肋梁相连；

(c)柱与 L 形肋梁相连；(d)柱与 T 形肋梁相连

第五节 多层砌体房屋墙下筏板基础

一、多层砌体房屋墙下筏板基础的外形尺寸要求

1. 墙下筏板基础宜为等厚度钢筋混凝土平板。筏板基础的厚度除按计算确定外，也可根据楼层层数按每层 50mm 估取，但不得小于 250mm。筏板基础一般需设置混凝土垫层。

2. 筏板悬挑出墙外的长度，从轴线算起横向不宜大于 1500mm，纵向不宜大于 1000mm。

3. 不埋式筏板基础四周必须设置边梁。

4. 墙脚应放大，墙下端每侧宜挑出 60mm，见图 10.5.1。

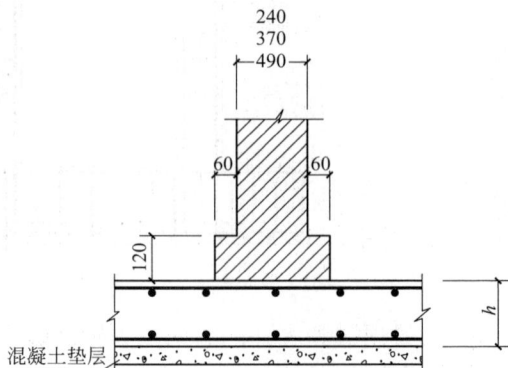

图 10.5.1 240～490mm 厚砌体墙脚构造示意

二、多层砌体房屋墙下筏板基础的配筋

1. 墙下筏板基础的受力钢筋宜采用 HRB335 及 HRB400 级钢筋配筋，其配筋率不应小于 0.15%。

2. 筏板基础的配筋除应符合计算要求外，纵横方向支座钢筋(下部钢筋)尚应有 1/2～1/3 贯通全跨，且贯通钢筋的配筋率不应小于 0.15%，跨中钢筋(上部钢筋)应按实际配筋率全部贯通。

3. 筏板基础的受力钢筋的最小直径不宜小于 10mm，间距不应大于 1.5 倍板厚，且不应大于 250mm。

4. 筏板基础挑出墙外的四角应配置放射状的附加钢筋。

第六节 高层建筑箱形基础

一、箱形基础各部分尺寸要求

1. 箱形基础指由底板、顶板、侧墙及一定数量内隔墙构成的整体刚度较好的单层或多层钢筋混凝土箱式基础。

2. 箱形基础的平面尺寸应根据地基土的承载力、上部结构的布置及荷载分布等因素确定。当为满足地基承载力的要求而扩大底板面积时，扩大部位宜设在建筑物的宽度方向。

3. 对单幢建筑物，在均匀地基的条件下，箱形基础的基底平面形心宜与上部结构竖向永久荷载重心重合。当不能重合时，在荷载效应准永久组合下，偏心距 e 宜符合下式要求：

$$e \leqslant 0.1 \frac{W}{A} \tag{10.6.1}$$

式中：W——与偏心距方向一致的基础底面边缘抵抗矩；

　　　A——基础底面面积。

4. 高层建筑箱形基础的埋置深度应按下列条件确定：

1）建筑物的用途，有无地下室、设备基础和地下设施；

2）作用在地基上的荷载大小和性质；

3）工程地质和水文地质条件；

4）相邻建筑物基础的埋置深度；

5）地基土冻胀和融陷的影响；

6）抗震设计有关要求。

5. 高层建筑箱形基础的埋置深度应满足地基承载力、变形和建筑物稳定性要求。

6. 在抗震设防区，除岩石地基外，天然地基上的高层建筑箱形基础埋置深度不宜小于建筑物高度的 1/15；对与群桩连接的桩箱基础的埋置深度（不计桩长）不宜小于建筑物高度的 1/18。

7. 高层建筑同一结构单元内，箱形基础的埋置深度宜一致，且不得局部采用箱形基础。

8. 箱形基础的内、外墙应沿上部结构柱网和剪力墙纵横均匀布置，墙体水平截面总面积不宜小于箱形基础外墙外包尺寸的水平投影面积的 1/12。对基础平面长度比大于 4 的箱形基础，其纵墙水平截面面积不宜小于箱基外墙外包尺寸水平投影面积的 1/18。在计算墙体水平截面面积时，可不扣除洞口部分。

9. 箱形基础的外墙不宜连续设置井式窗，当必须设置连续井式窗时，此时窗井结构宜与箱形基础连接成整体。当箱形基础的外墙设有非连续井式窗时，窗井的分隔墙应与内墙连成整体，窗井分隔墙可视为由箱形基础内墙伸出的挑梁，窗井底板可视为支承在箱基外墙和窗井外墙上的双向板。

10. 箱形基础的高度应满足结构承载力、刚度和使用要求。其值不宜小于箱形基础单元长度的 1/20（箱形基础长度不包括底板悬挑部分），且不宜小于 3m。

11. 箱形基础底板厚度应根据实际受力情况、整体刚度及防水要求确定，底板厚度不应小于 400mm，且板厚与最大双向板格的短边净跨之比不应小于 1/14。底板厚度除满足构造尺寸外，尚应满足正截面受弯截承力、受冲切承载力要求。

根据以往的工程设计经验，高层建筑箱形基础底板厚度可参考表 10.6.1 选用。

箱形基础底板厚度选用参考表　　　　　　　　　　　　　　　表 10.6.1

基底平均反力 p_n(kPa)	底板厚度(mm)	基底平均反力 p_n(kPa)	底板厚度(mm)
100～200	$(1/14～1/10)l_n$	300～400	$(1/8～1/6)l_n$
200～300	$(1/10～1/8)l_n$	400～500	$(1/7～1/5)l_n$

注：1. l_n 为箱形基础底板中较大区格的短向净跨尺寸(mm)；
　　2. p_n 为相应于荷载效应基本组合的基底地基土平均净反力设计值。

12. 当箱形基础内设有人防工程时，由于基底反力过大可能导致底板厚度过厚，此时若使用上允许，可增设一些纵横墙以减少板的跨度从而减薄板厚。此种增设的墙应视为支承在内外墙上的次梁，并需对其进行承载力验算（图 10.6.1）。

13. 当设计中考虑上部结构嵌固在箱形基础的顶板结构时，箱形基础的顶板除满足正截面受弯和斜截面受剪承载力要求外，其厚度尚不应小于 180mm。

14. 箱形基础的墙身厚度应根据实际受力情况、整体刚度和防水要求确定。外墙厚度不应小于250mm；内墙厚度不宜小于200mm。

15. 箱形基础墙体的门洞宜设在墙的中部（图10.6.2），洞边至上层柱中心或横隔墙中心的距离不宜小于1.2m，洞口上过梁的高度不宜小于层高的1/5，洞口面积不宜大于柱距或横隔墙间距与箱形基础全高乘积的1/6。

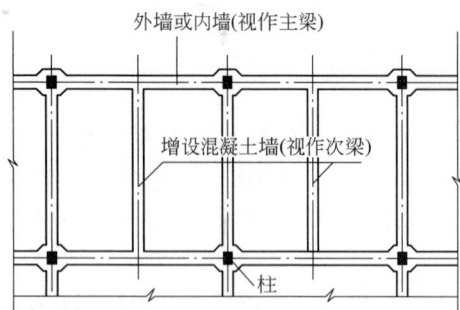

图 10.6.1 箱基增设混凝土墙以减少顶板底板跨度

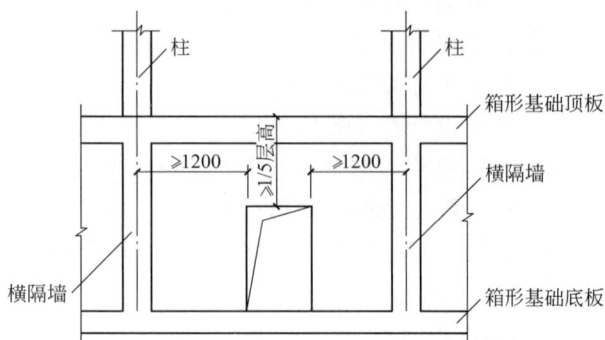

图 10.6.2 洞口位置要求

16. 底层柱与箱形基础交接处，柱边和墙边或柱角和八字角之间的净距不宜小于50mm（图10.6.3），并应验算底层柱下墙体的局部受压承载力；当不能满足时，应增加墙体的承压面积或采取其他有效措施。

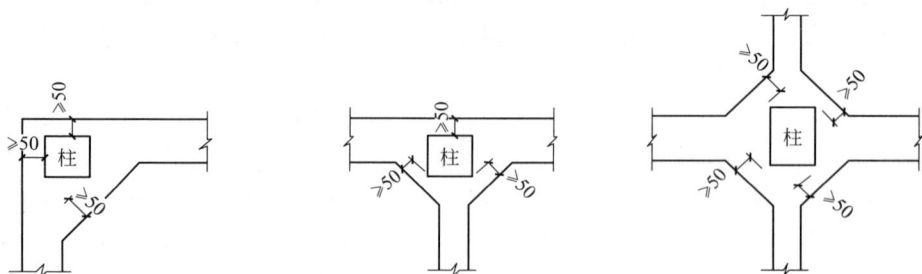

图 10.6.3 现浇底层柱与箱形基础墙交接

17. 与高层建筑相连的门厅等低矮结构单元基础，可采用从箱形基础挑出的基础梁方案（图10.6.4）。挑出长度不宜大于0.15倍箱基宽度，并应考虑挑梁对箱基产生的偏心荷载的影响。挑出部分下面应填充一定厚度的松散材料或采取其他保证挑梁自由下沉的措施。

二、箱形基础的配筋

1. 当地基压缩层深度范围内的土层在竖向和水平方向较均匀，且上部结构为平立面布置较规则的剪力墙、框架、框架-剪力墙体系时，箱形基础的顶板和底板钢筋配置量可仅按局部弯曲计算确定，计算时地基反力应扣除板的自重。纵横方向的支座钢筋尚应有1/4截面面积的钢筋贯通全跨，且贯通钢筋的配筋率不应小于0.15%；跨中钢筋应按实际配筋全部贯通。

2. 当不符合上述土层和上部结构要求时，箱形基础的顶板和底板钢筋配筋量应同时考虑局部弯曲及整体弯曲计算的要求。箱形基础的自重应按均布荷载处理。底板局部弯曲产生的弯矩应乘以 0.8 折减系数；计算整体弯曲时应考虑上部结构与箱形基础的共同作用。并在配置底板和顶板钢筋时，应综合考虑承受整体弯曲的钢筋与局部弯曲的钢筋的配置部位，以充分发挥各截面钢筋的作用。

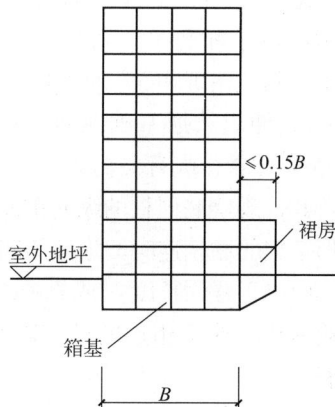

图 10.6.4   箱形基础
挑出部位示意图

3. 箱形基础底板钢筋的间距不应小于 150mm，一般宜取 200～300mm。支座不贯通的钢筋或附加短钢筋应伸出支座以外不小于 1/4 短跨长度（图 10.6.5）。当底板沿纵、横向为不等跨度的区格时，尚应考虑支座弯矩图形或不贯通钢筋伸出长度的影响。

4. 箱形基础顶板钢筋应采用双层双向配置。其配筋构造尚应符合本书第二章的有关要求。

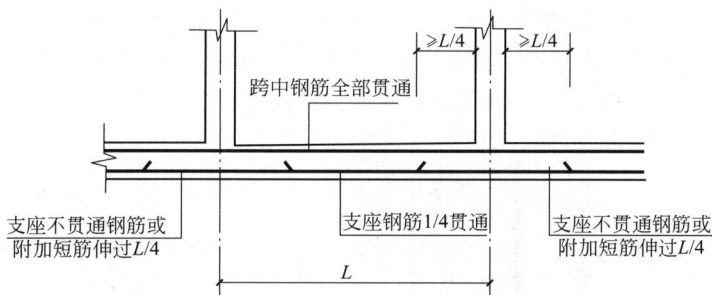

图 10.6.5   箱基底板配筋构造

5. 箱形基础顶板和底板的贯通钢筋当设置连接接头时，接头的位置对支座（下部）钢筋宜在两相邻墙间的中部 1/3 跨度范围内；对跨中（上部）钢筋宜在支座处或距支座 1/3 跨度范围内。当采用搭接接头时，搭接长度应按受拉接头考虑。

6. 墙体内应设置双层双向钢筋，竖向和水平钢筋的直径不应小于 10mm，间距不应大于 200mm。除上部为剪力墙外，在内墙和外墙的墙顶处宜配置两根不小于 20mm 的通长构造钢筋。

7. 墙体洞口削弱处，上下过梁的配筋应按计算确定。墙体洞口四周应设置加强钢筋，洞口四周附加钢筋面积不应小于洞口内相应方向被切断钢筋面积的一半，且不少于两根直径 16mm 的钢筋，此钢筋应从洞口边缘处向外延长 l_a 或 l_{aE}，洞口四角可不配置 45°斜筋（图 10.6.6）。

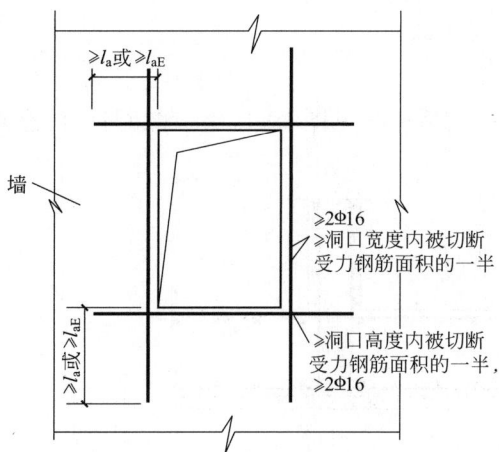

图 10.6.6   洞口两侧的加强钢筋

8. 按抗震设计的高层建筑，当地下室顶板作为上部结构的嵌固部位时，地下一层的抗震等级应与上部结构相同，地下一层以下的抗震等级可根据具体情况采用三级或更低等级。地下室中无上部结构的部分，可根据具体情况采用三级或更低等级。因而墙体中的分布钢筋最小配筋率、间距、锚固长度，底板和顶板中的钢筋搭接长度、锚固长度等构造要求均应符合相应抗震等级的要求。

9. 伸出箱形基础顶面与现浇底层柱的纵向钢筋相连接的钢筋，其接头位置及连接要求等详见第五章有关内容。

10. 现浇底层柱的纵向钢筋伸入箱形基础的长度应符合下列规定：当内柱的三面或四面与箱形基础的墙相连时，除柱的四角钢筋直通基底外，其余钢筋伸入箱形基础顶板底面以下的长度不应小于锚固长度 l_a 或 l_{aE}（其值均应符合充分发挥纵向钢筋抗拉强度设计值的要求）。外柱、与箱形基础外墙相连的柱，以及仅一侧与墙相连或四周无墙的地下室内柱的主筋应直通到基底。

11. 当箱形基础长度超过 40m 时，若不采用特殊措施则应设置贯通的施工后浇带。施工后浇带间距为 20～40m，带宽不宜小于 800mm。在施工后浇带处钢筋必须贯通。施工后浇带宜设在柱距三等分的中间范围内。施工后浇带处的底板及外墙宜采用附加卷材防水。施工后浇带两侧宜采用钢筋支架钢丝网或单层钢板网隔断（图 10.6.7）。后浇带的浇筑混凝土时间应按设计要求进行，其混凝土强度等级应采用高于其相邻结构一个强度等级的补偿收缩混凝土浇筑密实，并加强保湿养护（应不少于 14 天）。

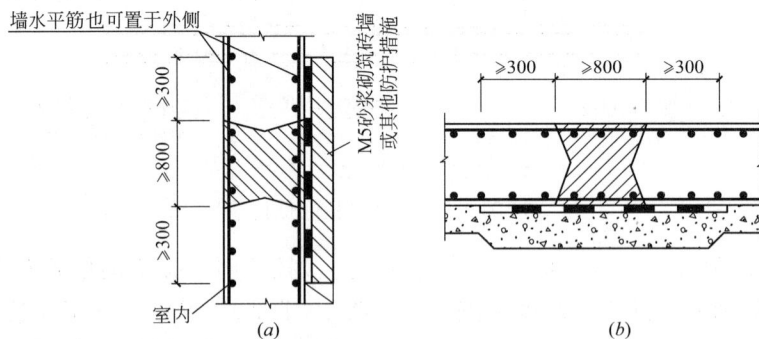

图 10.6.7　后浇施工带
（a）外墙；（b）底板

12. 箱形基础外墙和内墙与底板相连处的配筋构造可参见图 10.6.8。配筋时应注意外墙及底板内钢筋符合锚固要求。

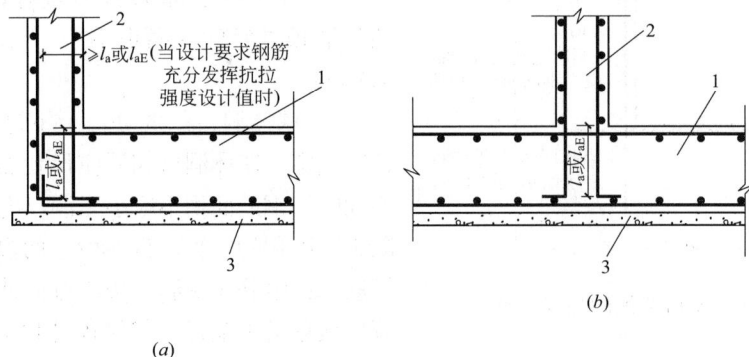

图 10.6.8　外墙或内墙与底板相连处配筋示意图
（a）外墙；（b）内墙
1—底板；2—墙；3—垫层

　　13. 箱形基础底板局部加深处配筋构造可参见图 10.6.9。配筋时应使加深部位与其他部位等强。

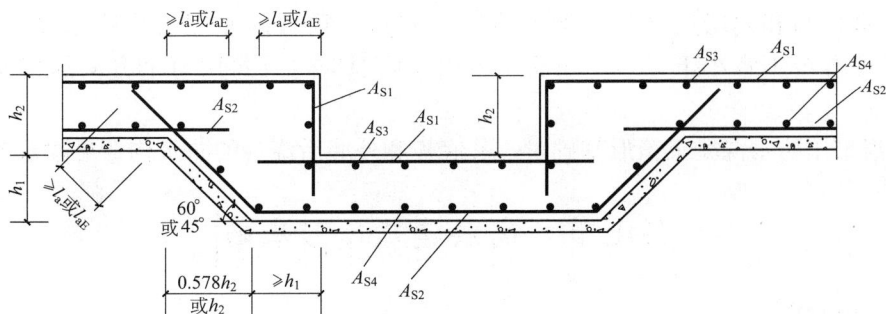

图 10.6.9　底板局部加深处配筋示意图

　　14. 当箱形基础不设变形缝而上部结构设变形缝时，变形缝处墙体的配筋构造可参见图 10.6.10(a)。地下室墙厚与首层墙厚不同时墙的配筋构造可参见图 10.6.10(b)。

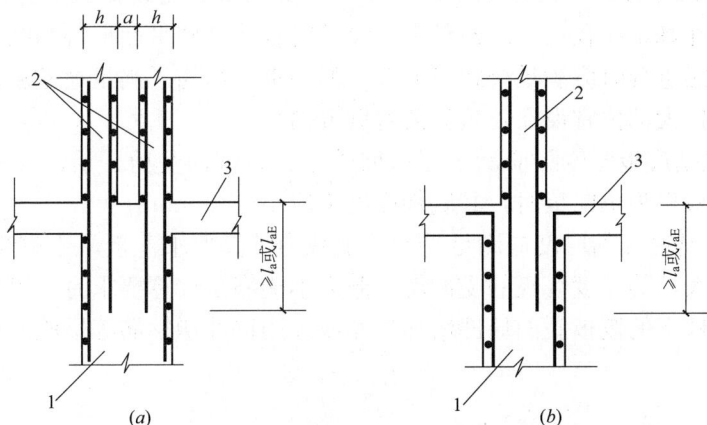

图 10.6.10　地下室墙与首层墙厚不同时墙的配筋示意图
(a)防震缝不通至地下室；(b)不同墙厚
1—地下室墙(箱基竖壁)；2—首层墙；3—首层楼板(箱基顶板)

　　15. 箱形基础外墙与箱形基础顶板连接处的配筋构造可参见图 10.6.11，为增加截面有效高度外墙水平筋也可以放置在竖筋内侧。

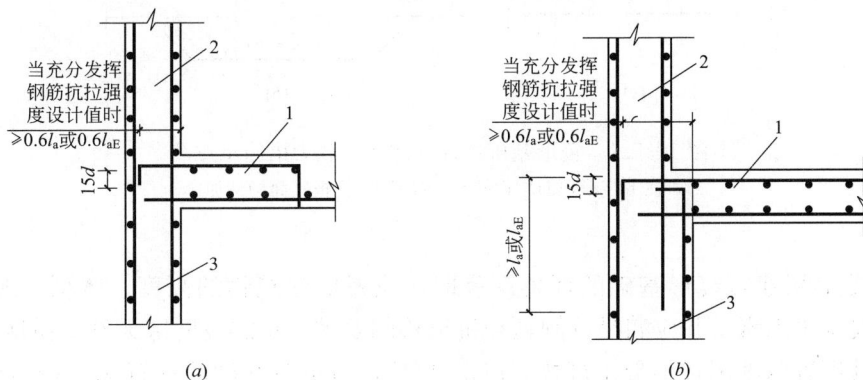

图 10.6.11　外墙与首层楼板连接处的配筋示意图
(a)地下室墙与首层墙厚相同；(b)地下室墙与首层墙厚不同
1—首层楼板(箱基顶板)；2—首层墙；3—地下室墙(箱基外墙)

16. 当地下室为单层箱形基础时，箱形基础的顶板可作为上部结构的嵌固部位，此时顶板应能保证将上部结构的地震作用或水平力传递到箱形基础的纵横墙上，因而沿地下室外墙和内墙边缘的板面不应有大洞口，顶板的厚度不应小于 200mm，其混凝土强度等级不宜小于 C30，配筋应采用双层双向，且每层每个方向的配筋率不宜小于 0.25%。

17. 当采用防水混凝土箱形基础时，其底板和外墙后浇带的防水构造见附录 B。

第七节   高层建筑筏形基础

一、一般规定

1. 高层建筑筏形基础是指柱下或墙下连续的平板式或梁板式钢筋混凝土基础。其选型应根据工程地质、上部结构体系、柱距、荷载大小及施工条件等因素确定。

2. 筏形基础的平面尺寸应根据工程地质，上部结构布置及荷载分布等因素确定。对单幢建筑物，在地基土比较均匀的条件下，设计时宜使基底平面形心与结构竖向永久荷载重心重合。当不能重合时应满足公式(10.6.1)的要求。当为了满足地基承载力的要求而扩大底板面积时，扩大部位宜设在建筑物的宽度方向。

3. 梁板式筏基底板厚度除应满足正截面受弯、斜截面受剪、受冲切承载力要求。当梁板式筏基底板板格为单向板时，其底板厚度不应小于 400mm。

4. 平板式筏基底板的厚度应满足受冲切承载力计算要求。板厚不宜小于 400mm，当柱传来的荷载较大，等厚度筏板的受冲切承载力不能满足计算要求时，可在柱下的筏板顶面增设柱墩或在柱下的筏板底面局部增加板厚或采用抗冲切钢筋等措施，提高受冲切承载力(图 10.7.1)。

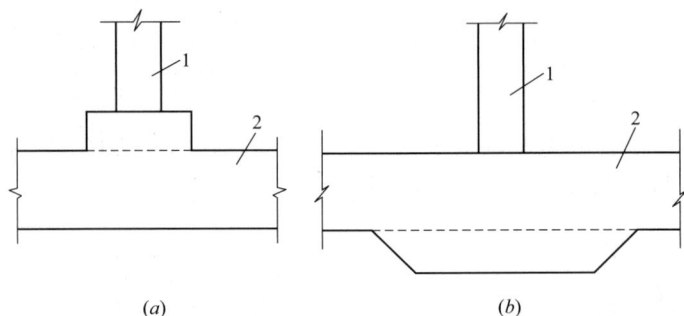

图 10.7.1   筏形基础增加受冲切承载力措施示意图
(a)柱下筏形顶面增设柱礅；(b)柱下筏板底面局部加厚
1—柱；2—筏板

5. 确定高层建筑筏形基础的埋置深度时，应考虑建筑物的高度、体型、地基土质、抗震设防要求等因素，并应满足抗倾覆和抗滑移的要求。抗震设防区天然土质地基上的筏形基础，其埋置深度不宜小于建筑物高度的 1/15；对桩筏基础的埋置深度(不计桩长)不宜小于建筑物高度的 1/18。

6. 梁板式筏基的肋梁宽度不宜过大，在满足受剪承载力的条件下，当梁宽小于柱宽

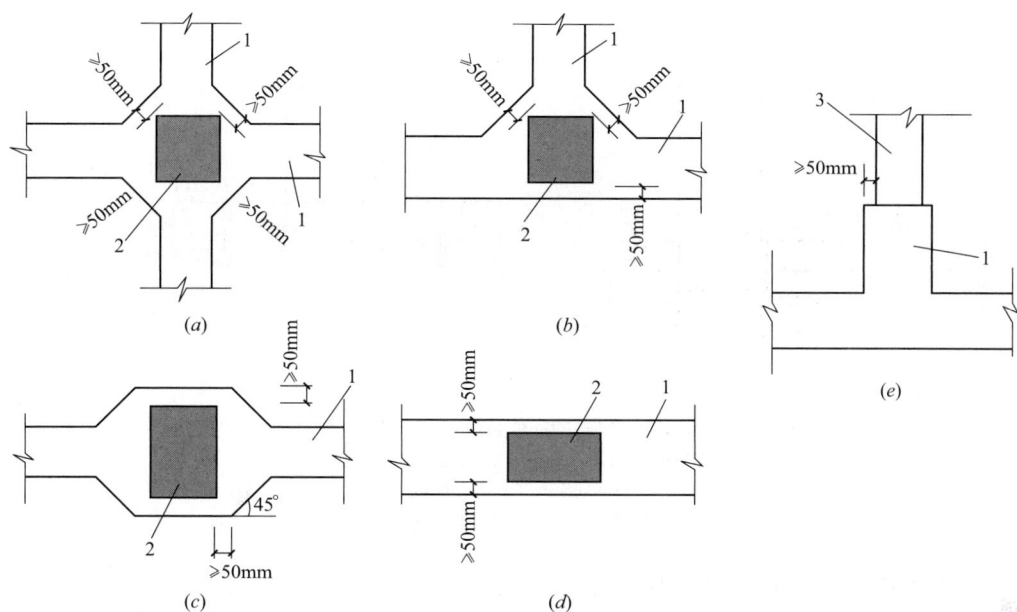

图 10.7.2　柱与肋梁连接构造示意图

(a)中柱；(b)边柱；(c)单向肋梁的梁宽小于柱宽；(d)单向肋梁梁宽大于柱宽；(e)设有大门洞的墙下肋梁

1—肋梁；2—柱；3—墙

时，可将肋梁在柱边加腋以满足构造要求(图 10.7.2)。墙柱的纵向钢筋应贯通肋梁插入底板中，并应从梁上表面算起满足锚固长度的要求。

7. 梁板式筏形基础的肋梁高度不宜小于平均柱距 1/6(肋梁高度取值应包括底板厚度在内)。应综合考虑荷载大小、柱距、地质条件等因素，经计算确定其配筋量。

8. 当满足地基承载力要求时，筏形基础的周边不宜向外有较大的伸挑扩大。当需要外挑时，对有肋梁的筏形基础宜将肋梁与底板共同挑出。对周边设有墙体的筏形基础，当采用柔性防水层时，不宜将筏板外伸。当与筏形基础底板相连的剪力墙上无洞口或洞口较小时，墙下的筏形基础可不设肋梁。

9. 采用筏形基础的地下室外墙厚度不应小于 250mm，内墙厚度不宜小于 200mm。

10. 筏板与地下室外墙的接缝，地下室外墙沿高度处的水平接缝应严格按施工缝要求施工，必要时可设通长止水带。

11. 带裙房的高层建筑筏形基础应符合下列要求：

(1) 当高层建筑与相连的裙房之间设置沉降缝时，高层建筑的基础埋深应大于裙房基础的埋深至少 2m，地面以下沉降缝的缝隙内应用粗砂填实(图 10.7.3a)。

(2) 当高层建筑与相连的裙房之间不设沉降缝时，宜在裙房一侧设置用于控制沉降差的后浇带，当沉降实测值和计算确定的后期沉降差满足设计要求后，方可进行后浇带混凝土浇筑。当高层建筑基础面积满足地基承载力和变形要求时，后浇带宜设在与高层建筑相邻裙房的第一跨内。当需要满足高层建筑地基承载力，降低高层建筑沉降量、减小高层建筑与裙房间的沉降差而增大高层建筑基础面积时，后浇带可设在距主楼边柱的第二跨内，此时应满足下列条件：

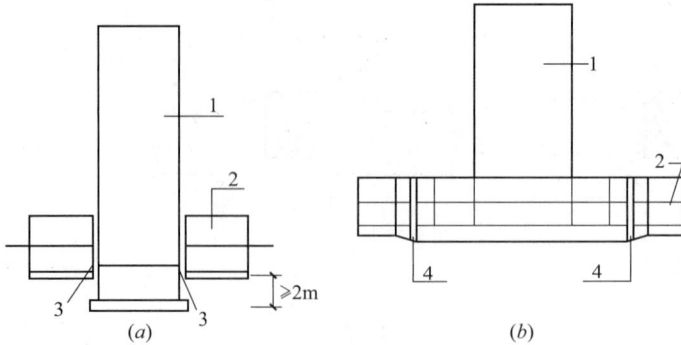

图 10.7.3　高层建筑与裙房间的沉降缝、后浇带处理示意图
(a)高层建筑与裙房间设沉降缝；(b)高层建筑与裙房间设后浇带
1—高层建筑；2—裙房及地下室；
3—室外地坪以下用粗砂填实；4—后浇带

1）基础底面以下地基土层较均匀；

2）裙房结构刚度较好，且基础底板以上的地下室和裙房结构层数不少于两层；

3）后浇带一侧与主楼相连的基础底板厚度与高层建筑的基础底板厚度相同。
（图 10.7.3b）。

（3）当高层建筑与相连的裙房之间不设沉降缝和后浇带时，高层建筑及与其紧邻一跨裙房的筏板应采用相同的厚度，裙房筏板的厚度宜从第二跨裙房开始逐渐变化，应同时满足主楼和裙房基础整体性和筏板的变形要求；应进行地基变形和基础内力的验算，验算时应分析地基与结构间变形的相互影响，并采取有效措施防止产生有不利影响的差异沉降。

（4）在同一大面积整体筏形基础上建有多幢高层和低层建筑时，筏板厚度（包括配筋）宜接上部结构，基础与地基土共同作用的基础变形和基底反力计算确定。

12. 筏形基础地下室施工完毕后、应及时进行基坑回填工作。填土应按设计要求选料，回填时应先清除基坑中的杂物，在相对的两侧或四周同时回填并分层夯实。回填土的实际系数不应小于 0.94。

二、筏形基础的配筋

1. 当地基比较均匀、上部结构刚度较好、且柱荷载及柱间距的变化不超过 20% 时，筏形基础可仅考虑局部弯曲作用，按倒楼盖法进行计算确定其配筋量。当地基比较复杂、上部结构刚度较差，或柱荷载及柱间距变化较大时，筏形基础的配筋应按弹性地基梁板方法计算确定。

2. 按倒楼盖方法计算的梁板式筏基（基底反力直线分布），其肋梁的配筋可按连续梁计算，边跨跨中及第一内支座的弯矩值宜乘以增大系数 1.2。考虑到整体弯曲的影响，肋梁和底板的配筋除满足计算要求外，纵横方向底部钢筋的不少于 1/3 截面面积应贯通全跨，顶部钢筋按计算配筋量全部连通，上下贯通钢筋的配筋率均不应小于 0.15%。

3. 筏形基础地下室的墙体应配置双层双向热轧带肋钢筋，其配筋量除满足承载力要求外，水平分布钢筋的直径不应小于 12mm，竖向分布钢筋的直径不应小于 10mm，间距不应大于 200mm。

4. 当筏板的厚度大于 2000mm 时，宜在板厚中间部位设置直径不小于 12mm，间距不大于 300mm 的双向钢筋网。

5. 筏形基础底板的钢筋间距不应小于 150mm，一般宜取 200～300mm。受力钢筋直径不宜小于 12mm。

6. 当筏板厚度 $h \geqslant 1000$mm 且无地下室外墙相连时，端部宜设置 $\Phi12 \sim \Phi20@250 \sim 300$ 钢筋网(图 10.7.4)。当 $500 < h < 1000$ 时宜将上部与下部钢筋端部弯折 $20d$。当 $h \leqslant 500$mm 时，顶、底部钢筋端部可向下弯折 $12d$。

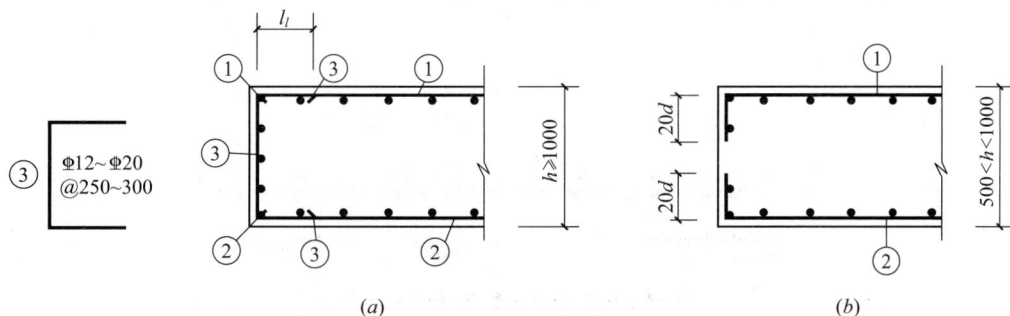

图 10.7.4　筏板基础端部配筋构造示意图
(a)板厚 $h \geqslant 1000$；(b)$500 < h < 1000$

7. 按倒楼盖方法(基底反力直线分布)计算的平板式筏形基础，可按柱下板带和跨中板带分别进行内力分析。柱下板带中、柱宽及两侧各 0.5 倍板厚且不大于 1/4 板跨的有限宽度范围内，其钢筋配置量不应小于柱下板带钢筋数量的一半，且应能承受部分不平衡弯矩 $\alpha_m M_{unb}$。M_{unb} 为作用在冲切临界截面重心上的不平衡弯矩，α_m 可按公式(10.7.1)计算确定：

$$\alpha_m = 1 - \alpha_s \tag{10.7.1}$$

$$\alpha_s = 1 - \frac{1}{\left(1 + \frac{2}{3}\sqrt{\frac{c_1}{c_2}}\right)} \tag{10.7.2}$$

式中：α_m——不平衡弯矩通过筏板弯曲来传递的分配系数；

α_s——不平衡弯矩通过筏板冲切临界截面上的偏心剪力来传递的分配系数；

c_1——与不平衡弯矩作用方向一致的冲切临界边长；

c_2——垂直于不平衡弯矩作用方向的冲切临界边长。

平板式筏形基础柱下板带和跨中板带的板底部支座钢筋应有 1/3 贯通全跨，板顶部钢筋应按计算配筋全部贯通，上下贯通钢筋的配筋率均不应小于 0.15%。

8. 为提高框架柱与筏板基础相连处的冲切强度，可将柱下筏板底面面部加厚，该处的配筋构造见图 10.7.5。

9. 带地下室的筏形基础窗井墙配筋构造见图 10.7.6 及图 10.7.7。

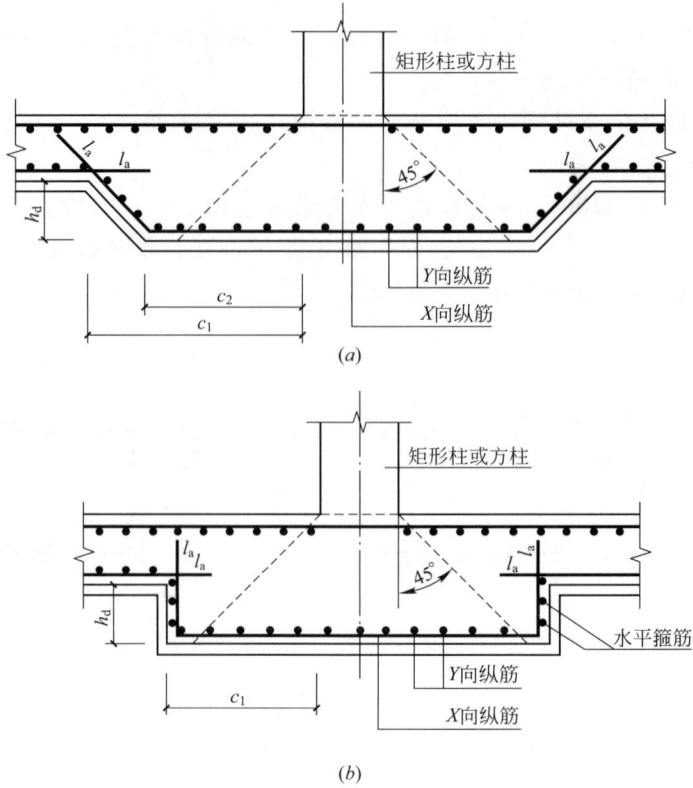

图 10.7.5　提高筏板基础冲切强度的配筋构造示意图
(a)筏板底面向下加厚做法(一)；(b)筏板底面向下加厚做法(二)

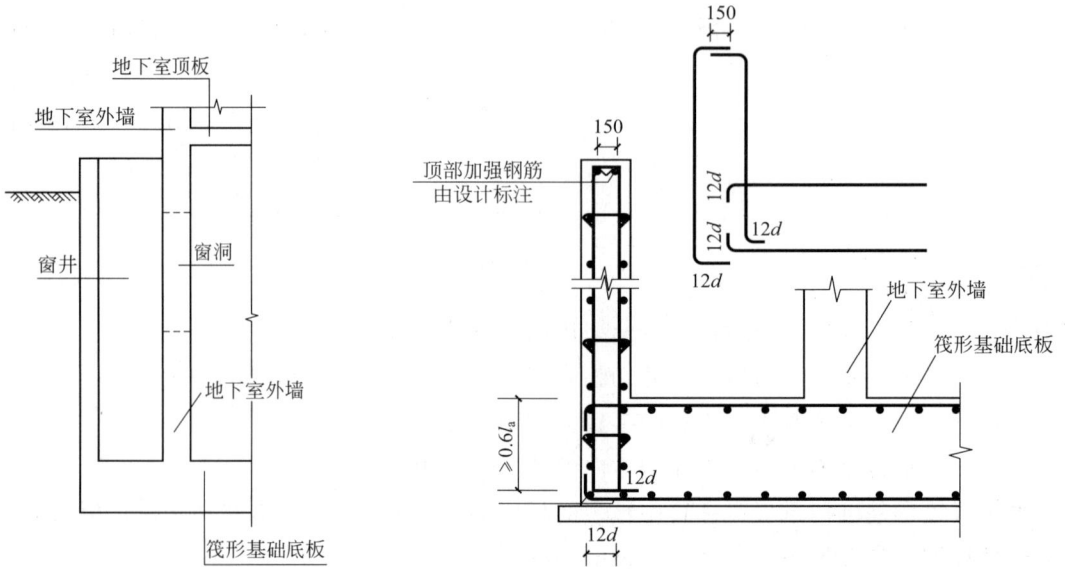

图 10.7.6　带地下室的筏
形基础窗井剖面

图 10.7.7　窗井处配筋构造示意图

10. 梁板式筏基中的基础梁配筋构造要求与柱下条形基础的肋梁基本相同，可参见本章第四节有关内容。

第八节　桩　基　础

一、桩

1. 一般规定

(1) 由于桩的类型较多，桩型选用时应综合考虑工程地质与水文条件、上部结构类型、使用功能、荷载特征、施工技术条件与环境因素，合理确定桩型。

(2) 桩基排列时，应注意使桩顶受荷尽量均匀；应尽可能使上部结构传给桩顶的永久荷载重心与桩群形心重合，并使桩基在受水平力和弯矩较大方向有较大的抵抗矩。

(3) 对于桩箱基础，宜将桩布置于墙下；对于带肋梁的桩筏基础，宜将桩布置于肋梁下。

(4) 建筑物的四角、转角、内外墙和纵横墙交叉处应布桩，但横墙较密的多层建筑，纵墙也可在与内横墙交叉处两侧布桩，门洞口范围内应尽量避免布桩。

(5) 框架结构体系，当地下室内外墙均为钢筋混凝土墙，且内外墙无洞口或洞口较小时，应均匀布桩；内外墙门窗洞较多且较大时，应按各柱荷载大小分别集中布桩。

(6) 当框架剪力墙结构采用条形承台或独立柱下承台时，在抗震设计中应注意采取措施，解决剪力墙下的承台中桩数因考虑地震作用设置过多而可能导致沉陷不均匀的问题。

(7) 室内外管沟和室内设备池、坑等不宜紧贴桩设置，如平面受限制而不能避免时，局部区段的桩(特别是灌注桩)必须相应加深或采取其他可靠措施(如有管沟时，承台可做在管沟底等)。

(8) 桩的最小中心距应符合表 10.8.1 的规定。对于大面积桩群，尤其是挤土桩，桩的最小中心距宜按表中所列值适当加大。

		桩的最小中心距	表 10.8.1
序号	土类与成桩工艺	排数超过三排(含三排)桩数超过 9 根(含 9 根)的摩擦型桩基础	其他情况
1	非挤土和部分挤土灌注桩	$3.0d$	$2.5d$
2	挤土灌注桩　穿越非饱和土 穿越饱和土	$3.5d$ $4.0d$	$3.0d$ $3.5d$
3	挤土预制桩及打入式敞口管桩	$3.5d$	$3.0d$

注：1. d 为桩身直径或边长；

　　2. 非挤土灌注桩成桩工艺指干作业法、泥浆护壁法、套管护壁法等；

　　3. 部分挤土灌注桩成桩工艺指冲击成孔法、钻孔压注成型法等；

　　4. 挤土预制桩成桩工艺指打入法、静压法等；

　　5. 挤土灌注桩成桩工艺指振动法、锤击法等。

(9) 扩底灌注桩除应符合表 10.8.1 中的要求外，尚应满足表 10.8.2 的规定。

扩底灌注桩扩大端最小中心距　　　　　　表 10.8.2

序号	成桩方法	最小中心距
1	钻、挖孔灌注桩	$1.5d_1$ 或 d_1+1m(当 $d_1>2$m 时)
2	沉管夯扩灌注桩	$2.0d_1$

注：d_1 为扩大端设计直径。

（10）确定桩长时，桩端进入持力层的深度，对黏性土、粉土不宜小于 $2d$；砂土不宜小于 $1.5d$；碎石类土不宜小于 $1d$。

2. 预制混凝土三角形和方形桩

（1）截面尺寸

1）三角形桩截面的边长为 $200\sim500$mm。

2）方形桩的截面边长不应小于 200mm，常用截面尺寸及桩长见表 10.8.3。

方形桩常用截面尺寸及桩长　　　　　　表 10.8.3

截面尺寸 （mm×mm）	200×200	250×250	300×300	350×350	400×400	450×450	500×500
桩长(m)	≤10	≤12	≤16	≤21	≤24	≤27	≤30

（2）桩的配筋

1）桩的纵向钢筋数量按计算确定，采用锤击沉桩法施工时其最小配筋率一般不宜小于 0.8%；如采用静压法沉桩时，其最小配筋率不宜小于 0.6%。纵向钢筋数量：三角形桩不宜少于 3 ⏀14，方形桩不宜少于 4 ⏀14。

2）箍筋一般采用 $\phi8$，其间距不应大于 200mm，也不应小于 50mm。在桩顶及桩尖约 1m 范围内箍筋应加密，见图 10.8.1 及图 10.8.2，此部分箍筋应焊接成封闭环形或采用螺旋箍筋。

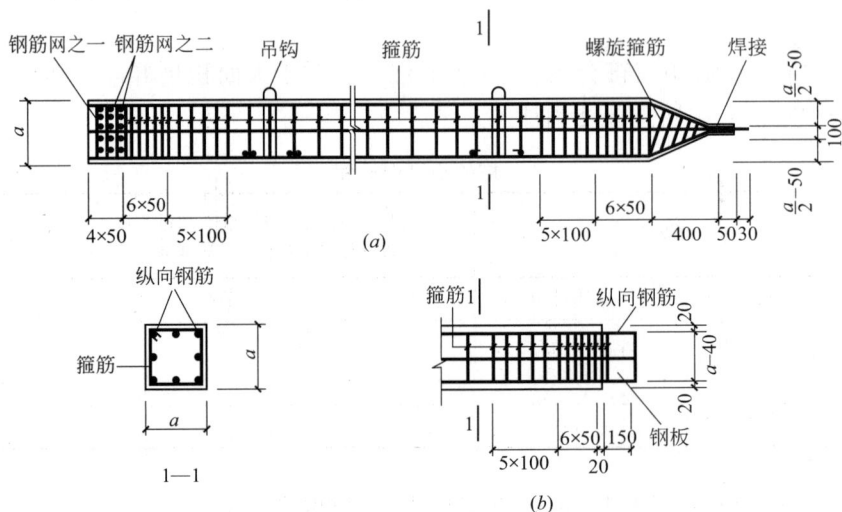

图 10.8.1　方形桩的配筋示例

(a)方形桩；(b)方形桩接桩

3）沿桩长每 2m 左右，于纵向钢筋内侧宜设 $\phi12$mm 加劲箍筋一个。

4）桩的纵向受力钢筋在下料前应采用闪光接触焊焊好，不宜采用搭接接头。焊接接头

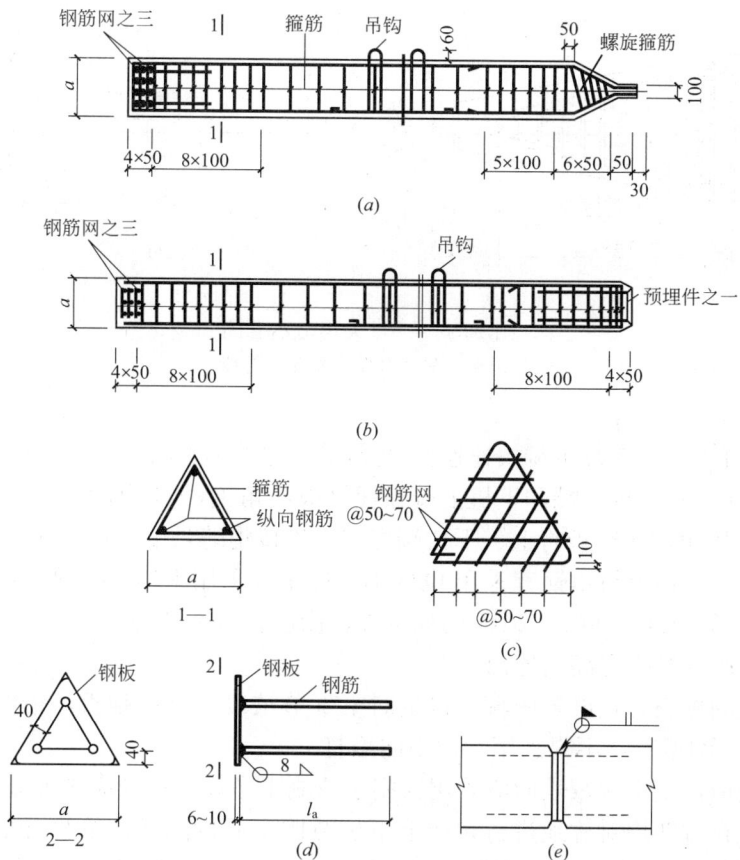

图 10.8.2 三角形桩的配筋示例

(a)三角形桩；(b)三角形桩接桩；(c)钢筋网之三；(d)预埋件之一；(e)接桩处构造

面积，在同一连接区段内不得超过纵向钢筋总面积的 1/2，钢筋焊接接头连接区段的长度为 35d（d 为连接钢筋的直径）且不小于 500mm。

5）桩顶直接承受锤击时，必须配置三层或四层钢筋网以增强桩顶强度，钢筋网的钢筋直径不应小于 6mm，网孔为 50×50～70×70，钢筋网之间的距离为 50～70mm。桩顶第一层钢筋网（钢筋网之一）应向下弯折不少于 200mm（图 10.8.3）。

6）方形桩和三角形桩的桩尖应设置

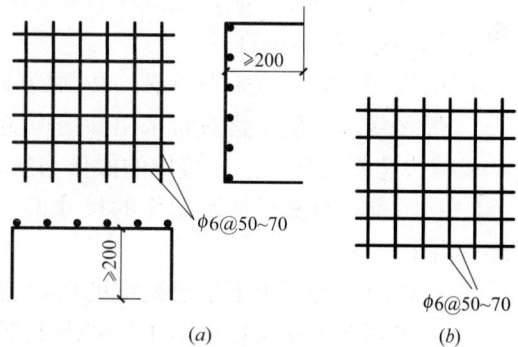

图 10.8.3 方桩桩顶钢筋网

(a)钢筋网之一；(b)钢筋网之二

$\phi 20～\phi 32$mm 钢筋芯棒，并设短筋与桩内纵向钢筋互相焊牢，芯棒长度不宜小于 600mm，应露出桩尖外 30～50mm（图 10.8.4）。桩类范围内的箍筋宜采用螺旋箍筋也可采用普通箍筋。

（3）接桩构造

1）由于施工和运输条件所限，当桩长不能满足设计长度时，可采用接桩，接头数量不宜超过两个。接桩应保证传力可靠、构造简单、施工方便。

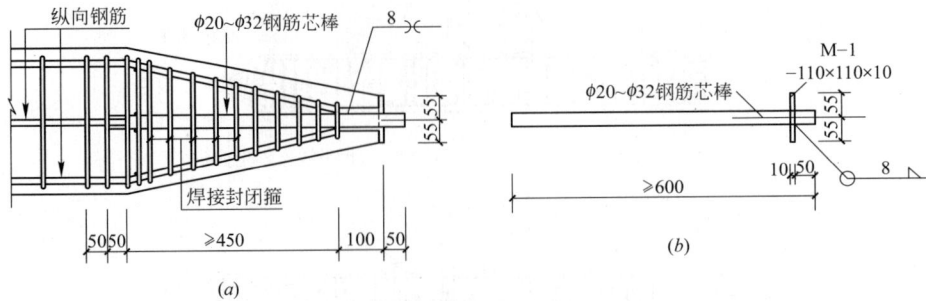

图 10.8.4　桩尖构造示意图

(a)桩尖配筋构造；(b)钢筋芯棒

2）接桩

桩的连接可采用焊接及机械快速连接(螺纹式、啮合式)。

焊接接桩法：在上桩下端和下桩上端预埋钢板或角钢(该角钢或钢板应与桩的纵向钢筋焊接)再用连接角钢或钢板将上、下柱端焊牢，连接焊缝长度不应少于 250mm，焊缝厚度不应小于 8mm。钢板与角钢宜采用 Q235B，焊条宜采用 E43，除须满足现行行业标准《钢结构焊接规范》GB 50661—2011 的规定外，尚应符合下列规定。

① 下节桩段的桩头宜高出地面 0.5m；

② 下节桩的桩头处宜设导向箍；接桩时上下节桩段应保持顺直，错位偏差不宜大于 2mm；接桩就位纠偏时，不得采用大锤横向敲打；

③ 桩对接前，上下端钣表面应采用铁刷子清刷干净，坡口处应刷至露出金属光泽；

④ 焊接宜在桩四周对称地进行，待上下桩节固定后拆除导向箍再分层施焊；焊接层数不得少于 2 层，第一层焊完后必须把焊渣清理干净，方可进行第二层(的)施焊，焊缝应连续、饱满；

⑤ 焊好后的桩接头应自然冷却后方可继续锤击，自然冷却时间不宜少于 8min；严禁采用水冷却或焊好即施打；

⑥ 雨天焊接时，应采取可靠的防雨措施；

⑦ 焊接接头的质量检查宜采用探伤检测，同一工程探伤抽样检验不得少于 3 个接头。

机械快速螺纹接桩法：接桩的操作与质量应符合下列规定。

① 接桩前应检查桩两端制作的尺寸偏差及连接件，无受损后方可起吊施工，其下节桩端宜高出地面 0.8m；

② 接桩时，卸下上下节桩两端的保护装置后，应清理接头残物，涂上润滑脂；

③ 应采用专用接头锥度对中，对准上下节桩进行旋紧连接；

④ 可采用专用链条式扳手进行旋紧，(臂长 1m，卡紧后人工旋紧再用铁锤敲击板臂，)锁紧后两端板尚应有 1～2mm 的间隙。

机械啮合接头接桩法：接桩的操作与质量应符合下列规定。

① 将上下接头钣清理干净，用扳手将已涂抹沥青涂料的连接销逐根旋入上节桩Ⅰ型端头钣的螺栓孔内，并用钢模板调整好连接销的方位；

② 剔除下节桩Ⅱ型端头钣连接槽内泡沫塑料保护块，在连接槽内注入沥青涂料，并在端头钣面周边抹上宽度 20mm、厚度 3mm 的沥青涂料；当地基土、地下水含中等以上腐蚀介质时，桩端钣板面应满涂沥青涂料；

③ 将上节桩吊起，使连接销与Ⅱ型端头钣上各连接口对准，随即将连接销插入连接槽内；

④ 加压使上下节桩的桩头钣接触，完成接桩。

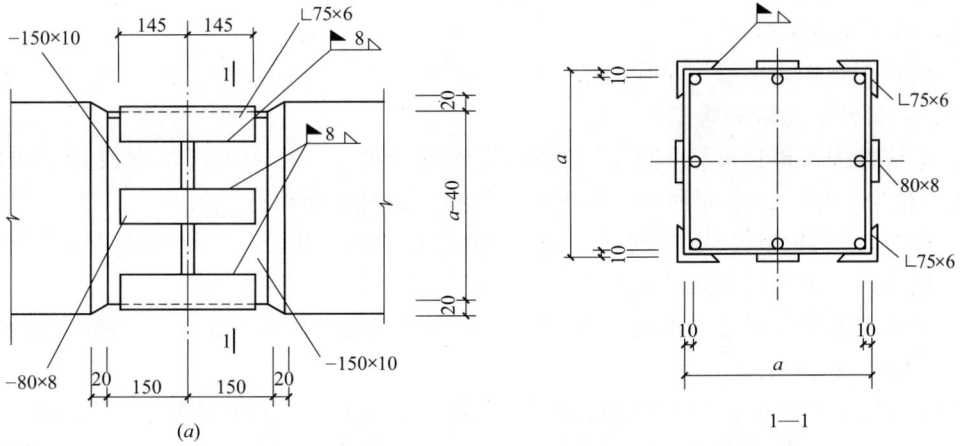

图 10.8.5　焊接接桩示意图一（用角钢、钢板连接）

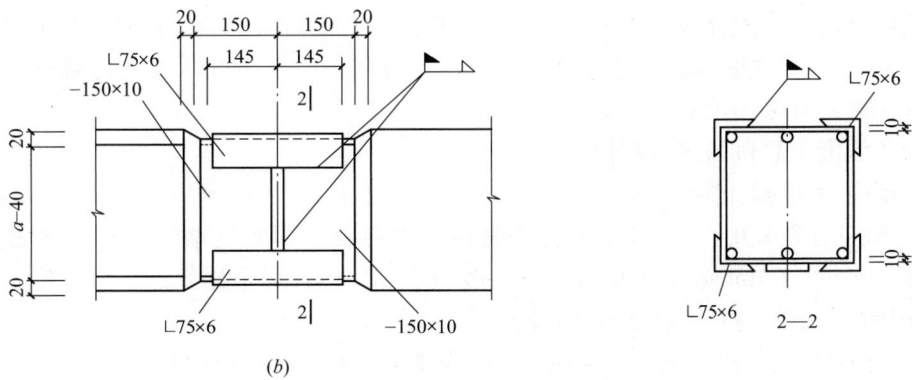

图 10.8.6　焊接接桩示意图二（用角钢连接）

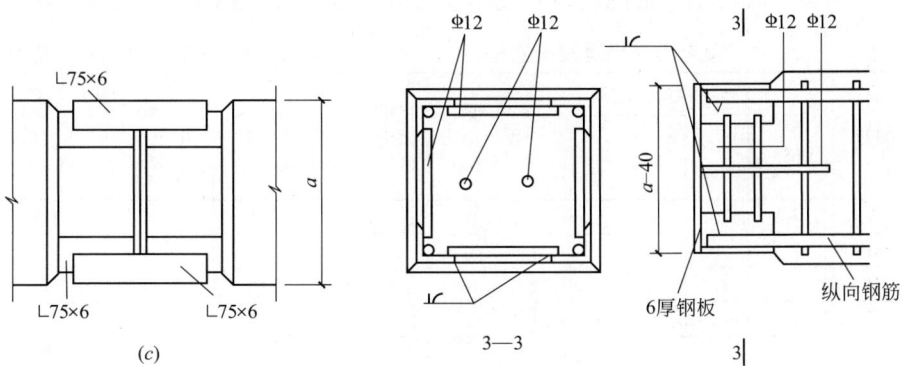

图 10.8.7　焊接接桩示意图三（连接角钢焊在桩端角钢上）

3. 预应力混凝土管桩

预应力混凝土管桩与预制方桩和钢桩相比较，具有下列明显的特点：

① 与一般预制方桩相比，管桩的混凝土强度高，因而其结构在各种受力状态下的承载力高，抗锤击性能好；

② 材料用量少，钢筋用量比一般方桩节省 50％左右，混凝土用量节省 30％左右，因而自重轻，又便于运输和施工；

③ 适应性强，桩长可根据不同工程的需要进行拼接；桩尖可以根据设计要求配置；对锤击、挖空、压入、水冲和锤抓等不同的沉桩工艺都能适应；

④ 成本低，其价格仅为钢桩的 1/3～1/2，使用成本也比钢桩低，且其结构刚度也优于钢桩；

⑤ 使用开口桩时挤土量比方桩小，且可贯入性好，施工速度快；

⑥ 结构定型化、工艺标准化、生产自动化、机械化，因而产品质量可靠，有利于商品化生产和建筑工业化的发展。

预应力混凝土管桩适用于桩端持力层为较厚的强风化或全风化岩层，坚硬黏性土，密实碎石土、砂土、粉土层的场地。不适宜用于土层中含有较多的孤石、障碍物，或含有不适宜作为持力层且管桩又难以贯穿的坚硬夹层；在石灰岩地区，大多数基岩表面就是新鲜岩面，且存在溶洞、溶沟和溶槽等，其上覆土层一般不宜作为持力层，打桩过程中，管桩一接触岩面就容易出现桩身断裂或桩尖滑动。据统计，在石灰岩地区打桩，桩的破损率高达 20％～50％，成桩倾斜超过规范允许值的桩数很多，而且单桩承载力比较低，所以石灰岩地区一般不宜采用预应力混凝土管桩基础。

预应力混凝土管桩的规格和构造：

（1）预应力混凝土管桩通常采用先张离心法生产工艺制造，其外径不宜小于300mm。预应力筋采用 1420MPa 级低松弛预应力混凝土用螺旋槽钢棒。我国常用的管桩外径为 300～1200mm，每节桩身长度一般为 10m，但也可根据供需双方商定。实际工程中已采用过每节桩身长度达 30m 的管桩。

（2）国内预应力管桩种类分为两种：预应力高强混凝土管桩(代号 PHC 桩)，混凝土强度等级≥C80；预应力混凝土管桩(代号 PC 桩)，混凝土强度等级≥C60 部分常用的管桩的规格和技术性能见表 10.8.4 及表 10.8.5（摘自国家建筑标准设计图集《预应力混凝土管桩》10G409）。但具体工程使用管桩的规格和技术性能应根据订货厂家的实际资料选定。

预应力高强混凝土管桩(PHC 桩)的规格和技术性能 表 10.8.4

外径 (mm)	型号	壁厚 (mm)	预应力主筋			混凝土有效 预压应力 (MPa)	标准组合 抗裂弯矩 (kN・m)	单位长 度重量 (kg/m)	主筋 配筋率 (%)	桩身轴心 受压承载力 (kN)	单节 长度 (m)
			直径 (mm)	数量 (根)	D_p (mm)						
300	A	70	7.1	6	230	4.15	25	132	0.47	1271	7～11
	AB	70	9.0	6	230	6.37	31	132	0.76	1271	
	B	70	9.0	8	230	8.19	36	132	1.01	1271	
	C	70	10.7	8	230	10.87	43	132	1.42	1271	
400	A	95	9.0	7	308	4.30	60	237	0.49	2288	7～12
	AB	95	10.7	7	308	5.87	70	237	0.69	2288	
	B	95	10.7	10	308	8.03	84	237	0.99	2288	7～13
	C	95	10.7	13	308	10.01	97	237	1.29	2288	

续表

外径 （mm）	型号	壁厚 （mm）	预应力主筋			混凝土有效 预压应力 （MPa）	标准组合 抗裂弯矩 （kN·m）	单位长 度重量 （kg/m）	主筋 配筋率 （%）	桩身轴心 受压承载力 （kN）	单节 长度 （m）
			直径 （mm）	数量 （根）	D_p （mm）						
500	A	100	9.0	11	466	4.84	118	327	0.56	3158	7~14
	AB	100	10.7	11	406	6.59	138	327	0.79	3158	
	B	100	12.6	11	406	8.75	164	327	1.09	3158	7~15
	C	100	12.6	13	406	10.06	180	327	1.29	3158	
	A	125	9.0	12	406	4.53	123	383	0.52	3701	7~14
	AB	125	10.7	12	406	6.18	144	383	0.73	3701	
	B	125	12.6	12	406	8.24	170	383	1.02	3701	7~15
	C	125	12.6	15	406	9.93	193	383	1.27	3701	
600	A	110	9.0	14	506	4.60	191	440	0.53	4255	
	AB	110	10.7	14	506	6.26	224	440	0.74	4255	7~15
	B	110	12.6	14	506	8.34	265	440	1.03	4255	
	C	110	12.6	17	506	9.81	295	440	1.25	4255	
	A	130	9.0	16	506	4.63	205	499	0.53	4824	
	AB	130	10.7	16	506	6.31	240	499	0.75	4824	7~15
	B	130	12.6	16	506	8.40	285	499	1.04	4824	
	C	130	12.6	20	506	10.12	323	499	1.30	4824	
700	A	110	10.7	12	590	4.60	282	530	0.53	5124	
	AB	110	9.0	24	590	6.33	331	530	0.75	5124	7~15
	B	110	10.7	24	590	8.52	395	530	1.06	5124	
	C	110	12.6	24	590	11.16	475	530	1.47	5124	
	A	130	10.7	13	590	4.38	299	605	0.50	5850	
	AB	130	9.0	26	590	6.04	350	605	0.71	5850	7~15
	B	130	10.7	26	590	8.14	417	605	1.01	5850	
	C	130	12.6	26	590	10.70	501	605	1.40	5850	
800	A	110	10.7	15	690	4.89	402	620	0.57	5992	
	AB	110	12.6	15	690	6.58	469	620	0.79	5992	7~30
	B	110	10.7	30	690	9.01	568	620	1.13	5992	
	C	110	12.6	30	690	11.76	685	620	1.57	5992	
	A	130	10.7	16	690	4.57	427	711	4.57	6876	
	AB	130	12.6	16	690	6.16	496	711	6.16	6876	7~30
	B	130	10.7	32	690	8.47	599	711	8.47	6876	
	C	130	12.6	32	690	11.16	721	711	11.10	6876	
1000	A	130	9.0	32	880	4.97	766	924	4.97	8929	
	AB	130	10.7	32	880	6.75	901	924	6.75	8929	7~30
	B	130	12.6	32	880	8.97	1071	924	8.97	8929	
	C	130	14.0	32	880	16.65	1265	924	10.65	8929	
1200	A	150	10.7	30	1060	4.73	1262	1286	4.73	12434	
	AB	150	12.6	30	1060	6.36	1469	1286	6.36	12434	7~30
	B	150	12.6	45	1060	9.04	1817	1286	9.04	12434	
	C	150	14.0	45	1060	10.73	2045	1286	10.73	12434	

注：表中的 D_p 为预应力筋中心位置直径。

预应力混凝土管桩(PC桩)的规格和技术性能　　　　　表 10.8.5

| 外径 (mm) | 壁厚 (mm) | 型号 | 预应力主筋 | | | 混凝土有效预压应力 (MPa) | 标准组合抗裂弯矩 (kN·m) | 单位长度重量 (kg/m) | 主筋配筋率 (%) | 桩身轴心受压承载力 (kN) | 单节长度 (m) |
			直径 (mm)	数量 (根)	D_p (mm)						
300	70	A	7.1	6	230	4.14	24	132	0.47	974	7~11
		AB	9.0	6	230	6.35	30	132	0.76	974	
		B	9.0	8	230	8.15	35	132	1.01	974	
		C	10.7	9	230	10.79	43	132	1.42	974	
400	95	A	9.0	7	308	4.29	59	237	0.49	1752	7~12
		AB	10.7	7	308	5.85	69	237	0.69	1752	
		B	10.7	11	308	8.66	87	237	1.09	1752	7~13
		C	10.7	13	308	9.94	96	237	1.29	1752	
500	100	A	9.0	11	406	4.83	115	327	0.56	2419	7~14
		AB	10.7	11	406	6.56	138	327	0.79	2419	7~15
		B	12.6	11	406	8.76	161	327	1.09	2419	
		C	12.6	14	406	10.61	185	327	1.39	2419	
	125	A	9.0	12	406	4.52	121	383	0.52	2835	7~14
		AB	10.7	12	406	6.16	141	383	0.73	2835	7~15
		B	12.6	12	406	8.19	168	383	1.02	2835	
		C	12.6	15	406	9.87	190	383	1.27	2835	
600	110	A	9.0	14	506	4.58	187	440	0.53	3260	7~15
		AB	10.7	14	506	6.24	220	440	0.74	3260	
		B	12.6	14	506	8.29	261	440	1.03	3260	
		C	12.6	19	506	10.67	310	440	1.40	3260	
	130	A	9.0	16	506	4.62	201	499	0.53	3695	
		AB	10.7	16	506	6.28	236	499	0.75	3695	7~15
		B	12.6	16	506	8.35	281	499	1.04	3695	
		C	12.6	21	506	10.45	328	499	1.37	3695	
700	110	A	10.7	13	590	4.94	286	530	0.57	3925	
		AB	9.0	26	590	6.77	339	530	0.82	3925	7~15
		B	10.7	26	590	9.06	407	530	1.15	3925	
		C	12.6	26	590	11.80	491	530	1.59	3925	
	130	A	10.7	14	590	4.68	302	605	0.54	4481	
		AB	9.0	28	590	6.43	357	605	0.77	4481	7~15
		B	10.7	28	590	8.63	428	605	1.08	4481	
		C	12.6	28	590	11.27	516	605	1.50	4481	

续表

外径 (mm)	壁厚 (mm)	型号	预应力主筋			混凝土有效 预压应力 (MPa)	标准组合 抗裂弯矩 (kN·m)	单位长 度重量 (kg/m)	主筋 配筋率 (%)	桩身轴 心受压 承载力 (kN)	单节 长度 (m)
			直径 (mm)	数量 (根)	D_p (mm)						
800	110	A	10.7	16	690	5.17	406	620	0.60	4590	7～30
		AB	12.6	16	690	6.93	477	620	0.84	4590	
		B	10.7	32	690	9.45	581	620	1.21	4590	
		C	12.6	32	690	12.27	702	620	1.68	4590	
	130	A	10.7	17	690	4.82	430	711	0.56	5267	7～30
		AB	12.6	17	690	6.48	503	711	0.78	5267	
		B	10.7	34	690	8.86	610	711	1.12	5267	
		C	12.6	34	690	11.56	737	711	1.55	5267	
1000	130	A	10.7	24	880	5.20	770	924	0.61	6840	7～30
		AB	12.6	24	880	6.97	904	924	0.84	6840	
		B	12.6	32	880	8.91	1056	924	1.13	6840	
		C	14.0	40	880	12.58	1356	924	1.73	6840	
1200	150	A	10.7	32	1060	5.00	1274	1286	0.58	9525	7～30
		AB	12.6	32	1060	6.71	1492	1286	0.81	9525	
		B	12.6	48	1060	9.48	1858	1286	1.21	9525	
		C	14.0	50	1060	11.58	2146	1286	1.56	9525	

（3）管桩的外形见图 10.8.8。桩身两端 1～1.5m 范围内的螺旋箍筋应加密，当有抗

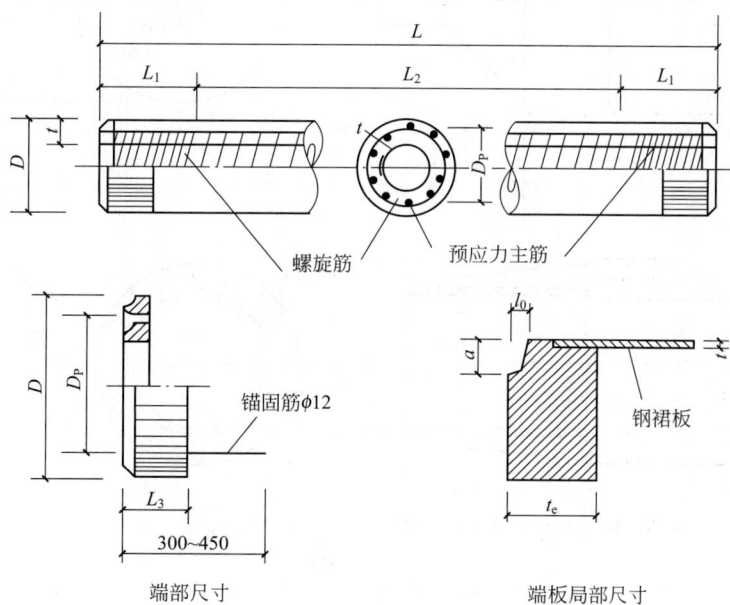

图 10.8.8 管桩构造示意

L—桩长；L_1—箍筋加密区长度；L_2—箍筋非加密区长度；D—桩外径；t—壁厚；
D_P—预应力筋中心直径；L_3—端头高度；t_e—端板厚度；l_0—凹口高度；a—凹口宽度

震要求时，螺旋箍筋的直径及间距应按设计要求配置。桩端应设置厚度≥1.5mm、高度≥140mm 的钢裙板（又称桩套箍）以保护桩端不致因锤击损坏。钢裙板上焊有锚固钢筋，将其固定于桩端。钢裙板端部与端头板相连，以便桩长较长需要连接时，将端头板相互焊接。

（4）预应力管桩的桩尖有十字型桩尖、圆锥型桩尖和开口型桩尖等三种不同的型式（图 10.8.9）。其构造尺寸见表 10.8.6～表 10.8.8。各种桩尖分别适用于不同的地质条件和设计要求。开口型桩尖穿越砂层的能力比较强，挤土效应比其他桩尖型式低，但价格较高，一般用于桩径较大，桩长较长且布桩较密的场地。十字型和圆锥型的桩尖均为封口桩尖，成桩后管桩内不进土，可通过低压照明用直观法检查成桩质量。圆锥型桩尖穿越砂层的能力也比较强，且加工容易，价格便宜。

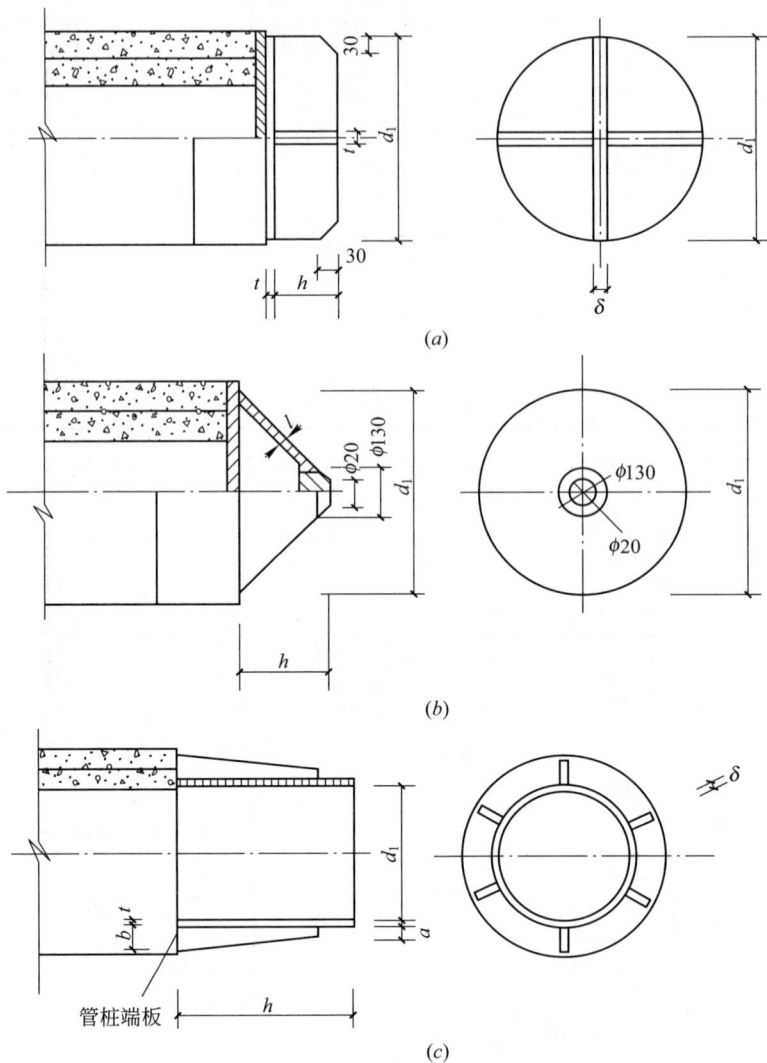

图 10.8.9 管桩桩尖构造图

(a)十字型桩尖；(b)圆锥型桩尖；(c)开口型桩尖

十字型桩尖构造尺寸(mm)　　　　表 10.8.6

桩径	d_1	h	t	δ
300	270	125～140	12	18
400	370	125～140	12	18
500	470	125～150	15	18
550	520	125～150	15	18
600	570	125～150	15	18
800	760	150～400	18	22
1000	960	150～400	20	25

圆锥型桩尖构造尺寸(mm)　　　　表 10.8.7

桩径	d_1	h	t	桩径	d_1	h	t
300	282	120～200	10～16	600	582	220～300	12～20
400	382	170～250	10～18	700	682	270～350	12～25
500	482	220～300	12～20	800	782	270～350	12～25

开口型桩尖构造尺寸(mm)　　　　表 10.8.8

桩径	d_1	t	h	a	b	δ
300	180	8～10	200～300	25～40	45	12～15
400	240	8～10	400～500	25～40	60	12～18
500	300	10～12	400～600	30～40	45	12～20
600	380～400	10～12	400～600	30～40	25	12～20
700	460～580	10～20	400～800	30～40	25	12～20
800	560～580	14～25	400～600	50	85	12～20
1000	740	14～25	400～600	60	95	12～20
1200	900	14～25	600～1000	70	105	12～20

（5）根据我国部分地区施工经验，当采用锤击法沉桩时，预应力混凝土管桩(PC 桩)的端部混凝土受损易碎，因此此情况下宜采用预应力高强混凝土管桩(PHC 桩)。

（6）当预应力混凝土管桩桩端嵌入易软化的强风化岩，全风化岩和饱和土时，沉桩后应对桩端以上 2m 范围内采取有效防渗措施(可采用微膨胀混凝土填芯或内壁预涂柔性防水材料等)，以防地下水浸入桩端土层内软化该处土层引起房屋湿陷并发生不均匀沉降。

4. 预应力混凝土空心方桩

预应力混凝土空心方桩(简称空心方桩)(图 10.8.10)是近年来开发的一种新型预制混凝土桩，它采用离心法生产，具有承载力高、节约材料、生产周期短等特点，已在多层及

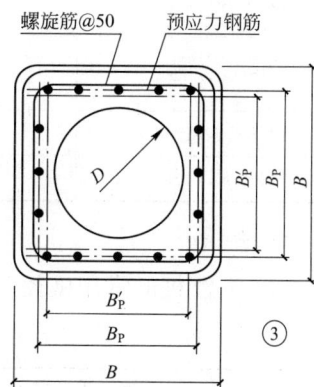

图 10.8.10

高度不高的高层建筑中推广应用。

空心方桩适用于桩端持力层为非坚硬的土层，否则沉桩应采取有效措施。其外径通常为 300mm～700mm。按混凝土的强度不同可分为两类；预应力高强混凝土空心方桩(代号PHS)，其混凝土强度等级≥C80；预应力混凝土空心方桩(代号 PS)，其混凝土强度等级≥C60。桩身纵向钢筋为抗拉强度不小于 1420MPa、35 级延性低松弛预应力混凝土用螺旋槽钢棒，其质量应符合《预应力混凝土用钢棒》GB/T 5223.3—2005 的要求。

空心方桩的构造要求如下：

(1) 空心方桩预应力筋的混凝土保护层厚度不宜小于 30mm，最外层箍筋的混凝土保护层厚度对二 a 类环境不应小于 20mm，对二 b 类环境不应小于 25mm。

(2) 空心方桩的预应力钢筋最小配筋率为 0.5%。

(3) 空心方桩的接头数量不宜超过 3 个，可采用端板焊接，端板厚度应满足预应力筋张拉时的受力要求和焊接要求。

(4) 桩端嵌入遇水易软化的强风化岩、全风化岩和非饱和土的空心方桩，沉桩后应对桩端以上约 2m 范围内采取有效防渗措施，可采用微膨胀混凝土填芯或在内壁预涂柔性防水材料。

(5) 空心方桩桩尖可采用开口型钢桩尖，十字型钢桩尖、锥型钢桩尖和锥型混凝土桩尖。

(6) 空心方桩的型号及尺寸如下(表 10.8.9)(摘自国家建筑标准设计图集《预应力混凝土空心方桩》08SG360)：

表 10.8.9

预应力混凝土空心方桩型号及尺寸

型号	边长(mm)	内径(mm)	单节长度(m)
PHS300，PS300	300	160	≤12
PHS350，PS350	350	190	≤12
PHS400，PS400	400	250	≤14
PHS450，PS450	450	230	≤15
PHS500，PS500	500	300	≤15
PHS550，PS550	550	310 350	≤15
PHS600，PS600	600	360 400	≤15
PHS650，PS650	650	410	≤15
PHS700，PS700	700	440	≤15

5. 灌注桩

(1) 灌注桩的常用桩径及桩长见表 10.8.10。

表 10.8.10

灌注桩的常用桩径与桩长

序号	灌柱桩名称	钻孔灌柱桩	冲孔灌柱桩	沉管灌柱桩	挖孔灌柱桩
1	成孔工艺	钻孔(泥浆护壁)	冲孔(泥浆护壁)	打入式沉管	人工挖孔
2	桩径 d(mm)	600～1400	500～1400	480	800～3000
3	桩长 l(m)	≤80	≤50	≤24	≤50

（2）灌注桩的构造要求

1）配筋率：当桩长直径为 300mm～2000mm 时，正截面配筋率可取 0.65％～0.2％（小直径桩取高值）；对受荷载特别大的桩、抗拔桩和嵌岩端承桩应根据计算确定配筋率，且不应小于上述规定值。

2）配筋长度：

① 端承型桩和位于坡地、岸边的基桩应沿桩身等截面或变截面通长配筋；

② 摩擦型桩配筋长度不应小于 2/3 桩长；当受水平荷载时，配筋长度尚不宜小于 $4/\alpha$（α 为桩的水平变形系数）；

③ 受地震作用的基桩，桩身配筋长度应穿过可液化层和软弱土层并进入稳定土层的深度应经计算确定，但不应小于：碎石土、砾、粗、中砂，密实粉土，坚硬黏性土为$(2～3)d$；对其它非岩石土尚不宜小于$(4～5)d$，d 为桩径；

④ 受负摩阻力的桩、因先成桩后开挖基坑而随地基土回弹的桩，其配筋长度应穿过软弱土层并进入稳定土层，进入深度不应小于$(2～3)d$；

⑤ 抗拔桩及因地震作用、冻胀或膨胀力作用而受拔力的桩应等截面或变截面通长配筋。

3）最小构造配筋要求：对受水平荷载的桩，纵向主筋不应小于 8φ12；对抗压桩和抗拔桩，纵向主筋不应少于 6φ10。纵向主筋应沿桩身周边均匀布置，其净距不应小于 60mm。

4）箍筋应采用螺旋式，直径不应小于 6mm，间距宜为 200～300mm。承受水平荷载较大的桩基（风荷载及水平地震作用）以及计算桩身受压承载力考虑主筋作用时，桩顶以下 5 倍桩径长度范围内的箍筋应加密，间距不应大于 100mm。当桩身位于液化土层范围内时箍筋应加密；当考虑箍筋的抗剪作用时，箍筋数量及间距应符合现行国家标准《混凝土结构设计规范》GB 50010 的有关规定。当钢筋笼长度超过 4m 时，应每隔 2m 设一道直径不小于 12mm 的焊接加劲箍筋。

5）桩长混凝土及混凝土保护层厚度应符合下列要求：

① 桩身混凝土强度等级不应小于 C25；

② 最外层箍筋的混凝土保护层对二 a 类环境不小于 20，对二 b 类环境不小于 25mm。纵向主筋的混凝土保护层不应小于 35mm，水下灌注桩纵向主筋混凝土保护层厚度不应小于 50mm。四、五类环境中桩身混凝土保护层厚度应符合国家现行标准《港口工程混凝土结构设计规范》JTJ 267 及《工业建筑防腐蚀设计规范》GB 50046 的有关规定。

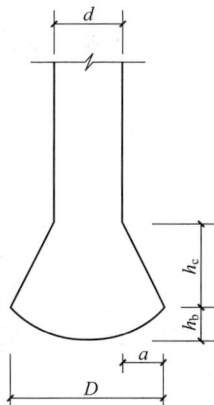

图 10.8.11 扩底灌注桩构造

6）扩底灌注桩扩底端尺寸应符合下列规定（图 10.8.11）：

① 对持力层承载力较高，上覆土层较差的抗压桩和桩端以上有一定厚度较好土层的抗拔桩，可采用扩底；扩底端直径与桩身直径之比（D/d）应根据承载力要求及扩底端侧面和桩端持力层土性特征以及扩底施工方法确定；挖孔桩的 D/d 不应大于 3，钻孔桩的 D/d 不应大于 2.5；

② 扩底端侧面的斜率应根据实际成孔及土体自立条件确定，a/h_c 可取 1/4～1/2，砂土可取 1/4，粉土、黏性土可取 1/3～1/2；

③ 抗压桩扩底端底面宜呈锅底形，矢高 h_b 可取$(0.15～0.20)D$。

二、承台

1. 承台尺寸

(1) 承台的尺寸应满足抗冲切、抗剪切、抗弯强度和上部结构的要求。

(2) 承台最小宽度不应小于 500mm。承台边缘至桩中心的距离不宜小于桩的直径或边长，且桩外边缘至承台边缘距离一般不应小于 150mm。对于条形承台梁，桩外边缘至承台梁边缘距离不应小于 75mm。

(3) 墙下条形承台梁的厚度不应小于 300mm。柱下独立桩基承台当为阶梯形或锥形承台时，承台边缘的厚度不应小于 300mm(图 10.8.12)，其余构造要求与柱下钢筋混凝土独立基础相同。

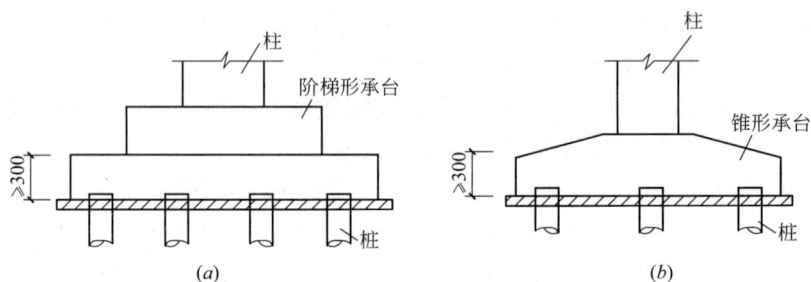

图 10.8.12　柱下独立桩基承台厚度要求
(a)阶梯形承台；(b)锥形承台

2. 承台形式

(1) 墙下条形承台梁的布桩可沿墙轴线单排布置或双排成对或双排交错布置(图 10.8.13)。空旷、高大的建筑物，如食堂、礼堂等，不宜采用单排布桩条形承台。

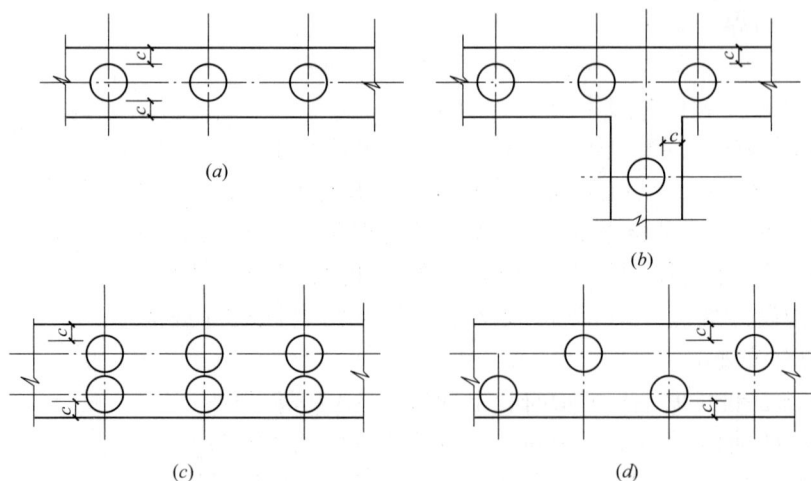

图 10.8.13　墙下条形承台梁布桩形式
(a)沿墙轴线单排布置；(b)横墙较多的多层建筑在纵横墙交叉处单排布置；(c)双排成对布置；
(d)双排交错布置；c—桩外边缘至承台梁边缘距离，不应小于 75mm

(2) 独立柱下的承台平面可为方形、矩形、圆形或多边形。当承受轴心荷载时，布桩可用行列式或梅花式，桩距为等距离；承受偏心荷载时，布桩可采用不等距，但须与重心轴对称(图 10.8.14)。柱下桩基承台中的桩数，当采用一般直径桩(非大直径桩)时，一般宜不少于三根。

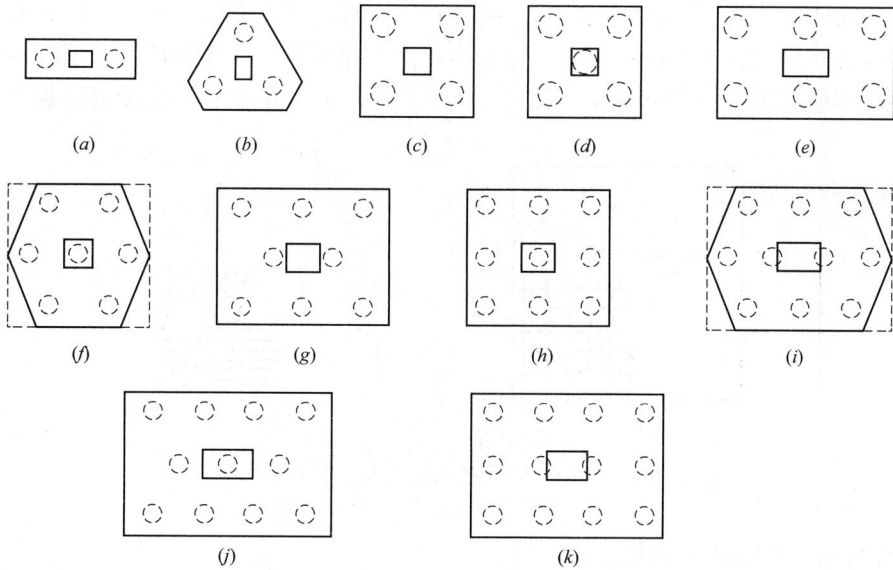

图 10.8.14 承台常用形式

(a)二桩承台；(b)三桩承台；(c)四桩承台；(d)五桩承台；

(e)六桩承台；(f)七桩承台；(g)八桩承台；

(h)九桩承台；(i)十桩承台；(j)十一桩承台；(k)十二桩承台

(3)框架柱下的承台，当桩为大直径桩($d \geqslant 800$mm)时，可采用一柱一桩的单桩承台。

3. 承台的配筋构造：

(1)承台梁的纵向主筋直径不宜小于 $\phi 12$，架立筋直径不宜小于 $\phi 10$，箍筋直径不宜小于 $\phi 6$，见图 10.8.15。

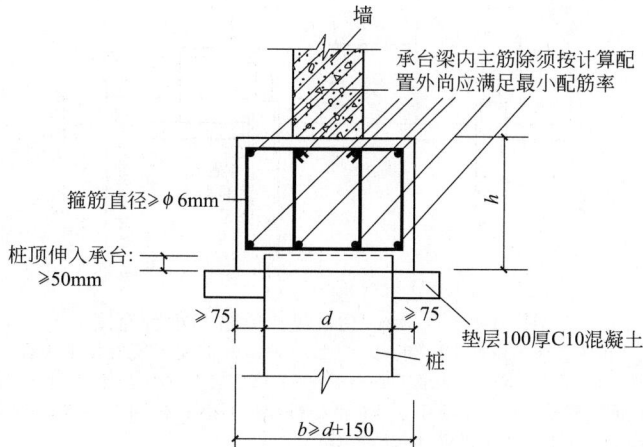

图 10.8.15 承台梁配筋示意图

(2)柱下独立桩基承台的受力钢筋应通长配置。圆形、多边形、方形和矩形承台配筋宜按双向均匀布置，钢筋直径不宜小于 $\phi 10$，间距不宜大于 200mm，也不宜小于 100mm。对三角形三桩承台，应按三向板带均匀配置，最里面三根钢筋相交围成的三角形应位于柱截面范围以内(图10.8.16)。柱下独立桩基承台的纵向受力钢筋的最小配筋率不宜小于0.15%。钢筋锚固长度自边桩内侧(当为圆桩时,应将其直径乘以0.886等效为方桩)算起,锚固长度按充分利用钢筋的抗拉强度设计值确定。为缩短和减少锚固长度可采取在钢筋末端设90°弯钩和机械锚固等措施(见本书第一章第六节),也可在钢筋末端设锚固板措施。

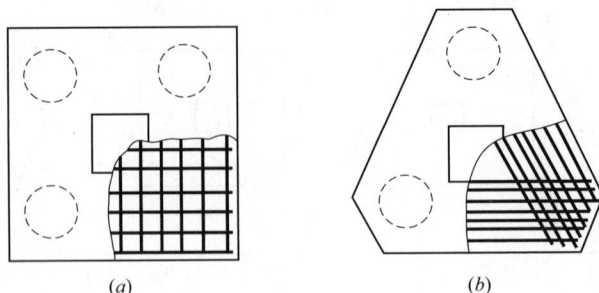

图10.8.16　柱下独立桩基承台配筋示意图
(a)方形或矩形承台;(b)三角形三桩承台

4. 桩与承台的连接配筋构造:

(1)桩顶嵌入承台底板的长度:桩径250~800mm时,不宜小于50mm,对大直径桩及主要承受水平力的桩,不宜小于100mm。

(2)桩顶主筋应伸入承台内,其锚固长度不应小于l_a。

(3)预应力混凝土管桩应在桩顶约1m范围内灌入混凝土,其强度等级不低于C25,并在混凝土内埋设不少于4ϕ16钢筋(图10.8.17),可提高其抵抗地震水平力对桩端产生的剪力和弯矩能力。

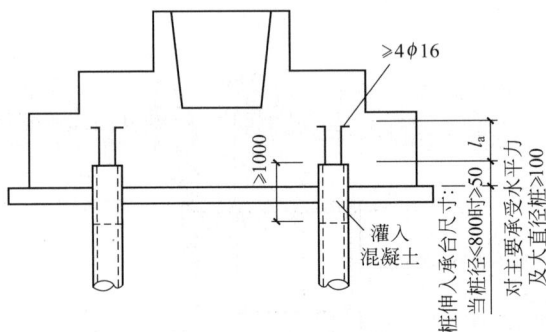

图10.8.17　预应力混凝土管桩与承台连接
(注:按天津市工程建设标准DB 29-110-2010《预应力混凝土管桩技术规程》第4.4.1条规定:对抗压管桩,桩顶灌芯混凝土深度不应小于6~8倍桩径且不应小于3.5m;对承受水平力使用的管桩,桩顶灌入混凝土深度不应小于8~10倍桩径且不小于4.5m;内设钢筋及箍筋的直径数量应通过计算确定。以上规定可供设计人员参考)。

(4)单桩承台配筋示意见图10.8.18。

5. 承台之间的连接

(1)单桩承台,宜在两个互相垂直的主轴方向上设置连系梁;当桩径与柱截面直径之比大于2时,可不设连系梁;

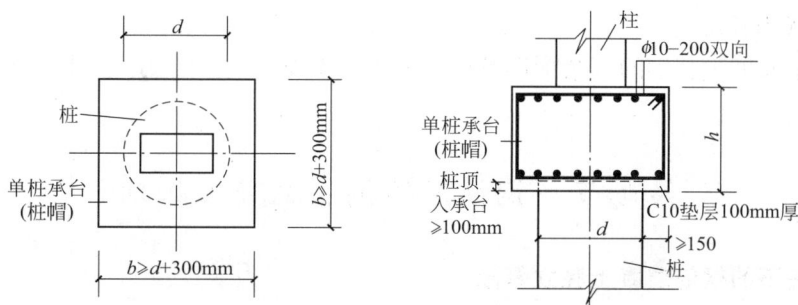

图 10.8.18 单桩承台配筋示意(未示联系梁)

(2) 两桩承台,宜在其短向设置连系梁;

(3) 柱下独立承台,宜在两个主轴方向设置连系梁;连系梁宜分担柱传至承台的弯矩;

(4) 连系梁顶面宜与承台位于同一标高。连系梁的宽度不应小于 250mm,梁的高度可取承台中心距的 1/15~1/10,且不宜小于 400mm。

(5) 连系梁的主筋应按计算要求确定。连系梁内上下纵向钢筋直径不应小于 12mm 且不应少于 2 根,并应按受拉要求锚入承台。当分担柱传至承台的地震弯矩时,连系梁宜采用对称配筋,位于同一轴线上的相邻跨连系梁纵向钢筋应连通。

三、高层建筑桩箱及桩筏基础

1. 当高层建筑箱形与筏形基础下天然地基承载力或沉降变形不能满足设计要求时,可采用桩上箱形基础或桩上筏形基础(简称桩箱基础或桩筏基础)。桩的类型应根据工程地质资料、结构类型、荷载性质、施工条件以及技术经济性等因素确定,其设计应符合国家现行标准《建筑地基基础设计规范》GB 50007 及《建筑桩基技术规范》JGJ 94 的规定,抗震设防区的桩基尚应符合现行国家标准《建筑抗震设计规范》GB 50011 的规定。

2. 当桩箱或桩筏基础的桩数量较少时,宜将桩布置在桩箱基础的墙下、梁板式桩筏基础的梁下或平板式桩筏基础的柱下,且当高层建筑有核心筒时,宜在核心筒下适当加密布桩。此情况下,基础底板的厚度不应小于 300mm,且不宜小于板跨的 1/20。

3. 当必要时可采取在桩筏或桩箱基础底板上均匀布桩,基础底板的厚度应满足整体刚度、防水要求和承载力要求。对桩箱或梁板式桩筏基础其底板的厚度与最大双向格板的短边净跨之比不应小于 1/14,且不应小于 400mm。对平板式桩筏基础,其底板厚度不应小于 500mm。

4. 梁板式桩筏基础的梁高取值(包括底板厚度在内)不应小于平均柱距的 1/6。确定梁高时应综合考虑荷载大小、柱距、工程地质资料等因素,并应满足承载力要求。

5. 当桩布置在柱下时,若选用直径不小于 800mm 的基桩时可采用一柱一桩布桩方式。

6. 桩的纵向受力钢筋锚入桩箱或桩筏基础底板内、墙内、梁内的长度应按充分利用钢筋抗拉设计值的要求确定。

7. 当桩箱或桩筏基础底板厚度大于 2000mm 时,宜在底板板厚中间位置设置直径不小于 12mm、间距不大于 300mm 的双向钢筋网。

8. 桩箱或桩筏基础的混凝土强度等级不应低于 C30;垫层混凝土强度等级不应低于 C10、厚度不应小于 70mm。

9. 桩箱或桩筏基础底板的混凝土保护层厚度有垫层时不应小于 50mm,且不应小于桩头嵌入底板内长度。

10. 桩箱或桩筏基础的其余配筋及构造要求与本章第六节、第七节相同。

第九节　钢柱下的钢筋混凝土基础

一、钢柱下的钢筋混凝土独立基础

通常钢柱下的钢筋混凝土独立基础有两种类型：外露式柱脚钢柱基础和插入式刚性柱脚钢柱基础。

1. 外露式柱脚钢柱基础

（1）外露式柱脚钢柱基础有带短柱及无短柱两种形式。当基础埋深较大、地基持力层较深时常采用带短柱的柱下独立基础，反之则可采用无短柱的柱下独立基础（见图 10.9.1）。

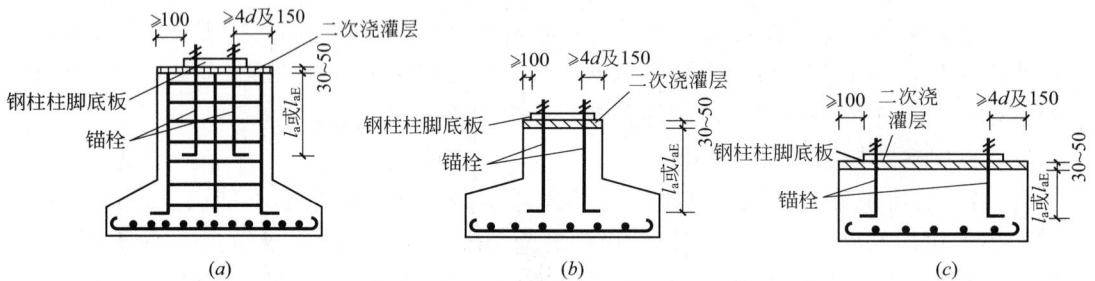

图 10.9.1　钢柱基础构造示意

(*a*)带短柱基础；(*b*)无短柱基础(一)；(*c*)无短柱基础(二)

l_a—锚栓的锚固长度；当抗震设防时为 l_{aE}

（2）钢柱基础的底面尺寸应按满足地基承载力的要求确定；钢柱基础的顶面尺寸应满足局部受压承载力及构造设计要求；各阶高度应按受冲切或受剪切承载力计算确定；基础的总高度应满足不同类型锚栓锚入基础内的锚固长度要求（见表 10.9.1，当钢柱有抗震设防要求时，尚应根据抗震等级的不同乘以增大系数）。

（3）钢柱基础底面的配筋除满足按受弯承载力计算确定外，尚应满足受弯构件最小配筋率 0.15% 的要求。

（4）带短柱基础的短柱竖向钢筋和箍筋应满足柱脚传来的轴向力、弯矩、剪力承载力计算要求，并在构造上满足现行国家标准《混凝土结构设计规范》关于柱配筋构造的要求。

（5）由于钢柱在设计时对柱底有铰接和刚接两种假定，因而基础中的锚栓数量及布置为使连接构造符合设计假定也有所不同（见图 10.9.2）。其中铰接构造仅用于传递钢柱的垂直荷载及水平荷载。

（6）按钢结构设计原理，锚栓仅承受拉力，钢柱传至基础顶面的水平剪力由轴向压力产生的摩擦力承担，因此当水平剪力较大（大于摩擦力）或钢柱抗震设防时（此时地震水平力不考虑由摩擦力承担），在基础顶部需设置抗剪键以承担水平剪力或地震水平力（见图 10.9.3）。

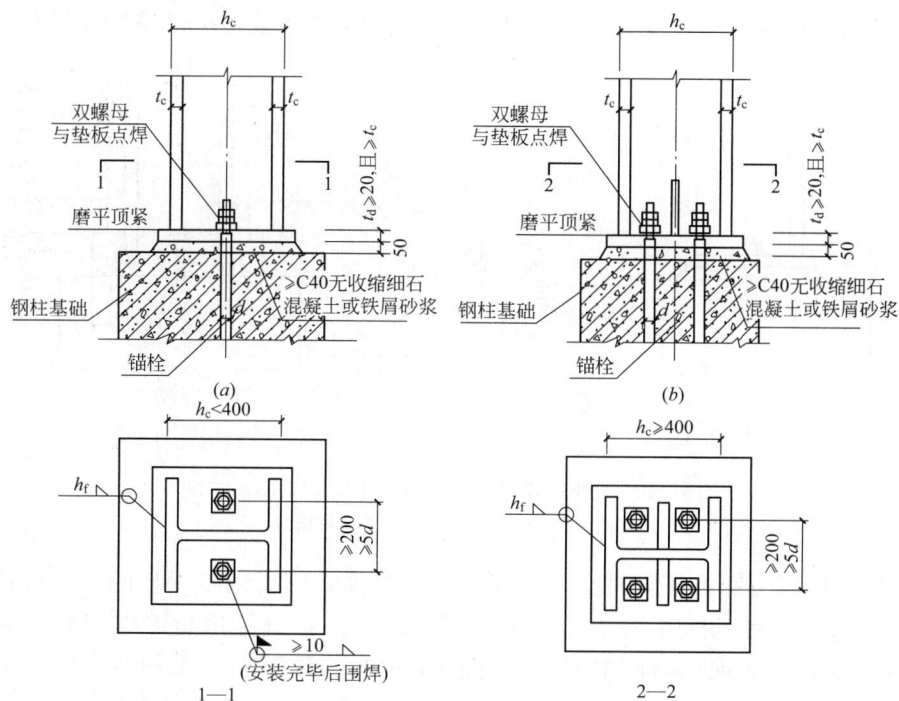

图 10.9.2 外露式柱脚钢柱基础铰接连接构造示意图
$(a)h_c<400$；$(b)h_c\geqslant400$

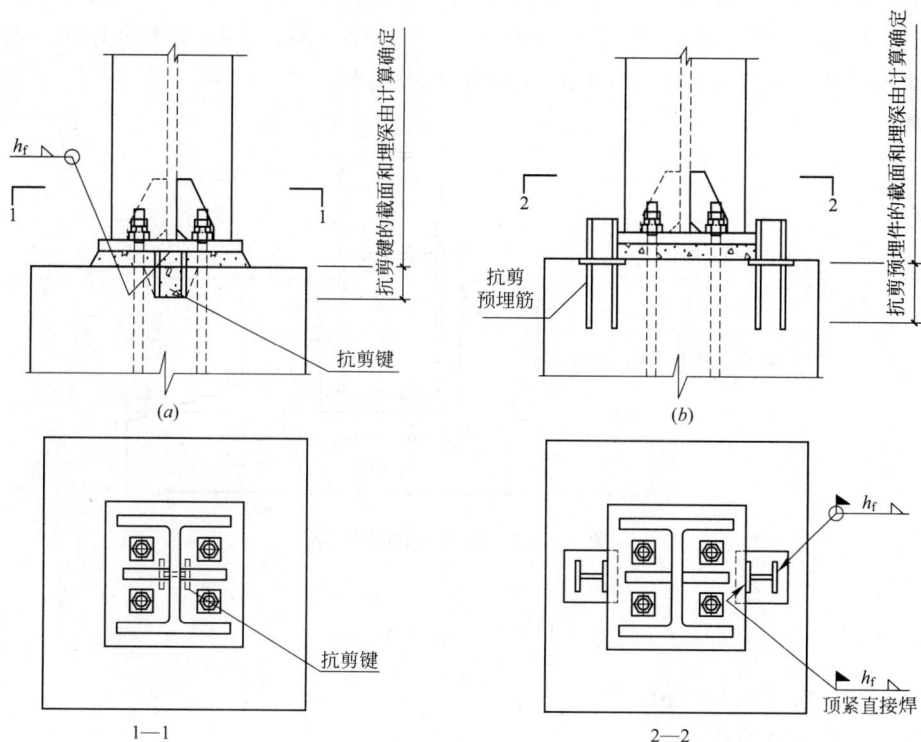

图 10.9.3 外露式柱脚抗剪键设置示意图
(a)设置方式(一)(可用于钢柱截面为工形或矩形)；(b)设置方式(二)(可用于钢柱截面为工形，槽形或矩形)

（7）外露式柱脚在地面以上或地面以下的基础顶部需采取防护措施（见图 10.9.4）。

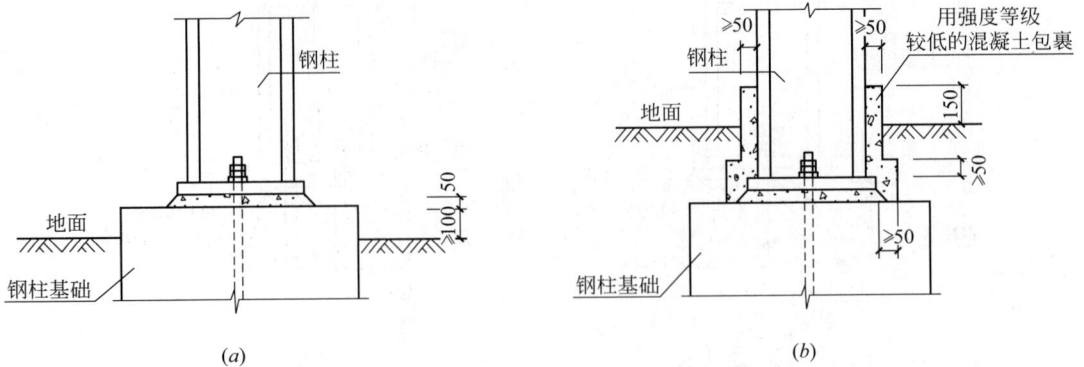

图 10.9.4　外露式柱脚地上及地下防护措施示意图

（a）地上防护措施；（b）地下防护措施

（8）基础顶面与钢柱柱脚底板间应留 50mm 缝隙，用于调整钢柱的安装标高，使钢柱安装位置符合设计和施工要求，待钢柱调整就位后，缝隙进行二次浇灌，采用不小于 C40 无收缩混凝土或铁屑砂浆填实（见图 10.9.1），施工时应采用压力灌浆或捻浆法使其密实。

2. 插入式刚性柱脚钢柱基础：

将钢柱直接插入钢筋混凝土基础内，形成刚性柱脚（图 10.9.5）。对于非抗震设计，插入式柱脚埋深 $d_c \geqslant 1.5h_b$，且 $d_c \geqslant 500mm$，且不宜小于吊装钢柱长度的 1/20；对于抗震设计，插入式柱脚埋深 $d_c \geqslant 2.5h_b$ 同时应满足下式要求：

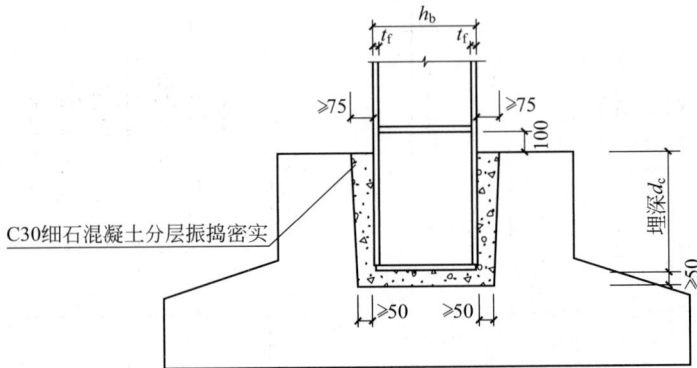

图 10.9.5　插入式刚性柱脚

$$d_c \geqslant \sqrt{\frac{6M}{(b_f f_c)}} \qquad (10.9.1)$$

式中：M——柱底弯矩设计值；

　　　b_f——柱翼缘宽度；

　　　f_c——基础混凝土轴心抗压强度设计值。

此外，基础顶面杯壁的厚度应根据计算确定，以保证刚性柱脚的受力良好。

二、梁板式筏形基础与钢柱的连接构造

1. 多层及高层钢结构房屋的框架柱与梁板式筏形基础的连接通常均采用刚性连接。其连接构造可根据抗震设防烈度不同和建筑物高度不同采用不同构造做法。

2. 当房层高度不超过 12 层的钢结构刚性柱脚且抗震设防烈度为 6、7 度时，可采用图 10.9.6 的外包式刚性柱脚连接构造。

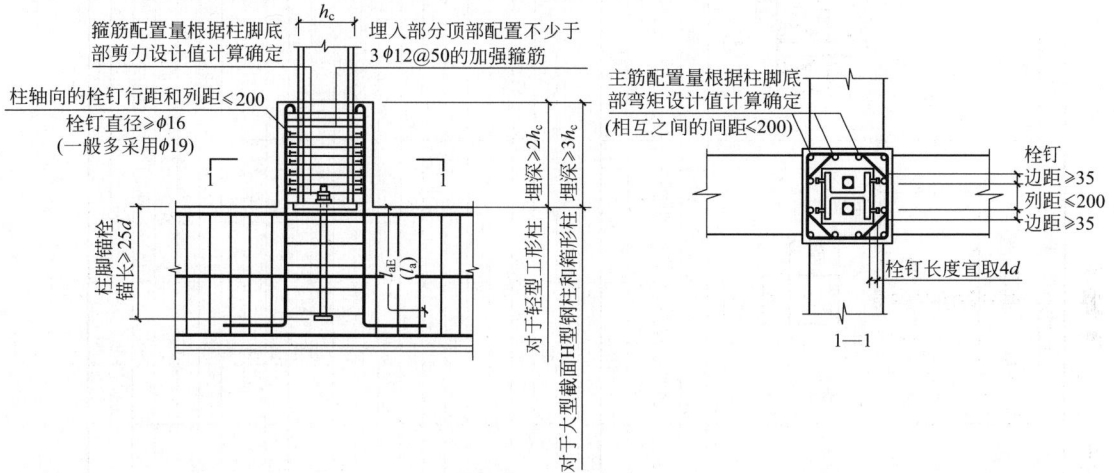

图 10.9.6　外包式刚性柱脚与基础梁的连接构造示意

3. 当房屋高度超过 12 层的刚性柱脚或抗震设防烈度为 8、9 度的刚性柱脚宜采用埋入式柱脚与梁板式筏形基础中的基础梁相连的构造（见图 10.9.7）。

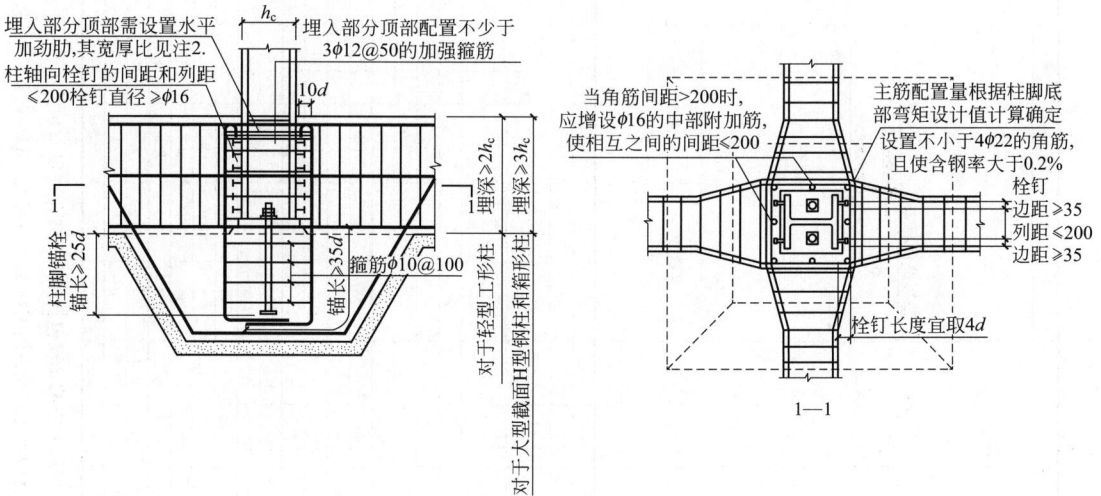

图 10.9.7　埋入式刚性柱脚与基础梁的连接构造示意

表 10.9.1

锚栓选用表

锚栓直径 d (mm)	有效面积 A_0 (cm²)	锚栓抗拉承载力设计值 N_t (kN)		连接尺寸 (mm)				锚固长度 l (mm)						锚板尺寸	
				单螺母		双螺母		I型		II型		III型		c (mm)	t (mm)
		Q235	Q345	a (mm)	b (mm)	a (mm)	b (mm)	≥C25 Q235	Q345	≥C25 Q235	Q345	≥C25 Q235	Q345		
20	2.45	34.3	44.1	45	75	60	90	400	500	—	—	—	—	—	—
22	3.03	42.5	54.6	45	75	65	95	440	550	—	—	—	—	—	—
24	3.53	49.4	63.5	50	80	70	100	480	600	—	—	—	—	—	—
27	4.59	64.3	82.7	50	80	75	105	540	675	—	—	—	—	—	—
30	5.61	78.5	100.9	55	85	80	110	600	750	—	—	—	—	—	—
33	6.94	97.1	124.8	55	90	85	120	660	825	—	—	—	—	—	—
36	8.17	114.3	147.0	60	95	90	125	720	900	—	—	—	—	—	—
39	9.76	136.6	175.6	65	100	95	130	780	1000	—	—	—	—	—	—
42	11.21	156.9	201.8	70	105	100	135	—	—	840	1050	505	630	—	—
45	13.06	182.8	235.1	75	110	105	140	—	—	900	1125	540	675	140	—
48	14.73	206.2	265.1	80	120	110	150	—	—	960	1200	575	720	140	20
52	17.58	246.1	316.4	85	125	120	160	—	—	1040	1300	625	780	200	20
56	20.30	284.2	365.4	90	130	130	170	—	—	1120	1400	670	840	200	20
60	23.62	330.7	425.2	95	135	140	180	—	—	1200	1500	720	900	240	25
64	26.76	374.6	481.7	100	145	150	195	—	—	1280	1600	770	960	240	25
68	30.55	427.7	549.9	105	150	160	205	—	—	1360	1700	815	1020	280	30
72	34.60	484.4	622.8	110	155	170	215	—	—	1440	1800	865	1080	280	30
76	38.89	544.5	700.0	115	160	180	225	—	—	1520	1900	910	1140	320	40
80	43.44	608.2	781.9	120	165	190	235	—	—	1600	2000	960	1200	350	40
85	49.48	692.7	890.6	130	180	200	250	—	—	1700	2125	1020	1275	350	40
90	55.91	782.7	1006	140	190	210	260	—	—	1800	2250	1080	1350	400	45
95	62.73	878.2	1129	150	200	220	270	—	—	1900	2375	1140	1425	450	45
100	69.95	979.3	1259	160	210	230	280	—	—	2000	2500	1200	1500	500	45

注：1. 连接尺寸中的 a 仅包括垫圈、螺母厚度及预留长度，b 为锚栓螺纹部分的长度；
2. 钢材 Q235、焊条用 E43 型，钢材 Q345 焊条用 E50 型。

参 考 文 献

［10-1］ 中华人民共和国国家标准.《建筑地基基础设计规范》GB 50007—2011. 北京：中国建筑工业出版社，2012

［10-2］ 中华人民共和国国家标准.《混凝土结构设计规范》GB 50010—2010. 北京：中国建筑工业出版社，2011

［10-3］ 中华人民共和国国家标准.《建筑抗震设计规范》GB 50011——2010. 北京：中国建筑工业出版社，2010

［10-4］ 中华人民共和国行业标准.《建筑桩基技术规范》JGJ 94—2008. 北京：中国建筑工业出版社，2009

［10-5］ 中华人民共和国行业标准.《高层建筑混凝土结构技术规范》JGJ 3—2010. 北京：中国建筑工业出版社，2011

［10-6］ 中华人民共和国行业标准.《高层建筑筏形与箱形基础技术规范》JGJ 6—2011. 北京：中国建筑工业出版社，2012

［10-7］ 中华人民共和国国家标准.《工业建筑防腐蚀设计规范》GB 50046—2008. 北京：中国建筑工业出版社，2009

［10-8］ 北京市建筑设计研究院编. 建筑结构专业技术措施. 北京：中国建筑工业出版社，2007

［10-9］ 住房和城乡建设部工程质量安全监管司、中国建筑标准设计研究院. 全国民用建筑工程设计技术措施 2009 年版. 结构（地基与基础）分册：中国计划出版社，2010

［10-10］ 国家建筑标准设计图集. 预应力混凝土空心方桩(08SG360). 中国建筑标准设计研究院组织编制：中国计划出版社，2009

［10-11］ 国家建筑标准设计图集. 预制钢筋混凝土方桩(04G361). 中国建筑标准设计研究院组织编制：中国计划出版社，2005

［10-12］ 国家建筑标准设计图集. 钢筋混凝土灌注桩(10SG813). 中国建筑标准设计研究院组织编制：中国计划出版社，2010

［10-13］ 国家建筑标准设计图集. 预应力混凝土管桩(10G409). 中国建筑标准设计研究院组织编制：中国计划出版社，2010

［10-14］ 国家建筑标准设计图集. 单层房屋钢结构节点构造详图(工字形截面钢柱柱脚连接)(06SG529-1). 中国建筑标准设计研究院组织编制：中国计划出版社，2007

［10-15］ 国家标准设计图集. 混凝土结构施工图平面整体表示方法制图规则和构造详图(独立基础、条形基础、筏形基础及桩基承台)(11G101—3). 中国建筑标准设计研究院组织编制：中国计划出版社，2010

［10-16］ 天津市工程建设标准.《预应力混凝土管桩技术规程》DB 29—110—2010. 天津市城乡建设和交通委员会，2010

［10-17］ 刘金砺、高文生、邱明兵编著.《建筑桩基技术规范应用手册》. 北京：中国建筑工业出版社，2010

第十一章 预应力混凝土结构构件

第一节 一般构造规定

一、材料选用

1. 有抗震设防要求和无抗震设防要求的预应力混凝土结构构件的混凝土强度等级均不宜低于 C40，且不应低于 C30。

有抗震设防要求的预应力混凝土结构构件，当抗震设防烈度为 9 度时，其混凝土强度等级不宜超过 C60，8 度时不宜超过 C70。

2. 预应力筋宜采用预应力钢丝、钢绞线和预应力螺纹钢筋；对先张法中、小型预应力混凝土预制构件可采用强度较高的冷轧带肋钢筋。有关预应力筋的材料性能要求及设计强度取值见本书第一章第五节有关内容。

3. 预应力混凝土结构构件中的非预应力受力纵向钢筋、构造钢筋、箍筋的材料要求与普通钢筋混凝土结构构件的要求相同。

二、锚具、连接器及夹具性能要求

1. 对后张法预应力混凝土结构构件，我国目前在建筑工程中常用的锚具和连接器按锚固方式的不同，可分为夹片式、支承式、握裹式等。

2. 选用锚具和连接器时，应根据工程环境、结构特点、预应力筋品种和张拉施工方法等因素确定。工程中常用预应力筋的锚具和连接器可按表 11.1.1 选用。

常用预应力筋锚具和连接器选用 表 11.1.1

预应力筋品种	张拉端	固定端	
		安装在结构外部	安装在结构内部
钢绞线	夹片锚具 压接锚具	夹片锚具 挤压锚具 压接锚具	压花锚具 挤压锚具
单根钢丝	夹片锚具 镦头锚具	夹片锚具 镦头锚具	镦头锚具
钢丝束	镦头锚具 冷(热)铸锚	冷(热)铸锚	镦头锚具
预应力螺纹钢筋	螺母锚具	螺母锚具	螺母锚具

3. 较高强度等级预应力筋用锚具、连接器和夹具可用于较低强度等级的预应力筋；但较低强度等级预应力筋用锚具、连接器和夹具不得用于较高强度等级的预应力筋。

4. 预应力筋用锚具、夹具和连接器的基本性能应符合现行国家标准《预应力筋用锚具、夹具和连接器》GB/T 14370 的规定。

5. 锚具的静载锚固性能，应由预应力筋-锚具组装件经静载试验测定的锚具效率系数（η_a）和达到实测极限拉力时组装件中预应力筋总应变（ε_{apu}）确定。锚具效率系数（η_a）不应小于 0.95，预应力筋总应变（ε_{apu}）不应小于 2.0%。

6. 锚具效率系数应根据试验结果并按下式计算确定：

$$\eta_a = \frac{F_{apu}}{\eta_p F_{pm}} \tag{11.1.1}$$

式中：η_a——由预应力筋-锚具组装件静载试验测定的锚具效率系数；

F_{apu}——预应力筋-锚具组装件的实测极限拉力（N）；

F_{pm}——预应力筋的实际平均极限抗拉力（N），由预应力筋试件实测破断力平均值计算确定；

η_p——预应力筋的效率系数。当预应力筋-锚具组装件中预应力筋为 1～5 根时，$\eta_p = 1$；6～12 根时，$\eta_p = 0.99$；13～19 根时，$\eta_p = 0.98$；20 根及以上时，$\eta_p = 0.97$。

试验时预应力筋-锚具组装件的破坏形式应是预应力筋的破断，锚具零件不应碎裂。夹片式锚具的夹片在预应力筋拉应力未超过 $0.8 f_{ptk}$ 时不应出现裂纹；组装件破坏时夹片可出现微裂或一条纵向断裂裂缝。

7. 夹片式锚具的锚板应有足够的刚度和承载力，其性能由锚板的加载试验确定。加载至 $0.95 F_{ptk}$ 后卸载（F_{ptk} 为预应力筋抗拉力标准值），测得的锚板中心残余挠度不应大于相应锚具垫板上口直径的 1/600；加载至 $1.2 F_{ptk}$ 时，锚板不应出现裂纹或破坏。

8. 有抗震设防要求的预应力混凝土结构构件采用的锚具应满足低周反复荷载性能要求。当锚具使用环境温度低于 $-50℃$ 时，锚具应满足低温锚固性能要求。当锚具用于需做疲劳验算的结构时，锚具应满足疲劳性能要求。

9. 先张法预应力混凝土构件中预应力筋采用的夹具应具有良好的自锚、松锚和重复使用的性能，其主要锚固零件应具有良好的防锈性能。夹具的可重复使用次数不应少于300 次。

10. 预应力筋-夹具组装件的静载锚固性能试验实测的夹具效率系数（η_g）不应小于0.92。实测的夹具效率系数应按下式计算：

$$\eta_g = \frac{F_{gpu}}{F_{pm}} \tag{11.1.2}$$

式中：η_g——预应力筋-夹具组装件静载锚固性能试验测定的夹具效率系数；

F_{gpu}——预应力筋-夹具组装件的实测极限拉力（N）。

三、后张法结构构件国内常用几种锚具及连接器

1. 用于钢绞线的锚具及连接器

（1）QM 型预应力钢绞线锚具及连接器

QM 型锚具和连接器由中国建筑科学研究院根据住房和城乡建设部下达任务开

发而成，与国际同类锚具具有同等性能。它包括张拉端锚具、固定端锚具、连接器、扁锚、QMS 型钢绞线拉索锚具及中间锚具(用于环形预应力混凝土结构构件)等。

　　A. 张拉端锚具

　　由三片或两片夹片和锚环组成一个独立的锚固单元，并由若干锚固单元组合成各种锚具(图 11.1.1 及图 11.1.2)。适用于 ϕ12、ϕ12.7、ϕ12.9、ϕ15、ϕ15.2、ϕ15.7mm、极限强度 1570～1860MPa 的各类型钢绞线。QM 锚具的锚板及夹片示意见图 11.1.3。锚具型号及相关件尺寸见表 11.1.2。

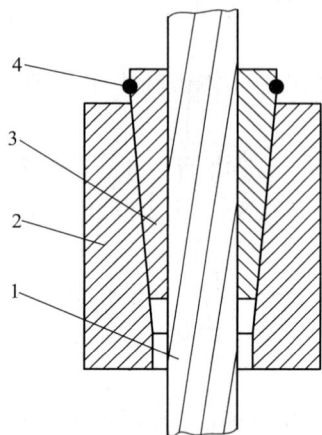

图 11.1.1　QM 锚固单元

1—钢绞线；2—锚环；

3—夹片；4—弹性圈

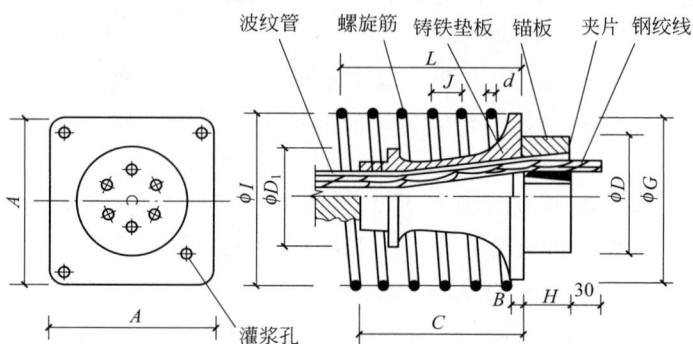

图 11.1.2　QM 锚具

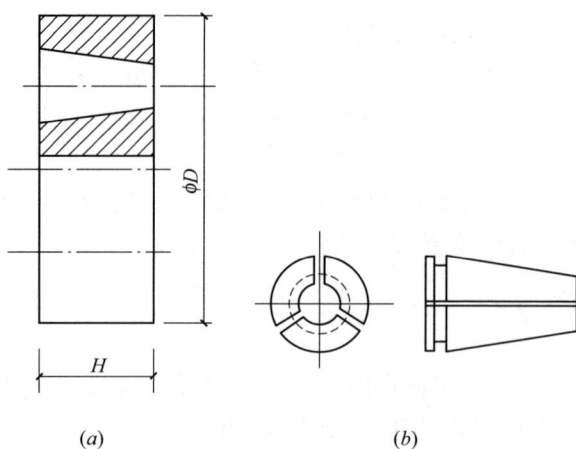

图 11.1.3　QM 锚具的锚板及夹片

(*a*)锚板；(*b*)夹片

QM 型锚具尺寸   表 11.1.2

钢绞线束数量			1	3	4	5	6、7	8	9	12	14	19	22	27	31	37
QM12 QM13 系列	每根钢绞线拉断力(kN)		186	186	186	186	186	186	186	186	186	186	186	186	186	186
	垫板 (mm)	A	80	130	150	160	165	190	190	220	245	280	290	340	360	390
		B	14	20	25	25	30	30	30	30	35	40	40	45	45	50
		C	—	—	135	160	170	190	190	220	230	240	250	300	330	360
		ϕD	—	—	115	115	125	140	140	160	170	180	190	210	230	240
	波纹管 (mm)	ϕF(内径)	—	35	40	45	55	55	60	65	70	80	85	95	105	115
	锚板 (mm)	ϕG	42	88	90	100	115	125	135	147	160	185	195	215	235	250
		H	45	50	50	50	55	55	55	60	63	65	70	75	80	90
	螺旋筋(mm)	ϕI	90	130	160	170	210	240	250	270	310	350	370	420	500	520
		J	35	35	40	40	45	50	50	50	50	50	50	55	55	55
		d	6	10	10	12	12	12	12	14	14	14	16	16	18	20
		L	150	150	180	190	230	270	270	290	315	340	360	440	510	510
		圈数	4	4	4.5	4.5	5	5	5	5.5	6	6.5	7	8	9	9
QM15 QM16 系列	每根钢绞线拉断力(kN)		265	265	265	265	265	265	265	265	265	265	265	265	265	265
	垫板 (mm)	A	90	150	160	165	190	220	220	265	280	330	350	360	420	450
		B	14	25	25	30	30	30	40	40	40	40	50	50	55	55
		C	—	135	160	170	190	190	220	260	270	290	310	330	380	460
		ϕD	—	—	120	120	140	160	160	180	190	210	220	230	300	320
	波纹管 (mm)	ϕF(内径)	—	40	45	55	60	65	70	75	80	95	105	115	130	140
	锚板 (mm)	ϕG	46	90	105	117	135	147	157	170	185	205	220	245	265	285
		H	48	50	50	50	55	60	60	65	70	75	80	85	90	98
	螺旋筋(mm)	ϕI	100	160	200	220	250	260	270	330	400	420	460	510	550	620
		J	35	40	45	45	50	50	50	55	55	55	60	60	65	70
		d	6	10	12	12	12	14	14	14	16	16	18	18	20	20
		L	150	170	215	215	280	300	300	370	400	440	500	550	600	710
		圈数	4	4	4.5	4.5	5.5	6	6	6.5	7	8	8	9	9	10

注：1. 束长超过 50m 或两跨以上管道应加大 5mm；

2. 整束穿束时，管道应加大 5mm。

当锚具在构件端部布置时，最小中距、边距和孔道直径要求见图 11.1.4 及表 11.1.3、表 11.1.4。

无粘结单孔锚具：

目前国内外无粘结预应力工程很多，大部分采用单根束。为适应无粘结全密封的要求，可在单孔锚具 QM15-1（QM13-1）张拉后，切除多余筋后涂油加密封端罩。其构造和尺寸见图 11.1.5、表 11.1.5。

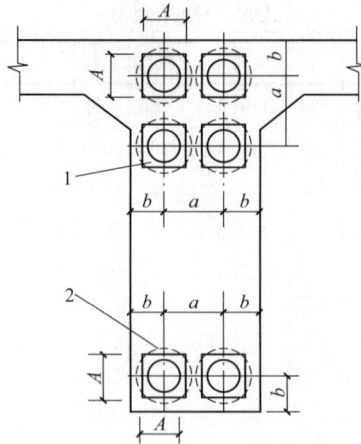

图 11.1.4　QM 锚具的最小边距及中距

1—垫板；2—螺旋筋；

a—最小中距；b—最小边距

QM12 锚具的最小中距、边距和孔道直径（mm）　　　表 11.1.3

序号	锚具型号	QM12-4	QM12-5	QM12-6、7	QM12-8	QM12-9	QM12-12	QM12-14	QM12-19	QM12-27	QM12-31
1	最小中距	190	200	250	275	285	315	365	390	460	540
2	最小边距	110	110	140	150	155	170	195	205	240	280

注：QM13 锚具的最小中距和边距与本表相同。表中锚具型号 QM12-4 表示该锚具适用于 4 根直径 12mm 的钢绞线。

QM15 锚具的最小中距、边距（mm）　　　表 11.1.4

序号	锚具型号	QM15-3	QM15-4	QM15-5	QM15-6、7	QM15-8	QM15-9	QM15-12	QM15-14	QM15-19
1	最小中距	190	235	255	285	300	340	370	440	460
2	最小边距	110	130	140	155	160	180	195	230	240

注：QM16 锚具的最小中距和边距与本表相同。表中锚具型号 QM15-3 表示该锚具适用于 3 根直径 15mm 的钢绞线。

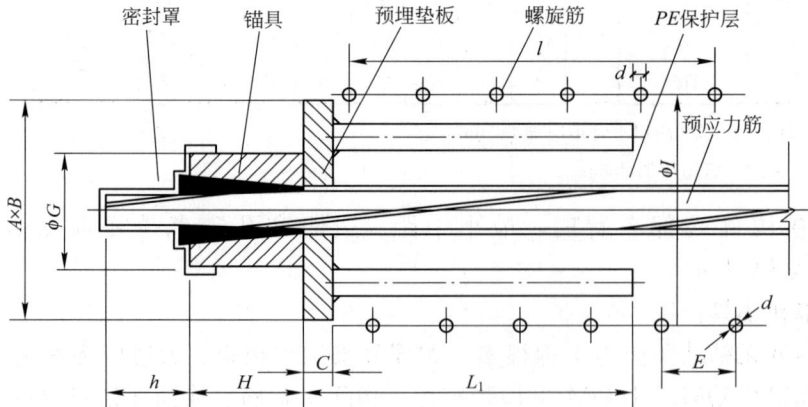

图 11.1.5　QMA 型张拉端构造

QM A 型张拉端锚具尺寸　　　　　　　　　　　　　　表 11.1.5

尺寸(mm) 锚具型号	A	B	C	L_1	ϕG	H	h	l	E	d	ϕI
QM13-1	80	80	14	90	42	45	30	150	35	6	90
QM15-1	90	90	14	100	46	48	30	150	35	6	100

为满足无粘结全密封要求，中国建筑科学研究院还研制出锚具与垫板制成一体的连体式 QMU 型锚具，结构和尺寸见图 11.1.6、表 11.1.6，QMU 型张拉端锚具在混凝土浇筑前需固定在模板上，此外安装穴模应留出张拉空间以便于安装夹片。混凝土浇筑后应及时松动穴模，防止混凝土凝固后，取模困难和易损坏。锚具安装后不得松动，防止灰浆漏到锚具锥孔和穴模内。待张拉后切去多余无粘结筋，涂防护油后加密封端罩。

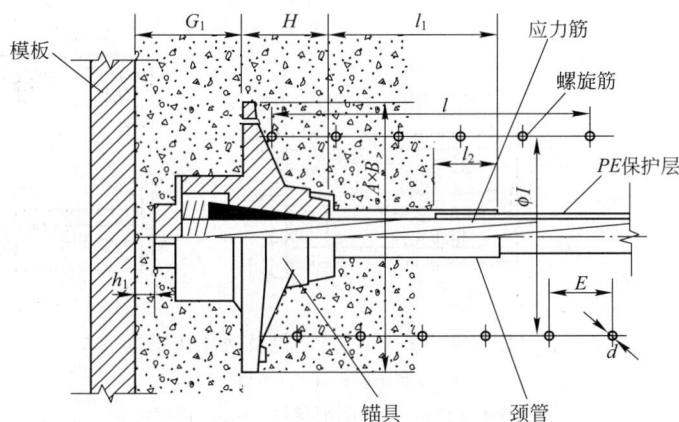

图 11.1.6　QMU 型张拉端构造

QMU 型张拉端锚具尺寸　　　　　　　　　　　　　　表 11.1.6

尺寸(mm) 锚具型号	A	B	H	h	h_1	C_1	C_2	ϕD	ϕF	l_1	l_2	l	E	d	ϕI
QMU13-1	110	65	36	30	15	55	90	95	22	80	50	150	35	6	85
QMU15-1	120	75	42	30	15	55	100	95	25	80	50	150	35	6	95

连体式锚具采用铸钢制作，应严格检查铸件质量，不得有砂眼、气孔等缺陷。

B. 固定端锚具

非张拉端(不埋入混凝土中)也可以选用张拉端锚具，安装在构件外或端部穴槽内。但在张拉之前，必须将非张拉端锚具夹片敲紧，防止张拉时跟进不齐或滑脱。目前绝大部分工程固定端锚具采用挤压式锚具。在一些桥梁工程中有足够的粘结长度时，可采用压花锚具。下面分别介绍 QMJ 型挤压式锚具和 QMY 型压花锚具。

① QMJ 型挤压式锚具

图 11.1.7 是单根 QMJ 型挤压式锚具。在预应力筋端部安装异形钢丝衬套和挤压元件，经过挤压机模孔后，挤压元件被压缩在预应力筋上，形成牢固可靠连接，见图 11.1.8 及表 11.1.7。

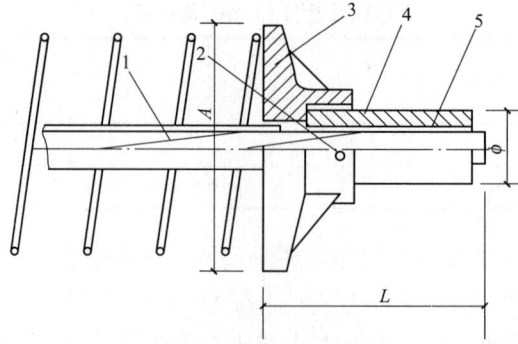

图 11.1.7　单根钢绞线固定端部 QMJ 型挤压锚

1—预应力筋；2—固定螺丝；3—垫板；4—QMJ 型挤压锚；5—异形钢丝衬套

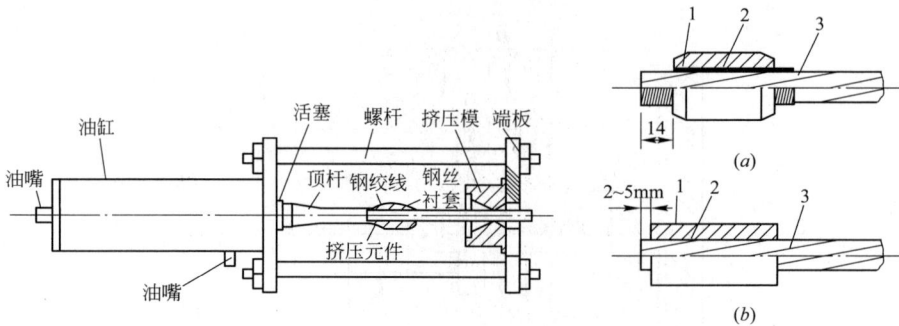

图 11.1.8　JY-45 型挤压机及挤压式锚具

(a)挤压前；(b)挤压后

1—挤压元件；2—特制钢丝衬套；3—钢绞线

单根钢绞线固定端 QMJ 锚具几何参数　　　　　表 11.1.7

锚具型号	A	L	ϕ
QMJ15-1	95	85	30.5
QMJ13-1	80	74	25.5

图 11.1.9 中的 QMJ 型挤压锚适用于多根有粘结和无粘结预应力钢绞线束做固定端，也能用于以钢绞线为提升重物的钢索固定端。其技术参数见表 11.1.8。

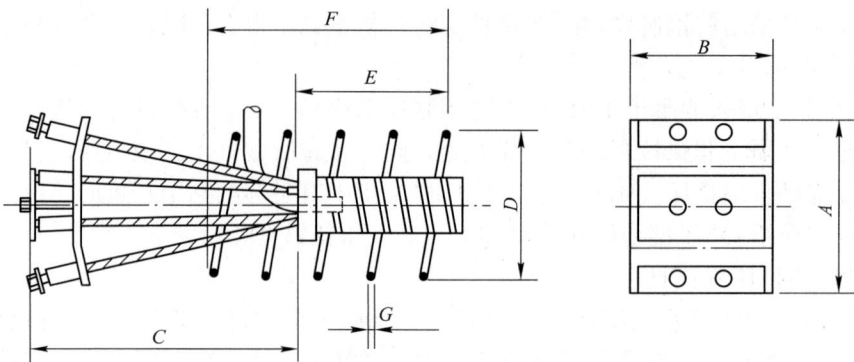

图 11.1.9　多根钢绞线束固定端部 QMJ 挤压锚

QMJ 型挤压锚具尺寸(mm) 表 11.1.8

锚具型号	形式	A	B	C	D	E	F	G	n(圈数)
QMJ15-3		230	70	330	180	100	250	12	4
QMJ15-4	1	260	80	430	190	100	250	12	4
	2	145	145	380	180	100	250	12	4
QMJ15-7		270	140	430	200	140	320	14	5
QMJ15-12		270	230	430	230	140	320	14	5
QMJ15-19		370	270	630	300	140	320	16	5
QMJ15-22		420	270	730	300	140	320	16	5
QMJ15-31	1	600	270	980	400	170	380	18	6
	2	480	340	780	400	170	380	18	6
QMJ15-37	1	720	270	1180	400	170	380	20	6
	2	560	340	980	400	170	380	20	6
QMJ13-3		190	60	260	130	90	190	8	4
QMJ13-4	1	120	120	360	130	90	190	8	4
	2	230	65	360	130	90	190	8	4
QMJ13-7		230	110	360	180	100	250	12	4
QMJ13-12		230	190	410	200	140	320	14	5
QMJ13-19		300	230	510	230	140	320	14	5
QMJ13-22		350	230	610	300	140	320	16	5
QMJ13-31		500	230	810	300	140	320	16	5
QMJ13-37		600	230	960	350	170	380	18	6

注：表中 QM15-7 表示 QM 体系挤压式锚具，适用于 7 根预应力筋直径 15 系列，即 ϕ15、ϕ15.2 钢绞线或 7 根 ϕ5 钢丝束。

② QMY 型压花式锚具

单根预应力钢绞线经过压花机使钢绞线端部成为梨状，见图 11.1.10，为了确保锚固的可靠性，压花锚压后几何尺寸应符合要求，见表 11.1.9。

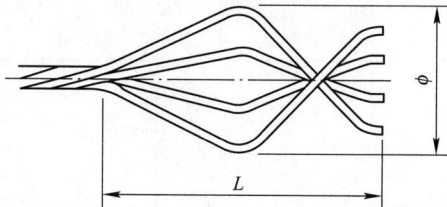

图 11.1.10 单根钢绞线 QMY 型压花锚具

单根钢绞线 QMY 型压花锚具几何尺寸 表 11.1.9

锚具型号	ϕ(mm)	L(mm)
QMY15、16-1	95	150
QMY12、13-1	80	130

多根钢绞线束的 QMY 型压花锚几何尺寸见表 11.1.10 及图 11.1.11。

多根钢绞线束 QMY 型压花锚具几何尺寸（mm）　　　　　　表 11.1.10

锚具型号	形式	A	B	C	D	E	F	G	n（螺旋筋圈数）
QMY15-3	1	290	90	950	—	—	—	—	—
QMY15-4	1	390	90	950	—	—	—	—	—
	2	190	210	950	—	—	—	—	—
QMY15-7	1	450	90	1150	1300	200	155	14	7
	2	210	230	1150	1300	200	155	14	7
QMY15-12	1	430	230	1150	1300	230	155	14	7
	2	390	330	1150	1300	230	155	14	7
QMY15-19	1	570	230	1150	1300	300	155	16	7
	2	390	470	1150	1300	300	155	16	7
QMY15-22	1	690	230	1150	1300	350	155	16	7
	2	470	490	1150	1300	350	155	16	7
QMY15-31	1	810	260	1550	1700	400	165	18	7
	2	570	510	1550	1700	400	165	18	7
QMY15-37	1	1050	370	1850	2000	400	175	20	7
	2	690	510	1850	2000	400	175	20	7
QMY13-3	1	230	70	930	—	—	—	—	—
QMY13-4	1	310	70	930	—	—	—	—	—
	2	150	170	930	—	—	—	—	—
QMY13-7	1	370	70	1130	1280	180	155	12	7
	2	170	190	1130	1280	180	155	12	7
QMY13-12	1	350	190	1130	1280	200	155	14	7
	2	310	270	1130	1280	230	155	14	7
QMY13-19	1	470	190	1130	1280	230	155	14	7
	2	310	390	1130	1280	230	155	14	7
QMY13-22	1	570	190	1130	1280	300	155	16	7
	2	390	390	1130	1280	300	155	16	7
QMY13-31	1	670	310	1330	1480	350	155	16	7
	2	479	430	1330	1480	350	155	16	7
QMY13-37	1	770	310	1530	1680	350	165	18	7
	2	470	550	1530	1680	350	165	18	7

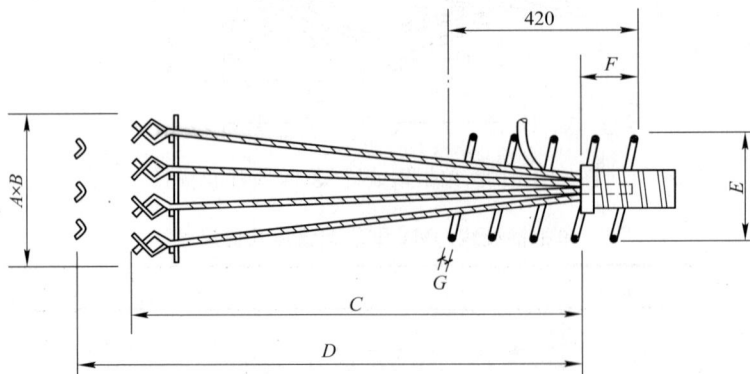

图 11.1.11　多根钢绞线束 QMY 压花锚具

C. QMZ 型中间锚具

QMZ 型中间锚具(或称环锚和游动锚)(图 11.1.12)主要用于环形预应力筋的张拉锚固,预应力筋的首、尾锚固在同一块锚板上,张拉时需加变角块在一个方向进行张拉,QMZ 系列锚具几何尺寸见表 11.1.11。

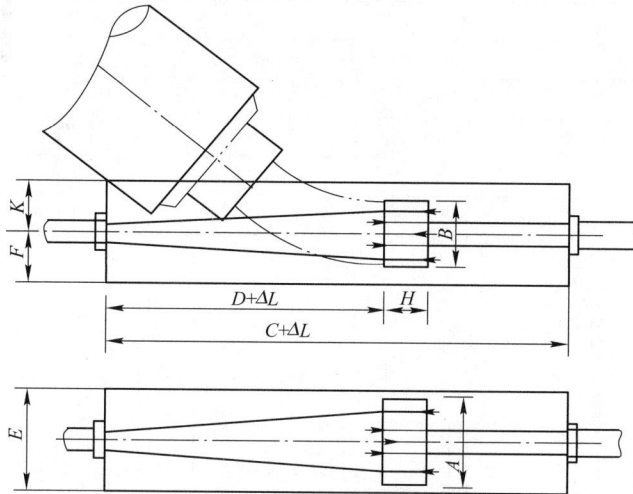

图 11.1.12 QMZ 型中间锚具

QMZ 锚具系列几何尺寸(mm) 表 11.1.11

锚具型号 \ 尺寸	A	B	H	C	D	E	F	K
QMZ15-2	140	90	60	640	450	190	65	85
QMZ15-4	170	100	75	1200	900	220	70	90
QMZ15-6	210	140	90	1420	1000	260	90	110
QMZ15-8	210	160	110	1600	1100	260	100	120
QMZ15-12	300	160	130	1980	1350	350	100	120
QMZ15-19	380	200	160	2300	1450	430	120	140
QMZ15-22	400	250	180	2300	1500	450	145	165
QMZ13-2	130	80	55	580	400	180	60	80
QMZ13-4	160	90	65	740	500	210	65	85
QMZ13-6	200	130	82	1000	700	250	85	105
QMZ13-8	200	140	90	1150	800	250	90	110
QMZ13-12	280	140	120	1500	1000	320	90	110
QMZ13-19	320	180	140	1930	1300	370	110	130
QMZ13-22	350	200	150	2130	1450	400	120	140

D. QMB 型扁锚系列

QMB 型扁锚系列锚具,多用于空间高度小的箱形梁顶板和高层建筑的楼板内,锚具一字排列,其张拉端为在扁喇叭管上安装多个(3~5 个)单孔锚具,扁喇叭管几何尺寸见表 11.1.12 及图 11.1.13。扁锚的固定端可为挤压式(表 11.1.13 及图 11.1.14)或压花式

（表 11.1.14 及图 11.1.15）。

BG 型扁喇叭管几何尺寸　　　　　　　　　　　　表 11.1.12

扁喇叭管型号　　　　尺寸	A	B	C	E×F
BG15-3	175	80	190	25×70
BG15-4	230	80	260	25×90
BG15-5	290	80	320	25×90
BG13-3	155	75	170	25×70
BG13-4	200	75	230	25×90
BG13-5	250	75	280	25×90

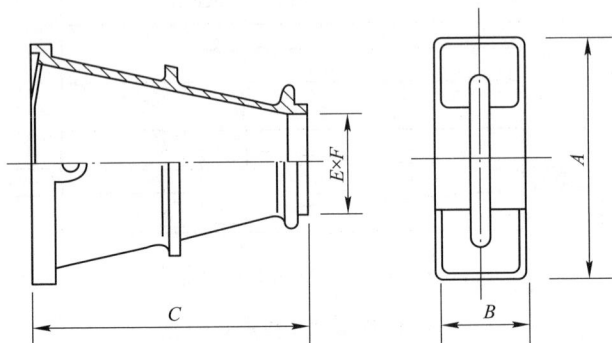

图 11.1.13　扁喇叭管

挤压锚几何尺寸　　　　　　　　　　　　　　表 11.1.13

锚具型号　　　　尺寸	A	B	C
QMJ13-3	190	75	380
QMJ13-4	250	75	380
QMJ13-5	300	75	380
QMJ15-3	200	80	440
QMJ15-4	260	80	440
QMJ15-5	310	80	440

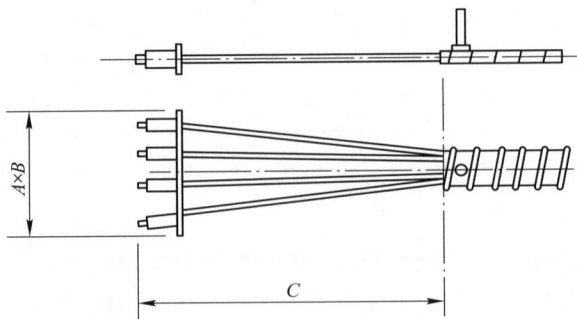

图 11.1.14　QMB 型挤压式扁锚

压花锚几何尺寸 表 11.1.14

	A	B	C
QMY13-3	230	70	760
QMY13-4	310	70	760
QMY13-5	390	70	760
QMY15-3	300	90	960
QMY15-4	390	90	960
QMY15-5	490	90	960

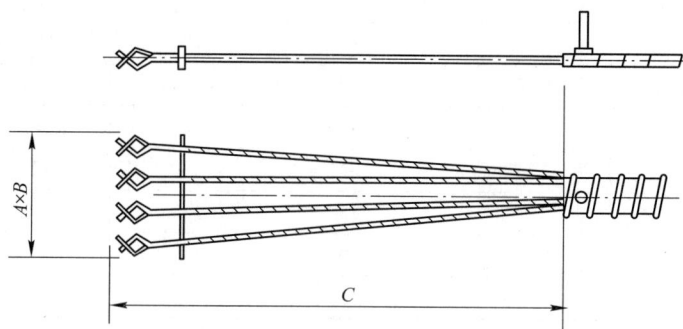

图 11.1.15　QMB 型压花式扁锚

E. QML 型连接器

连接器是用于预应力混凝土连续结构中预应力筋连接的一种装置。QML 体系中包括两种类型，一种为周边悬挂挤压式连接器(图 11.1.16)，多用于各类连续桥梁；另一种为单根对接式连接器(图 11.1.17)，可用于单根钢绞线预应力筋连接，或成束预应力筋逐根连接(图 11.1.18)。

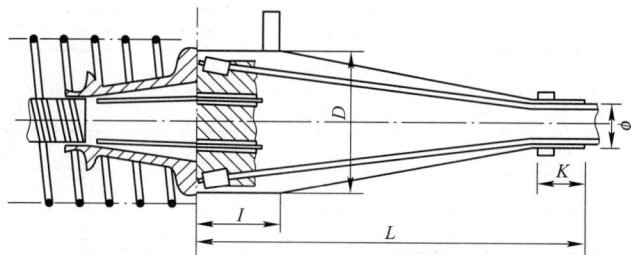

图 11.1.16　QML 型周边悬挂式连接器

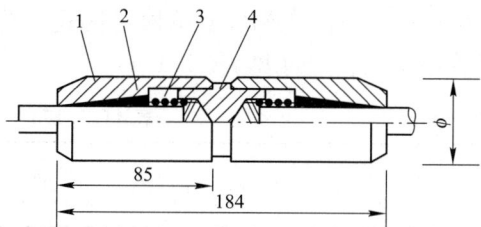

图 11.1.17　单根钢绞线对接式连接器的构造
1—套筒；2—夹片；3—压紧弹簧；4—螺纹接头

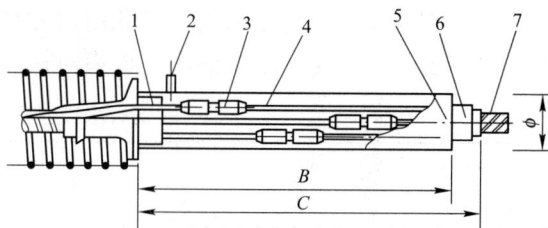

图 11.1.18　QML 型钢绞线束逐根连接器的构造
1—QM 型张拉端锚具；2—灌浆口；3—单根钢绞线连接器；
4—钢绞线；5—保护罩；6—钢套环；7—金属波纹管

① 周边悬挂式连接器

其几何尺寸见表 11.1.15 及表 11.1.16。

QML15、QML16 型周边悬挂式连接器几何尺寸（mm）   表 11.1.15

连接器型号	QML15-3	QML15-4	QML15-5	QML15-6、7	QML15-8	QML15-9
D	150	160	170	190	210	220
L	440	460	500	550	600	630
φ	62	67	77	82	87	92
K	45	50	55	60	70	75
I	160	160	160	160	160	160
连接器型号	QML15-12	QML15-19	QML15-22	QML15-27	QML15-31	QML15-37
D	235	280	300	330	370	430
L	660	790	820	960	1100	1300
φ	102	117	122	137	152	162
K	80	100	100	110	120	130
I	160	160	160	160	180	190

QML12、QML13 型周边悬挂式连接器几何尺寸（mm）   表 11.1.16

连接器型号	QML13-3	QML13-4	QML13-5	QML13-6	QML13-8	QML13-9
D	130	140	150	170	180	190
L	370	400	430	480	510	540
φ	57	62	67	77	77	82
K	50	50	55	60	70	75
I	140	140	140	140	140	140
连接器型号	QML13-12	QML13-19	QML13-22	QML13-27	QML13-31	QML13-37
D	200	235	255	295	330	380
L	560	660	750	810	1030	1180
φ	87	102	107	117	122	137
K	80	90	100	100	120	130
I	140	140	140	140	140	140

② 单根对接式连接器

用于钢绞线中间连接结构，其几何尺寸如图 11.1.17 所示。QML 型单根对接式连接器也可用于先张台座作工具锚用。成束对接式逐根连接器几何尺寸见表 11.1.17。

成束对接式逐根连接器几何尺寸   表 11.1.17

钢绞线根数 尺寸(mm)		3、4	5	6、7	8、9	12	19	27	31	37
QML12、13 系列	φ	125	140	150	180	200	200	250	270	280
	B	760	800	850	1100	1300	1300	1380	1430	1500
	C	800	850	900	1160	1360	1360	1460	1500	1580

续表

尺寸(mm) 钢绞线根数		3、4	5	6、7	8、9	12	19	27	31	37
QML15、16 系列	ϕ	125	140	150	180	200	250	280	300	330
	B	760	800	880	1100	1300	1360	1500	1600	1700
	C	800	850	930	1160	1360	1440	1560	1670	1780

（2）XM 型预应力钢绞线锚具及连接器

A. XM 型锚具

XM 型锚具由中国建筑科学研究院等单位开发研制而成，适用于锚固单根和多根 ϕ^s15mm 的钢绞线或 7ϕ^p5mm 的平行光面钢丝束，可用于先张、后张法施工的预应力混凝土结构和构件中。单根钢绞线锚具多用于无粘结后张法预应力混凝土结构。多根钢绞线锚具由锚板、夹片、垫板、喇叭管与螺旋筋组成(图 11.1.19 及图 11.1.20)。锚板上有多个锥形孔，利用每个锥形孔装三个夹片夹持一根钢绞线或 7ϕ^p5mm 光面钢丝，形成独立的锚固单元，每个单元独立工作因而锚固可靠。锚具的尺寸见表 11.1.18。几种常用的 XM 型锚具的最小中距及边距见表 11.1.19 及图 11.1.21。锚板采用 45 号钢制作并经调质热处理，夹片采用 60Si$_2$MnA 合金钢制作，经整体淬火并回火，表面硬度为 HRC53～58，齿形为三角螺纹，斜开缝。钢垫板采用 Q235 钢制作，其表面上开有锚板对中用的凹槽。喇叭管由薄钢板制成，焊在钢垫板上。螺旋筋为 HPB235 级钢筋。锚板上的锥形孔沿圆周排列，孔中心线的倾角为 1：20 并垂直于锚板顶面以利夹片均匀塞紧。

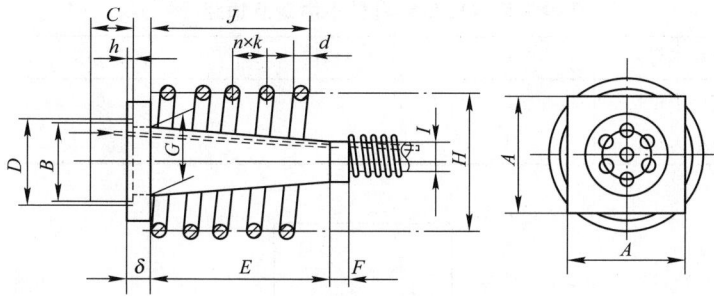

图 11.1.19　XM 锚具

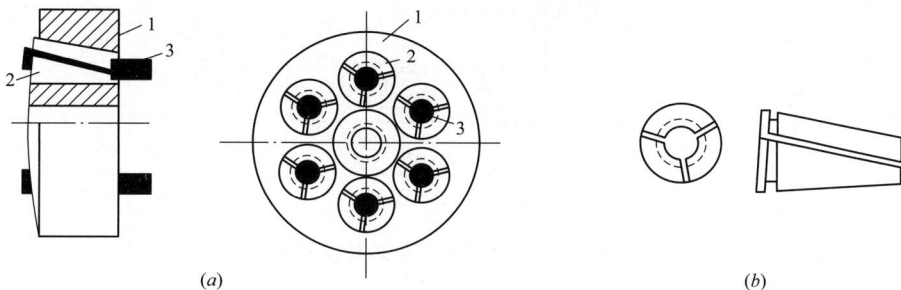

图 11.1.20　XM 锚具的锚板及夹片

(a)锚板；(b)夹片

1—锚板；2—夹片；3—钢绞线

XM15(16)锚具尺寸(mm)　　　　表 11.1.18

XM15(16)	1	3	4	5	6	7	8	9	10	11/12	13/19	20/21	22/27	28/31	32/37
荷载(kN)	214	642	856	1070	1283	1497	1711	1925	2139	2567	4064	4492	5775	6631	7914
A	65	160	200	200	220	220	250	250	280	315	360	400	440	460	515
ϕB	44	98	108	125	145	145	155	165	175	184	230	270	295	305	348
C	50	50	50	50	55	55	60	60	65	75	78	86	90	100	110
ϕD	45	99	109	126	146	146	156	166	176	185	232	272	297	307	350
h	2	2	2	3	3	3	4	4	4	4	2	2	2	2	2
δ	14	22	25	25	30	30	35	35	38	40	46	46	54	60	64
E	—	120	155	235	215	215	295	395	395	500	525	680	720	800	840
F	—	50	50	50	60	60	60	80	80	80	80	80	80	80	80
ϕG	20	64	75	87	97	97	108	122	134	134	180	218	228	238	268
ϕI	—	50	50	55	66	66	69	72	75	84	110	115	130	140	155
ϕH	—	180	230	230	250	250	290	290	330	360	420	460	500	530	600
J	—	180	248	248	275	275	300	300	350	375	440	480	540	585	650
K	—	45	45	45	50	50	50	50	50	50	55	60	60	65	65
n	—	5	6.5	6.5	6.5	6.5	7	7	8	8.5	9	9	10	10.5	11
d	10	12	12	14	14	14	16	16	16	18	18	18	18	20	22

几种常用 XM 型锚具最小中距及边距(mm)　　　　表 11.1.19

序号	锚具型号	XM15-5	XM15-6、7	XM15-8	XM15-9
1	最小中距	250	300	330	350
2	最小边距	130	150	160	170

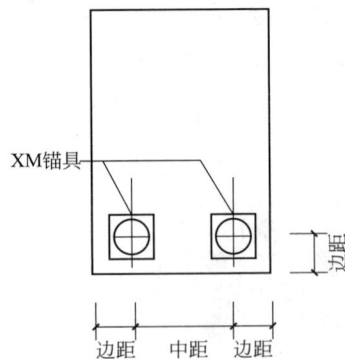

图 11.1.21　XM 锚具的边距及中距

B. XL 型连接器

XL 型连接器为周边悬挂挤压式,锚固头的衬套为内外有齿的半圆形衬套。其尺寸见图 11.1.22 及表 11.1.20。

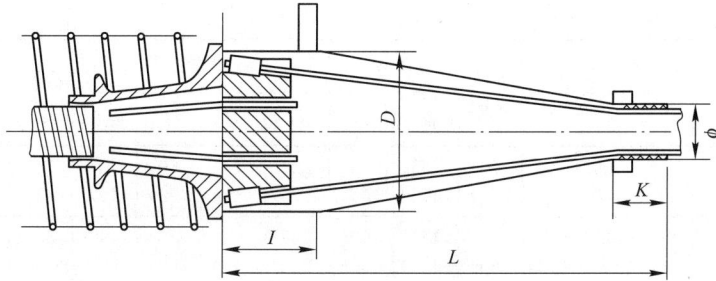

图 11.1.22 XL 型连接器外形

XL 型连接器尺寸（mm） 表 11.1.20

尺寸 \ 连接器型号	XL15-3	XL15-4	XL15-5	XL15-7	XL15-9	XL15-12	XL15-19	XL15-22	XL15-27	XL15-31
D	128	138	148	183	208	228	268	295	341	386
I	200	200	200	200	200	200	200	200	200	200
ϕ	50	50	54	66	72	84	105	115	125	132
K	40	40	50	50	60	60	70	70	90	90
L	425	475	505	620	715	755	850	985	1115	1305

（3）OVM 型预应力钢绞线锚具及连接器

OVM 型锚具是以柳州建筑机械总厂为主，同济大学、广东省公路工程处协同研制而成，可锚固极限强度标准值为 1860MPa、钢绞线直径 12mm～15.7mm、1～55 孔（根）钢绞线。已在国内外许多大型工程中应用。

OVM 型锚具构造基本上与 QM 型锚具基本相同，两者的主要差别是：OVM 型锚具的锚固单元中夹片全部为二片式以进一步方便施工，并在夹片背面上部锯有一条弹性槽以提高锚固性能；此外 OVM 型锚具的外形尺寸较小。

A. 张拉端锚具：见表 11.1.21 及图 11.1.23。

OVM15、OVM13 张拉端锚具主要尺寸（mm） 表 11.1.21

锚具型号	钢绞线根数	锚垫板	波纹管 ϕF	锚板		螺旋筋				孔距 a	安装孔孔径 ϕZ	张拉千斤顶型号
				ϕG	H	ϕI	d	J	圈数			
OVM15-1 (OVM13-1)	1	—	—	46 (43)	48 (43)	—	—	—	—	—	—	YCW22 YKD18
OVM15-2 (OVM13-2)	2	140	—	82	50	—	—	—	—	—	—	YCW100 (YCW100)
OVM15-3 (OVM13-3)	3	140×135×100 (130×130×105)	55 (50)	90 (80)	55 (50)	130 (120)	8 (8)	50 (50)	4 (4)	110 (100)	8 (8)	YCW100 (YCW100)
OVM15-4 (OVM13-4)	4	160×160×110 (140×140×105)	55 (50)	105 (90)	55 (50)	170 (130)	12 (8)	50 (50)	5 (4)	130 (110)	8 (8)	YCW100 (YCW100)
OVM15-5 (OVM13-5)	5	180×180×120 (150×150×115)	55 (50)	117 (100)	55 (55)	190 (150)	12 (10)	50 (50)	5 (4)	150 (120)	10 (8)	YCW100 (YCW100)

锚具型号	钢绞线根数	锚垫板	波纹管 φF	锚板		螺旋筋				孔距 a	安装孔孔径 φZ	张拉千斤顶型号
				φG	H	φI	d	J	圈数			
OVM15-6、7 (OVM13-6、7)	6、7	200×200×140 (170×170×130)	70 (60)	135 (115)	60 (55)	220 (170)	14 (12)	60 (50)	6 (5)	170 (135)	10 (10)	YCW150 (YCW100)
OVM15-8 (OVM13-8)	8	230×210×160 (200×200×140)	80 (60)	157 (130)	60 (55)	250 (220)	14 (14)	60 (60)	6 (6)	200 (160)	10 (10)	YCW250 (YCW150)
OVM15-9 (OVM13-9)	9	230×210×160 (200×200×150)	80 (70)	157 (137)	60 (60)	250 (220)	14 (14)	60 (60)	6 (6)	200 (165)	10 (10)	YCW250 (YCW150)
OVM15-12 (OVM13-12)	12	270×250×190 (230×230×170)	90 (80)	175 (157)	70 (60)	310 (250)	18 (14)	60 (60)	7 (6)	230 (190)	10 (10)	YCW350 (YCW250)
OVM15-15 (OVM13-)15	15	330×330×190 (290×300×210)	100 (90)	217 (195)	90 (70)	380 (310)	18 (18)	60 (60)	8 (7)	290 (250)	10 (10)	YCW350 (YCW250)
OVM15-19 (OVM13-19)	19	320×310×240 (290×300×210)	100 (90)	217 (195)	90 (70)	380 (310)	18 (18)	60 (60)	8 (7)	280 (250)	10 (10)	YCW350 (YCW250)
OVM15-22 (OVM13-22)	22	370×370×280 (330×330×240)	120 (100)	260 (217)	120 (85)	450 (380)	20 (18)	70 (60)	8 (8)	310 (280)	10 (10)	YCW500 (YCW350)
OVM15-25 (OVM13-25)	25	370×370×280 (330×330×240)	120 (100)	260 (217)	120 (85)	390 (380)	20 (18)	70 (60)	8 (8)	310 (280)	10 (10)	YCW650 (YCW400)
OVM15-27 (OVM13-27)	27	370×350×280 (330×340×240)	120 (100)	260 (217)	120 (85)	450 (380)	20 (18)	70 (60)	8 (8)	310 (280)	10 (10)	YCW650 (YCW400)
OVM15-31 (OVM13-31)	31	400×360×300 (350×370×260)	130 (105)	275 (235)	130 (95)	490 (410)	20 (18)	70 (60)	9 (8)	340 (300)	10 (10)	YCW650 (YCW500)
OVM15-37 (OVM13-37)	37	440×440×320 (380×370×280)	140 (120)	310 (260)	140 (110)	550 (450)	20 (20)	70 (70)	10 (8)	380 (320)	10 (10)	YCW900 (YCW650)
OVM15-43 (OVM13-43)	43	480×490×340 (410×400×310)	160 (130)	340 (310)	150 (130)	600 (490)	20 (20)	70 (70)	10 (9)	420 (350)	10 (10)	YCW900 (YCW650)
OVM15-55 (OVM13-55)	55	560×580×380 (460×460×350)	160 (140)	360 (330)	180 (140)	680 (550)	23 (20)	80 (70)	10 (10)	500 (400)	10 (10)	YCW1200 (YCW900)

注：表中各尺寸参数符号见图 11.1.23。括号内尺寸仅用于 OVM13 型锚具。

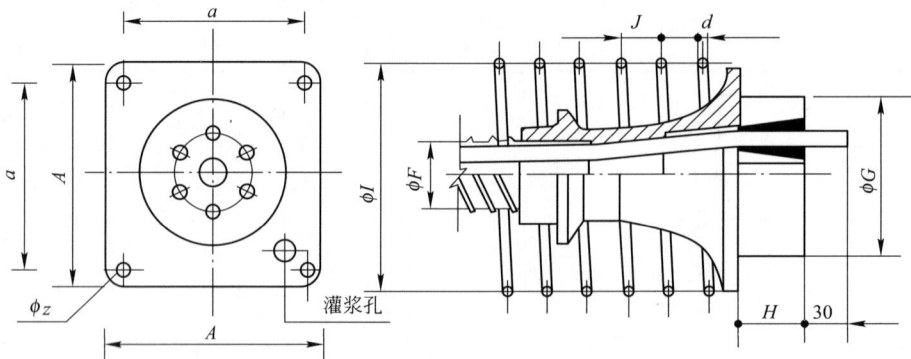

图 11.1.23　OVM 锚具尺寸图

B. 固定端锚具

有 P 型挤压锚（表 11.1.22 及图 11.1.24）及 H 型压花锚（表 11.1.23 及图 11.1.25）两种类型。

OVM15、OVM13 固定端 P 型挤压锚具尺寸（mm） 表 11.1.22

尺寸 \ 钢绞线根数	3	4	5	6、7	9	12	19	27	31
A	120(100)	150(120)	170(130)	200(150)	220(170)	250(200)	300(250)	350(330)	(350)
$B(min)$	180(120)	240(180)	300(240)	380(300)	440(380)	500(440)	720(600)	860(720)	(860)
C	110(85)	110(110)	110(110)	120(110)	120(110)	135(120)	135(135)	135(135)	(135)
D	200(200)	250(200)	250(200)	250(250)	300(250)	300(250)	360(300)	360(360)	(360)
ϕE	110(110)	170(130)	190(150)	190(180)	220(190)	220(190)	250(220)	250(250)	290(250)

注：表中括号内数字适用于 OVM13P。

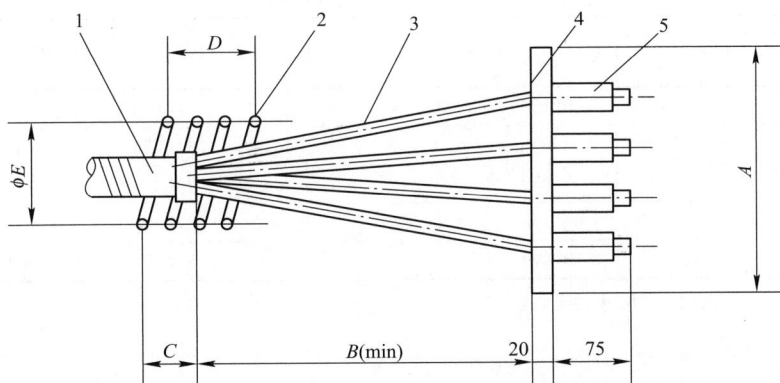

图 11.1.24　OVM15、OVM13 固定端 P 型挤压锚具
1—波纹管；2—螺旋筋；3—预应力筋；4—固定锚板；5—挤压头

OVM15、OVM13 固定端 H 型压花锚具尺寸（mm） 表 11.1.23

型号	钢绞线根数	A	B	$C(min)$	D	ϕE
OVM$^{15}_{13}$H-3	3	190(130)	90(70)	950(650)	145(145)	—
OVM$^{15}_{13}$H-4	4	190(130)	210(170)	950(650)	145(145)	—
OVM$^{15}_{13}$H-5	5	220(100)	220(180)	950(650)	145(145)	—
OVM$^{15}_{13}$H-6、7	6、7	210(170)	230(190)	1300(850)	155(155)	90(150)
OVM$^{15}_{13}$H-9	9	270(220)	310(250)	1300(850)	155(155)	220(180)
OVM$^{15}_{13}$H-12	12	330(270)	390(310)	1300(850)	155(155)	220(210)
OVM$^{15}_{13}$H-19	19	390(310)	470(390)	1300(950)	155(155)	280(210)
OVM$^{15}_{13}$H-27	27	450(410)	520(430)	1700(1150)	165(155)	310(310)
OVM$^{15}_{13}$H-31	31	510(430)	570(470)	1700(1150)	165(165)	380(380)
OVM$^{15}_{13}$H-37	37	510(430)	690(570)	2000(1680)	185(165)	380(380)
OVM$^{15}_{13}$H-43	43	550(560)	750(580)	2500(1680)	210(185)	450(380)
OVM$^{15}_{13}$H-55	55	620(560)	850(680)	2500(1980)	240(185)	480(380)

注：表中括号内数字适用于 OVM13H。

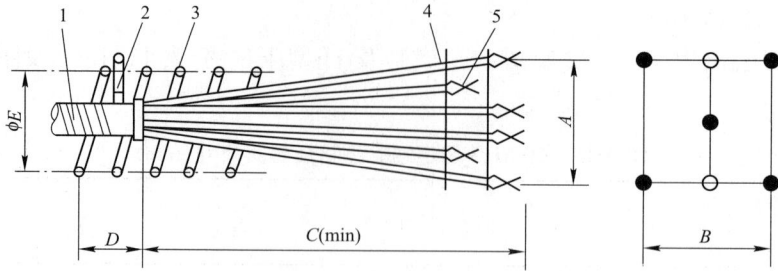

图 11.1.25 OVM15、OVM13 固定端 H 型压花锚具

1—波纹管；2—排气管；3—螺旋筋；4—支架；5—钢绞线梨形自锚头

C. OVML 型系列连接器

OVML 型连接器为周边悬挂的挤压式连接器，在钢绞线上装有圆钢丝套，经挤压机模孔将挤压套压接在钢绞线上。OVML 型连接器尺寸见表 11.1.24 及图 11.1.26。

OVM15L、OVM13L 连接器尺寸　　　　　　　　　　表 11.1.24

尺寸(mm) 连接器型号	$OVM_{13}^{15}L\text{-}3$	$OVM_{13}^{15}L\text{-}4$	$OVM_{13}^{15}L\text{-}5$	$OVM_{13}^{15}L\text{-}6、7$	$OVM_{13}^{15}L\text{-}9$	$OVM_{13}^{15}L\text{-}12$	$OVM_{13}^{15}L\text{-}19$
A	209(189)	209(194)	221(204)	239(219)	261(245)	281(261)	323(299)
B	638(594)	638(616)	690(660)	708(664)	761(734)	805(761)	945(883)
C	25(25)	25(25)	25(25)	25(25)	25(25)	25(25)	25(25)
D	169(149)	169(151)	181(164)	199(179)	221(205)	241(221)	283(259)
ϕE	59(49)	59(49)	59(49)	73(63)	83(73)	93(83)	103(93)

注：括号内适用于 OVM13L 尺寸。

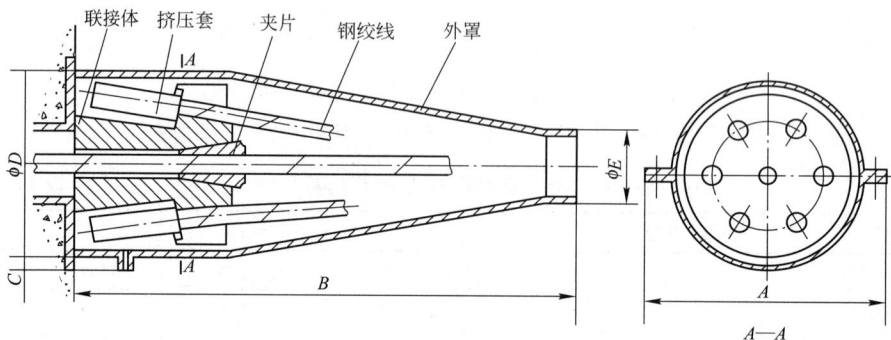

图 11.1.26 OVML 型连接器

D. OVM-HM15 型环形锚具

主要用于水电站引水洞预应力结构和大型水池环形预应力结构，锚具尺寸见表 11.1.25 及图 11.1.27。

OVM-HM15 型环形锚具尺寸（mm）　　　　　　表 11.1.25

	锚具型号	A	B	C	D	F	G	H	张拉千斤顶型号
钢绞线直径 15 系列	HM15-6	160	100	130	75	700	810	200	YCW150
	HM15-8	210	120	160	100	800	1000	250	YCW250
	HM15-12	290	120	180	110	800	1000	320	
	HM15-14	320	125	180	110	1000	1300	340	YCW350

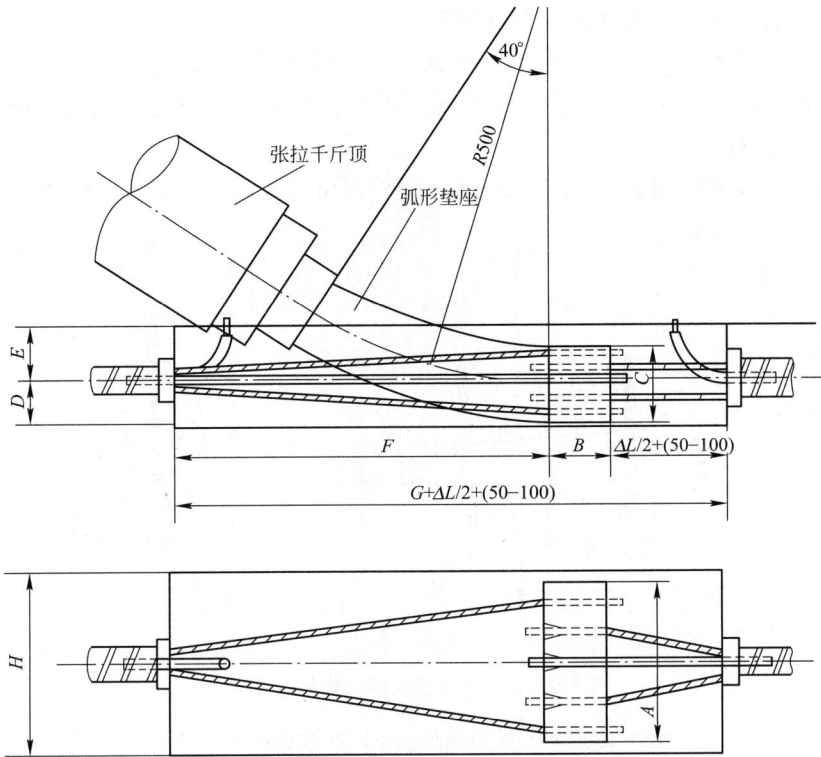

图 11.1.27 OVM-15HM 型环形锚具

E. 扁形锚具：见表 11.1.26 及图 11.1.28。

OVM15B、OVM13B 扁形锚具尺寸（mm）　　　　　　　　　　　　表 **11.1.26**

钢绞线根数	锚垫板			锚板			波纹管内径尺寸	
	A	B	C	D	E	F	G	H
2	120	150	70	80	48	50	50	19
3	150	180	70	115	48	50	60	19
4	210	220	70	150	48	50	70	19
5	250	260	70	185	48	50	90	19

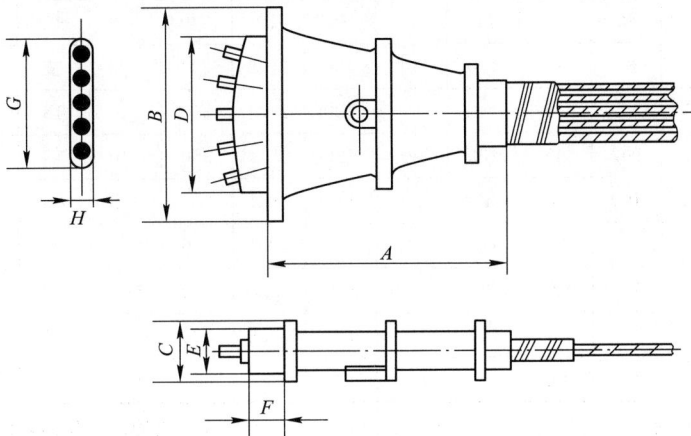

图 11.1.28 OVM 扁形锚具

（4）B&S型预应力钢绞线锚具及连接器

B&S预应力锚具是由北京市建筑工程研究院与上海建研所合作开发的项目，于1992年被列为建设部推广项目，现已应用于多项工程，形成了较完整的预应力体系。

A. 张拉端锚具

① 钢垫板张拉端锚具：其尺寸见图11.1.29及表11.1.27、表11.1.28。

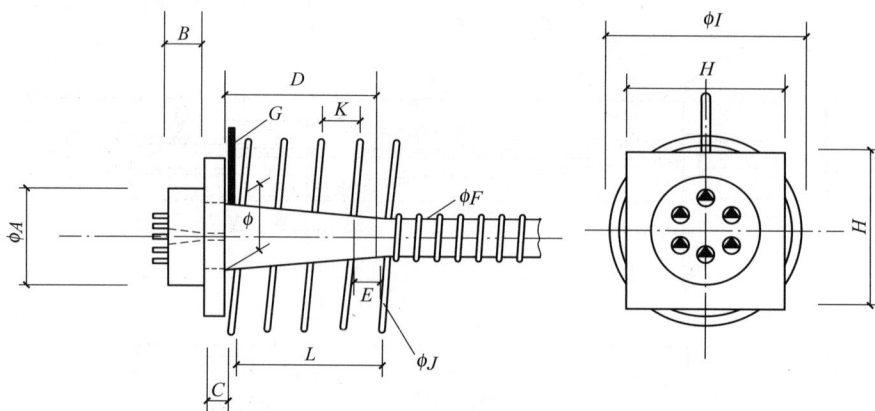

图 11.1.29　B&S钢垫板张拉端锚具

B&S体系 Z15 系列钢垫板张拉端锚具尺寸（mm）　　　　表 11.1.27

外形尺寸 锚具型号	ϕA	B	C	D	E	ϕF	G	H	ϕI	ϕJ	K	L	ϕ
Z15-3	88	50	18	120	30	50	12.7	120	150	10	50	200	65
Z15-4	98	50	20	140	30	55	19	160	200	10	50	250	70
Z15-5	118	50	20	160	50	60	19	180	220	12	50	250	80
Z15-7	128	55	30	200	50	65	19	200	250	12	50	300	90
Z15-9	155	60	30	240	50	75	19	220	270	14	60	360	115
Z15-12	168	70	35	300	50	85	19	270	340	16	60	360	125
Z15-13	170	70	35	300	50	85	19	270	340	16	60	360	145
Z15-14	170	70	35	300	50	85	19	270	340	16	60	360	145
Z15-19	190	85	40	400	60	100	25.4	320	400	18	60	420	165
Z15-21	215	90	45	440	80	120	25.4	350	440	18	60	420	190
Z15-22	225	907	45	400	80	120	25.4	350	440	18	60	420	200
Z15-25	240	100	50	480	80	140	38.1	380	480	20	70	490	215
Z15-31	240	100	55	480	80	140	38.1	420	520	20	70	490	215
Z15-37	265	115	60	540	100	150	38.1	480	600	22	70	560	240
Z15-43	295	125	70	640	100	180	50.8	520	650	25	70	560	270
Z15-55	310	150	80	740	100	180	50.8	580	740	25	70	630	285

注：Z15 系列的钢垫板张拉端锚具适用于锚固 $\phi15$、$\phi15$、$\phi15.2$、$\phi15.7$ 规格的预应力钢绞线或钢丝束。

B&S 体系 Z13 系列钢垫板张拉端锚具尺寸(mm)　　　　表 11. 1. 28

外形尺寸 锚具型号	ϕA	B	C	D	E	ϕF	G	H	ϕI	ϕJ	K	L	ϕ
Z13-3	80	45	18	120	30	45	12.7	110	130	10	50	150	55
Z13-4	90	50	20	140	30	50	19	120	150	10	50	200	65
Z13-5	100	50	20	140	30	55	19	140	180	10	50	250	75
Z13-7	110	55	25	150	30	60	19	160	200	12	50	250	85
Z13-9	130	60	25	150	50	70	19	180	220	12	50	300	105
Z13-12	140	60	30	250	50	75	19	220	270	14	60	300	120
Z13-13	155	60	30	250	50	75	19	220	270	14	60	300	130
Z13-14	155	60	30	250	50	80	19	220	270	16	60	300	130
Z13-19	175	70	35	350	60	90	25.4	270	340	16	60	360	150
Z13-21	195	80	40	380	60	95	25.4	300	370	18	60	360	170
Z13-22	205	80	40	380	60	95	25.4	300	370	18	60	360	180
Z13-25	215	90	45	440	80	105	25.4	350	440	18	60	420	190
Z13-31	215	90	50	440	80	105	25.4	350	440	18	60	420	190
Z13-37	240	100	55	480	80	130	38.1	390	490	20	70	420	215
Z13-43	270	110	60	540	100	140	38.1	420	520	20	70	490	245
Z13-Z55	280	130	70	540	100	150	50.8	480	600	22	70	660	255

注：Z13 系列的锚具适用于锚 $\phi 12$、$\phi 12.5$、$\phi 12.7$、$\phi 12.9$ 的预应力钢绞线或钢丝束。

② 铸铁垫板张拉端锚具：其尺寸见图 11. 1. 30 及表 11. 1. 29、表 11. 1. 30。

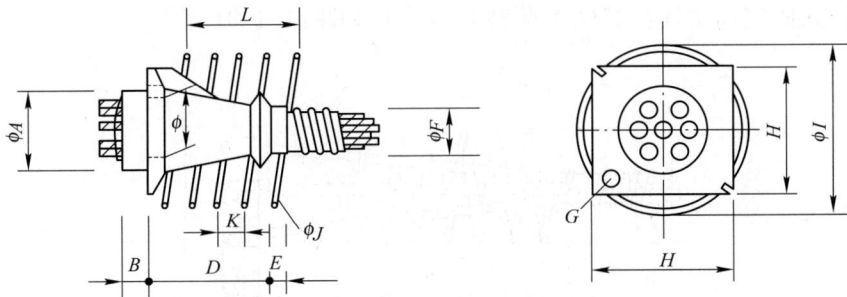

图 11. 1. 30　B&S 铸铁垫板张拉端锚具

B&S 体系 Z_T15 系列铸铁垫板张拉端锚具尺寸(mm)　　　　表 11. 1. 29

外形尺寸 锚具型号	ϕA	B	C	D	E	ϕF	G	H	ϕI	K	ϕJ	L	ϕ
Z_T15-4	98	50	130	60	63	12.7	160	190	12	50	150	80	—
Z_T15-5	118	50	130	60	68	12.7	180	210	12	50	150	40	—
Z_T15-7	128	55	130	60	73	19	200	230	14	50	200	90	—
Z_T15-9	155	60	160	60	83	19	220	220	16	60	240	110	—

续表

外形尺寸 锚具型号	ϕA	B	C	D	E	ϕF	G	H	ϕI	K	ϕJ	L	ϕ
Z_T15-12	168	70	190	60	93	19	240	240	18	60	240	125	—
Z_T15-19	190	85	200	60	108	19	260	260	18	60	240	155	—
Z_T15-22	225	90	240	70	128	25.4	300	300	20	70	280	175	—
Z_T15-25	240	100	280	70	148	25.4	340	340	20	70	280	190	—

注：本系列锚下支承板与喇叭管为整体铸造。

B&S 体系 Z_T 13 系列锚具尺寸（mm）　　　　　　　表 11.1.30

外形尺寸 锚具型号	ϕA	B	C	D	E	ϕF	G	H	ϕI	K	ϕJ	L	ϕ
Z_T13-4	90	50	120	50	58	12.7	140	170	10	50	150	75	—
Z_T13-5	100	50	120	50	63	12.7	160	190	12	50	150	75	—
Z_T13-7	110	55	120	50	68	19	180	210	12	50	150	85	—
Z_T13-9	130	60	150	60	78	19	200	230	14	60	180	105	—
Z_T13-12	140	60	170	60	83	19	220	250	16	60	180	115	—
Z_T13-19	175	70	180	60	98	19	240	270	18	60	240	145	—
Z_T13-22	205	80	210	60	103	25.4	280	310	18	60	240	160	—
Z_T13-25	215	90	250	70	113	25.4	320	350	20	70	280	170	—

B. 固定端锚具

① 挤压式固定端锚具：其尺寸见表 11.1.31 及图 11.1.31。

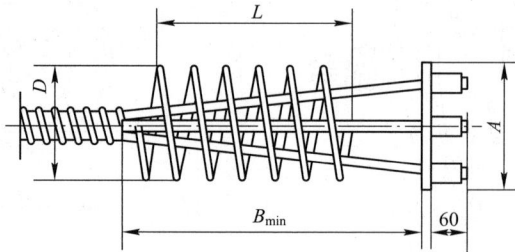

图 11.1.31　B&S 挤压式锚具

B&S 体系 Z_P 系列挤压式锚具尺寸（mm）　　　　　　　表 11.1.31

锚具型号	A	B	D	L	锚具型号	A	B	D	L
Z_P15-2	100	100	130	180	Z_P15-7	200	350	220	260
Z_P15-3	120	150	190	260	Z_P15-12	250	480	260	320
Z_P15-4	150	220	190	260	Z_P15-19	300	620	260	320

② 压花式固定端锚具：其尺寸见表 11.1.32、表 11.1.33 及图 11.1.32。

B&S 体系 Z_H15 系列压花式锚具尺寸（mm） 表 11.1.32

外形尺寸 锚具型号	A	B	C	D	ϕI	ϕJ	G	E	K	L
Z_H15-3	290	90	950		150	10	12.7	100	50	200
Z_H15-4	190	210	950		200	10	12.7	1000	50	250
Z_H15-5	190	210	950		220	12	12.7	100	50	250
Z_H15-7	210	230	1150	1300	250	12	12.7	150	50	300
Z_H15-9	210	230	1150	1300	270	14	12.7	180	60	360
Z_H15-12	430	230	1150	1300	340	16	19	180	60	360
Z_H15-19	390	470	1150	1300	400	18	19	180	60	420
Z_H15-22	470	490	1150	1300	440	18	19	180	60	420
Z_H15-31	570	510	1150	1700	520	20	25.4	200	70	490

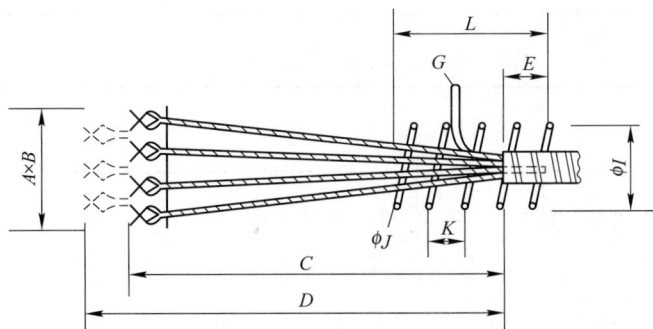

图 11.1.32 B&S 压花式锚具

B&S 体系 Z_H13 系列压花式锚具尺寸（mm） 表 11.1.33

外形尺寸 锚具型号	A	B	C	D	ϕI	ϕJ	G	E	K	L
Z_H13-3	230	70	930		130	10	12.7	100	50	200
Z_H13-4	150	170	930		150	10	12.7	100	50	200
Z_H13-5	150	170	930		180	10	12.7	100	50	250
Z_H13-7	170	190	1130	1280	200	12	12.7	150	50	250
Z_H13-9	170	190	1130	1280	220	12	12.7	150	50	300
Z_H13-12	350	190	1130	1280	270	14	12.7	180	60	300
Z_H13-19	310	390	1130	1280	340	16	19	180	60	360
Z_H13-22	390	390	1130	1280	370	18	19	180	60	360
Z_H13-31	470	430	1130	1480	440	18	19	180	60	360

C. 连接器：其尺寸见表 11.1.34、表 11.1.35 及图 11.1.33。

B&S体系 Z_L15 系列连接器尺寸（mm）　　　　　　表 11.1.34

外形尺寸 连接器型号	ϕA	B	C	D	E	G	H
Z_L15-3	168	110	30	440	50	12.7	220
Z_L15-4	178	110	30	470	50	19	210
Z_L15-5	188	110	30	500	50	19	220
Z_L15-7	198	120	30	570	60	19	230
Z_L15-9	220	120	30	600	60	19	250
Z_L15-12	230	120	35	670	60	19	270
Z_L15-19	270	130	40	780	80	25.4	300
Z_L15-21	295	130	40	850	80	25.4	330
Z_L15-31	320	140	45	1120	100	38.1	360
Z_L15-37	345	150	55	1290	100	38.1	380
Z_L15-55	390	170	60	1500	100	50.8	440

B&S体系 Z_L13 系列连接器尺寸（mm）　　　　　　表 11.1.35

外形尺寸 连接器型号	ϕA	B	C	D	E	G	H
Z_L13-3	160	100	25	380	50	12.7	190
Z_L13-4	170	100	25	430	50	19	200
Z_L13-5	180	100	25	450	50	19	210
Z_L13-7	190	110	30	480	60	19	220
Z_L13-9	210	110	30	550	60	19	240
Z_L13-12	220	110	30	600	60	19	255
Z_L13-19	255	110	35	650	60	25.4	285
Z_L13-21	275	110	40	720	80	25.4	305
Z_L13-31	295	110	40	1020	80	25.4	325
Z_L13-37	320	140	45	1180	100	38.1	355
Z_L13-55	360	160	55	1220	100	50.8	400

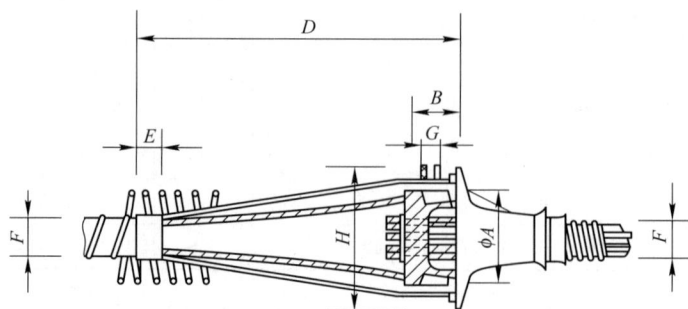

图 11.1.33　B&S 连接器

D. 扁形锚具：其尺寸见图 11.1.34 及表 11.1.36。

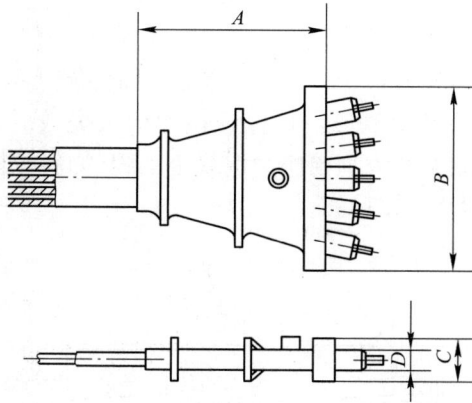

图 11.1.34 B&S 扁形锚具

B&S 体系 Z_B 系列扁形锚具尺寸（mm） 表 11.1.36

外形尺寸 锚具型号	A	B	C	D
$Z_B 15\text{-}3$	200	180	70	40
$Z_B 15\text{-}4$	240	220	70	40
$Z_B 15\text{-}5$	280	260	70	40

注：$Z_B 15$ 系列扁锚的外形尺寸亦适用于 $Z_B 13$ 系列。

E. Z_W 系列体外预应力锚具：其尺寸见图 11.1.35 及表 11.1.37。

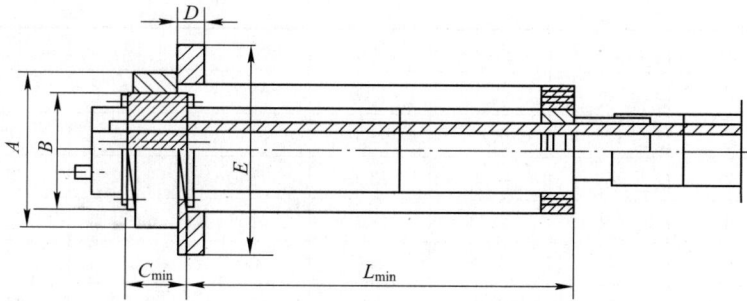

图 11.1.35 B&S 体外预应力锚具

B&S 体系 Z_W 系列体外预应力锚具尺寸（mm） 表 11.1.37

外形尺寸 锚具型号	A	B	C_{min}	D	E	L_{min}	外形尺寸 锚具型号	A	B	C_{min}	D	E	L_{min}
$Z_W 15\text{-}3$	118	88	55	18	160	220	$Z_W 15\text{-}6$、7	160	128	65	30	220	340
$Z_W 15\text{-}4$	128	98	55	20	170	230	$Z_W 15\text{-}12$	208	168	70	35	280	520
$Z_W 15\text{-}5$	140	118	60	25	180	240	$Z_W 15\text{-}19$	255	205	90	40	360	660

2. 用于平行钢丝束的锚具

(1) 中国建筑科学研究院的 QM-LZM 锚具

该锚具生产采用铸造方法，可锚固 31～97 根 $\phi7$ 及 91～169 根 $\phi5$ 消除应力钢丝(极限强度为 1570N/mm^2 及 1860N/mm^2)，具有可靠的锚固性能。钢丝端部镦头后锚固在锚具的锚板上，筒体锥形段灌注环氧铁砂，可保证钢丝镦头失效后，锚具仍有较好的锚固性能。该锚具适用于大跨度屋架及大型预应力混凝土工程(如斜拉桥的缆索等)。锚具的构造见图 11.1.36、技术参数见表 11.1.38。

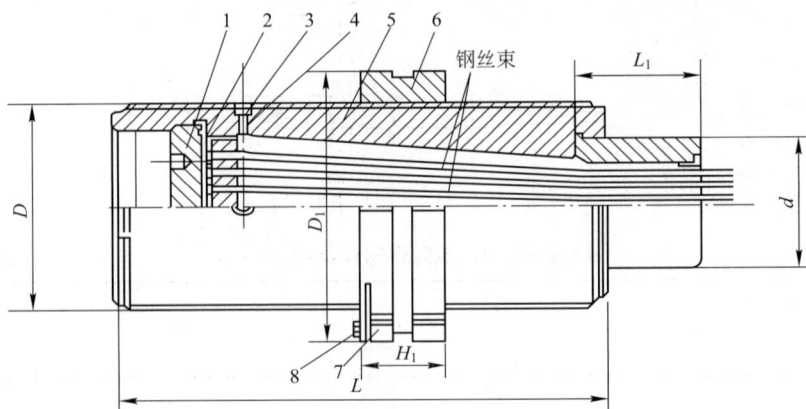

图 11.1.36　QM-LZM 冷铸锚构造图

1—压板；2—橡胶垫；3—镦头锚板；4—定位螺栓；5—筒体；6—螺母；7—锁紧螺钉；8—垫圈

QM-LZM 冷铸锚技术参数表　　　　　　　　　　表 11.1.38

锚具型号	钢丝直径 (mm)	钢丝根数	D_1(mm)	D(mm)	d(mm)	L_1(mm)	L(mm)	H_1(mm)
LZM91-5	$\phi5$	91	$\phi250$	$\phi175$	$\phi125$	160	440	80
LZM109-5	$\phi5$	109	$\phi270$	$\phi200$	$\phi120$	80	440	80
LZM12-5	$\phi5$	127	$\phi270$	$\phi200$	$\phi140$	165	480	80
LZM151-5	$\phi5$	151	$\phi290$	$\phi220$	$\phi140$	80	480	90
LZM169-5	$\phi5$	169	$\phi290$	$\phi220$	$\phi150$	165	530	90
LZM31-7	$\phi7$	31	170	130	80	50	530	80
LZM31-7G	$\phi7$	31	170	130	80	50	450	80
LZM85-7	$\phi7$	85	$\phi300$	$\phi230$	$\phi130$	200	575	110
LZM85-7G	$\phi7$	87	$\phi300$	$\phi230$	$\phi130$	200	495	110
LZM91-7	$\phi7$	91	$\phi300$	$\phi230$	$\phi130$	200	575	110
LZM91-7G	$\phi7$	97	$\phi300$	$\phi230$	$\phi130$	200	495	110

(2) 柳州工程机械厂的 OVM-LZM 锚具

该锚具的生产方法和构造与 QM-LZM 锚具基本相同，但可锚固的 $\phi5$、$\phi7$ 消除应力钢丝根数更多。锚具适用于大型预应力混凝土工程，其锚固性能良好，已在国内许多桥梁工程中采用。锚具的构造见图 11.1.37、技术参数见表 11.1.39。

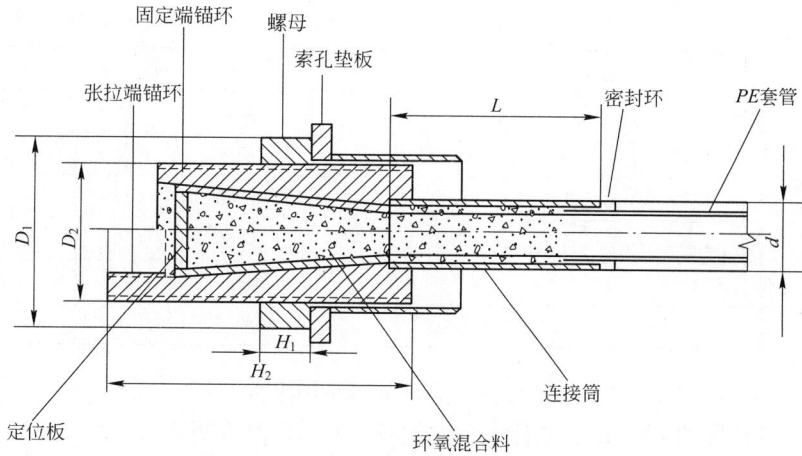

图 11.1.37　QVM-LZM 冷铸锚构造图

OVM-LZM 型钢丝冷铸镦头锚具技术参数　　　　　　　　表 11.1.39

型号	钢丝根数	钢丝直径	D_1	H_1 (mm)	D_2	H_2 (mm)	d	L (mm)
LZM91L-5	91	$\phi 5$	$\phi 230$	90	$\phi 176$	340	$\phi 102$	200
LZM91G-5	91	$\phi 5$	$\phi 230$	90	$\phi 176$	295	$\phi 102$	200
LZM91L-5	91	$\phi 5$	$\phi 250$	80	$\phi 175$	440	$\phi 125$	160
LZM109L-5	109	$\phi 5$	$\phi 270$	80	$\phi 200$	440	$\phi 120$	80
LZM127L-5	127	$\phi 5$	$\phi 250$	90	$\phi 186$	375	$\phi 114$	200
LZM127G-5	127	$\phi 5$	$\phi 250$	90	$\phi 186$	310	$\phi 114$	200
LZM127L-5	127	$\phi 5$	$\phi 270$	80	$\phi 200$	480	$\phi 140$	165
LZM151L-5	151	$\phi 5$	$\phi 290$	90	$\phi 220$	480	$\phi 140$	80
LZM163L-5	163	$\phi 5$	$\phi 280$	160	$\phi 210$	450	$\phi 127$	355
LZM163G-5	163	$\phi 5$	$\phi 280$	130	$\phi 210$	340	$\phi 127$	355
LZM169L-5	169	$\phi 5$	$\phi 290$	90	$\phi 220$	530	$\phi 150$	165
LZM180L-5	180	$\phi 5$	$\phi 320$	110	$\phi 240$	445	$\phi 158$	180
LZM180G-5	180	$\phi 5$	$\phi 320$	110	$\phi 240$	365	$\phi 158$	180
LZM199L-5	199	$\phi 5$	$\phi 330$	100	$\phi 260$	550	$\phi 140$	180
LZM211L-5	211	$\phi 5$	$\phi 300$	210	$\phi 230$	500	$\phi 133$	380
LZM211G-5	211	$\phi 5$	$\phi 300$	180	$\phi 230$	390	$\phi 133$	380
LZM217L-5	217	$\phi 5$	$\phi 330$	100	$\phi 260$	560	$\phi 170$	165
LZM265L-5	265	$\phi 5$	$\phi 320$	210	$\phi 250$	420	$\phi 146$	380
LZM265G-5	265	$\phi 5$	$\phi 320$	180	$\phi 250$	420	$\phi 146$	380
LZM269L-5	269	$\phi 5$	$\phi 330$	120	$\phi 260$	500	$\phi 179$	275
LZM303L-5	303	$\phi 5$	$\phi 330$	120	$\phi 260$	500	$\phi 179$	275
LZM91L-7	91	$\phi 7$	$\phi 300$	110	$\phi 230$	600	$\phi 130$	200
LZM91G-7	91	$\phi 7$	$\phi 300$	110	$\phi 230$	520	$\phi 130$	200
LZM127L-7	127	$\phi 7$	$\phi 280$	130	$\phi 230$	460	$\phi 127$	570

续表

型号	钢丝根数	钢丝直径	D_1	H_1(mm)	D_2	H_2(mm)	d	L(mm)
LZM127G-7	127	$\phi7$			$\phi230$	395		
LZM151L-7	151	$\phi7$	$\phi310$	130	$\phi250$	500	$\phi151$	570
LZM151G-7	151	$\phi7$			$\phi250$	425		
LZM163L-7	163	$\phi7$	$\phi320$	130	$\phi260$	510	$\phi158$	570
LZM163G-7	163	$\phi7$			$\phi260$	435		
LZM187L-7	187	$\phi7$	$\phi330$	150	$\phi270$	540	$\phi167$	570

（3）华东预应力中心东南大学预应力开发部 DM 锚具

每个锚具可锚固直径 5mm 的消除应力钢丝 10～45 根或更多。

镦头锚具有 A 型和 B 型。A 型用于张拉端，B 型用于非张拉端。A 型锚具由锚杯及螺母组成，B 型锚具由锚板组成，其外形见图 11.1.38，常用锚具尺寸见表 11.1.40 及表 11.1.41。

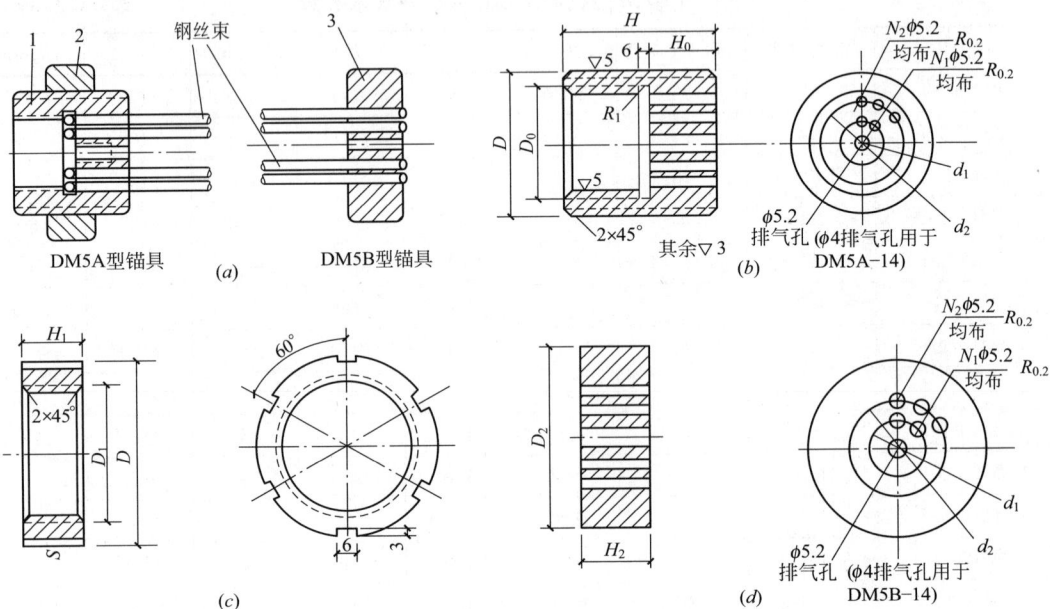

图 11.1.38 镦头锚具

（a）装配图；（b）DM5A 锚杯；（c）DM5A 螺母；（d）DM5B 锚板

1—锚杯；2—螺母；3—锚板

锚杯及螺母尺寸(mm)　　　　　　　　　　　　　表 **11.1.40**

序 号	锚具型号	钢丝根数	内螺纹 D_0	外螺纹 D	H	H_1	D_1
1	DM5A-10	10	M35×2	M49×2	50	20	70
2	DM5A-12	12	M37×2	M52×2	60	22	80
3	DM5A-14	14	M39×2	M55×2	60	22	85
4	DM5A-16	16	M41×2	M58×2	70	25	90
5	DM5A-18	18	M43×2	M62×2	70	25	95
6	DM5A-20	20	M46×2	M65×3	70	25	95

续表

序 号	锚具型号	钢丝根数	内螺纹 D_0	外螺纹 D	H	H_1	D_1
7	DM5A-22	22	M48×2	M68×3	75	30	100
8	DM5A-24	24	M52×2	M72×3	75	30	100
9	DM5A-28	28	M55×2	M76×3	75	30	110
10	DM5A-32	32	M57×2	M80×3	80	35	115
11	DM5A-36	36	M60×2	M84×3	85	35	120
12	DM5A-39	39	M63×2	M88×3	85	35	125
13	DM5A-42	42	M65×2	M91×3	90	40	125
14	DM5A-45	45	M68×2	M94×3	90	40	130

锚 板 尺 寸(mm) 表 11.1.41

序 号	锚具型号	钢丝根数	D_2	H_2
1	DM5B-10	10	70	20
2	DM5B-12	12	75	25
3	DM5B-14	14	80	25
4	DM5B-16	16	80	30
5	DM5B-18	18	85	30
6	DM5B-20	20	85	30
7	DM5B-22	22	90	35
8	DM5B-24	24	90	35
9	DM5B-28	28	95	35
10	DM5B-32	32	95	40
11	DM5B-36	36	100	40
12	DM5B-39	39	100	40
13	DM5B-42	42	110	45
14	DM5B-45	45	110	45

镦头锚具的锚杯及锚板均采用 45 号钢经调质热处理加工而成。

镦头锚具的张拉端需要扩大孔道直径,当钢丝束为两端张拉时,已镦头的一端扩孔长度为 $l_1 = \Delta l + H + 400 \sim 600$(mm);穿束后待镦头的一端扩孔长度为 $l_2 = 0.5\Delta l + H$(mm);式中 Δl 为按孔道长度计算的引伸量(mm),H 为锚杯高度(mm)。当钢丝束为一端张拉时,张拉端扩孔长度为 l_1。一些常用镦头锚具间的最小中距及孔道直径见表 11.1.42 及表 11.1.43。

当两端采用 A 型锚具时,常用镦头锚具的最小中距及孔道直径(mm) 表 11.1.42

序 号	锚具型号	锚具最小中距	中间孔道直径	端部扩孔直径
1	DM5A-12	95	50	64
2	DM5A-14	95	50	64
3	DM5A-16	100	50	68
4	DM5A-18	100	50	68
5	DM5A-20	105	56	76

续表

序　　号	锚具型号	锚具最小中距	中间孔道直径	端部扩孔直径
6	DM5A-24	115	60	80
7	DM5A-28	120	63	89

当一端采用 A 型一端采用 B 型锚具时，常用镦头锚具的

最小中距及孔道直径(mm)　　　　　　　　　表 11.1.43

序　　号	锚具型号	锚具最小中距	中间孔道直径	A 型锚具端部扩孔直径
1	DM5$\frac{A}{B}$-12	95	50	64
2	DM5$\frac{A}{B}$-14	95	50	64
3	DM5$\frac{A}{B}$-16	100	50	68
4	DM5$\frac{A}{B}$-18	100	50	68
5	DM5$\frac{A}{B}$-20	100	56	76
6	DM5$\frac{A}{B}$-24	110	60	80
7	DM5$\frac{A}{B}$-28	115	63	89

3. 用于预应力螺纹钢筋(精轧螺纹钢筋)的锚具及连接器

由于预应力螺纹钢筋是采用特殊工艺生产带有特殊外螺纹的直条钢筋，因而可在钢筋任意截面处均能用连接器连接或用锚具锚固，具有连接、张拉、锚固方便可靠；施工简便；强度高；节省钢材等优点。该钢筋通常的规定长度为 9m 及 12m，还可根据用户需求商定定尺长度，但最大长度可生产 18m。该钢筋特别适合用于先张法、后张法施工的大跨度屋架的直线预应力杆件及岩土锚固工程中锚杆。目前我国有多家钢厂或公司可生产预应力螺纹钢筋及其配套锚具，现将其锚具及连接器列举部分如下：

A. 鞍山新瑞华预应力设备有限责任公司的锚具及连接器(图 11.1.39 及表 11.1.44)可提供屈服强度标准值为 735MPa、785MPa、800MPa、930MPa、1080MPa 级别、直径 ϕ18、25、32、40mm 的预应力螺纹钢筋及其配套锚具(YGM)、锚垫板(YGD)及连接器(YGL)。

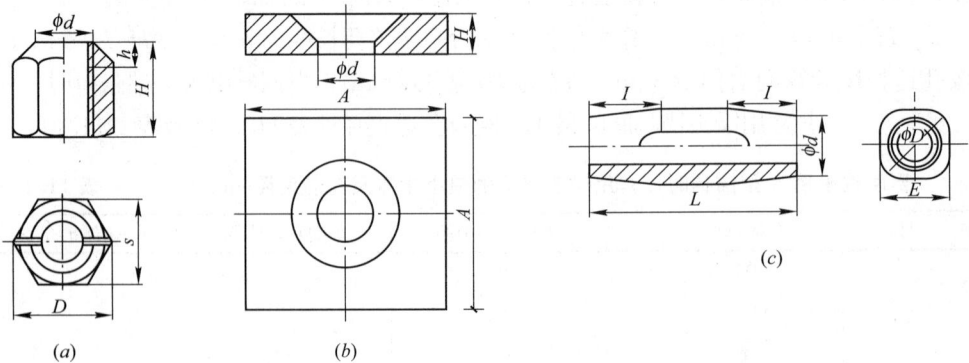

图 11.1.39　YGM 锚具、YGD 锚垫板及 YGL 连接器

(a)YGM 锚具；(b)YGD 锚垫板；(c)YGL 连接器

锚具、垫板及连接器尺寸（mm） **表 11.1.44**

锚具型号	S	D	H	h	φd	垫板型号	A	H	φd	连接器型号	L	I	E	φD	φd
YGM-25	50	57.7	60	13	35	YGD-25	120	24	35	YGL-25	132	45	46	50	38
YGM-32	65	75	72	16	45	YGD-32	140	24	45	YGL-32	160	60	56	60	46

B. 天津市大铁轧二制钢公司的锚具及连接器

可提供预应力螺纹钢筋 φ15～φ56，强度级别 500/630MPa～1080/1250MPa，具有 200 万次疲劳寿命，定尺长度可达 16.5m，及其配套锚具及连接器（图 11.1.40 及表 11.1.45）。

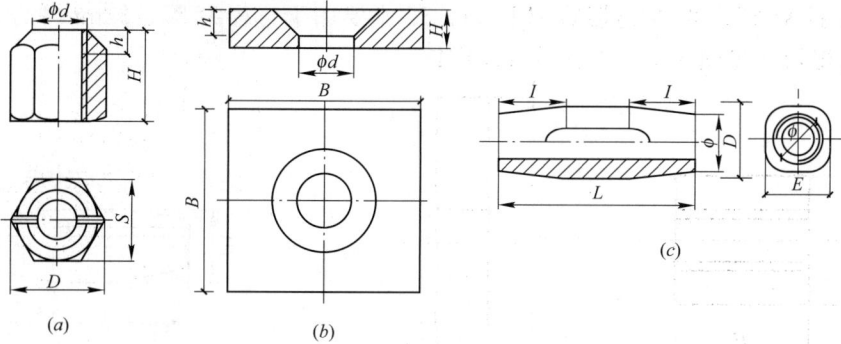

图 11.1.40　锚具、垫板及连接器
(a)锚具；(b)垫板；(c)连接器

锚具螺母及连接器尺寸（mm） **表 11.1.45**

预应力螺纹筋直径		H	S	D	φd	h	b		B	H	h	φ		L	D	I	φ
20		45	32	37	—	—	—		80	16	—	28		100	36	—	—
25	锚具	54	50	57.7	35	13	3	垫板	120	20	13.5	35	连接器	126	50	45	45
32		72	65	75	45	16	4		140	24	15.5	45		168	60	60	54
36		80	65	75	50	15	4		150	30	15	50		180	70	65	66
40		100	70	81	55	15	5		160	30	15	55		220	74	80	70

C. 柳州市威尔姆预应力有限公司锚具及连接器

可提供与直径 φ25、32、36mm 预应力螺纹钢筋配套的锚具（螺母和垫板）及连接器。其外形尺寸见图 11.1.41 及表 11.1.46。

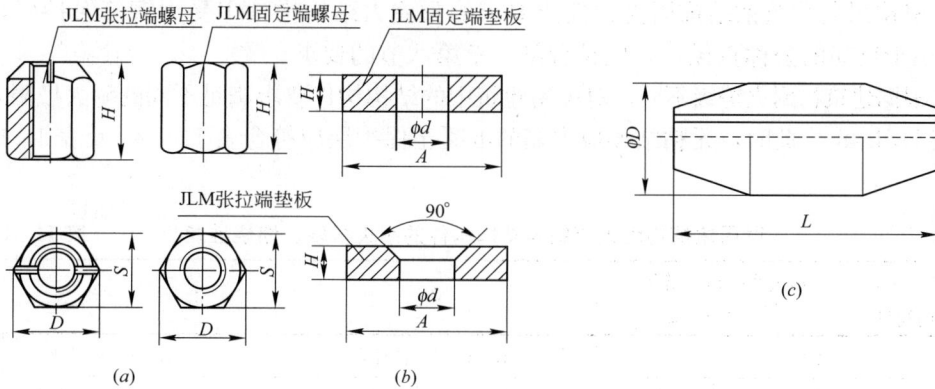

图 11.1.41　锚具、垫板及连接器
(a)锚具；(b)垫板；(c)连接器

JLM 型锚具和连接器尺寸(mm)   表 11.1.46

锚具型号	S	D	H	垫板型号	A	H	ϕd	连接器型号	L	ϕD
JLM-25	50	58	65	JLM-25D	110	25	35	JLM-25L	160	45
JLM-32	58	67	72	JLM-32D	130	25	42	JLM-32L	180	55
JLM-36	66	75	100	JLM-36D	145	25	46	JLM-36L	200	65

注：以上锚具、垫板及连接器配合直径 $\phi25$、32、36mm 预应力螺纹钢筋使用。

D. 柳州市欧维姆机械股份有限公司的锚具及连接器

其锚具 JLM-25、32 及连接器 JLL-25、32 主要用于直径为 25、32mm 的预应力螺纹钢筋，其外形尺寸见图 11.1.42 及表 11.1.47。

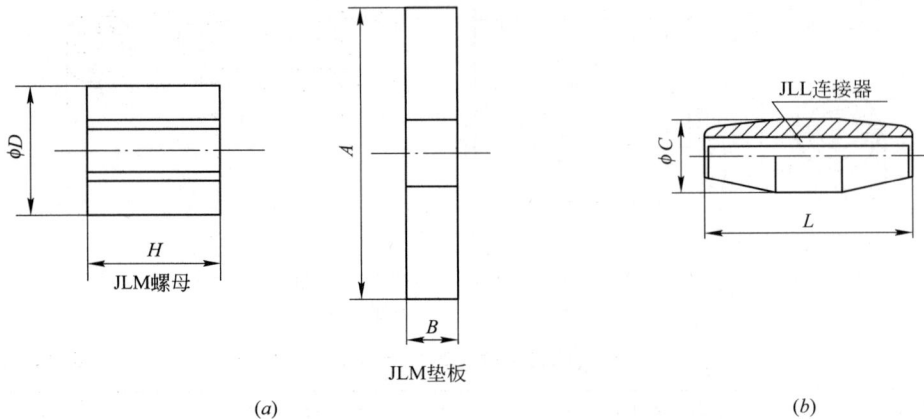

图 11.1.42   JLM 锚具及 JLL 连接器
(a)JLM 锚具；(b)JLL 连接器

JLM 锚具及 JLL 连接器尺寸(mm)   表 11.1.47

锚具型号	ϕD	H	A	B	连接器型号	L	ϕC
JLM-25	57.1	65	100	25	JLL-25	160	45
JLM-32	67	72	120	25	JLL-32	180	45

四、混凝土保护层

1. 根据耐久性及粘结锚固受力性能要求的预应力结构构件中受力钢筋保护层，其厚度不应小于钢筋的公称直径，且应符合第一章第八节的要求。

2. 根据建筑物耐火等级不同，对民用建筑中的结构构件要求满足不同的耐火极限及燃烧性能(表 11.1.48)，此时，无粘结预应力筋的混凝土保护层应符合表 11.1.49 及表 11.1.50 的规定。

民用建筑物耐火等级与结构构件的耐火极限、燃烧性能   表 11.1.48

建筑物的耐火等级 结构构件	一级	二级
楼板	1.5h、不燃烧体	1.0h、不燃烧体
梁	2.0h、不燃烧体	1.5h、不燃烧体
柱	3.0h、不燃烧体	2.5h、不燃烧体

板中无粘结预应力筋的混凝土保护层最小厚度（mm）　　　　表 11.1.49

约束条件	耐 火 极 限			
	1h	1.5h	2h	3h
简 支	25	30	40	55
连 续	20	20	25	30

梁中无粘结预应力筋的混凝土保护层最小厚度（mm）　　　　表 11.1.50

约束条件	梁宽（mm）	耐 火 极 限			
		1h	1.5h	2h	3h
简 支	200	45	50	65	采取特殊措施
	>300	40	45	50	65
连 续	200	40	40	45	50
	>300	40	40	40	45

注：1. 梁宽在 200～300mm 之间时，混凝土保护层最小厚度可取表中的插入值；

　　2. 当混凝土保护层厚度不能满足表列要求时，应使用防火涂料。

对其他预应力混凝土构件尚应根据现行国家标准《建筑设计防火规范》GB 50016 的规定选择合适的混凝土保护层厚度，当不能满足该规范要求时应采取有效的措施。

五、预应力钢筋间距及预留孔道

1. 先张法预应力混凝土构件的预应力钢筋、钢丝、钢绞线之间的净距离应根据浇灌混凝土、施加预应力及预应力筋的锚固等的要求确定。

2. 先张法预应力筋之间的净间距不宜小于其公称直径的 2.5 倍和混凝土粗骨料最大粒径的 1.25 倍，且应符合下列规定：预应力钢丝不应小于 15mm；三股钢绞线不应小于 20mm；七股钢绞线不小于 25mm；冷轧带肋钢筋不应小于 15mm。当混凝土振捣密实性具有可靠保证时，对混凝土粗骨料最大粒径要求的净间距可放宽为其粒径的 1.0 倍。

3. 当小型先张法预应力构件采用预应力钢丝或冷轧带肋钢筋配筋时，若按单根配筋困难，可采用相同直径的中强度预应力螺旋肋钢丝或冷轧带肋钢筋并筋的配筋方式（图 11.1.43）。并筋的等效直径，对双并筋应取为单筋直径的 1.4 倍，对三并筋应取为单筋直径的 1.7 倍。并筋之间的净距离应按等效直径及混凝土粗骨料最大粒径考虑。

4. 后张法预应力筋及预留孔道布置应符合下列构造要求：

（1）预制构件中预留孔道之间的水平净间距不宜小于 50mm，且不宜小于粗骨料粒径的 1.25 倍；孔道至构件边缘的净间距不宜小于 30mm，且不宜小于孔道直径的 50%。

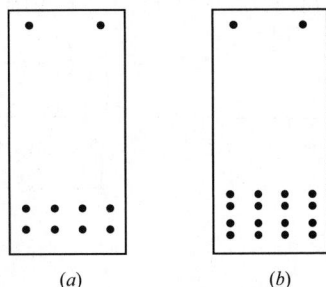

图 11.1.43　先张法预应力混凝土梁配筋示意
（a）钢丝数量较少时；
（b）钢丝数量较多时并筋

（2）现浇混凝土梁中预留孔道在竖直方向的净间距不应小于孔道外径，水平方向的净间距不宜小于 1.5 倍孔道外径，且不应小于粗骨料最大粒径的 1.25 倍；从孔道外壁至构件边缘的净间距，对梁底不宜小于 50mm，对梁侧不宜小于 40mm，对裂缝控制等级为三级的混凝土梁，梁底、梁侧分别不宜小于 60mm 和 50mm。

（3）预留孔道的内径宜比预应力束及需穿过孔道的连接器外径大 6～15mm，且孔道的截面面积宜为穿入预应力束截面面积的 3.0～4.0 倍。

（4）当有可靠经验并能保证混凝土浇筑质量时，预留孔道可水平并列紧贴布置，但每一并列孔道数量不应超过两个。

（5）在现浇楼板中采用扁形锚固体系时，穿过每个预留孔道的预应力筋数量宜为 3～5 根；在常用荷载情况下，孔道在水平方向的净间距不应超过 8 倍板厚及 1.5m 中的较大值。

（6）板中单根无粘结预应力筋的间距不宜大于板厚的 6 倍，且不宜大于 1m；带状束的无粘结预应力筋根数不宜多于 5 根；带状束间距不宜大于板厚的 12 倍，且不宜大于 2.4m。

（7）梁中集束布置的无粘结预应力筋，集束的水平净间距不宜小于 50mm，束至构件边缘的净距不宜小于 40mm。

（8）按设计或施工要求需要在制作时预先起拱的构件，预留孔道宜随构件同时起拱。

（9）在构件两端及跨中部位（构件长度较大时），有粘结预应力筋的预留孔道上应设置灌浆孔或排气孔，其孔距对建筑结构构件不宜大于 15m。当曲线孔道波峰和波谷的高差大于 300mm 时，尚应在孔道波峰处设置排气孔。

5. 后张法构件的预应力筋孔道成型可采用预埋金属波纹管、预埋钢管、钢管抽芯预埋、塑料波纹管等方式。其中预埋金属波纹管使用最广泛，特别适用于曲线预应力束情况。金属波纹管按径向刚度不同分为标准型和加强型；按截面形状分为圆形和扁形；也可按每两个相邻折叠咬口之间凸起波纹的数量分为双波和多波（图 11.1.44）。按钢带表面镀层情况分为不镀锌型和镀锌型。其长度由于考虑方便运输，一般每节为 4～6m，当生产厂将卷管机运到施工现场卷管时，则每节长度可更长。金属波纹管需连接长时，可采用大一号直径同类管作为连接管，其长度可取为 3 倍内径，且不宜小于 200mm 并用密封胶带或热塑料管封口（图 11.1.45）。塑料波纹管接长时，可采用塑料焊接机热熔焊接或采用专用连接管。金属波纹管的内外径尺寸见表 11.1.51 及表 11.1.52。预应力钢绞线束常用金属波纹管可按表 11.1.53 及表 11.1.54 选用。圆形塑料波纹管规格见表 11.1.55。

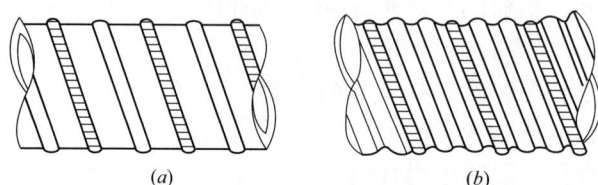

| (a) | (b) |

图 11.1.44   单波及双波圆形波纹管

（a）单波纹；（b）双波纹

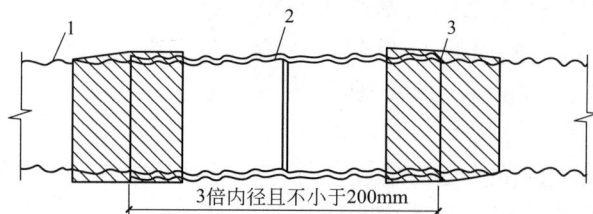

3倍内径且不小于200mm

图 11.1.45   圆形波纹管接头

1—波纹管；2—接头管；3—密封胶带

圆形金属波纹管的内径及外径(mm)　　　　表 11.1.51

内径	40	45	50	55	60	65	70	75	80	85	90	95	96	102	108	114	120	126	132
标准型外径	40.56	50.56	50.6	55.6	60.6	65.6	70.6	75.6	80.7	85.7	90.7	95.7	96.8	102.8	108.8	114.8	120.8	126.8	132.8
增强型外径	40.6	45.6	50.7	55.7	60.7	65.7	70.8	75.8	80.8	85.9	90.9	—	97	103	109	115	121	127	133

注：表中内径 95mm 的波纹管仅用作连接用管。外径尺寸等于内径加 2 倍管壁厚度。

扁形金属波纹管的内径及外径(mm)　　　　表 11.1.52

内径	52×20	65×20	78×20	60×22	76×22	90×22
标准型外径	52.6×20.6	65.7×20.7	78.8×20.8	60.7×22.7	76.8×22.8	90.9×22.9
增强型外径	52.7×20.7	65.8×20.8	78.9×20.9	60.8×22.8	76.9×22.9	91×23

注：表中未列尺寸由供需双方协议确定。

预应力钢绞线束常用圆形金属波纹管内径选用表(mm)　　　　表 11.1.53

钢绞线直径	预应力束根数	3	4	5	6	7	8	9	10	11	12	13	14	15	16	17	18	19
φ15.2	先穿束	45	50	55	60	65	70	75	75	80	80	85	85	90	90	96	96	102
φ15.2	后穿束	50	55	60	65	70	75	80	80	85	85	90	90	96	96	102	102	108
φ12.7	先穿束	40	45	50	55	55	60	60	65	65	70	70	75	75	80	80	85	85
φ12.7	后穿束	40	50	55	60	60	65	65	70	70	75	75	80	80	85	85	90	90

注：本表中的内径尺寸尚可根据工程实际情况进行调整。

预应力钢绞线束常用扁形金属波纹管内径选用表(mm)　　　　表 11.1.54

钢绞线直径	钢绞线束根数 2	3	4	5
φ15.2	60×22	60×22	76×22	90×22
φ12.7	52×20	65×20	78×20	—

注：本表中的内径尺寸尚可根据工程实际情况进行调整。

圆形塑料波纹管规格(mm)　　　　表 11.1.55

管内径	50	60	75	90	100	115	130
管外径	63	73	88	106	116	131	146
壁厚	2	2	2	2.5	2.5	2.5	2.5

注：管外径已包括波纹管的凸缘尺寸。

六、先张法构件预应力钢筋的基本锚固长度及预应力传递长度

1. 为便于设计，表 11.1.56 及表 11.1.57 列出按《混凝土结构设计规范》GB 50010—2010 公式(8.3.1-2)计算所得的基本锚固长度及《冷轧带肋钢筋混凝土结构技术规程》JGJ 95—2011 表 B.0.1 的最小锚固长度。

先张法常用预应力筋的基本锚固长度 l_{ab}（mm）   表 11.1.56

预应力筋种类	预应力筋的抗拉强度设计值 f_{py}（N/mm²）	混凝土强度等级						
		C30	C35	C40	C45	C50	C55	≥C60
中强度预应力螺旋肋钢丝	510	46d	42d	39d	37d	35d	34d	33d
	650	59d	54d	49d	47d	45d	43d	41d
	810	74d	67d	62d	59d	56d	54d	52d
三股钢绞线	1110	124d	113d	104d	99d	94d	91d	87d
	1320	148d	135d	124d	117d	112d	108d	104d
	1390	156d	142d	130d	124d	118d	113d	109d

注：1. 表中基本锚固长度的 d 为预应力筋的公称直径（mm）；

2. 当采用骤然放张的预应力施工工艺时，基本锚固长度应从构件末端 0.25 倍预应力传递长度处开始计算。

先张法预应力冷轧带肋钢筋的最小锚固长度（mm）   表 11.1.57

钢筋级别	混凝土强度等级				
	C30	C35	C40	C45	≥C50
CRB650 CRB650H	37d	33d	31d	29d	28d
CRB800 CRB800H	45d	41d	38d	36d	34d
CRB970	55d	50d	46d	44d	42d

注：同表 11.1.51。

2. 为便于设计，表 11.1.58 及表 11.1.59 列出按混凝土结构设计规范 GB 50010—2010 公式（10.1.9）计算所得及冷轧带肋钢筋混凝土结构技术规程 JGJ 95—2011 表 B.0.2 的预应力筋的预应力传递长度 l_{tr}。

先张法预应力筋的预应力传递长度 l_{tr}   表 11.1.58

预应力筋种类	混凝土强度等级								
	C20	C25	C30	C35	C40	C45	C50	C55	≥C60
中强度预应力螺旋肋钢丝 $\sigma_{pe}=1000$N/mm²	84.4d	73.0d	64.7d	59.1d	54.4d	51.8d	49.2d	47.4d	45.6d
三股钢绞线 $\sigma_{pe}=1000$N/mm²	103.9d	89.9d	79.6d	72.7d	66.9d	63.7d	60.6d	58.4d	56.1d

注：1. 确定传递长度 l_{tr} 时，表中混凝土强度等级应取用放松预应力时的混凝土立方体抗压强度；

2. d 为钢筋公称直径（mm）；

3. 当采用骤然放松预应力筋的施工工艺时，l_{tr} 的起点应从距构件末端 $0.25l_{tr}$ 处开始计算；

4. 当预应力筋实际的有效预应力值大于或小于 1000N/mm² 时，其预应力传递长度应根据表 11.1.54 的数值按比例增减。

先张法预应力冷轧带肋钢筋的预应力传递长度 l_{tr}   表 11.1.59

钢筋级别	混凝土强度等级					
	C25	C30	C35	C40	C45	≥C50
CRB650 CRB650H	24d	22d	20d	18d	17d	17d

钢筋级别	混凝土强度等级					
	C25	C30	C35	C40	C45	≥C50
CRB800 CRB800H	$32d$	$28d$	$26d$	$24d$	$22d$	$21d$
CRB970	$40d$	$35d$	$32d$	$30d$	$28d$	$27d$

注：同表 11.1.53 注 1、2、3。

七、纵向受拉预应力筋最小配筋量

（1）预应力混凝土受弯构件中纵向受拉预应力筋最小配筋量应符合下列要求：

$$M_u \geqslant M_{cr} \tag{11.1.3}$$

式中：M_u——构件的正截面受弯承载力设计值；按混凝土结构设计规范 GB 50010—2010 的规定确定；

M_{cr}——构件的正截面开裂弯矩值；$M_{cr} = (\sigma_{pc} + \gamma f_{tu}) W_0$，其中 γ 为构件的截面抵抗矩塑性影响系数、σ_{pc} 为扣除全部预应力损失后，由预加力在抗裂验算边缘产生的混凝土预压应力、W_0 为构件换算截面受拉边缘的弹性抵抗矩。

（2）对冷轧带肋预应力钢筋配筋的预应力混凝土单筋受弯构件中纵向受拉预应力筋的最小配筋率应符合下式要求：

$$\rho_{min} \geqslant \alpha_0 f_{tk} / (f_{py} - \beta_0 \sigma_{p0}) \tag{11.1.4}$$

其中换算截面的几何特征系数 α_0、β_0 分别按下式计算：

$$\alpha_0 = \frac{\gamma W_0}{bh_0^2} \tag{11.1.5}$$

$$\beta_0 = (W_0/A_0 + e_{p0})/h_0 \tag{11.1.6}$$

式中：ρ_{min}——预应力混凝土单筋受弯构件的纵向受拉预应力筋最小配筋率，取 $\rho_{min} = A_{pmin}/(bh_0)$，其中 A_{pmin} 为受拉区最小纵向预应力筋截面面积 (mm^2)；b 为矩形截面宽度，T 形、I 形截面的受压翼缘宽度 (mm)；h_0 为截面有效高度 (mm)；

A_0——构件换算截面面积 (mm^2)；

γ——对预应力混凝土空心板可取 1.35；

e_{p0}——预应力合力点至换算截面重心的偏心距 (mm)；

f_{py}——预应力冷轧带肋钢筋抗拉强度设计值；

σ_{p0}——预应力筋合力点处混凝土法向应力等于零时的预应力冷轧带肋钢筋应力。

对于受拉区同时配有纵向预应力和非预应力筋的单筋受弯构件，当验算最小配筋率时，可将纵向非预应力筋截面面积折算为预应力筋截面面积，此时，应将公式（11.1.4）中的 $\rho_{min} = A_{pmin}/(bh_0)$ 以 $\rho_{min} = \left(A_p + \dfrac{A_s f_y}{f_{py}}\right)\bigg/(bh_0)$ 代替、公式（11.1.6）中的 $\beta_0 \sigma_{p0}$ 以 $\beta_0 \sigma_{p0} (A_p - \sigma_{l5} A_s / \sigma_{p0}) / \left(A_p + \dfrac{A_s f_y}{f_{py}}\right)$ 代替，其中 σ_{l5} 为预应力筋的由于混凝土收缩和徐变引起受拉

区纵向预应力筋的预应力损失；A_s 为受拉区配置的非预应力钢筋截面面积；f_y 为非预应力钢筋的抗拉设计强度。

（3）当冷轧带肋预应力钢筋配筋的预应力混凝土受弯构件正截面承载力符合下列条件时：

$$1.4M \leqslant M_{cr} \tag{11.1.7}$$

则可不遵守公式(11.1.4)的规定，式中 M 为弯矩设计值。

（4）任意对称截面先张法预应力轴心受拉构件且配置对称预应力筋时的最小配筋量 A_{pmin} 应符合下列要求：

$$A_{pmin} \geqslant f_{tk}A/(f_{py} - \sigma_{pe}) \tag{11.1.8}$$

式中：A_{pmin}——轴心受拉构件截面中全部预应力筋截面面积；

A——轴心受拉构件截面面积。

（5）预应力纵向受拉预应力筋的最小配筋量，除根据以上各项规定通过计算确定外，尚可根据工程实践经验对某类构件进行专门规定。

八、构件中的受拉非预应力钢筋

1. 纵向受拉非预应力钢筋

（1）当受拉区的预应力钢筋已能使构件符合裂缝控制的设计要求时，则按正截面承载力计算所需的其余受拉钢筋允许采用非预应力钢筋。非预应力钢筋的截面面积可根据计算或构造要求确定，但在裂缝控制验算时应考虑非预应力钢筋由于混凝土收缩和徐变引起的内力影响。

（2）施工阶段预拉区允许出现拉应力的构件，预拉区纵向钢筋的配筋率 $(A'_s + A'_p)/A$ 不宜小于 0.15%（其中 A'_s 为预拉区的纵向非预应力钢筋截面面积；A'_p 为预拉区的预应力筋截面面积；A 为构件截面面积），对后张法构件不应计入 A'_p。预拉区纵向非预应力钢筋的直径不宜大于 14mm，并应沿构件预拉区外边缘均匀配置。

（3）施工阶段预拉区不允许出现裂缝的板类构件，预拉区纵向受拉非预应力的配筋可根据具体情况按实践经验确定。

（4）在后张无粘结预应力混凝土受弯构件中，应配置一定数量的纵向非预应力钢筋，不仅可克服纯无粘结受弯构件只出现一条或少数几条宽裂缝，使混凝土压应变集中，从而引起脆性破坏的缺点，还有利于分散裂缝、改善受弯构件的变形性能和提高正截面抗弯强度。

纵向受拉非预应力钢筋的配筋应符合下列规定：

A. 单向板沿跨度方向配置的非预应力钢筋截面面积 A_s 不应小于 $0.002bh$，其中 b 为板的宽度，h 为板的高度。其直径不应小于 8mm，间距不应大于 200mm，并应靠近受拉边缘配置。单向板垂直于跨度方向尚应配置不宜小于该方向板的截面面积 0.15% 的分布钢筋。分布钢筋的直径不宜小于 6mm，间距不宜大于 250mm；当板面作用有较大集中荷载时，尚应适当增加其截面面积，且间距不宜大于 200mm。

B. 边支承实心双向板非预应力纵向受力钢筋的最小截面面积应取下列两式计算结果的较大值：

$$A_s \geqslant \frac{1}{3} \left(\frac{\sigma_{pu}h_p}{f_y h_s} \right) A_p \tag{11.1.9}$$

$$A_s \geqslant 0.003bh \tag{11.1.10}$$

式中：σ_{pu}——无粘结预应力筋的应力设计值，应按 GB 50010—2011 第 10.1.14 条经计算确定；

$\quad h_p$——无粘结预应力筋合力点至截面受压边缘的距离；

$\quad f_y$——非预应力钢筋的抗拉设计强度；

$\quad h_s$——非预应力钢筋合力点至截面受压边缘的距离；

$\quad A_p$——无粘结预应力筋的截面面积；

$\quad b$——梁截面宽度；

$\quad h$——梁截面高度。

纵向受拉非预应力钢筋直径不宜小于 14mm，且宜均匀分布在梁的受拉边缘。

对按一级裂缝控制等级设计的梁，当无粘结预应力筋承担不小于 75% 的弯矩设计值时，由于梁不允许出现裂缝，因而纵向受拉非应力钢筋截面面积应满足承载力计算和公式 (11.1.10) 的要求。

C. 无粘结预应力混凝土板柱结构中的双向平板，其纵向受拉非预应力筋的最小截面面积 A_s 及其分布应符合下列规定：

① 在柱边的负弯矩区：每一方向上纵向受拉非预应力钢筋截面面积不应小于 $0.00075hl$，其中 l 为平行于计算纵向受力钢筋方向上板的跨度，h 为板的高度。这些纵向受拉非预应力钢筋应分布在各离柱边 $1.5h$ 的板宽范围内，并应靠近受拉边缘布置，其间距不应大于 300mm，外伸出柱边的长度不小于支座每一边净跨的 1/6，且每一方向至少应设置 4 根直径不少于 16mm 的钢筋。在受弯承载力计算中考虑纵向受拉非预应力钢筋的作用时，其伸出柱边的长度应按计算确定，并满足延伸锚固长度的要求。

② 在板跨中的正弯矩区：当正弯矩区每一方向上抗裂验算边缘的混凝土法向拉应力满足下列规定时，正弯矩区可仅按构造要求配置纵向受拉非预应力筋：

$$\sigma_{ck} - \sigma_{pc} \leqslant 0.4 f_{tk} \tag{11.1.11}$$

式中：σ_{ck}——荷载标准组合下抗裂验算边缘的混凝土法向拉应力；

$\quad \sigma_{pc}$——扣除全部预应力损失后在抗裂验算边缘的混凝土预压应力；

$\quad f_{tk}$——混凝土轴心抗拉强度标准值。

若正弯区每一方向上抗裂验算边缘的混凝土法向拉应力按公式 (11.1.11) 计算的结果超过 $0.4f_{tk}$ 但不大于 $1.0f_{tk}$ 时，纵向受拉非预应力钢筋的截面面积 A_s 应符合下列要求：

$$A_s \geqslant \frac{N_{tk}}{0.5 f_y} \tag{11.1.12}$$

式中：N_{tk}——在标准组合下构件混凝土未开裂截面受拉区的合力；

$\quad f_y$——非预应力钢筋的抗拉强度设计值，当 f_y 大于 360N/mm^2 时，取 360N/mm^2。

纵向受拉非预应力钢筋应均匀分布在板的受拉区内，并应靠近受拉边缘通长布置。

③ 在板的外边缘和拐角处，应设置暗圈梁或设置钢筋混凝土边梁。暗圈梁的纵向钢筋直径不应小于 12mm，且不应少于 4 根，箍筋直径不应小于 6mm，间距不应大于 150mm。

（5）后张法预应力混凝土结构构件，由于构造和施工方面的原因，通常在截面的受拉区和受压区设置纵向非预应力钢筋。纵向非预应力钢筋一般布置在预应力筋的外侧并靠近构件外边缘通长布置，其截面面积及间距应根据工程的实际情况确定。

（6）抗震设计的预应力混凝土框架、门架、板柱结构中的平板等结构构件中的纵向非预应力受拉钢筋的配置构造要求详见本章第六节。

2. 曲线预应力束弯折处构造配筋

（1）后张法预应力混凝土构件在预应力束弯折处的曲线半径 r_p 应满足下式要求，且不宜小于 4m。

$$r_p \geqslant \frac{\rho}{0.35 f_c d_p} \tag{11.1.13}$$

式中：ρ——预应力束的合力设计值（kN），其值对有粘结预应力混凝土构件取 1.2 倍张拉控制力；对无粘结预应力混凝土构件取 1.2 倍张拉控制力和（$f_{ptu}A_p$）中的较大值。其中 f_{ptk} 为预应力筋极限强度标准值、A_p 为预应力束的截面面积；

r_p——预应束的曲率半径（m）；

d_p——预应力束孔道的外径（mm）；

f_c——混凝土轴心抗压强度设计值（N/mm²）；当验算张拉阶段曲率半径时，可取与施工阶段混凝土立方体抗压强度 f'_{cu} 对应的抗压强度设计值 f'_c。

当曲率半径 r_p 不满足上述要求时，可在曲线预应力束弯折处内侧设置钢筋网片或螺旋筋（图 11.1.46），防止混凝土局部受压破坏。

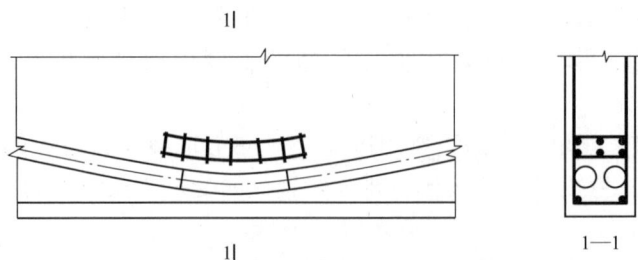

图 11.1.46　在弯折处内侧设置钢筋网片

（2）当在预应力混凝土构件中布置凹形曲线的预应力束时（图 11.1.47），应进行防崩裂设计。若曲率半径 r_p 满足下列公式要求时，可仅配置构造 U 形插筋。

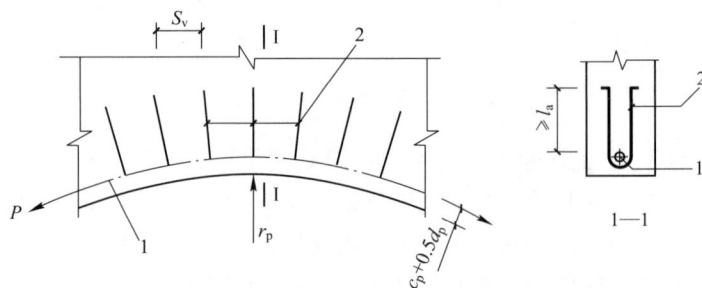

图 11.1.47　抗崩裂 U 形插筋构造示意

1—预应力束；2—沿曲线预应力束均匀布置的 U 形插筋

$$r_p \geqslant \frac{P}{f_t(0.5d_p + C_p)} \tag{11.1.14}$$

式中：C_p——预应力束孔道净混凝土保护层厚度(mm)；

f_t——混凝土轴心抗拉强度设计值(N/mm²)。

若曲线半径 r_p 不满足上式要求时，每单肢 U 形插筋的截面面积应按下列公式确定：

$$A_{sv1} \geqslant \frac{PS_v}{2r_p f_{yv}} \tag{11.1.15}$$

式中：A_{sv1}——每单肢插筋截面面积(mm²)；

S_v——U 形插筋间距(mm)；

f_{yv}——U 形插筋的抗拉强度设计值，当其值大于 360N/mm² 取 360N/mm²；

r_p——预应力束采用的曲率半径(m)；

U 形插筋的锚固长度不应小于 l_a，当实际锚固长度 l_e 小于 l_a 时，每单肢 U 形插筋的截面面积可按 A_{sv1}/k 取值。其中 k 取 $l_e/(15d)$ 和 $l_e/200$ 中的小值，且 k 不应取大于 1。

当有平行的几个孔道，且中心距不大于 $2d_p$ 时，预应力束的合力设计值应按相邻全部孔道内的预应力筋确定。

九、构件端部的配筋构造

1. 后张法构件

(1) 为防止施加预应力时在构件端部产生沿截面中部的纵向水平裂缝，宜将一部分预应力钢筋在靠近支座区段弯起，并使预应力钢筋尽可能沿构件端部均匀布置。此外为减少使用阶段构件在端部区段的混凝土主拉应力(简支构件)也宜将一部分预应力钢筋在靠近支座处弯起。

(2) 当预应力钢筋在构件端部不能均匀布置而需集中布置在端部截面的下部或集中布置在上部和下部时，应在构件端部沿跨度方向 $0.2h$(h 为端部截面高度)范围内设置附加竖向防端面裂缝构造钢筋(图 11.1.48)。此类钢筋可采用焊接钢筋网、封闭式箍筋或其他形式的构造钢筋，且宜采用带肋钢筋。附加竖向构造钢筋的截面面积 A_{sv} 应符合下列公式要求：

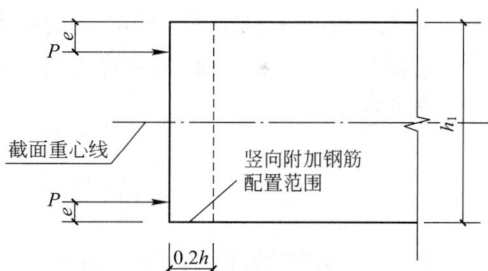

图 11.1.48　构件端部受力情况

$$A_{sv} \geqslant \frac{T_s}{f_{yv}} \tag{11.1.16}$$

$$T_s = \left(0.25 - \frac{e}{h}\right)P \tag{11.1.17}$$

式中：T_s——锚固端端面拉力；

P——作用在构件端部截面重心线上部或下部预应力筋的合力设计值，对有粘结预应力筋取 1.2 倍张拉控制力；对无粘结预应力筋取 1.2 倍张拉控制力和 $(f_{ptk}A_p)$ 中的较大值；

e——截面重心线上部或下部预应力筋合力点至截面边缘的距离；

h——构件端部高度；

f_{yv}——附加竖向钢筋的抗拉强度设计值。

当 e 大于 $0.2h$ 时，可根据实际情况，适当配置构造钢筋。

当端部截面上部和下部均有预应力筋时，附加竖向钢筋的总截面面积应按上部和下部的预应力合力分别采用计算的较大值。

在构件的端面的横向也应按上述方法计算抗端面裂缝钢筋，并与上述竖向钢筋形成网片筋配置。

（3）对构件的端部锚固区，当采用普通垫板时，应满足局部受压承载力计算的要求，并配置间接钢筋(图 11.1.49)，其体积配筋率 p_v 不应小于 0.5%。当采用整体铸造垫板时，其局部受压区的设计应符合相关标准的规定。

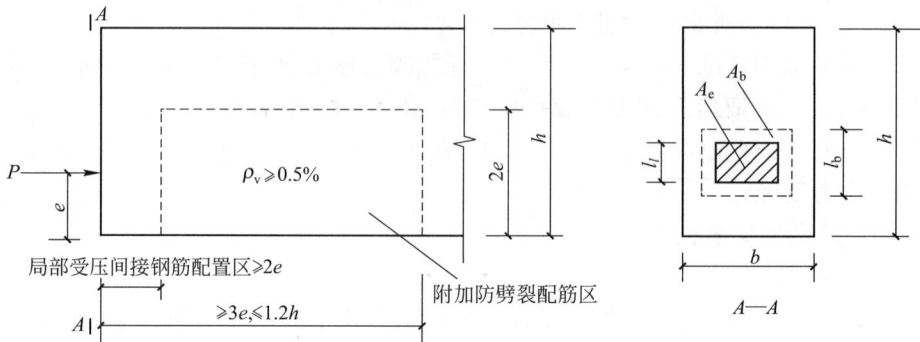

图 11.1.49　局部受压间接钢筋防止沿孔道劈裂配筋范围

（4）为防止沿预留孔道产生劈裂，在构件端部长度不小于截面重心线上部或下部预应力筋合力点至邻近边缘距离 e 的 3 倍且不大于 $1.2h$(h 为构件端部高度)高度为 $2e$ 范围内，均匀布置防沿孔道劈裂的附加箍筋或网片，配筋面积可按下式计算且体积配筋率不应小于 0.5%(图 11.1.49)。

$$A_{sb} \geqslant 0.18\left(1-\frac{l_l}{l_b}\right)\frac{P}{f_{yv}} \tag{11.1.18}$$

式中：P——作用在端部重心线上部或下部预应力筋的合力设计值，取值同本条第(2)款；

l_l——混凝土局部受压面积 A_l 沿构件高度方向的边长或直径；

l_b——局部受压的计算底面积 A_b 沿构件高度方向的边长或直径；

f_{yv}——附加防劈裂钢筋的抗拉强度设计值。

（5）对预应力钢筋在构件端部全部弯起的预制受弯构件，当构件端部与下部支承结构焊接时(如鱼腹式后张预应力混凝土吊车梁等)，应考虑由于混凝土收缩和徐变及温度变化对构件产生的不利影响，在构件端部可能产生裂缝的部位，应配置足够的附加纵向非预应力钢筋(图 11.1.50)。

（6）当构件在端部有局部凹进时，为防止在预加应力过程中，端部转折处产生裂缝，应增设折线构造钢筋(图 11.1.51)或其他有效的构造钢筋。

（7）当后张法预应力混凝土构件端部有特殊要求时，可采用有限元方法进行设计并配置相应的构件端部钢筋。

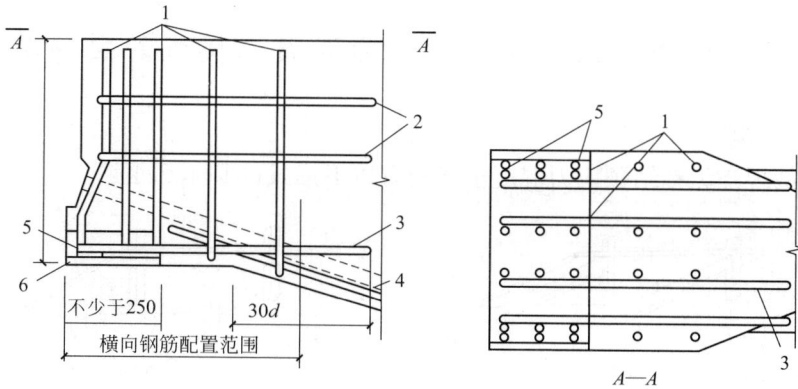

图 11.1.50 后张法预应力混凝土吊车梁端部配筋示例
1—横向钢筋；2—水平钢筋；3—附加纵向非预应力钢筋；
4—下翼缘非预应力钢筋；5—短筋；6—支承钢板

2. 先张法构件

（1）单根配置的预应力筋，其端部宜设置螺旋筋；

（2）分散布置的多根预应力筋，在端部 $10d$（d 为预应力筋的公称直径）且不小于 $100mm$ 长度范围内，宜设置 3～5 片与预应力筋垂直的钢筋网片；

（3）采用预应力钢丝配筋的薄板，在板端 $100mm$ 长度范围内宜适当加密附加横向钢筋；

（4）直线配筋的先张法预制构件，当构件端部与下部支承结构焊接时，应考虑混凝土收缩、徐变及温度变化所产生的不利影响，宜在端部可能产生裂缝的部位设置纵向构造钢筋；

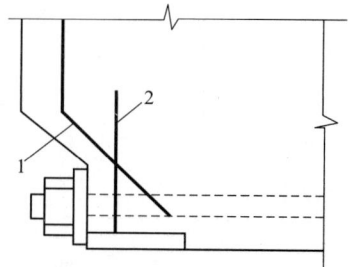

图 11.1.51 构件端部有局部凹进时的构造配筋
1—折线构造钢筋；2—竖向构造钢筋

（5）槽形板类构件应在端部 $100mm$ 长度范围内沿构件板面设置不小于 2 根附加横向钢筋，以防止板面产生沿跨度方向的纵向裂缝；

（6）采用先张法长线台座生产有端横肋的预应力混凝土肋形板时，应在设计和制作上采取防止放张预应力时端横肋产生裂缝的有效措施。

十、后张预应力混凝土外露金属锚具的防腐及防水措施

1. 外露无粘结预应力筋锚具应采用注入足量防腐油脂的塑料帽封闭锚具端头，并应采用无收缩砂浆或细石混凝土封闭；

2. 对处于二 b、三 a、三 b 类环境条件下的无粘结预应力锚固系统，应采用全封闭的防腐蚀体系，其封锚端及各连接部位应能承受 $10kPa$ 的静水压力而不得透水；

3. 采用混凝土封闭锚具时，其强度等级宜与构件混凝土强度等级一致，且不应低于 C30。封锚混凝土与构件混凝土应可靠粘结，在封闭锚具前应将周围混凝土界面凿毛并冲洗干净，且宜配置 1～2 片钢筋网，钢筋网应与构件混凝土拉结牢固；

4. 采用无收缩砂浆或混凝土封闭锚具时，锚具及预应力筋端部的保护层厚度不应小于：一类环境时 $20mm$，二 a、二 b 类环境时 $50mm$，三 a、三 b 类环境时 $80mm$。

第二节   现浇后张无粘结预应力混凝土楼板的配筋及构造

一、一般规定

1. 常用的现浇无粘结预应力混凝土楼板有以下形式(图 11.2.1)：

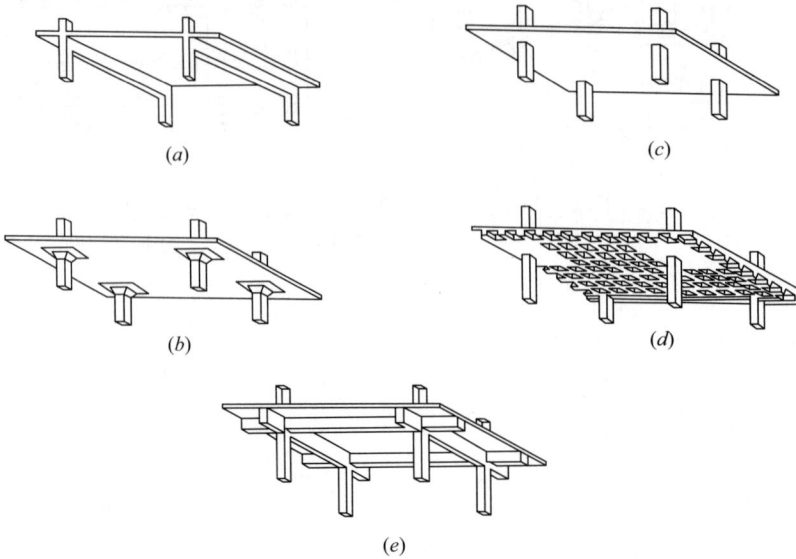

图 11.2.1   常用无粘结预应力混凝土楼板形式
(a)单向平板；(b)无柱帽双向平板；(c)带柱帽双向平板；(d)密肋板；
(e)梁周边支承的双向平板

(1) 边支承单向平板(图 11.2.1a)：在荷载作用下楼板主要沿一个方向发生弯曲变形，可按梁式板进行设计(支承梁的刚度很大)；

(2) 柱支承的双向平板：如无梁无柱帽双向平板(图 11.2.1b)、带柱帽或托板的无梁双向平板(图 11.2.1c)；

(3) 密肋板(图 11.2.1d)；

(4) 边支承的双向平板(图 11.2.1e)：板周边由竖直方向刚度很大的梁或墙等构件支承楼板受力与普通边支承双向板相同。

2. 无粘结预应力混凝土楼板的适用跨度和经验跨高比见表 11.2.1。

无粘结预应力混凝土楼板的适用跨度和经验跨高比   表 11.2.1

序 号	楼板形式	适用跨度(m)	经验跨高比
1	边支承单向平板	7～10	40～45
2	无梁无柱帽双向平板	7～12	40～45
3	带柱帽或托板的无梁双向平板	8～13	45～50
4	密肋板	10～15	30～35
5	边支承的双向平板	10～15	45～52

3. 无粘结预应力混凝土楼板的无粘结预应力钢筋，材质应符合现行国家标准；其涂层材料要求化学稳定性高，对周围材料(如混凝土、钢材和包裹材料)不起不良化学反应，防腐性能好，润滑性能好，摩阻力小；其外包层材料要求应具有足够的韧性和抗磨性，对周围材料无侵蚀作用。目前国内市场有 $\phi^s 12.7$、$\phi^s 15.2$ 及 $7\phi^p 5\text{mm}$ 三种规格的无粘结预应力钢筋。由于无粘结钢绞线预应力筋施工方便，因而使用较多。

4. 无粘结预应力钢筋的布置方式

(1) 多跨单向平板

无粘结预应力钢筋采取纵向多波连续曲线配筋方式。曲线筋的形式与板承受的荷载形式及活荷载与恒荷载的比值等因素有关。

图 11.2.2 所示为北京永安公寓大开间多层现浇剪力墙结构体系的楼板中无粘结预应力钢筋布置示例。该工程在平面上将两端的两个标准单元分别旋转 90°布置，将其横墙作为整幢建筑物的纵向抗侧力结构。

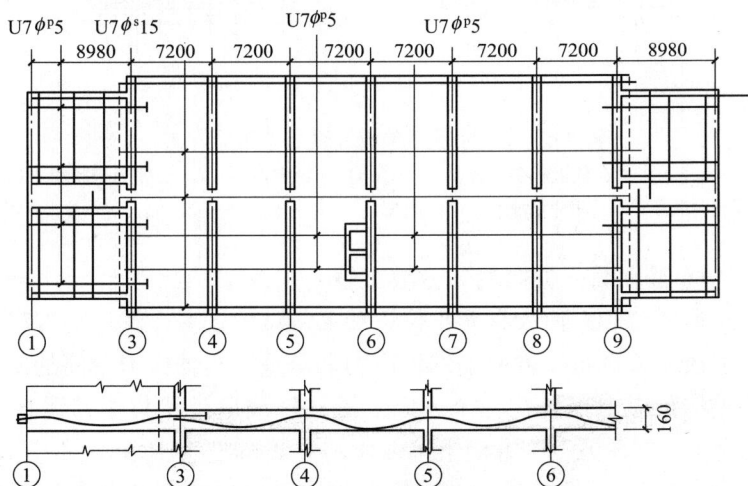

图 11.2.2　北京永安公寓多跨单向平板钢筋布置示例

(2) 柱支承多跨双向无梁平板

无粘结预应力筋在纵横两方向均采用多波连续曲线配筋的方式，在均布荷载作用下其配筋形式有下列数种：

1) 按柱上板带与跨中板带布筋

试验结果表明，在垂直荷载作用下，通过柱内或靠近柱边的无黏结预应力钢筋比远离柱边的无粘结预应力钢筋分担的抗弯承载能力多。对长边跨度比短边跨度不超过 1.33 的板有两种不同的配筋方式：

① 国内常用方式：在柱上板带内配置 $60\%\sim75\%$ 的无粘结预应力钢筋，而其余 $25\%\sim40\%$ 的无粘结预应力钢筋分布在跨中板带内(图 11.2.3a)。这种配筋方式的缺点是穿筋、编网、定位施工麻烦。

② 欧洲常用方式：由国际预应力混凝土协会提出，将 50% 或更多的无粘结预应力钢筋直接穿过柱及柱附近布置，其余的预应力筋在柱间布置。这种配筋方式的缺点同上。

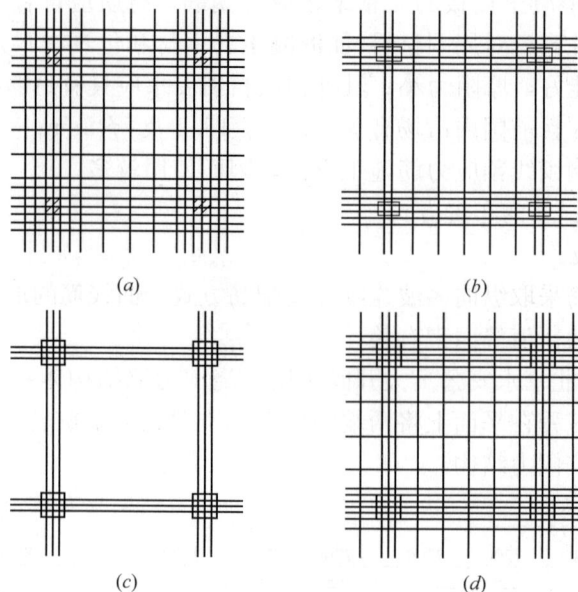

图 11.2.3　无粘结预应力钢筋的布筋方式

(a)60%～75%布置在柱上板带；25%～40%布置在跨中板带；(b)一向为带状集中布筋，另一向均匀布筋；(c)双向均集中通过柱内布筋；(d)一向按图(a)布筋；另一向均匀布筋

2）一方向集中布筋而另一方向均匀分散布筋

中国建筑科学研究院和东南大学等单位近年来的试验证实，预应力混凝土双向平板的抗弯承载力主要取决于板在每一方向上的预应力筋总量，与预应力钢筋的配筋形式关系较小。因此可将无粘结预应力钢筋在一个方向上沿柱轴线呈带状集中布置在宽度各离柱边1.5倍板厚的范围内；而在另一个方向上采取均匀分散布置（最大间距不应大于6倍板厚，且不宜大于1m）的方式。这种配筋方式可产生具有双向预应力的单向板效果，平板中的带状集中的预应力钢筋起到了支承梁的作用(图11.2.3b)，在使用阶段和极限承载阶段的平板结构受力及变形能力都很好。由于这种布筋方式避免了无粘结预应力钢筋的复杂编网工序，在施工质量上易于保证无粘结预应力钢筋的垂幅，便于施工。

3）在两个方向上均沿柱轴线集中布置

将两个方向的无粘结预应力钢筋都集中布置在柱轴线附近，形成暗梁支承的内平板(图11.2.3c)，该内平板应按梁支承的钢筋混凝土双向板进行设计，以满足使用阶段裂缝宽度和抗弯承载力的设计要求。这种配筋方式的优点是有利于提高板柱节点的抗冲切承载力；此外由于在内平板中未配置无粘结预应力筋，对开洞处理非常方便。缺点是钢筋用量较大。

4）一方向按柱上板带、跨中板带布筋，另一方向均匀分散布筋

这种布筋方式(图11.2.3d)综合了图11.2.3(a)及图11.2.3(b)的特点，可在一个方向将75%的无粘结预应力钢筋布置在柱上板带，25%布置在跨中板带，而另一方向的无粘结筋均匀分散布置，因此比图11.2.3(a)更便于施工。

我国现行行业标准《无粘结预应力混凝土结构技术规程》JGJ 92—2004 规定采用11.2.3(a)和11.2.3(b)的布筋方式。

5）柱网不规则的柱支承多跨双向无梁平板

图 11.2.4 所示为不规则柱网无梁平板平面及布筋图。设奇数的柱轴线和偶数的柱轴线交错半跨，而柱列位于给定的定位轴线上。按照预应力筋平衡荷载的概念，沿某纵向定位轴线上的"主"预应力筋体系可不必考虑沿该定位轴线上柱的实际位置，只需将"主"预应力筋体系的形状高点均放在与该定位轴线垂直的横向定位交点上，则该预应力筋体系的反力将由放在沿横向定位轴线布置的"次"预应力筋来承受。这样，由预应力筋平衡的那部分重力荷载将直接传到柱上，而不在板中产生任何弯曲。

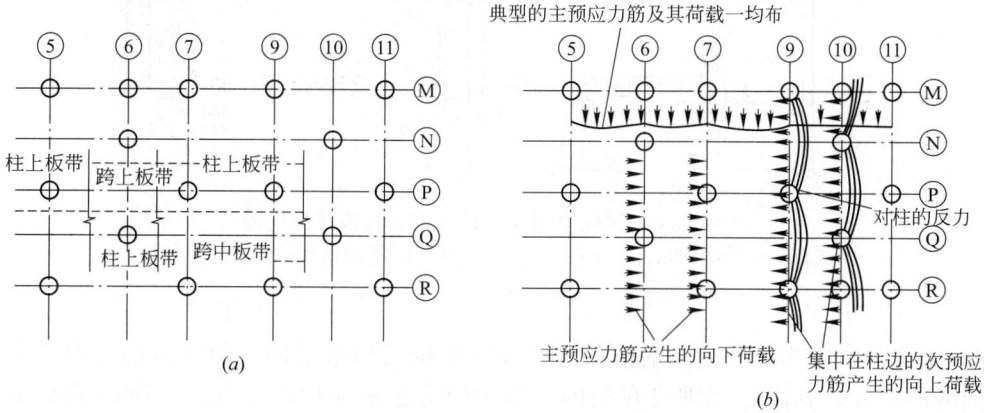

图 11.2.4 不规则柱网楼板布筋

(a)不规则柱网的柱上板带和跨中板带；(b)不规则柱网中条带预应力筋的荷载平衡

这是一个方向集中布筋而另一方向均匀分散布筋在当柱子不是按矩形网格布置时的应用；它不仅受力合理、施工方便，而且能方便地将板的荷载传至柱内。

（3）多跨双向密肋板

在多跨双向密肋板中，每根肋内部布置无粘结预应力筋，柱间采用双向无粘结预应力扁梁（与肋等高）。图 11.2.5 为某工程多跨双向密肋板无粘结预应力筋布置示例。

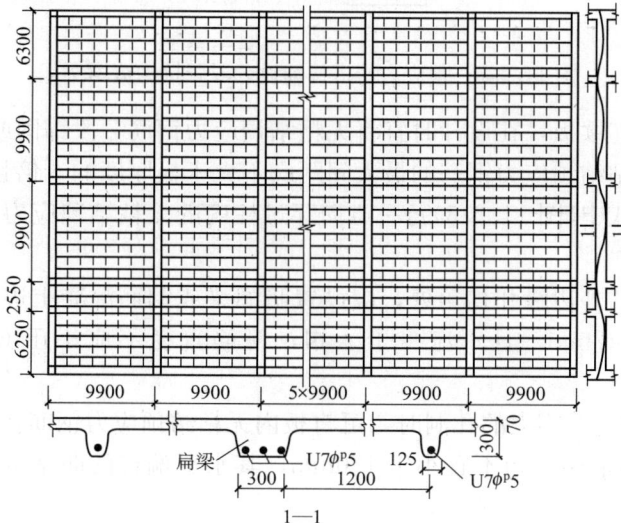

图 11.2.5 某工程多跨双向密肋板布筋示例

5. 当无粘结预应力钢筋长度超过 25m 时，宜采用两端张拉；当长度超过 50m 时，宜采取分段张拉。图 11.2.6 所示为预应力钢筋通长铺设分段张拉的构造示例，在第二段浇筑混凝土前必须将第一段预应力钢筋张拉完毕，由于预应力钢筋是连续铺至第二段，因此在中间张拉时张拉设备应从预应力钢筋上方卡入。如板的混凝土为一次浇筑，则在中间预留张拉口用专用千斤顶分段接力张拉。

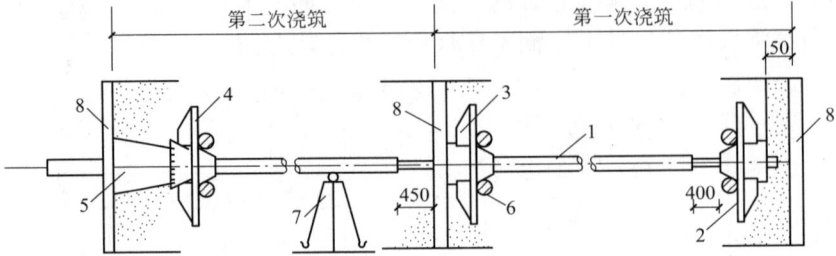

图 11.2.6　预应力钢筋通长铺设、分段张拉简图

1—无粘结预应力钢筋；2—非张拉端埋入锚具；3—中间锚具；4—张拉端锚具；
5—塑料塞；6—横向钢筋；7—支撑钢筋；8—模板

图 11.2.7 所示为预应力钢筋搭接铺设分段张拉的构造示例，预应力钢筋的张拉端设在板面的凹槽处，其固定端埋设在板内。如预应力钢筋采取两端张拉，则两端都设有凹槽。在预应力筋搭接处，由于无粘结预应力钢筋的有效高度减少而影响截面的抗弯承载力，可增加非预应力钢筋补足。

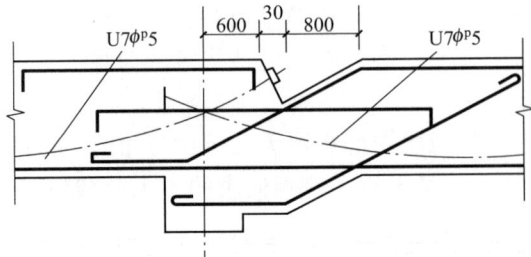

图 11.2.7　预应力筋搭接铺设分段张拉构造示例

6. 对单向多跨连续板，在设计时宜将无粘结预应力钢筋分段锚固或增设中间锚固点。

7. 单向板中无粘结预应力钢筋的最大间距应不大于板厚度的 6 倍且不宜大于 1m。

8. 各种布筋方式中(图 11.2.3)每一方向穿过柱内的无粘结预应力钢筋数量不得少于 2 根。

9. 在双向平板的外边缘和拐角处，应设置暗圈梁或钢筋混凝土边梁。暗圈梁的纵向钢筋直径不应小于 12mm，且不应少于 4 根；箍筋直径不应小于 6mm，间距不应大于 250mm。

10. 当板上需要设置不大的孔洞时，可将板内无粘结预应力钢筋在两侧绕过开洞处铺放，无粘结预应力钢筋距洞边不宜小于 150mm，其水平偏移的曲率半径不宜小于 6.5m。洞边应配置构造钢筋。

11. 在密肋板单向连续平板和双向平板中，必须配置无粘结预应力钢筋的支撑钢筋，其间距不宜大于 2m，直径不宜小于 10mm。支撑钢筋可采用 HPB300 级钢筋或其他级别钢筋。

二、板的锚固区构造

1. 单根无粘结预应力钢筋的锚固区应配有钢承压板及螺旋筋。当每根无粘结钢绞线设单独垫板时，钢承压板的尺寸一般为 100mm×100mm，厚度 10mm。有时为了局部承压需要，钢承压板的厚度可适当放大。螺旋筋可采用 ϕ6 钢筋制成，螺旋直径 70mm，配置长度为 4.5 圈。

2. 无粘结预应力钢筋张拉完毕后，应及时对锚固区进行保护和防腐蚀处理。(1)对凹入式镦头锚具，应先用油枪通过锚杯注油孔向连接套管内注入足够防腐油脂(以油脂从另一注油孔溢出为止)，然后用防腐油脂将锚杯内充填密实，并用塑料或金属帽盖严(图 11.2.8)，再在锚具及承压板表面涂以防水涂料；对凹入式夹片锚具，可先切除外露无粘结预应力钢筋多余长度(一般在距锚具端部 30mm 处切断或将无粘结预应力钢筋在适当位置处切断后分散弯折)，然后在锚具及承压板表面涂以防水涂料(图 11.2.9)。对凹入式锚具的凹槽部分可采取后浇膨胀混凝土或低收缩防水砂浆或环氧砂浆将槽口密封填实。在浇筑砂浆前，宜在槽口内壁涂以环氧树脂类胶粘剂。(2)对凸出式锚具可采取后浇外包钢筋混凝土圈梁进行封闭，但外包圈梁不宜突出在外墙面以外(图 11.2.10)。对不能使用混凝土或砂浆包裹层的部位，应对无粘结预应力钢筋的锚具全部涂以与无粘结预应力钢筋涂层相同的防腐涂料，并用具有可靠防腐和防火性能的保护套将锚具全部封闭。

3. 当张拉端设在建筑物周边时，混凝土楼板宜伸出梁边和柱边，形成宽≥150mm 的悬挑带，如图 11.2.11 所示，此种构造便于预应力施工，在完成外装修后也不会影响建筑物的外观。

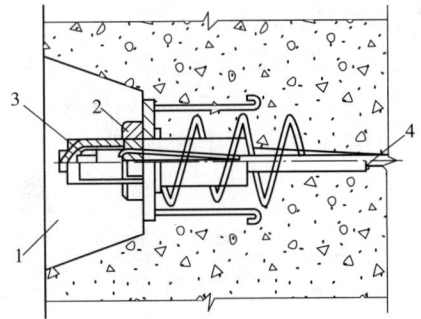

图 11.2.8 凹入式镦头锚具锚固区保护

1—混凝土或砂浆填实；2—锚具；
3—塑料或金属帽；4—光面钢丝

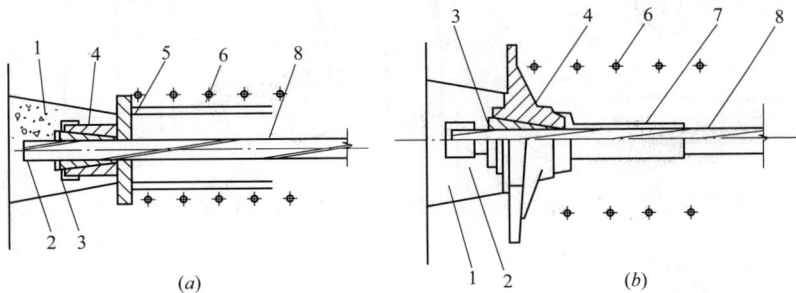

(a)   (b)

图 11.2.9 凹入式夹片锚具锚固区保护

(a)夹片式锚具；(b)垫板连体式锚具

1—混凝土或砂浆填实；2—塑料帽；3—防腐油脂；4—锚具；
5—承压板；6—螺旋筋；7—塑料保护套；8—无粘结预应力筋

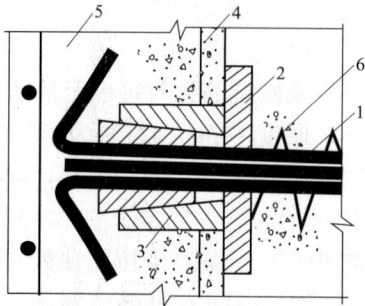

图 11.2.10　钢绞线端头凸出式做法

1—钢绞线；2—承压板；3—锚具；

4—钢筋；5—混凝土圈梁；6—螺旋筋

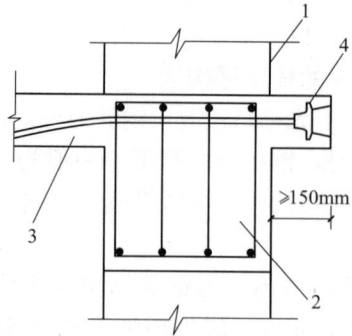

图 11.2.11　在楼板周边设悬挑布置锚固端

1—柱；2—梁；3—板；4—张拉锚固端

4. 固定端锚具可以设置在主体结构端部的墙内、梁内或梁柱节点内。当固定端设置在板内时，应配置如图 11.2.12 所示传递拉力的构造钢筋，可防止出现该图内虚线所示范围的裂缝或能限制其裂缝宽度。

5. 当板上需要设置较大孔洞时，若需要在洞口处中断一些预应力钢筋，宜采用图 11.2.13(a)所示的"限制裂缝"的中断方式，而不应采用图 11.2.13(b)所示的"助生裂缝"的中断方式。中断的预应力钢筋应妥善锚固在板内。

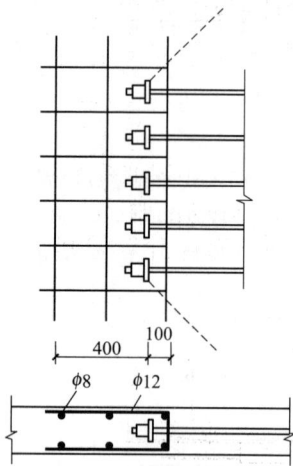

图 11.2.12　跨中锚固

端构造配筋

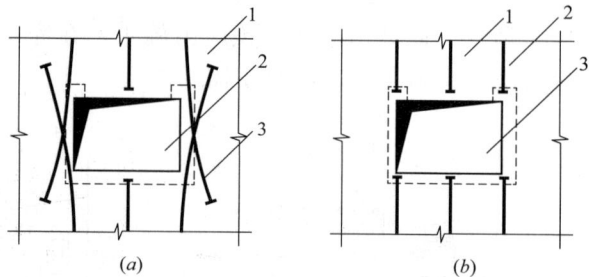

图 11.2.13　较大孔洞处预应力钢筋布置

(a)限制裂缝中断方式；(b)助生裂缝中断方式

1—板；2—洞口；3—预应力钢筋

三、减少与板相连结构对板产生约束影响的措施

1. 当柱、墙与板整体结连时，可能对板的预加应力效果产生不利影响，使板、柱、墙发生裂缝，因而在构造设计时应加以考虑。

2. 当板的长度超过 50m 时，可采用后浇带或临时施工缝将结构分段，以减少早期混凝土收缩产生的不利影响。在后浇带或临时施工缝处的预应力筋和非预应力筋均应保持其连续性。

3. 建筑物抗侧力构件的布置应尽可能减少对板的约束影响(图 11.2.14)。

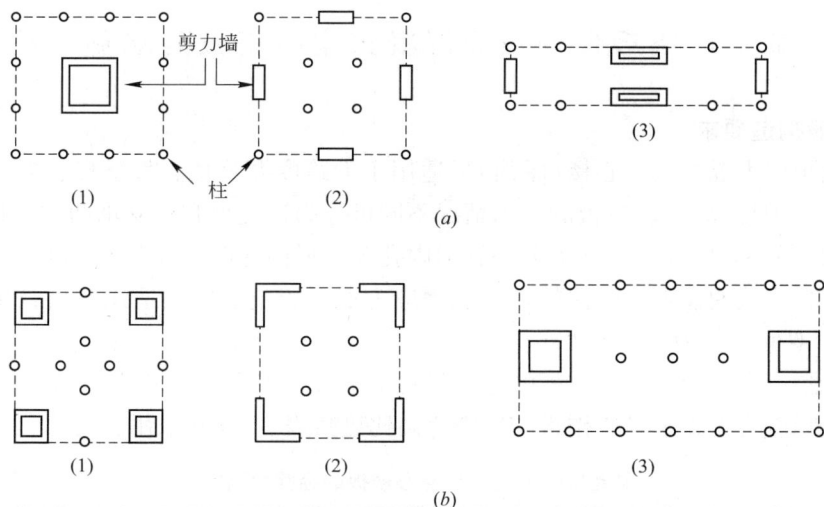

图 11.2.14　剪力墙布置对楼板缩短的影响

(a)对楼板缩短无约束；(b)对楼板缩短有约束

4. 采用能减少对板无约束作用的支承构件，如相对细长的柔性柱等。

5. 在与板相连的柱中应配置附加纵向钢筋承担约束作用产生的附加弯矩。

6. 对平面外形不规则的板，宜划分为平面规则的单元，使各部分能独立变形，减少约束影响。

四、增强板柱节点受冲切承载力的方法

当板柱节点的受冲切承载力不满足《混凝土结构设计规范》GB 50010—2010 的要求时，除设置柱帽或托板外，可采取在节点处配置抗冲切箍筋或弯起钢筋(但后者对抗震设计的板柱节点不宜采用)、设置抗剪栓钉等方法。其构造要求见本书第二章第四节有关内容。

五、板柱结构防连续倒塌的构造要求

1. 沿两个主轴方向贯通节点柱截面的连续钢筋的总截面面积应符合下式要求：

$$f_{py}A_p + f_yA_s \geqslant N_G \tag{11.2.1}$$

式中：A_s——贯通柱截面的板底纵向普通钢筋截面面积；对一端在柱截面对边按受拉弯折锚固的普通钢筋，截面面积按一半计算；

A_p——贯通柱截面连续预应力筋截面面积；对一端在柱截面对边锚固的预应力筋，截面面积按一半计算；

f_{py}——预应力筋抗拉强度设计值，对无粘结预应力筋应按《混凝土结构设计规范》GB 50010—2010 第 10.1.14 条取用无粘结预应力筋的应力设计值 σ_{pu}；

N_G——在本层楼板重力荷载代表值作用下的柱轴向压力设计值。

2. 连续预应力筋应布置在板柱节点上部，呈下凹进入板跨中。

3. 板底纵向普通钢筋的连接位置，宜在距柱面 l_{aE} 与 2 倍板厚的较大值以外，且应避

开板底受拉区范围。此外纵向普通钢筋的连接应采用机械连接、焊接，不应采用绑扎搭接方法。

第三节 现浇后张预应力混凝土空心楼板的配筋及构造

一、一般构造要求

1. 现浇预应力混凝土空心楼(屋面)板适用于大跨度办公楼、教学楼、展览大厅、停车楼、厂房等的楼(屋)盖。按板的支承情况不同可分为边支承和柱支承两类。按板采用的非抽芯永久内模内孔的外形不同可分为管形内孔及箱形内孔两类(图 2.5.1)。

2. 经工程实践的技术经济比较，现浇预应力混凝土空心板的适用跨度：单向板宜为 12m～19m，双向板宜为 14m～27m。

3. 现浇预应力混凝土空心楼板的体积空心率不宜小于 25%，也不宜大于 50%。

4. 现浇预应力混凝土空心楼板的经验跨高比可按表 11.3.1 采用。

现浇预应力混凝土空心楼板的经验跨高比　　　　　　表 11.3.1

构件类别	边支承单向板	边支承双向板	无梁柱支承板	
			无柱帽	有柱帽或有托板
经验跨高比	连续板 35～40 简支板 30～35	连续板 40～45 简支板 35～40	30～40	35～45

注：1. 边支承双向板的跨高比，按柱网的短向跨度考虑；无梁柱支承板的跨高比按柱网的长向跨度考虑；
　　2. 荷载较大时，表中所列跨高比数值应取较小值或适当减小。

5. 采用箱形内孔时，顶板厚度不应小于肋间净距的 1/15，且不应小于 50mm。底板配置普通受力钢筋时，其厚度小应小于 50mm。内孔间肋宽不应小于 80mm，且肋宽与肋高(内孔高度)比不宜小于 1/4。

6. 采用管形内孔时，孔顶、孔底板厚均不应小于 40mm，肋宽(最薄处)与内孔径之比不宜小于 1/5，且肋宽不应小于 60mm。

7. 现浇预应力混凝土空心楼板由于孔心削弱截面，其受剪承载力比相同高度的实心混凝土板差，故板上不宜承受较大的集中荷载，如需承受集中荷载，应在集中荷载的局部区域改为实心板。

8. 空心楼板的板肋内宜设置箍筋并形成构造暗梁。

9. 空心楼板与支承边相连处和与柱相连处，应有一定宽度的实心带，以提高其整体性和局部受剪承载力，具体尺寸要求可参见第二章第五节相关内容。

10. 空心板在预应力张拉端及锚固端存在较大局部应力集中，为使预加压力均匀传至板的整个截面，在张拉端及锚固端均应有足够的实心区域以实现压应力扩散。

11. 空心板的板顶面及板底面均应配置普通钢筋网片，网片钢筋间距不宜大于 150mm。

二、边支承现浇预应力混凝土空心楼(屋面)板构造

1. 边支承现浇预应力混凝土空心单向板

板的内孔可沿跨度方向通长或间断布置，在部分或全部内孔间肋宽度内布置无粘结预应力肋。图 11.3.1 所示为某钢筋混凝土框架-核心筒高层建筑(商务写字楼)的标准层预应

力空心楼板平面，楼板标准跨度为 13.5m，最大跨度为 15.7m，板厚 350mm，空心管为 $\phi250$mm 薄壁水泥管，预应力筋为无粘结预应力钢绞线（$\phi15.2$mm）束，布置在内孔间肋中，每内孔间肋各两束，成曲线状布置。

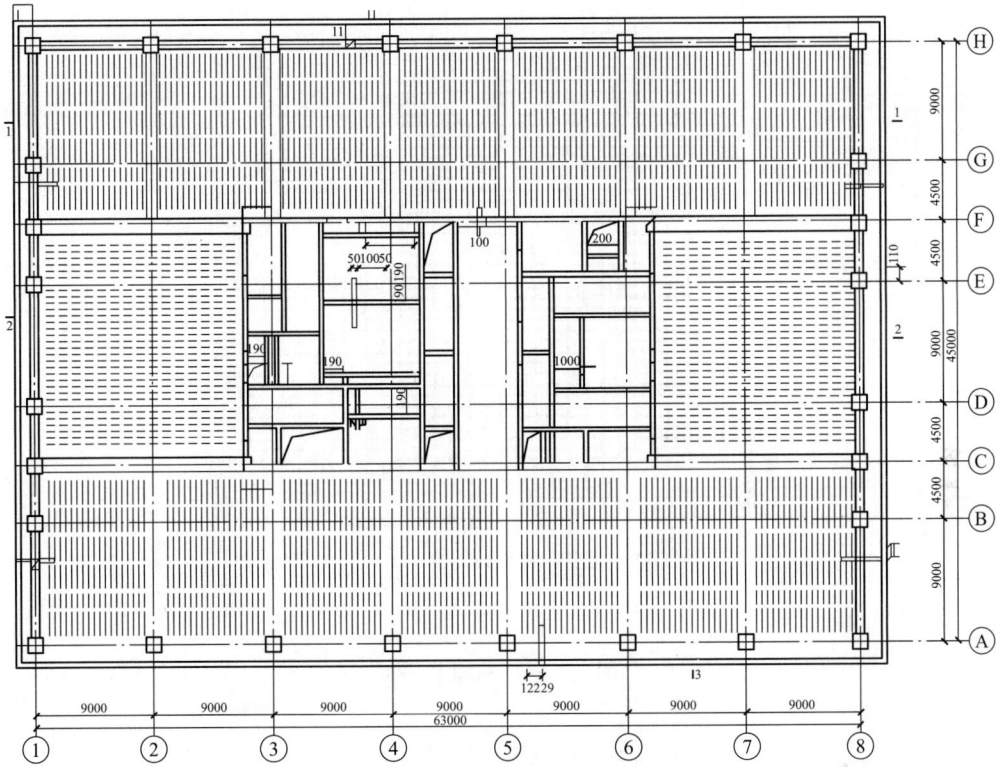

图 11.3.1　预应力空心楼板平面示例

现浇预应力混凝土空心单向板的剖面示意见图 11.3.2。

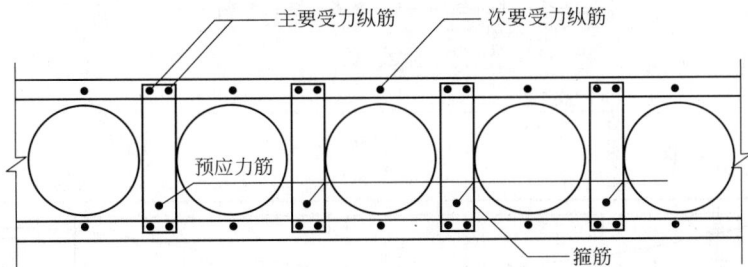

图 11.3.2　空心单向板配筋示意

2. 边支承现浇预应力混凝土空心双向板

板的内孔应间断布置，在两个方向上形成内孔间肋，以便在双方向均可布置预应力筋。图 11.3.3 所示为某工程裙房剖位大开间（平面尺寸 16m×16m）楼板平面，板厚 380mm，空心管为 $\phi250$mm 薄壁水泥管，预应力筋为无粘结预应力钢绞线（$\phi15.2$mm）束，曲线状布置在内孔间肋内。其曲线预应力筋形状及楼板剖面见图 11.3.4。

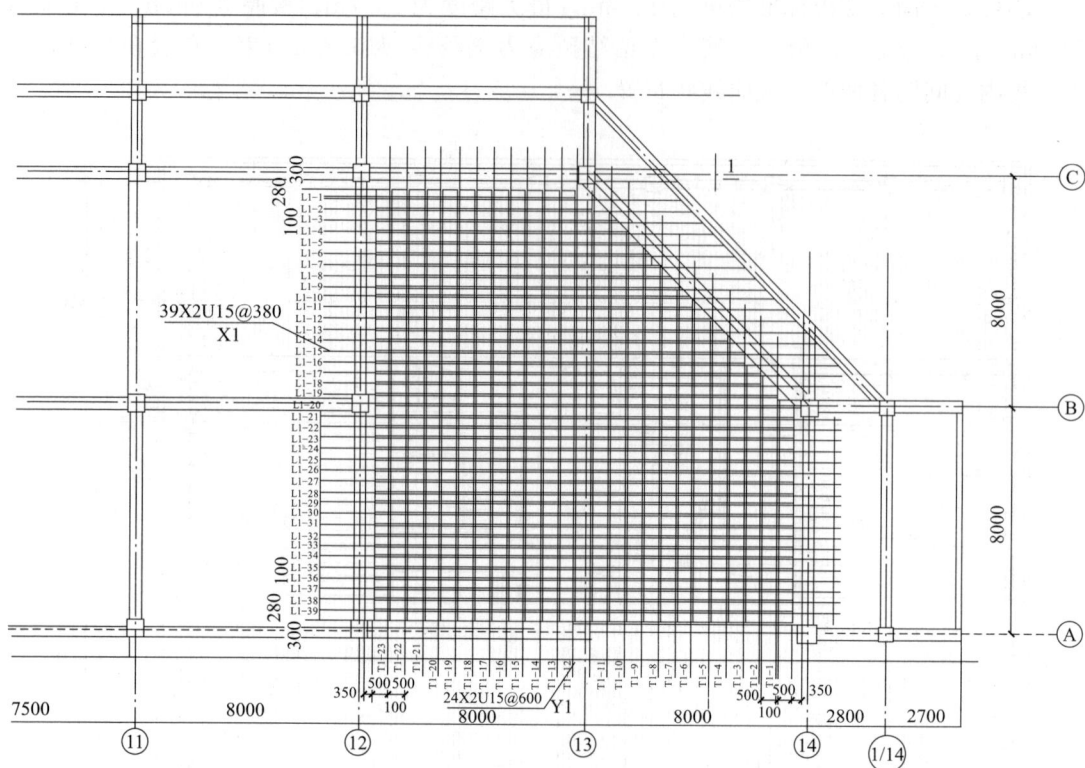

图 11.3.3 标准层平面

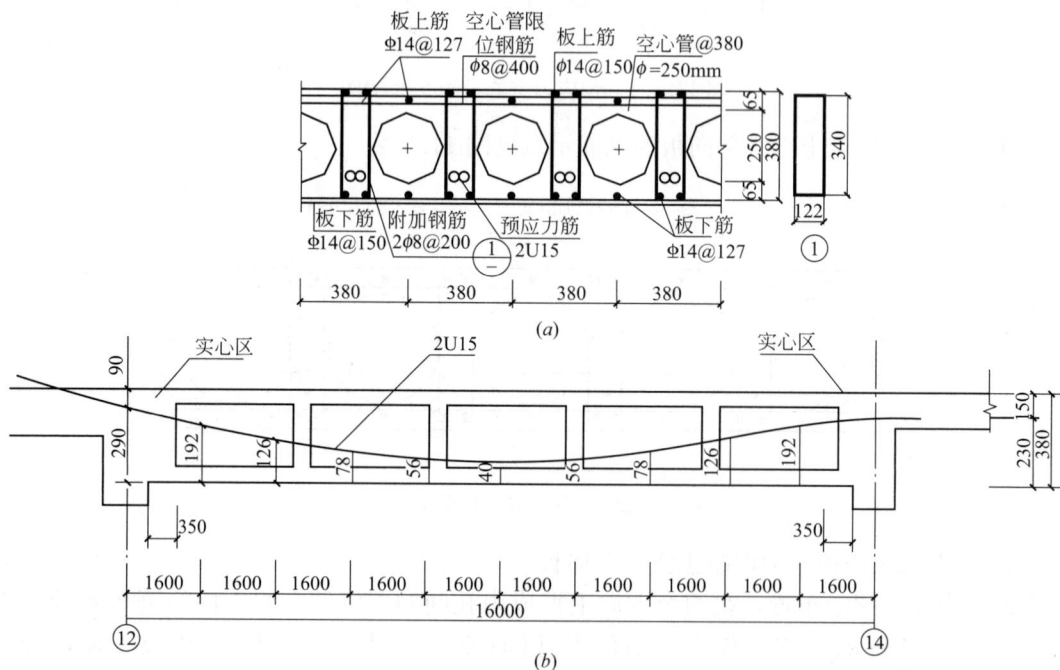

图 11.3.4 预应力空心楼板剖面及预应力筋曲线示意

(a)板剖面；(b)预应力筋曲线

由于预加应力后板将产生向上变形，此变形引起板中内力调整，因此在设计时，可将某一方向的预应力筋产生的平衡荷载等于板的自重及其上的永久荷载和可变荷载，则在正常使用时板的挠度为零。利用这一设计思想，可在设计时不按照板两个方向刚度的比值对板的荷载进行分配及计算各方向的内力，而将双向板设计成单向板，使某一方向的预应力筋承担板的全部荷载。此时可仅在板的一个方向上施加预应力达到方便施工的目的。在实际工程中许多情况下已对空心双向楼板在设计时采用此方法，使其配筋构造与单向板相同。

三、柱支承板的构造

1. 采用无粘结预应力筋配筋的现浇预应力混凝土空心板应按柱上板带、跨中板带配置预应力筋和普通钢筋。柱上板带和跨中板带的划分是第二章第四节有关内容。

2. 柱支承预应力混凝土空心楼板预应力筋的布筋可采用以下两种方式：

（1）方案一：顺筒方向均匀布筋，横筒方向集中布筋（图 11.3.5）

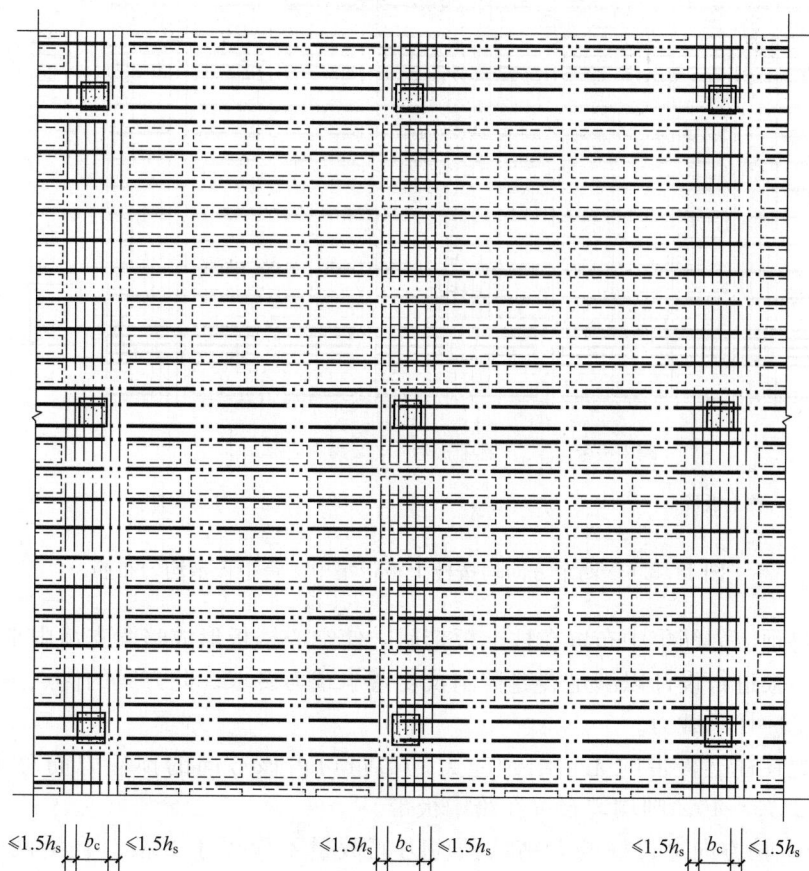

图 11.3.5　顺筒方向均匀布筋，横筒方向集中布筋

此方案可产生具有双向预应力单向板效果，横筒方向集中布筋起到了支承梁的作用，在使用阶段和极限承载力阶段空心楼板受力及变形能力均良好，且施工较方便。

均匀布筋时顺筒方向无粘结预应力筋间距宜为 200mm～500mm，且不应大于 6

倍板厚及不宜大于 1000mm。但为抵抗温度应力的无粘结预应力筋间距可不受上述限制。

（2）方案二：两个方向上均沿柱轴线按柱上板带集中布筋，而跨中板带均匀布筋（图 11.3.6）

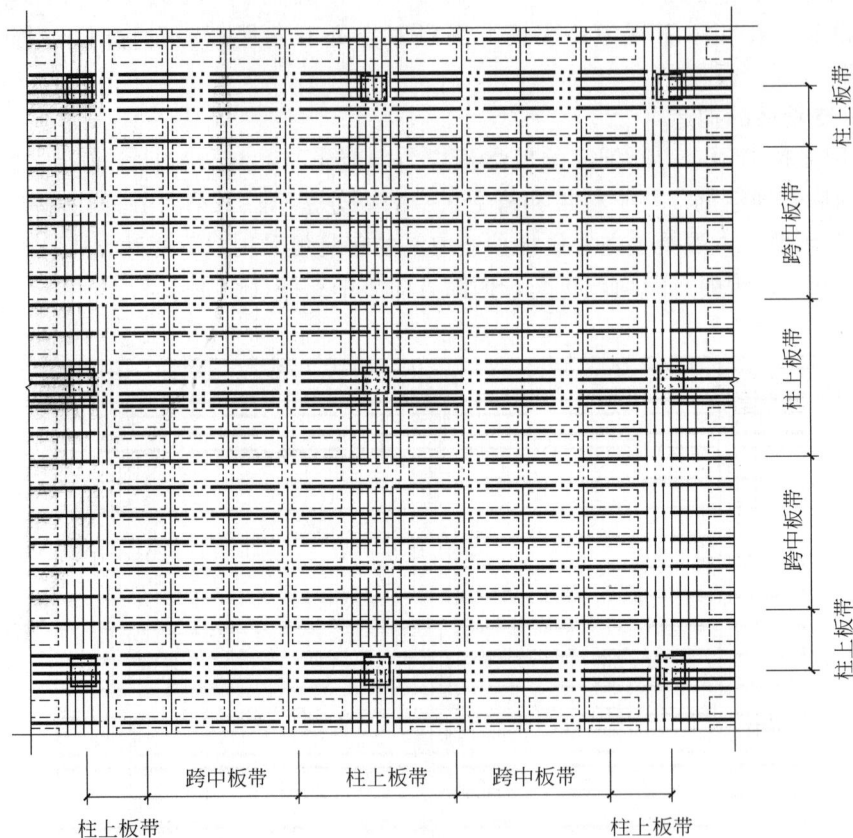

图 11.3.6　两个方向均按柱上板带集中、跨中板带均匀布筋

此方案将预应力筋集中布置在柱上板带后，使空心楼板形成暗梁支承内平板，并可按边支承的双向板进行设计以满足裂缝控制及受弯承载力要求。此方案的优点是有利于提高板柱节点的受冲切承载力。

集中布置在柱上板带的无粘结预应力筋数量可占该方向的预应力筋总量的 60%～75%，其余 25%～40% 则均匀布置在跨中板带。

3. 每个主轴方向穿过柱的无粘结预应力筋数量不应少于 2 根。且沿两个主轴方向贯通节点柱截面的连续钢筋总截面面积应符合本章第二节公式(11.2.1)的要求。连续无粘结预应力筋应布置在板柱节点上部，呈下凹进入柱上板带的跨中（图 11.3.7 及图 11.3.8）。

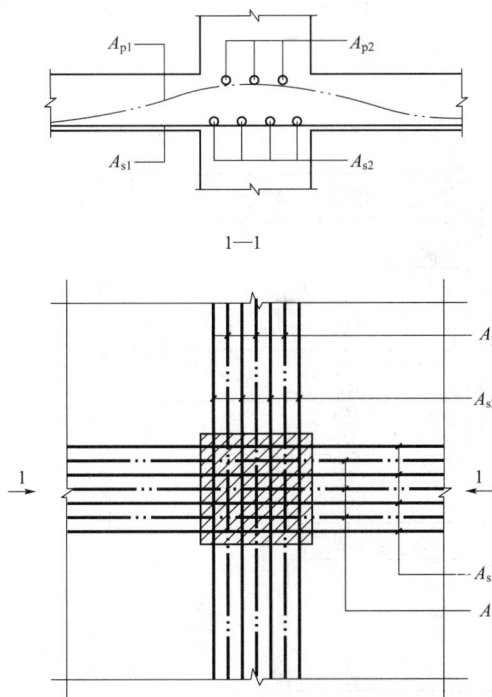

图 11.3.7 板柱结构通过内柱截面的纵筋　　图11.3.8 板柱结构通过边柱截面的纵筋

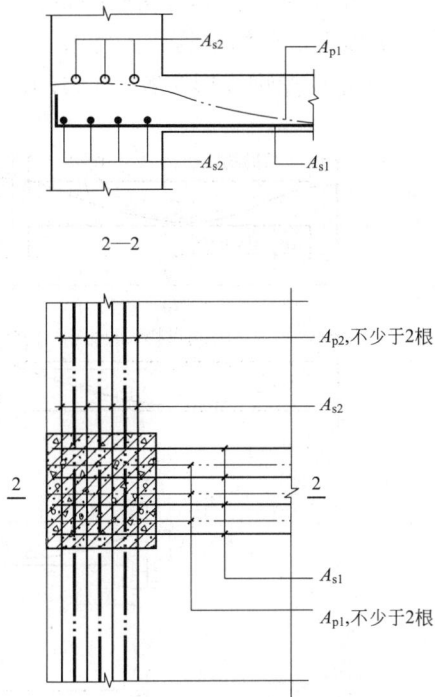

第四节 现浇后张预应力混凝土框架结构的配筋及构造

一、一般规定

1. 有抗震设计要求的现浇后张预应力混凝土框架结构的配筋及构造要求应符合本章第六节的要求,本节仅适用于无抗震设计要求的现浇后张预应力框架结构。

2. 现浇后张预应力框架梁、柱当采用钢丝、钢绞线配筋时,其混凝土强度等级不宜低于 C40。

3. 框架梁一般选用 T 形截面,截面高度 h 可采用 $\left(\dfrac{1}{12} \sim \dfrac{1}{20}\right)l$,其中 l 为框架梁的跨度。框架梁净跨与截面高度之比不宜小于 4。当荷载或框架梁跨度较大、正截面抗裂要求较高时,h 可取较大值。截面宽度 b 可采用 $\left(\dfrac{1}{3} \sim \dfrac{1}{5}\right)h$;当截面中配置一束预应力筋时,可取 b 为 250mm～300mm,当截面中同一高度处配置二束预应力筋时,可取 b 为 300mm～400mm。

4. 框架柱一般选用矩形截面,截面尺寸可根据轴压比应满足表 5.3.1 的限值和柱截面宽度应满足梁的预应力钢筋与柱内纵向钢筋的布置要求确定。

5. 双跨和多跨预应力混凝土框架,在垂直荷载作用下,若内支座弯矩比边支座和跨中弯矩大得多时,可在内支座处的梁端加腋,加腋高度可取 $(0.2 \sim 0.3)h$,加腋长度可取 $(0.1 \sim 0.15)l$。此时可忽略加腋对框架内力分析的影响。

6. 框架梁中预应力钢筋的布置应尽可能使其外形与弯矩图一致，并应尽可能减少孔道摩擦损失，节约锚具、方便施工。其布置方式有以下几种：

1) 正反抛物线形布置(图 11.4.1a)：

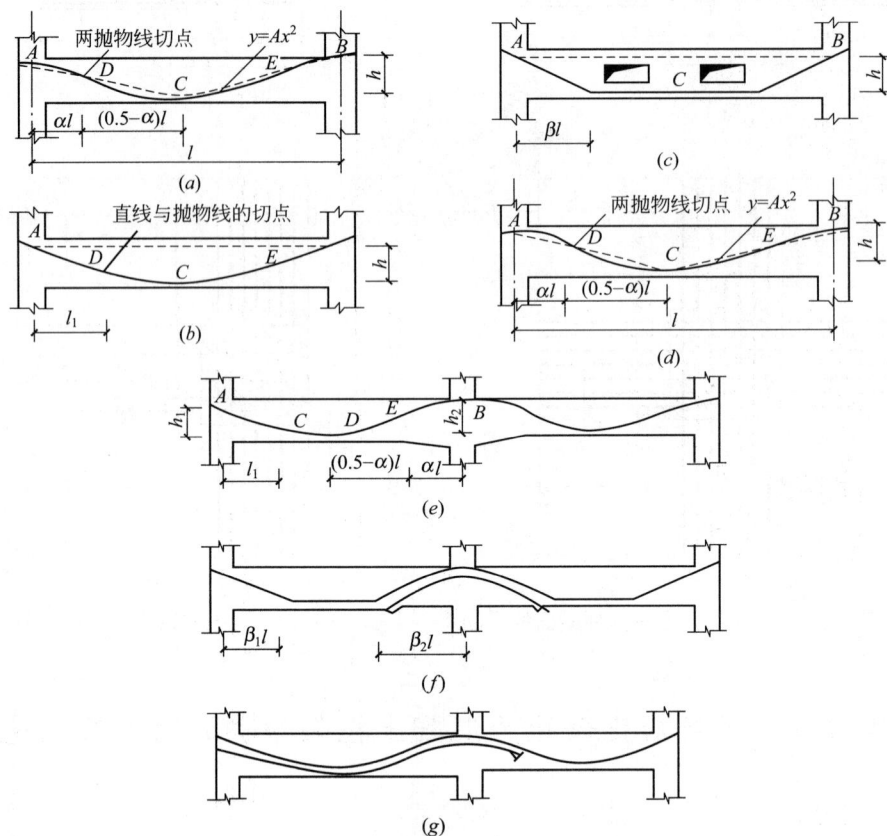

图 11.4.1　框架梁预应力钢筋布置

(a)正反抛物线形布置；(b)直线与抛物线相切布置；(c)折线形布置；(d)正反抛物线与直线形混合布置；
(e)直线与双抛物线结合布置；(f)连续与局部组合布置；(g)部分预应力筋在短跨切断

适用于支座弯矩与跨中弯矩基本相等的单跨框架梁。预应力筋外形从跨中 C 点至支座 A(或 B)点采用两段曲率相反的抛物线，在反弯点 D(或 E)处相接并相切，A(或 B)点与 C 点分别为两抛物线的顶点。反弯点的位置距梁端的距离 αl，一般取为$(0.1\sim0.2)l$。图中的抛物线方程为：

$$y = Ax^2 \tag{11.4.1}$$

式中：跨中区段 $A = \dfrac{2h}{(0.5-\alpha)\,l^2}$

梁端区段 $A = \dfrac{2h}{2l^2}$

2) 直线与抛物线相切布置(图 11.4.1b)：

适用于支座弯矩较小的单跨框架梁或多跨框架梁的边跨梁外端，其优点是可减小框架梁跨中及内支座处的摩擦损失。预应力钢筋的外形在梁端区端为直线而在跨中区段为抛物线，两段相切于 D 点(或 E 点)，切点距梁端的距离 l_1 可按下式计算：

$$l_1 = \frac{l}{2}\sqrt{2\alpha} \tag{11.4.2}$$

式中：α 取 0.1~0.2。

3) 折线形布置(图 11.4.1c)：

适用于集中荷载作用下的框架梁或开洞梁，其优点是可使预应力引起的等效荷载直线抵消部分垂直荷载和方便在梁腹中开洞。但是不宜用于三跨及以上的预应力混凝土框架，因为较多的折角使预应力钢筋穿筋施工困难，而且中间跨跨中处由于摩擦引起的预应力损失也较大。一般情况 βl 取 $\left(\frac{1}{4} \sim \frac{1}{3}\right)l$。

4) 正反抛物线与直线形混合布置(图 11.4.1d)：

适用于需要减小边柱弯矩的情况。梁内除布置有正反抛物线外形的预应力钢筋外，还配有直线形的预应力钢筋，这种混合布置方式可使预应力钢筋产生的次弯矩对边柱造成有利的影响。

5) 直线与双抛物线结合布置(图 11.4.1e)：

适用于双跨框架。C 点为直线段 AC 与抛物线段 CDE 的切点，其中 l_1 为直线段 AC 的水平投影长度，其值按下式确定：

$$l_1 = \frac{1}{2}\sqrt{1 - \frac{h_1}{h_2} + 2\alpha\frac{h_1}{h_2}} \tag{11.4.3}$$

式中：l——框架梁的跨度；

h_1、h_2——边支座和中间支座处预应力钢筋合力点至跨中截面预应力钢筋合力点间的竖向距离。

6) 连续与局部组合布置(图 11.4.1f)：

适用于双等跨框架梁，在垂直荷载作用下，框架内支座弯矩比边支座或跨中弯矩约大两倍，为了加强支座截面配筋并获得经济效益，可采用这种配筋布置方式。连续预应力筋可以采用折线形(此时在内支座处为便于施工和减少摩擦引起的预应力损失值应设置局部曲线段)、或正反抛物线形等曲线。局部曲线段预应力筋的设置可提高内支座截面的抗裂性能及抗弯承载能力。

图 11.4.1(g)适用于不等跨框架梁，为了节约钢材部分预应力筋可在短跨切断。

7. 当框架顶层的梁柱为刚接时，为了减少在竖向荷载下顶层边柱的设计弯矩，除采用调整框架顶层边柱节点的梁柱刚度比措施外，可将梁端预应力钢筋的位置，在满足负弯矩承载力设计要求的前提下尽可能下移，甚至可将一部分预应力钢筋按直线布置或移至梁底(图 11.4.1d)，使框架梁中预应力引起的次弯矩对顶层柱产生较为有利的影响。

8. 当框架顶层边柱的设计弯矩较大时，可采用预应力柱，柱中预应力筋的布置形式应采取与荷载产生的弯矩图形相接近的形状，且其在柱顶和柱底截面的偏心距 e 值(图 11.4.2)应尽可能取最大值。图 11.4.2(a)及图 11.4.2(b)所示为两种常用的柱中预应力筋布置方式。二段抛物线布筋方式的优点是能与使用阶段的弯矩图相吻合，施工较方便，缺点是孔道摩擦引起的预应力损失值较大；折线布筋方式的优点是与使用阶段弯矩图基本吻合，摩擦损失较小。

9. 预应力混凝土框架梁与柱的节点，一般为刚接。但在顶层边柱处，为了减少柱顶弯矩，有时也采用铰接。在框架梁施加预应力阶段，有时为了避免受柱的约束，梁端可先做成滑动支座或柱脚先做成铰接，然后再将该节点做成刚接。图 11.4.3 及图 11.4.4 为两种屋面梁与边柱的铰接节点做法示例。

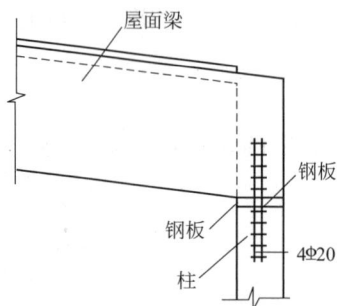

图 11.4.2   框架柱预应力钢筋布置方式
(a)二段抛物线式；(b)折线式

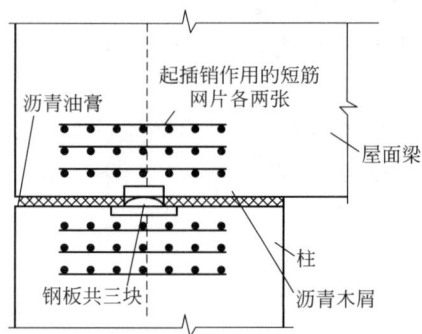

图 11.4.3   屋面梁铰接做法一

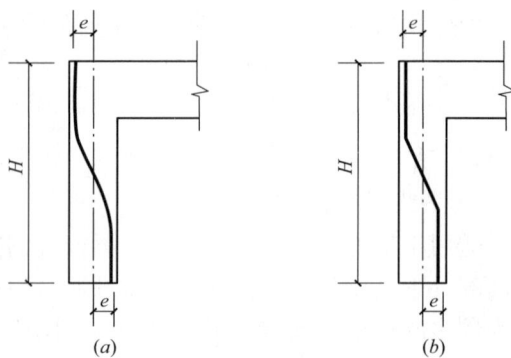

图 11.4.4   屋面梁铰接做法二

10. 框架梁中的预应力钢筋保护层(从孔道外边缘算起)的最小厚度，根据国内工程实践经验，对梁底取 50mm，对梁侧取 40mm，这样预应力钢筋就能够位于非预应力纵向钢筋之内，孔道位置处的裂缝宽度将比对应的混凝土表面处要小。

11. 框架梁截面高度范围内当作用有集中荷载时，可在该处设置附加箍筋，不宜采用附加吊筋，以免将预应力钢筋的孔道挤弯。

12. 如框架梁的预应力钢筋套管或无粘结预应力钢筋施工时需要从钢筋骨架的顶部放入，可将箍筋先做成开口，待套管或无粘结预应力钢筋安放完毕后再封闭箍筋。

13. 框架柱的纵向非预应力钢筋宜尽量布置在柱的四角处，以免与框架梁中的预应力钢筋相抵触。

二、预应力钢筋锚固区的构造

1. 预应力钢筋在梁柱节点处的锚固端可设在柱的外侧，位于柱外侧的凹槽内或凸出于柱外侧(图 11.4.5)。前者用细石混凝土封堵后可与柱表面齐平，不易积水，但节点构造较复杂，后者节点构造简单，但因凸头影响美观，需要加以处理。

2. 预应力钢筋的锚固端也可设在悬臂梁端或埋于梁体内(图 11.4.6)。预应力钢筋锚固于梁体内仅适用于固定端的情况。

3. 无粘结预应力钢筋在框架梁端部的锚固有以下两种做法：

(1) 当跨中与端部的无粘结预应力钢筋均为成束布置时，可将端部局部处理为有粘结

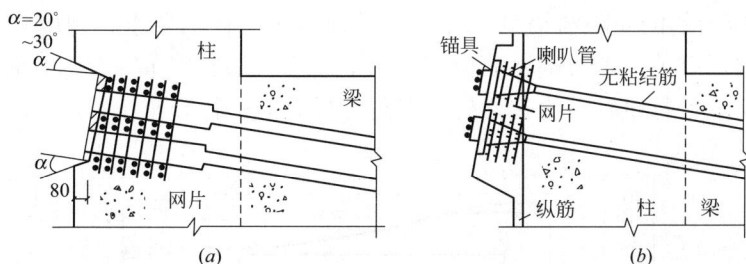

图 11.4.5　框架梁端部做法

(a)预应力钢筋锚固在柱的凹槽内；(b)预应力钢筋锚固在柱的外侧

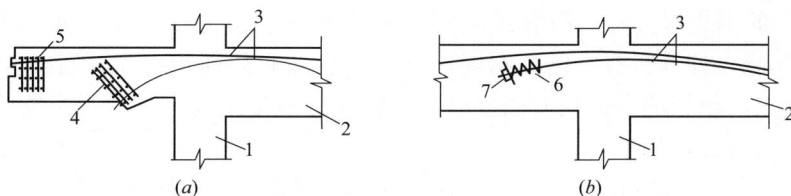

图 11.4.6　预应力钢筋锚固做法

(a)预应力钢筋锚固在悬臂梁端；(b)预应力钢筋埋在梁体内

1—柱；2—梁；3—预应力钢筋；4—附加钢筋；5—钢筋网片；6—螺旋筋；7—内埋式锚具

构造，即在梁的两端设置喇叭形自锚头，待张拉锚固后用微膨胀高强度等级水泥砂浆高压灌浆(图 11.4.7)。

(2)当框架梁跨中下部无粘结预应力钢筋布置为束而延至框架梁端部时，可将束分散布置为单根无粘结预应力筋，穿出各自的承压预埋板的孔外，预留一定的长度，逐根进行张拉，独立锚固。这种工艺不仅施工方便，有利于高空作业，而且有利于局部承压和增加锚固的可靠性(图 11.4.8)。

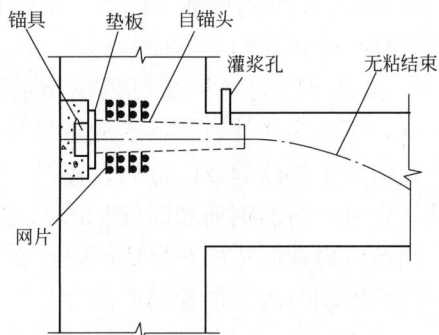

图 11.4.7　无粘结预应力钢筋束端部局部处理为有粘结构造

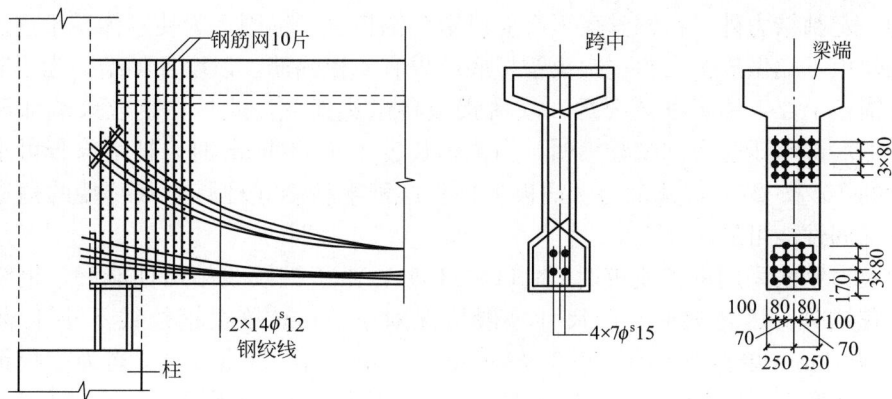

图 11.4.8　无粘结预应力钢筋束在端部分散锚固

4. 梁端预应力筋的间距与锚具尺寸、千斤顶最小工作面要求、预应力筋的布置方式及局部承压等因素有关。若梁端钢筋稠密，两束预应力筋并排布置有困难时，可将预应力筋由跨中处的水平平行布置转为在梁柱节点附近呈竖向平行分布布置(图 11.4.9)。

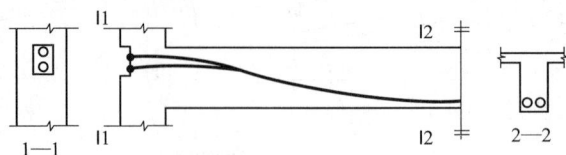

图 11.4.9 预应力钢筋在梁端改为竖向布置

5. 锚具下的钢垫板尺寸，应满足混凝土局部承压承载能力要求。钢垫板的厚度一般取 15mm～30mm，使其具有一定的刚度，有利于扩散和传递预加力。有时为了满足千斤顶撑脚安装要求，垫板的平面尺寸需要做适当扩大。框架结构施工常用张拉千斤顶的几何尺寸(轮廓外径×长度)如下：

YC-60	$\phi200\times435$	YC20D	$\phi116\times387$；
YCD-120	$\phi315\times409$	YCD200	$\phi398\times489$；
YCQ-100	$\phi258\times410$	YCQ200	$\phi340\times458$。

6. 钢垫板的锚筋宜采用 $\phi12mm$～$\phi16mm$ 的 HRB335 或 HRB400 级钢筋，其长度不应小于 $10d$，锚筋的根数一般为 4 根，其位置不应与钢筋网片或螺旋筋相抵触。钢垫板上如焊有喇叭管时，则可不设锚筋。

7. 锚具下的间接钢筋可采用钢筋网片或螺旋筋，钢筋网片钢筋的直径为 $\phi6mm$～$\phi10mm$，至少为 4 片；螺旋筋的直径为 $\phi10mm$～$\phi14mm$，至少为 4.5 圈。

在构件中部凸起或凹进处设置锚具时，由于截面突变，在折角处混凝土有可能发生斜裂缝，应采用附加钢筋加固(图 11.4.6a)。

当预应力钢筋锚固在悬臂端时，为防止沿预应力钢筋产生裂缝，在间接钢筋配置区以外，应增配均布的附加箍筋或网片。

8. 预应力混凝土框架柱的预应力钢筋下端，根据预应力钢筋种类不同，可采用半粘结式锚具或全粘结式锚具。

当预应力钢筋采用钢丝束时(图 11.4.10a)，由于钢丝表面光滑，粘结力差，因此除靠钢丝的一定粘结力外，在钢丝束下端应设镦头锚板进行锚固，为使浆体易于进入钢丝束端头，钢丝束下端做成扩大头，镦头锚板底部焊有 4 根锚筋，以增加粘结。为了防止浇筑混凝土时锚板上浮，锚板下还要焊一块薄钢板将镦头托住。此外在钢丝束端部设置螺旋筋，以增加局部承压能力。试验表明，当锚固长度大于 500mm 时，粘结部分可承担钢丝极限强度的 10%～27%，其余均由锚板承担。这种半粘结式柱脚非张拉端的构造经工程实践证明锚固性能可靠。

当预应力钢筋采用钢绞线束时(图 11.4.10b)，由于钢绞线粘结性能好，钢绞线下端可采用压花锚具。压花梨形头的尺寸一般情况对 ϕ^s15mm 单根钢绞线不小于 $\phi95mm\times150mm$ 对 ϕ^s12mm 单根钢绞线不小于 $\phi80mm\times130mm$(图 11.4.11)。当为多根钢绞线压花锚具时，梨形头应分排埋置在混凝土内，并在梨形头头部配置构造筋，在梨形头根部配置螺旋筋。梨形头距构件截面边缘不小于 30mm。钢绞线的基本锚固长度 l_{ab} 见表 11.1.55。

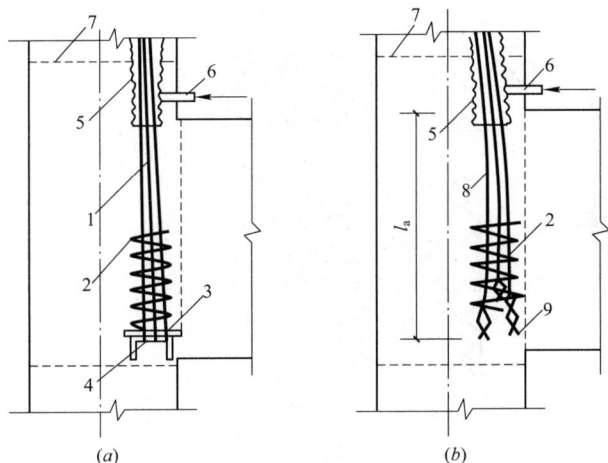

图 11.4.10　框架柱预应力钢筋下部锚固构造
(a)半粘结式锚具；(b)全粘结式锚具

图 11.4.11　单根钢绞线压花锚具
梨形头示意

1—钢丝束；2—螺旋筋；3—镦头锚板；4—薄钢板；5—波纹钢管；
6—灌浆孔；7—施工缝；8—钢绞线束；9—压花锚具

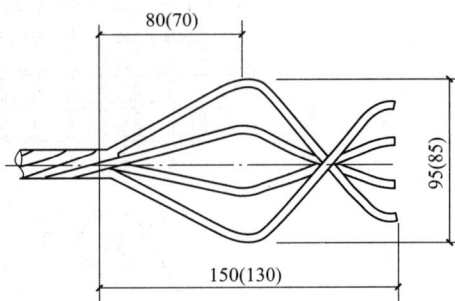

三、预应力混凝土框架梁开洞时的洞口构造

1. 预应力框架梁中的孔洞有矩形和圆形等形状，由于矩形孔洞施工方便，并能适应各类管道的穿越，因此在工程中常采用。

2. 孔洞的位置应尽量设在梁中剪力较小的区段，一般开在梁的跨中 1/3 跨度区段内梁腹偏下位置，使受压上弦杆具有较大的抗剪能力，下弦杆只要保证能使预应力钢筋和非预应力钢筋通过所需的截面面积即可，一般情况下弦杆的截面高度可取 300mm。孔洞边缘距支座内边缘应留有钢筋锚固的距离（约 1.5 倍梁高）。两个孔洞边缘间净距不应小于 2.5 倍的孔高度，以免在孔洞间发生剪切破坏。

3. 矩形孔洞尺寸的限值、配筋构造要求及其计算见第三章第十二节。

第五节　现浇后张预应力混凝土井式梁板结构

一、结构布置

1. 预应力混凝土井式梁板结构通常由 2～3 组、每组各自平行、各组互相交叉、节点刚性连接且截面尺寸完全相同的现浇预应力混凝土网格梁的钢筋混凝土双向板构成。

2. 井式梁板结构的布置有以下五种：

（1）正向网格梁（图 11.5.1a）：

网格梁的方向与屋盖或楼盖矩形平面两边相平行。正向网格梁宜用于长边与短边之比不大于 1.5 的平面，且长边与短边尺寸越接近越好。

（2）斜向网格梁（图 11.5.1b）：

当屋盖或楼盖矩形平面长边与短边之比大于 1.5 时，为提高各向梁承受荷载的效率，应将井式梁斜向布置。该布置的结构平面中部双向梁均为等长度等效率，与矩形平面的长度无关。当斜向网格梁用于长边与短边尺寸较接近的情况，平面四角的梁短而刚度较大，

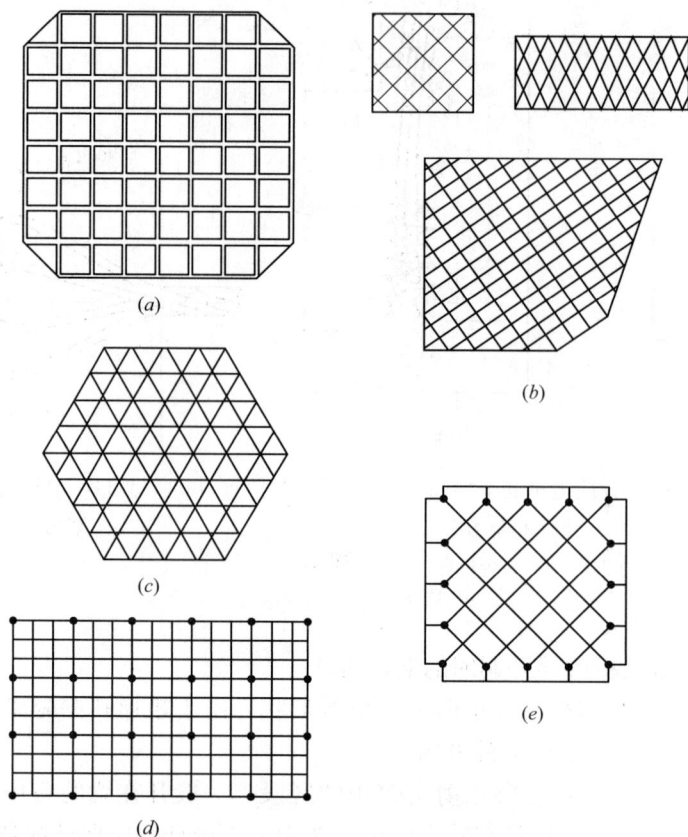

图 11.5.1 井式梁板结构网格梁布置

(a)正向网格梁；(b)斜向网格梁；(c)三向网格梁；(d)设内柱的网格梁；(e)有外伸悬挑的网格梁

对长梁起到弹性支承作用，有利于长梁的受力。为构造及计算方便，斜向梁的布置应与矩形平面的纵横轴对称，两向梁的交角可以正交也可斜交。此外斜向矩形网格对不规则平面也有较大的适应性。

(3) 三向网格梁(图 11.5.1c)：

当楼盖或屋盖的平面为三角形或六角形时，可采用三向网格梁。这种布置方式具有空间作用好、刚度大、受力合理、可减小结构高度等优点。

(4) 设内柱的网格梁(图 11.5.1d)：

当楼盖或屋盖采用设内柱的井式梁板时，一般情况沿柱网双向布置主梁，再在主梁网格内布置井式次梁，主次梁高度可以相等也可不等。

(5) 有外伸悬挑的网格梁(图 11.5.1e)：

单跨简支或多跨连续的井式梁板有时可采用有外伸悬挑的网格梁。这种布置方式可减少网格梁的跨中弯矩和挠度。

3. 预应力混凝土井式梁板结构的井式梁截面高度对二向网格梁可取跨度的 $1/25 \sim 1/20$；对三向网格梁可取 $1/30 \sim 1/25$。

4. 井式梁板结构的双向板跨度不宜过小，否则板厚及配筋将受到构造要求的限制，影响经济效果。

5. 梁格尺寸一般可取 2.4m～2.5m。在选择梁格尺寸时，应同时考虑梁端的支承方式。若井式梁板四周支承在承重墙上，此时梁支承在刚性支承上，有利于梁的受力性能。若井式梁板四周没有承重墙，则最好将两个或三个方向的梁都支承在柱上。当柱的间距与梁的间距不一致时，则应在柱顶设置具有较大刚度的边梁。

6. 网格梁可采用后张法有粘结预应力结构或无粘结预应力结构。

二、构造设计

1. 网格梁的预应力钢筋宜优先采用钢绞线束和碳素钢丝束。

2. 网格梁在交叉点处，当预应力钢筋交叉通过时，在预应力钢筋之间必须留有足够空隙，以便纵横两方向或三个方向的预应力钢筋能无阻碍地相互穿通，并应使两个或三个方向的预应力钢筋尽量靠近梁截面的受拉边缘，避免有一个或两个方向的预应力钢筋距梁截面受拉边缘较远，对梁的受弯承载力和抗裂性能过于不利。

3. 同一方向梁内的预应力钢筋和非预应力钢筋可放在梁截面中的同一个高度处，并应避免相互碰撞。

4. 当网格梁采用无粘结预应力混凝土结构时，为改善结构的工作条件，分散梁的裂缝，减小裂缝宽度，提高梁的塑性变形能力，加长破坏预兆时程，在配筋设计时宜适当增大非预应力钢筋的比例。根据中国建筑科学研究院的试验证明，在三分点荷载作用下的简支梁，梁的非预应力钢筋按强度计算，占钢筋总量达 25% 以上时，这种无粘结部分预应力混凝土梁的结构性能将类似或优于有粘结后张法预应力混凝土梁的性能。

5. 网格梁的梁端与柱顶的连接通常采用铰接，可在梁端支承处与柱顶预埋钢板，钢板与钢板之间呈 U 形口，采用螺栓连接；也可在张拉预应力钢筋时，允许梁相对于柱顶可以滑动，在完成张拉后将梁端支承处与柱顶预埋钢板互相焊接，在构造处理上将柱伸到梁顶，并在梁端支座处截面上边缘配置一定数量的非预应力钢筋，以承受可能产生的负弯矩，最后将梁柱在连接处的混凝土整浇。

6. 井式梁板结构用于屋盖时，可根据排水需要的坡度，在跨中将梁高增加以形成坡度。

第六节　预应力混凝土结构抗震设计构造要求

一、一般构造要求

1. 有抗震设防要求的预应力混凝土结构构件，其构造要求除应满足本章其他各节的有关要求外，尚应满足本节的构造要求。

2. 预应力混凝土结构可用于抗震设防裂度 6 度、7 度、8 度地区；当用于 9 度地区时，应有充分依据并采取可靠措施。

3. 抗震设计时，预应力混凝土结构构件应根据抗震设防烈度、结构类型、房屋高度采用不同的抗震等级，并应符合相应的构造措施要求。丙类建筑的抗震等级应按本地区的抗震设防烈度及本书第一章表 1.1.4 确定。

4. 接一、二、三级抗震等级设计的预应力混凝土框架构件和斜撑构件，其纵向受力普通钢筋应符合下列要求：

（1）钢筋的抗拉强度实测值与屈服强度实测值的比值不应小于 1.25；

（2）钢筋的屈服强度实测值与屈服强度标准值的比值不应大于 1.30；

（3）钢筋最大拉力下的总伸长率实测值不应小于 9%。

5. 在框架-核心筒结构的周边框架柱间可采用预应力框架梁。

6. 后张预应力混凝土框架、门架、转换层大梁宜采用有粘结预应力筋；当框架梁采用无粘结预应力筋时应符合下列条件之一：（1）框架梁的抗震等级为二、三级，且框架梁端部截面及悬臂梁根部截面由非预应力钢筋承担的弯矩设计值，不应少于由地震作用效应和重力荷载效应产生的组合弯矩设计值的 65%；或无粘结预应力筋仅用于满足构件的挠度和裂缝控制要求。（2）框架-剪力墙结构或框架-核心筒结构中的框架梁，其中框架承担的地震倾覆力矩小于总地震倾覆力矩的 35%，且框架梁的抗震等级为二、三级。

7. 无粘结预应力筋不得用于承重结构的受拉杆件（如屋架下弦等）及抗震等级为一级的框架。

8. 分散配置预应力筋的板类结构及楼盖的次梁宜采用无粘结预应力筋。

9. 柱支承预应力混凝土平板的厚度不宜小于跨度的 1/40～1/45；边支承预应力混凝土平板厚度不宜小于跨度的 1/45～1/50，且其厚度分别不应小于 200m 及 150mm。

10. 在核心筒四个角部的楼板中，应设置扁梁或暗梁与外柱相连接，其余外框架柱处也宜设置暗梁与内筒相连接。

11. 在预应力混凝土平板凹凸不规则处及开洞处，应设置附加钢筋混凝土暗梁或边梁以加强平板的整体刚度。

12. 预应力混凝土平板的板端截面按下式计算的预应力强度比 λ 不宜大于 0.75。

$$\lambda = \frac{f_{py}A_ph_p}{f_{py}A_ph_p + f_yA_sh_s} \tag{11.6.1}$$

式中：h_p——纵向受拉预应力筋合力点至平板截面受压边缘的有效距离；

h_s——纵向受拉非预应力钢筋合力点至平板截面受压边缘的有效距离。

对无粘结预应力混凝土平板，公式（11.6.1）中的 f_{py} 应取用无粘结预应力筋的应力设计值 σ_{pu}；对边支承的预应力混凝土平板可不受上述预应力强度比的限制。

13. 对无粘结预应力混凝土边支承单向多跨连续板，其无粘结预应力筋宜分段锚固或增设中间锚固点，以防止一跨板在强烈地震下遭到破坏时，可能引起多跨结构中其他各跨的连续破坏。

14. 后张预应力筋的锚具不宜设置在梁柱节点核心区内，以避免该区域内可能产生的复杂应力引起破坏，因而一般情况应将锚具布置在核心区外（例如对外节点可布置在核心区外的伸出凸端上）。仅当有试验依据或可靠工程经验时，才可将锚具布置在核心区内，此时除应使箍筋总量不少于计算所需数量以外，尚应布置好箍筋、方便施工及受力合理。

二、预应力混凝土框架梁

1. 为使预应力混凝土框架梁的受力合理（如不发生侧向失稳等）、经济，梁的截面尺寸宜符合下列各项要求：

（1）截面宽度不宜小于 250mm；

（2）截面高度与宽度的比例不宜大于 4；

（3）梁高与计算跨度的比值范围宜为 1/12～1/22；

（4）净跨度与梁高之比不宜小于 4。

2. 预应力混凝土框架梁端正截面受弯承载力计算中，计入纵向受压钢筋的混凝土受压区高度 x 应符合下列要求：

一级抗震等级 　　　　　　　　　$x \leqslant 0.25h_0$ 　　　　　　　　　（11.6.2）

二、三级抗震等级 　　　　　　　$x \leqslant 0.35h_0$ 　　　　　　　　　（11.6.3）

且纵向受拉钢筋按非预应力钢筋抗拉强度设计值换算的配筋率不宜大于 2.5%。

3. 预应力混凝土框架梁应采用预应力筋和非预应力筋混合配筋的方式，以保证预应力混凝土框架具有一定的延性要求。框架梁端截面的配筋宜符合下列要求：

$$A_s \geqslant \frac{1}{3}\left(\frac{f_{py}h_p}{f_y h_s}\right)A_p \tag{11.6.4}$$

式中：h_p——预应力筋合力点至框架梁截面受压边缘的距离；

h_s——非预应力筋合力点至框架梁截面受压边缘的距离。

对二、三级抗震等级的框架-剪力墙、框架-核心筒结构中的后张有粘结预应力混凝土框架梁，公式（11.6.4）中的系数 1/3 可改为 1/4。

4. 预应力混凝土框架梁端截面的底部纵向普通钢筋和顶部纵向受力钢筋截面面积的比值除按计算确定外，对一级抗震等级不应小于 0.5；二、三级抗震等级不应小于 0.3。计算顶部纵向受力钢筋截面面积时，应将预应力筋按抗拉强度设计值换算为普通钢筋截面面积。

框架梁端底面纵向普通钢筋配筋率尚不应小于 0.2%。

5. 预应力混凝土框架梁的梁端加腋处，箍筋加密区长度（图 11.6.1）及箍筋直径及间距应符合下列要求：

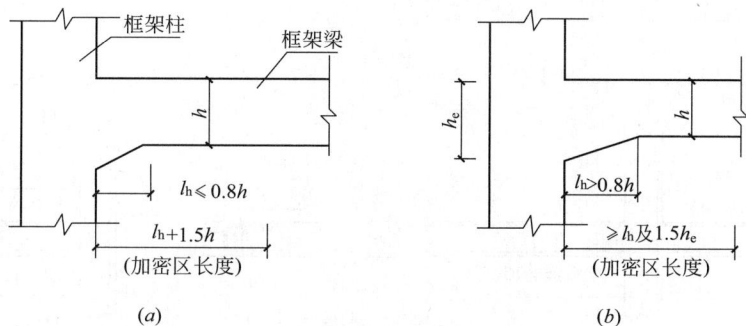

图 11.6.1　框架梁加腋处箍筋加密区长度

（a）加腋长度 $l_h \leqslant 0.8h$；（b）加腋长度 $l_h > 0.8h$

（1）当加腋长度 $l_h \leqslant 0.8h$ 时（h 为非加腋区域梁截面高度），箍筋加密区长度应取加腋区及距加腋区端部 1.5 倍梁高；

（2）当加腋长度 $l_h > 0.8h$ 时，箍筋加密区长度应取 1.5 倍梁端部高度；且不小于加腋长度 l_h；

（3）箍筋加密区的箍筋间距不应大于 100mm，箍筋直径不应小于 10mm，其肢距不宜大于 200mm 和 20 倍箍筋直径的较大值。

6. 当现浇预应力混凝土框架梁采用扁梁方案时，扁梁的跨高比 l_0/h_b 不宜大于 25；梁截面高度应大于通过梁柱节点区内柱纵向受力钢筋的 16 倍直径、此外梁的高度尚应满足边支承楼板所需的刚度要求；梁的宽度宜小于柱宽度加扁梁的截面高度。

7. 当现浇预应力混凝土框架扁梁的截面宽度大于柱宽时，应符合下列要求：

(1) 应采用现浇混凝土楼板。扁梁截面中心线(梁轴线)宜与柱中线重合，避免偏心引起的扭矩对梁受力的不利影响。扁梁应双向布置。梁截面宽度大于柱宽的扁梁不得用于一级抗震等级的框架结构。

(2) 扁梁中的预应力筋宜全部布置在柱宽度范围内。

(3) 扁梁端部箍筋加密区长度，应取自柱边算起至梁边以外($b+h$)范围(其中 b 为扁梁宽度 h 为扁梁高度)内长度和梁边算起 l_{aE} 中的较大值(图 11.6.2)；加密区长度范围内的箍筋最大间距、最小直径、箍筋肢距应符合表 5.2.2 的要求(与普通框架梁相同)。

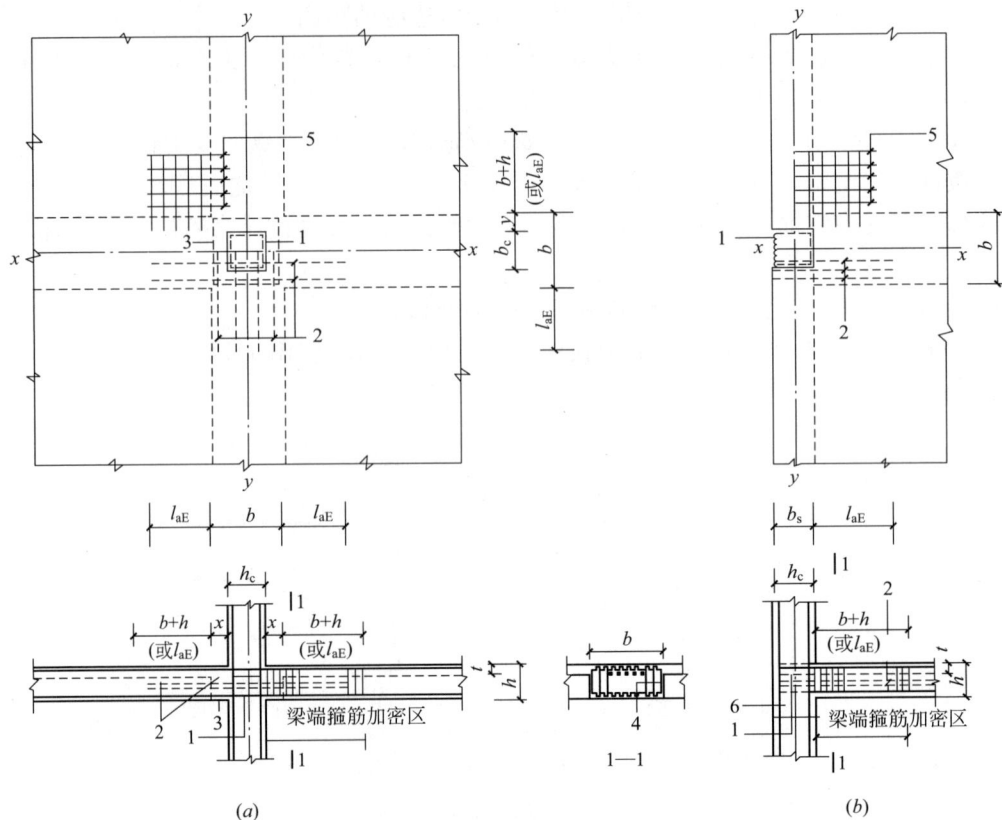

图 11.6.2 扁梁柱节点的配筋构造
(a)中柱节点；(b)边柱节点
1—柱内核心区箍筋；2—核心区附加腰筋；3—柱外核心区附加水平箍筋；4—拉筋；5—板面附加钢筋网片；6—边梁

(4) 梁柱节点处柱内节点核心区的配箍量及构造要求同普通框架；扁梁与中柱节点处对柱外的核心区，在扁梁内可配置附加水平箍筋和拉筋，当核心区受剪承载力不能满足计算要求时可配置附加腰筋。扁梁与边柱节点处的节点核心区也可配置附加腰筋。

（5）当纵横方向扁梁交角处的楼（屋面）板顶面纵横向钢筋间距较大时（不小于200mm）为防止混凝土收缩和温度变化可能引起的交角处板面出现裂缝，应在板角处配置附加构造钢筋网片（一般情况不少于$\phi 8@100$mm双向网片），其伸入板内的长度不宜小于板短跨方向计算跨度的1/4，并可靠锚固于梁内。

8. 扁梁框架的边梁不宜采用宽度大于柱截面高度的预应力混凝土扁梁。当与框架边梁相交的内部框架扁梁大于柱宽时，边梁应采取配筋构造措施考虑其受扭的不利影响。

9. 预应力混凝土长悬臂梁的配筋应符合下列要求：

（1）应采用预应力筋和非预应力筋混合配筋方式，悬臂梁根部截面的混凝土受压区高度应符合公式(11.6.2)及公式(11.6.3)的要求；应力强度比λ应符合公式(11.6.4)及本节第二条第3款的要求；梁底和梁顶非预应力钢筋面积比值应符合本节第二条第4款的要求。

（2）悬臂梁的配筋应设置加强段。加强段范围自梁根部截面算起下列三者中取最大值：1/4跨长；2倍梁根部截面高度；500mm。在加强段内不得截断预应力纵向受力钢筋，且箍筋构造应满足箍筋加密区要求；对集中荷载在支座截面所产生的剪力值占总剪力值75%以上情况，箍筋加密区应延伸至集中荷载作用处截面，且不应小于加强段长度。

（3）设防烈度8度时悬臂梁应考虑竖向地震作用的要求。

三、预应力混凝土框架柱

1. 预应力混凝土框架柱的剪跨比宜大于2。

2. 当计算预应力混凝土框架柱的轴压比时，轴向压力设计值应取柱组合的轴向压力设计值加上预应力筋有效预加力的设计值，其按公式(11.6.5)计算的轴压比应符合表5.3.1的规定：

$$\lambda_{\mathrm{Np}}=(N+1.2N_{\mathrm{pe}})/(f_{\mathrm{c}}A) \tag{11.6.5}$$

式中：λ_{Np}——预应力混凝土框架柱的轴压比；

　　　N——框架柱考虑地震作用组合的轴向压力设计值；

　　　N_{pe}——作用于框架柱预应力筋的总有效预加力；

　　　A——柱截面面积；

　　　f_{c}——混凝土轴心抗压强度设计值。

3. 预应力混凝土框架柱的箍筋宜全高加密。

4. 大跨度框架边柱可采用在截面受拉较大的一侧配置预应力筋和普通钢筋的混合配筋，另一侧仅配置钢筋的非对称配筋方式。

5. 框架柱内纵向预应力筋不宜少于两束，其孔道之间的净间距不宜少于100mm。

6. 预应力混凝土框架柱中全部纵向受力钢筋按非预应力筋抗拉强度设计值换算的配筋率不应大于5%。

四、预应力混凝土门架结构

1. 预应力混凝土门架结构适用于跨度较大的单层空旷房屋，如礼堂、体育馆等。

2. 预应力混凝土门架结构的立柱宜采用矩形或工字形截面；门架立柱柱底至室内地坪以上500mm范围内，横梁与立柱节点加腋边缘向下延伸2倍立柱截面高度范围和横梁自节点加腋边缘向跨中延伸2倍横梁截面高度范围内，以及节点区域应采用矩形截面。

3. 预应力混凝土门架横梁与立柱的倒"L"形构件宜通长设置折线预应力筋，当采用分段直线预应力筋时，不宜将锚具设置在横梁与立柱相连的转角节点区域内。

4. 预应力混凝土门架的横梁箍筋加密区长度宜取 1.5 倍梁端部高度。此范围内的加密箍筋应按本节第二项第 5 条 C 款的要求配置。

5. 预应力混凝土门架立柱的箍筋加密区位置及箍筋配置应符合下列要求：

（1）立柱箍筋加密区位置：

A. 柱上端区域取立柱截面高度、1000mm 和 1/4 立柱净高三者中的最大值；

B. 柱下端区域取立柱柱底至室内地坪以上 500mm；

C. 柱变位受平台等约束的部位，柱间支撑与柱连接节点，取节点上、下各 1 倍立柱截面高度；

D. 有牛腿的门架，自立柱顶至牛腿以下一倍柱截面高度范围。

（2）加密区的箍筋间距不应大于 100mm。

（3）宜采用复合箍。

（4）抗震设防烈度为 6 度和 7 度 I、II 类场地，箍筋肢距不大于 300mm，直径不小于 8mm；抗震设防烈度为 7 度 III、IV 类场地和 8 度，箍筋肢距不大于 200mm，直径不小于 100mm。

6. 预应力混凝土门架的边立柱与横梁相连处的节点区域，箍筋配置不应低于立柱与横梁加密区要求。

五、预应力混凝土板柱结构

1. 由于板柱结构的抗震性能较其他结构类型差，因而抗震设防地区的现浇预应力混凝土板柱结构应采用板柱-框架及板柱-剪力墙结构。板柱-框架结构的适用最大高度限值；对丙类建筑，当抗震设防烈度 6 度时为 22m；7 度时为 18m。相应抗震等级 6 度为三级、7 度为二级。板柱-剪力墙结构丙类建筑的适用最大高度及相应抗震等级见第一章表 1.1.2。

2. 抗震设防烈度 8 度时不应采用板柱-框架结构；设防烈度 9 度时不应采用板柱-剪力墙结构。

3. 后张有粘结预应力混凝土或无粘结预应力混凝均可用于板柱-剪力墙结构及板柱-框架结构房屋中的板柱结构。

4. 采用板柱-框架结构时应符合下列要求：

（1）单列柱数不得小于 3 根，禁止采用单跨结构；

（2）结构周边和楼板洞口、电梯洞口周边应采用有梁框架；沿楼板洞口宜设置边梁；

（3）当楼板长宽比大于 2 时，或长度大于 32m 时，应设框架结构；

（4）在基本振型地震作用下，板柱结构承受的地震剪力应小于结构总地震剪力的 50%。

5. 采用板柱-剪力墙结构时，在基本振型地震作用下，板柱结构承受的地震剪力应小于结构总地震剪力的 50%。

6. 抗震设防烈度 8 度时，宜采用有托板或柱帽的板柱节点，柱帽及托板的外形尺寸应符合本书第二章第四节的有关规定。同时托板或柱帽根部厚度（包括板厚）不应小于柱纵向钢筋直径 16 倍，且托板或柱帽的边长不应小于 4 倍板厚与柱截面相应边长之和。

7. 板柱-框架结构中柱的箍筋应沿全高加密。

8. 板柱-剪力墙结构应布置成双向抗侧力体系，两个主轴方向均应设置剪力墙；其屋盖及地下一层顶板宜采用梁板结构。房屋周边应设置框架梁，其配筋应满足重力荷载作用下抗扭计算的要求。箍筋间距不应大于 150mm，且在离柱边 2 倍梁高范围内，间跨不应大于 100mm。

9. 后张预应力混凝土板柱-框架结构、板柱-剪力墙结构中板柱的柱上板带端截面的混凝土受压区高度限值及截面配筋的要求，应符合本节公式(11.6.2)及式(11.6.3)、式(11.6.4)的要求。

第七节　体外张拉预应力混凝土结构构造

1. 体外张拉预应力混凝土结构主要适用于采用预加应力对既有混凝土梁式楼盖中梁的加固等情况。

2. 体外张拉预应力体系由预应力筋、防护系统、锚固体系、转向块和防振装置组成。体外预应力束可根据实际工程的环境条件采用钢绞线、镀锌钢绞线或环氧涂层钢绞线等。

3. 体外张拉预应力体系包括可更换束和不可更换束两大类。可更换束又包括整体更换和套管内单根换束两种。对整体更换的体外束，在锚固端和转向块处，体外束套管应与结构分离，以方便更换体外束。对套管内单根换束的体外预应力束与套管应能分离。

4. 预应力束的线形可采用直线、双折线或多折线布置方式(图 11.7.1)。体外预应力束布置应使结构对称受力，对矩形或工字形截面梁，体外束应布置在梁腹的两侧；对箱形截面梁，体外束可布置在梁腹板的内侧或外侧(根据具体工程考虑施工方便、防水、防锈蚀等因素确定)。

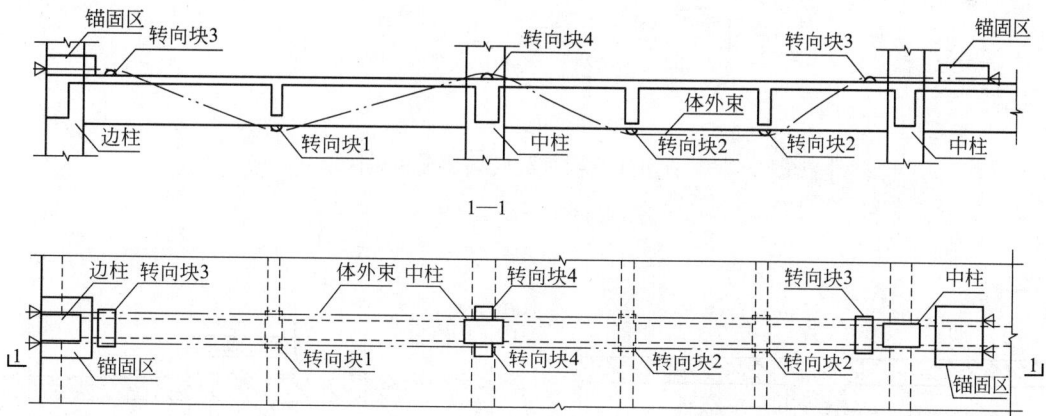

图 11.7.1　框架梁体外预应力体系布置示例

5. 体外束的锚固区应满足局部受压及与主体结构之间的受剪承载力要求。转向块需根据体外束产生的垂直分力和水平分力进行设计，并考虑转向块的集中力对主体结构局部受力的影响，以保证将预应力可靠地传递至梁体。

6. 体外束在每个转向块处的弯折转角不应大于 15°，转向块鞍座处最小曲率半径宜按表 11.7.1 采用，转向块构造做法示意见图 11.7.2、图 11.7.3 及图 11.7.4。

转向块鞍座处最小曲率半径　　　　表 11.7.1

钢绞线规格	最小曲率半径(m)	钢绞线规格	最小曲率半径(m)
12φ12.7mm 或 7φ15.2mm	2.0	31φ12.7mm 或 19φ15.2mm	3.0
19φ12.7mm 或 12φ15.2mm	2.5	55φ12.7mm 或 37φ15.2mm	5.0

注：钢绞线根数为表列数值的中间值时，可按线性内插法确定。

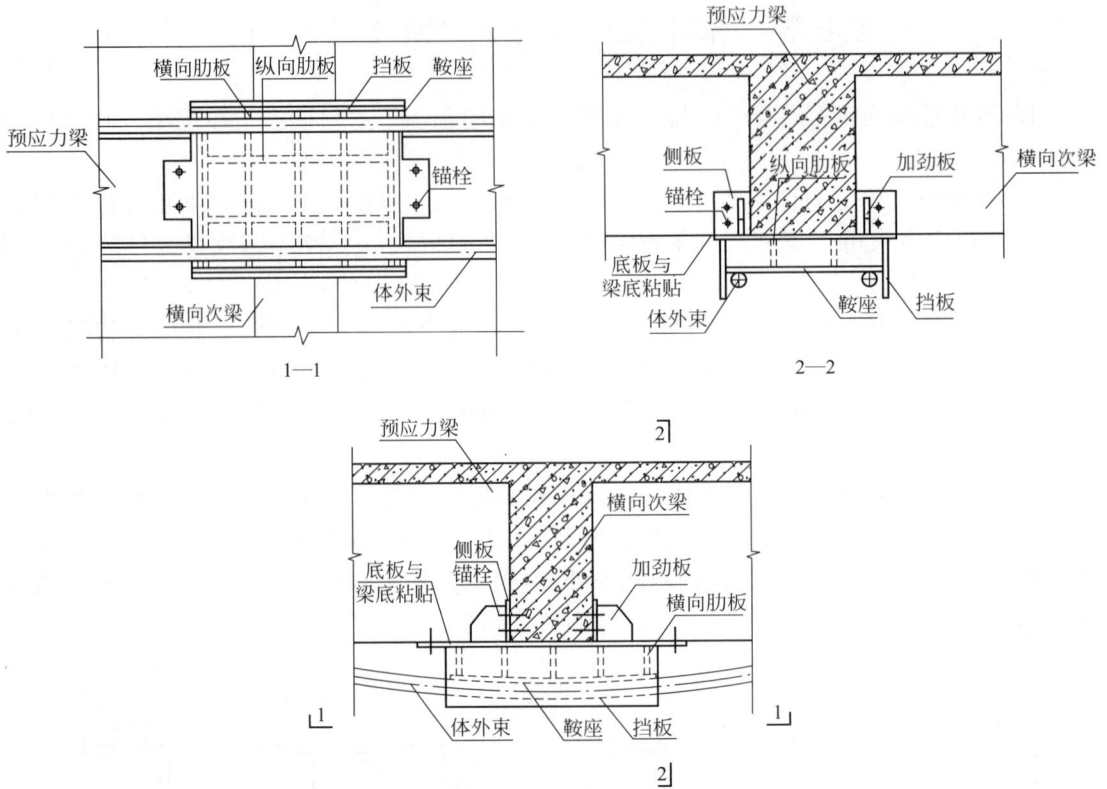

1—1　　　　　　　　　　2—2

图 11.7.2　体外束在梁底处转向块鞍座做法示意(一)

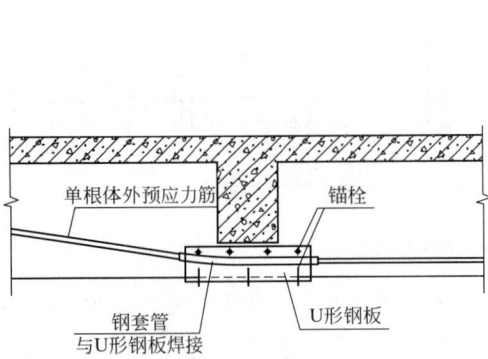

图 11.7.3　体外束在梁底处转向块鞍座
做法示意(二)

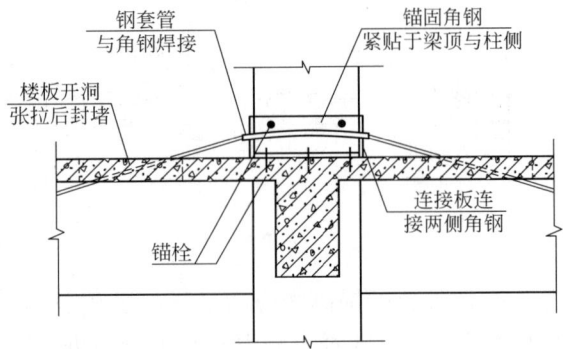

图 11.7.4　体外束在梁顶处转向块鞍座
做法示意(三)

7. 转向块处预应力束与套管壁之间的摩擦系数 μ；对镀锌钢管可取 0.20～0.25；对

HDPE 塑料管可取 $0.15 \sim 0.20$；对无粘结预应力筋可取 $0.08 \sim 0.12$。

8. 体外预应力束应进行防腐蚀保护，并应符合防火设计的规定预应力筋的防腐方法：

（1）对无套管的单根无粘结预应力筋应加 PE 护套，并在预应力筋与护套之间注入防腐油脂；

（2）对无套管的由专业公司生产的无粘结预应力束，其防腐性能应符合相关标准的要求；

（3）对有套管不能单独换束的无粘结预应力束或普通预应力束应在套管内注入水泥浆（张拉完成后进行）；

（4）对有套管能单独换束的无粘结预应力束或普通预应力束在套管内可注入防腐油脂；

（5）套管应采用 HDPE 管或镀锌钢管。

9. 体外预应力束的锚固可采用以下构造方式：

（1）采用现浇混凝土将预应力束锚固，并将预应力传至混凝土梁上(图 11.7.1)；

（2）采用梁侧钢牛腿将预应力直接传至混凝土梁上；

（3）采用钢板箍或钢板块将预应力传至框架柱上(图 11.7.5)；

（4）采用混凝土或钢垫块先将预应力传至端横梁再传至框架柱上。

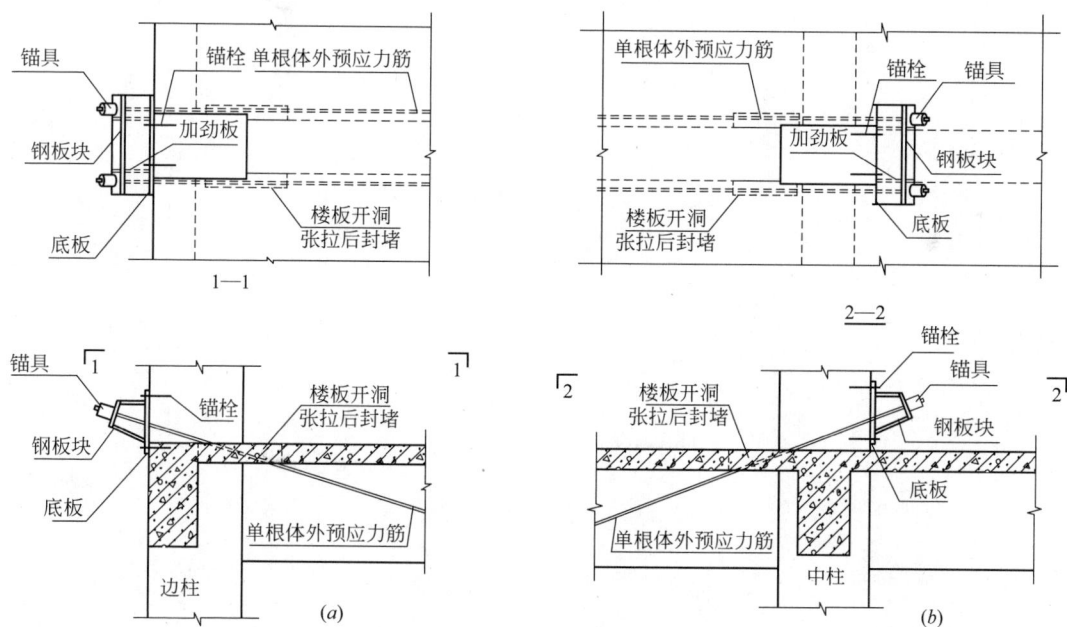

图 11.7.5　体外预应力束的锚固构造示意

(a)边柱处锚固；(b)中柱处锚固

参 考 文 献

[11-1]　中华人民共和国国家标准.《混凝土结构设计规范》GB 50010—2010. 北京：中国建筑工业出版社，2011

[11-2]　中华人民共和国国家标准.《建筑抗震设计规范》GB 50011—2010. 北京：中国建筑工业出版社，2010

[11-3]　中华人民共和国行业标准.《无粘结预应力混凝土结构技术教程》JGJ/T 92—2004. 北京：中国计划出版

社，2004

[11-4] 中华人民共和国行业标准. 《预应力混凝土结构抗震设计规程》JGJ 140—2004. 北京：中国建筑工业出版社，2004

[11-5] 中华人民共和国行业标准. 《冷轧带肋钢筋混凝土结构技术规程》JGJ 95—2011. 北京：中国建筑工业出版社，2011

[11-6] 中华人民共和国行业标准. 《预应力筋用锚具、夹具和连接器应用技术规程》JGJ 85—2010. 北京：中国建筑工业出版社，2010

[11-7] 中华人民共和国建筑工业行业标准. 《预应力混凝土用金属波纹管》JG 225—2007. 北京：中国标准出版社，2007

[11-8] 陶学康主编. 后张预应力混凝土设计手册. 北京：中国建筑工业出版社，1996

[11-9] 冯大斌等主编. 后张预应力混凝土施工手册. 北京：中国建筑工业出版社，1999

[11-10] 陶学康编著. 无粘结预应力混凝土设计与施工. 北京：地震出版社，1993

[11-11] 杨宗放等编著. 现代预应力混凝土施工. 北京：中国建筑工业出版社，1993

[11-12] 中国建筑标准设计研究院国家建筑标准设计图集 065G429《后张预应力混凝土结构施工图表示方法及构造详图》. 北京：中国计划出版社，2006

[11-13] 中国建筑标准设计研究院国家建筑标准设计图集 05SG343《现浇混凝土空心楼盖》. 北京：中国计划出版社，2007

第十二章 挡土墙及深基坑支护

第一节 挡土工程结构选型

挡土墙是防止土体坍塌的构筑物，广泛应用在工业与民用建筑、道路及水利建设中。由于高层、超高层和城市地下空间的利用，促进了基坑工程设计与施工技术的进步与发展，使建筑基坑支护工程成为挡土工程的重要分支。

挡土墙及基坑支护工程类型繁多，本章仅介绍工程中最常见的重力式挡土墙、钢筋混凝土挡土墙以及在深基坑支护中常用的悬臂式围护结构、内撑式围护结构、拉锚式围护结构、水泥土重力式挡土墙、土钉墙及地下连续墙。

基坑支护结构设计应根据表 12.1.1 选用相应的侧壁安全等级及重要性系数 γ_0。

基坑侧壁安全等级及重要性系数 表 12.1.1

安全等级	破坏后果	γ_0
一 级	支护结构破坏、土体失稳或过大变形对基坑周围环境及地下结构施工影响很严重	1.10
二 级	支护结构破坏、土体失稳或过大变形对基坑周围环境及地下结构施工影响严重	1.0
三 级	支护结构破坏、土体失稳或过大变形对基坑周围环境及地下结构施工影响不严重	0.9

挡土墙及基坑支护应根据墙址周边环境、挡土高度、地质水文资料、建筑材料供应条件、墙体用途、施工方法、施工季节及技术经济条件按表 12.1.2 选用。

基坑挡土墙结构的支护型式选型要做到因地制宜，应根据基坑工程建（构）筑物对支护体系变位的适应能力选用合理的支护型式。当地质条件与挖土深度相同时，满足不同变形要求的支护结构体系的费用相差很大，因此设计者应该较好的把握好支护结构安全变位量，使支护体系安全，周围建筑物不受影响费用又小。支护体系一般为施工过程中的临时构筑物，设计时不宜采用较大的安全系数，但适当的安全储备也是需要的，从安全与经济两方面考虑，当采用较小的安全储备时，就应该在施工过程中加强监测并备有应急措施，以保证在事故苗头出现时，采取措施，确保施工安全。软黏土地基的基坑工程要侧重处理支护结构的局部与整体稳定问题；地下水位较高的砂性土地基的基坑工程要侧重处理好降低地下水位、设置好止水帷幕等问题。

挡土墙和支护结构选型表

表 12.1.2

序号	挡土墙支护结构型式	适用条件
1	重力式挡土墙	(1) 宜用于高度小于 8m、地层稳定、开挖土石方时不会危及相邻建筑物的地段 (2) 适用于地形变化复杂的场地 (3) 墙身材料可选用毛石砌体、毛石混凝土和素混凝土
2	钢筋混凝土挡土墙	(1) 钢筋混凝土悬臂式挡土墙墙高不应超过 8m，当墙高大于 8m 时，宜采用扶壁式钢筋混凝土挡土墙，且其高度不宜超过 10m (2) 悬臂式挡土墙适合于地基承载力较低的地段，扶壁式挡土墙适用于地基承载力较高的地段 (3) 常用于石料缺乏的地区
3	悬臂式排桩支护结构	(1) 基坑侧壁安全等级宜为二、三级 (2) 在软土场地中基坑深度不宜大于 5m (3) 基坑底面以下的土质较好，具有嵌固桩体的能力 (4) 对桩顶变位要求较高的场地不宜采用 (5) 当地下水位高于基坑底面时，宜采用降水或截水帷幕
4	拉锚式围护结构	(1) 适用于基坑侧壁安全等级一、二、三级 (2) 适用于无流砂、含水量不高、不是淤泥等流塑土层的基坑支护，开挖深度不宜大于 18m (3) 当地下水位高于基坑底面时，应采取降水或截水措施
5	内撑式围护结构	(1) 适用于基坑侧臂安全等级一、二、三级 (2) 在软土场地中，优先选用 (3) 内支撑的构件，常用钢筋混凝土构件或组合型钢，对于平面较大、形状比较复杂的基坑，宜采用现浇钢筋混凝土结构 (4) 当地下水位高于基坑底面时，应采取降水或截水措施
6	水泥土重力式挡土墙	(1) 基坑侧壁安全等级宜为二、三级 (2) 水泥土桩施工范围内的地基土承载力不宜大于 150kPa (3) 基坑深度不宜大于 6m (4) 当地下水位高于基坑底面时，应采取降水或截水措施
7	土钉墙	(1) 基坑侧壁安全等级宜为二、三级 (2) 适用于非软土场地，基坑深度不宜大于 12m (3) 宜用于基坑直立开挖或陡坡开挖且使用期限不超过 18 个月的临时性支护 (4) 当地下水位高于基坑底面时，应采取降水或截水措施
8	地下连续墙	(1) 适用于基坑侧壁安全等级一、二、三级 (2) 可用于各种场地土，特别适用于软土地基密集的建筑群中高层建筑的深基坑开挖 (3) 适用于临时挡土支护、止水及防渗，同时可作为永久性的承重结构 (4) 是多层深地下室逆作法必选的地下围护结构 (5) 当地下水位高于基坑底面时，应采取降水措施

基坑挡土墙结构的选型，尚应考虑结构的空间效应和受力特点，采用有利支护结构材

料受力性状的型式。

第二节 重力式挡土墙

一、构造要求

1. 材料

按当地地方材料供应情况，墙身及基础可选用毛石砌体、素混凝土及毛石混凝土。毛石砌体当墙高＞6m，采用 M7.5 水泥砂浆砌 Mu30 毛石；当墙高≤6m 时，水泥砂浆用 M5。抗震设防时，水泥砂浆强度等级相应提高一级。地面以下地基含水饱和时，水泥砂浆应大于 M7.5。严寒地区水泥砂浆用 M10。勾缝及抹面水泥砂浆用 M10。挡土墙地面以下所用材料的最低强度等级应符合表 12.2.1 的要求。

挡土墙地面以下所用材料的最低强度等级 表 12.2.1

基土的潮湿程度	混凝土砌块	石料	水泥砂浆
稍潮湿的	MU7.5	MU30	M5
很潮湿的	MU7.5	MU30	M7.5
含水饱和的	MU10	MU40	M10

缺少石料的地区，可采用 C10 素混凝土或毛石混凝土替代毛石砌体，在严寒地区尚应按其环境类别确定混凝土强度等级。

2. 墙身构造

重力式挡土墙按墙背的倾斜形式分为仰斜式、直立式和俯斜式三种，见图 12.2.1。

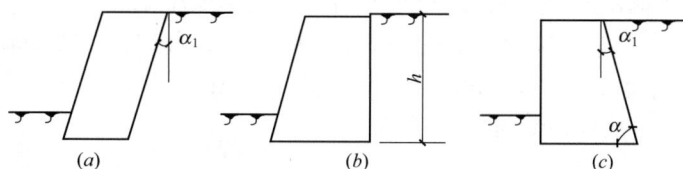

图 12.2.1 重力式挡土墙墙背倾斜形式
(a)仰斜式；(b)直立式；(c)俯斜式

在非抗震设防场地，仰斜式墙面和墙背宜平行，倾斜度不宜小于 1：0.25，俯斜式墙背坡度不宜小于 1：0.36。在抗震设防场地，对仰斜式、直立式的墙面坡度 1：m_1 和俯斜式墙背坡度 1：m_2，均可视为变量，合理的加大墙面和墙背的坡度，使墙身重心下移，使挡土墙抗震性能增强，见图 12.2.5 及表 12.2.2、表 12.2.3。

仰斜式承受主动土压力最小，断面省；墙面斜度大，墙身占地多，当地形横坡较陡时，挡墙高度增加。靠近墙背处，填料压实困难。俯斜式承受主动土压力最大，墙身断面大；墙面接近直立，墙面占地少，填料压实条件好。直立式土压力、墙身断面大小及技术条件介于仰斜式与俯斜式之间，靠近横陡坡地形时，基坑开挖量小。

挡土墙顶宽一般采用 $H/12$，并不宜小于 0.4m，底宽一般采用 $\left(\dfrac{1}{2}\sim\dfrac{1}{3}\right)H$。为增加

挡土墙的抗滑稳定性，可将基底做成逆坡，土质地基坡度常取 1：0.1，岩基地基取 1：0.2（图 12.2.2a）。对于较高大的挡土墙，墙趾处宜设台阶（图 12.2.2b）。墙顶可抹 20 厚 1：3 水泥砂浆，当须设置压顶时，可用不小于 C15 的混凝土浇筑（或用块石砌筑），厚度为 0.20～0.30m 并突出墙面 0.10m。墙顶设有 5％坡度，坡向墙外。挡土墙外露面应用 M10 水泥砂浆勾缝或抹面。

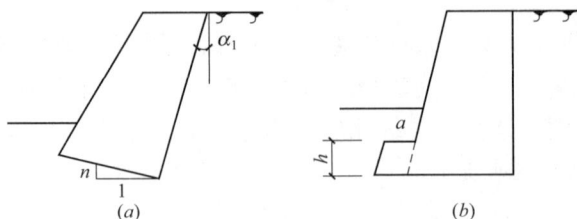

图 12.2.2   基底逆坡及墙趾台阶
(a)基底逆坡；(b)墙趾台阶
土质地基 $n:1=0.1:1$；$a:h=1:1.5～2$；
岩基地基 $n:1=0.2:1$；$a>200mm$

挡土墙基础的埋置深度应符合以下要求：

（1）对于一般土质地基，在保证开挖的基底面土质密实，且稳定性和承载力均满足后，其埋置深度不宜小于 500～800mm（挡墙较高时取大值，反之取小值）。墙趾顶部的土层厚度不小于 200mm。

（2）位于斜坡地面的山坡挡土墙，其墙趾埋入深度当地层为软质岩或土质时，应大于等于 1000mm，当地层为硬质岩时不小于 600mm。当墙趾底面外边缘至坡面的水平距离不满足《建筑地基基础设计规范》GB 50007—2002，（5.4.2-1）式时，应进行地基稳定性验算（采用圆弧滑动面法）。抗滑力矩与滑动力矩之比不低于 1.2。

（3）在冻土区，当冻结深度小于或等于 1000mm 时，其埋置深度应在冻结深度线以下不小于 200mm（弱冻胀土除外），同时不宜小于 1000mm。

3. 墙后回填土料选择与防排水

（1）墙后回填土料选择

墙后回填土应尽量选择透水性好的土，如砂土、碎石、砾石、矿渣等，不应采用淤泥、耕植土及膨胀土作填料；对重要的高度较大的挡土墙更不宜采用黏性土作为回填土料，当必须选用时，应掺入适量的碎石或矿渣等松散材料。回填土均应按施工质量验收规范要求分层夯实。

（2）墙背面防排水

为防止大量雨水和地面水渗入墙背回填土内，降低土的抗剪强度、增大挡土墙的侧压力，应根据墙体顶部的地形、地貌及水体浸入情况修建截水沟、排水沟或封闭地表等措施，并根据填料不同的透水性能设置泄水孔、墙背反滤层。如有地下水应设置排水盲沟。泄水孔尺寸一般为 $\phi100$ 左右的圆孔或 100mm×100mm 的方孔，外斜坡度为 5％，孔眼间距为 2～3m，交错设置，最底层的泄水孔应高出墙外地表 200～300mm，详见图 12.2.3 及图 12.2.4。

墙背一般不设防水层，但用毛石砌筑的挡土墙，须用 1：3 水泥砂浆将墙背表面的缝

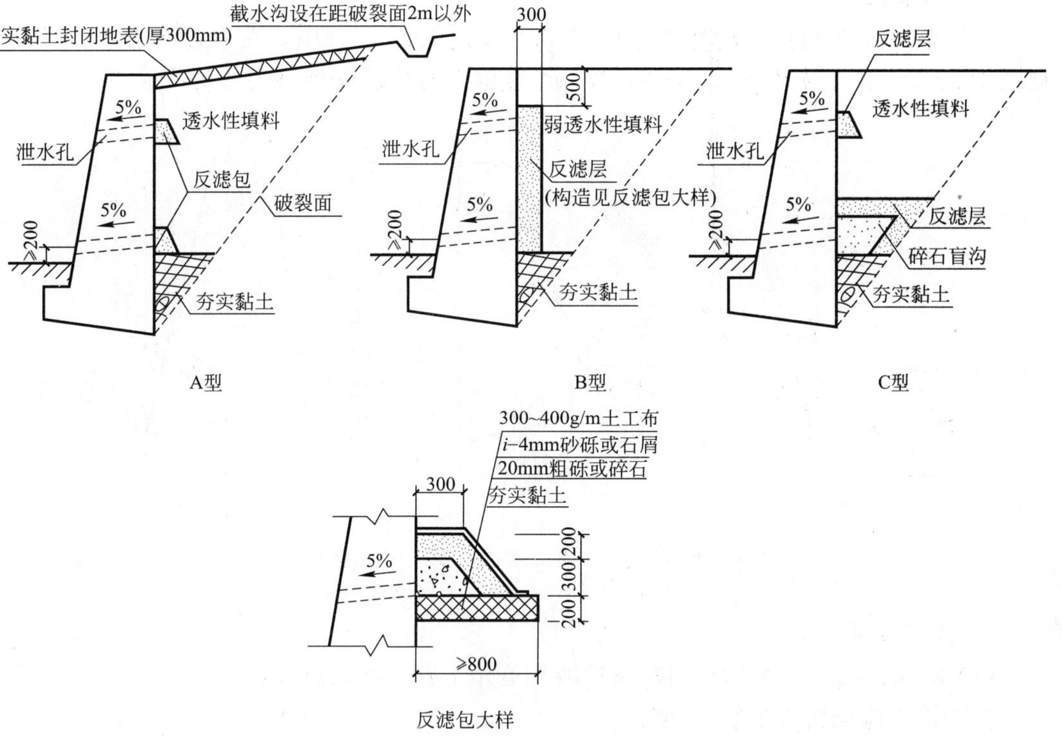

A型　　　B型　　　C型

反滤包大样

图 12.2.3　挡土墙防、排水构造图

　　A 型用于墙背为透水性填料；另根据地表水汇集情况，设置截水沟和封闭地表，泄水孔孔径 100mm 左右，孔周围砂浆必须密实；B 型用于墙背为黏性土填料，墙背砂砾反滤层沿墙通长设置；C 型用于有地下水和严寒地区，盲沟大小随地下水流量而定。一般可为 600mm×400mm；盲沟内填充粒径 20～50mm 碎、砾石，并在上部和靠近破裂面部设置反滤层

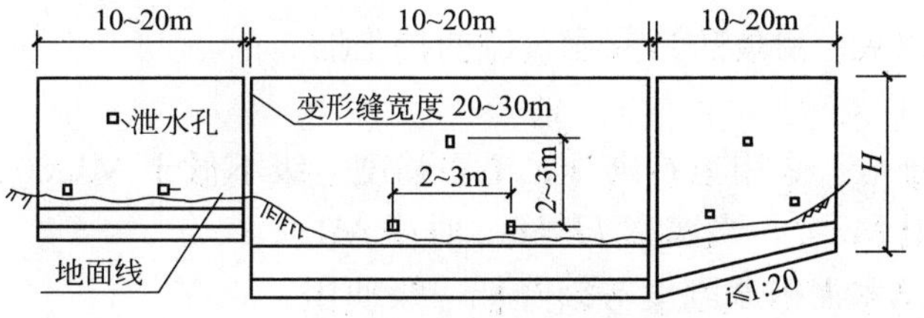

图 12.2.4　泄水孔与变形缝布置图

隙及凹处抹平。在严寒地区宜作防水处理，在墙背抹 20mm 厚水泥砂浆，再涂 2mm 厚热沥青。

　　4. 挡土墙应每隔 10～20m 设置变形缝，当墙高 $H \leqslant 6m$ 时，分段长度不宜大于 20m；墙高 $H > 6m$ 时，分段长度不宜大于 10m，在基底的土质及标高出现较大差异处应另设变形缝。缝宽 20～30mm，缝中填塞沥青麻筋、浸沥青木板或其他有弹性的防水材料，沿内外顶三方填塞深度不宜小于 200mm。

二、截面选择

设计重力式挡土墙，截面可按表 12.2.2 及表 12.2.3 选用，重力式挡土墙选用表附图见图 12.2.5。表中参数 p_1、p_2 分别为挡土墙前趾与后踵的地基边缘的压应力。

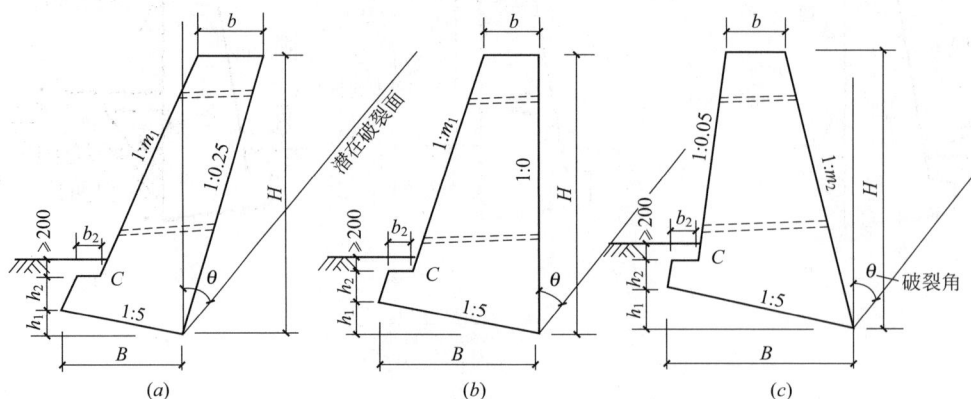

图 12.2.5 重力式挡土墙选用表附图
(a)仰斜式；(b)直立式；(c)俯斜式

1. 适用范围

(1) 附表适用于工业与民用建筑场地和道路工程的非抗震和抗震重力式挡土墙

抗震挡土墙的抗震设防分两类：

1) 抗震措施设防：适用于抗震设防烈度为 6、7 度，当用于抗震烈度为 8 度时，墙高 $H \leqslant 4m$。

2) 8 度抗震设防：适用于抗震设防烈度为 8 度，其墙高 $H > 4m$。

(2) 适用于一般场地土，当地基为液化土、湿陷性黄土、盐渍土等特殊土时，应按有关规定结合当地经验，经妥善处理后方可使用。

(3) 当路肩行驶车辆时，其总重量不应超过 250kN，车辆换算的等代荷载不得超过 20kPa。

(4) 不适用于浸水、滑坡防治或泥石流的挡土墙。

2. 材料

(1) 抗震设防场地：采用毛石砌体，毛石强度等级不低于 MU30，水泥砂浆强度等级当墙高 $H \leqslant 6m$ 时用 M7.5，当墙高 $H > 6m$ 时用 M10。

非抗震设防场地水泥砂浆强度等级降低一级使用。

(2) 严寒地区水泥砂浆用 M10。

(3) 石材缺乏地区可用 C10 素混凝土或毛石混凝土替代。

3. 设计要点

(1) 附表按主动土压力设计，采用综合内摩擦角，库伦理论计算。当土坡高度 $5m \leqslant H \leqslant 8m$ 时已考虑了主动土压力 1.1 的增大系数。

(2) 8 度地震设防时，考虑了水平地震作用与重力二者合力偏离铅垂方向的角度 $\theta = 3°$。

(3) 挡土墙不考虑地下水的作用，对地表水应采取措施防止水体浸入到破裂棱体内，如有地下水时，应设排水盲沟，挡土墙防、排水构造见图 12.2.3 及图 12.2.4。

非抗震及措施抗震设防重力式挡土墙尺寸表

表12.2.2-1

（上半部分）

设计资料		仰斜式挡土墙 措施设防 填料内摩擦角 φ=30° q=3.5kPa							基底摩擦系数 μ=0.30 q=20kPa						
墙高 H(m)		2	3	4	5	6	7	8	2	3	4	5	6	7	8
截面尺寸 (mm)	b	500	700	920	940	1070	1300	1430	910	1080	1290	1370	1490	1730	1860
	B	480	840	1060	1570	1800	2130	2370	860	1200	1420	1970	2200	2530	2770
	b_2	0	180	200	240	260	280	300	0	180	200	240	260	280	300
	h_1	100	170	210	310	360	420	470	170	240	280	390	440	500	550
	h_2	0	450	500	600	650	700	750	0	450	500	600	650	700	750
	m_1	0.25	0.25	0.25	0.35	0.35	0.35	0.35	0.25	0.25	0.25	0.35	0.35	0.35	0.35
参数	θ(度)	38.4	38.4	38.4	38.4	38.4	38.4	38.4	38.4	38.4	38.4	38.4	38.4	38.4	38.4
	p_1(kPa)	80	99	131	96	126	132	163	75	110	149	130	151	162	193
	p_2(kPa)	25	33	48	79	84	115	120	28	27	36	41	71	96	102

（下半部分）

设计资料		仰斜式挡土墙 措施设防 填料内摩擦角 φ=30° q=3.5kPa							基底摩擦系数 μ=0.40、0.50 q=20kPa						
墙高 H(m)		2	3	4	5	6	7	8	2	3	4	5	6	7	8
截面尺寸 (mm)	b	500	540	700	670	750	870	1000	760	880	1040	940	1070	1200	1330
	B	480	820	1040	1270	1500	1730	2070	1050	1140	1360	1560	1800	2030	2270
	b_2	0	180	200	240	260	280	300	350	180	200	240	260	280	300
	h_1	100	160	210	250	300	340	410	210	230	270	310	360	400	450
	h_2	0	450	500	600	650	700	750	350	450	500	600	650	700	750
	m_1	0.25	0.30	0.30	0.35	0.35	0.35	0.35	0.25	0.30	0.30	0.35	0.35	0.35	0.35
参数	θ(度)	38.4	38.4	38.4	38.4	38.4	38.4	38.4	38.4	38.4	38.4	38.4	38.4	38.4	38.4
	p_1(kPa)	81	117	155	130	123	141	158	43	126	170	130	152	172	193
	p_2(kPa)	23	1	3	41	71	88	105	31	1	0	44	58	71	86

非抗震及措施抗震设防重力式挡土墙尺寸表

表 12.2.2-2

仰斜式挡土墙 措施设防 填料内摩擦角 φ=35° 基底摩擦系数 μ=0.30

设计资料		q=3.5kPa							q=20kPa						
墙高 H(m)		2	3	4	5	6	7	8	2	3	4	5	6	7	8
截面尺寸(mm)	b	500	510	680	720	960	1100	1220	670	790	970	1150	1280	1410	1540
	B	480	660	830	1370	1700	1930	2160	630	920	1110	1770	2000	2230	2470
	b₂	0	180	200	240	260	280	300	0	180	220	240	260	280	300
	h₁	100	130	170	270	340	380	430	130	180	260	350	400	440	490
	h₂	0	450	500	600	650	700	750	0	450	500	600	650	700	750
	m₁	0.25	0.25	0.25	0.35	0.35	0.35	0.35	0.25	0.25	0.25	0.35	0.35	0.35	0.35
参数	θ(度)	35.7	35.7	35.7	35.7	35.7	35.7	35.7	35.7	35.7	35.7	35.7	35.7	35.7	35.7
	p₁(kPa)	74	114	146	155	174	207	224	93	129	166	160	197	233	270
	p₂(kPa)	32	12	28	13	52	11	53	13	7	16	22	22	21	20

仰斜式挡土墙 措施设防 填料内摩擦角 φ=35° 基底摩擦系数 μ=0.40、0.50

设计资料		q=3.5kPa							q=20kPa						
墙高 H(m)		2	3	4	5	6	7	8	2	3	4	5	6	7	8
截面尺寸(mm)	b	500	500	530	510	640	770	900	550	690	810	830	960	1090	1220
	B	480	650	880	1170	1400	1630	1970	750	960	1140	1460	1690	1930	2170
	b₂	0	180	200	240	260	280	300	150	180	200	240	260	280	300
	h₁	100	130	180	230	280	320	390	150	190	230	290	330	380	430
	h₂	0	450	500	600	650	700	750	350	450	500	600	650	700	750
	m₁	0.25	0.25	0.30	0.35	0.35	0.35	0.35	0.30	0.30	0.30	0.35	0.35	0.35	0.35
参数	θ(度)	35.7	35.7	35.7	35.7	35.7	35.7	35.7	35.7	35.7	35.7	35.7	35.7	35.7	35.7
	p₁(kPa)	74	119	148	150	166	191	210	81	121	165	161	123	205	226
	p₂(kPa)	32	6	4	6	24	22	59	3	4	1	11	23	35	49

非抗震及措施抗震设防重力式挡土墙尺寸表

表 12.2.2-3

直立式挡土墙　　非抗震及措施抗震设防　　填料内摩擦角 φ=30°　　措施设防　　基底摩擦系数 μ=0.30

设计资料		q=3.5kPa							q=20kPa						
墙高 H(m)		2	3	4	5	6	7	8	2	3	4	5	6	7	8
截面尺寸 (mm)	b	500	570	720	1000	1180	1400	1600	900	1030	1200	1600	1700	1940	2200
	B	780	1160	1510	2500	3000	3400	3800	1170	1610	1940	3200	3600	4100	4600
	b_2	0	180	200	240	260	280	300	0	180	200	240	260	280	300
	h_1	160	230	300	500	600	680	740	230	320	390	640	720	820	920
	h_2	0	450	500	600	650	700	750	0	450	500	600	650	700	750
	m_1	0.15	0.15	0.16	0.28	0.28	0.25	0.26	0.15	0.15	0.15	0.31	0.30	0.30	0.30
参数	θ(度)	33.1	33.1	33.1	33.1	33.1	33.1	33.1	33.1	33.1	33.1	33.1	33.1	33.1	33.1
	p_1(kPa)	94	120	160	180	173	235	293	88	114	162	144	181	211	239
	p_2(kPa)	0	3	2	0	3	0	0	14	23	18	13	6	0	10

直立式挡土墙　　措施设防　　填料内摩擦角 φ=30°　　基底摩擦系数 μ=0.40、0.50

设计资料		q=3.5kPa							q=20kPa						
墙高 H(m)		2	3	4	5	6	7	8	2	3	4	5	6	7	8
截面尺寸 (mm)	b	500	500	500	870	950	1000	1100	690	660	670	1280	1500	1740	1780
	B	780	1180	1550	2400	2700	3100	3500	1110	1490	1880	2700	3100	3600	3900
	b_2	0	180	200	240	260	280	300	150	180	200	240	260	280	300
	h_1	160	240	310	480	540	620	700	220	300	380	540	620	720	780
	h_2	0	450	500	600	650	700	750	350	450	500	600	650	700	750
	m_1	0.15	0.18	0.23	0.27	0.28	0.28	0.29	0.15	0.24	0.28	0.26	0.25	0.25	0.26
参数	θ(度)	33.1	33.1	33.1	33.1	33.1	33.1	33.1	33.1	33.1	33.1	33.1	33.1	33.1	33.1
	p_1(kPa)	94	114	145	221	219	368	448	86	124	155	207	256	280	378
	p_2(kPa)	0	3	2	0	0	0	0	0	0	0	0	0	0	0

非抗震及措施抗震设防重力式挡土墙尺寸表

表 12.2.2-4

直立式挡土墙　填料内摩擦角 φ=35°　基底摩擦系数 μ=0.30

设计资料		非抗震设防　q=3.5kPa							措施设防　q=20kPa						
墙高 H(m)		2	3	4	5	6	7	8	2	3	4	5	6	7	8
截面尺寸 (mm)	b	500	500	500	720	780	1000	1100	670	750	810	1290	1500	1530	1600
	B	780	1100	1410	2200	2600	3100	3500	1080	1340	1670	2700	3100	3400	3800
	b_2	0	180	200	240	260	280	300	150	180	200	240	260	280	300
	h_1	160	220	280	440	520	620	700	220	270	330	540	620	680	760
	h_2	0	450	500	600	650	700	750	350	450	500	600	650	700	750
	m_1	0.15	0.15	0.19	0.26	0.27	0.28	0.29	0.15	0.15	0.18	0.26	0.25	0.25	0.25
参数	θ(度)	30.3	30.3	30.3	30.3	30.3	30.3	30.3	30.3	30.3	30.3	30.3	30.3	30.3	30.3
	p_1(kPa)	79	108	144	149	181	201	248	74	130	169	160	197	246	280
	p_2(kPa)	15	11	6	0	0	0	0	17	2	2	0	0	0	0

直立式挡土墙　填料内摩擦角 φ=35°　基底摩擦系数 μ=0.40、0.50

设计资料		非抗震设防　q=3.5kPa							措施设防　q=20kPa						
墙高 H(m)		2	3	4	5	6	7	8	2	3	4	5	6	7	8
截面尺寸 (mm)	b	500	500	500	560	630	680	650	500	500	500	1020	1110	1190	1250
	B	780	1100	1410	2100	2500	2900	3300	990	1360	1720	2400	2800	3200	3600
	b_2	0	180	200	240	260	280	300	150	180	200	240	260	280	300
	h_1	160	220	280	420	500	580	660	220	270	340	480	560	640	720
	h_2	0	450	500	600	650	700	750	350	450	500	600	650	700	750
	m_1	0.15	0.15	0.19	0.26	0.29	0.30	0.32	0.19	0.25	0.28	0.25	0.26	0.27	0.28
参数	θ(度)	30.3	30.3	30.3	30.3	30.3	30.3	30.3	30.3	30.3	30.3	30.3	30.3	30.3	30.3
	p_1(kPa)	79	108	144	167	201	236	275	85	118	149	215	252	329	379
	p_2(kPa)	15	11	6	0	0	0	0	2	1	1	0	0	0	0

非抗震及措施抗震设防重力式挡土墙尺寸表

表 12.2.2-5

俯斜式挡土墙 — 填料内摩擦角 φ=30°，基底摩擦系数 μ=0.30

非抗震及措施抗震设防

设计资料 墙高 H(m)	q=3.5kPa							q=20kPa						
	2	3	4	5	6	7	8	2	3	4	5	6	7	8
截面尺寸(mm) b	500	530	590	900	980	1160	1330	920	1020	1180	1500	1680	1870	2030
B	1110	1390	1920	3200	3700	4300	4900	1310	1880	2270	3800	4400	5000	5600
b_2	220	280	310	370	400	430	470	0	280	310	370	400	430	470
h_1	220	280	380	640	740	860	980	260	380	450	760	880	1000	1120
h_2	350	450	500	670	800	900	950	0	450	500	670	800	900	950
m_1	0.15	0.15	0.21	0.35	0.35	0.35	0.35	0.15	0.15	0.15	0.35	0.35	0.35	0.35
参数 θ(度)	29.8	29.8	28.6	26	26	26	26	29.8	29.8	29.8	26	26	26	26
p_1(kPa)	61	115	155	208	253	297	339	99	111	161	206	251	296	339
p_2(kPa)	20	3	0	0	0	0	0	7	25	17	0	0	0	0

俯斜式挡土墙 — 填料内摩擦角 φ=30°，基底摩擦系数 μ=0.40、0.50

措施设防

设计资料 墙高 H(m)	q=3.5kPa							q=20kPa						
	2	3	4	5	6	7	8	2	3	4	5	6	7	8
截面尺寸(mm) b	500	500	500	500	500	550	820	590	500	540	1000	980	1060	1330
B	1090	1400	1900	2700	3200	3700	4400	1380	1870	2430	3300	3700	4200	4900
b_2	0	280	310	370	400	430	470	280	280	310	370	400	430	470
h_1	220	280	400	540	640	740	880	280	370	490	660	740	840	980
h_2	0	450	500	670	800	900	950	0	450	500	670	800	900	950
m_1	0.25	0.16	0.25	0.35	0.35	0.35	0.35	0.35	0.32	0.35	0.35	0.35	0.35	0.35
参数 θ(度)	27.8	29.6	27.8	26	26	26	26	26	26.5	26	26	26	26	26
p_1(kPa)	91	116	151	286	354	422	360	106	131	171	265	356	426	376
p_2(kPa)	0	1	1	0	0	0	0	0	2	1	0	0	0	0

表 12.2.2-6

非抗震及措施抗震设防重力式挡土墙尺寸表

俯斜式挡土墙 非抗震及措施抗震设防　填料内摩擦角 φ=35°　基底摩擦系数 μ=0.30

设计资料		措施设防 q=3.5kPa							q=20kPa						
墙高 H(m)		2	3	4	5	6	7	8	2	3	4	5	6	7	8
截面尺寸 (mm)	b	500	510	680	500	570	750	820	670	790	970	1100	1200	1260	1390
	B	480	660	830	2800	3300	3900	4400	630	920	1110	3400	3900	4400	4900
	b_2	0	180	200	370	400	430	470	0	180	200	370	400	430	470
	h_1	100	130	170	560	660	780	880	130	180	220	680	780	880	980
	h_2	0	450	500	670	800	900	950	0	450	500	670	800	900	950
	m_1	0.25	0.25	0.25	0.35	0.35	0.35	0.35	0.25	0.25	0.25	0.35	0.35	0.35	0.35
参数	θ(度)	35.7	35.7	35.7	23.1	23.1	23.1	23.1	35.7	35.7	35.7	23.1	23.1	23.1	23.1
	p_1(kPa)	74	114	146	218	272	309	360	93	129	166	218	271	324	376
	p_2(kPa)	32	12	28	0	0	0	0	13	7	16	0	0	0	0

俯斜式挡土墙 措施设防　填料内摩擦角 φ=35°　基底摩擦系数 μ=0.40、0.50

设计资料		q=3.5kPa							q=20kPa						
墙高 H(m)		2	3	4	5	6	7	8	2	3	4	5	6	7	8
截面尺寸 (mm)	b	500	500	530	500	500	500	550	550	690	810	600	600	650	1060
	B	480	650	880	2500	2900	3400	3700	750	960	1140	2900	3300	3800	4200
	b_2	0	180	200	370	400	430	470	150	180	200	370	400	430	470
	h_1	100	130	180	500	580	680	740	150	190	230	580	660	760	840
	h_2	0	450	500	670	800	900	950	350	450	500	670	800	900	950
	m_1	0.25	0.25	0.25	0.38	0.35	0.38	0.35	0.30	0.30	0.30	0.35	0.35	0.35	0.35
参数	θ(度)	35.7	35.7	35.7	23.1	23.1	23.1	23.1	35.7	35.7	35.7	23.1	23.1	23.1	23.1
	p_1(kPa)	74	119	148	292	392	449	442	81	121	165	310	410	469	426
	p_2(kPa)	32	6	4	0	0	0	0	3	4	1	0	0	0	0

8度抗震设防重力式挡土墙尺寸表

表 12.2.3-1

仰斜式挡土墙　8度设防　q=3.5kPa

设计资料	基底摩擦系数 μ=0.30, 填料内摩擦角 φ=30°				φ=35°				μ=0.40, 0.50, φ=30°				φ=35°			
墙高 H(m)	5	6	7	8	5	6	7	8	5	6	7	8	5	6	7	8
b	1150	1280	1510	1650	830	960	1090	1220	940	1070	1300	1430	620	750	870	1000
B	1770	2000	2330	2570	1470	1700	1930	2170	1570	1800	2130	2360	1270	1500	1730	1970
b_2	240	260	280	300	240	260	280	300	240	260	280	300	240	260	280	300
h_1	350	400	460	510	290	340	380	430	310	360	420	470	250	300	340	390
h_2	600	650	700	750	600	650	700	750	600	650	700	750	600	650	700	750
m_1	0.35				0.35				0.35				0.35			
θ(度)	40.7				37.7				40.7				37.7			
p_1(kPa)	90	124	139	174	115	111	137	162	133	174	184	261	154	182	210	237
p_2(kPa)	90	93	115	115	51	93	103	112	44	38	64	22	8	15	22	30

仰斜式挡土墙　8度设防　q=20kPa

设计资料	μ=0.30, φ=30°				φ=35°				μ=0.40, 0.50, φ=30°				φ=35°			
墙高 H(m)	5	6	7	8	5	6	7	8	5	6	7	8	5	6	7	8
b	1580	1820	1940	2180	1150	1280	1410	1540	1260	1500	1620	1750	1040	1070	1200	1330
B	2170	2500	2730	3070	1770	2000	2230	2460	1870	2200	2430	2670	1670	1800	2030	2260
b_2	240	260	280	300	240	260	280	300	240	260	280	300	240	260	280	300
h_1	430	500	540	610	350	400	440	490	370	440	480	530	330	360	400	450
h_2	600	650	700	750	600	650	700	750	600	650	700	750	600	650	700	750
m_1	0.35				0.35				0.35				0.35			
θ(度)	40.7				37.7				40.7				37.7			
p_1(kPa)	138	143	176	194	126	152	180	207	178	197	239	174	148	209	241	271
p_2(kPa)	50	86	89	108	56	64	72	79	9	27	22	115	30	3	6	11

8度抗震设防重力式挡土墙尺寸表

表 12.2.3-2

直立式挡土墙　8度设防　q=3.5kPa

设计资料	填料内摩擦角 φ=30°　基底摩擦系数 μ=0.30				φ=35°　μ=0.30				8度设防 φ=30°　μ=0.40、0.50				φ=35°　μ=0.40、0.50			
墙高 H(m)	5	6	7	8	5	6	7	8	5	6	7	8	5	6	7	8
截面尺寸 (mm) b	1350	1800	1820	2100	1000	1110	1200	1430	1000	1270	1360	1600	720	790	850	890
B	2800	3200	3800	4300	2400	2800	3250	3700	2400	2900	3300	3800	2200	2600	3000	3400
b_2	240	260	280	300	240	260	280	300	240	260	280	300	240	260	280	300
h_1	600	650	700	750	600	650	700	750	600	650	700	750	600	650	700	650
h_2	560	640	760	860	480	560	650	740	480	580	660	760	440	520	600	680
m_1	0.27	0.26	0.27	0.27	0.25	0.26		0.27	0.25			0.26	0.27	0.28	0.29	0.30
参数 θ(度)	30.3				30.3				30.3				30.3			
p_1(kPa)	142	193	207	240	146	181	217	242	218	206	325	352	174	214	254	296
p_2(kPa)	12	3	11	10	2	0	0	0	0	0	0	0	0	0	0	0

直立式挡土墙　8度设防　q=20kPa

设计资料	φ=30°　μ=0.30				φ=35°　μ=0.30				8度设防 φ=30°　μ=0.40、0.50				φ=35°			
墙高 H(m)	5	6	7	8	5	6	7	8	5	6	7	8	5	6	7	8
截面尺寸 (mm) b	1850	2000	2180	2450	1470	1630	1820	1990	1530	1740	1950	2080	1230	1270	1360	1430
B	3600	4100	4600	5200	3000	3400	3800	4100	3100	3600	4000	4400	2600	2900	3300	3700
b_2	240	260	280	300	240	260	280	300	240	260	280	300	240	260	280	300
h_1	600	650	700	750	600	650	700	750	600	650	700	750	600	650	700	750
h_2	720	820	920	1040	600	680	760	820	620	720	800	880	570	670	750	830
m_1	0.35				0.29	0.28	0.29	0.28	0.30				0.25			0.27
参数 θ(度)	30.3				30.3				30.3				30.3			
p_1(kPa)	136	166	196	221	149	185	223	277	177	229	259	310	202	275	319	362
p_2(kPa)	23	22	22	29	7	2	0	0	0	0	0	0	0	0	0	0

8 度抗震设防重力式挡土墙尺寸表

表 12.2.3-3

上部（μ=0.30 / μ=0.40、0.50，q=3.5kPa）

设计资料	俯斜式挡土墙　填料内摩擦角 φ=30°　基底摩擦系数 μ=0.30								俯斜式挡土墙　μ=0.40、0.50							
	8 度设防 φ=30°				q=3.5kPa φ=35°				8 度设防 φ=30°				q=3.5kPa φ=35°			
墙高 H(m)	5	6	7	8	5	6	7	8	5	6	7	8	5	6	7	8
截面尺寸(mm) b	1200	1480	1660	1930	900	980	1160	1330	800	880	1060	1120	500	500	550	720
B	3500	4200	4800	5500	3200	3700	4300	4900	3100	3600	4200	4700	2700	3200	3700	4300
b₂	370	400	430	470	370	400	430	470	370	400	430	470	370	400	430	470
h₁	700	840	960	1100	640	740	860	980	620	720	840	940	540	640	740	860
h₂	670	800	900	950	670	800	900	950	670	800	900	950	670	800	900	950
m₁	0.35				0.35				0.35				0.35			
参数 θ(度)	26.0				23.1				26.0				23.1			
p₁(kPa)	194	233	280	317	198	253	291	339	239	308	358	427	286	354	432	453
p₂(kPa)	0	0	0	0	0	0	0	0	0	0	0	0	0	0	0	0

下部（μ=0.30 / μ=0.40、0.50，q=20kPa）

设计资料	俯斜式挡土墙　μ=0.30								俯斜式挡土墙　μ=0.40、0.50							
	8 度设防 φ=30°				q=20kPa φ=35°				8 度设防 φ=30°				q=20kPa φ=35°			
墙高 H(m)	5	6	7	8	5	6	7	8	5	6	7	8	5	6	7	8
截面尺寸(mm) b	1900	2290	2570	2740	1600	1680	1870	2040	1400	1480	1660	1730	1000	1100	1160	1230
B	4200	5000	5700	6300	3900	4400	5000	5600	3700	4200	4800	5300	3300	3800	4200	4800
b₂	370	400	430	470	370	400	430	470	370	400	430	470	370	400	430	470
h₁	840	1000	1140	1260	780	880	1000	1120	740	840	960	1060	660	760	840	960
h₂	670	800	900	950	670	800	900	950	670	800	900	950	670	800	900	950
m₁	0.35				0.35				0.35				0.35			
参数 θ(度)	26				23.1				26				23.1			
p₁(kPa)	198	233	272	318	198	251	296	339	241	308	360	429	265	332	426	439
p₂(kPa)	0	0	0	0	0	0	0	0	0	0	0	0	0	0	0	0

第三节   钢筋混凝土悬臂式和扶壁式挡土墙

一、钢筋混凝土悬臂式挡土墙

1. 构造要求

（1）挡土墙高度土坡一般不超过 8m，岩坡≤10m。土层较差或对挡墙变形要求较高时，不宜采用。

（2）竖壁与底板常采用变截面，厚度不小于 200mm。

（3）竖壁与底板相交处，当墙高 $H<4m$ 时不设加腋斜角，见图 12.3.1 悬臂式（一），当墙高≥4m 时设置加腋斜角见图 12.3.1 悬臂式（二）。

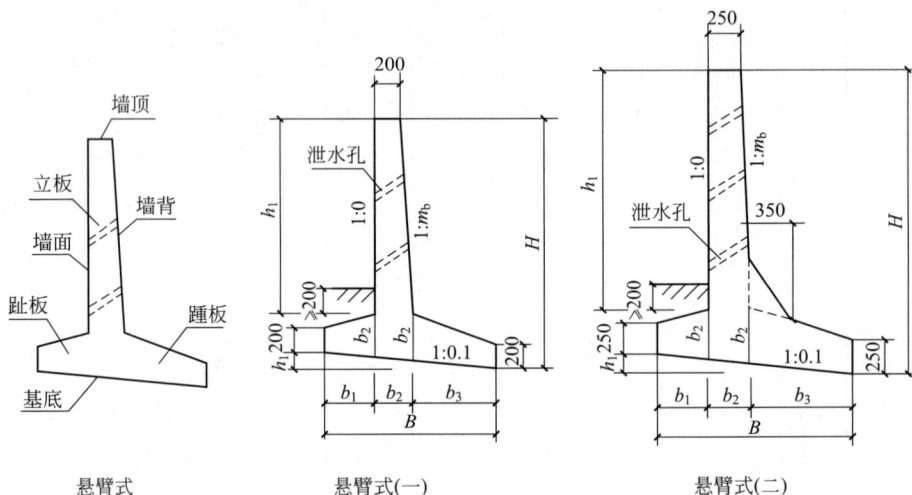

图 12.3.1   悬臂式挡土墙剖面图

（4）底板长度 B 与竖壁高度 H 的比值：当挡土墙后无地下水作用时 $B/H=\frac{1}{3}\sim\frac{1}{2}$。当挡土墙后有地下水作用时 B/H 的比值会明显增大，但不大于 1.0。

（5）为满足挡土墙抗滑稳定性要求，常采取下列措施：

1）通常将底板做成逆坡，对土质地基，基底逆坡坡度不宜大于 1∶10；对于岩质地基，基底逆坡坡度不宜大于 1∶5（图 12.3.1）；

2）在挡土墙底板下设置钢筋混凝土抗滑键，抗滑时键外侧产生的被动土压力，将增强挡土墙的抗滑稳定性。抗滑键的尺寸常取 $h=b=\frac{H}{12}$，并要求 $h\geq500mm$。当土质较差挡土墙又较高时应经计算确定其尺寸。抗弯与抗剪的钢筋应≥Φ12@200，并做强度验算。抗滑键可在底板的中间或后踵端部设置（图 12.3.2）；

3）在底板后踵后面再连接一块抗滑板（图 12.3.3），此措施仅适用于墙背抗滑板以上的土均为填方，其构造应满足以下要求：

a. 抗滑板的厚度应与挡土墙底板后踵端部的厚度相同；

b. 抗滑板上、下各配一层 $\phi8@200$ 钢筋网；

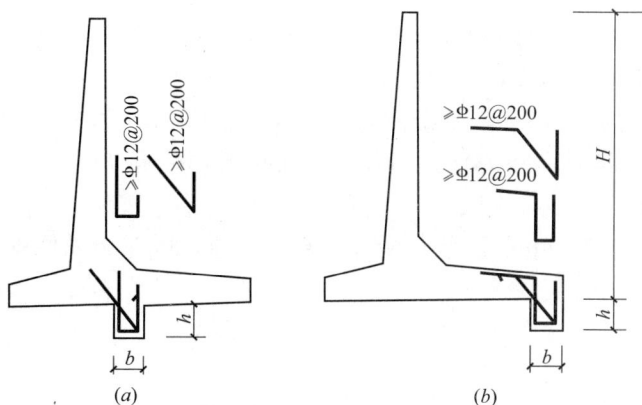

图 12.3.2　抗滑键截面与配筋
(a)中间键；(b)后踵端部键

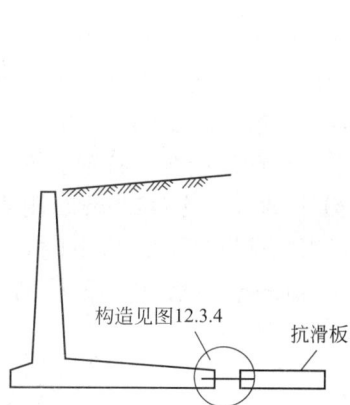

图 12.3.3　抗滑板连接

c. 底板与抗滑板的连接钢筋应经计算确定，且不宜小于Φ25@500，锚固长度应满足 l_a 要求(图 12.3.4)。

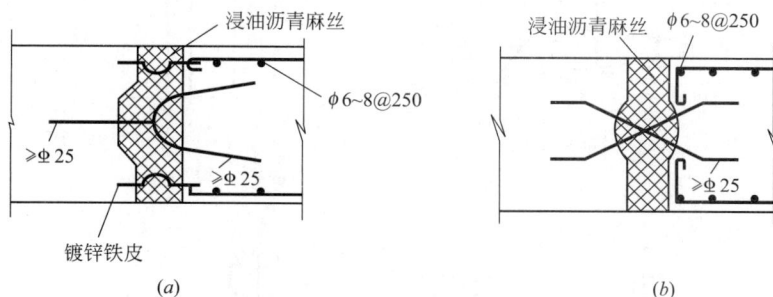

图 12.3.4　抗滑板连接构造
(a)有地下水时；(b)无地下水时

(6) 基础埋置深度、墙后回填土料选择、防排水及在横坡上修建挡土墙的要求，均与重力式挡土墙相同。

(7) 材料

悬臂式钢筋混凝土挡土墙混凝土采用 C25，严寒和寒冷地区混凝土采用 C30。受力钢筋采用 HRB335 级和 HRB400 级，构造钢筋可采用 HPB300 级。垫层用 C10 混凝土，混凝土保护层：基础不应小于 40mm，竖壁不应小于 25mm。

(8) 变形缝与施工缝

钢筋混凝土挡土墙伸缩缝最大间距为 20m，当墙高 $H > 7m$ 时，伸缩间距不宜大于 15m。在地基土质有突变处，宜设置沉降缝。变形缝宽 20~30mm，沿缝的三边填塞沥青麻筋或涂沥青木板，塞入墙体深度宜大于 200mm。

竖壁施工缝采用错开式，位置设在底板以上 500mm 左右处，要求缝表面粗糙、坚实，浇灌上部混凝土前，应将表面冲洗干净，铺一层 M15 水泥砂浆或刷优质界面剂后再浇灌上部混凝土。

2. 截面选择

钢筋混凝土悬臂式挡土墙的竖壁嵌固在底板上，在上侧压力作用下，沿墙身高度产生的弯矩从底部向上逐渐变小，到顶部弯矩为零，因此墙身需要的厚度和配筋沿墙高可逐渐减少，一般只将底部钢筋的 $1/3\sim1/2$ 伸至墙顶，其余钢筋可交替在墙身一处或两处切断，水平分布钢筋应与垂直钢筋绑扎在一起形成一个整体网片，分布钢筋当墙高 $H<6\mathrm{m}$ 时，用 $\phi10@300$，当 $H\geqslant6\mathrm{m}$ 时用 $\phi12@250$。

当竖壁厚度$>200\mathrm{mm}$ 时，为防止墙身外侧面产生收缩与温度裂缝，可在墙外侧配置 $\phi10@300\sim\phi12@250$ 的钢筋网。

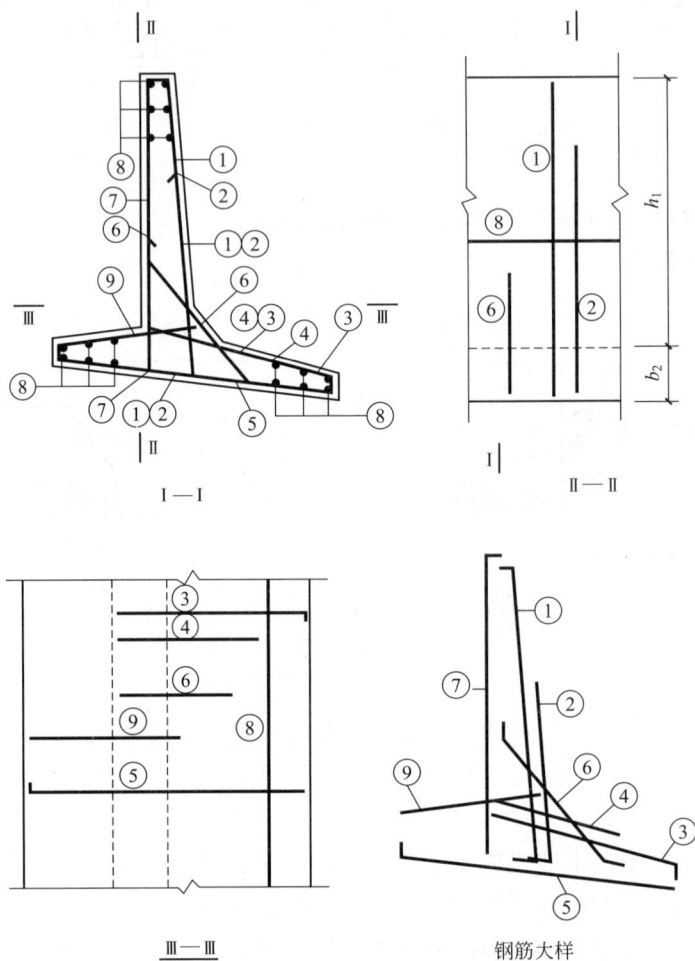

图 12.3.5 悬臂式挡土墙配筋

竖壁前的基础板（前趾）在土反力的作用下向上弯曲，计算时一般可忽视前趾板的自重及其上所压的少量土体的作用（上部土体在使用过程中有可能被移走），由此求得的钢筋应配在前趾的下面。

竖壁后的基础板（后踵）在土体自重、竖壁与底板自重及基底土反力共同作用下，向下弯曲，计算求得的受力钢筋应放在基础板的上部，基础板的下面可按构造配筋。

二、钢筋混凝土扶壁式挡土墙

1. 构造要求

（1）挡土墙高度 $H \geqslant 8m$ 时，宜采用扶壁式挡土墙见图12.3.6。

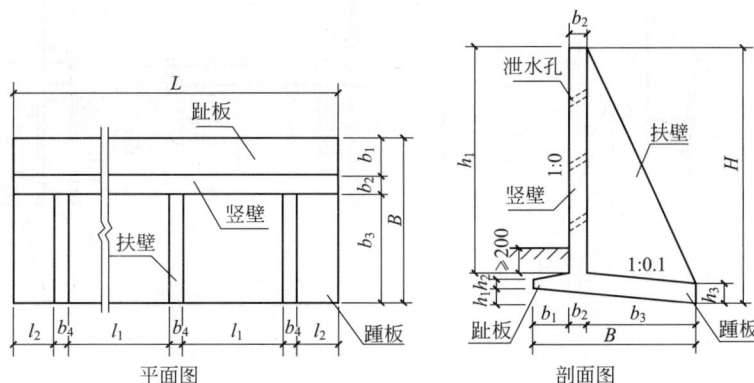

图 12.3.6　扶壁式挡土墙

（2）基础宽度 B 应根据挡土墙后回填土料的性质经计算确定，当挡土墙后无地下水作用时，一般采用 $B = \left(\dfrac{1}{3} \sim \dfrac{1}{2}\right) H$。

（3）扶壁间距取 $\left(\dfrac{1}{3} \sim \dfrac{1}{2}\right) H$，扶壁厚宜取扶壁间距 l_1 的 1/8～1/6，可采用 300～400mm。

（4）底板外挑板厚度不应小于 200mm，内挑板厚度不应小于 250mm。

（5）竖壁顶部厚度不宜小于 200mm，底部厚度由计算确定，也不宜小于 200mm。

2. 受力特点

（1）竖壁是以扶壁及底板为支点的三面支承板，当 $h_1/l_1 \geqslant 2$ 时，可按水平连续单向板计算，但必须注意到竖壁与底板连接处尚有固端弯矩。当 $h_1/l_1 < 2$ 时，可按三面固定、顶面自由的三面支承板计算。由于作用在竖壁上的土体侧压力自上而下逐渐增加，因此竖壁的水平正负弯矩也自上而下增大，竖壁在竖向的内力也相应增加。

（2）基础底板是以扶壁及竖壁为支点的连续板带，内挑板计算方法与竖壁相同按三面支承板配筋。外挑板计算时一般可忽略其上所压的少量土重及被动土压力，在土反力作用下外挑板向上弯曲。

（3）扶壁与竖壁如同一个整体的变截面悬臂T形梁一样工作。

3. 扶壁式挡土墙的配筋

（1）由于竖壁是水平连续板，在一般情况下板的跨中可单面配筋如图12.3.7剖面1—1所示；当竖壁的厚度较大时，为减少温度裂缝，防止混凝土收缩常采用双面配筋。在竖壁底部 $1.5l_1$ 的范围内尚有底板对竖壁的（约束）弯矩，应双面配筋。⑦⑧⑬号为受力钢筋，应按计算确定，配筋不宜小于 $\Phi 12@200$。

（2）扶壁配筋：①⑯号钢筋为受力钢筋，由计算确定，其直径不宜小于 $\Phi 16$ 沿扶壁斜向布置，⑱号钢筋为架立筋，不少于 $2\Phi 16$，②号筋为水平箍筋不宜小于 $\phi 10@250$，③号钢筋为垂直钢筋不宜小于 $\phi 12@300$ 锚固于底板内。

（3）内挑板配筋：当内挑板净宽 b_1 与扶壁之间的净距 l_1 之比 $b_1/l_0 \leqslant 1.5$ 时，按三边

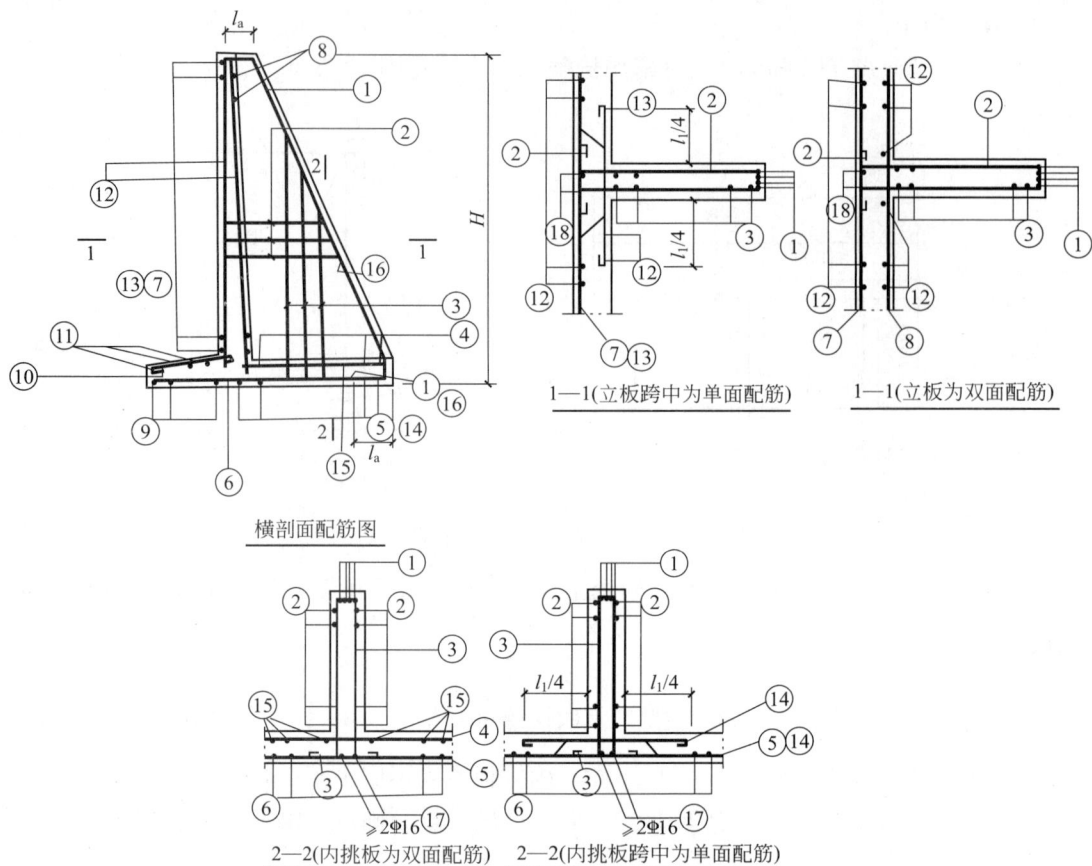

图 12.3.7   扶壁式挡土墙配筋示图

支承板配筋；当 $b_3/l_1 > 1.5$ 时，则由竖壁起至内挑板 $1.5l_1$ 范围内，按三面支承板配筋，在此范围以外部分的外挑板按单向连续板配筋，④⑤⑭号筋为受力钢筋不宜小于Φ12@200，⑮号为构造钢筋不宜小于ϕ10@300。

（4）外挑板配筋：⑥号筋为受力钢筋，直径常用Φ14～Φ16，⑨⑩⑪号筋为构造钢筋不宜小于ϕ10@300，⑰号筋不宜小于2Φ16。

第四节   悬臂式围护结构

一、一般规定

围护结构插入基坑底下一定深度，基坑上部未设支撑或锚杆，借以取得嵌固和稳定的围护结构称为悬臂式围护结构。这种结构的顶部位移及杆件弯矩值均较大，材料消耗较多，在选用这种支护形式时，应考虑如下问题：

（1）在一般土质情况下支护高度不宜大于 8m，在软土场地中不宜大于 5m。

（2）要求基坑底以下的土质情况良好，有较大的剪切强度，具有嵌固构件的能力。

（3）当基坑底下的土质不良时，可采用局部人工加固的办法，以提高坑底被动压力区的被动土压力。

悬臂式围护结构可分为板桩式、排桩式和地下连续墙结构，地下连续墙结构见第八节。

板桩式或排桩式结构适合于二、三级基坑，墙式围护结构适用于防渗和环境保护要求较高的一、二级基坑。

在无地下水或允许坑外降水时，宜采用排桩结构；当设置止水帷幕时常采用排桩结构。在软弱含水地层中可采用板桩结构。

1. 板桩式结构

板桩式结构是用各种截面形式的构件单元相互之间用锁口搭接而成的连续挡土结构，可采用钢板桩、钢筋混凝土或劲性混凝土板桩、木板桩及组合式板桩如图 12.4.1～图 12.4.4 所示。

图 12.4.1 钢板桩截面型式示意

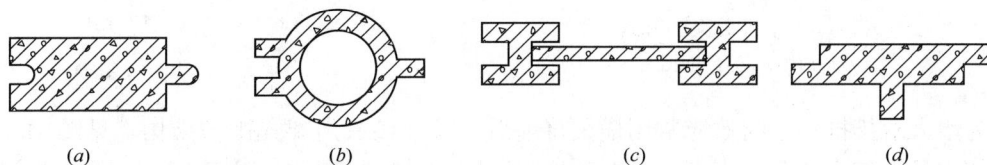

图 12.4.2 钢筋混凝土板桩截面型式
(a)矩形截面；(b)圆形或管柱形截面；(c)工字形截面；(d)T 字形截面

图 12.4.3 木板桩截面形式示意

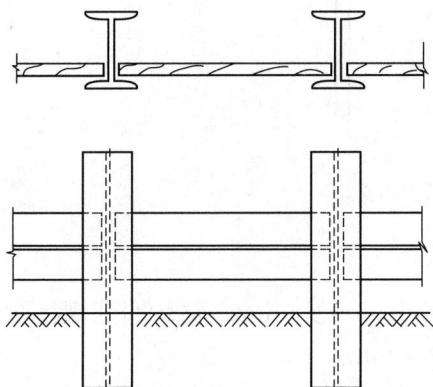

图 12.4.4 组合型板桩(工字钢加木板)

在实际工程中采用较多的是钢板桩围护结构，它具有施工快、可重复使用及造价相对较低的优点，但一般只是在单层地下室及悬臂长度不大的情况下采用。钢筋混凝土板桩常用于施工后不再拔除的地段，在高层建筑地下室施工中常把它当作外模板来使用。它的制作工艺要求严格，锤击入土过程容易产生质量问题，因而限制了它的使用。木板桩承载力较低，价格相对昂贵，仅在无其他合适的材料替代时使用。组合式板桩的特点是利用抗弯刚度较大的构件，如用工字钢或槽钢作为受弯的悬臂杆件，而挡土作用则由木板或混凝土预制板来承受，以达到节省材料、方便施工的目的。

悬臂式板桩的桩距需要通过计算确定，它与桩体材料、土质情况、地下水水位以及桩体的尺寸、桩身承载力和允许最大变形有关。

2. 排桩式结构

排桩式结构是目前深基坑支护工程中使用最为广泛的支护形式，常用的桩型有沉管灌注柱、钻（冲）孔灌注桩和人工挖孔桩。

排桩平面布置常用单排桩（图 12.4.5），有时根据设计需要可采用双排桩支护方式，见图 12.4.6。

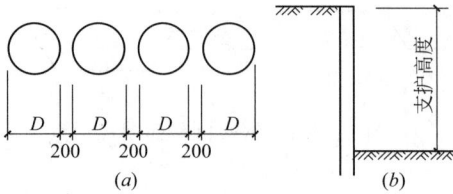

图 12.4.5　单排桩支护方式
(a)平面图；(b)剖面图

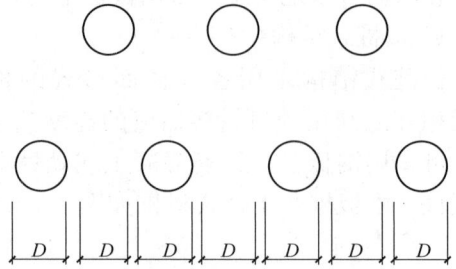

图 12.4.6　双排桩支护方式

为增大双排桩的空间效应常用横梁将前后排桩连接成门架式围护结构，见图 12.4.7，这种结构具有较大的侧向刚度，可有效地限制围护结构的变形，因而其围护深度要比一般悬臂式围护结构要深。在软黏性土地基中，双排桩围护结构的变形也较大，常用于开挖深度已超过一般悬臂式围护结构的合理深度，但深度也不是超过很大的情况。门架式结构其前后排的合理桩距应在 4～8 倍桩径之间，当桩距超出此范围时其空间效应较差。其合理的围护深度可通过计算确定。

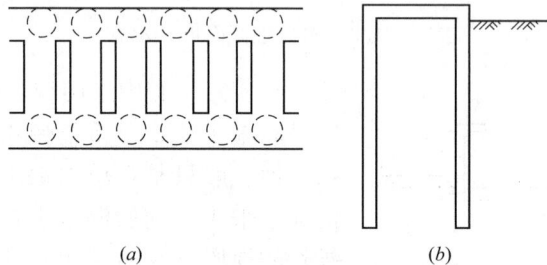

图 12.4.7　门架式围护结构示意
(a)平面图；(b)剖面图

二、构造要求

1. 排桩式结构当采用沉管灌注桩时，桩径一般为 $400\sim600\mathrm{mm}$；钻（冲）孔灌注桩桩径一般为 $600\sim1200\mathrm{mm}$；人工挖孔桩桩径不得小于 $800\mathrm{mm}$。

2. 布桩间距视有无防水要求而定，如已采取降水措施，支护桩无防水要求时，灌注桩可一字排列，桩中心间距一般为 $(1.2\sim2.0)D$（D 为桩径），砂性土或软黏土中宜采用较小的间距；在稳定的地层中确有地区经验时，桩的中心间距可达 $2.5D$。当支护桩有防水要求时，灌注桩之间可留有 $100\sim200\mathrm{mm}$ 的净距，并在桩背设计止水帷幕，以防止地下水或淤泥渗漏入基坑内。

灌注桩的间距及直径尚应根据桩的受力条件进行试算调整。

3. 门架式围护结构前后排桩间的联系梁其截面宽度不应小于桩径,其高度应经计算确定,并不宜小于500mm,桩与联系梁的连接,可按刚性节点设计。

4. 桩间土的防护

(1) 基坑土质较好,暴露时间较短,基坑在地下水位以上或采用人工降水,桩间土可不防护处理。

(2) 当土质条件一般,基坑在地下水位以下或人工降水,桩间土的处理方法有:

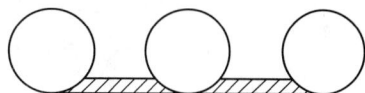

a. 砌砖墙常用1～2砖厚,砌筑厚度按桩间距离及基坑深度确定(图12.4.8)。

图12.4.8　砖墙防护桩间土

b. 采用钢丝网水泥砂浆抹面,厚50mm分层抹平。对土质不好的桩间土还要加土钉(图12.4.9),也可采用钢丝网喷射混凝土。

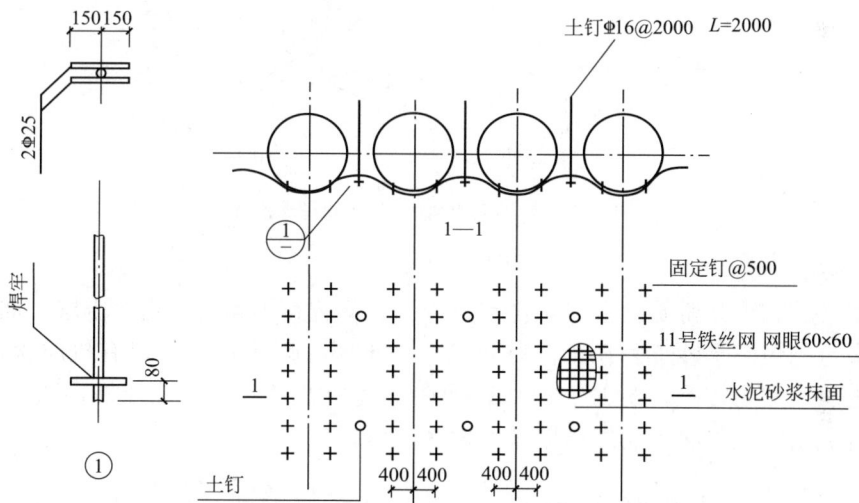

图12.4.9　钢丝网水泥砂浆、土钉桩间土防护

c. 对永久性围护结构或桩间有渗水时,应在护面加泄水孔。

d. 基坑周边应做混凝土地面,基坑周边和坑底应设排水沟,以防地表水渗入土层。

5. 如支护桩有防水要求时,应在桩的间隙之间或桩后设止水帷幕,目前使用效果较好的方法是高压喷射注浆法及深层搅拌法。

(1) 高压喷射注浆法

适合于砂类土、粉土、黄土及黏土等土层,对于含有较多大粒径块石的卵砾石层以及含有大量有机质的腐植土,效果较差。

高压喷射注浆法的水泥浆液在10～20MPa甚至更大的压力下,不仅能切割破碎并楔入土层,而且对于混凝土围护桩,也能将其表面冲刷剥离洁净,使水泥浆与桩紧密粘结,因此用它填补围护桩之间的间隙,止水效果良好。此法按钻杆运动方式有旋喷、定喷与摆喷之分。如果喷射时钻杆一边旋转,一边提升则可形成圆柱状的加固体,称为旋喷。如果钻杆不旋只提升，则喷射方法是固定的称为定喷。钻杆只在一定角度范围内左右喷射可形成扇形或半圆形的加固体，称为摆喷，这三种方式在围护桩后侧可以形成多种多样的止水帷幕，如图 12.4.10 所示。由于高压喷射注浆法水泥用量大，约为深层搅拌法 3 倍，达 700kg/m³ 左右。因此，应用时应力求减少其体积，图 12.4.10 中(c)与(a)相比体积减小一半，而(b)与(d)可能更节省，(e)与(f)自成连续止水帷幕，但因厚度较小也比较经济，(f)则形成折板式，刚度较大。

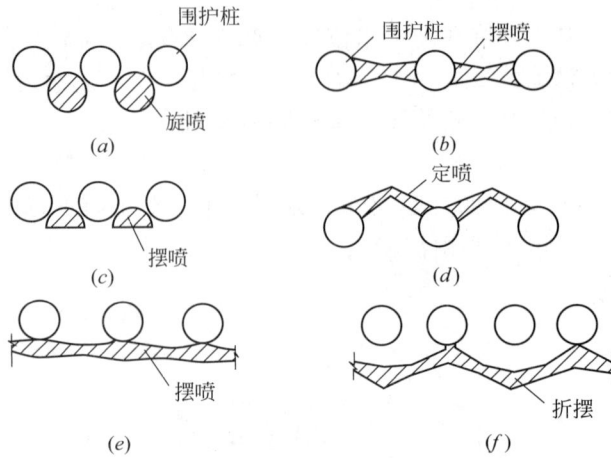

图 12.4.10   高压喷射注浆止水帷幕形式

（2）深层搅拌法

主要用于软黏土和粉质黏土，对含有高岭石、蒙脱石等黏土矿物的土层，加固效果较好。近年来也较多用于砂土和粉土。对卵砾石类土层一般不适用；对有机质含量高、pH 值较低的土层，效果较差。图 12.4.11(a)为在桩间隙处设置深层搅拌桩，图 12.4.11(b) 是在桩后自成系统设置深层搅拌排桩作为止水帷幕。

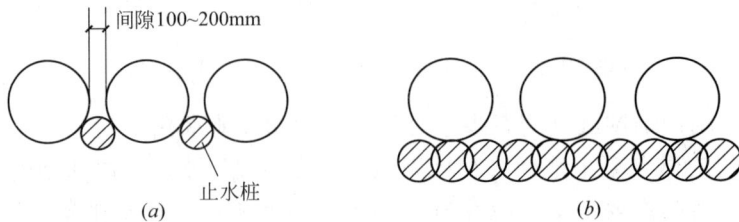

图 12.4.11   深层搅拌桩止水帷幕形式
(a)在桩间隙设置止水桩；(b)排桩止水帷幕

6. 排桩顶部应设钢筋混凝土纵向冠梁（压顶梁），冠梁宽度（水平方向）不宜小于桩径，冠梁高度不宜小于 400mm。混凝土强度等级不宜小于 C20。主筋配筋率 $\mu_{min} >$ 0.2%（单面），主筋直径 $d \geqslant 16$mm，梁腰筋用 $\Phi 12$mm，箍筋常用 $\phi 10 @ 200 \sim$ 250mm。在基坑拐角处箍筋加密至 $\phi 10 @ 100 \sim 150$，加密范围为 >4m。一般做法见图 12.4.12。

桩的纵向钢筋应伸入冠梁内 $35d$，当桩的纵向钢筋较多时，允许将纵筋总数的 1/2 钢筋伸入冠梁内。

7. 圆形桩的配筋构造

（1）形式

a. 一般小直径桩，如沉管灌注桩以及当基坑高度不大桩承受的水平力较小时，可沿圆周均匀布置钢筋（图 12.4.13a）。

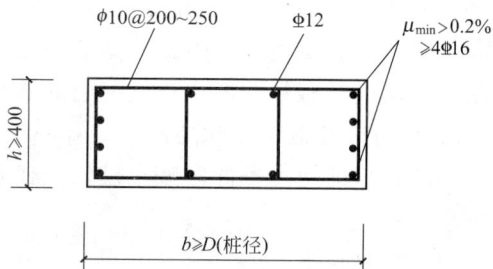

图 12.4.12 冠梁配筋图

b. 大直径桩，如挖孔桩或大直径灌注桩，一般在受力钢筋均匀布置后再在受拉、受压按计算需要在钢筋每个间隔中增加一根或两根钢筋，见图 12.4.13(b)。图中圆心角 α 一般取 90°或 120°。且受拉区圆心角（rad）与 2π 的比值 α_s 宜在 $\frac{1}{6} \sim \frac{1}{3}$ 之间取值，常定为 0.25。受压区圆心角（rad）与 2π 的比值 α 宜为 1/3.5。

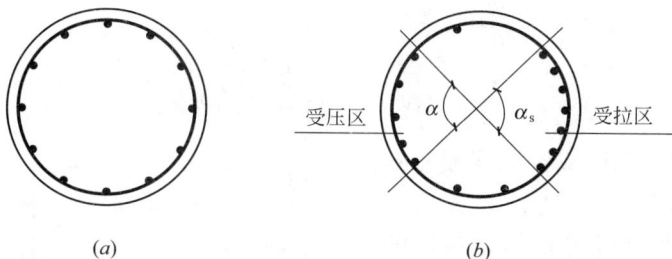

图 12.4.13 圆形桩配筋
(a)均匀放置；(b)受拉、压区集中放置

（2）钢筋直径、间距

在受拉、受压区的受力钢筋不宜小于 $\Phi16$，在此范围以外的钢筋可按构造配置，直径不宜小于 $\Phi12$；且不小于受力钢筋直径的 1/2，混凝土保护层厚度不宜小于 50mm。钢筋间距一般不宜大于 250mm，受力钢筋净距不宜小于 60mm。

（3）纵向钢筋应按弯矩图求得钢筋数量在受拉及受压区配筋，即桩受力筋不需通长设置，可仅在某一区段内设置，如图 12.4.14 所示。当受拉区钢筋数量较多时，也可在受拉区将受力钢筋配成两层（图 12.4.15），此时特别需要注意的是在径向内外层受力钢筋必须

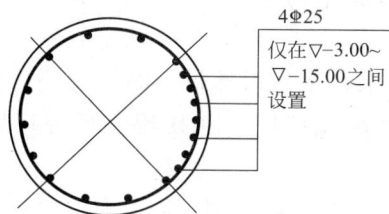

图 12.4.14 按弯矩图设置纵筋

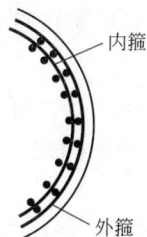

图 12.4.15 受拉区配两层钢筋

对齐，并要适当加大钢筋的净距；否则将容易产生混凝土粗骨料无法向纵筋外穿透，使在混凝土保护只有少量水泥砂浆的露筋现象。当采用泥浆护壁混凝土灌注桩时，由于注入的混凝土无法进行有效振捣，双层配筋的做法不宜采用。

8. 尽可能降低桩顶标高

为改善桩的受力条件，减小桩长，在施工条件许可及确保桩顶以上边坡稳定，可采用以下形式：

（1）桩顶放坡

按场地施工条件可设置自然边坡或土钉加固边坡（图 12.4.16）；

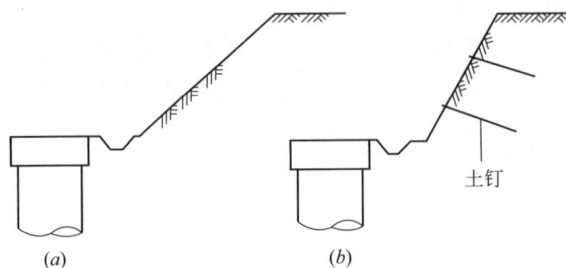

图 12.4.16　桩顶放坡
(a)自然边坡；(b)土钉加固边坡

（2）桩顶设置砖砌体或钢筋混凝土挡墙见图 12.4.17。

9. 在基坑阴角处设置角撑，角撑的长度可达 10m 以上，见图 12.5.4。在角撑两直角边范围内的桩由于角撑的支撑作用，可减小其截面或配筋，角撑可用组合型钢按压杆确定其断面。

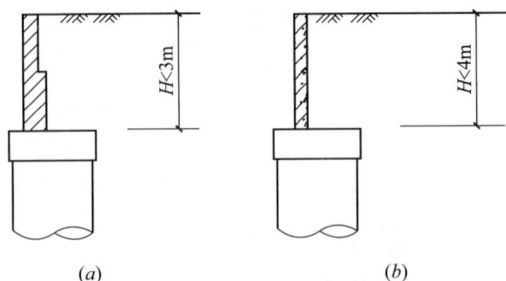

图 12.4.17　桩顶挡墙
(a)砖；(b)钢筋混凝土

三、基坑内被动区土体加固

当基坑底面以下的土层为软弱土层时，由于无法出现较大的被动土压力，排（板）桩结构必须有很大的插入深度，才能确保围护结构的稳定。大量的工程实践及理论分析证明，加固坑内被动区土体是一项经济有效的措施，它能使坑底土的力学性质指标得到明显提高，能起到减小支护结构内力、水平位移、地面沉降及坑底隆起的作用。因此，它可用于坑底存在一定厚度软弱土层的各种形式的支护结构。

1. 加固方法

用于加固被动区土体的方法有：坑内降水、水泥搅拌桩、高压旋喷、压力注浆、人工挖孔桩及化学加固法，其中最常用的是水泥搅拌桩，因其较为经济且加固质量易于控制。

（1）坑内降水　当坑底为砂性土或粉质黏土时，可采用坑内井点降水；

（2）水泥搅拌桩　加固形式可按需要灵活布置，坑底以上采用空搅或注水搅拌；

（3）高压旋喷　对 $N<10$ 的砂土和 $N<5$ 的黏性土较适合，但造价较高；

（4）压力注浆 适用于粉质黏土，水泥掺合量为加固土体的 7%～10%；

（5）人工挖孔桩 当基坑底以下土体存在坚硬夹层或坚硬异物，水泥搅拌桩无法穿透时可采用，坑底以下填 C10 混凝土，坑底以上为空桩。

按照分析与大量实践证明，合理的加固深度约为开挖深度的一半，一般为 3～4m。加固范围约为 1/2 的围护结构插入深度，一般为 3～5m。加固宽度和加固间距（即加固置换率）可视加固手段、围护结构受力特性等因素确定。如采用压力注浆而基坑挖深又较大时，可沿围护结构坑底内侧形成一条连续的加固体；若采用水泥搅拌桩法加固，加固宽度为1.0～3.0m，加固间距按沿基坑周边中部密、端部疏的原则确定。被动区土体局部加固型式见图 12.4.18、图 12.4.19。

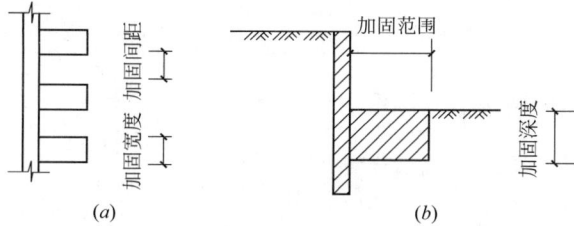

图 12.4.18 被动区土体局部加固

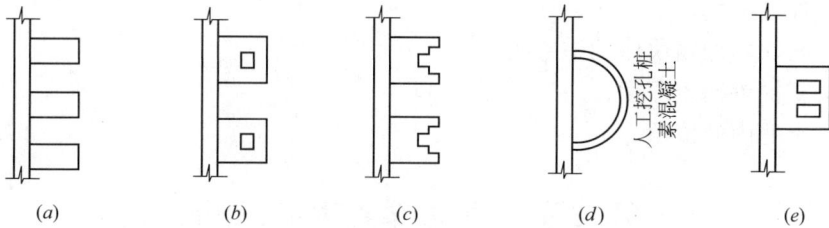

图 12.4.19 常用的被动区土体局部加固形式

2. 计算要点

尽管被动区局部加固法已在深基坑支护工程中广泛采用，但是至今尚无成熟的设计计算方法，以下方法供参考（图 12.4.20）。

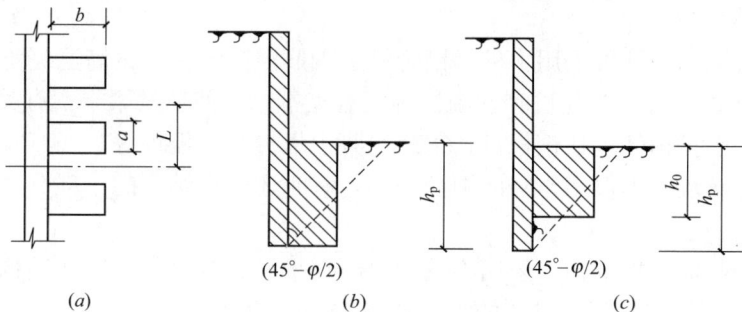

图 12.4.20 被动区局部加固

假设坑内被动区土体经局部加固后其被动破坏面的夹角为（$45°-\varphi/2$）。此时围护结构

被动土压力可按复合强度指标计算

取

$$\varphi_{sp} \approx \varphi_s \tag{12.4.1}$$

$$c_{sp} = (1 + \alpha_s) \eta c_s + \alpha_s c_p \tag{12.4.2}$$

式中：φ_{sp}、c_{sp}——土与加固体复合抗剪强度指标；

　　　φ_s、c_s——土抗剪强度指标；

　　　　c_p——加固体的抗剪强度指标，kPa；

　　　　η——土的强度折减系数，一般取 $\eta = 0.3 \sim 0.6$；

　　　　α_s——坑内被动区局部加固体置换率按(12.4.3)式或(12.4.4)式计算。

当加固深度等于围护结构插入深度时(图 12.4.20b)

$$\alpha_s = \frac{F_p}{F_s} = \frac{ab}{Lh_p \mathrm{tg}\left(45° + \dfrac{\varphi_s}{2}\right)} \tag{12.4.3}$$

当加固深度小于围护结构插入深度时(图 12.4.20c)

$$\alpha_s = \frac{abh_o}{Lh_p^2 \mathrm{tg}\left(45° + \dfrac{\varphi_s}{2}\right)} \tag{12.4.4}$$

式中：a——加固宽度；

　　　b——加固范围；

　　　h_o——加固深度；

　　　L——相邻两加固块体的中心距；

　　　h_p——支护桩插入深度；

　　　φ_s——土的内摩擦角。

第五节　内支撑式围护结构

一、内支撑围护结构选型和布置

内支撑式围护结构常用于深基坑的支护，它是由基坑周边竖向围护构件及坑内的支撑系统组成，前者用以挡住坑边土体防止坍塌、防止地下水渗漏；后者作为周边围护结构的支点，满足其强度、稳定及变形要求。

1. 竖向围护构件

(1) 排桩式围护构件可采用木桩、钢管桩及钢筋混凝土桩；钢筋混凝土桩可用沉管灌注桩、钻孔灌注桩、人工挖孔桩和预制桩等。参见本章第四节及第十章有关内容；

(2) 板桩式围护构件包括钢板桩、钢筋混凝土板桩及木板桩等；

(3) 地下连续墙　不仅用作竖向围护结构，有时还兼作结构的一部分，如地下室永久性侧壁；

(4) 组合型竖向围护结构　采用不同的材料在平面布置上形成空间结构，如将混凝土钻孔灌注桩与深层搅拌水泥土桩墙的组合如图 12.5.1 所示。

2. 内支撑体系

(1) 内支撑体系形式　可分为水平式、竖向斜撑式及水平与竖向斜撑式相结合的组合式(图 12.5.2)

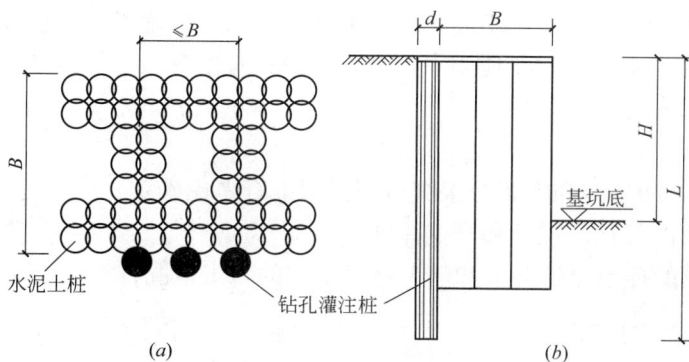

图 12.5.1　钻孔灌注桩与水泥土桩(墙)组合结构
(a)平面图；(b)剖面图

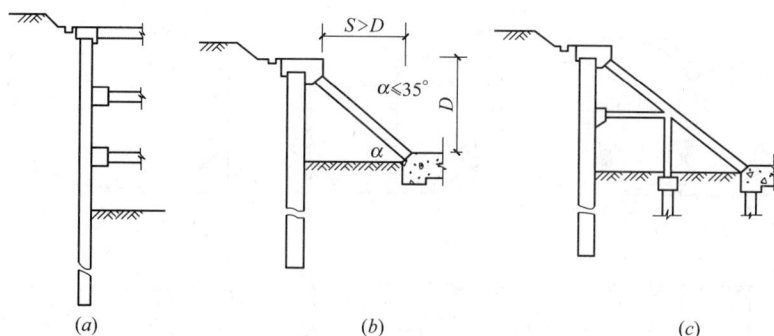

图 12.5.2　内支撑体系型式
(a)水平式；(b)竖向斜撑式；(c)水平与竖向斜撑组合式

水平式内支撑根据基坑平面形状和施工要求，可以设计成井字型、角撑型、圆环型、水平桁架及椭圆型等如图 12.5.3 所示，图 12.5.3(g)、(h)、(i)适用于长条形基坑。水平式支撑体系的组成见图 12.5.4 及图 12.5.5。

竖向斜撑式支撑可以设计成单杆型、桁架型和立体格构型等。

(2) 支撑材料

常采用钢管(或型钢)木材、钢筋混凝土结构和组合空间桁架。

由钢管或型钢组成的钢结构支撑，除了自重轻、安装和拆除方便、施工速度快以及可重复使用等优点外，更重要的是安装后就能够立即发挥作用，对减小由于时间效应而引起的基坑变形是十分有效的，因而优先被广泛采用，但钢材价格高，必须多次重复使用方能降低成本。当支撑跨度长、受力大时，可采用由角钢、槽钢组合成的空间桁架支撑，其外围尺寸、型钢选型应按设计计算需要确定。

钢筋混凝土支撑一般是在现场浇捣，设计比较灵活，可以按基坑的形状及受力大小随机布置。支撑断面可以设计成任意形状，一般以矩形为多。钢筋混凝土支撑整体性好，可靠度高、节点容易处理，价格也比较便宜，但施工工序多，支撑、安装钢筋、浇灌并养护混凝土均需占用较多的工期，后期支撑的拆除(常用切割或爆破)比较费事，而支撑杆件材料也不能回收。

木支撑以圆木为主,一般用于简单的小型基坑,木支撑施工最为便利,还可用作基坑抢险时的辅助支撑。木支撑重复使用率很高,价格相对便宜。

(3)内支撑体系选型与布置

A. 一般条件

a. 内支撑体系的选型和布置应根据下列因素综合考虑确定:

(a)基坑平面的形状、尺寸和开挖深度;

(b)基坑周围的环境保护要求和邻近地下工程的施工情况;

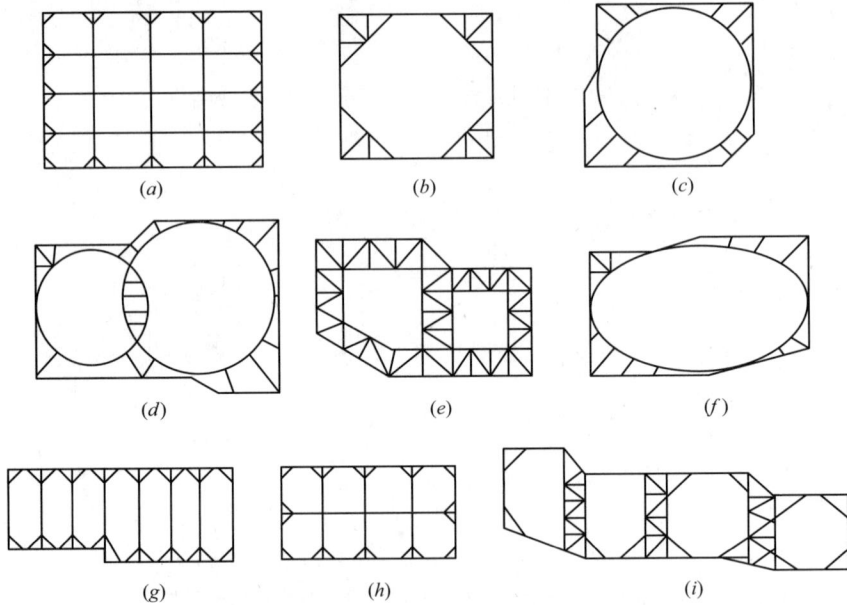

图 12.5.3 水平式内支撑平面示意

(a)井字型;(b)角撑型;(c)圆环型;(d)连环型;(e)水平桁架型;(f)椭圆型;
(g)对撑型;(h)十字型对撑型;(i)分段桁架型

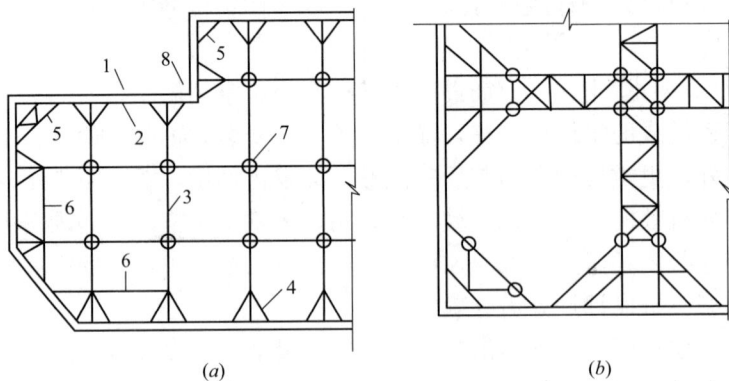

图 12.5.4 水平支撑体系(一)

(a)平面对撑;(b)平面对撑桁架

1—围护墙;2—腰梁;3—对撑;4—八字撑;5—角撑;6—系杆;7—立柱;8—阳角

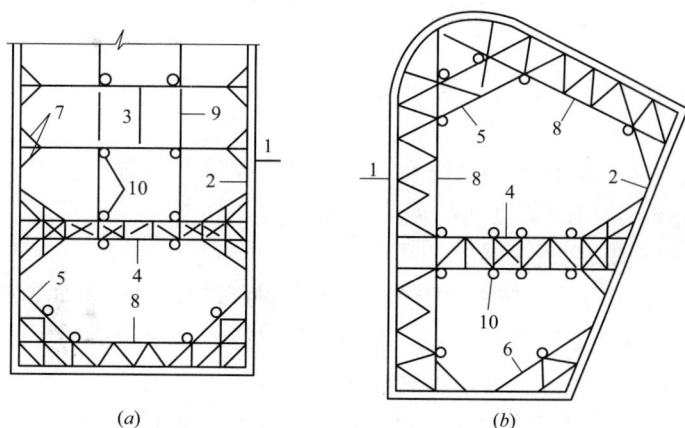

图 12.5.5　水平支撑体系(二)

(a)桁架式对撑、斜撑加系杆；(b)边桁架及桁架式对撑

1—围护墙；2—腰梁；3—对撑；4—桁架式对撑；5—桁架式斜撑；6—角撑；

7—八字撑；8—边桁架；9—系杆；10—立柱

(c) 场地工程地质和水文地质条件；

(d) 主体工程地下结构的布置、土方工程和地下结构工程的施工顺序和施工方法；

(e) 地区工程经验和材料供应情况。

b. 一般情况下应优先采用平面支撑体系，对于符合下列条件的基坑也可以采用竖向斜撑体系：

(a) 基坑开挖深度：一般不大于 8m，在地下水位较高的软土地区不宜大于 7m；

(b) 场地的岩土工程地质条件能满足基坑内预留土体的斜撑安装和受力前的边坡稳定；

(c) 斜撑基础具有足够的水平及垂直方向的承载能力；

(d) 基坑平面尺度较大，形状比较复杂。

B. 平面支撑布置

a. 一般规定

(a) 一般情况下，平面支撑体系应由腰梁、水平支撑和立柱三部分构件组成；

(b) 根据工程具体情况，水平支撑可以用对撑、对撑桁架、斜角撑、腰梁、斜撑桁架、边桁架和八字撑等构件组成的平面结构体系，如图 12.5.4 和图 12.5.5 所示；

(c) 支撑轴线的平面位置应避开主体地下结构的柱网轴线；

(d) 相邻支撑之间的水平距离不宜小于 4m，当用机械挖土时，不宜小于 8m；

(e) 沿腰梁长度方向水平支撑点的间距：对于钢腰梁不宜大于 4m，对于混凝土腰梁不宜大于 9m；

(f) 对地下连续墙，如在每幅槽段的墙体上设有 2 个以上的对称支撑点时，可用设置在墙体内的暗梁代替腰梁；

(g) 基坑平面形状有向内凸出的阳角时，应在阳角的两个方向设置支撑点，如图 12.5.4(a)，在地下水位较高的软土地区，尚宜对阳角处的基坑外地基进行处理。

b. 钢结构支撑平面布置方式

(*a*) 一般情况下宜优先采用相互正交、均匀布置的平面对撑或对撑桁架体系，如图 12.5.4 所示；

(*b*) 对于长条形基坑可采用单向布置的对撑体系，在基坑四角设置水平角撑；见图 12.5.3(*g*)；

(*c*) 当相邻支撑之间的水平距离较大时，应在支撑端部设置八字撑，八字撑宜左右对称，长度不宜大于 9m，与腰梁之间的夹角宜为 60°。

c. 钢筋混凝土结构支撑平面布置

(*a*) 混凝土结构支撑除可以按钢结构支撑平面布置方式布置外，还可以按图 12.5.5 布置；

(*b*) 平面形状比较复杂的基坑可采用边桁架和对撑或角撑组成的平面支撑体系；

(*c*) 在支撑平面中需要留出较大作业空间时，可采用边桁架和对撑桁架或斜撑桁架组成的平面支撑体系；对规则的方形基坑可采用斜撑桁架组成的平面支撑体系 (图 12.5.5)，或内环形的平面支撑体系 (图 12.5.3)。

d. 平面支撑体系的竖向布置

(*a*) 在竖向平面内，水平支撑的层数应根据基坑开挖深度、岩土工程地质条件、支护结构类型及工程经验，由围护结构的计算确定；

(*b*) 上下层水平支撑轴线应布置在同一竖向平面内。竖向相邻水平支撑的净距不宜小于 3m，当采用机械开挖及运输时不宜小于 4m；

(*c*) 设定的各层水平支撑标高，不得妨碍主体工程地下结构底板和楼板构件的施工；

(*d*) 一般情况下应利用围护桩 (墙) 顶的压顶梁兼作第一道水平支撑的腰梁。当第一道水平支撑标高低于压顶圈梁时，可另设腰梁，但不宜低于自然地面下 3m；

(*e*) 当为多层水平支撑时，最下一层支撑的标高在不影响主体结构底板施工的条件下尽可能降低；

(*f*) 立柱应布置在纵横向支撑的交点处或桁架式支撑的节点位置上，并应避开主体工程的梁、柱及承重墙。立柱的间距一般不宜超过 15m；

(*g*) 立柱下端应支承在较好的土层上，开挖面以下的埋入长度应满足支撑结构对立柱承载力和变形的要求。

e. 竖向斜撑布置 (图 12.5.6)

(*a*) 竖向斜撑体系通常由斜撑、压顶圈梁和斜撑基础等构件组成，当斜撑长度大于 15m 时，宜在斜撑中部设置立柱；

(*b*) 斜撑宜采用型钢或组合型钢截面；必要时也可采用钢筋混凝土结构；

图 12.5.6　竖向斜撑体系布置图

1—围护墙；2—压顶梁；3—斜撑；4—斜撑基础；
5—基础压杆；6—立柱；7—系杆；8—土堤

(*c*) 竖向斜撑宜均匀对称设置，水平间距不宜大于 6m；

(*d*) 斜撑与基坑底面之间的夹角 α 不宜大于 35°，在地下水位较高的软土地区不宜大于 26°，并应与基坑内土堤的稳定边坡相一致。斜撑基础与围护墙之间的水平距不宜小于围护墙在开挖面以下插入深度的 1.5 倍；

(*e*) 斜撑与腰梁、斜撑与基础以及腰梁 (压顶梁) 与围护墙之间的连接应满足斜撑水平

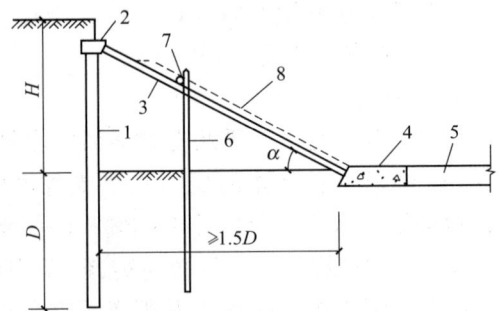

分力与垂直分力的传递要求，施工与安装必须保证其对称性。

f. 斜撑基础

（*a*）允许利用主体工程地下室桩基承台和底板兼作斜撑基础；

（*b*）在斜撑底部设计专用的钢筋混凝土基础或平台，两边对称的斜撑基础间应另设压杆（图 12.5.6）或用毛石混凝土填实。

二、内支撑构件计算

1. 计算方法

（1）简化计算

a. 在水平荷载作用下腰梁和冠梁（压顶梁）的内力与变形可近似按多跨连续梁或单跨梁计算，计算跨度取相邻支撑点中心距，当支撑与腰梁、冠梁斜交或梁自身转折时，尚应计算这些梁所受的轴力；

b. 支撑的水平荷载可近似采用腰梁或冠梁上的单位水平力乘以支撑点的中心距；

c. 在垂直荷载作用下，支撑的内力与变形可近似按单跨或多跨连续梁分析，计算跨度取相邻立柱中心距；

d. 立柱的轴向力取水平支撑在支座上的反力。

按上述规则计算的结果是近似值，但简明、直观，适合于手算及混合计算，一般可起控制作用。

（2）平面整体分析

目前国内大多数基坑支护结构的内力和变形都采用平面杆系模型进行计算，通常把支撑结构视为平面框架，即将支撑结构从支护结构中截离出来，在截离处加上相应的支护结构内力及作用在支撑上的其他荷载，用平面杆系模型进行分析。对于对撑式水平支撑体系及有条件进行分段的内支撑结构，均可借助于计算机软件进行分析，求出支撑系统的内力与位移。

（3）空间整体分析

桩、墙内支撑结构的内力与变形计算是很复杂的工程问题，有时内支撑结构也无法分段按平面问题分析；合理的计算模型应是考虑支护结构、土、支点三者共同工作的空间分析，有条件时应用计算机进行深基坑结构的空间分析。

2. 水平支撑的截面设计

（1）支撑构件受压构件的计算长度

a. 当水平平面支撑交汇点处设置有立柱时，在竖向平面内的受压计算长度为相邻两立柱的中心距，在水平平面内的受压计算长度取与该支撑相交的横向水平支撑的中心距。当支撑交汇点不在同一水平面时，其受压计算长度应取与该支撑相交的相邻横向水平支撑或联系构件中心距的 1.5 倍；

b. 当水平平面支撑交汇点未设置立柱时，在竖向平面内现浇混凝土支撑取支撑全长，钢结构支撑取支撑全长的 1.2 倍；在水平面内取与计算支撑相交的相邻横向水平支撑或联系杆中心距的 1.0～1.2 倍；

c. 各层水平支撑的立柱受压计算长度可按各层水平支撑间距计算；最下层水平支撑的立柱受压计算长度可按底层高度加 5 倍立柱直径或边长计算；

d. 斜角撑或八字撑的受压计算长度在两个平面内均取支撑全长，当斜角撑中间设有

立柱或水平联系杆时其受压计算长度应按本条上述规定取值。

（2）支撑内力

a. 现浇混凝土支撑在竖向平面内的支座弯矩均可乘 0.8～0.9 的调幅系数，跨中弯矩相应增加；

b. 支撑结构内力分析未计温度变化或支撑预加压力影响时，截面验算的轴向力分别乘以 1.1～1.2 的增大系数；

c. 钢支撑尚应考虑构件安装误差产生的偏心弯矩作用，偏心距可取支撑计算长度的 2/1000，且不小于 40mm；

d. 钢立柱尚应考虑所承受的轴向力的 1/50 作为横向力所产生的弯矩；

e. 支撑变形应符合下列规定：

一般情况下基坑内支撑可不作变形验算，但对于一级基坑为了控制围护结构的整体变形，应根据构件刚度按结构力学的方法验算支撑主要结构构件的变形；支撑在竖向平面的挠度宜小于其计算跨度的 1/800～1/600；腰梁、边桁架及主支撑的水平挠度宜小于其计算跨度的 1/1500～1/1000。

三、内支撑体系构造要求

1. 一般规定

（1）钢支撑构件的长细比应不大于 75，联系构件的长细比应不大于 120，立柱长细比应不大于 25；

（2）钢结构支撑构件的连接可采用焊接或高强度螺栓连接，构件拼接应按等强拼接，对格构式构件不应采用钢筋作为缀条使用；

（3）钢筋混凝土支撑的混凝土强度等级不应低于 C20；

（4）支撑拆除前应在主体结构与支护结构之间设置可靠的换撑传力构件或回填夯实。

2. 钢支撑的构造应符合下列规定

（1）水平钢支撑常用的截面形式为 H 型钢、工字钢、槽钢以及它们的组合截面，其截面宽度宜大于 300mm（图 12.5.7）。钢管也是水平钢支撑常用的截面形式，常用直径 ϕ500 或 ϕ610，壁厚 9～16mm；

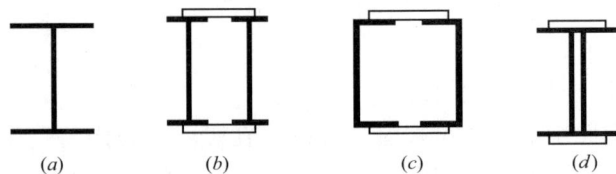

图 12.5.7　钢支撑钢腰梁的截面形式
(a)H 型钢；(b)H 型钢或工字钢组合截面；
(c)、(d)槽钢的组合截面

（2）水平支撑的现场安装节点应尽量设置在纵横支撑的交汇点附近，相邻横向（或纵向）水平支撑之间的纵向（或横向）支撑的安装节点数不宜多于 2 个；

（3）纵向和横向水平支撑的交汇点宜在同一标高上连接，宜采用定型的十字节点（图 12.5.8a、b）这种连接方式整体性好，连接可靠度高。采用重叠连接（图 12.5.8c、d），施工方便但支撑结构整体性差应避免采用。

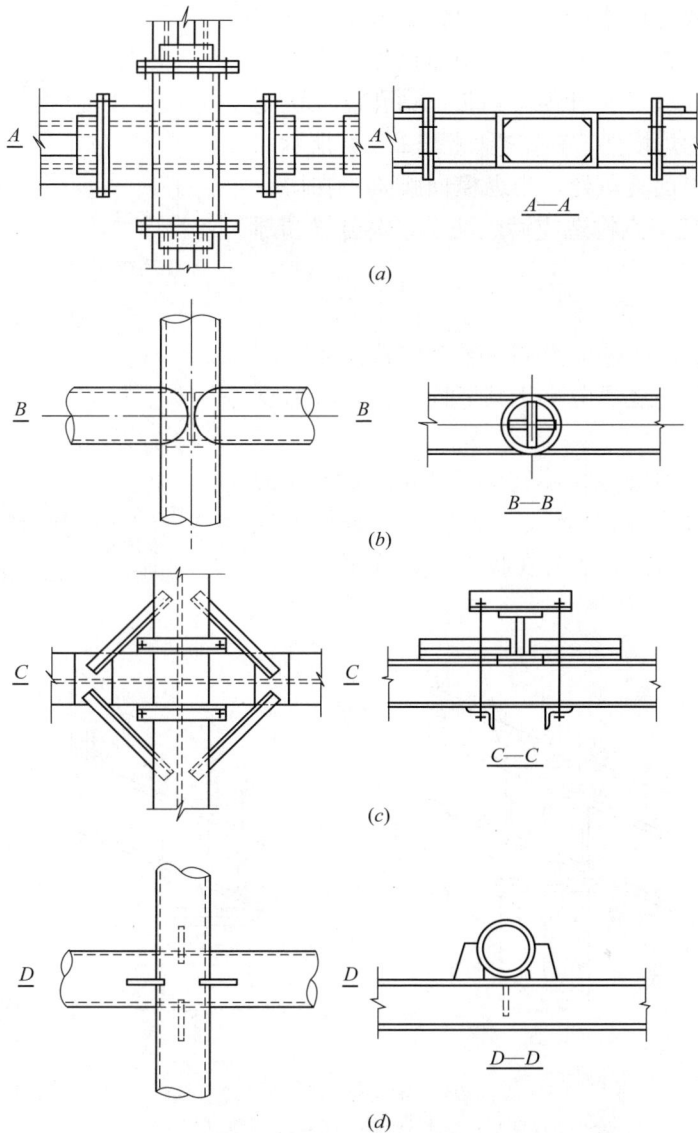

图 12.5.8 纵横向支撑连接

(a)H 型平接；(b)钢管平接；(c)H 型钢迭接；(d)钢管迭接

3. 钢腰梁的构造应符合下列规定：

（1）钢腰梁截面见图 12.5.7，出于对支撑与腰梁连接点整体性能考虑，要求钢腰梁的截面宽度宜大于 300mm；

（2）钢腰梁的现场拼装点位置应尽量设置在支撑点附近弯矩较小部位，并不超过支撑点间距的三分点，由于坑内拼接困难，应尽量加大坑内安装段的长度，减少安装节点数量，腰梁坑内分段长度不宜小于支撑间距的 2 倍；

（3）钢腰梁与混凝土围护墙之间应留设宽度不小于 60mm 的水平向通长空隙。其间用强度等级不低于 C30 的细石混凝土嵌填，见图 12.5.9。如缝宽较大时为防止填充的混凝土脱落，缝内宜放置钢筋网；

（4）支撑与腰梁斜交时，为使围护墙侧压力能有效地传给支撑，在腰梁与围护墙之间需设置剪力传递装置。对地下连续墙可通过预埋钢板；钻孔灌注桩则通过在钢腰梁上的焊接件，其构造如图 12.5.10 所示；

（5）在基坑平面转角处，当纵横向腰梁不在同一平面上相交时，其节点构造应满足两个方向腰梁端部的相互支承的要求。

4. 现浇混凝土支撑

（1）混凝土支撑体系应在同一平面内整体浇筑；

（2）支撑截面高度不应小于其竖向平面计算跨度的 1/20；

（3）支撑纵向钢筋直径不宜小于 16mm，沿截面四周纵向钢筋最大间距不应大于 200mm，箍筋不应小于 $\phi 8@250$，纵向受力钢筋在腰梁内的锚固长度不宜小于 35d。

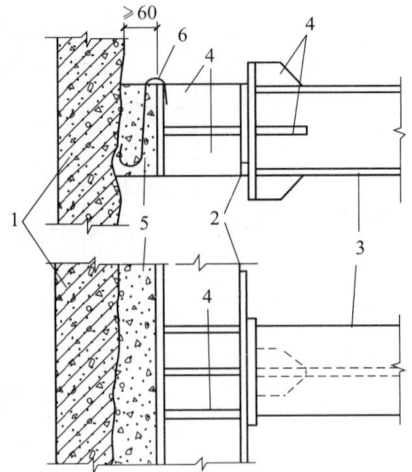

图 12.5.9　钢腰梁与围护墙的连接
1—围护墙；2—钢腰梁；3—钢支撑；
4—加劲板；5—填嵌混凝土；6—钢筋网

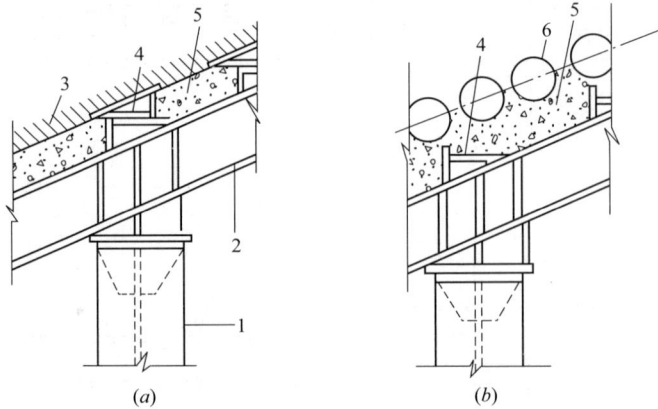

(a)　　　　　　　　　(b)

图 12.5.10　钢支撑与腰梁斜交时连接
(a)与地下连续墙连接；(b)与钻孔灌注桩连接
1—钢支撑；2—钢腰梁；3—围护墙；4—剪力块；5—填嵌混凝土；6—钻孔灌注桩

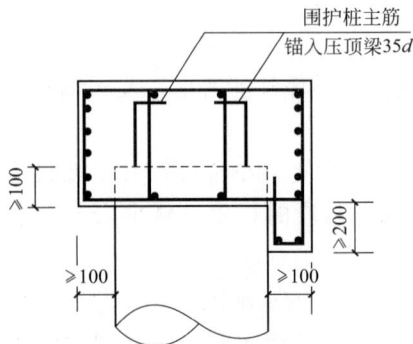

图 12.5.11　压顶梁示意

5. 混凝土压顶梁

（1）压顶梁通常采用现浇钢筋混凝土结构，以保证有较好的连续性与整体性；

（2）压顶梁的宽度要大于竖向围护结构横向外包尺寸，每侧外伸至少 100mm，并在内侧面向下做一反边，见图 12.5.11；

（3）压顶梁与竖向围护构件的连接必须可靠，要求围护结构的主筋应锚入压顶梁内 35d；

（4）当压顶梁与支撑构件均为钢筋混凝土结构时宜同地施工；当支撑为钢结构时，则应在压顶梁的支撑连接位置预埋铁件或设置必要的混凝土支座(图 12.5.12)。

6. 混凝土腰梁

(1) 腰梁的截面高度(水平向尺寸)不应小于其水平方向计算跨度的 1/8,腰梁的截面宽度不应小于支撑的截面高度(竖向尺寸);

(2) 腰梁应嵌入竖向围护构件内 50mm,并用竖向用钢筋吊杆吊挂来保持腰梁的平衡。吊杆用Φ16～Φ22@2000,并满足计算要求(图 12.5.13);

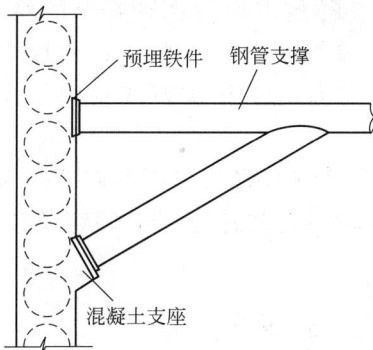

图 12.5.12 钢支撑与压顶梁连接

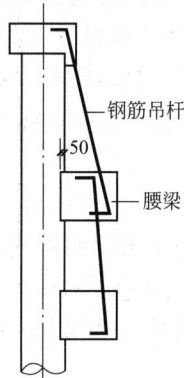

图 12.5.13 腰梁挂靠示意

(3) 腰梁的纵向受力钢筋不宜小于Φ16,沿截面四周纵向钢筋的间距不应大于 200mm,箍筋应大于等于 φ8@250,支撑的纵向钢筋在腰梁内的锚固长度不宜小于 35d。

7. 立柱

(1) 当支撑跨越空间尺寸较大时应设置支撑立柱或支托,以缩短水平支撑的跨度和受压时杆件的计算长度;

(2) 立柱在基坑底面以上部位常采用格构式钢柱,以满足主体工程底板钢筋的敷设,也可以采用 H 型钢或钢管;

(3) 立柱在基坑底面以下部位常采用灌注桩,由于立柱有水平力作用,因此要求上部钢柱与灌注桩整体连接,立柱插入桩的长度宜大于立柱截面长边的 4 倍;

(4) 设置立柱不能影响主体结构的施工,力求避开主体框架梁、柱及剪力墙等构件;

(5) 立柱应均匀布置且数量应尽量少,并应尽量利用工程桩作为立柱的基础,穿越主体工程的底板时要考虑防渗。

第六节 拉锚式围护结构

一、一般规定

1. 计划使用锚杆时应充分研究锚固工程的安全性、经济性和施工可行性。

2. 设计前应认真调查与锚固工程有关的地形、场地、周围已有建筑物、地下埋设物及道路交通等事宜,并进行工程地质钻探及有关岩土物理力学性能试验,提供锚固工程范围内岩土性状、抗剪强度及地下水等资料,对于土层还应掌握标准贯入度值、颗粒级配、含水量和塑限。

3. 土层锚杆的锚固体不宜设置在未经处理的下列土层：

(1) 有机质土层；

(2) 液限 $w_L > 50\%$ 的土层；

(3) 相对密度 $D_r < 0.3$ 的土层。

4. 使用年限在 2 年以内的工程锚杆，可按临时性锚杆设计，使用年限在 2 年以上的工程锚杆应按永久性锚杆设计。

二、锚杆围护结构的类型

锚杆围护结构是通过锚杆将围护结构承受的侧向力传递到周围的稳定地层中去，锚杆的一端应与围护结构可靠地连接，另一端锚固在岩土中，在土层中的锚杆称为土层锚杆；在岩层中的锚杆则为岩石锚杆。在基坑锚杆围护结构中，土层锚杆较为多见。

锚杆围护结构包括围护结构、腰梁和锚杆三个主要部分。当围护结构为非连续体时，在锚杆设置处应加设腰梁使之形成整体。锚杆围护结构的挡土围护结构及腰梁其构造已均在有关章节中阐述，本节着重介绍锚杆的构造。

目前国内外岩土锚杆的类型主要有以下三种：

1. 圆柱形锚固体锚杆(图 12.6.1)

这种锚杆是国内外早期开发的一种形式。施加拉力时，预应力由自由端传递到锚固体，再由锚固体上段逐渐往下传递。锚固体是靠与周围岩土介质间的粘结摩阻强度传递结构拉力，圆柱形锚杆工艺简单，适用于各类岩石和较坚硬的土层，但在软弱黏土层中，常难以满足设计拉力值的要求。

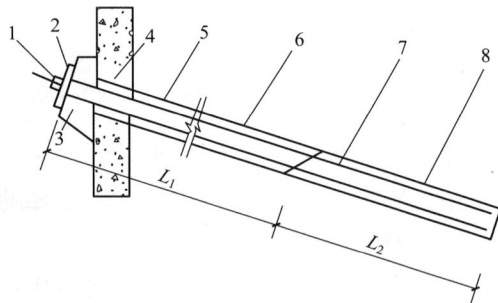

图 12.6.1　圆柱形锚固体锚杆
1—锚具；2—承压板；3—台座；
4—支挡结构；5—钻孔；6—二次注浆防腐处理；
7—预应力筋；8—圆柱形锚固体；
L_1—自由段长度；L_2—锚固段长度

2. 端部扩大头型锚杆(图 12.6.2)

端部扩大头型锚杆可用爆炸或叶片切削方法扩孔。国内常用的是在锚固段最底端设置扩孔叶片，平时为闭合状，当钻至预定深度时，叶片张开进行扩孔，扩孔完成后注满灰浆，扩孔叶片置留于孔底作为加强锚固结构之用。端部扩大头型锚杆是靠锚固体与土体间的摩阻强度及扩体处土层的端承强度来传递结构拉力。在相同锚长度条件下，端部扩大头型锚杆的承载力远比圆柱形锚杆为大。这种锚杆适用于黏土等软弱土层以及受毗邻地界限制土锚杆长度不宜过长的土层和一般圆柱形锚杆无法满足要求的情况。

3. 连续球体型锚杆(图 12.6.3)

锚杆利用设于自由段和锚固交界处的密封袋及带有许多环圈的套管，对锚固段进行高压灌浆，并利用高压去破坏原来已有一定强度(5.0MPa)的灌浆体，对锚固段进行二次或多次灌浆处理，使锚固段形成一连串的球状体、锚固段将与周围土体建立起更高的嵌固强度。对于锚固于淤泥、淤泥质土地层或要求较高锚固力的土层锚杆，宜采用连续球体型锚杆。

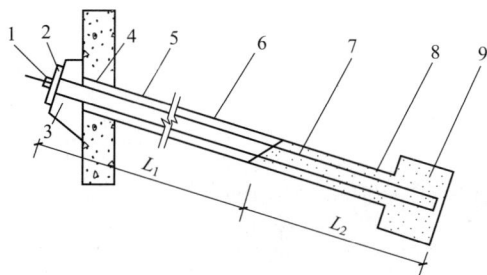

图 12.6.2 端部扩大头型锚杆

1—锚具；2—承压板；3—台座；4—支挡结构；

5—钻孔；6—二次注浆防护处理；7—预应力筋；

8—圆柱形锚固体；9—端部扩头体；

L_1—自由段长度；L_2—锚固段长度

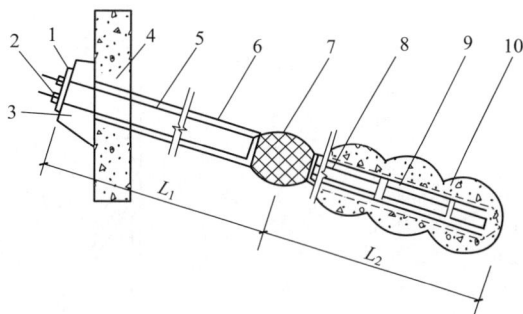

图 12.6.3 连续球体型锚杆

1—锚具；2—承压板；3—台座；4—支挡结构；5—钻孔；

6—塑料套管；7—止浆密封装置；8—预应力筋；

9—注浆套管；10—异形扩头体；

L_1—自由段长度；L_2—锚固段长度

三、锚杆的空间布置

在锚杆围护结构中，根据围护构件的受力情况、土质及基坑的深度，拉杆可设一道、两道或多道。锚杆的排列布置一般情况应满足如下要求：

1. 锚杆上下排垂直间距不宜小于 2.5m，水平间距不宜小于 1.5m；

2. 锚杆锚固体上覆土层厚度不宜小于 4.0m；

3. 锚杆倾角宜为 15°～35°，且不应大于 45°，或小于 10°；

4. 为抑制基坑周边的位移，维护基坑的稳定，可在基坑边长中央 1/2 的长度范围内，适当增加锚杆的数量。

四、锚杆构造

1. 锚固体

基坑周围土层以主动滑动面为界可分为稳定区与不稳定区，锚杆位于稳定区部分为锚固段，位于不稳定区部分为自由段。土层锚杆的锚固段的全长即为锚固体，它是由水泥砂浆或水泥浆将拉杆与土体粘结在一起形成的，为增大其抗拔力，常将锚固段做成能增加锚固体与土体摩阻力的形状如图 12.6.2 及图 12.6.3 所示。锚固段长度不宜小于 4m。

浆体应按设计配制，一次灌浆宜选用灰砂比 1：1～1：2，水灰比 0.38～0.45 的水泥砂浆，或水灰比 0.45～0.50 的水泥浆，二次高压注浆宜使用水灰比 0.45～0.55 的水泥浆。

二次高压注浆压力宜控制在 2.5～5.0MPa 之间注浆时间可根据注浆工艺试验确定或一次注浆锚固体强度达到 5MPa 后进行。

2. 锚头

锚头是锚杆的外露部分，由台座、承压垫板及紧固器三部分组成：

（1）台座：一般锚杆轴线与围护结构间均有一倾角，必须用台座调整角度，并通过台座将锚杆的集中力分散，减小围护结构接触面处的局部压应力，图 12.6.4 为台座（斜垫）与腰梁连接构造，斜垫壁厚＞20mm，其尺寸及形状由腰梁宽度、与围护结构连接处局部压力及锚杆倾斜角确定，见图 12.6.1～图 12.6.4。

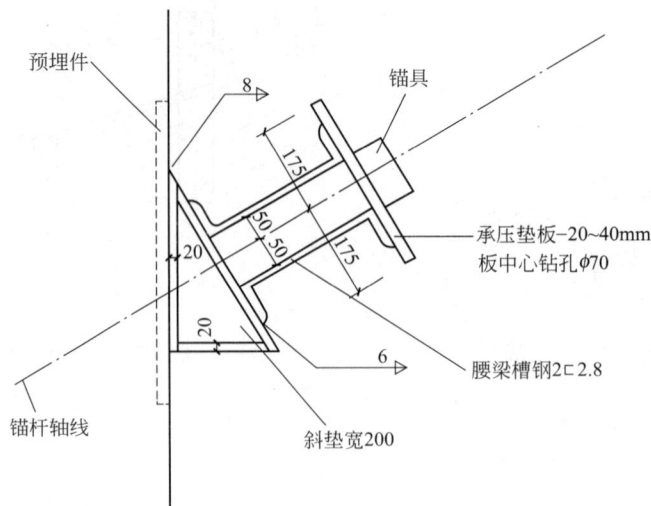

图 12.6.4　锚头详图

（2）承压垫板：锚杆的拉力通过垫板传递给台座，根据受力大小，承压垫板的厚度一般取 20～40mm。

（3）紧固器：拉杆通过紧固器将台座、垫板及围护结构牢固联结。当拉杆为钢筋时，紧固器可为螺母、专用连接器或螺丝端杆；当拉杆采用钢丝绳或钢绞线时，锚杆端部紧固器则为专用锚具（图 12.6.5）。

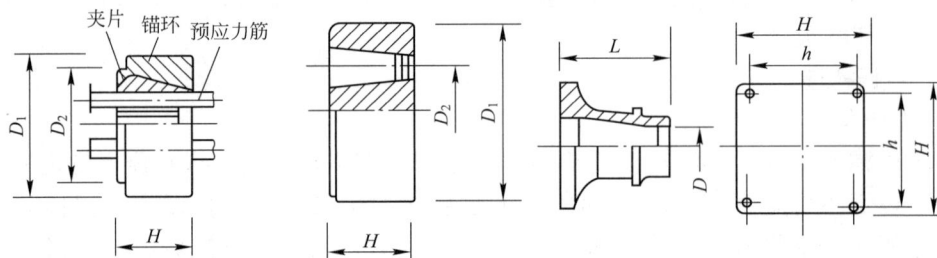

图 12.6.5　预应力钢丝、钢绞线用锚具

3. 锚杆（拉杆）

（1）锚杆自由段长度不宜小于 5m，并应超过潜在滑裂面 1.5m。

（2）锚杆杆体材料宜选用预应力钢绞线或预应力钢丝，当预拉应力较小或锚杆长度小于 20m 时，预应力锚杆也可采用 HRB400 粗钢筋。

（3）土层锚杆钻孔直径不宜小于 100mm，岩石锚杆钻孔直径不宜小于 60mm。为了将锚杆安置在钻孔中心，并防止入孔时搅动孔壁，钢拉杆全长每隔 1.5～2.0m 宜设置一个定位支架。

（4）防腐处理：

a. 锚杆在加工前应清除铁锈与油脂。

b. 锚固段内的钢拉杆靠足够厚度的保护层防腐，在无腐蚀环境中保护层不小于 25mm；在有腐蚀环境中，保护层不小于 30mm。

c. 非锚固段内的钢拉杆在无腐蚀环境中，使用期在 6 个月以内的临时性锚杆，可不做防腐处理，只一次灌浆即可；使用 6 个月以上 2 年以内的应刷 2～3 遍富锌漆或船底漆等耐湿、耐久的防锈漆；永久性锚杆应认真进行防腐处理，如涂防锈油膏，并套聚乙烯管，两端封闭，在锚固段与非锚固段交界处约 200mm 范围内浇注热沥青，外包沥青纸隔水。

（5）锚固体与台座混凝土强度均大于 15.0MPa 时方可进行张拉。

（6）永久锚杆张拉控制应力不应超过 $0.60f_{ptk}$，临时锚杆张拉控制应力不应超过 $0.65f_{ptk}$。

第七节 水 泥 土 墙

水泥土重力式基坑围护结构是重力式挡土墙的另一重要分支，是以结构自身重力来维持围护结构在侧向土压力作用下的稳定，并承受土压力在悬臂作用下产生的弯矩。水泥土墙是先施工墙体，后开挖基坑，这与一般重力式挡土墙有较大的区别，它是在上世纪 90 年代初期随着我国高层建筑与地下设施大量兴建而迅速发展的。

一、水泥土墙有以下特点

1. 最大限度地利用原地基土；

2. 搅拌时无侧向挤出、无振动、无噪声和污染，可在密集建筑群中进行施工，对周围建筑物及地下管道影响很小；

3. 根据围护结构的需要，可灵活地采用壁状、格栅状等结构形式；

4. 与钢筋混凝土桩相比，可节省钢材降低造价；

5. 不需内支撑，便于地下室施工；

6. 可同时起到止水和挡土墙的双重作用。

二、适用范围及用途

1. 适用于加固淤泥、淤泥质土和含水量高的黏土、粉质黏土和粉土，有条件时也可用于砂土及砂质黏土等较硬质土，但不宜用于泥炭土及有机质土；

2. 用于软土的基坑支护时，支护深度不宜大于 6m，对于非软土基坑，支护深度可达 10m，用作止水帷幕时则应对垂直度进行控制；

3. 可与其他桩、型钢等组成组合式结构；

4. 基坑外侧土体加固，可减少主动土压力。基坑内侧加固，可提高支护结构内侧被动土压力，减少支护结构的变形；

5. 可用作提高边坡抗滑稳定性加固；

6. 可用作止水帷幕(独立式及联合式)。

三、构造与检测

1. 水泥土墙应采用连续型或格栅型，当采用格栅型时，水泥土的置换率对于淤泥不宜小于 0.80，淤泥质土不宜小于 0.70，一般黏性土及砂土不宜小于 0.60。格栅长宽比不宜大于 2，纵向墙肋之净距(格栅宽度)不宜大于 1.3m，横向墙肋之净距(格栅长度)不宜大于 1.8m(图 12.7.1)；

2. 水泥土桩与桩之间的搭接宽度应根据挡土及截水要求确定(图 12.7.2)，考虑截水作用时桩的有效搭接宽度不宜小于 150mm；当不考虑截水作用时，桩的有效搭接宽度不宜小于 100mm；

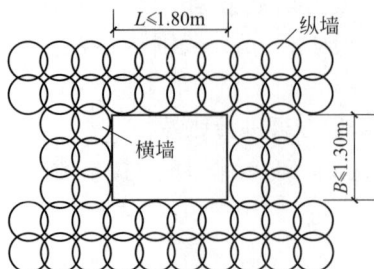

图 12.7.1 格栅式挡土墙极限尺寸

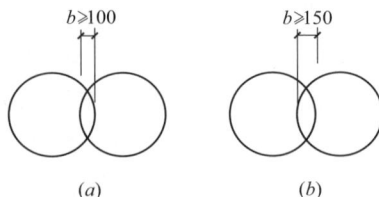

图 12.7.2 水泥土桩搭接宽度
(a)不考虑截水；(b)考虑截水

3. 当变形不能满足要求时，宜采用于坑内侧被动土压区对土体加固(图 12.4.18)，或加大嵌固深度及在水泥墙插筋(钢筋、竹筋及型钢等)等措施；

4. 水泥土挡墙顶部宜设置厚度约为 200mm，宽度与墙身一致的现浇钢筋混凝土顶部压板，并与挡墙用插筋连接，插筋深度不小于 1m，直径不小于 12mm。当采用顶板的宽度每边较墙身宽出 100mm 时可适当减少插筋量(图 12.7.3)，采用混凝土的强度等级为 C20；

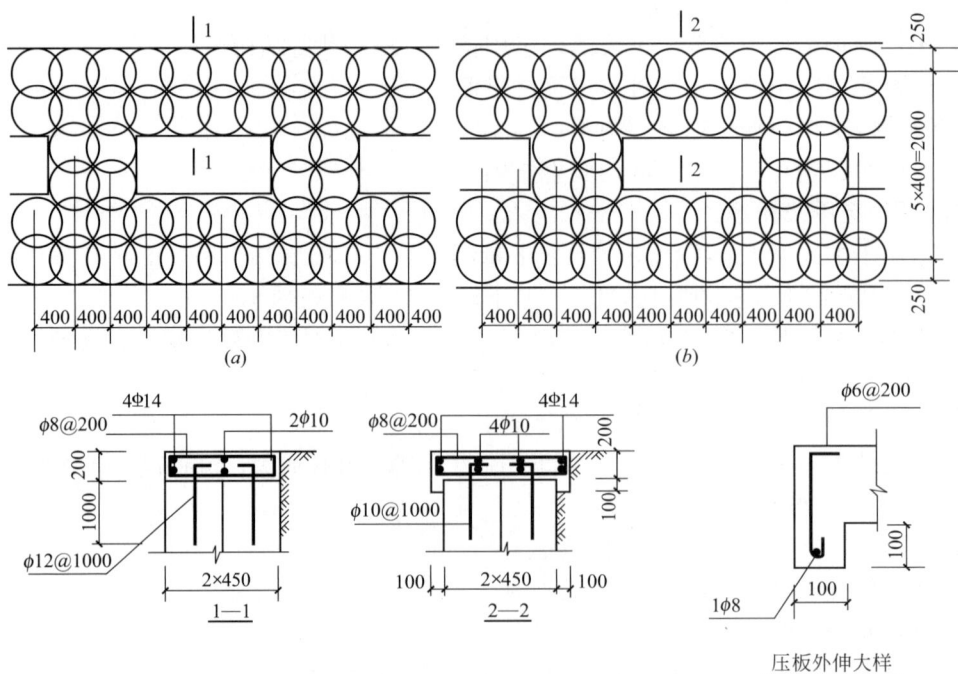

图 12.7.3 水泥挡墙顶部压板
(a)压板与挡墙同宽；(b)压板每边较墙身宽 100mm

5. 为改变重力式结构的性状、缩小其宽度，可在挡墙结构的两侧间隔插入型钢、钢筋的办法，以提高其抗弯能力，插入型钢或钢筋应在桩顶搅拌完成后及时进行，也可采用两侧间隔设置钢筋混凝土桩的办法，如图 12.7.4 所示；

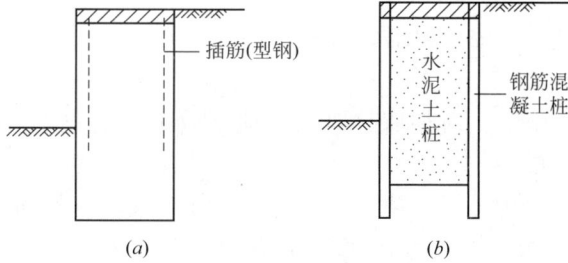

图 12.7.4　水泥土桩提高抗弯能力的措施
(a)挡墙插筋(型钢)；(b)两侧设钢筋混凝土桩

6. 为提高重力式结构的抗倾覆的能力，充分发挥结构自重优势，加大结构的自重力臂，可采用变截面的结构型式，如图 12.7.5 所示；

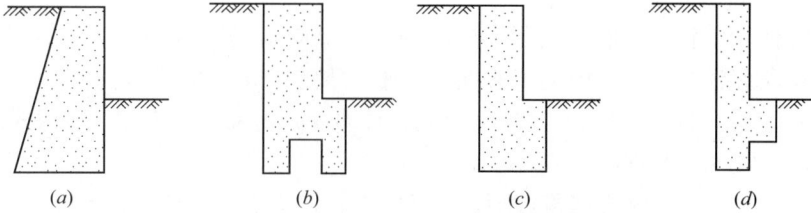

图 12.7.5　水泥土桩加大自重力臂的措施

7. 深层搅拌水泥土墙施工前，应进行成桩工艺及水泥渗入量或水泥浆配合比的试验，以确定相应的水泥渗入比或水泥浆水灰比。喷浆深层搅拌的水泥掺入量宜为被加固土重度的 $15\%\sim18\%$；粉喷深层搅拌的水泥掺量宜为被加固土重的 $13\%\sim16\%$；

8. 桩位偏差不应大于 50mm，垂直度偏差不宜大于 0.5%；

9. 水泥土桩应在施工后一周内进行开挖检查或采用钻孔取芯等手段检查成桩质量，若不符合设计要求应及时调整工艺；

10. 水泥土墙应在设计开挖龄期采用钻芯法检测墙身完整性，钻芯数量不宜少于总桩数的 2%，且不应少于 5 根，并应根据设计要求取样进行单轴抗压强度试验。

第八节　地 下 连 续 墙

一、地下连续墙的特点

地下连续墙是用挖(冲)槽设备，按预定的位置，开挖出或冲钻出具有一定宽度与深度的沟槽，用泥浆护壁，并在槽内设置具有一定刚度的钢筋笼，再用导管浇灌水下混凝土。地下连续墙为分段施工，用特殊方法接头，把它连接成连续的钢筋混凝土墙体。地下连续墙主要用于：基坑开挖和地下建筑的挡土结构；地下水位以下的截水、防渗；它承受上部结构的荷载兼有挡土墙和基础的作用。

地下连续墙按成槽(成桩)形式的不同，分为桩排式连续墙和壁式连续墙两大类，连续排桩式连续墙与一般灌注桩的成型施工及构造基本相同，本节主要介绍壁式地下连续墙。

壁式地下连续墙主要特点为：

1. 刚度大，整体性好，安全可靠，墙厚一般为 250～1200mm，能承受较大的水、土压力。

2. 在密集建筑群中施工，对相邻建筑物和地下设施影响很小，能贴近已建的建筑物施工，最小距离可控制在 1m 左右。

3. 是逆作法首选的围护结构，使逆作法成为更加合理、有效和可靠的施工方法。

4. 能使临时挡土结构与永久性的承重结构相结合，使桩、墙、筏共同承受永久性荷载。

5. 防渗隔水性能好，由于墙体接头的新技术不断涌现，使壁式地下连续墙的防渗、隔水性能更加可靠。

二、壁式地下连续墙的构造

1. 深厚比与成槽要求

作为主要承受水平力的临时地下围护结构，墙厚应根据水、土压力计算确定。对于承受竖向垂直力的地下连续墙，根据工程实践经验，墙厚 600mm 时墙深最大达 28m，墙厚 800mm 时墙深可达 45m，当墙厚 1000～1200 时墙深可达 50m 以上。悬臂式现浇钢筋混凝土地下连续墙的厚度不宜小于 600mm。

墙厚 b 与最下一道支撑或底板以下深度 H 之比（即深厚比）宜符合表 12.8.1 规定。

承受竖向力的地下连续墙允许深厚比　　　　　　　　　　表 12.8.1

传递竖向力类型	穿越一般黏土、砂土	穿越淤泥、湿陷性黄土	备　　注
端　　承	$H/b \leqslant 60$	$H/b \leqslant 40$	端承 70% 以上竖向力为端承型的地下连续墙
摩　　擦	不　　限	不　　限	

对于承受竖向力的地下连续墙不宜同时兼容端承式和纯摩擦式，而且相邻段入土深度不宜相差 1/10，这种墙进入持力层深度对粘性土和砂性土按土层不同一般控制在 2～5 倍墙厚，对于支承在强风化岩层一般控制在 1～2 倍墙厚，对于中风化岩层一般可支承在岩面或入岩深度可小于 600mm。

对于成槽要求，一般应进行槽壁稳定验算，必要时在确定槽段的长、宽、深后，在最不利槽段进行试成槽，以验证稳定性的设计和采用泥浆密度的合理性。

地下连续墙顶部应设置混凝土冠梁，其高度不宜小于 500mm，宽度不小于地下连续墙的厚度。

2. 混凝土和钢筋笼

（1）混凝土强度等级

由于是利用竖向导管在泥浆条件下浇灌混凝土的，施工质量不易保证，要求采用的混凝土强度等级要比设计计算时的混凝土强度等级提高 1～2 级，不应低于 C20。当地下连续墙永久使用时，混凝土强度等级尚应符合《混凝土结构设计规范》（GB 50010—2010）表 3.5.3 关于结构混凝土材料耐久性要求。地下连续墙作为地下室外墙时应采用防水混凝土，抗渗等级不得小于 P_6。二层以上地下室不宜小于 P_8。

（2）混凝土保护层

为防止钢筋锈蚀，保证钢筋的握裹能力，地下连续墙按"建筑基坑支护技术规程"要求：混凝土保护层不宜小于 70mm，对临时支护结构不宜小于 50mm，也可参照表 12.8.2 采用。

地下连续墙中钢筋保护层厚度(mm)　　　　　　　　　**表 12.8.2**

规定要求	目前国内常用保护层厚度		冶金部地下连续墙的设计施工规程					
			现浇				预制	
	永久使用	临时支护	建筑安全等级			临时支护	长期	临时
			一级	二级	三级			
保护层厚(mm)	70	50	70	60	50	≥40	≥30	≥15

为防止在插入钢筋笼时擦伤槽壁造成塌孔，一般可用钢筋或钢板弯曲，作为定位垫块且应比实际采用的保护层厚度小 1～2mm，以防擦伤槽壁或钢筋笼不能插入(图 12.8.1)。

定位垫块或定位卡在每单元墙段的钢筋笼的前后两个面上，分别在同水平位置设置两块以上，纵向间距约 5m 左右。

（3）钢筋选用及一些构造要求

泥浆使钢筋与混凝土的握裹力降低，钢筋笼要选用变形钢筋，受力钢筋直径不宜小于 20mm，构造钢筋不宜小于 16mm，应采用 HRB400 级钢筋。

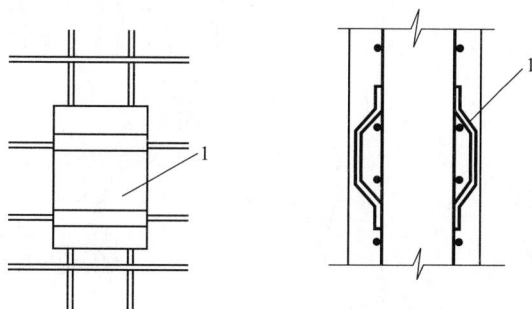

图 12.8.1　定位垫块或定位卡位置示意图
1—定位垫块或定位卡

为使导管升降方便，纵向主筋不应带弯钩，对较薄的墙，还应设置竖向导管导向钢筋。竖向主筋的净距不得小于 3 倍钢筋直径，且不小于 75mm，还应大于混凝土粗骨料最大尺寸的 2 倍以上。水平构造钢筋的间距一般为 200～300mm。

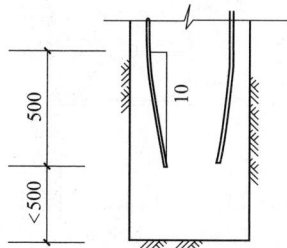

图 12.8.2　钢筋笼底端形状

钢筋笼的底端，为防止纵向钢筋的端部擦坏槽壁，可将钢笼底端 500mm 范围内做成向内按 1：10 收成的形状(以不影响插入导管为准，详见图 12.8.2)。

（4）钢筋笼分段及接头

为了有利于钢筋受力、施工方便和减少接头工期及费用，钢筋笼应尽量整体施工。但地下连续墙深度太大时，往往受到起吊能力及起吊高度以及作业场地和搬运方法等限制，需要将钢筋笼竖向分成 2 段或 3 段，在吊放、入槽过程中，连接成整体，具体分段的长度应与施工单位密切配合，目前已施工的工程多在 15～20m 为一段，对槽深小于 30m 的地下连续墙的钢筋笼宜整幅吊入槽内。竖向接头宜选在受力较小处。接头形式有钢板接头(图 12.8.3)、机械连接接头、焊接接头和绑扎的搭接接头，有条件时应优先采用机械连接接头，当主筋直径>28mm 时不宜采用绑扎搭接接头。钢筋绑扎搭接接头的长度当 $d \leqslant 25mm$ 时，一般不小于 45d；当搭接接头在同一断面时，搭接长度应不小于 74d（HRB400），且不小于 1.5m，当 $d>25$mm 时，搭接长度应乘以 1.1 的系数。

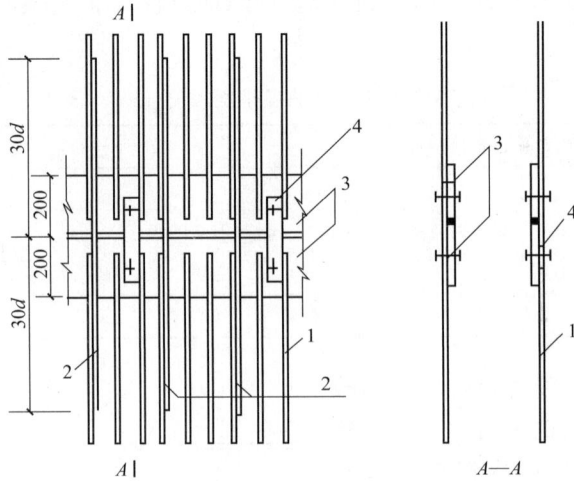

图 12.8.3　钢筋笼钢板接头构造图

1—主筋；2—附加筋同主筋直径，长度 60 倍主筋直径用@300 一根；

3—连接钢板厚度根据主筋等截面计算不足部分用附

加筋补足；4—定位钢板 300×60×16 用 ϕ20

螺栓定位及防焊接变形

（5）钢筋笼设置

钢筋笼内必须考虑水下混凝土导管上下的空间，即保证此空间要比导管外径大 100mm 以上。钢筋笼的一般配筋形式详见图 12.8.4。

施工过程中为确保钢筋笼在槽内位置的准确，设计时应留有可调整的位置，宜将钢筋笼的长度控制在成槽深度 500mm 以内（图 12.8.2）。

当钢筋笼上安装较多聚苯乙烯等附加部件时，或者泥浆比重过大，都会对钢筋笼产生浮力，阻碍钢筋笼插入槽内，特别是钢筋笼单面装有较多附加配件时会使钢筋笼产生偏心浮力，钢筋笼入槽时容易擦坏槽壁、造成塌孔，遇有这种状况，可以考虑在钢筋笼上焊接配重，或在导墙上预埋钢板，以便用铁件将钢筋笼与预埋钢板焊接，作为抗弯和抗偏的临时措施。

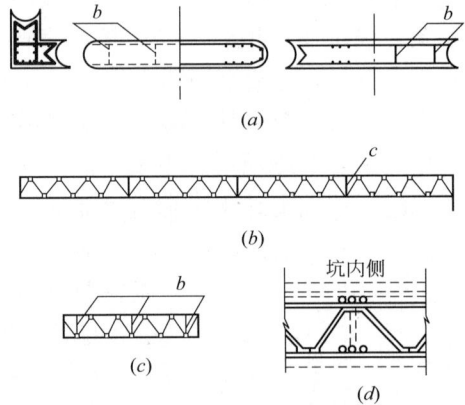

图 12.8.4　钢筋笼的一般配筋形式图

（a）墙段钢筋笼平面；（b）纵向加强桁架；

（c）横向加强桁架@3～4m 一道；（d）钢筋桁架节点

3. 槽段间墙接头选择

接头一般分为柔性接头、刚性接头和止水接头。

柔性接头是一种非整体式接头，它不传递内力，主要为了方便施工，又称为施工接头，如锁口管接头、V 型钢隔板接头、预制钢筋混凝土接头等（图 12.8.5、图 12.8.6、图 12.8.9）。为了适应这种接头的使用，在构造上要处理好钢筋笼的设计，使在凸凹缝之间、拐角墙、折线墙、十字交叉墙、丁字墙等处的钢筋笼端头能紧贴施工缝，同时又不影响施工。

刚性接头是一种整体式接头，它能传递全部或部分内力，如一字形、十字形穿孔钢板式刚性接头、钢筋搭接式刚性接头等。当地下连续墙墙段间对整体刚度或防渗有特殊要求时，应采用刚性、半刚性接头。

一字型穿孔钢板式接头，由于它只能承受剪力，故在工程中较少使用。十字型穿孔钢板式接头，能承受剪力与拉力，可在较多情况下使用。

当接头要求传递平面外剪力或弯矩时，可采用带端板的钢筋搭接接头，将分段施工的连续墙连成整体(图12.8.8a)。

穿孔钢板的尺寸，宜根据受力状况来确定，钢板厚度一般由强度计算确定，穿孔钢板在接缝处应骑缝对称放置，钢板在接缝一侧的墙体内的长度，一般为墙体水平向钢筋直径的25～30倍，钢板的穿孔面积与整块钢板面积之比，宜控制在1/3左右。

止水接头当使用锁口管和V形钢隔板等接头形式时，可取得一定截水防渗效果。对于有较高止水要求连续墙，可使用新型的橡胶止水带止水接头。

4. 地下连续墙墙段接头施工

地下连续墙由于墙段太长，无法进行施工，一般按5～7m划分单元槽段，射水式成槽时一般取2～2.5m，每槽段之间依靠接头连接。这种接头通常要满足设计的受力和抗渗要求，同时又要施工简单，便于操作。

接头的施工，一般按接头工具的不同，分为锁口管、接头箱、钢隔板、预制构件和直接连接等。

这些接头的施工方法的采用，要根据地下连续墙设计的刚性接头、柔性接头和止水的要求来定。

（1）锁口管连接

这是一种国内最常见的柔性接头方法，具有用钢最少、造价低、便于操作的优点，同时也能满足一般防渗漏要求。在单元槽段成孔后，于一端先吊放锁口管，再吊入钢筋笼，浇筑混凝土，在管外混凝土能够自立不塌时，即可用拔管机将锁口管拔出。形成半圆接头如图12.8.5。决定拔管的时间应选择适当，应根据混凝土的坍落度损失的速度，粘结力增长情况，拔管设备的能力等，通过现场试验确定。一般按第一斗混凝土注入4～5h后开始转动锁口管，浇筑完毕后5～6h进行试拔，当未出现其他情况时即可全部拔出。

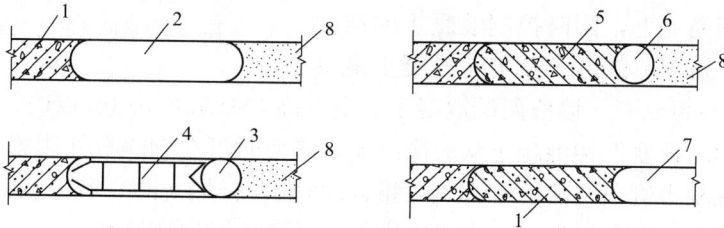

图12.8.5 锁口管连接示意图

1—已完成槽段；2—挖出新单元槽段；3—放锁口管；4—吊放钢筋笼；
5—浇筑混凝土；6—拔锁口管；7—再挖新槽段；8—未开挖段

（2）接头箱连接

这种接头方法与锁口管接头施工类似，在单元槽段完成后，于一端吊放锁口管与敞口接头箱（也可以使用马蹄形锁口的接头箱），再吊放在接头箱一端带堵头板的钢筋笼，在堵头板外伸出的钢筋就进入了敞口的接头箱中，当浇灌槽段混凝土时，由于堵头板的作用，混凝土不会流入箱内，拔出接头箱和锁口管就成了有外伸的钢筋接头和空孔，在浇筑下一槽段的混凝土时，就成为钢筋连续的刚性和止水接头。其工艺过程详见图 12.8.6。

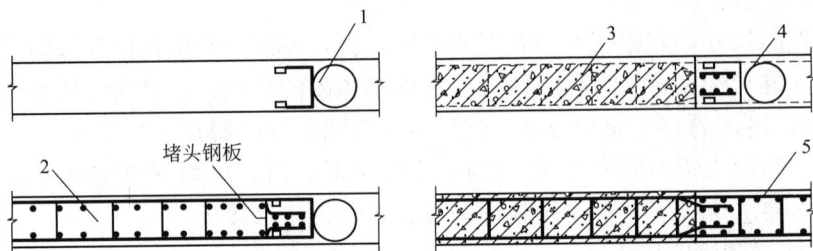

图 12.8.6　接头箱连接示意图

1—成槽后吊放锁口管与敞口接头箱；2—吊放带堵头钢板的钢筋笼；

3—浇灌混凝土；4—相邻槽段成槽拔出接头箱和锁口管；

5—吊入相邻槽段钢筋笼与原槽段钢筋笼相连接并浇灌混凝土，

如此循环直至全部完成墙的施工

（3）V 形钢隔板接头

当地下连续墙厚度大于 1.2m，墙深大于 50m 时，如采用锁口管接头，则装拔锁口管困难，而且垂直度很难保证。这时改用 V 形钢隔板接头（图 12.8.7）比较合理。

V 形钢隔板接头，是在钢筋笼两端，焊接 V 形钢板，使各单元墙体成为一个整体结构，并能提高接头的截水防渗效果；由于接头部位是钢板制作，附着泥砂少，只要用清扫器沿着钢板上下刮动，即可清除泥皮。

为了使钢隔板能承受较大的侧压力，一般将钢隔板焊在钢筋笼上，同时控制混凝土的浇注速度在 2.5～3m/h（有的工程实际混凝土浇注的速度达到 5～8m/h），墙段两端混凝土面上升高差控制在 0.3m 以内。

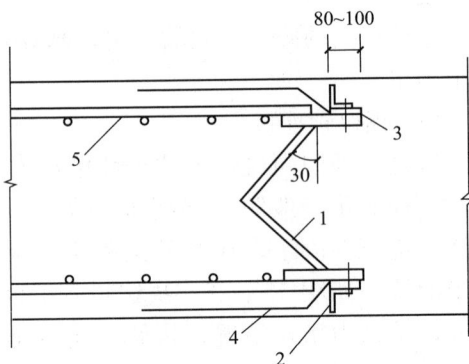

图 12.8.7　V 形钢隔板接头示意图

1—V 形钢隔板；2—角钢；3—橡胶垫；

4—0.75mm 薄钢板或尼龙布等；5—钢筋笼

为了防止钢隔板变形和混凝土从底部绕流，必要时可在钢隔板外侧填碎石。

为了防止混凝土侧向绕流，在 V 形钢隔板两侧设有尼龙布，其长度应超出混凝土导管 1m 左右。也可以使用 0.75mm 薄钢片代替，以避免织物被拉破。

（4）隔板式接头

一般用十字形、一字形、弧形工字钢等作为单元槽段的堵头，详见图 12.8.8，可根据墙厚、墙深的不同，也可选用锁口管接头箱配合施工。为防止浇灌的混凝土绕流，在堵头板处还套有尼龙布或薄钢板。

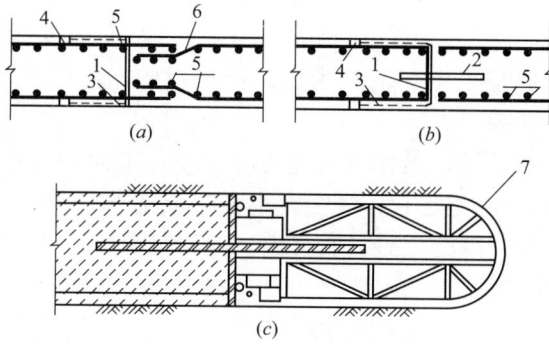

图 12.8.8 隔板式刚性接头

(a)钢筋连接式；(b)钢板连接式；(c)施工组装图

1—通长钢板；2—通长带密孔钢板；3—尼龙布或 0.75mm 厚薄钢板；

4—保护块；5—纵向主筋；6—横向弯钢筋；7—马蹄锁口

用于接头的钢板，要求开孔，以便施工时混凝土流通，同时加大粘结力。

为防止堵头板变形，也可以采用在隔板外侧抛填碎石的做法。

(5) 直接连接式的平接头

前一单元槽段成槽后，不加任何措施，吊放钢筋笼后，直接浇灌混凝土，墙端与未开挖的土体直接接触，在下一单元槽段开挖时，用冲击锤将与土体相接触的混凝土面，凿成不平的连接面，再用侧面清扫器打扫干净再浇灌下一槽段混凝土。

当使用射水法成墙时，则对前一槽段的端侧使用射水器侧面高压水冲刷，最后再浇灌下一槽段混凝土，从实践看，还是可以取得较好效果的。

(6) 预制钢筋混凝土构件连接式

当地下连续墙深度和厚度都不太大时，可以采用预制钢筋混凝土连接构件，详见图 12.8.9，即成槽后，先将预制钢筋混凝土连接构件插入墙段连接的接头端，浇灌混凝土后，再在另一侧或两侧成槽，同样放入连接构件浇灌另一槽段。

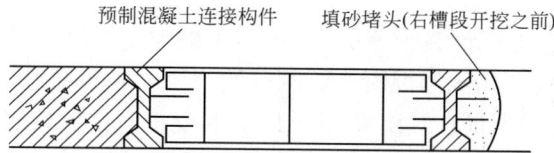

图 12.8.9 预制钢筋混凝土构件连接图

5. 水下混凝土浇筑

槽中混凝土施工，由于泥浆比重和黏度比水大，因此对混凝土的级配和流动性比一般水下混凝要求更加严格，特别当墙厚钢筋密的情况下，对混凝土的性能应要求流动性好，一般规定石子粒径不大于 25mm，材料不易分离，高强度，低发热。目前多使用商品混凝土。

水下浇灌的混凝土要求和易性好，和易性好的混凝土的反映为流动性好、黏聚性好——抗离析性好、保水性好，并且还要强调和易性的保持性，即表现在混凝土坍落度随时间损失上，一般要求，从20cm下降到15cm的时间：冬天不能少于1.5h，夏天不能少于1.0h。这一点对现场作业是很重要的。为达到这一目的，除使用商品混凝土外，必须选用优质水泥和合适的外加剂。

混凝土配合比按流态设计，其水灰比应小于0.6，水泥用量不宜小于390kg/m³，入槽坍落度以16~20cm为宜（混凝土坍落度太小会造成堵塞导管，入槽后流动性小，容易包裹沉渣，但过大，又会使混凝土砂、石分离，与泥浆混合，使混凝土强度降低和浇灌困难）。混凝土应尽量使用外加剂（如木质素等）以减少水灰比和离析现象。

槽段中浇灌混凝土导管的位置应预先确定，避免与钢筋笼矛盾，其具体布置如图12.8.10所示。

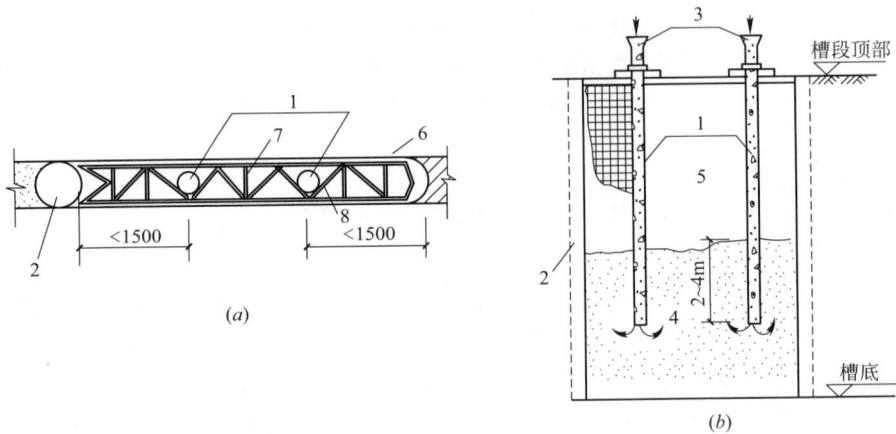

图 12.8.10 槽段中浇灌混凝土导管的位置图
(a) 平面图；(b) 剖面图
1—导管；2—锁口管；3—漏斗；4—混凝土；5—泥浆；6—槽壁；7—纵向桁架；8—水平桁架

导管接头使用"O"形密封环，使接口密封不漏泥浆。导管底部应与槽底相距200mm，导管内应放置保证混凝土与泥浆隔离的柔性管塞，在浇灌时使泥浆从导管底部全部排出。

混凝土浇灌前，可利用导管进行约15min以上的泥浆循环，以改善槽内泥浆质量。

钢筋笼入槽6h内应开始浇灌混凝土，刚开始浇灌时速度要快，使槽底沉渣随着混凝土表面一起上升，一次要保证连续浇灌6m³以上混凝土，使导管底部全部被混凝土包住，并控制导管在混凝土内的埋深，始终保持在2~4m范围内。

由于使用两根以上导管同时浇灌混凝土，所以应注意浇灌的同步性，保证混凝土面呈水平状态上升，其各点混凝土面高差不得大于300mm。

混凝土浇灌的速度宜控制在3~5m/h范围，并严格控制混凝土从管外掉入槽内，造成墙体夹渣现象。

在比重大于1.2的泥浆中浇灌混凝土时，应用混凝土泵车直接压送，浇混凝土时还要防止钢筋笼的上浮。

第九节　土　钉　支　护

土钉支护是以土钉作为主要受力构件的边坡支护技术，它由密集的土钉群、被加固的原位土体、喷射混凝土面层和必要的防水系统组成。土钉是用来加固或同时锚固现场原位土体的细长杆件，通常采取土中钻孔置入带肋钢筋并沿孔全长注浆的方法做成。土钉依靠与土体之间的界面粘结力或摩擦力，在土体发生变形条件下被动受力，并主要通过受拉工作对土体进行加固。土钉也可用钢管、角钢等杆件作为钉体，采用直接击入的方法置入土体。

一、一般规定

1. 土钉墙适用于地下水位以上或经人工降水后的人工填土、粘性土和弱胶结砂土的基坑支护或边坡加固。

2. 土钉墙宜用于深度不大于 12m 的基坑支护或边坡维护，当它与有限放坡、预应力锚杆联合使用时，深度可适当增加。

3. 土钉墙不宜用于含水丰富的粉细砂层、砂砾卵石层和淤泥质土。不得用于没有自稳能力的淤泥和饱和软弱土层。

4. 土钉墙不宜兼作挡水结构；不适用于对变形有严格要求的基坑支护。

二、土钉支护构造

1. 材料

(1) 土钉钢筋宜采用 HRB400 级钢筋，直径宜为 18～32mm。人工成孔时钻孔孔径宜为 70～120mm；机械成孔时，孔径一般为 100～150mm。

(2) 注浆材料宜用水泥砂浆或水泥浆，水泥宜采用 42.5 级的普通硅酸盐水泥，水灰比为 1：0.40～0.50，水泥砂浆配合比常用 1：2，且其强度等级不宜低于 M12，并按需要掺入一定量的膨胀剂、速凝剂与早强剂。

(3) 喷射混凝土强度等级不宜低于 C20，3 天不低于 10MPa，钢筋网的钢筋宜采用 HPB300 级或 HRB335 级钢筋。钢筋网的钢筋直径 6～8mm 网格尺寸 150～300mm。当面层厚度大于 120mm 时，宜设置二层钢筋网。

2. 土钉布置

(1) 土钉的水平和竖向间距宜在 1.0～2.0m 范围内，在饱和粘性土中可小于 1.0m，在干硬粘性土中也可超过 2.0m，沿面层布置的土钉密度不应低于每 $6m^2$ 一根。

(2) 土钉水平方向向下倾角一般为 5°～20°，利用重力向孔中注浆时，倾角不宜小于 15°。墙面倾角为 0°～25°。

(3) 对于一般非饱和土，土钉长度 L 与开挖深度 H 之比为 0.6～1.2，密实及干硬性土取小值，对软塑粘性土，比值 L/H 不应小于 1.0。为减少支护变形，控制地面开裂，顶部土钉长度宜适当增加，非饱和土中的底部土钉长度可适当减小，但不宜小于 $0.5H$；含水量高的粘性土中的底部土钉长度则不应缩短。

3. 土钉类型

根据土层特性及工程要求，可选用不同构造和注浆类型的土钉，常用土钉构造如图 12.9.1(a)所示，并宜采用压力注浆。当变形控制要求较严时，宜采用有锁紧螺母，能适当施加预应力的土钉，如图 12.9.1(b)所示。

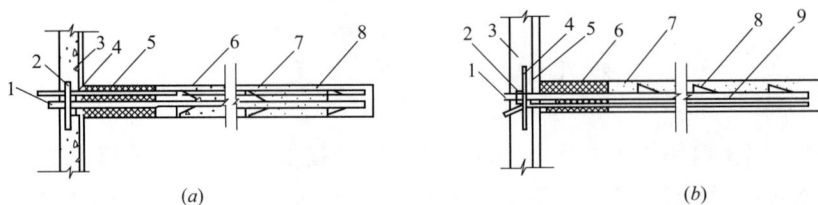

图 12.9.1　土钉类型

(a)普通注浆土钉　　　　　　　　(b)预加应力土钉

1—土钉钢筋；2—井字钢筋；3—喷　　1—土钉钢筋；2—螺母；3—喷射混凝土；
射混凝土；4—钢筋网；5—止浆塞；　　4—垫板；5—钢筋网；6—止浆塞；
6—砂浆；7—对中支架；8—排气管　　7—砂浆；8—对中支架；9—排气管

注：1. 重力注浆时，图示止浆塞及排气管可取消。
　　2. 对土钉施加一定预应力时，从孔口向里应留有足够的非粘结长度在施加预应
　　　 力后再用浆体填满。

4. 喷射混凝土面层

（1）喷射混凝土面层厚度宜取 80～150mm，每次喷射混凝土厚度宜为 50～70mm；

（2）喷射混凝土面层内应设置钢筋网，钢筋直径宜为 6～10mm，间距宜为 150～300mm；当面层厚度大于 120mm 时，宜设置双层钢筋网，当土质较好时可配 $\phi6@300$ 钢筋网。坡面上下段钢筋网搭接长度应大于 300mm；

（3）喷射混凝土面层宜插入基坑底部以下深度＞0.2m，形成护脚，在基坑顶部也宜设置宽 1～2m 的喷射混凝土护顶(图 12.9.2)。

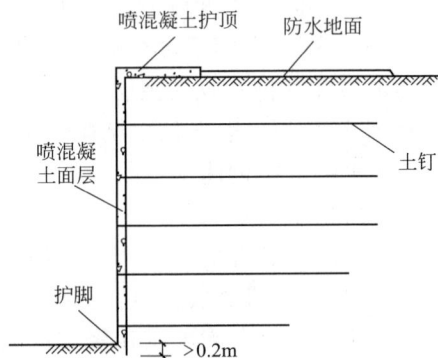

图 12.9.2　面层护顶与护脚

5. 土钉与混凝土面层连接

（1）常采用图 12.9.3 所示的方法。可在土钉端部两侧沿土钉长度方向焊上短段钢筋，并与面层内连接相邻土钉端部的通长筋互相焊接(图 12.9.3a)。对于重要的工程或支护面层受有较大侧压时，宜将土钉做成螺纹端，通过螺母、楔形垫圈及方形垫板与面层连接(图 12.9.3b)。

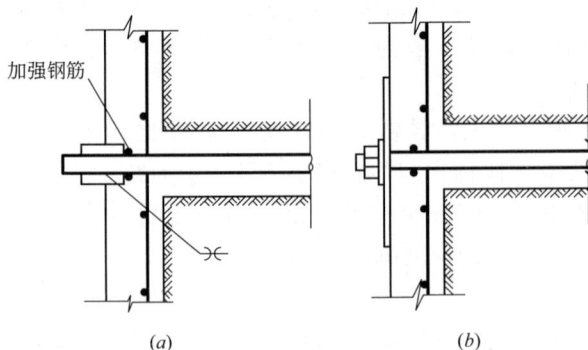

图 12.9.3　土钉与混凝土面层连接

(a)土钉端部加焊短筋；(b)土钉端部设螺母

（2）工程中也常用井字短筋作为锚筋与面层的连接(图12.9.4)。

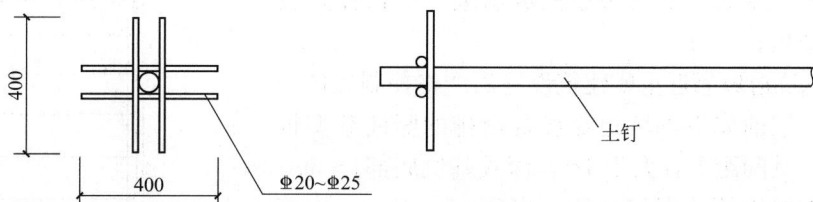

图12.9.4　土钉端部设井字短筋

（3）通常钢垫板是放在面层内如图12.9.5所示。

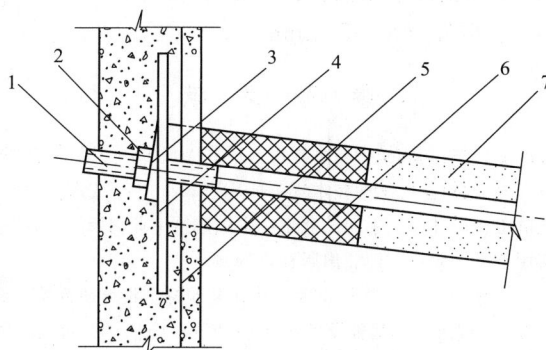

图12.9.5　土钉钢垫板放置在面层内

1—土钉钢筋；2—螺母；3—楔形垫圈；4—垫板

（—300×300×10）；5—钢筋网；6—止浆塞；7—砂浆

（4）加强钢筋一般用2Φ16，在土钉头之间通长设置，一般仅设置水平加强筋，当土钉垂直方向间距较大时，可在水平与垂直方向同时设置。

6. 为防止基坑边坡的裸露土体发生坍陷，对于土质较差，易塌的土体可采用以下措施：

（1）对修整后的边壁立即喷上一层薄的砂浆或混凝土，待凝结后再进行钻孔；

（2）在作业面上先构筑钢筋网喷混凝土面层，而后进行钻孔并设置土钉(图12.9.6a)；

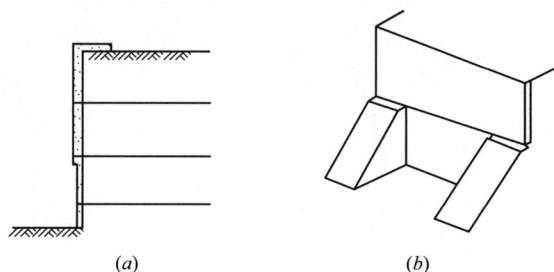

(a)　　　　　　　　　(b)

图12.9.6　易塌土层的施工措施

(a)先喷浆护壁后钻孔置钉；

(b)水平方向分小段间隔开挖

（3）在水平方向分小段间隔开挖（图 12.9.6*b*）；

（4）先将作业深度上的边壁做成斜坡，待钻孔并设置土钉后再清坡；

（5）当基坑边坡靠近重要建筑设施需严格控制支护变形时，宜在开挖前先沿基坑边缘设置密排的竖向微型桩（图 12.9.7），其间距不宜大于 1m，深入基坑底部1～3m。微型桩可用无缝钢管或焊接钢管，直径 48～150mm，管壁上应设置出浆孔。小直径的钢管可分段在不同挖深处用击打方法置入并注浆；大于 100mm 的钢管宜采用钻孔置入并注浆，在距孔底 1/3 孔深范围内的管壁上设置注浆孔，注浆孔直径 10～15mm，间距 400～500mm。

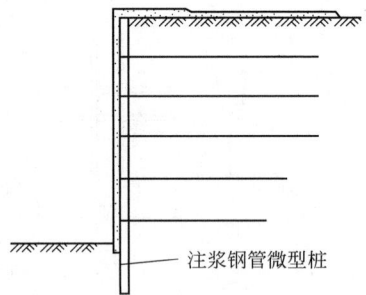

注浆钢管微型桩

图 12.9.7　超前设置微型桩
的土钉支护

参 考 文 献

[12-1]　中华人民共和国行业标准.《建筑基坑支护技术规程》JGJ 120—99. 北京：中国建筑工业出版社，1999

[12-2]　中华人民共和国行业标准.《建筑基坑工程技术规范》YB 9258—97. 北京：冶金工业出版社，1998

[12-3]　龚晓南，高有潮. 深基坑工程设计施工手册. 北京：中国建筑工业出版社，1998

[12-4]　程良奎等. 岩土加固实用技术. 北京：地震出版社，1994

[12-5]　国家建筑标准设计图集.《挡土墙》04J008. 北京：中国建筑标准设计研究院，2004

[12-6]　中华人民共和国国家标准.《建筑地基基础设计规范》GB 50007—2011. 北京：中国建筑工业出版社，2012

[12-7]　中华人民共和国国家标准.《建筑边坡工程技术规范》GB 50330—2002. 北京：中国建筑工业出版社，2002

第十三章　混凝土结构加固

第一节　加固基本原则

一、加固的原因和目的

房屋结构和一般构筑物的钢筋混凝土承重结构应具有足够的强度、刚度、抗裂度以及局部和整体的稳定性，以满足安全性、耐久性和适用性的要求。但是，在工程实践中，导致建筑物未能满足上述要求而需要进行加固补强的原因主要有以下几方面：

1. 勘察、设计和施工中的问题：由于勘察资料不准确、不齐全，设计不周，施工管理不严、施工质量欠佳以及建筑材料不符合要求等原因而造成的工程事故。

2. 使用功能改变：建筑物用途变更、工厂技术改造、设备更新以及厂房的改建、扩建，原有结构不能适应新的使用要求。

3. 自然灾害与偶然事故：地震、风灾、火灾、水灾、爆炸、滑坡、地基塌陷和其他事故。

4. 结构耐久性降低：由于建筑物所处环境条件影响，导致构件的裂缝、钢筋的锈蚀、混凝土的碳化和冻融、材料的老化等，影响结构的耐久性。

加固补强的目的主要是提高结构或构件的强度和刚度、稳定性和耐久性；提高结构的安全度以减少事故的隐患，从而延长结构的使用寿命，保证正常的使用要求。

二、加固的原则

根据加固工程的特点，加固设计除要求做到技术安全可靠、经济合理、施工简便、确保质量、环保节能并满足使用要求外，还应遵循下述原则：

1. 结构加固设计前，应遵照《工业建筑可靠性鉴定标准》GB 50144—2008 和《民用建筑可靠性鉴定标准》GB 50292 进行可靠性鉴定，根据鉴定结果，确定加固设计的内容和范围；同时，根据结构破坏后果的严重程度、结构的重要性、加固设计使用年限及使用单位的具体要求，确定加固后房屋建筑结构的安全等级。

2. 应尽量保留和利用原有的结构和构件，避免不必要的拆除和更换。保留部分要保证其安全性和耐久性；拆除部分要考虑对其材料加以回收和利用的可能性。

3. 应考虑综合技术经济指标，从设计和施工组织上采取有效措施，尽量缩短施工工期，减少停工、停产，尽可能不影响或少影响建筑物的正常使用。

4. 由于高温、高湿、低温、化学腐蚀、冻融、振动、温度应力、地基不均匀沉降等原因造成的原结构损坏，加固时必须同时考虑消除、减小或抵御这些不利因素的有效措施和防治对策，先治理后加固，合理安排治理与加固顺序以免加固后的结构继续受害，避免二次加固。

5. 结构或构件加固除满足承载力要求外，还要有足够的抗震能力，符合抗震设计的基本要求，不应存在因局部加强或刚度突变而形成新的对抗震不利的薄弱层或薄弱部位，同时也要注意由于结构刚度的增大而导致地震力增大所带来的影响。结构加固应满足抗震有关要求和提高结构的延性和整体性。

6. 加固设计除必须对结构的分析和承载力的校核和计算外，还要求新旧构件构造合理、连接可靠，新旧截面粘结牢固，保证可靠地协调受力。

7. 加固设计在可能的条件下考虑建筑美观，结合立面造型和室内装修，进行必要的建筑艺术处理，尽量避免遗留加固的痕迹。

8. 加固施工往往是在荷载存在的情况下进行，必须采取有效措施，如设置临时支撑，进行卸载处理等，对可能导致的倾斜、失稳、开裂或坍塌的混凝土结构，应事先采取安全措施和有效的防治对策，防止和避免在加固施工中发生安全事故。

9. 加固确有困难或通过经济综合比较确实不合理，而原结构损坏又不严重时，可采用改变结构用途或减少和限制荷载的方法进行处理。减载处理方法可改用轻质隔墙、轻质保温或隔热材料，上部结构改用钢结构；楼面的设备在工艺允许情况下合理挪位；减少或限制楼层的使用荷载等。

10. 混凝土结构加固的使用年限，应由业主和设计单位共同商定，一般情况下，宜按30年考虑。

11. 未经技术鉴定或设计许可，不得改变加固后结构的用途和使用环境。

12. 现有混凝土结构加固的构造设计和施工要求除符合《混凝土结构加固设计规范》GB 50367—2006 的规定外，尚应符合国家现行有关标准、规程及规范的规定。

三、减少结构加固面的途径

在保证结构或构件的安全条件下，可以采用一些调整结构内力的方法，改善结构和构件的受力状况，利用结构实际工作的有利因素，充分发挥结构的潜力，以减少结构加固面，具体做法可有以下几方面：

1. 当多跨厂房各列柱均需加固时：

(1) 重点加固某列柱，增大其刚度，使其他列柱减轻负荷，以减少或免除这些列柱的加固；

(2) 重点加固主跨，使副跨作为静定体系简支在主跨上，以免除副跨列柱的加固；

(3) 重点加固副跨，在使用允许条件下，可在一些副跨加设砖或钢筋混凝土横墙，利用副跨屋盖或楼盖的水平刚度，把部分厂房的水平力传递到副跨横墙，再由横墙传到基础，这样，主跨在支撑副跨屋盖或楼盖处的水平方向具有不动点，大大减小主跨柱的水平位移，提高了柱的承载力，以免除主跨柱的加固。

2. 单层厂房柱或框架底层柱，当柱子的承载力不足时，可以在地面以下，基础顶面以上的一定高度范围内做钢筋混凝土围套，这样缩短了柱子的计算长度，增大柱的稳定系数，从而提高了柱子的承载能力。一般要求柱加围套后与原柱的截面面积之比不宜小于3；惯性矩之比不宜小于10。

3. 增加屋面支撑和柱间支撑以加强结构的空间刚度，使结构可按整体空间工作，从而相应提高了结构承载力。

4. 在屋架或桁架系统中，当杆件的承载力不足时，可以增设支撑或辅助杆件，以减小构件的计算长度和长细比，使受压的杆件稳定系数增大，从而提高构件的抗压承载力。

5. 当框架结构因抗水平力而需要加固时，可以在某跨间增设剪力墙或消能支撑以提高框架结构抗水平荷载的能力和刚度。

6. 当框架、连续梁和单向连续板的承载力不足而需要加固时，对直接承受静力作用的结构，可恰当地考虑结构的塑性内力重分布，建立弹塑性的内力计算方法，不仅可以使结构的内力分析与截面计算相协调，而且还能更正确地估计结构的承载力；充分发挥结构的潜力；合理调整配筋，方便施工，从而达到少加固或不加固的目的。

7. 在有充分依据的情况下，还可以考虑结构实际工作的一些有利因素：如混凝土后期强度的增长；计算梁截面时考虑受压钢筋的作用；框架梁的支座弯矩考虑柱宽而调整到柱边的修正等。

四、加固方法的选择

根据上述加固原则，分析加固的原因，结合结构特点、当地具体条件和新的功能要求等因素，综合分析，确定加固方法。

当前工程实践中较为常用的几种加固方法列表如表 13.1.1 所示。

混凝土结构常用加固方法概况一览 表 13.1.1

加固方法	主要加固特点	适用范围
增大截面加固法	用增大结构构件截面面积，以提高其承载力和满足正常使用的传统加固方法。加固效果好、经济、适用面广，但施工复杂，湿作业工作量大，工期长，对房屋的净空和美观也会有一定影响。原构件混凝土等级不应低于 C10	板、梁、柱、墙、基础等一般构件
外包型钢加固法	在结构构件四角（或两角）包以型钢的一种传统加固方法。受力可靠、施工简便、工期短，使用空间影响小，但耗钢量较大，外露钢件应进行有效的防腐、防火处理	梁、柱、屋(桁)架
预应力加固法	采用外加预应力的钢拉杆、钢绞线或型钢撑杆是卸荷、加固及改变结构受力三者合一的加固方法。施工简便快捷，同时不影响使用，但要有一套施工预应力的工序及设备机具，要求长期使用环境温度不超过 60℃，否则应采取有效防护措施，外露预应力钢件，要求有效防锈蚀、防火处理	梁、板、柱、屋(桁)架
增设支点加固法	通过增设支点，减小结构跨度和内力，提高结构承载力的加固方法。受力明确、简单可靠、效果好，但使用空间受到一定影响	板、梁、桁架
粘贴钢板加固法	用结构胶把钢板粘贴在构件外部以提高结构承载力和满足正常使用的加固方法。施工工艺简单、速度快，对生产和生活影响小。要求长期使用环境温度不超过 60℃、相对湿度不超过 70%。对于高温、高湿、有害介质环境，有防火要求及直接暴露于阳光下的室外条件，应采用特种胶粘剂，且有专门的防护措施	梁、板、柱、墙、屋(桁)架
粘贴纤维复合材加固法	利用树脂胶结材料将纤维复合材粘贴于构件表面，从而提高结构承载力的加固方法。材料轻质高强、施工方便，适用面广。但耐老化性能较差，不耐火，不能焊接。要求长期使用环境温度不超过 60℃，相对湿度不超过 70%。对高温、高湿、存在有害介质环境及直接暴露于阳光下的室外条件应采用特种胶粘剂，且有专门的防护措施。原结构构件实际的混凝土强度等级不应低于 C15，且混凝土表面的正拉粘结强度不应低于 1.5MPa	板、梁、柱、墙、屋(桁)架
钢丝绳网片-聚合物砂浆外加层加固法	在结构构件表面加一层钢丝网片-聚合物砂浆，形成整体工作以提高其承载力和刚度的一种新型加固技术。易施工、效果好，具有一定耐老化、耐腐蚀特点，要求长期使用环境温度不超过 60℃，对于特殊环境下的混凝土结构应采用耐环境因素作用的聚合物配制砂浆，且采取相应的防护措施。原构件混凝土强度等级不应低于 C15，且混凝土表面的正拉粘结强度不应低于 1.5MPa	板、梁、柱和墙体

续表

加固方法	主要加固特点	适用范围
置换混凝土加固法	在承重结构中，存在着混凝土强度低、蜂窝、孔洞、疏松等质量问题，采用优质的混凝土将局部的劣质混凝土置换掉的加固方法，加固后可达到恢复结构原貌和基本功能的目的。施工工艺简单、费用低、不改变使用空间，但新旧混凝土的粘结力较差，湿作业期长	梁、柱、墙
绕丝加固法	在被加固构件表面缠绕退火的冷拔钢丝，使构件受到约束作用，从而提高其极限承载力和延性的一种加固方法。施工简单、不改变构件外形和使用空间，但适用面窄，对非圆形构件的作用不大	圆形或方形柱

第二节 材料和施工要求

一、材料

1. 根据加固结构的特点，加固使用的水泥宜选用快硬、早强、收缩性小的硅酸盐水泥或普通硅酸盐水泥，最好采用早强型水泥或微膨胀水泥，严禁使用安定性不合格的水泥、含氧化物的水泥、过期水泥和受潮水泥。

水泥强度等级不宜低于 42.5 级，配制聚合物砂浆用的水泥，其强度等级不应低于 42.5 级，且应符合聚合物砂浆产品证明书的规定。

2. 根据加固结构的特点，应采用收缩性小、微膨胀、粘结力强、早期强度高的混凝土。

(1) 结构加固用的混凝土等级应比原结构、构件混凝土强度等级提高一级且不应低于 C20 级。当原结构、构件混凝土强度较高时，如果采用与原结构相同的强度等级，必须采取技术措施以保证新、旧混凝土间有足够的粘结强度。

(2) 配制结构加固用的混凝土，粗骨料选用坚硬、耐久性好的碎石或卵石，不得使用含有活性二氧化硅石料制成的粗骨料。粗细骨料的品种和质量除应符合国家现行标准外，尚应符合以下规定：

1) 粗骨料的最大粒径：对现场拌合混凝土，不宜大于 20mm；对喷射混凝土或细石混凝土，不宜大于 12mm；对掺入短纤维的混凝土，不宜大于 10mm；

2) 细骨料选用中，细砂的细度模数不宜小于 2.5；

3) 聚合物砂浆的用砂，应采用粒径不大于 2.5mm 的石英砂配制的细度模数不小于 2.5 的中砂。

(3) 结构加固用的混凝土，当在现场搅拌时，不得掺入粉煤灰。当采用掺有粉煤灰的预拌混凝土时，其粉煤灰应为 I 级，且烧失量不应大于 5%。

(4) 当结构加固工程选用聚合物混凝土、微膨胀混凝土、喷射混凝土、钢纤维混凝土、合成短纤维混凝土时，或结构加固用的混凝土须采用早强、防冻或其他外加剂时，应在施工前进行试配，经检验其性能符合设计要求后方可使用。

(5) 普通混凝土中掺用的外加剂(不包括阻锈剂)，其质量及应用技术应符合现行国家标准的要求。结构加固用的混凝土不得使用含有氯化物或亚硝酸盐的外加剂；不得使用铝粉作为混凝土的膨胀剂；上部结构加固用的混凝土不得使用膨胀剂，必要时，应使用减缩剂。

3. 根据加固结构的特点，充分发挥加固部分的潜力，混凝土结构加固宜选用比例极限变形较小、强度较低、可焊性较好的热轧钢材。

（1）混凝土结构加固用的钢筋：

1）纵向受力钢筋宜采用 HRB 400 级热轧带肋钢筋；箍筋或构造钢筋宜采用 HPB 300 级热轧光圆钢筋；预应力筋宜采用预应力螺纹钢筋和钢绞线。

2）不得使用无出厂合格证、无标志或未经进场检验的钢筋以及再生钢筋（也称改制钢筋）。

3）加固用的钢筋应平直、无损伤、表面不得有裂纹、油污以及颗粒状或片状老锈，也不得将弯折钢筋敲直后作受力筋使用。

4）钢丝绳网片应根据设计规定选用小直径不松散的高强度钢丝绳或航空用高强度镀锌碳素钢丝绳在工厂预制。制作网片的钢丝绳，其结构形式应为 6×7＋IWS 金属股芯右交互捻钢丝绳或 1×19 单股左捻钢丝绳。钢丝绳不得涂有油脂。

（2）混凝土结构加固用的钢板、型钢、扁钢和钢管，一般采用 Q 235-B 级（3 号钢）的碳素结构钢或 Q 345-B 级（16Mn 钢）的低合金高强度结构钢。不得使用无出厂合格证、无标志或未经进场检验的钢材。

4. 混凝土结构加固中采用的金属连接件材料：

（1）当锚固件为钢螺杆时，应采用全螺纹的螺杆，不得采用锚入部位无螺纹的螺杆。螺杆的钢材等级应为 Q 345 级或 Q 235 级。

（2）当锚固件为锚栓时，应采用碳素钢、合金钢或不锈钢等钢材制作的。

（3）当锚固件为植筋时，应采用 HRB 400 级热轧带肋钢筋，不得使用光圆钢筋。

（4）混凝土结构加固中，一般采用电弧焊的焊接方法，焊条的型号应与被焊钢材的强度相适应。焊条应无焊芯锈蚀、药皮脱落等影响、焊条质量的损伤和缺陷；焊剂的含水率应符合现行国家相应产品标准规定。

5. 混凝土结构加固采用外贴纤维复合材时，选用的纤维必须是连续纤维，要求具有良好适配性的配套粘贴材料和表面防护材料。

（1）承重结构加固用的碳纤维，应选用聚丙烯腈基（PAN 基）12K 或 12K 以下的小丝束纤维。当有可靠工程经验，且有条件采用其他新品种碳纤维时，应按采用不符合工程建设强制性标准的新材料的有关规定办理行政许可手续后予以使用。

（2）承重结构加固用的玻璃纤维，必须选用高强度的 S 玻璃纤维或碱金属氧化物含量低于 0.8％的 E 玻璃纤维，严禁使用 A 玻璃纤维或 C 玻璃纤维。

（3）结构加固用的纤维主要力学性能和纤维复合材的安全性能指标必须符合有关规范的要求。

（4）符合规范规定安全性能指标要求的纤维复合材或板材，当它与其他改性环氧树脂胶粘剂配套使用时，必须重新做适配性检验。

（5）当进行材料性能检验和加固设计时，纤维复合材截面面积的计算应符合下列规定：

1）① 纤维织物应按纤维的净截面面积计算。净截面面积取纤维织物的计算厚度乘以宽度。纤维织物的计算厚度按其单位面积质量除以纤维密度（由厂商提供，并应出具独立检验或鉴定机构的抽样检测证明文件）确定。

② 单位碳纤维布单位面积质量不宜小于 $150g/m^2$，不宜大于 $450g/m^2$。

③ 单位玻璃纤维布的单位面积质量不宜小于 $300g/m^2$，不宜大于 $900g/m^2$。

2）① 单向纤维预成型板应按不扣除树脂体积的板截面面积计算，即应按实测的板厚度乘以宽度计算。

② 单向纤维预成型板的纤维体积含量不宜小于 60%。

（6）承重结构的现场粘贴加固，当采用涂刷法施工时，不得使用单位面积质量大于 $300g/m^2$ 的碳纤维织物；当采用真空灌注法施工时，不得使用单位面积质量大于 $450g/m^2$ 的碳纤维织物；在现场粘贴条件下，尚不得采用预浸法生产的碳纤维织物。

（7）纤维复合材的纤维应连续、排列均匀；织物尚不得有皱褶、断丝、结扣等严重缺陷；板材尚不得有表面划痕、异物夹杂、层间裂纹和气泡等严重缺陷。

（8）粘贴纤维复合材料进行抗弯加固和抗剪加固时，被加固混凝土构件的实测混凝土强度等级不应低于 C15 级，且混凝土表面的正拉粘结强度不应低于 1.5MPa；采用纤维复合材约束加固混凝土柱时，实测混凝土强度等级不应低于 C10。

6. 采用钢丝绳网片-聚合物砂浆外加层加固钢筋混凝土结构、构件时的材料选用

（1）钢丝绳网片

1）重要结构、构件，或结构处于腐蚀介质环境、潮湿环境和露天环境时，应选用高强度不锈钢丝绳制作的网片。高强度不锈钢丝应采用碳含量不大于 0.15%，硫、磷含量不大于 0.025% 的优质不锈钢制丝。

2）处于正常温度、温度环境中的一般结构、构件，可采用高强度镀锌钢丝绳制作的网片，但应采取有效的阻锈措施。高强度镀锌钢丝应采用硫、磷含量均不大于 0.03% 的优质碳素结构钢制丝；其锌层重量及镀锌质量应符合现行国家标准《钢丝镀锌层》GB/T 15393 对 AB 级的规定。

3）高强度不锈钢丝绳和高强度镀锌钢丝绳的抗拉强度标准值，抗拉强度设计值、弹性模量及拉应变设计值均应符合现行国家规范的规定。

4）钢丝绳网片应无破损、无死折、无散束，卡口无开口、脱落，主筋和横向筋间距均匀，表面不得涂有油脂、油漆等污物，网片主筋规格和间距应满足设计要求。

（2）结构加固专用界面剂

1）界面剂乳液的挥发性有机化合物和游离甲醛含量应符合有关规范的要求。

2）界面剂乳液不得受冻，无分层离析、结絮现象，无杂质，在有效使用期内。

3）配置界面剂的粉料不得受潮、结块，在有效使用期内。

（3）聚合物砂浆

1）品种的选用。

① 对重要构件的加固，应选用改性环氧类聚合物砂浆；

② 对一般构件的加固，可选用改性环氧类聚合物砂浆或改性丙烯酸酯共聚物乳液配制的聚合物砂浆；

③ 乙烯—醋酸乙烯共聚物配制的聚合物砂浆，仅允许用于非承重结构构件；

④ 苯丙乳液配制的聚合物砂浆不得用于结构加固；

⑤ 在结构加固工程中不得使用主成分及主要添加剂成分不明的任何型号聚合物砂浆；不得使用未提供安全数据清单的任何品种聚合物；也不得使用在产品说明书规定的贮存期

内已发生分相现象的乳液。

2）承重结构用的聚合物砂浆分为Ⅰ级和Ⅱ级。梁和柱的加固及原构件混凝土强度等级为C30～C50的板和墙的加固，均应采用Ⅰ级聚合物砂浆；原构件混凝土强度等级为C25及其以下的板和墙的加固，可采用Ⅰ级或Ⅱ级聚合物砂浆。

3）Ⅰ级和Ⅱ级聚合物砂浆必须进行基本性能检验，其各项性能指标必须满足规范要求。

4）混凝土结构加固用的聚合物砂浆，其粘结剪切性能必须经湿热老化检验合格。寒冷地区加固混凝土结构使用的聚合物砂浆，应具有耐冻融性能检验合格的证书。

5）配制聚合物砂浆用的聚合物乳液，必须进行毒性检验。乳液完全固化后的检验结果应达到实际无毒的卫生等级。

6）配制聚合物砂浆用的聚合物乳液不得受冻，无分层离析、结絮现象，无杂质，在有效使用期内，配制聚合物砂浆的粉料不得受潮、结块，应在有效使用期内使用。

7）聚合物砂浆内严禁含有氯化物和亚硝胶盐成分。

（4）原有构件混凝土的实际强度等级不应低于C15，且混凝土表面的正拉粘结强度不应低于1.5MPa。

7. 混凝土结构加固中应采用粘结强度高、收缩性小，抗老化、耐久性好、无毒的结构胶粘剂。

（1）承重结构用的胶粘剂，宜按其基本性能分为A级胶和B级胶；对重要结构、悬挑构件、承受动力作用的结构、构件，应采用A级胶；对一般结构可采用A级胶或B级胶。

（2）承重结构用的胶粘剂，必须进行安全性能检验。检验时，其粘结抗剪强度标准值应根据置信水平 $c=0.90$、保证率为95%的要求。

（3）浸渍、粘结纤维复合材的胶粘剂必须采用专门配制的改性环氧树脂胶粘剂，其安全性能指标必须符合规范的要求。承重结构加固工程中不得使用不饱和聚酯树脂、醇酸树脂等作浸渍、粘结胶粘剂。

（4）底胶和修补胶应与浸渍、粘结胶粘剂相适配，其安全性能指标应符合规范的要求。如选免底涂，且浸渍、粘结与修补兼用的单一胶粘剂，应有厂商出具免底涂胶粘剂的证书。

（5）粘贴钢板或外粘型钢的胶粘剂必须采用专门配制的改性环氧树脂胶粘剂，其安全性能指标必须符合规范的要求。

（6）种植锚固件的胶粘剂，必须采用专门配制的改性环氧树脂胶粘剂或改性乙烯基酯类胶粘剂（包括改性氨基甲酸酯胶粘剂），其安全性能指标必须符合规范的要求。种植锚固件的胶粘剂，其填料必须在工厂制胶时添加，严禁在施工现场掺入。

（7）钢筋混凝土承重结构加固用的胶粘剂，其钢-钢粘结抗剪性能必须经湿热老化检验合格。处于寒冷地区加固混凝土结构使用的胶粘剂，应具有耐冻融性能试验合格的证书。

（8）混凝土结构加固用的胶粘剂必须通过毒性检验。对完全固化的胶粘剂，其检验结果应符合实际无毒卫生等级的要求。

（9）加固工程中，严禁使用下列结构胶粘剂产品：

1）过期或出厂日期不明；

2）包装破损，或中文标志、产品使用说明书为复印件；

3）掺有挥发性溶剂或非反应性稀释剂；

4）固化剂主要成分不明或固化剂主要成分为乙二胺；

5）游离甲醛含量超标；

6）以"植筋-粘钢两用胶"命名。

8. 混凝土结构裂缝的修补应采用强度高、粘结力强、收缩性小、抗渗性能和抗老化性能较好的合成树脂或无机胶凝材料。

（1）修补裂缝的胶液和灌浆料的基本安全性能指标应符合规范的要求。

（2）改性环氧树脂类、改性丙烯酸酯类、改性聚氨酯类等的修补胶液（包括配套的打底胶和修补胶）和聚合物灌浆料等的合成树脂类修补材料，适用于裂缝的封闭或补强，可采用表面处理法或压力灌浆法进行修补。

（3）无流动性的有机硅酮、聚硫橡胶、改性丙烯酸酯、聚氨酯等柔性的嵌缝密封胶类修补材料，适用于活动裂缝的修补，以及混凝土与其他材料接缝界面干缩性裂隙的封堵。

（4）超细无收缩水泥灌浆料、改性聚合物水泥灌浆料以及不回缩微膨胀水泥等的无机胶凝材料类修补材料，适用于裂缝宽度大于 1mm 的静止裂缝的修补。

（5）E 玻璃或 S 玻璃纤维织物、碳纤维织物等的纤维复合材与其适配的胶粘剂，适用于裂缝表面的封护与增强。

9. 混凝土结构的钢筋防锈，宜采用喷涂型阻锈剂。

（1）承重构件应采用烷氧基类或氨基类喷涂型阻锈剂，其质量标准和性能指标应符合规范的规定。

（2）对掺加氯盐、使用除冰盐和海砂以及受海水侵蚀的混凝土承重结构加固时，必须采用喷涂型阻锈剂，并在构造上采取措施进行补救。

（3）对混凝土承重结构破损界面的修复，不得在新浇筑的混凝土中采用以亚硝酸盐类为主要成分的阳极型阻锈剂。

10. 在混凝土结构加固中所采用的材料（包括钢材、水泥、骨料、纤维和纤维复合材、胶料）的性能指标、质量标准以及相关的检验标准和测定方法除符合《混凝土结构加固设计规范》GB 50367—2006 中的规定外，尚应符合国家现行相关标准、规程、规范的规定和要求。

二、施工要求

（一）增大截面法

1. 原有构件混凝土表面处理：把构件表面的抹灰层或饰面层铲除，对混凝土表面存在的缺陷清理至露出骨料新面后，尚应将表面凿毛，要求打成麻坑或沟槽，坑和槽深度不宜小于 6mm，麻坑每 100mm×100mm 的面积内不宜少于 6 个；沟槽间距不宜大于150mm，采用三面或四面外包方法加固梁或柱时，应将其棱角打掉。

2. 由钢丝刷等工具清除混凝土表面的浮块、碎渣、粉末，并用压力水冲洗干净，若采用喷射混凝土加固，宜用压缩空气和水交替冲洗干净。如构件表面凹处有积水，应用麻布吸去。

3. 若原构件有裂缝，应采用相容性良好的裂缝修补材料进行修补。

4. 为了加强新、旧混凝土的整体结合，在浇筑混凝土前，在原有混凝土结合面上先涂刷一层高粘结性能的混凝土结构界面剂。

5. 为了提高新、旧混凝土粘结强度，增强结合面的抗剪能力，必要时还可在结合面凿小坑，埋入 $\phi 10$ 短钢筋，其长度为 $100\sim150\text{mm}$，伸进、出坑面各半，间距宜为 $200\sim300\text{mm}$ 呈梅花状，插入短钢筋后灌结构胶。

6. 在加固施工中，由于某种原因而不便在原有混凝土表面进行凿毛处理，也可在构件的结合面锚入锚栓。在安装锚栓前，应清除混凝土表面的污物，用 5% 的火碱溶液擦洗，并用清水冲洗干净。如锚栓的螺杆露出构件表面太短，可用些短角钢或铁件与原构件紧固，对于受弯构件，锚栓的直径和数量根据新、旧混凝土结合面的抗剪要求确定。

7. 加固钢筋和原有构件受力钢筋之间采用连接短钢筋焊接时，应凿除混凝土的保护层并至少裸露出钢筋截面的一半，对原有和新加受力钢筋都必须进行除锈处理，在受力钢筋上施焊前应采取卸荷载或临时支撑措施。为了减小焊接造成的附加应力，施焊时应逐根分区、分段、分层和从中部向两端进行焊接，焊缝要饱满，尽可能减少或避免对受力钢筋的损伤，应由有相当专业水平的技工来操作。

8. 对于原有受力钢筋在施焊中由于电焊过烧可能对其截面面积的削弱，计算时宜考虑折减系数为 $0.8\sim0.9$。

对于原有梁或柱上箍筋焊接新加的"U"形或"冂"形（"卷边槽型"）箍筋或在原有板下的钢筋焊接加固钢筋，一般原有钢筋或钢箍和新加钢筋或钢箍的直径不宜小于 8mm，同时在施焊时要求选择小直径焊条和控制焊接电流，以减少和避免钢筋过烧而造成钢筋截面面积的削弱。

9. 对于新加受力钢筋和原构件受力钢筋之间用短钢筋或扁钢连接时，一般采用水泥砂浆做保护层，其施工要求如下：

（1）在抹水泥砂浆保护层之前，应在原构件的接触面涂刷结构界面剂。

（2）抹灰分层、多遍成活，一般分为底层、中层和面层，各层所用的水泥砂浆的稠度控制如下：

底层：$100\sim120\text{mm}$；

中层：$70\sim80\text{mm}$；

面层：100mm。

（3）为了减少收缩差，抹灰时每层砂浆厚度不宜过大，一般在 $6\sim10\text{mm}$ 之间，每层抹灰应在前层砂浆初凝之后进行，以免几层湿砂浆合在一起，造成收缩率过大。

（4）为了保证砂浆与基层粘结牢固，抹灰时可在砂浆中掺入胶质悬浮剂材料。

（5）抹灰完毕应及时浇水养护，减少水泥砂浆收缩量，一般养护不少于 3 天。

10. 对于厚度小于 100mm 的混凝土加固层，宜采用细石混凝土。

11. 为了新浇混凝土的强度和新、旧结合面的粘结，应控制新浇混凝土的水灰比和坍落度，一般坍落度以 $40\sim60\text{mm}$ 为宜。

12. 由于构件的加固层厚度都不大，加固钢筋也较密，采用一般支模、机械振捣浇筑混凝土都会带来困难，也难以确保质量，因此，要求施工仔细，振捣密实，必要时配以喇叭浇捣口，使用膨胀水泥等措施。在可能条件下，还可采用喷射混凝土浇筑工艺，施工简便、保证质量，同时也提高混凝土强度和新、旧混凝土的粘结强度。

13. 由于原结构混凝土收缩已完成，后浇混凝土凝固收缩时易造成界面开裂或板面后浇层龟裂。因此，在浇筑加固混凝土 12 小时内就开始饱水养护，养护期为两周，要用两层麻袋覆盖，定时浇水。

（二）外包型钢加固法

1．湿式外包型钢

（1）清理、定位：清除原构件表面的尘土、浮浆、污垢、油渍、原有涂装、抹灰层或饰面层，如出现剥落、空鼓、腐蚀等老化现象的部位应予以剔除，用指定的修补材料修补，裂缝部位也进行填补和封闭处理。

（2）表面处理：

1）将混凝土结合面凿毛（但不应凿成沟、槽），然后打磨平整。加固梁和柱时，应将其截面的棱角打磨成半径 $r \geqslant 7mm$ 的圆角，并用钢丝刷刷毛，用压缩空气吹净。

2）原构件混凝土表面的含水率不宜大于 4%，且不应大于 6%，若其含水率降不到 6% 时，应改用高潮湿面专用的结构胶进行粘合。

3）角钢、扁钢及箍板与混凝土的结合面应除锈和糙化处理，糙化可采用喷砂或砂轮打磨，有砂轮磨光机打磨出金属光泽，其糙度越大越好，打磨纹路应与钢材受力方向垂直，最后用丙酮或二甲苯擦净。

（3）骨架安装：

1）在混凝土的结合面刷一薄层结构界面剂或环氧树脂浆。

2）采用专门卡具将角钢及扁钢箍卡贴于构件预定结合面，并箍牢和顶紧，应在原构件表面上每隔一定距离粘贴小垫片，使钢骨架与原构件之间留有一定的缝隙，以备注胶液。

3）型钢骨架各肢安装并校准后应彼此进行焊接，扁钢箍与角钢应采用平焊连接，若扁钢箍焊在角钢外表面上，应用环氧胶泥填塞扁钢箍与混凝土之间的缝隙。

4）封缝：型钢骨架全部杆件的缝隙边缘，应采用封缝胶或环氧胶泥进行严密封缝，应保持杆件与原构件混凝土之间注胶通道畅通，型钢骨架上的注胶孔、排气孔的位置和间距应按产品使用说明书的规定采用，待封缝胶固化后，进行通气试压。

5）封缝、注胶等工序均应在型钢构架全部焊接完成后才进行。

（4）注胶：

1）灌注用的结构胶粘剂应经试配，并测定其初黏度；对结构构造复杂工程和夏季施工工程还应测定其适应期。

2）灌注压力的取值应按产品使用说明书提供了合适的压力范围及推荐值，即可按其推荐的灌注压力对加压注胶全过程进行实时控制。压力应保持稳定。当排气孔出现浆液后，应停止加压，并以环氧胶泥封堵排气孔，再以较低压力维持 10min 以上方可停止注胶。

3）胶缝厚度宜控制在 3～5mm；局部允许有长度不大于 300mm，厚度不大于 8mm 的胶缝，但不得出现在角钢端部 600mm 范围内。

4）被加固构件注胶后的外观应无污渍、无胶液挤出的残留物；注胶孔和排气孔的封闭应平整；注胶咀底座及其残片应全部铲除干净。

（5）养护：注胶施工结束后，应静置 72h 进行固化过程的养护。养护期间，被加固部位不得受任何撞击和振动的影响。

2．干式外包型钢：在钢骨架与原构件之间缝隙的充填，有填塞胶泥和注浆两种不同的材料和施工方法：

（1）清理、定位：见湿式外包型钢。

（2）表面处理：原构件混凝土表面应清理洁净，打磨平整，以能安装角钢肢为度。混凝土截面的棱角应进行圆化打磨，圆化半径应不小于 20mm，磨圆的混凝土表面应无松动的骨料和粉尘，若钢材表面的锈皮、氧化膜对涂装有影响，也应予以除净。

（3）骨架安装：

1）采用专门卡具将角钢卡贴于构件预定部位，并箍牢和顶紧，应在原构件表面上，每隔一定距离粘贴小垫片，使钢骨架与原构件之间留有 4～5mm 的缝隙，以备填塞胶泥或压入注浆料。

2）将扁钢箍与角钢焊接，一般扁钢箍焊于角钢外面上，如灌注充填用注浆料时，也应采用平焊的方法。

3）封缝：采用注浆料充填钢骨架与杆件之间的缝隙，就必须对其边缘进行严密封缝，具体做法可参见湿法外包型钢。

（4）填塞胶泥或注浆：

1）钢骨架与原构件之间的空隙采用环氧胶泥干捻塞紧、填实。

2）钢骨架与原构件之间的空隙采用水泥基注浆料灌注充填，水泥基注浆料应按规范进行试配和检验，加压注浆的方法及工序与湿式外包型钢的注胶类同。

（5）养护：填塞胶泥或注浆完毕后，应静置固化，并按有关产品说明书要求的固化环境气温和固化时间进行养护，在固化过程中，严禁对钢骨架进行锤击和扰动。

3. 外包型钢加固的防护：外包型钢加固混凝土构件时，型钢表面（包括混凝土表面）必须进行防护处理，可以在外包型钢的表面点焊一层钢丝网，然后用高强度等级的水泥砂浆抹不小于 25mm 厚的保护层，也可采用聚合物砂浆或其他具有防腐和防火性能的饰面材料加以保护。

（三）预应力加固法

1. 预应力拉杆加固

（1）采用预应力拉杆加固时，其预应力的施工方法宜根据工程条件和需加预应力的大小选定，预应力较大时宜用机械张拉法或电热法；预应力较小（在 150kN 以下）且工厂要求不停产时，则宜采用横向张拉法。

（2）拉杆在安装前必须进行检查、校正、调直，拉杆几何尺寸和安装位置必须准确。

（3）张拉前应对接头、螺杆、螺帽的质量进行认真检查，并做好记录，以保证拉杆传力可靠，避免张拉过程中断裂或滑动，造成事故。

（4）预应力拉杆端部的传力结构质量很重要，应要求有施工记录、检查记录，即检查锚具附近细石混凝土的填灌、钢托套与原构件间空隙的填塞，拉杆端部与预埋件或钢托套的连接焊缝等，并详细记录施工日期、负责施工和负责检查人员、质量检查结果、试验数据等等。预加应力的施工应在质量检查合格后进行。

（5）横向张拉控制，可先适当拉紧螺栓，再逐渐放松，至拉杆仍基本上平直而并未松弛弯垂时停止放松，记录这时的有关读数，作为控制横向张拉量 ΔH 的起点。

（6）横向张拉分一点张拉和两点张拉。两点张拉必须同时拧紧螺栓，扳手的转数应彼此相同，保证两点均匀张拉。

（7）当横向或竖向张拉量达到要求后，宜用点焊将拧紧螺栓上的螺帽固定，切除栓杆伸出螺帽以外部分，然后涂防锈漆或防火保护层。

（8）预应力拉杆的锚固件应用高强度水泥砂浆、铁屑砂浆牢固粘结在坚实的混凝土基层上，必要时还应加上锚栓加强，结合面应进行粗糙和清洁处理。

（9）对于较大跨度的构件（如屋架、屋面梁），进行张拉钢筋时，应做好变形观测，如发现起拱或产生左右扭曲，应立即停止张拉，待慎重检查并处理后，方可继续进行张拉。

（10）防火保护层的一般做法是采用直径 1.5～2mm 的软钢丝缠绕加固后的拉杆及附件，或用钢丝网包裹构件，然后抹水泥砂浆保护层，其厚度不宜小于 30mm。若环境条件有较强腐蚀作用，可在水泥砂浆保护层外再涂防侵蚀的特种油漆或涂料。

2. 预应力撑杆加固

（1）宜在施工现场附近，先用缀板焊连两个角钢，形成压杆肢，然后在压杆肢中点处，将角钢的侧立肢切割出三角形缺口，弯折成所设计的形状；再将补强钢板弯好，焊在弯折后角钢的正肢上（见图 13.2.1）。

（2）撑杆末端处角钢（及其垫板）与构件混凝土间的嵌入深度、传力焊缝的施焊工艺数据、焊工及检查人员、质量检查结果等均应有记录，检查合格后，将撑杆两端用螺栓临时固定，然后进行填灌。传力处细石混凝土或砂浆填灌的施工日期、负责施工及负责检查人员、有关配合比及试块试验数据，施加预应力时混凝土的龄期等均要有检查记录。施工质量经检查合格后，方可进行横向张拉。

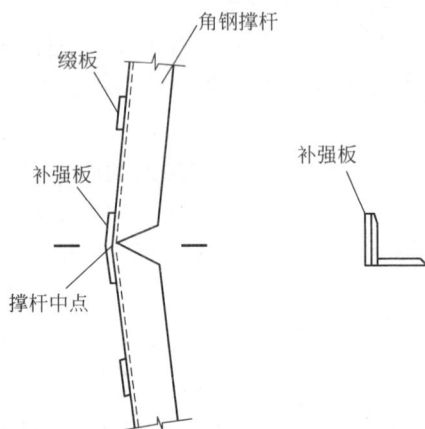

图 13.2.1　角钢缺口加强

（3）预应力撑杆的横向张拉量应按计算结果认真进行控制，两根拉紧螺栓应同步拧紧，确保两点均匀张拉。

（4）横向张拉完毕后，应用连接板焊连双侧加固的两个压杆肢，单侧加固时用连接板焊连在被加固柱另一侧的短角钢上，以固定压杆肢的位置。焊接连接板时，应防止预压应力因施焊时受热而损失；可采取上下连接板轮流施焊或同一连接板分段施焊等措施来防止预应力损失，焊好连接板后，撑杆与被加固柱之间的缝隙，应用砂浆或细石混凝土填灌密实。

（5）加固的压杆肢、连接板、缀板和拉紧螺栓等均应采用有效的防腐、防火的保护措施。

（四）增设支点加固法

1. 采用预加力增设支点加固时，除直接卸除梁、板荷载外，预加力应采用测力计控制。若仅采用打入钢楔以变形控制，应先进行试验，在确知支撑为 N 与变位 Δ 关系后，方可应用。

2. 若采用湿式连接，在节点处梁及柱与后浇混凝土的接触面，应进行凿毛、清除浮渣、洒水湿润，浇筑前最好在结合面涂刷一层结构界面剂，然后用微膨胀混凝土浇筑为宜。

3. 若采用型钢套箍干式连接，型钢套箍与梁接触面间应用水泥砂浆坐浆，待型钢套箍与支柱焊牢后，再用较干硬砂浆将全部接触缝隙塞紧填实；对于楔块顶升法，顶升完毕后，应将所有楔块焊连，再用环氧砂浆封闭。

（五）粘贴钢板加固法

粘贴钢板加固的效果主要取决于粘结施工质量，粘钢加固施工应严格按下列工艺流程进行，并由专业化施工队伍施工：

$$表面处理 \rightarrow \begin{Bmatrix} 卸荷 \\ 配胶 \end{Bmatrix} \rightarrow 涂敷胶及粘胶 \rightarrow 固定与加压 \rightarrow 固化 \rightarrow 检验 \rightarrow 防腐粉刷$$

1. 表面处理：表面处理包括加固构件结合面处理和钢板贴合面处理，它是粘钢加固施工过程最关键的工序。首先应打掉构件的抹灰层，如局部有凹陷、破损，应凿毛后用高强度水泥砂浆或修补胶修补后再进行处理。对裂缝部位也应封闭处理。

（1）对于混凝土构件结合面应根据构件表面的新旧、坚实、干湿程度，分别按以下四种情况处理：

1）对很旧很脏的混凝土构件的结合面，应先用硬毛刷沾高效洗涤剂，刷除表面油垢污物后用水冲洗，再对粘合面进行打磨，除去 2～3mm 厚表层，直至完全露出新面，并用无油压缩空气吹除粉粒。

2）如果混凝土表面不是很脏很旧，则可直接对粘合面进行打磨，去掉 1～2mm 厚表层，使之平整，用压缩空气除去粉尘，或用清水冲洗干净，待完全干燥后，再用脱脂棉花沾丙酮擦拭表面即可。

3）对于新混凝土粘合面，先用磨机将粘合面磨平，用钢丝刷将表面散松浮渣刷去，再用硬毛刷沾洗涤剂洗刷表面，或用有压冷水冲洗，待完全干后即可涂结构胶粘剂。

4）外粘钢板部位的混凝土，其表层含水率不宜大于 4%，且不应大于 6%。对含水率超限的混凝土梁、柱、墙等，应改用高潮湿面专用的胶粘剂。对俯贴加固的混凝土板，若有条件，也可采用人工干燥处理。

（2）对于钢板贴合面，应根据钢板锈蚀程度，分别按以下两种方法处理：

1）如钢板未生锈或微锈蚀，可用喷砂、砂布或干砂轮打磨，直至出现金属光泽。打磨粗糙度越大越好，打磨纹路尽量与钢板受力方向垂直，然后用脱脂棉花沾丙酮擦洗干净。

2）如钢板严重锈蚀，须先用适度盐酸浸泡 20 分钟，使锈层脱落，再用石灰水冲洗，中和酸离子，然后用平砂轮打磨出纹道，最后用丙酮擦拭干净。

（3）若需在钢板和混凝土钻制锚栓孔，应先探明混凝土中原钢筋位置，并在画线定位时予以避让。若探测有困难，且已在钻孔过程中遇到钢筋的障碍，允许移位 $2d$（d 为钻孔直径）重钻，但应用植筋胶将废孔填实。

钻好的孔洞，应采用压缩空气吹净孔内及周边的粉尘、碎渣；若孔壁的混凝土含水率超限，宜用电热棒吊入烘烤孔壁。

（4）钢板粘贴前，应用工业丙酮擦拭钢板和混凝土的粘合面各一道。若结构胶粘剂产品使用说明书要求刷底胶，应按规定进行涂刷。

2. 卸荷：为减轻和消除后粘钢板的应力、应变滞后现象，粘贴钢板前宜对构件进行卸荷，如用千斤顶顶升方式卸荷，对于承受均布荷载的梁，应采用多点（至少两点）均匀顶升；对于有次梁作用的主梁，每根次梁下要设一个千斤顶。顶起吨位以顶面不出现裂缝为准。

3. 配胶：粘贴钢板使用的结构胶粘剂在使用前应进行现场质量检验，合格后方能使用，使用时应按产品说明书规定进行配制，一般采用低速搅拌器搅拌至色泽均匀为止，容器内不得有油污，搅拌时应避免水、油、灰尘等杂质进入容器，并按同一方向进行搅拌，以免带入空气形成气泡，降低粘结性能。

4. 涂敷胶及粘贴：胶粘剂配制好后，用抹刀同时涂抹在已处理好的混凝土表面和钢板上，然后将钢板贴于预定位置。为使胶能充分浸润、渗透、扩散、粘附于结合面，宜先用少量胶于结合面来回刮抹数遍，粘贴后的胶层平均厚度应控制在 2～3mm，俯贴时，胶层宜中间厚、边缘薄；竖贴时，胶层宜上厚下薄；仰贴时，胶液的垂流度不应大于 3mm。

5. 固定与加压：钢板粘贴时表面应平整，段差过渡应平滑，不得有折角。钢板粘贴后应立即用卡具夹紧或支撑，最好是采用锚栓固定，并适当加压，加压点均匀布置，其之间距离不应大于 500mm，加压顺序应从钢板的一端向另一端逐点加压，或由钢板中间向两端逐点加压；不得由钢板两端向中间加压。加压时，应按胶缝厚度控制在 2～2.5mm 进行调整。锚栓一般是钢板的永久附加锚固，其埋设孔洞应与钢板一道于涂胶前配钻。在任何情况下，均不得考虑锚栓与胶层的受力。

6. 混凝土与钢板粘结的养护温度不低于 15℃时，固化 24 小时即可卸除加压夹具或支撑；3 天后可进入下一工序。若养护温度低于 15℃，应按产品使用说明书的规定，采取升温措施或改用低温固化型结构胶粘剂。固化期间不得对钢板有任何扰动。

7. 钢板与混凝土之间的粘结质量可用锤击法或其他有效探测法进行检查。按检查结果推定的有效粘贴面积不应小于总面积的 95%。

检查时，应将粘贴的钢板分区，逐区测定空鼓面积（即无效粘贴面积）；若单个空鼓面积不大于 10000mm²，可采用钻孔注射法充胶修复；若单个空鼓面积大于 10000mm，应揭去重贴，并重新检查验收。

对于重大工程，为真实检验其加固效果，尚需抽样进行荷载试验，一般仅作标准使用荷载试验，即将卸去的荷载重新全部加上，其结构的变形和裂缝开展应满足设计要求。

8. 防腐粉刷：粘贴钢板加固的钢板，应按设计要求进行防腐处理。可在钢板表面粉刷水泥砂浆保护，如钢板面积较大，为了有利于砂浆粘结，可粘一层铅丝网或点粘一层细石，并在抹灰时涂刷一道混凝土界面剂。水泥砂浆的厚度：对于梁不应小于 20mm；对于板不应小于 15mm。

（六）粘贴纤维复合材加固法

粘贴纤维复合材加固混凝土时，其施工必须遵循下列工序进行：

施工准备→表面处理→涂刷底层树脂→找平处理→粘贴纤维复合材→养护→施工质量检验→表面防护。

1. 施工准备：

（1）根据设计图纸，确定加固范围，在加固部位放线定位。

（2）对施工现场的环境温度、相对湿度及粘贴部位混凝土表面含水率进行测量，并采取相应措施。

1）施工宜在环境温度为 5～35℃ 的条件下进行，当环境温度低于 5℃时，应采用适用于低温环境的配套树脂或采取升温措施。

2）当环境湿度超过 70％时，应计入环境湿度对树脂固化的不利影响。

3）粘贴纤维复合材部位的混凝土，其表层含水率不宜大于 4％，且不应大于 6％。对含水率超限的混凝土应进行人工干燥处理，或改用高潮湿面专用的结构胶粘贴。

2. 表面处理：

（1）清除被加固构件表面的剥落、疏松、蜂窝、腐蚀等劣化混凝土部分，至露出混凝土结构层。对于较大面积的劣质层，在剔除后应用聚合物水泥砂浆进行修补。

（2）若有裂缝，应按设计要求对裂缝进行灌缝或封闭处理。然后用裂缝修补胶等将表面修复平整。

（3）粘贴部位的混凝土，若其表面坚实，必应除去表面浮浆层和油污等杂质，并打磨平整，直至露出混凝土结构新面，且平整度应达到 5mm/m；模板接头处、模板段差均须打磨平整形成平顺斜面；转角粘贴处要打磨成圆弧状，圆弧半径应不小于 20mm。

（4）表面打磨后，应用强力吹风器或吸尘器将表面粉尘彻底清除干净并保持干燥。

3. 涂刷底胶：

（1）当粘贴纤维材料采用粘结材料是配有底胶的结构胶粘剂时，应按底胶使用说明书的要求进行涂刷和养护，不得擅自免去涂刷底胶的工序。若粘贴纤维材料采用的粘结材料是免底涂胶粘剂，应检查产品有关证明书并得到有单位确认后，方允许免涂底胶。

（2）底胶应按产品使用说明书提供的工艺要求进行配制，用滚筒刷或特制的毛刷将底层胶均匀涂抹在已用丙酮擦净的混凝土表面，要求含胶饱满，不得漏刷、有流淌或气泡，当底胶表面指触干燥后才可进行下一道工序。若在底胶指触干燥时，未能及时粘贴纤维材料，延误时间超过 1h，则应等待 12h 后粘贴，且应在粘贴前用细软羊毛刷或洁净棉纱团沾工业丙酮擦拭一遍，以清除不洁残留物和新落的灰尘。调好的底胶应在规定的时间内用完。

4. 找平处理：应按产品使用说明书提供的工艺要求进行配制修补胶。经清理打磨后的混凝土表面，若有凹陷部位，用修补胶填补平整；若有凸起处，应用细砂纸磨光，并应重刷一遍。不应有棱角，转角部位应用修补胶修复为光滑圆弧，宜在修补胶表面指触干燥后尽快进行下一工序。

5. 粘贴纤维材料：浸渍、粘结专用的结构胶粘剂，应按产品使用说明书提供的工艺要求进行配制；拌合应采用低速搅拌机充分搅拌；拌好的胶液色泽应均匀、无气泡；其初黏度应符合规范的要求；胶液注入盛胶容器后，应采取措施防止水、油、灰尘等杂物混入。

（1）纤维织物应按下列步骤和要求粘贴：

1）按设计要求的尺寸裁剪纤维织物，其宽度不宜小于 150mm；且不应小于 100mm，严禁折叠；若纤维织物原件已有折痕，应裁去有折痕一段织物；

2）将配制好的浸渍、粘结专用的结构胶粘剂均匀涂抹于需要粘贴部位的混凝土面上。在搭接、混凝土拐角等部位要多涂刷一些，涂刷厚度要比底胶稍厚，严禁出现漏刷现象，要特别注意粘贴纤维织物的边缘部位；

3）将裁剪好的纤维织物敷在涂好结构胶粘剂的基层上。织物应充分展平，不得有褶皱；

4）用专用的滚筒顺纤维方向在已贴好纤维织物的面上多次滚压，挤除气泡，使胶液充分浸透纤维织物中，滚压时不得损伤纤维织物；

5）多层粘贴时，逐层重复上述步骤。应在纤维织物表面指触干燥后立即进行下一层的粘贴。如超过60分钟，则应等12小时后，才能涂刷结构胶粘剂粘贴下一层，但粘贴前应重新将织物粘合面上的灰尘擦拭干净；

6）在最后一层纤维织物的表面应均匀涂抹一道浸渍，粘结专用的结构胶。

（2）预成型板应按下列步骤和要求粘贴：

1）按设计要求的尺寸切割预成型板，当采用表面未经粗糙化处理的预成型板时，应将预成型板粘贴面打磨处理。

2）将预成型板要粘贴的表面用丙酮擦拭干净，并用白布擦拭检查无碳粒为止。再将配制好的胶粘剂即时涂刷在预成型板上，使胶层呈中间突起，平均厚度为1.5～2mm（图13.2.2）。

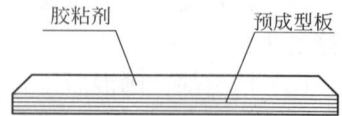

图13.2.2　胶粘剂在预成型板上示意图

3）将涂有胶粘剂的预成型板用手轻压贴于需粘贴的位置，用特制橡皮滚筒顺纤维方向均匀平稳压实，使胶液从板两侧边溢出，保证密实无空洞。当平行粘贴多条预成型板时，两条板带之间的空隙应不小于5mm。注意在加压时，不要使板移动错位。

4）需粘贴两层预成型板时，应连续粘贴。底层预成型板的两面均应粗糙并擦拭干净。如不能立即粘贴，应在重新开始粘贴前，对底层预成型板表面重做清洁工作。

6. 养护：纤维复合材胶粘完毕后应静置固化，并应按胶粘剂产品说明书规定的固化环境温度和固化时间进行养护。

7. 施工质量检验：纤维复合材与混凝土之间的粘结质量可用锤击法或其他有效探测法进行检查。根据检查结果确认的总有效粘结面积不应小于总粘结面积的95%。

探测时，应将粘贴纤维复合材分区，逐区测定空鼓面积（即无效粘结面积）；若单个空鼓面积不大于10000mm²，允许采用注射法充胶修复；若单个空鼓面积≥10000mm²，应割除修补，重新粘贴等量纤维复合材。粘贴时，其受力方向（顺纹方向）每端的搭接长度不应小于200mm；若粘贴层数超过3层，该搭接长度不应小于300mm；对非受力方向（横纹方向）每边的搭接长度可取为100mm。

8. 表面防护：纤维复合材不能当作防护材料使用，当被加固混凝土结构有防护要求时，采用纤维复合材加固修复也应采取相应的防护措施，同时必须保证防护材料与浸渍、粘结专用的结构胶粘剂粘结可靠。

一般情况下均需考虑防火要求，选用的防火材料及其处理方法应使加固后建筑物达到要求的防火等级。当被加固结构处于其他特殊环境（腐蚀、放射、高温等）时，应根据具体情况采取可靠的防护措施和选择有效的防护材料。

（七）钢丝绳网片-聚合物砂浆外加层

钢丝绳网片-聚合物砂浆外加层加固施工工艺过程可表示如下：

放线定位、基层处理→钢丝绳网片安装（钢丝绳网片下料→安装钢丝绳端部套环→钻孔→钢丝绳网片一端固定→钢丝绳网片绷紧、固定→钢丝绳网片调整、定位）→基层清理养护→界面剂涂刷施工（界面剂配制→界面剂涂刷）→聚合物砂浆抹灰施工（聚合物砂浆配制→第一层聚合物砂浆抹灰→后续聚合物砂浆抹灰）→养护→施工质量检验→防护。

1. 放线定位、基层处理

按图纸现场放线定位，确定加固范围。清除混凝土结构原有抹灰等装修面层，应处理至裸露原结构坚实面，基层处理的边缘应比设计抹灰尺寸外扩50mm。对松散、剥落等缺陷较大的部分剔除后应涂刷界面剂后并用聚合物砂浆进行修补，表面刮毛，经修补后的基面必须适时进行喷水养护，养护时间不得少于24小时，若混凝土有裂缝，还应用结构加固用的裂缝修补胶进行修补。待加固的构件基面必须用水将其浸透，以免结构加固外加层与原结构产生空鼓。基层处理除上述要求外尚应满足设计要求。

2. 钢丝绳网片安装：宜采用喷涂型阻锈剂进行处理。

（1）钢丝绳网片下料：应按照设计文件的说明和加固的具体部位尺寸进行钢丝绳网片下料。下料尺寸应考虑钢丝绳绷紧时的施工余量和端头错开锚固的构造要求（图13.2.3）。

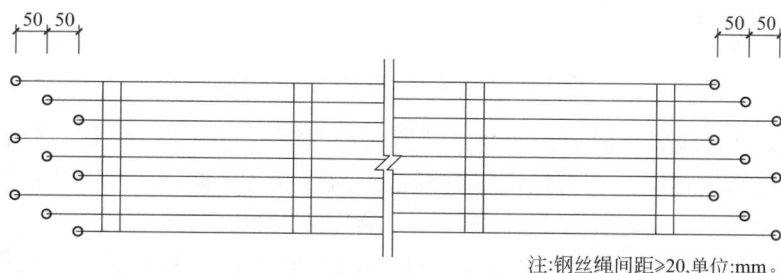

注:钢丝绳间距≥20,单位:mm。

图13.2.3 钢丝绳网端部错开锚固示意图

用钢丝绳网片单向双层加固构件时，两层钢丝绳网片端部锚固区位置应错开100mm（图13.2.4）。钢丝绳裁剪时不得使断口处钢丝散开。

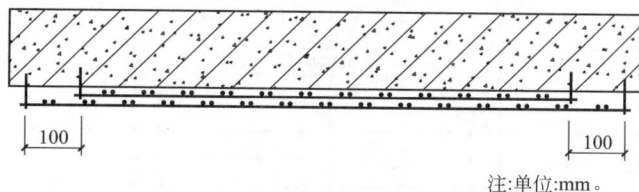

注:单位:mm。

图13.2.4 单向双层钢丝绳网端部锚固区错开示意图

（2）安装钢丝绳端部套环：在钢丝绳网片的主筋端部安装套环，套环安装应保证夹裹力一致，安装牢固。钢丝绳端部应从套环包裹处露出少许，以不影响网片安装为宜（图13.2.5）。

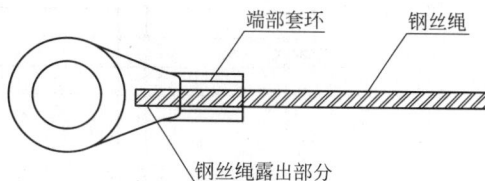

（3）钻孔：钻孔采用$\phi6$钻头，钻孔深度控制在$40\sim45$mm。钻孔位置要符合设计要求，同时注意采取有效方法避让构件原有钢筋并满足端头错开锚固的构造要求。

图13.2.5 钢丝绳网端部套环安装示意图

（4）钢丝绳网一端固定：确认钢丝绳网片布置的纵横方向及正反面，平行于主受力方向钢丝绳在加固面外侧，垂直于主受力方向钢丝绳在加固面内侧。有抗弯和抗剪两层钢丝绳网片的必须先布置抗弯钢丝绳网片，再布置抗剪钢丝绳网片。钢丝绳网片固定必须采用打入式专用金属胀栓，穿过端部套环锤击至已钻好孔中。为避免钢丝绳网片滑落，可采用 U 形卡具卡在胀栓顶部和套环之间(图 13.2.6)。

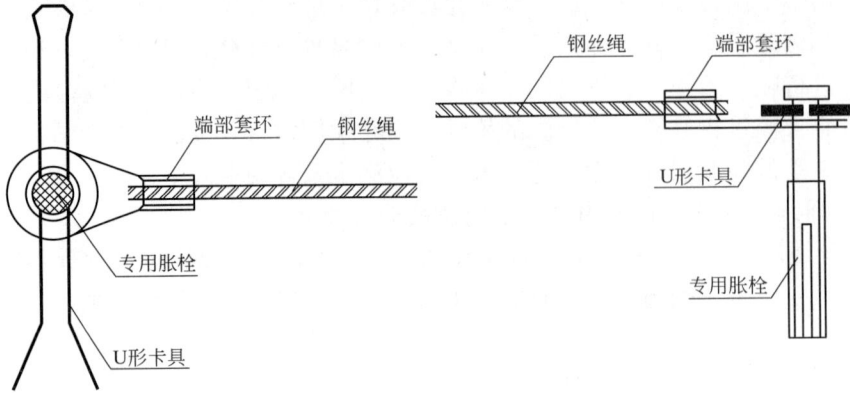

图 13.2.6　U 形卡具环安装示意图

（5）钢丝绳网片绷紧、固定：专业紧丝器将钢丝绳网片绷紧，绷紧的程度为钢丝绳平直，用手推压受力钢丝绳，有可以恢复绷紧状态的弹性。根据钢丝绳网片预计绷紧位置钻孔，钢丝绳拉紧后采有专用金属胀栓将其另一端固定于加固构件上。

（6）钢丝绳网片调整、定位：调整安装过程中扯动的钢丝绳网连接点，保持钢丝绳网片间距均匀，纵横向钢丝绳垂直。在钢丝绳网片的纵横交叉的空格处钻孔，用专用金属胀栓和 U 形卡具固定网片。胀栓间距按照设计文件要求确定，一般对于板面胀栓布置间距为 300mm，呈梅花形布置(图 13.2.7)，对于梁其胀栓间距为 300mm，每一截面不少于两个胀栓。

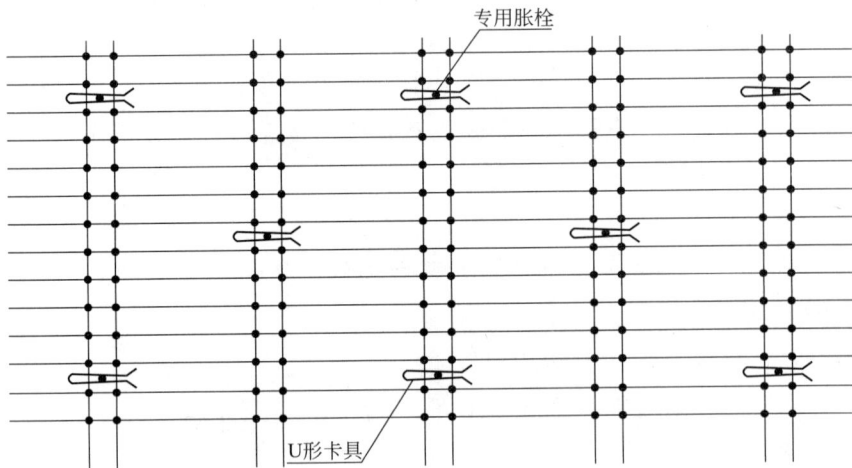

图 13.2.7　梅花形胀栓布置示意图

（7）钢丝绳网片需要搭接时，沿主筋方向的搭接长度应符合设计要求，如设计未注明，其搭接长度不应小于 200mm，且不应位于受力最大位置。

3. 基层清理养护

用高压气泵将构件加固面上因作业带来的浮尘、浮渣，尤其胀栓周围清理干净。在喷涂界面剂之前，应提前 6 小时对被加固构件表面进行喷水养护保持湿润，并晾至构件表面潮湿且无明水。

4. 界面剂施工

（1）界面剂配制：界面剂乳液应采用液状产品，按产品使用说明将界面剂乳液与粉料按规定配比在搅拌桶中配制，用电动搅拌器搅拌均匀。

（2）界面剂喷涂：基层养护完成后即可涂刷或喷涂界面剂。界面剂施工应按聚合物砂浆抹灰施工段进行，界面剂应随用随搅拌，分布应均匀，尤其是被钢丝绳网片遮挡的基层。

5. 聚合物砂浆抹灰

（1）聚合物砂浆配制：按照产品说明要求配比进行砂浆的配制，采用小型砂浆搅拌机进行搅拌，搅拌约 3～5 分钟至均匀，然后倒入灰桶进行抹灰。拌好的砂浆，其色泽应均匀、无结块、无气泡、无沉淀、并应防止水、油、灰尘等混入。一次搅拌的聚合物砂浆不宜过多，要根据施工进度进行制备，以免制备的砂浆存放时间过长，砂浆存放时间不得超过 30 分钟。

（2）第一层聚合物砂浆抹灰：在界面剂凝固前抹第一遍聚合物砂浆。第一遍聚合物砂浆施工时应使用铁抹子压实，使聚合物砂浆透过钢丝绳网片与被加固构件基层结合紧密。第一遍抹灰厚度以基本覆盖钢丝绳网片为宜。第一遍抹灰表面应拉毛，为下层抹灰做好准备。

（3）后续聚合物砂浆抹灰：后续抹灰应在前次抹灰初凝时进行，后续抹灰的分层厚度控制在 10～15mm。抹灰要求挤压密实，使前后抹灰层结合紧密。如尚未抹至设计厚度，抹灰表面应拉毛，为下层抹灰做好准备；如已抹至设计厚度，表面用铁抹子抹平、压实、压光。

采用钢丝绳网片单向双层加固构件时，应于安装第一层网片后进行界面剂和抹灰施工至将钢丝绳网片基本覆盖，抹灰表面应拉毛；待砂浆终凝后安装第二层钢丝绳网片，尚应涂刷界面剂再进行后续抹灰施工。

聚合物砂浆外加层的厚度，不应小于 25mm，也不宜大于 35mm。

（4）聚合物砂浆抹灰范围应比设计抹灰范围边缘外扩尺寸不小于 15mm。

（5）钢丝绳网片保护层厚度不应小于 15mm。

喷抹聚合物砂浆，也可采用喷射法。

6. 养护

常温下，聚合物砂浆施工完毕 6 小时内，应采取可靠保温养护措施，养护时间不少于 7 天，并应满足产品使用说明规定的时间。

7. 施工质量检验

（1）聚合物砂浆面层的外观质量不应有严重缺陷及影响结构性能和使用功能的尺寸偏差。

（2）聚合物砂浆面层与原构件混凝土之间有效粘结面积不应小于该构件总粘结面面积的 95%。否则应揭去重做，并重新检查、验收。

（3）聚合物砂浆面层与原构件混凝土间的正拉粘结强度，应符合施工规范所规定的合格指标的要求。若不合格，应揭去重做，并重新检查、验收。

8. 聚合物砂浆外加层的表面应喷涂一层与该品种砂浆相适配的防护材料，提高外加层耐环境因素作用的能力。

（八）置换混凝土加固法

1. 现场勘查

（1）置换混凝土之前必须对房屋结构及构件进行必要的检测和鉴定。

（2）通过检测查出承重结构裂损或混凝土存在蜂窝、孔洞、夹渣、疏松等缺陷或混凝土强度偏低的位置和范围，并在构件上标志。

（3）对原构件非置换部分混凝土强度等级，按现场检测结果不应低于该混凝土结构建造时规定的强度等级。

2. 卸荷：置换混凝土加固是要求在完全卸荷状态下进行，因此，置换前应对被置换构件进行卸荷，除在外荷载的直接卸除外，主要是靠支顶卸荷，为了确保置换混凝土施工全过程中原结构、构件的安全，必须采取有效的支顶措施。对柱、墙等承重构件完全支顶有困难时，允许通过验算和监测进行全过程控制。

3. 剔除劣质混凝土

（1）为了保证置换混凝土的密实性，剔凿范围不宜过小，当剔凿到达缺陷边缘后，应再向边缘外坚实部分延伸不小于100mm，其洞口总宽度和总长度不应小于200mm，洞深向坚实部分加深不应小于10mm，且置换总深度：板不应小于40mm；梁、柱采用人工浇筑时，不应小于60mm，采用喷射法施工时，不应小于50mm。置换混凝土的顶面，其外口应略高于内口，倾角不大于10°。

（2）置换部位应位于构件截面受压区内，且应根据受力方向，将有缺陷混凝土剔除；剔除位置应在沿构件整个宽度的一侧或对称的两侧；不得仅剔除截面的一隅。

（3）在剔凿劣质混凝土过程中不得损伤或截断原纵向受力钢筋。如果需要局部截断箍筋，应在缺陷清理完毕后立即补焊箍筋。

4. 界面处理：置换部位剔凿后，用钢丝刷及压缩空气将混凝土表面的碎屑、粉尘清除干净，用清水或压力水冲洗干净。为了增强置换混凝土与原基材混凝土的结合能力，应在其粘合面涂刷一道结构界面剂。

5. 置换混凝土施工

（1）根据置换的工程量及施工条件，置换的施工可采用普通混凝土或喷射混凝土。

（2）置换的混凝土应采用膨胀混凝土或膨胀树脂混凝土；当体量较小时，应采用细石膨胀混凝土或聚合物砂浆。

（3）置换用混凝土的强度等级应比原构件混凝土提高一级，且不应低于C25。

（4）在加固竖向构件时应严格控制混凝土的用水量，每根柱（墙）浇筑时应一次浇筑完成，尚应在混凝土置换面的上方设置漏斗口，并使浇筑的混凝土顶面高出柱（墙）的置换面100mm，使得新浇混凝土与原构件混凝土之间不致有空隙，突出构件表面的漏斗口混凝土应在初凝后铲除。

（5）置换混凝土的模板及支架拆除时，其混凝土强度应达到设计规定的强度等级。

6. 养护：混凝土浇筑完毕后，应按施工技术方案，采取有效的养护措施，以保证置换混凝土强度正常增长。

（九）绕丝加固法

1. 清理原结构：原构件表面的尘土、污垢、油渍、原有涂装，抹灰层或其他饰面层等应清除掉。若原构件有裂缝应采用相容性良好的裂缝修补材料进行修补和封闭处理。

2. 表面处理

（1）凿除绕丝、焊接部位的混凝土保护层，其露出的钢筋长度以能进行焊接作业为度，凿除后，应清除已松动的骨料和粉尘，并錾去其尖锐、凸出部位、但应保持粗糙状态；

（2）对方形截面构件，尚应凿除其四周棱角并进行圆化加工；圆化半径不宜小于40mm，且不应小于30mm；

（3）将绕丝部位的混凝土表面用清洁压力水冲洗干净后涂刷一层结构界面剂。

3. 绕丝

（1）绕丝前，应采用间歇点焊法将钢丝及构造钢筋的端部焊牢在原构件纵向钢筋上。若混凝土保护层较厚，焊接构造钢筋时，可在原纵向钢筋上加焊短钢筋作为过渡；

（2）绕丝应连续、间距应均匀；在施工绷紧的同时，尚应每隔一定距离以点焊加以固定；绕丝的末端也应与原钢筋焊牢；

（3）绕丝焊接固定完成后，尚应在钢丝与原构件表面之间有未绷紧部位打入钢片予以锲紧。

4. 混凝土面层：混凝土面层的施工，可根据工程实际情况和施工单位经验选用人工浇筑法或喷射法，考虑到喷射混凝土与原混凝土之间具有良好的粘着力，故宜优先采用喷射法，但也可采用现浇混凝土。面层采用细石混凝土；钢丝的保护层厚度不应小于30mm。

5. 养护：混凝土浇筑完毕后应及时对混凝土加以覆盖，并在 12 小时内开始浇水养护；一般养护期为两周，加覆盖养护，定时浇水，应保持混凝土处于湿润状态。

（十）喷射混凝土补强法

喷射混凝土是在高速喷射时，将水泥和集料反复撞击而使混凝土压实，具有较高的强度和良好的耐久性，与基层的粘结力强，密实度高。在施工工艺上集混凝土的运输、浇筑和捣固为一道工序，设备简单、施工方便、速度快、效率高，更适于结构物的补强加固。

1. 原材料：材料质量应符合有关部门颁发的有关工程技术规定：

（1）水泥：宜采用强度等级不低于 42.5 的硅酸盐水泥、普通硅酸盐水泥或其他早强水泥。但不得采用矾土水泥。

（2）砂：采用坚硬的中砂或粗砂或中粗混合砂，含泥土及杂物不大于 3%，硫化物和硫酸盐含量不大于 1%，砂的含水率以 5%～7% 为宜。

（3）石子：采用坚硬耐久性好的卵石或碎石即可，以卵石为好，粒径不宜大于12mm，软弱颗粒含量不大于 5%，含泥量不大于 1%，硫化物和硫化盐（折算为 SO_2）含量不大于 1%。当使用碱性速凝剂时，集料不得含碱活性矿物成分。

（4）水：不得使用污水及含硫酸盐量（按 SO_4 计）超过水重 1% 的水。

（5）速凝剂：速凝剂主要是使喷射混凝土速凝快硬早强，速凝剂应采用无机盐类，且与水泥相容，必须使用符合质量要求的产品，使用前应按标准作水泥净浆凝结效果试验，要求初凝在 5 分钟以内；终凝在 10 分钟以内；8 天后强度不小于 0.3MPa；极限强度（28天强度）不应低于加速凝剂的试件强度 70%。

2. 配合比：宜通过试配试喷确定，一般每立方米混凝土的水泥用量为 375～400kg。

（1）喷射混凝土配合比一般为

水泥与砂石重量比　　　　1∶4～1∶4.5

砂率　　　　　　　　　　45%～55%

水灰比　　　　　　　　　0.4～0.5

（2）常用配合比一般为

侧喷：水泥∶中砂∶石子＝1∶（2.0～2.5）∶（2.5～2.0）

顶喷：水泥∶中砂∶石子＝1∶2.0∶（1.5～2.0）

（3）喷射混凝土中掺速凝剂时，应采用无盐类速凝剂：

1）水泥与速凝剂相容性，掺入速凝剂的喷射混凝土性能须符合设计要求；

2）要有出厂合格证，使用前按出厂使用说明书要求进行水泥凝结时间检验，初凝时间不应超过 5min；终凝时间不应超过 10min；

3）保持干燥，防止受潮变质，过期不得使用；

4）掺量控制在水泥用量的 2％～4％，最佳掺量在施工前试验确定。

3. 施工要求：

（1）清除结构表面的疏松、破碎部分，并作必要的钻孔、剔槽及凿毛处理，并用高压风、水冲洗干净，充分湿润，以保证喷补层与基层良好粘结。

（2）喷射作业面较大时，应分区分段进行，分段长度一般不超过 6m，喷射前应埋设喷射厚度标志，喷射顺序由下而上，从一边到另一边移动，当喷射配筋构件时，最好分两步进行，第一步覆盖钢筋，第二步在大面上找平。

（3）喷头与喷射面间距离，直接影响混凝土的回弹量与强度，一般以 0.8～1.0m 为宜。喷头喷射方向与喷射面应基本保持垂直，这样回弹少，且混凝土硬化后强度高，但当穿过钢筋喷射时则应稍偏一个小角度。

（4）喷射时，应先喷裂缝、孔洞处，后喷一般的补强面。对于喷射裂缝、孔洞或配置钢筋的结构面，喷头与受喷面的距离宜缩小为 0.3～0.7m，以确保喷射质量。

（5）一次喷射厚度见表 13.2.1。

一次喷射混凝土厚度（mm） 表 13.2.1

喷射方向	掺速凝剂	不掺速凝剂	喷射方向	掺速凝剂	不掺速凝剂
向　　上	50～60	30～40	向　　下	100～150	100～150
平	70～100	50～70			

（6）当设计喷补厚度较厚时，需分层喷射作业，喷射层间歇时间应在前一层混凝土终凝后才进行后一层喷射，若在终凝后 1～2h 后再进行喷射，则应用风吹扫或用水清洗湿润混凝土表面。前后层的间歇时间还与水泥品种及有无掺速凝剂有关。

（7）一般应在终凝 2h 后开始浇水养护，每昼夜至少 3 次，养护时间不应少于 14 天。

（8）如采用喷射钢纤维混凝土补强加固结构物时，有关构造及施工要求应符合《钢纤维混凝土结构设计与施工规程》CECS 38∶92。

（十一）压力灌浆修补法

灌浆法施工，应将裂缝构成一个密闭性空腔，有控制的预留进出口，借助专用灌浆泵将浆液压入缝隙并使之填满，恢复整体性和使用功能。

1. 水泥灌浆法

（1）水泥灌浆修补混凝土的蜂窝、孔洞

1）在混凝土表面的清理和洗刷后洒水浸透并保持湿润。

2）埋嘴：灌浆嘴用 $\phi25$ 的管子，管长视孔洞深度及外露长度而定，一般外露80～

100mm，管子最小埋深及管子周围覆盖的混凝土都不应小于 50mm，以免松动。每个灌浆处埋管子两根，一根压浆，一根排气或排除积水。管子外露端略高些，约朝上倾斜 $10°\sim12°$，以免漏浆。埋管的间距视灌浆压力大小、蜂窝孔洞情况及水灰比而定，一般为 500mm，埋管用比原构件混凝土强度等级高一级的混凝土或用 1：2 水泥砂浆固定，并养护三天。

在埋管时，用混凝土把外露孔洞填补密实，可先在凿好的孔洞下面，安装事先预制好的模板，以便填补混凝土，在填补混凝土的同时，埋入管子。

3）压力灌浆：在填补及埋设的混凝土凝结三天后（相当于强度达到 $1.2\sim1.8$MPa），就可以灌浆，预先配好浆液，用灌浆泵进行压力灌浆，一般使用压力为 $0.4\sim0.8$MPa，灌浆顺序一般从较低点的灌浆管注入，当水泥浆液从较高处的排气管流出时立即关闭，在第一次压浆初凝后，再用原埋的管子进行第二次压浆，还可压进些浆液，如此顺序进行。在没有明显的吸浆情况下，压力稳定 $2\sim10$min 后可中止灌浆。压浆 $2\sim3$d 后拆除管子，然后用 1：2 水泥砂浆填补抹平封口。

（2）水泥灌浆修补混凝土裂缝

1）裂缝处理：沿着混凝土构件上的裂缝用手工剔凿或机械开槽成"V"形槽，便于有效封缝，在布嘴的位置，需凿深和直径均为 $30\sim50$mm 的凹槽，以便埋嘴。

2）埋嘴：凹槽处需清理并洗刷干净，湿润后涂一道水泥净浆，然后用 1：2 水泥砂浆固定嘴，布嘴埋管的原则同前所述。

3）封缝：在已清理的"V"形槽上及两侧用水洒淋湿润后涂刷一遍水泥净浆，然后用 1：2 水泥砂浆勾缝或抹平封闭。

4）试漏：待封缝砂浆有一定强度（常温季节为 3 天）后进行试漏，如有漏水处要重新修补。

5）浆液配制：根据裂缝情况和设备条件选用无机胶凝材料类的水泥浆液。

6）压力灌浆：灌浆所用的压力根据可灌性能、裂缝宽度、承压强度、升压设备条件等方面决定，一般使用压力为 $0.4\sim0.6$MPa。灌浆压力和浆液稠度还要根据实际情况有所调整，一般是先用低压，后用高压，先用稀浆，后用稠浆，以适应裂缝粗细不均，灌浆体渗漏等具体情况，当灌浆量不大或裂缝粗细比较均匀，一般可使用同一压力，同一个稠度。其他方法同前所述。

2. 化学灌浆法

化学灌浆施工工艺流程：

裂缝处理→埋设灌浆嘴（盒、管）→封缝→压气试漏→配浆→灌浆→封口→检查。

（1）裂缝处理：灌浆前应根据裂缝进行处理，其处理方法可分为：

1）清理裂缝：对于混凝土构件上较细（小于 0.3mm）的裂缝，可用钢丝刷等工具，清除裂缝表面的灰尘、白灰、浮渣及松散层等污物；然后再用毛刷蘸甲苯、酒精等有机溶液，把沿裂缝两侧 $20\sim30$mm 处擦洗干净并保持干燥。

2）凿槽：对于混凝土构件上较宽（大于 0.3mm）的裂缝，应沿裂缝用钢钎或风镐凿成"V"形槽，槽宽与槽深可根据裂缝深度和有利于封缝来确定。凿槽时先沿裂缝打开，再向两侧加宽，凿完后用钢丝刷及压缩空气将混凝土碎屑粉尘清除干净。

3）钻孔：对于大体积混凝土或大型结构上的深裂缝，可在裂缝上进行钻孔；对于走向不规则的裂缝，除骑缝钻孔外，需加钻斜孔，必要时可布置多排斜孔，扩大灌浆通路，以便充分均匀灌浆。钻孔直径一般风钻为 56mm，机钻孔应选最小孔径。钻孔的孔距和排距应根据裂缝宽度、浆液粘度及灌浆压力而定，一般裂缝宽度大于 0.5mm，孔距可用 2～3m；裂缝宽度小于 0.5mm，应适当缩小距离。钻孔后应清除孔内的碎屑粉尘，孔径大于 10mm 时，可用粒径小于孔径的干净卵石填入孔内至离埋设灌浆嘴约 200mm 左右处，以减少耗浆量。

（2）埋设灌浆嘴（盒、管）：

1）不需凿槽的裂缝宜埋设灌浆盒或灌浆嘴；凿"V"形槽的裂缝宜用灌浆嘴，钻孔内宜设灌浆管。

2）在裂缝交叉处、较宽处、端部以及裂缝贯穿处，钻孔内均应埋设灌浆嘴（管或盒）。其间距当裂缝宽度小于 1mm 时为 350～500mm；当裂缝宽度大于 1mm 时为 500～1000mm。在一条裂缝上必须有进浆嘴、排气嘴、出浆嘴。

3）埋设灌浆嘴、灌浆盒是先在灌浆嘴或灌浆盒的底盘上（事先用甲苯擦净）抹上一层厚约 1mm 的环氧胶泥，将灌浆嘴的进浆孔骑缝粘贴在预定的位置上。钻孔埋设灌浆管是在孔内用水泥砂浆埋设铁管，孔口接一般灌浆管。

（3）封缝：封缝质量的好坏直接影响灌浆效果与质量，根据不同裂缝情况及灌浆要求，其封缝方法可分为：

1）环氧树脂胶泥封缝。对于不凿槽的裂缝可用环氧树脂胶泥或封缝胶封闭。先在裂缝两侧（宽 20～30mm）涂一层环氧树脂基液，后抹一层厚 1mm 左右、宽 20～30mm 的环氧树脂胶泥或封缝胶。抹胶泥时应防止产生小孔和气泡，要刮平整，保证封闭可靠。

2）粘贴玻璃纤维布封缝。对于不凿槽的裂缝，还可以用环氧树脂基液粘贴玻璃纤维布封闭。作法是先在裂缝两侧（宽 80～100mm），均匀地涂上一层底胶，当底胶面呈指触干燥后，立即在底胶层上均匀涂上胶粘剂，然后将玻璃纤维布沿缝从一端向另一端粘贴并用滚筒滚压密实，不得有鼓泡和皱纹。照此法再粘贴第二和第三层。

3）水泥砂浆封缝。对凿"V"形槽的裂缝，可用水泥砂浆封缝。可先在"V"形槽面上，用毛刷涂刷一层（厚 1～2mm）环氧树脂浆液，涂刷要平整均匀，防止出现气孔和波纹，待初凝后用水泥砂浆（水泥∶中砂∶水＝100∶200∶30）抹平封闭。

4）聚化物水泥堵漏。对较宽的裂缝，如果漏水严重或在灌浆过程中临时发生局部漏浆时，可采用水泥砂浆中掺入作为改性剂聚合物的材料密封堵漏。

（4）压气试漏：裂缝封闭后，为了检查裂缝的密封效果和贯通情况，需进行压气试漏，试漏需待封缝胶泥固化后或封缝砂浆经养护一段时间，具有一定强度时（常温季节需三天）进行。试漏前沿裂缝涂一层肥皂水，从灌浆嘴通入压缩空气，若封闭不严，产生漏气处，肥皂水会起泡。对于漏气处，可采用裂缝修补胶修补密封至不漏为止。

（5）配浆：采用的灌浆料或浆液应按照产品说明书的要求进行配制和拌合。根据浆液的凝固时间及进浆速度，确定每次配浆量，当灌浆操作熟练后，可适当增加配浆量。

（6）灌浆：

1）灌浆机具、器具及管子在灌浆前应进行检查，运行正常时方可使用。接通管路，打开所有灌浆嘴（盒或管）上的阀门，用压缩空气将孔道及裂缝吹干净。

2）根据裂缝区域大小，可采用单孔灌浆或分区群孔灌浆。在一条裂缝上灌浆可由一端到另一端。

3) 灌浆压力应按产品说明书进行控制，灌浆作业按从下而上的顺序进行。灌浆压力常用 0.2MPa，压力应逐渐升高，防止骤然加压。达到规定压力后，应保持压力稳定，以满足灌浆要求。

4) 灌浆过程中出现下列标志之一时，即可确认裂缝腔内已灌满浆液，可以转入下一个灌浆嘴(盒或管)进行灌浆，直到灌完整条裂缝：

① 在灌浆压力下，上部灌浆嘴(盒或管)有浆液流出；

② 在浆液适用期内，吸浆率小于 0.05L/min。

当上部灌浆嘴(盒或管)或排气管有浆液流出时，应及时关闭上部灌浆嘴(盒或管)，并维持压力 1～2min。

（7）封口：待缝内浆液达到初凝而不外流时，应立即拆下灌浆嘴(盒)和排气管，并用环氧胶泥将灌浆嘴处抹平封口。

（8）检查：灌浆结束后，应检查补强效果和质量，发现不密实或其他不合格情况时，应采取补灌等措施，以确保工程质量。

1) 压水检查：一般在构件裂缝多，灌浆质量较差的部位设检查孔，进行压水检查，压水的压力值一般为灌浆压力的 70%～80%，压力试验达到基本不进水，而且也不渗漏时，即可认为合格。

2) 钻芯取样检查：对于大型构件，除用压水检查外，还可选择适当部位进行钻芯取样检查，并可把芯样加工成试件进行力学试验。

3. 注射法

（1）表面处理：用压缩空气清除裂缝表面和缝内的灰尘和浮渣，并充分干燥。

（2）确定注浆嘴：沿裂缝全长每隔 100～300mm 距离设置一个注浆嘴。注浆嘴尽量设在裂缝交叉点、较宽处和端部等较畅通位置。

（3）封闭裂缝：采用封缝胶沿着裂缝表面涂刷进行封缝，但应留出注浆嘴部位并用胶带贴上。

（4）安装底座：揭去注浆嘴处的胶带，用封缝胶将底座粘在注浆嘴上。

（5）安装注浆嘴：将配好的注浆液装入注浆器中，把装有浆液的注浆器施紧于底座上。

（6）灌浆：松开注浆器弹簧，注浆液以低压注入裂缝腔内，如浆液不足，可再继续补充注入。

（7）注浆完毕：待注入速度降低，确认不再进浆液后，可拆除注浆器，用堵头将底座堵死。用过的注浆器应立即用酒精浸泡清洗保存，以便下次使用。

（8）浆液固化后，敲掉底座和堵头，清理表面封缝胶，必要时采用砂轮磨平混凝土表面。

（十二）构件上植筋

1. 基材要求

（1）原构件的混凝土强度等级对一般结构构件不得低于 C20；对悬挑结构构件不得低于 C25。

（2）基材表面温度应符合胶粘剂使用说明书要求；若未标明温度要求，应按不低于

15℃进行控制。

（3）基材孔内表层含水率应符合胶粘剂产品使用说明书的规定；当基材孔内表层含水率无法降低到胶粘剂使用说明书的要求时，应改用高潮湿面适用的胶粘剂。

（4）原构件锚固部位的混凝土不得有局部缺陷，若有局部缺陷，应先进行补强或加固处理后再植筋。

2. 定位：植筋位置应经放线并采用金属探测仪探测原构件内部钢筋位置，进行核对，如植筋与原构件内钢筋相碰，应与有关单位研究进行调整后，在原构件表面标出钻孔的定位。

3. 成孔

（1）应采用电锤钻机钻孔，不宜采用钻石钻孔机钻孔，以确保孔壁的粗糙度，成孔后的孔壁必须完整无损，无裂缝、无蜂窝孔洞等。

（2）植筋的钻孔深度按设计计算确定，一般不应小于 $10d$（d 为植筋直径）。钻孔孔径约为植筋直径的 1.25 倍；植筋的钻孔深度应比植入钢筋长度大 3~5mm。

4. 清孔

（1）植筋孔洞钻好后应先用钢丝刷或毛刷套上加长棒伸至孔底来回抽动，把灰尘、碎渣清带出孔，再用洁净无油的压缩空气或手动吹气筒清除孔内粉尘，如此反复处理不应少于 3 次。必要时尚应用干净棉纱沾少量工业丙酮擦净孔壁。

（2）植筋孔壁清理洁净后，若不立即种植钢筋，应暂时封闭其孔口，防止尘土、碎屑、油污和水分等落入孔中以影响锚固质量。

5. 钢筋处理

（1）选用带肋钢筋，要求表面洁净、无锈蚀和油渍，否则应采用钢丝刷或角磨机反复磨刷，清除锈污后用丙酮擦拭干净。钢筋应有足够长度以便于植筋、检测及搭接。

（2）植筋焊接应在注胶前进行，若个别钢筋确需后焊时，除应采取断续施焊的降温措施外，尚应要求施焊部位距注胶孔顶面的距离不小于 $15d$，且不应小于 200mm；同时必须用冰水浸渍的多层湿巾包裹植筋外露的根部。

6. 配胶与注胶

（1）当采用自动搅拌注射筒包装的胶粘剂时，可选用硬包装产品，也可采用软包装产品。对软包装产品的使用，应将软包装产品置于硬质容器内运输和贮存，以防胶粘剂受损、变质。其植筋作业应按产品使用说明书的规定进行，但应进行试操作。若试操作结果表明，该自动搅拌器搅拌的胶不均匀，应予弃用。

（2）当采用现场配制的植筋胶时，应在无尘土飞扬的室内，按产品使用说明书规定配合比和工艺要求严格执行。调胶时应根据现场环境温度确定树脂的每次拌合量；使用的工具应为低速搅拌器；搅拌好的胶液应色泽均匀，无结块，无气泡产生。在拌合和使用过程中，应防止灰尘、油、水等杂质混入，并应按规定的操作时间完成植筋作业。

（3）将搅拌均匀的结构胶粘剂用胶枪、手动注射器、手动泵浆机或直接用送胶棒等方法将胶液灌入孔内，胶液从孔的底部开始注入，灌注量应按产品使用说明书确定，并以植入钢筋后有少许胶液溢出为度。在任何工程中均不得采用钢筋从胶桶中粘胶塞进孔洞的施工方法。

7. 插筋：注胶后将钢筋施加一定压力，向同一方向转动缓缓植入孔内，转动时将胶中存在少量空气排出，直接达到规定的深度，使胶溢出少许，以保证注胶饱满。从注入胶粘剂至植好钢筋所需的时间，应少于产品使用说明书规定的适用期(可操作时间)，否则应拔掉钢筋，并立即清除失效的胶粘剂，重新按原工序返工。植入的钢筋必须立即校正方向，使植入的钢筋与孔壁间的间隙均匀。

8. 养护：养护的条件应按产品使用说明书的要求执行，在胶液的固化过程中应静置养护，不得扰动所植钢筋。

9. 检验：植筋的胶粘剂固化时间达到 7d 的当日，应抽样进行现场锚固承载力检验。

注：对于构件上的钢筋(螺杆)穿孔胶(浆)锚也可参照上述有关的施工程序和要求。

(十三) 锚栓

混凝土结构、构件后扩底型锚栓工程的施工程序和要求(包括自扩底和模扩底两种扩底方式)：

1. 基材要求

(1) 混凝土结构采用锚栓技术时，其混凝土强度等级：对重要构件不应低于 C30 级；对于一般构件不应低于 C20 级。

(2) 严重风化和裂损的混凝土，不密实混凝土，结构抹灰层和装饰层均不得作为锚固基材。

2. 表面清理

(1) 清除原构件表面的尘土、污垢、油渍、原有涂装，抹灰层及其他饰面层和附着物。

(2) 锚板范围内的基材表面如有不平应打磨以达到光滑平整，无残留的粉尘、碎屑。

3. 定位：锚栓位置应按设计图纸进行放线，并采用金属探测仪探测原构件内部钢筋位置，进行核对，如锚栓与原构件内钢筋相碰，应与有关单位研究进行调整后，在原构件表面标出钻孔的定位。

4. 钻孔：后扩底型锚栓的钻孔，应采用该产品使用说明书规定的钻头及配套工具，并按该说明书规定的钻孔要求进行操作。

5. 锚孔清理

(1) 应用压缩空气或手动气筒清除锚孔内粉屑；孔壁应无油污；锚栓、锚板应无污锈、油污；锚板范围内的基材表面无残留的粉尘、碎屑。

(2) 锚孔清孔后，若未立即安装锚栓，应暂时封闭其孔口，防止尘土、碎屑、油污和水分等落入孔内，以影响锚固质量。

(3) 若有废孔，应用胶粘剂或聚合物水泥砂浆填实。

6. 锚栓安装

(1) 自扩底锚栓：应使用专门安装工具并利用锚栓专制套筒上的切底钻头边旋转、边切底、边就位；同时通过目测位移，判断安装是否到位；若已到位，其套筒顶端应低于混凝土表面的距离为 1～3mm；对穿透或自扩底锚栓，此距离系指套筒顶端应低于被固定物的距离。

(2) 模扩底锚栓：应使用专门的模具或钻头切底，将锚栓套筒敲至柱锥体规定位置以实现正确就位；同时通过目测位移，判断安装是否到位；若已到位，其套筒顶端至混凝土表面的距离也约为 1～3mm。

7. 检验：锚栓安装，紧固完毕后，应根据规范要求进行锚固承载力现场检验与评定。

第三节   板 的 加 固

现浇钢筋混凝土肋形楼板由于承载力或刚度不足而需要进行加固，一般有以下几种处理方法：

一、单面增厚加固板

1. 新旧板整体工作：在钢筋混凝土板上浇筑新的混凝土增厚层，若新旧混凝土结合可靠，则考虑新旧混凝土整体工作。新加的板厚是根据原板跨中配筋量计算而定，但不宜小于 50mm。考虑到新旧混凝土的收缩差，一般在新加板的上部配有 $\phi6@250$ 的钢筋网，各支座按照负弯矩的计算需要另加 $\phi\times@250$ 的负弯矩钢筋其直径不小于 8mm，也可以各支座加负弯矩钢筋按计算需要配置，而在两支座之间另配 $\phi6@250$ 的构造钢筋网并与负弯矩钢筋搭接，其长度为 150mm，有关配筋及其他构造要求均同一般现浇板(图 13.3.1)。

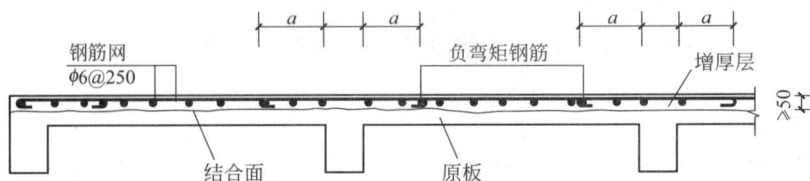

图 13.3.1   新旧板整体结合加固

施工前应在原板下设间距约为 1m 的顶撑，以减小板的挠度，待新加混凝土达到设计强度后方可拆除。当由于某种原因而不能在板下设顶撑时，应在加固设计中考虑板二次受力的效应影响。

有关加固的施工要求均见本章第二节，清洁处理后严禁在板面凹处有积水，新旧板的结合面一般可涂刷一道结构界面剂。如板的加固面积较大时，可分段浇筑细石混凝土，留出施工缝。

2. 新旧板分别受荷：当需要加固的板面受到严重污秽或油污而不能保证原板和新加混凝土之间牢固结合时，则考虑新旧板分别工作，新旧板所承受的弯矩按新旧板的刚度比分配。

设原混凝土板厚度为 h_1，新加混凝土板厚度为 h_2，按新的设计要求计算所得的弯矩为 M_0，则：原混凝土板弯矩分配系数 $K_1=\dfrac{h_1^3}{h_1^3+h_2^3}$；

新加混凝土板弯矩分配系数 $K_2=\dfrac{h_2^3}{h_1^3+h_2^3}$；

原混凝土板承受的弯矩值 $M_1=K_1M_0$；

新加混凝土板承受的弯矩值 $M_2=K_2M_0$。

新加板的厚度一般不宜小于 50mm，其配筋根据所分配到的弯矩值计算所得。

新加板的构造及施工要求除不必凿毛外其他与新旧板整体工作相同，其形式如图 13.3.2 所示。

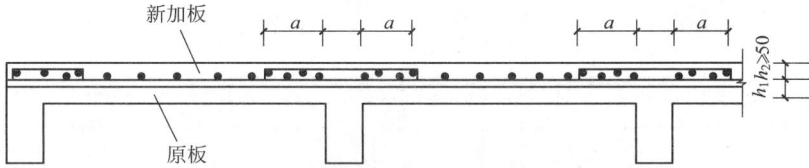

图 13.3.2　新旧板分别受荷加固

3. 板下增厚加固：当板的承载力不够又不便采取板面增厚加固，可以采用板下增厚的加固方法。施工时板底面应凿毛和清洁处理，对于板内钢筋锈蚀或保护层脱落，应按施工要求喷涂或涂刷喷涂型阻锈剂，涂刷前应彻底清理混凝土表面，剔除劣化混凝土保护层，清除钢筋锈渍，板底面应彻底干燥后刷一道结构界面剂，然后加挂钢筋网，其受力钢筋截面和间距应由计算确定，一般受力钢筋采用 $\phi 8 \sim \phi 10$、间距 $150 \sim 200 \mathrm{mm}$；非受力钢筋采用 $\phi 6 \sim \phi 8$、间距 $200 \sim 250 \mathrm{mm}$，钢筋网由植入板底面的 $\phi 6$ 钢筋拉结，间距为 $300 \mathrm{mm}$，呈梅花形布置，钢筋网四周与锚入穿过墙的短筋或植入梁内的短筋相连，短筋的总截面面积不得少于钢筋网各自方向的钢筋截面面积的总和，短筋的直径一般不宜小于 $12 \mathrm{mm}$，间距可取受力方向钢筋间距的 1 倍；非受力方向钢筋的 $1 \sim 2$ 倍，但每米不少于 3 根，短筋和钢筋网的搭接为 $40 d$（d 为短筋直径）且不小于 $500 \mathrm{mm}$，也可以采用电焊连接。最后采用喷射混凝土浇筑，板下增厚板的厚度不小于 $50 \mathrm{mm}$（图 13.3.3）。

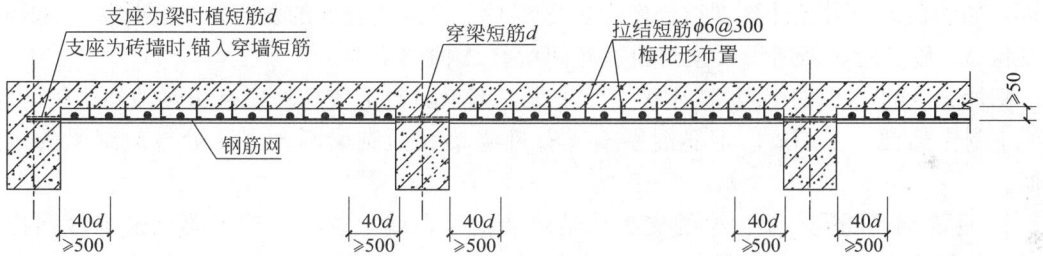

图 13.3.3　板下增厚加固

4. 悬臂板加固：悬臂板的裂缝多数是板的刚度或强度不足，但也有的是由于施工中板的负弯矩钢筋被踩下去或者是板的模板支撑下沉而造成的。悬臂板的加固方法是在原板上做细石混凝土增厚层，其范围及配筋要求应根据受力和裂缝情况而定，增厚层的厚度不宜小于 $50 \mathrm{mm}$。在原板上表面的增厚层范围应凿毛和清洁处理，浇筑混凝土前涂刷一道结构界面剂。由于悬臂板的受力特点和为了加强新旧混凝土的共同作用，一般宜在增厚层的两端加锚栓，其间距为 $300 \sim 400 \mathrm{mm}$，并有通长的钢筋与其点焊固定，新加受力钢筋与通长钢筋扎牢，必要时还可距锚栓 300 处凿有一排小坑，深取板厚 2/3，间距约为 $300 \mathrm{mm}$，锚入 $\phi 10$ 短筋后灌结构胶，以增强新旧板间的抗剪能力（图 13.3.4）。悬臂板加固时，应在板下设有顶撑，待增厚层的混凝土达到强度时方可拆除。

二、增设支点加固板

由于板的强度或刚度不足而需要加固，可在板的跨中新加梁作为板的支点以减小板的计算跨度，这种方法的特点是可以避免大面积的凿毛和清洁处理，也可不必拆除楼层上的设备或家具。

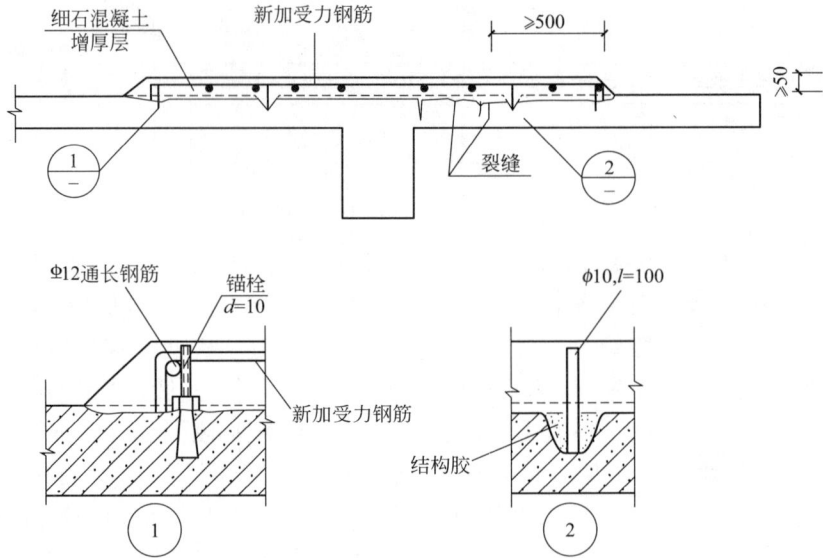

图 13.3.4   悬臂板加固

原单向板的跨中上部是受压区，一般是没有配置钢筋的，由于原板已经受荷而变形，新增设梁的支点后板的计算跨度减半，一般情况下，新增设梁不会使支点处的板面产生负弯矩，如活荷载很大经计算支点处产生负弯矩时，可按支点处的负弯矩为零计算，求得该点变位 Δ，施工时，新增设梁顶与原板底间留有 Δ 值的空隙。

新加支点的梁可采用钢梁或钢筋混凝土梁，钢梁除造价较高外还有防腐蚀和维护问题，但施工制作简便，工期短。钢筋混凝土梁有现浇梁和预制梁两种，钢梁与预制梁的构造相似。

1. 现浇钢筋混凝土梁：梁的支承端是砖墙就可在墙上凿洞；支承端是梁则做钢托座支承，钢托座由角钢和加劲钢板组成，角钢不宜小于∟125×10，加劲板厚度为 6mm，钢托座用锚栓固定在支承梁的梁腰，梁顶部楼板处凿洞 100mm×150mm，间距不大于 1m，以便浇灌混凝土(图 13.3.5)。

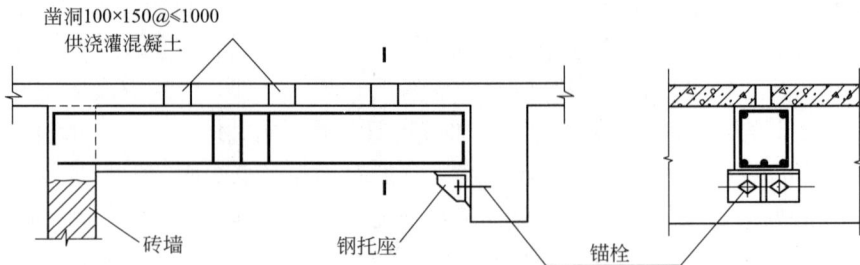

图 13.3.5   板下增设现浇梁支点

2. 预制钢筋混凝土梁：梁的支承构造同现浇梁一样。安装时在支承梁或墙体附近的板上凿洞口约 φ300mm，用手链葫芦把预制梁吊上去，吊装前在预制梁顶铺一薄层水泥砂浆，就位后在梁下用撑杆顶紧，装上钢托座，然后把梁端与钢托座焊牢，如有缝隙可垫以薄钢板，梁端的空隙可用水泥砂浆充填(图 13.3.6)。

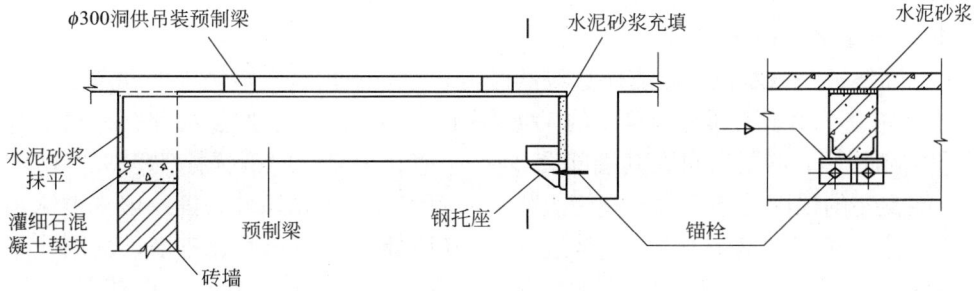

图 13.3.6 板下增设预制梁支点

3. 钢梁：可采用槽钢或工字钢，其施工方法与构造与预制钢筋混凝土梁相同。

三、粘贴钢板加固法

板的抗弯强度不足或板上有裂缝并超过允许值，可采用胶粘剂粘贴钢板的加固方法，对板上的裂缝应处理后才进行粘贴钢板加固。

1. 在板进行受弯加固时，加固钢板应粘贴在受拉区一侧，即板跨中的下部和连续板、悬臂板的上部，加固钢板条沿着板的受力方向粘贴。

2. 加固钢板的截面和间距均应根据计算确定。采用手工涂胶时，钢板宜裁成多条粘贴，但不宜太厚，因为钢板愈厚，而需粘贴延伸长度愈长，其硬度也大，不便于粘贴。一般钢板厚度以 3mm、4mm 为宜，不应大于 5mm，钢板条的宽度以 100～200mm；间距以 400～600mm 为宜，并宜均匀布置。

3. 板正弯矩区的正截面加固：

(1) 受拉钢板的截断位置距其充分利用截面的距离不应小于按现行规范计算确定的粘贴延伸长度 l_{SP}，且不应小于 $170t_{SP}$（t_{SP} 为粘贴的钢板总厚度），亦不宜小于 600mm。

(2) 受拉面沿板的受力方向连续粘贴的加固钢板宜延长至支座边缘，且应在钢板的端部设置横向钢压条进行锚固(图 13.3.7)。

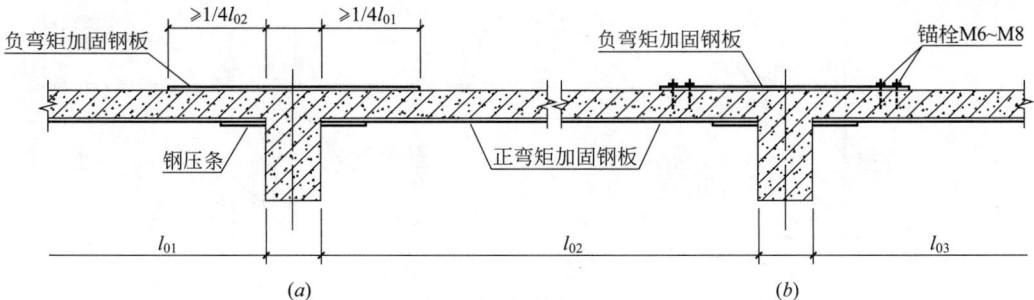

图 13.3.7 正负弯矩区粘贴钢板加固

(a)一般构造；(b)加强锚固措施

注：全部加固钢板和钢压条均用结构胶粘剂粘贴。

(3) 当粘贴的钢板延伸至支座边缘的不满足延伸长度 l_{SP} 的要求时，应在延伸长度范围内通长设置垂直于受力钢板方向的钢压条。钢压条应在延伸长度范围内均匀布置，且应在延伸长度的端部设置一道。压条的宽度不应小于受弯加固钢板宽度的 3/5，钢压条的厚度不应小于受弯加固钢板厚度的 1/2。

4. 板负弯矩区正截面加固

（1）加固钢板的截断位置距支座边缘的距离，除应根据负弯矩包络图并考虑延伸长度而确定外，尚应不小于板邻跨净跨度的 1/4（图 13.3.7a）。为了加强加固钢板粘贴面的抗剪强度和锚固作用，必要时可在其端部设 2～3 个直径为 6～8mm 锚栓（图 13.3.7b）。

（2）端支座的锚固处理：端支座为边梁，加固钢板的粘贴延伸长度一般未能满足设计规范中的要求，可以把钢板弯折 90° 至边梁外侧（该处截面棱角圆化打磨，其圆化半径与钢板的弯折相协调），粘紧贴实，并在其端部采用粘贴钢板压条或设锚栓进行锚固（图 13.3.8）。

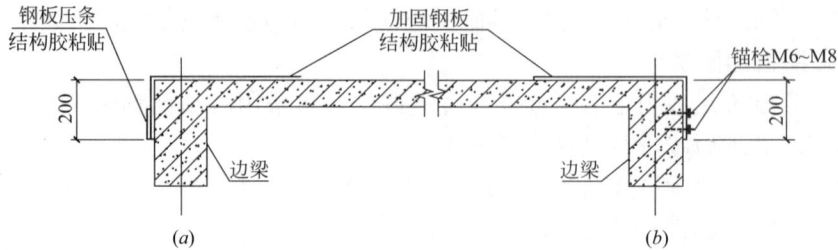

图 13.3.8   端支座加固钢板锚固
(a)钢压条锚固；(b)锚栓锚固

（3）墙支座锚固处理：板的端支座或中间支座为混凝土整体墙时，加固钢板受阻而无法通过，可以把加固钢板与横向角钢坡口焊接，而角钢用螺栓或高强螺栓穿墙固定；并用螺栓穿板连接，安装后在其粘贴面灌注结构胶粘剂。穿墙螺栓直径与间距根据加固钢板的受力情况计算确定，其直径不小于 16mm；穿板螺栓直径一般采用 10mm 或 12mm、间距为加固钢板间距相同或 1 倍，横向角钢不小于∟75×5（图 13.3.9）。

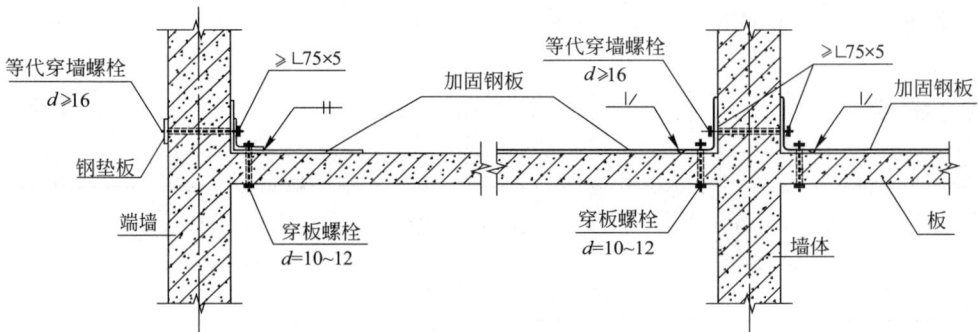

图 13.3.9   墙支座加固钢板的锚固
注：角钢和钢板的粘贴面安装后均用结构胶粘剂灌注。

5. 用钢压条加强锚固加固钢板，应弯折粘贴于加固钢板表面，其弯折角度不应大于 20°，局部孔隙用胶粘剂填满（图 13.3.10）。

6. 一般情况下板在受弯区都是采用一层钢板粘贴，当需粘贴二层钢板时，相邻两层钢板的截断位置应错开不小于 300mm，并应在截断处加设横向钢压条进行锚固。

四、粘贴纤维复合材加固法

板的抗弯强度不足或板上有裂缝并超过允许值时，可采用纤维复合材加固，若板上有裂缝，要求处理后才进行纤维复合材加固。

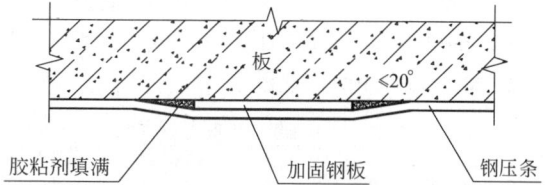

图 13.3.10 用钢压条加强加固钢板示意图

1. 在板进行受弯加固时，纤维复合材应粘贴在受拉区一侧，即板跨中的下部和连续板支座或悬臂板的上部。纤维复合材沿着板的受力方向粘贴。

2. 板正弯矩区的正截面加固

(1) 纤维复合材的截断位置距其充分利用截面的距离不应小于按现行规范计算确定的粘贴延伸长度 l_c，且不宜小于 600mm。

(2) 受拉面沿轴向粘贴的纤维复合材应延伸至支座边缘，且应在纤维复合材的端部粘贴设置不小于 200mm 宽的横向纤维织物压条（图 13.3.11）。当采用纤维织物受弯加固时，横向纤维织物压条的宽度和厚度分别不宜小于受弯加固纤维织物条带宽度和厚度的 1/2；当采用纤维预成型板进行受弯加固时，横向纤维织物压条的截面面积不宜小于预成型板截面面积的 1/4。

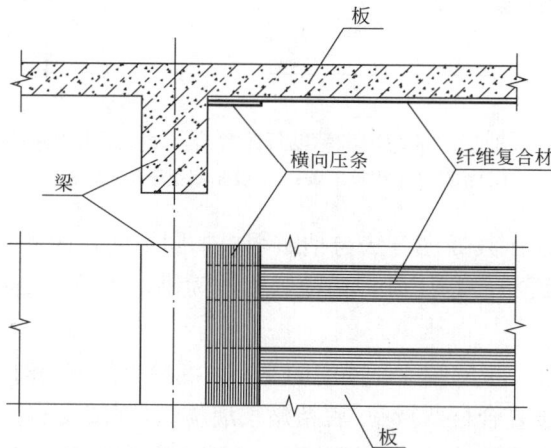

图 13.3.11 板粘贴纤维复合材端部锚固措施

(3) 当纤维复合材延伸至支座边缘仍不满足延伸长度 l_c 的要求时，应在延伸长度范围内通长设置垂直于受力纤维方向的纤维织物压条（图 13.3.11）。压条应在延伸长度范围内均匀布置。压条宽度不应小于受弯加固纤维复合材条宽的 3/5，压条的厚度不应小于受弯加固纤维复合材厚度的 1/2。

3. 板负弯矩区的正截面加固

(1) 纤维复合材截断位置距支座边缘的距离不应小于加固后纤维复合材抗弯承载力的应充分利用截面到不需要纤维复合材截面的距离加 200mm，且不宜小于板邻跨净跨度的 1/4（图 13.3.12a）。

(2) 为了加强纤维复合材粘贴面的抗剪强度和锚固作用，必要时可在其端部设置横向纤维织物压条锚固（图 13.3.12a）或钢板压条胶粘和附加锚栓锚固（图 13.3.12b），纤维织物压条的宽度和厚度可参照上述构造要求；钢板压条厚度不小于 3mm；宽度不小于 60mm；锚栓直径一般采用 6mm 或 8mm。锚栓设于纤维复合材净距之间；一般设一个，如净距大于 300mm 时宜设 2 个。

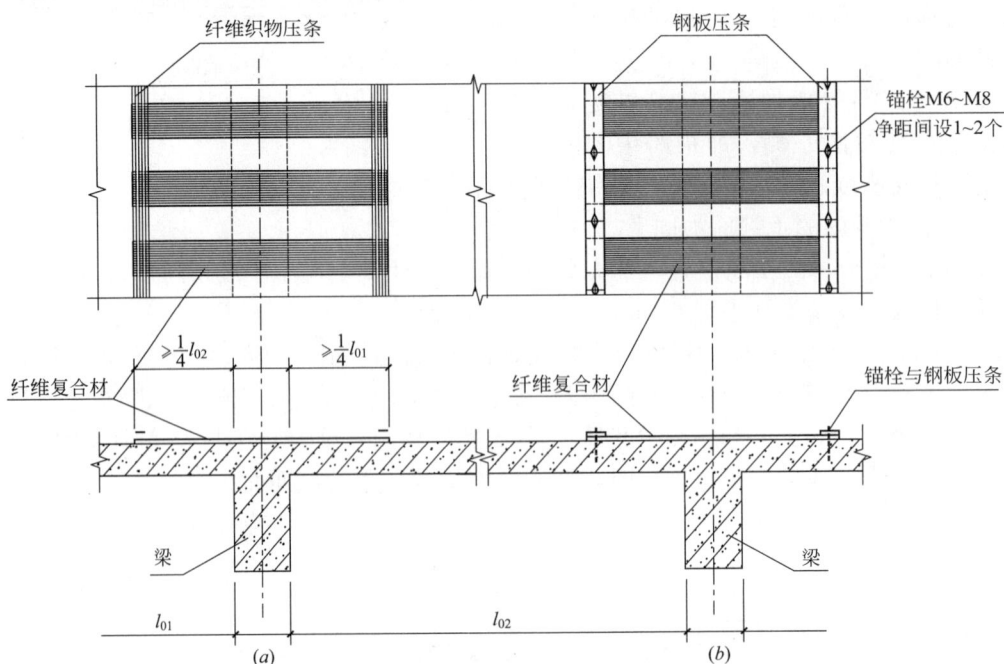

图 13.3.12　负弯矩区粘贴纤维复合材的加强锚固措施
(a)粘贴纤维织物压条；(b)胶粘钢板压条加锚栓

（3）端支座锚固处理：其处理方法与粘贴钢板加固类同，即可把其加固钢板改为纤维复合材；钢板压条改为纤维织物压条；锚栓锚固改为钢板压条与锚栓锚固即可，有关示意图也参见图 13.3.8。

（4）墙支座锚固处理：板的端支座或中间支座为混凝土整体墙时，加固的纤维复合材受阻而无法通过，可把纤维复合材弯折 90°后粘贴于墙体内侧(端支座)或两侧(中支座)并用横向角钢胶粘压贴，再用穿墙螺栓或高强螺栓固定于墙；穿板螺栓连接于楼板，螺栓均设置在纤维复合材净距之间。横向角钢不小于∟ 75×5；穿墙螺栓的直径和间距应根据计算确定，其直径不小于16mm；穿板螺栓直径一般采用 10mm 或 12mm，（图 13.3.13）。

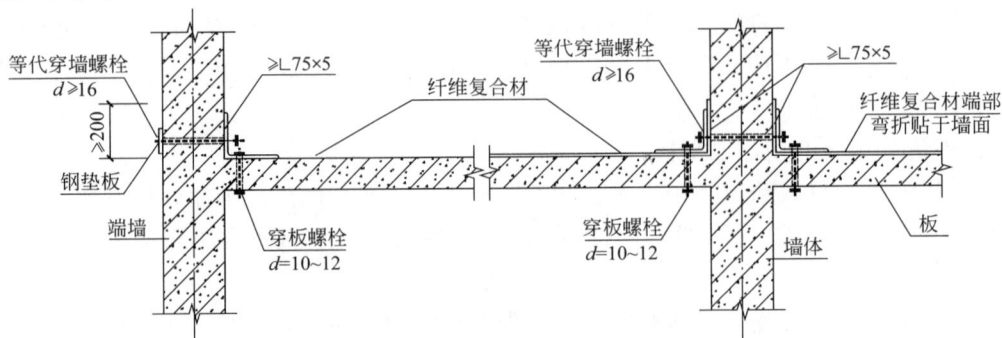

图 13.3.13　墙体支座纤维复合材的锚固

4. 板受弯加固时，纤维复合材应选择多条密布的方式进行粘贴，不得使用未经裁剪成条的整幅织物满贴，纤维复合材条带之间的净间距不应大于受力钢筋的间距，且不应大于 200mm。

5. 纤维织物沿纤维受力方向的搭接长度不得小于 200mm。当采用多条纤维织物加固时，各条纤维织物之间的搭接位置应相互错开距离不应小于 250mm，采用预成型板对板的抗弯加固时，在主要加固受力区预成型板不宜采用搭接。

五、钢丝绳网片—聚合物砂浆外加层加固法

1. 钢丝绳网片—聚合物砂浆外加层对钢筋混凝土楼板进行加固可采用单面的外加层构造(图 13.3.14a)；也可以采用对称的双面外加层构造(图 13.3.14b)。

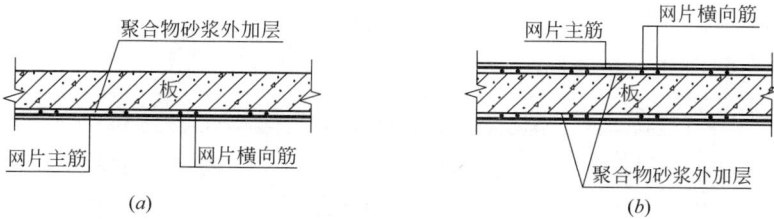

图 13.3.14　板加固的钢丝绳网片——聚合物砂浆外加层示意图
(a)单面外加层；(b)双面外加层

2. 网片主筋(即纵向受力钢丝绳)与横向筋(即横向钢丝绳，也称箍筋)的交点处，应采用同品种钢材制作的绳扣束紧；主筋的端部安装套环，应保证其夹裹力一致，安装牢固。套环的构造与尺寸应经设计计算确定。

3. 网片中受拉主筋的间距应经计算确定，但不应小于 20mm，也不应大于 40mm。

4. 网片中横向筋的间距一般取 150～200mm。

5. 网片应在工厂使用专门的机械和工艺制作。板用的网片，宜按标准规格成批生产。

6. 钢丝绳网片—聚合物砂浆外加层加固钢筋混凝土板的钢丝绳网片构造示意图(图 13.3.15)。

六、楼板的改造

由于使用上的变更或装饰上的需要，在原有楼层间增设楼梯或自动扶梯；楼板上开设吊物洞口或管道穿过的孔洞；以及原有楼板上的洞口要求填补等等，因此必须对原有楼板进行改造，在加固处理时应根据原有楼板的结构形式和配置、开设洞口的部位、形状和大小、荷载分布情况，分别采用最适合的加固处理方法。

由于楼板的结构形式多种和改造方法多样，现仅就现浇钢筋混凝土结构中楼层间增设楼梯和楼板上补、开洞的洞口加固构造处理如下：

1. 楼层层间增设钢筋混凝土楼梯：一般采用现浇板式梯段，梯段的两端与楼层梁为简支连接，当梯段与楼板平接时，楼梯洞口被打掉楼板的钢筋应锚入新加的梯段内，其长度不小于 40 倍板的钢筋直径；当梯段错下楼层一步时，应在楼层的支承梁梁腰做钢托座以支承新加的梯段，钢托座由角钢和加劲钢板组成，角钢不宜小于∟160×10，长度与梯段宽度相同，加劲肋厚度宜为 8mm，钢托座用锚栓固定在支承梁的梁腰，锚栓直径不小于 16mm，其数量根据计算确定，也可以在梁腰植筋直接锚入与新加梯段板内的钢筋焊接

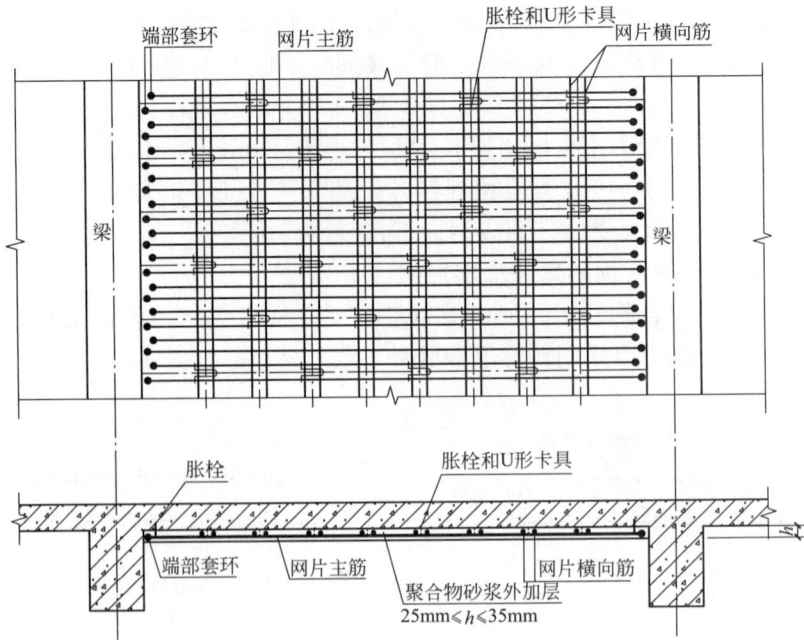

图 13.3.15 板底钢丝绳网片加固构造示意图

或绑紧连接。梯段的配置有两种情况：

（1）层间的梯段为单跑：其节点构造如图 13.3.16 所示。

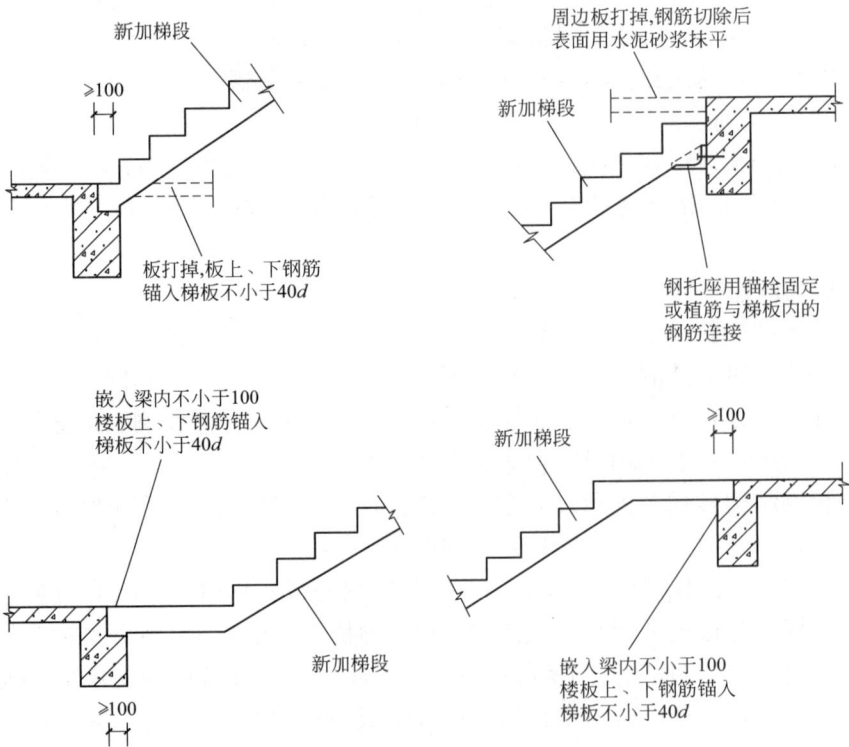

图 13.3.16 单跑梯段节点构造

（2）层间楼梯为双跑或三跑：楼层层间必须新设楼梯平台，梯段一端支于楼层梁，另一端支于楼梯平台梁上，梯段与楼层梁的构造见图 13.3.16，梯段与平台梁浇筑成整体。当楼梯间是封闭式时，平台梁和板可直接支承于砖墙；当楼梯间的墙体是轻质墙或者楼梯间是敞开式时，平台梁应设钢筋混凝土小柱支承，平台梁与小柱形成小门架，平台小柱支于原楼层梁上，可在楼层梁上植筋或打锚栓做成铰接节点，平台板可做成悬臂板。

2. 板上的补洞处理：钢筋混凝土板的补洞有以下几种构造：

（1）当洞口尺寸（宽、长或圆洞直径）小于 300mm 时，则将洞口边缘打成斜口，用混凝土补上（图 13.3.17）。

（2）当洞口尺寸在 300～1000mm 时，一般有两种构造形式：一种是把板上原洞口四周的混凝土打掉，使其露出板内的钢筋，清洁处理后用新配的钢筋与其搭接或焊接，用混凝土补上

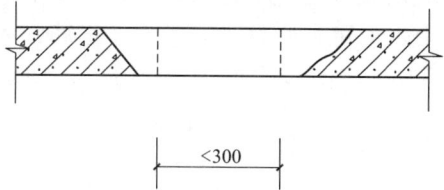

图 13.3.17 板上补洞构造（一）

（图 13.3.18a）；另一种是把板上原洞口四周的混凝土棱角打掉，抹上 1∶1 水泥砂浆，挤入角钢，然后焊上新加钢筋，最后用混凝土补上（图 13.3.18b）。

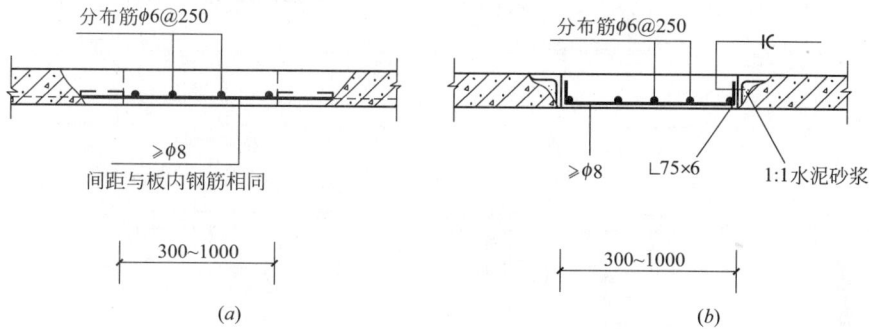

图 13.3.18 板上补洞构造（二）

（3）当洞口在受力方向有梁时，一般有两种构造形式：一种是把梁打个缺口，把新补的板搁置在梁上，其搁置长度 b：$l_0 \leqslant 1000mm$，$b = 60mm$；$l_0 > 1000mm$，$b \geqslant 100mm$（图 13.3.19a）。另一种是将梁上边的棱角打掉，抹上 1∶1 水泥砂浆挤入角钢，焊上钢筋，最后用混凝土补上（图 13.3.19b）。

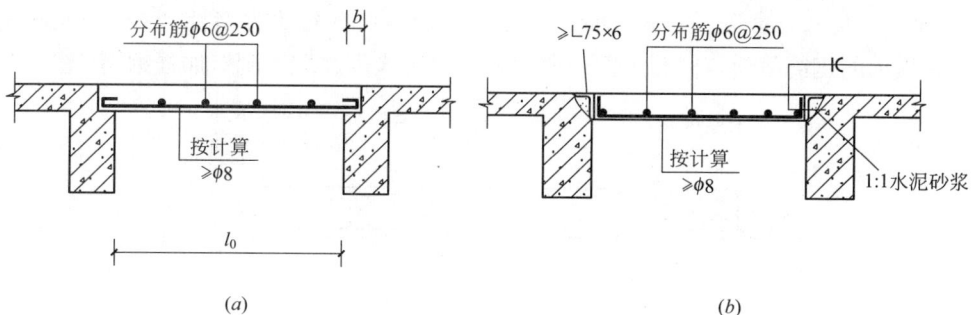

图 13.3.19 板上补洞构造（三）

（4）当洞口比较大时，应根据板的受力方向和洞口附近梁的布置情况进行补洞处理，一般有以下两种情况：

1）洞边缘或附近有梁时，可把洞口周边的板凿掉，并在原有周边的梁上凿出新加板的支承缺口，然后在上面做现浇板，如（图13.3.20a），同时必须对原有洞口周边梁的承载力进行验算。

2）洞口边缘无梁时，一般尽量不改变原有板的受力状况，可以采用新加钢筋混凝土梁或钢梁以支承填补洞口的板，新加梁的端部可用角钢作支托并用锚栓固定在原有梁的梁腰上，也可在原有梁的梁腰上植筋锚入新加梁的纵向钢筋，然后做补洞口的钢筋混凝土板（图13.3.20b），同时必须对原有支承梁作承载力验算。

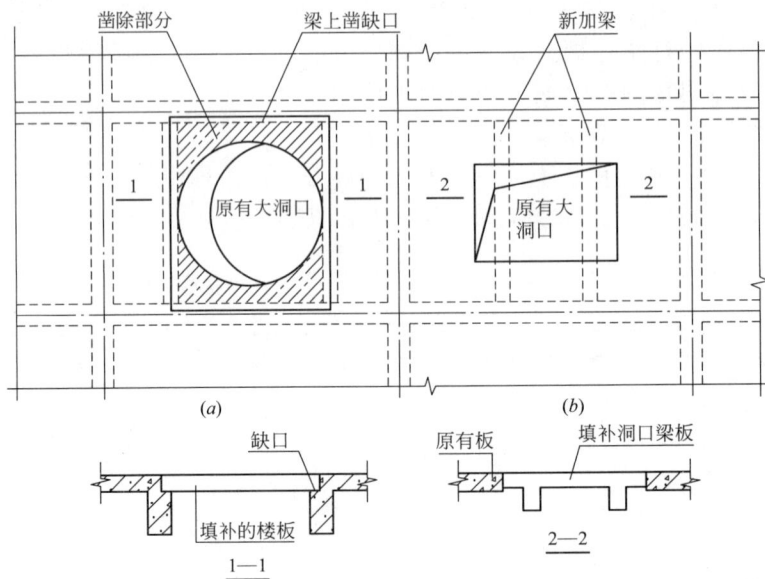

图 13.3.20 板上补洞构造
(a)洞边缘或附近有梁；(b)洞口边缘无梁

3. 板上的开洞处理：楼板上开洞应根据楼板的结构形式、结构配置、开洞部位、开洞大小、形状以及洞口边缘上的荷载情况，分别采用相应的加固处理方法，一般有以下几种形式和做法：

（1）钢筋混凝土加固洞口

1）当洞口尺寸 d 或 $b \leqslant 500$mm 时，可按所开洞口尺寸每边多凿掉 200～250mm 板的混凝土，原板内的钢筋截断，但要预留一段弯入洞口边缘内并配上洞口加强钢筋（图13.3.21）。

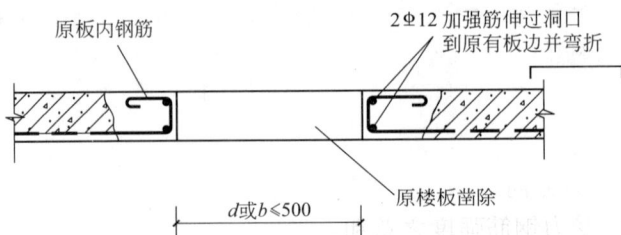

图 13.3.21 板上开洞构造（一）

其中：d 为圆形洞口直径；b 为垂直于单向板受力方向的矩形洞口宽度；a 为平行于单向板非受力方向矩形洞口宽度。

当洞口边缘要求埋设地脚螺栓时，宜在洞口边缘加置角钢，以便固定地脚螺栓，其他构造要求同上述（图 13.3.22）。

2）当洞口尺寸 500mm<b≤1000mm 时，宜在洞口周边加设小梁（图 13.3.23a），如需在洞口周边设置反沿时，小梁应向上翻（图 13.3.23b）。施工时可

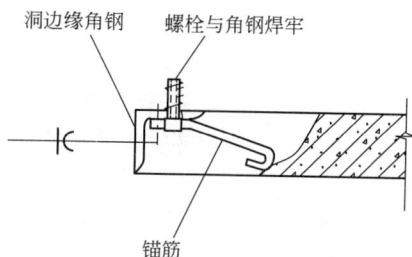

图 13.3.22　洞口边缘螺栓

按洞口尺寸每边将板多凿掉 200～250mm，将原板内钢筋截断后分别弯折作为小梁箍筋，小梁截面一般为 100mm×200mm，上下各配有两根加强钢筋，并互相锚入小梁内不小于钢筋的锚固长度，其直径不宜小于 12mm。

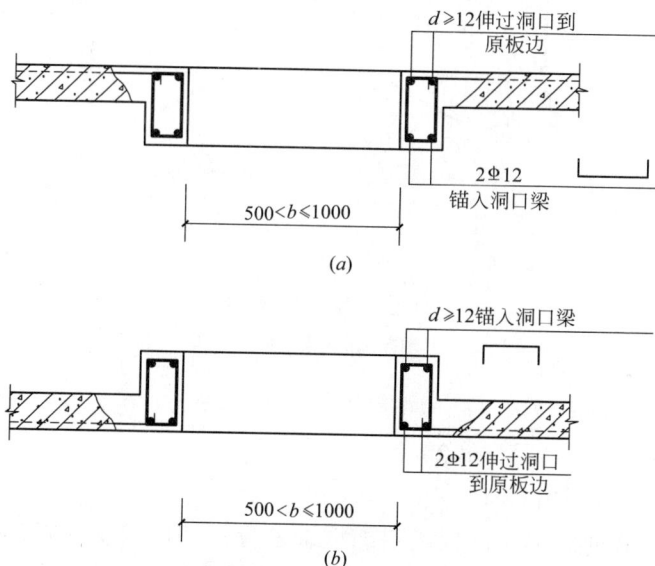

图 13.3.23　板上开洞构造（二）

3）当洞口宽度 b>1000mm，或洞口边缘有较大的外荷载（如墙体，设备等）时，应在洞口边缘增设现浇钢筋混凝土梁，即洞口 b 边方向设梁支设于洞口 a 边方向的梁，该梁梁端则用钢托座和锚栓支于原有楼板梁上，也可在原有楼板梁梁腰植筋与该梁梁内钢筋相连接，施工时凿掉洞口部分的楼板和洞口边缘梁上的板部分，并把凿除板内的钢筋锚入洞口周边梁内。

4）楼板上加设地漏的做法与板上开洞相同，具体构造如图 13.3.24 所示。

（2）粘贴钢板或粘贴纤维复合材加固洞口

1）一般构造

① 洞口平行于受力方向两侧的附加钢板或附加纤维复合材的截面强度之和不应小于洞口宽度内被切断的受力钢筋强度之总和。

② 洞口粘贴附加材料应伸过洞边粘贴延伸长度：

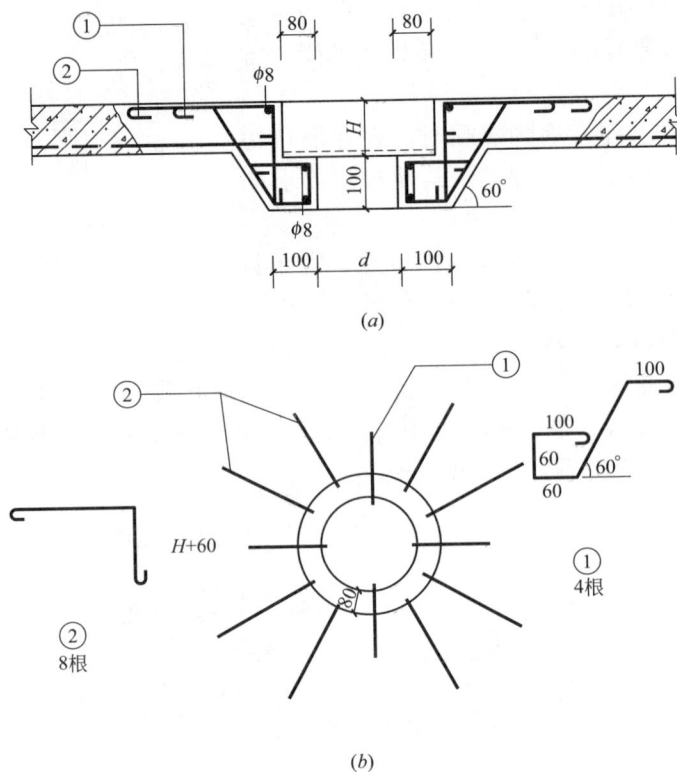

图 13.3.24 楼板加设地漏构造

(a)地漏剖面；(b)配筋平面

粘贴钢板为 l_{sp}，且 $\geqslant 170t_{sp}$（t_{sp} 为粘贴的钢板总厚度）。

粘贴纤维复合材为 l_c，且 $\geqslant 600mm$。

l_{sp} 和 l_c 按现行规范计算确定。

③ 对于加固在板面的附加钢板或附加纤维复合材如遇到梁或墙体阻碍而不能满足其延伸长度时，可采用锚栓把角钢固定于梁腰或用螺栓穿墙把角钢固定于墙上，以便与附加钢板或附加纤维复合材拉结锚固，传递拉力。

④ 一般附加钢板的宽度为 $100\sim200mm$、厚为 $3\sim4mm$；附加纤维复合材的宽度为 $200\sim300mm$、面积质量为 $200\sim300mm$ g/m²。

⑤ 为了加强附加钢板的粘结和锚固，必要时可在其两端各加一个直径为 $6\sim8mm$ 的锚栓，对于附加纤维复合材，可在其两端各加一钢压板，其厚度为 $3mm$、宽度为 $60mm$，并各端用两个直径为 $6mm$ 的锚栓锚固。

⑥ 连续单向板开洞，当洞口位于正弯矩区，附加钢板或附加纤维复合材宜粘贴于洞口边缘的板底；当洞口位于板负弯矩区，附加钢板或附加纤维复合材宜粘贴于洞口边缘的板底和板面，双面加固。

2）连续单向板洞口加固示意：（图中 SP 为洞口附加钢板，f 为洞口附加纤维复合材。）

① 当 $a\leqslant1000mm$、且 $300<b\leqslant1000mm$ 时洞口附加钢板加固如图 13.3.25 所示。

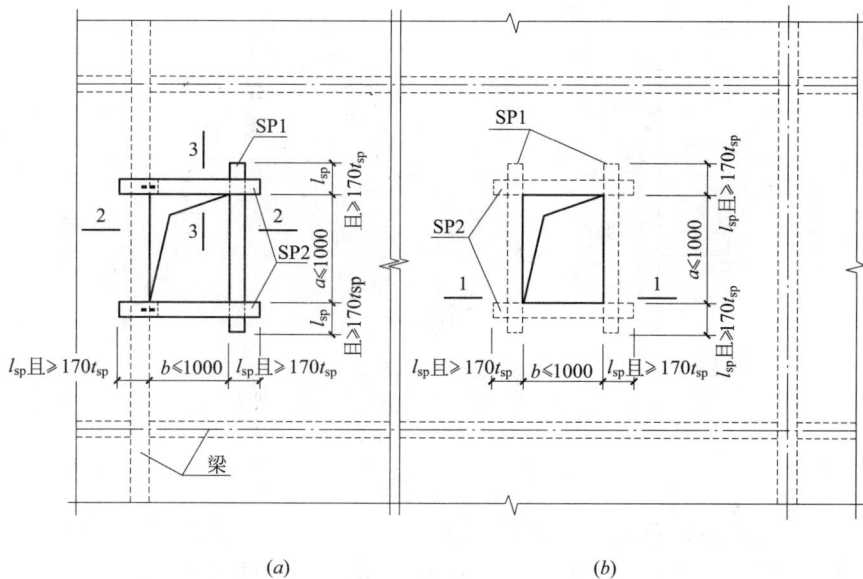

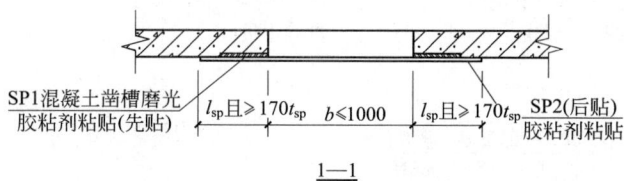

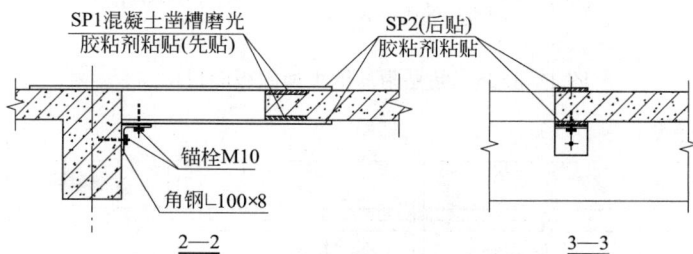

图 13.3.25 粘贴附加钢板加固板洞口(一)

(a)负弯矩区开洞；(b)正弯矩区开洞

② 当 $a>1000$mm 且 $300<b\leqslant1000$mm 时的洞口钢板加固：可把平行于受力方向的洞口边缘上下均粘贴钢板延伸并支承于两端的楼板梁上，把上下钢板和楼板看成简支的组合梁，钢板的厚度和宽度，由计算确定，而垂直于受力方向的短向洞口边缘板底粘贴钢板简支于组合梁上，为了加强在支座的连接可加上锚栓或穿板螺栓，如图 13.3.26 所示。

③ 当 $a\leqslant1000$mm、且 $300<b\leqslant1000$mm 时洞口纤维复合材加固，如图 13.3.27 所示。

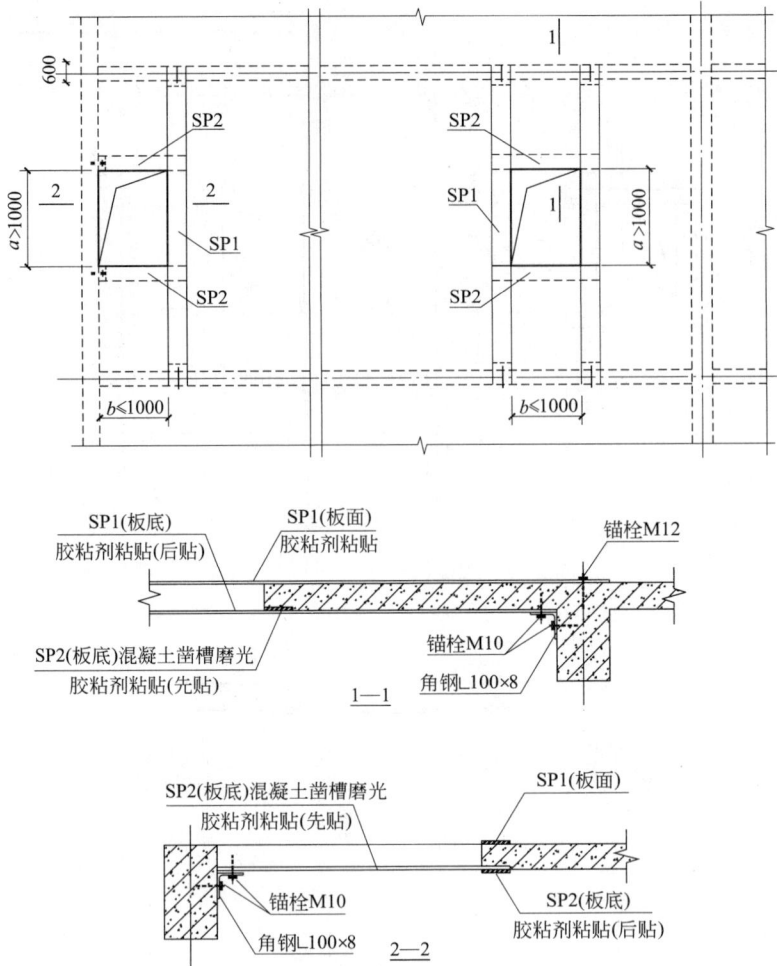

SP1(板底)
胶粘剂粘贴(后贴)

SP1(板面)
胶粘剂粘贴

锚栓M12

SP2(板底)混凝土凿槽磨光
胶粘剂粘贴(先贴)

锚栓M10
角钢L100×8

1—1

SP2(板底)混凝土凿槽磨光
胶粘剂粘贴(先贴)

SP1(板面)

锚栓M10
角钢L100×8

2—2

SP2(板底)
胶粘剂粘贴(后贴)

图 13.3.26 粘贴附加钢板加固板洞口(二)

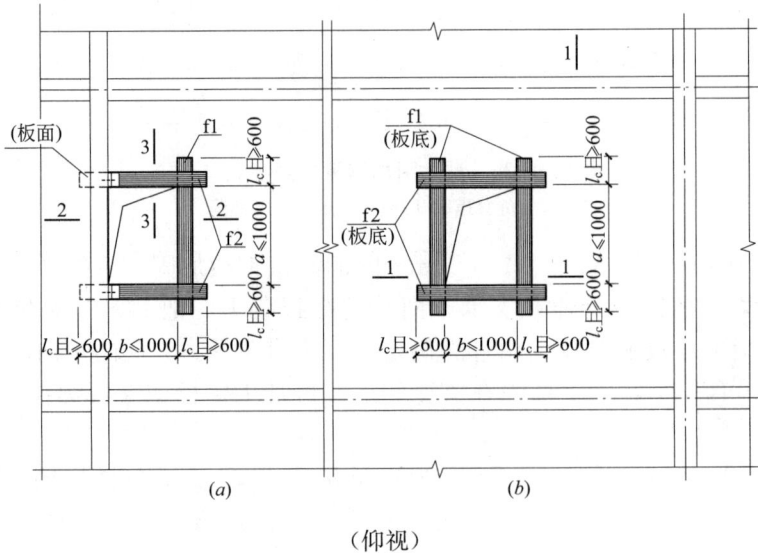

(a)

(b)

(仰视)

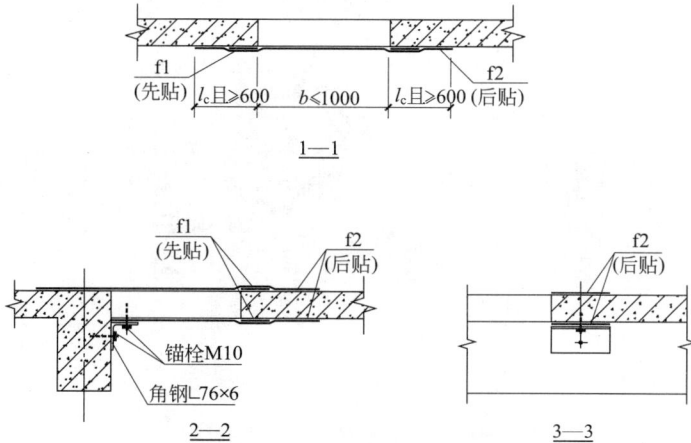

1—1

2—2   3—3

图 13.3.27 粘贴附加纤维复合材加固板洞口

(a)负弯矩区；(b)正弯矩区

(3) 采用钢梁加固楼板开洞：当要求在楼板上开的洞口比较大或者洞口边缘有较大的外荷载时，可以采用钢梁加固楼板上的洞口。在平行板的受力方向的洞口边缘设置型钢梁 L_a 其梁端支于楼板梁，可在其梁腰用锚栓固定焊有连接短角钢的锚板，钢梁 L_a 只连接短角钢用安装螺栓固定后焊牢。另方向的洞边钢梁 L_b 以同样构造形式与钢梁 L_a 连接，如图 13.3.28 所示。钢梁距离洞口边缘尺寸是根据切割洞口部分的楼板后洞口边缘板内钢筋的锚固长度要求和型钢梁与楼板的连接锚栓距洞口边的最小距离要求而定。型钢梁的截

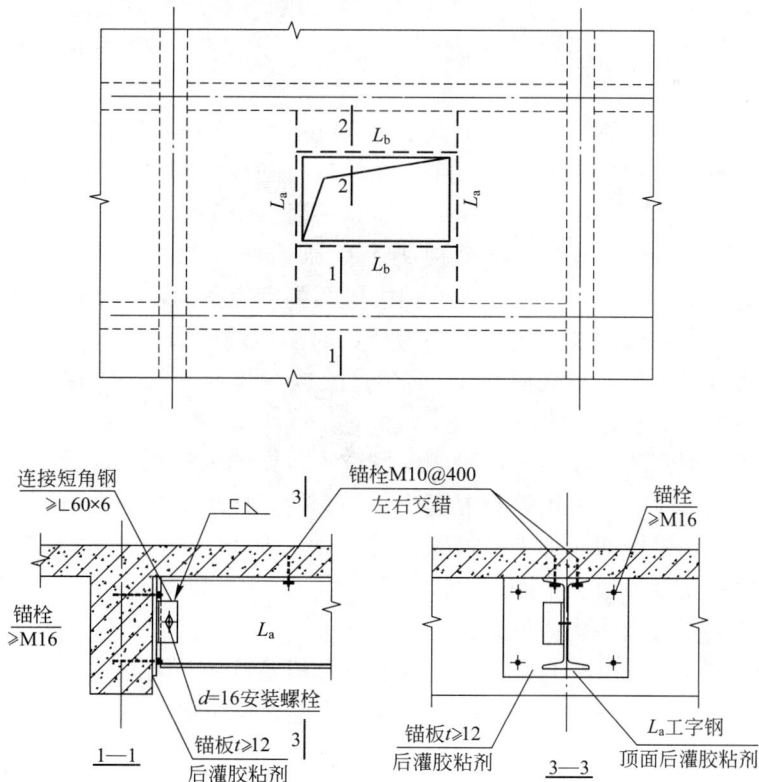

1—1   3—3

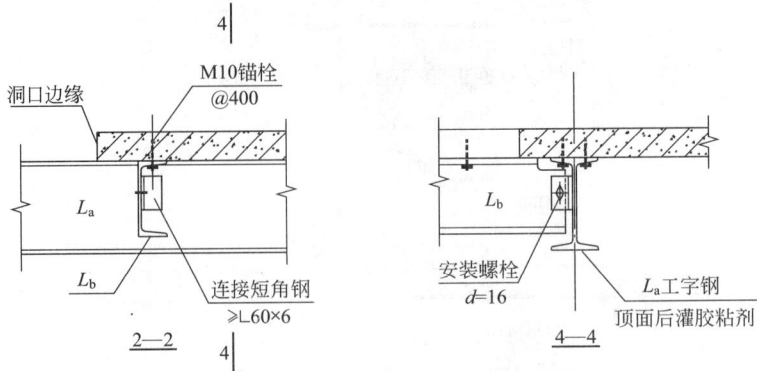

图 13.3.28　钢梁加固板洞口

面形式和型号根据计算确定，可采用单槽钢、工字钢或组合槽钢、组合工字钢，型钢的上翼缘用锚栓与楼板连接，并灌注结构胶粘剂。支承钢梁的楼板梁应验算其承载力。

第四节　现 浇 梁 的 加 固

由于梁的承载力不足、刚度不够或梁已产生的裂缝宽度超过允许值等情况必须进行加固，通常有以下几种加固的形式和方法：

一、增大截面加固法

1. 梁的四面或三面加做围套：此法适用于梁的刚度、抗弯或抗剪力承载力不足且相差较大的情况。其特点是利用加固混凝土的收缩而对原梁产生箍紧作用，使新旧混凝土有较好的整体结合。

新加混凝土围套的两侧厚度一般不宜小于 60mm，上下侧厚度根据实际需要而定。围套内新增设的纵向受力钢筋和箍筋均由计算确定，一般新加纵向受力钢筋直径不宜小于16mm，箍筋直径不宜小于 8mm，新加纵向架立钢筋直径为 12mm，设在围套两侧的纵向受力钢筋可在支座附近弯起以承担剪应力。在原梁两侧的板应沿梁边凿洞 100mm×150mm，间距为 500～800mm；在支座处和次梁两侧也应凿洞，以便通过封闭式箍筋及浇灌混凝土。一般每个洞口内设 2 个封闭式箍筋，而洞口之间设 1～3 个开口式箍筋，为方便施工，封闭式箍筋可用开口式箍筋和⊓形套箍组成，两者可采用焊接，当采用绑扎时应满足搭接长度要求。

施工时，围套下侧的混凝土可由梁的两侧灌入，梁侧的模板随浇随立，混凝土从板的洞口灌入。如有条件时，宜采用喷射混凝土，围套的厚度可适当减薄。

在整体结构中，采用四面加围套加固楼层梁时，围套的上侧突出楼面，造成使用上的不便，因此，除独立梁外很少采用。

三面加围套加固有两种构造形式：

（1）梁的抗弯承载力相差不大，但抗剪承载力相差较大，同时楼层高度上受到一定限制时，可在原梁下增大 50～60mm，把原梁两侧凿毛，梁下侧的混凝土保护层凿掉，新加纵向受力钢筋用短筋作为媒介与梁内相对应的纵向受力钢筋互相焊接，短筋直径应不小于20mm，长度不应小于其直径的 5 倍（双面焊）且不小于 120mm，中距不大于 500mm；新加纵向受力钢筋用架立短筋联系，其直径为 8mm，间距除靠近支座为 150mm 外均为 500mm。

当梁的支座是主梁或柱时，新加内侧纵向受力钢筋的锚固是借助于原梁内的纵向受力钢筋；新加外侧纵向受力钢筋可弯起与新加架立钢筋相焊接，详见图 13.4.1 所示。

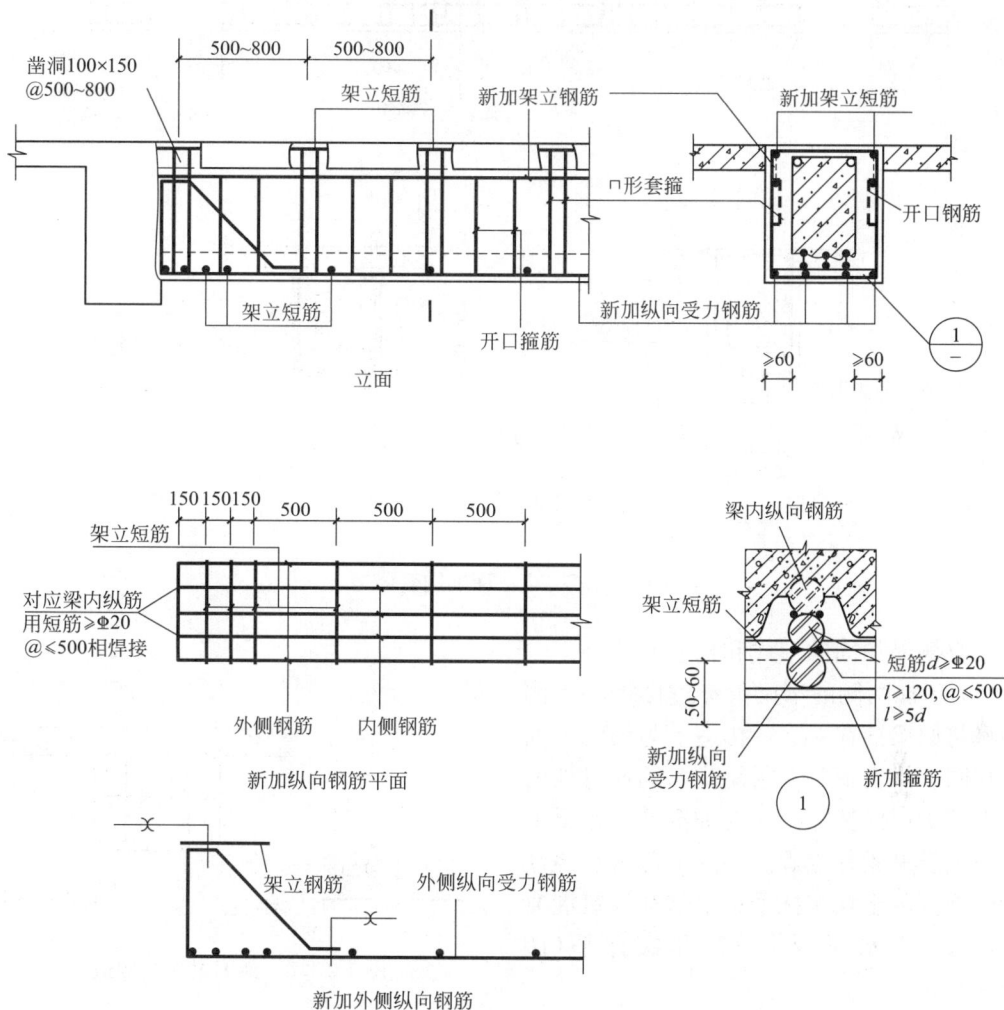

图 13.4.1　梁三面加围套(一)

（2）梁的承载力相差较大，同时允许楼层梁增高时，可把梁的围套下侧厚度加大，一般不宜小于 150mm，并配有附加箍筋，梁的箍筋及其他构造要求与上述相同，如图 13.4.2 所示。新加纵向受力钢筋与柱连接构造见图 13.4.11。

2. 梁的双侧面加固：当梁的上下侧增高都不允许时，可以在梁的两侧加固，即把梁的两侧凿毛各贴上宽度不小于 100mm 的窄梁，窄梁的纵向受力钢筋可配两根或四根（两排），直径不宜小于 16mm，架立钢筋直径为 12mm，箍筋直径不宜小于 8mm。为了增强新旧梁的整体性，宜在原梁腰钻孔直径为 24mm，并浆锚短筋直径为 20mm，沿梁跨间距约为 750mm 埋设(图 13.4.3)。

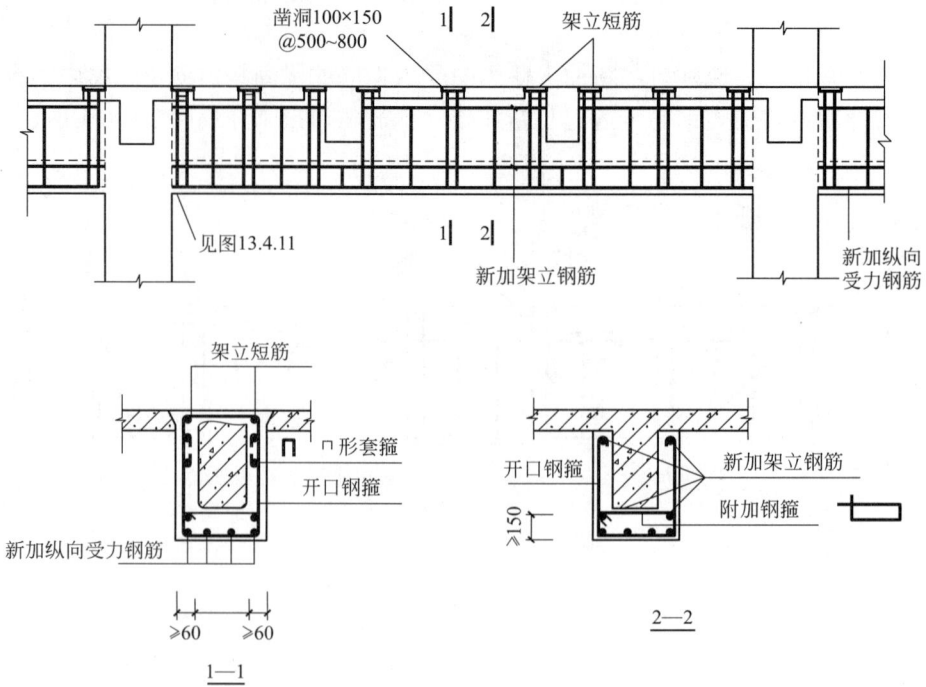

图 13.4.2 梁三面加围套(二)

梁双侧面加固的形式和构造有两种:

(1) 新加两侧的窄梁由穿过楼板的封闭式钢箍与原梁捆在一起,构造上与梁的三面加固相同。梁上下侧在封闭式箍筋通过处的混凝土保护层应凿除,使新加箍筋与原梁上下纵向钢筋贴紧并点焊。梁的上部可在浇注窄梁时把混凝土填实抹平;下部在浇筑混凝土后用 1:1 水泥砂浆分层压实抹平(图 13.4.4)。

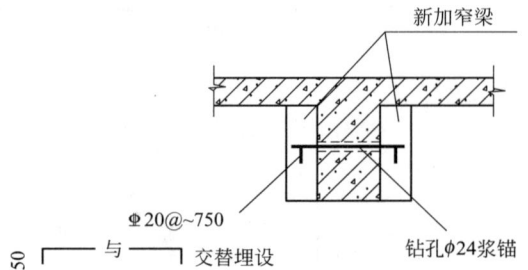

图 13.4.3 新旧梁连接构造

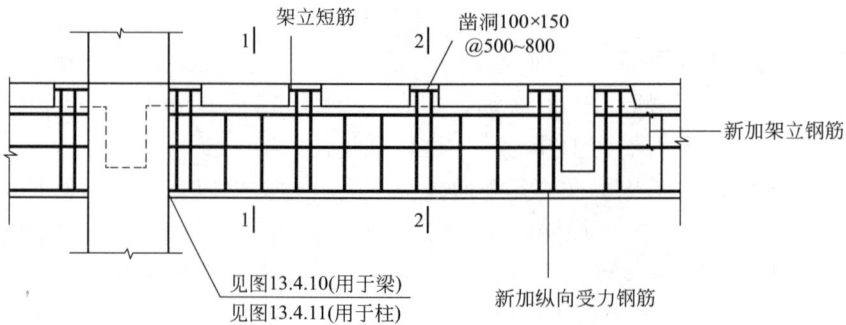

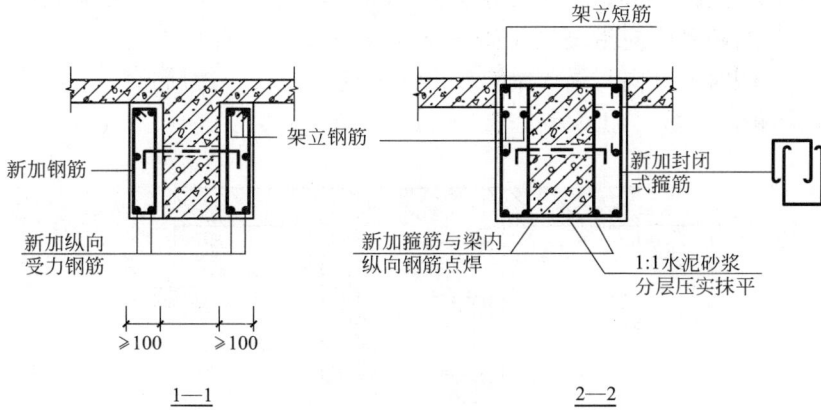

图 13.4.4 梁双侧面加固(一)

新加纵向受力钢筋与框架梁或柱的连接构造分别见图 13.4.10 和图 13.4.11。

(2)新加两侧窄梁的钢箍与原梁内箍筋相焊连接。窄梁箍筋间距与梁内箍筋相同,窄梁内"匚"形箍筋和封闭式箍筋交替设置,在"匚"形箍筋处的原梁内箍筋混凝土保护层凿掉,以便相焊接(原梁内箍筋直径不宜小于 8mm);两侧窄梁上部交错凿洞 100mm×150mm,间距约 1000mm,以便浇灌混凝土,还应放入 2Φ10 连接钢筋(图 13.4.5)。

新加纵向受力钢筋与框架梁或柱的连接构造分别见图 13.4.10 和图 13.4.11。

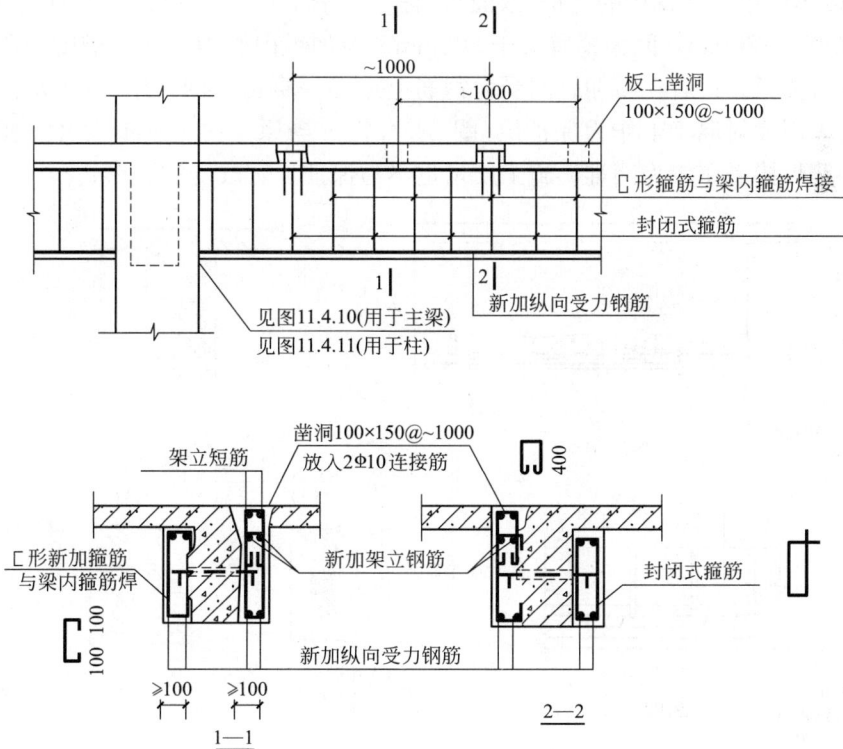

图 13.4.5 梁双侧面加固(二)

对于梁的四面或三面加做围套及梁的双侧面加固，当梁的腹板高度 h_w 不小于 450mm 时，在梁的两侧面应沿高度配置纵向构造钢筋，其直径不宜小于 12mm，间距不宜大于 200mm，同时沿纵向与锚入梁腹板内的短筋相拉接，短筋直径可采用 8mm，间距宜为新加箍筋间距的倍数，但不宜大于 500mm(图 13.4.6)。

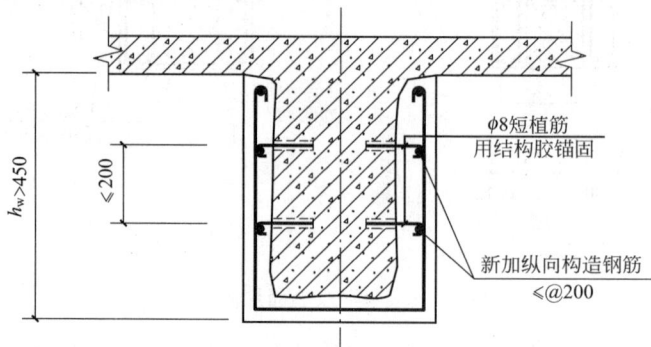

图 13.4.6   梁腹板设置纵向钢筋构造

3. 梁的下侧单面加固：

(1) 梁的高度受到一定限制而不能增高且梁的抗弯强度与要求相差不大时，可以把梁下侧的混凝土保护层凿除，新加纵向受力钢筋通过短钢筋或扁钢为媒介与梁内纵向受力钢筋焊接，新旧纵向钢筋可共同受力。一般梁底增厚约为 50~60mm。短筋直径不应小于 20mm，长度不应小于其直径的 5 倍(双面焊)且不小于 120mm，扁钢厚度宜为 8~10mm，其长度不宜小于 120mm，间距不宜大于 500mm。新加纵向受力钢筋可借助于原梁内纵向受力钢筋进行锚固。最后在新加纵向受力钢筋上点焊一层铅丝网，用 1:1 水泥砂浆分层压实抹平或采用喷射混凝土作为保护层(图 13.4.7)。当原梁的宽度不大又需要新加钢筋较多时，钢筋焊接操作较为困难，施工质量也不易保证，宜改变加固形式。

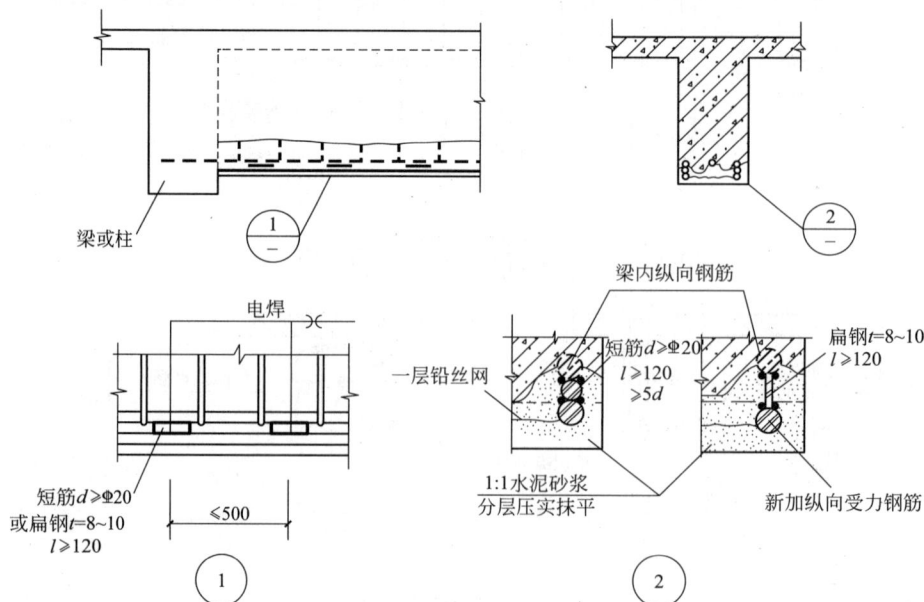

图 13.4.7   梁下侧单面加固(一)

（2）当楼层高度允许梁增高且抗弯强度相差较大时，可把梁的下侧增大，其厚度不宜小于150mm。新加纵向受力钢筋由新加钢箍箍起，新加钢箍为"凵"形，其直径不宜小于10mm。间距与原梁内箍筋相同（图13.4.8）。新加"凵"形箍与原梁的连接构造见图13.4.9。新加纵向受力钢筋与框架梁或柱的连接构造分别见图13.4.10和图13.4.11。

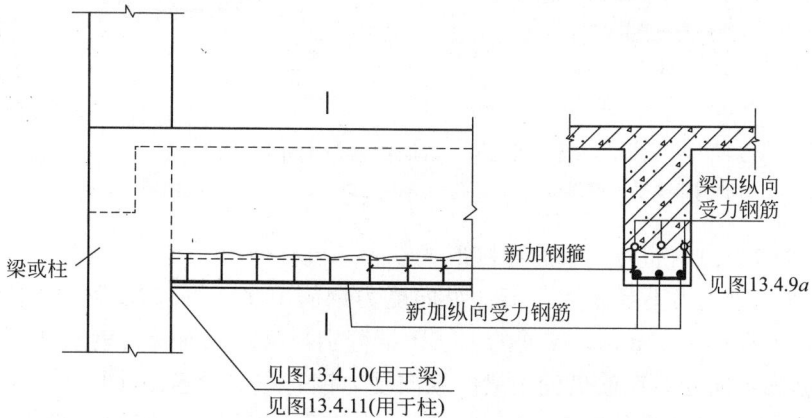

图 13.4.8　梁下侧单面加固（二）

1）新加"凵"形钢箍与原梁的连接形式有三种：

① 焊在原梁的外侧纵向受力钢筋上，在原有箍筋之间，采用双面或单面焊缝（图13.4.9a）；

② 在原梁底钻孔浆锚，钻孔直径宜大于箍筋直径4mm，钻孔应在原梁内纵向钢筋内侧且距梁边沿不小于$3d$（d为新加箍筋直径），箍筋锚固深度不小于$10d$，应采用锚固专用的结构胶将箍筋锚固于钻孔内（图13.4.9b）；

③ 焊在原梁内箍筋上，由于考虑钢筋电焊过烧的损伤，原箍筋直径不宜小于8mm，且箍筋的抗剪强度有一定富余量时才可采用（图13.4.9c）。

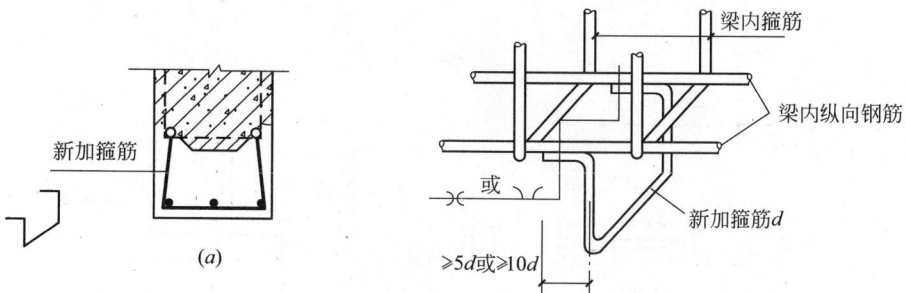

新加箍筋与梁内纵筋连接示意

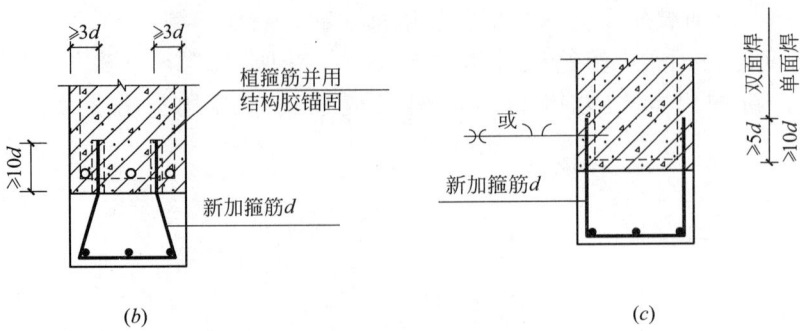

图 13.4.9 新加钢箍与梁连接

(a)与梁侧受力筋焊接；(b)钻孔用结构胶锚于梁底；(c)与梁内箍筋焊接

2）新加纵向受力钢筋与主梁的连接形式：

① 当被加固梁受力不是太大，新加纵向受力钢筋不多，可以在梁的两端各设三个浮筋，浮筋直径不宜小于 12mm，浮筋的上、下端分别与梁内纵向受力钢筋和新加纵向受力钢筋相焊，新加纵向受力钢筋借助于梁内纵向受力钢筋与主梁连接(图 13.4.10a)；

② 用锚栓把角钢固定在主梁梁腰上，新加纵向受力钢筋和角钢相焊接(图 13.4.10b)；

③ 在主梁梁腰钻孔植筋，新加纵向受力钢筋与植筋相焊接或机械连接(图 13.4.10c)；

④ 在主梁处做斜托，斜托钢筋绕过主梁底部并与主梁内的纵向受力钢筋相焊接。新加纵向受力钢筋锚入斜托支座(图 13.4.10d)。

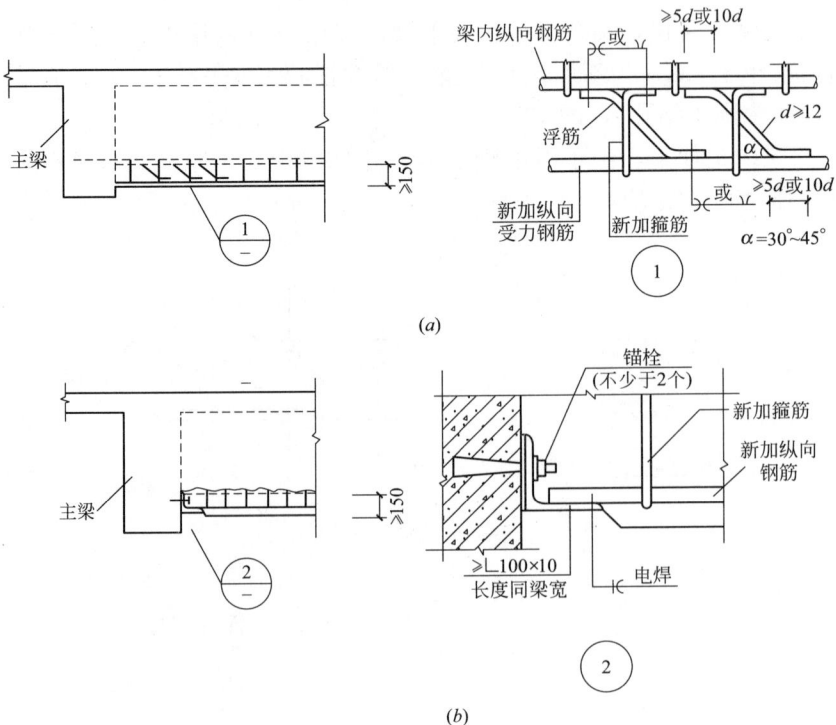

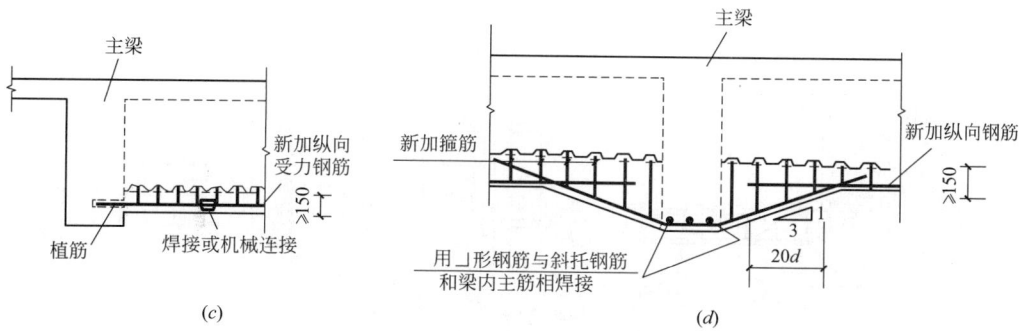

图 13.4.10 新加纵向受力钢筋与主梁连接

(a)通过浮筋连接；(b)与锚栓固定的角钢连接；(c)植筋连接；(d)斜托连接

3）新加纵向受力钢筋与框架柱的连接：应根据节点受力情况和抗震要求采用可靠的连接形式，把新旧纵向受力钢筋互相连接起来。为了加强新加纵向受力钢筋的锚固，一般可在被加固梁的两端各设三个浮筋（参见图 13.4.10 大样①）。以下是几种连接形式：

① 当框架柱采用增大截面法加固时，被加固梁的新加纵向受力钢筋可直接锚入柱的围套内（图 13.4.11a）。

② 若框架柱内纵向钢筋较少，被加固梁的新加纵向受力钢筋应通过连接钢板为媒介与柱内纵向钢筋焊接；若柱内纵向钢筋较多，则可把被加固梁的新加纵向受力钢筋直接与柱内纵向钢筋焊接（图 13.4.11b）。

③ 用锚栓把角钢固定在框架柱上并和被加固梁的新加纵向受力钢筋焊接（图 13.4.11c）。

④ 在框架柱上钻孔植筋，新加纵向受力钢筋与植筋相焊接或机械连接。对于中柱也可钻通孔穿钢筋用环氧树脂浆或结构胶固定（图 13.4.11d）。

⑤ 在框架柱上钻通孔穿螺丝端杆（采用同等级的钢筋加工而成），用环氧树脂浆或结构胶固定并与新加纵向受力钢筋相焊接或机械连接（图 13.4.11e）。

⑥ 在框架柱上做外包钢套，把角钢焊在钢套上并和新加纵向受力钢筋相焊接（图 13.4.11f）。

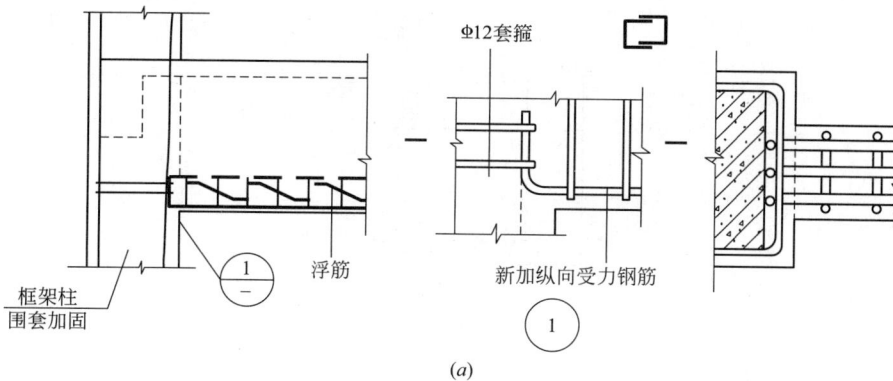

(a)

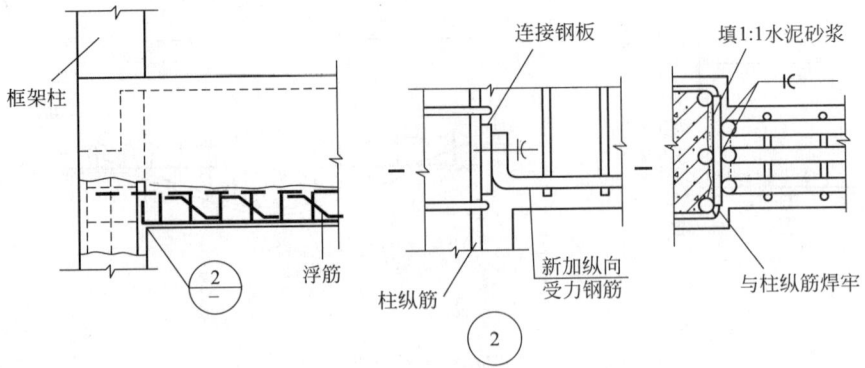

框架柱 · 浮筋 · 连接钢板 · 柱纵筋 · 新加纵向受力钢筋 · 填1:1水泥砂浆 · 与柱纵筋焊牢

(b)

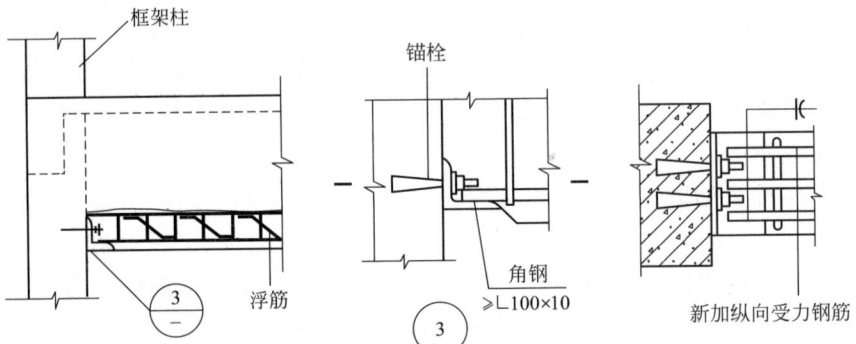

框架柱 · 浮筋 · 锚栓 · 角钢 ≥∟100×10 · 新加纵向受力钢筋

(c)

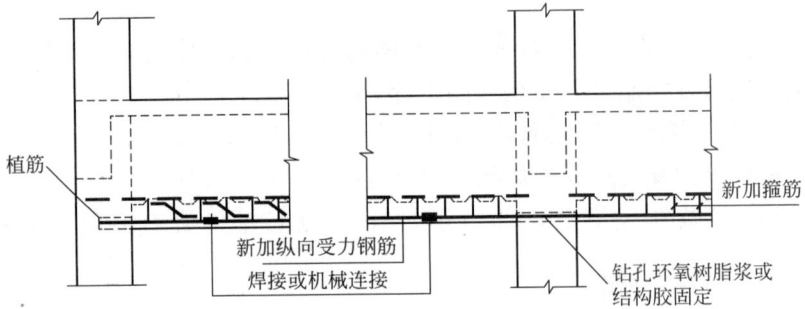

植筋 · 新加纵向受力钢筋 焊接或机械连接 · 钻孔环氧树脂浆或结构胶固定 · 新加箍筋

(d)

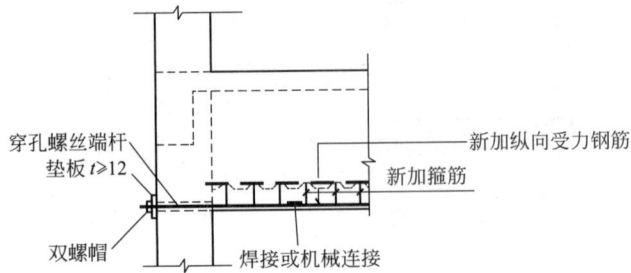

穿孔螺丝端杆垫板 t≥12 · 双螺帽 · 焊接或机械连接 · 新加纵向受力钢筋 · 新加箍筋

(e)

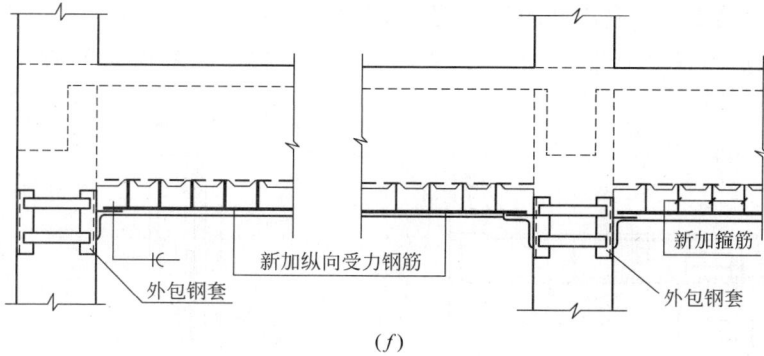

图 13.4.11 新加纵向受力钢筋与框架柱连接

(a)锚入柱围套；(b)与柱内主筋焊接；(c)与锚栓固定的角钢焊接；(d)植筋或钻孔浆锚连接；
(e)穿孔螺丝端杆连接；(f)与外包钢套上的角钢焊接

4. 梁的上侧单面加固：

（1）楼层或屋面允许梁上侧增高：这种方法适用于梁的支座和跨中抗弯强度不足的加固，梁的增加高度以原跨中钢筋截面面积能够满足抗弯要求而定。新加纵向钢筋由新加"凹"形箍筋箍起，"凹"形箍筋直径宜不小于 10mm，间距与原梁内箍筋相同，新加"凹"形箍筋与原梁的连接形式和构造见图 13.4.9a 所示。如果原梁内跨中钢筋较少或增荷较大，采用此法来提高跨中的抗弯强度往往是难以满足要求的。

梁的上侧单面加固只能适用于边梁、有墙体的梁、屋面梁和独立梁等（图 13.4.12）。新加支座负弯矩钢筋与框架柱和连接构造见图 13.4.13 所示。

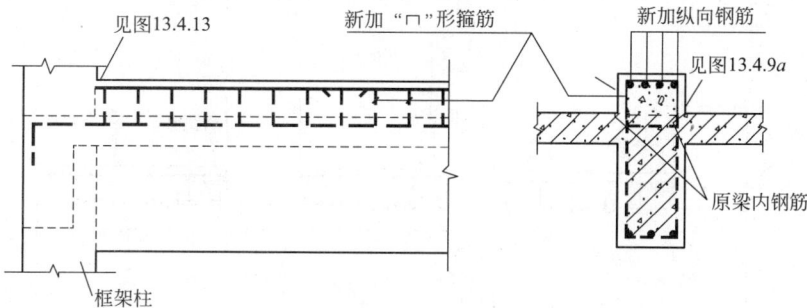

图 13.4.12 梁上侧单面加固（一）

梁上侧新加纵向受力钢筋与框架柱的连接形式：

1）在框架顶层的被加固梁，新加纵向受力钢筋伸到梁端弯下并通过短钢筋为媒介与框架柱外侧的纵向钢筋相焊接（图 13.4.13a）。当被加固梁的新加纵向受力钢筋多于柱外侧纵向钢筋时，应加连接钢板与柱内纵向钢筋相焊接。

2）在框架柱上钻通孔穿螺丝端杆（采用同等强的钢筋加工而成）用环氧树脂浆或结构胶固定并与新加纵向受力钢筋相焊接或机械连接。如果是中柱，可钻通孔穿梁的新加纵向受力钢筋用环氧树脂浆或结构胶固定（图 13.4.13b）。新加纵向受力钢筋也可采用精轧螺纹钢筋，两端用垫板加双螺帽固定。

3）在框架柱上做扁钢与角钢组成的套箍，被加固梁的新加纵向受力钢筋与套箍上的角钢相焊接（图 13.4.13c）。

（2）被加固梁不允许高出楼面且梁的支座抗弯强度不足的加固：

1）加大被加固梁上部宽度，把梁两侧的板凿掉，也凿去梁顶的混凝土保护层，被加

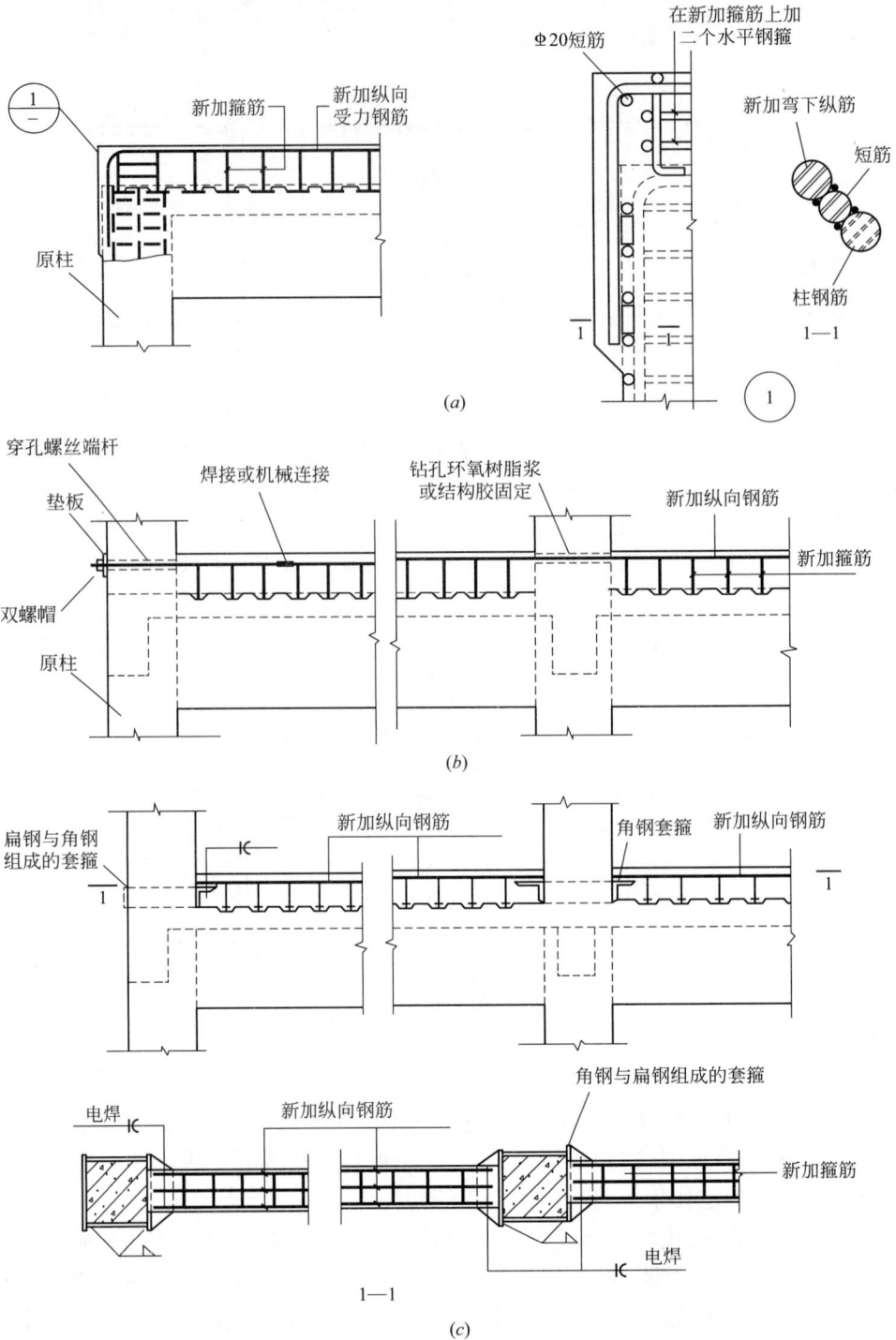

图 13.4.13　新加纵向受力钢筋与柱连接

（a）顶层梁端纵筋锚固；（b）穿孔螺栓端杆或钻孔浆锚连接；（c）与角钢套箍连接

固梁顶的加宽宽度为柱宽加 60mm，新加支座负弯矩钢筋可配置在加宽的两侧，被加固梁在端支座的新加负弯矩钢筋应伸到端头并绕过柱外侧的纵向钢筋，用"L"形钢筋与柱内钢筋焊接。加宽的梁翼用箍筋箍起，其两端钩在与原梁内箍筋绑扎的新加纵向架立钢筋上，梁翼箍筋直径一般采用 8mm 或 10mm，间距为 200mm。新加纵向架立钢筋直径为 12mm，新加支座负弯矩钢筋用浮筋与原梁内上两侧的钢筋焊接，浮筋直径为 12mm，间距为 500mm，一般每端各 3 个，详见图 13.4.14。

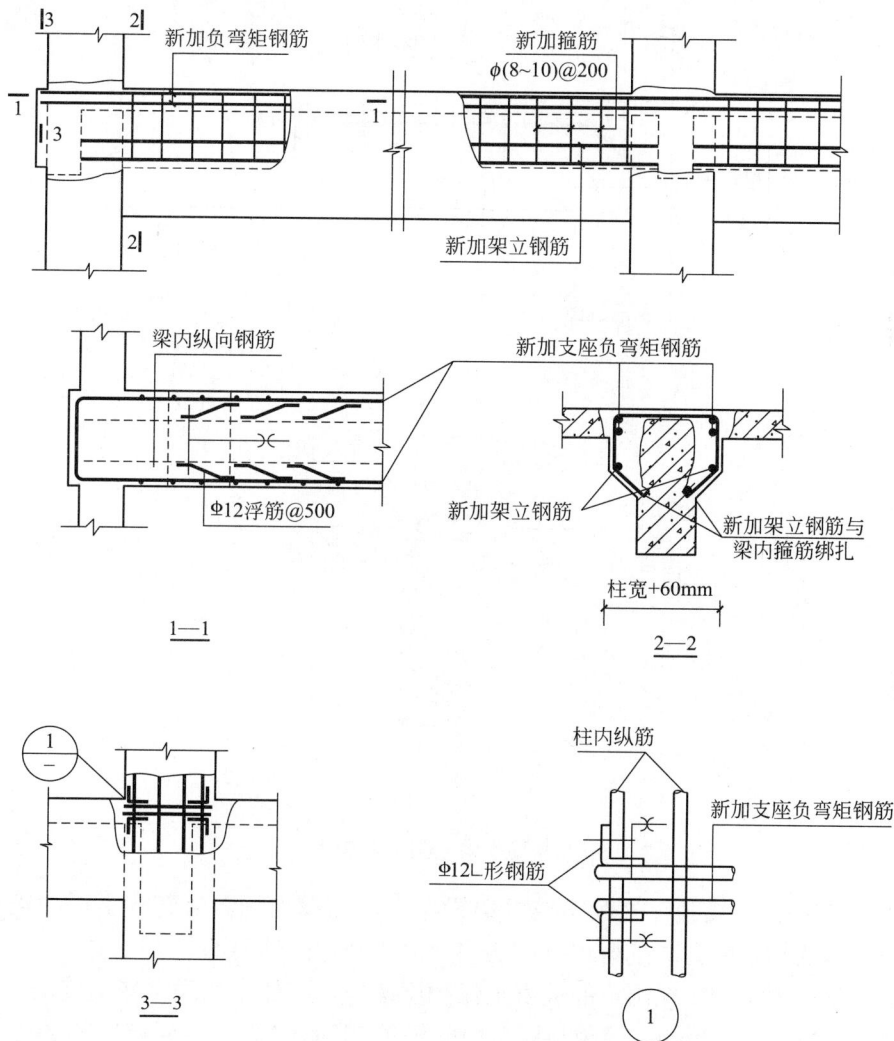

图 13.4.14 梁上侧单面加固（二）

2）可在梁顶与柱子交界处锚入新加支座负弯矩钢筋，钢筋的截面面积由计算确定，钢筋距支座边的长度根据负弯矩包络图而定。施工时应凿剔去梁支座的板面装饰层和梁的混凝土保护层，其宽度不小于梁宽、长度稍大于新加钢筋的长度，同时也把柱与梁相连处的混凝土也打掉并露出梁柱的钢筋，根据新加钢筋位置进行钻孔，为了便于施工，钻孔宜为 30°～45° 的斜度，对于中柱子要注意和避免两侧的植筋相碰，钻孔深度应根据植筋的受力情况和基材状况并经过设计计算确定，一般不宜小于 15 倍植筋的直径。加固面上的浮块、碎渣、粉末要清除干净并洗净，按植筋的施工要求把新加钢筋植入孔中，为了加强新加钢筋的锚固作用在钢筋的另一端做成直钩，也植入原有梁内，直钩长度一般为 5 倍钢筋直径，在新加钢筋的结构胶粘剂固化后才植入箍筋，其直径和间距与原有梁上的箍筋相同。最后浇筑细石混凝土，如图 13.4.15 所示。

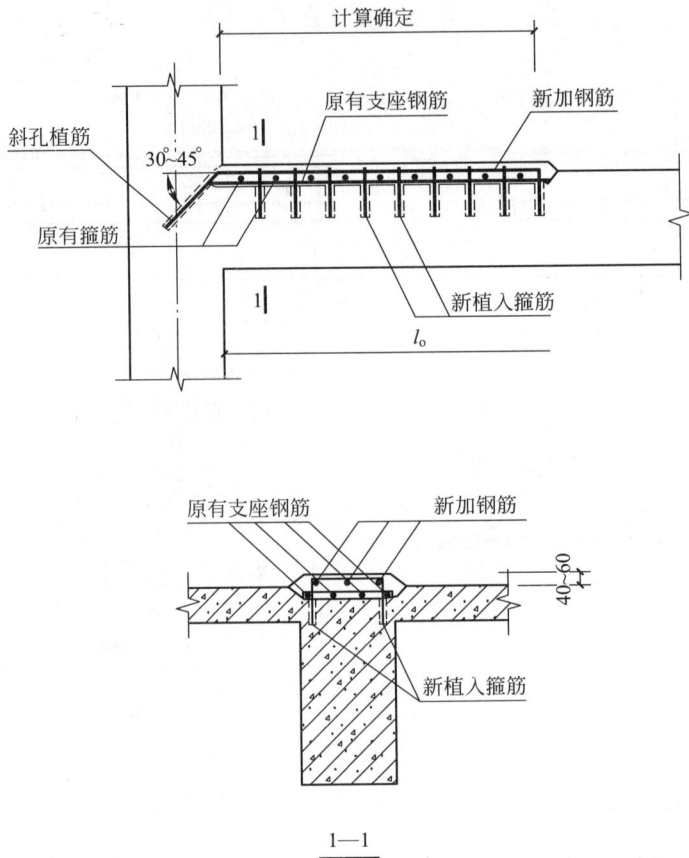

图 13.4.15　梁上侧单面加固(三)

5. 梁在支座加设支托：连续梁或框架梁在支座加设支托，从而减小跨中正弯矩，同时也利用支座的加强而提高抗弯和抗剪能力，以达到加固的目的。

施工时先把原梁在支托部位的混凝土保护层凿掉，新加支托采用变高度的"U"形钢箍，其直径不宜小于 10mm，间距与原梁内的箍筋相同，"U"形箍与原梁的连接构造见图 13.4.9a 所示；支托的纵向钢筋直径不宜小于 16mm，其总截面面积不小于原梁跨中钢筋截面面积的 1/4，支托坡度一般为 1：3，支托的纵向钢筋两端与原梁内的纵向受力钢筋相焊接。

当支座是主梁时，新加支托的纵向钢筋在主梁下通过"L"形短筋与主梁的纵向受力钢筋焊接(图 13.4.16)；当支座是框架柱时，应把框架柱在支托部位的混凝土保护层凿掉，支托的纵向钢筋一端与原梁内的纵向钢筋焊接；另一端弯上(下)与原柱内纵向钢筋焊接并用 4Φ12 钢箍将弯起的钢筋与框架柱箍住，详见图 13.4.17。

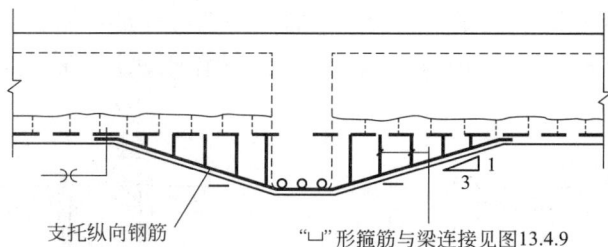

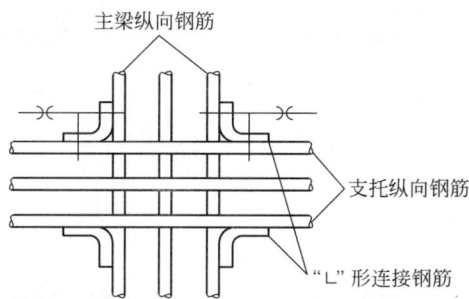

图 13.4.16 主梁支座加支托

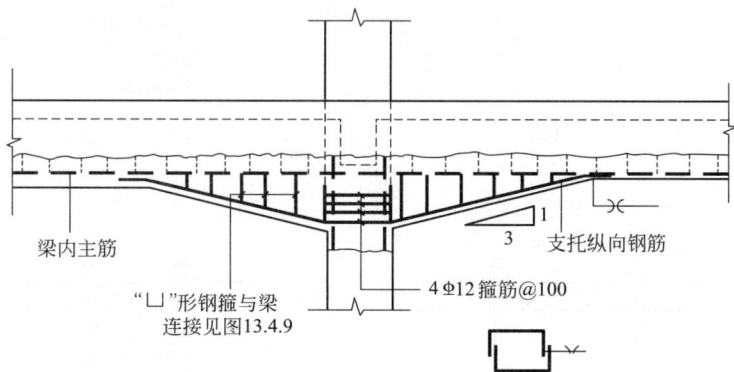

图 13.4.17 框架柱支座加支托

二、外包型钢加固法

外包型钢加固分为湿式和干式两种：采用干式外包法，角钢直接外包于被加固梁，两者分别受力；采用湿式外包法，角钢和被加固梁之间用聚合物砂浆或改性环氧树脂胶粘剂进行灌浆等方法粘结，两者共同受力。在相同条件下，用湿式外包型钢加固对承载力的提高较为显著，一般用于框架结构的整体加固；而干式外包法施工较为简便，在一般梁或桁架构件的加固工程中相对使用多些（以下示图中对干、湿式均适用）。

1. 钢构套与被加固梁的连接：外包型钢加固梁时，被加固梁下角一般都采用角钢，角钢不宜小于∟50×5，梁底部用扁钢条与两角钢焊接，沿梁轴线应用扁钢箍或钢筋箍与梁下角的角钢焊接，扁钢箍上端钻孔或打洞穿过楼板与被加固梁顶部的扁钢条焊接；钢筋箍上口带螺纹并钻孔穿过楼板用螺帽和垫板拧紧固定，形成整体的钢构套骨架（图 13.4.18）。扁钢箍与扁钢条均应在粘胶前与加固角钢焊接，所有穿过楼板的钻孔或打洞洞口，安装后均用结构胶注入孔洞口封固。扁钢箍或扁钢条截面不应小于 40mm×4mm，钢筋箍直径不应小于 10mm，其间距不应大于单肢角钢的截面最小回转半径的 20 倍，且不宜大于 300mm，也不应大于 500mm，在框架梁两端支座附近，其间距应适当减小。

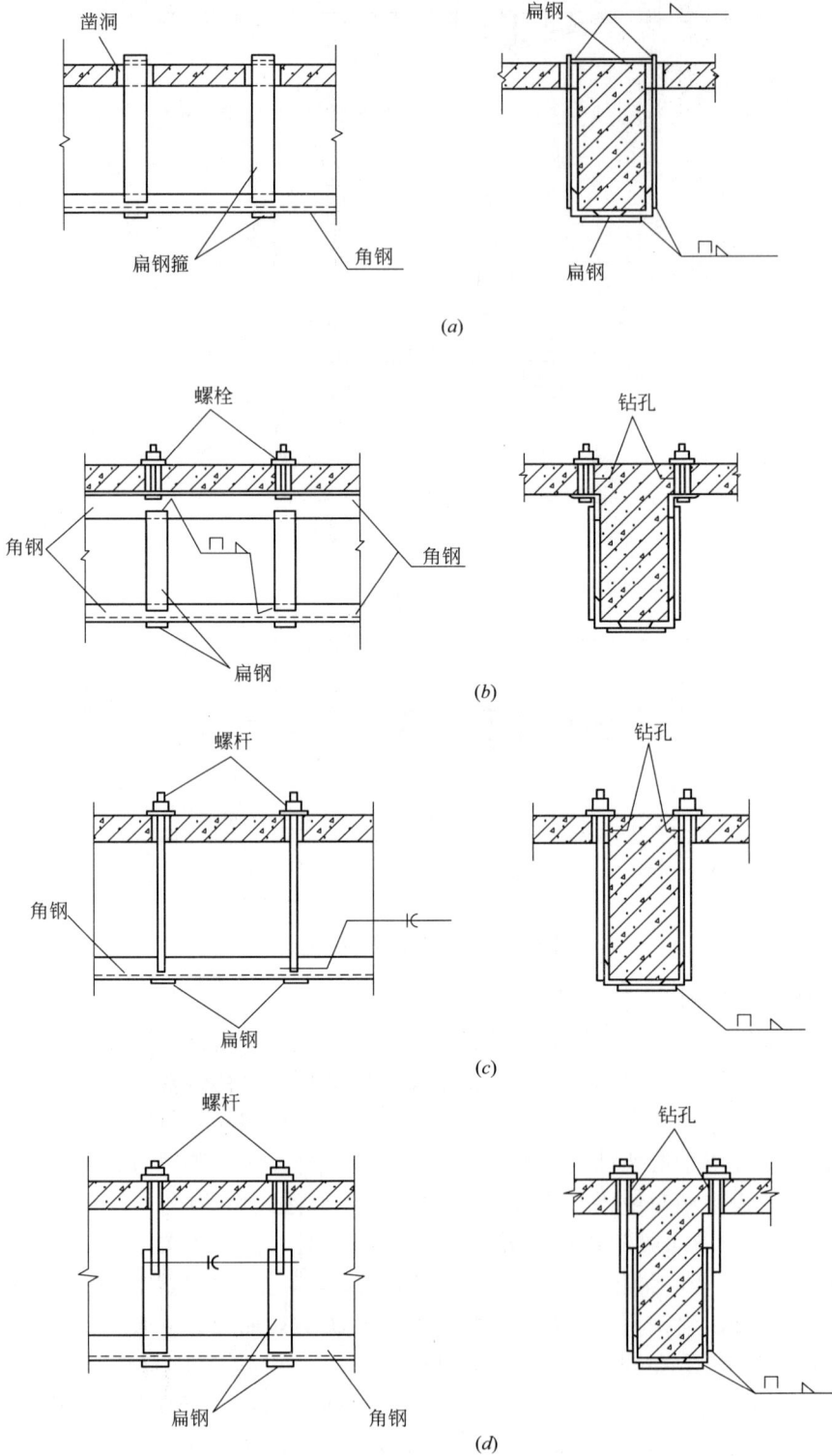

(a)

(b)

(c)

(d)

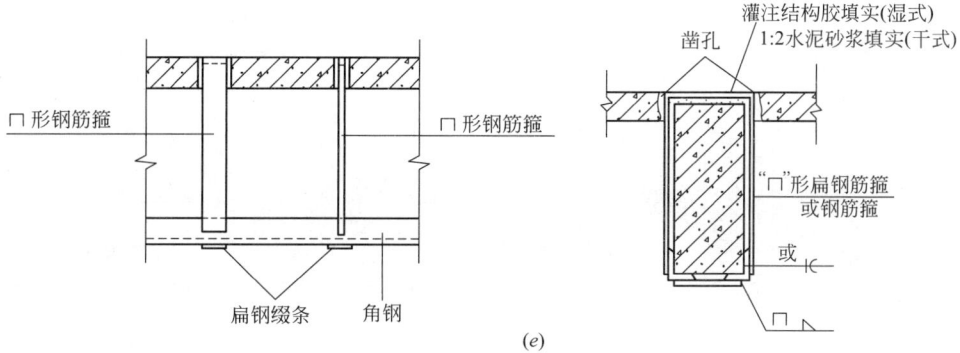

(e)

图 13.4.18　钢构套与被加固梁连接

(a)扁钢套箍；(b)扁钢角钢与螺栓；(c)螺杆；(d)扁钢与螺杆；(e)扁钢箍或钢筋箍

2. 被加固次梁与主梁的连接：用外包型钢加固次梁时，被加固次梁的加固角钢应与主梁有可靠连接。

(1) 当主梁强度不足也采用外包型钢加固时，主梁在被加固次梁的两侧应设有加强扁钢箍，并焊上角钢支托与被加固次梁的加固角钢焊接，一般支托的角钢不宜小于∟100×10，如图 13.4.19 所示。

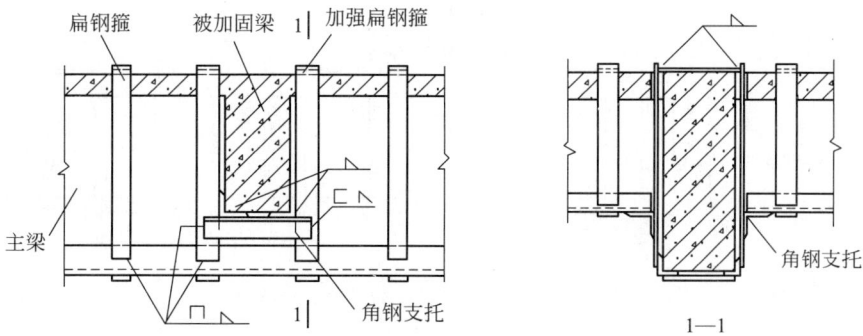

图 13.4.19　被加固次梁与主梁连接(一)

(2) 当主梁不需要加固时，一般在主梁的梁腰用锚栓或钻孔穿螺杆固定角钢支托以连接被加固次梁的加固角钢并相焊接(图 13.4.20)。

3. 被加固横向框架梁与框架柱的连接：用外包型钢加固框架梁时，被加固框架梁下侧的加固角钢或上侧的加固扁钢均无法连续通过框架柱，一般采取以下两种构造形式：

(1) 型钢套箍连接：在框架节点的柱上加型钢套箍，被加固框架梁的加固角钢和扁钢可分别和柱上型钢套箍的角钢相焊接，型钢套箍是采用角钢或角钢与扁钢组成，用结构胶固定在柱上，角钢不宜小于∟100×10；扁钢厚度不宜小于10mm，同时柱两侧的扁钢或角钢的截面面积也不应小于梁上的扁钢带或角钢的截面面积。如果型钢套箍上支承被加固框架梁的角钢连接焊缝长度不够，可加大角钢肢长或采取其他措施(图 13.4.21)。

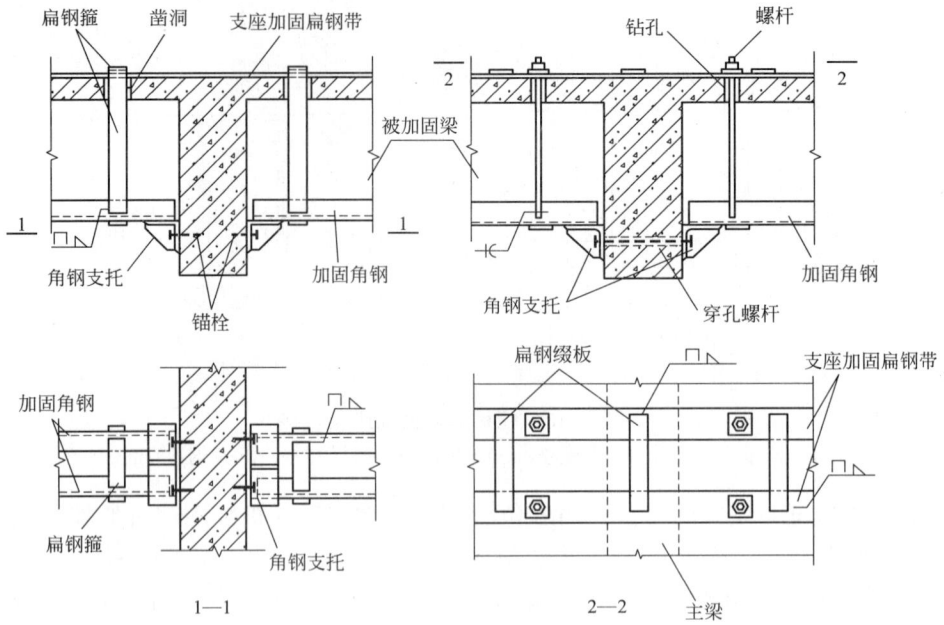

图 13.4.20 被加固次梁与主梁连接(二)

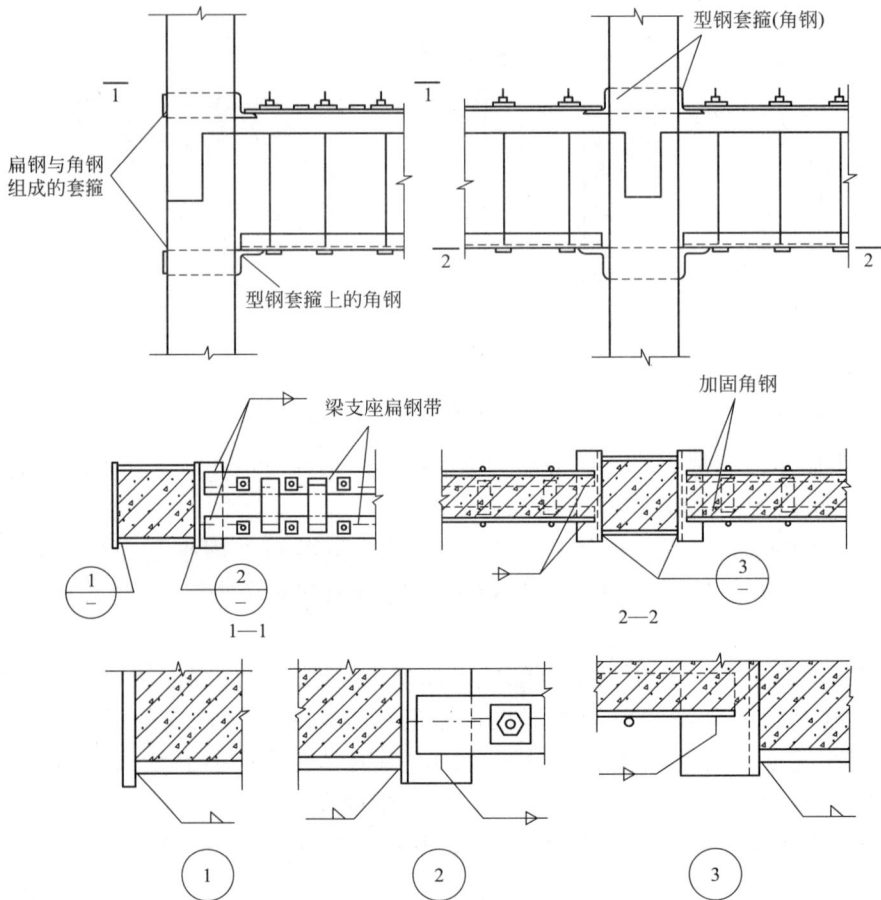

图 13.4.21 被加固框架梁与框架柱连接(一)

（2）用传力扁钢带或钢筋连接：在框架节点处可采用传力扁钢带或钢筋绕过柱外侧，在被加固梁顶与加固扁钢带相焊接；在被加固梁底与加固角钢侧面相焊接，传力扁钢或钢筋的截面面积不应小于被加固梁上的扁钢带或角钢的截面面积，并考虑其弯折角度对拉力的增大影响，弯折坡度不宜大于1：3。

当柱子不需加固时，柱四周在被加固梁顶用小角钢箍起；柱四角在被加固梁底用短角钢裹起，并用结构胶固定在柱上，具体构造见图13.4.22。

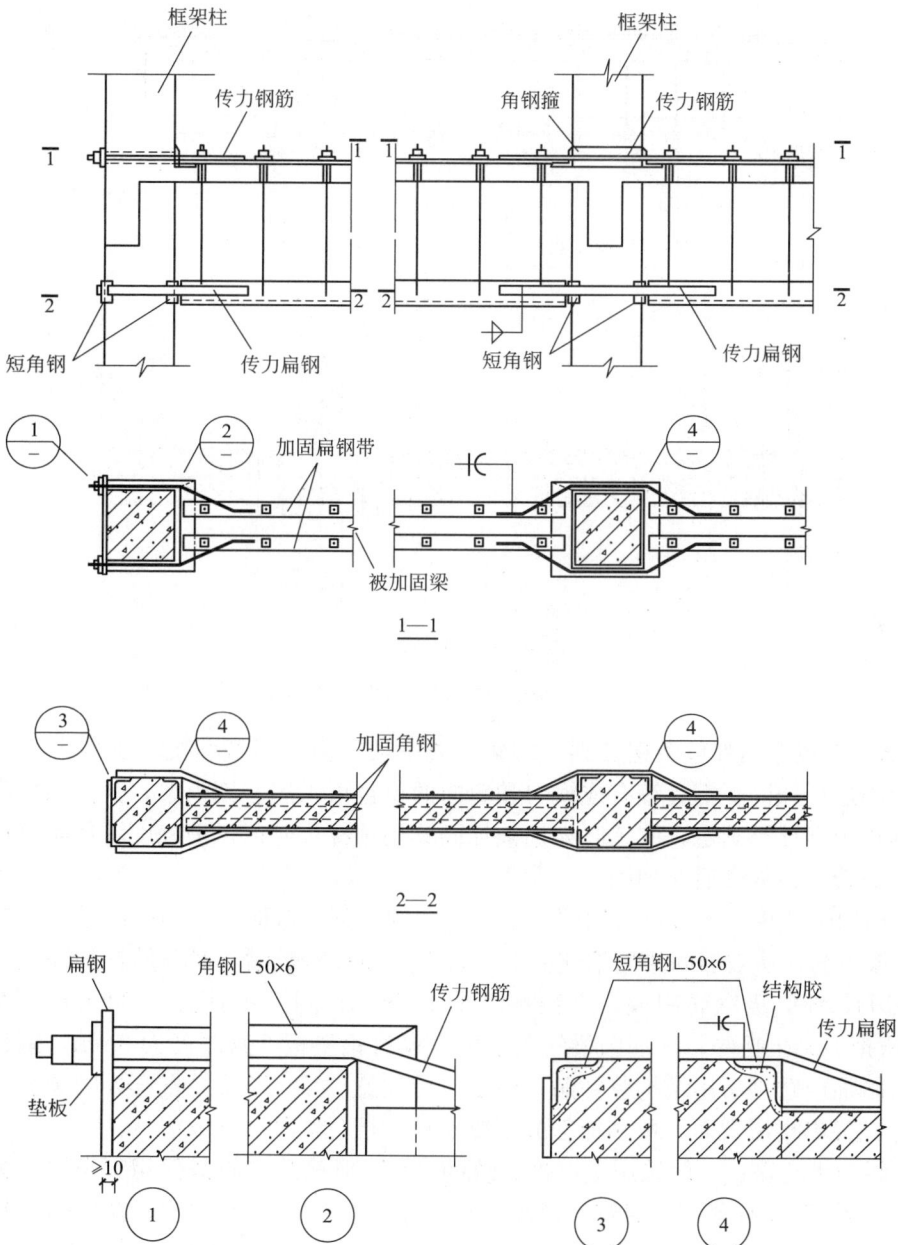

图 13.4.22 被加固框架梁与框架柱连接(二)

4. 被加固纵向框架梁与框架柱的连接：当纵向框架梁采用外包型钢加固，纵向框架梁的上侧与框架柱的连接可用上述的方法，而下侧由于横向框架梁的阻挡而无法采用型钢套箍或扁钢、钢筋传力带与梁底的加固角钢连接时，纵向框架梁的下侧可采用螺杆穿柱以固定带有加劲肋的角钢与梁底的加固角钢相连接(图 13.4.23)。

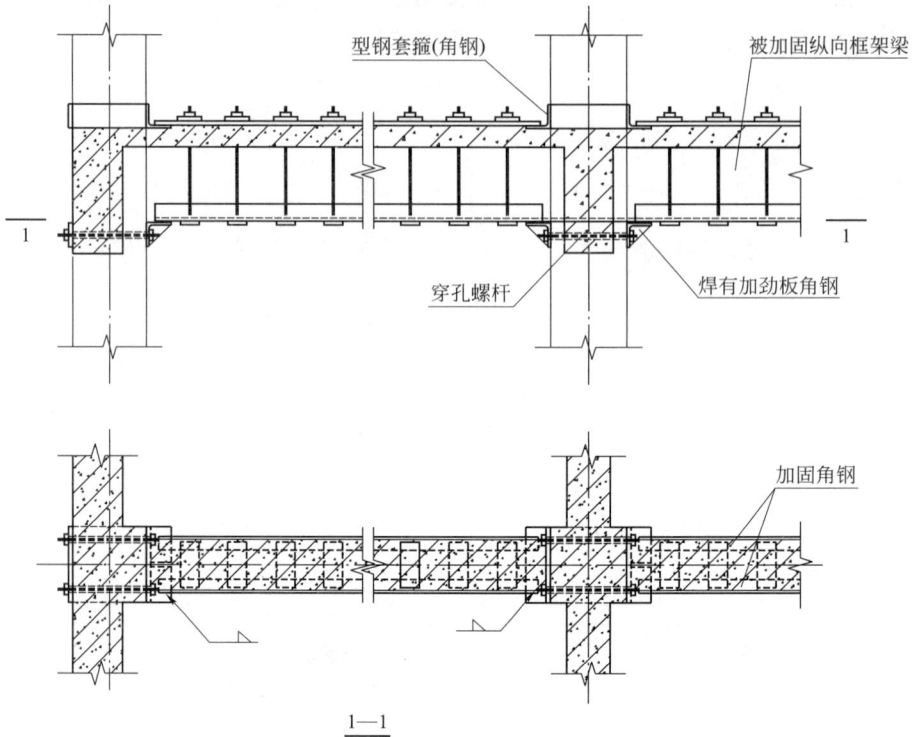

图 13.4.23　被加固框架梁与框架柱连接(三)

5. 梁的斜截面用外包型钢加固：框架梁或一般梁由于斜截面抗剪承载力不足时，可采用钢套箍进行加固，钢套箍有成横向和斜向的，也可采用型钢桁架，其截面、间距以及长度范围均根据计算确定，施工时先把被加固梁用顶撑顶起以抵消挠度，如梁已产生斜裂缝，应对裂缝进行处理后才加固。

(1) 横向钢套箍：一般可采用图 13.4.18 中的几种构造形式，还可以采用上口带螺纹的"U"形箍筋，从被加固梁的下侧往上套，在梁顶拧紧螺帽，对箍筋施加预应力，一般箍筋采用 HPB300 级钢筋制成，直径不宜小于 8mm，间距不宜大于 300mm，为了避免"U"形箍把混凝土挤碎，被加固梁的上下侧宜设有钢垫板，其厚度为 3mm，钢板与被加固梁的接触面应磨平后用结构胶粘贴，施工时应注意"U"形箍筋直弯处的圆弧影响。如螺杆和螺帽突出楼层表面，可剔掉部分混凝土保护层(图 13.4.24a)。

(2) 斜向钢套箍：一般采用上口带螺纹的"U"形箍筋与斜截面相交设置，其做法与(1)相同。为了防止拧紧螺帽时箍筋滑动，可在钢垫板焊上防滑钢筋，在螺帽处垫以角钢(可切短单肢调整其坡度)并焊在钢垫板上，如果楼层上没有足够的面层厚度或不允许螺杆和螺帽突出楼面，可以把"U"形箍筋从被加固梁的上侧往下套，在梁下拧紧螺帽，此时，角钢垫的长度为 $b+7d$(b 为梁宽，d 为螺杆直径)，并要求有足够的强度和刚度

（图 13.4.24b）。

（3）型钢桁架：即在被加固梁的两侧面紧贴有型钢桁架，以加强梁的斜截面承载力，桁架的下弦角钢是紧贴在被加固梁的两侧，并用扁钢条相连；上弦角钢紧贴在板下被加固梁的两侧，并在板上钻孔穿螺栓固定，腹杆与上下弦角钢相焊接（图 13.4.24c）。

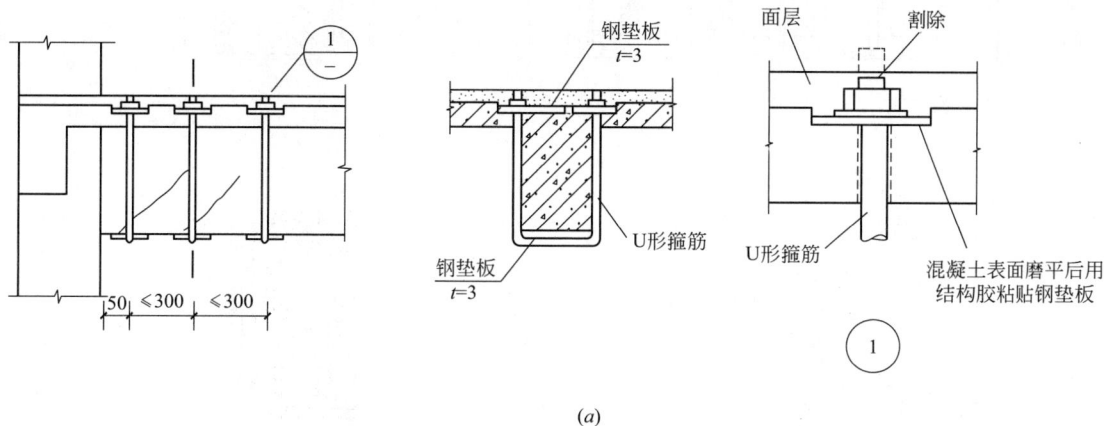

(a)

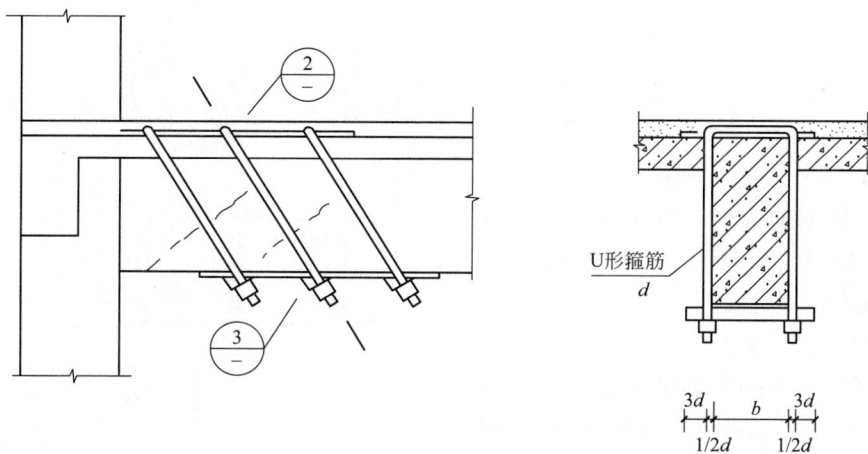

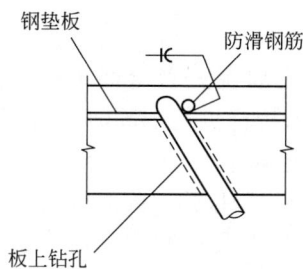
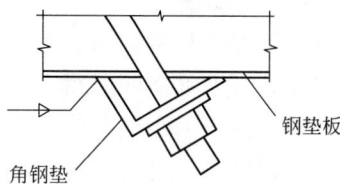

(b)

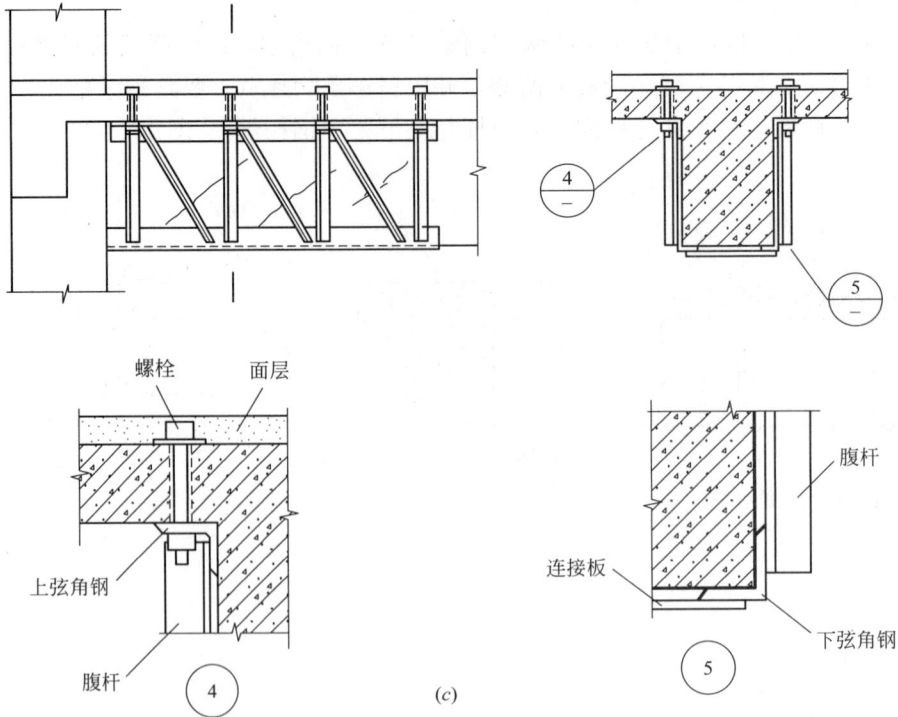

图 13.4.24 斜截面外包型钢加固
(a)横向钢套箍；(b)斜向钢套箍；(c)型钢桁架

6. **杆件局部外包型钢加固**：对杆件局部进行外包型钢加固时，宜采用湿式外包法，当考虑纵向角钢受力时，角钢的切断点应保证有足够的锚固长度；一般不应小于 500mm(图 13.4.25)。局部外包型钢因改变了原杆件不同截面的刚度和内力分布，最危险的截面有可能移到被加固的截面以外，因此，必要时在加固设计中宜采用杆件全长外包型钢的加固方式。

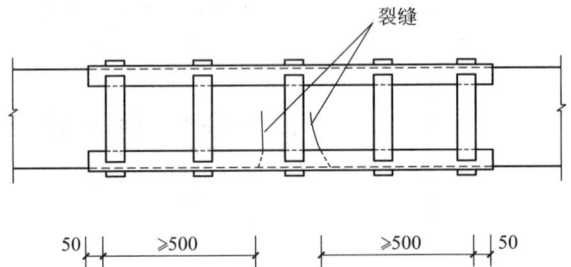

图 13.4.25 杆件局部外包型钢加固

三、预应力加固法

预应力加固法是将卸荷、加固及改变结构受力状况三者合而为一，使得结构的承载力、抗裂性和刚度都能同时得以提高。采用预应力拉杆进行加固时，可用横向张拉法和机械张拉法施工。当采用横向张拉法加固钢筋混凝土梁时，一般可分为水平拉杆、下撑式拉杆和混合式拉杆等三种拉杆布置方式。水平式拉杆适用于正截面受弯承载力不足的加固(图 13.4.26a)；下撑式拉杆适用于斜截面受剪承载力及正截面受弯承载力均不足的受弯构件加固(图 13.4.26b)；混合式拉杆适用于正截面受弯承载力严重不足而斜截面受剪承载力略为不足的加固(图 13.4.26c)。

预应力采用的拉杆由三个主要部分组成：拉杆、拉紧装置和支座锚固装置，其构造要求如下：

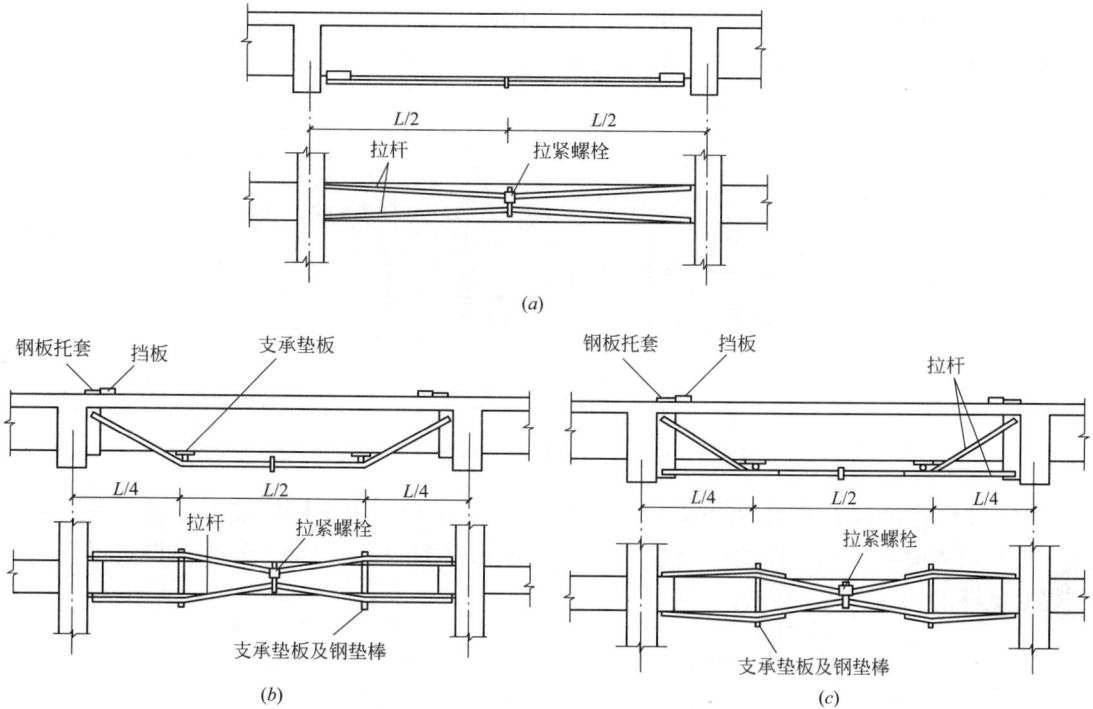

图 13.4.26　预应力横向张拉加固

(a)预应力水平式拉杆；(b)预应力下撑式拉杆；(c)预应力混合式拉杆

1. 拉杆

(1)当加固的张拉力较小时，可选用两根 HPB300 级或 HRR335 级钢筋；若加固的预应力较大，也可采用 HRB400 级钢筋或其他高强钢材，当被加固梁的截面高度大于 600mm 时则可采用型钢拉杆。

(2)预应力水平拉杆或预应力下撑式拉杆中部的水平段距被加固梁底面的净空一般不应大于 100mm，以 30～80mm 为宜。

(3)预应力下撑式拉杆的斜段宜紧贴在被加固梁的侧面，其弯折处的构造见图 13.4.27，在被加固梁下应设厚度不小于 10mm 的钢垫板，其宽度宜与被加固梁宽相等，而沿梁跨度方向的长度应不小于板厚的 5 倍；钢垫板下设直径不小于 20mm 的钢垫棒，其长度不得小于被加固梁宽加 2 倍拉杆直径再加 40mm；钢垫板宜用结构胶固定位置，钢垫棒可用点焊固定位置。

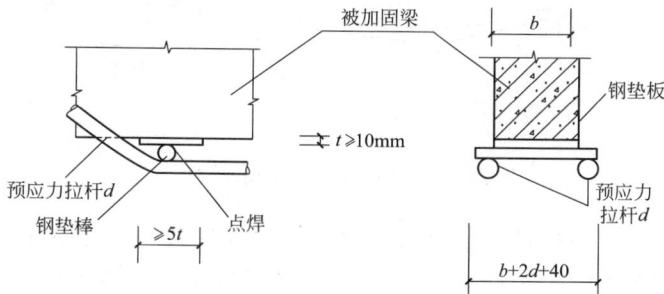

图 13.4.27　下撑式拉杆弯折处构造(一)

下撑式拉杆在弯折处也可采用角钢支垫，角钢肢在预应力拉杆通过处开缺口，角钢不宜小于∟90×10，其长度不得小于被加固梁宽加 2 倍拉杆直径再加 100mm，钢垫棒长度可与角钢长度相等(图 13.4.28)。

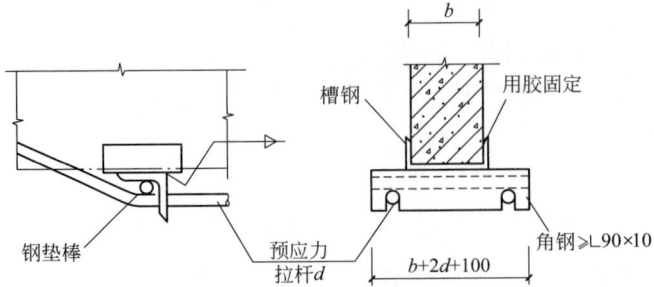

图 13.4.28　下撑式拉杆弯折处构造(二)

(4) 撑杆：当被加固梁为薄腹结构或跨度较大的结构，由于拉杆过于接近和需要的横向张拉量较大时，可在拉杆之间设置中间撑杆或在加固拉杆间每隔一定距离设置撑杆，以便建立足够的预加应力(图 13.4.29)。

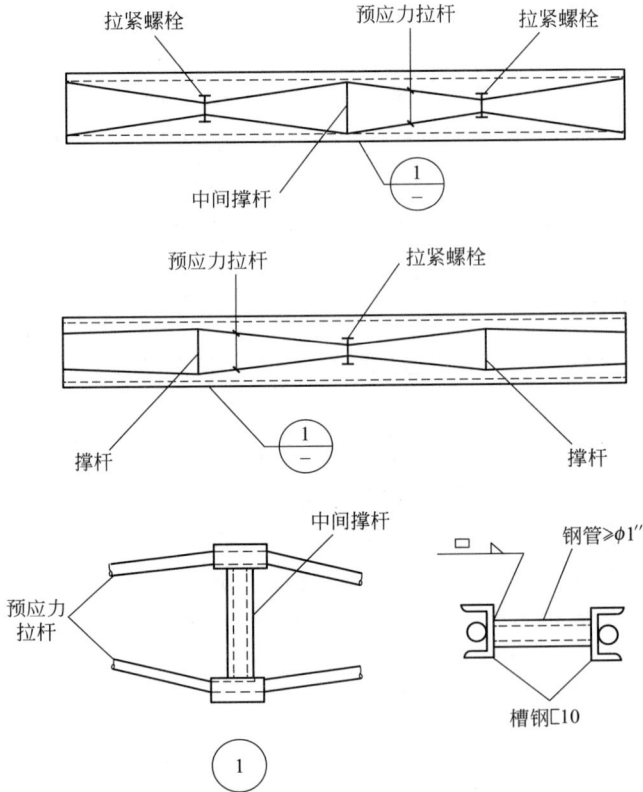

图 13.4.29　拉杆之间的撑杆

2. 拉紧装置：预应力拉杆中的拉力是通过拧紧螺栓实施，通常拉紧螺栓的直径应按张拉力的大小计算确定，但不应小于 16mm，其螺帽高度大于螺栓直径的 1.5 倍，拉紧螺栓及其附件构造如图 13.4.30 所示。

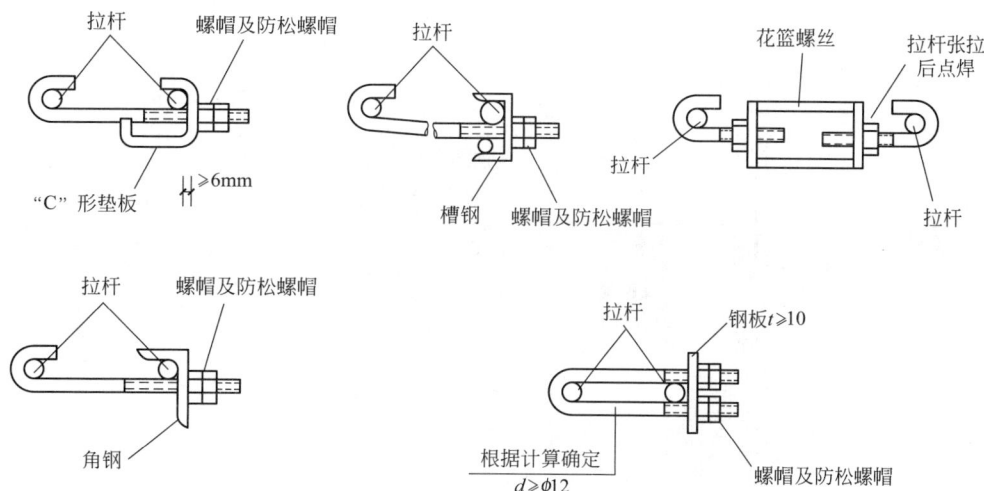

图 13.4.30 拉紧装置

3. 锚固装置：预应力拉杆在被加固梁的两端应设有锚固装置，要求传力简捷，可靠牢固，不得发生任何移动，设计时可根据具体情况确定合适的锚固装置，通常有以下几种锚固形式和构造：

（1）与被加固梁的主筋焊接锚固

1）预应力水平拉杆：在张拉力不大的情况，可以将被加固梁两下端两侧的混凝土保护层凿掉，露出主筋，直接把预应力水平拉杆端部焊接在主筋上，或通过短筋与主筋焊接，当拉杆与主筋有一定距离时，可以用短钢筋或钢板作为媒介，短钢筋直径不宜小于20mm，钢板厚度不小于8mm，其长度不得小于拉杆直径的 5 倍，凿开的混凝土部分焊接后用 1∶1 水泥砂浆补上（图 13.4.31）。

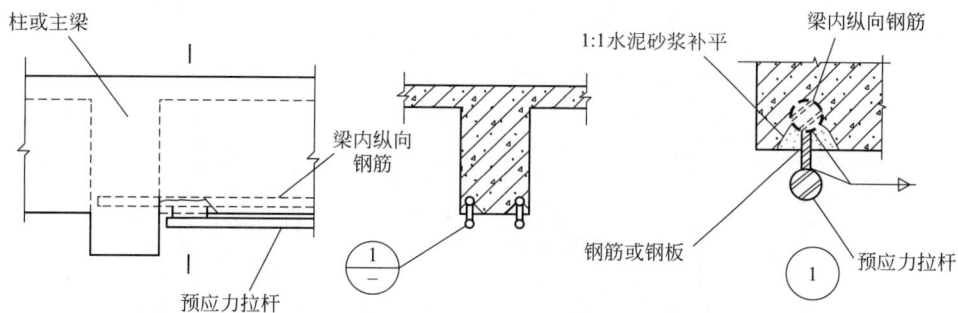

图 13.4.31 水平拉杆焊接锚固

2）预应力下撑式拉杆：可将被加固梁两上端的混凝土保护层凿掉并露出主筋，用 1∶1 水泥砂浆抹平，把作为锚固体的槽钢扣在被加固梁顶并与主筋点焊，用钢板、冂 形或冖形钢筋作为挡板紧靠着槽钢并与主筋和槽钢焊接固定，下撑式拉杆两端焊在槽钢的翼缘上，再用细石混凝土或 1∶1 水泥砂浆把小洞口或挡板下缝隙填塞密实（图 13.4.32）。

（2）钢板套箍锚固：钢板套箍锚固是在被加固梁的两端通过螺栓将两个"冂"形钢板套夹紧箍住在被加固梁，钢板套箍的上两侧面可直接焊接预应力下撑式的斜拉杆；下侧可焊上槽钢或角钢以便和预应力水平拉杆焊接，紧靠钢板套箍设有钢板或钢筋挡板。一般钢

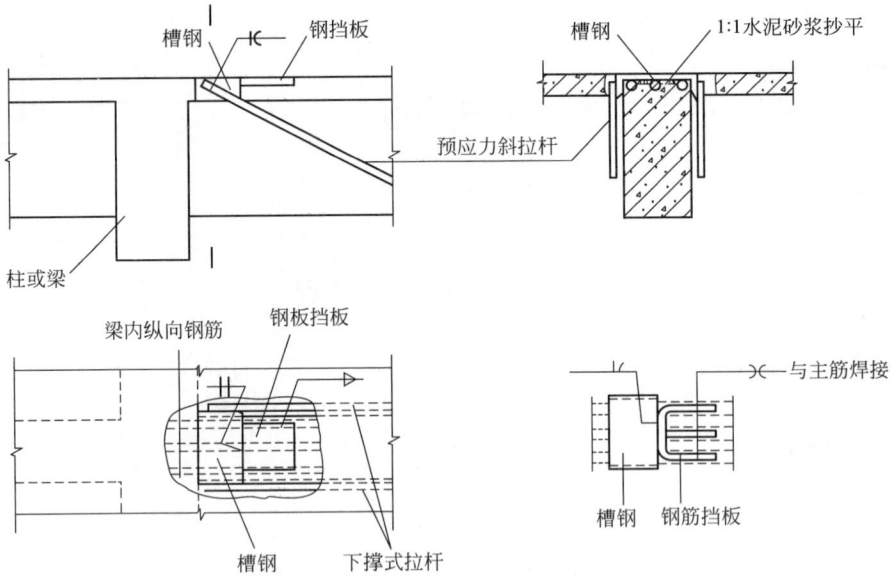

图 13.4.32　下撑式拉杆焊接锚固

板套的钢板厚度不宜小于 10mm，螺栓直径不宜小于 12mm。钢板套箍的宽度根据砂浆或混凝土局部受压承载力以及拉杆的焊缝长度要求而定，一般不宜小于 200mm。钢板套箍在安装前应把被加固梁端上下侧的混凝土保护层凿掉，与钢板套的结合面用 1:1 水泥砂浆抹平后套上钢板套箍并用螺栓拧紧，使其与梁表面紧密接触，在钢板或钢筋挡板处应将梁内主钢筋露出并将钢板或钢筋挡板与主筋相互焊接牢固，然后用 1:1 水泥砂浆把挡板与梁之间的缝隙填塞密实，如图 13.4.33 所示。钢板套箍可用整片钢板弯成，但为避免煅烧，也可以用钢板焊接而成。

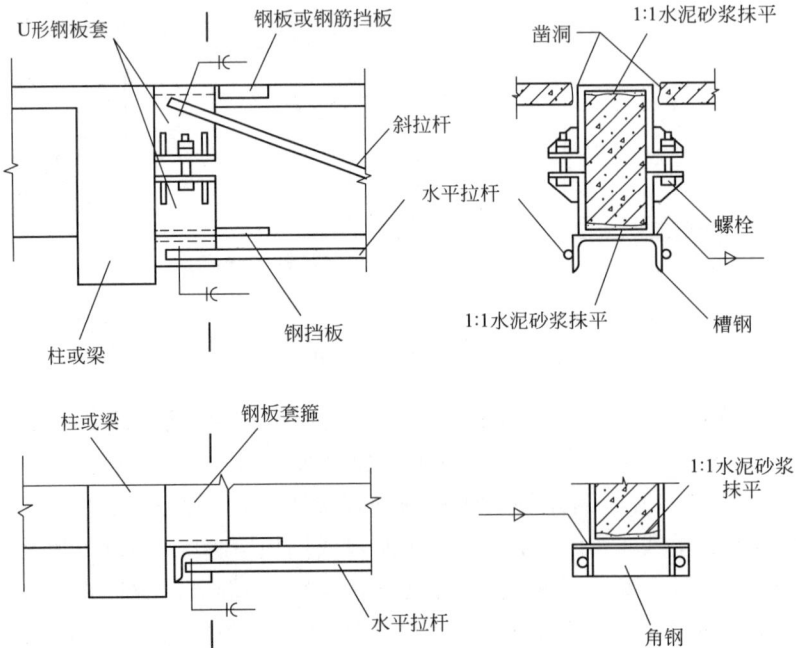

图 13.4.33　梁端钢板套箍锚固

(3) 柱上扁钢套箍锚固：一般框架柱在被加固梁端的上下侧设扁钢套箍，预应力水平拉杆可直接焊接在梁端下侧的柱套箍上；预应力下撑式斜拉杆则穿过预先凿开的楼板小洞口，和梁端上侧的柱套箍相焊接，如框架柱也须进行外包型钢加固，则预应力水平和斜拉杆均可直接焊在梁端上下侧的柱加强箍板上(图 13.4.34)。

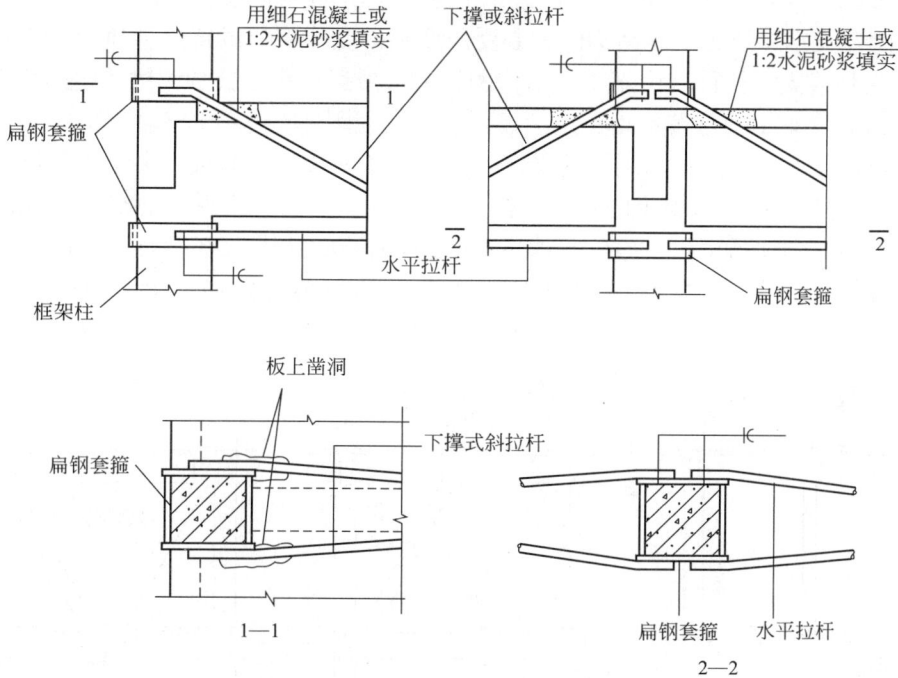

图 13.4.34 柱上扁钢套箍锚固

(4) 精轧螺纹钢筋锚固：在主梁或框架柱的被加固梁拉杆位置钻孔穿精轧螺纹钢筋，在两端拧上带螺纹的螺帽(锚具)进行锚固，在钢筋的任何段可用带有螺纹的连接器进行连接(图 13.4.35)。

(5) 锚栓和粘钢板锚固：这种方法适用于受力较大和被加固梁的截面较高的情况。具体做法是先在梁上打出埋置锚栓的孔，将混凝土和钢板的粘结面按施工要求进行表面处理，把已经按尺寸要求焊接上斜拉杆的钢板涂上结构胶后用锚栓将钢板紧紧地贴压在被加固梁上(图 13.4.36)。

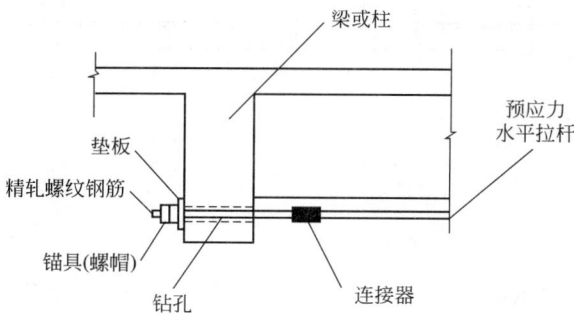

图 13.4.35 柱或梁上钻孔穿精轧螺纹钢筋锚固　　图 13.4.36 锚栓与粘钢板锚固

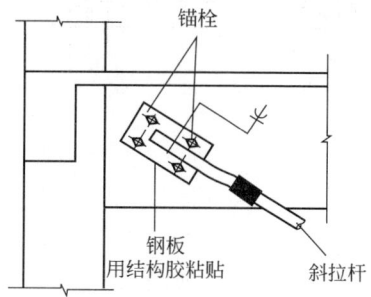

四、增设支点加固法

增设支点加固法是指通过增设支点的办法使结构受力体系得以改变的加固方法。

在梁的跨中增设支柱、支撑或托架等构件后，减小了计算跨度，从而达到减小结构内力和较大幅度地提高梁的承载力，并有效地减小和限制梁的挠曲变形。

1. 增设支点加固法按支承结构的变形性能，可分为刚性支点和弹性支点两种：

（1）刚性支点：通过支承结构的轴心受压或轴心受拉将荷载直接传递给基础或其他承重结构的支柱或支承构件。由于支承结构的轴向变形远远小于被加固梁的挠曲变形，对被加固梁而言，支承结构可按不动支点考虑，通常视为刚性支点(图 13.4.37a)。

（2）弹性支点：通过支承结构的受弯变形作用来间接传递荷载，由于支承结构和被加固梁的变形相同，支承结构的支承点只能按可动支点考虑，通常视为弹性支点(图 13.4.37b)。当被加固梁的上(下)楼层梁具有足够的强度和刚度时，可以作为被加固梁的支承梁，通过吊杆(支柱)把被加固梁的部分荷载传递给楼层梁，两梁按变形协调计算。

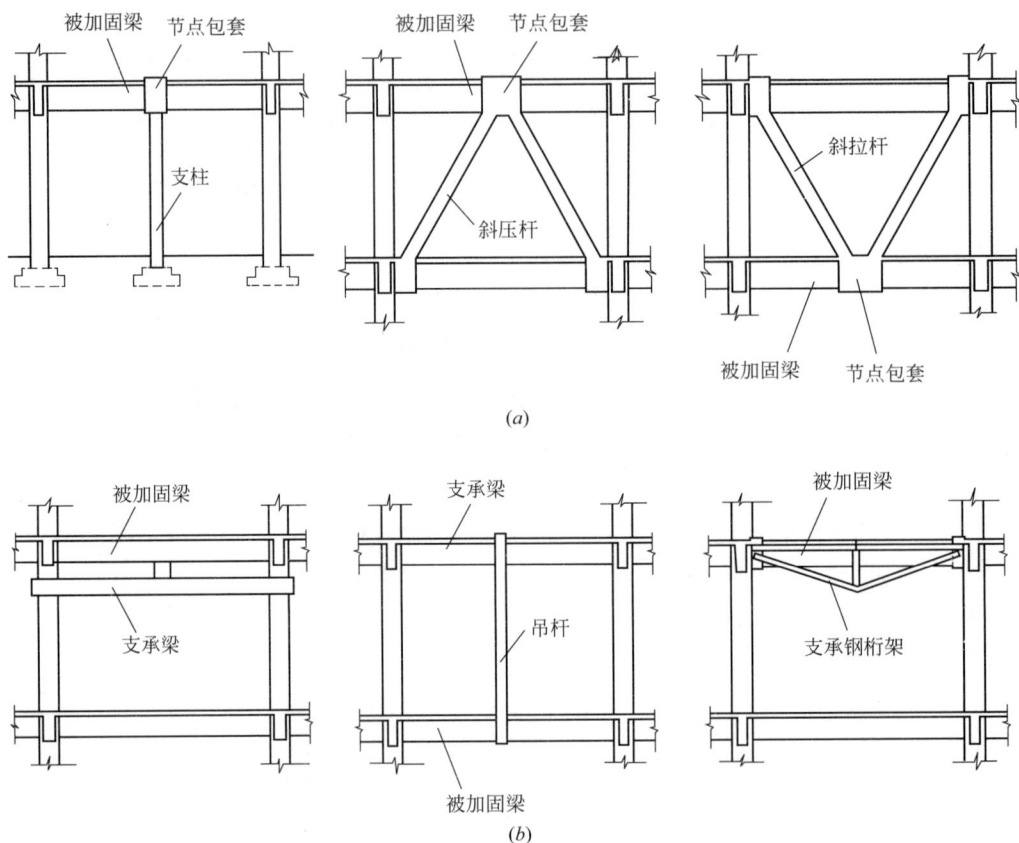

图 13.4.37　增设支点加固

(a)刚性支点；(b)弹性支点

2. 增设支点加固法所增设的支柱、支承梁、支撑杆件与被加固梁的连接，以及这些支承结构的另一端与固定结构的连接，分别采用干式连接和湿式连接：

（1）干式连接：支承点或固定点相应部位的梁或支柱可采用型钢套箍连接，再将支承结构与型钢套箍焊接，使之结为一体，如图 13.4.38 和图 13.4.40 所示。

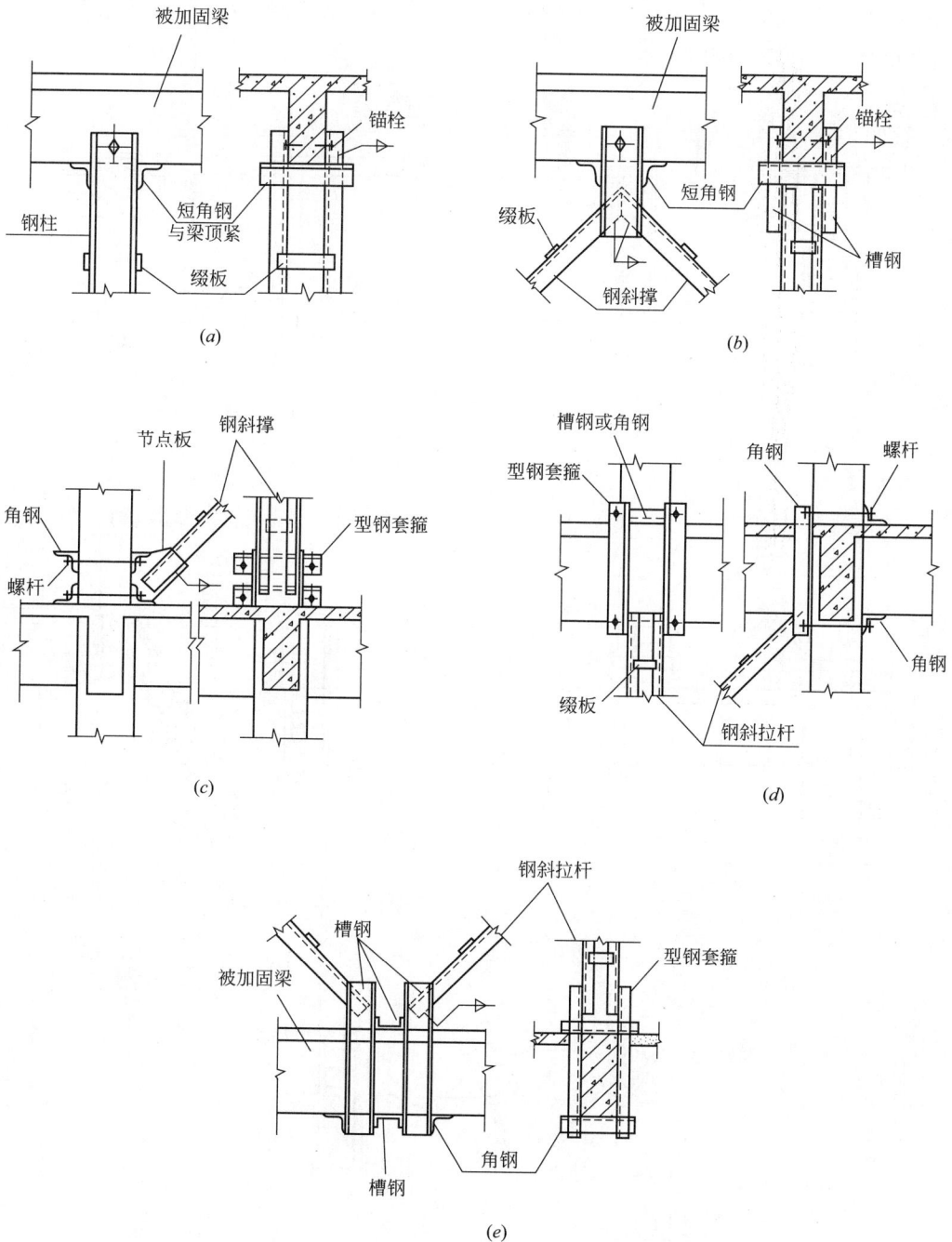

被加固梁

锚栓

钢柱

短角钢与梁顶紧

缀板

(a)

被加固梁

锚栓

短角钢

缀板

钢斜撑

槽钢

(b)

节点板

钢斜撑

角钢

螺杆

型钢套箍

(c)

槽钢或角钢

型钢套箍

角钢

螺杆

缀板

钢斜拉杆

角钢

(d)

钢斜拉杆

槽钢

被加固梁

型钢套箍

角钢

槽钢

(e)

图 13.4.38　刚性支点干式连接节点

(a)钢支柱上节点；(b)钢斜撑上节点；(c)钢斜撑下节点；(d)钢斜拉杆上节点；(e)钢斜拉杆下节点

（2）湿式连接：支承点或固定点相应部位的梁或支柱可采用钢筋混凝土围套，将支承结构和被加固梁连接成为一体。被连接部位梁的混凝土保护层应全部凿掉并露出钢筋，起连接作用的钢筋套箍可采用冂形，也可采用冂形连接筋，其本身应成对焊接，钢筋套箍应绕过并卡住整个梁截面与支柱或支撑中的受力钢筋焊接。套箍或连接筋的直径应由计算确定，一般不小于 10mm，同时不少于 2 根。节点后浇混凝土的强度等级不应低于 C25。详细构造见图 13.4.39 和图 13.4.41。

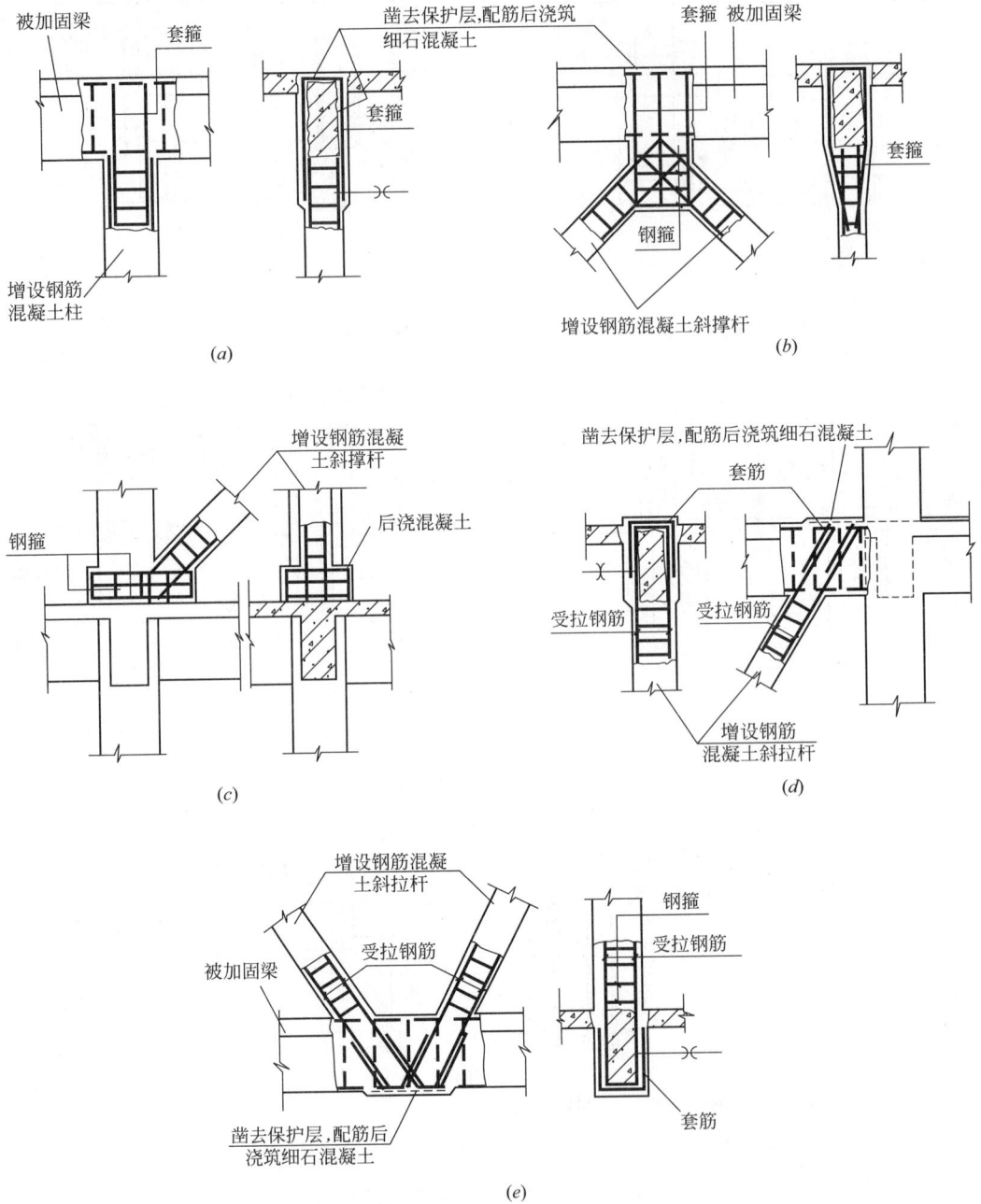

图 13.4.39 刚性支点湿式连接节点

(a)钢筋混凝土支柱上节点；(b)钢筋混凝土斜撑上节点；(c)钢筋混凝土斜撑下节点；

(d)钢筋混凝土斜拉杆上节点；(e)钢筋混凝土斜拉杆下节点

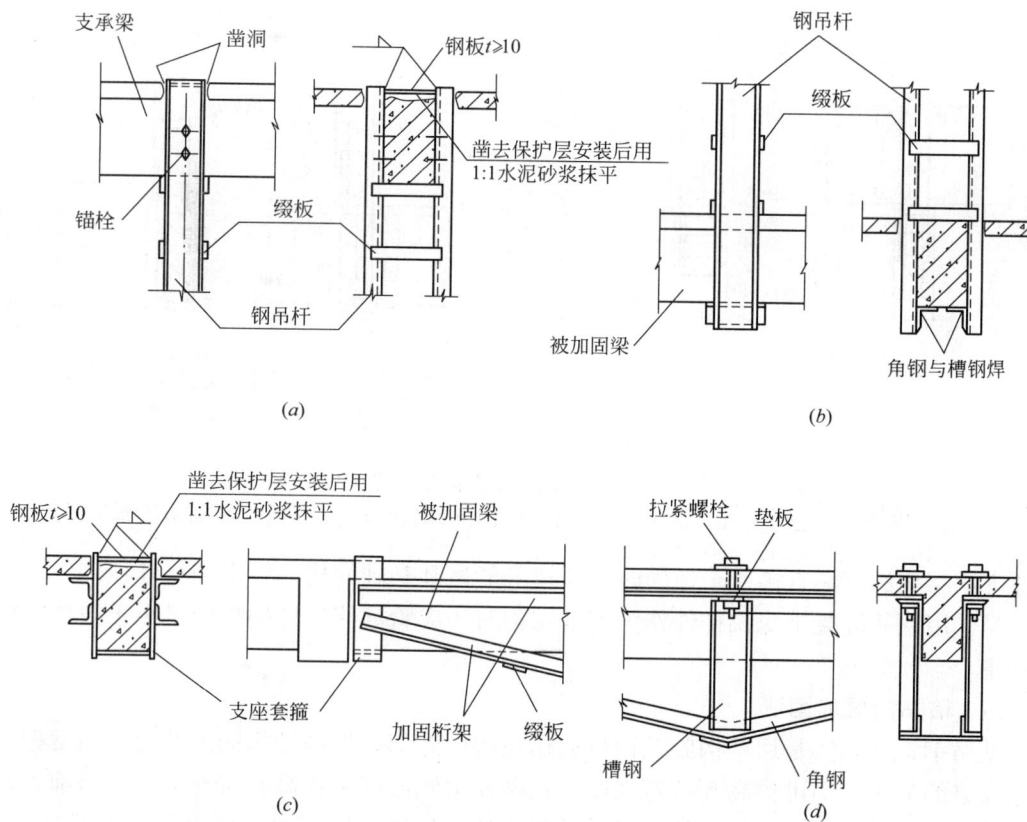

(a)

(b)

(c)

(d)

图 13.4.40 弹性支点干式连接节点

(a)钢吊杆上节点；(b)钢吊杆下节点；(c)钢桁架支座节点；(d)钢桁架跨中节点

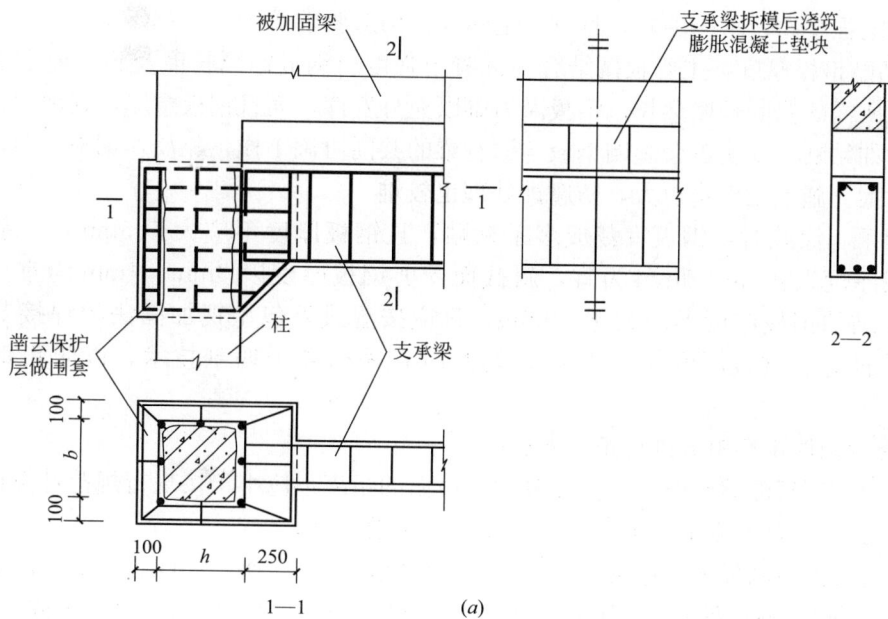

(a)

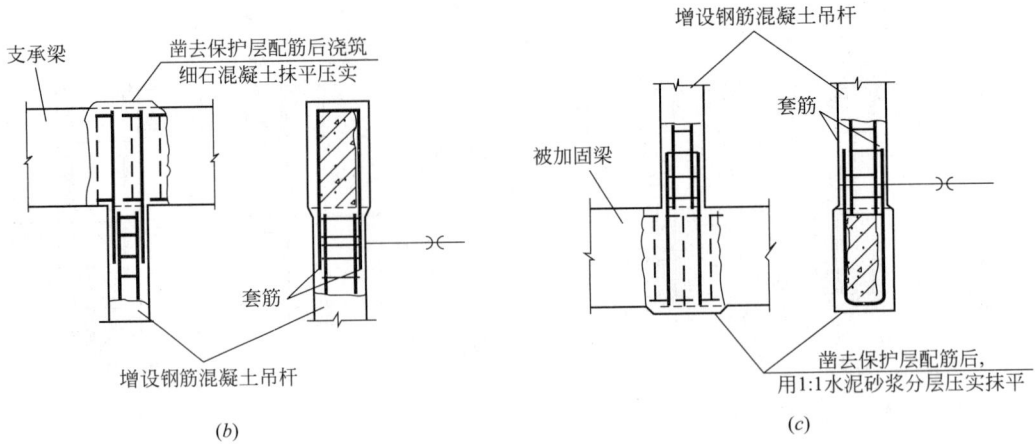

图 13.4.41　弹性支点湿式连接节点

(a)增设中间支点支承梁连接节点；(b)钢筋混凝土吊杆上节点；(c)钢筋混凝土吊杆下节点

支承结构的下端直接支于地面时，应按一般地基基础的构造要求进行处理。

当采用钢筋混凝土受拉杆件作为支承结构时，应验算使杆件的拉伸量小于被加固梁的变形量。

五、粘贴钢板加固法

粘贴钢板加固法是用结构胶把钢板粘贴在构件外部以提高结构的承载力。通常把钢板粘贴在梁的受拉区即可提高其抗弯强度；粘贴在梁侧面即可提高其抗剪强度。目前，粘钢加固法一般适用于受静力作用的受弯和受拉构件，且其长期使用的环境温度不超过 60℃，相对湿度不大于 70%，及无化学腐蚀的使用条件，否则应采取有效防护措施。如被加固梁的表面有防火要求时，应按规范规定的耐火等级及耐火极限要求，对胶粘剂和钢板进行防护。同时也不适用于混凝土强度等级低于 C15 的构件加固。加固所采用的结构粘结剂，要求其粘结强度高，耐久性好，具有一定弹性。构造要求：

1. 粘贴钢板厚度：主要根据结合面混凝土强度、钢板锚固长度及施工要求而定。钢板愈厚，所需的锚固长度愈长，钢板潜力难以充分发挥，而且钢板愈厚，其硬度也大，不好粘贴，如粘贴不密实也会影响钢板与原有梁的共同协调工作；相反，钢板愈薄，相对用胶量就愈大，施工工作量也大，防腐蚀处理也较难。

采用手工涂胶时，钢板宜裁成多条粘贴，且钢板厚度不应大于 5mm，一般正截面受弯钢板厚度以 4mm、5mm 为宜，斜截面受剪钢板厚度以 3mm、4mm 为宜。采用压力注胶粘结的钢板厚度不应大于 10mm，且应按湿式外包型钢加固法的焊接节点构造进行设计计算。钢板厚度大于 4mm，切割时宜采用离子切割技术，以防止钢板翘曲变形。

2. 受弯构件正弯矩区进行正截面加固

(1) 受拉钢板的截断位置距其充分利用截面的距离不应小于按现行规范计算确定的粘贴延伸长度 l_{sp}，且不应小于 $170t_{sp}$（t_{sp} 为粘贴钢板总厚度）。

(2) 受拉面沿构件轴向连续粘贴的加固钢板宜延长至支座边缘（图 13.4.42a），且应在钢板的端部（包括截断处）及集中荷载作用点的两侧，设置 U 形钢箍板进行锚固。

（3）当粘贴的钢板延伸至支座边缘仍不满足 l_{sp} 的要求时，应在延伸长度范围均匀设置 U 形箍，且应在延伸长度的端部设置一道加强箍（图 13.4.42b）。

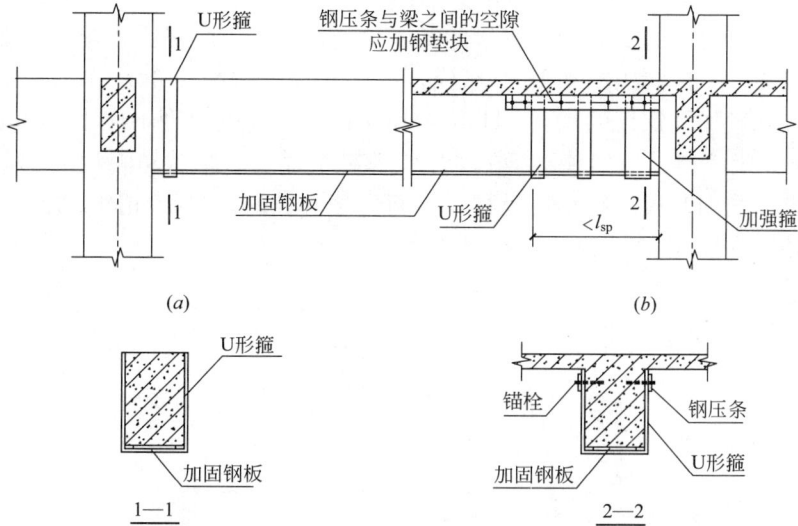

图 13.4.42 梁粘结钢板端部锚固措施

（a）满足 l_{sp} 要求；（b）不能满足 l_{sp} 要求

（4）承担正弯矩的加固钢板应尽量粘贴在梁底面，可以把钢板分成 2～4 条分别粘贴（图 13.4.43）。当钢板全部粘贴在梁底受拉面有困难时，允许将部分钢板对称地粘贴在梁的两侧面，但侧面粘贴区域应控制在距受拉边缘 1/4 梁高范围内，同时还要考虑受拉合力及力臂改变而对两侧面粘贴的加固钢板截面面积的影响。

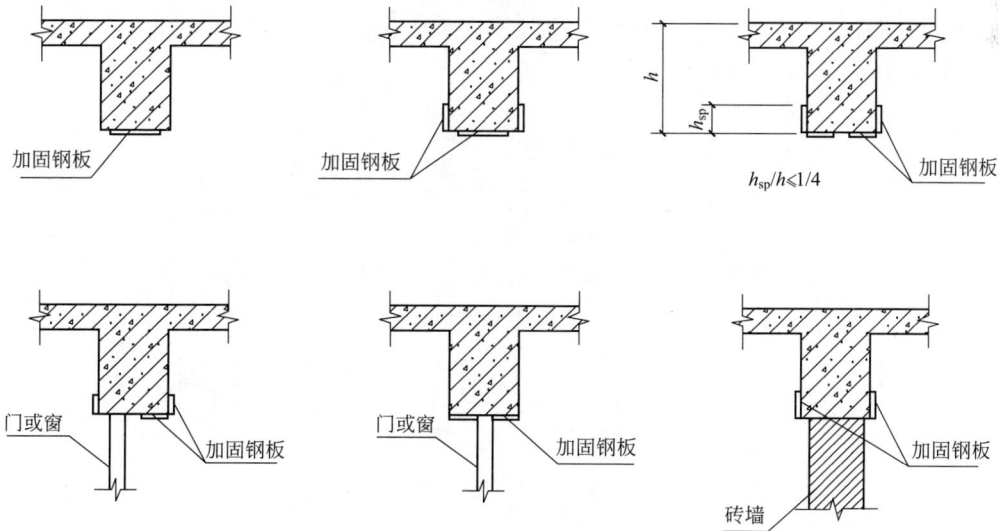

图 13.4.43 梁底面粘贴加固钢板示意

3. 受弯构件负弯矩区进行正截向加固

（1）受拉钢板粘贴延伸长度：加固钢板在负弯矩包络图范围连续粘贴，其延伸长度应满足按现行规范计算确定的 l_{sp} 要求，且其截断点应位于正弯矩区，并距正负弯矩转换点不应小于 1m，也不小于邻跨净跨度的 1/3。

（2）为了加强框架梁负弯矩区粘贴加固钢板的径向约束能力，对受力最大的支座边缘和最容易产生脱胶拉开的受弯加固钢板的截断处（端部）应加强锚固措施。一般可在框架梁柱连接处加设锚栓、横向压条和 U 形箍板，锚栓直径不宜小于 10mm；横向压条和 U 形箍板宽度不宜小于加固钢板的 1/2，且不应小于 100mm；其厚度不应小于 3mm。

（3）支座处无障碍：框架顶层梁的中间支座按上述要求粘贴加固钢板。在框架顶层梁的端支座节点，加固钢板只能粘贴至柱边缘而无法延伸时，应把加固钢板弯折 90°粘贴于柱外侧面，并用锚栓和 U 形箍加以锚固（图 13.4.44）。

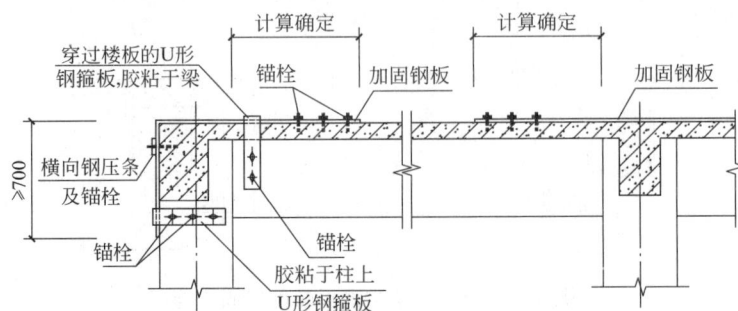

图 13.4.44　无障碍的框架顶层梁支座加固示例

（4）支座处有障碍：框架梁在支座处，由于有框架柱，使得节点加固处理较为复杂，最主要的是加固钢板要有可靠的锚固。框架梁支座加固有以下几种加固构造示例：

1）绕过柱位粘贴加固钢板加固：梁在支座的加固钢板允许绕过柱位，在梁侧 4 倍板厚 h_b 范围内，将钢板粘贴于板面上；对于边支座，加固钢板粘贴到边缘而无法延伸时，可把加固钢板的一端弯折直段，其长度应能使钢板满足粘贴延伸长度要求，同时在加固钢板的两端设有锚栓，加强锚固（图 13.4.45）。

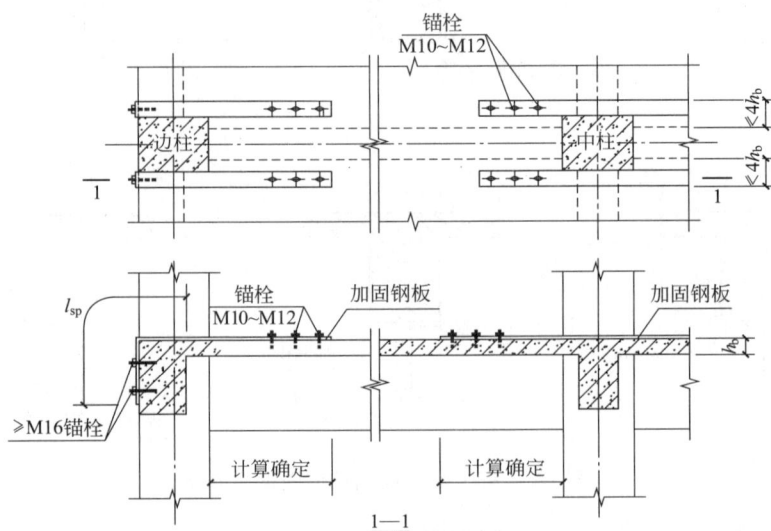

图 13.4.45　有障碍的框架梁支座加固示例（一）

2）采用 U 形钢箍板及锚栓锚固加固钢板加固：由于柱子阻碍，加固钢板无法延伸，可将加固钢板向上弯折，加固钢板粘贴于梁和柱上，并在靠近弯折处的梁、柱上用 U 形钢箍板及锚栓加以锚固，以防止加固钢板受力时的剥离及变形，在上柱根的箍板的宽度和厚度应该大些，钢箍板的锚栓等级、直径及数量应经计算确定（图13.4.46）。

3）采用角钢套箍或钢板套箍连接加固钢板加固：梁在支座的加固钢板可与柱四周的楼板面做角钢套箍或钢板套箍相连接，

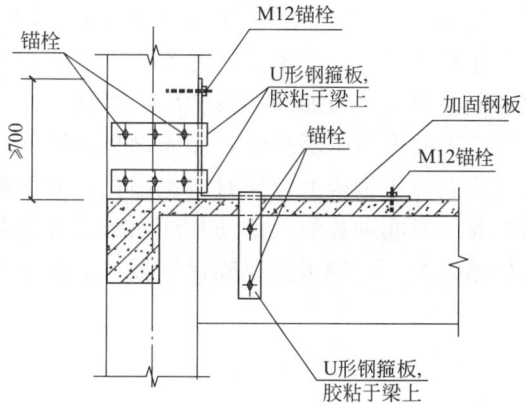

图 13.4.46　有障碍的框架梁支座加固示例（二）

角钢套箍所采用的角钢不宜小于∟100×10，必要时可采用不等边角钢，以增大粘贴面和满足加固钢板的焊接长度要求；钢板套箍的钢板厚度不宜小于 8mm，由两块钢板套入柱后焊成一块，也可在接缝处上盖扁钢条与钢板焊接，并加适量的锚栓予以加强，钢套箍与楼板接触面要求凿槽粘贴，其表面与楼板面齐平，加固钢板可平顺粘贴在钢套箍上。凿槽部分应按施工要求进行表面处理。角钢或钢板与柱、板面之间留有一定空隙，待所有电焊焊接工作完成后，钢套箍和钢板都植入锚栓，就在角钢和钢板边缘嵌缝，埋压浆嘴和排气管，在角钢套箍与柱、板面之间；钢板套箍与板面之间和加固钢板与梁面之间注入结构胶粘剂（图13.4.47）。

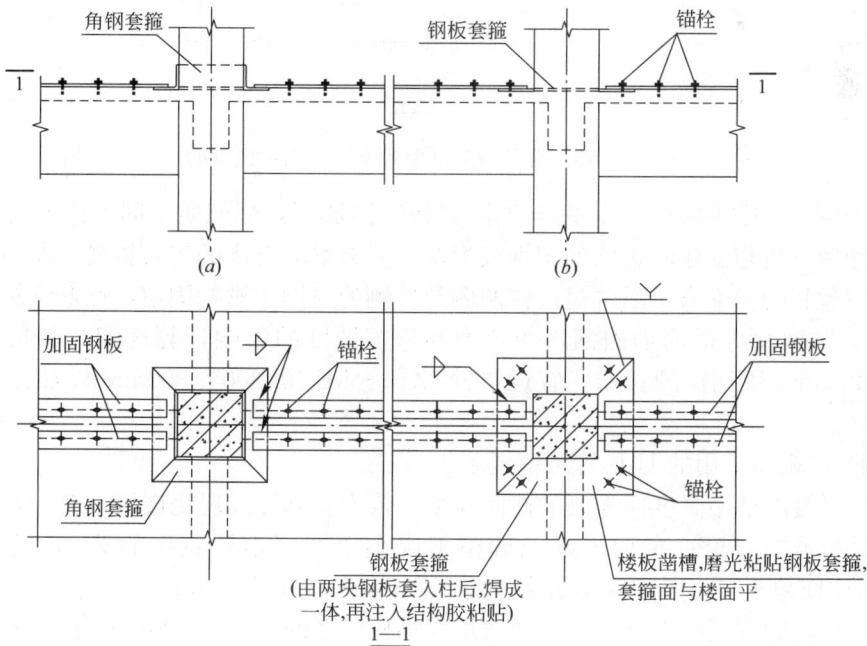

图 13.4.47　有障碍的框架梁支座加固示例（三）

（a）角钢套箍；（b）钢板套箍

4）采用植筋连接加固钢板加固：加固钢板上焊有植筋在梁柱根部锚入柱内，植筋定位要注意和避开梁柱钢筋，为了施工方便，植筋打斜孔，钢筋一端弯折与斜孔角度一致，植筋截面面积及与加固钢板的焊接焊缝均由计算确定，植筋不少于 2 根，加固钢板部位的混凝土表面进行基层打磨，加固钢板进行除锈处理并打毛，安放好加固钢板、插入钢筋，将钢筋点焊于钢板上，同时定位锚孔，取下来把钢筋焊在钢板上并在加固钢板上钻孔，清洁混凝土表面和孔洞，植筋孔注入植筋胶粘剂，加固钢板底面涂上结构胶，同时进行植筋和粘贴钢板，对钢板加压确保钢板与混凝土表面有效粘结，锚栓固定拧紧(图 13.4.48)。

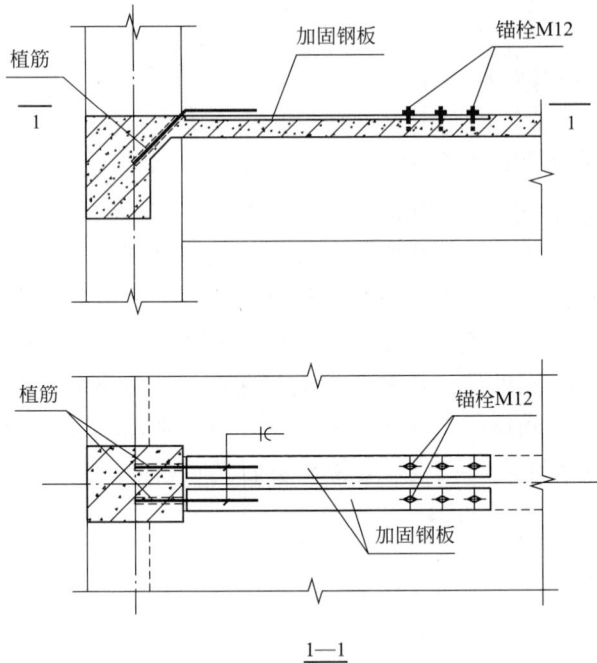

图 13.4.48　有障碍的框架梁支座加固示例(四)

5）采用绕过柱两侧的传力钢筋与加固钢板连接加固：框架梁中间支座的传力钢筋绕过中柱两侧后弯折与支座两边的加固钢板焊接；框架梁端支座的传力钢筋一端与加固钢板焊接，带有丝扣的另端弯折后绕过边柱两侧与外侧的扁钢用螺帽固定，钢筋弯折坡度不宜大于 1：3，其截面应根据加固钢板的拉力和弯折坡度的影响计算确定，其构造可参见图 13.4.22。沿加固钢板的长向，宜设锚栓 M10～M12@200～300mm 以加强加固钢板锚固。

4. 梁受弯截面采用的 U 形箍和钢压条

(1) U 形箍的粘贴高度应为梁的截面高度，若梁有翼缘或现浇楼板，应伸到其底面。

(2) U 形箍的宽度：对加强箍或端箍不应小于加固钢板宽度的 2/3，且不应小于 80mm；对中间箍不应小于加固钢板宽度的 1/2，且不应小于 40mm。

(3) U 形箍的钢板厚度不应小于受弯加固钢板厚度的 1/2，且不应小于 4mm。

(4) U 形箍的净间距一般不宜大于 300mm。

(5) U 形箍的上端应设置纵向钢压条，其宽度和厚度一般和中间箍相同。

(6) 钢压条底面的空隙处应加胶粘钢垫块填平。

5. 受弯构件斜截面承载力加固

(1) 宜选用粘贴成垂直于构件轴线方向的加锚封闭箍或其他有效的 U 形箍；若仅按构造需要设箍，也可采用一般 U 形箍，如图 13.4.49 所示，不允许仅侧面粘贴钢条受剪。

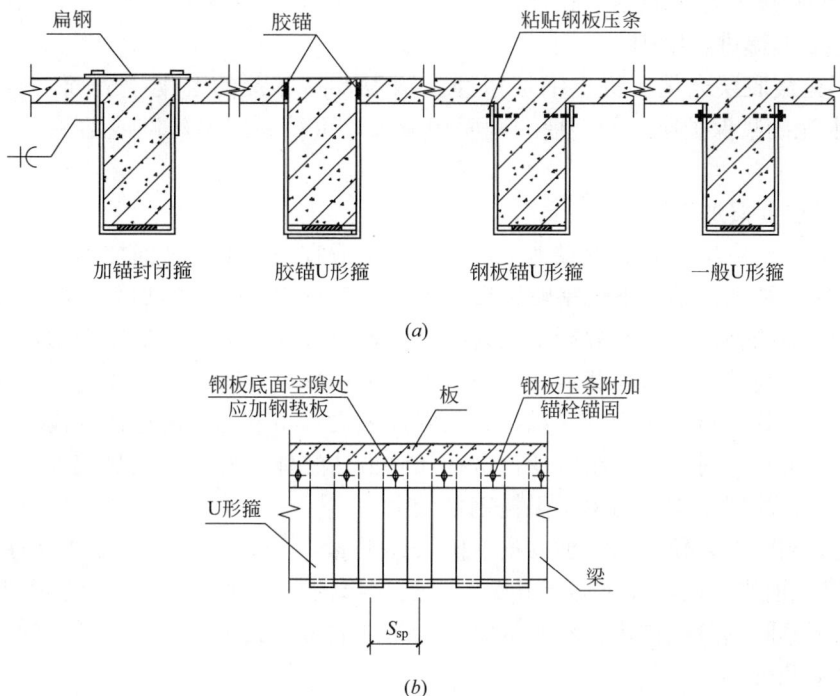

(a)

(b)

图 13.4.49 扁钢抗剪箍及其粘贴方式
(a)构造方式；(b)U 形箍加纵向钢板压条

(2) 封闭箍及 U 形箍的净间距 $S_{sp,n}$ 不应大于现行国家标准规定的最大箍筋间距的 0.7 倍，且不应大于梁高的 0.25 倍。

(3) U 形箍的粘贴高度应为梁的截面高度；若梁有翼缘或有现浇楼板，应伸至其底面。一般 U 形箍的上端应粘贴纵向钢压条予以锚固。钢压条下面的空隙应加胶粘钢垫板填平。

(4) 当梁的截面高度(或腹板高度)$h \geq 600$mm 时，应在梁的腰部增设一道纵向腰间钢压条，如图 13.4.50 所示。

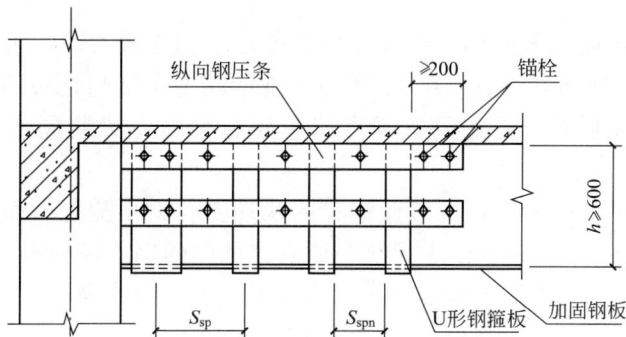

图 13.4.50 纵向腰间钢压条

6. 受弯构件正截面加固，当梁粘贴加固钢板截面面积较大时，可把加固钢板分层粘贴，但总层数不应超过 3 层，且钢板总厚度不应大于 10mm。

7. 当梁的跨度较大，且加固钢板分层粘贴时，可把部分加固钢板按梁的弯矩包络图并考虑其延伸长度而缩短截断。相邻两层钢板的截断位置应错开不小于 300mm，并应在截断处加设 U 形箍进行锚固。

8. 为了延缓胶层老化，防止钢板锈蚀。钢板及其邻接的混凝土表面，应抹 20mm。厚的 1：3 水泥砂浆保护层，如钢板的表面积较大，可粘一层铅丝网或粘一层豆石，以利于砂浆粘结。

六、型钢组合梁加固法

钢筋混凝土受弯构件截面承载力不足时，又不适宜采用增大截面加固法或其他加固方法，可以采用在被加固梁的下侧粘贴钢板、型钢或型钢组合梁等的加固方法，这种加固有两种：一是新加的型钢与原有混凝土梁共同工作，充分利用混凝土受压作用，增大梁截面的有效高度，提高梁的抗弯承载力及抗剪刚度；另一种是不考虑型钢梁与原有梁的共同作用，新增加的荷载由新加的型钢梁承担。前者要求设置足够的抗剪连接及构造措施以抵抗钢梁与混凝土梁间相对剪力滑动应变，这种加固方法整体性好、耗钢量较少，但构造较复杂；而后者传力简捷、构造简单、但耗钢量较大。

型钢梁的刚度大，较难与被加固梁下侧表面贴紧，一般先通过抗剪键（钢箍板、钢夹板）用锚栓将型钢梁和被加固梁固定并贴紧，然后再向粘贴面的接缝内通过压力把结构胶注入，以保证其间的胶结作用。对于混凝土梁与加固型钢梁视为整体变形和受力，共同作用，列举以下几种形式：

1. 当原有梁的承载力与设计要求相差不是很大时，可在梁底或下侧用结构胶粘结钢板或型钢，并用锚栓加强锚固，钢板或型钢与原有梁共同工作，这种形式构造较为简单，施工方便，其形式例举如图 13.4.51 所示。

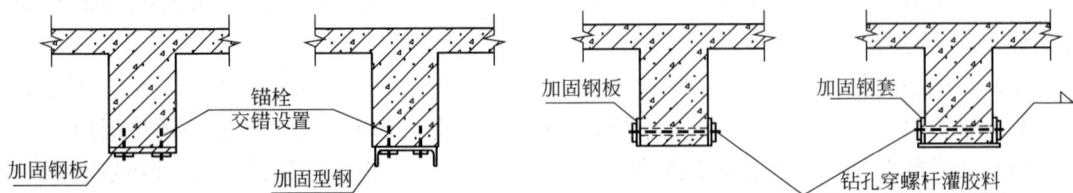

图 13.4.51   型钢组合梁（一）

2. 当原有梁的截面显著偏小，承载力与设计要求相差较大时，可在原有梁的下侧用结构胶粘贴型钢梁，型钢梁一般采用 H 型钢、槽钢或工字钢与钢板组成，或由钢板组成的箱形钢梁以及其他形式，新加的钢梁可以与原有混凝土梁共同工作，其形式例举如图 13.4.52 所示。

3. 型钢组合梁的一般构造：一般型钢梁的两端支在钢牛腿上，而钢牛腿是焊在用锚栓固定在柱子的锚板上，型钢梁的上翼缘与原有梁两侧的钢夹板和钢箍板连接，夹板和箍板均用锚栓加以固定，在箍板上端也可采用通长钢压板或锚栓锚固。柱上锚板的固定锚栓的直径和数量由计算确定、锚板的厚度不宜小于 12mm，钢牛腿钢板厚度不宜小于 10mm，一般钢夹板的厚度为 8～10mm，钢箍板和压板的厚度为 6mm。夹板和箍板的固

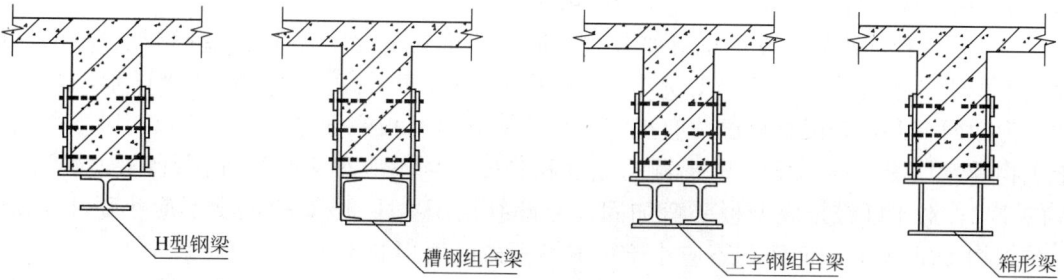

图 13.4.52 型钢组合梁(二)

定锚栓直径宜≥12mm。为了增强型钢组合梁的整体性，型钢梁的上翼缘、夹板、箍板或压条与混凝土梁相结合处应满座结构胶，锚板与柱之间也要求座胶粘结。一般构造示例见图 13.4.53。

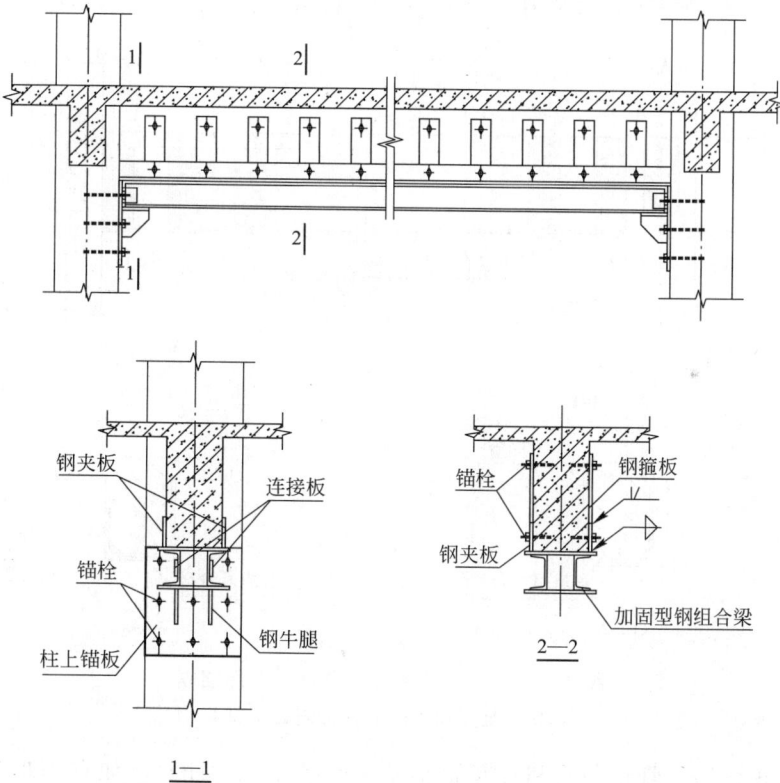

图 13.4.53 型钢组合梁构造示例

七、粘贴纤维复合材加固法

粘贴纤维复合材的加固机理与粘贴钢板类似，它是利用树脂胶结材料将纤维复合材贴于梁的表面，从而提高梁的抗弯和抗剪承载能力，以达到对梁补强加固及改善结构受力性能的目的。

1. 受弯构件正弯矩区进行正截面加固

(1) 粘贴纤维复合材的截断位置应从其充分利用的截面算起，不应小于按现行规范计算确定的粘贴延伸长度 l_c，且不小于 600mm。

(2) 在受拉面沿轴向粘贴的纤维复合材应延伸至支座边缘，且应在纤维复合材的端部设置不少于 2 道构造纤维织物 U 形箍，净间距不应大于梁高，且纤维织物 U 形箍粘贴高度应为截面高度，若梁有翼缘或有现浇楼板，应伸至其板底面(图 13.4.54)。对于采用纤维织物受弯加固，端部纤维 U 形箍的宽度和厚度分别不应小于受弯加固纤维织物宽度和厚的 1/2；对于纤维预成型板受弯加固，端部纤维织物 U 形箍的宽度不应小于 100mm，纤维织物 U 形箍的截面面积不应小于预成型板截面面积的 1/4。

有集中荷载或次梁两侧宜设置宽度不小于 100mm 构造纤维织物 U 形箍，且纤维织物 U 形箍宜伸至梁顶部或梁顶部的板底面。在其他部位也宜适当设置宽度不小于 100mm 的构造纤维织物 U 形箍，高度不宜小于 300mm 和梁侧高两者的较小值，净间距不宜大于梁高的 3 倍。

(3) 当纤维复合材延伸至支座边缘仍不满足粘贴延伸长度的要求时，应在延伸长度范围内均匀设置 U 形箍锚固，并应在延伸长度端部设置一道(图 13.4.54b)。

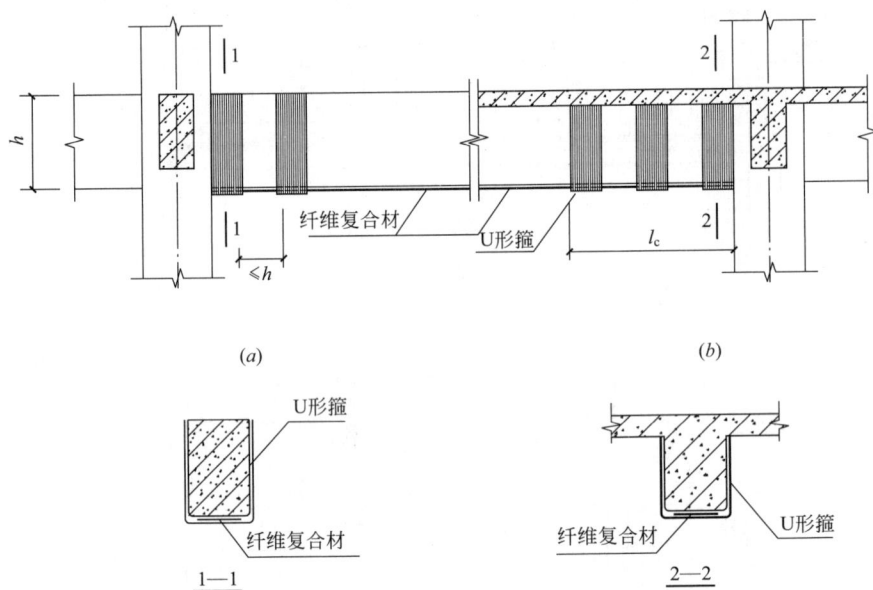

图 13.4.54 梁粘结纤维复合材端部锚固
(a)能满足 l_c 要求；(b)不能满足 l_c 要求

(4) 承担正弯矩的纤维复合材应尽量粘贴在梁底面(受拉面)，如有困难时，允许将部分纤维复合材对称地粘贴在梁的两侧面。此时，侧面粘贴区域应控制在距受拉区边缘 1/4 梁高范围内，同时要考虑受拉合力及其力臂改变而对两侧面粘贴的纤维复合材截面面积的影响。

2. 受弯构件负弯矩区进行正截面加固

(1) 受拉纤维复合材粘贴延伸长度：纤维复合材应在负弯矩包络图范围内连续粘贴；其延伸长度的截断点应位于正弯矩区，且距正负弯矩转换点不应小于 200mm，也不应小于梁净跨度的 1/3。

(2) 支座处无障碍时：框架顶层梁的中间支座按上述要求粘贴纤维复合材加固。在框架顶层梁端支座处，纤维复合材只能贴至柱边缘而无法延伸时，应粘贴 L 形钢板压结并用 U 形钢箍板和锚栓进行锚固(图 13.4.55)，L 形钢板的总截面面积不应小于等强粘贴纤维复合材截面面积的 1.2 倍。L 形钢板总宽度不宜小于 90％的梁宽，且宜由多条钢板组成，钢板厚度不应小于 3mm。

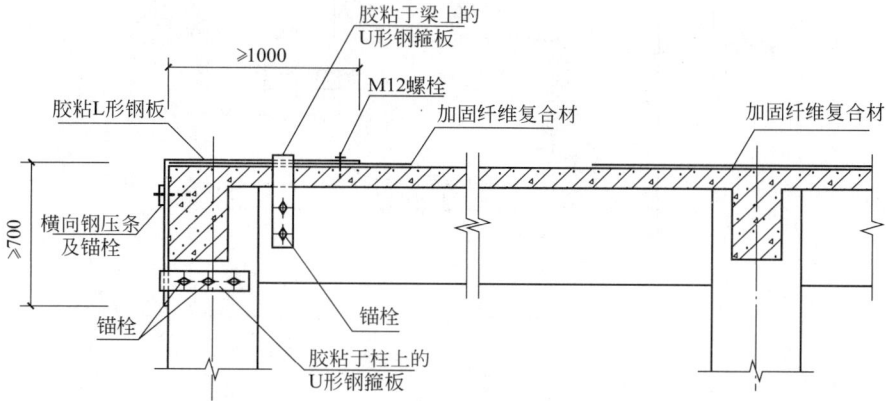

图 13.4.55 无障碍的框架顶层梁支座加固示例

(3) 支座处有障碍时：

1) 梁上有现浇板，且允许绕过柱位，宜在梁侧 4 倍板厚 h_b 范围内。将纤维复合材粘贴于板面上(图 13.4.56b)。对于边支座，纤维复合材粘贴到边梁的外边缘而无法延伸，可以截断后在其上粘贴 L 形钢板并用钢压板和锚栓进行锚固，L 形钢板的截面面积应根据计算确定，其厚度不应小于 3mm(图 13.4.56a)。

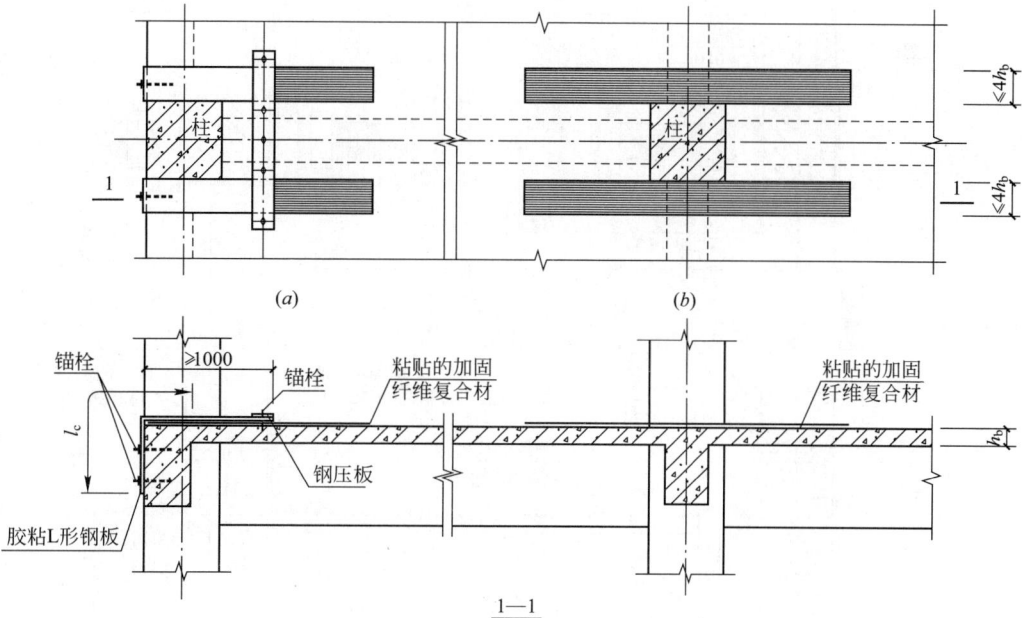

图 13.4.56 有障碍的框架梁支座加固示例(一)

(a)边支座；(b)中间支座

2）由于框架柱的障碍而使加固纤维复合材无法延伸，可截断于柱根，另采用粘贴 L 形钢板并用 U 形钢箍板和锚栓加强纤维复合材的锚固措施，如图 13.4.57 所示的构造方式。但柱中箍板的锚栓等级、直径及数量应经过计算确定。

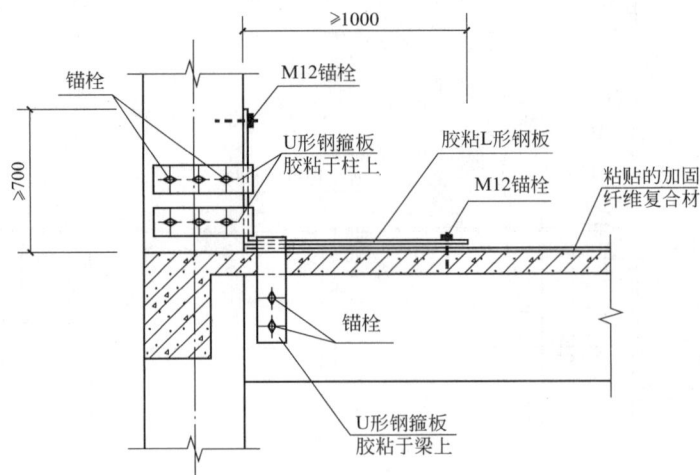

图 13.4.57　有障碍的框架梁支座加固示例（二）

3）由于框架柱的障碍，加固纤维复合材粘贴到柱根部 90°弯折粘贴于柱内侧面，在转折处用等代角钢压结，而角钢由紧贴于柱两侧的等代螺杆拉结，当柱子宽度较大时，等代螺杆可穿柱对拉。为了加强节点受力纤维的锚固，设有 U 形箍板压结并用锚栓固定于梁柱上，梁上的加固纤维复合材端部也用钢压板和锚栓加以锚固。所有角钢、箍板、压条和锚板等铁件与加固纤维复合材或混凝土的结合面均用结构胶粘贴并把锚栓或螺杆拧紧压实（图 13.4.58）。

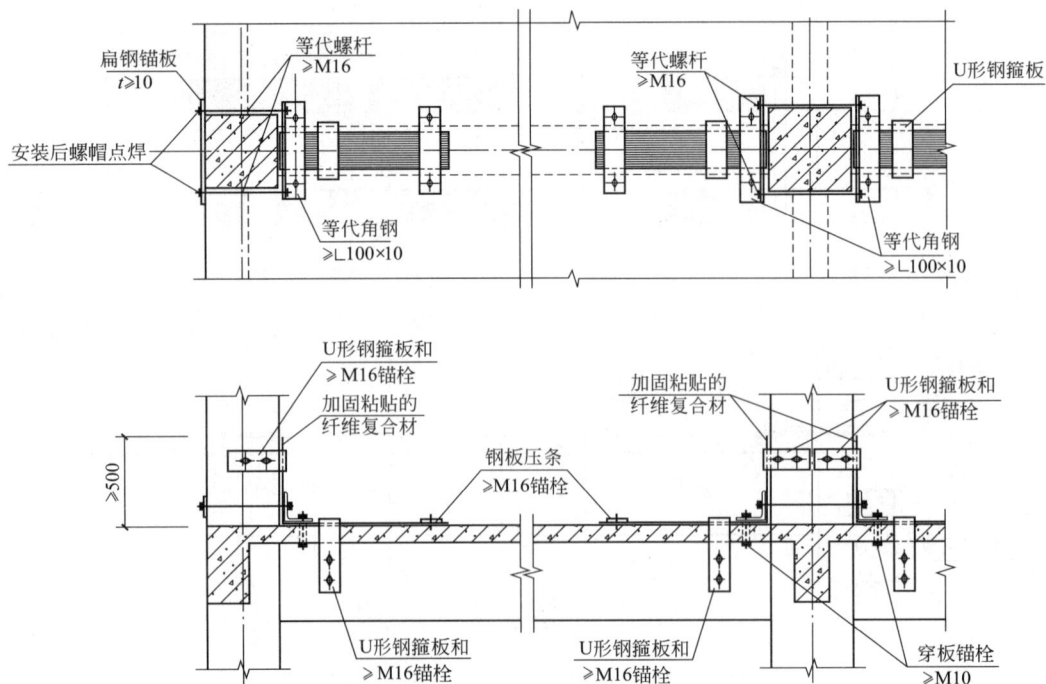

图 13.4.58　有障碍的框架梁支座加固示例（三）

（4）框架梁在负弯矩区支座处的弯矩最大，受力复杂，加强对加固纤维复合材的锚固至为重要，必要时，应采取可靠的附加锚固或其他机械锚固措施。在加固纤维复合材上设置压条是一种有效的措施，压条粘贴的形式有两种：一种是粘贴在节点处以增强加固纤维复合材的锚固作用；另一种是粘贴在加固纤维复合材的端部，以防止自由端脱胶拉开。压条的材料有两种：一种是粘贴纤维织物；另一种是胶粘钢板压条加锚栓锚固（图 13.4.59）。

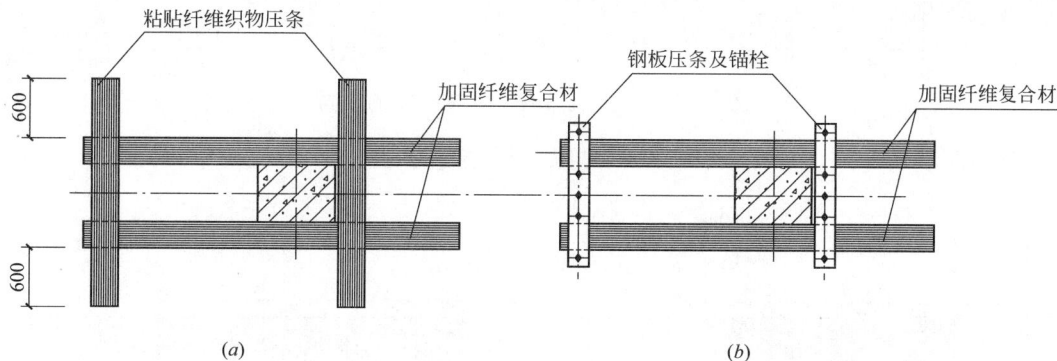

图 13.4.59 框架梁在支座加固的附加锚固措施
(a)粘贴纤维织物；(b)胶粘钢板压条及锚栓

3. 受弯构件斜截面受剪承载力不足时，可采用粘贴纤维复合材进行加固

（1）纤维复合材受剪加固的方式应包括封闭缠绕粘贴、U 形粘贴、双 L 形板 U 形粘贴和侧面粘贴（图 13.4.60）。采用纤维织物更适合于前两种；而纤维预成型板更适合于后两种。

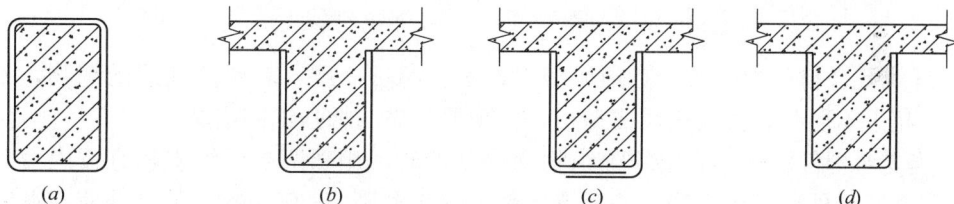

图 13.4.60 纤维复合材受剪加固方式
(a)封闭缠绕粘贴；(b)U 形粘贴；(c)双 L 形板 U 形粘贴；(d)侧面粘贴

（2）纤维复合材的纤维方向宜与构件轴线垂直，当纤维方向与轴线不垂直时，纤维方向宜垂直于预计的裂缝，且纤维复合材宜采用满贴形式。

（3）U 形粘贴和侧面粘贴的粘贴高度应是从梁底至梁翼缘或现浇楼板板底面。

（4）当纤维复合材采用条带布置时，条带净间距 $S_{f,n}$ 不应大于现行规范规定的最大箍筋间距的 0.7 倍，且不应大于梁高的 0.25 倍。

（5）U 形粘贴形式，在其上端宜粘贴纵向压条预以锚固，可采用纤维织物压条锚固，也可采用钢板压条用锚栓加胶锚固（图 13.4.61）。

（6）当梁的高度≥600 时，除在 U 形粘贴上端粘贴纵向压条外还应在梁的腰部增设一道纵向腰压带（图 13.4.62a）。

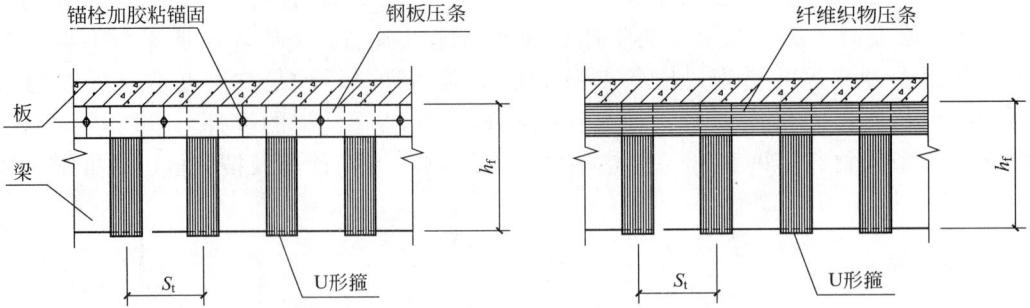

图 13.4.61   U 形粘贴加纵向压条的锚固

对侧面粘贴形式，宜在上、下端粘贴纵向纤维复合材压条(图 13.4.62b)。

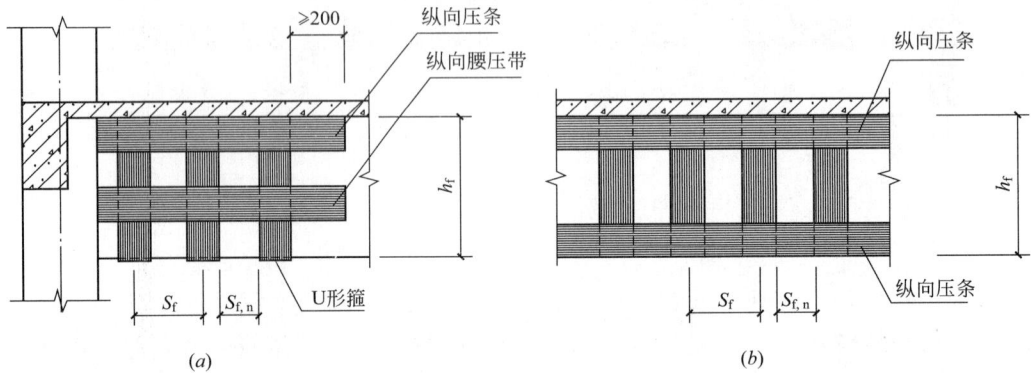

图 13.4.62   梁侧纵向纤维复合材压条加强

(a)纵向腰压条带；(b)侧向粘贴的压条

4. 纤维复合材的加固量，对预成型板，不宜超过 2 层，对湿法铺层的织物，不宜超过 4 层，超过 4 层时，宜改用预成型板，并采取可靠的加强锚固措施。

5. 当受弯构件粘贴的多层纤维织物允许截断时，相邻两层纤维织物宜按内短外长的原则分层截断；外层纤维织物的截断点宜越过内层截断点 200mm 以上，并应在截断点加设 U 形箍。

当采用预成型板对受弯构件抗弯加固时，在主要加固受力区预成型板不宜采用搭接。

6. 采用纤维复合材加固受弯受剪构件，一般在其端部应力较为集中，为了保证纤维复合材能够可靠地与混凝土共同工作，一般宜采取附加锚固措施，可增设钢板或角钢等粘贴在纤维织物或片材外，再用锚栓锚固于混凝土中，锚栓数量及布置方式应根据锚固区受力情况而定。一般钢板压条厚度不宜小于 3mm，锚栓直径不宜小于 6mm。如锚栓穿过加固纤维织物或片材，还应考虑其所造成的损伤对加固效果的影响。

7. 当纤维织物沿其纤维方向需绕梁转角处粘贴时，其截面棱角应在粘贴前通过打磨加以圆弧化(图 13.4.63a)；梁的圆弧化半径 r，不应小于 20mm。

当纤维复合材弯折 90° 粘贴于柱面时，应于粘贴前在梁柱交界处阴角处用结构胶填抄并加以圆弧化(图 13.4.63b)，此时，压结角钢不宜小于∟75×10，并在角钢背的直角处打磨达到相适应的圆弧化处理。

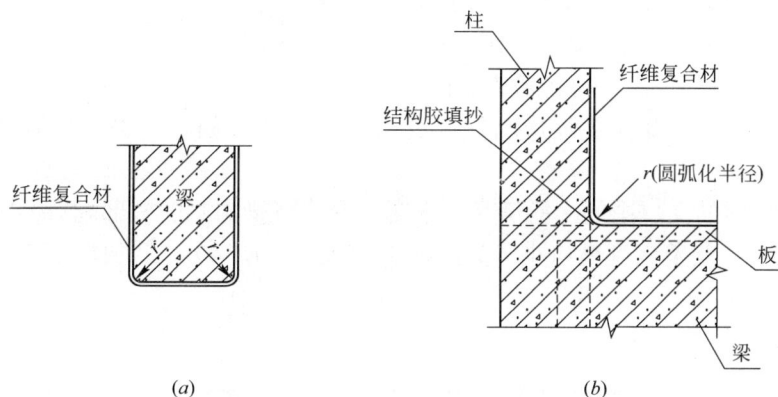

图 13.4.63 构件截面圆弧化处理
(a)梁截面棱角圆弧化；(b)梁柱交界阴角圆弧化

八、钢丝绳网片—聚合物砂浆外加层加固法

通过喷涂或抹灰方法将聚合物砂浆粘合于原构件的混凝土表面，并利用高强钢丝绳网片设计成仅承受拉应力作用并能与混凝土变形协调，共同受力，以形成具有整体性的复合截面，提高其承载力和延性的一种直接加固方法。

1. 原有构件混凝土的实际强度等级不应低于 C15，且混凝土表面的正拉粘结强度不应低于 1.5MPa。

2. 钢丝绳网片—聚合物砂浆外加层对混凝土梁加固的构造方式：

(1) 钢丝绳网片的受力方式应设计成仅承受拉应力作用；

(2) 当提高梁的受弯承载力时，钢丝绳网片应设在梁顶面或底面受拉区；

(3) 当提高梁的受剪承载力时，钢丝绳网片应采用三面围套(梁有翼缘或有现浇楼板)或四面围套的方式。

3. 钢丝绳网片—聚合物砂浆外加层对混凝土梁加固的构造要求：

(1) 钢丝绳网片应设计成仅承受单向拉力作用，其网片中受拉主筋(即纵向受力钢丝绳)的间距应经计算确定，但不应小于 20mm，也不应大于 40mm。

(2) 网片中横向筋(即横向钢丝绳，包括箍筋和分布筋)的间距，当用作梁承受剪力的箍筋时，应经计算确定，但不应大于 50mm；当用作梁构造箍筋时，不应大于 150mm；当用作梁分布筋时，间距为 200~500mm。

(3) 钢丝绳网片应采用专用金属胀栓固定在构件上，端部胀栓应错开布置，中部胀栓应交错布置，且间距不宜大于 300mm，每一截面不得少于两个。

(4) 采用钢丝绳网片单向双层加固构件时，两层钢丝绳网片端部锚固区应错开 100mm。

(5) 网片的主筋与横向筋的交点处，应采用同品种钢材制的绳扣束紧；主筋的端部应采用带套环的绳扣(如压管套环等)通过加压进行锚固；套环及其绳扣或压管的构造与尺寸应经设计计算确定。

(6) 网片应在工厂使用专门的机械和工艺制作，梁加固用的围套或网片，宜按设计图纸专门生产。

(7) 聚合物砂浆外加层的厚度，不应小于 25mm，也不宜大于 35mm，钢丝绳保护层不应小于 15mm。一般单层钢丝绳网片其外加层厚度为 25mm；双层钢丝绳网片则为 35mm。

4. 受弯构件正弯矩区进行正截面加固：

(1) 钢丝绳网片的受拉主筋应与加固受力方向一致，钢丝绳网片应延伸至支座边缘（图 13.4.64a）。

(2) 当梁底面的受拉主筋未能满足要求时，允许将梁两侧的底部配有与梁底面相同的受拉钢丝绳网片，其范围高度应小于梁高的 1/4（图 13.4.64b）。计算时可考虑该部分网片对承载力的提高。

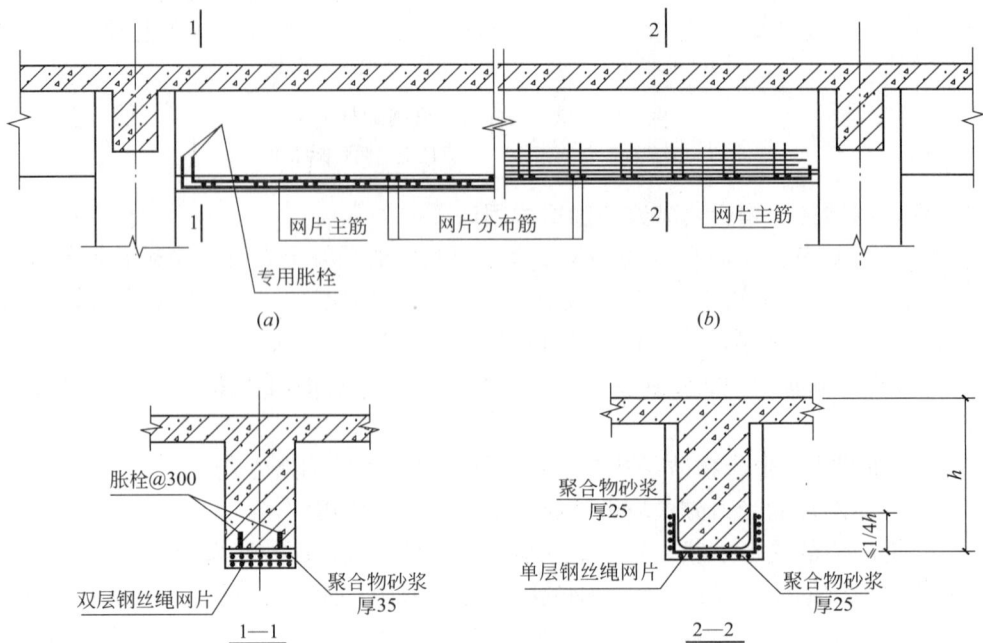

图 13.4.64   框架梁正弯矩区加固示例
(a)梁底面钢丝绳网片加固；(b)梁底部范围钢丝绳网片加固

5. 受弯构件负弯矩区进行正截面加固：

(1) 钢丝绳网片的截断位置距支座边缘的距离应根据负弯矩包络图确定。

(2) 支座处无障碍时，加固的钢丝绳网片的受拉主筋的端部可固定在框架柱或框架梁的顶面（图 13.4.65a）。

(3) 支座处有障碍时，由于节点上有框架柱通过，钢丝绳网片允许绕过柱位，宜在梁侧 4 倍板厚范围内设置，网片受拉主筋的两端固定在楼板上（图 13.4.65b）。

6. 受弯构件斜截面加固：当梁受剪承载力不够时，可以采用钢丝绳网片—聚合物砂浆外加层加固。钢丝绳网片应采用三面围套或四面围套的方式，网片承受拉应力，宜做成环形箍或 U 形箍，若梁有翼缘或有现浇楼板，钢丝绳 U 形箍的上端固定在楼板下，如仅是提高受剪承载力时，钢丝绳箍筋在外侧而分布筋在内侧（图 13.4.66a）；如需要提高受弯和受剪承载力时，必须先布置抗弯钢丝绳网片，再布置抗剪钢丝绳网片（图 13.4.66b）。

当采用三面围套或四面围套进行加固时，梁的棱角应在安装固定钢丝绳网片前通过打磨加以圆弧化，其圆弧化半径 r 不应小于 10mm。

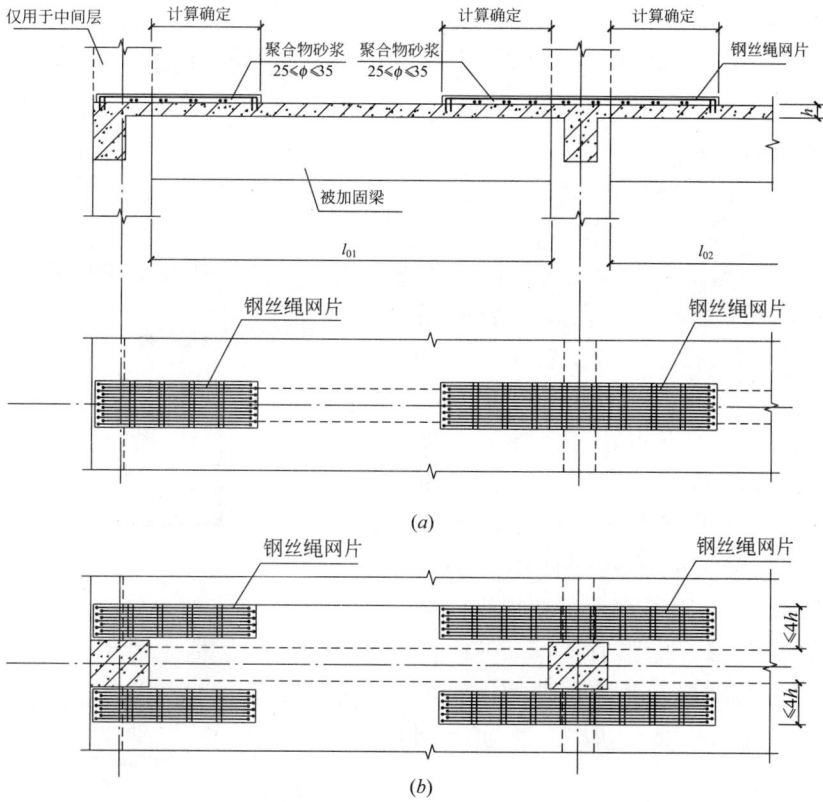

图 13.4.65 框架梁负弯矩区加固示例

(a)支座处无障碍；(b)支座处有障碍

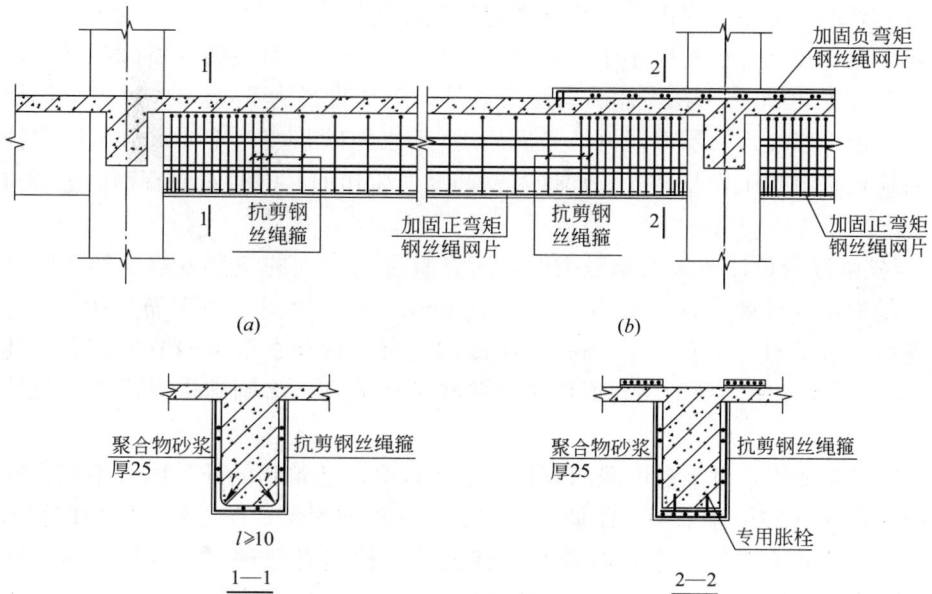

图 13.4.66 框架梁斜截面加固示例

(a)纯剪力加固；(b)正负弯矩及剪力加固

第五节 现浇柱和剪力墙的加固

一、现浇柱的加固

（一）增大截面加固法

1. 增大截面的类型

（1）柱四周增做钢筋混凝土套加固：此法适用于原柱的强度或刚度不足，而且与设计要求相差较大。其做法是在原柱表面凿毛和清洁处理后用钢筋混凝土包套，围套的厚度不宜小于 60mm，一般采用 100mm，当采用喷射混凝土时不得小于 50mm。新加柱的纵向受力钢筋由计算确定，直径不宜小于 14mm，也不宜大于 25mm，可以与原柱内的纵向受力钢筋共同作用。钢箍直径为 8～12mm，间距不宜大于新加纵向受力钢筋直径的 10 倍，也不宜大于 200mm，在柱的上下端、基础顶面及刚性地坪上下均应加密。其他构造按一般柱要求（图13.5.1）。

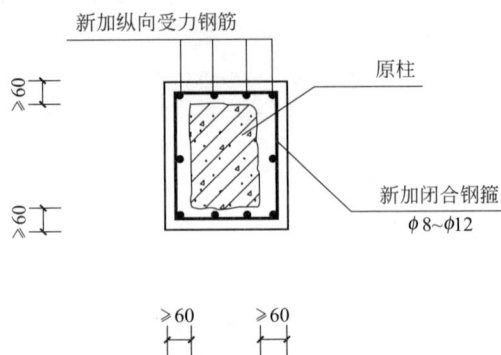

图 13.5.1 混凝土围套加固柱

（2）柱单侧或双侧加固：在受力方向偏心较大或由于平面尺寸所限制而不便在柱四周做混凝土围套时的柱加固，一般有两种构造形式：

1）当柱强度与设计要求相差不太大时，可在柱受力方向的单侧或双侧凿掉混凝土保护层并清洁处理，把新加纵向受力钢筋通过短筋作为媒介与原柱内纵向受力钢筋焊接在一起，共同受力，短筋直径不应小于 20mm，长度不应小于其直径的 5 倍（双面焊）、各短筋的中距不应大于 500mm。在新加纵向受力筋外，新加直径为 8mm 的"⌣"形箍筋，焊在原箍筋上；也可以点焊一层铅丝网，最后用 1∶1 水泥砂浆按施工要求分层压实抹平。这种做法的缺点是电焊工作量较大，焊接时钢筋易产生扭曲，同时对原有钢筋电焊过烧的损伤也大（图 13.5.2）。

2）当柱强度与设计要求相差较大时，可在柱受力方向的单侧或双侧加大截面，每边增大尺寸是根据计算确定，一般不宜小于 100mm。新加纵向受力钢筋是用"U"形箍筋与原柱连接，箍筋直径不宜小于 8mm，连接构造有三种在本章第四节中已有论述，可参见图 13.4.9 所示。新旧柱的结合面应凿毛并经清洁处理，涂刷结构界面剂后浇筑混凝土（图 13.5.3）。

（3）柱三面加固：对于温度缝的双柱、不允许突出建筑物的外柱以及不便在柱四周做钢筋混凝土围套的柱子才采用三面加固的方法，这种加固形式在工程实践中用得较少，其加固构造与四面加套类同。新加箍筋与原柱的连接构造有三种：直接与柱内的箍筋焊接（原有柱内箍筋直径不应小于 8mm）（图 13.5.4a）；与原柱外侧的纵向受力钢筋焊接（图 13.5.4b）；与用锚栓固定的角钢焊接（图 13.5.4c）。

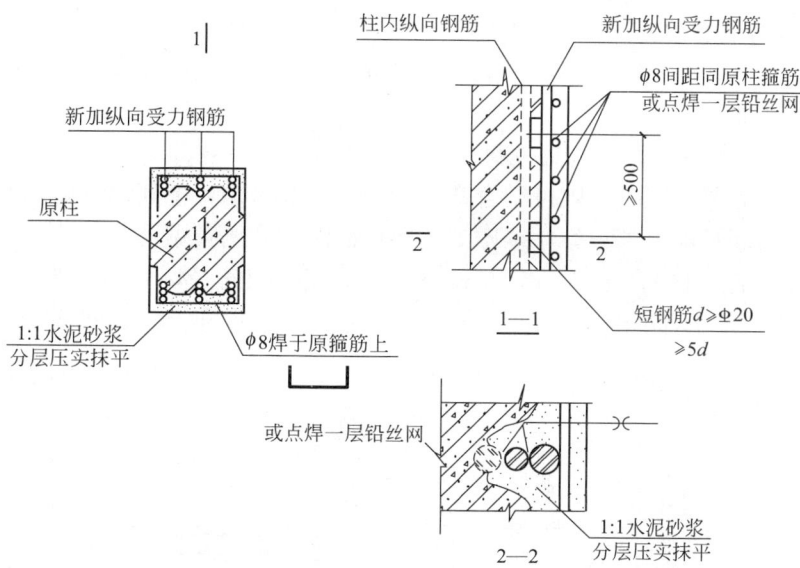

图 13.5.2 柱双侧加固(一)

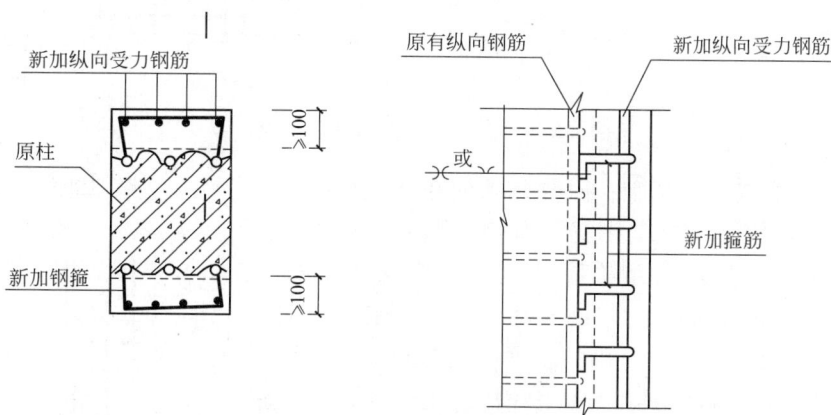

图 13.5.3 柱双侧加固(二)

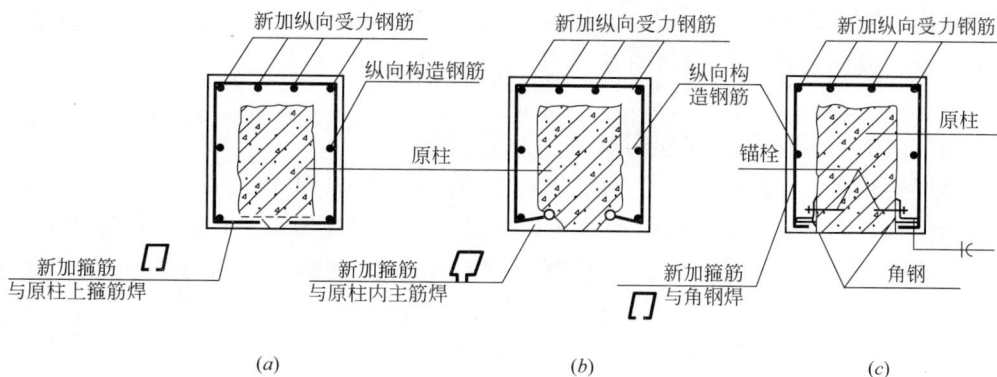

图 13.5.4 新加箍筋与原有柱连接

(a)与柱内箍筋焊;(b)与柱内纵筋焊;(c)与用锚栓固定的角钢焊

2. 新加纵向钢筋的锚固：框架柱中新加纵向受力钢筋应通长设置，中间不得断开，其下端应伸入基础并满足锚固长度要求；上端应穿过楼板与上层柱脚连接或在屋面板处封顶锚固。其构造如下：

（1）框架柱新加纵向钢筋与原基础连接

当原基础也需要加固时，则可结合基础的加固一起考虑，把新加纵向钢筋锚入加固基础内，并满足锚固长度要求；如原基础不需要加固时，有两种做法：

1）锚入原基础上做的台阶：在原基础顶的柱周围做钢筋混凝土套，平面尺寸与原基础上台阶相同，其高度不宜小于500mm，同时也应满足纵向钢筋的锚固长度要求(图13.5.5)。

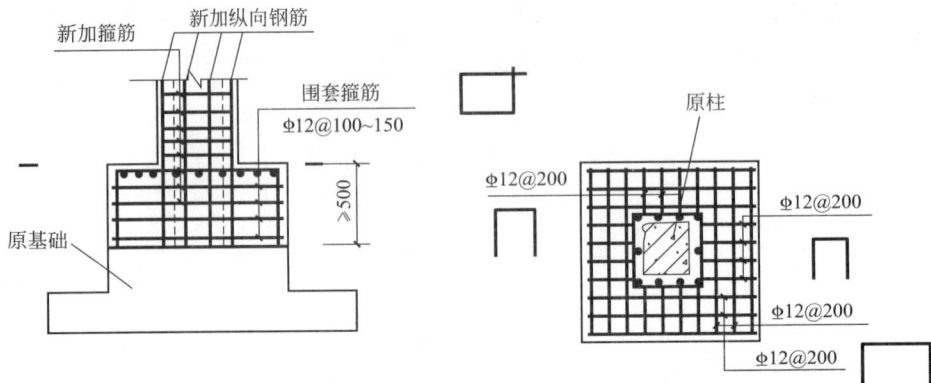

图13.5.5   新加纵向钢筋锚入基础(一)

2）用植筋法锚入原基础：原基础顶面在加大柱截面部位凿毛，按新加纵向钢筋位置定位后用电锤钻钻孔，清孔吹灰后注入结构胶粘剂插入短钢筋，其直径与新加纵向钢筋相同，锚入基础深度一般不小于15倍钢筋直径，伸出基础的长度根据与新加纵向钢筋的连接形式而定，可以采用焊接、机械连接或绑扎连接(图13.5.6)。

（2）框架柱新加纵向钢筋穿过楼层的构造：新加纵向钢筋必须穿过中间各楼层，非抗震时搭接位置可从各楼层板面开始，抗震时宜避开柱端箍筋加密区。

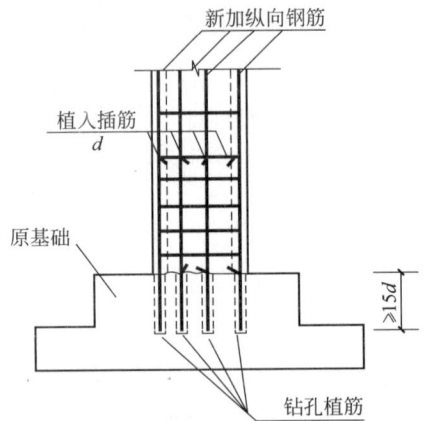

图13.5.6   新加纵向钢筋锚入基础(二)

新加纵向受力钢筋穿过楼层时，其中间的钢筋容易与楼层梁相碰，一般四面或三面加围套就可绕梁而过(图13.5.7)。单侧或双侧加固柱就较为困难，当楼层梁宽度较大时更难以穿过，可在梁端做钢套，难以穿过的新加纵向受力钢筋可与钢套的角钢焊接，钢套侧面钢板截面强度应不小于未穿过的钢筋强度(图13.5.8)。

对于新加纵向构造钢筋遇到楼层梁而未能穿过时，可把梁底的混凝土保护层凿掉，把纵向构造钢筋与梁底的钢筋相焊接(图13.5.9)。

框架柱中间层的柱顶(底)的截面强度不足而柱底(顶)并不需要加固时，新加纵向受力钢筋在顶(底)部应穿过楼层而锚入上(下)楼层,其高度应满足钢筋锚固长度要求;而在柱底(顶)的新加纵向受力钢筋可伸到楼层底(顶)面,不必穿楼层锚固(图 13.5.10)。

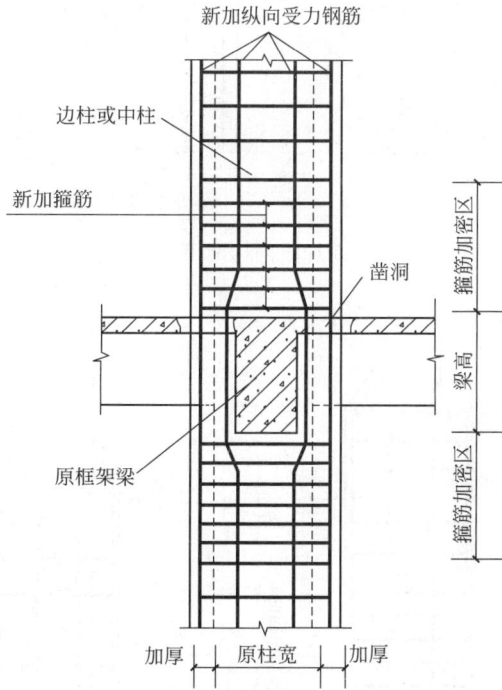

图 13.5.7　新加纵向受力钢筋穿楼层(一)

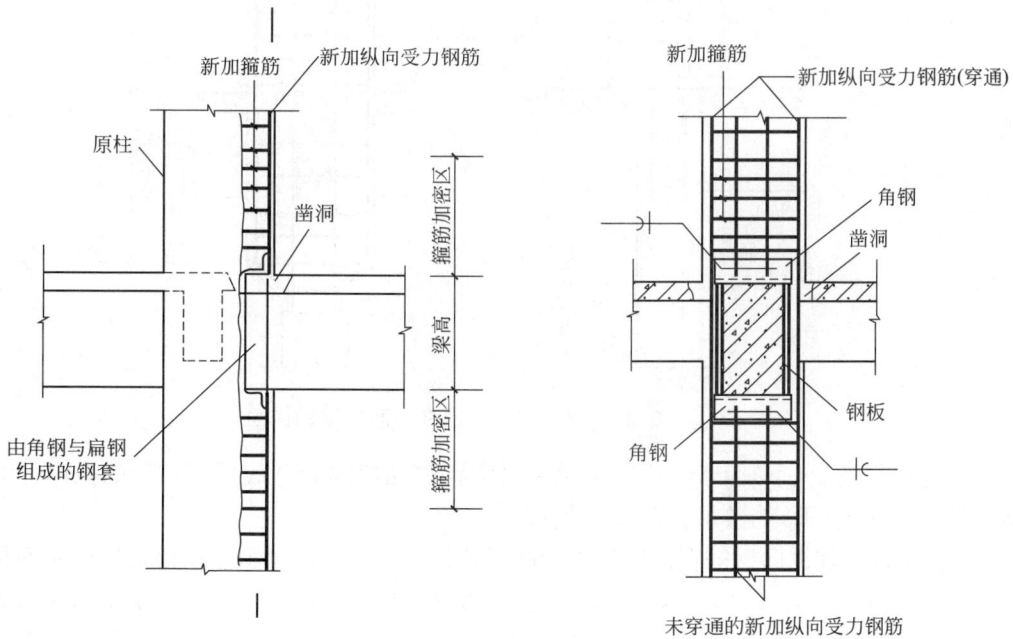

图 13.5.8　新加纵向受力钢筋穿楼层(二)

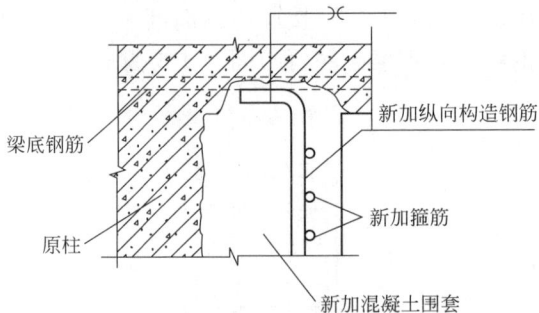

图 13.5.9　新加纵向构造钢筋与楼层连接

新加纵向构造钢筋

新加箍筋

梁底钢筋

原柱

新加混凝土围套

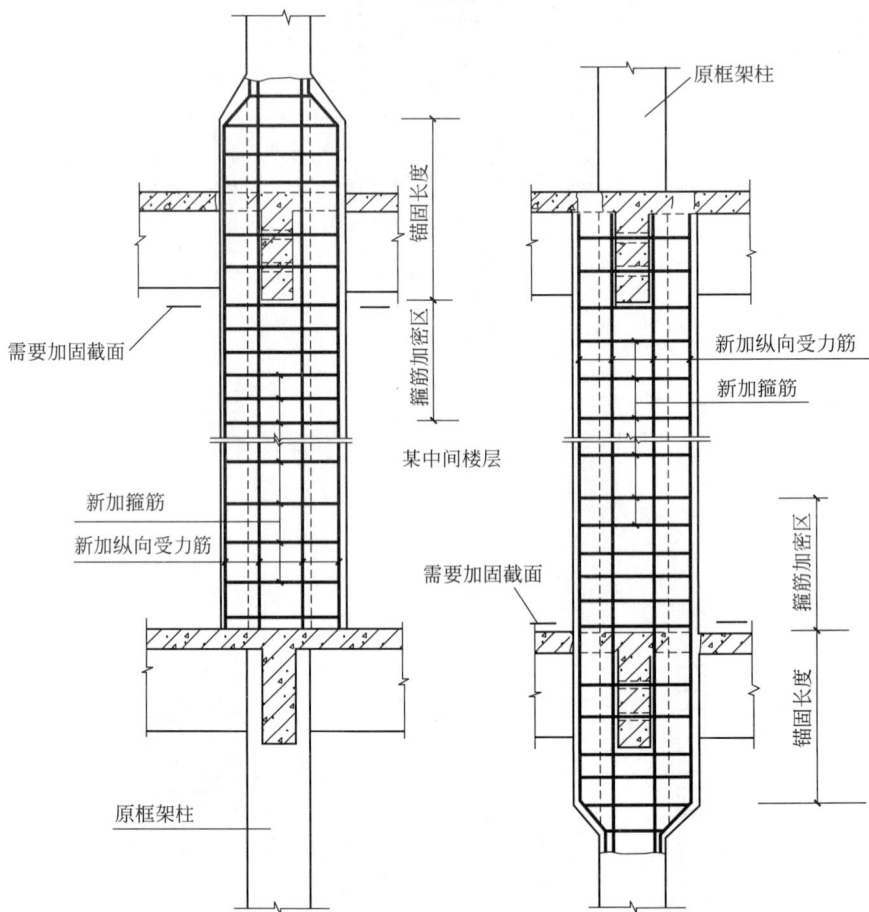

图 13.5.10　新加纵向受力钢筋在中间楼层的锚固

在上述楼层的上（下）由于考虑新加纵向受力钢筋的锚固而造成局部柱段的截面加大以影响美观，可在上（下）的整层柱做外包处理。

（3）框架柱新加纵向钢筋在顶层板或屋面板处封顶锚固：被加固柱在顶层板或屋面板部位的板面应凿掉混凝土保护层，新加纵向钢筋穿过顶层板或屋面板，对四面加围套或双侧加大截面的柱，新加纵向钢筋弯折相互搭接并焊牢（图 13.5.11）；对单侧加大截面柱可以把新加纵向受力钢筋在顶部弯折并与原柱的钢筋或框架梁在支座处的纵向钢筋相焊接，对于钢筋之间的偏距可以加短钢筋为媒介焊接。浇筑被加固柱的混凝土时同时把顶部覆盖。

3. 框架柱节点在梁高范围内箍筋处理：框架柱节点在梁高范围内，新加混凝土与原柱和梁的连接是个薄弱环节，应该增设加强箍筋与梁腰锚固，以增强框架节点或核心区的约束，加强箍筋的直径和间距均应比加密区大些，其总截面面积不应减少，一般采用 $\phi 14@200\sim250\text{mm}$。加强箍筋的构造形式有两种：

（1）在梁腰钻孔穿箍筋并用结构胶浆锚；

（2）用锚栓固定角钢以焊接加强箍筋。

对四面加围套柱如图 13.5.12 所示；对单侧或双侧加大截面柱如图 13.5.13 所示。

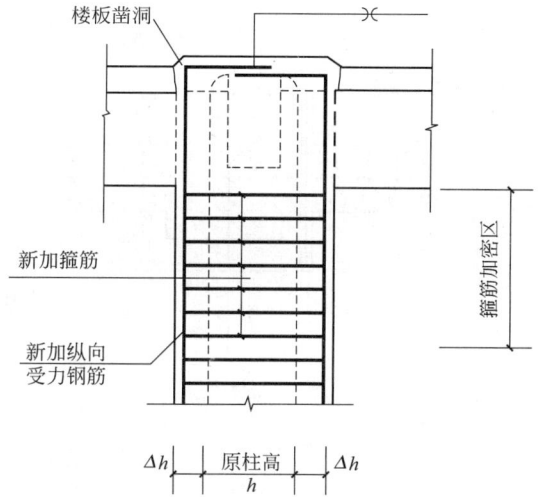

图 13.5.11　新加纵向钢筋在顶层板或屋面板处锚固

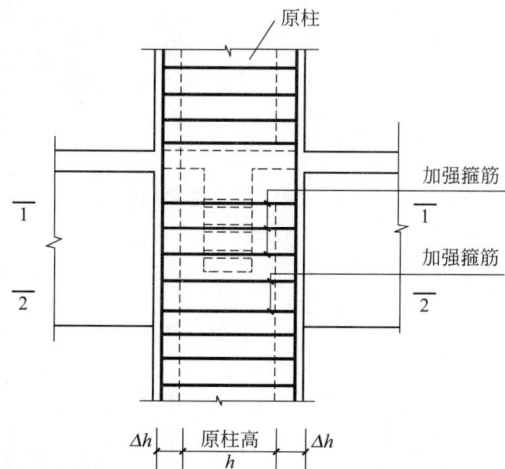

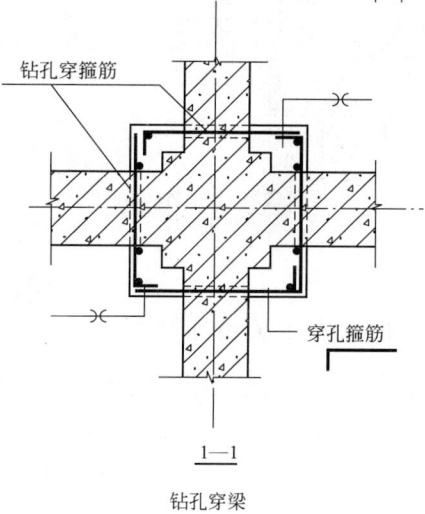

钻孔穿梁

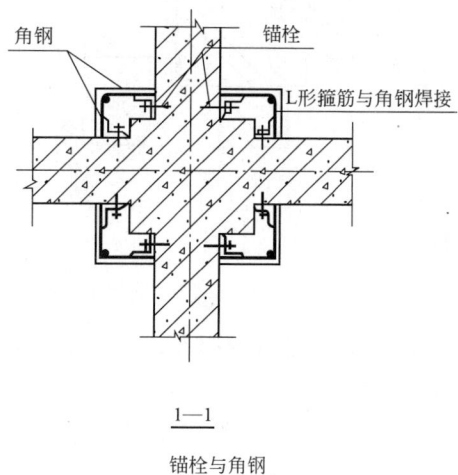

锚栓与角钢

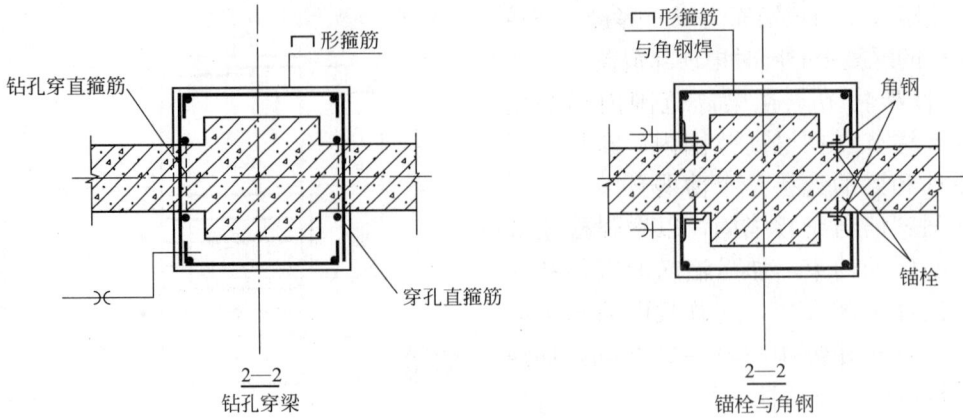

图 13.5.12   框架节点梁高范围内箍筋构造（四面加围套）

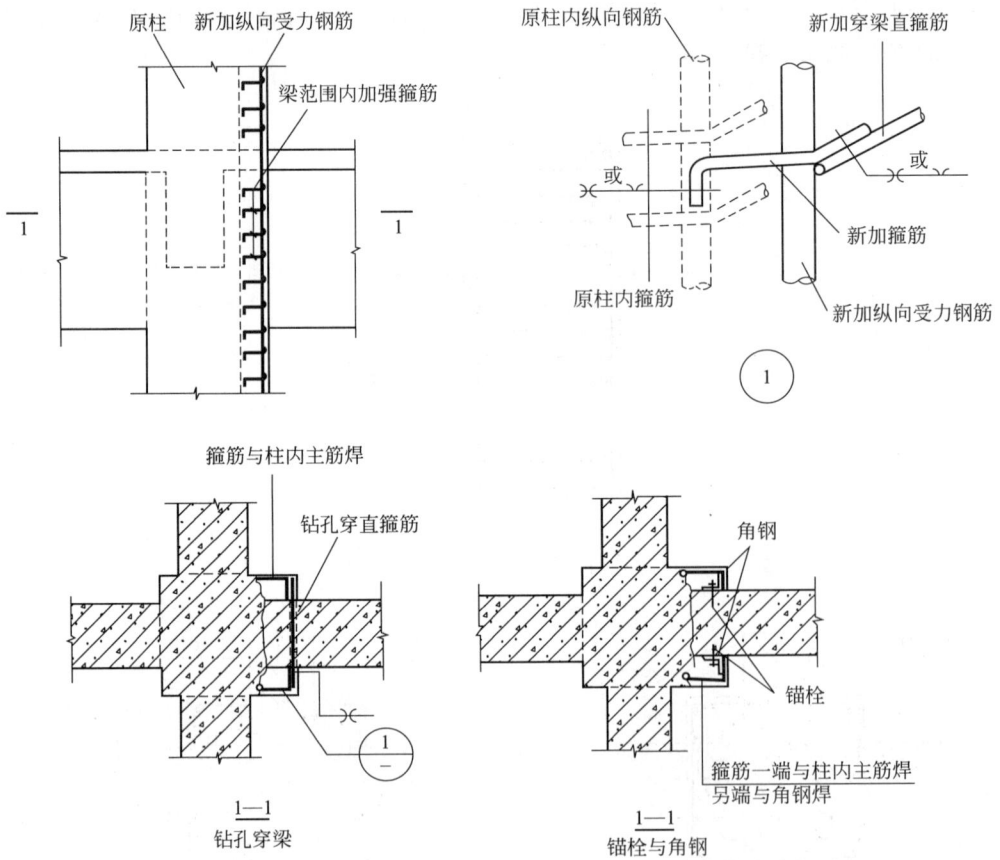

图 13.5.13   框架节点梁高范围内箍筋构造（单侧或双侧加固）

4. 框架上加层节点构造：当原框架柱的承载力不能满足要求而需要加固时，新加层的柱脚与原顶层框架柱的连接可参见本节（一）2.（2）框架柱新加纵向钢筋穿过楼层的构造；当原框架柱的承载力能够满足要求时，新加层的框架柱柱脚与原柱的连接构造有以下两种形式：

（1）固接接头：把原框架顶层或屋面以下的一段柱表面凿毛并露出需要连接的原柱内纵向钢筋，新加柱的纵向钢筋伸到顶层或屋面以下并通过短钢筋与顶层或屋面以下的柱纵向钢筋相焊接（图 13.5.14）。

另一种构造是把原柱顶的混凝土保护层打掉，按新加柱纵向钢筋的位置钻孔植筋，锚入深度根据计算确定，但不应小于 15d（d 为植筋直径），伸出部分应有足够搭接或焊接长度，一般原柱顶的钢筋较多，当钻孔位置偏离时，新加柱的纵向钢筋与植筋之间可用短钢筋或钢板为媒介（图 13.5.15）。

（2）铰接接头：新加柱柱脚与原柱柱顶的连接采用铰接接头，这种连接无论是对节点受力和节点构造都是较为简单的。原柱顶在新加柱的位置把混凝土表面凿毛，钻孔植入 1～2 根钢筋，其截面面积应能承受新加柱脚的水平剪力，一般这种加层柱的轴力不大，所以铰接节点构造也不必作特殊处理（图 13.5.16）。

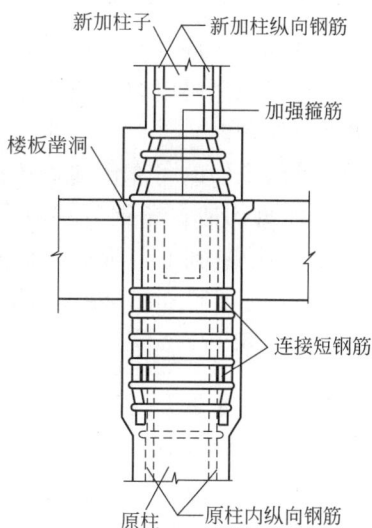

图 13.5.14　加层框架柱脚刚接接头（一）

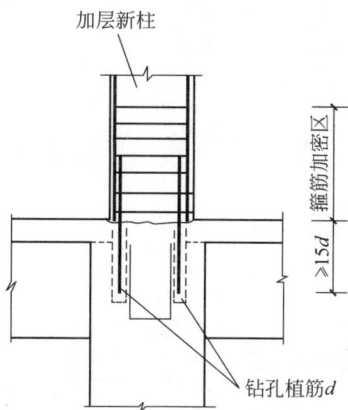

图 13.5.15　加层框架柱脚
刚接接头（二）

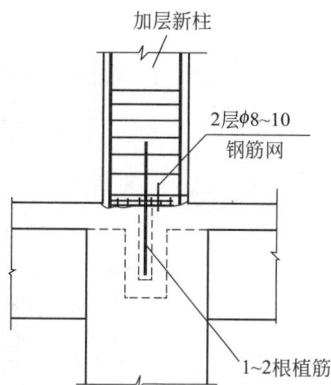

图 13.5.16　加层框架柱
脚铰接接头

（二）外包型钢加固法

钢筋混凝土柱采用外包型钢加固法可分为湿式和干式两种。一般都是在柱四角用角钢包起，角钢之间焊有扁钢箍（缀板）相连成整体。干式加固是在型钢与原柱间无任何连接，或虽填塞有环氧胶泥仍不能确保结合面剪力有效传递作用，型钢与柱之间难以协调变形，故干式外包型钢与原柱不能共同工作，只能视为单独受力；湿式加固是在型钢与原柱间采用改性环氧树脂胶粘剂灌注的方法，使之达到型钢与柱能够整体工作，共同受力。干式外包型钢施工较为简便，而湿式外包型钢在承载力提高的效果较为显著，因此，在近期工程实践中，湿式外包型钢加固法比较广泛地采用和推广。

框架柱的外包角钢应通长设置，中间不得断开，角钢厚度不应小于 5mm，角钢边长不宜小于 75mm。沿柱轴线应用扁钢箍（缀板）与角钢焊接，扁钢箍截面不宜小于 60mm×6mm，其间距不应大于 20r（r 为单根角钢截面的最小回转半径），也不应大于 500mm，当有必要时扁钢箍可以改用角钢或小槽钢，以增加缀板的抗剪刚性。在节点区扁钢箍（缀板）的间距应加密。

为了保证力的可靠传递，角钢骨架在各部位的构造分述如下：

1. 柱脚构造：角钢下端应根据柱脚的弯矩和剪力大小伸到基础顶面并锚固于基础。

（1）在原基础上台阶平面范围做钢筋混凝土支墩，其高度不应小于 500mm，每边的厚度不应小于 200mm，外包角钢下端焊有角钢∟70×6，直接埋入墩内，支墩按一般构造配筋（图 13.5.17）。

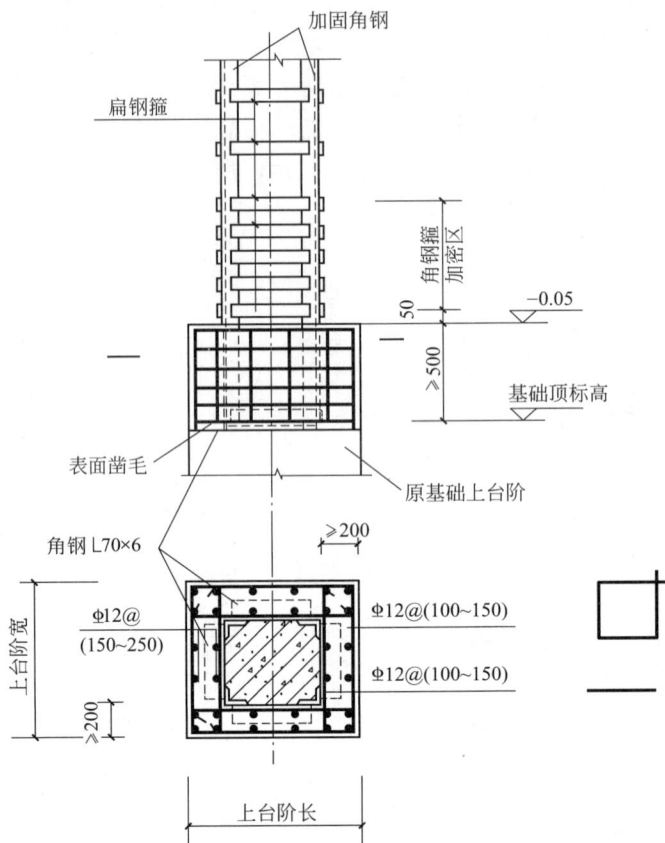

图 13.5.17 柱脚锚固（一）

（2）在基础顶面柱脚位置钻孔植入螺杆或锚栓，加固角钢在柱脚处四周焊上四根槽钢作为底座，并固定于螺杆或锚栓，槽钢规格和螺杆或锚栓的直径一般不小于 [25 和 M20。整个柱和柱脚施工后在地下一段必须做好防腐处理，最好用混凝土裹起（图 13.5.18）。

2. 楼层节点构造：多层框架柱的加固角钢应贯通楼层并与各楼层梁有可靠的连接，以形成刚性框架节点。框架柱在节点上下应设有加强型钢箍，节点下的加强型钢箍应紧顶住梁的底面；节点上的加强型钢箍应紧贴在楼板表面。柱上的加强型钢箍可采用扁钢或角钢，当楼层梁也需要加固时，宜采用角钢，以便和梁底的加固角钢和梁顶的加固扁钢带焊接(图 13.5.19)。对于干式加固法，这种构造处理也同样适用。

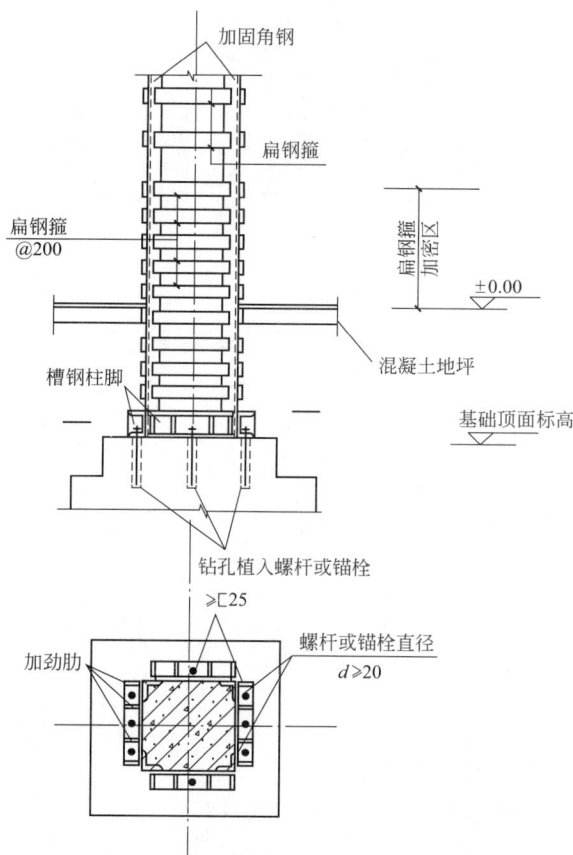

图 13.5.18　柱脚锚固(二)

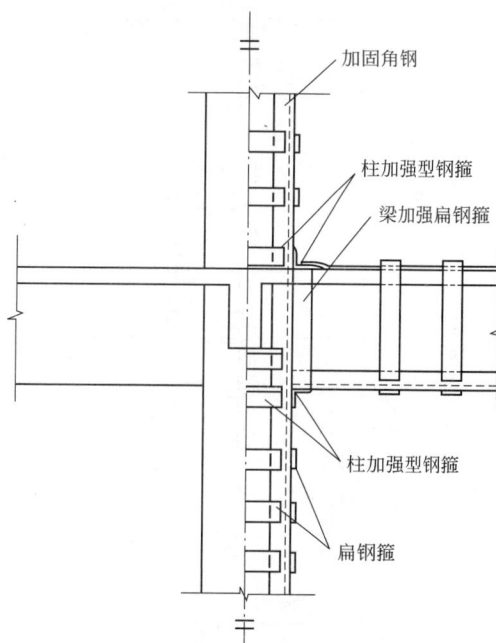

图 13.5.19　楼层节点

当横梁的高度较高，为了加强框架节点的刚度，可以在节点平面阴角，柱加固角钢和横梁端部加强扁钢箍之间加焊附加角钢或扁钢连接，特别对干式加固法更有必要(图 13.5.20)。

框架柱从底层加固到某中间楼层，该层柱的加固角钢应穿过上一楼层并在楼板表面用加强型钢箍锚固(图 13.5.21)。框架柱从某中间楼层开始往上楼层加固，该层柱的加固加强型钢应伸入楼层下并用加强型钢箍锚固(图 13.5.22)。

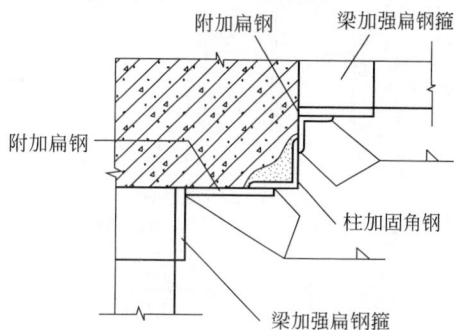

图 13.5.20　框架节点加强

对于外包框架梁或连系梁，柱靠外侧的加固角钢无法连续通过，在梁的高度范围内必须切肢，外包框架梁或连系梁的梁端内外侧应设有扁钢，扁钢的上下端与柱的型钢箍焊接，扁钢截面不小于切肢的截面，梁端的外侧扁钢与柱切肢的角钢互相焊接(图 13.5.23)。

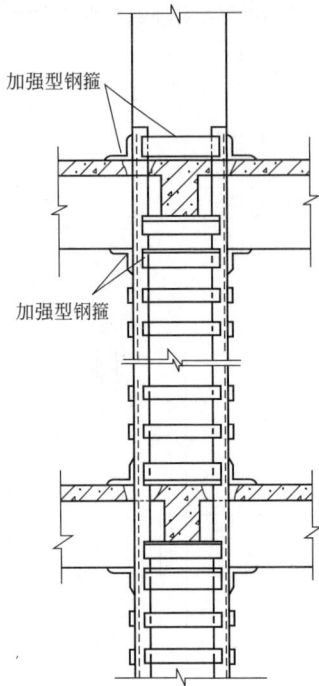

图 13.5.21　被加固柱上端锚固

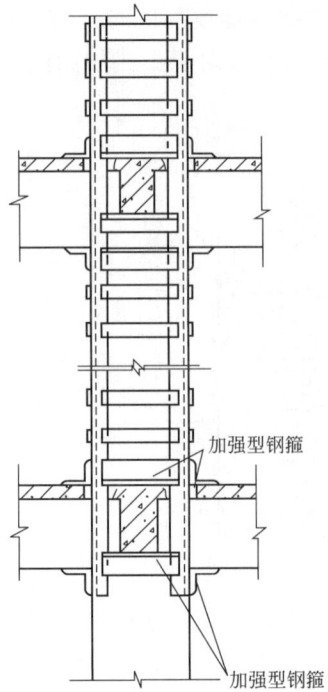

图 13.5.22　被加固柱下端锚固

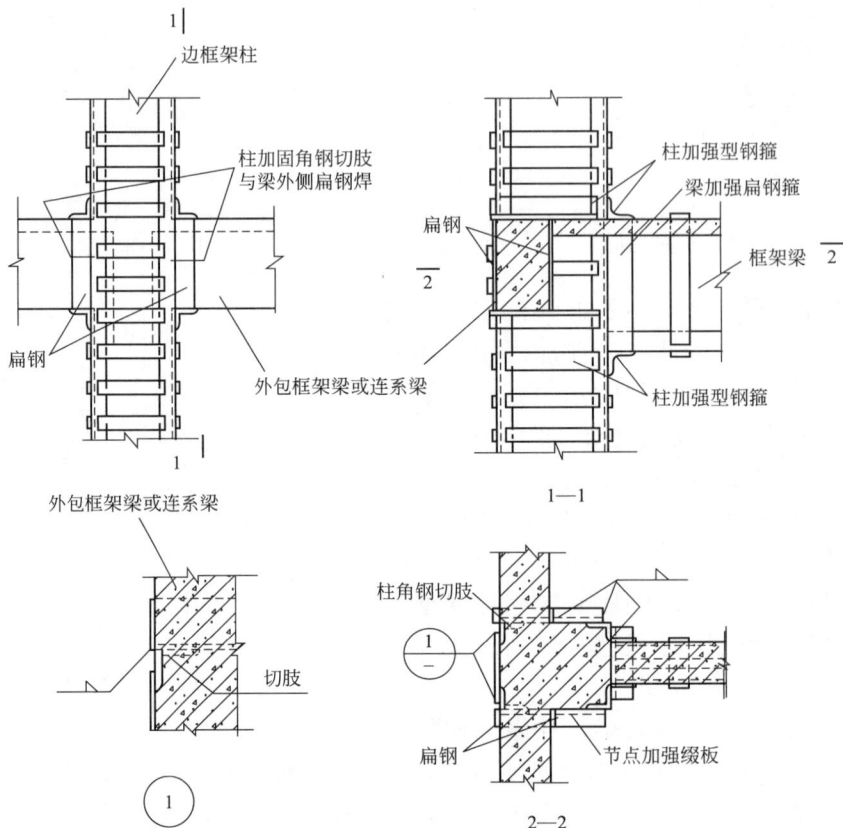

图 13.5.23　框架边柱中间节点构造

3. 顶层节点构造：多层框架柱的加固角钢上端应伸至并穿过顶层板或屋面板与柱顶的连接钢板相焊接，一般柱顶连接钢板厚度不宜小于10mm，如柱截面不大时可用整块钢板，否则也可用四块钢板带焊成。施工时可把柱顶剔去15～20mm混凝土面层，用1：1水泥砂浆找平后装放柱顶连接钢板，柱加固角钢伸出钢板约10mm并互相焊接，最后用细石混凝土或水泥砂浆覆盖（图13.5.24）。

当加固的箍板、扁钢或角钢需穿过楼板时，可采用半重叠钻孔法、在板上钻出扁形、待箍板、扁钢或角钢穿插安装、焊接完毕后，再用结构胶注入孔中予以封固。

（三）预应力撑杆加固法

预应力撑杆加固框架柱是种简单又快速的加固方法，能有效地提高轴心受压或偏心受压柱的承载力，预应力撑杆有单侧和双侧两种：单侧撑杆适用于受压配筋量不足或混凝土强度过低、弯矩不变号的偏心受压柱加固；双侧撑杆适用于需变号的偏心受压及轴心受压柱加固。

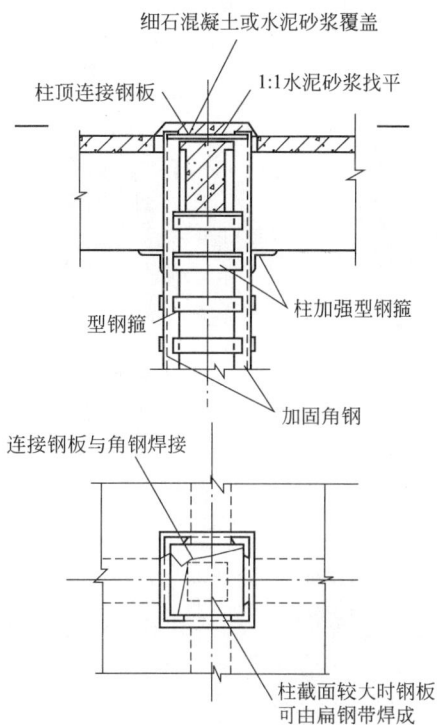

图 13.5.24 框架柱顶层加固角钢锚固

预应力撑杆由四根（双侧）或两根（单侧）角钢组成，这四根或两根角钢先用连接板（缀板）联成两组或一组，然后装在被加固柱的两侧或单侧。撑杆也可以采用两根（双侧）或单根（单侧）槽钢做成。

1. 预应力撑杆的张拉

（1）双侧预应力撑杆加固法：双侧撑杆张拉时应用拉紧螺栓将稍有弯曲的两根撑杆相互拉紧，使撑杆变直，撑杆就建立预应力值，然后，将连接板焊在角钢或槽钢撑杆的翼缘上，使两组撑杆联在一起，再取掉撑杆上、下安装用的拉紧螺栓，也取掉撑杆中间的拉紧螺栓，并锯掉连接板的伸出部分（图13.5.25）。

（2）单侧预应力撑杆加固法：单侧撑杆安装在偏心受压柱的受压一侧，其构造和安装方法与双侧撑杆相同。撑杆安置后，使撑杆中部向外弯曲，由于在柱的另一侧没有撑杆，就设有支承板，将拉紧螺栓固定在支承板上，拧紧螺栓，将撑杆拉直并紧贴在柱表面上，这样单侧撑杆就建立预应力，然后，将连接板一端焊在角钢撑杆侧面的翼缘上，另端焊在短角钢上，每双短角钢又由连接板连接起来，与侧面连接板形成固定撑杆的箍，撑杆即固定在柱上（图13.5.26）。

2. 预应力撑杆的构造要求：

（1）预应力撑杆角钢的截面不应小于50mm×50mm×5mm，压杆肢的两根角钢用连接板（缀板）连接。连接板（缀板）的厚度不得小于6mm，其宽度不得小于80mm，其长度根据被加固柱与角钢的尺寸而定。相邻连接板（缀板）间的距离应保证单肢角钢的长细比不大于40。

（2）撑杆的上下端通过承压角钢和传力顶板支撑在与被加固柱相连的结构上。在安装承

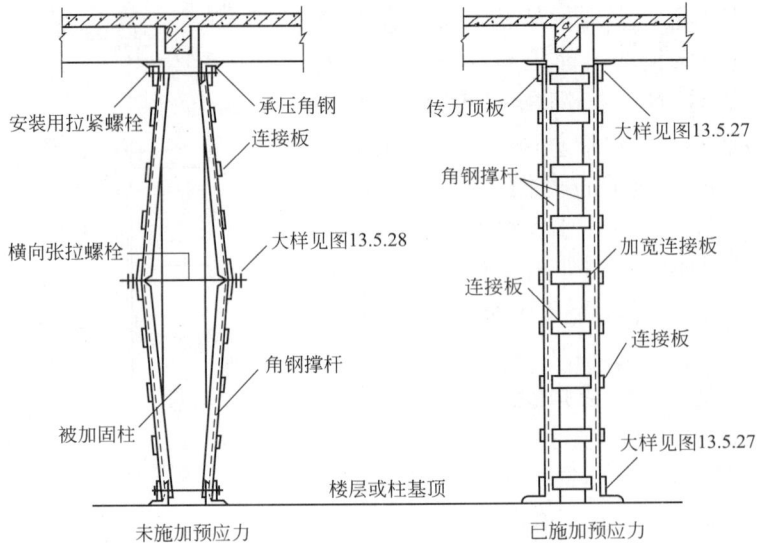

图 13.5.25 双侧撑杆加固框架柱

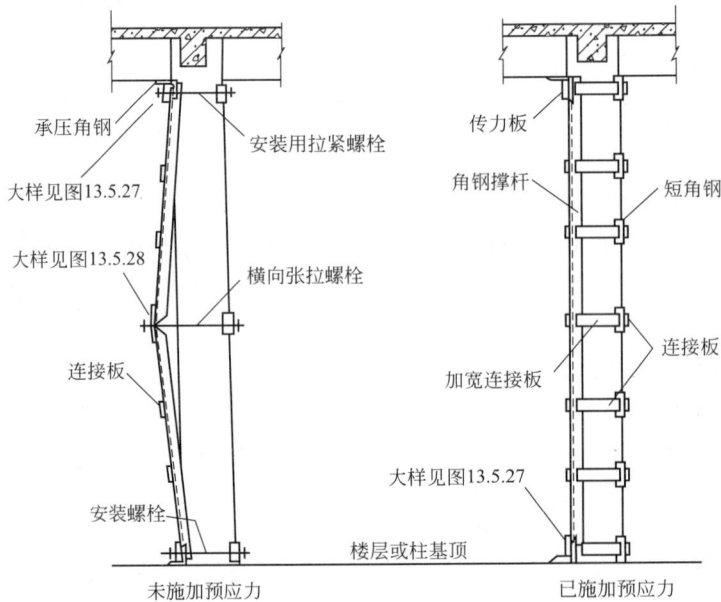

图 13.5.26 单侧撑杆加固框架柱

压角钢处应凿掉混凝土保护层，抹上 1：1 水泥砂浆，装上承压角钢。承压角钢截面不得小于 120mm×80mm×12mm，其翼板内表面与被加固柱的外表面齐平。传力板厚度不小于 16mm，其截面面积应不小于撑杆的截面积，传力顶板与撑杆的两端相焊接，其与角钢肢焊连的板面及承压角钢抵承的面均应刨平。在传力板的伸出部分，留有安装拉紧螺栓的孔洞。

撑杆的上、下端的结构构造类同（图 13.5.27）。

（3）在撑杆角钢翼缘中点应切出三角形的切口，安装撑杆时，这切口可以使撑杆在中间朝外弯曲，安装后，在撑杆弯曲处，为了补偿在撑杆翼缘上切出槽口所造成截面削弱，应在角钢正平肢上补焊钢板予以加强（图 13.5.28）。

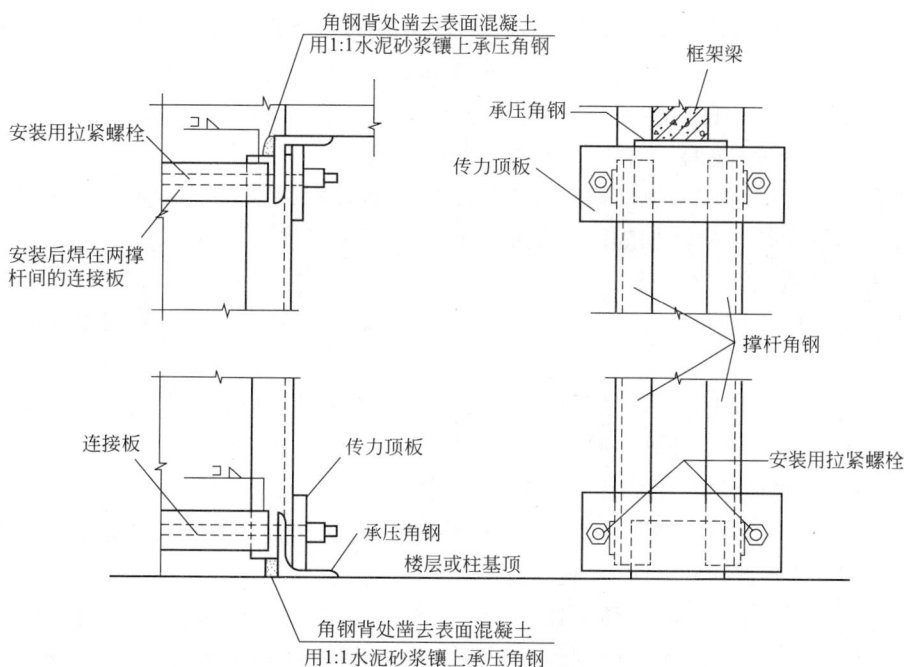

图 13.5.27　撑杆上、下端传力构造

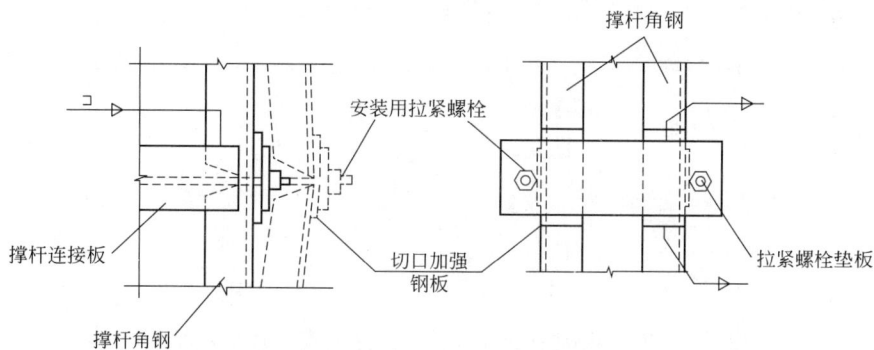

图 13.5.28　撑杆角钢中部拉紧构造

（4）拉紧螺栓的直径应按张拉力的大小计算确定，但不应小于 16mm，其螺帽高度不应小于螺杆直径的 1.5 倍，可采用双螺帽。

（5）为了撑杆压力能较均匀地传递，增大承压角钢的传力翼缘刚性，必要时，可在其翼缘下加设钢垫板，其厚度宜为 10～15mm。

（6）采用角钢或槽钢的撑杆与柱之间的结合，与湿式外包型钢加固法相同。

（四）粘贴钢板加固法

框架柱的粘贴钢板加固是由纵向钢板和横向箍板与原柱粘结而成，纵向钢板和横向箍板对柱内部混凝土起了约束作用，随着外荷载的增大，这种约束作用愈明显，不仅提高了柱子的极限承载力，同时也提高了柱子的变形能力。

根据粘钢柱的受力要求，纵向钢板宜优先布置在柱的四个角。横向箍板应沿柱全长设置，一般被加固框架柱上下端部分宜设有 2～3 道，间距为 100mm，中间的箍板间距不宜大于 500mm，横向箍板沿柱截面全封闭，封闭处钢板重叠部分的长度不小于 50mm，除用结构胶粘剂粘贴外，宜在钢板重叠处设一个锚栓。

框架柱加固的纵向钢板厚度以 4mm、5mm 为宜，宽度以 100～150mm 为宜，横向箍板厚度以 3mm、4mm 为宜，宽度以 50～70mm 为宜。

粘贴钢板加固框架柱的纵向钢板在柱脚、贯通各楼层以及顶层等部位的锚固构造处理与本节第二小节《外包型钢加固法》类似，可参考其有关节点构造。

（五）粘贴纤维复合材加固法

钢筋混凝土柱采用粘贴纤维复合材加固应根据受力情况的不同而采用不同的加固形式及构造要求：

1. 斜截面受剪加固及提高柱延性加固，纤维复合材是以带条封闭缠绕形式且粘贴垂直于柱轴线方向间隔或连续地粘贴于柱表面。

2. 截面轴心受压承载力加固，纤维复合材沿柱全长垂直于柱轴线方向无间隔地环向连续缠绕粘贴（环向围束）于柱周表面。这种环向围束加固轴心受压柱仅适用于下列情况：

（1）长细比 $l/d \leqslant 12$ 的圆形截面柱；

（2）长细比 $l/b \leqslant 14$、截面高宽比 $h/b \leqslant 1.5$，截面高度 $h \leqslant 600$mm；当截面高度大于 600mm 时，尚应对矩形截面进行圆弧化处理。圆弧化处理矩形截面受压构件应保证其圆弧线的矢高不小于边长的 1/20（图 13.5.29a）；

（3）方柱、矩形柱截面棱角应进行圆弧化处理，圆弧化半径不应小于 20mm（图 13.5.29b）。

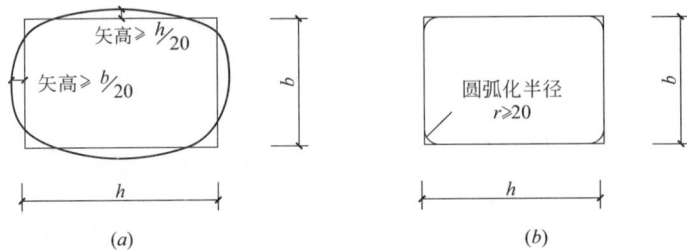

图 13.5.29 矩形柱截面圆弧化处理和柱截面棱角处理要求
(a)截面圆弧处理要求；(b)棱角处理要求

3. 正截面加固或提高延性的抗震加固时，其构造应符合下列规定：

（1）当柱为矩形截面时，截面高度与宽度之比不宜大于 1.5、截面尺寸不宜大于 600mm，柱截面的棱角应作圆弧化处理。

（2）在柱端箍筋的加密区宜采用沿柱轴连续封闭粘贴，对于非箍筋加密区，其总折算配箍率也应符合现行规范的有关要求，且当采用纤维复合材条带时，条带净间距不应大于现行规范规定的箍筋最大间距的 0.7 倍。

（3）粘贴纤维织物约束混凝土加固的层数：对圆形截面不应少于 2 层；对正方形和矩形柱不应少于 3 层。

4. 横向封闭约束混凝土粘贴纤维织物的要求：

（1）约束区段宜沿构件轴线方向连续粘贴；

（2）粘贴纤维织物的搭接长度不应小于 200mm，且搭接竖缝位置不应位于构件同一侧，每侧搭接竖缝高度不应大于 500mm；

（3）当采用多层横向封闭约束粘贴时，各层搭接位置应错开，错开的距离不应小于 200mm。

5. 偏心受压承载力加固，纤维方向应贴于柱受拉区边缘混凝土表面，且纤维方向应与柱的纵轴线方向一致，除在垂直于柱子轴线方向间隔地粘贴环形箍外，尚应在柱的两端增设机械锚固措施。

根据上述要求，应该根据柱子的受力情况和节点构件的截面确定不同的加固形式和有关机械锚固措施。以下是采用碳纤维布加固框架柱的一个示例（图 13.5.30）：

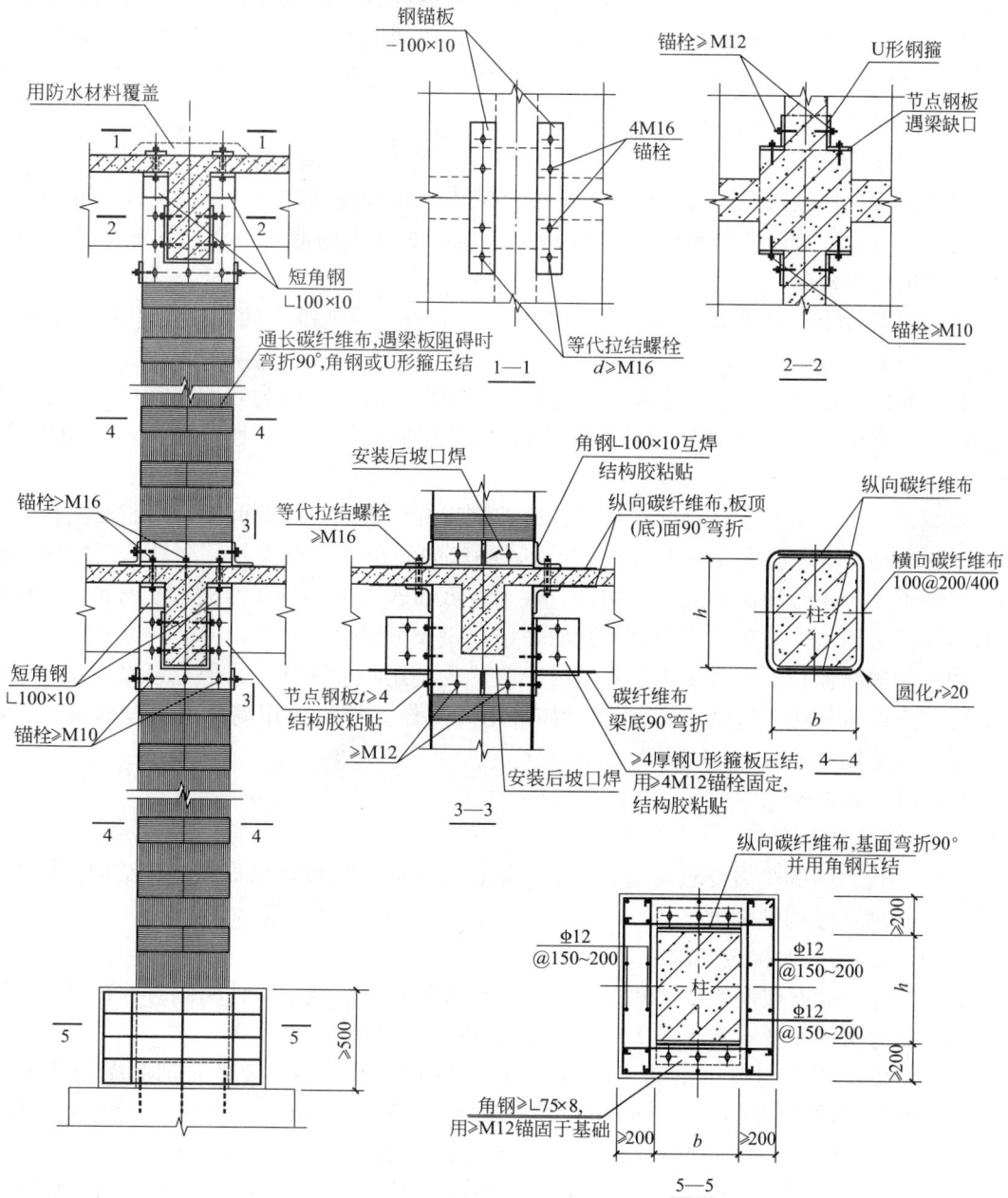

图 13.5.30　碳纤维布加固偏心受压柱示例

框架柱柱根的碳纤维布锚入基础上的钢筋混凝土围套内。

楼层的框架节点：通长的碳纤维布伸至楼层下遇梁或板阻碍时弯折 90°，用凹形钢板、U 形箍和角钢压结，凹形钢板和 U 形箍用锚栓锚固于柱或梁上；楼层上通长的碳纤维布伸至楼板面弯折 90°用角钢框压实，通过等代拉结螺栓把楼层上下的锚固件拉结。

框架柱的屋顶层通过等代拉结螺栓与固定在柱顶的钢板连接。

沿框架柱轴线设有碳纤维布环形箍间隔粘贴，两端密而中间疏。

全部钢板、扁钢、U 形箍和角钢箍与混凝土或碳纤维布的结合面均采用结构胶粘贴。

碳纤维布沿柱的纵轴线粘贴，当遇到梁或楼板阻碍时而弯折 90°，在粘贴前应在柱与梁或柱与楼板的交界阴角处用结构胶填抄并圆弧化(可参见图 13.4.63b)，同时，压结角钢背的直角处也打磨达到相适应的圆弧化处理。

(六) 绕丝加固法

钢筋混凝土柱通过绕丝加固使混凝土受到约束，从而提高柱子的位移延性、轴心承载力及受剪承载力。绕丝用的钢丝应为 $\phi4$ 冷拔钢丝，必须采用退火的钢丝才能保证其缠绕的施工质量和有效性。

柱子的混凝土强度等级应按现场检测推定的结果，其强度不应低于 C10 级，但也不得高于 C50 级。

柱截面以圆形最为合适，有利于受力和施工操作，若柱截面为方形，其长边尺寸 h 与短边尺寸 b 之比应不大于 1.5，同时柱的四角保护层应凿除，并打磨成圆角，圆角半径 r 应不小于 30mm。

缠绕钢丝时应垂直于柱轴线，环向连续缠绕于柱周表面，绕丝间距，对重要构件，应不大于 15mm；对一般构件应不大于 30mm，绕丝的间距应分布均匀，绕丝的两端应与柱的主筋焊牢，对于方形截面的受压构件，要求在截面四周中部设置四根 $\phi25$ 钢筋，使得施工时容易拉紧钢丝，绕丝的局部绷不紧时，应加钢锲绷紧。

绕丝加固的保护面层宜采用细石混凝土且优先选用喷射法施工，但也可采用现浇混凝土；混凝土强度等级不应低于 C30 级。如采用砂浆作保护层应用高强度水泥砂浆。具体构造详见示意图(图 13.5.31 和图 13.5.32)。

二、剪力墙加固

(一) 增设剪力墙

根据结构空间的受力要求或抗震需要，增设剪力墙或抗震墙以提高框架结构的抗水平作用能力和增强结构的刚度。

1. 剪力墙的一般构造要求：

(1) 剪力墙应设在框架柱之间并靠近框架轴线位置，翼墙宜在柱两侧对称布置。

(2) 剪力墙的厚度不宜小于 160mm；也不宜小于墙净高的 1/20。

(3) 剪力墙宜采用双排钢筋，钢筋直径不应小于 8mm、一般竖向钢筋条用 10mm、12mm；水平钢筋采用 8mm、10mm；钢筋间距一般用 200mm、250mm，但不应大于 300mm，双排钢筋之间的拉筋直径不应小于 6mm、间距不应大于 600mm。

(4) 剪力墙尽量不开设洞口，如必须开洞时应符合有关规定并在洞口四周配加强钢筋。

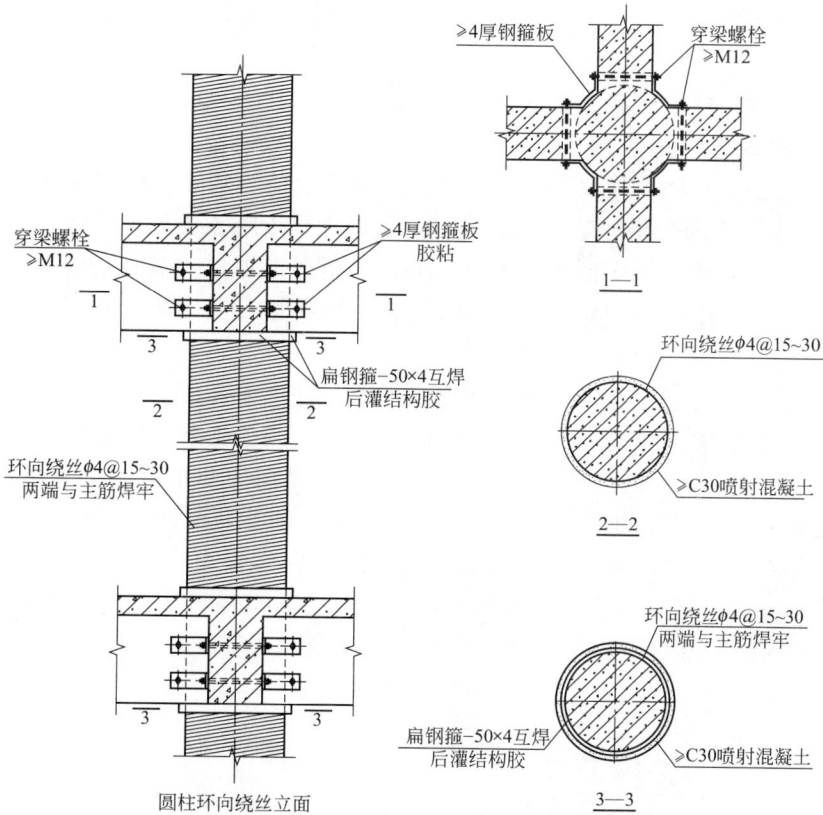

图 13.5.31　圆柱绕丝加固示例

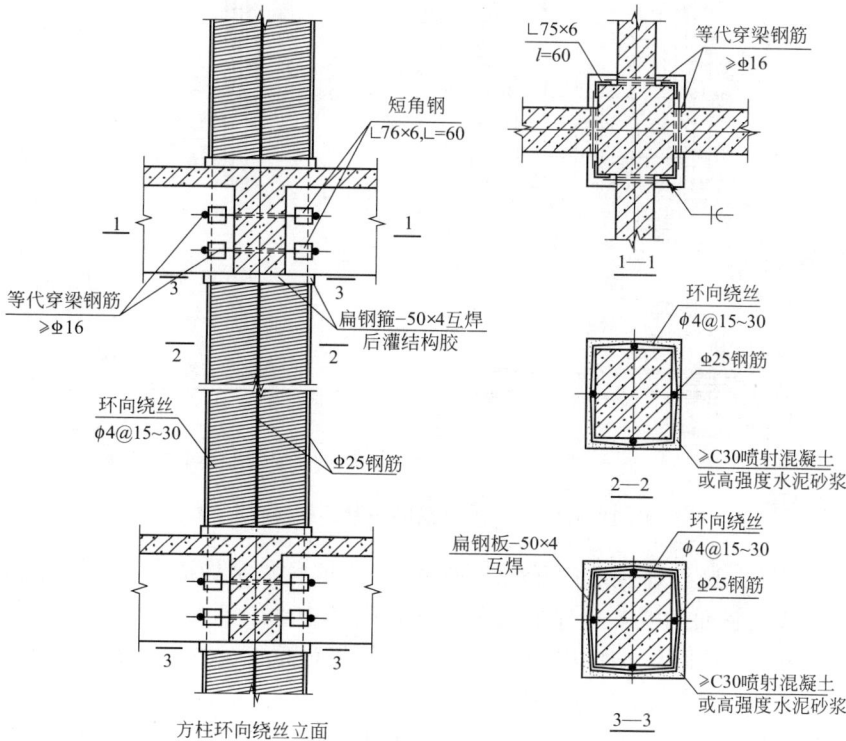

图 13.5.32　矩形柱绕丝加固示例

（5）与剪力墙连接的原框架梁、柱等构件，如有损伤或裂缝应先进行修补处理后才施工剪力墙。

（6）原框架梁、柱在与剪力墙的接触面应按施工要求凿毛和清洁处理，在浇筑混凝土前涂刷一道结构界面剂。

（7）增设剪力墙在底层应设有基础，并和两侧框架柱的基础有可靠的连接成整体，共同受力。如剪力墙下为软弱地基，也要进行地基处理，以防止不均匀沉降。

（8）混凝土强度等级不应低于C20级，且不应低于原框架的实际混凝土强度等级。

2. 剪力墙与框架梁、柱的连接：在框架梁、柱间增设剪力墙形成了有边框剪力墙，因此，剪力墙与框架梁、柱应有可靠的连接。

（1）植筋连接：这种连接方法适用于原框架梁、柱不需要加固的情况。植筋直径宜用10~16mm，植筋距梁、柱边缘不宜小于3倍植筋直径，且在梁、柱主筋的内侧，排距不宜小于5倍植筋直径；沿梁、柱轴线方向的间距可根据剪力墙钢筋的位置每隔1~2根植筋，但不宜大于500mm，两排植筋应相互错开，植筋的总截面面积不得少于剪力墙各自方向钢筋截面面积的总和；植筋锚入梁、柱的深度不应小于10倍植筋直径，锚孔直径宜比植筋直径大4mm，植筋锚入剪力墙内的长度不应小于40倍的植筋直径；植筋必须采用专门配制的改性环氧树脂胶粘剂锚固于框架梁、柱(图13.5.33)。

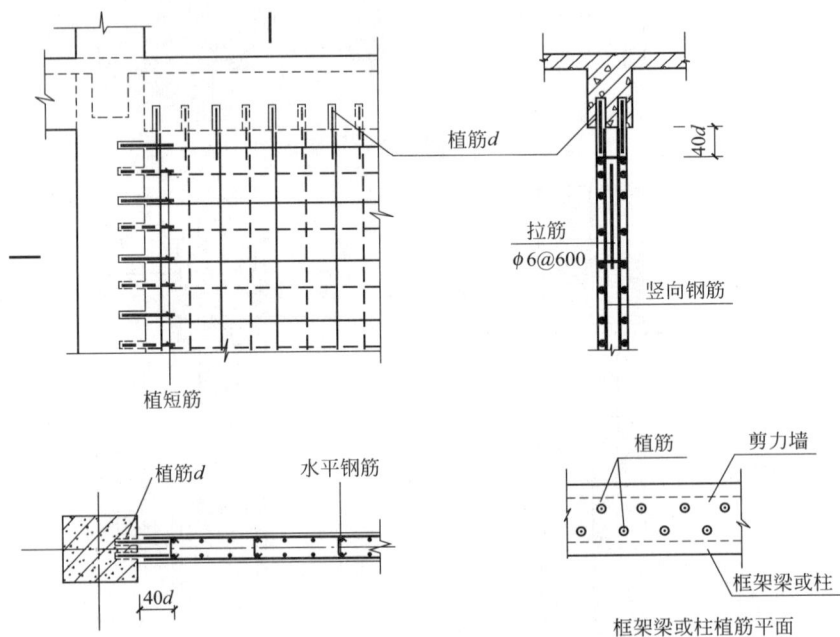

图 13.5.33　剪力墙钢筋与梁、柱连接(一)

（2）电焊连接：这种连接适用于原框架梁、柱都不需要加固的情况。施工时把框架梁、柱与剪力墙接触面的混凝土保护层凿开并露出其中部的两根纵向钢筋，根据剪力墙钢筋的位置，每隔1~2根焊上连接短筋，短筋的总截面面积不得少于剪力墙各自方向的钢筋截面面积的总和，连接短筋锚入剪力墙的长度不小于40倍连接短筋直径，当剪力墙钢筋与框架梁、柱内纵向钢筋略有偏离时，剪力墙的钢筋在端部可微度弯折(图13.5.34)。

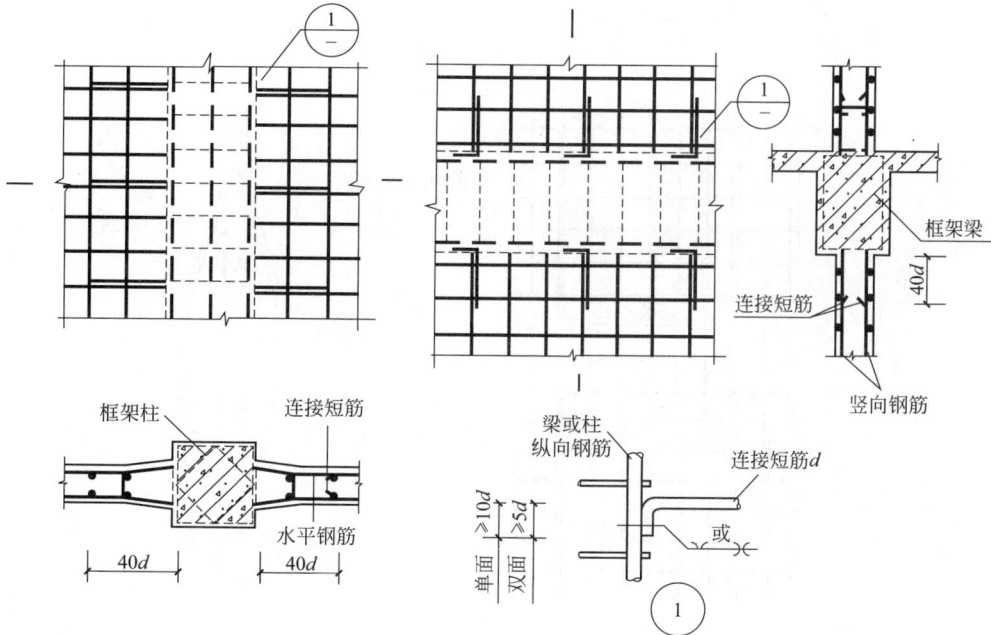

图 13.5.34　剪力墙钢筋与梁、柱连接(二)

(3) 外包梁、柱连接：这种连接适用于框架柱做围套加固的情况，剪力墙的竖向和水平钢筋分别伸到框架梁、柱表面，在梁、柱的侧面另加钢筋绕过梁、柱锚入剪力墙内，相当于剪力墙在梁、柱处加斜腋，斜腋的坡度为 1∶3，绕过柱的斜腋钢筋的直径和间距与剪力墙的水平钢筋相同；穿过楼板的斜腋钢筋间距一般是剪力墙竖向钢筋间距的 1～2 倍，但不应大于 1m，穿过楼板的斜腋钢筋总截面面积不应少于剪力墙竖向钢筋截面面积的总和，所有锚入剪力墙内的斜腋钢筋的锚固长度不小于 40 倍斜腋钢筋直径(图 13.5.35)。

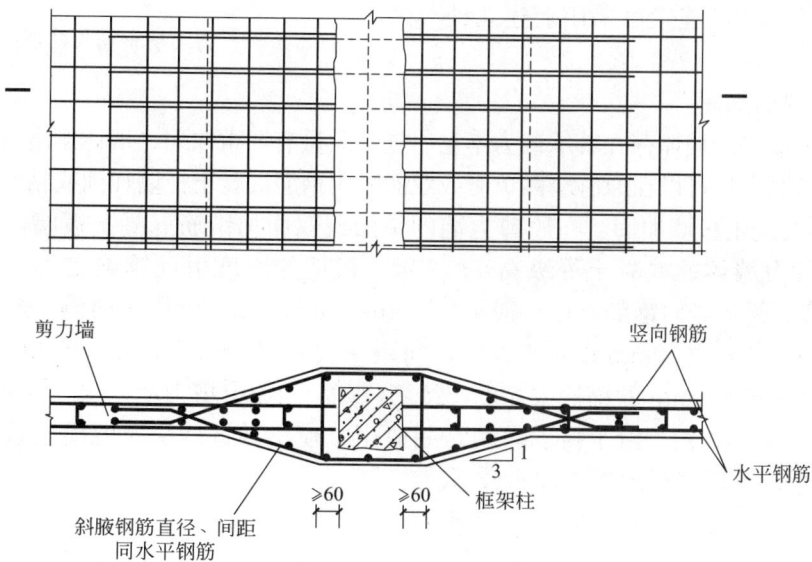

(a)

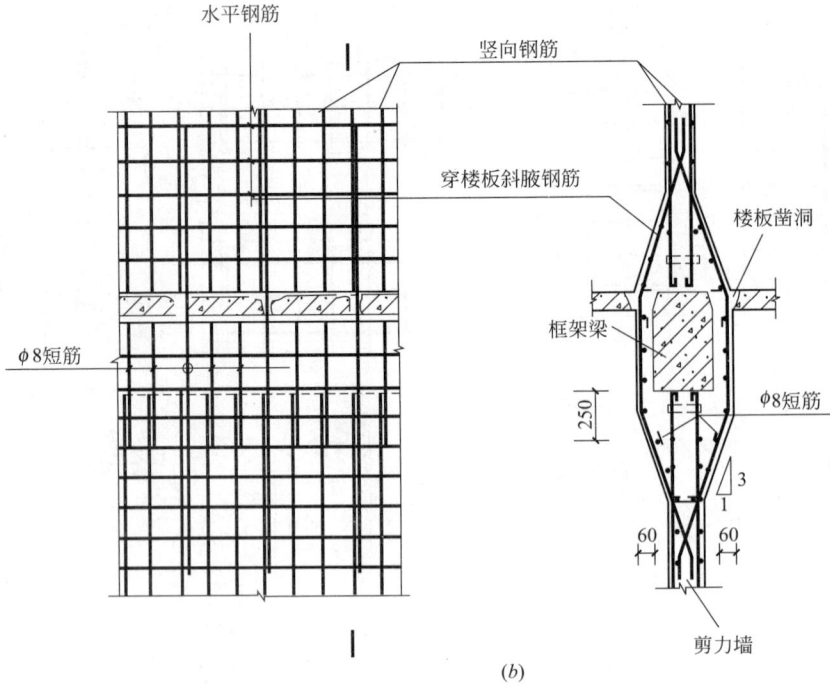

图 13.5.35 剪力墙钢筋与梁、柱连接(三)

(a)剪力墙钢筋与柱连接; (b)剪力墙钢筋与梁连接

(4)锚入柱围套连接:这种构造适用于框架柱做围套加固,剪力墙的水平钢筋直接锚入围套内,锚入长度为 35 倍水平钢筋直径,与剪力墙连接一侧的围套厚度不宜小于 150mm(图 13.5.36)。剪力墙的竖向钢筋与框架梁的连接可采用上述几种构造形式。

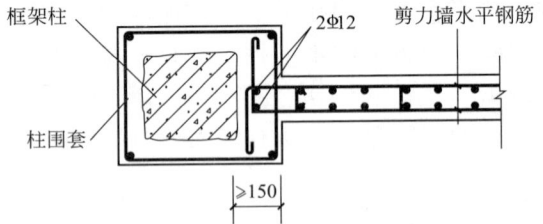

图 13.5.36 剪力墙钢筋与柱连接(四)

(二)剪力墙加固

原有钢筋混凝土墙体存在着承载力不足、施工质量有严重缺陷、墙体刚度或配筋不符合规范规定等情况,均可以在原有墙体单面或双面采用钢筋混凝土板墙加固或粘贴钢板加固。

1. 钢筋混凝土板墙加固:在原剪力墙的单面或双面加钢筋混凝土板墙,板墙的混凝土等级应比原有墙体的混凝土等级高 1~2 级。板墙的厚度由计算确定。一般不宜小于 50mm。板墙的新加竖向钢筋直径一般采用 10mm 或 12mm,设置于内侧;新加水平钢筋直径一般采用 8mm 或 10mm 设置于外侧,间距一般为 150~250mm。新加的竖向和水平钢筋用直径 6mm 或 8mm 的锚栓或穿墙拉结筋(双面)与原有剪力墙固定,其间距为 600~800mm。呈梅花形布置。由于板墙较薄。一般用支模机械振捣浇筑混凝土较为困难,也不易保证质量,采用喷射混凝土较为合适。

板墙与原框架梁、柱的连接有以下两种构造形式:

(1)植筋连接:具体构造与本节中增设剪力墙的植筋连接相同,参见图 13.5.33。

(2)角钢和锚栓连接:角钢用结构胶和锚栓或穿墙螺杆(双面加固)粘结固定于框架

梁、柱和原剪力墙的四周边，再将新加的竖向和水平钢筋通过短钢筋或扁钢与角钢焊接，一般角钢采用∟40×4或∟63×5，锚栓直径采用 8mm 或 10mm。间距为 400～600mm。新加板墙在底层应和原有剪力墙的基础或基础梁相连接，同样也是把新加的竖向钢筋用角钢和锚栓锚固在其基础或基础梁上。在浇筑或喷射混凝土前应对原墙面进行凿毛和清洁处理并涂刷一道结构界面剂（图 13.5.37）。

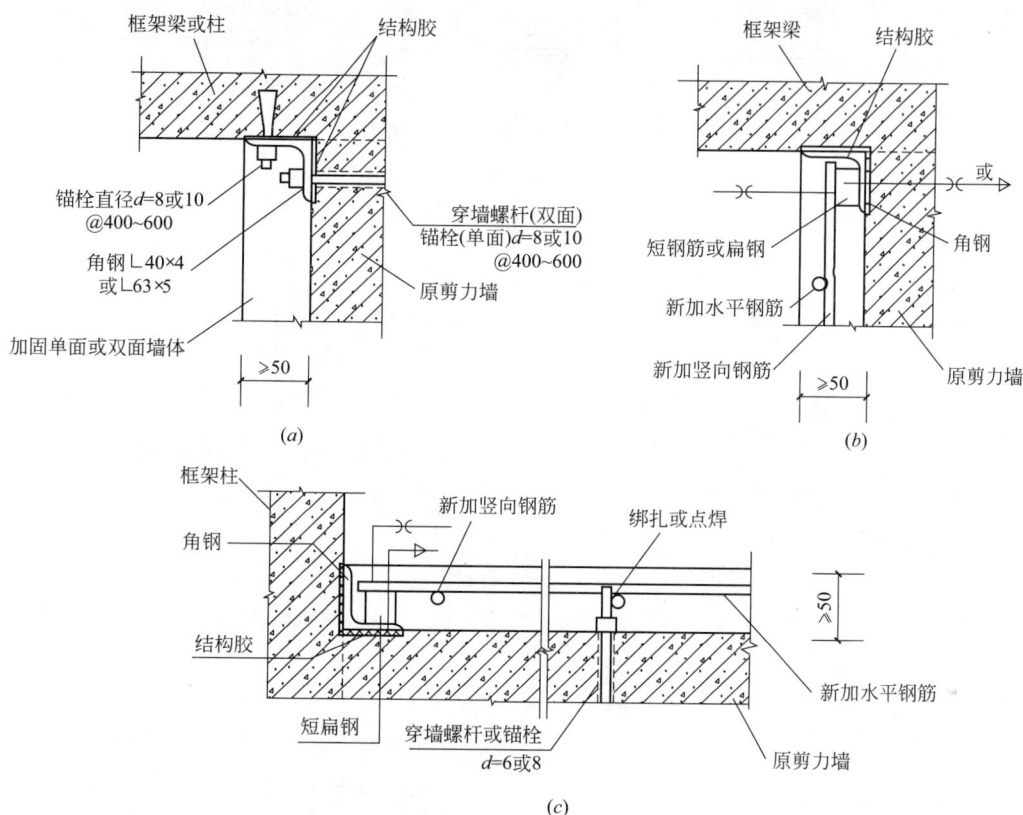

图 13.5.37　角钢和锚栓连接单面或双面加固剪力墙
(a)角钢固定；(b)钢筋网竖向连接；(c)钢筋网水平连接

2. 粘贴钢板加固：剪力墙的抗剪承载力不足，可以采用粘贴钢板的加固方法。加固钢板厚度以 3～4mm 为宜，宽度以 80～120mm 为宜，间距不宜大于 500mm。一般剪力墙四边宜加设封闭框箍，以扩大锚固面积，加强加固钢板的锚固。当剪力墙端部是暗柱时，封闭框箍可采用钢板，即沿剪力墙墙肢内侧左右边端各粘贴一条竖向钢板与上下端的水平钢板形成封闭框箍，水平钢板可利用左右端的竖向钢板作为其扩大锚固钢板（图 13.5.38a）；当剪力墙端部是框架柱或梁时，封闭框箍可采用角钢，即把角钢粘贴并用锚栓固定在框架梁、柱上，以作为竖向和水平加固钢板端的扩大锚固区（图 13.5.38b）。封闭框箍的钢板或角钢的厚度宜与加固钢板相同，封闭框箍与加固钢板可用搭接连接，宜在其连接处粘贴连接钢板并加上锚栓（图 13.5.38a，b）。

当加固底层剪力墙时，其封闭框箍的下侧应与原有剪力墙基础或基础梁相连接，其构造与框架梁的连接相同，但在地下部分的钢构件均应有可靠的防腐措施。

一般剪力墙的加固大部分是由于抗剪水平钢筋不足，可以只粘贴水平钢板带加固，如果抗弯竖向钢筋也不足则水平和竖向都需要加固，宜先粘贴受力大的钢板带，后粘贴受力小的钢板带，并在其交叠处每隔 500～1000mm 范围内加一锚栓(图 13.5.38c)。

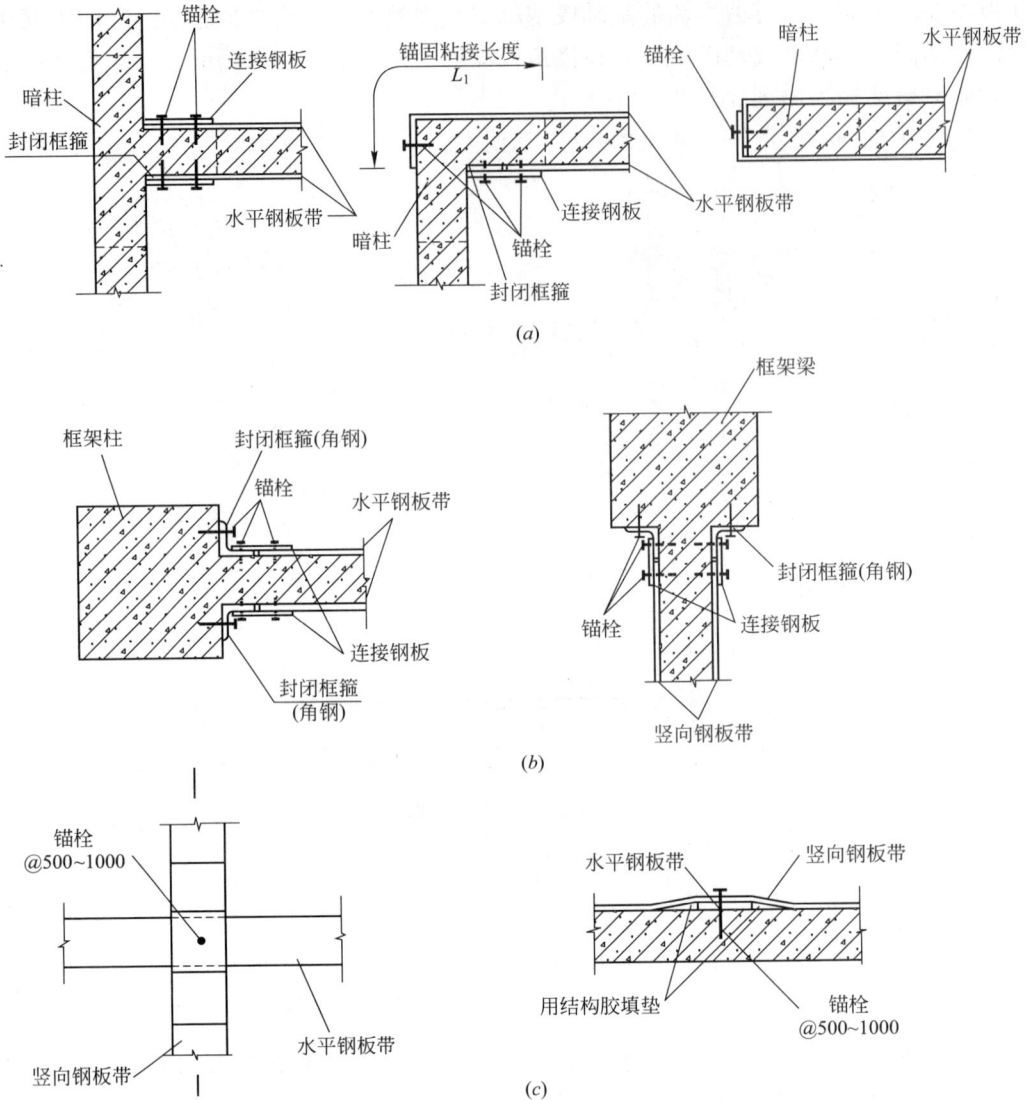

(a)

(b)

(c)

图 13.5.38　加固钢板带锚固

(a)加固钢板带在剪力墙的锚固；(b)加固钢板带在框架梁柱的锚固；(c)加固钢板带交叠

（三）剪力墙开洞：由于使用上要求在剪力墙上穿管道、开门窗或设通道等情况，就必须在原有剪力墙上开设洞口。

1. 剪力墙开洞口的一般要求：

（1）剪力墙开洞宜采用无破损切割技术，一般采用切割机或钻芯机施工。施工的洞口尺寸要根据设计要求的洞口尺寸加上施工时所需扩展尺寸，也包括最后的抹砂浆及饰面层的厚度。

（2）当洞口尺寸不大于 300mm 时，可不做洞口加固处理；当洞口尺寸大于 300mm，但不大于 1000mm 时，洞口周边的加固钢筋、扁钢、型钢或纤维复合材的等强截面均应不小于同方向开洞被截断钢筋面积的总和；对于宽度大于 1000mm 而不大于 3000mm 洞口的加固，其边缘由暗柱和连梁所组成的边框结构，其钢筋、扁钢、型钢或纤维复合材的截面应根据计算结果以及有关构造上的要求而确定。

（3）加固洞口两侧的边框柱在根部与楼层或基础应有可靠的锚固措施，当楼层下是梁或基础时，可采用植筋或锚栓连接；当楼层下也是剪力墙时，可采用角钢、扁钢及等代高强螺栓的连接加固，对于各楼层在剪力墙的相同位置开设洞口，其洞口的边框或暗柱的顶部宜延伸到楼层下，同时也要有可靠的锚固措施。

（4）剪力墙墙体内的钢筋伸入洞口边缘的暗柱或连梁内应有足够的锚固长度，剪力墙在洞口处被截断的竖向或水平钢筋应有可靠的锚固措施，可采用扁钢条与被截断的钢筋相焊接，扁钢条成为洞口墙体内的竖向或水平钢筋的锚板，同时也是洞口加固边框钢柱和边框钢连梁的缀板，对洞口边缘构件起着约束作用，一般扁钢条的宽度不宜小于 60mm；厚度不宜小于 6mm；扁钢条与钢筋的焊接有两种形式：

1）按洞口切割后墙体截面上竖向或水平钢筋位置在扁钢条上定位钻孔后采用塞焊焊接，如图 13.5.39(a) 所示；

2）在墙体截面上的钢筋端部周围凿剔去混凝土后与扁钢条焊接，最后用 1∶1 水泥砂浆填补，如图 13.5.39(b) 所示。

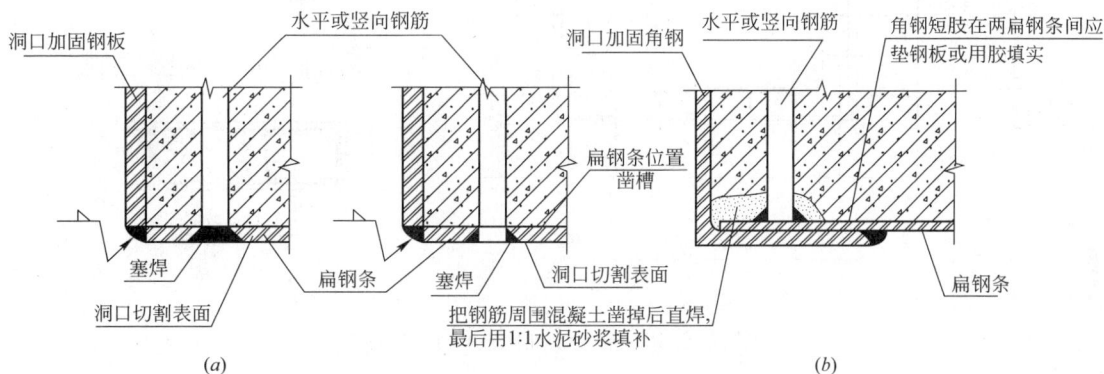

图 13.5.39　洞口截断的钢筋与扁钢条焊接锚固详图
(a)塞焊；(b)直焊

（5）为了使洞口两侧的暗梁和洞口上侧的连梁达到梁柱效应，应采用钢筋、连接扁钢或穿墙螺栓进行拉结，以增强加固部位的约束效应。

（6）加固型钢、钢板与原构件的混凝土结合面应在全部电焊焊接工作完成后才允许进行粘贴钢板或灌注结构胶。

（7）采用混凝土、粘贴钢板、湿式外包型钢和粘贴纤维复合材等方法加固洞口时，其施工程序应符合本章第二节施工要求中的规定。

2. 剪力墙开设较大洞口的有关要求：

（1）尽可能避免以下两种情况在剪力墙开设较大洞口：

1）抗震设防烈度为 7 度以上的地区；

2）剪力墙底部的加强部位或框支转换构件上部的加强部位。

（2）剪力墙开较大洞口的位置：

1）尽可能在墙体中间部位，开洞后使墙肢的刚度不宜相差悬殊；

2）洞口应位于剪力墙非约束边缘构件区域。

（3）剪力墙上下各层开较大洞口时，上下各层的洞口宜对齐，应尽量避免形成错洞剪力墙。

3. 剪力墙上开洞口的几种洞口加固处理做法：

（1）混凝土加固洞口：

1）当洞口宽度不大于1000mm时，可把洞口扩大，在其周边做混凝土暗框，一般暗框长度不宜小于200mm；宽度与墙体厚度相同，把洞口处原有墙体的竖向和水平钢筋锚入暗框内，暗框的配筋各自锚入邻边（图13.5.40）。

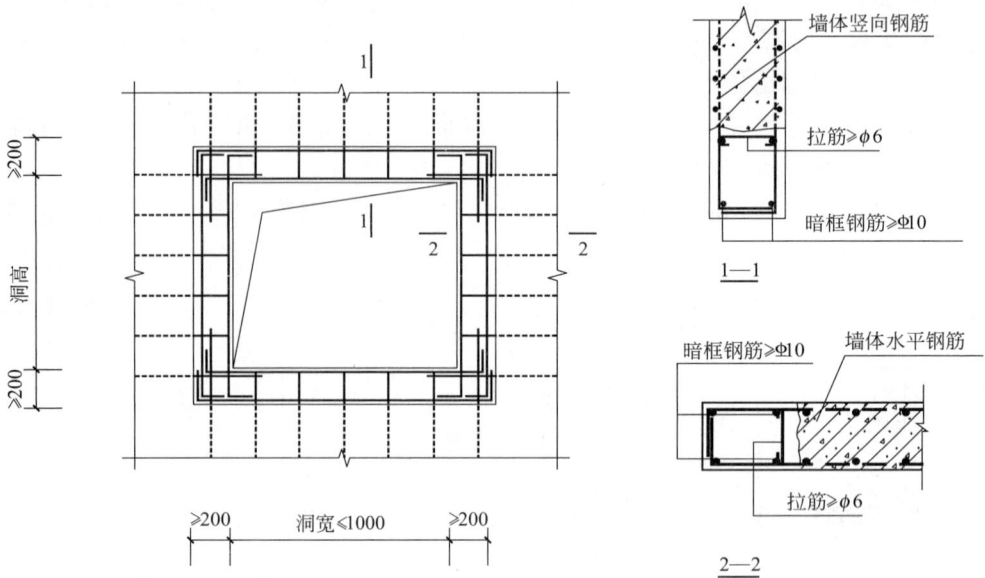

图 13.5.40 混凝土加固洞口示例（一）

2）当洞口宽度大于1000mm而不大于3000mm时：

① 混凝土暗柱和连梁加固

剪力墙开洞采用电锤和人工敲凿工艺，开洞时应按暗柱和连梁的尺寸要求扩展，洞口内原有墙体的钢筋应留出锚固段，把粘结在钢筋上的混凝土碎块剥离掉并清洁后锚入暗柱和连梁使之形成结构的整体性。一般暗柱截面长度取（1.5～2）倍的墙厚，且不宜小于400mm；连梁截面高度不宜小于500mm；暗柱和连梁的宽度与墙体厚度一样，连梁的钢筋应锚入暗柱内，暗柱根部可采用角钢、扁钢和等代高强螺栓与楼层及其下层剪力墙连接加固（图13.5.41）。

② 洞口边缘三面外包混凝土围套加固

在使用上允许的情况下，可沿洞口边缘的三面做钢筋混凝土围套，通过围套的穿墙箍筋把结构连成整体。围套柱和梁的宽度为剪力墙厚度每边加120mm；围套柱的长度和梁的高度均不宜小于500mm，同时也要满足墙体的竖向和水平钢筋在围套内的锚固长度，围套梁的钢筋应锚入柱内；围套柱的根部可采用角钢、扁钢和等代高强螺栓与楼层及其下层剪力墙连接加固（图 13.5.42）。

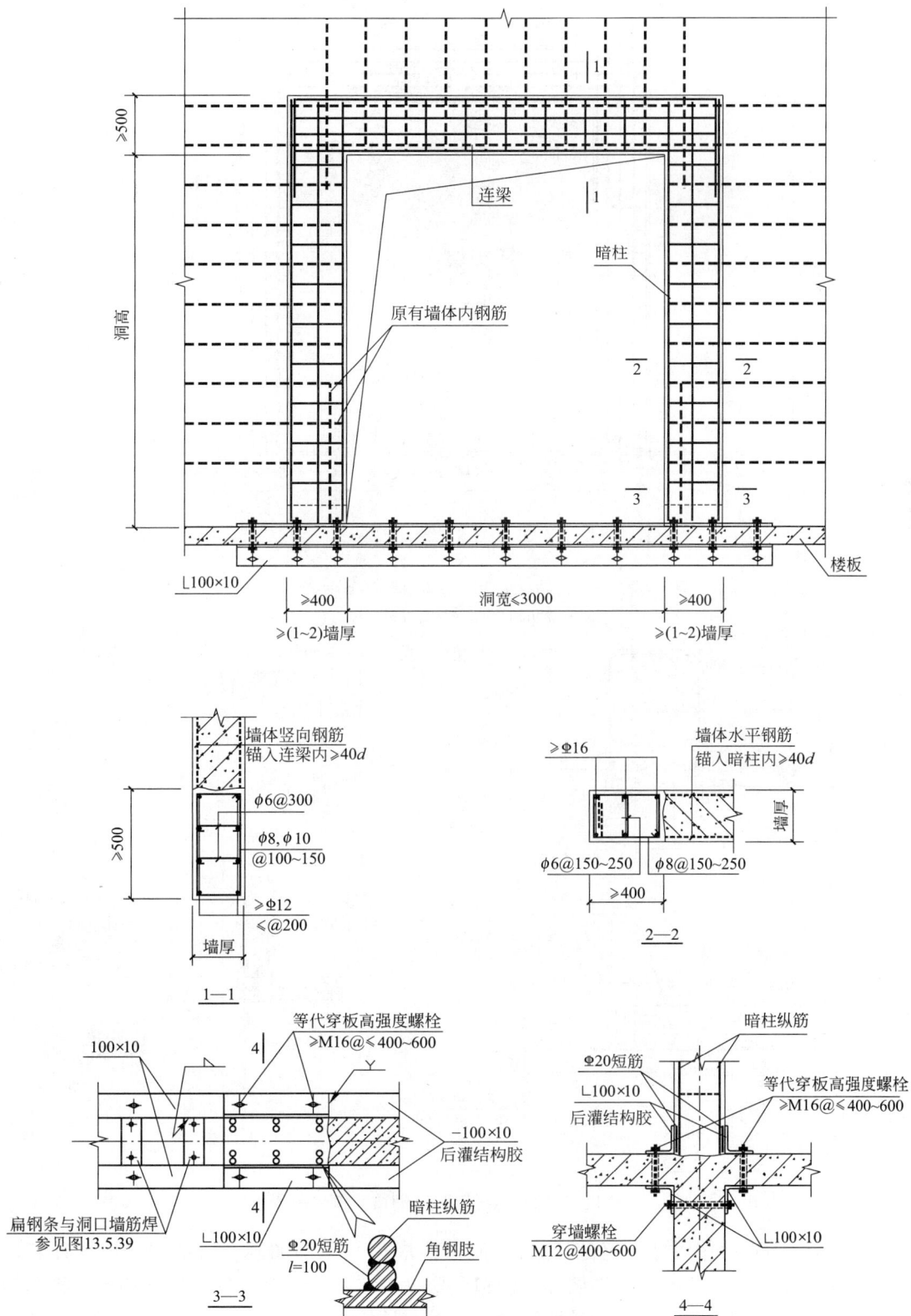

图 13.5.41 混凝土加固洞口实例(二)

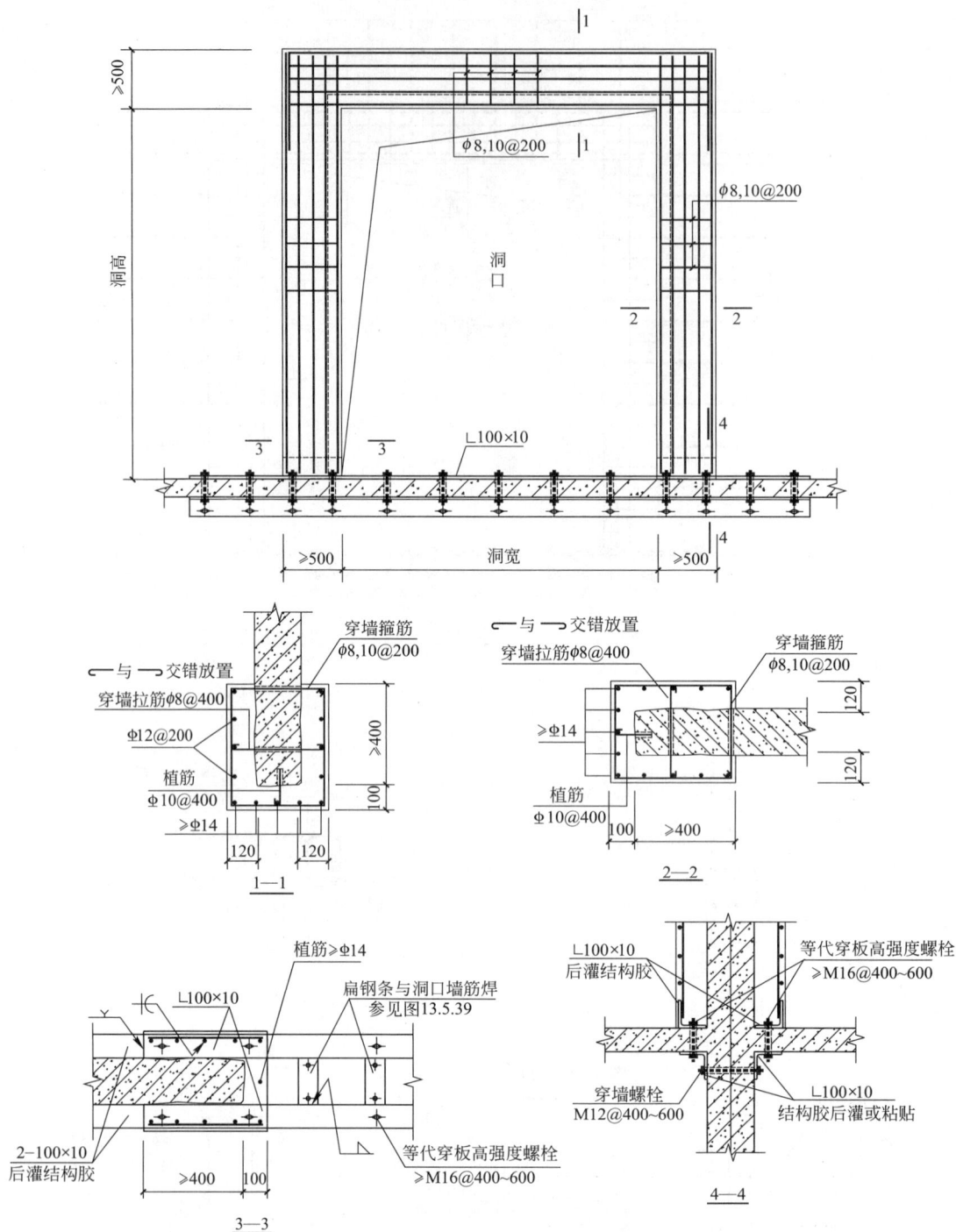

图 13.5.42   混凝土加固洞口实例(三)

(2) 外包角钢加固洞口：在切割后的洞口沿周边做角钢加固，角钢型号根据计算确定，一般采用不等边角钢，先把墙体在洞口的竖向和水平钢筋和扁钢条焊接锚固，把角钢的短肢与扁钢条相焊接；角钢的长肢用穿墙螺栓与墙固定，最后灌注结构胶，形成整体结构。对于宽度不大于 1000mm 的洞口，四周角钢相连形成闭合边框 (图 13.5.43)。对于宽度大于1000mm而不大于3000mm的门洞口，角钢边框应切掉垂直肢向外伸出洞口，其长度宜$\geqslant\frac{1}{3}$洞口宽度，且$\geqslant$500mm。洞口两侧角钢边框的底部可采用角钢、扁钢和等代高强螺栓与楼层及其下层剪力墙连接加固（图13.5.44）。

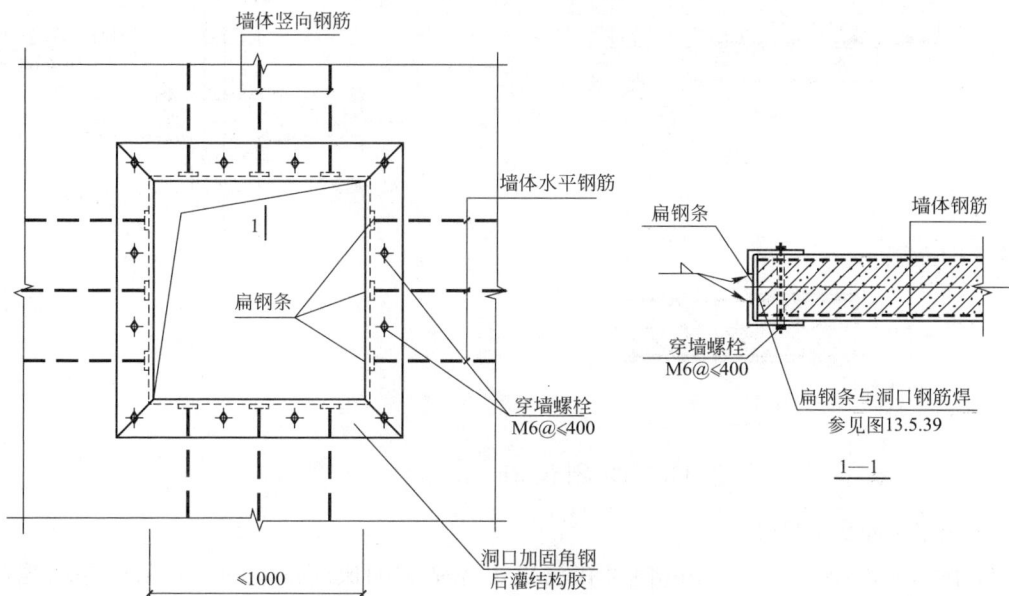

图13.5.43 外包角钢加固洞口实例（一）

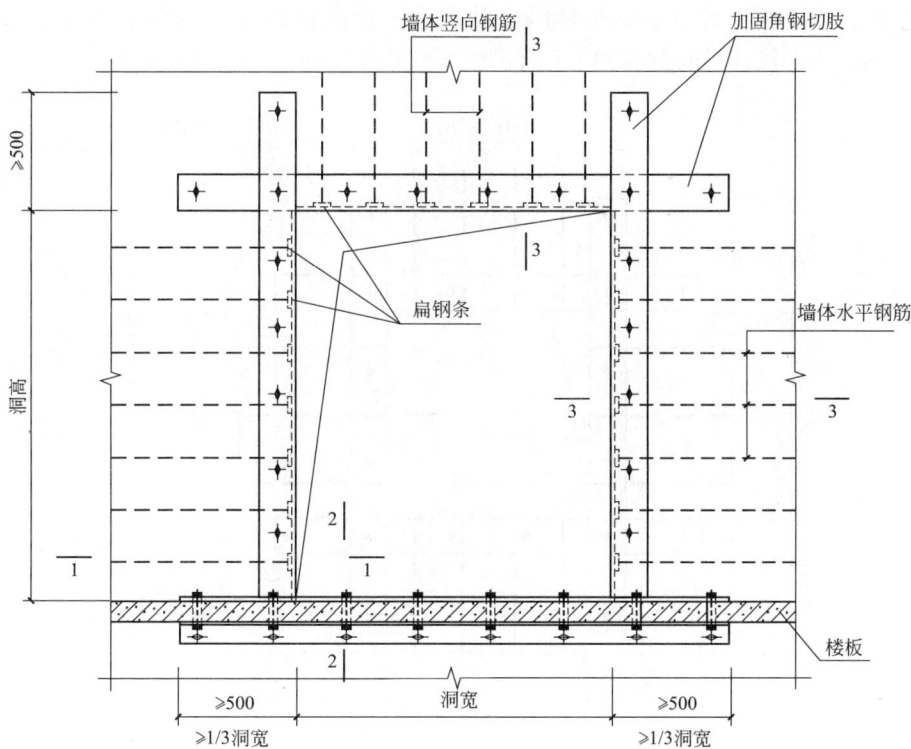

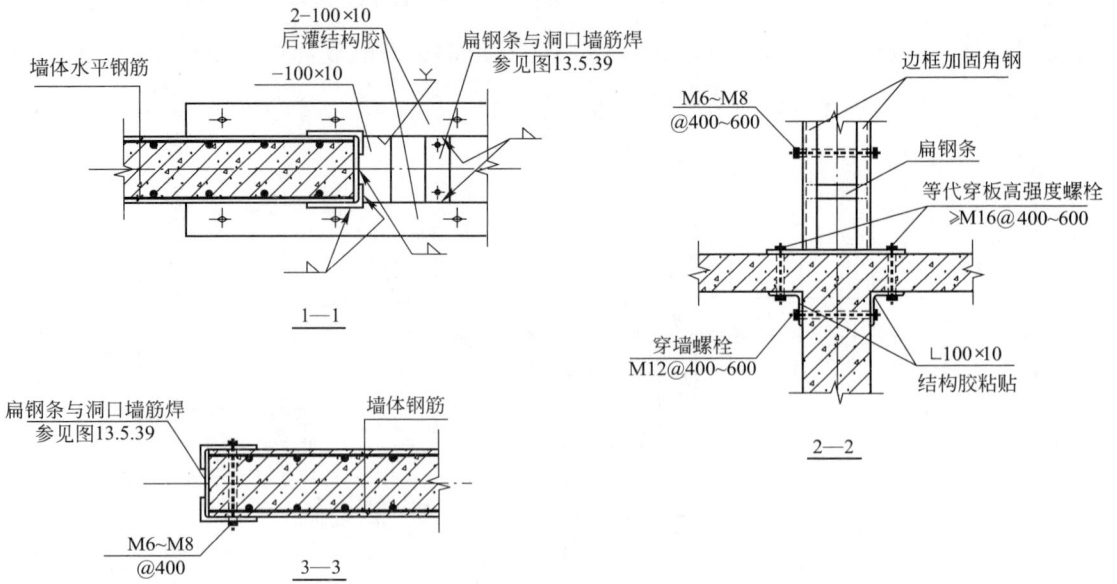

图 13.5.44　外包角钢加固洞口实例(二)

（3）粘贴钢板加洞口

1）洞口宽度不大于 1000mm，可在洞口边缘粘贴钢板进行加固，并采用穿墙螺栓加强加固钢板与洞口墙体的连接，墙体在洞口被截断的竖向和水平钢筋与扁钢条焊接锚固，而扁钢条则与加固钢板焊接，最后灌注结构胶粘结成整体，从而提高洞口边缘的整体刚度，以弥补由于开洞而对剪力墙整体刚度的削弱，加固钢板厚度不小于 3mm；宽度不宜小于 150mm，加固钢板伸过洞口边缘的长度不宜小于 500mm(图 13.5.45)。

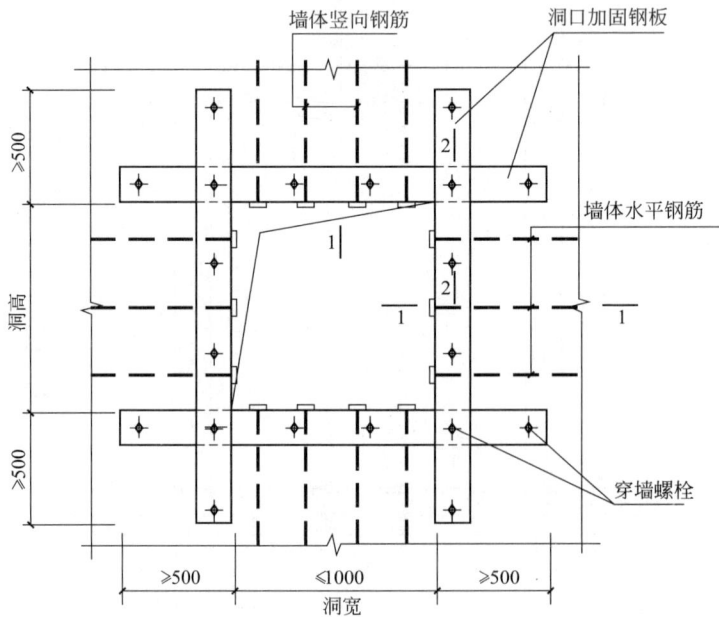

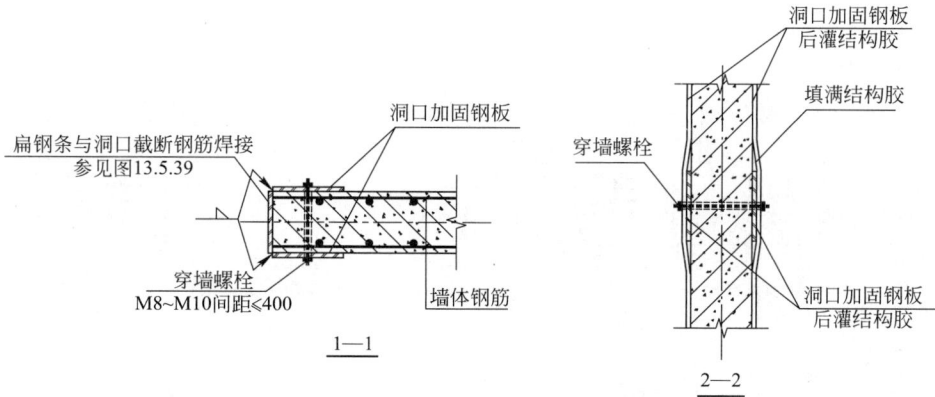

图 13.5.45 粘贴钢板加固洞口实例(一)

2) 剪力墙上开门洞,当其宽度大于 1000mm,而小于 3000mm 时,可在洞口边缘粘贴钢板进行加固,为了使洞口边缘粘贴加固钢板区域达到暗柱和连梁效应,采用穿墙螺栓拉结,也增强加固钢板的粘结和锚固作用,提高了加固部位的暗柱和连梁的约束效应。暗柱和连梁的高度应根据设计要求,同时也要满足墙体的竖向和水平钢筋的锚固长度,一般不宜小于 500mm,暗柱和连梁可取不同的高度;加固钢板的厚度不宜小于 5mm,加固钢板宜伸出洞口且不小于 1000mm,如楼层不高,暗柱的顶部最好伸到楼板下,暗柱的底部可采用角钢、扁钢和等代高强螺栓与楼层及其下层剪力墙连接加固,最后在钢板与剪力墙的结合面之间灌注结构胶,以使钢板和混凝土墙体形成刚度较大的组合结构(图 13.5.46)。

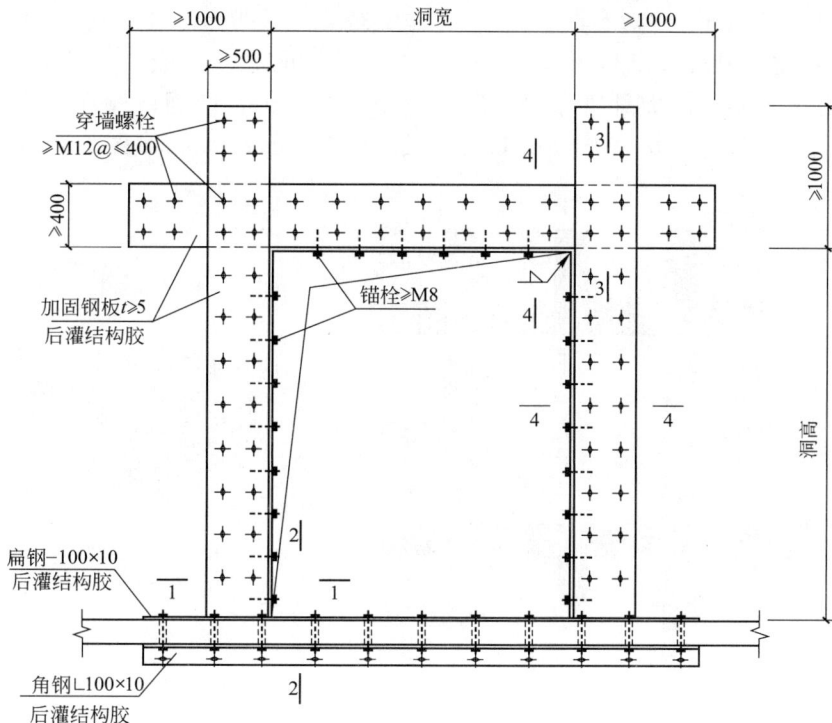

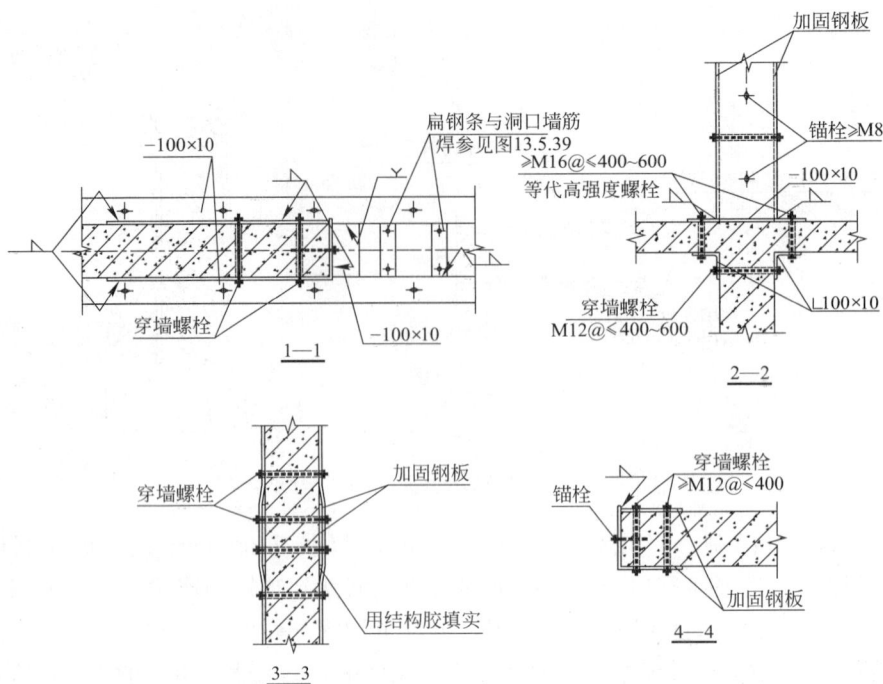

图 13.5.46 粘贴钢板加固洞口实例(二)

（4）粘贴纤维复合材加固洞口：采用纤维复合材加固洞口，其形式和构造与粘贴钢板的方法类似。使用纤维复合材中的碳纤维布、玻璃纤维布或碳纤维条形板进行加固，在加固处理和构造上都是大同小异，本节就以常用的碳纤维布为例。

当洞口宽度不大于 1000mm 时，可在洞口边缘粘贴碳纤维布而进行加固，并在洞口周边的每边加上 1～2 个碳纤维布 U 形箍，以加强洞口边缘的刚度，形成一个闭合的暗框。碳纤维布可用一层，洞口加固碳纤维布的宽度不宜小于 200mm，向洞口外延伸长度不宜小于 500mm；U 形箍宽度为 150～200mm，U 形肢长度也不宜小于 500mm(图 13.5.47)。

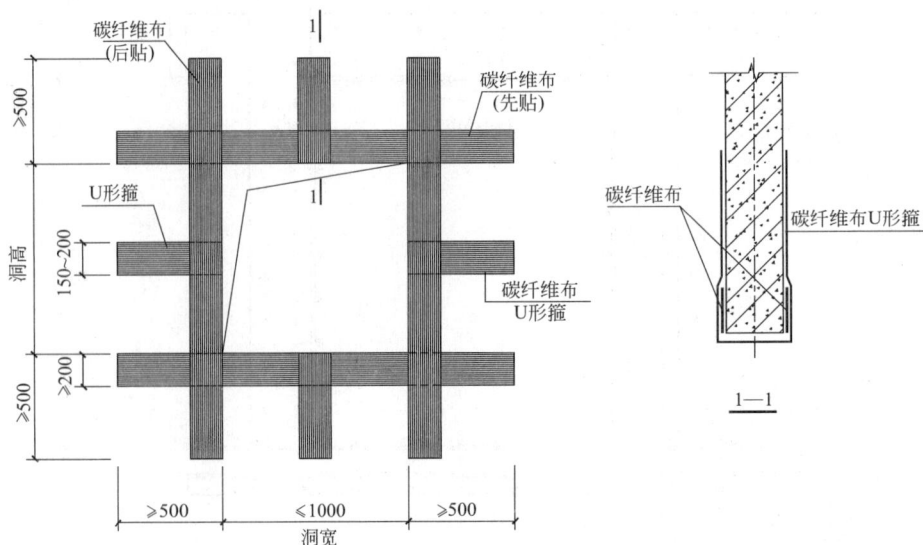

图 13.5.47 粘贴碳纤维布加固洞口实例(一)

当门洞口宽度大于 1000mm 而不大于 3000mm 时，在洞口两侧和洞口顶部均应粘贴碳纤维布；并用碳纤维布 U 形箍粘压，使得洞边缘形成由暗柱和连梁组成的边框，在 U 形箍的端部设有通长扁钢压条以增强锚固，一般扁钢压条宽度为 100～150mm，厚度为 4～6mm，在每个 U 形箍之间的扁钢压条上设 1～2 个穿墙螺栓，除加强锚固外也起到边框的拉结作用，从而提高了洞口边缘的刚度和结构的整体性。由于开洞口而削弱了剪力墙的刚度，洞口边缘应力复杂，尤其是在洞顶转角处的应力集中，故在洞角斜贴碳纤维布，洞口两侧根部的加固碳纤维布在楼板面弯折 90°并用角钢压结，并采用扁钢和等代高强螺栓与楼层及其下层剪力墙连接加固（图 13.5.48）。洞口竖向碳纤维布粘贴至楼板面而弯折 90°，在粘贴前应在剪力墙与楼板的交界阴角处用结构胶填抄并圆化（可参见图 13.4.63b），同时，压结角钢的直角处也应打磨达到相适应的圆化处理。

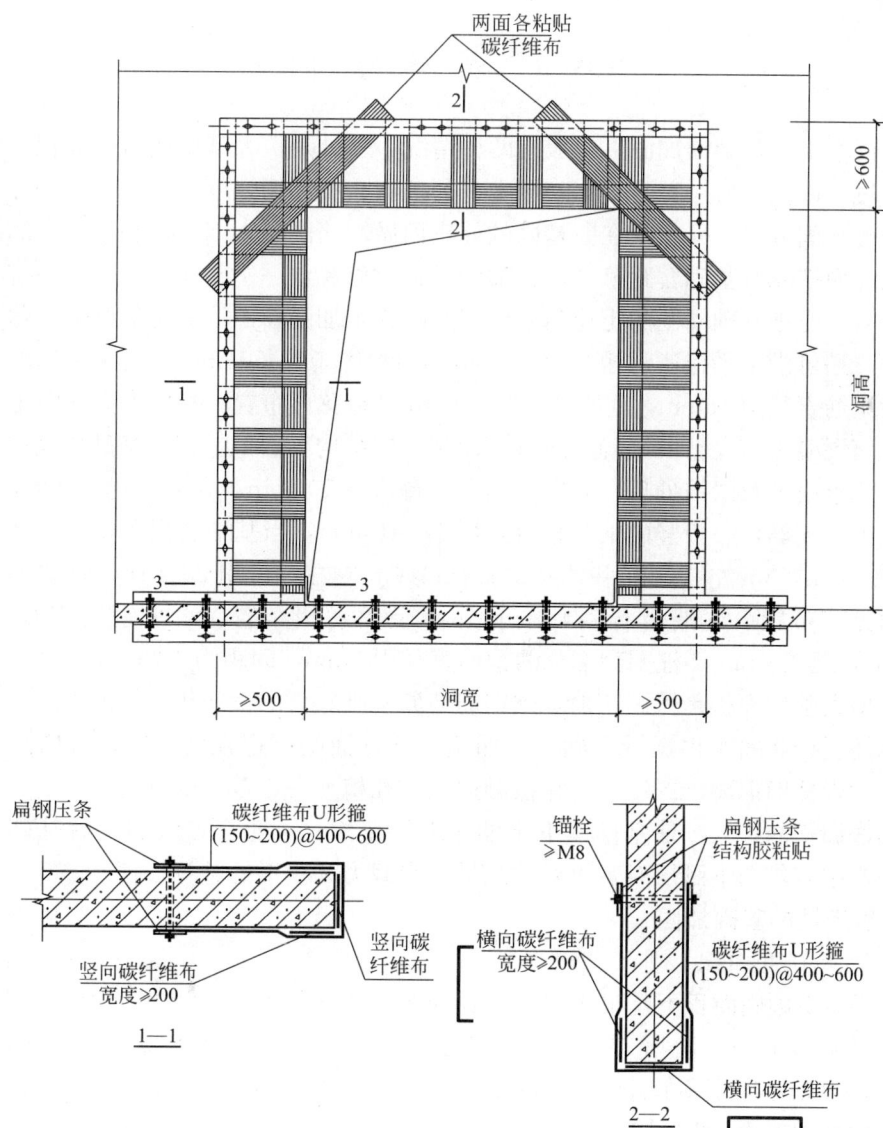

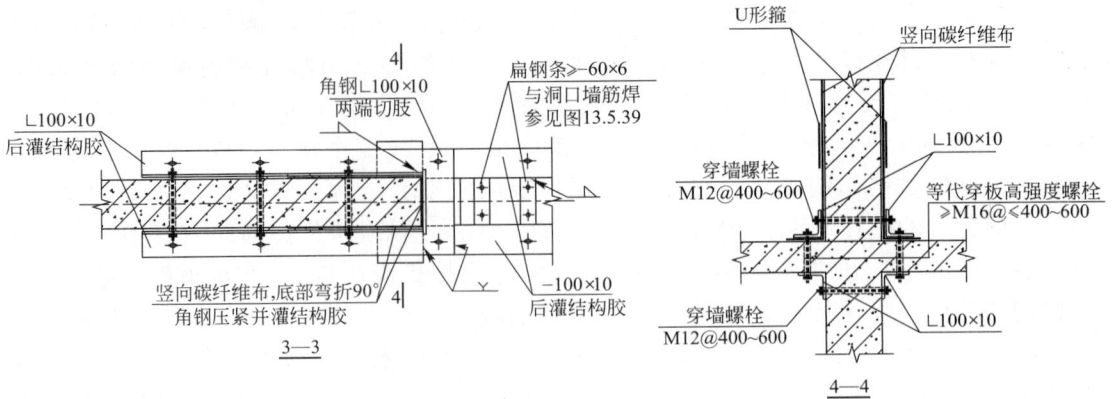

图 13.5.48　粘贴碳纤维布加固洞口实例(二)

第六节　基础的加固

钢筋混凝土柱基础的加固，一般有两种情况：一种是扩大基础底盘的面积，使地基承载力不超过允许值；另一种是提高基础本身的抗弯或抗冲切强度。

基础的加固方法，一般是在原基础的外表面做钢筋混凝土围套，利用围套的混凝土在凝固时收缩而把原有基础套紧箍实，在加固设计时可视作一个整体。

施工时，先把基础周围的土挖到基础底面，为了加强新旧混凝土的结合，除在基础表面凿毛外，还可沿水平挖凿沟槽，深约 50mm，间距 300～500mm，或在原基础面钻孔植筋，一般钢筋直径用 16mm，间距 300～400mm 呈梅花形布置。基础表面的泥土必须清理干净，浇筑混凝土前在新旧混凝土接触面涂刷一层结构界面剂。在原基础顶面以上的一段柱表面也要求凿毛及清洁处理，并做上围套，每边厚 100mm，高为 400～500mm。

基础围套配筋，一般竖向钢筋直径采用 12～16mm，当基础面积在 2m×2m 左右，可用 16 Φ 12；3m×3m 左右，可用 20 Φ 14；4m×4m 左右，可用 28 Φ 16，竖向钢筋的上端沿着柱的围套布置；下端沿着基础围套外缘呈辐射状布置。水平钢筋直径一般采用 12mm，间距为 200mm。柱围套部分的箍筋直径用 8mm，间距为 100mm。

对于增大基础面积是采用新加基础钢筋与原基础底板的植筋相焊接的方法，一般新加基础的钢筋直径和间距根据计算确定，如验算该截面的抗弯强度不够，可增高底台阶厚度，为了加强新旧混凝土的结合，在接触面宜钻孔植入一定数量的钢筋。

基础底面积的扩大，使基础以下土的压缩层变深，可能会导致加固后基础沉降量增大，当地基中有软弱下卧层时，更要注意进行承载力和变形的验算。

一、现浇柱的基础加固

1. 扩大基础底面积

(1) 新加基础底面积不是很大时，可在原基础上做围套，考虑新旧混凝土共同工作。围套从原基础最下一台阶增大，每边不宜小于 200mm，新加基础边缘高度也不宜小于 200mm，围套最小厚度不宜小于 100mm，斜坡角 α 不宜小于 40°。浇筑混凝土时应支模板或采用干硬性混凝土(图 13.6.1)。

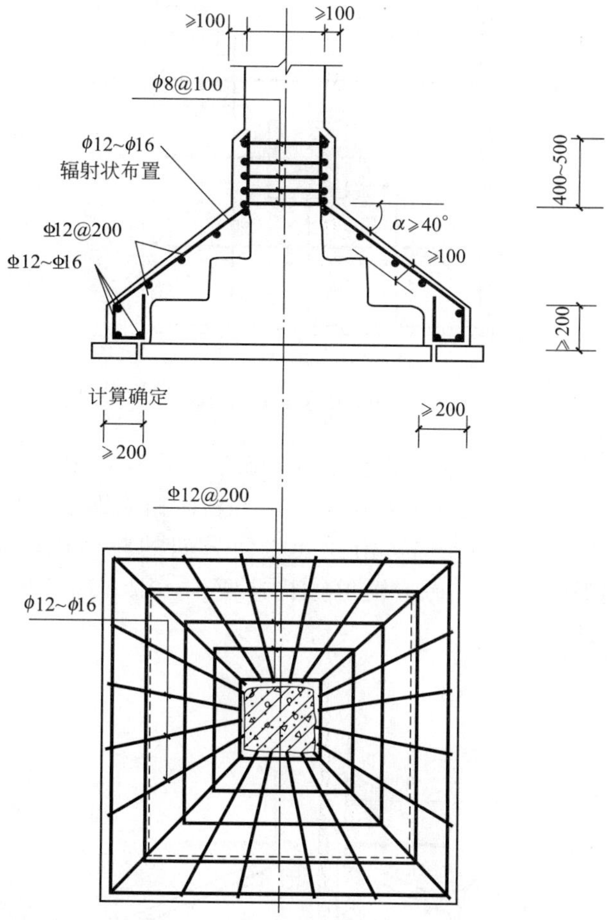

图 13.6.1 扩大基础底面积(一)

（2）新加基础底面积较大时，一般是在原有基础上做基础，原则上不考虑原有基础参与工作，新基础的高度，每边增大的尺寸以及基础受力钢筋的截面和数量均由计算确定。当基础钢筋遇到柱而不能通过时，可把它弯起并与柱上纵向钢筋相焊接(图 13.6.2)。

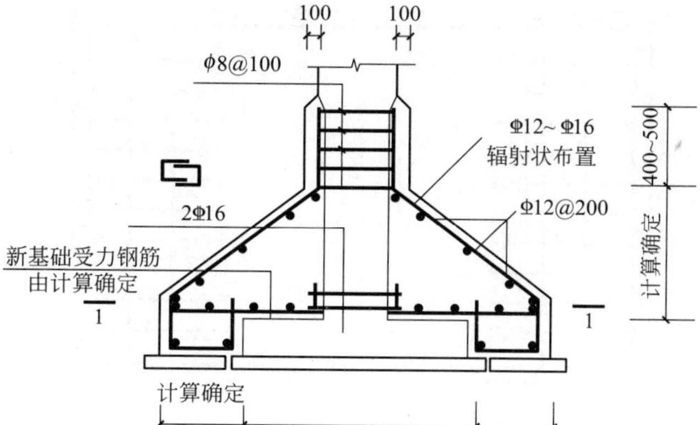

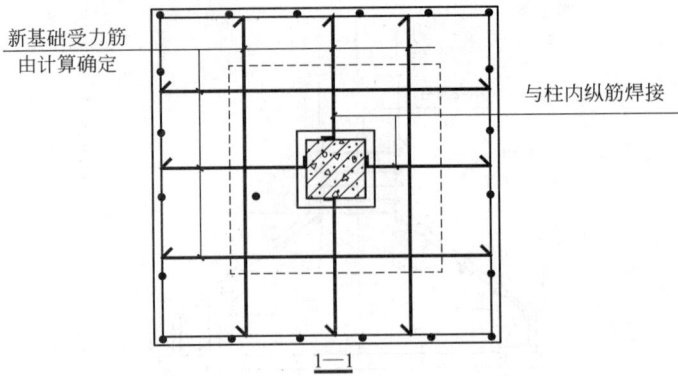

图 13.6.2 扩大基础底面积(二)

（3）当地基承载力超过允许值，需要扩大基础底部面积，由于原基础顶面距地坪较近而不能采取上述加固方法时，可将基础增大边的底台阶植入钢筋与基础新加围套钢筋相焊接。原基础的增大边可沿四边，也可沿主要受力方向的对称边，而另两边按构造扩出200mm。原基础上用围套罩上，围套配筋按构造要求，围套高度根据原有基础底板的受力钢筋计算得出(图 13.6.3)。

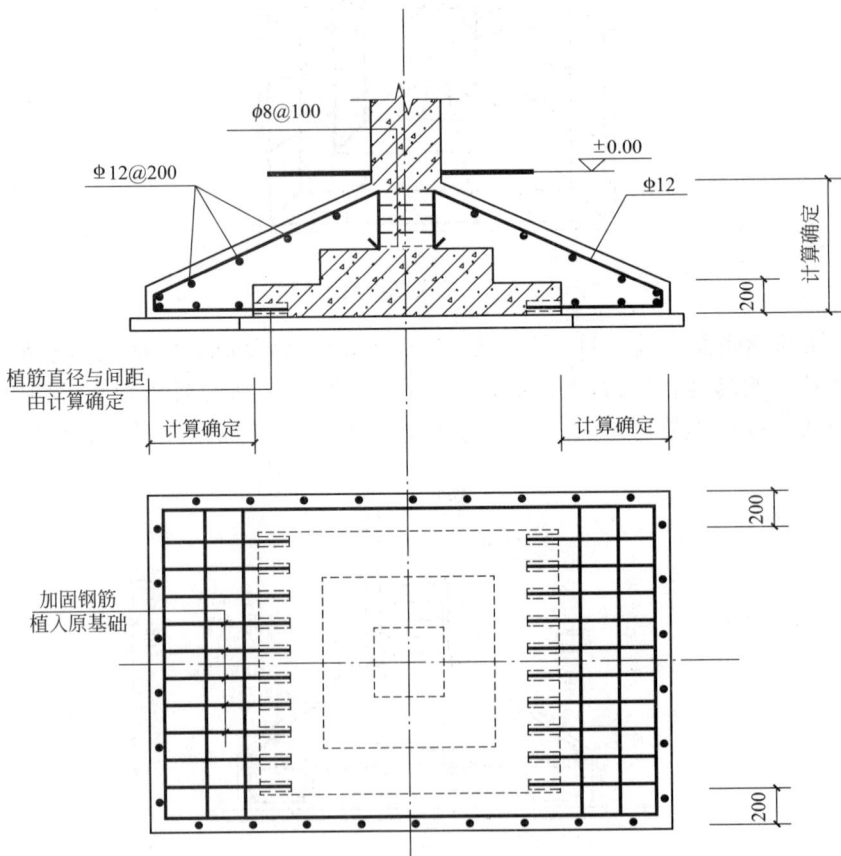

图 13.6.3 扩大基础底面积(三)

（4）当柱单侧加固而需要扩大基础底面积不大时，也可以在柱加固一侧的基础进行单侧加固，即把加固柱下一侧的基础台阶打掉，以便锚入新加固柱的纵向钢筋，把基础扩大边底台阶混凝土凿掉 150～200mm，使其露出底板钢筋以便和新加基础钢筋焊接，为了增加新旧基础接触面的结合，宜加适量的钻孔植短筋(图 13.6.4)。

2. 增大基础高度

当基础底面积已够而冲切强度或基础底板受力钢筋不足时，一般可以在原基础底台阶上做钢筋混凝土锥形围套，加固计算时考虑新旧基础共同作用，围套高度由计算确定，其他构造均同前所述(图 13.6.5)。

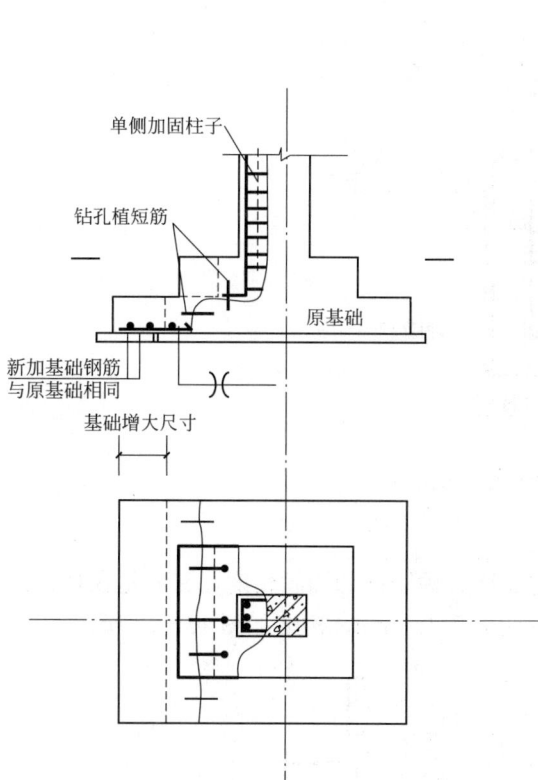

图 13.6.4 扩大基础底面积(四)

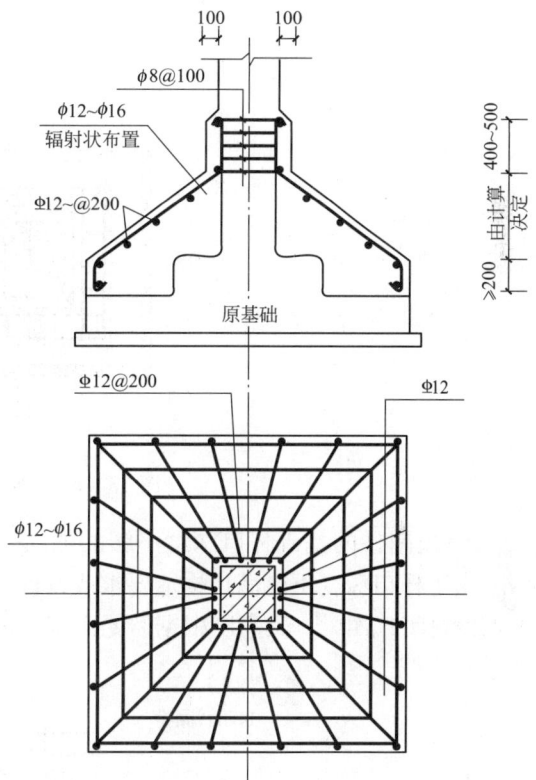

图 13.6.5 增大基础高度

二、预制柱的基础加固

1. 扩大基础底面积

当预制柱已经安装，基础的加固方法和现浇柱基本上是相同的；当预制柱尚未安装，杯口基础的加固也是采用在原基础上做钢筋混凝土围套的做法，与现浇柱的基础所不同的是在杯口上做暗环梁，使围套的竖向钢筋锚入暗梁内以形成整体。

新加基础的底面积不是很大时，可按图 13.6.6 中所示的构造处理。对于新加基础的底面积较大和抗剪强度或受力钢筋不足时的杯口基础加固都可以在原基础底台阶上做围套，具体形式及构造与现浇柱的基础加固相似，均可参见图 13.6.2 和图 13.6.5。

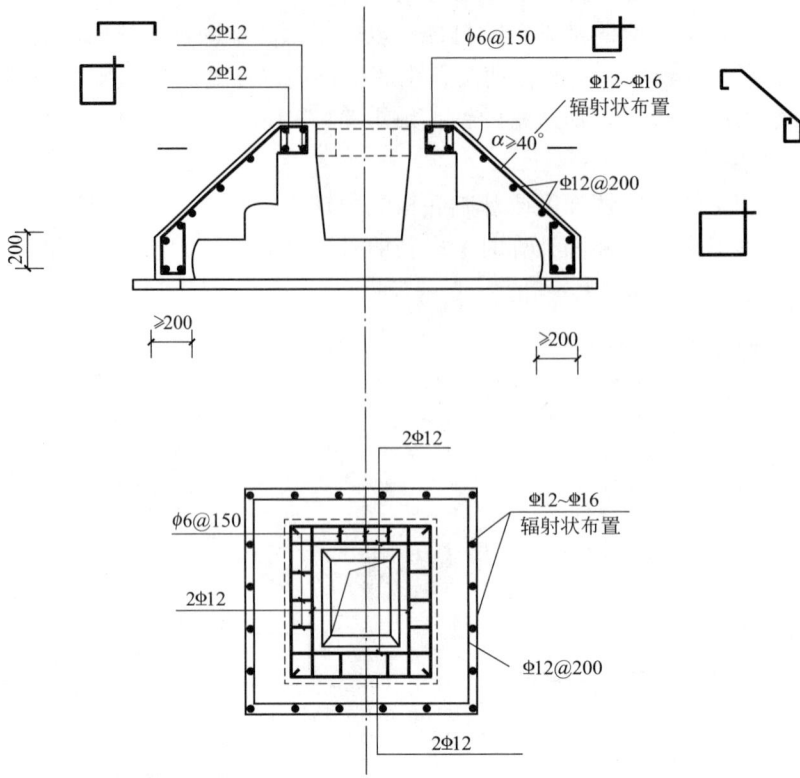

图 13.6.6 预制柱杯口基础加固

2. 预制柱的基础杯口深度不够的加固

由于杯口深度不能满足构造要求或设计上需要增大预制柱的锚固长度，一般是在杯口以上增设封闭式圈梁，其高度根据需要而定，但不宜小于 150mm，构造如图 13.6.7 所示。

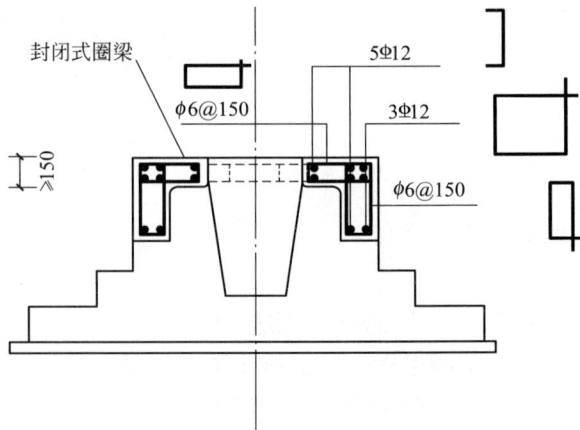

图 13.6.7 基础杯口加深

三、高杯口基础加固

当高杯口基础的底面积不够或由于基础的抗弯、抗剪承载力不足而要求进行加固时，也可采用在原有基础上做围套的做法，围套的竖向钢筋与短柱的钢筋相焊连接，如图 13.6.8 所示，其他形式及有关构造要求均同现浇柱的基础加固。

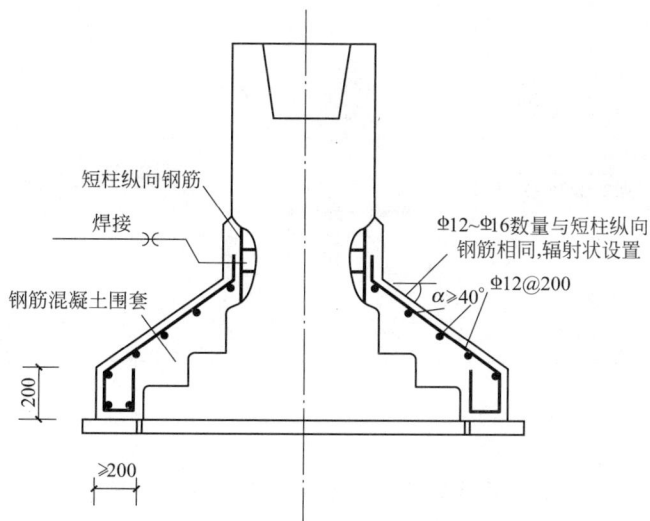

图 13.6.8 高杯口基础加固

四、剪力墙基础加固

一般有两种情况：一是扩大基础底面积，满足地基承载力要求；二是增大基础高度以缩短基础底板的悬臂长度，满足基础抗弯和抗冲切强度要求。

1. 扩大剪力墙基础底面积：可在原墙体基础上加宽和加厚，具体尺寸及加宽底板的受弯钢筋直径及间距应根据计算确定。新加底板的钢筋植入原底板的侧面，加厚底板板面配有构造钢筋植入剪力墙墙体，也可在墙体钻孔穿筋，一般直径为 12mm，间距与新加底板钢筋相同，并焊接或绑紧连接。新旧混凝土接触面按施工要求凿毛，清洁和涂刷结构界面剂，为了加强剪切而在底板侧面植入直径为 12mm 的短筋，间距可为新加底板钢筋间距的 1～2 倍，并错开排列(图 13.6.9)。

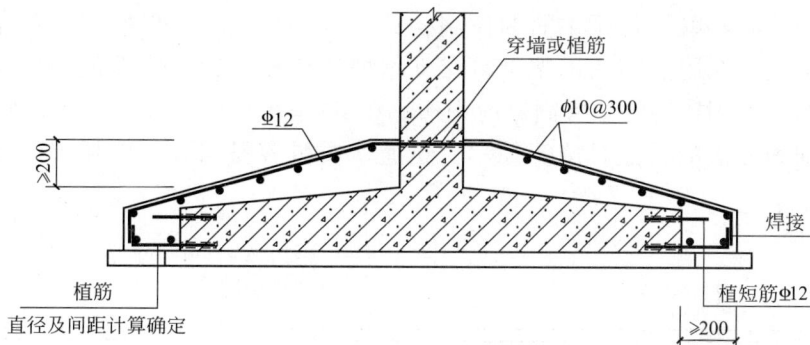

图 13.6.9 扩大剪力墙基础底面积加固

2. 提高剪力墙基础的抗弯或抗冲切强度：当剪力墙基础底板的抗弯或抗冲切不够时，一般可以在基础底板顶部新加一台阶，台阶的高度和宽度根据计算确定，一般不小于 200mm，台阶表面配构造钢筋 Φ12@200～250mm，其一端植筋锚入墙体或钻孔穿墙，另一端与植入底板上的钢筋焊接或绑扎相连接，新旧混凝土接触面按施工要求凿毛、清洁和涂刷结构界面剂(图 13.6.10)。

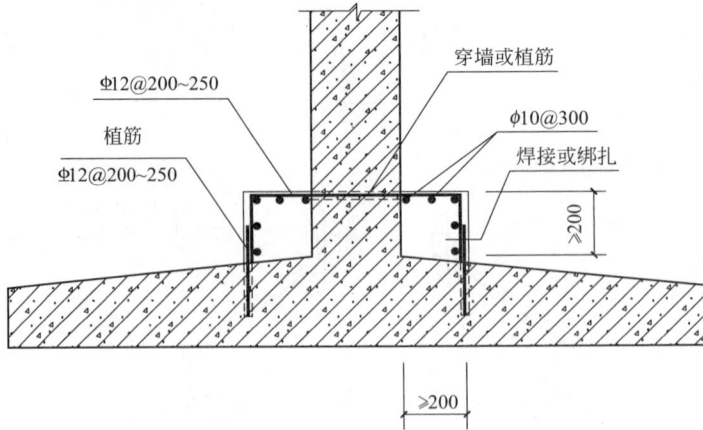

图 13.6.10   剪力墙基础抗弯或抗冲切加固

第七节   单层厂房结构的加固

单层厂房的加固，主要是提高构件的承载力、加强厂房的整体性和构件连接的可靠性。本节重点提出大型屋面板、屋面梁、屋架、屋盖支撑和柱子等预制构件的常用加固方法。

一、大型屋面板加固

工程中使用的大型屋面板大部分是采用国家标准图集，由于选型不当、屋面超载或施工质量差等原因而导致屋面板的强度不足，主要反映在主肋的主筋不够、挠度大、裂缝宽等情况，也有由于安装偏差而导致屋面板搁置长度不够，这里提出常用的几种加固方法：

1. 型钢梁加固

当屋面板主肋强度严重不足，挠度和裂缝宽度都超过允许值，可以采用槽钢直接承受屋面传来的荷载，以代替原主肋的作用。具体做法是先将两根槽钢放在屋面板主肋的内侧，两端搁置在屋面梁或屋架上，在支承处用垫板顶紧，槽钢顶面也要求和小肋底部顶紧，两根加固槽钢的位置固定后用槽钢(∟8)作水平连系杆并焊死，如图 13.7.1所示。这种加固方法的特点是施工简单、迅速、质量容易保证，但耗钢量较大，适用于抢修工程。

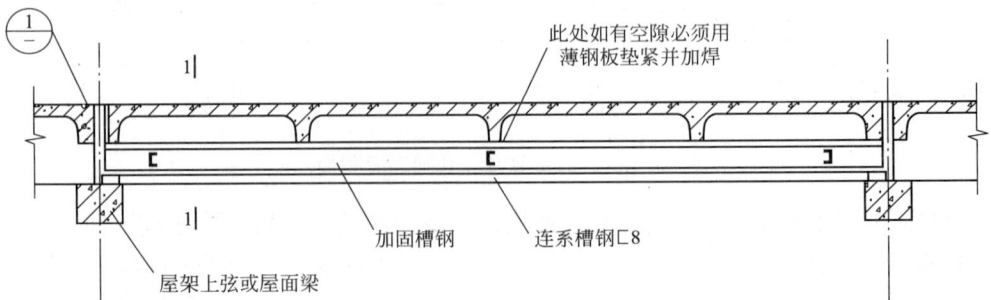

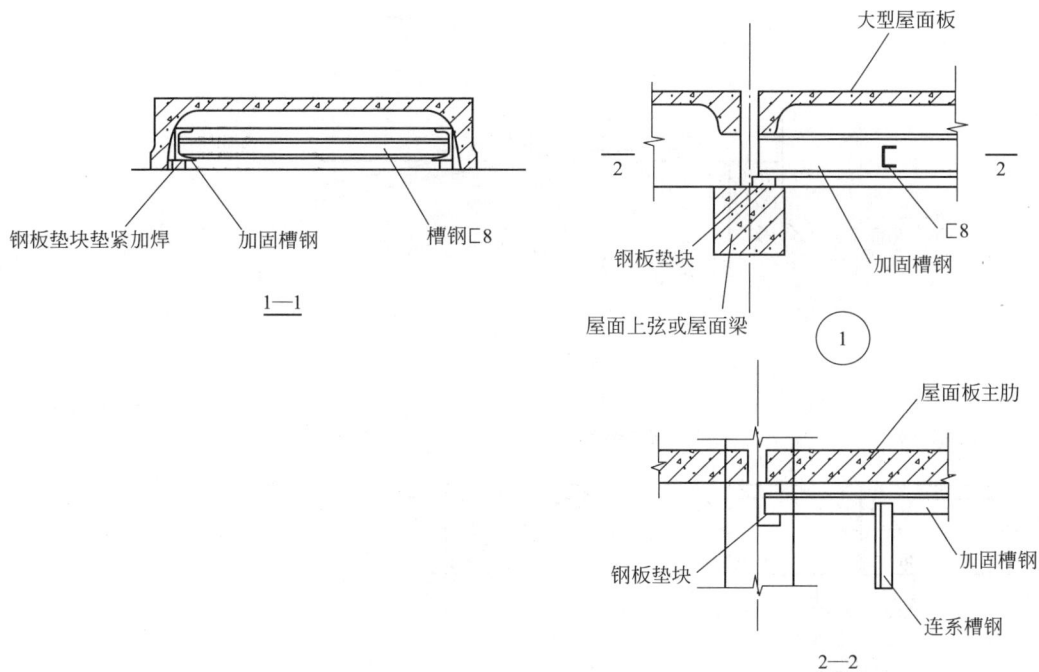

图 13.7.1　型钢梁加固大型屋面板

2. 人工张拉预应力加固

屋面板主肋跨中强度不足而出现裂缝，可采用人工张拉预应力钢筋，在板肋底部形成一个或两个由下而上的集中外力，以达到卸除主肋中部分弯矩，阻止裂缝继续开展。一般有水平拉杆式和下撑拉杆式两种：

（1）水平拉杆式：一般是把预应力钢筋固定在主肋两端，在主肋底部装有一处或两处的竖向张拉架对钢筋按设计要求进行竖向（垂直于钢筋轴线方向）张拉。这种加固方法施工简单，不需要破坏屋面及防水层，可在不停产情况下进行加固（图 13.7.2）。

水平拉杆式的构造主要是预应力钢筋锚固和竖向张拉架：

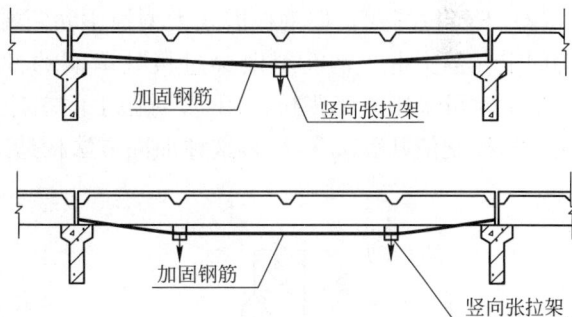

图 13.7.2　水平拉杆式加固

1）预应力钢筋锚固：当相邻主肋不要求加固时，可在加固肋两端靠近支承处凿开主肋底的混凝土保护层，其长度约 250mm，并露出主筋，加固钢筋拉直后两端与加固肋主筋相焊接，由于张拉时焊缝受力集中，焊缝长度应适当加长，如图 13.7.3 所示。

当相邻主肋也要求加固时，可在加固肋两端的混凝土或砂浆（灌缝材料）凿掉，然后在板缝安装锚固扁钢，其厚度不宜小于 12mm，在穿加固钢筋的部位开椭圆孔，如图 13.7.4 所示。

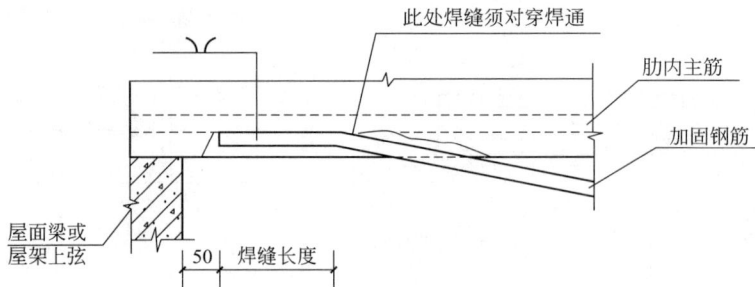

图 13.7.3 预应力钢筋锚固(一)

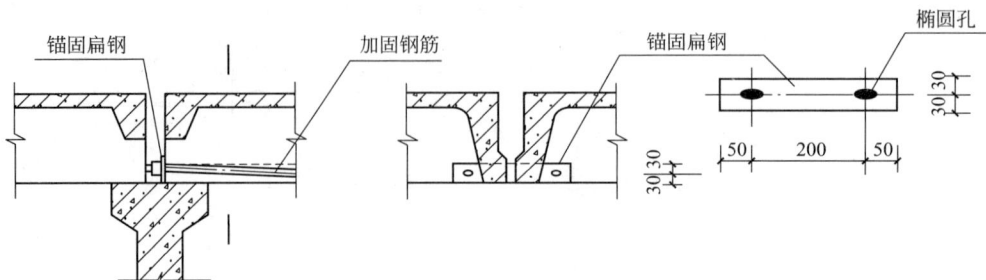

图 13.7.4 预应力钢筋锚固(二)

2) 竖向张拉架：它是在构件上施加张拉的主要工具，可以根据受力和构件截面情况进行设计，用型钢焊接组成。根据单肋(图 13.7.5)和双肋(图 13.7.6)加固分别提出两种构造形式。

(2) 下撑拉杆式：把钢板嵌入大型板主肋两端的板缝并焊上锚头，预应力加固钢筋的两端固定在锚头上，钢筋斜段穿过板处凿洞约 60mm×250mm，下撑支承点在板跨 1/4 处。施工时可采用人工张拉，用 12 吋搬手两端拧紧螺帽进行张拉，按设计要求建立钢筋预应力的控制值(图 13.7.7)。这种加固方法构造简单，施工简捷。

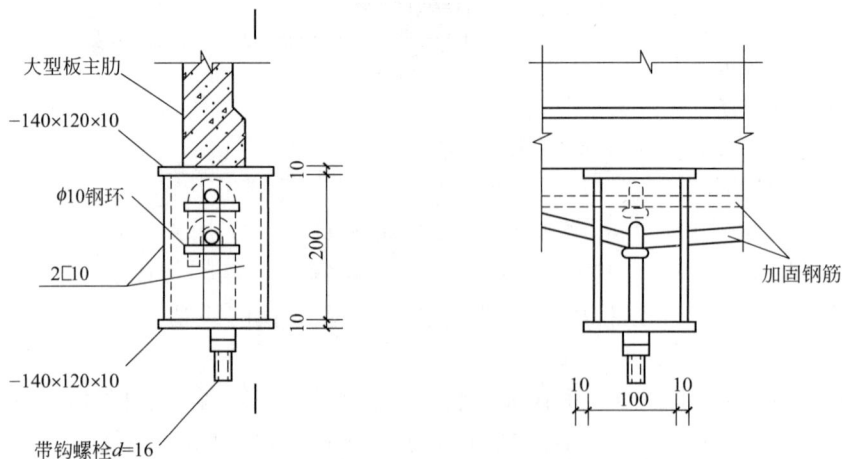

图 13.7.5 竖向张拉架(用于单肋加固)

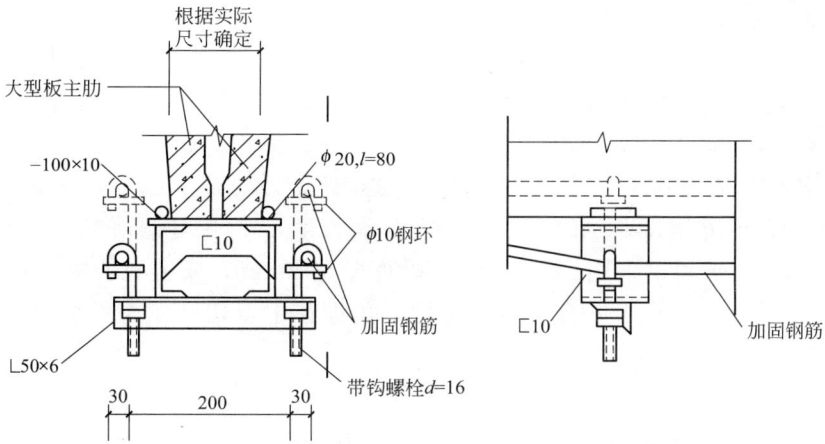

图 13.7.6　竖向张拉架(用于双肋加固)

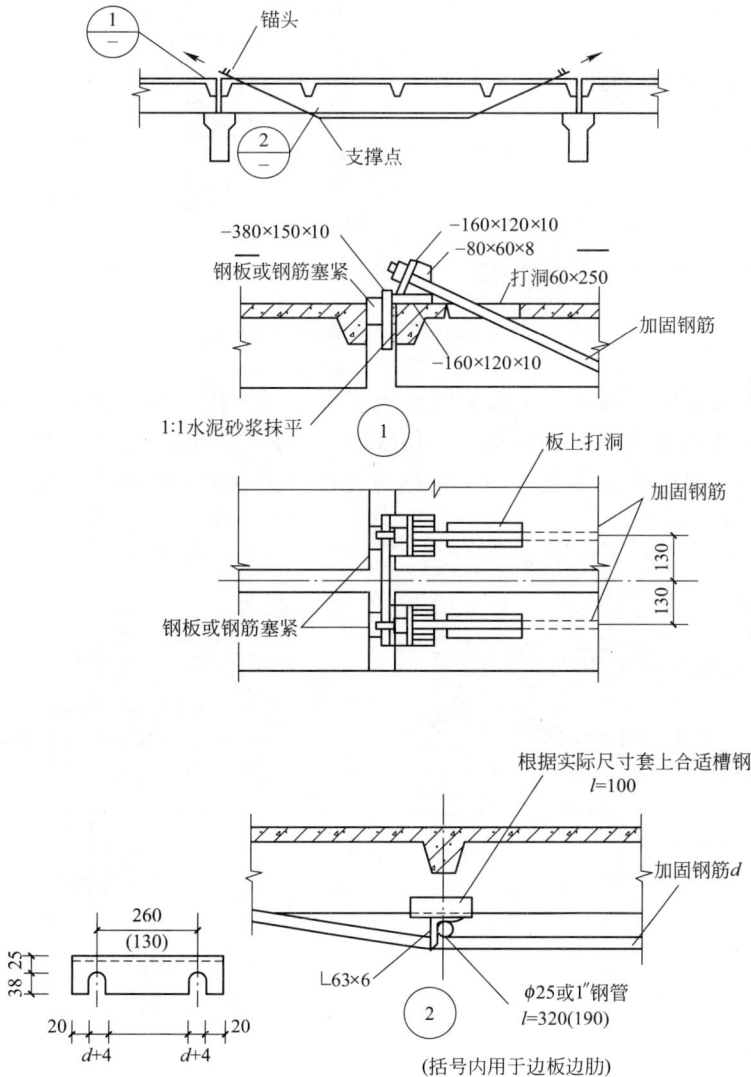

图 13.7.7　下撑拉杆式加固

3. 大型屋面板支承长度不够的加固

由于安装偏差，造成有些屋面板在屋面梁、屋架或天窗架上的搁置长度不够（最小搁置长度为 60mm），这样在地震力作用下或因纵向相邻柱基的不均匀沉降等情况，使屋面板有拉裂或脱落的危险，必须进行加固，一般是采用角钢扁担式支承，即由四个角钢组成井字形支架，利用两个搁在屋面梁、屋架或天窗架上的上角钢扁担式地支承两个下角钢，而下角钢即以加大屋面板的支承长度，上下角钢由四个螺栓固定，如图 13.7.8 所示。一般角钢采用∟75×8，螺栓直径为 20mm，安装时若构件表面不平整可用 1∶2 水泥砂浆抄平。对于屋脊节点，可把下角钢在中点切肢按屋面坡度弯曲后补焊，其他均同上述构造。

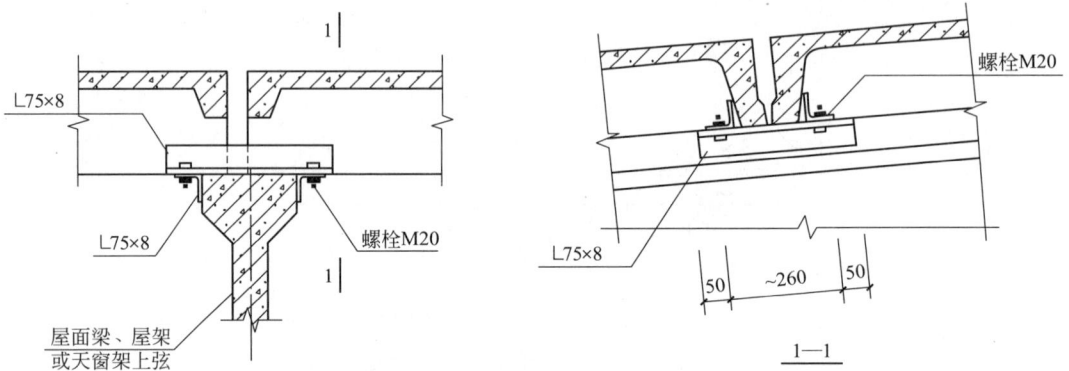

图 13.7.8　屋面板支承偏差的加固（一）

对于屋面板在屋面梁端节点上的搁置长度不够，可以把夹在屋面梁两侧的下角钢延伸到另一个主肋，处理方法同上述构造（图 13.7.9）。对于屋面板在屋架或天窗架端节点上的搁置长度不够，可把夹在上弦杆的下角钢与设在其附近另一组夹在上弦杆的角钢相焊接（图 13.7.10）。

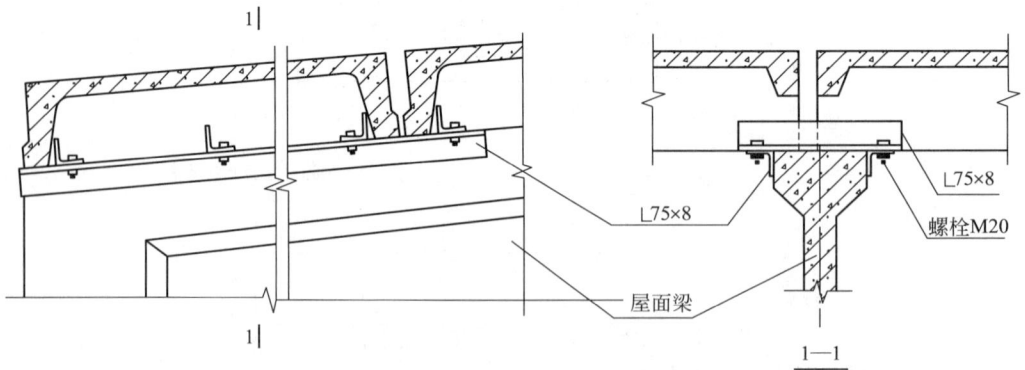

图 13.7.9　屋面板支承偏差的加固（二）

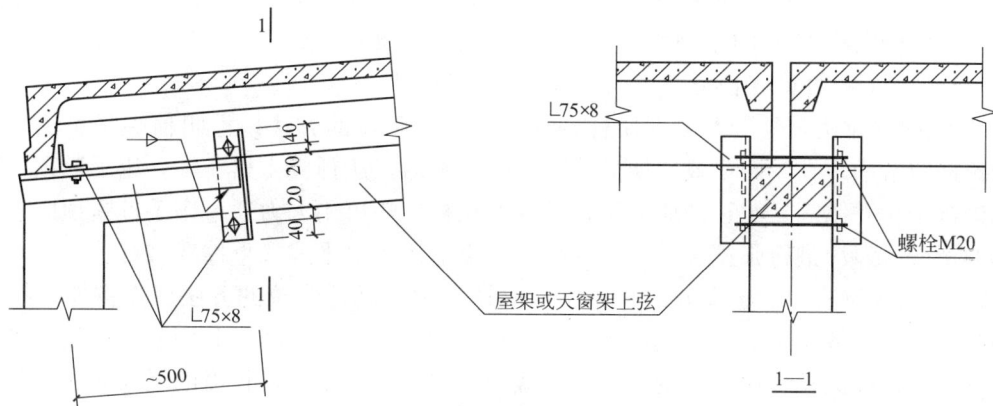

图 13.7.10 屋面板支承偏差的加固(三)

二、屋面梁和屋架加固

由于设计不当、施工质量问题或屋面超载导致屋面梁受拉区或屋架下弦杆、端腹杆的裂缝过多过宽、挠度过大、承载力不足,尤其是薄腹梁更为普遍。对于这些情况,一般可采用在构件外加预应力拉杆的加固方法。对于屋面梁,水平式拉杆适用于正截面受弯承载力不足的加固(图 13.7.11a);下撑式拉杆适用于斜截面受剪承载力及正截面受弯承载力均不足的加固(图 13.7.11b)。对于屋架,水平式拉杆适用于下弦杆受拉承载力不足的加固(图 13.7.11c);下撑式拉杆适用于跨中下弦杆及端腹杆受拉承载力不足的加固(图 13.7.11d)。

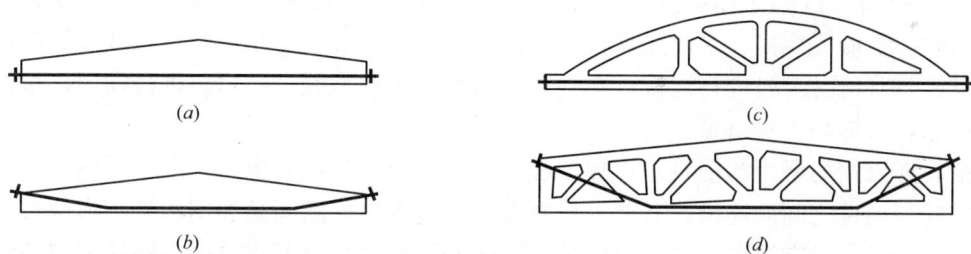

图 13.7.11 预应力拉杆加固屋面梁和屋架

1. 预应力拉杆张拉方法

屋面梁或屋架采用水平式拉杆或下撑式拉杆加固时,应根据张拉应力的大小、施工条件和现场情况,因地制宜选择合理的张拉方法:

(1) 从加固拉杆的张拉施工工艺划分,可分为以下两种张拉方法:

1) 人工张拉法:用人力通过搬手拧动拉紧装置、张拉架或预应力拉杆端部的螺母(锚具),使加固拉杆伸长而建立预应力值。一般可以采用普通搬手张拉,但对于拧动螺母(锚具)则需要大搬手,可用普通搬手套上钢管以加长扭转力臂。采用这种方法,构件两侧的拉杆需同时张拉,等速拧动螺帽,在拧动螺帽时,必须在钢筋端部用卡具固定,防止钢筋的扭转而产生的附加应力。

2) 机械张拉法:一般是采用千斤顶张拉,使加固拉杆拉长而建立预应力值,当千斤顶带有油压表时，利用油压表的读数控制预应力值，具有可靠的准确度。使用千斤顶张拉时，构件两侧的拉杆必须同步同速拉伸，避免超拉现象。

（2）从加固拉杆的张拉方式，可分为以下三种张拉方法：

1）纵向张拉法：是沿着加固拉杆轴线方向进行张拉的方法，也叫顶端张拉法。先将加固拉杆两端固定在屋面梁或屋架的端部，同一般后张法预应力梁一样，用千斤顶在拉杆端部进行张拉并锚固，对于预应力不是很大的拉杆，还可用人力通过搬手拧紧预应力拉杆端部的螺母（锚具）进行张拉和锚固，这种方法更适用于水平式或下撑式拉杆。

2）横向张拉法：是水平方向垂直于加固拉杆轴线进行张拉的方法。先将加固拉杆两端锚固在屋面梁或屋架端部，把拉紧装置设置在加固拉杆的跨间，利用搬手拧紧拉紧装置上的螺帽，使加固拉杆由直线变曲或由折线变得更曲，由于拉杆长度的增大而建立预应力值。这种方法所需要的横向拉力较小，可以用人力张拉。施工方便，操作简单。

3）竖向张拉法：是竖直方向垂直于加固拉杆轴线进行张拉的方法。先将加固拉杆两端锚固在屋面梁或屋架的端部，把张拉架固定在跨间屋面梁底或屋架下弦节点下，可用人力通过搬手拧紧张拉架上的螺帽，使加固拉杆产生竖向位移；也可把千斤顶安装在屋面梁或屋架下弦节点底面和张拉架上横梁之间，施力于千斤顶进行张拉，使加固拉杆产生竖向位移，由于加固拉杆长度的增大而建立预应力。

2. 预应力张拉的构造形式及要求：当采用机械张拉法时的有关构造要求应遵照有关规程规范中的规定；当采用横向张拉法时，应遵守本章第四节《预应力加固法》中的有关构造要求。结合屋面梁和屋架的形式以及水平式和下撑式拉杆的张拉要求，对拉杆、竖向张拉架和拉杆锚固等部分的连接构造形式及要求，分述如下：

（1）拉杆：拉杆采用预应力混凝土用螺纹钢筋，也称精轧螺纹钢筋。这种预应力钢筋在施工时，不需要冷拉、不需要焊接或机械加工螺扣，直接可在钢筋任意截面处都可拧上带有螺旋套管（连接器）进行连接；在钢筋端部直接可拧上螺母（锚具）进行锚固，张拉锚固简便可靠，又提高工程质量。

精轧螺纹钢筋所用的锚具、连接器和垫板均可由成品钢筋生产厂配套提供。

拉杆与构件之间的连接，若要求拉杆在受力过程中能随同被加固构件一道位移，应每隔约 1～1.5m，设有固定铁钩；否则每隔 2～3m。对屋面梁可在梁底用锚栓固定铁钩；对薄腹梁可利用梁上预留孔用扁铁螺栓夹紧后焊上固定铁钩；对屋架下弦可用扁钢箍固定铁钩，如图 13.7.12 所示。

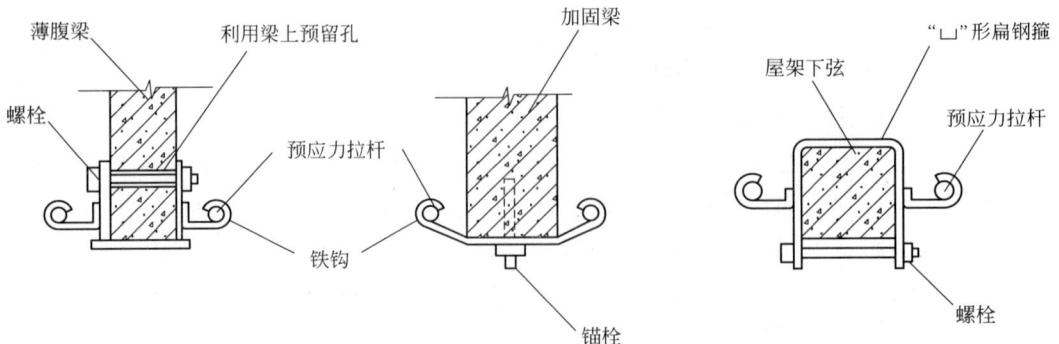

图 13.7.12 拉杆和固定铁钩连接

（2）竖向张拉架：预应力钢筋在屋面梁或屋架下弦节点的底面支承点装有竖向张拉架，它是在构件上施加竖向力的主要工具。竖向张拉架的形式应根据屋面梁或屋架下弦的宽度、预应力钢筋的位置及张拉力大小而定，一般可由型钢、扁钢和张拉螺杆焊制而成的。以下提出几种常见的形式和构造（图13.7.13）：

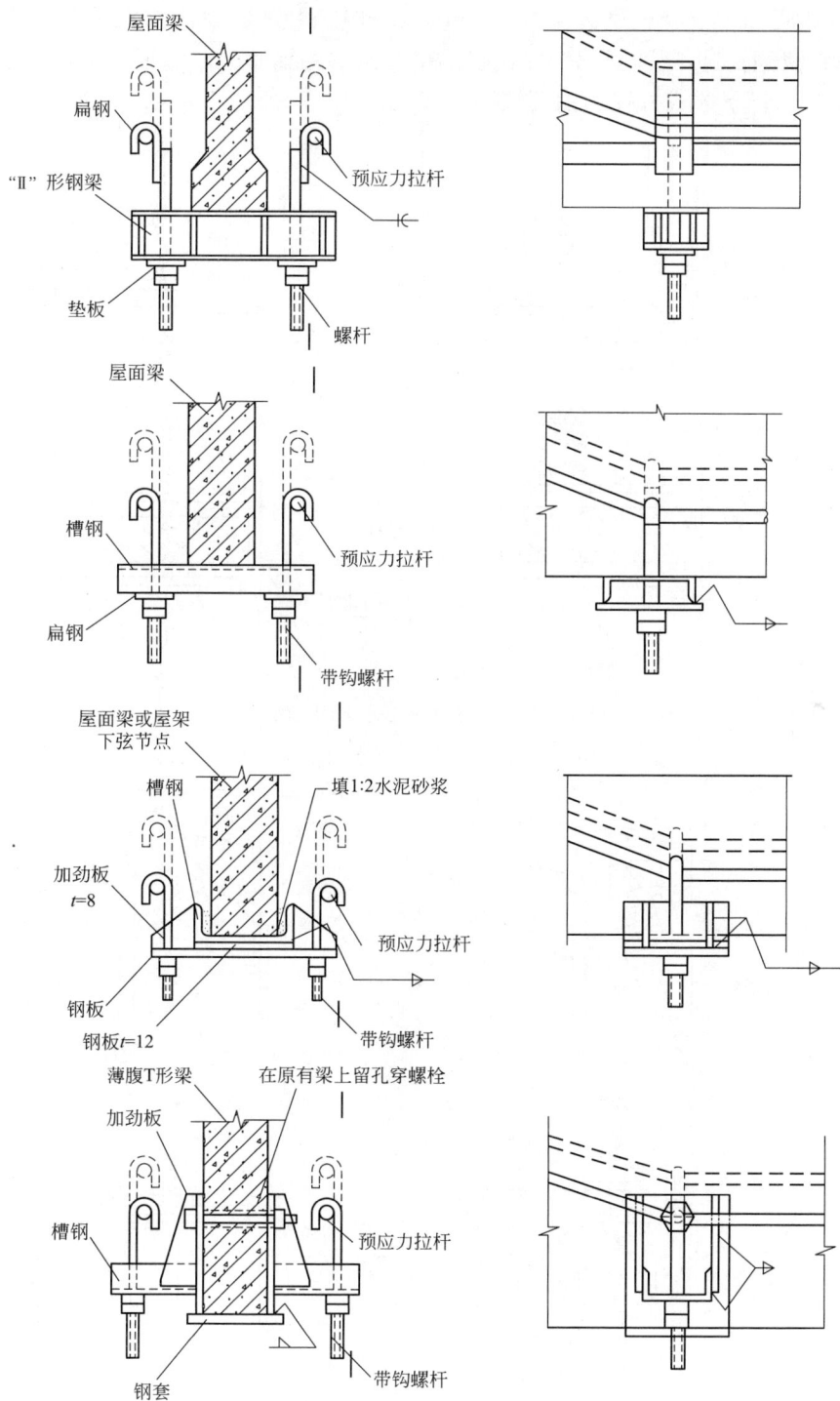

图13.7.13 竖向张拉架

（3）拉杆锚固：预应力加固的关键是加固拉杆与构件的连接和锚固，锚固的承载力必须大于加固拉杆本身的承载力。常见的锚固形式有以下两种：

1）钢套锚固：由于屋面梁或屋架与现浇楼层梁有较大的不同，因此，加固预应力的钢筋锚固方法也有所差别，在工程中常用的是钢套锚固。一般先将屋面梁或屋架的端部用机械磨平，也可以把混凝土剔去 10～15mm，用环氧砂浆或 1∶1 水泥砂浆抹平，然后把制作好的钢套套上，再把加固拉杆焊接或锚接在两端的钢套上。水平式拉杆的钢套锚固形式见图 13.7.14；下撑式拉杆的钢套锚固形式见图 13.7.15。

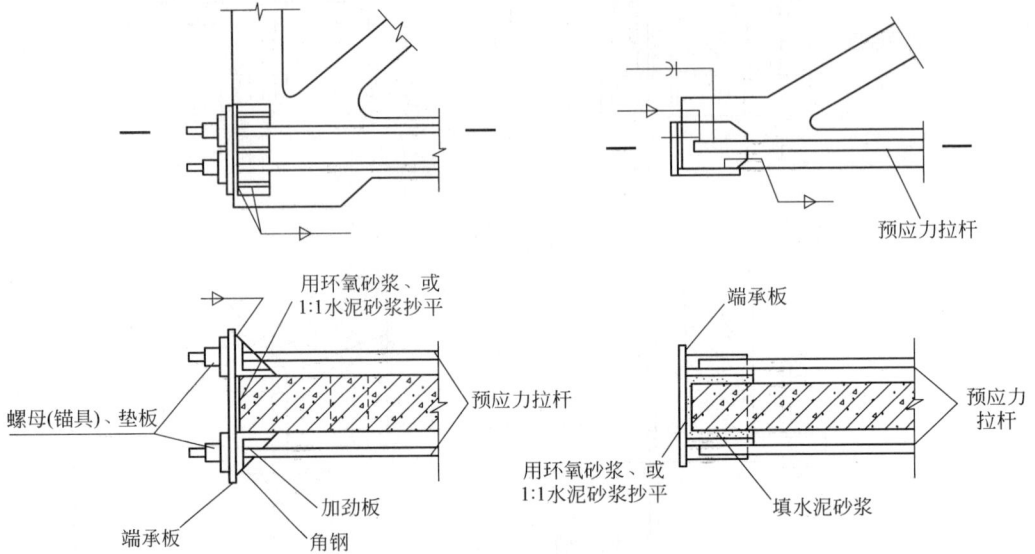

图 13.7.14   水平式拉杆的钢套锚固

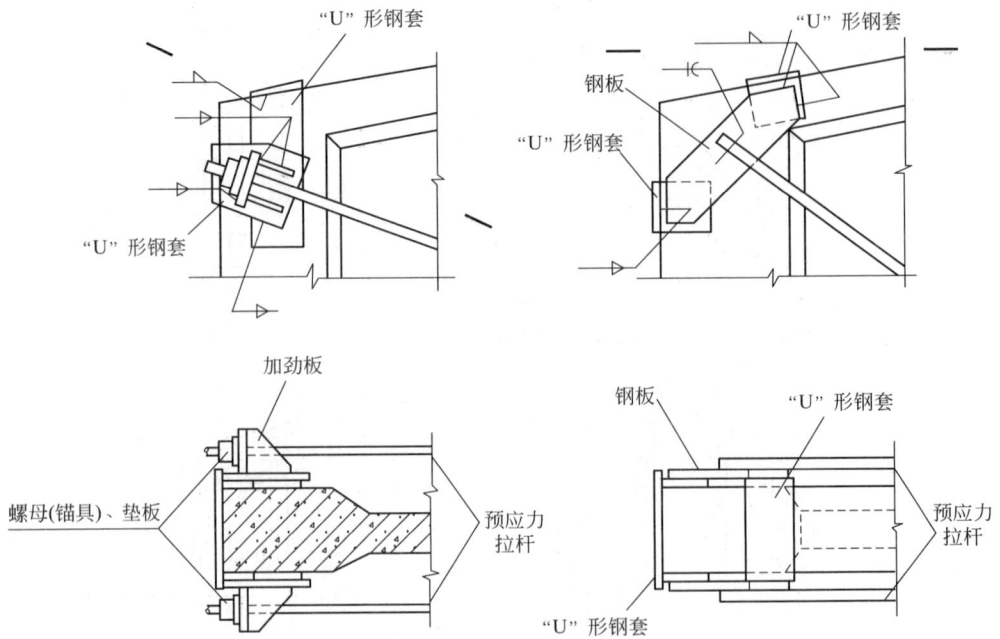

图 13.7.15   下撑式拉杆钢套锚固

2）粘贴钢板与锚栓锚固：利用胶粘剂的粘结力和锚栓提供的摩擦力和抗剪力将钢板固定在屋面梁或屋架的端部，然后将预应力拉杆焊在钢板或固定在钢板的焊接件上。具体做法是用电锤钻或冲击钻在屋面梁或屋架的端部钻孔，清孔、吹灰后用胶粘剂植入锚栓，再将粘贴部位的混凝土表面处理后，涂上改性环氧树脂胶粘剂，把设有螺孔的钢板粘贴上并拧紧螺母使钢板与屋面梁或屋架的端部密贴粘合，必要时，也可以在钢板的端部或顶部加焊端承板或顶承板，以增加锚固的可靠度，如图 13.7.16 所示。

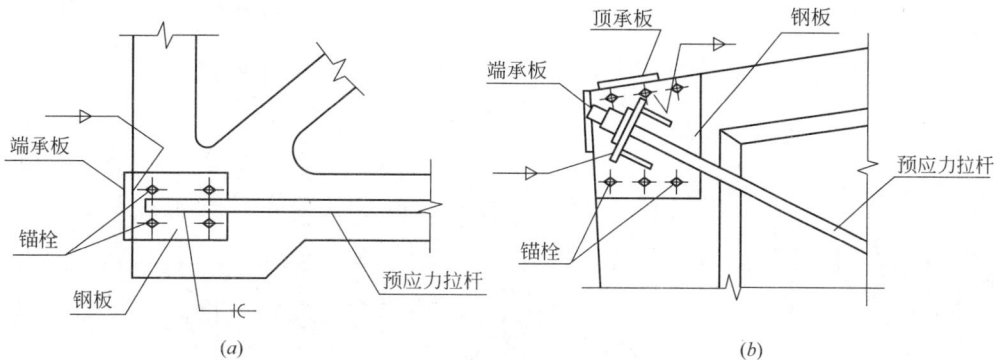

图 13.7.16 粘贴钢板与锚栓锚固
(a)水平式拉杆；(b)下撑式拉杆

三、屋盖支撑加固

由于设计不当、施工质量问题或者是未能满足抗震上的要求，必须对屋盖支撑系统进行加固，主要有增设上、下弦支撑、垂直支撑和水平系杆。屋盖支撑系统的加固一般采用钢结构。型钢杆件的长细比可按表 13.7.1 采用。

屋盖支撑杆件的长细比 表 13.7.1

杆件名称	非抗震设计	抗震设计	
		6 度、7 度	8 度、9 度
压杆	200	200	200
拉杆	400	350	300

屋盖支撑加固主要是解决新加支撑和屋架、天窗架等杆件的连接方法，一般是用螺栓把角钢在杆件或弦杆处夹紧并焊上连接件(角钢或钢板)，新加支撑的节点板和夹紧角钢上的连接件可采用焊接或螺栓连接。增设屋架上弦支撑的节点构造见图 13.7.17。增设屋架垂直支撑的节点构造见图 13.7.18。对增设屋架下弦支撑和系杆的构造与上述类同。

与弦杆夹紧的角钢一般采用∟80×6 或∟90×6，夹紧螺栓直径不宜小于 20mm，连接板厚度不宜小于 8mm，连接螺栓直径不宜小于 16mm，数量由计算确定，但对杆件与节点板的连接不宜少于 2 个；节点板与角钢连接件的连接不宜少于 3 个。

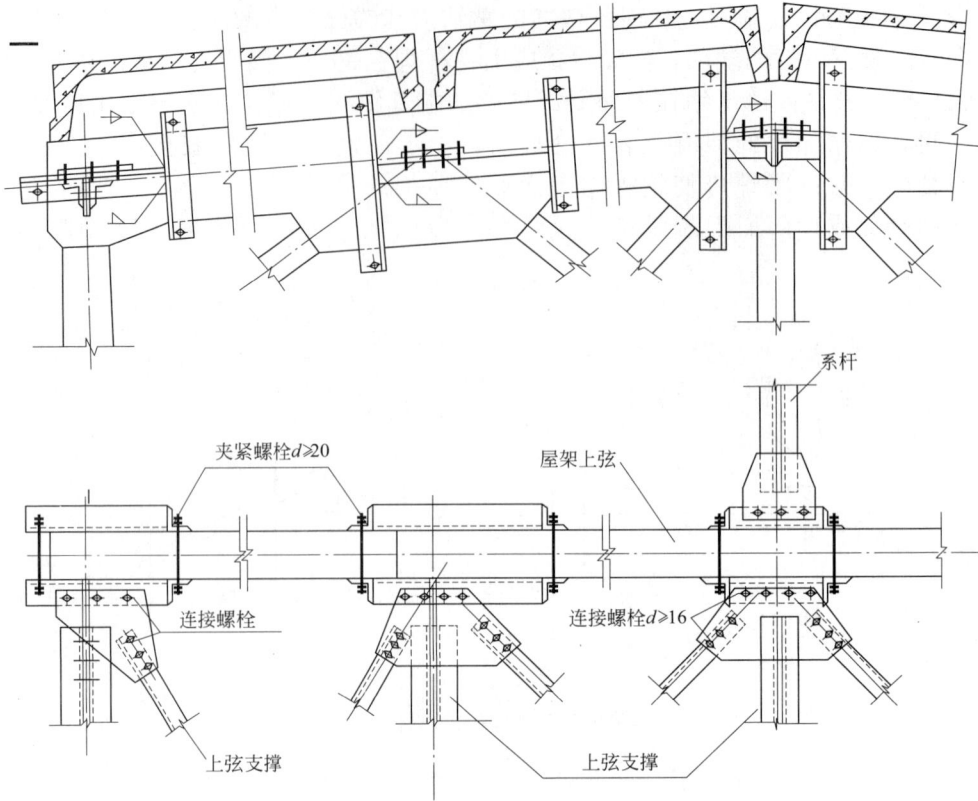

图 13.7.17　增设屋架上弦支撑的节点

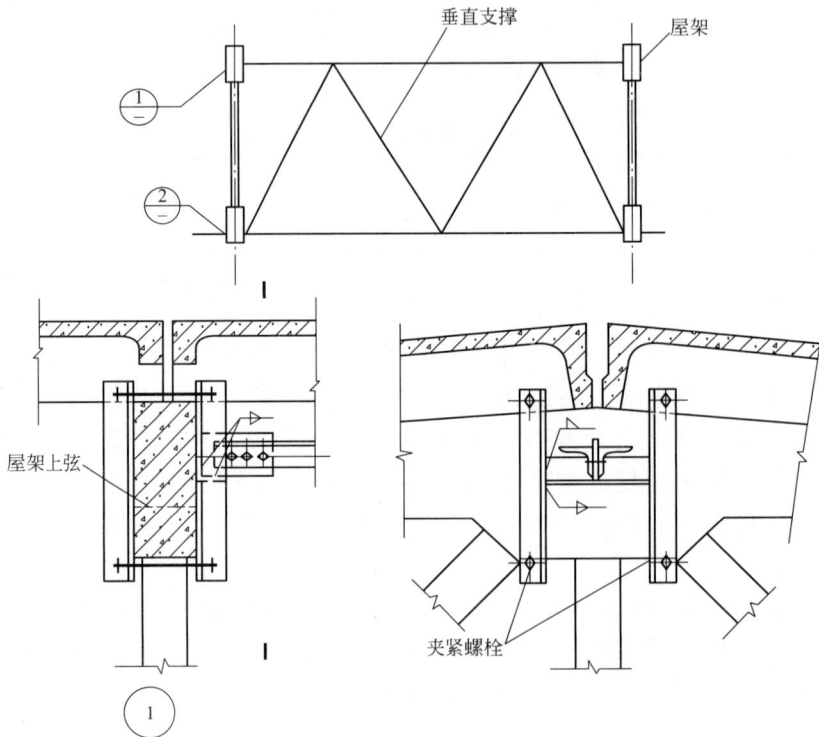

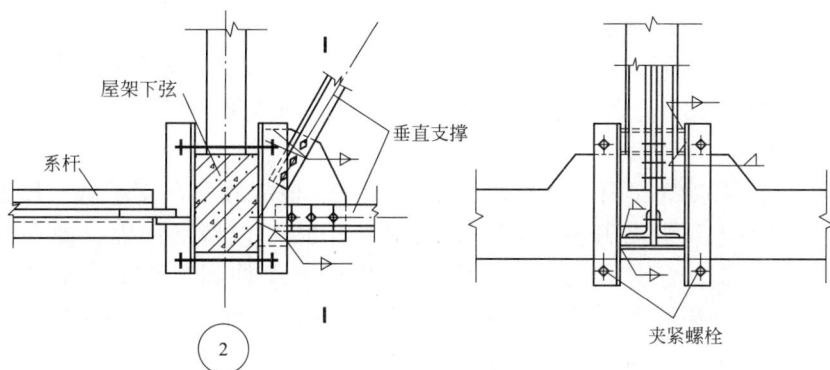

图 13.7.18　增设屋架垂直支撑的节点

四、柱子加固

柱的承载力不够或刚度不足，在本章第五节中所提出的加固方法均适用于单层厂房柱的加固，有关加固构造要求均可参见该节中的规定，本节重点提出一些单层厂房柱裂缝和牛腿加固的处理方法。对于单层厂房柱的柱头、小柱底部、大柱柱身和柱根部的强度不足，经计算确定截面后，也可参用处理裂缝的构造形式进行加固。

1. 柱裂缝的加固：由于施工或吊装原因、生产使用中的碰撞以及地震损坏等情况而造成柱的裂缝，裂缝一般出现在柱头、牛腿顶面、大柱柱身和柱脚等部位，根据裂缝的具体情况而采取不同的加固处理措施：一般对柱上仅有轻微裂缝时，可采用注入裂缝修补胶液的方法进行修补；对柱上裂缝较严重时，在裂缝修补后可根据裂缝部位和实际情况采取加固处理。

（1）柱头加固：柱头裂缝或经抗震验算强度不足时，柱头可采用以下加固方法：

1）外包型钢加固：在裂缝修补后采用外包角钢和缀板或螺杆组成套箍进行加固，套箍的高度根据实际情况而定，一般不宜小于 600mm 且不小于柱截面高度，角钢不宜小于 $\llcorner 63 \times 6$，缀板不宜小于 -60×6，螺杆直径不宜小于 20mm（图 13.7.19a）。

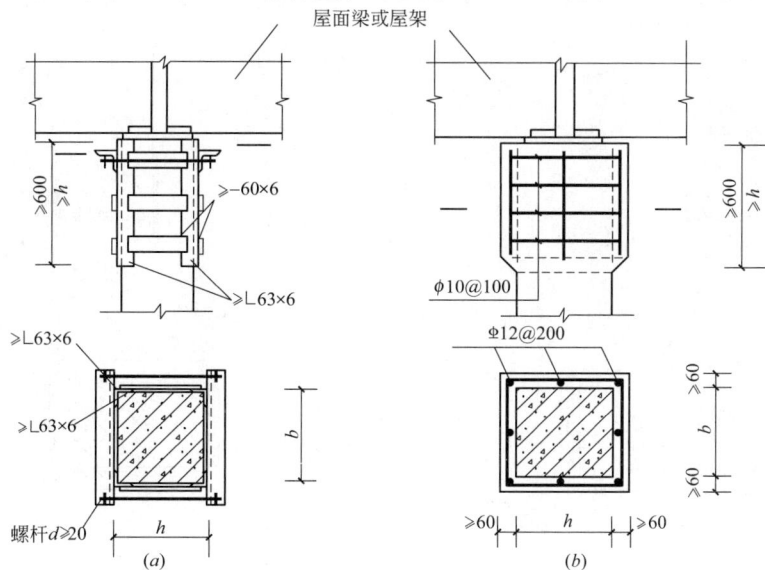

图 13.7.19　柱头裂缝加固

（a）外包型钢加固；（b）钢筋混凝土围套加固

2）钢筋混凝土围套：围套高度根据实际情况而定，一般不宜小于 600mm 且不小于柱截面高度，围套厚度不宜小于 60mm，围套竖筋直径为 12mm，间距为 200mm，箍筋直径为 10mm，间距为 100mm。施工时应先将加固部分表面凿毛和清洁处理，保证新旧混凝土的牢固结合（图 13.7.19b）。

（2）柱牛腿顶面裂缝加固：边柱吊车上柱（小柱）根部或柱在支承低跨屋盖的牛腿顶面产生裂缝，一般把裂缝凿开并处理后，可采用干式外包型钢加固，即在柱四周包角钢，再用缀板或角钢缀条连接形成角钢构套，构套下端伸到牛腿下；上端应伸过吊车梁顶面，也必须伸过裂缝不宜小于 500mm 且不小于柱截面高度，（图 13.7.20）。对于吊车中柱上柱根部裂缝，可参照边柱的处理构造，也可以把上柱四周包的角钢伸入牛腿，并用锚栓固定，角钢伸入牛腿不宜小于 500mm，锚栓直径不宜小于 16mm（图 13.7.21）。

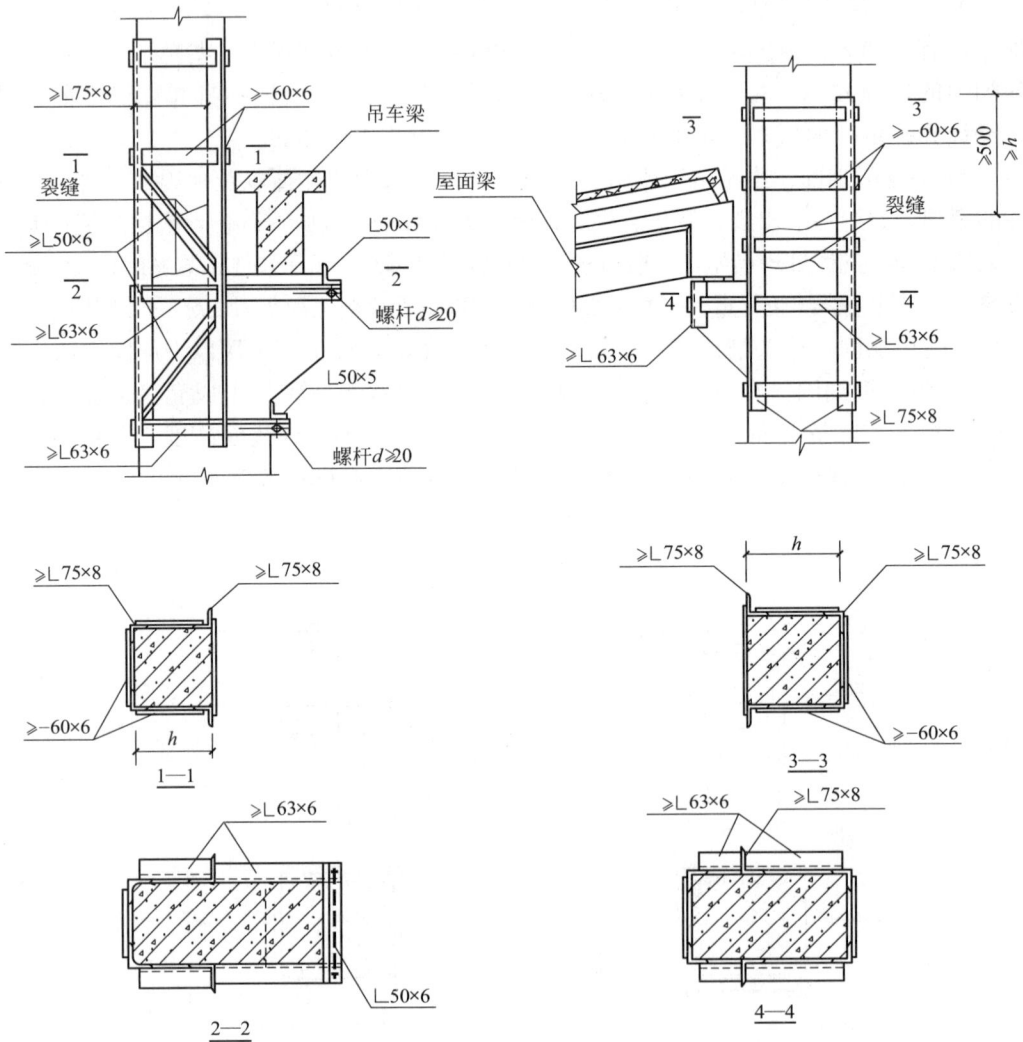

图 13.7.20　柱牛腿顶面裂缝加固（一）

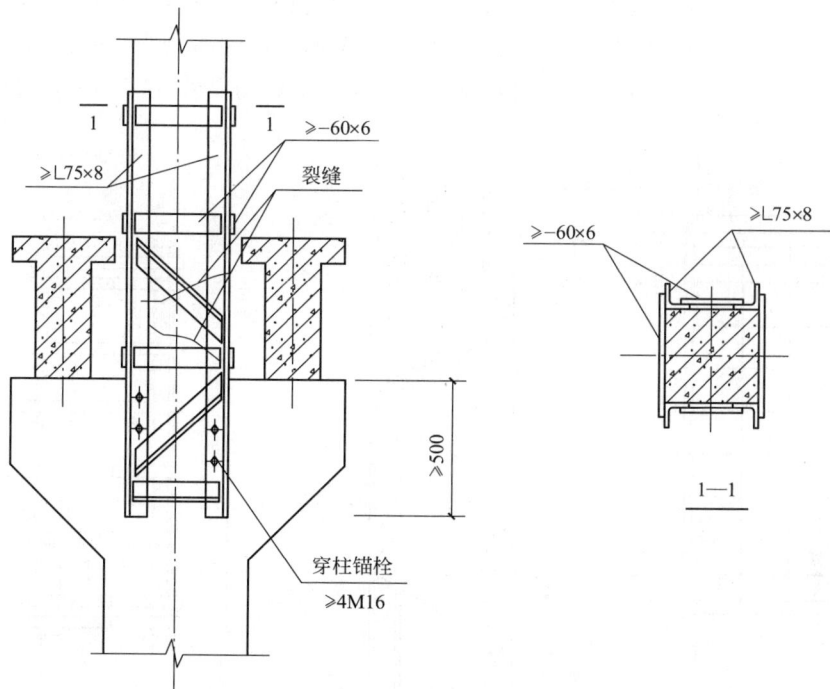

图 13.7.21　柱牛腿顶面裂缝加固(二)

柱四角角钢和钢缀板可按表 13.7.2 采用，角钢缀条不宜小于 L50×5，牛腿的角钢缀条不宜小于 L63×6，钢螺杆直径不宜小于 20mm，缀板或角钢缀条与柱之间应用 1∶2 水泥砂浆填塞，具体施工要求见本章第二节。

柱四角角钢和钢缀板　　　　　　　　　　　　　　　　表 13.7.2

烈度和场地	角钢	钢缀板(mm)
非地震、6 度、7 度、8 度及 9 度Ⅰ、Ⅱ类场地	L 75×8	—60×6
8 度Ⅲ、Ⅳ类场地	L 90×8	—70×6

(3)大柱柱身裂缝加固：

1)钢筋混凝土围套：围套长度应超过裂缝处不小于 500mm 且不小于柱截面高度，围套厚度不应小于 60mm，围套配筋根据实际情况而定，一般纵向钢筋用 ϕ12@200，箍筋用(ϕ8～ϕ10)@200，在围套两端适当加密。施工前应将柱表面凿毛和清洁处理。一般采用细石混凝土浇或喷射混凝土(图 13.7.22a)。

2)外包角钢：角钢加固长度应超过裂缝处不小于 500mm 且不小于柱截面高度，角钢规格根据实际情况而定，一般四角角钢不宜小于 L75×8，缀条角钢不宜小于 L50×5，缀板不宜小于—60×6，施工钢构架前应将裂缝凿开并进行处理，安装钢构架后应作防腐处理(图 13.7.22b)。

3)粘贴钢板：粘贴钢板长度应超过裂缝处不小于受拉钢板粘贴延伸长度且不小于柱截面高度，钢板厚度及宽度应根据实际情况而定，一般纵向钢板尽量粘贴在柱四角，厚度宜为 4、5mm，宽度宜为 100mm，横向箍板应沿柱截面长度封闭粘贴，厚度宜为 3mm，宽度宜为 50mm，箍板搭接长度不小于 50mm，可在重叠处设一个锚栓，直径为 6mm，箍板间距为 300～500mm，在加固钢板的上下端各设 2～3 个箍板，间距为 100mm，粘贴前混凝土和钢板的接触面应按施工要求进行处理，粘贴后钢构件应作防腐处理(图 13.7.22c)。

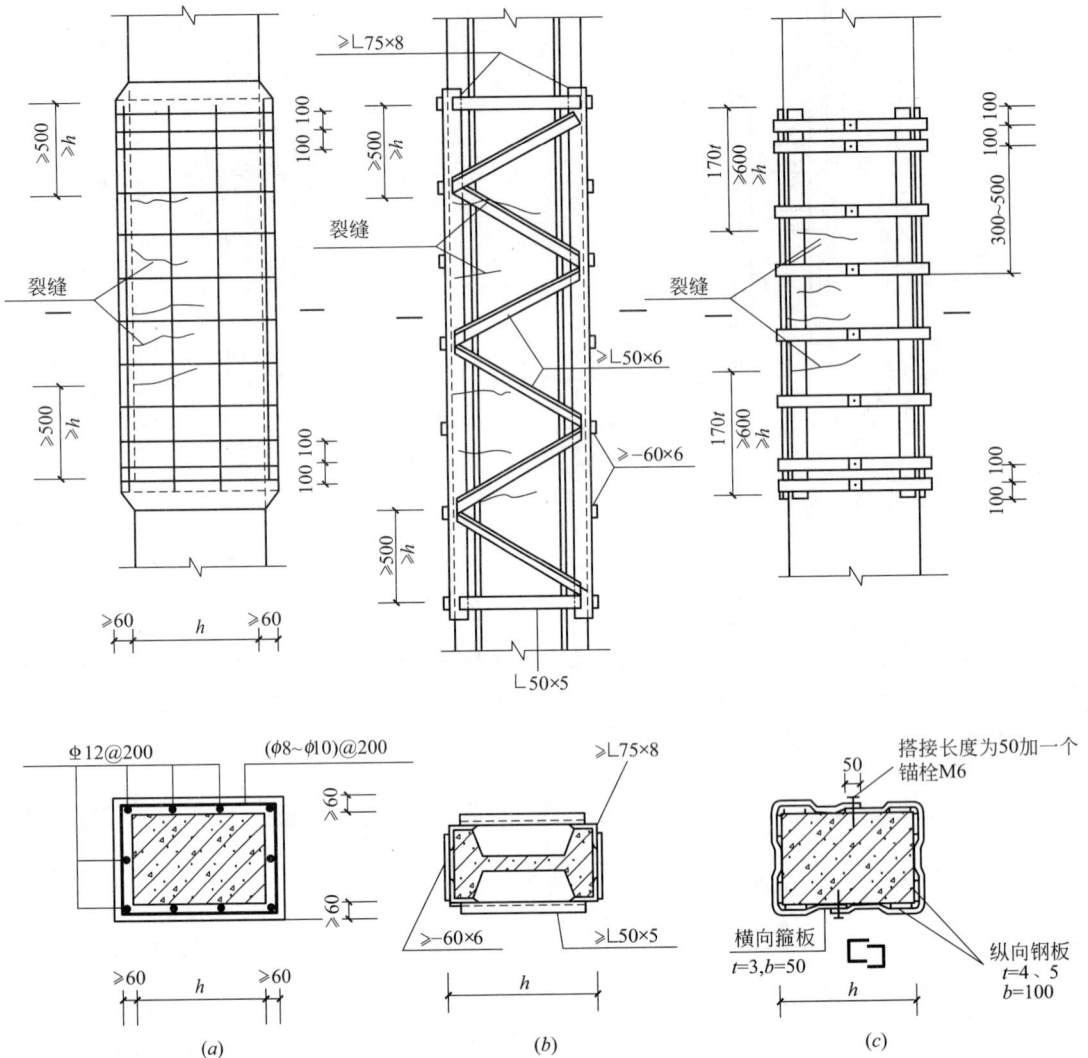

图 13.7.22　柱身裂缝加固
(a)钢筋混凝土围套；(b)外包角钢；(c)粘贴钢板

　　(4) 柱脚裂缝加固：当柱脚裂缝距基础顶面大于 500mm，或者是超过受拉钢板粘贴延伸长度时，可按照柱身裂缝加固的方法处理；当柱脚裂缝在基础顶面或顶面附近时，柱身部分的加固也和柱身裂缝加固方法一样，而柱身加固的纵向钢筋，纵向角钢或钢板在柱脚的锚固是在原有基础上做钢筋混凝土支墩，其平面尺寸与基础上台阶相同，支墩高度不小于 300mm(围套加固)和 500mm(角钢或粘贴钢板加固)，支墩竖向钢筋直径不宜小于 10mm，间距为 200mm；横向箍筋直径为 10mm，间距为 100mm。其他详见大柱柱身裂缝加固构造(图 13.7.23)。

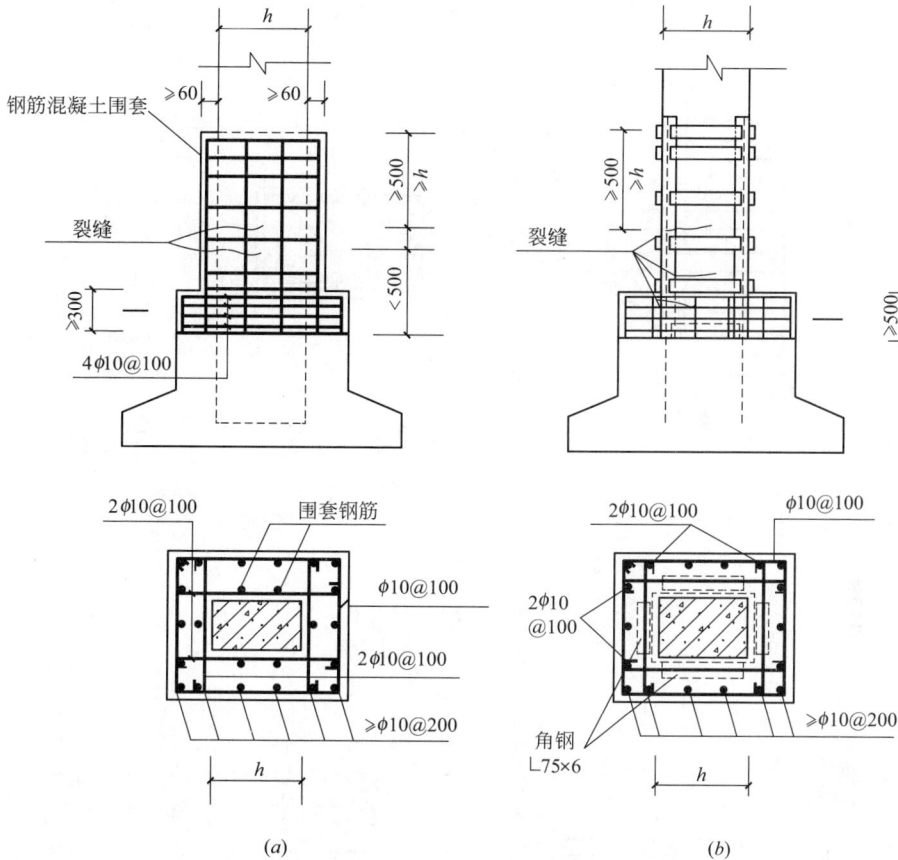

图 13.7.23　柱脚裂缝加固

(a)钢筋混凝土围套；(b)外包角钢(或粘贴钢板)

2. 柱牛腿加固：

(1)钢筋混凝土围套加固：原牛腿的强度不足，可采用加围套的加固方法，将牛腿及其上下段柱周围的混凝土表面凿去 5～10mm，清洗干净涂结构界面剂后加钢筋混凝土围套以形成整体。围套长边厚度不宜小于 80mm；短边厚度不宜小于 60mm，牛腿的加固钢筋由计算确定，其直径不宜小于 16mm，配置在牛腿两侧的加固钢筋可绕过柱背以加强锚固；配置在牛腿中部的纵向受拉加固钢筋的两端应与原柱内的纵向钢筋焊接，箍筋直径不宜小于 10mm，间距为 100mm，采用由双"冂"形套箍组成，电焊搭接(图 13.7.24)。如原柱牛腿上已支承有吊车梁或低跨屋面梁、屋架时，可采用加大牛腿高度或钢构套的加固方法。

(2)加大牛腿高度：当原有牛腿高度未能满足裂缝控制要求或纵向受力钢筋不足时，可采用钢筋混凝土加大牛腿高度的加固方法。新加牛腿高度应根据计算确定，新旧牛腿接触面应把混凝土保护层凿除，新加牛腿钢筋的上端与原牛腿钢筋焊接；下端与原柱内纵向钢筋焊接，新加牛腿水平箍筋应绕过原柱背，箍筋可用双"冂"形套箍组成。接触面经冲洗干净并涂结构界面剂后把新增高牛腿部分用混凝土捣实，其他部分用 1∶1 水泥砂浆分层抹平压实。为了加强新旧混凝土结合和提高新加牛腿抗剪承载力，对较大的牛腿可在其接触面增设适量的锚栓或钻孔植筋(图 13.7.25)。其他可见牛腿加围套构造。

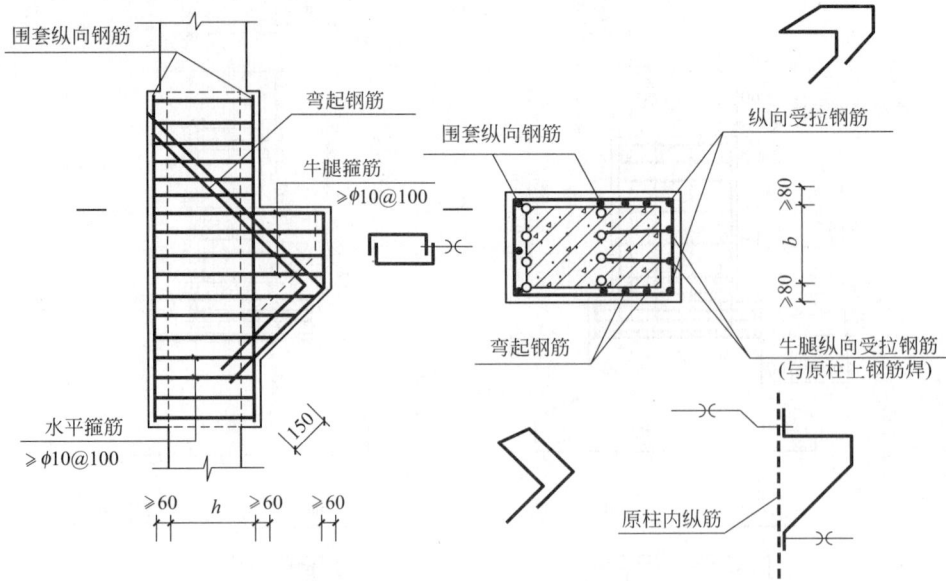

图 13.7.24　柱牛腿加固(一)

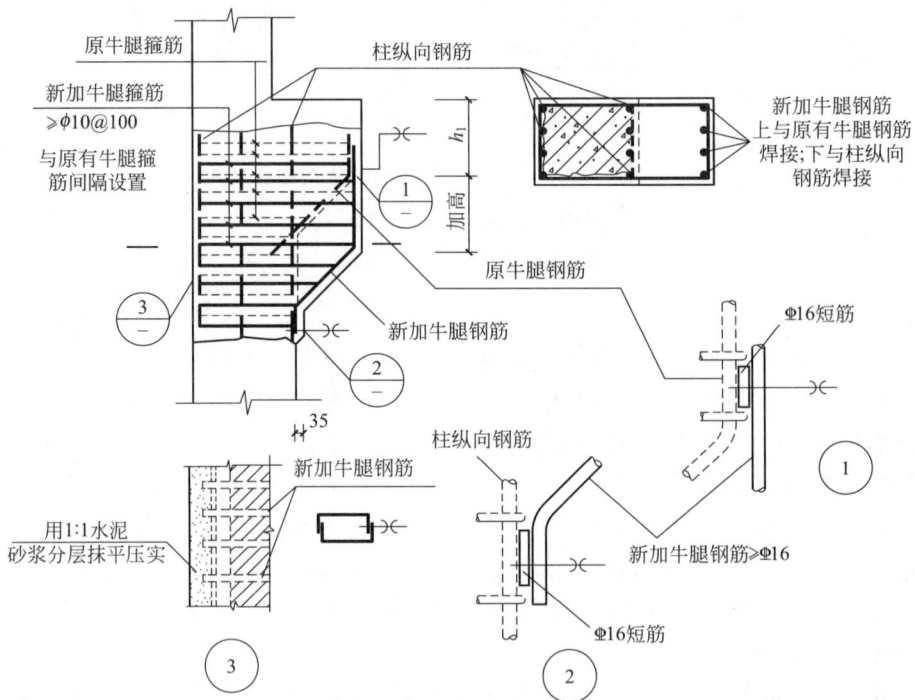

图 13.7.25　柱牛腿加固(二)

(3)钢构套加固:由于牛腿的抗弯(拉)、抗剪强度不够、遭受破坏或裂缝严重等情况,可采用钢构套的方法加固,对于遭受破损或裂缝的牛腿应经修补处理后才能施工钢构套,具体有以下两种加固形式:

1)抗拉力加固:有钢缀板加固和钢螺杆加固两种构造:

① 钢缀板加固：按照角钢在牛腿位置的混凝土表面凿毛和去棱角，水冲洗净，用卡具从两方向将角钢卡紧贴于牛腿四角，焊上缀条以形成整体钢构套，角钢和缀条与牛腿之间缝隙可用 1∶1 水泥砂浆捻塞紧填实，也可灌注结构胶粘结，角钢一般采用∟75×8，钢缀板根据受力情况和构造要求确定，一般不宜小于－100×8(图 13.7.26a)。

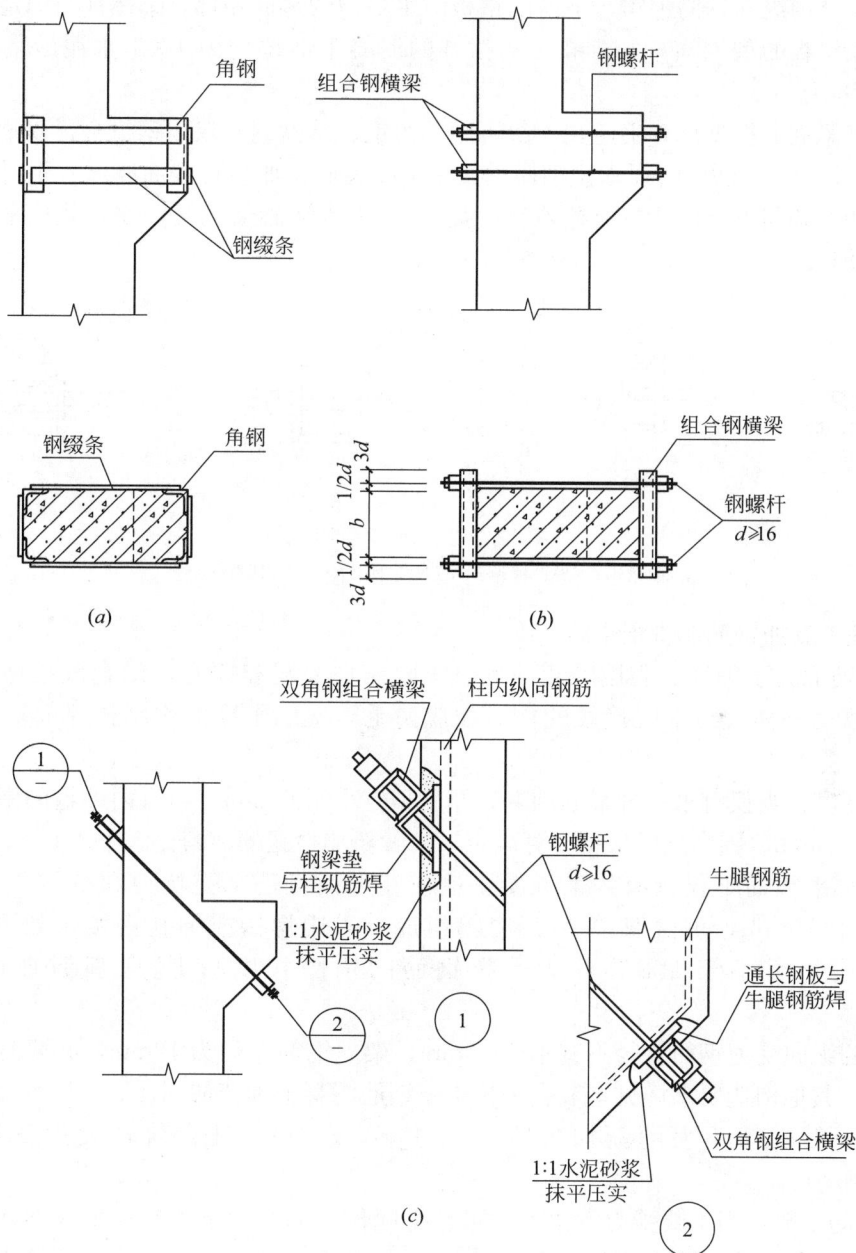

图 13.7.26　柱牛腿加固(三)

(a)钢缀板拉力加固；(b)钢螺杆拉力加固；(c)剪力加固

② 钢螺杆加固：在牛腿受力方向用钢螺杆承受拉力，螺杆的两端固定于紧贴于牛腿两侧的型钢横梁上，钢螺杆截面应根据计算确定，其直径不宜小于16mm，钢螺杆应紧贴

牛腿侧面，以人工用 12 吋扳手拧紧螺帽，钢螺杆应力一般都可以达到 50MPa 以上，两侧螺杆的张拉应力力求一致，螺杆拧紧后应用双螺帽固定，（图 13.7.26b）。

2）抗剪力加固：一般也是采用螺杆加固方法，其截面要求和施工方法与抗拉力的钢螺杆加固相同。钢螺杆垂直于牛腿斜边，把钢螺杆上下端部位的混凝土保护层凿除，上端的钢垫梁与柱内纵向钢筋焊牢，下端的钢板与牛腿内的钢筋相焊，钢螺杆与固定于上端钢垫梁和下端钢板的型钢横梁相连接，对凿开的混凝土部位均用 1:1 水泥砂浆抹平压实（图 13.7.26c）。

型钢横梁截面根据计算确定，一般可用单角钢、单槽钢、双角钢组合、双槽钢组合等形式（图 13.7.27）。加固时要求型钢横梁紧贴牛腿表面，如牛腿表面高低不平时，应用机械磨平；如牛腿与型钢横梁间有缝隙时，宜用 1:1 水泥砂浆或聚合物砂浆抹平。安装后应作防腐处理。

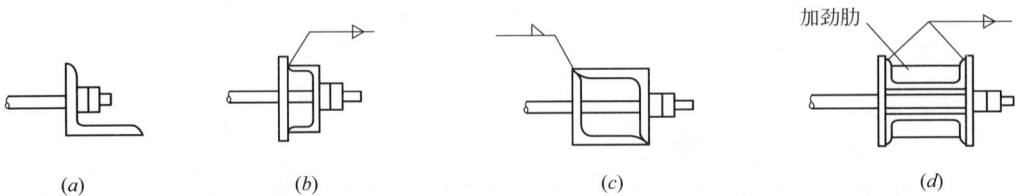

图 13.7.27   型钢横梁

(a)单角钢；(b)单槽钢；(c)双角钢组合；(d)双槽钢组合

（4）柱上新加钢筋混凝土牛腿：

1）钢筋混凝土围套：利用围套的混凝土收缩把牛腿和原有柱结合成整体，在加固计算时可视为一体。与牛腿接触的柱表面应凿毛，洗刷干净涂刷结构界面剂后浇筑混凝土。

围套厚度：当仅有水平外箍的围套，厚度不宜小于 60mm；当有内外箍的围套，厚度不宜小于 100mm。围套高度根据计算确定，一般新加牛腿的剪跨比宜小于 0.3。

围套水平箍筋不仅具有约束混凝土横向变形而且还承受抗剪和抗拉作用，其直径不宜小于 10mm，可由双"冂"形套箍组成，采用焊接或绑扎搭接，如采用绑扎，其搭接长度不宜小于 $1.2l_a$（l_a 为受拉钢筋的锚固长度）；竖向箍筋直径一般采用 12mm。

围套的纵向受力钢筋直径不宜小于 16mm，架立钢筋直径为 12mm，必要时也可配置弯起钢筋，其他构造要求详见本节有关柱牛腿钢筋混凝土围套加固。

对于一般受荷不大的新加牛腿见图 13.7.28（a）；对受荷较大的新加牛腿见图 13.7.28（b）。

2）植筋牛腿：当牛腿受力不很大时可在牛腿位置的上和下侧钻孔植入钢筋，其直径或根数根据计算确定，钢筋直径不宜小于 16mm，根数不少于 2 根，水平箍筋直径不宜小于 10mm、间距为 100mm，箍筋要求与柱内纵向钢筋焊接。与牛腿接触的柱表面应凿毛，洗刷干净涂刷结构界面剂后浇筑混凝土（图 13.7.29），必要时可在接触面设适量的锚栓或植短钢筋以增强新加牛腿与原柱的结合及提高其抗剪能力。

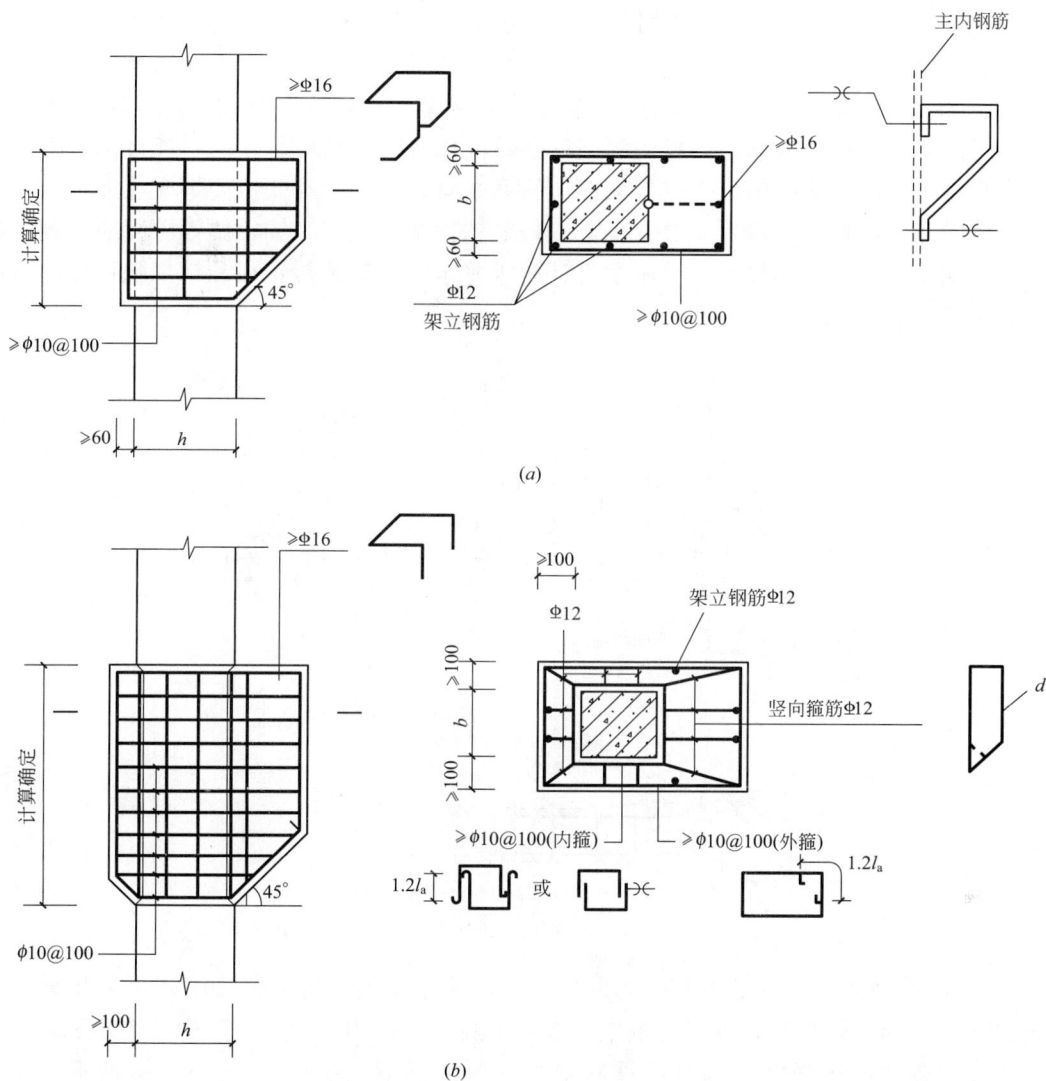

图 13.7.28　钢筋混凝土围套牛腿

(a)受荷不大的新加牛腿；(b)受荷较大的新加牛腿

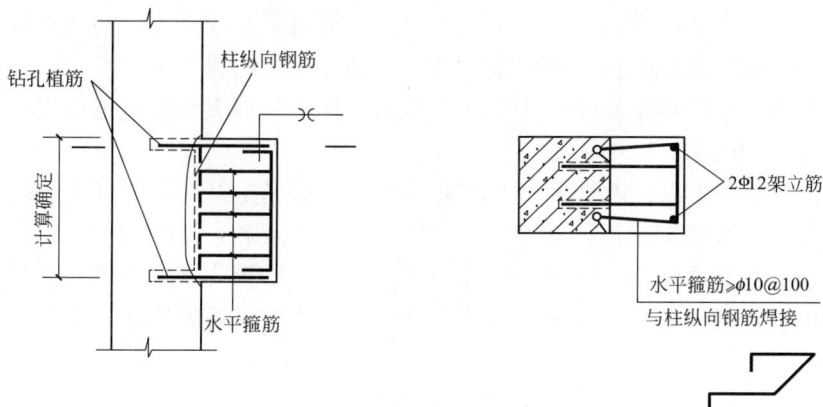

图 13.7.29　植筋牛腿

（5）柱上新加钢牛腿：根据使用上需要，在原柱上新加钢牛腿以支承钢筋混凝土梁或钢梁，其连接构造有两种：

1）锚栓连接：这是目前较常用的连接方法，构造简单，施工方便。施工时先采用金属探测仪器测定连接钢板部位的柱内纵向钢筋情况以确定锚栓位置，同时连接钢板根据锚栓孔实际位置钻孔，连接钢板与柱接触面应打磨平整，钢牛腿在安装前焊在连接板上，连接板的背面涂上结构胶粘剂后安装在柱上，拧紧锚栓加以固定。锚栓锚固深度应按规范计算确定，钢牛腿的钢板厚度和尺寸根据设计要求确定，一般连接钢板和钢牛腿钢板的厚度都不宜小于 10mm（图 13.7.30）。

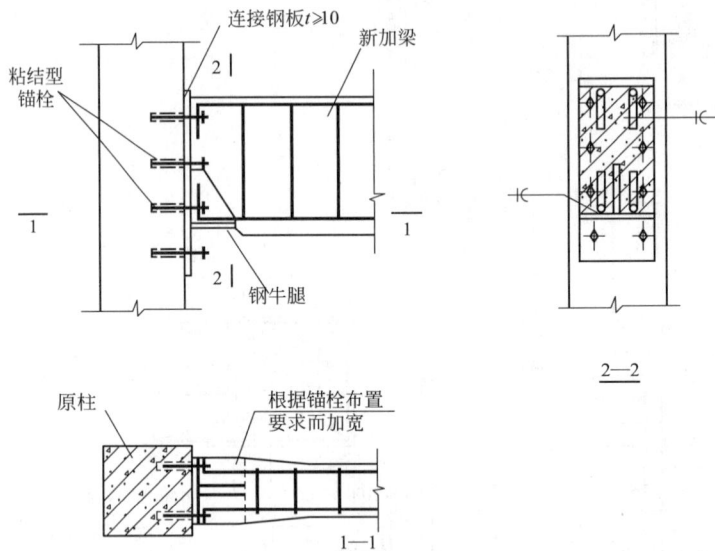

图 13.7.30　柱上新加钢暗牛腿（一）

2）外包型钢连接：由于柱内钢筋过多过密，采用锚栓连接有困难时，可采用外包型钢连接。柱四周角钢长度和规格应根据作用在牛腿上的作用力及其所产生的力矩和角钢支承面积以及砂浆承压强度等因素计算确定，一般角钢不宜小于∟75×8，缀板不宜小于—60×6，钢牛腿的钢板厚度不宜小于 10mm。

安装角钢前，应把柱棱角打掉，用水冲洗干净后抹 1：1 水泥砂浆或环氧胶泥，立即将角钢粘贴上，并用卡具在两方向将角钢卡紧，然后将缀板或连接板与角钢焊接，必须交错施焊，整个焊接应在浆液初凝前完成。所有钢构件应作防腐处理。

柱上新加支承梁的钢牛腿如图 13.7.31 所示。柱上新加支承起重量不大的轻级工作制吊车梁的钢牛腿如图 13.7.32 所示。

（6）柱上增设钢支托：由于生产上需要在柱上设钢支托以支承管道或悬挂物。通常采用螺杆夹紧型钢组成的钢支托，其连接构造简单，便于装卸，更适用于临时性支托。

钢支托支承力是由型钢与柱间的摩擦力所决定，而摩擦力的大小取决于其接触面和螺杆夹紧力，因此，接触面如有不平应磨平，要求用扳手交替拧紧螺帽直至拧不动为止，拧紧后用双螺帽固定。

钢支托在柱上节点，可作为悬臂支托的固定端，也可作为简支梁支座。由于柱截面尺寸有偏差，穿螺杆的螺孔宜做成椭圆形（图 13.7.33）。

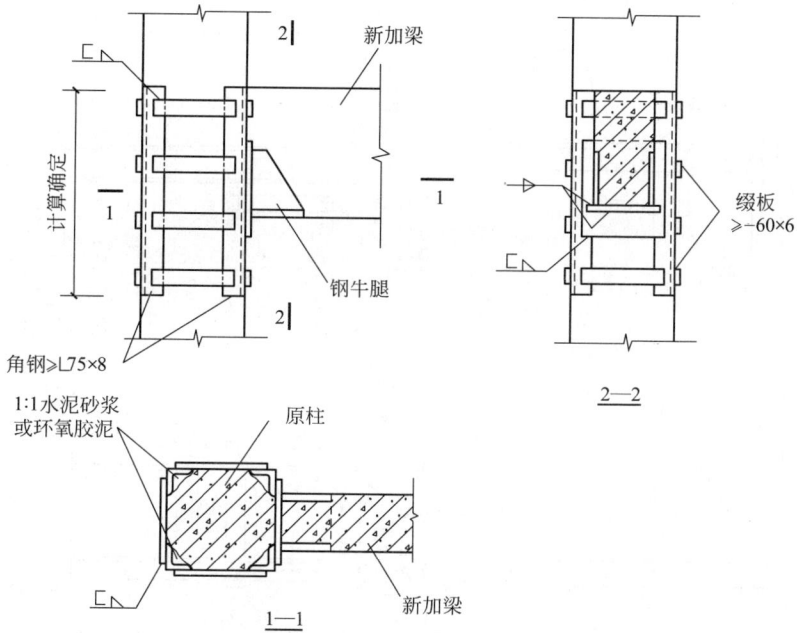

图 13.7.31　柱上新加钢暗牛腿(二)

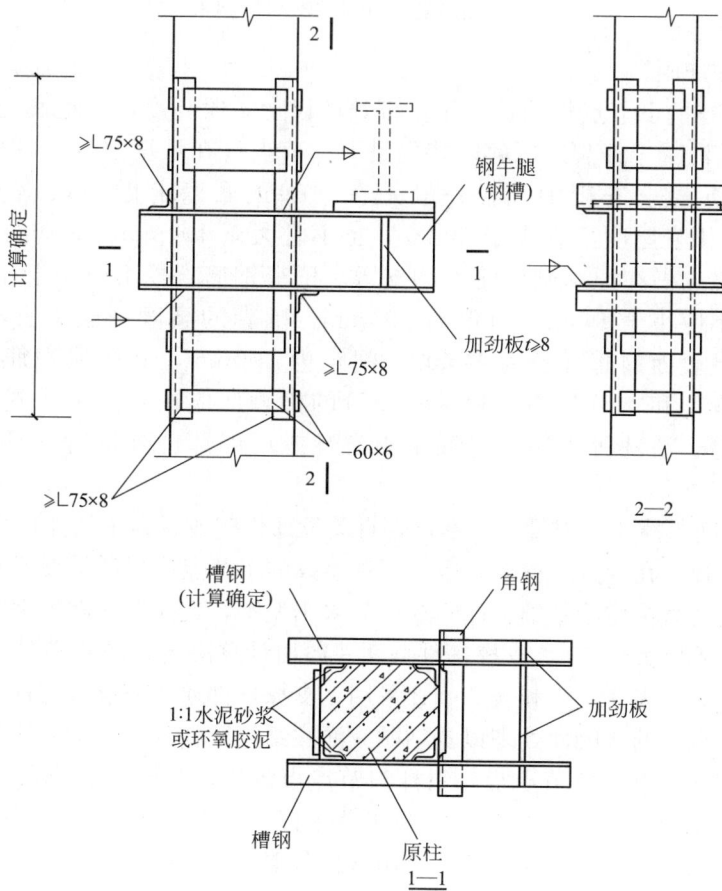

图 13.7.32　柱上新加型钢牛腿

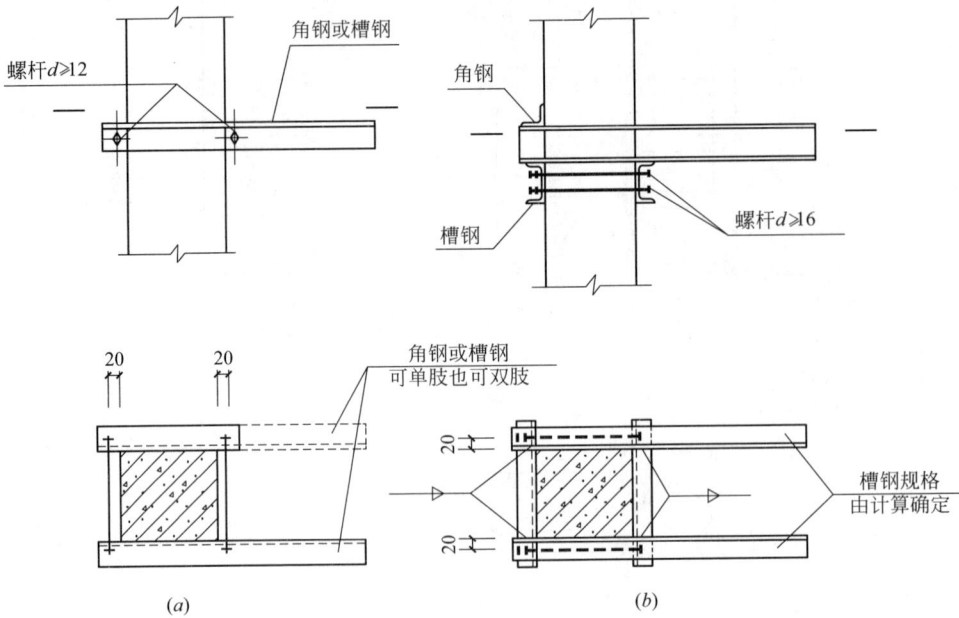

图 13.7.33　柱上新加钢支托
(a)轻型钢支托；(b)承重较大的钢支托

3. 柱间支撑加固：

(1)下柱支撑的下节点加固：位于基础顶面以上一段高度，在地震力作用下而出现柱根部的破坏，混凝土开裂或压碎，特别是下撑节点设在厂房室内地坪标高或以上时，因此，对此节点要求进行加固。一般是在基础顶面以上做一段钢筋混凝土围套（图 13.7.34），围套厚度不宜小于 60mm，也不宜大于 100mm，围套的竖向钢筋根据计算确定，并锚入做在原基础台阶上的支墩。围套钢筋直径不应小于 12mm，箍筋应封闭，其直径不应小于 8mm，间距为 100mm，围套的高度一般不宜小于 1000mm。原基础上的支墩表面钢筋直径为 12mm，间距为 200mm，其竖向钢筋宜植筋锚入原基础台阶内。围套和支墩与柱子和基础台阶的接触面应按施工要求进行凿毛，清除柱根部酥松碎碴，清洗等工序，对混凝土裂缝或压碎部位要进行处理，在浇筑混凝土前涂刷结构界面剂。

(2)增设柱间支撑：由于设计上不符合有关设计规定或者为了加强厂房纵向刚度，要求在柱间增设支撑。在设置支撑时，应把下柱支撑的下节点位置尽量靠近基础的顶面，尽可能将地震作用力直接传给基础。柱间支撑应采用型钢，支撑形式宜采用交叉式，其斜杆与水平面的交角不宜大于 55°。支撑杆件截面一般由计算决定，尚应满足长细比要求，最大长细比应按第 9 章表 9.4.1 和表 9.4.2 采用。支撑杆件通过节点板与柱上的连接角钢或锚板相焊接。节点处的接触面处理以及粘贴或灌注结构胶粘剂的施工方法和要求均见本章第二节。支撑在交叉点设置节点板，斜杆与节点板焊接，支撑上的节点板厚度不应小于 8mm。为了安装就位方便，每个支撑杆端部设有直径为 16mm 的安装螺栓。所有支撑应作防腐处理，埋入地面以下的支撑杆件应用低标号混凝土裹起。柱间支撑通过斜杆端的节点板与柱子连接，其连接形式和构造有以下两种：

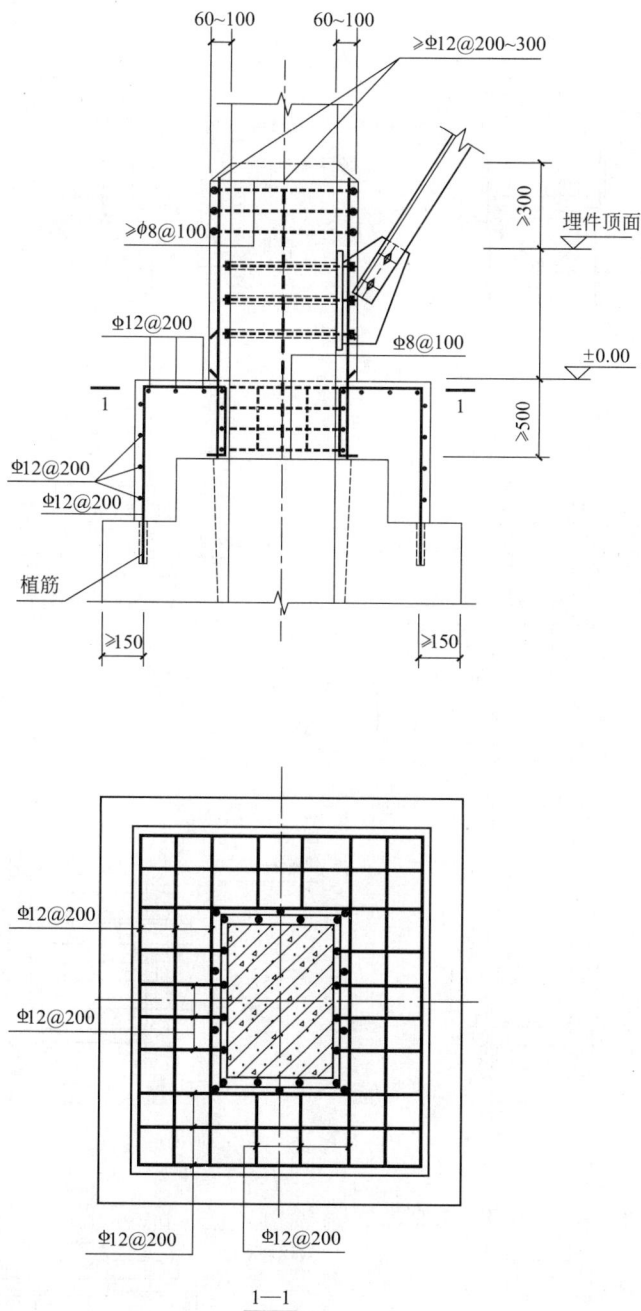

图 13.7.34　柱间支撑柱根部加固

1）外包角钢构套，用螺杆固定并夹紧连接角钢，支撑的节点板与柱上的连接角钢焊接，这种构造适用于非抗震及抗震设防烈度为 6 度的厂房加固设计，一般钢构套的角钢不宜小于∟75×8，缀板不宜小于—60×8，连接角钢不宜小于∟75×10，钢螺杆直径不宜小于 20mm，详细构造见图 13.7.35。

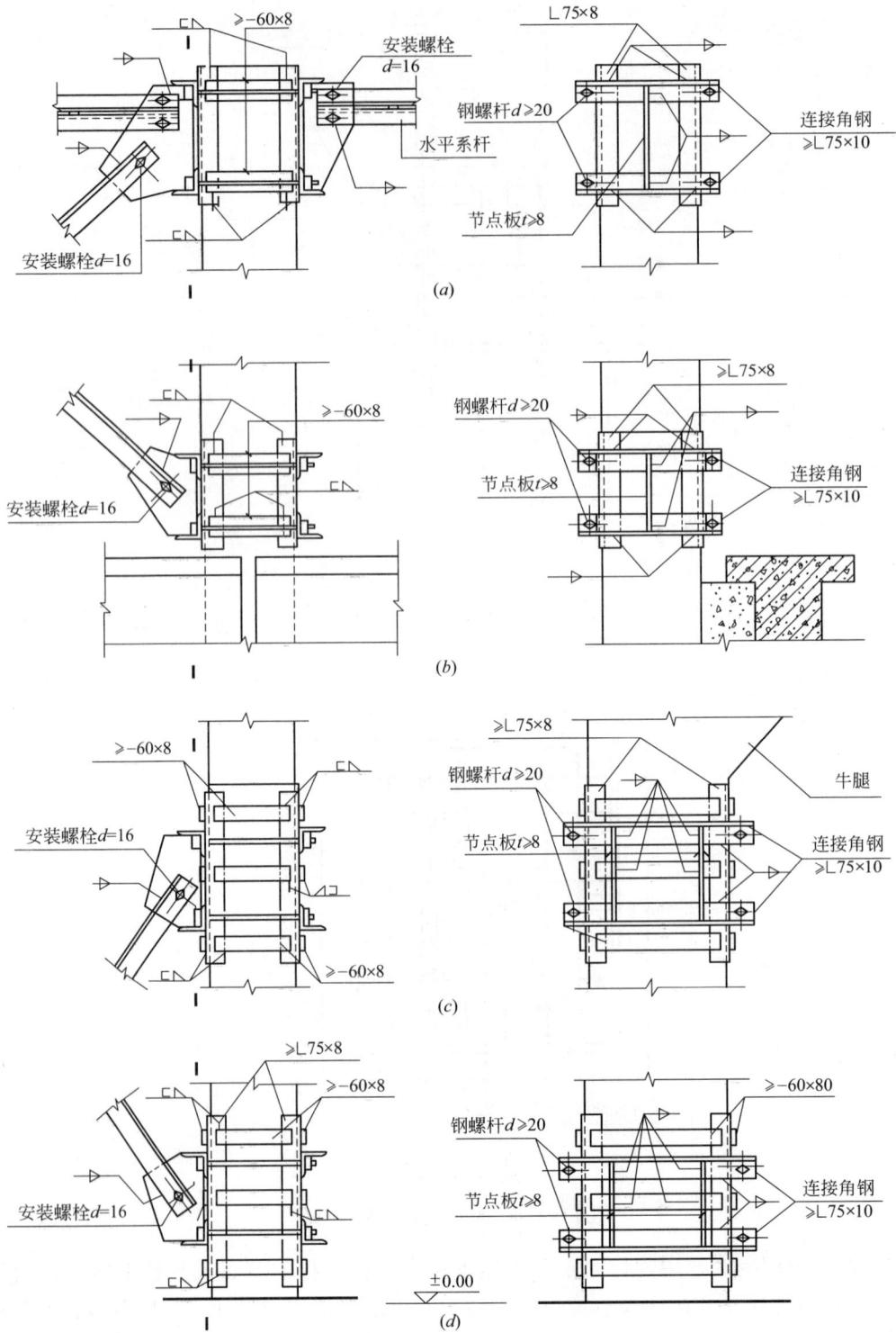

图 13.7.35 柱间支撑节点连接(一)

(a)上柱上节点；(b)上柱下节点；(c)下柱上节点；(d)下柱下节点

2) 锚板与高强螺杆穿孔连接，这种构造适用于抗震设防烈度为 7 度、8 度和 9 度地区的厂房加固，穿柱高强螺杆采用 8.8 级，其直径和数量均计算确定，但直径不宜小于 20mm，锚板的厚度应满足抗弯承载力要求，其厚度不宜小于 12mm，垫板厚度为 10mm。为了避免钻孔与柱内钢筋相碰，应事先用金属探测仪器探测柱内钢筋情况，以确定钻孔位置，同时锚板也根据实际定位钻孔位置，详细构造见图 13.7.36。锚板和垫板处在柱贴合面应剔除其风化、剥落、疏松等缺陷直至露出骨料新面，要求表面平整，其间空隙（包括钻孔空隙）应在连接板与锚板的焊接完成后灌注粘贴钢板专用的结构胶粘剂。

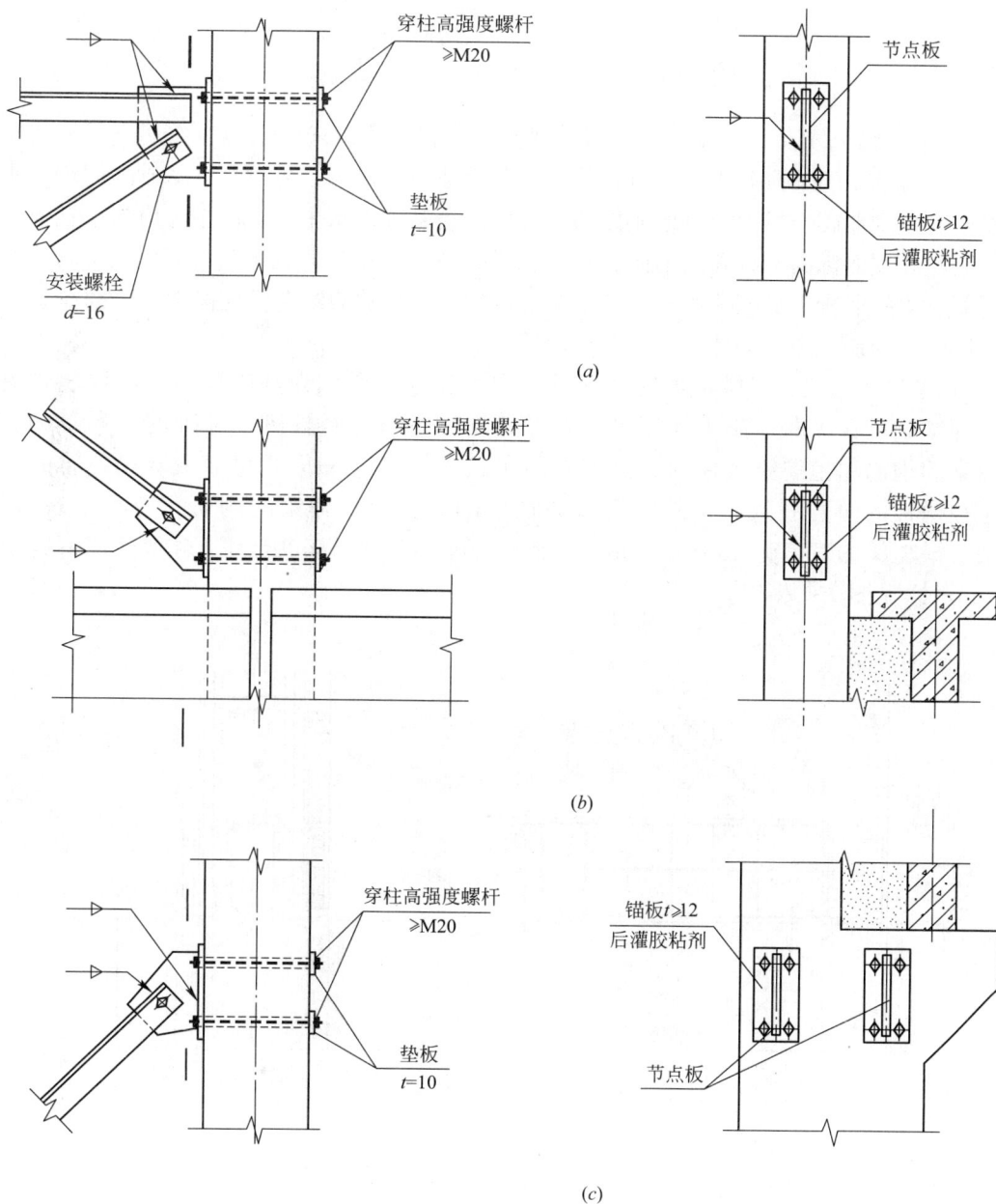

(a)

(b)

(c)

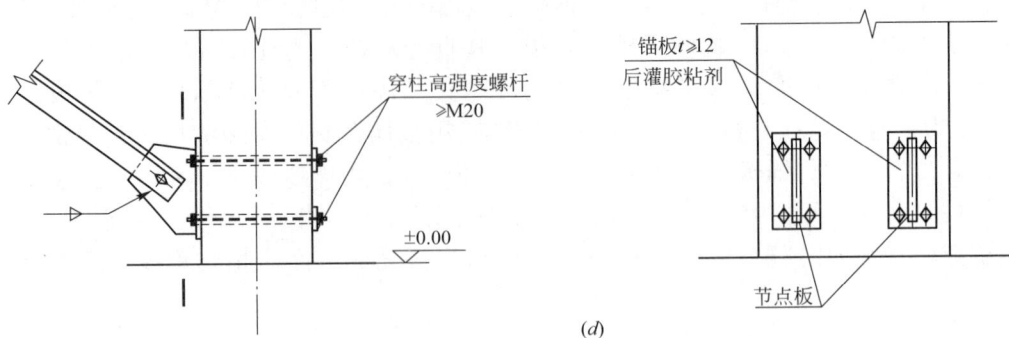

图 13.7.36   柱间支撑节点连接(二)

(a)上柱上节点；(b)上柱下节点；(c)下柱上节点；(d)下柱下节点

(3) 柱间支撑开间的基础之间增设水平压梁：沿厂房纵向的地震力作用下，柱间支撑的柱根部所承受的偏拉剪或偏压剪斜截面受剪承载力不足时，可以在其基础之间增设水平压梁，以减少地震作用力或将地震作用力直接传给基础。水平压梁的中心应与下柱侧面中心一致，其顶面标高不宜高出地面。水平压梁一般采用型钢梁或钢筋混凝土梁。若采用钢筋混凝土梁的混凝土强度等级不应低于C25，与柱和基础的结合面应凿毛、去碎屑、刷净并涂结构界面剂一道，具体有以下两种形式：

1) 在两柱柱根之间做矩形钢筋混凝土水平压梁，梁搁在基础顶面，这种形式更适合于深基础，在纵向地震力作用下，要考虑支撑下节点对柱脚和基础的不利影响。水平压梁的钢筋用植筋锚入柱内。对纵向柱距较大(如 12m)时，可做成双梁，梁的中心与下柱锚板的中心一致。梁的钢筋可焊在柱的锚板上，两梁的侧面间应有连系短梁，一般水平压梁的宽度为 250～300mm，梁的高度不宜小于 500mm，钢筋直径不宜小于16mm，详见图 13.7.37。

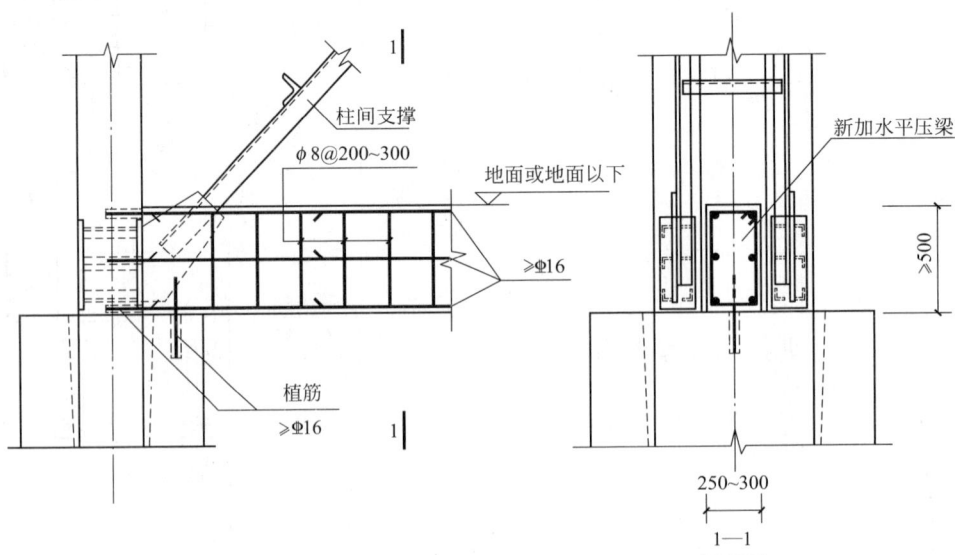

(a)

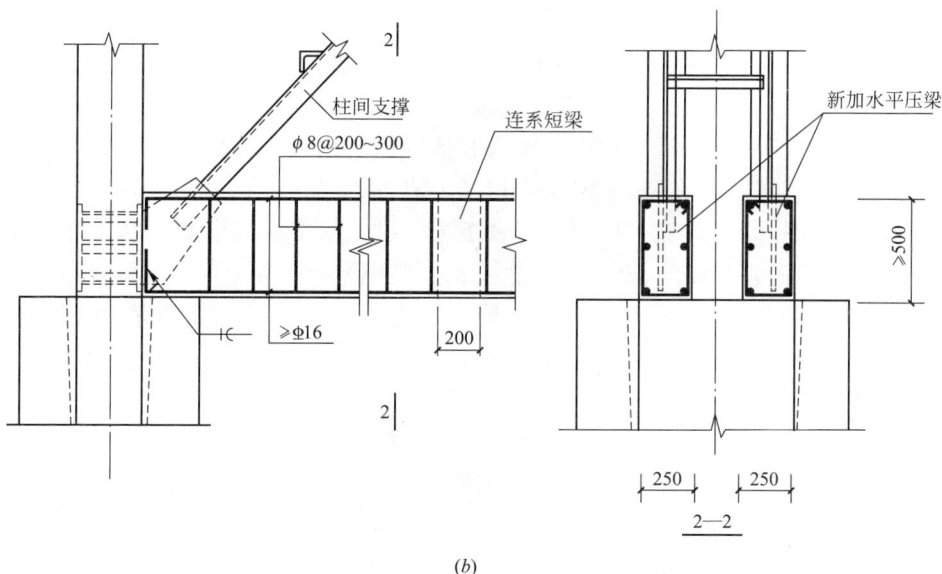

(b)

图 13.7.37　柱间支撑柱基间增设水平压梁

(a)单梁；(b)双梁

2）在两基础之间做墙式压梁，把厂房纵向地震作用力直接传给柱基础。压梁宽度不宜小于 300mm，在两端应加宽并加肋，压梁的钢筋直径采用 12mm，间距 250～300mm，水平钢筋和在原基础上的竖向钢筋用植筋锚入原基础内，在梁的两端顶面埋设有预埋件与支撑下节点的节点板相焊接，预埋件的锚板和锚筋截面应经计算和构造要求确定，一般除锚筋外还要加焊抗剪角钢或钢板，压梁的详细构造见图 13.7.38。

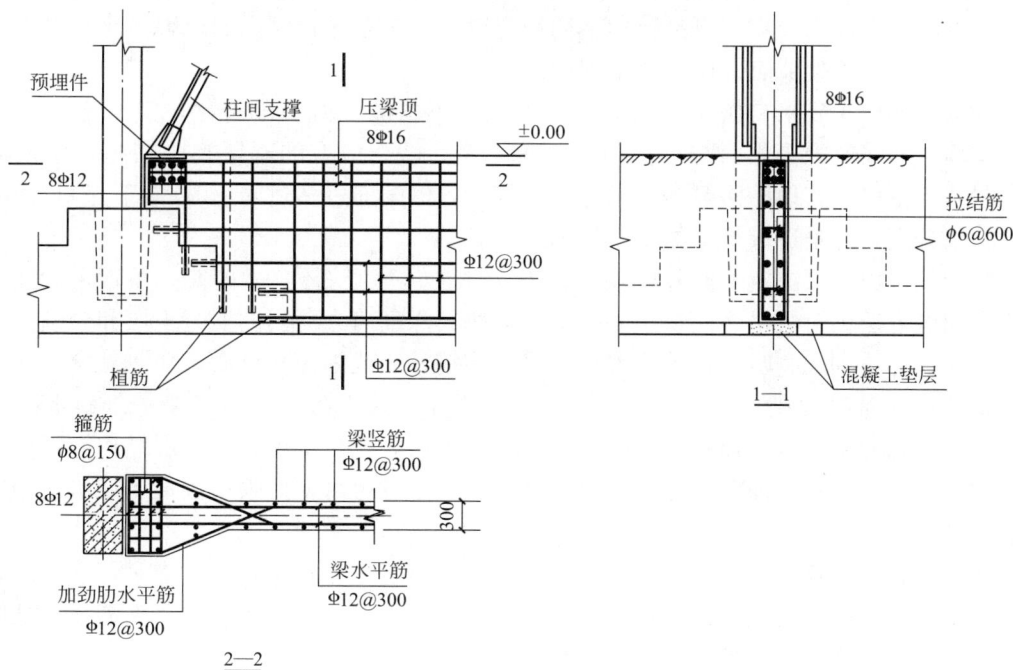

图 13.7.38　柱间支撑柱基间增设墙式压梁

第八节 混凝土缺陷的处理

混凝土工程由于材料或施工质量问题及其他原因，出现各种病害和缺陷，暴露于混凝土外表面，如露筋、露石、蜂窝、麻面、掉角、剥落、腐蚀、钢筋锈蚀和裂缝等等；出现于混凝土内部，如孔洞、缝隙、松弱夹层和混凝土碳化等等。在混凝土和钢筋混凝土结构中，无论存在那种病害和缺陷都是十分有害的，往往因为缺陷的存在而大大降低结构的承载力，影响结构的耐久性。因此，对已出现的各类缺陷必须进一步查清缺陷的部位、范围、大小、性质，必要时可用一些检测手段验证，以便采取有效的措施进行处理。以下提出几种缺陷的处理方法：

一、麻面、露筋

这是一种混凝土表面局部缺陷。麻面表现结构表面粗糙或有许多小凹坑，一般发生在楼板板底和其他平面结构。露筋是混凝土结构内的钢筋没有被混凝土包裹而外露，一般发生在楼板和梁的底部和构件的外部，产生麻面、露筋的主要原因是由于混凝土配合比欠佳、搅拌不均匀、模板表面粗糙或未浇水、混凝土垫块缺少或错位等等。

首先是清除混凝土表面的浮渣等酥松部分，用钢丝刷刷净，如是露筋则要除锈，然后用压力水或清水冲洗，充分湿润后在缺陷处涂一层水泥净浆，再用 1：2 水泥砂浆分层抹补压平压光。如果缺陷的面积较大，也可以用喷射混凝土进行修补。抹平或修补后均要认真养护。

二、蜂窝

蜂窝是指混凝土局部酥松，砂浆少，石子多，石子之间出现空隙，形成蜂窝状孔洞，常见的蜂窝有表面的、深进的和贯通的三种，这几种蜂窝都直接影响到结构的承载力，尤其是深进的和贯通的蜂窝，更是影响结构稳定性，甚至是导致倒塌的原因。蜂窝多出现于柱子、剪力墙、框架节点、楼板和基础中。

蜂窝的形成主要来自施工上的原因：如选择不良的混凝土配合比；混凝土和易性不好；运输中和浇筑混凝土时分层离析；振捣不实，缺乏应有的逐层捣固措施；模板不严密，漏浆严重以及其他原因等等。另外，由于设计的配筋过多过密（如框架节点），使混凝土的料浆分离，也是造成蜂窝的主要原因之一。

蜂窝的形成特征决定着修补处理的方法。对数量不大又不深的蜂窝，可以采用处理混凝土麻面的方法；对数量多面积大的蜂窝，应按其深度凿去薄弱的混凝土层和个别突出的骨料颗粒，尽量剔成喇叭口，外边大些，然后用钢丝刷或加压水洗刷表面，充分湿润，并涂一层结构界面剂，采用强度不低于 C25 且高于原结构混凝土强度等级的细石混凝土进行修补，加强养护。也可以在表面处理并洗刷干净后，充分干燥、涂一层结构界面剂，用聚合物砂浆或聚合物水泥砂浆分层填实压平。如有条件也可采用喷射混凝土或水泥压浆的方法修补处理。

三、夹层、夹渣

主要是施工缝处混凝土结合不好或混凝土内因外来杂物而造成夹层、夹渣，它把结构分隔成几个不相连接的部分，影响结构整体性。

对于显著的和深进的施工缝，应清除其外来夹杂物至最大可能的深度，凿去夹渣层和松散部分混凝土，清除在表面附着的水泥浆，然后用麻袋布将加固面充分湿润以保证新、旧混凝土的结合。

对于夹层、夹渣剔缝深度不超过 30mm，可在剔除部位清理干净，充分湿润后，分层抹1：2水泥砂浆并养护。

对于有夹层、夹渣的柱子，当剔凿口的高度小于 100mm 时，在清理干净，充分湿润后，可直接采用捻浆法处理，捻浆用干硬性细石混凝土，干硬程度以用手捏成团，落地散开为佳。捻浆时将柱较宽的两面用模卡卡紧，从另两面将干硬性混凝土挤入，分层捻实，每层 30～50mm，层间接触面刷少许水泥净浆，捻浆至边缘处留 10mm 厚用 1：2 水泥砂浆压实抹光。当剔凿口的高度大于 100mm 时，先支模浇筑细石混凝土，留出 50mm 深的空隙，待新浇细石混凝土强度达到 20MPa 以上后，再作捻浆处理，也可采用喷射混凝土施工，最后用麻袋包裹浇水养护，保持充分湿润不少于 7 昼夜。

四、孔洞

由于混凝土在某一部位阻塞不通，结构中通常就产生了孔洞。孔洞不同于蜂窝，蜂窝的特征是混凝土局部缺浆、石子多，石子之间出现空隙，而孔洞则混凝土结构内有空腔，局部没有混凝土。孔洞的尺寸较大，以至于钢筋全部裸露，造成结构内贯通的断缺或结构整体的损坏。表面的孔洞通常有轻微的凹陷，凹陷多的地方就有孔洞群，和深进的孔洞同样存在对结构承载力的危害性。

孔洞产生的主要原因是漏振或振捣不实，严重漏浆或钢筋过密以及模板内土块、木板等杂物所造成，常出现于大梁的下部、大截面柱的中部、框架节点、剪力墙的底部等部位。

孔洞缺陷一般会影响结构的安全，为此，在处理梁柱的孔洞之前，应先采取安全措施，在梁底用支撑支牢，然后进行处理。

处理混凝土构件中的孔洞，应采用置换混凝土的加固方法，孔洞边缘的混凝土都带有坍散骨料的疏松表面和松弱浆膜，在修补孔洞之前对这些不密实部分应清除掉并用水冲洗干净，充分湿润，然后浇灌细石混凝土并用小振捣棒分层振实。可以在孔洞的混凝土浇灌口做上带托盒的悬挂式模板，使浇筑的混凝土高出洞口的水平，以创造一些混凝土势压，增加孔洞中混凝土的密实性(见图 13.8.1)。孔洞也可以采用水泥压浆或喷射混凝土补强，细石混凝土的水灰比可控制在 0.5 以内，可掺入适量的微膨胀剂。

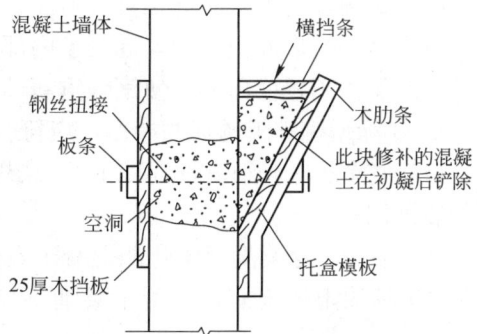

图 13.8.1　墙体上孔洞修补

五、钢筋锈蚀

钢筋锈蚀也是混凝土结构主要缺陷之一，由于锈蚀导致钢筋截面的缺损，直接影响结构安全，从而大大降低混凝土工程的耐久性，缩短结构的使用寿命。

钢筋混凝土结构中钢筋锈蚀病害发展过程一般分为三个时期：前期的特征是钢筋表面局部锈蚀，出现锈斑、锈片等；中期是钢筋表面锈蚀膨胀和混凝土保护层脱离发生层裂；后期是发展至顺筋胀裂、保护层及部分边角脱落。

产生钢筋锈蚀的原因是多方面的，有大气环境介质化学腐蚀，但在工程实践中施工质量是一个主要因素，混凝土水灰比不当、振捣不良、养护不严、混凝土密实性差、混凝土保护层太薄和不密实，甚至出现蜂窝、麻面，裂缝等缺陷，使大气中的二氧化碳、氯离子、氧等较易渗进混凝土，较快地到达钢筋表面，导致碳化并使钢筋锈蚀。

（一）钢筋锈蚀的处理方法应根据锈蚀的程度而定：

1. 对于前期的钢筋锈蚀以及碳化到钢筋表面的混凝土，可在构件表面用水清洗干净后抹 20mm 厚的 1∶2 水泥砂浆，分层抹实压光，也可以在清洗干净并干燥后，涂刷一层沥青漆、过氯乙烯漆、环氧树脂涂料或喷涂型阻锈剂。

2. 对于中期的钢筋锈蚀，即钢筋与保护层脱离发生层裂，敲击保护层发生空鼓声音，虽然肉眼看不见裂缝，但钢筋锈钢已使保护层脱离，保护层胀裂只是时间问题，原则上应将敲击空鼓的保护层凿掉，将锈蚀钢筋用钢丝刷除锈并清洗干净，用环氧树脂补足缺损截面，涂上一层结构界面剂，对较薄的修复层可用 1∶2 水泥砂浆分层抹实压光，对较厚及面积较大的修复层，可用强度等级不低于 C25 且高于原结构混凝土等级的细石混凝土浇筑新的保护层，并进行良好的养护，最后喷涂或涂刷喷涂型阻锈剂。

3. 对于后期的钢筋锈蚀，如顺筋胀裂、部分混凝土保护层和边角脱落，必须将开裂及松动的保护层砸掉，将粘在钢筋上的混凝土碎块和灰浆打掉，使钢筋全部露出，然后把钢筋上的锈皮层和浮锈彻底刷掉并清洗干净，对于钢筋锈蚀严重，有效面积减少，应增焊相应面积的钢筋补强，此时，混凝土清除范围应考虑增焊钢筋的搭接长度，比锈蚀部分要长一些，在浇筑混凝土之前，用压力水冲洗干净，充分湿润后采用强度等级不低于 C25 且高于原结构混凝土强度等级的细石混凝土浇筑密实，并有良好的养护，最后喷涂或涂刷喷涂型阻锈剂。

采用水泥砂浆或细石混凝土等修复材料时，宜掺入适量的掺加型阻锈剂，可以起到阻止或延缓钢筋锈蚀作用，但不能影响修复材料的各项性能，同时也必须事先做配比试验。

（二）钢筋阻锈剂：已有钢筋混凝土结构构件中防锈和锈蚀损坏的修复，一般可采用喷涂型阻锈剂，这种阻锈剂是直接喷涂或涂刷在病害混凝土表面或局部剔凿后的混凝土表面，由毛细孔的表面张力吸入混凝土内部并达到钢筋表面。形成保护薄膜，还能将钢筋表面已有的氯离子置换出来，使钢筋重新钝化，以达到阻锈的效果。

1. 喷涂型钢筋阻锈剂的操作，应符合下列要求：

（1）喷涂前应仔细清理混凝土的表层，不得粘有浮浆、尘土、油污、水渍、霉菌或残留的装饰层；

（2）剔凿、修复局部劣化的混凝土表面，如空鼓、松动、剥落等；

（3）喷涂阻锈剂前，混凝土龄期不应少于 28d；局部修补的混凝土，其龄期应不少于 14d；

（4）混凝土表面温度应在 5～45℃ 之间；

（5）阻锈剂应连续喷涂，使被涂表面饱和溢流。喷涂的遍数及其时间间隔应按产品说明书和设计要求确定；

（6）每一遍喷涂后，均应采取措施防止日晒雨淋；最后一遍喷涂后，应静置 24h 以上，然后用压力水将表面残留物清除干净。

2. 对露天工程或在腐蚀性介质的环境中使用亲水阻锈剂时，应在构件表面增喷附加涂层进行封护。

3. 若混凝土表面原先刷过涂料或各种防护液，已使混凝土失去可渗性且无法清除时，现规定的喷涂阻锈方法无效，应改用其他阻锈技术。

六、裂缝

钢筋混凝土结构构件的裂缝是固体材料中某种不连续的现象，是由材料内部的初始缺陷、微裂扩展引起的，混凝土结构的裂缝一般是不可避免的，是一个普遍的技术问题。

（一）裂缝的分析

1. 裂缝的成因：引起裂缝的原因很多，可归纳为以下两种：

（1）由于静荷载和动荷载的应力（包括次应力）所引起的裂缝，这种裂缝属于受力性裂缝，也称为结构性裂缝，主要是由于结构承载力不够而引起的，是强度不足的征兆，也是破坏开始的特征，潜藏着结构的危险性。造成这种裂缝的主要原因是构件受荷超载，构件刚度或强度不足，构造不当或施工质量欠佳等。

（2）由于变形而引起的裂缝，这种裂缝属于非受力性裂缝，也称为非结构性裂缝，主要是由于结构构件内部自身应力形成的。造成这种裂缝的主要原因是混凝土收缩、温度变形、地基不均匀沉降等。

在工程实践中，非结构性裂缝居多，可根据结构的耐久性和使用方面的要求，采取修补措施；而结构性裂缝可根据裂缝形式和裂缝原因的分析，采取加固补强措施。

2. 裂缝的类别：可分为两种：一种是静止裂缝，也叫死缝，这种裂缝的开展已基本稳定；另一种裂缝是活动裂缝，也叫不稳定裂缝或活缝，这种裂缝处于继续开展状况。在处理裂缝时，应根据裂缝的类别选择不同的灌浆材料，静止裂缝宜采用具有一定弹性的灌浆材料；活动裂缝应在分析并控制裂缝开展使其稳定后，方可进行修补处理，如裂缝开展不能控制，则应采取相应的措施，限制结构的变形，裂缝宜采用柔性材料进行处理。

3. 裂缝等级的评定：根据结构或构件所处的环境、工作条件、构件类别和裂缝的宽度按照国家有关工业和民用建筑可靠性鉴定标准，划分裂缝等级，一般分别为 a、b、c 和 a_s、b_s、c_s 各三等级，凡是评定为 a、b 或 a_s、b_s 两级的裂度仍属于基本上满足设计要求，可不必采取处理措施，但为了满足使用上要求、防止钢筋锈蚀、减少渗漏、提高构件的耐久性，也应对裂缝进行处理；评定为 c 或 c_s 级的裂缝属于不适于继续承载的裂缝，除必须对裂缝进行修补处理外，还应采取相应的加固补强措施，确保结构安全可靠。

（二）裂缝的修补

根据对裂缝情况的了解和裂缝产生原因的分析，可确定裂缝的修补方法和修补材料的选择，混凝土构件裂缝的修补方法主要有四种：

1. 表面处理法：适用于修补稳定和对结构承载能力没有影响的表面裂缝，同时裂缝宽度较细、较浅（宽度小于 0.3mm）。当表面裂缝不多时，可在裂缝处用水冲洗，然后涂刷水泥净浆或将混凝土表面清洗干净并干燥后涂刷改性环氧树脂浆液、沥青、油漆等封护材料；当表面有较多裂缝时，可在沿裂缝附近用钢丝刷刷净再用压力水清洗并湿润后，用 1:（1～2）水泥砂浆抹平或在表面刷洗干净并干燥后，采用聚合物水泥砂浆作为封护材料，抹平压实（图 13.8.2a）。对于有防水抗渗漏要求的迎水面，可在混凝土表面刷洗干净并干燥后，做二布三胶的封护材料（即在底漆上涂三层胶贴粘二层复合纤维布并随即撒上石英砂或豆石。待胶完全固化后再抹水泥砂浆或其他面层，具体施工操作方法见本章第二节）（图 13.8.2b）。

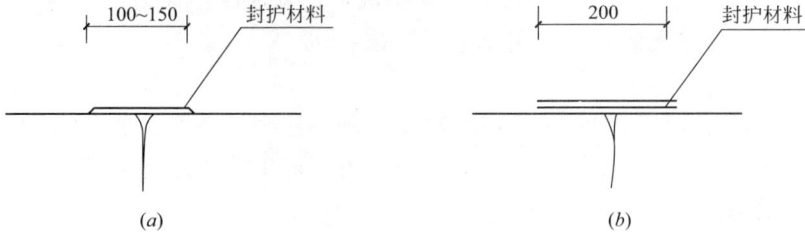

图 13.8.2　细裂缝修补

(a)一般情况；(b)有防水抗渗漏要求

2. 凿槽填充法：适用于修补中等宽度的混凝土裂缝，裂缝宽度大于 0.3mm，修补时应沿裂缝用机械开槽或用手工剔凿，凿成"V"形或"U"形，槽宽和槽深可根据裂缝深度和有利于封缝来确定。"V"形槽适合于树脂类的填充料，其宽度和深度一般为 30～50mm；"U"形槽适合于水泥砂浆类的填充料，其上口宽度一般为 60～80mm。凿槽时先沿裂缝打开，再向两侧加宽，然后用钢丝刷和压缩空气将混凝土碎屑粉尘清除干净。

（1）当裂缝为稳定裂缝时，可采用普通水泥砂浆、微膨胀水泥砂浆或合成树脂砂浆等刚性材料填充。采用水泥砂浆填充材料时，结合面应提前洒水湿润，填充后做好养护工作，确保砂浆与槽边混凝土的粘结质量；采用聚合物砂浆作为填充材料时，结合面应进行干燥处理，可采用喷灯烘干或自然晾干(图 13.8.3a)，表面封护材料均可用聚合物砂浆抹平。

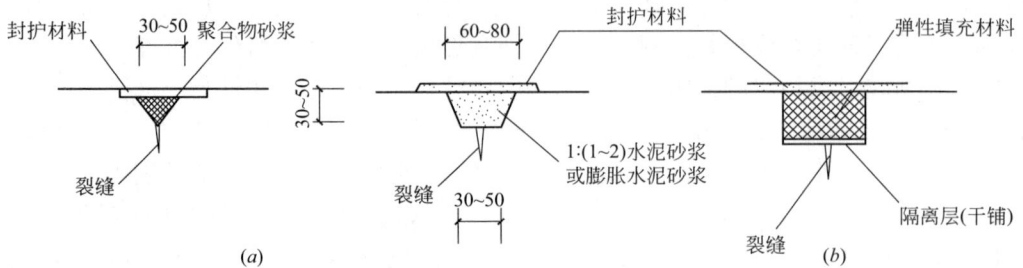

图 13.8.3　裂缝处理

(a)稳定裂缝处理构造；(b)活动裂缝处理构造

（2）当裂缝是活动裂缝时，可采用改性丙烯酸酯、聚氨酯、有机硅酮、聚硫橡胶等弹性材料填充密封。

这种凿槽的槽口要大一些，以适应裂缝活动的需要，槽口两侧应凿毛并涂刷胶液，以增加混凝土和密封材料的粘结力，槽底平整光滑，并设隔离层，使弹性封闭的材料不直接与混凝土粘结，避免密封材料被拉裂，隔离层可用油毡、金属片、聚乙烯片等制成，槽口截面一般为矩形，槽口宽度至少应为裂缝预计张开量约 4～6 倍以上，以免过分挤压(图 13.8.3b)。在槽口上方采用复合纤维布作为封护材料，一般可仅贴一层(即底胶上涂二层胶贴一层布)。但若有防渗要求，宜贴二层布。

3. 注射法：也叫定压注射法，适用于 0.1～1.5mm 静止的独立裂缝或贯穿性裂缝，此法是利用专用注射器以一定的压力将低黏度、高强度的混凝土裂缝修补胶液(注射剂)注入裂缝腔内，修补胶液硬化后与混凝土形成一个整体，从而起到补强和封闭的作用。目前修补效果最佳的是以低粘度改性环氧结构胶为主成分组成的裂缝修补胶。

4. 压力灌浆法：用压送设备将浆液灌入混凝土内部，浆液凝结、硬化后对构件裂缝起粘合、封闭和补强作用，恢复构件使用功能，提高耐久性。混凝土裂缝灌浆有水泥灌浆和化学灌浆两种方法：

（1）水泥灌浆法：适用于处理较宽的稳定裂缝，一般裂缝宽度大于 1mm 时才能较好地保证灌浆的质量。

纯水泥浆液是由水泥和水搅拌而成，一般采用硅酸盐水泥，强度等级不宜低于 42.5。为了得到密实、高强、耐久性好的水泥固化体，应尽可能使用小水灰比的水泥稠浆，水泥浆的浓度可根据裂缝宽度和设备条件确定，一般水灰比在 0.7～1.1 之间。为了改变水泥浆液的易沉性，可在浆液中掺入适量的外加剂，为了取得好的灌浆效果可在浆液中加入适量的微膨胀剂、减水剂或其他添加剂，用以改善水泥浆液的性能，水泥浆液的配合比应先进行试配，并检验其安全性能和工艺性能，其结果应符合有关的现行国家标准。当采用聚合物水泥类浆液或改性水泥基类浆液时，其配制及操作工艺应符合产品使用说明书要求。

（2）化学灌浆法：适用于较细的混凝土裂缝修补，裂缝宽度大于或等于 0.3mm 时宜采用。

混凝土结构裂缝修补用的化学灌浆材料应符合以下要求：浆液的粘度小，可靠性好；浆液固化后的收缩性小，抗渗性好；浆液固化后的抗压、抗拉强度高，有较高的粘结强度；浆液固化时间可以调节，灌浆工艺简便；浆液应为无毒或低毒材料。

目前常用的灌浆材料是改性环氧类浆液，选用时要根据裂缝宽度而采用不同粘度的改性环氧类浆液，其配制和操作工艺必须按产品使用说明书的规定严格执行。

参 考 文 献

[13-1]　中华人民共和国国家标准《混凝土结构设计规范》GB 50010—2010. 北京：中国建筑工业出版社，2010

[13-2]　中华人民共和国国家标准《混凝土结构加固设计规范》GB 50367—2006. 北京：中国建筑工业出版社，2006

[13-3]　中华人民共和国国家标准《建筑抗震设计规范》GB 50011—2010. 北京：中国建筑工业出版社，2010

[13-4]　中华人民共和国国家标准《工业建筑可靠性鉴定标准》GB 50114—2008. 北京：中国建筑工业出版社，2008

[13-5]　中华人民共和国国家标准《民用建筑可靠性鉴定标准》GB 50292. 北京：中国建筑工业出版社

[13-6]　中华人民共和国行业标准《建筑抗震加固技术规程》JGJ—2010. 北京：中国建筑工业出版社，2010

[13-7]　中华人民共和国国家标准《建筑结构加固工程施工质量验收规范》GB 50550—2010. 北京：中国建筑工业出版社，2010

[13-8]　中华人民共和国国家标准《纤维增强复合材料建设工程应用技术规范》GB 50608—2010. 北京：中国计划出版社，2011.

[13-9]　国家建筑标准设计图集. 混凝土结构加固构造（总则及构件加固）（06SG 311—1），2006

[13-10]　中国工程建设标准化协会标准. 碳纤维片材加固混凝土结构技术规程（CECS 146：2003）（2007 年版）. 北京：中国计划出版社

[13-11]　卓尚木、季直仓、卓昌志. 钢筋混凝土结构事故分析与加固. 北京：中国建筑工业出版社，1997

[13-12]　北京市地方性标准. 钢绞线网片-聚合物砂浆加固混凝土结构施工及验收规程（DB），2009

第十四章 预埋件及吊环

第一节 预埋件分类

一、预埋件按锚筋及锚板的形式分类

预埋件一般由锚板和锚筋焊接而成，根据锚筋使用材料和形式可分为以下几类：

1. 钢筋锚筋预埋件

预埋件的锚筋一般采用光圆钢筋或带肋钢筋，可做成直锚筋［见图 14.1.1(a)］或弯折锚筋［见图 14.1.1(b)］。光圆锚筋端部应设 180°弯钩(见图 1.9.1)。

2. 角钢锚筋预埋件

当预埋件受力较大时，锚筋可采用角钢，见图 14.1.1(c)。

3. 直锚筋加抗剪钢板预埋件

当作用在预埋件上的剪力较大时，可采用直锚筋加抗剪钢板组成的预埋件，见图 14.1.1(d)。

4. 角钢预埋件，见图 14.1.1(e)。

5. 溢浆孔 $\phi80 \sim \phi100$，见图 14.1.1(f)。

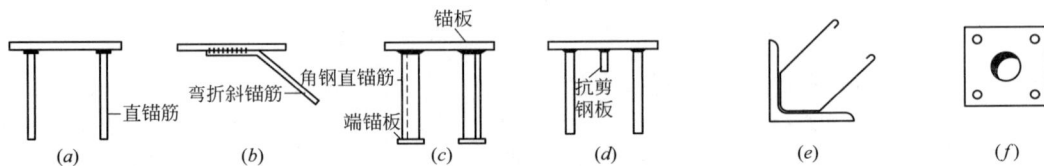

图 14.1.1 预埋件及锚筋形式

(a)直锚筋；(b)弯折斜锚筋；(c)角钢直锚筋加锚板；(d)直锚筋加抗剪钢板；(e)角钢预埋件；(f)溢浆孔

二、预埋件按受力情况分类及适用范围

预埋件根据不同的受力情况可以分为以下五类：

1. 受拉预埋件

受拉预埋件用于梁(板)下部需要悬挂重物的预埋件，或单层工业厂房中吊车梁承受吊车横向水平荷载时上翼缘与柱连接的柱上预埋件等，见图 14.1.2。

2. 受剪预埋件

受剪预埋件用于梁侧承受剪力的预埋件或露天吊车柱柱顶与吊车梁上翼缘连接的预埋件等，见图 14.1.3。

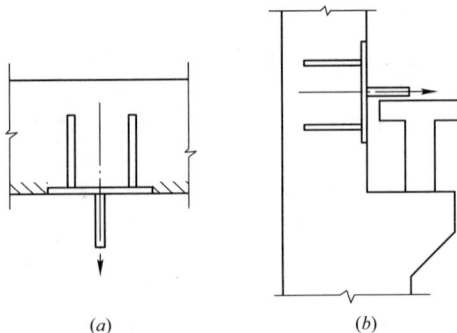

图 14.1.2 受拉预埋件

(a)悬挂重物预埋件；(b)柱与吊车梁连接预埋件

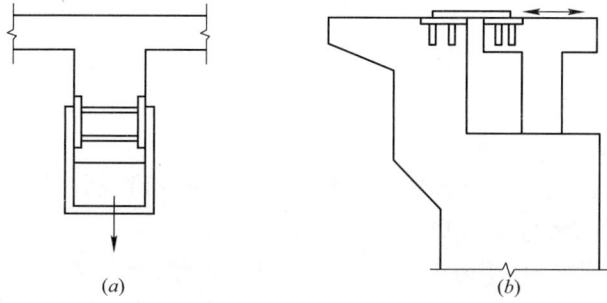

图 14.1.3　受剪预埋件

(a)梁侧受剪预埋件；(b)露天吊车柱与吊车梁连接预埋件

3. 拉弯剪预埋件

在实际工程中，这类预埋件应用比较广泛，例如：连接钢牛腿的拉弯剪预埋件，或连接柱间支撑的拉弯剪预埋件等，见图 14.1.4。

4. 压剪、压弯剪预埋件

这类预埋件主要用于钢筋混凝土牛腿面或柱顶处连接屋架、托架、吊车梁以及梁端和板端受压弯剪共同作用的地方，见图 14.1.5。抗剪钢板主要用于承受剪力较大的连接点。

5. 构造预埋件

这类预埋件受力较小，且不易确定受力性质。锚板往往根据使用要求选用角钢、扁钢或角钢，构成矩形、条形或边框形式的预埋件，见图 14.1.6。

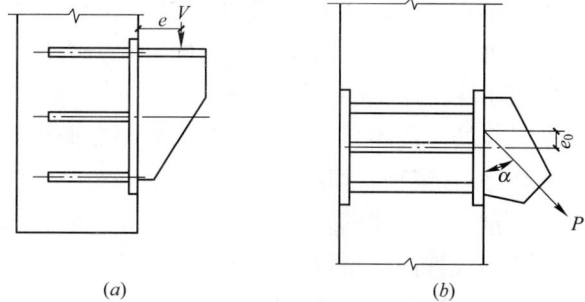

图 14.1.4　拉弯剪预埋件

(a)钢牛腿预埋件；(b)柱间支撑预埋件

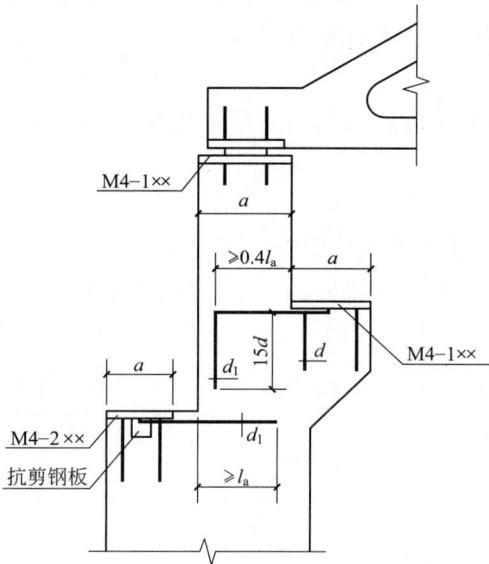

图 14.1.5　压弯剪预埋件

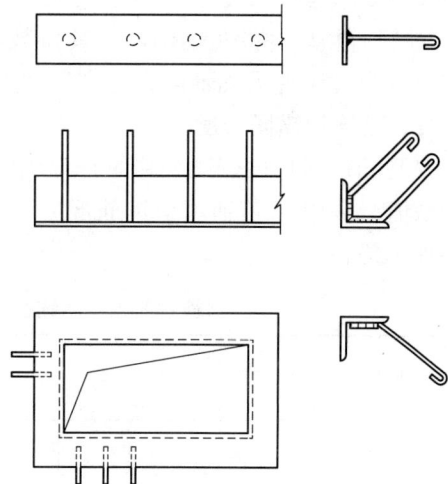

图 14.1.6　构造预埋件

第二节 预埋件的构造要求

一、预埋件材料的选用

1. 受力预埋件的锚筋应采用 HRB400 级或 HPB300 级钢筋，严禁采用冷加工钢筋。

2. 受力预埋件的锚板宜采用 Q235B、Q345B 级钢。

3. 当锚筋与钢板或型钢采用手工电弧焊时，HPB300 级钢筋采用 E4303 型焊条，HRB400 级钢筋采用 E5003 型焊条；HRB400 级锚筋与钢板或型钢采用穿孔塞焊时采用 E5503 型焊条，当锚筋与钢板采用压力埋弧焊时，采用 HJ431 型焊剂或其他性能相近的焊剂。

4. 设置预埋件的构件，其混凝土强度等级：对受力预埋件，当锚筋采用 HPB300 级时，不低于 C20，当锚筋采用 HRB400 级钢筋及角钢时，不低于 C25。

二、预埋件锚筋的直径与数量

1. 受力预埋件的锚筋直径 d 不宜小于 8mm，亦不宜大于 25mm；构造预埋件的锚筋直径不宜小于 6mm。受力预埋件的直锚筋不宜少于 4 根，且不宜多于 4 层；受剪预埋件的直锚筋可采用 2 根，但应对称的配置在剪力作用线的两侧。

2. 单层钢筋混凝土工业厂房

抗震设防烈度为 8 度和 9 度时，大型屋面板端头底面的预埋件宜采用角钢并与主筋焊牢；屋架(屋面梁)端部顶面预埋件的锚筋，8 度时不宜小于 $4\phi10$，9 度时不宜小于 $4\phi12$。

柱顶预埋件的锚筋，8 度时不宜少于 $4\phi14$，9 度时不宜少于 $4\phi16$；有柱间支撑的柱子，柱顶预埋件尚应增设抗剪钢板。

支撑低跨屋盖的中柱牛腿(柱肩)的预埋件，应与牛腿(柱肩)中按计算承受水平拉力部分的纵向钢筋焊接，且焊接的钢筋：6 度和 7 度时不应小于 $2\phi12$，8 度时不应小于 $2\phi14$，9 度时不应小于 $2\phi16$。

柱间支撑与柱连接节点预埋件的锚件，8 度 Ⅲ、Ⅳ 类场地和 9 度时，宜采用角钢加端板，其他情况可采用 HRB400 级热轧钢筋，但锚固长度不应小于 30 倍锚筋直径(混凝土设计规范要求锚固长度不应小于 l_a)或增设端板。

3. 受力预埋件的角钢锚筋，其排数不宜多于 4 排；角钢锚筋可采用单列，但角钢肢宽中心线应位于剪力和轴向力的作用线上。

三、锚筋的锚固长度

锚筋的锚固长度按其是否受拉分成两类，其基本锚固长度 l_{ab} 不应小于表 14.2.1 中规定的数值。表中 l_{ab} 值适用于钢筋混凝土结构构件中的预埋件；对于角钢预埋件，其末端必须加焊锚板。

钢筋锚筋的基本锚固长度 l_{ab} 及角钢锚筋的锚固长度 l_a　　　　　表 14.2.1

受力类型	预埋件受力情况	锚筋类型	混凝土强度等级			
			C20	C25	C30	≥C40
Ⅰ	受拉、弯剪、拉弯剪及使锚筋受拉的压弯、压弯剪预埋件	HPB300 级光面钢筋	$40d$	$34d$	$31d$	$26d$
		HRB400 级带肋钢筋		$40d$	$36d$	$30d$
		角钢	—	$6b'$		

续表

受力类型	预埋件受力情况	锚筋类型	混凝土强度等级			
			C20	C25	C30	≥C40
Ⅱ	受剪、受压、压剪及不使锚筋受拉的压弯、压弯剪预埋件	HPB300 级及 HRB400 级钢筋	15d			
		角钢	$4b'$，当肢宽 $b' \geqslant 80$mm 时，取 $6b'$			
	构造预埋件	HPB300 级光面钢筋	20d			

注：1. HPB300 级光面锚筋末端应做 180°弯钩，但为受压钢筋时可不做弯钩；

2. 对于Ⅰ类预埋件，当为 HRB400 级带肋钢筋的直径大于 25mm 时，表内规定值应乘以修正系数 1.1；

3. 当构件混凝土在施工过程中易受扰动（如滑模施工）时，受拉锚筋的锚固长度应乘以修正系数 1.1；

4. 当 HPB300 级及 HRB400 级受拉锚筋锚固区混凝土保护层厚度大于锚筋直径的 3 倍且配有横向构造钢筋时，锚固长度可乘以修正系数 0.8；

5. 除构造需要的锚固长度外，当受拉锚筋的实际配筋面积大于设计计算值时，如有充分依据和可靠措施，其锚固长度可乘以设计计算面积与实际配筋面积的比值。对有抗震设防要求及直接承受动力荷载的预埋件，不得采用此项修正。

四、锚板厚度及锚筋配置要求

锚板厚度应根据受力情况计算确定，且不宜小于锚筋直径的 0.6 倍。受拉和受弯预埋件的锚板厚度尚宜大于 $b/8$，b 为锚筋的间距。锚板厚度及锚筋配置要求尚应符合图 14.2.1～图 14.2.3 及表 14.2.2 和表 14.2.3 的规定。抗剪钢板的尺寸应满足下列要求：

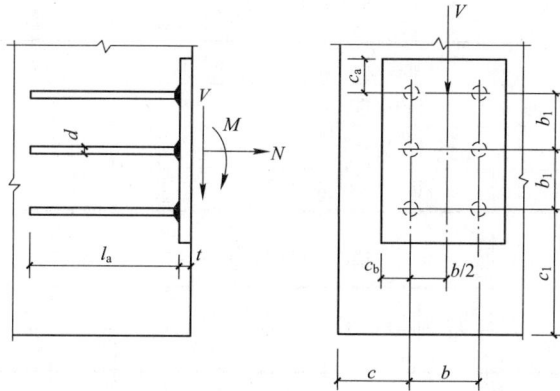

图 14.2.1　锚筋配置要求

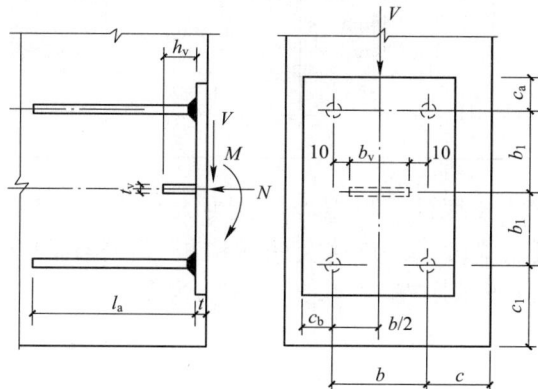

图 14.2.2　锚筋及抗剪钢板配置要求

$h_v \leq 4t_v$ 及 50mm，$t_v \geq 10$mm。带抗剪钢板的预埋件，当无垂直压力时，锚板厚度 t 应比表 14.2.2 的规定适当增加。

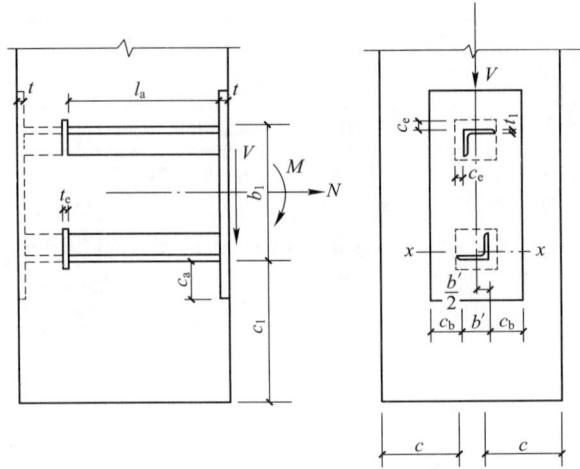

图 14.2.3 角钢锚筋配置要求

锚板厚度及锚筋至锚板边的距离   表 14.2.2

锚筋类型	受力类型	锚板厚度 t	锚筋末端锚板		锚筋边距	
			t_e	c_e	c_a	c_b
锚筋或锚筋加抗剪钢板	I	计算确定，$\geq 0.6d$ 且宜$\geq b/16$	—		$\geq 2d$ 及 20mm，且$\leq 12t$	
	II	$\geq 0.6d$ 及 6mm				
角钢锚筋	I	$\geq 1.5t_1$ 及 8mm	$\geq 1.5t_1$	≥ 10mm	≥ 25mm	≥ 25mm
	II	$\geq \sqrt{W_{min}/b}$ 及 8mm			$\geq 3.5t$	$\geq 3t$

锚 筋 配 置 要 求   表 14.2.3

锚筋类型	受力类型	横向尺寸		纵向尺寸	
		b	c	b_1	c_1
锚筋或锚筋加抗剪钢板	I	$\geq 3d$ 及 45mm，且$\leq 16t$	$\geq 3d$ 及 45mm	$\geq 3d$ 及 45mm	
	II	$\geq 3d$ 及 45mm，且≤ 300mm	$\geq 3d$ 及 45mm	$\geq 6d$ 及 70mm，且≤ 300mm	$\geq 6d$ 及 70mm
角钢锚筋	I	—	$\geq 1.75b'$	$\geq 3b'$	$\geq 3b'$
	II	—	$\geq 1.75b'$	$\geq 3b'$	$\geq 7b'$

对于连接柱间支撑的预埋件，根据埋件受力大小不同，有如下三种情况：1)锚筋及锚板；2)角钢加端板及锚板；3)角钢及两端锚板。在实际工程中通常采用第三种形式。如图 14.2.3 中虚线所示。表 14.2.2 中 W_{min} 为角钢对 $x-x$ 重心轴的最小截面抵抗矩。

五、锚筋的焊接要求

1. 直锚筋与锚板应采用 T 形焊接。当锚筋直径不大于 20mm 时，宜采用压力埋弧焊；

当锚筋直径大于 20mm 时，宜采用穿孔塞焊（其焊接要求见图 14.2.4）。当采用手工焊时，焊缝高度不宜小于 6mm 和 $0.5d$（HPB300 级钢筋）或 $0.6d$（HRB400 级钢筋），d 为锚筋的直径。当采用压力埋弧焊时，四周焊包凸出钢筋表面的高度，当钢筋直径为 18mm 及以下时，不得小于 3mm；当钢筋直径为 20mm 及以上时，不得小于 4mm。

2. 直锚筋或弯折锚筋与锚板搭接电弧焊时应采用双面角焊缝，锚筋搭接电弧焊及锚板厚度应满足图 14.2.5 的规定。弯折钢筋的弯折点应避开焊缝，其距离不小于 $2d$ 和 30mm。

3. 抗剪钢板与锚板应采用双面角焊缝焊接，其焊缝高度 $h_f \geqslant 0.7t_v$，$h_v \leqslant 4t_v$ 和 50mm（$t_v \geqslant 6$mm），焊接要求应满足图 14.2.6 的规定。

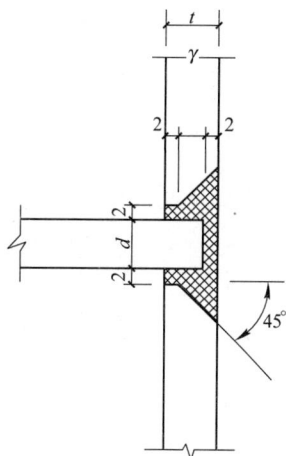

图 14.2.4　穿孔塞焊的焊接要求

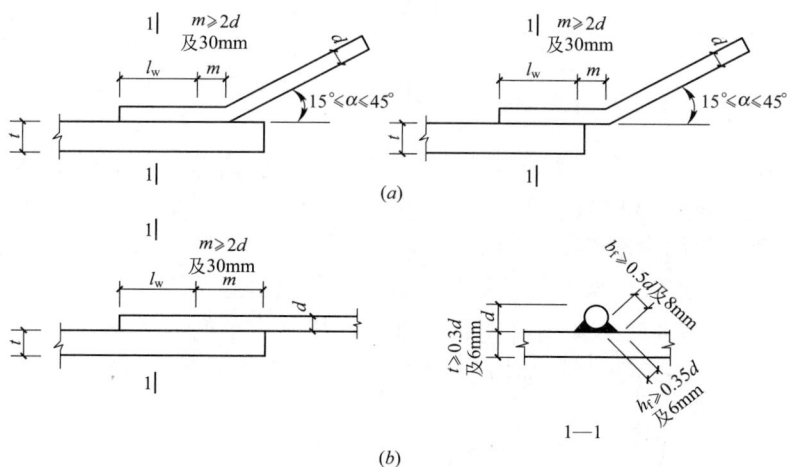

图 14.2.5　锚筋搭接电弧焊的焊接要求
（a）弯折锚筋；（b）直锚筋

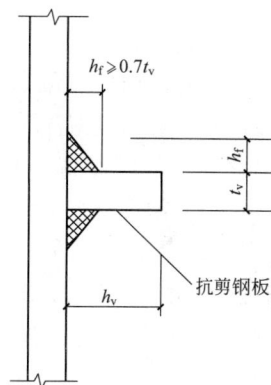

图 14.2.6　抗剪钢板的焊接要求

六、预埋件的附加构造措施

1. 对于设置在构件无配筋部分的预埋件，应在构件素混凝土中增配局部构造钢筋，以保证预埋件锚筋的锚固性能及与构件的整体作用。

2. 位于受拉构件或受弯构件受拉区的预埋件，其受拉锚筋可能与裂缝平行时，对于受拉构件中的预埋件，可采取措施以增强锚筋的锚固强度，见图 14.2.7(a)；对于受弯构件中的预埋件，可将锚筋延长到受压区，并设短钢筋加强锚固，见图 14.2.7(b)。

3. 受剪预埋件位于受弯构件的受拉区时，应采用吊筋将剪力传到受压区，见图 14.2.8。

4. 用于地震区的预埋件，应满足下列要求：

（1）直锚筋截面面积可按《混凝土结构设计规范》（GB 50010—2010)第九章的有关规定计算并增大 25%，且应适当增大锚板厚度。

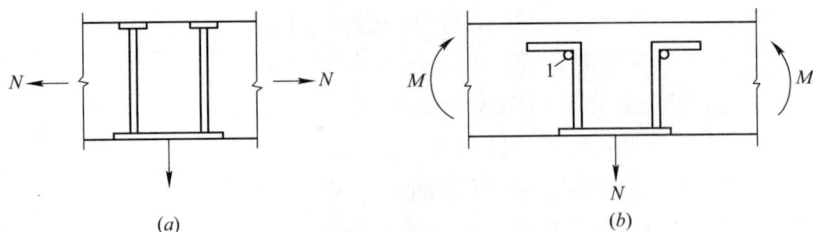

图 14.2.7 增强锚筋锚固强度的措施

(a)受拉构件;(b)受弯构件

1. 加设短钢筋扎牢

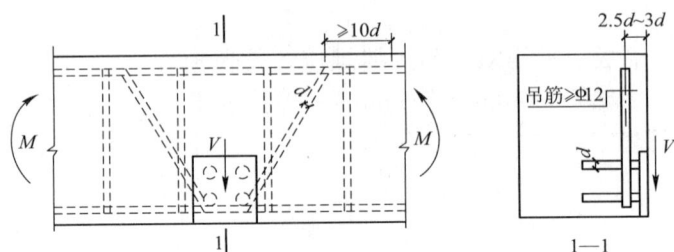

图 14.2.8 受剪预埋件附加吊筋的构造

(2) 锚筋的锚固长度应符合表 14.2.1 的规定并增大 10%,当不能满足时,应采取有效措施。在靠近锚板的锚筋根部,宜设置一根直径不小于 10mm 的封闭箍筋,并与锚筋贴紧扎牢,以提高受剪承载力和约束端部混凝土的作用,见图 14.2.9。

(3) 预埋件不宜设置在塑性铰区,当不能避免时,应采取有效措施。

5. 梁下部设置扁(角)钢预埋件时,其锚筋先做成直线,待梁内钢筋安置后,再将其弯成折线,见图 14.2.10(a)。当采用光面钢筋做锚筋时,其弯钩宜在扁钢平面(或角钢的垂直翼缘平面)内,见图 14.2.10(b)。

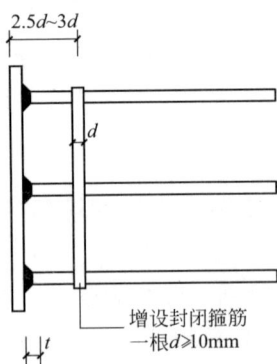

图 14.2.9 地震区的附加构造要求

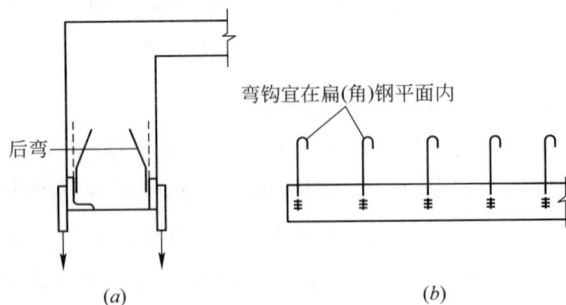

图 14.2.10 锚筋的设置要求

(a)锚筋先为直线后弯成折线;(b)锚筋弯钩做法

6. 锚板尺寸宜采用负公差,便于放入模板内。

7. 为保证预埋件在构件中的准确位置,可在锚板的四角各钻一小孔(孔径为 4mm),以便用钉子将预埋件固定在模板上。

8. 在已埋入构件内的锚板面上施焊时，应尽量采用细焊条和小电流，分层施焊，避免因温度过高而烧伤构件混凝土。

9. 预埋件的外露部分，应除锈后涂以油漆。不得考虑加大钢材截面或厚度来解决锈蚀问题。

第三节　锚筋锚固长度不足时采取的措施

一、充分发挥直锚筋受拉强度的方法

1. 对于 HRB400 级锚筋，在非抗震及不直接承受动力荷载的情况下，当在预埋件锚筋端部设置 135°弯钩，满足图 1.6.1 的构造要求时，锚筋的锚固长度可取为 $0.6l_a = 0.6\zeta_a l_{ab}$，其中修正系数 ζ_a 可根据《混凝土结构设计规范》（GB 50010—2010）第 8.3.2 条 1～3 款取值。

2. 对有抗震设防要求及直接承受动力荷载的预埋件锚筋，其构造要求应满足图 14.3.1 的要求。

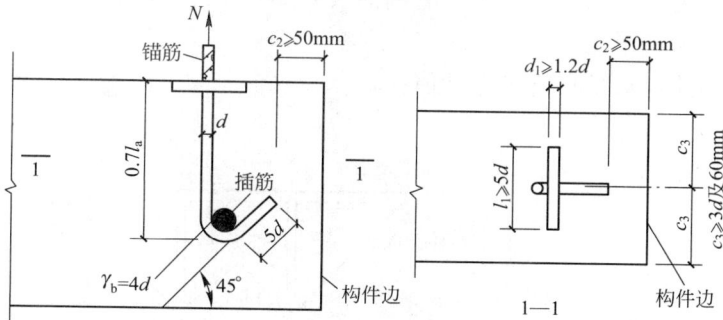

图 14.3.1　受拉锚筋端部加弯钩及插筋

3. 对于端部无弯钩的锚筋，在锚筋端部加焊端锚板，见图 14.3.2，其构造应符合下列要求，此时锚筋的受拉承载力设计值可按式(14.3.1)～式(14.3.3)计算，并取其中的最小值确定。且应满足 $N_{u3} \geqslant N_{u2}$，当用于埋件的抗震验算时，N_{u1} 和 N_{u2} 应乘以折减系数 0.8，N_{u3} 应乘以折减系数 0.7，且应满足 $N_{u3} \geqslant N_{u2} \geqslant N_{u1}$。

（1）$l_a \geqslant 0.6\zeta_a l_{ab}$（$l_{ab}$ 为受拉锚筋的基本锚固长度，修正系数 ζ_a 可根据《混凝土结构设计规范》（GB 50010—2010）第 8.3.2 条 1～3 款取值）。

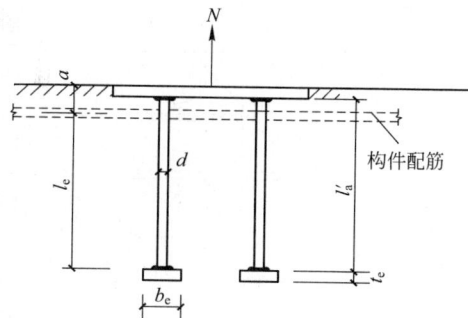

图 14.3.2　锚筋端部加焊端锚板

（2）$5t_e \geqslant b_e \geqslant 3.5d$；$t_e \geqslant 0.7d$ 及 6mm。

锚筋强度：
$$N_{u1} = 0.8\alpha_b f_y A_s \tag{14.3.1}$$

拉锥体强度：
$$N_{u2} = 0.6n\pi f_t (l_e + b_e) l_e \frac{A_1}{A} \tag{14.3.2}$$

端锚板局部承压强度：
$$N_{u3} = n\beta f_c A_l \tag{14.3.3}$$

式中：α_b——锚板的弯曲变形系数，按式(14.5.5)计算。当采取措施防止锚板弯曲变形时，可取 $\alpha_b=1$；

　　　f_y——锚筋抗拉强度设计值，但不应大于 $300N/mm^2$；

　　　A_s——全部锚筋的截面面积；

　　　n——锚筋根数；

　　　f_t——混凝土抗拉强度设计值；

　　　l_e——锥体的计算高度，$l_e=l_a-a$；

　　　l_a——实际锚固长度；

　　　a——构件纵向钢筋中心线至截面近边的距离；

　　　b_e——端锚板宽度（当端锚板为矩形时取短边边长）；

　　　A_1——各锥体顶面处的投影面积之和（扣除投影面积的重叠部分），见图14.3.3；

　　　A——各完整锥体在锥体顶面处的投影面积的总和，$A=n\pi(2l_e+b_e)^2/4$；

　　　β——局部受压承载力提高系数，$\beta=\sqrt{\dfrac{A_b}{A_l}}$；

　　　A_b——按同心短边对称原则求得的端锚板局部受压计算面积；

　　　A_l——端锚板的承压面积；

　　　f_c——混凝土轴心抗压强度设计值。

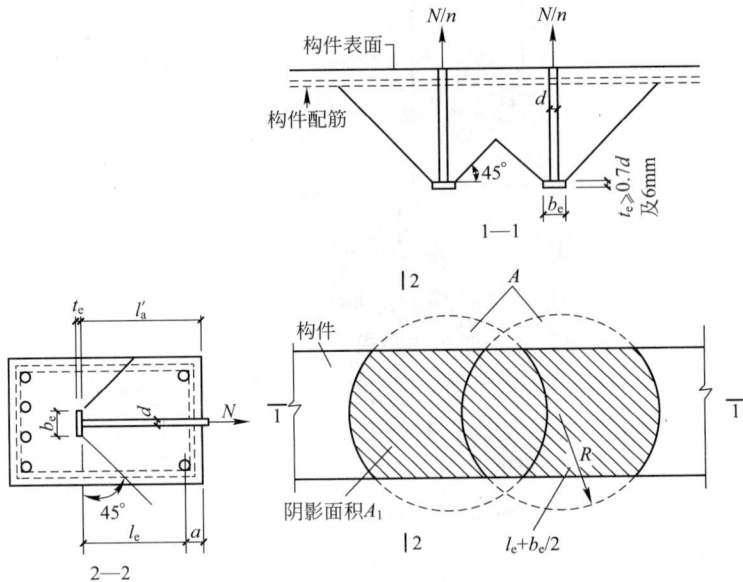

图14.3.3　混凝土截锥体受力图

二、采用锚筋强度折减的方法

1. 对于表14.2.1中受力类型Ⅰ的 HPB300 级及 HRB400 级钢筋，当锚筋的实际锚固长度 l_a 小于表中规定的数值时，其受拉锚筋强度 f_y 的折减系数 α_a 可按式(14.3.4)确定。但受拉锚筋的最小锚固长度应满足 $l_{a,min}\geqslant 0.6l_{ab}$ 的要求。

$$\alpha_a=\frac{l_a}{l_{ab}} \tag{14.3.4}$$

式中：l_a——受拉锚筋的实际锚固长度；

$\quad\ l_{ab}$——按表14.2.1确定的受拉锚筋的基本锚固长度。

对于直接承受动力或地震作用的预埋件，不得采用上述锚筋强度的折减方法。

2. 对于表14.2.1中受力类型Ⅱ的HPB300级及HRB400级钢筋，当锚筋的实际锚固长度l_a小于$15d$时，预埋件的受剪承载力设计值应乘以影响系数ξ_1加以折减。ξ_1值可按式(14.3.5)确定，但锚筋的最小锚固长度不得小于$6d$。

$$\xi_1=1-0.027(15-l_a/d) \tag{14.3.5}$$

对于直接承受动力或地震作用的预埋件，不得采用上述锚筋强度的折减方法。

第四节　锚筋至构件边缘尺寸不足时采取的措施

一、锚筋预埋件

1. 当锚筋距构件边缘的横向边距为$2d\leqslant c\leqslant 3d$，$30\text{mm}\leqslant c\leqslant 45\text{mm}$时，预埋件的受剪承载力设计值应乘以影响系数$\xi_2$加以折减，$\xi_2$值可按式(14.4.1)确定。受剪预埋件锚筋布置见图14.4.1。

$$\xi_2=1-0.08(3-c/d) \tag{14.4.1}$$

2. 当锚筋距构件边缘的纵向边距为$4d\leqslant c_1\leqslant 6d$，$50\text{mm}\leqslant c_1\leqslant 70\text{mm}$时，预埋件的受剪承载力设计值应乘以影响系数$\xi_3$加以折减，$\xi_3$值可按式(14.4.2)确定。

$$\xi_3=1-0.25(6-c_1/d) \tag{14.4.2}$$

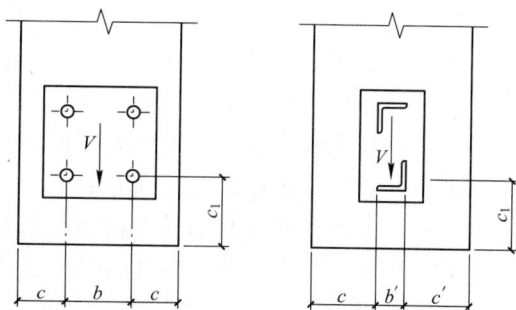

图14.4.1　受剪预埋件锚筋布置

3. 当梁端预埋件的受剪锚筋距构件边缘的纵向边距为$2.5d\leqslant c_1\leqslant 6d$或70mm时，可按图14.4.2的规定设置附加钢筋进行加强，附加钢筋的直径$d_1\geqslant 0.8d$。此时，预埋件可不考虑受剪承载力的降低。

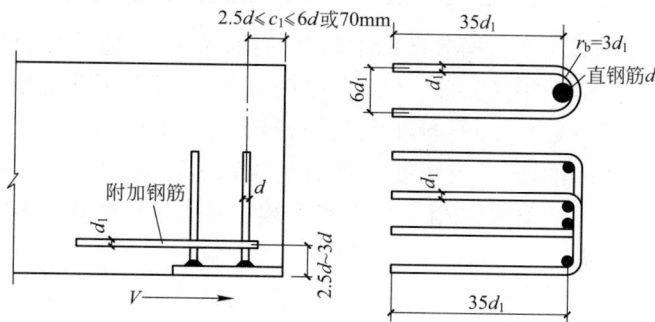

图14.4.2　梁端受剪锚筋边距不足时的构造措施

二、角钢锚筋预埋件

1. 当角钢锚筋的一侧横向边距为$b'\leqslant c\leqslant 1.75b'$时，而另一侧横向边距为$c\geqslant 2.5b'$时，预埋件的受剪承载力设计值应乘以折减系数0.95。

2. 当角钢锚筋的纵向边距为$4b'\leqslant c_1\leqslant 7b'$时，预埋件的受剪承载力设计值应乘以影响

系数 ξ_4 加以折减，ξ_4 值可按式(14.4.3)确定。

$$\xi_4 = \sqrt[3]{\frac{c_1}{7b'}} \tag{14.4.3}$$

第五节 预埋件计算

一、计算原则

1. 预埋件承载力极限状态计算采用下列表达式：

(1) 当预埋件承受静力荷载时

$$\gamma_0 S \leqslant R \tag{14.5.1}$$

(2) 当预埋件承受吊车荷载时

$$\gamma_0 S \leqslant k_1(\text{或 } k_2)R \tag{14.5.2}$$

(3) 当预埋件承受地震作用时

$$S \leqslant k_1(\text{或 } k_2)R/\gamma_{RE} \tag{14.5.3}$$

式中：γ_0——结构重要性系数；

S——作用力设计值，当疲劳验算时，荷载取用标准值；当抗震验算时，取用地震作用效应和其他荷载效应的基本组合；

k_1——直锚筋的承载力折减系数，见表14.5.1；

k_2——角钢锚筋及直锚筋和抗剪钢板组合使用时的承载力折减系数，见表14.5.1；

R——承受静力荷载时预埋件的承载力设计值；

γ_{RE}——承载力抗震调整系数，取 $\gamma_{RE}=1$。

承载力折减系数 k_1、k_2 表 14.5.1

分类	k_1	k_2	分类	k_1	k_2
静力计算	1.0	1.0	在 $A_4 \sim A_8$ 吊车水平荷载作用时的疲劳验算	受拉 0.6	—
抗震验算	0.8	0.7		受剪 0.4	

2. 本节仅列出符合本章第二节构造要求时预埋件的承载力设计值计算方法。

3. 受力预埋件的锚板宜采用 Q235B、Q345B 级钢，锚板厚度应根据受力情况计算确定，且不宜小于锚筋直径的 0.6 倍。受拉和受弯预埋件的锚板厚度尚宜大于 $b/8$，b 为锚筋的间距。

4. 当预埋件的锚筋锚固长度或锚筋至构件边缘尺寸不足时，应分别按本章第三节或第四节的规定将承载力设计值乘以相应的影响系数，并采取有关附加构造措施。

二、轴心受拉预埋件

1. 直锚筋预埋件的轴心受拉承载力设计值 N_{u0} 可按式(14.5.4)计算

$$N_{u0} = 0.8k_1\alpha_b f_y A_s \tag{14.5.4}$$

当 $b/t \leqslant 8$ 时

$$\alpha_b = 0.6 + 0.25\frac{t}{d} \leqslant 1 \tag{14.5.5-1}$$

当 $8 \leqslant b/t \leqslant 16$ 时

$$\alpha_b = \frac{0.6 + 0.25\dfrac{t}{d}}{1 + 0.055\left(\dfrac{b}{t} - 8\right)} \leqslant 1 \tag{14.5.5-2}$$

式中：k_1——直锚筋的承载力折减系数，按表14.5.1确定；

α_b——锚板的弯曲变形系数，按式(14.5.5)计算。当采取措施防止锚板弯曲变形时，可取 $\alpha_b=1$；

f_y——锚筋抗拉强度设计值，但不应大于 $300N/mm^2$；

A_s——全部锚筋的截面面积；

t——锚板厚度，取 $t>0.6d$ 及 $b/8$（b 为锚筋的间距）；

b——锚板弯曲变形的折算宽度，按图14.5.1及图14.5.2确定。

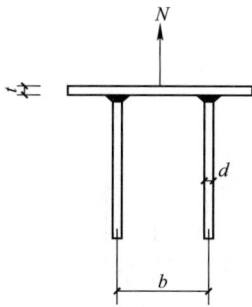

图14.5.1 直锚筋轴拉预埋件

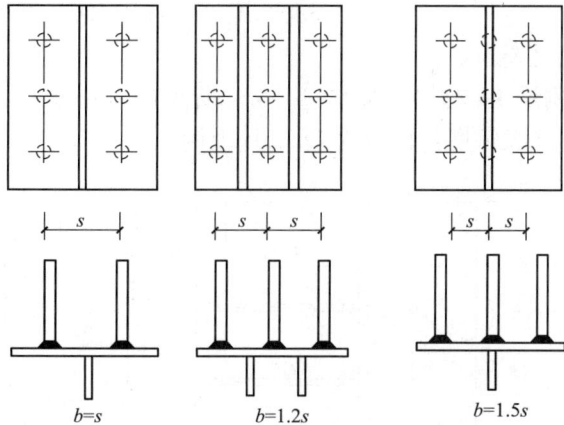

图14.5.2 锚板弯曲变形的折算宽度

2. 对于直锚筋及角钢锚筋末端加焊端锚板预埋件的轴心受拉承载力设计值 N_{u0} 可按式(14.3.1)～式(14.3.3)计算并取其中的最小值确定。设计时，应满足 $N_{u3} \geqslant N_{u2}$ 的要求。当进行预埋件的抗震验算时，N_{u1} 及 N_{u2} 尚应乘以折减系数0.8，N_{u3} 乘以折减系数0.7，并应满足 $N_{u3} \geqslant N_{u2} \geqslant N_{u1}$ 的要求。

3. 计算实例

【例题 14-1】 已知图14.5.3所示的轴心受拉预埋件，构件混凝土为C30，锚筋为HPB300级钢筋，锚板为Q345B级钢，求预埋件的轴心受拉承载力设计值 N_{u0}。

【解】 由图14.5.3可知，锚筋 $d=8mm$，锚筋长250mm。

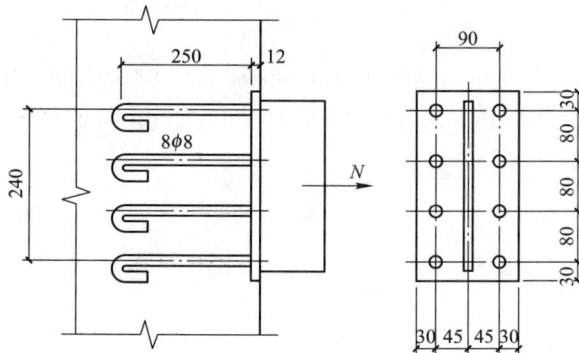

图14.5.3 锚筋轴拉预埋件

$$l_a=250/8=31.25d>l_{ab}=30d$$

$b/t=90/12=7.5$, $t/d=12/8=1.5$, 均能满足本章第二节规定的各项要求。

静力计算

由式(14.5.5)算得:

$$\alpha_b=0.6+0.25\times\frac{12}{8}=0.975$$

由式(14.5.4)可算得预埋件的轴心受拉承载力设计值

$$N_{u0}=k_1 0.8\alpha_b f_y A_s=1\times0.8\times0.975\times270\times402=84.66kN$$

满足要求。

【例题 14-2】 已知图 14.5.4 所示的轴心受拉预埋件,构件混凝土为 C30,锚筋为 HRB400 级钢筋,锚板为 Q235B 级钢。

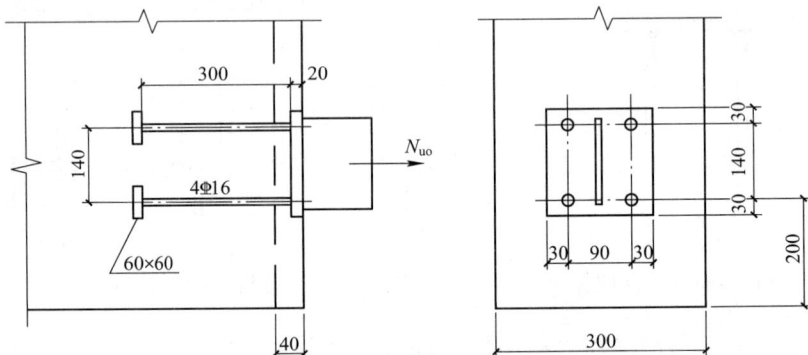

图 14.5.4 锚板锚筋轴拉预埋件

求预埋件的轴心受拉承载力设计值 N_{u0}。

【解】 由图 14.5.4 可知

$$l_a=300/16=18.75d<30d$$

钢筋锚固长度不足,应设端锚板。

$l_a=18.75d>0.6\times30d=18d$ 锚筋满足锚固长度要求。

锚筋端部加端锚板 $t_e=12mm$

端锚板尺寸:

$$b_e\leqslant5t_e=5\times12=60mm>3.5d=3.5\times16=56mm$$

$$t_e=12mm>0.7d=0.7\times16=11.2mm \text{ 满足要求。}$$

由式(14.5.5)算得: $\dfrac{b}{t}=\dfrac{90}{20}=4.5<8$

$$\alpha_b=0.6+0.25\frac{t}{d}=0.6+0.25\times\frac{20}{16}=0.9125$$

钢筋强度 $N_{u1}=k_1 0.8\alpha_b f_y A_s=1\times0.8\times0.9125\times360\times804=211.29kN$

受拉锥体强度

按式(14.3.2)

$$N_{u1} = 0.6n\pi f_t(l_e + b_e)l_e\frac{A_1}{A}$$

其中 $n=4$，$f_t = 1.43\text{N/mm}^2$（C30），$l_a = 300\text{mm}$，$a = 40\text{mm}$，$l_e = l_a - a = 300 + 12 - 40 = 272\text{mm}$

$$b_e = 60\text{mm}，l_e + b_e/2 = 272 + 30 = 302\text{mm}$$

$$A = n\pi(2l_e + b_e)^2/4 = 4\pi(2\times272+60)^2/4 = 1146103\text{mm}^2$$

$$A_1 = (140 + 2\times302)\times300 = 223200\text{mm}^2$$

代入式(14.3.2)

$$N_{u2} = 0.6n\pi f_t(l_e + b_e)l_e\frac{A_1}{A}$$

$$= 0.6\times4\pi\times1.43\times(272+60)\times272\times\frac{223200}{1146103} = 189.6\text{kN} < 211.29\text{kN}$$

端锚板局部承压强度

按式(14.3.3)

$$N_{u3} = n\beta f_c A_l$$

其中：$\beta = \sqrt{\dfrac{A_b}{A_l}} = \sqrt{\dfrac{270\times320 - 201\times4}{4\times58.3^2}} = 2.51$

$$A_l = 60\times60 - 201 = 3399\text{mm}^2 \text{换算成方形，边长：} b = \sqrt{3399} = 58.3\text{mm}$$

$$N_{u3} = n\beta f_c A_l = 4\times2.51\times14.3\times3399 = 488\text{kN} > N_{u2}$$

经过上述计算，本例由受拉锥体强度起控制作用，预埋件的轴心受拉承载力设计值为 $N_{u0} = N_{u2} = 189.6\text{kN}$。

三、受剪预埋件

1. 直锚筋预埋件的受剪承载力设计值 V_{u0} 可按图 14.5.5 及式(14.5.6)计算。

$$V_{u0} = k_1\alpha_r\alpha_v f_y A_s\xi_1 \tag{14.5.6}$$

$$\alpha_v = (4-0.08d)\sqrt{\frac{f_c}{f_y}} \leqslant 0.7 \tag{14.5.7}$$

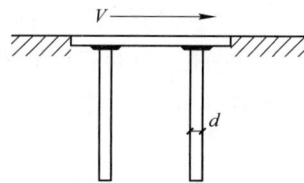

图 14.5.5 直锚筋受剪预埋件

式中：k_1——承载力折减系数，按表 14.5.1 确定；

α_r——锚筋层数的影响系数；当等间距配置时：二层取 1.0；三层取 0.9；四层取 0.85；

α_v——锚筋的受剪承载力系数，应按式(14.5.7)确定；

f_y——锚筋抗拉强度设计值，但不应大于 300N/mm^2；

d——锚筋直径(mm)；

f_c——混凝土轴心抗压强度设计值；

ξ_1——当锚筋的实际锚固长度小于 $l_a < 15d$ 时，预埋件的受剪承载力设计值折减系数。可按式(14.3.5)确定。

2. 角钢锚筋预埋件的受剪承载力设计值 V_{u0} 可按图 14.5.6 及式(14.5.8)计算。

$$V_{u0} = 3k_2 n\alpha_r \sqrt{W_{min}b'ff_c} \tag{14.5.8}$$

式中： n——角钢锚筋根数；

$\quad\quad k_2$——承载力折减系数，按表 14.5.1 确定；

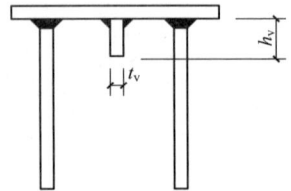

$\quad\quad W_{min}$——角钢锚筋对 $x-x$ 重心轴的最小截面抵抗矩；

$\quad\quad b'$——角钢肢宽度。

3. 配置直锚筋与弯折锚筋预埋件的受剪承载力设计值 V_{u0} 可按图 14.5.7 及式(14.5.9)计算。

$$V_{u0} = k_1 f_y(0.9\alpha_r\alpha_v A_s + 0.9\cos\alpha A_{sb}) \tag{14.5.9}$$

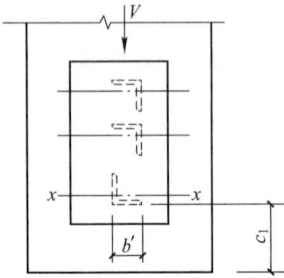

图 14.5.6 角钢锚筋受剪预埋件　　　图 14.5.7 配置直锚筋与弯折锚筋的受剪预埋件

式中： A_s——直锚筋的截面面积，当其按构造要求设置时，应取 $A_s=0$ ；

$\quad\quad k_1$——承载力折减系数，按表 14.5.1 确定；

$\quad\quad A_{sb}$——弯折锚筋的截面面积，其直径不应大于 18mm，且仅在图示剪力方向时才参加工作，否则不能考虑弯折锚筋的作用；

$\quad\quad \alpha$——弯折锚筋的弯折角度。

4. 配置直锚筋与抗剪钢板预埋件的受剪承载力设计值 V_{u0} 应满足式(14.5.10)及式(14.5.11)的要求，见图 14.5.8。

$$V_{u0} = k_2(\alpha_r\alpha_v f_y A_s + 0.7f_c A_v) \tag{14.5.10}$$

$$V_{u0} = 0.7k_2 f_c A_v \leqslant 0.3V_{u0} \tag{14.5.11}$$

式中： A_v——抗剪钢板的承压面积， $A_v = b_v h_v$ ；

$\quad\quad b_v$——抗剪钢板宽度；

$\quad\quad h_v$——抗剪钢板高度；

$\quad\quad k_2$——承载力折减系数，按表 14.5.1 确定。

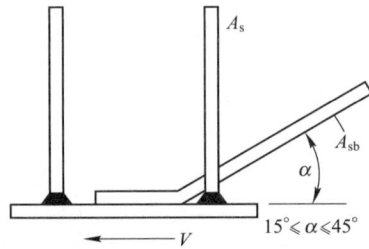

图 14.5.8 配置直锚筋与抗剪钢板的受剪预埋件

5. 计算实例

【例题 14-3】 已知图 14.5.9 所示的受剪预埋件，构件混凝土为 C25，锚筋为 HRB400 级钢筋，锚板为 Q235B 级钢。

求预埋件的受剪承载力设计值 V_{u0} 。

【解】 由图 14.5.9 可知，锚筋 $d=20$mm，锚筋长 200mm

$$l_a = 200\text{mm} < 15d = 15 \times 20 = 300\text{mm}$$

锚板厚 $t=12\text{mm}$

由式(14.5.7)算得受剪承载力的折减系数：

$$\alpha_v=(4-0.08d)\sqrt{\frac{f_c}{f_y}}=(4-0.08\times20)\sqrt{\frac{11.9}{300}}=0.478<0.7$$

由式(14.3.5)算得：

$$\xi_1=1-0.027\left(15-\frac{l_a}{d}\right)=1-0.027\left(15-\frac{200}{20}\right)=0.865$$

三排锚筋 $\alpha_r=0.9$，锚筋至锚板边缘尺寸满足构造要求；

由式(14.5.6)算得：

$$V_{u0}=\alpha_r\alpha_vf_yA_s\xi_1=0.9\times0.478\times300\times314\times6\times0.865=210\text{kN}$$

【例题 14-4】 已知图 14.5.10 所示的受剪预埋件，构件混凝土为 C25，锚板及锚筋为 Q235B 级钢。

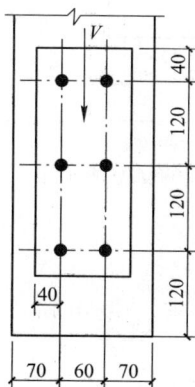

图 14.5.9 锚筋受剪预埋件

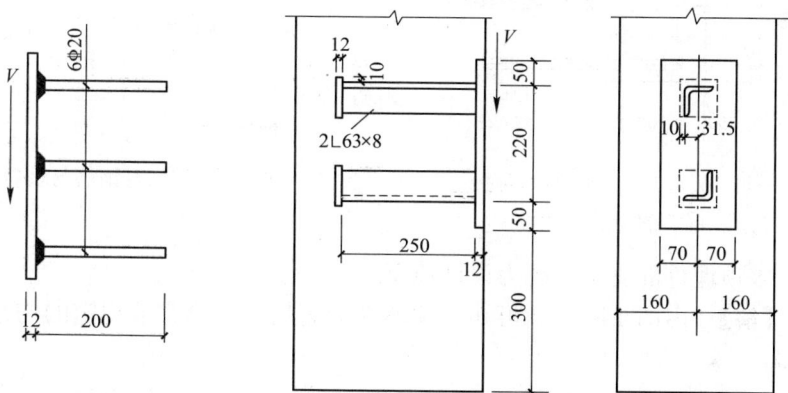

图 14.5.10 角钢锚板的受剪预埋件

求预埋件的受剪承载力设计值 V_{u0}。

【解】 由图 14.5.10 可知，预埋件除角钢锚筋的纵向边距 $c_1=350\text{mm}<7b'=7\times63=441\text{mm}$ 外，其他能满足本章第二节规定的构造要求。考虑到角钢边至混凝土边缘的距离 c_1 达不到 $7b'$ 的折减系数 ξ_4 为

$$\xi_4=\sqrt[3]{\frac{c_1}{7b'}}=\sqrt[3]{\frac{350}{441}}=0.926$$

∟63×8 锚筋 $W_{min}=7750\text{mm}^3$

代入式(14.5.8)

$$V_{u0}=3\xi_4nk_2\alpha_r\sqrt{W_{min}b'f\cdot f_c}=3\times0.926\times2\times1\times1\times\sqrt{7750\times63\times215\times11.9}=196\text{kN}$$

【例题 14-5】 已知图 14.5.11 所示的受剪预埋件，构件混凝土为 C30，锚筋为 HRB400 级钢筋，锚板为 Q235 级钢。

求预埋件的受剪承载力设计值 V_{u0}。

【解】 由图 14.5.11 可知，预埋件能满足本章第二节规定的构造要求，由式(14.5.7)算得：

$$\alpha_v=(4-0.08d)\sqrt{\frac{f_c}{f_y}}=(4-0.08\times12)\sqrt{\frac{14.3}{300}}=0.664<0.7$$

代入式(14.5.9)

$$V_{u0}=k_1 f_y(0.9\alpha_r\alpha_v A_s+0.72A_{sb})=1\times300\times(0.9\times1\times0.664\times452+0.72\times603)=211.28\text{kN}$$

【例题 14-6】　已知图 14.5.12 所示的受剪预埋件，构件混凝土为 C30，锚筋为 HRB400 级钢筋，锚板为 Q235B 级钢。

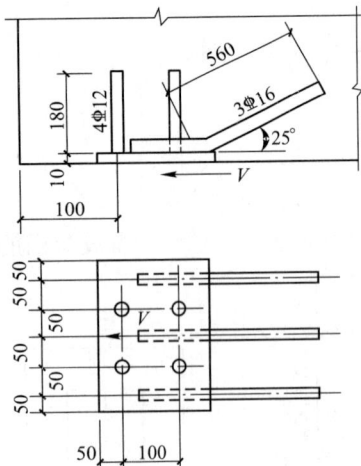

图 14.5.11　直锚筋与弯折锚筋的受剪预埋件

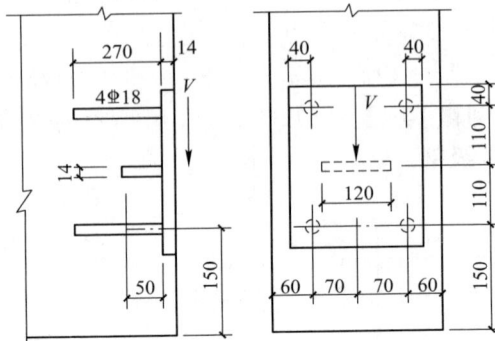

图 14.5.12　直锚筋与抗剪钢板的受剪预埋件

求预埋件的受剪承载力设计值 V_{u0}。

【解】　由图 14.5.12 可知，预埋件能满足本章第二节规定的构造要求，由式(14.5.7)算得：

$$\alpha_v=(4-0.08d)\sqrt{\frac{f_c}{f_y}}=(4-0.08\times18)\sqrt{\frac{14.3}{300}}=0.559<0.7$$

代入式(14.5.10)

$$\begin{aligned}V_{u0}&=k_2(\alpha_r\alpha_v f_y A_s+0.7f_c A_v)\\&=1\times(1\times0.559\times300\times1017+0.7\times14.3\times120\times50)\\&=230.6\text{kN}\end{aligned}$$

由式(14.5.11)得：

$$\frac{0.7k_2 f_c A_v}{V_{u0}}=\frac{0.7\times1\times14.3\times120\times50}{230.6}=0.26<0.3\text{ 满足要求。}$$

四、偏心受拉预埋件

1. 直锚筋预埋件的偏心受拉承载力设计值 N_u

按图 14.5.13，偏心受拉预埋件在拉力 N 及弯矩 $M=N\cdot e_0$ 的作用下，预埋件的强度可按式(14.5.12)计算

$$\frac{N_u}{0.8\alpha_a\alpha_b f_y A_s}+\frac{N_u e_0}{0.4\alpha_a\alpha_b\alpha_r f_y A_s z}=1 \quad (14.5.12)$$

式(14.5.12)也可写成

$$N_u=\frac{1}{\left(1+\dfrac{2e_0}{\alpha_r z}\right)}0.8\alpha_a\alpha_b f_y A_s=0.8\eta_1\alpha_a\alpha_b f_y A_s$$

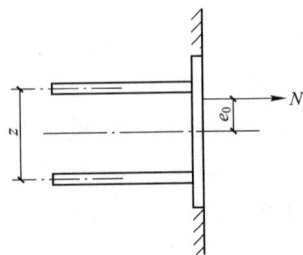

图 14.5.13　直锚筋偏拉预埋件

其中

$$\eta_l = \cfrac{1}{\left(1 + \cfrac{2e_0}{\alpha_r z}\right)} \tag{14.5.13}$$

式中：η_l——轴向拉力偏心作用的影响系数；

$\quad\quad z$——外排锚筋中心线之间的距离；

$\quad\quad e_0$——轴向拉力对预埋件锚筋重心轴的偏心距。

2. 对于直锚筋及角钢锚筋末端焊有锚板的预埋件，其偏心受拉承载力设计值 N_u 可按式(14.5.14)计算。

$$N_u = \eta_l N_{u0} \tag{14.5.14}$$

式中 N_{u0} 为直锚筋及角钢锚筋末端焊有锚板的预埋件轴心受拉承载力设计值；

η_l 可按式(14.5.13)确定。

3. 计算实例

【例题 14-7】 已知图 14.5.14 所示用于设防烈度 8 度地震区的偏心受拉预埋件，构件混凝土为 C30，锚筋为 HRB400 级钢筋，锚板为 Q235 级钢。

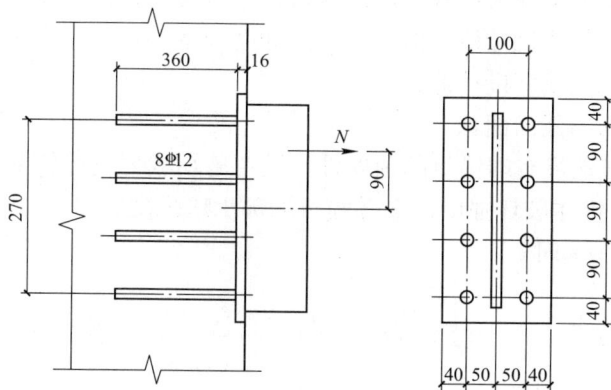

图 14.5.14 锚筋偏拉预埋件

求预埋件的偏心受拉承载力设计值 N_u。

【解】 由图 14.5.14 可知，除 $l'_a = 360/12 = 30d$

小于表 14.2.1 规定的 $l_a = 33d$ 的要求，其他能满足本章第二节规定的构造要求。

$$b/t = 100/16 = 6.25 < 8, \quad t/d = 16/12 = 1.33 > 0.6$$

根据式(14.5.5)算得：

$$\alpha_b = 0.6 + 0.25 \times \frac{16}{12} = 0.93 < 1$$

$$\alpha_a = \frac{l'_a}{l_a} = \frac{30}{33} = 0.91$$

$$\eta_l = \cfrac{1}{\left(1 + \cfrac{2e_0}{\alpha_r z}\right)} = \cfrac{1}{\left(1 + \cfrac{2 \times 90}{0.85 \times 270}\right)} = 0.56$$

将各值代入式(14.5.13)得：

$$N_u = \eta_l 0.8 k_1 \alpha_a \alpha_b f_y A_s = 0.56 \times 0.8 \times 0.8 \times 0.91 \times 0.93 \times 300 \times 904 = 82.26 \text{kN}$$

五、弯剪预埋件

1. 直锚筋预埋件的弯剪承载力设计值 V_u 可按图 14.5.15 及下列公式计算

当 $e/z \geqslant 0.57\alpha_a\alpha_b/\alpha_v$ 时，

$$\frac{M}{0.4\alpha_a\alpha_b\alpha_r f_y A_s z}=1 \qquad (14.5.15)$$

当 $e/z < 0.57\alpha_a\alpha_b/\alpha_v$ 时，

$$\frac{V_u}{\alpha_v\alpha_r f_y A_s}+\frac{V_u e}{1.3\alpha_a\alpha_b\alpha_r f_y A_s z}=1 \qquad (14.5.16)$$

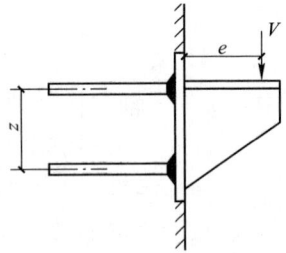

图 14.5.15　直锚筋弯剪
预埋件

式中：e——剪力对于埋件的偏心距；

　　　z——外排锚筋的中心距；

　　　α_a——锚筋锚固长度对锚筋抗拉强度的折减系数 $\alpha_a=\dfrac{l_a}{l_{ab}}$；

　　　α_b——锚板的弯曲变形系数，按式(14.5.5)计算。当采取措施防止锚板弯曲变形时，可取 $\alpha_b=1$；

　　　α_r——锚筋层数的影响系数；当等间距配置时：二层取 1.0；三层取 0.9；四层取 0.85；

　　　α_v——锚筋的受剪承载力系数，可按式(14.5.7)确定；

　　　f_y——锚筋抗拉强度设计值，但不应大于 300N/mm^2；

　　　f_c——混凝土抗压强度设计值；

　　　A_s——全部锚筋的截面面积。

2. 对于直锚筋末端焊有端锚板的预埋件，其弯剪承载力设计值 V_u 除按下列公式计算外，尚需验算混凝土锥体破坏强度及端部锚板局部承压强度。

当 $e/z \geqslant 0.57\alpha_a\alpha_b/\alpha_v$ 时，

$$\frac{M}{0.5\alpha_r z N_{u0}}=1 \qquad (14.5.17)$$

当 $e/z < 0.57\alpha_a\alpha_b/\alpha_v$ 时，

$$\frac{V_u}{\alpha_v\alpha_r f_y A_s}+\frac{V_u e}{1.625\alpha_r z N_{u0}}=1 \qquad (14.5.18)$$

N_{u0} 预埋件的轴心抗拉强度设计值，取用 N_{u1}、N_{u2}、N_{u3} 的较小值。

3. 计算实例

【例题 14-8】　已知图 14.5.16 所示的弯剪预埋件，构件混凝土为 C30，锚筋为 HRB400 级钢筋，锚板为 Q235B 级钢。

求预埋件的弯剪承载力设计值 V_u。

【解】　由图 14.5.16 所示，预埋件都能满足本章第二节规定的构造要求。$\alpha_a=1$，由于钢牛腿上翼缘加强了锚板受拉区的弯曲刚度，锚板可按无弯曲变形考虑。$\alpha_b=1$，$\alpha_r=0.85$。

$$\alpha_v=(4-0.08d)\sqrt{\frac{f_c}{f_y}}=(4-0.08\times20)\sqrt{\frac{14.3}{300}}=0.524$$

$$e/z=\frac{150}{420}=0.36<0.57\alpha_a\alpha_b/\alpha_v=0.57\times1\times1/0.524=1.08$$

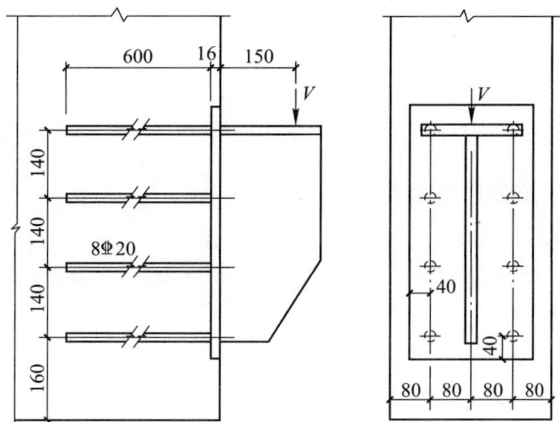

图 14.5.16　T 形钢牛腿的弯剪预埋件

由式(14.5.16)导出：

$$V_u = \cfrac{1}{\cfrac{1}{\alpha_v \alpha_r f_y A_s} + \cfrac{e}{1.3 \alpha_a \alpha_b \alpha_r f_y A_s z}}$$

$$= \cfrac{1}{\cfrac{1}{0.524 \times 0.85 \times 300 \times 2513} + \cfrac{150}{1.3 \times 1 \times 1 \times 0.85 \times 300 \times 2513 \times 420}} = 293.5\text{kN}$$

【**例题 14-9**】　已知图 14.5.17 所示的弯剪预埋件，构件混凝土为 C30，锚筋为 HRB400 级钢筋，锚板为 Q235B 级钢。求预埋件的弯剪承载力设计值 V_u。

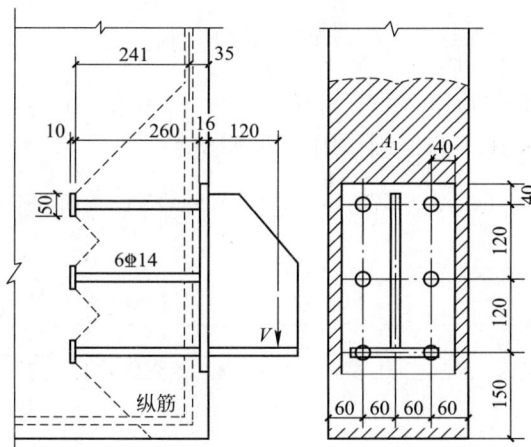

图 14.5.17　倒 T 形钢牛腿的弯剪预埋件

【**解**】　由图 14.5.17 可知，锚筋锚固长度不能满足本章第二节规定的构造要求，采用了锚筋端部加焊锚板的措施后方能满足本章第二节规定的构造要求。

$$l'_a = 0.6 l_a = 0.6 \times 30d = 0.6 \times 30 \times 14 = 252\text{mm} < 260\text{mm} \text{ 满足要求。}$$

由 $b/t = 120/16 = 7.5 < 8$，$t/d = 16/14 = 1.143$

根据式(14.5.5)，式(14.5.7)算得：

$$\alpha_b = 0.6 + 0.25 \times \frac{16}{14} = 0.886 < 1$$

$$\alpha_v = (4 - 0.08d)\sqrt{\frac{f_c}{f_y}} = (4 - 0.08 \times 14)\sqrt{\frac{14.3}{300}} = 0.628 < 0.7$$

1) 求锚筋的轴心抗拉强度设计值 N_{u1}

由式(14.5.4)求得：

$$N_{u1} = 0.8k_1\alpha_b f_y A_s = 0.8 \times 1 \times 0.886 \times 300 \times 923 = 196.27\text{kN}$$

2) 求受拉锥体强度 N_{u2}

由已知条件可得：

$$n = 6, \quad f_t = 1.43\text{N/mm}^2$$

$$l_a' = 260 + 16 = 276\text{mm}, \quad a = 35\text{mm}$$

$$l_e = l_a' - a = 276 - 35 = 241\text{mm}$$

$$b_e = 50\text{mm}, \quad l_e + b_e/2 = 241 + 25 = 266\text{mm}$$

$$A = n\pi(2l_e + b_e)^2/4 = 6\pi(2 \times 241 + 50)^2/4 = 1333719\text{mm}^2$$

$$A_1 = (150 + 2 \times 120 + 260) \times 240 = 156000\text{mm}^2$$

将各值代入式(14.3.2)

$$N_{u2} = 0.6n\pi f_t(l_e + b_e)l_e \frac{A_1}{A}$$

$$= 0.6 \times 6\pi \times 1.43 \times (241 + 50) \times 241 \times \frac{156000}{1333719} = 132.7\text{kN}$$

3) 端锚板局部承压强度

由式(14.3.3)

$$N_{u3} = n\beta f_c A_l = \left(2 \times \sqrt{\frac{120 \times 120}{48.4^2}} + 4\sqrt{\frac{135 \times 120}{48.4^2}}\right) \times 14.3 \times (50 \times 50 - 153.9) = 553.15\text{kN}$$

因此，预埋件的轴心受拉承载力设计值 $N_{u0} = N_{u2} = 132.7\text{kN}$

一般情况下，局部承压不起控制作用，可不验算。

根据 $e/z = \dfrac{120}{240} = 0.50 < 0.57\alpha_a\alpha_b/\alpha_v = 0.57 \times 1 \times 0.886/0.628 = 0.804$，由式 (14.5.18)导出：

$$V_u = \cfrac{1}{\cfrac{1}{\alpha_v\alpha_r f_y A_s} + \cfrac{e}{1.625\alpha_r z N_{u0}}} = \cfrac{1}{\cfrac{1}{0.628 \times 0.9 \times 300 \times 923} + \cfrac{120}{1.625 \times 0.9 \times 240 \times 132700}}$$

$$= 112.31\text{kN}$$

六、拉弯剪预埋件

拉弯剪预埋件主要用于连接柱间支撑，见图14.5.18。

1. 直锚筋预埋件的拉弯剪承载力计算可按下式计算

$$\frac{N}{0.8\alpha_a\alpha_b f_y A_s} + \frac{M}{0.4\alpha_a\alpha_b\alpha_r f_y A_s z} = 1 \tag{14.5.19}$$

$$\frac{V}{\alpha_v\alpha_r f_y A_s} + \frac{N}{0.8\alpha_a\alpha_b f_y A_s} + \frac{M}{1.3\alpha_a\alpha_b\alpha_r f_y A_s z} = 1 \tag{14.5.20}$$

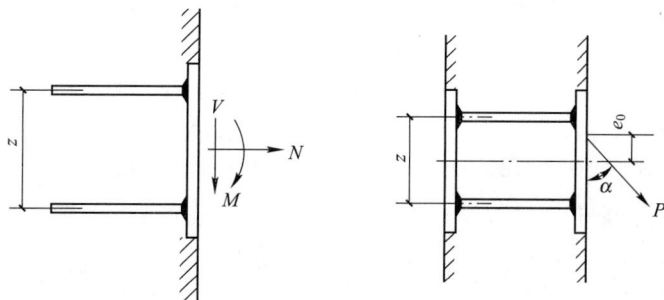

图 14.5.18 拉弯剪预埋件

A_s 取上式较大值。

2. 锚筋端部焊有锚板的拉弯剪预埋件的承载力设计值应取用以下两式的较小值。

$$\frac{N}{N_{u0}}+\frac{M}{0.5\alpha_r zN_{u0}}=1 \tag{14.5.21}$$

$$\frac{V}{V_{u0}}+\frac{N}{N_{u0}}+\frac{M}{1.625\alpha_r zN_{u0}}=1 \tag{14.5.22}$$

式中：N_{u0}——预埋件的轴心抗拉强度设计值。

V_{u0}——预埋件的抗剪强度设计值。

3. 计算实例

【例题 14-10】 已知图 14.5.19 所示的拉弯剪预埋件，构件混凝土为 C30，锚筋为 HRB400 级钢筋，锚板为 Q235B 级钢。作用在预埋件上的斜拉力 $P=128$kN。

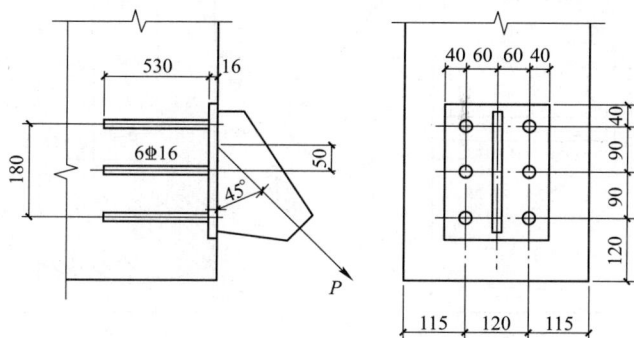

图 14.5.19 直锚筋拉弯剪预埋件

求预埋件的斜拉承载力能否满足要求。

【解】 由图 14.5.19 可知，预埋件能满足构造要求。

由 $b/t=120/16=7.5<8$，$t/d=16/16=1.0>0.6$

根据式(14.5.5)，式(14.5.7)算得：

$$\alpha_b=0.6+0.25\frac{t}{d}=0.6+0.25\times\frac{16}{16}=0.85<1$$

$$\alpha_v=(4-0.08d)\sqrt{\frac{f_c}{f_y}}=(4-0.08\times16)\sqrt{\frac{14.3}{300}}=0.593<0.7$$

$$\alpha_r=0.90(三层锚筋)$$

$$N=P\cos45° \quad V=P\sin45° \quad M=50P\cos45°$$

将已知数据代入式(14.5.19) $\dfrac{N}{0.8\alpha_a\alpha_b f_y A_s}+\dfrac{M}{0.4\alpha_a\alpha_b\alpha_r f_y A_s z}=1$

$$\frac{P_1\cos45°}{0.8\times1\times0.85\times300\times1206.6}+\frac{50P_1\cos45°}{0.4\times1\times0.85\times0.9\times300\times1206.6\times180}=1$$

解出：$P_1=215.2\text{kN}$

将已知数据代入式(14.5.20) $\dfrac{V}{\alpha_v\alpha_r f_y A_s}+\dfrac{N}{0.8\alpha_a\alpha_b f_y A_s}+\dfrac{M}{1.3\alpha_a\alpha_b\alpha_r f_y A_s z}=1$

$$\frac{P_2\sin45°}{0.593\times0.9\times300\times1206.6}+\frac{P_2\cos45°}{0.8\times1\times0.85\times300\times1206.6}+\frac{50P_2\cos45°}{1.3\times1\times0.85\times0.9\times300\times1206.6\times180}=1$$

解出：$P_2=141.3\text{kN}$

取较小值 $P_u=P_2=141.3\text{kN}>128\text{kN}$

预埋件承载力满足要求。

【例题 14-11】 已知图 14.5.20 所示的拉弯剪预埋件，构件混凝土为 C30，锚筋为 ∟50×6 的角钢，锚板及锚筋为 Q235B 级钢。作用在预埋件上的斜拉力 $P=145\text{kN}$。

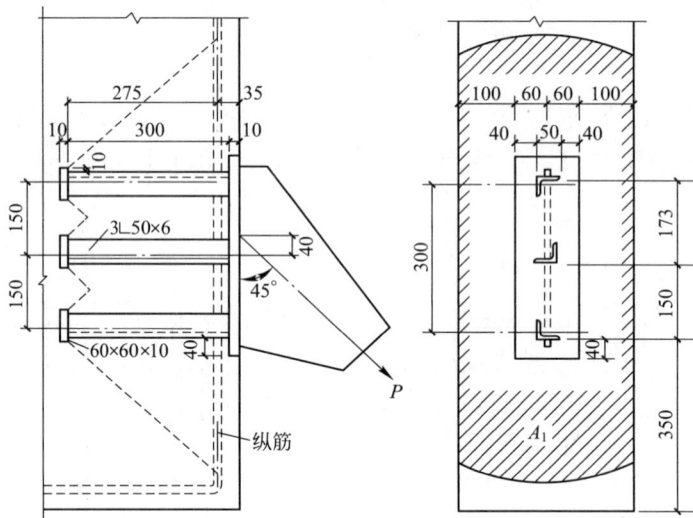

图 14.5.20 角钢锚筋拉弯剪预埋件

求预埋件的承载力能否满足要求。

【解】 由图 14.5.20 可知，预埋件都能满足本章第二节规定的构造要求。由于连接板加强了锚板的弯曲刚度，锚板可按无弯曲变形考虑。$\alpha_b=1$，$\alpha_r=0.9$（三排锚筋）。

由图 14.5.20 可知，作用在预埋件上的外力分别为

$$N=P\cos45° \quad V=P\sin45° \quad M=50P\cos45°$$

1）预埋件的抗剪强度 V_{u0}

由式（14.5.8）

$$V_{u0}=3nk_2\alpha_r\sqrt{W_{min}bff_c}=3\times3\times1\times0.9\times\sqrt{3.68\times10^3\times50\times215\times14.3}=192.7\text{kN}$$

2）预埋件的轴心受拉承载力设计值 N_{u0}

$$N_{u1}=0.8k_1\alpha_b f_y A_s=0.8\times1\times1\times215\times569\times3=293.6\text{kN}$$

$$N_{u2}=0.6n\pi f_t(l_e+b_e)l_e\frac{A_1}{A}=0.6\times3\pi\times1.43\times(275+60)\times275\times\frac{288000}{876740}$$

$$=244.7\text{kN}$$

其中：

$$n=3,\quad f_t=1.43\text{N/mm}^2$$

$$l_a'=310\text{mm},\quad a=35\text{mm}$$

$$l_e=l_a'-a=310-35=275\text{mm}\quad b_e=60\text{mm},$$

$$A=n\pi(2l_e+b_e)^2/4=3\pi(2\times275+60)^2/4=876740\text{mm}^2$$

$$A_1=2\times(150+10+15+275)\times320=288000\text{mm}^2$$

因此，预埋件的轴心受拉承载力设计值 $N_{u0}=N_{u2}=244.7\text{kN}$

$$\frac{V}{V_{u0}}=\frac{145\sin45°}{192.7}=0.53>0.7\left(1-\frac{N}{N_{u0}}\right)=0.7\left(1-\frac{145\cos45°}{244.7}\right)=0.407$$

将各值代入(14.5.22)式

$$\frac{P_u\sin45°}{192.7\times10^3}+\frac{P_u\cos45°}{244.7\times10^3}+\frac{40P_u\cos45°}{1.625\times0.9\times244.7\times300}=1$$

解出：$P_u=146.6\text{kN}>145\text{kN}$ 满足要求。

七、压弯剪预埋件

压弯剪预埋件主要用于屋架或屋面梁与柱顶的节点连接及吊车梁与柱子牛腿的节点连接。

1. 对钢筋混凝土构件中配置直锚筋或直锚筋加抗剪钢板（见图14.5.21）的压弯剪预埋件可按下式计算

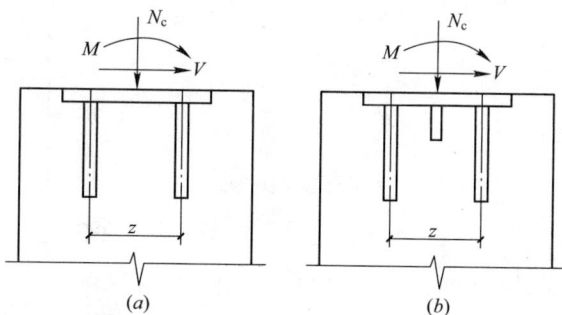

图 14.5.21　压弯剪预埋件
(a)直锚筋；(b)直锚筋加抗剪钢板

当 $\dfrac{V-0.3N}{V_{u0}}\leqslant0.7$ 时，

$$\frac{M-0.4Nz}{0.4\alpha_a\alpha_b\alpha_r f_y A_s z}=1 \tag{14.5.23}$$

当 $\dfrac{V-0.3N}{V_{u0}}>0.7$ 时，

$$\frac{V-0.3N}{\alpha_v \alpha_r f_y A_s+0.7f_c A_v}+\frac{M-0.4Nz}{1.3\alpha_a \alpha_b \alpha_r f_y A_s z}=1 \tag{14.5.24}$$

式中 A_v 为抗剪钢板的面积，当有抗剪钢板时，$V_{u0}=\alpha_v \alpha_r f_y A_s+0.7f_c A_v$。当 $M<0.4Nz$ 时，取 $M-0.4Nz=0$，且控制 $N\leqslant0.5f_c A$，A 为预埋板与混凝土接触面积。对用于柱顶和牛腿顶面的预埋件，一般不会发生锚板的弯曲变形。因此，可取 $\alpha_b=1$。

2. 对直锚筋或角钢埋件端部焊有锚板的压弯剪预埋件可按下式计算

当 $\dfrac{V-0.3N}{V_{u0}}\leqslant0.7$ 时，

$$\frac{M-0.4Nz}{0.5\alpha_r z N_{u0}}=1 \tag{14.5.25}$$

当 $\dfrac{V-0.3N}{V_{u0}}>0.7$ 时，

$$\frac{V-0.3N}{\alpha_v \alpha_r f_y A_s}+\frac{M-0.4Nz}{1.625\alpha_r z N_{u0}}=1 \tag{14.5.26}$$

3. 计算实例

【例题 14-12】 已知图 14.5.22 所示的压弯剪预埋件，构件混凝土为 C30，锚筋为 HRB400 级钢筋，锚板为 Q235B 级钢。作用在预埋件上的压力 $N_c=200\text{kN}$，剪力 $V=70\text{kN}$，弯矩 $M=20\text{kM}\cdot\text{m}$ 求预埋件所配锚筋能否满足要求。

【解】 由图 14.5.22 可知，预埋件能满足构造要求。由于垫板与柱顶预埋件焊接，加强了锚板的弯曲刚度，可取 $\alpha_b=1$。锚筋为两排，$\alpha_r=1$。

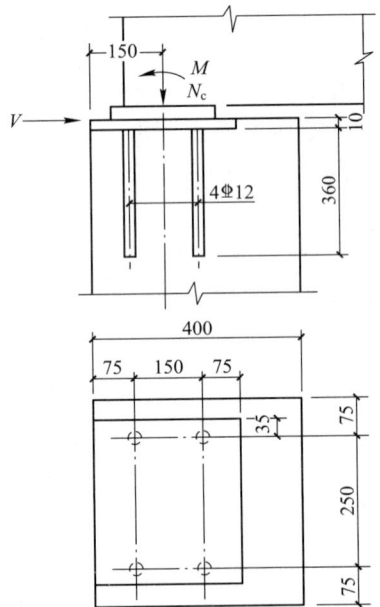

图 14.5.22　直锚筋压弯剪预埋件

$$\alpha_v=(4-0.08d)\sqrt{\frac{f_c}{f_y}}=(4-0.08\times12)\sqrt{\frac{14.3}{300}}$$
$$=0.664<0.7$$

$$0.5f_c A=0.5\times14.3\times300\times320=686\text{kN}>N_c$$

锚板尺寸满足要求。

$$V_{u0}=k_1\alpha_r \alpha_v f_y A_s=1\times1\times0.664\times300\times452=90\text{kN}$$

$$\frac{V-0.3N}{V_{u0}}=\frac{70-0.3\times200}{90}=0.11<0.7$$

$$A_s=\frac{M-0.4Nz}{0.4\alpha_a \alpha_b f_y z}=\frac{20\times10^6-0.4\times200\times10^3\times150}{0.4\times1\times1\times300\times150}=444\text{mm}^2<452\text{mm}^2$$

满足要求。

【例题 14-13】 已知图 14.5.23 所示的柱顶压弯剪预埋件，构件混凝土为 C30，锚筋为 HRB400 级钢筋，锚板为 Q235B 级钢。抗剪钢板为 $80\times40\times10$，作用在预埋件上的压

力 $N_c = 100kN$，剪力 $V = 120kN$ 求预埋件的抗弯强度。

【解】 由图 14.5.23 可知，预埋件能满足本章第二节规定的构造要求。由于垫板与柱顶预埋件焊接，加强了锚板的弯曲刚度，可取 $\alpha_b = 1$。锚筋为两排，$\alpha_r = 1$。

$$\alpha_v = (4 - 0.08d)\sqrt{\frac{f_c}{f_y}} = (4 - 0.08 \times 12)\sqrt{\frac{14.3}{300}}$$
$$= 0.664 < 0.7$$
$$0.5 f_c A = 0.5 \times 14.3 \times 300 \times 320$$
$$= 686kN > N_c$$

锚板尺寸满足要求。

$$V_{u0} = k_1 \alpha_r \alpha_v f_y A_s + 0.7 f_c A_v$$
$$= 1 \times 1 \times 0.664 \times 300 \times 452 + 0.7 \times 14.3 \times 40 \times 80$$
$$= 122.07kN$$

$$\frac{V - 0.3N}{V_{u0}} = \frac{120 - 0.3 \times 100}{122.07} = 0.74 > 0.7$$

将已知条件代入式(14.5.24) $\dfrac{V - 0.3N}{\alpha_v \alpha_r f_y A_s + 0.7 f_c A_v}$

$$+ \frac{M - 0.4Nz}{1.3\alpha_a \alpha_b \alpha_r f_y A_s z} = 1$$

$$\frac{120 \times 10^3 - 0.3 \times 100 \times 10^3}{0.664 \times 1 \times 300 \times 452 + 0.7 \times 14.3 \times 40 \times 80} + \frac{M - 0.4 \times 100 \times 10^3 \times 150}{1.3 \times 1 \times 1 \times 1 \times 300 \times 452 \times 150} = 1$$

解出：$M = 12.94kN \cdot m$

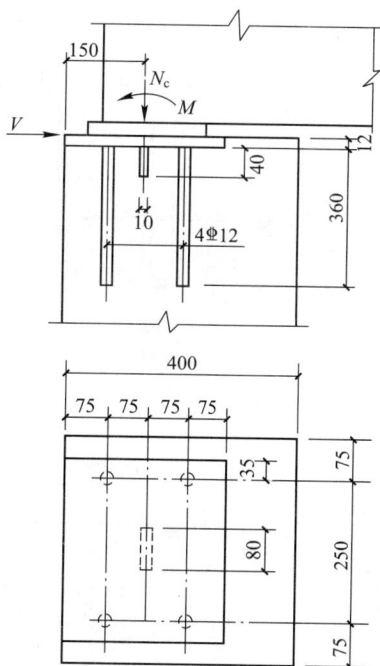

图 14.5.23　配置直锚筋与抗剪钢板的压弯剪预埋件

第六节　吊　环

一、吊环形式

吊环可做成图 14.6.1 所示的形式。

二、吊环的制作及构造要求

1. 吊环应采用 HPB300 级钢筋和 Q235 钢棒制作，当确有工程经验时，也可用 HRB400E 钢筋制作，其抗拉强度设计值仍按 HPB300 钢筋取用，$f_y = 270N/mm^2$。锚固构造要求见图 14.6.1，严禁使用冷加工钢筋。

2. 吊环应满足图 14.6.1 所示的构造要求，吊环锚入混凝土的长度不应小于 $30d$，并应绑扎在钢筋骨架上。对于图 14.6.1(e)、(f) 形式的吊环直径 d 不宜大于 12mm。

3. 当构件的混凝土标号 $\geqslant$ C30，截面高度较小，无法满足锚固长度要求时，吊环锚筋可以弯折，但其直段不得小于 $20d$，水平段不得小于 $12d$，如图 14.6.1(c)。

4. 当锚固钢筋保护层厚度不大于 $5d$ 时，锚固长度范围内横向钢筋配置应满足第一章第 6 节一.(二).1.(5)款的要求。

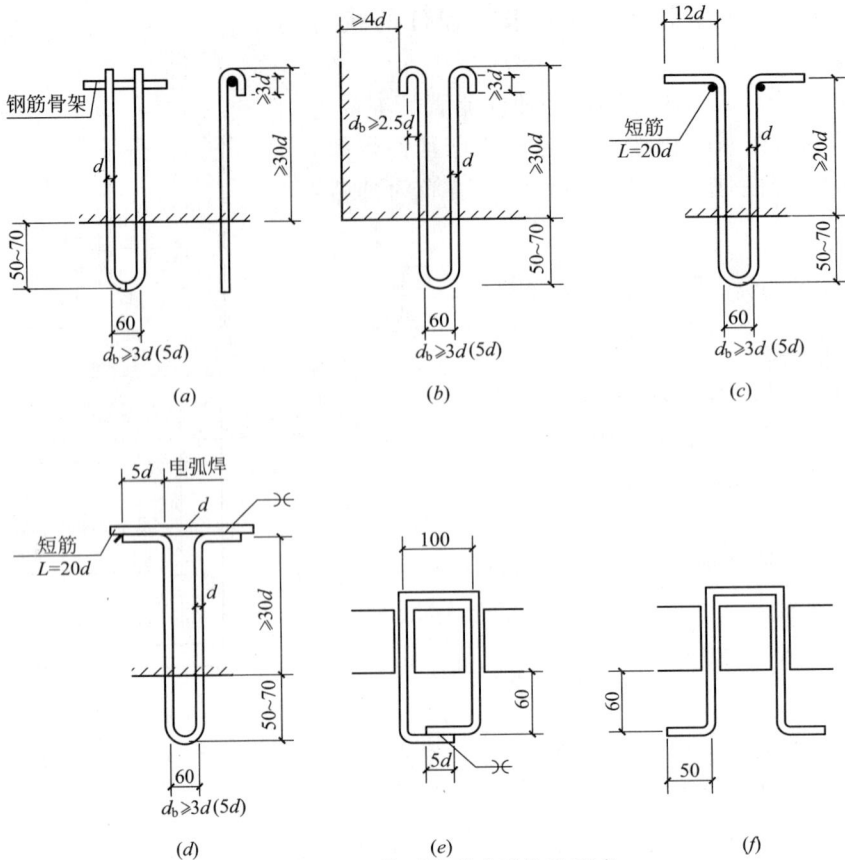

图 14.6.1　吊环的形式及构造要求

(a)、(c)、(d)末端有横向短钢筋吊环；(b)普通吊环；(e)、(f)活动吊环

(带肋钢筋 HRB400E 锚入端不设 180°弯钩，括号内数值用于 HRB400E 钢筋)

三、吊环计算

1. 在构件的自重标准值作用下，每个吊环按 2 个截面计算的吊环应力不应大于 $65N/mm^2$（构件自重的动力系数已考虑在内）。

2. 当在一个构件上设有 4 个吊环时，设计时应仅取 3 个吊环进行计算。

3. 每个吊环所承受的拉力见表 14.6.1。

每个吊环所承受拉力设计值

表 14.6.1

吊环直径(mm)	吊环两个截面面积(mm^2)	每个吊环所承受拉力设计值(kN)	吊环直径(mm)	吊环两个截面面积(mm^2)	每个吊环所承受拉力设计值(kN)
8	100.5	6.53	18	508.7	33.06 (25.49)
10	157.0	10.21	20	628	40.82 (31.40)
12	226.1	14.70	22	759.7	49.39 (37.99)
14	307.7	20.0	25	981.3	63.78 (49.07)
16	401.5	26.12 (20.0)			

注：1. 吊环直径 $d \leqslant 14mm$ 时应采用 HPB300 钢筋制作；吊环直径 $d \leqslant \phi16 \sim \phi25mm$ 时采用 Q235B 钢棒制作；确有工程经验吊环直径 $d = \phi16 \sim \phi25mm$ 时，可采用 HRB400E 钢筋制作，但其钢筋强度允许值仍按 HPB300 钢筋取值，所承受的拉力设计值可按本表取用。

2. 表中括号数值为采用 Q235B 钢棒制作所承受的拉力设计值。

参 考 文 献

[14-1]　机械电子工业部设计研究院编著 . 钢筋混凝土结构中预埋件设计 . 中国建筑工业出版社出版，1991

[14-2]　中元国际工程设计研究院主编 . 钢筋混凝土结构预埋件(图集号 04G362) . 中国建筑标准设计研究院出版，2004

第十五章 后锚固建筑锚栓、植筋连接

第一节 后锚固建筑锚栓、植筋分类

一、锚栓、植筋分类及适用范围

（一）锚栓分类

锚栓是将被连接件锚固到混凝土基材上的锚固组件。后锚固建筑锚栓的材质可为碳素钢、高抗腐不锈钢或合金钢，应根据使用环境条件的差异及耐久性要求的不同，选择相应的品种。锚栓的性能必须可靠，应符合现行行业标准《混凝土用膨胀型、扩孔型建筑锚栓》JG 160 的相关规定。锚栓按其工作原理及构造分为以下三类：

1. 膨胀型锚栓（图 15.1.1）

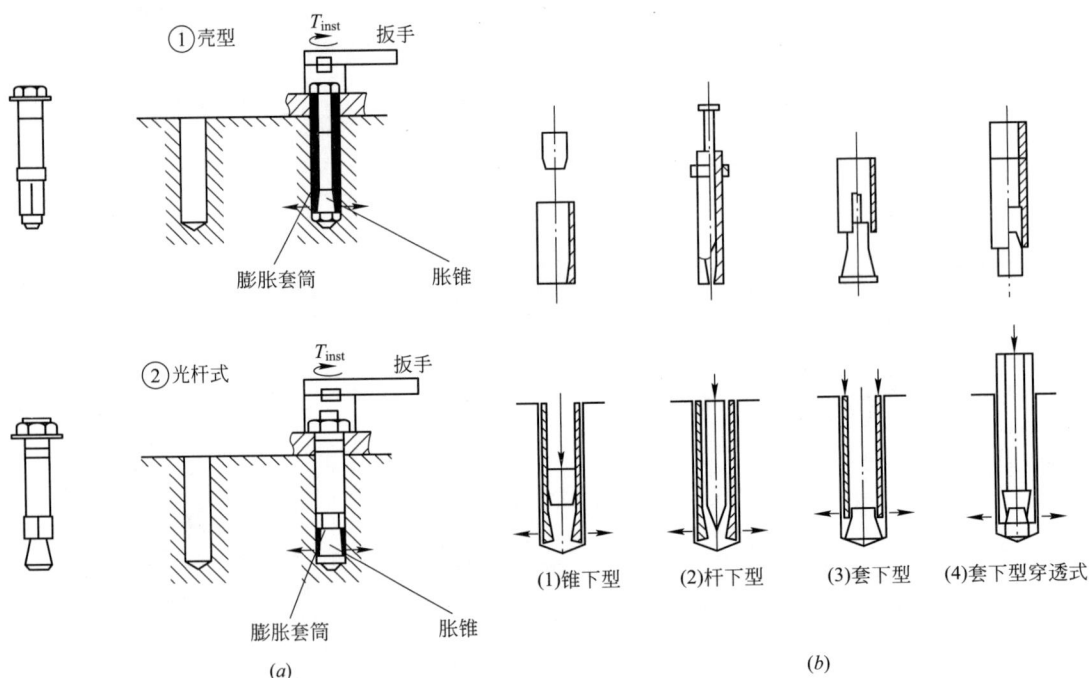

图 15.1.1 膨胀型锚栓
(a)扭矩控制式；(b)位移控制式

膨胀锚栓是利用锥体与膨胀片（或膨胀套筒）的相对位移，促使膨胀片膨胀，与孔壁混凝土产生膨胀挤压力，并通过剪切摩擦作用产生抗拔力，实现对被连接件锚固的一种组件。

膨胀型锚栓按安装时膨胀力控制方式的不同分为：

（1）扭矩控制式（图 15.1.1a），以扭矩控制。

（2）位移控制式（图 15.1.1b），以位移控制。

2. 后扩底型锚栓（图 15.1.2）

后扩底型锚栓是通过对钻孔底部混凝土的再次切槽扩孔，利用扩底后形成的混凝土承压面与锚栓扩大头间的机械互锁，实现对被连接件锚固的一种组件。由于扩孔型锚栓锚固拉力主要是通过混凝土承压面与锚栓扩大头间的顶承作用直接传递，因此，剪切摩擦作用较小。

扩孔型锚栓按扩孔方式的不同分为：

（1）普通模扩底锚栓（图 15.1.2a），用专用模具预先切槽扩底。

（2）自扩底专用锚栓（图 15.1.2b），锚栓自带刀具，安装时自行切槽扩底，切槽安装一次完成。

3. 化学锚栓

由金属螺杆和锚固胶组成，通过锚固胶形成锚固作用的锚栓。化学锚栓分为普通化学锚栓和特殊倒锥形化学锚栓。普通化学锚栓是用锚固胶将标准螺纹全牙螺杆固定于钻孔中实现锚固。特殊倒锥形化学锚栓是通过材料粘合和具有挤紧作用的键形嵌合来共同承载，从而实现对被连接件锚固的一种组件（图 15.1.3）。

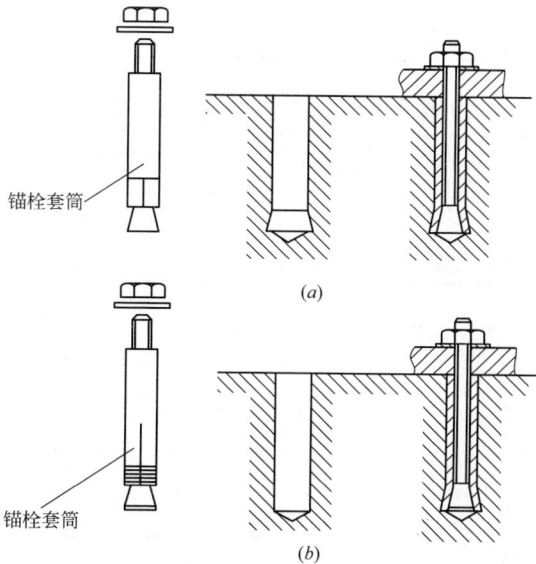

图 15.1.2 后扩底型锚栓
(a)普通模扩底锚栓；(b)自扩底专用锚栓

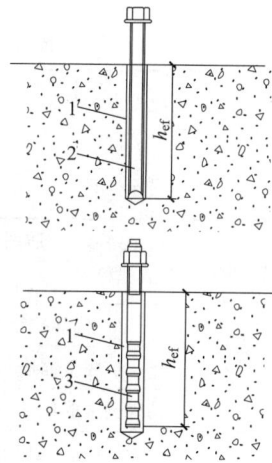

图 15.1.3 化学锚栓示意
(a)普通化学锚栓；(b)特殊倒锥形化学锚栓
1—锚固胶；2—标准螺纹全牙螺杆；3—倒锥形螺杆

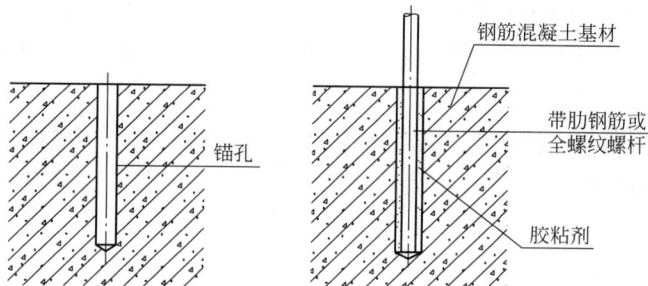

图 15.1.4 化学植筋

（二）化学植筋

化学植筋是以专用结构胶（胶粘剂），将带肋钢筋或全螺纹螺杆胶结固定于钢筋混凝土基材锚孔中的一种后锚固连接方法（图 15.1.4）。

（三）锚栓适用范围

1. 锚栓用于结构构件连接时的适用范围应符合表 15.1.1-1 的规定，用于非结构构件连接时的适用范围应符合表 15.1.1-2 的规定。

锚栓用于结构构件连接时的适用范围 表 15.1.1-1

锚栓类型		锚栓受力状态和设防烈度	受拉、边缘受剪和拉剪复合受力			受压、中心受剪和压剪复合受力
			非抗震	6、7 度	8 度	≤8 度
					0.2g / 0.3g	
机械锚栓	膨胀型锚栓	扭矩控制式锚栓	适用	不适用		适用
		位移控制式锚栓	不适用			
	扩底型锚栓		适用		不适用	适用
化学锚栓	特殊倒锥形化学锚栓		适用		不适用	适用
	普通化学锚栓		不适用			适用

锚栓用于非结构构件连接时的适用范围 表 15.1.1-2

锚栓类型			锚栓受力状态	受拉、边缘受剪和拉剪复合受力（抗震设防烈度≤8 度）		受压、中心受剪和压剪复合受力（抗震设防烈度≤8 度）	
				生命线工程	非生命线工程	生命线工程	非生命线工程
机械锚栓	膨胀型锚栓	扭矩控制式锚栓	适用于开裂混凝土	适用			
			适用于不开裂混凝土	不适用	适用		
		位移控制式锚栓		不适用			适用
	扩底型锚栓			适用			
化学锚栓	特殊倒锥形化学锚栓			适用			
	普通化学锚栓		适用于开裂混凝土	适用			
			适用于不开裂混凝土	不适用		适用	

注：1. 表中受压是指锚板受压，锚栓本身不承受压力；

    2. 适用于开裂混凝土的锚栓是指满足开裂混凝土及裂缝反复开合下锚固性能要求的锚栓。

    3. 非结构构件包括建筑非结构构件（如围护外墙、隔墙、幕墙、吊顶、广告牌、储物柜架等）及建筑附属机电设备的支架（如电梯，照明和应急电源，通信设备，管道系统，采暖和空调系统，烟火监测和消防系统，公用天线等）。

2. 对受拉、边缘受剪、拉剪组合结构构件及生命线工程非结构构件的锚固连接，应控制为锚栓或植筋钢材破坏，不应控制为混凝土基材破坏；对于膨胀型锚栓及扩孔型锚栓锚固连接，不应发生整体拔出破坏或锚杆穿出破坏；对于植筋（种植带肋钢筋或螺杆）不应产生混凝土基材破坏及拔出破坏（包括沿胶筋界面破坏和胶混界面破坏）。

开裂混凝土是在正常使用极限状态下，考虑混凝土收缩、温度变化及支座位移的影响，锚固区混凝土受拉。非开裂混凝土系指锚固区混凝土处于受压状态。承重梁锚栓连接设计，应采用开裂混凝土假定；柱、墙的锚栓连接，一般情况宜考虑为不开裂混凝土假定，并应按其受力状况确认锚栓连接部位是否为受压区。考虑地震作用的构件、基材其锚栓连接应采用开裂混凝土假定。

《混凝土结构加固设计规范》与《混凝土结构后锚固技术规程》对锚栓适用范围的规定有着本质的区别，使用时应根据工程具体情况酌情选用合适的锚栓。

在考虑地震作用的结构中，严禁采用膨胀型锚栓作为承重构件的连接件。

二、材料性能

（一）锚栓、植筋

1. 碳素钢和合金钢锚栓的材料性能等级应按所用钢材的抗拉强度标准值 f_{stk} 及屈强比 f_{yk}/f_{stk} 确定，相应的性能指标见表 15.1.2。

碳素钢和合金钢建筑锚栓的力学性能指标　　　　　表 15.1.2

性能等级		3.6	4.6	4.8	5.6	5.8	6.8	8.8
极限抗拉强度标准值	f_{stk}(N/mm²)	300	400		500		600	800
屈服强度标准值	f_{yk}或 $f_{s,0.2k}$(N/mm²)	180	240	320	300	400	480	640
伸长率	δ_5(%)	25	22	14	20	10	8	12

注：材料性能等级 3.6 表示：$f_{stk}=300$(N/mm²)，$f_{yk}/f_{stk}=0.6$。

2. 奥氏体不锈钢锚栓的材料性能等级应按所用钢材的极限抗拉强度 f_{stk} 及屈服强度 f_{yk} 确定，相应的性能指标见表 15.1.3。

奥氏体不锈钢建筑锚栓的力学性能指标　　　　　表 15.1.3

性能等级	螺纹直径(mm)	极限抗拉强度标准值 f_{stk}(N/mm²)	屈服强度标准值 f_{yk}(N/mm²)	伸长值 δ
50	≤39	500	210	0.6d
70	≤24	700	450	0.4d
80	≤24	800	600	0.3d

3. 用于植筋的钢筋应使用热轧带肋钢筋或全螺纹螺杆不得采用光圆钢筋。用于植筋的热轧带肋钢筋宜采用 HRB400 级，其屈服强度标准值 $f_{yk}=400$N/mm²，极限强度标准值 $f_{stk}=540$N/mm²。用于植筋的全螺纹螺杆钢材等级应为 Q345 级，其性能指标见表 15.1.4。

4. 锚栓的连接锚板应采用 Q235、Q345 级钢。

植筋螺杆的性能指标　　　　　表 15.1.4

	直径(mm)	极限抗拉强度标准值 f_{stk}(N/mm²)	屈服强度标准值 f_{yk}(N/mm²)
Q345	≤16	510	345
	>16～25	490	325
	>25～36	470	295

5. 锚栓及 HRB400 带肋钢筋的弹性模量可取 $E_S=2.0\times10^5$ MPa；植筋螺杆的弹性模量，对 Q345、碳素钢、合金钢及不锈钢螺杆可取 $E_S=2.0\times10^5$ MPa。

（二）基材混凝土

1. 基材混凝土强度等级宜在 C20～C60 之间，不应低于 C20。对于重要结构，不应低于 C30。用于植筋的悬臂结构，不低于 C25。混凝土基材应坚实，且具有较大体量，应能承担对被连接件的锚固和全部附加荷载。

2. 混凝土强度设计值和弹性模量按《混凝土结构设计规范》GB 50010—2010 确定。

3. 风化的混凝土、不密实的混凝土、轻质混凝土、结构抹灰层和装饰层等不应作为锚固基材。用于植筋的混凝土基材，不得为素混凝土及纵向受力钢筋配筋率低于最小配筋率的构件。

（三）锚固胶

1. 锚固胶分类：

（1）按化学组成分为有机型（聚氨酯、不饱和树脂、环氧树脂、丙烯酸树脂及其他树脂）和无机型。

（2）按组合方式分为复合胶浆、粘结胶浆或两者的混合物（含填料）及添加剂。

（3）按施工使用形态分为管装式（玻璃、塑料及纸管）、机械注入式和现场配制灌注式。

2. 化学锚栓及植筋所用的胶粘剂，其安全性能必须符合表 15.1.5 的要求。

锚固用胶粘剂安全性能指标　　　　　　　　　表 15.1.5

性能项目			性能要求		试验方法标准
			A 级胶	B 级胶	
胶体性能	劈裂抗拉强度（MPa）		≥8.5	≥7.0	GB/T 50367 附录 G
	抗弯强度（MPa）		≥50	≥40	GB/T 2570
	抗压强度（MPa）		≥60		GB/T 2569
粘结能力	钢-钢（钢套筒法）拉伸抗剪强度标准值（MPa）		≥16	≥13	GB/T 50367 附录 J
	约束拉拔条件下带肋钢筋与混凝土的粘结强度（MPa）	C30 Φ25 l=150mm	≥11.0	≥8.5	GB/T 50367 附录 K
		C60 Φ25 l=125mm	≥17.0	≥14.0	
	不挥发物含量（固体含量）（%）		≥99		GB/T 2793

注：1. 本表摘自《混凝土结构加固设计规范》GB 50367—2006 表 4.5.6。

　　2. 表中各项性能指标，除标有强度标准值外，均为平均值；

　　3. 当按现行国家标准《树脂浇注体弯曲性能试验方法》GB/T 2570 进行胶体抗弯强度试验时，其试件厚度 h 应为 8mm。

种植锚固件的胶粘剂，必须采用专门配置的改性环氧树脂胶粘剂或改性乙烯基酯类胶粘剂（包括改性氨基甲酸酯胶粘剂），其安全性能指标必须符合表 15.1.5 的规定。

植筋锚固件的胶粘剂，其填料必须在工厂制胶时添加，严禁在施工现场掺入。

钢筋混凝土承重结构加固用的胶粘剂，其钢-钢粘结抗剪性能必须经湿热老化检验合格。湿热老化检验应在 50℃ 温度和 98% 相对湿度的环境条件下按《钢筋混凝土结构加固设计规范》附录 L 规定的方法进行；老化时间：重要构件不得少于 90d；一般构件不得少

于 **60d**。经湿热老化后的试件，应在常温条件下进行钢—钢拉伸抗剪试验，其强度降低的百分率(%)应符合下列要求：

(1) **A 级胶不得大于 10%。**

(2) **B 级胶不得大于 15%。**

混凝土加固用的胶粘剂必须通过毒性检验。对完全固化的胶粘剂，其检验结果应符合实际无毒卫生等级的要求。

在承重结构用的胶粘剂中严禁使用乙二胺作改性环氧树脂固化剂；严禁掺加挥发性有害溶剂和非反应性稀释剂。

寒冷地区加固混凝土结构使用的胶粘剂，应具有耐冻融性能试验合格的证书。冻融环境温度应为 $-25℃\sim35℃$（允许偏差 $-0℃$；$+2℃$）；循环次数不应少于 50 次；每一次循环时间应为 8h；试验结束后，试件在常温条件下测得的强度降低百分率不应大于 5%。

3. 无机材料后锚固胶：《混凝土结构工程无机材料后锚固规程》JGJ/T 271—2012 对无机胶的使用与要求有相应的规定，工程中应按具体条件，酌情选用。

4. 其他品种的锚固胶，其锚固性能应通过专门的试验确定。

三、后锚固连接破坏类型

(一)荷载作用下机械锚栓连接的破坏类型(表 15.1.6)

机械锚栓连接的破坏类型　　　　　　　　　　　表 15.1.6

破坏类型	破坏形态	备注
锚栓钢材破坏	1. 锚栓钢材受拉破坏 2. 锚栓钢材受剪破坏 3. 锚栓钢材在拉剪复合受力情况下破坏	此类型破坏属延性破坏，可采用设计计算方法确定其承载力
混凝土基材破坏	1. 混凝土锥体受拉破坏 2. 混凝土边缘楔形体受剪破坏 3. 混凝土剪撬破坏 4. 混凝土劈裂破坏	此类型破坏属脆性破坏，可采用设计计算方法确定其承载力。劈裂破坏尚可采取构造措施以防止此类型破坏发生
锚栓拔出和穿出破坏	1. 锚栓整体从锚孔中拔出 2. 锚栓膨胀锥从套筒中被拉出而膨胀套仍留在孔中的穿出破坏	此类型破坏属脆性破坏，可由锚栓制造商改进锚栓产品质量及控制后锚固施工质量以防止此类型破坏发生

(二)荷载作用下化学锚栓连接的破坏类型(表 15.1.7)

化学锚栓连接的破坏类型　　　　　　　　　　　表 15.1.7

破坏类型	破坏形态	备注
化学锚栓钢材破坏	1. 锚栓钢材受拉破坏 2. 锚栓钢材受剪破坏 3. 锚栓钢材拉剪复合受力破坏	此破坏类型属延性破坏，可采用设计计算方法确定其承载力
胶粘剂破坏	1. 化学锚栓沿胶筋界面拔出破坏 2. 化学锚栓沿胶与混凝土界面拔出破坏	此类型破坏属脆性破坏，可采用设计计算和加强施工质量管理等方法防止此类破坏发生
混凝土基材破坏	1. 化学锚栓混凝土锥体受拉破坏 2. 化学锚栓受拉时形成以基材上部混凝土锥体及深部粘结拔出的混合型破坏 3. 基材边缘劈裂破坏 4. 化学锚栓混凝土边缘楔形体受剪破坏 5. 化学锚栓混凝土剪撬破坏 6. 拉剪复合受力下混凝土破坏	此类型破坏属脆性破坏，可采用设计、构造规定等方法防止破坏发生

（三）荷载作用下植筋连接破坏类型（表15.1.8）

植筋破坏类型　　　　　　　　　　　　　　　　　　　　表 15.1.8

破坏类型	破坏形态	备注
植筋钢材破坏	植筋钢材受拉破坏	属延性破坏，主要发生在锚固深度超过临界深度时植筋钢材达到极限强度
胶粘剂破坏	1. 植筋沿胶筋界面拔出破坏 2. 植筋沿胶与混凝土界面拔出破坏	属脆性破坏可采用设计计算和加强施工质量管理等方法防止发生
混凝土基材破坏	植筋受拉时形成以基材上部混凝土锥体及深部粘接拔出破坏	属脆性破坏

第二节　建筑锚栓设计

一、设计原则

1. 锚固设计采用以试验研究数据和工程经验为依据，以分项系数为表达形式的极限状态设计方法。

2. 后锚固连接设计所采用的设计使用年限应与整个被连接结构的设计使用年限一致，并不宜小于30年。对化学锚栓和植筋，应定期检查其工作状态，检查的时间间隔可由设计单位确定，但第一次检查时间不应迟于10年。

3. 建筑锚栓的锚固设计应根据锚固连接破坏后果的严重程度按表15.2.1划分为二个安全等级。

锚固连接安全等级　　　　　　　　　　　　　　　　　　表 15.2.1

安全等级	破坏后果	锚固类型
一级	很严重	重要的锚固
二级	严重	一般的锚固

注：各类锚固的设计安全等级不应低于被连接结构的安全等级。

4. 承重结构锚栓连接的设计计算，应采用开裂混凝土的假设，不考虑非开裂混凝土对其承载力的提高作用。

5. 未经由有资质的技术鉴定或设计许可，不得改变后锚固连接的用途和使用环境。

6. 后锚固连接承载力应按下列设计表达式进行验算：

无地震作用组合　　　　　　　　$\gamma_0 S \leqslant R_d$　　　　　　　　　（15.2.1-1）

有地震作用组合　　　　　　　　$\gamma_0 S \leqslant k R_d / \gamma_{RE}$　　　　　　（15.2.1-2）

$$R_d = R_K / \gamma_R \qquad (15.2.1-3)$$

式中：γ_0——锚固连接重要性系数，对一级、二级的锚固安全等级，分别取 **1.2**、**1.1**，
　　　　且不应小于被连接结构的重要性系数；对地震设计状况应取 **1.0**；

　　S——锚固连接荷载效应组合设计值，按现行国家标准《建筑抗震设计规范》
　　　　GB 50011 和《建筑结构荷载规范》**GB 50009** 的规定进行计算；

　　R_d——锚固承载力设计值；

　　R_K——锚固承载力标准值；

　　k——地震作用下锚固承载力降低系数，按表 15.2.3 取用；

γ_R——锚固承载力分项系数。按表 **15.2.2** 取用；

γ_{RE}——锚固承载力抗震调整系数，取 **1.0**。

混凝土结构后锚固连接承载力分项系数 γ_R 应根据锚固连接破坏类型及被连接结构类型的不同，按表 15.2.2 采用。

锚固承载力分项系数 γ_R 表 **15.2.2**

项次	符号	被连接结构类型 锚固破坏类型	结构构件	非结构构件
1	$\gamma_{Rc,N}$	混凝土锥体受拉破坏	3.0	1.8
2	$\gamma_{Rc,V}$	混凝土楔形体受剪破坏	2.5	1.5
3	γ_{Rp}	锚栓混合破坏	3.0	1.8
4	γ_{Rsp}	混凝土劈裂破坏	3.0	1.8
5	γ_{Rcp}	混凝土剪撬破坏	2.5	1.5
6	$\gamma_{Rs,N}$	锚栓钢材受拉破坏	1.3	1.2
7	$\gamma_{Rs,V}$	锚栓钢材受剪破坏	1.3	1.2

注：锚固设计应充分考虑锚固安装质量情况，根据锚固安装质量差异情况，可对表中 γ_R 值作适当调整。

地震作用下锚固承载力降低系数 k 表 **15.2.3**

破坏形态及锚栓类型		受力性质	受拉	受剪
锚栓或植筋钢材破坏			1.0	1.0
混凝土破坏	机械锚栓	扩底型锚栓	0.8	0.7
		膨胀型锚栓	0.7	0.6
	化学锚栓	特殊倒锥形化学锚栓	0.8	0.7
		普通化学锚栓	0.7	0.6
混合破坏		普通化学锚栓	0.7	—

二、锚固连接内力分析

锚栓内力分析宜按下列基本假定进行计算：

（1）被连接件与基材结合面受力变形后仍保持为平面，其平面外弯曲变形忽略不计。

（2）锚栓本身不传递压力（化学植筋除外），锚固连接的压力应通过被连接件的锚板直接传递给混凝土基材。

（3）群锚锚栓内力按弹性理论计算。当锚固破坏为锚栓或植筋钢材破坏，且为低强（≤5.8 级）钢材时，可考虑塑性内力重分布，按弹塑性理论计算。

（4）锚栓内力可采用有限单元法进行计算。锚板厚度应按现行国家标准《钢结构设计规范》进行设计，且宜≥锚栓直径的 0.6 倍，受拉受弯时其厚度尚宜大于锚栓间距的 1/8。

三、群锚受拉内力计算

1. 轴心拉力作用下（图 15.2.1），各锚栓所承受的拉力设计值应按式(15.2.2)计算：

$$N_{Sd} = k_1 N/n \qquad (15.2.2)$$

式中：N_{Sd}——锚栓所承受的拉力设计值；

   N——总拉力设计值；

n——群锚锚栓个数；

k_1——锚栓受力不均匀系数，取为 1.1。

2. 轴心拉力与弯矩共同作用下(图 15.2.2)，弹性分析时，受力最大锚栓的拉力设计值应按下列规定计算：

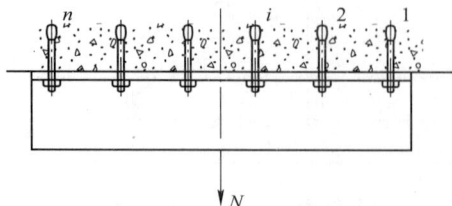

图 15.2.1　轴心受拉

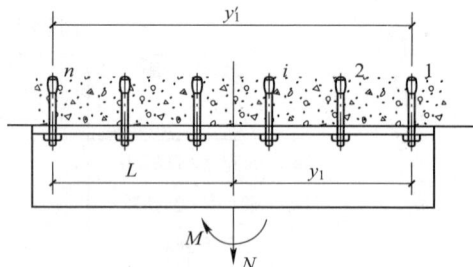

图 15.2.2　拉力和弯矩共同作用

(1) 当 $\dfrac{N}{n}-\dfrac{My_1}{\sum y_i^2}\geqslant 0$ 时

$$N_{Sd}^h=N/n+My_1/\sum y_i^2 \tag{15.2.3}$$

(2) 当 $\dfrac{N}{n}-\dfrac{My_1}{\sum y_i^2}<0$ 时

$$N_{Sd}^h=(NL+M)y_1'/\sum y_i'^2 \tag{15.2.4}$$

式中：M——弯矩设计值；

N_{Sd}^h——群锚中受力最大锚栓的拉力设计值；

y_1，y_i——锚栓 1 及 i 至群锚形心轴的垂直距离；

y_1'，y_i'——锚栓 1 及 i 至受压一侧最外排锚栓的垂直距离；

L——轴力 N 作用点至受压一侧最外排锚栓的垂直距离。

四、群锚受剪内力计算

1. 锚栓的剪力分布

群锚在剪切荷载 V 或扭矩 T 的作用下，锚栓所承受的剪力，应根据被连接件锚板孔径 d_f 与锚栓直径 d 的适配情况、锚栓与混凝土基材边缘距离 c 值大小，分别按下列规定确定：

(1) 锚板钻孔与锚杆之间的间隙 $\Delta=d_f-d$ 或钻孔与套筒之间的间隙 $\Delta=d_f-d_{nom}$ 小于或等于表 15.2.4 的允许值 $[\Delta]$，且边距 $c\geqslant 10h_{ef}$ 时，所有锚栓均匀分摊剪切荷载(图 15.2.3)。

锚板孔径及最大间隙允许值(mm)　　　　　　　　表 15.2.4

锚栓 d 或 d_{nom}	6	8	10	12	14	16	18	20	22	24	27	30
锚板孔径 d_f	7	9	12	14	16	18	20	22	24	26	30	33
最大间隙 $[\Delta]$	1	1	2	2	2	2	2	2	2	2	3	3

注：d_{nom}——锚栓外径。

(2) $\Delta>[\Delta]$(图 15.2.4a)或 $c<10h_{ef}$(图 15.2.4b)时，只有部分锚栓承受剪切荷载。

(3) 为防止临近边界的锚栓处的混凝土破坏，可进行人工干预，即将部分锚栓的锚孔沿剪切荷载方向开设椭圆孔(长槽孔)，使这些锚栓不参与承受剪切荷载(图 15.2.5)。

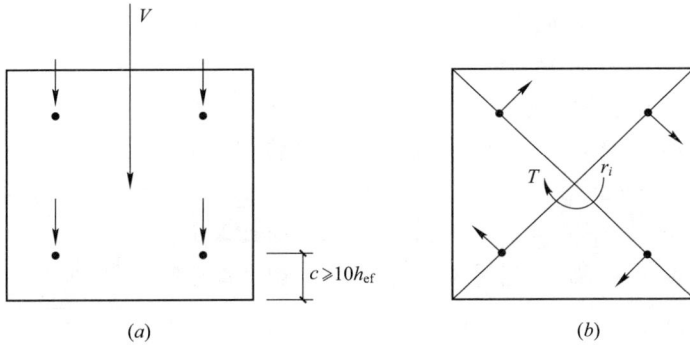

图15.2.3 理想状态下受剪锚栓内力(r_i——锚栓 i 距扭心的距离)

(a)剪力 V 作用下；(b)扭矩 T 作用下

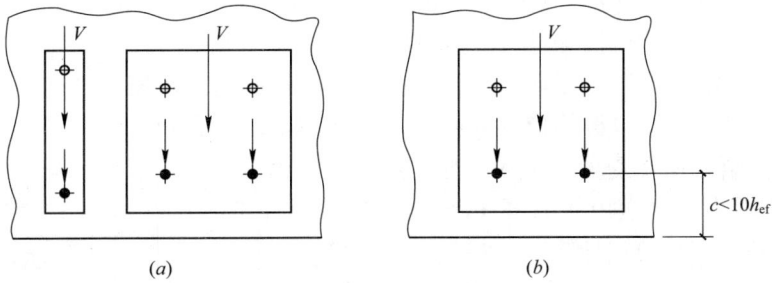

图15.2.4 非理想状态下受剪锚栓内力

(a)$\Delta > [\Delta]$；(b)$c < 10h_{ef}$

注：图中●表示受力锚栓，○表示不受力锚栓。

2. 群锚在剪切荷载 V 作用下(图15.2.6)，锚栓的剪力设计值应按下列公式计算：

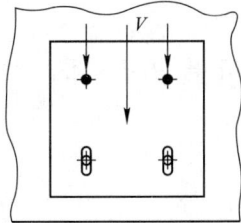

图15.2.5 人工干预受剪锚栓内力

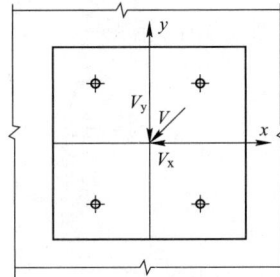

图15.2.6 群锚受剪

$$V_{Si,x}^{V} = V_x/n_x \tag{15.2.5-1}$$

$$V_{Si,y}^{V} = V_y/n_y \tag{15.2.5-2}$$

$$V_{Si}^{V} = \sqrt{(V_{Si,x}^{V})^2 + (V_{Si,y}^{V})^2} \tag{15.2.5-3}$$

$$V_{Sd}^{h} = V_{Si,max}^{V} \tag{15.2.5-4}$$

式中：$V_{Si,x}^{V}$、$V_{Si,y}^{V}$——锚栓 i 所承受剪力的 x 向分量及 y 向分量；

V_{Si}^{V}——锚栓 i 所承受组合剪力设计值；

V_x、n_x——剪切荷载设计值 V 的 x 向分量及参与 V_x 受剪的螺栓数目；

V_y、n_y——剪切荷载设计值 V 的 y 向分量及参与
　　　　 V_y 受剪的螺栓数目；

V_{Sd}^h——群锚中承受剪力最大锚栓的剪力设计值。

3. 群锚在扭矩 T 作用下(图 15.2.7)，按弹性分析时，
锚栓的剪力设计值应按下列公式计算：

$$V_{Si,x}^T = Ty_i/(\sum x_i^2 + \sum y_i^2) \tag{15.2.6-1}$$

$$V_{Si,y}^T = Tx_i/(\sum x_i^2 + \sum y_i^2) \tag{15.2.6-2}$$

$$V_{Si}^T = \sqrt{(V_{Si,x}^T)^2 + (V_{Si,y}^T)^2} \tag{15.2.6-3}$$

$$V_{Sd}^h = V_{Si,max}^T \tag{15.2.6-4}$$

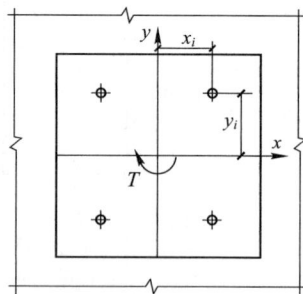

图 15.2.7　受扭

式中：　T——扭矩设计值；

$V_{Si,x}^T$, $V_{Si,y}^T$——扭矩 T 作用下锚栓 i 承受剪力的 x 向分量及 y 向分量；

V_{Si}^T——扭矩 T 作用下锚栓 i 承受的组合剪力设计值；

x_i——锚栓 i 至以群锚形心为原点的 y 坐标轴的垂直距离；

y_i——锚栓 i 至以群锚形心为原点的 x 坐标轴的垂直距离；

V_{Sd}^h——群锚中承受剪力最大锚栓的剪力设计值。

4. 群锚在剪力 V 及扭矩 T 共同作用下(图 15.2.8)，锚栓
的剪力设计值应按下列公式计算：

$$V_{Si} = \sqrt{(V_{Si,x}^V + V_{Si,x}^T)^2 + (V_{Si,y}^V + V_{Si,y}^T)^2} \tag{15.2.7}$$

式中：V_{Si}——锚栓 i 承受的组合剪力设计值，计算时应注意

$V_{Si,x}^V$、$V_{Si,x}^T$ 及 $V_{Si,y}^V$、$V_{Si,y}^T$ 的矢量方向，同向相

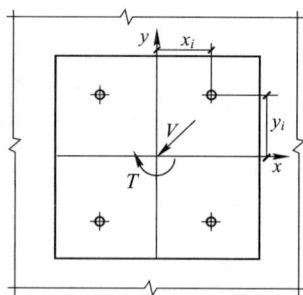

加，逆向相减。

图 15.2.8　剪力和扭矩共同作用

第三节　建筑锚栓承载力计算

一、机械锚栓

(一)受拉承载力计算

机械锚栓受拉承载力计算应符合表 15.3.1 的规定：

机械锚栓受拉承载力设计规定

表 15.3.1

破坏类型	单一锚栓	群锚
锚栓钢材破坏	$N_{Sd} \leqslant N_{Rd,s}$	$N_{Sd}^h \leqslant N_{Rd,s}$
混凝土锥体受拉破坏	$N_{Sd} \leqslant N_{Rd,c}$	$N_{Sd}^g \leqslant N_{Rd,c}$
混凝土劈裂破坏	$N_{Sd} \leqslant N_{Rd,sp}$	$N_{Sd}^g \leqslant N_{Rd,sp}$

表中 N_{Sd}^h——群锚中拉力最大锚栓的拉力设计值；

N_{Sd}^g——群锚受拉区总拉力设计值；

$N_{Rd,s}$——锚栓钢材破坏受拉承载力设计值；

$N_{Rd,c}$——混凝土锥体破坏受拉承载力设计值；

$N_{Rd,sp}$——混凝土劈裂破坏受拉承载力设计值。

1. 机械锚栓钢材破坏时的受拉承载力设计值 $N_{Rd,s}$，应按下列公式计算：

$$N_{Rd,s}=N_{Rk,s}/\gamma_{Rs,N} \tag{15.3.1-1}$$

$$N_{Rk,s}=A_s f_{yk} \tag{15.3.1-2}$$

式中：A_s——机械锚栓应力截面面积；

f_{yk}——机械锚栓屈服强度标准值；

$N_{Rk,s}$——机械锚栓钢材破坏受拉承载力标准值；

$\gamma_{Rs,N}$——机械锚栓钢材破坏受拉承载力分项系数，按表 15.2.2 采用。

2. 混凝土锥体受拉破坏时的受拉承载力设计值 $N_{Rd,c}$ 应按下列公式计算：

$$N_{Rd,c}=N_{Rk,c}/\gamma_{Rc,N} \tag{15.3.2-1}$$

$$N_{Rk,c}=N_{Rk,c}^0 \frac{A_{c,N}}{A_{c,N}^0}\psi_{s,N}\psi_{re,N}\psi_{ec,N} \tag{15.3.2-2}$$

式中：$N_{Rk,c}$——混凝土锥体破坏时的受拉承载力标准值；

$\gamma_{Rc,N}$——混凝土锥体破坏时的受拉承载力分项系数，按表 15.2.2 采用；

$N_{Rk,c}^0$——单根锚栓受拉，理想混凝土锥体破坏时的受拉承载力标准值；

对于开裂混凝土， $N_{Rk,c}^0=7.0\sqrt{f_{cu,k}}h_{ef}^{1.5}$ (15.3.3-1)

对于不开裂混凝土， $N_{Rk,c}^0=9.8\sqrt{f_{cu,k}}h_{ef}^{1.5}$ (15.3.3-2)

$f_{cu,k}$——混凝土立方体抗压强度标准值(N/mm^2)，当 $f_{cu,k}=45\sim60MPa$ 时，应乘以降低系数 0.95；

h_{ef}——锚栓有效锚固深度(mm)，对于扩底型锚栓及膨胀型锚栓，为膨胀锥体与孔壁最大挤压点的深度。对于其他种类的锚栓，则应按锚栓产品说明书表明的有效锚固深度采用；

$A_{c,N}^0$——单根受拉且无间距，边距影响时，混凝土理想化破坏锥体投影面面积，按(图 15.3.1)和式(15.3.4)计算：

$$A_{c,N}^0=s_{cr,N}^2 \tag{15.3.4}$$

式中：$s_{cr,N}$——混凝土锥体破坏情况下，无间距效应和边缘效应，确保每根锚栓受拉承载力标准值的临界间距。应取 $s_{cr,N}=3h_{ef}$。

$A_{c,N}$——单根锚栓或群锚受拉，混凝土实际破坏锥体投影面面积，应根据锚栓排列布置情况的不同，分别按下列规定计算：

(1) 单栓，靠近构件边缘布置，$c_1\leqslant c_{cr,N}$ 时，按(图 15.3.2)和式(15.3.5)计算：

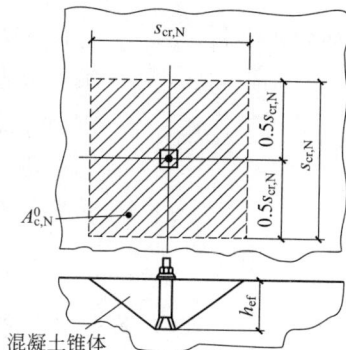

图 15.3.1 单栓受拉，理想化破坏锥体及其计算面积

$$A_{c,N} = (c_1 + 0.5s_{cr,N})s_{cr,N} \tag{15.3.5}$$

（2）双栓，垂直于构件边缘布置，$c_1 \leqslant c_{cr,N}$，$s_1 \leqslant s_{cr,N}$ 时，按（图15.3.3）和式（15.3.6）计算：

$$A_{c,N} = (c_1 + s_1 + 0.5s_{cr,N})s_{cr,N} \tag{15.3.6}$$

（3）双栓，平行于构件边缘布置，$c_2 \leqslant c_{cr,N}$，$s_1 \leqslant s_{cr,N}$ 时，按（图15.3.4）和式（15.3.7）计算：

$$A_{c,N} = (c_2 + 0.5s_{cr,N})(s_1 + s_{cr,N}) \tag{15.3.7}$$

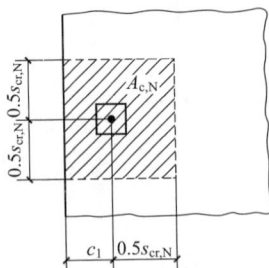

图15.3.2　单栓受拉，靠近构件
边缘时的计算面积

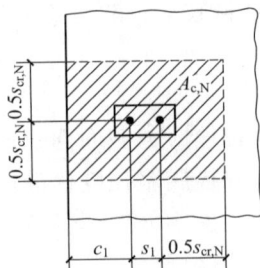

图15.3.3　双栓受拉，垂直于构件
边缘时的计算面积

（4）四栓，位于构件角部 $c_1 \leqslant c_{cr,N}$，$c_2 \leqslant c_{cr,N}$，$s_1 \leqslant s_{cr,N}$，$s_2 \leqslant s_{cr,N}$ 时，按（图15.3.5）和式（15.3.8）计算：

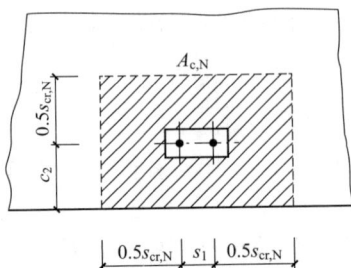

图15.3.4　双栓受拉，平行于构件
边缘时的计算面积

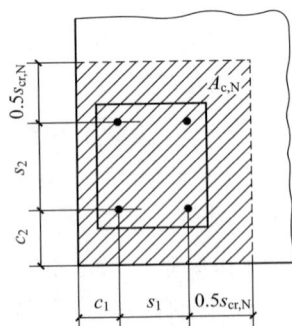

图15.3.5　四栓受拉，位于构件
角部的计算面积

$$A_{c,N} = (c_1 + s_1 + 0.5s_{cr,N})(c_2 + s_2 + 0.5s_{cr,N}) \tag{15.3.8}$$

上列公式中 c_1，c_2——方向1及2的边距；

s_1，s_2——方向1及2的间距；

$c_{cr,N}$——混凝土锥体破坏，无间距效应及边缘效应，确保每根锚栓受拉承载力标准值的临界边距，取 $c_{cr,N} = 1.5h_{ef}$；

$\psi_{s,N}$——边距 c 对受拉承载力的降低影响系数，按下式计算：

$$\psi_{s,N} = 0.7 + 0.3\frac{c}{c_{cr,N}} \leqslant 1 \tag{15.3.9}$$

式中：c——边距，若有多个边距时，取最小值。$c_{min} \leqslant c \leqslant c_{cr,N}$；

$\psi_{re,N}$——表层混凝土因密集配筋的剥离作用对受拉承载力的降低影响系数，可按式（15.3.10）计算。当锚固区钢筋间距 $s \geqslant 150mm$ 时，或钢筋直径 $d \leqslant 10mm$ 且 $s \geqslant 100mm$ 时，取 $\psi_{re,N} = 1.0$。

$$\psi_{\mathrm{re,N}}=0.5+\frac{h_{\mathrm{ef}}}{200}\leqslant1 \tag{15.3.10}$$

$\psi_{\mathrm{ec,N}}$——荷载偏心 e_N 对受拉承载力的降低影响系数，按下式计算：

$$\psi_{\mathrm{ec,N}}=\frac{1}{1+2e_\mathrm{N}/s_{\mathrm{cr,N}}}\leqslant1 \tag{15.3.11}$$

式中：e_N——受拉锚栓合力点相对于受拉锚栓重心的偏心距；若为双向偏心应分别按两个方向计算，取 $\psi_{(\mathrm{ec,N})\mathrm{x}}\cdot\psi_{(\mathrm{ec,N})\mathrm{y}}$。

3. 锚固混凝土的劈裂破坏

（1）锚栓安装过程不产生劈裂破坏的构造措施

锚栓边距 c、间距 s 及基材厚度 h 应分别不小于其最小值 $c_{\min}$、$s_{\min}$、$h_{\min}$。锚栓安装过程中不产生劈裂破坏最小边距 $c_{\min}$、最小间距 $s_{\min}$ 及最小厚度 $h_{\min}$，应由锚栓生产厂家通过系统的试验认证后提供，在符合相应产品标准有关规定情况下，可采用下列数据

$$h_{\min}=2h_{\mathrm{ef}}，且\ h_{\min}\geqslant100\mathrm{mm}$$

膨胀型锚栓 $c_{\min}=2h_{\mathrm{ef}}$，$s_{\min}=h_{\mathrm{ef}}$

扩底型锚栓 $c_{\min}=h_{\mathrm{ef}}$，$s_{\min}=h_{\mathrm{ef}}$

（2）当满足下列条件之一时，可不考虑荷载条件下的劈裂破坏，否则应进行混凝土劈裂承载力验算

1）c 不小于 $1.5c_{\mathrm{cr,sp}}$ 且 h 不小于 $2h_{\mathrm{ef}}$。$c_{\mathrm{cr,sp}}$ 为基材混凝土劈裂破坏的临界边距，应根锚栓产品的认证报告确定，无认证报告时，在符合相应产品标准情况下，扩底型锚栓可取为 $2h_{\mathrm{ef}}$，膨胀型锚栓可取为 $3h_{\mathrm{ef}}$。

2）采用适用于开裂混凝土的锚栓，按照开裂混凝土计算承载力，且考虑劈裂力时基材裂缝宽度不大于 $0.3\mathrm{mm}$。

（3）锚固混凝土劈裂破坏时的受拉承载力设计值：

$$N_{\mathrm{Rd,sp}}=N_{\mathrm{Rk,sp}}/\gamma_{\mathrm{Rsp}} \tag{15.3.12-1}$$

$$N_{\mathrm{Rk,sp}}=\psi_{\mathrm{h,sp}}N_{\mathrm{Rk,c}} \tag{15.3.12-2}$$

$$\psi_{\mathrm{h,sp}}=(h/h_{\min})^{2/3}\leqslant1.5 \tag{15.3.12-3}$$

式中：$N_{\mathrm{Rd,sp}}$——混凝土劈裂破坏受拉承载力设计值；

$N_{\mathrm{Rk,sp}}$——混凝土劈裂破坏受拉承载力标准值；

$N_{\mathrm{Rk,c}}$——混凝土锥体破坏时的受拉承载力标准值，按公式（15.3.2.2）计算，但 $A_{\mathrm{c,N}}$、$A_{\mathrm{c,N}}^0$ 及相关系数计算中的 $c_{\mathrm{cr,N}}$ 和 $s_{\mathrm{cr,N}}$，应由 $c_{\mathrm{cr,sp}}=2h_{\mathrm{ef}}$（扩孔型锚栓）、$3h_{\mathrm{ef}}$（膨胀型锚栓）和 $s_{\mathrm{cr,sp}}=2c_{\mathrm{cr,sp}}$ 替代；

γ_{Rsp}——混凝土劈裂破坏受拉承载力分项系数，按表 15.2.2 采用；

$\psi_{\mathrm{h,sp}}$——构件厚度 h 对劈裂承载力的影响系数。

（二）受剪承载力计算

锚固受剪承载力计算应符合表 15.3.2 的规定：

锚固受剪承载力设计规定

表 15.3.2

破坏类型	单一锚栓	群锚
锚栓钢材破坏	$V_{\mathrm{Sd}}\leqslant V_{\mathrm{Rd,s}}$	$V_{\mathrm{Sd}}^{\mathrm{h}}\leqslant V_{\mathrm{Rd,s}}$
混凝土剪撬破坏	$V_{\mathrm{Sd}}\leqslant V_{\mathrm{Rd,cp}}$	$V_{\mathrm{Sd}}^{\mathrm{g}}\leqslant V_{\mathrm{Rd,cp}}$
混凝土楔形体破坏	$V_{\mathrm{Sd}}\leqslant V_{\mathrm{Rd,c}}$	$V_{\mathrm{Sd}}^{\mathrm{g}}\leqslant V_{\mathrm{Rd,c}}$

表中 V_{Sd}^h——群锚中剪力最大锚栓的剪力设计值；

$\quad\quad V_{Sd}^g$——群锚总剪力设计值；

$\quad\quad V_{Rd,s}$——锚栓钢材破坏时的受剪承载力设计值；

$\quad\quad V_{Rd,c}$——混凝土楔形体破坏时的受剪承载力设计值；

$\quad V_{Rd,cp}$——混凝土剪撬破坏时的受剪承载力设计值。

1. 锚栓钢材破坏时的受剪承载力设计值 $V_{Rd,s}$，应按下列公式计算：

$$V_{Rd,s}=V_{Rk,s}/\gamma_{Rs,V} \tag{15.3.13}$$

式中：$V_{Rk,s}$——锚栓钢材破坏时的受剪承载力标准值；

$\quad\quad \gamma_{Rs,V}$——锚栓钢材破坏时的受剪承载力分项系数，按表 15.2.2 采用。

（1）无杠杆臂的纯剪：

$$V_{Rk,s}=0.5A_sf_{yk} \tag{15.3.14}$$

式中：f_{yk}——锚栓屈服强度标准值，按表（15.1.2，3）采用；

$\quad\quad A_s$——锚栓应力段截面面积较小值。

注：对于群锚，若锚栓钢材延性较低（拉断伸长率≤8%），$V_{Rk,s}$ 应乘以 0.8 的降低系数。

（2）有杠杆臂的拉、弯、剪复合受力，$V_{Rk,s}$ 可按下列公式计算：

$$V_{Rk,s}=\alpha_M M_{Rk,s}/l_0 \quad (且 V_{Rk,s}\leqslant 0.5f_{yk}A_s) \tag{15.3.15-1}$$

$$M_{Rk,s}=M_{Rk,s}^0(1-N_{Sd}/N_{Rd,s}) \tag{15.3.15-2}$$

$$M_{Rk,s}^0=1.2W_{el}f_{stk} \tag{15.3.15-3}$$

式中：l_0——杠杆臂计算长度，当用垫圈和螺母压紧在混凝土基面上，有约束时（图 15.3.6b 及图 15.3.7b），$l_0=l$，无压紧（无约束）时（图 15.3.6a 及图 15.3.7a），$l_0=l+0.5d$；

$\quad\quad \alpha_M$——被连接件约束系数，无约束时，$\alpha_M=1$；有约束时，$\alpha_M=2$。

$\quad M_{Rk,s}^0$——单根锚栓抗弯承载力标准值；

$\quad\quad N_{Sd}$——单根锚栓轴拉力设计值；

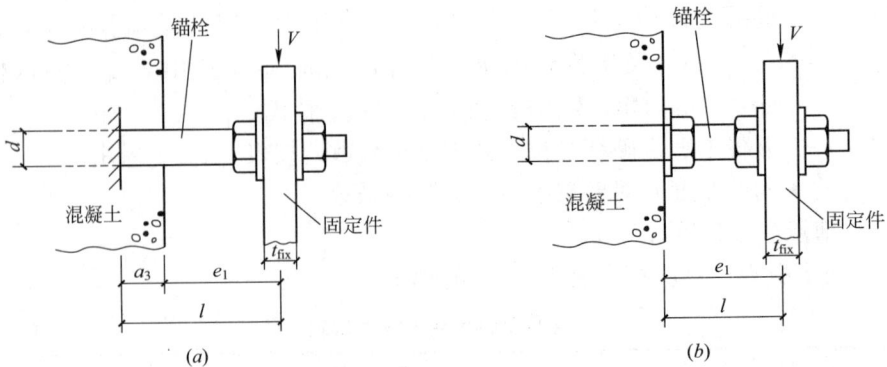

图 15.3.6 杠杆臂长度

(a)无压紧；(b)螺栓被夹持在混凝土基面上

$N_{Sd,s}$——单根锚栓钢材破坏受拉承载力设计值；

W_{el}——锚栓截面抵抗矩。

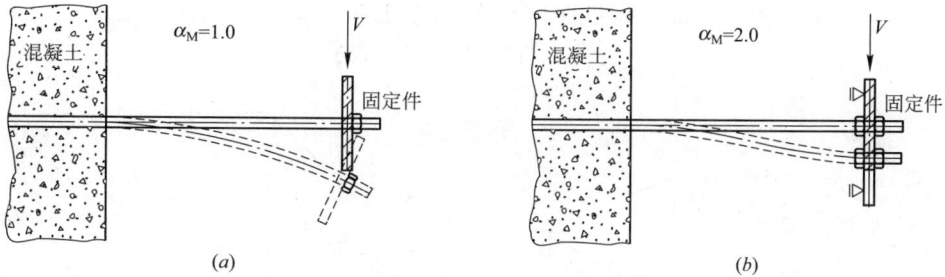

图 15.3.7 锚栓在固定件一侧的约束程度

(*a*)无约束受剪；(*b*)全约束受剪

2. 单锚或群锚在构件边缘受剪（$c < 10h_{ef}$且 $c < 60d$）混凝土楔形体破坏时受剪承载力设计值按下式计算：

$$V_{Rd,c} = V_{Rk,c}/\gamma_{Rc,V} \qquad (15.3.16-1)$$

$$V_{Rk,c} = V_{Rk,c}^0 \frac{A_{c,V}}{A_{c,V}^0} \psi_{s,V} \psi_{h,V} \psi_{\alpha,V} \psi_{ec,V} \psi_{re,V} \qquad (15.3.16-2)$$

当锚栓边距 $c \geqslant 10h_{ef}$时，为中心受剪，不需验算构件边缘混凝土破坏的受剪承载力

式中：$V_{Rk,c}$——构件边缘混凝土破坏时受剪承载力标准值；

$\gamma_{Rc,V}$——构件边缘混凝土破坏时受剪承载力分项系数，按表15.2.2采用；

单根锚栓在开裂混凝土中垂直于构件边缘受剪（$c < 10h_{ef}$），混凝土楔形体破坏时的受剪承载力标准值 $V_{Rk,c}^0$，应由试验确定，在符合相应产品标准及后锚固技术规程有关规定的情况下，可按下式计算：

对于开裂混凝土 $\qquad V_{Rk,c}^0 = 1.35 d_{nom}^\alpha h_{ef}^\beta \sqrt{f_{cu,k}} c_1^{1.5} \qquad (15.3.17-1)$

对于不开裂混凝土 $\qquad V_{Rk,c}^0 = 1.9 d_{nom}^\alpha h_{ef}^\beta \sqrt{f_{cu,k}} c_1^{1.5} \qquad (15.3.17-2)$

$$\alpha = 0.1(l_f/c_1)^{0.5} \qquad (15.3.17-3)$$

$$\beta = 0.1(d_{nom}/c_1)^{0.2} \qquad (15.3.17-4)$$

式中：α——系数；

β——系数；

d_{nom}——锚栓外径（mm）；

$f_{cu,k}$——混凝土立方体抗压强度标准值（N/mm²），当 $f_{cu,k}$不小于 45N/mm² 且不大于 60N/mm² 时，应乘以降低系数 0.95；

h_{ef}——锚栓有效锚固深度（mm），对于膨胀型锚栓及扩底型锚栓，为膨胀锥体与孔壁最大挤压点的深度；

c_1——锚栓与混凝土基材边缘的距离（mm）；

l_f——剪切荷载下锚栓的有效长度（mm），l_f取为 h_{ef}，且 l_f不大于 8d；

$A_{c,V}^0$——单根锚栓受剪，在无平行剪力方向的边界影响、构件厚度影响或相邻锚栓影响，混凝土破坏理想楔形体在侧向的投影面面积（图 15.3.8），按下式计算：

$$A_{c,V}^0 = 4.5 c_1^2 \qquad (15.3.18)$$

$A_{c,V}$——单个锚栓或群锚受剪，混凝土破坏楔形体在侧向的投影面面积，分别按下列规定计算：

（1）单栓，位于构件角部，构件厚度较大，$h \geqslant 1.5c_1$，$c_2 \leqslant 1.5c_1$ 时（图15.3.9）

$$A_{c,V} = 1.5c_1(1.5c_1 + c_2) \tag{15.3.19}$$

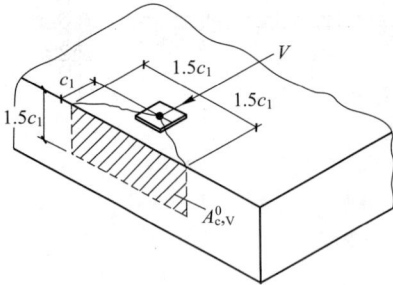

图15.3.8　理想化的单栓受剪混凝土破坏楔形体投影面面积

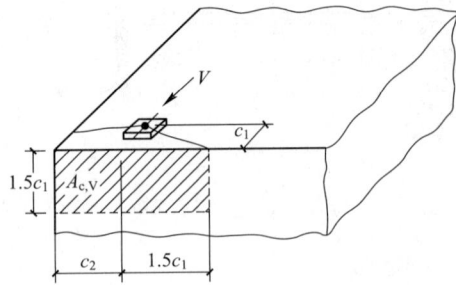

图15.3.9　单栓受剪，位于构件角部

（2）双栓，位于构件边缘，厚度较小，$h \leqslant 1.5c_1$，$s_2 \leqslant 3c_1$ 时（图15.3.10）

$$A_{c,V} = (3c_1 + s_2)h \tag{15.3.20}$$

（3）四栓，位于构件角部，厚度较小，$h \leqslant 1.5c_1$，$s_2 \leqslant 3c_1$，$c_2 \leqslant 1.5c_1$ 时（图15.3.11）

$$A_{c,V} = (1.5c_1 + s_2 + c_2)h \tag{15.3.21}$$

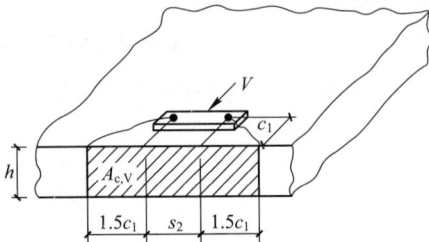

图15.3.10　双栓受剪，位于构件边缘

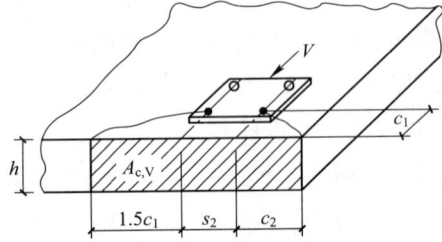

图15.3.11　四栓受剪，位于构件角部

$\psi_{s,V}$——边距比 c_2/c_1 对受剪承载力的降低系数，按下式计算：

$$\psi_{s,V} = 0.7 + 0.3\frac{c_2}{1.5c_1} \leqslant 1 \tag{15.3.22}$$

$\psi_{h,V}$——边距与厚度比 c_1/h 对受剪承载力的提高系数，按下式计算：

$$\psi_{h,V} = \left(\frac{1.5c_1}{h}\right)^{1/2} \geqslant 1 \tag{15.3.23}$$

$\psi_{\alpha,V}$——剪力与垂直于构件自由边方向轴线之夹角 α_V（图15.3.12）对受剪承载力的影响系数，按下式计算：

$$\psi_{\alpha,V} = \sqrt{\frac{1}{(\cos\alpha_V)^2 + \left(\frac{\sin\alpha_V}{2.5}\right)^2}} \tag{15.3.24}$$

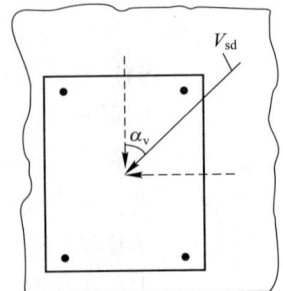

图15.3.12　剪力角 α_V 示意

式中：α_V——剪力与垂直于构件自由边方向轴线之夹角，α_V 不

大于 90°，当 α_V 大于 90°时只计算平行于边缘的剪力分量，背离混凝土边缘的剪力分量可不计算。

$\psi_{ec,V}$——荷载偏心 e_V 对群锚受剪承载力的降低影响系数，按下式计算：

$$\psi_{ec,V}=\frac{1}{1+2e_V/3c_1}\leqslant 1 \tag{15.3.25}$$

式中　e_V——剪力合力点至受剪锚栓重心的距离。

$\psi_{re,V}$——锚固区配筋对受剪承载力的提高影响系数，按下列规定采用：

(1) $\psi_{re,V}=1.0$ 边缘为无筋的开裂混凝土、不开裂混凝土；

(2) $\psi_{re,V}=1.2$ 边缘配有 $\phi\geqslant 12$mm 直筋的开裂混凝土；

(3) $\psi_{re,V}=1.4$ 边缘配有 $\phi\geqslant 12$mm 直筋及 $a\leqslant 100$mm 箍筋的开裂混凝土。

3. 混凝土剪撬破坏(中心受剪时基材混凝土沿反方向被锚栓撬坏)(图 15.3.13)时的受剪承载力设计值 $V_{Rd,cp}$，应按下列公式计算：

$$V_{Rd,cp}=V_{Rk,cp}/\gamma_{Rcp} \tag{15.3.26-1}$$

$$V_{Rk,cp}=kN_{Rk,c} \tag{15.3.26-2}$$

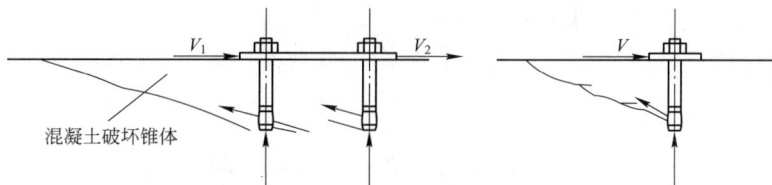

图 15.3.13　混凝土剪撬破坏

式中：$V_{Rk,cp}$——混凝土剪撬破坏时的受剪承载力标准值；

γ_{Rcp}——混凝土剪撬破坏时的受剪承载力分项系数，按表 15.2.2 采用；

k——锚固深度 h_{ef} 对 $V_{Rk,cp}$ 影响系数，当 $h_{ef}<60$mm 时，取 $k=1.0$，当 $h_{ef}\geqslant 60$mm 时，取 $k=2.0$。

4. 拉剪复合受力承载力计算

群锚在剪力和扭矩作用下，应分别验算单根锚栓破坏承载力。

(1) 弹性设计时拉剪复合受力下锚栓钢材破坏时承载力，按下列公式计算：

$$\left(\frac{N_{Sd}}{N_{Rd,s}}\right)^2+\left(\frac{V_{Sd}}{V_{Rd,s}}\right)^2\leqslant 1 \tag{15.3.27}$$

$N_{Rd,s}$ 及 $V_{Rd,s}$ 按公式(15.3.1-1)、公式(15.3.13)计算

(2) 弹性设计时拉剪复合受力下混凝土破坏时承载力，按下列公式计算：

$$\left(\frac{N_{Sd}}{N_{Rd,c}}\right)^{1.5}+\left(\frac{V_{Sd}}{V_{Rd,c}}\right)^{1.5}\leqslant 1 \tag{15.3.28}$$

$N_{Rd,c}$ 及 $V_{Rd,c}$ 按公式(15.3.2-1)、公式(15.3.16-1)计算

二、化学锚栓

(一) 受拉承载力计算

化学锚栓受拉承载力计算应符合表 15.3.3 的规定。

化学锚栓受拉承载力设计规定　　　表 15.3.3

破坏类型	单一锚栓	群锚
锚栓钢材破坏	$N_{sd} \leqslant N_{Rd,s}$	$N_{sd}^{h} \leqslant N_{Rd,s}$
混凝土锥体受拉破坏	$N_{sd} \leqslant N_{Rd,c}$	$N_{sd}^{g} \leqslant N_{Rd,c}$
锚栓混合破坏	$N_{sd} \leqslant N_{Rd,p}$	$N_{sd}^{g} \leqslant N_{Rd,p}$
混凝土劈裂破坏	$N_{sd} \leqslant N_{Rd,sp}$	$N_{sd}^{g} \leqslant N_{Rd,sp}$

表中：N_{sd}——单一锚栓拉力设计值（N）；

$\quad$ N_{sd}^{h}——群锚中拉力最大锚栓的拉力设计值（N）；

$\quad$ N_{sd}^{g}——群锚受拉区总拉力设计值（N）；

$\quad$ $N_{Rd,s}$——锚栓钢材破坏受拉承载力设计值（N）；

$\quad$ $N_{Rd,c}$——混凝土锥体破坏受拉承载力设计值（N）；

$\quad$ $N_{Rd,p}$——混合破坏受拉承载力设计值（N）；

$\quad$ $N_{Rd,sp}$——混凝土劈裂破坏受拉承载力设计值（N）。

1. 化学锚栓发生钢材破坏受拉承载力设计值 $N_{Rd,s}$ 及化学锚发生混凝土锥体破坏受拉承载力设计值 $N_{Rd,c}$ 其计算与机械锚栓相同。

2. 普通化学锚栓发生混合破坏时，其受拉承载力设计值 $N_{Rd,p}$ 应按下列公式计算：

$$N_{Rd,p} = N_{Rk,p}/\gamma_{Rp} \tag{15.3.29-1}$$

$$N_{Rk,p} = N_{Rk,p}^{0} \frac{A_{p,N}}{A_{p,N}^{0}} \psi_{s,Np} \psi_{g,Np} \psi_{ec,Np} \psi_{re,Np} \tag{15.3.29-2}$$

$$N_{Rk,p}^{0} = \pi \cdot d \cdot h_{ef} \cdot \tau_{Rk} \tag{15.3.29-3}$$

式中：$N_{Rk,p}$——混合破坏受拉承载力标准值（N）；

$\quad$ $N_{Rk,p}^{0}$——无间距、边距影响时，单个锚栓的受拉承载力标准值（N）；

$\quad$ γ_{Rp}——混合破坏受拉承载力分项系数，按表 15.2.2 取值；

$\quad$ τ_{Rk}——粘结强度标准值（N/mm²），普通化学锚栓粘结强度标准值 τ_{Rk}，对于开裂混凝土，应取为 $\tau_{Rk,cr}$；对于不开裂混凝土，应取为 $\tau_{Rk,ucr}$。τ_{Rk} 应根据锚栓产品的认证报告确定；无认证报告时，在符合相应产品标准及下列规定情况下，可按表 15.3.4 取用

$\quad$ 1　基材混凝土强度等级不低于 C25，等效养护龄期不小于 600℃·d；

$\quad$ 2　普通化学锚栓安装时环境温度不低于 10℃；

$\quad$ 3　普通化学锚栓的有效锚固深度 h_{ef} 不大于 20d。

粘结强度标准值 τ_{Rk}（N/mm²）　　　表 15.3.4

安装及使用环境条件	$\tau_{Rk,cr}$	$\tau_{Rk,ucr}$
室外环境	1.3	4.0
室内环境	2.0	6.0

注：1　当化学锚栓上作用有长期拉力荷载时，表内数值应乘以 0.4 的折减系数；

$\quad$ 2　考虑地震荷载作用时，$\tau_{Rk,cr}$ 应乘以 0.8 的折减系数；

$\quad$ 3　同时考虑长期拉力荷载与地震作用时，$\tau_{Rk,cr}$ 应乘以 0.32 的折减系数；

$\quad$ 4　最高长期温度下的承载力与常温参照试验的承载力之比小于 1 时，应按相同比例对表内数值进行折减。

$A_{p,N}^0$——无间距、边距影响时，单根锚栓受拉混凝土理想锥体破坏投影面面积(mm^2)，按下式计算(图 15.3.14)

$$A_{p,N}^0 = s_{cr,Np}^2 \qquad (15.3.30\text{-}1)$$

$$s_{cr,Np} = 20d \left(\frac{\tau_{Rk,ucr}}{7.5} \right)^{0.5} \qquad (15.3.30\text{-}2)$$

式中：$s_{cr,Np}$——无间距效应和边缘效应，混凝土理想锥体破坏，每根锚栓达到受拉承载力标准值的临界间距(mm)，$s_{cr,Np}$ 不应大于 $3h_{ef}$；

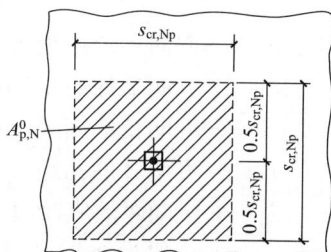

图 15.3.14 单个锚栓的影响面积 $A_{p,N}^0$ 示意

$A_{p,N}$——单根锚栓或群锚受拉，混凝土实际锥体破坏投影面面积应根据锚栓排列布置情况的不同，分别按下列公式计算：

(1) 单根锚栓，靠近构件边缘布置，且 c_1 不大于 $c_{cr,Np}$ 时 (图 15.3.15)

$$A_{p,N} = (c_1 + 0.5s_{cr,Np})s_{cr,Np} \qquad (15.3.31)$$

(2) 双栓，垂直于构件边缘布置，且 c_1 不大于 $c_{cr,Np}$、s_1 不大于 $s_{cr,Np}$ 时(图 15.3.16)

$$A_{p,N} = (c_1 + s_1 + 0.5s_{cr,Np})s_{cr,Np} \qquad (15.3.32)$$

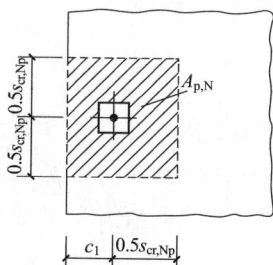

图 15.3.15 单栓受拉、靠近构件边缘时的计算面积示意

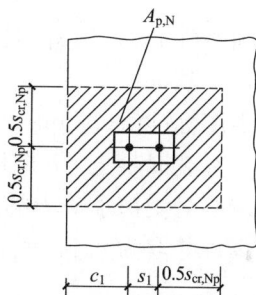

图 15.3.16 双栓受拉，垂直于构件边缘时的计算面积示意

(3) 双栓，平行于构件边缘布置，且 c_2 不大于 $c_{cr,Np}$、s_1 不大于 $s_{cr,Np}$ 时(图 15.3.17)

$$A_{p,N} = (c_2 + 0.5s_{cr,Np})(s_1 + s_{cr,Np}) \qquad (15.3.33)$$

(4) 四栓，位于构件角部，且 c_1 不大于 $c_{cr,Np}$、c_2 不大于 $c_{cr,Np}$、s_1 不大于 $s_{cr,Np}$、s_2 不大于 $s_{cr,Np}$ 时(图 15.3.18)

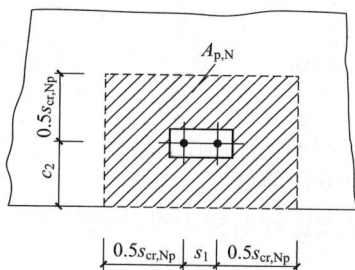

图 15.3.17 双栓受拉、平行于构件边缘时的计算面积示意

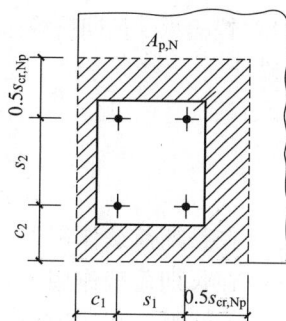

图 15.3.18 四栓受拉，位于构件角部的计算面积示意

$$A_{p,N} = (c_1 + s_1 + 0.5s_{cr,Np})(c_2 + s_2 + 0.5s_{cr,Np}) \tag{15.3.34}$$

式中：c_1——方向 1 的边距(mm)；

$\quad\quad c_2$——方向 2 的边距(mm)；

$\quad\quad s_1$——方向 1 的间距(mm)；

$\quad\quad s_2$——方向 2 的间距(mm)；

$\quad c_{cr,Np}$——无间距效应及边缘效应，每根锚栓达到受拉承载力标准值的临界边距（mm），应取为 $0.5s_{cr,Np}$。

$\quad \psi_{s,Np}$——边距 c 对受拉承载力的影响系数。应按下式计算。当计算值大于 1.0 时，应取 1.0。

$$\psi_{s,Np} = 0.7 + 0.3\frac{c}{c_{cr,Np}} \leqslant 1 \tag{15.3.35}$$

式中：c——边距(mm)，有多个边距时应取最小值。

$\quad \psi_{g,Np}$——群锚破坏表面影响系数应按下列公式计算。当计算值小于 1.0 时，应取 1.0。

$$\psi_{g,Np} = \psi_{g,Np}^0 - \left(\frac{s}{s_{cr,Np}}\right)^{0.5} \cdot (\psi_{g,Np}^0 - 1) \geqslant 1 \tag{15.3.36-1}$$

$$\psi_{g,Np}^0 = \sqrt{n} - (\sqrt{n} - 1) \cdot \left(\frac{d \cdot \tau_{Rk}}{k \cdot \sqrt{h_{ef} \cdot f_{cu,k}}}\right)^{1.5} \geqslant 1 \tag{15.3.36-2}$$

式中：s——锚栓间距(mm)，当 s_1 和 s_2 不同时，应用其平均值

$\quad\quad n$——群锚锚栓数量；

$\quad \tau_{Rk}$——粘结强度标准值(N/mm²)；

$\quad\quad k$——系数。开裂混凝土，k 应取为 2.3；不开裂混凝土，k 应取为 3.2。

$\quad \psi_{ec,Np}$——荷载偏心对受拉承载力的影响系数。当为双向偏心时，$\psi_{ec,Np}$ 应分别按两个方向计算，并取为 $\psi_{ec,Np} = \psi_{(ec,Np)_1} \cdot \psi_{(ec,Np)_2}$。当计算值大于 1.0 时，应取 1.0。

$$\psi_{ec,Np} = \frac{1}{1 + 2e_N/s_{cr,Np}} \leqslant 1 \tag{15.3.37}$$

式中：e_N——受拉锚栓合力点相对于群锚受拉锚栓重心的偏心距

表层混凝土因密集配筋的剥离作用对受拉承载力的影响系数 $\psi_{re,Np}$。应按下式计算。当锚固区钢筋间距 s 不小于 150mm，或钢筋直径 d 不大于 10mm 且 s 不小于 100mm 时，$\psi_{re,Np}$ 应取 1.0。当计算值大于 1.0 时，应取 1.0。

$$\psi_{re,Np} = 0.5 + \frac{h_{ef}}{200} \leqslant 1 \tag{15.3.38}$$

3. 普通化学锚栓承受长期荷载作用，发生混合破坏时，其受拉承载力应符合下列规定：

1 单一锚栓

$$N_{sd,l} \leqslant 0.55 N_{Rk,p}^0 / \gamma_{Rp} \tag{15.3.39-1}$$

2 群锚

$$N_{sd,l}^h \leqslant 0.55 N_{Rk,p}^0 / \gamma_{Rp} \tag{15.3.39-2}$$

式中：$N_{sd,l}$——在长期荷载作用下，单一锚栓拉力设计值(N)；

$\quad N_{sd,l}^h$——在长期荷载作用下，群锚中拉力最大锚栓的拉力设计值(N)；

$\quad N_{Rk,p}^0$——无间距、边距影响时，单个锚栓的受拉承载力标准值(N)，按公式 15.3.29-3 取用

$\quad \gamma_{Rp}$——混合破坏受拉承载力分项系数，按表 15.2.2 取用。

4. 化学锚栓锚固混凝土的劈裂破坏

（1）锚栓安装过程不产生劈裂破坏的构造措施

锚栓安装过程中不产生劈裂破坏的最小边距 c_{min}、最小间距 s_{min} 及基材最小厚度 h_{min}，应根据锚栓产品的认证报告确定；无认证报告时，在符合相应产品标准及本规程有关规定情况下，可按下列规定取用：

1）c_{min} 取为 h_{ef}；

2）s_{min} 取为 h_{ef}；

3）h_{min} 取为 $2h_{ef}$，且 h_{min} 不应小于 100mm。

（2）当满足下列条件之一时，可不考虑荷载条件下的劈裂破坏：

1）c 不小于 $1.5c_{cr,sp}$ 且 h 不小于 $2h_{ef}$，其中 $c_{cr,sp}$ 为基材混凝土劈裂破坏的临界边距，取为 $2h_{ef}$；

2）采用适用于开裂混凝土的锚栓，按照开裂混凝土计算承载力，且考虑劈裂力时基材裂缝宽度不大于 0.3mm。

混凝土劈裂破坏承载力设计值 $N_{Rd,sp}$，应按下列公式计算：

$$N_{Rd,sp} = N_{Rk,sp}/\gamma_{Rsp} \tag{15.3.40-1}$$

$$N_{Rk,sp} = \psi_{h,sp} \cdot N_{Rk,c} \tag{15.3.40-2}$$

$$\psi_{h,sp} = (h/h_{min})^{2/3} \tag{15.3.40-3}$$

式中：$N_{Rd,sp}$——混凝土劈裂破坏受拉承载力设计值（N）。

$N_{Rk,sp}$——混凝土劈裂破坏受拉承载力标准值（N）。

$N_{Rk,c}$——混凝土锥体破坏受拉承载力标准值（N），按公式（15.3.2-2）计算。$A^0_{c,N}$、$A_{c,N}$ 及相关系数计算中，$s_{cr,N}$ 和 $c_{cr,N}$ 应分别由 $s_{cr,sp}$ 和 $c_{cr,sp}$ 替代，$s_{cr,sp}$ 应取为 $2c_{cr,sp}$。

$\psi_{h,sp}$——构件厚度 h 对劈裂承载力的影响系数。$\psi_{h,sp}$ 的计算值不应大于 $(2h_{ef}/h_{min})^{2/3}$。

γ_{Rsp}——混凝土劈裂破坏受拉承载力分项系数，按表 15.2.2 取用。

（二）化学锚栓受剪承载力计算

化学锚栓钢材受剪承载力设计值 $V_{Rd,s}$、化学锚栓混凝土边缘破坏受剪承载力设计值 $V_{Rd,c}$、混凝土剪撬破坏受剪承载力设计值 $V_{Rd,cp}$、弹性设计时，拉剪复合受力下化学锚栓的承载力设计值均应按机械锚栓相应的承载力计算公式进行计算 [公式（15.3.13）、（15.3.16）、（15.3.26）、（15.3.27）、（15.3.28）]。其中当计算 $V^0_{Rk,c}$ 时，d_{nom} 应用 d 替代，d 为化学锚栓螺杆的直径或公称直径（mm）。

第四节 植 筋 设 计

一、设计规定

1. 植筋技术仅适用于在钢筋混凝土结构构件的锚固；不适用于素混凝土构件，包括纵向受力钢筋配筋率低于最小配筋百分率规定的构件锚固。

2. 采用植筋技术时，原构件的混凝土强度等级应符合下列规定：

（1）当新增构件为悬挑结构构件时，其原构件混凝土强度等级不得低于 C25；

（2）当新增构件为其他结构构件时，其原构件混凝土强度等级不得低于 C20。

3. 采用植筋锚固时，其锚固部位的原构件混凝土不得有局部缺陷。若有，应先进行补强或加固处理后再植筋。

4. 种植用的钢筋及螺杆，应采用质量和规格符合表 15.1.4 及本章第一节、二、(一)、3 款的要求。当采用进口带肋钢筋时，除应按现行专门规程检验其性能外，尚应要求其相对肋面积 A_r 符合 $0.055 \leqslant A_r \leqslant 0.08$ 的规定。

5. 植筋用的胶粘剂必须采用改性环氧类或改性乙烯基酯类(包括改性氨基甲酸酯)的胶粘剂。当植筋的直径大于 22mm 时，应采用 A 级胶。锚固用胶粘剂的质量和性能应符合表 15.1.5 及现行行业标准《混凝土结构工程用锚固胶》JG/T 340 的相关规定。

6. 采用植筋锚固的混凝土结构，其长期使用的环境温度不应高于 60℃；处于特殊环境(如高温、高湿、介质腐蚀等)的混凝土结构采用植筋技术时，除应按国家现行有关标准的规定采取相应的防护措施外，尚应采用耐环境因素作用的胶粘剂。

二、锚固计算

(一)承重构件的植筋锚固计算应遵守下列规定：

1. 植筋设计应在计算和构造上防止混凝土发生劈裂破坏。

2. 植筋仅承受轴向力，且仅允许按充分利用钢材强度的计算模式进行设计。当此构件需要承受剪力时，应设置附加的剪力键。

3. 植筋胶粘剂的粘结强度设计值应按表 15.4.3 的规定值采用。

4. 地震区的承重结构，其植筋承载力仍按本节的规定进行计算，但其锚固深度设计值应乘以考虑位移延性要求的修正系数 ψ_{ae}。

(二)单根植筋锚固的承载力设计值按下式计算：

$$N_t^b = f_y A_s \tag{15.4.1}$$

$$l_d \geqslant \psi_N \psi_{ae} l_s \tag{15.4.2}$$

式中：N_t^b——植筋钢材轴向受拉承载力设计值；

f_y——植筋用钢筋的抗拉强度设计值；

A_s——钢筋截面面积；

l_d——植筋锚固深度设计值；

l_s——植筋的基本锚固深度，按式(15.4.3)计算，也可按表 15.4.1 取值；

ψ_N——考虑各种因素对植筋受拉承载力影响而需加大锚固深度的修正系数，按公式(15.4.4)计算；

ψ_{ae}——考虑植筋位移延性要求的修正系数；当混凝土强度等级不高于 C30 时，对 6 度区及 7 度区Ⅰ、Ⅱ类场地，取 $\psi_{ae}=1.1$；对于 7 度区Ⅲ、Ⅳ类场地及 8 度区，取 $\psi_{ae}=1.25$。当混凝土强度高于 C30 时，取 $\psi_{ae}=1.0$。

植筋的基本锚固深度：

$$l_s = 0.2\alpha_{spt} d f_y / f_{bd} \tag{15.4.3}$$

式中：α_{spt}——考虑混凝土劈裂影响的计算系数，当植筋表面至构件表面的最小距离 c 不大于 $5d$ 时，按表 15.4.2 取用。当植筋搭接部位的箍筋间距不符合表 15.4.2 的规定时，应进行防劈裂加固。可采用纤维织物复合材料围束作为原构件的附加箍筋进行加固，也可增设新钢箍或钢板箍进行增强后再植筋。

d——植筋公称直径；

f_{bd}——植筋用胶粘剂的粘结强度设计值，按表 15.4.3 的规定值采用。

（三）考虑各种因素对植筋受拉承载力影响的锚固深度修正系数 ψ_N 应按下式计算：

$$\psi_N = \psi_{br}\psi_w\psi_T \tag{15.4.4}$$

式中：ψ_{br}——考虑结构构件受力状态对承载力影响的系数；当为悬挑结构构件时，$\psi_{br} = 1.5$；当为非悬挑的重要构件接长时，$\psi_{br} = 1.15$；当为其他构件时，$\psi_{br} = 1.0$。

ψ_w——混凝土孔壁潮湿影响系数，对耐潮湿型胶粘剂，按产品说明书的规定值采用，但不得低于 1.1；

ψ_T——使用环境的温度（T）影响系数，当 $T \leqslant 50℃$ 时，取 $\psi_T = 1.0$；当温度 T 大于 $50℃$ 时，应采用耐高温胶粘剂，ψ_T 应由试验确定。

承重结构植筋的锚固深度必须经设计计算确定；严禁按短期拉拔试验值或厂商技术手册的推荐值采用。

植筋基本锚固深度 l_s 表 15.4.1

植筋种类	钢筋直径 d(mm)	$s_1 \geqslant 5d$；$c \geqslant 2.5d$ A级胶或B级胶					$s_1 \geqslant 6d$；$c \geqslant 3d$ A级胶					$s_1 \geqslant 7d$；$c \geqslant 3.5d$ A级胶				
		C20	C25	C30	C40	≥C60	C20	C25	C30	C40	≥C60	C20	C25	C30	C40	≥C60
HRB400	8	250	213	156	144	128	250	213	144	128	115	250	213	128	115	105
	10	313	267	194	180	160	313	276	180	160	144	313	267	160	144	131
	12	375	320	254	240	216	375	320	240	216	192	375	320	216	192	173
	14	438	373	296	280	252	438	373	280	252	224	438	373	252	224	202
	16	501	427	339	320	288	501	427	320	288	256	501	427	288	256	230
	18	563	480	381	360	324	563	480	360	324	288	563	480	324	288	259
	20	626	523	426	400	360	626	537	400	360	320	626	523	360	320	288
	22	689	587	466	440	396	689	587	440	396	352	689	587	396	352	317
	25	783	667	529	500	450	783	667	500	450	400	783	667	450	400	360
	28	877	747	593	560	504	877	747	560	504	448	877	747	504	448	403
	32	1002	853	678	640	576	1002	853	640	567	512	1002	853	576	512	461

注：1. s_1 为植筋间距，c 为植筋边距；
2. 锚固用 A 级胶及 B 级胶的安全性能指标应符合表 15.1.5 的规定；
3. 表中锚固深度 l_s 计算时取 $\alpha_{spt} = 1.0$，实际选用时，应乘以表 15.4.2 中系数；
4. 钻孔直径应满足表 15.6.1 要求。

考虑混凝土劈裂影响的计算系数 α_{spt} 表 15.4.2

混凝土保护层厚度 c(mm)		25		30		35	≥40
箍筋设置情况	直径 ϕ(mm)	6	8 或 10	6	8 或 10	≥6	≥6
	间距 s(mm)	在植筋搭接范围内，s 不应大于 100mm					
植筋直径 d(mm)	≤20	1.0		1.0		1.0	1.0
	25	1.1	1.05	1.05	1.0	1.0	1.0
	32	1.25	1.15	1.15	1.1	1.1	1.05

注：当植筋直径介于表列数值之间时，可按线性内插法确定 α_{spt} 值，当 c 大于 $5d$ 时，α_{spt} 应取 1。

粘结强度设计值 f_{bd} 表 15.4.3

胶粘剂等级	构造条件	混凝土强度等级				
		C20	C25	C30	C40	≥C60
A 级胶或 B 级胶或无机类胶	$s_1 \geqslant 5d$、$s_2 \geqslant 2.5d$	2.3	2.7	3.4	3.6	4.0
A 级胶	$s_1 \geqslant 6d$、$s_2 \geqslant 3.0d$	2.3	2.7	3.6	4.0	4.5
	$s_1 \geqslant 7d$、$s_2 \geqslant 3.5d$	2.3	2.7	4.0	4.5	5.0

注：1. 当使用表中的 f_{bd} 值时，其构件的混凝土保护层厚度，应不低于现行国家标准《混凝土结构设计规范》GB 50010 的规定值；

2. 表中 s_1 为植筋间距，s_2 为植筋边距；

3. 表中 f_{bd} 值仅适用于带肋钢筋的粘结锚固；

4. 当基材混凝土强度等级大于 C30，且使用快固型胶时，表中的 f_{bd} 值应乘以 0.8 的折减系数。

第五节　锚固抗震设计

一、一般规定

（一）锚栓选用

后锚固技术适用于设防烈度 8 度及 8 度以下地区以钢筋混凝土、预应力混凝土为基材的后锚固连接。在承重结构中采用后锚固技术时宜采用植筋；设防烈度不高于 8 度（0.2g）的建筑物，可采用后扩底锚栓和特殊倒锥形化学锚栓。

（二）锚栓布置

抗震设计中锚栓的布置，除应遵守本章第五节的有关规定外，宜布置在构件的受压区、不开裂区，不应布置在素混凝土区及裂缝宽度 $w_{max} = 0.3mm$ 的受拉区；对于高烈度区一级抗震等级的重要结构构件的锚固连接，宜布置在有纵横钢筋环绕的区域；不应布置在箍筋加密区。

（三）锚栓最小有效锚固深度

抗震锚固连接锚栓的最小有效锚固深度宜满足表 15.5.1 的规定，当有充分试验依据及可靠工程经验并经国家指定机构认证许可时，可不受其限制。

锚栓最小有效锚固相对深度 $h_{ef,min}/d$ 表 15.5.1

锚栓类型	设防烈度	$h_{ef,min}/d$
扩底型锚栓	6	4
	7	5
	8	6
膨胀型锚栓	6	5
	7	6
	8	7
普通化学锚栓	6～8	7
特殊倒锥形化学锚栓	6～8	6

（四）在抗震设防区应用的锚栓应符合下列规定：

1. 应采用适用于开裂混凝土的锚栓，并应进行裂缝反复开合下锚栓承载能力检测；

2. 化学锚栓的抗震性能应按《混凝土结构后锚固技术规程》JGJ 145—2013 附录 B 的

规定进行检验并符合下列规定:

1) 抗拉锚固系数 α 不应小于 0.80,滑移系数 γ 不应小于 0.70,抗拉承载力变异系数 ν_N 不应大于 0.30;

2) 剩余抗剪承载力与 C25 非开裂混凝土下基本抗剪性能试验的抗剪承载力平均值 $V_{Ru,m}^T$ 的比值不应小于 0.80;

3. 在抗震设防区应用植筋时应符合下列规定:

1) 应进行开裂混凝土及裂缝反复开合下植筋承载能力检测,试验时植筋锚固深度应取基本锚固深度 l_s,试验时所植钢筋应达到实际屈服强度;

2) 应进行抗震性能适用检验,试验时植筋锚固深度应取基本锚固深度 l_s,试验时所植钢筋应达到实际屈服强度

4. 后锚固连接破坏应控制为锚栓钢材受拉延性破坏或连接构件延性破坏。

5. 后锚固连接抗震验算时,混凝土基材应按开裂混凝土计算。

6. 新建工程采用锚栓锚固连接时,可在锚固区预设钢筋网,钢筋直径不应小于 8mm。锚固连接当判定为重要的锚固时,钢筋间距不应大于 100mm;一般的锚固时,钢筋间距不宜大于 150mm。

二、抗震承载力验算

(一)后锚固连接控制为锚栓钢材受拉延性破坏时,应满足下列要求:

1. 单个锚栓

$$kN_{Rk,min} \geq 1.2 \frac{f_{stk}}{f_{yk}} N_{Rk,s} \tag{15.5.1}$$

群锚
$$\frac{f_{yk}N_{sk}^h}{1.2f_{stk}N_{Rk,s}} \geq \frac{N_{sk}^g}{kN_{Rk,min}} \tag{15.5.2}$$

式中:$N_{Rk,s}$——锚栓钢材破坏受拉承载力标准值;

$\quad N_{Rk,min}$——混凝破坏受拉承载力标准值,取 $N_{Rk,c}$、$N_{Rk,sp}$ 和 $N_{Rk,p}$ 的最小值;

$\quad N_{sk}^h$——群锚中拉力最大锚栓的拉力标准值;

$\quad N_{sk}^g$——群锚受拉区总拉力标准值;

$\quad k$——地震作用下锚固承载力降低系数。

2. 锚栓应具有不小于 $8d$ 的延性伸长段(图 15.5.1)并应采取措施保证不发生屈曲破坏;

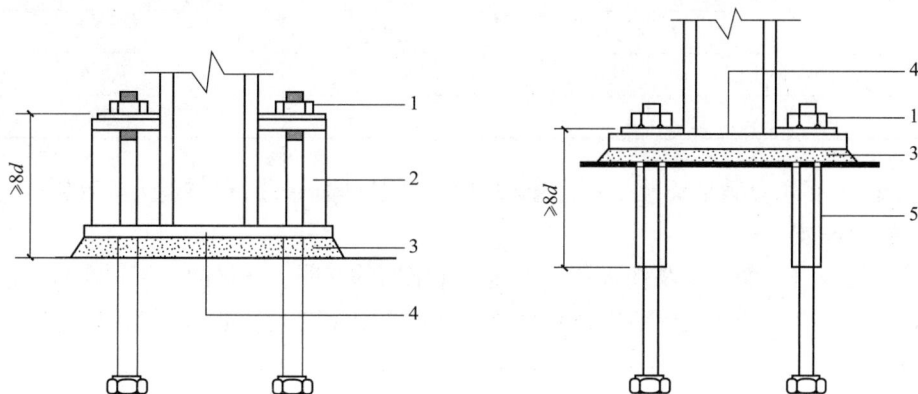

图 15.5.1 锚栓延性伸长段示意图

1—螺母;2—锚固撑脚;3—砂浆垫层;4—锚板;5—套筒

（二）后锚固连接控制为连接构件延性破坏时，应满足下式要求：

$$\eta_b R_L \leqslant k R_d / \gamma_{RE} \tag{15.5.3}$$

式中：R_L——连接构件承载力设计值，应按实际结构、实际截面、实配钢筋和材料强度设计值计算的承载力设计值；

$\qquad R_d$——锚固承载力设计值；

$\qquad \eta_b$——增大系数；当抗震设防烈度分别为 6、7、8 度时，η_b 宜分别取 1.0，1.1，1.2；

$\qquad k$——地震作用下锚固承载力降低系数，按表 15.2.3 取用。

第六节 构 造 要 求

一、混凝土结构的最小厚度

混凝土结构作为锚固体的基材，其结构最小厚度应满足下列规定：

1. 对于膨胀型锚栓及扩孔型锚栓，$h_{min} \geqslant 2.0 h_{ef}$ 且 $h > 100mm$。

2. 对于化学锚栓，h 不应小于 $h_{ef} + 2d_0$ 且 $> 100mm$。d_0 为钻孔直径。

3. 对于植筋，$h_{min} \geqslant l_d + 2D$，且 $> 100mm$，其中 l_d 为植筋的锚固深度设计值，D 为钻孔直径，应按表 15.6.1 的规定取用。

钢筋直径与对应的钻孔直径　　　　　　　　　　表 15.6.1

钢筋直径 d(mm)	钻孔直径 D(mm)	
	有机胶	无机胶
8	12	$\geqslant 12$
10	14	$\geqslant 14$
12	16	$\geqslant 16$
14	18	$\geqslant 18$
16	20	$\geqslant 20$
18	22	$\geqslant 24$
20	25	$\geqslant 26$
22	28	$\geqslant 28$
25	32	$\geqslant 32$
28	35	$\geqslant 36$
32	40	$\geqslant 40$

4. 基材厚度尚应满足锚栓生产厂家通过系统的试验认证后提供的 h_{min} 数据。

二、锚栓布置

锚栓布置应避开装饰层及抹灰层，应锚固在坚实的混凝土基材内，不得布置在混凝土保护层中，应深入有钢筋环绕的结构核心区内，有效锚固深度 h_{ef} 不得包括装饰层或抹灰层。

承重结构采用的锚栓，其公称直径不得小于 12mm。构造要求确定的锚固深度 h_{ef} 不应小于 60mm，且不应小于保护层厚度。承受扭矩的群锚，应采用胶粘剂将锚板上的锚栓孔间隙填充密实。

三、群锚锚栓间距、边距及锚板厚度

1. 群锚锚栓最小间距 s_{min} 和最小边距 c_{min}（图 15.6.1），应由厂家通过国家授权的检测机构检验分析后给定，否则不应小于表 15.6.2 的规定。

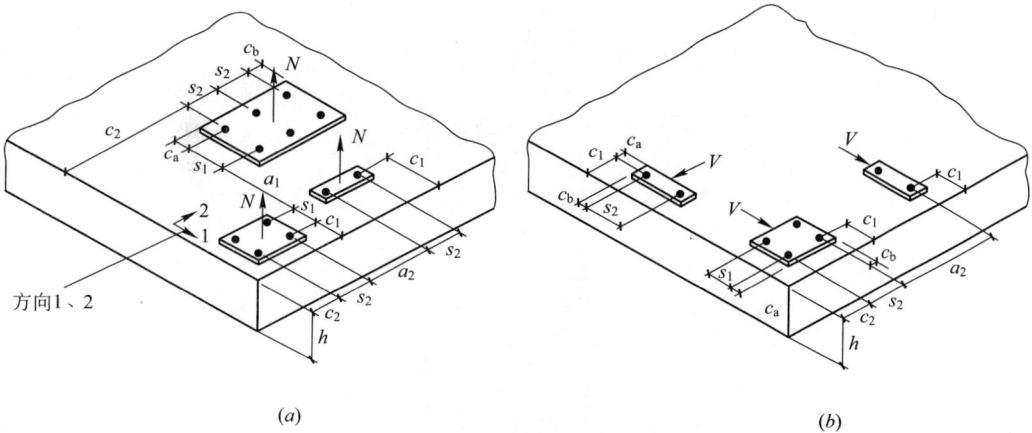

(a)   (b)

图 15.6.1 群锚锚栓间距及边距

（a）群栓受拉；（b）靠近混凝土边缘的群栓受剪

锚栓最小间距 s 和最小边距 c   表 15.6.2

锚栓类型	最小间距 s	最小边距 c
位移控制式膨胀型锚栓	$6d_{nom}$	$10d_{nom}$
扭矩控制式膨胀型锚栓	$6d_{nom}$	$8d_{nom}$
扩底型锚栓	$6d_{nom}$	$6d_{nom}$
化学锚栓	$6d_{nom}$	$6d_{nom}$

注：d_{nom} 为锚栓外径。

2. 锚栓中心至锚板边缘的距离 c_a 和 c_b 值不应小于 $2d_0$，且不应大于 $4d_0$ 或 $8t$ 的较小值，d_0 为锚栓孔径，t 为锚板厚度。

3. 植筋与混凝土边缘距离不宜小于 $5d$，且不宜小于 100mm。当植筋与混凝土边缘之间有垂直于植筋方向的横向钢筋，且横向钢筋配筋量不小于 $\phi8@100$ 或其等量截面积，植筋锚固深度范围内横向钢筋不少于 2 根时，植筋与边缘的最小距离可适当减少，但不应小于 50mm。植筋间距不应小于 $5d$。d 为钢筋直径。

四、锚固长度

1. 构造设置化学锚栓的最小锚固长度应满足表 15.6.3 的要求

化学锚栓最小锚固深度   表 15.6.3

化学锚栓直径 d（mm）	最小锚固深度（mm）
≤10	60
12	70
16	80
20	90
≥24	$4d$

2. 植筋的最小锚固长度 l_{min}，对受拉钢筋，应取 $0.3l_s$、$10d$ 和 $100mm$ 三者之间的最大值；对受压钢筋，应取 $0.6l_s$、$10d$ 和 $100mm$ 三者之间的最大值；对悬挑构件尚应乘以 1.5 的修正系数。l_s 为植筋的基本锚固深度，d 为钢筋直径。

五、当所植钢筋与原钢筋搭接(图 15.6.2)时，其受拉搭接长度 l_l，应根据位于同一区段内的钢筋搭接接头面积百分率，按下式确定：

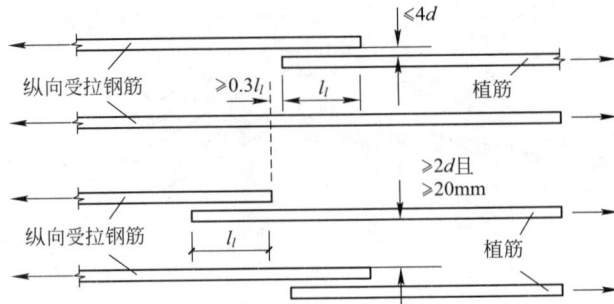

图 15.6.2　钢筋搭接

$$l_l = \xi l_d \tag{15.6.1}$$

式中：ξ——受拉钢筋搭接长度修正系数，按表 15.6.4 取值。

纵向受拉钢筋搭接长度修正系数　　　　　　　　　　　　　　　表 15.6.4

纵向受拉钢筋搭接接头面积百分率(%)	≤25	50	100
ξ 值	1.2	1.4	1.6

注：1. 钢筋搭接接头面积百分率及定义按现行国家标准《混凝土结构设计规范》GB 50010 的规定采用；

2. 当实际搭接接头面积百分率介于表数值之间时，按线性内插法确定 ξ 值；

3. 对梁类构件，受拉钢筋搭接接头面积百分率不应超过 50%；

4. 新植钢筋与原有钢筋在搭接部位的净间距，应按图 15.6.2 的标示值确定。若净间距超过 $4d$，则搭接长度 l_l 应增加 $2d$，但净间距不得大于 $6d$。

六、确保基材结构抗力的附加要求

锚栓在基材结构中产生的附加剪力 $V_{Sd,a}$ 及锚栓与外荷载共同作用所产生的组合剪力 V_{Sd}，应满足下列规定：

$$V_{Sd,a} \leq 0.16 f_t b h_0 \tag{15.6.2-1}$$

$$V_{Sd} \leq V_{Rd,b} \tag{15.6.2-2}$$

式中：$V_{Rd,b}$——基材构件受剪承载力设计值；

　　　f_t——基材混凝土轴心抗拉强度设计值；

　　　b——构件宽度；

　　　h_0——构件截面计算高度。

七、外露层锚固连接钢构件的防腐

外露后锚固连接件防腐措施应与其耐久性要求相适应，耐久性要求较高时可选用不锈钢件，一般情况可选用电镀件及现场涂层法。外露后锚固连接件耐火措施应与结构的耐火极限相一致，有喷涂法、包封法等。锚栓防腐蚀标准应高于被固定物的防腐蚀要求。

八、锚栓的温度影响

处在室外条件的钢结构锚栓，易受温度变化的影响而产生温度变形。因此，其锚板的锚固方式应使锚栓不出现过大交变温度应力，在使用条件下，应控制受力最大锚栓的温度应力变幅 $\Delta\sigma=\sigma_{max}-\sigma_{min}\leqslant100MPa$。

锚栓和植筋锚固连接所处的环境温度应符合锚栓和锚固胶产品的规定，其锚固连接的防火要求应符合国家防火规范的规定。对于化学锚栓和植筋应注意环境温度对锚固胶的软化、冷脆和老化等不利影响。植筋时，其钢筋宜先焊后植，当植筋需要后焊接时，要特别注意焊接部位的高温对锚固胶的不利影响，其焊点距基材混凝土 $\geqslant15d$，且 $\geqslant200mm$，并应采用冰水浸湿的湿毛巾包裹植筋外露部分的根部。

第七节 计算实例及技术资料

【例题 15-1】 单个锚栓受斜向拉力

某钢筋混凝土梁中部侧面有一锚栓受斜向拉力，斜拉力设计值 $F_{sd}=20kN$，斜拉力与梁侧表面的夹角为 $40°$（见右图），基材为 C30 开裂混凝土。梁侧表面无密集配筋，被连接件为非结构构件，非抗震设防地区。试选择机械锚栓并进行承载力验算。

1. 锚栓内力计算：

锚栓拉力

$$N_{sd}=F_{sd}\times\sin\alpha=20\times\sin40°=12.85kN$$

锚栓剪力

$$V_{sd}=F_{sd}\times\cos\alpha=20\times\cos40°=15.32kN$$

2. 锚栓承载力验算：

试选取 FZA 热镀锌钢，8.8 级 M16 模扩底锚栓。主要参数

$$h_{ef}=100mm,\ A_s=157.0mm^2,\ d_{nom}=22mm,\ h_{min}=200mm,\ c_{cr,N}=150mm$$

$$s_{cr,N}=300mm,\ c_{min}=100mm,\ s_{min}=100mm,\ c_{cr,sp}=150mm,\ s_{cr,sp}=300mm$$

$$l_f=100mm,\ k=2.0$$

（1）锚栓钢材受拉破坏承载力

$$N_{Rd,s}=N_{Rk,s}/\gamma_{Rs,N} \tag{15.3.1-1}$$

标准值 $\qquad N_{Rk,s}=A_s f_{yk}=157\times640/1000=100.48kN \tag{15.3.1-2}$

分项系数 $\gamma_{Rs,N}=1.2$（表 15.2.2）

设计值 $N_{Rd,s}=100.48/1.2=83.73kN>N_{sd}=12.85kN$ 满足要求

（2）混凝土锥体受拉破坏承载力

$$N_{Rd,c}=N_{Rk,c}/\gamma_{Rc,N} \tag{15.3.2-1}$$

标准值 $\qquad N_{Rk,c}=N_{Rk,c}^0\dfrac{A_{c,N}}{A_{c,N}^0}\times\psi_{s,N}\psi_{re,N}\psi_{ec,N} \tag{15.3.2-2}$

开裂混凝土 $\quad N_{Rk,c}^0=7.0\sqrt{f_{cu,k}}\times h_{ef}^{1.5}=7.0\sqrt{30}\times\dfrac{100^{1.5}}{1000}=38.34kN \tag{15.3.3-1}$

单栓靠近边缘布置，$c_1=220mm>c_{cr,N}=150mm$

$$\therefore A_{c,N}=A_{c,N}^0$$

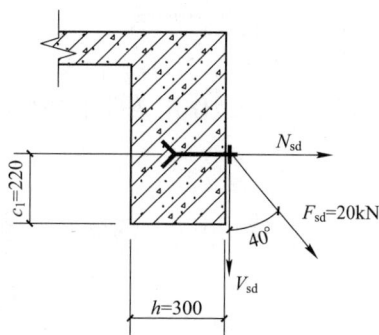

右图标注：$c_1=220$，$h=300$，N_{sd}，$F_{sd}=20kN$，$40°$，V_{sd}

锚栓受斜拉力

$$\psi_{s,N}=0.7+0.3\frac{c}{c_{cr,N}}=0.7+0.3\frac{220}{150}=1.14>1 \quad 取 \psi_{s,N}=1.0$$

$\psi_{re,N}=1.0$（表层无密集配筋）

$\psi_{ec,N}=1(e_N=0)$

标准值　$N_{Rk,c}=38.34\times\frac{1}{1}\times1\times1\times1=38.34kN$

查表(15.2.2)得：$\gamma_{Rc,N}=1.8$

设计值　$N_{Rd,c}=\frac{38.34}{1.8}=21.30kN>N_{sd}=12.85kN$

满足要求

(3) 混凝土劈裂破坏承载力

$h=300mm>h_{min}=200mm \quad c_1=220mm>c_{min}=100mm$

锚栓在安装过程不会产生劈裂破坏

$c_1=220mm<1.5c_{cr,sp}=1.5\times150=225mm, \quad h=300mm>2h_{ef}=2\times100mm=200mm$

要验算荷载作用条件下基材混凝土劈裂破坏承载力

$$N_{Rd,sp}=N_{Rk,sp}/\gamma_{Rsp} \tag{15.3.12-1}$$

$$N_{Rk,sp}=\psi_{h,sp}\times N_{Rk,c} \tag{15.3.12-2}$$

$$\psi_{h,sp}=(h/h_{min})^{2/3}=(300/200)^{2/3}=1.31<1.5 \text{ 取 } \psi_{h,sp}=1.31 \tag{15.3.12-3}$$

$$N_{Rk,c}=N_{Rk,c}^0\frac{A_{c,N}}{A_{c,N}^0}\psi_{s,N}\psi_{re,N}\psi_{ec,N}$$

由前式得 $N_{Rk,c}^0=38.34kN$

$c_1=220mm>0.5s_{cr,sp}=0.5\times300=150mm \quad 故 A_{c,N}=A_{c,N}^0$

$$\psi_{s,N}=0.7+0.3\frac{c}{c_{cr,sp}}=0.7+0.3\frac{220}{150}=1.14 \text{ 取 } \psi_{s,N}=1.0$$

$$\psi_{re,N}=1, \quad \psi_{ec,N}=1$$

$$N_{Rk,c}=38.34\times\frac{1}{1}\times1\times1\times1=38.34kN$$

$$\gamma_{Rsp}=1.8（查表15.2.2）$$

标准值　$N_{Rk,sp}=1.31\times38.34=50.23kN$

设计值　$N_{Rd,sp}=50.23/1.8=27.90kN>N_{sd}=12.85kN \quad 满足要求$

(4) 锚栓钢材破坏受剪承载力（无杠杆臂纯剪）

$c_1=220mm<10h_{ef}=10\times100=1000mm \quad 属构件边缘受剪$

$$V_{Rd,s}=V_{Rk,s}/\gamma_{Rs,v} \tag{15.3.13}$$

标准值　$V_{Rk,s}=0.5f_{yk}A_s=0.5\times640\times157/1000=50.24kN$

分项系数 $\gamma_{Rs,v}=1.2$（查表15.2.2）

设计值 $V_{Rd,s}=50.24/1.2=41.87kN>V_{sd}=15.32kN \quad 满足要求$

(5) 构件边缘受剪混凝土破坏承载力

$$V_{Rd,c}=V_{Rk,c}/\gamma_{Rc,v} \tag{15.3.16-1}$$

$$V_{Rk,c}=V_{Rk,c}^0\frac{A_{c,v}}{A_{c,v}^0}\times\psi_{s,v}\psi_{h,v}\psi_{\alpha,v}\psi_{ec,v}\psi_{re,v} \tag{15.3.16-2}$$

开裂混凝土　　　　$$V_{Rk,c}^0=1.35d_{nom}^\alpha h_{ef}^\beta\sqrt{f_{cu,k}}c_1^{1.5} \tag{15.3.17-1}$$

$$\alpha = 0.1(l_{\mathrm{f}}/c_1)^{0.5} = 0.1(100/220)^{0.5} = 0.0674 \qquad (15.3.17\text{-}2)$$

$$\beta = 0.1(d_{\mathrm{nom}}/c_1)^{0.2} = 0.1(22/220)^{0.2} = 0.0631$$

$$V^0_{\mathrm{Rk,c}} = 1.35 \times 22^{0.0674} \times 100^{0.0631} \times \sqrt{30} \times 220^{1.5}/1000 = 39.74\mathrm{kN}$$

$$A^0_{\mathrm{c,v}} = 4.5 c_1^2 = 4.5 \times 220^2 = 217800\mathrm{mm}^2$$

$$1.5 c_1 = 1.5 \times 220 = 330\mathrm{mm}, \quad h = 300\mathrm{mm} < 1.5 c_1$$

$$A_{\mathrm{c,v}} = 3 \times c_1 \times h = 3 \times 220 \times 300 = 198000\mathrm{mm}$$

$$\psi_{\mathrm{s,v}} = 0.7 + 0.3\frac{c_2}{1.5 c_1} = 1 \quad (\text{锚栓位于梁跨中,}\ c_2 \gg c_1)$$

$$\psi_{\mathrm{h,v}} = \left(\frac{1.5 c_1}{h}\right)^{1/2} = \left(\frac{1.5 \times 220}{300}\right)^{1/2} = 1.049$$

$$\psi_{\alpha,\mathrm{v}} = 1$$

$$\psi_{\mathrm{ec,v}} = 1 \quad (e_{\mathrm{V}} = 0)$$

$$\psi_{\mathrm{re,v}} = 1 \quad (\text{开裂混凝土})$$

查表 15.2.2 得 $\gamma_{\mathrm{Rc,v}} = 1.5$

$$\text{标准值}\ V_{\mathrm{Rk,c}} = V^0_{\mathrm{Rk,c}}\frac{A_{\mathrm{c,v}}}{A^0_{\mathrm{c,v}}}\psi_{\mathrm{s,v}}\psi_{\mathrm{h,v}}\psi_{\alpha,\mathrm{v}}\psi_{\mathrm{ec,v}}\psi_{\mathrm{re,v}} \qquad (15.3.16\text{-}2)$$

$$= 39.74 \times \frac{198000}{217800} \times 1 \times 1.049 \times 1 \times 1 \times 1 = 37.90\mathrm{kN}$$

设计值 $V_{\mathrm{Rd,c}} = \dfrac{37.90}{1.5} = 25.27\mathrm{kN} > V_{\mathrm{sd}} = 15.32\mathrm{kN}$

3. 拉剪复合受力承载力验算：

(1) 锚栓钢材破坏拉剪复合承载力：

$$\left(\frac{N^{\mathrm{h}}_{\mathrm{sd}}}{N_{\mathrm{Rd,S}}}\right)^2 + \left(\frac{V^{\mathrm{h}}_{\mathrm{sd}}}{V_{\mathrm{Rd,S}}}\right)^2 = \left(\frac{12.85}{83.73}\right)^2 + \left(\frac{15.32}{41.87}\right)^2 = 0.157 < 1 \qquad (15.3.27)$$

满足要求

(2) 拉剪复合受力下混凝土破坏承载力

$$\left(\frac{N^{\mathrm{g}}_{\mathrm{sd}}}{N_{\mathrm{Rd,c}}}\right)^{1.5} + \left(\frac{V^{\mathrm{g}}_{\mathrm{sd}}}{V_{\mathrm{Rd,c}}}\right)^{1.5} = \left(\frac{12.85}{21.30}\right)^{1.5} + \left(\frac{15.32}{25.27}\right)^{1.5} = 0.94 < 1 \qquad (15.3.28)$$

满足要求

选用 FZA 型 8.8 级 M16 机械锚栓可实现安全锚固

【例题 15-2】　群锚拉剪复合受力

某钢筋混凝土梁跨中设有钢牛腿，牛腿上作用有垂直力，其偏心矩 $e = 80\mathrm{mm}$，荷载基本组合效应内力设计值 $N = 30\mathrm{kN}$，见下页图，基材为 C40 不开裂混凝土，梁侧配有Φ12 直筋，被连接构件为非结构构件，试选择化学锚栓并进行承载力验算：

1. 锚栓内力计算

(1) 锚栓内力：

$$N_{\mathrm{sd}} = \frac{30 \times 0.08}{0.3 \times 2} = 4\mathrm{kN} \quad N^{\mathrm{h}}_{\mathrm{sd}} = \frac{1.1 \times 30 \times 0.08}{0.3 \times 2} = 4.4\mathrm{kN} \quad (1.1\ \text{为锚栓受力不均匀系数})$$

(2) 锚栓剪力：

∵ $c_1 = 300\mathrm{mm} < 10 h_{\mathrm{ef}}$，按构件边缘受剪验算承载力

$$V^{\mathrm{h}}_{\mathrm{sd}} = 30/2 = 15\mathrm{kN}$$

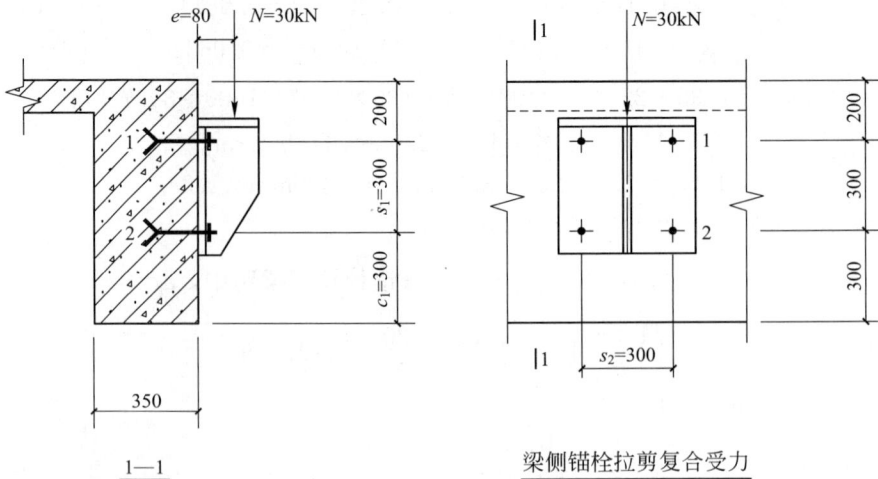

1—1

梁侧锚栓拉剪复合受力

2. 锚栓承载力验算

试选用 8.8 级热镀锌钢 M16 HAS 螺杆，主要技术参数如下：

$$A_s = 144 \text{mm}^2, \quad h_{ef} = 124 \text{mm}, \quad 基材 h_{min} = 170 \text{mm}, \quad c_{cr,N} = 186 \text{mm}$$

$$s_{cr,N} = 372 \text{mm}, \quad c_{min} = 65 \text{mm}, \quad s_{min} = 65 \text{mm}, \quad c_{cr,sp} = 250 \text{mm}$$

$$s_{cr,sp} = 500 \text{mm}, \quad h_{min} = 270 \text{mm}(劈裂破坏临界边距)，$$

（1）锚栓钢材破坏受拉承载力：

$$N_{Rd,s} = N_{Rk,s}/\gamma_{Rs,N} \tag{15.3.1-1}$$

标准值 $N_{Rk,s} = A_s f_{yk} = 144 \times \dfrac{640}{1000} = 92.16 \text{kN}$ (15.3.1-2)

分项系数 $\gamma_{Rs,N} = 1.2$(查表 15.2.2)

设计值 $N_{Rd,s} = 92.16/1.2 = 76.80 \text{kN} > N_{sd}^h = 4.4 \text{kN}$

满足要求

（2）群锚混凝土锥体受拉破坏承载力：

$$N_{Rd,c} = N_{Rk,c}/\gamma_{Rc,N} \tag{15.3.2-1}$$

$$\gamma_{Rc,N} = 1.8(查表 15.2.2)$$

$$N_{Rk,c} = N_{Rk,c}^0 \dfrac{A_{c,N}}{A_{c,N}^0} \psi_{s,N} \psi_{re,N} \psi_{ec,N} \tag{15.3.2-2}$$

不开裂混凝土 $\quad N_{Rk,c}^0 = 9.8\sqrt{f_{cu,k}} h_{ef}^{1.5} = 9.8\sqrt{40} \times 124^{1.5}/1000 = 85.58 \text{kN}$ (15.3.3-2)

按附图可得：$A_{c,N} = (s_{cr,N} + s_2)s_{cr,N} = (372 + 300)372 = 249984 \text{mm}^2$, $A_{c,N}^0 = s_{cr,N}^2 = 372^2 = 138384 \text{mm}^2$

$$\psi_{s,N} = 0.7 + 0.3\dfrac{c}{c_{cr,N}} = 0.7 + 0.3\dfrac{200}{186} = 1.02$$

取 $\psi_{s,N} = 1.0$

按本章第三节有关规定，有

$$\psi_{re,N} = 1(无密集配筋)$$

$$\psi_{ec,N} = 1(e_N = 0)$$

标准值 $\quad N_{Rk,c} = 85.58 \times \dfrac{249984}{138384} \times 1 \times 1 \times 1 = 154.60 \text{kN}$

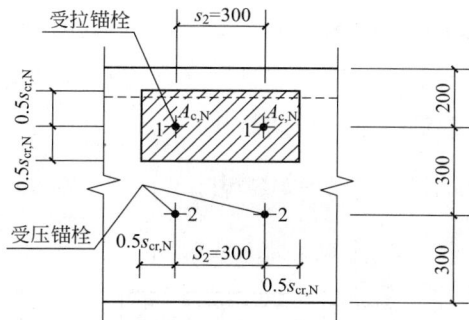

锚栓受拉混凝土破坏锥体投影面积　　　劈裂破坏计算锚栓受拉混凝土破坏锥体投影面积

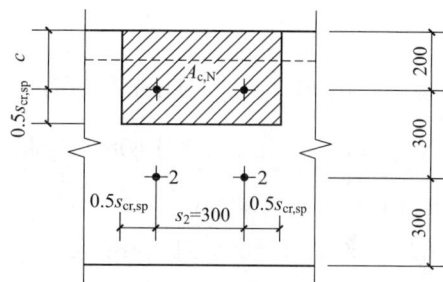

设计值　$N_{Rd,c}=154.60/1.8=85.89kN>2N_{sd}=2\times4.0=8.0kN$

满足要求

（3）群锚基材混凝土劈裂破坏承载力：

$c=200mm>c_{min}=65mm$，　$s=300mm>s_{min}=65mm$，　$h=350mm>h_{min}=270mm$

锚栓安装过程中不产生劈裂破坏

按本章第三节一、（一）、3 款规定，当 $c=200mm<1.5c_{cr,sp}=1.5\times250=375mm$

应验算荷载条件下的基材混凝土劈裂破坏承载力

$$设计值　N_{Rd,sp}=N_{Rk,sp}/\gamma_{Rsp} \tag{15.3.12-1}$$

$$标准值　N_{Rk,sp}=\psi_{h,sp}\times N_{Rk,c} \tag{15.3.12-2}$$

$$\psi_{h,sp}=\left(\frac{h}{h_{min}}\right)^{2/3}=\left(\frac{350}{270}\right)^{2/3}=1.19>\left(\frac{2h_{ef}}{h_{min}}\right)^{2/3}=0.945 \tag{15.3.12-3}$$

取 $\psi_{h,sp}=0.945$

$$N_{Rk,c}=N_{Rk,c}^0\frac{A_{c,N}}{A_{c,N}^0}\psi_{s,N}\psi_{re,N}\psi_{ec,N}$$

$$A_{c,N}=(s_2+s_{cr,sp})(c+0.5s_{cr,sp})=(300+500)(200+0.5\times500)$$
$$=360000mm^2$$

$$A_{c,N}^0=s_{cr,sp}^2=500^2=250000mm^2$$

$$\psi_{s,N}=0.7+0.3\frac{c}{c_{cr,sp}}=0.7+0.3\frac{200}{250}=0.94$$

$$\psi_{re,N}=1$$

$$\psi_{ec,N}=1$$

$$N_{Rk,c}=85.58\frac{360000}{250000}0.94\times1\times1=115.84kN$$

$$标准值\ N_{Rk,sp}=0.945\times115.84=109.47kN$$

$$\gamma_{Rsp}=1.8$$

设计值 $N_{Rd,sp}=109.47/1.8=60.82kN>2N_{sd}^h=2\times4.0=8.0kN$

满足要求

（4）化学锚栓发生混合破坏时受拉承载力

$$N_{Rd,p}=N_{Rk,p}/r_{Rp} \tag{15.3.29-1}$$

$$N_{\mathrm{Rk,p}} = N_{\mathrm{Rk,p}}^0 \frac{A_{\mathrm{p,N}}}{A_{\mathrm{p,N}}^0} \psi_{\mathrm{s,Np}} \psi_{\mathrm{g,Np}} \psi_{\mathrm{ec,Np}} \psi_{\mathrm{re,Np}} \qquad (15.3.29\text{-}2)$$

$$N_{\mathrm{Rk,p}}^0 = \pi \times d \times h_{\mathrm{ef}} \times \tau_{\mathrm{Rk}} \qquad (15.3.29\text{-}3)$$

$\tau_{\mathrm{Rk}} = 6.0 \times 0.4 = 2.4 \mathrm{N/mm^2}$（室内环境、不开裂混凝土、长期荷载）

$N_{\mathrm{Rk,p}}^0 = \pi \times 16 \times 124 \times 2.4/1000 = 14.96 \mathrm{kN}$，$s_{\mathrm{cr,Np}} = 20d\left(\dfrac{\tau_{\mathrm{Rk,uer}}}{7.5}\right)^{0.5} = 20 \times 16\left(\dfrac{6}{7.5}\right)^{0.5} = 286\mathrm{mm} <$

$3h_{\mathrm{ef}} = 3 \times 124 = 372\mathrm{mm}$

$A_{\mathrm{p,N}}^0 = s_{\mathrm{cr,Np}}^2 = 286^2 = 81796\mathrm{mm^2}$

$c = 200\mathrm{mm} > 0.5 s_{\mathrm{cr,Np}} = 0.5 \times 286 = 143\mathrm{mm}$

$s = 300\mathrm{mm} > s_{\mathrm{cr,Np}} = 286\mathrm{mm}$

$A_{\mathrm{p,N}} = 2 A_{\mathrm{p,N}}^0$

$\psi_{\mathrm{s,Np}} = 0.7 + 0.3\dfrac{c}{c_{\mathrm{cr,Np}}} = 0.7 + 0.3\dfrac{200}{143} = 1.12$

取 $\psi_{\mathrm{s,Np}} = 1$

群锚破坏表面影响系数 $\psi_{\mathrm{g,Np}}$ 按 15.3.36 式计算

锚栓受拉混凝土破坏锥体投影面积

$$\psi_{\mathrm{g,Np}}^0 = \sqrt{n} - (\sqrt{n}-1) \times \left(\frac{d \times \tau_{\mathrm{Rk}}}{k \times \sqrt{h_{\mathrm{ef}} \times f_{\mathrm{cu,k}}}}\right)^{1.5} = \sqrt{2} - (\sqrt{2}-1) \times \left(\frac{16 \times 2.4}{3.2 \times \sqrt{124 \times 40}}\right)^{1.5} = 1.385$$

$$\psi_{\mathrm{g,Np}} = \psi_{\mathrm{g,Np}}^0 - \left(\frac{s}{s_{\mathrm{cr,Np}}}\right)^{0.5} \times (\psi_{\mathrm{g,Np}}^0 - 1) = 1.385 - \left(\frac{300}{286}\right)^{0.5} \times (1.385-1) = 0.991$$

$$\psi_{\mathrm{ec,Np}} = 1（无偏心），\quad \psi_{\mathrm{re,Np}} = 1（表面无密集配筋）$$

$$N_{\mathrm{Rk,p}} = 14.96 \times \frac{2}{1} \times 1 \times 0.991 \times 1 \times 1 = 29.64\mathrm{kN}$$

$$\gamma_{\mathrm{Rp}} = 1.8（查表 15.2.2）$$

$$N_{\mathrm{Rd,p}} = 29.64/1.8 = 16.46\mathrm{kN} > 2 \times 4.0 = 8.0\mathrm{kN} \quad 满足要求$$

（5）化学锚栓承受长期荷载作用，发生混合破坏时受拉承载力

$N_{\mathrm{sd,1}} \leqslant 0.55 N_{\mathrm{Rk,p}}^0 / \gamma_{\mathrm{Rp}} = 0.55 \times 14.96/1.8 = 4.57\mathrm{kN} > N_{\mathrm{sd}}^h = 4.4\mathrm{kN}$ 满足要求

（6）锚栓钢材破坏受剪承载力：

标准值　$V_{\mathrm{Rk,s}} = 0.5 A_{\mathrm{s}} f_{\mathrm{yk}} = 0.5 \times 144 \times \dfrac{640}{1000} = 46.08\mathrm{kN}$ $\qquad (15.3.14)$

分项系数　$\gamma_{\mathrm{Rs,V}} = 1.2$

设计值　$V_{\mathrm{Rd,s}} = V_{\mathrm{Rk,s}}/\gamma_{\mathrm{Rs,V}} = 46.08/1.2 = 38.40\mathrm{kN} > V_{\mathrm{sd}}^h = 15\mathrm{kN}$ $\qquad (15.3.13)$

满足要求

（7）群锚混凝土楔形体破坏受剪承载力：

$\because c_1 = 300\mathrm{mm} < 10 h_{\mathrm{ef}} = 10 \times 124 = 1240\mathrm{mm}$，为边缘受剪

$\therefore$ 需要验算混凝土受剪承载力。

$$V_{\mathrm{Rd,c}} = V_{\mathrm{Rk,c}}/\gamma_{\mathrm{Rc,V}} \qquad (15.3.16\text{-}1)$$

$$V_{\mathrm{Rk,c}} = V_{\mathrm{Rk,c}}^0 \frac{A_{\mathrm{c,V}}}{A_{\mathrm{c,V}}^0} \psi_{\mathrm{s,V}} \psi_{\mathrm{h,V}} \psi_{\alpha,\mathrm{V}} \psi_{\mathrm{ec,V}} \psi_{\mathrm{re,V}} \qquad (15.3.16\text{-}2)$$

$$V_{\mathrm{Rk,c}}^0 = 1.9 \times d_{\mathrm{nom}}^\alpha h_{\mathrm{ef}}^\beta \sqrt{f_{\mathrm{cu,k}}} c_1^{1.5} \qquad （不开裂混凝土）\qquad (15.3.17\text{-}2)$$

$$\alpha = 0.1(l_{\mathrm{f}}/c_1)^{0.5} = 0.1(124/300)^{0.5} = 0.0643$$

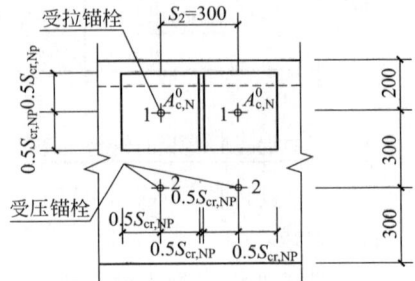

$$\beta = 0.1(d_{\text{nom}}/c_1)^{0.2} = 0.1(16/300)^{0.2} = 0.0556$$

$$V^0_{\text{Rk,c}} = 1.9 \times 16^{0.0643} \times 124^{0.0556} \times \sqrt{40} \times 300^{1.5}/1000 = 97.56\text{kN}$$

$$A^0_{\text{c,v}} = 4.5c_1^2 = 4.5 \times 300^2 = 405000\text{mm}^2$$

$$h = 350\text{mm} < 1.5c_1 = 1.5 \times 300 = 450\text{mm}, \quad 且\ s_2 = 300\text{mm} < 3c_1 = 3 \times 300 = 900\text{mm}$$

$$A_{\text{c,v}} = (3c_1 + s_2)h = (3 \times 300 + 300) \times 350 = 420000\text{mm}^2$$

$$\psi_{\text{s,v}} = 0.7 + 0.3\frac{c_2}{1.5c_1} = 0.7 + 0.3\frac{c_2}{1.5 \times 300} > 1 \quad (跨中\ c_2 > 300) \quad 取\ \psi_{\text{s,v}} = 1.0$$

$$\psi_{\text{h,v}} = \left(\frac{1.5c_1}{h}\right)^{1/2} = \left(\frac{1.5 \times 300}{350}\right)^{1/2} = 1.13 > 1 \quad \therefore 取\ \psi_{\text{h,v}} = 1.13$$

$$\psi_{\alpha,\text{v}} = 1, \quad \psi_{\text{ec,v}} = 1(无偏心)$$

$$\psi_{\text{re,v}} = 1.2 \quad (梁侧配有\Phi12直筋)$$

标准值　　$$V_{\text{Rk,c}} = 97.56\frac{420000}{405000} \times 1 \times 1.13 \times 1 \times 1 \times 1.2 = 137.19\text{kN}$$

$$\gamma_{\text{Rc,v}} = 1.5$$

设计值 $V_{\text{Rd,c}} = 137.19/1.5 = 91.46\text{kN} > V^h_{\text{sd}} = 15 \times 2 = 30\text{kN}$

(8) 拉剪复合受力承载力验算：

由于该构件是边缘受剪，1号锚栓承受拉力，由2号锚栓（底排）承受全部剪力，此锚栓位于混凝土受压区，压力由锚板直接传递给混凝土，属于单向受力，故可不进行复合受力验算。

选用 M16HAS 螺杆，可实现安全锚固。

【例题 15-3】 群锚拉、弯、剪复合受力

某后锚固连接基本组合荷载效应设计值 $N = 22\text{kN}$，$M = 5.0\text{kN} \cdot \text{m}$，$V = 18\text{kN}$。锚栓布置在构件的受压区，基材为 C40 开裂混凝土，构件表层混凝土无密集配筋。被连接件属非结构构件，试选择锚栓，并进行承载力验算。

锚栓布置如图：

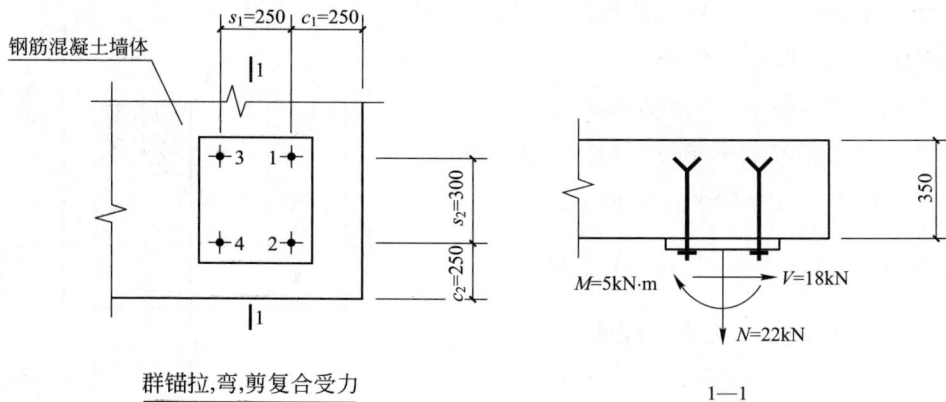

群锚拉,弯,剪复合受力

1—1

1. 锚栓内力分析

(1) 锚栓拉力

由公式(15.2.4)得

$$N/n - My_1/\sum y_i^2 = \frac{22}{4} - \frac{5.0 \times 10^3 \times 125}{4 \times 125^2} = -4.50 < 0$$

1，2号锚栓位于受拉区，其拉力设计值：

$$N_{sd}^h = (NL+M)y_1'/\sum y_i^2 = (22 \times 125 + 5 \times 10^3)\frac{250}{2 \times 250^2} = 15.50\text{kN}$$

3，4号锚栓位于受压区，压力由混凝土传递，其压力设计值：

$$N_c = (NL-M)y_1'/\sum y_i^2 = (22 \times 125 - 5 \times 10^3)\frac{250}{2 \times 250^2} = -4.50\text{kN}$$

（2）锚栓剪力

由于 $c_1 = 250\text{mm} < 10h_{ef}$，为边缘受剪，由1，2号锚栓承受全部剪力。

$$V_{sd}^h = 18/2 = 9\text{kN}$$

试选用 FZA 型 M16 扩底锚栓，8.8级电镀锌钢，主要参数为：

$$A_s = 157\text{mm}^2, \quad h_{ef} = 100\text{mm}, \quad h_{min} = 200\text{mm}, \quad d_{nom} = 20\text{mm},$$

$$l_f = h_{ef} = 100\text{mm}, \quad k = 2.0, \quad c_{cr,N} = 150\text{mm}, \quad s_{cr,N} = 300\text{mm},$$

$$c_{min} = 100\text{mm}, \quad s_{min} = 100\text{mm}, c_{cr,sp} = 150\text{mm}, \quad s_{cr,sp} = 300\text{mm}$$

2. 锚栓承载力验算

（1）锚栓钢材破坏受拉承载力

标准值 $\qquad N_{Rk,s} = A_s f_{stk} = 157 \times 640/1000 = 100.48\text{kN}$ $\qquad$ (15.3.1-2)

分项系数 $\gamma_{Rs,N} = 1.2$

设计值 $\qquad N_{Rd,s} = N_{Rk,s}/\gamma_{Rs,N} = \dfrac{100.48}{1.2} = 83.73\text{kN} > 15.50\text{kN}$ $\qquad$ (15.3.1-1)

满足要求

（2）群锚混凝土锥体受拉破坏承载力

$$N_{Rd,c} = N_{Rk,c}/\gamma_{Rc,N} \qquad\qquad (15.3.2\text{-}1)$$

$$N_{Rk,c} = N_{Rk,c}^0 \frac{A_{c,N}}{A_{c,N}^0}\psi_{s,N}\psi_{re,N}\psi_{ec,N} \qquad\qquad (15.3.2\text{-}2)$$

开裂混凝土 $\quad N_{Rk,c}^0 = 7.0\sqrt{f_{cu,K}}\,h_{ef}^{1.5} = 7.0\sqrt{40} \times 100^{1.5}/1000 = 44.28\text{kN}$ $\quad$ (15.3.3-1)

内力分析表明，1，2号锚栓受拉，混凝土受拉破坏锥体投影面积如右图所示：

$$A_{c,N} = (0.5s_{cr,N} + s_2 + 0.5s_{cr,N})s_{cr,N}$$

$$= (150 \times 2 + 300) \times 300 = 180000\text{mm}^2$$

$$A_{c,N}^0 = s_{cr,N}^2 = 300^2 = 90000\text{mm}^2$$

$$\psi_{s,N} = 0.7 + 0.3\frac{250}{150} = 1.20 > 1.0 \text{ 取 } \psi_{s,N} = 1$$

$$\psi_{re,N} = 1 \text{（无密集配筋）}$$

$$\psi_{ec,N} = 1 \quad \text{（无偏心，} e_N = 0\text{）}$$

标准值 $N_{Rk,c} = 44.28 \times \dfrac{180000}{90000} \times 1 \times 1 \times 1 = 88.56\text{kN}$

混凝土受拉破坏锥体投影面积

分项系数 $\gamma_{Rc,N} = 1.8$

设计值 $N_{Rd,c} = 88.56/1.8 = 49.20 > 2 \times 15.50 = 31.0\text{kN}$ 满足要求

（3）混凝土劈裂破坏承载力

$$c_1 = 250\text{mm} > c_{min} = 100\text{mm}, \qquad s_1 = 250\text{mm} > s_{min} = 100\text{mm},$$

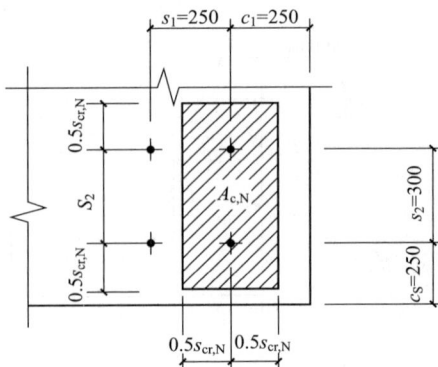

$$h = 350\text{mm} > h_{\min} = 200\text{mm}$$

在安装过程中不产生劈裂破坏。

由于 $c_1 = 250\text{mm} > 1.5c_{cr,sp} = 1.5 \times 150 = 225\text{mm}$

$$h = 350\text{mm} > 2h_{ef} = 2 \times 100 = 200\text{mm}$$

故不需验算在荷载条件下的劈裂破坏承载力

（4）锚栓钢材破坏受剪承载力（无杠杆臂纯剪）

标准值 $\qquad V_{Rd,s} = 0.5A_s f_{yk} = 0.5 \times 157 \times \dfrac{640}{1000} = 50.24\text{kN}$ （15.3.14）

分项系数 $\gamma_{Rc,V} = 1.2$

设计值 $\qquad V_{Rd,s} = 50.24/1.2 = 41.86\text{kN} > V_{sd}^h = 9\text{kN}$ （15.3.13）

（5）群锚混凝土楔形体破坏受剪承载力

$$V_{Rd,c} = V_{Rk,c}/\gamma_{Rc,V} \qquad (15.3.16\text{-}1)$$

$$V_{RK,c} = V_{RK,c}^0 \frac{A_{c,V}}{A_{c,V}^0} \psi_{s,V} \psi_{h,V} \psi_{\alpha,V} \psi_{ec,V} \psi_{re,V} \qquad (15.3.16\text{-}2)$$

开裂混凝土 $\qquad V_{Rk,c}^0 = 1.35 d_{nom}^\alpha h_{ef}^\beta \sqrt{f_{cu,k}} c_1^{1.5} \qquad (15.3.17\text{-}1)$

$$\alpha = 0.1(l_f/c_1)^{0.5} = 0.1(100/250)^{0.5} = 0.0632 \qquad (15.3.17\text{-}3)$$

$$\beta = 0.1(d_{nom}/c_1)^{0.2} = 0.1(20/250)^{0.2} = 0.0603 \qquad (15.3.17\text{-}4)$$

$V_{Rk,c}^0 = 1.35 \times 20^{0.0632} \times 100^{0.0603} \times \sqrt{40} \times 250^{1.5}/1000 = 53.84\text{kN}$

由于 $h = 350\text{mm} < 1.5c_1 = 1.5 \times 250 = 375\text{mm}$

$$c_2 = 250\text{mm} < 1.5c_1 = 375\text{mm}$$

$$s_2 = 300\text{mm} < 1.5c_1 = 375\text{mm}$$

$$A_{c,V} = (1.5c_1 + s_2 + c_2)h = (1.5 \times 250 + 300 + 250)350 = 323750\text{mm}^2$$

$$A_{c,V}^0 = 4.5c_1^2 = 4.5 \times 250^2 = 281250\text{mm}^2$$

$$\psi_{s,V} = 0.7 + 0.3 \frac{c_2}{1.5c_1} = 0.7 + 0.3 \frac{250}{1.5 \times 250} = 0.90$$

$$\psi_{h,V} = \left(\frac{1.5c_1}{h}\right)^{1/2} = \left(\frac{1.5 \times 250}{350}\right)^{1/2} = 1.035$$

$$\psi_{\alpha,V} = 1.0 \quad (\alpha = 0°)$$

$$\psi_{ec,V} = 1.0 \quad (e_V = 0)$$

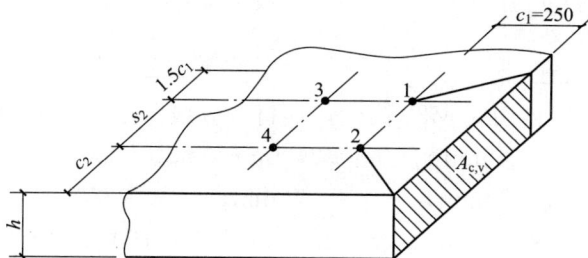

混凝土边缘破坏楔形体在侧向的投影面积

$\psi_{\rm re,v}=1.0$ （开裂混凝土，边缘无配筋）

标准值 $V_{\rm RK,c}=53.84\times\dfrac{323750}{281250}\times0.9\times1.035\times1\times1\times1=57.73{\rm kN}$

分项系数 $\gamma_{\rm Rc,v}=1.5$

设计值 $V_{\rm Rd,c}=57.73/1.5=38.49{\rm kN}>18{\rm kN}$ 满足要求

（6）拉剪复合受力承载力

1）锚栓钢材破坏时承载力

$$\left(\frac{N_{\rm Sd}^{\rm h}}{N_{\rm Rd,s}}\right)^2+\left(\frac{V_{\rm Sd}^{\rm h}}{V_{\rm Rd,s}}\right)^2 \qquad (15.3.27)$$

$$=\left(\frac{15.50}{83.73}\right)^2+\left(\frac{9}{41.86}\right)^2=0.08<1\ \text{满足要求}$$

2）混凝土破坏时承载力

$$\left(\frac{N_{\rm Sd}^{\rm g}}{N_{\rm Rd,c}}\right)^{1.5}+\left(\frac{V_{\rm Sd}^{\rm g}}{V_{\rm Rd,c}}\right)^{1.5} \qquad (15.3.28)$$

$$=\left(\frac{2\times15.50}{49.20}\right)^{1.5}+\left(\frac{2\times9}{38.49}\right)^{1.5}=0.82<1\ \text{满足要求}$$

选用此 M16 机械锚栓，可实现安全锚固。

【例题 15-4】 群锚承受剪力

某工程中的肋形梁，其侧面有一后锚固连接，承受剪切荷载设计值 $V=75{\rm kN}$，基材为 C25 开裂混凝土，构件边缘配有 $\Phi 12$ 直筋及 $\phi 8@100$ 箍筋。被连接构件为非结构构件。试选择机械锚栓，并进行承载力验算。

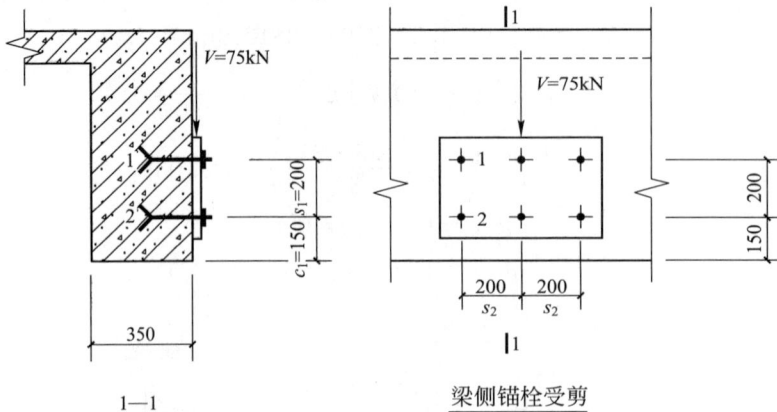

1—1   梁侧锚栓受剪

试选择 HDA 型重型自切底 M20 锚栓，钢材 8.8 级，主要技术参数：

$$A_{\rm s}=245{\rm mm}^2,\quad h_{\rm ef}=250{\rm mm},\quad h_{\rm min}=350{\rm mm},$$

$$d_{\rm nom}=20{\rm mm},\quad c_{\rm cr,N}=375{\rm mm},\quad s_{\rm cr,N}=750{\rm mm},$$

$$c_{\rm min}=200{\rm mm},\quad s_{\rm min}=250{\rm mm},\quad l_{\rm f}=160{\rm mm}=8d$$

$$c_{\rm cr,sp}=375{\rm mm},\quad s_{\rm cr,sp}=750{\rm mm}$$

1. 锚栓剪力：

$c_1=150{\rm mm}<10h_{\rm ef}$，需验算构件边缘受剪，即只有梁底边缘的一排锚栓受剪，每个锚

栓所受剪力为：

$$V_{sd}^h = 75/3 = 25kN$$

2. 锚栓承载力验算

（1）锚栓钢材破坏受剪承载力（无杠杆臂的纯剪）

标准值：$\quad V_{Rk,s} = 0.5A_s f_{yk} = 0.5 \times 245 \times \dfrac{640}{1000} = 78.40kN \quad$ (15.3.14)

分项系数：$\gamma_{Rs,v} = 1.2$（查表 15.2.2）

设计值：$\quad V_{Rd,s} = V_{Rk,s}/\gamma_{Rs,v} = 78.40/1.2 = 65.33kN > 25kN \quad$ (15.3.13)

满足要求

（2）群锚构件边缘受剪混凝土破坏承载力：

$$V_{Rd,c} = V_{Rk,c}/\gamma_{Rc,v} \tag{15.3.16-1}$$

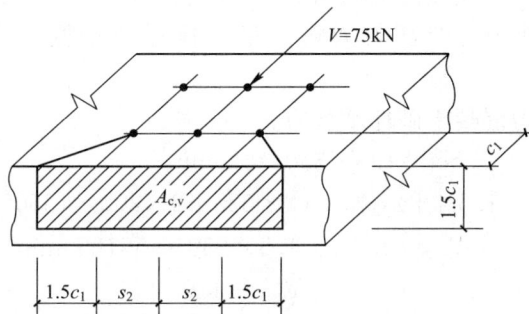

混凝土边缘破坏楔形体在侧向的投影面积

$$V_{Rk,c} = V_{Rk,c}^0 \frac{A_{c,V}}{A_{c,V}^0} \psi_{s,v} \psi_{h,v} \psi_{\alpha,v} \psi_{ec,v} \psi_{re,v} \tag{15.3.16-2}$$

开裂混凝土 $\quad V_{Rk,c}^0 = 1.35 d_{nom}^\alpha h_{ef}^\beta \sqrt{f_{cu,k}} c_1^{1.5} \tag{15.3.17-1}$

$$\alpha = 0.1(l_f/c_1)^{0.5} = 0.1(160/150)^{0.5} = 0.1033$$

$$\beta = 0.1(d_{nom}/c_1)^{0.2} = 0.1(20/150)^{0.2} = 0.067$$

$$V_{Rk,c}^0 = 1.35 \times 20^{0.1033} \times 250^{0.067} \times \sqrt{25} \times 150^{1.5}/1000 = 24.46kN$$

$$h = 350mm > 1.5c_1 = 1.5 \times 150 = 225mm$$

$$A_{c,V} = (2 \times 1.5c_1 + 2s_2)1.5c_1 = (2 \times 225 + 2 \times 200) \times 225 = 191250mm^2$$

$$A_{c,V}^0 = 4.5c_1^2 = 4.5 \times 150^2 = 101250mm^2$$

$$\because c_2 > 1.5c_1 \text{（位于跨中）取 } \psi_{s,v} = 1.0$$

$$\psi_{h,v} = \left(\frac{1.5c_1}{h}\right)^{1/2} = \left(\frac{225}{350}\right)^{1/2} = 0.801 < 1 \text{ 取 } \psi_{h,v} = 1.0$$

$$\psi_{\alpha,v} = 1 \quad (\alpha = 0)$$

$$\psi_{ec,v} = 1.0$$

$$\psi_{re,v} = 1.4 \quad \text{（边缘有⌀12 直筋及 } \phi8@100 \text{ 箍筋）}$$

标准值：$V_{Rk,c} = 24.46 \times \dfrac{191250}{101250} \times 1 \times 1 \times 1 \times 1 \times 1.4 = 64.68kN$

分项系数：$\gamma_{Rc,v} = 1.5$（见表 15.2.2）

设计值：$V_{Rd,c} = 64.48/1.5 = 43.12kN < V = 75kN$

不满足要求

拟采用控制剪力分配的方法，见图：

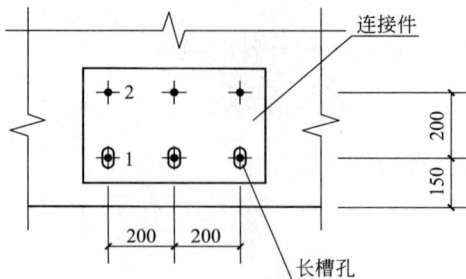

控制剪力分配方法

将边缘第一排锚栓在连接件上的圆形钻孔改为沿剪切方向的长槽孔，这时边缘第一排锚栓可不考虑承受剪力，全部剪力将由第二排锚栓承受。边距 c_1 将由 150mm 加大为 350mm。

重新计算边缘受剪混凝土破坏承载力。

此时：$h = 350\text{mm} < 1.5c_1 = 1.5 \times 350 = 525\text{mm}$

$$A_{c,v} = (2 \times 1.5c_1 + 2s_2)h = (2 \times 525 + 2 \times 200) \times 350 = 507500\text{mm}^2$$

$$A_{c,v}^0 = 4.5c_1^2 = 4.5 \times 350^2 = 551250\text{mm}^2$$

$$\psi_{s,v} = 1.0$$

$$\psi_{h,v} = \left(\frac{1.5 \times 350}{350}\right)^{1/2} = 1.224$$

$$\psi_{a,v} = 1.0$$

$$\psi_{ec,v} = 1.0$$

$$\psi_{ucr,v} = 1.4$$

$$\alpha = 0.1(160/350)^{0.5} = 0.0676$$

$$\beta = 0.1(20/350)^{0.2} = 0.0564$$

$$V_{Rk,c}^0 = 1.35 \times 20^{0.0676} \times 250^{0.0564} \times \sqrt{25} \times 350^{1.5}/1000 = 73.89\text{kN}$$

标准值：$V_{Rk,c} = 73.89 \times \dfrac{507500}{551250} \times 1 \times 1.224 \times 1 \times 1 \times 1.4 = 116.57\text{kN}$

分项系数：$\gamma_{Rc,v} = 1.5$

设计值：$V_{Rd,c} = 116.57/1.5 = 77.72\text{kN} > 75\text{kN}$

满足要求

【例题 15-5】 群锚承受剪力及扭矩

某梁跨中后锚固连接，群锚受剪力与扭矩共同作用，扭矩设计值 $T = 15\text{kN} \cdot \text{m}$，剪力设计值 $V = 18\text{kN}$。基材为 C40 开裂混凝土，构件边缘配有 >φ12mm 的直筋，箍筋间距为 100mm，构件表面无密集配筋，被连接构件为非结构构件。试选择锚栓并验算承载力。

1. 锚栓剪力

（1）群锚在剪力 V 作用下，考虑构件边缘受剪（$c_1 < 10h_{ef}$），由靠近构件边缘的一排锚栓承受全部剪力，每个锚栓承受的剪力为：

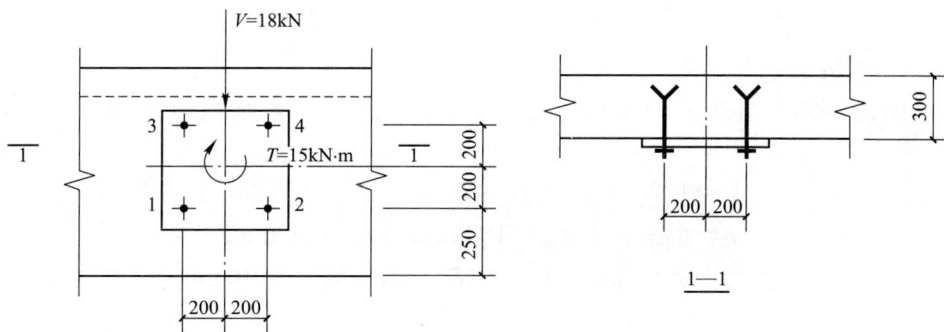

梁跨中群锚受剪扭

$$V_{si,y}^V = \frac{18}{2} = 9\text{kN}$$

（2）群锚在扭矩作用下，锚栓剪力按公式（15.2.6-1～4）计算。

$$V_{si,x}^T = Ty_i / (\sum x_i^2 + \sum y_i^2) \tag{15.2.6-1}$$

$$V_{si,y}^T = Tx_i / (\sum x_i^2 + \sum y_i^2) \tag{15.2.6-2}$$

$$V_{si}^T = \sqrt{(V_{si,x}^T)^2 + (V_{si,y}^T)^2} \tag{15.2.6-3}$$

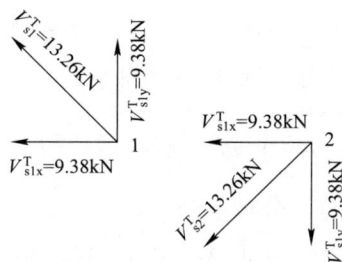

扭矩作用下1,2号锚栓剪力设计值

$$V_{sd}^h = V_{si,\max}^T \tag{15.2.6-4}$$

其中，$\sum x^2 + \sum y^2 = 4 \times 200^2 + 4 \times 200^2 = 32 \times 10^4 \text{mm}^2$

$$V_{si,x}^T = 15 \times 10^3 \times 200 / 32 \times 10^4 = 9.38\text{kN}$$

$$V_{si,y}^T = 9.38\text{kN}$$

$$V_{s1}^T = \sqrt{(9.38^2 + 9.38^2)} = 13.26\text{kN}$$

$$V_{s2}^T = 13.26\text{kN} \quad （与 V_{s1}^T 方向相差 90°）$$

$$V_{sd}^h = 13.26\text{kN}$$

（3）群锚在剪力和扭矩共同作用下，边排锚栓的剪力设计值应按下式计算

$$V_{si} = \sqrt{(V_{si,x}^V + V_{si,x}^T)^2 + (V_{si,y}^V + V_{si,y}^T)^2} \tag{15.2.7}$$

$$V_{s1} = \sqrt{9.38^2 + (9 - 9.38)^2} = 9.39\text{kN}$$

$$V_{s2} = \sqrt{9.38^2 + (9 + 9.38)^2} = 20.64\text{kN}$$

边缘锚栓总剪力：

$$V_{sd}^g = \sqrt{(9.38+9.38)^2+18^2} = 26\text{kN}$$

2. 锚栓受剪承载力验算

试选用喜利得公司提供的 HSA 标准式 M16 锚栓，5.8 级电镀锌钢，主要技术参数为：

$$A_s = 157\text{mm}^2, \quad h_{ef} = 84\text{mm}, \quad d_{nom} = 16.5\text{mm}$$

$$l_f = 84\text{mm}, \quad c_{min} = 126\text{mm}, \quad s_{min} = 250\text{mm},$$

$$c_{cr,N} = 126\text{mm}, \quad s_{cr,N} = 250\text{mm}, \quad h_{min} = 170\text{mm}$$

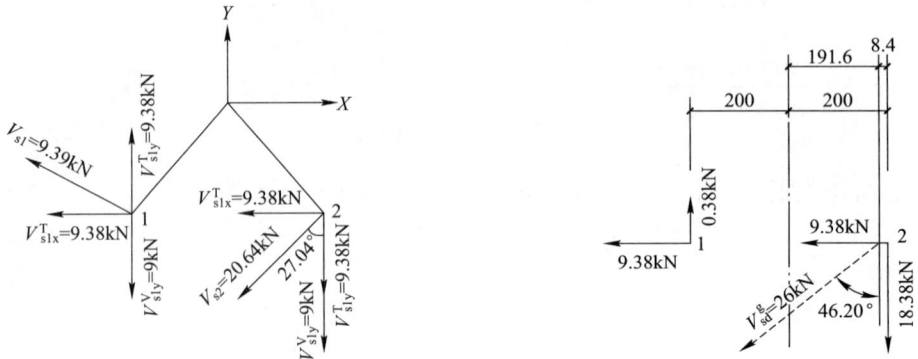

剪力与扭矩共同作用下1,2号锚栓剪力设计值　　　剪力与扭矩共同作用下1,2号锚栓剪力设计值

（1）锚栓钢材破坏受剪承载力（无杠杆臂的纯剪）

$$\text{标准值 } V_{Rk,s} = 0.5 A_{s,V} f_{yk} = 0.5 \times 157 \times \frac{400}{1000} = 31.40\text{kN}$$

$$\text{分项系数 } \gamma_{Rs,V} = 1.2$$

$$\text{设计值 } V_{Rd,s} = 31.40/1.2 = 26.16\text{kN} > 20.64\text{kN 满足要求}$$

（2）边缘受剪（$c_1 < 10 h_{ef} = 840\text{mm}$）混凝土楔形体破坏受剪承载力

$$V_{Rd,c} = V_{Rk,c}/\gamma_{Rc,V} \tag{15.3.16-1}$$

$$\gamma_{Rk,V} = 1.8$$

$$V_{Rk,c} = V_{Rk,c}^0 \frac{A_{c,V}}{A_{c,V}^0} \psi_{s,V} \psi_{h,V} \psi_{\alpha,V} \psi_{ec,V} \psi_{re,V} \tag{15.3.16-2}$$

$$V_{Nk,c}^0 = 1.35 d_{nom}^\alpha h_{ef}^\beta \sqrt{f_{cu,k}} c_1^{1.5} \quad \text{（开裂混凝土）}$$

$$\alpha = 0.1(l_f/c_1)^{0.5} = 0.1(84/250)^{0.5} = 0.058$$

$$\beta = 0.1(d_{nom}/c_1)^{0.2} = 0.1(16.5/250)^{0.2} = 0.058$$

$$V_{Rk,c}^0 = 1.35 \times 16.5^{0.058} \times 84^{0.058} \times \sqrt{40} \times 250^{1.5}/1000 = 51.34\text{kN}$$

可能出现两种破坏形态：一、1，2 号群锚区段混凝土楔形体受剪破坏；

二、2 号锚栓单栓混凝土楔形体破坏。

1）1，2 号群锚区段混凝土楔形体受剪破坏承载力验算：

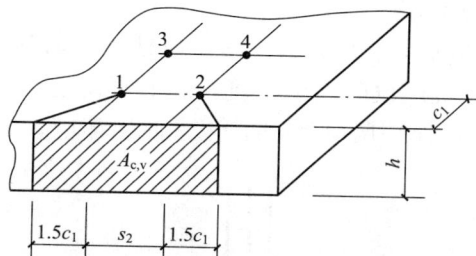

混凝土受剪破坏楔形体在侧向的投影面积

当构件较薄，$h=300<1.5c_1=1.5\times250=375\text{mm}$，且 $s_2=400\text{mm}<3c_1=750\text{mm}$

$$A_{c,v}=(3c_1+s_2)h=(3\times250+400)\times300=345000\text{mm}^2$$

$$A_{c,v}^0=4.5c_1^2=4.5\times250^2=281250\text{mm}^2$$

$$\psi_{s,v}=1 \quad (c_2>1.5c_1，\text{锚栓位于梁跨中})$$

$$\psi_{h,v}=\left(\frac{1.5c_1}{h}\right)^{1/2}=\left(\frac{1.5\times250}{300}\right)^{1/2}=1.118>1$$

$$\text{tg}\alpha=\frac{9.38+9.38}{18}=1.042 \quad \alpha=46.2°$$

$$\psi_{a,v}=\sqrt{\frac{1}{(\cos\alpha_v)^2+\left(\frac{\sin\alpha_v}{2.5}\right)^2}}=\sqrt{\frac{1}{(\cos46.2°)^2+\left(\frac{\sin46.2°}{2.5}\right)^2}}=1.333 \quad (15.3.24)$$

$$e=\frac{0.38\times400}{(18.38-0.38)}=8.4\text{mm} \quad e_v=200-8.4=191.6\text{mm}$$

$$\psi_{ec,v}=\frac{1}{1+2e_v/3c_1}=\frac{1}{1+2\times191.6/3\times250}=0.662$$

$\psi_{re,v}=1.4$ （边缘配有Φ12直筋及箍筋间距小于100mm）

标准值 $V_{Rk,f}=51.34\times\dfrac{345000}{281250}\times1\times1.118\times1.333\times0.662\times1.4=86.98\text{kN}$

设计值 $V_{Rd,c}=\dfrac{86.98}{1.5}=57.99\text{kN}>26\text{kN}$ 满足要求

2）2号锚栓单栓混凝土楔形体受剪破坏承载力验算

$$A_{c,v}^0=281250\text{mm}^2$$

$$A_{c,v}=3c_1\times h=3\times250\times300=225000\text{mm}^2$$

$$\psi_{s,v}=1, \quad \psi_{h,v}=1.118, \quad \psi_{ec,v}=1(\text{无偏心}), \quad \psi_{re,v}=1.4$$

$$\text{tg}\alpha=\frac{9.38}{9+9.38}=0.51 \quad \alpha=27.04° \quad \psi_{a,y}=\sqrt{\frac{1}{(\cos27.04°)^2+\left(\frac{\sin27.04°}{2.5}\right)^2}}=1.10$$

标准值 $V_{Rk,c}=51.34\times\dfrac{225000}{281250}\times1\times1.118\times1.1\times1\times1.4=70.71\text{kN}$

设计值 $V_{Rd,c}=70.71/1.5=47.14\text{kN}>V_{sd}^h=20.64\text{kN}$ 满足要求

边缘受剪可不计算剪撬承载力。采用5.8级M16锚栓可实现安全锚固。

【例题 15-6】 基础顶部植筋

某钢筋混凝土筏板基础顶部需增加一柱，该柱受轴心压力，柱截面 400×400，基础混凝土强度等级 C25，抗震设防烈度 7 度，二类场地土。植筋钢筋采用 HRB400 级，直径 $\Phi 20$，箍筋 $\Phi 8@200$，保护层厚度 25，正常使用环境。试求植筋的锚固长度。

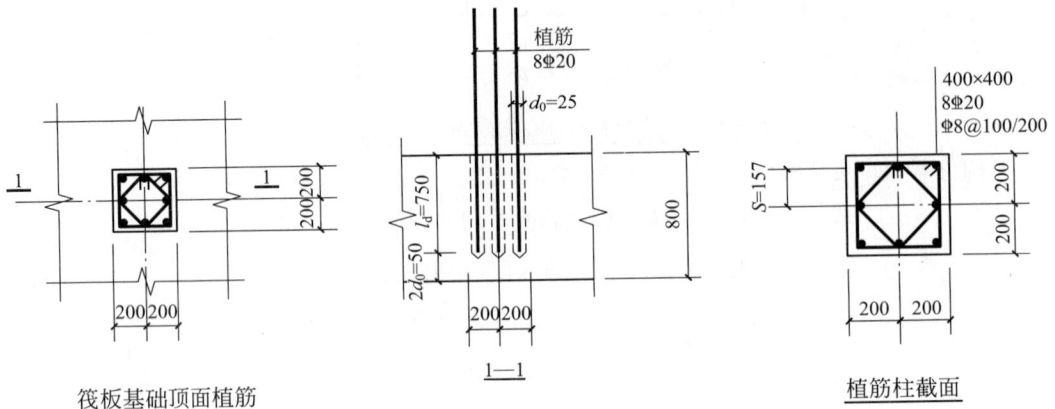

筏板基础顶面植筋　　　　　　　　　　1—1　　　　　　　　　　植筋柱截面

植筋间距 $s=(400-86)/2=157\text{mm}>5d=5 \times 20=100\text{mm}$

植筋边距 $c>5d=100\text{mm}$

$$l_d \geqslant \psi_N \psi_{ae} l_s \tag{15.4.2}$$

$$l_s = 0.2\alpha_{spt} d f_y / f_{bd} \tag{15.4.3}$$

选用 A 类胶，查表 15.4.2，得 $\alpha_{spt}=1.0$

$$d=20\text{mm}, \quad f_y=360\text{N/mm}^2, \quad f_{bd}=2.7$$

$$l_s=0.2 \times 1.0 \times 20 \times 360/2.7=533\text{mm}$$

$$\psi_N=\psi_{br}\psi_w\psi_T \tag{15.4.4}$$

$$取 \psi_{br}=1.15$$

$$\psi_w=1.1$$

$$\psi_T=1.0$$

$$\psi_N=1.15 \times 1.1 \times 1.0=1.265$$

$$\psi_{ae}=1.1$$

$$l_d=1.265 \times 1.1 \times 533=742\text{mm} \quad 取 l_d=750\text{mm}$$

【例题 15-7】 后锚固连接抗拉抗震验算

墙中部设有一后锚固连接件，承受拉力 $N=80\text{kN}$，基材为 C40 开裂混凝土，锚固区混凝土表层配 $\phi 12@100$ 钢筋网，被连接构件为非结构构件。抗震设防烈度为 7 度。试进行后锚固连接控制为锚栓钢材受拉延性破坏或后锚栓连接控制为连接构件延性破坏时的抗震验算。

1. 锚栓拉力

$$N_{sd}^h=1.1\frac{80}{4}=22\text{kN}$$

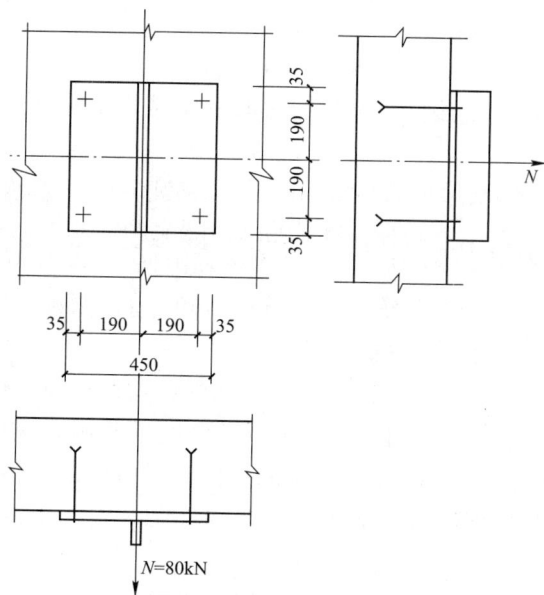

2. 无地震效应组合时锚栓承载力验算

试选用 M12 8.8 级钢材加长型自切底锚栓，主要技术参数如下

$$h_{ef}=125mm, \quad A_s=84.3mm^2, \quad h_{min}=190mm$$
$$l_f=88mm, \quad c_{cr,N}=190mm, \quad s_{cr,N}=380mm$$
$$c_{min}=100mm, \quad s_{min}=125, \quad c_{cr,sp}=190mm, \quad s_{cr,sp}=380mm$$

（1）锚栓钢材破坏受拉承载力

标准值 $\qquad N_{Rk,s}=f_{yk}A_s=640\times84.3/1000=53.95kN$ （15.3.1-2）

设计值 $\qquad N_{Rd,s}=53.95/1.2=44.96kN>N_{sd}^h=22kN$

（2）混凝土锥体破坏受拉承载力

标准值 $\qquad N_{Rk,c}=N_{Rk,c}^0\dfrac{A_{c,N}}{A_{c,N}^0}\psi_{s,N}\psi_{re,N}\psi_{ec,N}$ （15.3.2-1）

$$N_{Rk,c}^0=7.0\sqrt{f_{cu,k}}h_{ef}^{1.5}=7\times\sqrt{40}\times125^{1.5}/1000=61.87kN \qquad (15.3.3-1)$$

$$A_{c,N}=4A_{c,N}^0(S=380mm=S_{cr,N}), \quad \psi_{sN}=\psi_{re,N}=\psi_{ec,N}=1$$

$$N_{Rk,c}=61.87\times\dfrac{4}{1}\times1\times1\times1=247.49kN$$

设计值 $\qquad N_{Rd,c}=247.49/1.8=137.49kN>N=80kN$

3. 抗震验算

（1）锚栓钢材受拉延性破坏

$$\dfrac{f_{yk}N_{sk}^h}{1.2f_{stk}N_{Rk,s}}\geqslant\dfrac{N^g}{kN_{Rk,min}} \qquad (15.5.2)$$

$$N_{Rk,min}=61.87kN, \quad N_{Rk,s}=53.95kN, \quad N_{sk}^h=22kN$$

$$f_{yk}=640N/mm^2, \quad f_{stk}=800N/mm^2, \quad k=0.8(查表15.2.3), \quad N^g=80kN$$

$$\dfrac{f_{yk}N_{sk}^h}{1.2f_{stk}N_{Rk,s}}=\dfrac{640\times22}{1.2\times800\times53.95}=0.272<\dfrac{N^g}{kN_{Rk,min}}=\dfrac{80}{0.8\times61.87}=1.62$$

不满足要求，会发生脆性破坏。设计者应根据工程条件采取相应的措施，使连接控制为连接构件延性破坏。

（2）连接构件受拉延性破坏

$$\eta_b R_L < kR_d/\gamma_{RE} \tag{15.5.3}$$

今将锚板作为延性破坏连接件，锚板屈服时其承载力 $\eta_b R_L$ 应小于锚固承载力设计值 kR_d/γ_{RE}。

锚板采用 Q345 级，钢板厚度 $t=20\text{mm}$，$f=295\text{N/mm}^2$（厚度>16~35）

使锚板屈服时的拉力值 $P=\dfrac{4fbt^2}{6L}=\dfrac{4\times295\times450\times20^2}{6\times380\times1000}=91.36\text{kN}$

$\eta_b R_L=1.1\times91.36=100.50\text{kN}<kR_d=0.8\times137.49/\gamma_{RE}=109.99\text{kN}$ 满足延性破坏要求

【例题 15-8】 后锚固连接受剪抗震验算

非生命线工程梁跨中侧面有一后锚固连接，承受剪切荷载设计值 $V=60\text{kN}$ 基材为 C40 开裂混凝土，被连接件为非结构构件，边缘配有 $\phi22$ 的纵筋箍筋 $\phi8@100$ 设防烈度为 8 度，试选择机械锚栓，并进行承载力验算。（规程未提供钢材剪切延性破坏的算式，为让读者建立起钢材受剪延性破坏的物理概念，今以例示之，具体工程中其算式应进一步探讨）

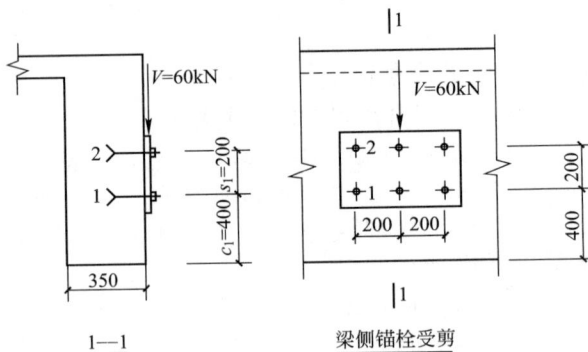

梁侧锚栓受剪

1. 锚栓剪力

$c_1=400\text{mm}<10h_{ef}$ 为构件边缘受剪

边缘锚栓承受的剪力：

$$V_{sd}^h=60/3=20\text{kN}$$

2. 锚栓承载力验算

试选用 8.8 级 M12 加长扩底型锚栓，主要技术参数：

$A_s=84.3\text{mm}^2$，　$h_{ef}=125\text{mm}$，　$d_{nom}=20\text{mm}$，　$l_f=125\text{mm}$，

$h_{min}=200\text{mm}$，　$c_{cr,N}=190\text{mm}$，　$s_{cr,N}=380\text{mm}$，　$c_{min}=100\text{mm}$，

$s_{min}=125\text{mm}$。

（1）锚栓钢材破坏受剪承载力

$$V_{Rk,s}=0.5f_{yk}A_s=0.5\times640\times84.3/1000=26.98\text{kN}$$

$$V_{Rd,s}=26.98/1.2=22.48\text{kN}>20\text{kN}=V_{sd}^h$$

（2）群锚边缘受剪混凝土破坏承载力

$$V_{Rk,c}=V_{Rk,c}^0\frac{A_{c,V}}{A_{c,V}^0}\times\psi_{s,V}\psi_{h,V}\psi_{a,V}\psi_{re,V}\psi_{ec,V} \tag{15.3.16-2}$$

$$V_{Rk,c}^0=1.35d_{nom}^\alpha h_{ef}^\beta\sqrt{f_{cu,k}}c^{1.5} \tag{15.3.17-1}$$

$\alpha=0.1(l_f/c_1)^{0.5}=0.1(125/400)^{0.5}=0.056$　$\beta=0.1(d_{nom}/c_1)^{0.2}=0.1(20/400)^{0.2}=0.055$

$$V_{Rk,c}^0=1.35\times20^{0.056}\times125^{0.055}\times\sqrt{40}\times400^{1.5}/1000=105.35\text{kN}$$

$$A_{c,N}^0 = 4.5c_1^2 = 4.5 \times 400^2 = 72 \times 10^4 \text{mm}^2$$

$$A_{c,N} = (3c_1 + 2s_1)h = (3 \times 400 + 2 \times 200)350 = 56 \times 10^4 \text{mm}^2$$

$$\psi_{s,y} = 1 \text{（位于跨中 } c_2 > c_1 \text{）}$$

$$\psi_{h,v} = \left(\frac{1.5c_1}{h}\right)^{0.5} = \left(\frac{1.5 \times 400}{350}\right)^{0.5} = 1.31, \quad \psi_{a,v} = 1, \quad \psi_{ec,v} = 1, \quad \psi_{re,v} = 1.4$$

$$V_{Rk,c} = 105.35 \times \frac{56}{72} \times 1 \times 1.31 \times 1 \times 1 \times 1.4 = 150.28 \text{kN}$$

$$V_{Rd,c} = 150.28/1.5 = 100.18 \text{kN} > V = 60 \text{kN} \qquad\qquad\qquad\qquad 满足条件$$

本例非中心受剪可不验算混凝土剪撬破坏

3. 抗震承载力验算

（1）后锚固连接控制为锚栓钢材受剪延性破坏验算

$$\frac{f_{yk}V_{sk}^h}{1.2f_{stk}V_{Rk,s}} \geqslant \frac{V_{sk}^g}{kV_{Rk,min}} \qquad\qquad\qquad (15.5.1)$$

$$\frac{f_{yk} \times V_{sk}^h}{1.2f_{stk}V_{Rk,s}} = \frac{0.8 \times 20}{1.2 \times 26.98} = 0.494, \quad \frac{V_{sk}^g}{k \times V_{Rk,min}} = \frac{60}{0.7 \times 150.28} = 0.57 > 0.494$$

不满足要求，后锚固连接将会产生脆性破坏。

拟采用控制剪力分配办法，将1号锚栓处锚板园孔改为长槽孔，剪力将由第二排锚栓承受，$c_1 = 600$mm，见图。

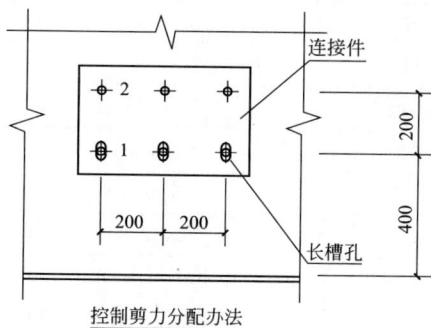

控制剪力分配办法

（2）边缘受剪混凝土破坏承载力

$$\alpha = 0.1 \ (125/600)^{0.5} = 0.046$$

$$\beta = 0.1 \ (20/600)^{0.2} = 0.051$$

$$V_{Rk,C}^0 = 1.35 \times 20^{0.046} \times 125^{0.051} \times \sqrt{40} \times 600^{1.5}/1000 = 184.24 \text{kN}$$

$$\psi_{h,v} = \left(\frac{1.5c_1}{h}\right)^{0.5} = \left(\frac{1.5 \times 600}{350}\right)^{0.5} = 1.604$$

$$A_{c,N}^0 = 4.5 \times 600^2 = 162 \times 10^4 \text{mm}^2$$

$$A_{c,N} = (3 \times 600 + 2 \times 200)350 = 77 \times 10^4 \text{mm}^2$$

$$V_{Rk,c} = 184.24 \times \frac{77}{162} \times 1 \times 1.604 \times 1 \times 1 \times 1.4 = 196.65 \text{kN} > V = 60 \text{kN}$$

（3）锚栓钢材受剪延性破坏验算

$$\frac{f_{yk}V_{sk}^h}{1.2f_{stk}V_{Rk,s}} = \frac{0.8 \times 20}{1.2 \times 26.98} = 0.494$$

$$\frac{V_{sr}^g}{kV_{Rk,min}} = \frac{60}{0.7 \times 196.65} = 0.436 < \frac{f_{yk}V_{sk}^h}{1.2 \times f_{stk}V_{Rk,s}} = 0.494$$

满足要求，地震作用时后锚固连接将产生延性破坏

锚栓型号	**重型自切底锚栓 HDA**					
锚栓材质	8.8 级钢，镀锌层厚度 5μm 以上/8.8 级钢，粉末渗锌厚度 53μm 以上/A4 不锈钢					
锚栓安装数据和相关参数						
型号			$M10$	$M12$	$M16$	$M20$
抗拉有效截面积		$A_s(mm^2)$	58.0	84.3	157	245
有效锚固深度		$h_{ef}(mm)$	100	125	190	250
钻孔深度		$h_1(mm)$	107	133	203	266
钻孔直径		$d_0(mm)$	20	22	30	37
安装扭矩		$T_{inst}(Nm)$	50	80	120	300
锚板钻孔直径	HDA-P/PF/PR	$d_f(mm)$	12	14	18	22
	HDA-T/TF/TR	$d_f(mm)$	21	23	32	40
最小固定物厚度	HDA-P/PF/PR	$t_{fix,min}(mm)$	0	0	0	0
	HDA-T/TF/TR　只承受拉力	$t_{fix,min}(mm)$	10	10	15	20
	HDA-T/TF/TR　剪力(不配合中心定位垫片)	$t_{fix,min}(mm)$	15	15	20	25
	HDA-T/TF/TR　剪力(配合中心定位垫片)	$t_{fix,min}(mm)$	10	10	15	20
最大固定物厚度		$t_{fix,max}(mm)$	20	50	60	100
基材最小厚度	HDA-P/PF/PR	$h_{min}(mm)$	180	200	270	350
	HDA-T/TF/TR	$h_{min}(mm)$	$230-t_{fix}$	$200-t_{fix}$	$310-t_{fix}$	$400-t_{fix}$
混凝土锥体破坏	临界边距	$C_{cr,N}(mm)$	150	190	285	375
	临界间距	$S_{cr,N}(mm)$	300	375	570	750
混凝土劈裂破坏	最小边距	$C_{min}(mm)$	80	100	150	200
	最小间距	$S_{min}(mm)$	100	125	190	250
	临界边距	$C_{cr,sp}(mm)$	150	190	285	375
	临界间距	$S_{cr,sp}(mm)$	300	375	570	750
认证报告：						

欧洲技术认证委员会-ETA 全面认证
美国标准委员会-ICC 认证，高抗震等级
德国建筑材料研究院-核电认证
瑞士联邦民防局-抗冲击认证
德国建筑材料研究院-防火等级 F180
英国 Warrington 耐火测试
国家建材测试中心围焊性能测试报告
国家建材测试中心-拉力、剪力报告

安装简图：

注：1. 本页根据喜利得(中国)商贸有限公司提供的技术资料编制，所有数据由该企业负责。相关计算程序见 www.hilti.com；
　　2. 适用于张力区/裂缝混凝土以及天然硬质石材；
　　3. 加长型切底锚栓，适用于小边距，安装快速、方便，可安全拆除。

锚栓型号	**HVU-TZ 配合 HAS-TZ 螺杆**				
锚栓材质	HVU 药剂包：聚氨酯丙烯酸酯＋石英砂			螺杆：8.8 级热镀锌钢/A4 不锈钢/高抗腐蚀钢材	

锚栓安装数据和相关参数						
型号		M10×75	M12×95	M16×105	M16×125	M20×170
抗拉有效截面积	A_s(mm²)	44.2	63.6	113	113	227
有效锚固深度	$h_{ef,min}$(mm)	75	95	105	125	170
基材最小厚度	h_{min}(mm)	150	190	210	250	340
钻孔直径	d_0(mm)	12	14	18	18	25
钻孔深度	h_0(mm)	90	110	125	145	195
扭矩	T_{max}(Nm)	40	50	90	90	150
混凝土锥体破坏	临界边距 $C_{cr,N}$(mm)	$1.5h_{ef}$				
	临界间距 $S_{cr,N}$(mm)	$2c_{cr,N}$				
混凝土劈裂破坏	最小边距 c_{min}(mm)	50	70	85	85	80
	最小间距 S_{min}(mm)	50	60	70	70	80
	临界边距 $C_{cr,sp}$(mm)	$1.5h_{ef}$				
	临界间距 $S_{cr,sp}$(mm)	$2c_{cr,sp}$				

认证报告：
欧洲技术认证委员会-ETA 认证
德国 IBMB 防火测试中心认证及隧道防火认证
德国 DIBt 动力荷载认证测试
国家建材测试中心-拉力、剪力报告

产品样图

注：1. 本页根据喜利得(中国)商贸有限公司提供的技术资料编制，所有数据由该企业负责；
      详见 www.hilti.com；
    2. 新一代塑料药剂包，特殊倒钩外形，方便不规则孔洞及垂直头顶安装；
    3. 杰出的长期性能，耐火性能，固化时间快，提升施工效率，安全环保。

锚栓型号	**重型锚栓 HSL-3**						
锚栓材质	8.8级钢，镀锌层厚度最小 $5\mu m$						
锚栓安装数据和相关参数							
型号		M8	M10	M12	M16	M20	M24
抗拉有效截面积	A_s (mm²)	36.6	58.0	84.3	157	245	353
有效锚固深度	h_{ef}(mm)	60	70	80	100	125	150
钻孔深度	h_1(mm)	80	90	105	125	155	180
钻孔直径	d_0(mm)	12	15	18	24	28	32
锚板钻孔直径	d_f(mm)≤	14	17	20	26	31	35
安装扭矩	T_{inst}(Nm)	25	50	80	120	200	250
最大固定物厚度	$t_{fix,max}$(mm)	40	40	50	50	60	60
基材最小厚度	h_{min}(mm)	120	140	160	200	250	300
混凝土锥体破坏	临界边距 $C_{cr,N}$(mm)	90	105	120	150	187.5	225
	临界间距 $S_{cr,N}$(mm)	180	210	240	300	375	450
混凝土劈裂破坏	临界边距 $C_{cr,sp}$(mm)	115	135	150	190	240	285
	临界间距 $S_{cr,sp}$(mm)	230	270	300	380	480	570

认证报告：
欧洲技术认证委员会-ETA 认证
美国标准委员会-ICC 认证，高抗震等级
英国 Warington 防火测试
瑞士联邦民防局-抗冲击认证
德国建筑材料研究院-防火等级 F180
西班牙、韩国核电认证
德国多特蒙德大学疲劳测试认证
国家建材测试中心-拉力、剪力报告

安装简图：

　注：1. 本页根据喜利得（中国）商贸有限公司提供的技术资料编制，所有数据由该企业负责。
　　　2. 用于混凝土、裂缝混凝土和天然石材。
　　　3. 红色安全指示螺帽，当达到要求的扭矩时，红色剪力帽剪断，路出绿色指示环，代表安装成功。
　　　4. 改良膨胀片及锥体设计，加强锚栓与裂缝混凝土及钻石钻孔中的表现。

锚栓型号	**RE 500 SD 配合 HIT-V 螺杆**							
锚栓材质	锚固胶：改性氨基甲酸酯＋无机成分			螺杆：8.8 级热镀锌钢/A4 不锈钢				

锚栓安装数据和相关参数

型号		M8	M10	M12	M16	M20	M24	M27	M30
抗拉有效截面积	$A_s(mm^2)$	36.6	58.0	84.3	157	245	353	459	561
有效锚固深度	$h_{ef,min}(mm)$	40	40	48	64	80	96	108	120
	$h_{ef,max}(mm)$	160	200	240	320	400	480	540	600
基材最小厚度	$h_{min}(mm)$	$h_{ef}+30mm \geqslant 100mm$			$h_{ef}+2d_0$				
钻孔直径	$d_0(mm)$	10	12	14	18	24	28	30	35
锚板钻孔直径	$d_f(mm)$	9	12	14	18	22	26	30	33
扭矩	$T_{max}(Nm)$	10	20	40	80	150	200	270	300
h_{ef} 对 $V_{R,kcp}$ 的影响系数	k	2.0							
混凝土锥体破坏　临界边距	$C_{cr,N}(mm)$	$1.5h_{ef}$							
混凝土锥体破坏　临界间距	$S_{cr,N}(mm)$	$2c_{cr,N}$							
混凝土劈裂破坏　最小边距	$C_{min}(mm)$	40	50	60	80	100	120	135	150
混凝土劈裂破坏　最小间距	$S_{min}(mm)$	40	50	60	80	100	120	135	150
混凝土劈裂破坏　临界边距	$C_{cr,sp}(mm)$	$1h_{ef}$　　　　　对于 $h/h_{ef} \geqslant 2.0$							
		$4.6h_{ef}-1.8h$　对于 $2.0 > h/h_{ef} > 1.3$							
		$2.26h_{ef}$　　　对于 $h/h_{ef} \leqslant 1.3$							
混凝土劈裂破坏　临界间距	$S_{cr,sp}(mm)$	$2C_{cr,sp}$							

锚固胶固化时间

基材温度	固化时间
−5℃	72h
10℃	48h
15℃	24h
20℃	12h
30℃	8h
40℃	4h

安装简图：

孔径深度h_0=锚固深度h_{ef}

混凝土基材厚度h

认证报告：
欧洲技术认证委员会-ETA 认证
英国 Warrington 防火研究中心耐火认证
美国 ICC 全面认证
铁道部验中心-200 万次疲劳性能
国家建材测试中心-拉力、剪力报告

四川省建筑工程质量检验中心湿热老化性能检测
国家建筑工程质量监督检验中心双面焊接承载力测试
国家建筑材料测试中心不含乙二胺
中国疾病预防控制中心径口无毒
四川省建筑工程质量检验中心全面检测，A 级胶

注：1. 本页根据喜利得(中国)商贸有限公司提供的技术资料编制，所有数据由该企业负责。
　　2. 锚固深度适应范围广(4－20x 螺杆直径)。
　　3. 一款胶粘剂可广泛适用于多种螺杆和套筒。
　　4. 安装操作简单，无需特殊工具。

锚栓型号	**HVU 配合 HAS 螺杆**							
锚栓材质	HVU 药剂包：聚氨酯丙烯酸酯＋石英砂			螺杆：5.8 级或 8.8 级热镀锌钢/A4 不锈钢/高抗腐蚀钢材				
锚栓安装数据和相关参数								
型号		M8	M10	M12	M16	M20	M24	M27	M30
抗拉有效截面积 A_s(mm^2)		32.8	52.3	76.2	144	225	324	427	519
有效锚固深度 $h_{ef,min}$(mm)		80	90	110	124	170	210	240	270
基材最小厚度 h_{min}(mm)		110	120	140	170	220	270	300	340
钻孔直径 d_0(mm)		10	12	14	18	24	28	30	35
锚板钻孔直径 d_f(mm)		9	12	14	18	22	26	30	33
扭矩 T_{max}(Nm)		10	20	40	80	150	200	270	300
混凝土锥体破坏	临界边距 $C_{cr,N}$(mm)	$1.5h_{ef}$							
	临界间距 $S_{cr,N}$(mm)	$2c_{cr,N}$							
混凝土劈裂破坏	最小边距 C_{min}(mm)	40	45	55	65	90	120	130	135
	最小间距 S_{min}(mm)	40	45	55	65	90	120	130	135
	临界边距 h_{min}(mm)	140	160	210	270	340	370	480	540
	$C_{cr,sp}$(mm)	160	180	220	250	340	420	480	540
	临界间距 $S_{cr,sp}$(mm)	$2c_{cr,sp}$							

认证报告：
欧洲技术认证委员会-ETA 认证
英国 Warrington 防火研究中心认证
国家建材测试中心-拉力、剪力报告

安装简图：

注：1. 本页根据喜利得(中国)商贸有限公司提供的技术资料编制，所有数据由该企业负责。
　　2. 新一代塑料药剂包，特殊倒钩外形，方便不规则孔洞及垂直头顶安装。
　　3. 杰出的长期性能，耐火性能，固化时间快，提升施工效率，安全环保

锚栓型号	**HIT RE 500 配合钢筋**								
锚栓材质	锚固胶：改性环氧树脂＋无机成分								

锚栓安装数据和相关参数									
型号		8	10	12	14	16	20	25	28	32
抗拉有效截面积	$A_s(mm^2)$	50.3	78.5	113.1	153.9	201.1	314.2	490.9	615.8	804.2
有效锚固深度	$h_{ef,min}(mm)$	60	60	70	75	80	90	100	112	128
	$h_{ef,max}(mm)$	160	200	240	280	320	400	500	560	640
基材最小厚度	$h_{min}(mm)$	$h_{ef}+30mm \geqslant 100mm$				$h_{ef}+2d_0$				
钻孔直径	$d_0(mm)$	12	14	16	18	20	25	32	35	40
混凝土锥体破坏 临界边距	$C_{cr,N}(mm)$	$1.5h_{ef}$								
混凝土锥体破坏 临界间距	$S_{cr,N}(mm)$	$2c_{cr,N}$								
最小边距	$C_{min}(mm)$	40	50	60	70	80	100	125	140	160
最小间距	$S_{min}(mm)$	40	50	60	70	80	100	125	140	160
混凝土劈裂破坏 临界边距	$C_{cr,sp}(mm)$	$1h_{ef}$ 对于 $h/h_{ef} \geqslant 2.0$								
		$4.6h_{ef}-1.8h$ 对于 $2.0 > h/h_{ef} > 1.3$								
		$2.26h_{ef}$ 对于 $h/h_{ef} \leqslant 1.3$								
混凝土劈裂破坏 临界间距	$S_{cr,sp}(mm)$	$2c_{cr,sp}$								

锚固胶固化时间

基材温度	固化时间
−5℃	72h
10℃	48h
15℃	24h
20℃	12h
30℃	8h
40℃	4h

安装简图：

钻孔深度h_0＝埋置深度h_{ef}

混凝土基材厚度h

认证报告：
欧洲-ETA；美国 ICC 全面认证
四川省建筑工程质量检验中心 A 级胶
国家建筑材料测试中心不含乙二胺
中国疾病预防控制中心经口无毒
国家建材测试中心-拉力、剪力报告

注：1. 本页根据喜利得（中国）商贸有限公司提供的技术资料编制，所有数据由该企业负责。
　　2. 高粘结强度，锚固效果等同于预埋结构。
　　3. 不受恶劣环境影响，潮湿孔、孔壁光滑、炎热天气都不影响安装、施工。
　　4. 可用于水下安装。符合无毒卫生等级要求，对环境安全。

锚栓型号	**安全螺栓式锚栓 HST**					
锚栓材质	电镀锌钢/不锈钢/高抗腐蚀材质					

锚栓安装数据和相关参数						
型号		M8	M10	M12	M16	M20	M24

		M8	M10	M12	M16	M20	M24
抗拉有效截面积	A_s(mm²)	36.6	58.0	84.3	157	245	353
有效锚固深度	h_{ef}(mm)	47	60	70	82	101	125
钻孔深度	h_1(mm)	65	80	95	115	140	170
钻孔直径	d_0(mm)	8	10	12	16	20	24
锚板钻孔直径	d_f(mm)≤	9	12	14	18	22	26
安装扭矩	T_{inst}(Nm)	20	45	60	110	240	300
最小固定物厚度	$t_{fix,min}$(mm)	2	2	2	2	2	2
最大固定物厚度	$t_{fix,max}$(mm)	195	200	200	235	305	330
基材最小厚度	h_{min}(mm)	100	120	140	160	200	250
混凝土锥体破坏	临界边距 $C_{cr,N}$(mm)	71	90	105	123	152	188
	临界间距 $S_{cr,N}$(mm)	141	180	210	246	303	375
	临界边距 $C_{cr,sp}$(mm)	71	90	105	123	152	188
	临界间距 $S_{cr,sp}$(mm)	141	180	210	246	303	375

认证报告：

欧洲技术认证委员会-ETA 全面认证
美国标准委员会-ICC 认证，高抗震等级
瑞士联邦民防局-抗冲击认证
德国建筑材料研究院-防火等级 F180
英国 Warrington 耐火测试
国家建材测试中心-拉力、剪力报告

安装简图：

HST-M12/20

注：1. 本页根据喜利得（中国）商贸有限公司提供的技术资料编制，所有数据由该企业负责。见 www.hilti.com。

2. 特殊镀层保证膨胀片能平滑顺利膨胀，可防止 A4 不锈钢螺杆约束膨胀片，并可保证长期有效后续膨胀。

3. 冷轧成型技术，可使锚栓材料保持极佳的延展性，而可调整安装角度，不会折断。可用于开裂混凝土。

锚栓型号	**切底自攻锚栓 HUS-H**		
锚栓材质			

<table>
<tr><td colspan="6" align="center">锚栓安装数据和相关参数</td></tr>
<tr><td colspan="3" align="center">型号</td><td align="center">HUS-H 8</td><td align="center">HUS-H 10</td><td align="center">HUS-H 14</td></tr>
<tr><td colspan="3">抗拉有效截面积</td><td>$A_s(mm^2)$</td><td>38.5</td><td>54.1</td><td>143.1</td></tr>
<tr><td colspan="3">有效锚固深度</td><td>$h_{ef}(mm)$</td><td>45/36</td><td>53/44</td><td>90/67/50</td></tr>
<tr><td colspan="3">钻孔深度</td><td>$h_1(mm)$</td><td>70/60</td><td>80/70</td><td>120/100/80</td></tr>
<tr><td colspan="3">基材最小厚度</td><td>$h_{min}(mm)$</td><td>100</td><td>100/100</td><td>100/100</td></tr>
<tr><td colspan="3">钻孔直径</td><td>$d_0(mm)$</td><td>8.45</td><td>10.45</td><td>14.5</td></tr>
<tr><td colspan="3">锚板钻孔直径</td><td>$d_f(mm)\leqslant$</td><td>12</td><td>14</td><td>18</td></tr>
<tr><td colspan="3">安装扭矩</td><td>$T_{inst}(Nm)$</td><td>35</td><td>45</td><td>65</td></tr>
<tr><td colspan="3">最大固定厚度</td><td>$t_{fix}(mm)$</td><td>Is-60/50</td><td>Is-70/60</td><td>Is-90/67/50</td></tr>
<tr><td colspan="3">h_{ef}对$V_{R,kcp}$的影响系数</td><td>k</td><td colspan="3" align="center">1.0</td></tr>
<tr><td rowspan="2">混凝土
锥体破坏</td><td colspan="2">临界边距</td><td>$C_{cr,N}(mm)$</td><td>60</td><td>45/60</td><td>60/75</td></tr>
<tr><td colspan="2">临界间距</td><td>$S_{cr,N}(mm)$</td><td>120</td><td>90/120</td><td>120/150</td></tr>
<tr><td rowspan="4">混凝土
劈裂破坏</td><td colspan="2">最小边距</td><td>$C_{min}(mm)$</td><td>35</td><td>40/40</td><td>50/50</td></tr>
<tr><td colspan="2">最小间距</td><td>$S_{min}(mm)$</td><td>40</td><td>40/40</td><td>50/50</td></tr>
<tr><td colspan="2">临界边距</td><td>$C_{cr,sp}(mm)$</td><td>80</td><td>95/95</td><td>100/100</td></tr>
<tr><td colspan="2">临界间距</td><td>$S_{cr,sp}(mm)$</td><td>160</td><td>190/190</td><td>200/200</td></tr>
<tr><td colspan="6" align="center">认证报告：</td></tr>
</table>

欧洲技术认证委员会-ETA 认证
美国 ICC 全面认证
国家建材测试中心-拉力、剪力报告

注：1. 本页根据喜利得（中国）商贸有限公司提供的技术资料编制，所有数据由该企业负责。相关计算程序
　　　 www.hilti.com。
　　 2. 更小的钻孔工作量，提高效率。

锚栓型号	**HY 150 MAX 配合钢筋**
锚栓材质	锚固胶：改性氨基甲酸酯＋无机成分

<table>
<tr><td colspan="9" align="center">锚栓安装数据和相关参数</td></tr>
<tr><td colspan="3" align="center">型号</td><td>8</td><td>10</td><td>12</td><td>14</td><td>16</td><td>20</td><td>25</td></tr>
<tr><td colspan="2">抗拉有效截面积</td><td>A_s(mm^2)</td><td>50.3</td><td>78.5</td><td>113.1</td><td>153.9</td><td>201.1</td><td>314.2</td><td>490.9</td></tr>
<tr><td colspan="2" rowspan="2">有效锚固深度</td><td>$h_{ef,min}$(mm)</td><td>60</td><td>60</td><td>70</td><td>75</td><td>80</td><td>90</td><td>100</td></tr>
<tr><td>$h_{ef,max}$(mm)</td><td>160</td><td>200</td><td>240</td><td>280</td><td>320</td><td>400</td><td>500</td></tr>
<tr><td colspan="2">基材最小厚度</td><td>h_{min}(mm)</td><td colspan="2" align="center">$h_{ef}+30\geqslant100$</td><td colspan="5" align="center">$h_{ef}+2d_0$</td></tr>
<tr><td colspan="2">钻孔直径</td><td>d_0(mm)</td><td>10</td><td>12</td><td>14</td><td>18</td><td>24</td><td>28</td><td>30</td></tr>
<tr><td rowspan="2">混凝土
锥体破坏</td><td>临界边距</td><td>$C_{cr,N}$(mm)</td><td colspan="6" align="center">$1.5h_{ef}$</td></tr>
<tr><td>临界间距</td><td>$S_{cr,N}$(mm)</td><td colspan="6" align="center">$2c_{cr,N}$</td></tr>
<tr><td rowspan="5">混凝土
劈裂破坏</td><td>最小边距</td><td>C_{min}(mm)</td><td>40</td><td>50</td><td>60</td><td>80</td><td>100</td><td>120</td><td>150</td></tr>
<tr><td>最小间距</td><td>S_{min}(mm)</td><td>40</td><td>50</td><td>60</td><td>70</td><td>80</td><td>100</td><td>150</td></tr>
<tr><td rowspan="3">临界边距</td><td rowspan="3">$C_{cr,sp}$(mm)</td><td colspan="3">$1h_{ef}$</td><td colspan="4" align="center">对于 $h/h_{ef}\geqslant2.0$</td></tr>
<tr><td colspan="3">$4.6h_{ef}-1.8h$</td><td colspan="4" align="center">对于 $2.0>h/h_{ef}>1.3$</td></tr>
<tr><td colspan="3">$2.26h_{ef}$</td><td colspan="4" align="center">对于 $h/h_{ef}\leqslant1.3$</td></tr>
<tr><td>临界间距</td><td>$S_{cr,sp}$(mm)</td><td colspan="6">$2c_{cr,sp}$</td></tr>
</table>

锚固胶固化时间

基材温度	固化时间
−10℃	12h
−5℃	4h
0℃	2h
5℃	1h
20℃	30min
30℃	30min
40℃	30min

安装简图：

钻孔深度h_0=埋置深度h_{ef}
混凝土基材厚度h

认证报告：
欧洲技术认证委员会-ETA 认证
美国 ICC 全面认证
四川省建筑工程质量检验中心 A 级胶
中国疾病预防控制中心经口无毒，不含乙二胺
国家建材测试中心-拉力、剪力报告

注：1. 本页根据喜利得（中国）商贸有限公司提供的技术资料编制，所有数据由该企业负责。
　　2. 更广温度适应范围，可在零下 10 度的低温条件下应用。
　　3. 固化时间快，提升施工效率。
　　4. 独特配方，力学行为接近于预埋，且卫生无毒，符合国家环保要求。

锚栓型号	**模扩底锚栓 FZA**						
锚栓材质	8.8 级电镀锌钢/热镀锌钢/A4 不锈钢/高耐腐钢						
锚栓安装数据和相关参数							
型号			FZA 10×40	FZA 12×50	FZA 14×60	FZA 18×80	FZA 22×100	FZA 22×125

			FZA 10×40	FZA 12×50	FZA 14×60	FZA 18×80	FZA 22×100	FZA 22×125
螺杆规格		M	M6	M8	M10	M12	M16	M16
抗拉有效截面积		$A_s(mm^2)$	20.1	36.6	58.0	84.3	157.0	157.0
有效锚固深度		$h_{ef}(mm)$	40	50	60	80	100	125
基材最小厚度		$h_{min}(mm)$	100	110	130	160	200	250
钻孔直径		$d_0(mm)$	10	12	14	18	22	22
锚板钻孔直径		$d_f(mm) \leqslant$	7	9	12	14	18	18
锚栓外径		$d_{nom}(mm)$	10	12	14	18	22	22
安装扭矩		$T_{inst}(Nm)$	8.5	20	40	60	100	100
最大锚固厚度		$t_{fix}(mm)$	35	50	50	55	60	60
h_{ef} 对 $V_{R,kcp}$ 的影响系数 k			1.3		2.0			
混凝土锥体破坏	临界边距	$C_{cr,N}(mm)$	60	75	90	120	150	188
	临界间距	$S_{cr,N}(mm)$	120	150	180	240	300	375
混凝土劈裂破坏	最小边距	$C_{min}(mm)$	35	45	55	70	100	125
	最小间距	$S_{min}(mm)$	40	50	60	80	100	125
	临界边距	$C_{cr,sp}(mm)$	60	75	90	120	150	188
	临界间距	$S_{cr,sp}(mm)$	120	150	180	240	300	375

认证报告：

欧洲技术认证委员会-ETA 认证
德国建筑技术研究院-DIBt 核电认证
波恩联邦民防局-抗冲击认证
瑞士联邦民防局-抗冲击认证
德国建筑材料研究院-防火等级 F120
德国专业安全机构-Vds 认证
美国保险协会-FM 认证
国家建筑工程质量监督检测中心-拉力、剪力报告

安装简图：

注：1. 本页根据慧鱼建筑锚栓（太仓）有限公司提供的技术资料编制，所有数据由该企业负责。相关计算程序见 www.fischer.com.cn。

2. 适用于强度等级不低于 C15 的开裂和非开裂混凝土，用于钢结构、牛腿、扶梯、机器设备等的连接，尤其适用于核电站以及有地震荷载、振动荷载的连接。

3. 使用慧鱼专用钻孔和扩底工具。另有穿透安装型和内螺纹型锚栓可供选择。

锚栓型号	**柱锥式定型化学高强锚栓 FHB**					
锚栓材质	锚固胶：高强乙烯基酯树脂			螺杆：8.8 级热镀锌钢/A4 不锈钢		

锚栓安装数据和相关参数							
型号		FHB 10×60	FHB 12×80	FHB 12×100	FHB 16×125	FHB 20×170	FHB 24×220
螺杆规格	M	M10	M12	M12	M16	M20	M24
抗拉有效截面积	A_s(mm²)	32.2	55.4	55.4	102.1	237.8	326.9
有效锚固深度	h_{ef}(mm)	60	80	100	125	170	220
钻孔深度	h_1(mm)	65	85	105	130	175	225
基材最小厚度	h_{min}(mm)	120	160	200	250	340	440
钻孔直径	d_0(mm)	12	14	14	18	24	28
锚板钻孔直径	d_f(mm)≤	12	14	14	18	22	26
锚栓外径	d nom(mm)	12	14	14	18	24	28
安装扭矩	T_{inst}(Nm)	20	40	40	60	100	120
最大锚固厚度	t_{fix}(mm)	100	100	100	165	95	50
h_{ef} 对 $V_{R,kcp}$ 的影响系数 k		2.0					
混凝土锥体破坏	临界边距 $C_{cr,N}$(mm)	90	120	150	190	255	330
	临界间距 $S_{cr,N}$(mm)	180	240	300	380	510	660
混凝土劈裂破坏	最小边距 C_{min}(mm)	60	80	100	100	150	180
	最小间距 S_{min}(mm)	60	80	100	100	150	180
	临界边距 $C_{cr,sp}$(mm)	120	120	200	190	255	330
	临界间距 $S_{cr,sp}$(mm)	240	240	400	380	510	660

锚固胶固化时间

基材温度	固化时间
−5℃～±0℃	360min
±0℃～+5℃	180min
+5℃～+10℃	90min
+10℃～+20℃	35min
≥+20℃	20min

安装简图：

认证报告：
欧洲技术认证委员会-ETA 认证
德国建筑材料研究院-防火等级 F120
国家建材测试中心-锚固胶湿热老化报告
铁道部产品质量监督检验中心-绝缘性能报告
国家建材测试中心-拉力、剪力报告

注：1. 本页根据慧鱼建筑锚栓(太仓)有限公司提供的技术资料编制，所有数据由该企业负责。相关计算程序见 www.fischer.com.cn。
   2. 适用于强度等级不低于 C15 的开裂和非开裂混凝土，用于铁路、桥梁行业和有振动荷载的连接。
   3. 安装时为保证质量，需使用慧鱼专用静力混合管、注射枪施工。

锚栓型号	**高强化学锚栓 R**							
锚栓材质	化学管：乙烯基树脂和固化剂双组分，不含苯乙烯							
	全牙螺杆：5.8 级、8.8 级电镀锌钢/热镀锌钢/A4 不锈钢/高耐腐钢							

锚栓安装数据和相关参数

型号		R8	R10	R12	R16	R20	R24	R30
螺杆规格	M	M8	M10	M12	M16	M20	M24	M30
抗拉有效截面积	$A_s(mm^2)$	36.6	58.0	84.3	157.0	245.0	353.0	561.0
有效锚固深度	$h_{ef}(mm)$	80	90	110	125	170	210	280
钻孔深度	$h_1(mm)$	80	90	110	125	170	210	280
基材最小厚度	$h_{min}(mm)$	110	120	150	160	220	280	370
钻孔直径	$d_0(mm)$	10	12	14	18	25	28	35
锚板钻孔直径	$d_f(mm)\leqslant$	9	12	14	18	22	26	33
锚栓外径	$d_{nom}(mm)$	8	10	12	16	20	24	30
安装扭矩	$T_{inst}(Nm)$	10	20	40	60	120	150	300
最大锚固厚度	$t_{fix}(mm)$	13	82	170	235	365	365	185
h_{ef} 对 $V_{R,kcp}$ 的影响系数 k		2						
混凝土锥体破坏	临界边距 $C_{cr,N}(mm)$	120	135	165	188	255	315	420
	临界间距 $S_{cr,N}(mm)$	240	270	330	375	510	630	840
混凝土劈裂破坏	最小边距 $C_{min}(mm)$	40	45	55	65	85	105	140
	最小间距 $S_{min}(mm)$	40	45	55	65	85	105	140
	临界边距 $C_{cr,sp}(mm)$	175	210	240	290	370	430	540
	临界间距 $S_{cr,sp}(mm)$	350	420	480	580	740	860	1080

化学管固化时间：

基材温度	固化时间
$-5℃\sim-1℃$	240min
$\pm0℃\sim+9℃$	45min
$+10℃\sim+20℃$	20min
$>+20℃$	10min

注意：潮湿混凝土中固化时间加倍。

安装简图：

认证报告：

欧洲技术认证委员会-ETA 认证
德国建筑材料研究院-防火等级 F120
国家建材测试中心-拉力、剪力报告
国家建材测试中心-围焊报告

注：1. 本页根据慧鱼（太仓）建筑锚栓有限公司提供的技术资料编制，所有数据由该企业负责。相关计算程序见 www.fischer.com.cn。

2. 适用于天然致密石材及强度等级不低于 C25 的非开裂混凝土。用于钢结构、机器设备、幕墙等的连接。

3. 安装时应使电动工具将螺杆冲击加旋转地插入钻孔中，且转速大于 750 转/min。

锚栓型号	**注射式锚固胶 FIS EMcc**							
锚栓材质	锚固胶：改性环氧树脂和固化剂							
	全牙螺杆：5.8 级、8.8 级电镀锌钢/热镀锌钢/A4 不锈钢							
	钢筋：HRB335、HRB400 和 HRB500 带肋钢筋							

用于锚栓时的安装数据和相关参数

螺杆规格	M	M8	M10	M12	M16	M20	M24	M30
抗拉有效截面积	A_s (mm^2)	36.6	58.0	84.3	157.0	245.0	353.0	561.0
有效锚固深度＝钻孔深度	$h_{ef,min}$ (mm)	60	60	70	80	90	96	120
	$h_{ef,max}$ (mm)	160	200	240	320	400	480	600
基材最小厚度	h_{min} (mm)	$h_{ef}+30 (\geqslant 100)$			$h_{ef}2d_0$			
钻孔直径	d_0 (mm)	12	14	14	18	24	28	35
锚板钻孔直径	d_f (mm)$\leqslant$	9	12	14	18	22	26	33
安装扭矩	T_{inst} (Nm)	10	20	40	60	120	150	300
h_{ef} 对 $V_{R,kcp}$ 的影响系数	k	2						
混凝土锥体破坏	临界边距 $C_{cr,N}$ (mm)	$1.5h_{ef}$						
	临界间距 $S_{cr,N}$ (mm)	$3h_{ef}$						
混凝土劈裂破坏	最小边距 C_{min} (mm)	40	45	55	65	85	105	140
	最小间距 S_{min} (mm)	40	45	55	65	85	105	140
	临界边距 $C_{cr,sp}$ (mm)	当 $h/h_{ef}\geqslant 2.0$ 时，$C_{cr,sp}=1.0h_{ef}$						
		当 $2.0>h/h_{ef}>1.3$ 时，$C_{cr,sp}=4.6h_{ef}-1.8h$						
		当 $h/h_{ef}\leqslant 1.3$ 时，$C_{cr,sp}=2.26h_{ef}$						
	临界间距 $S_{cr,sp}$ (mm)	$2C_{cr,sp}$						
与 C25 混凝土粘结强度	非开裂混凝土 $\tau_{Rk,ucr}$ (MPa)	16	15	15	14	13	13	12
	开裂混凝土 $\tau_{Rk,ck}$ (MPa)	7.0						

用于植筋时的安装数据和相关参数按照《混凝土结构加固设计规范》GB 50367 中 A 级胶的要求。

锚固胶固化时间：

基材温度	固化时间
+5℃	40h
+10℃	18h
+20℃	10h
≥+30℃	5h

注意：潮湿混凝土中固化时间加倍。

安装简图：

认证报告：

欧洲技术认证委员会-ETA 认证
美国 ICC 协会-抗震认证
欧洲 IEA 机构-240 分钟防火认证
全国建筑物鉴定与加固委员会-A 级胶认证

注：1. 本页根据慧鱼(太仓)建筑锚栓有限公司提供的技术资料编制，所有数据由该企业负责。
 2. 锚栓的锚固深度可根据需要调整，应用更加灵活。
 3. 适用于水下安装。
 4. 固化完成后，适用温度范围为－40℃至＋72℃。

锚栓型号	**螺杆锚栓 FBN Ⅱ**					
锚栓材质	电镀锌钢/A4 不锈钢					
锚栓安装数据和相关参数						
型号		FBN Ⅱ 6	FBN Ⅱ 8	FBN Ⅱ 10	FBN Ⅱ 12	FBN Ⅱ 16	FBN Ⅱ 20

型号		FBN Ⅱ 6	FBN Ⅱ 8	FBN Ⅱ 10	FBN Ⅱ 12	FBN Ⅱ 16	FBN Ⅱ 20
螺杆规格	M	M6	M8	M10	M12	M16	M20
抗拉有效截面积	$A_s(mm^2)$	13.2	22.9	36.3	55.4	103.9	165.1
有效锚固深度	$h_{ef}(mm)$	30	40/30	50/40	65/50	80/65	105/80
钻孔深度	$h_1(mm)$	40	56/46	68/58	85/70	104/89	135/110
基材最小厚度	$h_{min}(mm)$	100	100/100	100/100	120/100	160/120	200/160
钻孔直径	$d_0(mm)$	6	8	10	12	16	20
锚板钻孔直径	$d_f(mm)\leqslant$	7	9	12	14	18	22
锚栓外径	$d_{nom}(mm)$	6	8	10	12	16	20
安装扭矩	$T_{inst}(Nm)$	4	15	30	50	100	200
最大锚固厚度	$t_{fix}(mm)$	30	100/110	160/170	160/175	200/215	120/145
h_{ef}对$V_{R,kcp}$的影响系数 k		1.0			2.0/1.0	2.0	
混凝土锥体破坏	临界边距 $C_{cr,N}(mm)$	45	60/45	75/60	98/75	120/98	158/120
	临界间距 $S_{cr,N}(mm)$	90	120/90	150/120	195/150	240/195	315/240
混凝土劈裂破坏	最小边距 $C_{min}(mm)$	100	40/40	50/80	70/100	90/120	120/120
	最小间距 $S_{min}(mm)$	50	40/40	50/50	70/70	90/90	120/120
	临界边距 $C_{cr,sp}(mm)$	100	95/95	100/100	145/145	175/175	185/185
	临界间距 $S_{cr,sp}(mm)$	200	190/190	200/200	290/290	350/350	370/370

认证报告：

欧洲技术认证委员会-ETA 认证
德国建筑材料研究院-防火等级 F120
国家建材测试中心-拉力、剪力报告

安装简图：

注：1. 本页根据慧鱼建筑锚栓(太仓)有限公司提供的技术资料编制，所有数据由该企业负责。相关计算程序见
　　　www.fischer.com.cn。
　　2. 适用于天然致密石材及强度不低于 C15 的混凝土基材，用于机器设备、门窗工程及电缆桥架等的连接。
　　3. 较长的螺纹使间隔式安装并提供多种锚固厚度成为可能。

锚栓型号	**后膨胀螺杆锚栓 FAZ Ⅱ**					
锚栓材质	电镀锌钢/A4 不锈钢/高耐腐钢					
锚栓安装数据和相关参数						
型号		FAZ Ⅱ 8	FAZ Ⅱ 10	FAZ Ⅱ 12	FAZ Ⅱ 16	FAZ Ⅱ 20	FAZ Ⅱ 24
螺杆规格　　M		M8	M10	M12	M16	M20	M24
抗拉有效截面积　A_s(mm²)		21.1	36.3	55.4	88.3	156.1	230.0
有效锚固深度　h_{ef}(mm)		45	60	70	85	100	125
钻孔深度　h_1(mm)		55	75	90	110	125	155
基材最小厚度　h_{min}(mm)		100	120	140	170	200	250
钻孔直径　d_0(mm)		8	10	12	16	20	24
锚板钻孔直径　d_f(mm)≤		9	12	14	18	22	26
锚栓外径　d_{nom}(mm)		8	10	12	16	20	24
安装扭矩　T_{inst}(Nm)		20	45	60	110	200	270
最大锚固厚度　t_{fix}(mm)		150	150	200	300	150	60
h_{ef}对 $V_{R,kcp}$ 的影响系数 k		2.0	2.2	2.4	2.8	2.8	2.8
混凝土锥体破坏	临界边距　$C_{cr,N}$(mm)	68	90	105	128	150	188
	临界间距　$S_{cr,N}$(mm)	135	180	210	255	300	375
混凝土劈裂破坏	最小边距*　C_{min}(mm)	40	45	55	65	95	135
	最小间距*　S_{min}(mm)	40	40	50	60	95	100
	临界边距　$C_{cr,sp}$(mm)	68	90	105	128	185	215
	临界间距　$S_{cr,sp}$(mm)	135	180	210	255	370	430

* 最小边距、间距的适用条件详见慧鱼技术手册。

认证报告：

欧洲技术认证委员会-ETA 认证
美国标准委员会-ICC 认证，高抗震等级
波恩联邦民防局-抗冲击认证
瑞士联邦民防局-抗冲击认证
德国建筑材料研究院-防火等级 F120
德国专业安全机构-Vds 认证
美国保险协会-FM 认证
国家建材测试中心-拉力、剪力报告

安装简图：

注：1. 本页根据慧鱼建筑锚栓(太仓)有限公司提供的技术资料编制，所有数据由该企业负责。相关计算程序见 www.fischer.com.cn。
　　2. 适用于强度等级不低于 C15 的开裂和非开裂混凝土，用于机器设备、幕墙、管道支吊架等的连接。
　　3. 优化的膨胀片可实现小边距小间距安装。安装时仅需较少圈数即可实现足够的安装扭矩。

锚栓型号	**后膨胀套筒锚栓 FH Ⅱ-S**							
锚栓材质	8.8 级电镀锌钢/A4 不锈钢							

锚栓安装数据和相关参数								
型号		FH Ⅱ 10	FH Ⅱ 12	FH Ⅱ 15	FH Ⅱ 18	FH Ⅱ 24	FH Ⅱ 28	FH Ⅱ 32
螺杆规格	M	M6	M8	M10	M12	M16	M20	M24
抗拉有效截面积	$A_s(mm^2)$	20.1	36.6	58.0	84.3	157.0	245.0	353.0
有效锚固深度	$h_{ef}(mm)$	40	60	70	80	100	125	150
钻孔深度	$h_1(mm)$	55	80	90	105	125	155	180
基材最小厚度	$h_{min}(mm)$	80	120	140	160	200	250	300
钻孔直径	$d_0(mm)$	10	12	15	18	24	28	32
锚板钻孔直径	$d_f(mm)\leqslant$	12	14	17	20	26	31	35
锚栓外径	$d_{nom}(mm)$	10	12	15	18	24	28	32
安装扭矩	$T_{inst}(Nm)$	10	22.5	40	80	160	180	200
最大锚固厚度	$t_{fix}(mm)$	50	100	100	100	100	60	60
h_{ef} 对 $V_{R,kcp}$ 的影响系数 k		1.0		2.0				
混凝土锥体破坏	临界边距 $C_{cr,N}(mm)$	60	90	105	120	150	188	225
	临界间距 $S_{cr,N}(mm)$	120	180	210	240	300	375	450
混凝土劈裂破坏	最小边距* $C_{min}(mm)$	40	60	70	80	100	120	180
	最小间距* $S_{min}(mm)$	40	60	70	80	100	120	160
	临界边距 $C_{cr,sp}(mm)$	95	150	160	170	190	240	285
	临界间距 $S_{cr,sp}(mm)$	190	300	320	340	380	480	570

* 最小边距、间距的适用条件详见慧鱼技术手册。

认证报告：

欧洲技术认证委员会-ETA 认证
美国标准委员会-ICC 认证
波恩联邦民防局-抗冲击认证
德国建筑材料研究院-防火等级 F120
德国专业安全机构-Vds 认证
国家建材测试中心-拉力、剪力报告

安装简图：

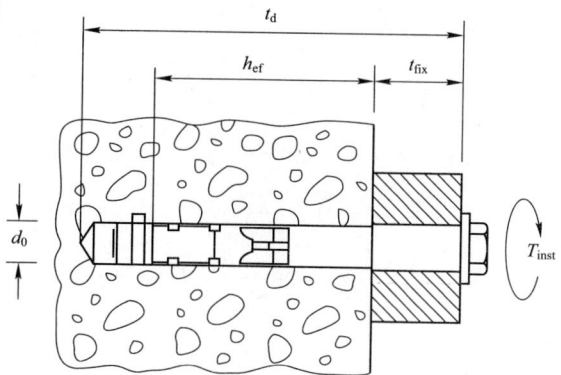

注：1. 本页根据慧鱼建筑锚栓(太仓)有限公司提供的技术资料编制，所有数据由该企业负责。相关计算程序见 www.fischer.com.cn。
2. 适用于强度等级不低于 C25 的开裂和非开裂混凝土，用于钢结构、机器设备、幕墙等的连接，尤其适用于核电站和水电站。
3. 穿透式安装，提供更高的剪力。多种规格和头型设计供选择。

参 考 文 献

[15-1] 中华人民共和国行业标准《混凝土结构后锚固技术规程》JGJ 145—2004
[15-2] 中华人民共和国国家标准《混凝土结构加固设计规范》GB 50367—2006
[15-3] 中华人民共和国国家标准《建筑结构加固工程施工质量验收规范》GB 50550—2010
[15-4] 国家建筑标准设计图集《混凝土后锚固连接构造》04SG308
[15-5] 喜利得(中国)商贸有限公司技术资料
[15-6] 慧鱼(太仓)建筑锚栓有限公司技术资料

附录 A 地下工程混凝土结构节点防水构造

一、一般要求

1. 防水等级：

（1）地下工程的防水等级分为四级，各级的标准应符合表 A.1 的规定。

地下工程防水等级标准

表 A.1

防水等级	防水标准
一 级	不允许渗水，结构表面无湿渍
二 级	不允许漏水，结构表面可有少量湿渍。 工业与民用建筑：总湿渍面积不应大于总防水面积（包括顶板、墙面、地面）的 1/1000；任意 100m² 防水面积上的湿渍不超过 2 处，单个湿渍的最大面积不大于 0.1m²。 其他地下工程：总湿渍面积不应大于总防水面积的 2/1000；任意 100m² 防水面积上的湿渍不超过 3 处，单个湿渍的最大面积不大于 0.2m²；其中，隧道工程还要求平均渗水量不大于 0.05L/(m²·d)任意 100m² 防水面积上的渗水量不大于 0.15L/(m²·d)
三 级	有少量漏水点，不得有线流和漏泥砂。 任意 100m² 防水面积上的漏水点数不超过 7 处，单个漏水点的最大漏水量不大于 2.5L/d，单个湿渍的最大面积不大于 0.3m²
四 级	有漏水点，不得有线流和漏泥砂。 整个工程平均漏水量不大于 2L/(m²·d)；任意 100m² 防水面积的平均漏水量不大于 4L/(m²·d)

（2）地下工程的防水等级，应根据工程的重要性和使用中对防水的要求按表 A.2 选定。

不同防水等级的适用范围

表 A.2

防水等级	适 用 范 围
一 级	人员长期停留的场所；因有少量湿渍会使物品变质、失效的贮物场所及严重影响设备正常运转和危及工程安全运营的部位；极重要的战备工程、地铁车站
二 级	人员经常活动的场所；在有少量湿渍的情况下不会使物品变质、失效的贮物场所及基本不影响设备正常运转和工程安全运营的部位；重要的战备工程
三 级	人员临时活动的场所；一般战备工程
四 级	对渗漏水无严格要求的工程

2. 防水设防要求

地下工程的防水设防要求，应根据使用功能、结构形式、环境条件、施工方法及材料性能等因素合理确定。并应按表 A.3 选用。

明挖法地下工程防水设防要求　　表 A.3

工程部位	主体结构							施工缝							后浇带					变形缝(诱导缝)					
防水措施	防水混凝土	防水卷材	防水涂料	塑料防水板	膨润土防水材料	防水砂浆	金属防水板	遇水膨胀止水条(胶)	外贴式止水带	中埋式止水带	外抹防水砂浆	外涂防水涂料	水泥基渗透结晶型防水涂料	预埋注浆管	补偿收缩混凝土	外贴式止水带	预埋注浆管	遇水膨胀止水条(胶)	防水密封材料	中埋式止水带	外贴式止水带	可卸式止水带	防水密封材料	外贴防水卷材	外涂防水涂料
防水等级 一级	应选	应选一至二种						应选二种							应选	应选二种				应选	应选一至二种				
防水等级 二级	应选	应选一种						应选一至二种							应选	应选一至二种				应选	应选一至二种				
防水等级 三级	应选	宜选一种						宜选一至二种							应选	宜选一至二种				应选	宜选一至二种				
防水等级 四级	宜选	—						宜选一种							应选	宜选一种				应选	宜选一种				

二、变形缝

1. 变形缝处混凝土结构的厚度不应小于 300mm。
2. 用于沉降的变形缝最大允许沉降差值不应大于 30mm。
3. 变形缝的宽度宜为 20~30mm。
4. 用于伸缩的变形缝宜少设，可根据不同的工程结构类别、工程地质情况采用后浇带、加强带、诱导缝等替代措施。
5. 变形缝的防水措施可按表 A.3 选用，变形缝的几种复合防水构造形式见图 A.1~图 A.3。

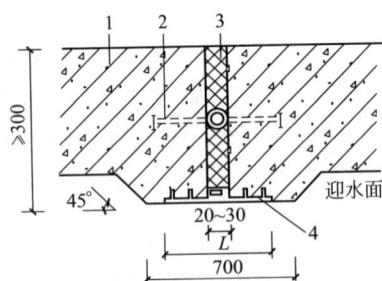

图 A.1　中埋式止水带与外贴防水层复合使用

外贴式止水带 *L*≥300，外贴防水卷材 *L*≥400，外涂防水涂层 *L*≥400

1—混凝土结构；2—中埋式止水带；

3—填缝材料；4—外贴防水层

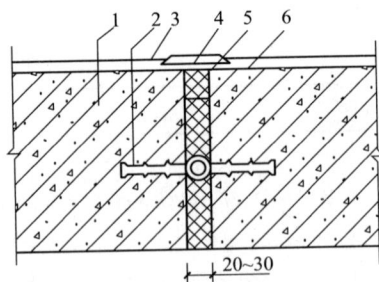

图 A.2　中埋式止水带与嵌缝材料复合使用

1—混凝土结构；2—中埋式止水带；3—防水层；

4—隔离层；5—密封材料；6—填缝材料

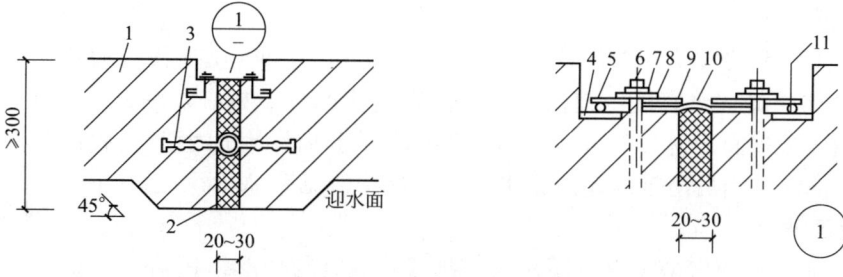

图 A.3　中埋式止水带与可卸式止水带复合使用

1—混凝土结构；2—填缝材料；3—中埋式止水带；4—预埋钢板；

5—紧固件压板；6—预埋螺栓；7—螺母；8—垫圈；

9—紧固件压块；10—Ω 型止水带；11—紧固件圆钢

6. 对环境温度高于 50℃的变形缝，可采用 2mm 厚的紫铜片或 3mm 厚的不锈钢等金属止水带，见图 A.4。

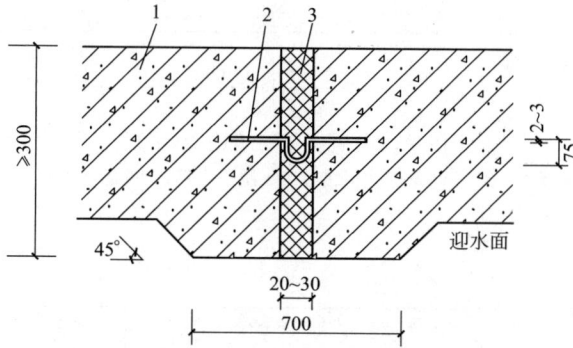

图 A.4　中埋式金属止水带

1—混凝土结构；2—金属止水带；3—填缝材料

7. 顶、底板内止水带应成盆状安设，宜用专用的钢筋套或扁钢固定。固定扁钢用的螺栓间距宜为 500mm，见图 A.5。

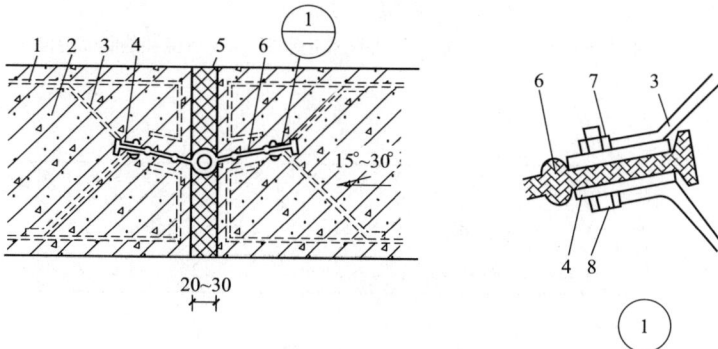

图 A.5　顶(底)板中埋式止水带的固定

1—结构主筋；2—混凝土结构；3—固定用钢筋；4—固定止水带用扁钢；

5—填缝材料；6—中埋式止水带；7—螺母；8—双头螺杆

三、后浇带

1. 后浇带应设在受力和变形较小部位，间距宜为 30～60m，宽度宜为 800～1000mm。

2. 后浇带可做成平直缝，结构主筋不宜在缝中断开，如必须断开，则主筋搭接长度应大于 $1.6l_a$（塔接百分率 100%），并应按设计要求加设附加钢筋。后浇带防水构造见图 A.6～图 A.8。当后浇带需超前止水时，防水构造见图 A.9。

四、施工缝

1. 墙体垂直施工缝应避开地下水较多地段，并宜与变形缝相结合；

2. 墙体水平施工缝应留在高出底板表面不小于 300 的墙体上。施工缝的防水构造形式见图 A.10；

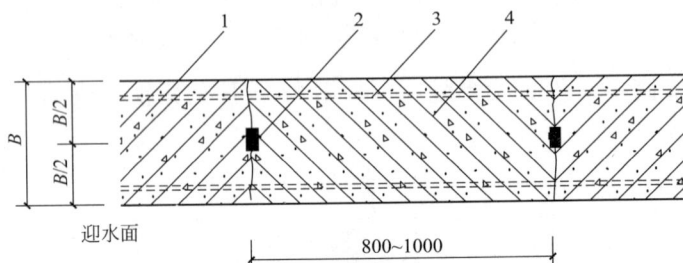

图 A.6 后浇带防水构造（一）

1—先浇混凝土；2—遇水膨胀止水条；3—结构主筋；4—后浇补偿收缩混凝土

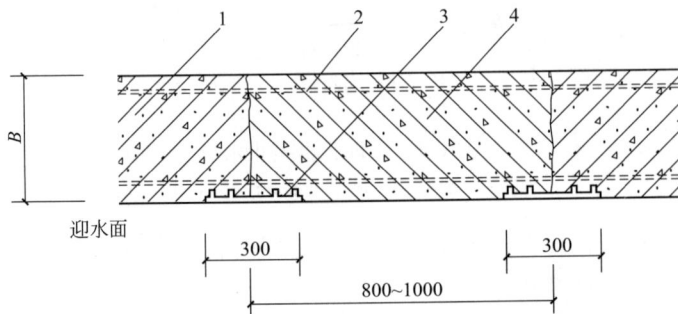

图 A.7 后浇带防水构造（二）

1—先浇混凝土；2—结构主筋；3—外贴式止水带；4—后浇补偿收缩混凝土

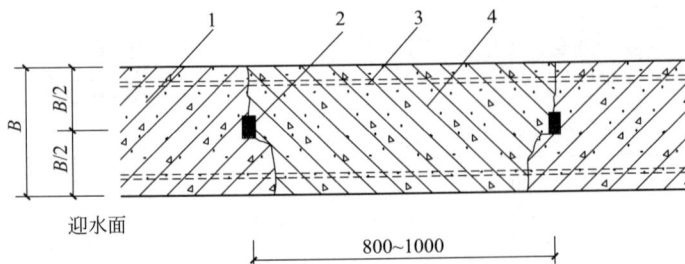

图 A.8 后浇带防水构造（三）

1—先浇混凝土；2—遇水膨胀止水条；3—结构主筋；4—后浇补偿收缩混凝土

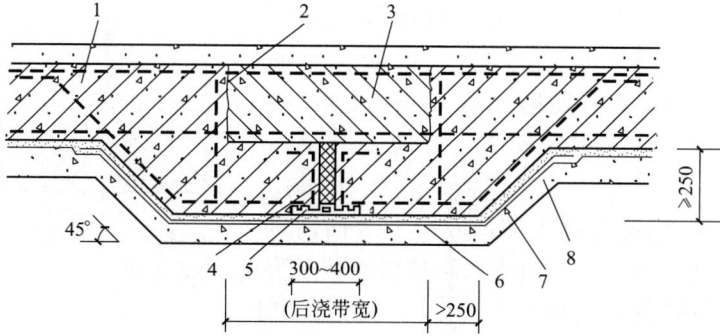

图 A.9 后浇带超前止水构造

1—混凝土结构；2—钢丝网片；3—后浇带；4—填缝材料；5—外贴式止水带；
6—细石混凝土保护层；7—卷材防水层；8—垫层混凝土

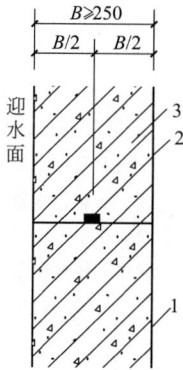

图 A.10-1 施工缝防水基本构造(一)

1—先浇混凝土；2—遇水膨胀止水条；
3—后浇混凝土

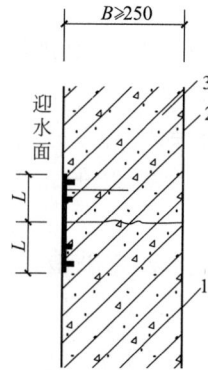

图 A.10-2 施工缝防水基本构造(二)

外贴止水带 $L \geqslant 150$；外涂防水涂料 $L = 200$
外抹防水砂浆 $L = 200$

1—先浇混凝土；2—外贴防水层；3—后浇混凝土

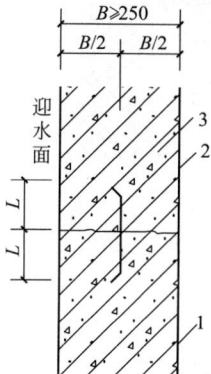

图 A.10-3 施工缝防水基本构造(三)

钢板止水带 $L \geqslant 150$
橡胶止水带 $L \geqslant 200$
钢边橡胶止水带 $L \geqslant 120$

1—先浇混凝土；2—中埋止水带；3—后浇混凝土

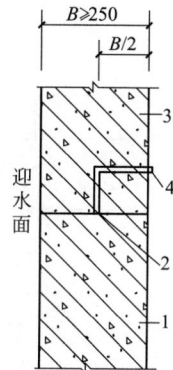

图 A.10-4 施工缝防水基本构造(四)

1—先浇混凝土；2—预埋注浆管；
3—后浇混凝土；4—注浆导管

3. 水平施工缝浇筑混凝土前，应将其表面浮浆和杂物清除，然后铺设净浆或涂刷混凝土界面处理剂、水泥基渗透结晶型防水涂料等材料，再铺 30～50mm 厚的 1：1 水泥砂浆，并应及时浇筑混凝土；

4. 垂直施工缝浇筑混凝土前，应将其表面清理干净，再涂刷混凝土界面处理剂或水泥基渗透结晶型防水涂料，并应及时浇筑混凝土；

5. 遇水膨胀止水条(胶)应与接缝表面密贴；

6. 选用的遇水膨胀止水条(胶)应具有缓胀性能，7d 的净膨胀率不宜大于最终膨胀率的 60%，最终膨胀率宜大于 220%；

7. 采用中埋式止水带或预埋式注浆管时，应定位准确、固定牢靠。

五、预留通道接头

1. 预留通道接缝处的最大沉降差值不得大于 30mm。

2. 预留通道接头应采取复合防水构造，见图 A.11～图 A.12。

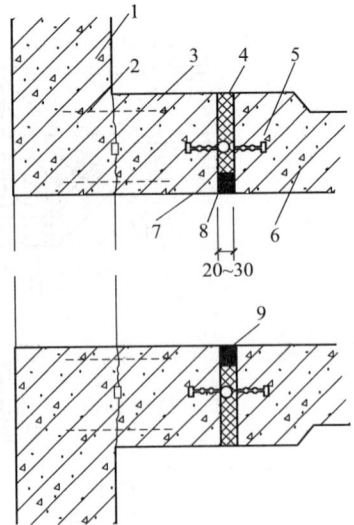

图 A.11　预留通道
接头防水构造(一)

1—先浇混凝土结构；2—连接钢筋；
3—遇水膨胀止水条；4—填缝材料；
5—中埋式止水带；6—后浇混凝土结构；
7—遇水膨胀橡胶条；8—嵌缝材料；
9—背衬材料

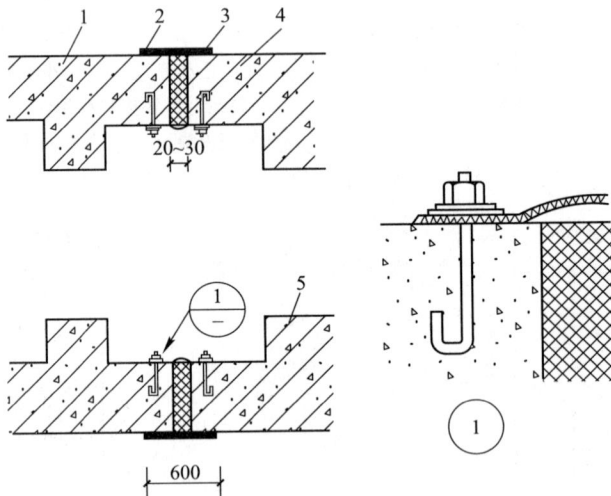

图 A.12　预留通道接头防水构造(二)
1—先浇混凝土结构；2—防水涂料；3—填缝材料；
4—可卸式止水带；5—后浇混凝土结构

六、桩头

桩头防水构造形式见图 A.13、图 A.14。

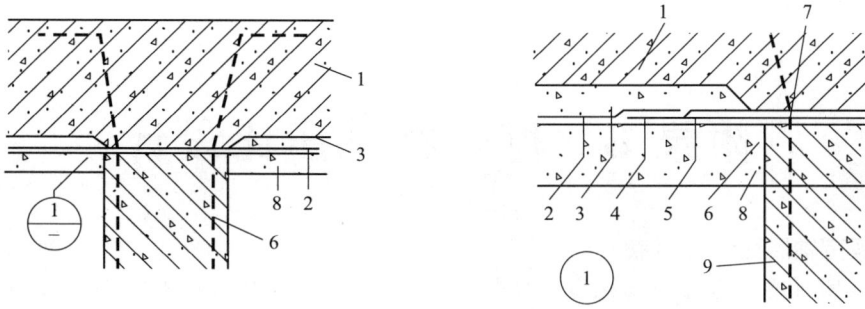

图 A.13　桩头防水构造(一)

1—结构底板；2—底板防水层；3—细石混凝土保护层；4—聚合物水泥防水砂浆；

5—水泥基渗透结晶型防水涂料；6—桩基受力筋；7—遇水膨胀止水条；

8—混凝土垫层；9—桩基混凝土

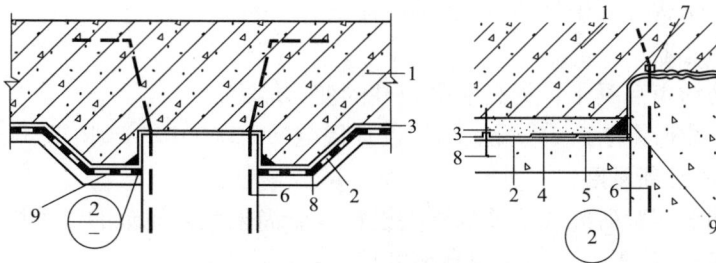

图 A.14　桩头防水构造(二)

1—结构底板；2—底板防水层；3—细石混凝土保护层；4—聚合物水泥防水砂浆；

5—水泥基渗透结晶型防水涂料；6—桩基受力筋；7—遇水膨胀止水条(胶)；

8—混凝土垫层；9—密封材料

附录 B 框架柱轴压比设计

一、规范轴压比修订要点

现行国家标准《混凝土结构设计规范》GB 50010 与 GBJ 10—89 相比，框架柱轴压比在满足一定的构造措施条件下，有条件的放松了轴压比的限值。

规范采取的构造措施：

1. 规定了柱箍筋加密区箍筋最小配筋特征值；

2. 采用复合螺旋箍及连续复合矩形螺旋箍使框架柱的变形性能优于配普通箍筋柱；

3. 限制箍筋的最大肢距、间距，规定箍筋的最小直径；

4. 考虑不同结构类型中柱的抗震防线不同；

5. 配置附加芯筋；

6. 密配箍筋约束混凝土，提高混凝土柱的变形能力。

轴压比放松调整量列于《混凝土结构设计规范》GB 50010—2010 表 11.4.16 注 4～6。

二、轴压比设计新发展

1. 国内近期的试验研究成果及国外的设计经验尚未列入规范的成果尚有：

(1) 采用高强混凝土时，需采用高强度箍筋；

(2) 补充的新的构造措施；

(3) 建立轴压比的解析公式。

2. 具体内容

(1) 箍筋可选用热处理钢筋；

(2) 采用高强度箍筋时可以减小箍筋直径；

(3) 采用复合螺旋箍及连续复合螺旋箍(图 B.1)；

(4) 减少箍筋肢距，可以使用单片螺旋箍配以附加拉筋；

(5) 箍筋间距宜减小。

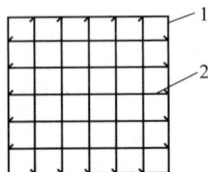

图 B.1 复合螺旋箍

1—螺旋箍；2—拉筋

高轴压框架柱，非加密区箍筋间距宜≤150mm，作为约束混凝土用螺旋箍筋间距不宜大于 80mm。

三、轴压比计算公式

1. 框架塑性铰区变形角应不小于下表限值

框架塑性铰区变形角限值   表 B.1

结 构 类 型	抗 震 等 级		
	一 级	二 级	三 级
框 架 结 构	1/67	1/70	1/75

2. 框架柱轴压比限值的表达式

轴压比限值问题主要是保证柱的延性，可以通过柱截面变形角的要求保证柱截面的延性。例如对抗震等级一级的框架柱，要求其截面所能提供的变形角应不小于 $1/67$。而柱截面所能提供的变形角主要与配箍特征值、混凝土极限压应变及弹塑性转角等有关。采用如下假定建立其关系式：

1）箍筋约束范围内采用平截面变形假定；

2）截面应力图形同柱正截面极限状态应力图形，而混凝土的应力与应变则采用提高后的约束混凝土应力和应变值；

3）简略地考虑地震时柱轴压力的变动性，取柱最小轴力与最大轴力的比值为 0.5。

按照以上假定建立普通低强箍筋（$f_y < 700\text{MPa}$）的关系式如下：

（1）普通箍、复合箍筋轴压比限值计算公式：

$$n_0 = \frac{12.7(1+4\lambda_V)\varepsilon_c}{\theta_1} - 2.5 \quad (n_0 \leqslant 0.5) \tag{1}$$

$$n_0 = \frac{12.7(1+4\lambda_V)\varepsilon_c}{\theta_1} - 2.64 \quad (0.5 < n_0 \leqslant 0.7) \tag{2}$$

$$n_0 = \frac{0.66(1+4\lambda_V)\varepsilon_c}{\theta_1} + 0.67 \quad (0.7 < n_0 \leqslant 0.9) \tag{3}$$

（2）复合螺旋箍或连续复合螺旋箍轴压比限值计算公式：

$$n_0 = \frac{12.7(1+4.7\lambda_V)\varepsilon_c}{\theta_1} - 2.5 \quad (n_0 \leqslant 0.5) \tag{4}$$

$$n_0 = \frac{12.7(1+4.7\lambda_V)\varepsilon_c}{\theta_1} - 2.64 \quad (0.5 < n_0 \leqslant 0.7) \tag{5}$$

$$n_0 = \frac{0.66(1+4.7\lambda_V)\varepsilon_c}{\theta_1} + 0.67 \quad (0.7 < n_0 \leqslant 0.9) \tag{6}$$

式中：n_0 为组合轴压力设计值；ε_c 为非约束混凝土应变取值，混凝土强度等级为 C40、C50、C60、C70、C80 时，ε_c 分别取 0.0022、0.0023、0.0024、0.0025、0.0026；λ_V 为柱的配箍特征值；θ_1 为柱截面变形角的下限值，一级抗震等级取 $1/67$、二级取 $1/70$、三级取 $1/75$。

应用式（1）～式（6）计算轴压比与规范规定轴压比相比较如图 B.2 所示，二者基本符合。

（3）配有芯筋柱的轴压比关系式：

配有芯筋柱的关系式在式（3）及式（6）右侧增加 $0.5n_s$ 项，其中 $n_s = \dfrac{A_m f_y}{b_1 h_1 f_{cc}}$，$f_{cc}$ 为约束混凝土受压强度，$f_{cc} = (1+1.37\lambda_V)f_c$，$b_1$、$h_1$ 是核芯混凝土边长（扣除箍筋保护层后的边长）；A_m 为芯筋总截面面积。

（4）轴压比设计应满足的条件：

$$\frac{N}{A f_c} \leqslant n_0 \tag{7}$$

式中：N 为组合轴压力设计值；A 为柱全截面面积；f_c 为混凝土受压强度设计值。

四、高强螺旋箍筋的特性（$f_y \geqslant 700\text{MPa}$）

（1）高强箍筋对混凝土的约束性能

随着高强混凝土的应用，需要解决高强混凝土的脆性破坏问题，采用一般低强钢箍，其约束力已不足以约束混凝土的横向变形，如箍筋较早屈服，则约束失效。箍筋与混凝土

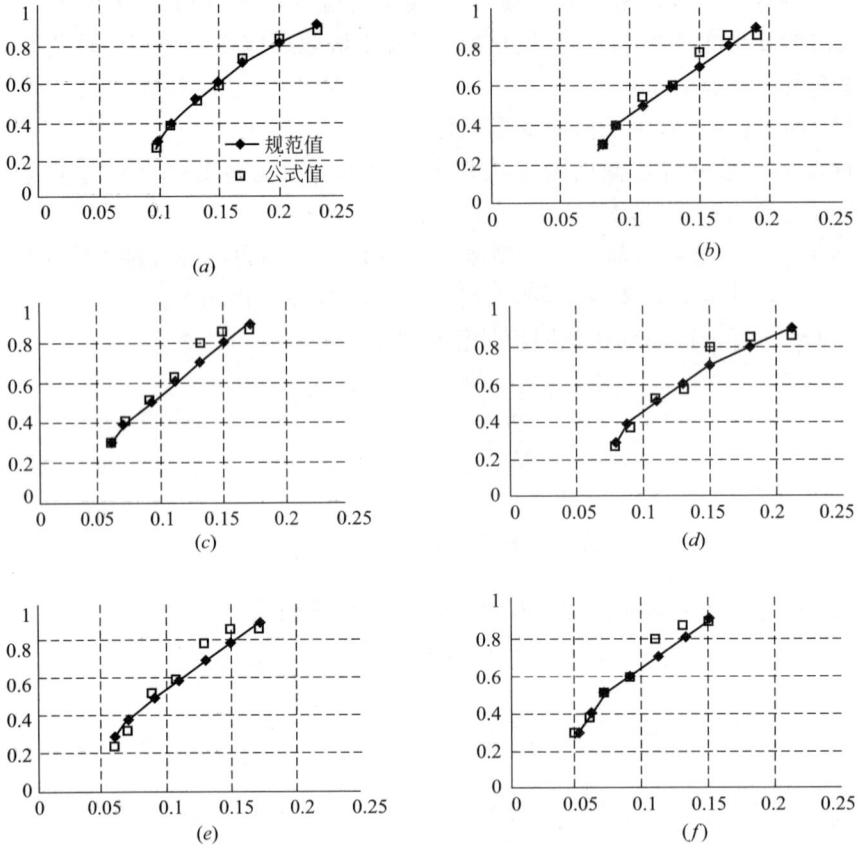

图 B.2　规范与公式轴压比比较图(横坐标为 λ_v,纵坐标为 n_0)

(a)普通箍、复合箍一级;(b)普通箍、复合箍二级;(c)普通箍、复合箍三级;

(d)复合螺旋箍一级;(e)复合螺旋箍二级;(f)复合螺旋箍三级

强度变化力与应变的关系曲线如图 B.3 所示,试验表明低强箍筋适应低强混凝土(图 B.3b);高强混凝土应用低强箍筋时(图 B.3a),呈脆性破坏;而高强混凝土应用高强箍筋时,其变形能力提高。箍筋强度越高,延性越好(图 B.3c)。

(2)高强箍筋柱的轴压比计算公式

高强箍筋($f_y \geqslant 700$MPa)对混凝土的约束效果不与箍筋强度的增加呈线性的增长,因此不能再应用配箍特征值,根据试验二者有如下关系:

$$f_{cc} = f_c \left[1 + 13.7\rho_v \frac{\sqrt{f_y}}{f_c} \right] \tag{8.1}$$

$$\varepsilon_{cc} = f_c \left[1 + 73\rho_v \frac{\sqrt{f_y}}{f_c} \right] \tag{8.2}$$

式中:f_{cc}、ε_{cc} 为约束混凝土的压应力、应变。

当轴压比 $n_0 \geqslant 0.9$ 时　　$n_0 = \dfrac{0.66 \left[1 + 73\rho_v \dfrac{\sqrt{f_y}}{f_c} \right] \varepsilon_c}{\theta_1} + 0.67$ 　　　(9)

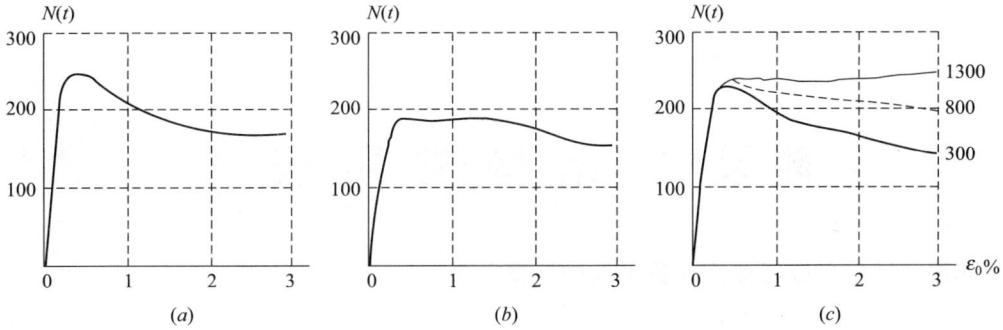

图 B.3　箍筋与混凝土强度变化力与应变的关系曲线

(a)高强混凝土低强箍筋；　　　　　(b)低强混凝土高强箍筋；　　　　　(c)高强混凝土高强箍筋

$f_c=56.4\mathrm{MPa}$　　　　　　　　$f_c=36.3\mathrm{MPa}$　　　　　　　　$f_c=56.4\mathrm{MPa}$

$f_y=300\mathrm{MPa}$　　　　　　　　$f_y=300\mathrm{MPa}$　　　　　　　　$f_y=1300/800/300\mathrm{MPa}$

$\rho_v=0.032$　　　　　　　　　　$\rho_v=0.032$　　　　　　　　　　$\rho_v=0.032$

式中：ρ_v 为体积配箍率；f_y 为箍筋强度设计值；其余符号意义同前。

使用密配高强螺旋箍筋可能解决高强混凝土的脆性破坏问题（如图 B.3c）。对剪跨比 $\lambda<1.5$ 的柱，可以应用(9)式解决其轴压比问题。

（3）高强螺旋箍筋构造

高强螺旋箍筋可以是单片螺旋箍（图 B.4）和连续螺旋箍筋，见图 5.8.3。箍筋成型可以用机械生产（在我国已经生产有该种机械）。箍筋转角处曲率应与受力纵筋一致，高强螺旋箍筋间距可以小到 60mm，箍筋直径以 $d\geqslant6\mathrm{mm}$ 为宜，箍筋末端弯钩不应小于 135°，并且有 12d 以上的直线段。连续螺旋箍筋末端应有两圈是重叠的（即没有间距），最末端设 135°弯钩并有不小于 12d 的直线段。单片螺旋箍筋可附设拉筋以减小肢距，增大约束作用。连续复合螺旋箍目前的机械生产性能，可达到每边 5 个肢距。连续螺旋箍筋可以分加密区与非加密区，非加密区的间距应不大于加密区的 1.5 倍。连续箍筋间距为 60mm 者，应采用流态混凝土，并且粗骨料直径不大于 20mm。

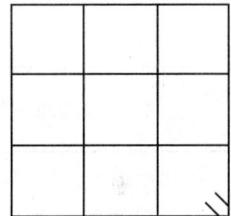

图 B.4　单片螺旋箍的形式

（4）设计例题

已知混凝土采用 C80，$f_c=35.9\mathrm{MPa}$，箍筋采用 $f_y=1100\mathrm{MPa}$ 混凝土柱截面为 800mm×800mm，$\varepsilon_c=0.0026$，$\theta_1=1/67$，$\rho_v=0.018$，$N=20678.4\mathrm{kN}$，则

$$n_0=\dfrac{0.66\left(1+73\times0.018\times\dfrac{\sqrt{1100}}{35.9}\right)\times0.0026}{0.015}+0.67=0.25+0.67=0.92$$

$$\frac{N}{Af_c}=\frac{20678400}{800\times800\times35.9}=0.9<0.92$$

当取体积配箍率 $\rho_v=0.028$ 时，计算结果 $n_0=1.0$，$\rho_v=0.035$ 时，$n_0=1.05$。

附录 C 结 构 常 用 表

一、非法定计量单位与法定计量单位的换算关系表

表 C.1

量的名称	非法定计量单位		法定计量单位		单位换算关系
	名 称	符 号	名 称	符 号	
力、重力	千 克 力 吨 力	kgf tf	牛 顿 千 牛 顿	N kN	1kgf=9.80665N 1tf=9.80665kN
力矩、弯矩、扭矩	千 克 力 米 吨 力 米	kgf·m tf·m	牛 顿 米 千 牛 顿 米	N·m kN·m	1kgf·m=9.80665N·m 1tf·m=9.80665kN·m
应力、材料强度	千克力每平方毫米 千克力每平方厘米	kgf/mm² kgf/cm²	牛顿每平方毫米 (兆帕斯卡) 牛顿每平方毫米 (兆帕斯卡)	N/mm² (MPa) N/mm² (MPa)	1kgf/mm²=9.80665N/mm²(MPa) 1kgf/cm²=0.0980665N/mm²(MPa)
弹性模量变形模量	千克力每平方厘米	kgf/cm²	牛顿每平方毫米 (兆帕斯卡)	N/mm² (MPa)	1kgf/cm²=0.0980665N/mm²(MPa)

注：非法定计量单位与法定计量单位量值的换算，规范取近似的整数换算值。例如 1kgf=10N，1kgf/cm²=0.1N/mm²(MPa)，本书同。

二、每米板宽内的钢筋截面面积表

表 C.2

钢筋间距 (mm)	当钢筋直径(mm)为下列数值时的钢筋截面面积(mm²)												
	4	5	6	6/8	8	8/10	10	10/12	12	12/14	14	14/16	16
70	179	281	404	561	719	920	1121	1369	1616	1908	2199	2536	2872
75	167	262	377	524	671	859	1047	1277	1508	1780	2053	2367	2681
80	157	245	354	491	629	805	981	1198	1414	1669	1924	2218	2513
85	148	231	333	462	592	758	924	1127	1331	1571	1811	2088	2365
90	140	218	314	437	559	716	872	1064	1257	1484	1710	1972	2234
95	132	207	298	414	529	678	826	1008	1190	1405	1620	1868	2116
100	126	196	283	393	503	644	785	958	1131	1335	1539	1775	2011
110	114	178	257	357	457	585	714	871	1028	1214	1399	1614	1828
120	105	163	236	327	419	537	654	798	942	1112	1283	1480	1676
125	100	157	226	314	402	515	628	766	905	1068	1232	1420	1608

续表

钢筋间距 (mm)	当钢筋直径(mm)为下列数值时的钢筋截面面积(mm²)												
	4	5	6	6/8	8	8/10	10	10/12	12	12/14	14	14/16	16
130	96.6	151	218	302	387	495	604	737	870	1027	1184	1366	1547
140	89.7	140	202	281	359	460	561	684	808	954	1100	1268	1436
150	83.8	131	189	262	335	429	523	639	754	890	1026	1183	1340
160	78.5	123	177	246	314	403	491	599	707	834	962	1110	1257
170	73.9	115	166	231	296	379	462	564	665	786	906	1044	1183
180	69.8	109	157	218	279	358	436	532	628	742	855	985	1117
190	66.1	103	149	207	265	339	413	504	595	702	810	934	1058
200	62.8	98.2	141	196	251	322	393	479	565	668	770	888	1005
220	57.1	89.3	129	178	228	292	357	436	514	607	700	807	914
240	52.4	81.9	118	164	209	268	327	399	471	556	641	740	838
250	50.2	78.5	113	157	201	258	314	385	452	534	616	710	804

注：表中钢筋直径中的 6/8、8/10、……系指两种直径的钢筋间隔放置。

三、钢筋的截面面积及排成一行时的最小梁宽度

表 C.3

直径 (mm)	截面面积 A_s(mm²)及钢筋排成一行时的最小梁宽度 b(mm)																	
	二根		三根		四根		五根		六根		七根		八根		九根	
	A_s	b	A_s	b	A_s	b	A_s	b	A_s	b	A_s	b	A_s	b	A_s	b
12	226	120	339	180/150	452	200	565	250	678	300	791	350/300	904	400/350	1017	450/400
14	308	120	461	180	615	220/200	769	300/250	923	300	1077	350	1231	400/350	1385	450/400
16	402	150/120	603	180	804	220	1005	300/250	1206	350/300	1407	400/350	1608	450/400	1809	450
18	509	150	763	180	1017	250/220	1272	300	1527	350/300	1781	400/350	2036	450/400	2290	500/450
20	628	150	942	200/180	1256	250	1570	300	1884	350	2199	400	2513	450	2827	500/450
22	760	150	1140	200	1520	300/250	1900	350/300	2281	400/350	2661	450/400	3041	500/450	3421	550/500
25	982	180/150	1473	220/200	1964	300/250	2454	350/300	2945	450/350	3436	500/400	3927	550/450	4418	600/500
28	1232	180/150	1847	250	2463	350/300	3079	400/350	3695	450/400	4310	550/450	4926	600/500	5542	700/550
32	1609	200/180	2413	300/250	3217	350/300	4021	450/400	4826	550/450	5630	600/500	6434	700/550	7238	750/650
36	2036	200/180	3054	300/250	4072	400/350	5089	500/400	6017	600/500	7125	650/550	8193	750/650	9161	850/700
40	2513	220/200	3770	350/350	5027	450/350	6283	550/450	7540	650/550	8796	750/600	10053	850/700	11310	950/750
50	3927	250	5890	400/350	7854	500/450	9817	650/550	11781	750/650	13744	900/750	15708	1000/850	17671	1150/950

注：1. b 值中分子系指梁上面钢筋排成一行时的最小梁宽度。分母系指梁下面钢筋排成一行时的最小梁宽度；

2. 梁的环境等级为二 a，保护层厚度取 25mm；

3. 钢筋直径为 $\phi12\sim\phi18$ 时箍筋直径取 6mm，钢筋直径为 $\phi20\sim\phi28$ 时；箍筋直径取 8mm，钢筋直径为 $\phi32\sim\phi50$ 时，箍筋直径取 10mm；

4. 当梁的上部钢筋较密时，为保证振动棒插入并有效工作，梁截面宜适当加宽；

5. 当下部钢筋多于两层时，两层以上钢筋水平方向的中距应比下面两层的中距增大一倍。